现代有色金属冶金科学技术丛书

锑冶金

雷　霆　朱从杰　张汉平　编著

北　京
冶金工业出版社
2009

内 容 提 要

全书共分20章，系统介绍了锑及其化合物的主要物理化学性质，锑矿的采矿，硫化锑矿、氧化锑矿的选矿，锑精矿的挥发焙烧、鼓风炉挥发熔炼及其他挥发熔炼，中低品位锑矿的熔池熔炼，氧化锑的还原熔炼和硫化锑精矿的直接熔炼，锑的湿法冶金，粗锑的精炼，复杂锑矿的处理，锑白、高纯锑及其他工业锑品的生产技术。同时，也对锑冶金中的污染治理和环境保护进行了阐述。

本书可供从事有色金属冶炼，尤其是从事锑冶金行业的科研、设计单位、生产企业的工程技术人员参考，也可供大专院校的教师和学生阅读。

图书在版编目（CIP）数据

锑冶金/雷霆等编著. —北京：冶金工业出版社，2009.2
（现代有色金属冶金科学技术丛书）
ISBN 978-7-5024-4767-0

Ⅰ.锑…　Ⅱ.雷…　Ⅲ.锑—有色金属冶金　Ⅳ.TF818

中国版本图书馆CIP数据核字（2008）第209562号

出 版 人　曹胜利
地　　址　北京北河沿大街嵩祝院北巷39号，邮编100009
电　　话　（010）64027926　电子信箱　postmaster@cnmip.com.cn
责任编辑　杨盈园　美术编辑　李　心　版式设计　张　青
责任校对　王永欣　责任印制　牛晓波
ISBN 978-7-5024-4767-0
北京百善印刷厂印刷；冶金工业出版社发行；各地新华书店经销
2009年2月第1版，2009年2月第1次印刷
787mm×1092mm　1/16；31.5印张；762千字；487页；1-2000册
88.00元
冶金工业出版社发行部　电话：(010)64044283　传真：(010)64027893
冶金书店　地址：北京东四西大街46号(100711)　电话：(010)65289081
（本书如有印装质量问题，本社发行部负责退换）

出版者的话

近年来，通过自主创新与技术引进相结合，我国的有色金属工业一直保持持续、快速、健康的发展势头，现代化程度不断提高，开发了许多具有世界先进水平和自主知识产权的工艺技术与装备，令世界同行瞩目。我国已经成为名副其实的有色金属大国，10 种常用有色金属的总产量以及铅、锌、镍、锑、钨的产量均居世界首位。

随着对可持续发展认识程度的进一步加深，社会对有色金属工业的发展提出了减少资源消耗和能耗、环境更加友好的要求；全球经济一体化，也对我国有色金属工业在世界市场中的核心竞争能力提出了更高要求。因此，我国有色金属工业将面临前所未有的挑战和发展机遇。我社根据有色金属行业发展需要和广大读者的需求，组织出版《现代有色金属冶金科学技术丛书》，一方面，是为了总结有色金属冶金领域的国内外最新科研与技术进展，促进科研成果向生产的转化，推动行业科技进步，适应目前有色金属行业发展的需要；另一方面，冶金工业出版社作为专业科技出版社，有责任和义务为有色金属行业的读者提供更加实用、有特色、可广泛选择的现代有色冶金工程专业书籍，并促进学术交流和科技文化的传承发展。

本套丛书将由有色金属行业各领域的知名专家学者撰写，主要读者对象是有色金属行业的工程技术、科研教学、生产管理人员。每本书内容上涵盖资源、采矿、选矿、冶炼、产品深加工、资源循环利用与环境保护等方面，重点是冶炼和产品深加工。各方面内容包括基本原理、工艺流程、主要设备、安全操作、环境卫生等。要求理论与实践相结合，科研与生产相结合，能够反映和展示该领域的国内外最新科研和生产成果。

我们将在科学发展观重要思想的指导下，切实履行好出版者的社会责任，努力做好有色金属科技图书的出版工作。热忱欢迎广大读者提出意见和建议，以便我们把丛书组织出版得更好。

前　言

锑是一种银白色金属，在我国一般把它归入有色金属类，但实际上，锑是一种稀有金属，其在地壳中的平均丰度仅约为千万分之二至千万分之五。

锑主要用于制造合金及半导体材料，在橡胶、染料、搪瓷等工业中有广泛的应用，此外还用于电缆护套、焊料、装饰用铸件等。锑的化合物种类繁多，在医药、电子、玻璃制造、阻燃剂、陶瓷、搪瓷、印染、化工、化学分析等方面都有广泛的应用。

我国是世界上锑的主要生产国和出口国，锑的地质储量居世界第一位。目前，无论是锑的资源量、生产量还是出口量，都名列世界第一。锑已成为我国的有色金属优势资源，同时也是我国的保护性资源。

赵天从教授曾于1987年出版了《锑》专著，为我国锑冶金的发展作出了重大贡献。20多年来，我国锑工业发展迅速，锑的选矿与冶炼技术取得了很大进步。锑选矿回收率逐步提高，尤其在复杂多金属难选锑矿的选矿及强化氧化锑矿物的选矿回收方面获得了较大进展。在锑的冶炼方面，传统的火法冶炼工艺得到了进一步完善，新的火法及湿法冶炼工艺也在不断开发和使用。就如何充分利用锑资源，开发新工艺、新产品，节能降耗，注重污染治理和环境保护等问题，我国的科技工作者进行了不懈的努力，完成了大量的科研课题。正是在这样的背景下，应冶金工业出版社之约，在大量收集国内外相关资料并结合承担课题的基础上，我们编写了此书，希望对我国锑工业的发展有所裨益。

本书编写较为仓促，加之作者学识有限，书中不妥之处在所难免，恳请读者不吝赐教。

作　者

2008年4月

目　　录

1 绪 论

1.1 锑冶金发展简史

1.1.1 国外锑冶金发展

锑是一种银白色金属，在我国一般把它归入有色金属类。实际上锑是一种稀有金属，其在地壳中的平均丰度仅约为千万分之二至千万分之五。由于自然界中锑的分布极不均匀，存在天然富集的锑矿床，因而数千年前人类即已开始使用锑。据考证，在今伊拉克境内古巴比伦卡尔迪亚王国（Chaldea）的泰洛（Tello）曾挖掘到公元前3000年的含锑制品；在埃及发现了公元前2200~2500年的嵌有金属锑的古铜器。早在3000年前，中东地区就用硫化锑粉末与油脂混合制作眉笔或眼影等化妆品。

公元1450年，德国僧人万伦廷（Valentine B）在其拉丁文手稿《Currus Triumphalis Antimonii》中对金属锑及其硫化物进行了论述，并较详细地介绍了金属锑的用途、性质及提取方法，该手稿可能是最早的有关金属锑的著作，其英文译本于1604年出版。意大利冶金学家比林古斯（Biringuccio V）和德国学者——有“矿物学之父”之称的阿格里科拉（Agricola G）曾分别于公元1540年和1556年在其专著中详细介绍了锑的熔析技术。

金属锑脆而无延展性，在工业上曾长期未得到广泛应用，其生产技术的发展也一度受到阻碍。后来，随着印刷业的兴起和发展，锑在铅锑活字中显示出了其特殊功能，才使锑冶金得到较快的发展。19世纪初，锑作为铅的硬化剂广泛用于制造榴霰弹。这种含锑10%或更多的铅合金可使炮弹在爆炸时容易碎裂，从而增加杀伤力，因而在第一次世界大战中曾称锑为“战争金属”。1839年，美国人巴比特（L Babbitt）发明了含锑7.5%左右的耐磨铅锑合金，俗称“巴氏合金”，迄今仍广泛用于制造滑动轴承。1850年，人们开始采用含锑的铅合金制造蓄电池，使锑的应用领域再次扩大，但直至19世纪末，金属锑仅在德、法、美、意、奥、匈、日等国少量生产。据统计，1899年，世界锑的总产量仅为7980t。

20世纪以来，由于现代交通事业蓬勃发展，锑作为蓄电池的栅极添加材料，其需求量急速增长，在两次世界大战中锑的消费和生产都大幅度增长。1916年，锑产量猛增到61830t；第二次世界大战虽因壕沟战演变到坦克战而使榴霰弹需要量减少，但因氧化锑配以氯化橡胶或氯化石蜡可掺入纺织品中制作防火帐幕，故锑的年产量曾达到1943年的55000t。20世纪50~60年代，锑的世界年产量波动于40500~65200t，到70年代，随着国际形势趋于紧张，锑的年产量曾超过70000t。近些年来，因蓄电池铅锑合金的再生及“钙—铅免维护蓄电池”（maintenance - free battery）的应用，使金属锑在蓄电池制造中的耗量有所下降，但氧化锑作为阻燃剂的用途却日益扩大，目前已成为锑的最大应用领域。

冶金企业主要生产三种锑产品：

（1）金属锑，简称锑，俗名纯锑，英文名 antimony，metallic antimony 或 antimony regulus;

（2）生锑，系由高品位辉锑矿熔析产出的纯硫化锑，英文名 antimony crude 或 needle antimony;

（3）三氧化锑，简称氧化锑，商品名锑白。

锑的主要原生矿物是辉锑矿，属低温热液矿床产物，常与金、汞、砷、铅、锌、铁等金属矿物共生，单纯的辉锑矿床比较少，分散的小型矿体多，而富的大型矿体比较少。也许由于这种天然资源的客观原因，在发达的西方国家中，锑的提取技术远远落后于其他有色金属。

锑冶金技术的发展，约从 15 世纪开始，首先由万伦廷（Valentine B）等人从熔析硫化矿获得生锑，或在加热熔化过程中配入铁钉得到金属锑，这为以后逐渐发展起来的沉淀熔炼打下了基础。

1876 年，赫伦士密特（M. Herrenschmidf）和博思威克（Borthwick）采用回转窑处理含金的锑矿，使锑氧化挥发。

1884 年，博比厄雷（A. Bobierre），鲁尔兹（Ruobz）和鲁素（M. Rousseou）等人首先提出了挥发焙烧法，即将硫化锑矿石置于一砖砌炉或铸铁炉内加热，并鼓入空气和定量的蒸气通过矿石表面，使之转化为易挥发的氧化锑并在炉尾捕集，作为白色颜料。这种方法实际上就是焙烧—还原法的开端。

法国赫氏曾于1881 年采用鼓风炉（或冲天炉）作为挥发焙烧炉；1903 年，改用了扩大而高效的冷凝系统；1908 年，又进一步改进了炉型和冷凝系统。这种焙烧炉每天可处理含锑 18% ~20%（质量分数）的硫化锑矿石 4.5t，焦耗 5% ~6%，锑的焙烧损失不超过 5%。

1830 年前后，用反射炉还原氧化锑矿及挥发焙烧生产氧化锑。1878 年，开始采用鼓风炉直接熔炼中等品位的硫化锑矿石及其他含锑物料，当时在墨西哥、美国和英国均曾采用鼓风炉熔炼锑矿石生产金属锑。

19 世纪末期和 20 世纪初期，在法、德等国开始出现了不少湿法炼锑的专利。当时对硫化锑矿采用的湿法炼锑方法，包括用盐酸、氯化铁等化合物的酸性浸出及用碱金属或碱土金属硫化物作溶剂的碱性浸出，所得浸出液进行不溶阳极电解提取锑；或用氯化焙烧、食盐水浸出、铁（或锌）置换直接获得金属锑。1880 年，鲁埃寇（C. Luekow）首先提出由硫代锑酸盐溶液获得金属锑的可能性；1887 年，博彻恩（W. Borchers）第一次采用这个方法进行了试生产；1896 年，市场上出现电解锑，但湿法炼锑不如挥发焙烧法简单，当时在工业上未得到推广，直到 1942 年，美国爱达荷州的帮克·希尔沙利文采矿和选矿公司建成了湿法生产电解锑的工厂，湿法炼锑工艺才应用于工业生产。

苏联在 20 世纪 20 ~30 年代开始建立锑选冶厂，曾先后开发了 8 个大中型矿山，其中卡达姆朱依斯基和拉兹多利宁斯基是两个较大的锑采选冶联合企业，最初都采用沉淀熔炼，因回收率低，后改为湿法炼锑。

由此可见，国外锑冶金技术的发展，除最初用熔析法提取纯硫化锑（生锑）外，金属锑冶金技术的发展顺序是：沉淀熔炼、鼓风炉造渣熔炼、回转窑挥发焙烧—还原熔炼以及硫化物碱浸湿法炼锑，这些方法，直到目前仍以不同的规模，为现代炼锑厂所采用。硫化锑精矿的挥发焙烧—还原熔炼工艺是锑冶金采用的主要工艺。

1.1.2 我国锑冶金发展

中国是世界主要产锑国，早在20世纪50年代以前，我国的锑产量就占世界上锑产量的50%以上。1994年，中国的矿产锑量占世界总产量的50%。2004年，我国的锑产量为12.49万t，占全球锑产量的80%以上，居世界第一位。

我国锑矿资源丰富，主要分布于湖南、广西、贵州、云南、陕西、广东、河南、甘肃、西藏、新疆等地区，其中湖南省的锑矿资源尤为丰富。湖南冷水江锡矿山是世界著名的锑都，发现和开采的年代可以追溯到明代，但当时人们以为采出的是锡矿石，锡矿山也由此得名。清朝光绪22年（1896年），当发现益阳板溪锑矿后，才知道锡矿山采出的其实是锑矿。其后清政府设湖南矿务局，开采锡矿山和板溪的锑矿。当时仅开采高品位锑矿石（俗名青砂）供出口，由于没有选矿工序，因而低品位锑矿无法利用。

1905年，在锡矿山附近的冷水江设炼锑厂；1908年，湖南省的华昌公司在长沙建立了锑冶炼厂，开始生产纯锑，开创了我国金属锑的生产历史，该厂当时设有赫氏挥发焙烧炉24座，用以生产三氧化锑，焙烧炉15座，用以焙烧生锑生产四氧化锑，反射炉19座，用以将三氧化锑及四氧化锑还原熔炼成纯锑。

当时华昌公司的炼锑设备禁止仿造，经人们的探索实践，不久即建成中国式的挥发焙烧炉（俗称直井炉），其后，全国许多地区都办起了锑的采矿和冶炼企业，尤以湖南为盛。

新中国成立后，我国锑工业得到快速发展，在采、选、冶方面均取得了很大的进步。锑矿石的选矿回收率逐步提高，尤其在氧化锑矿石及多金属复杂矿石的选矿回收技术方面取得了长足的进步。如云南木利锑业有限公司，其矿石的氧化率大于50%，过去的选矿回收率仅40%左右，通过技术改造，采用联合流程，目前选矿回收率大于70%。我国锑矿石的冶炼技术也有了很大的进步，开发出的锑矿石鼓风炉挥发熔炼技术已成为我国的主要炼锑技术之一。近年来，在硫化锑精矿的沉淀熔炼及碱性浸出—浸出液电解工艺方面也取得了很大进展。

1.2 锑的主要用途

1.2.1 金属锑及其合金的用途

金属锑很少单独使用，主要用于制造合金及半导体材料，在橡胶、染料、搪瓷等工业中也有广泛的应用，此外还用于电缆护套、焊料、装饰用铸件等。

金属锑常用于搪瓷面釉中作为使瓷釉不致透明的乳浊原料。锑面釉常用的有锑底白釉（含金属锑9.50%）、锑光面釉（含金属锑7.00%）、锑一次搪面釉（含金属锑6.66%，氧化锑2.86%）等几种。

锑作为添加剂加入锡铅焊料中，使焊料的焊接强度增加，其加入量随锡的减少、铅的增加而增加。例如在HISnPb10焊料中，锑的含量少于0.15%，而在HISnPb90－6焊料中，锑的含量则达到5%～6%。

合金中锑的主要作用是提高合金的硬度及使其在常温下不氧化。

锑是铅合金中用量最大的合金元素。锑部分固溶于铅，使铅合金的硬度、强度提高，并增加对硫酸的耐蚀性。用于化工设备和管道材料时，以含锑约6%的铅合金为适宜；而用作连接构件时，以含锑8%～10%为宜。含锑铅合金品种较多，根据成分、性能的不同分成3组：即铅锑合金、硬铅合金和特硬铅合金。

由于锑的加入使锡合金的强度显著提高，锡合金可作为轴承材料。锡合金有SnSb 2.5（含锑1.9%～3.1%）及SnPb13.5～2.5（含铅12.0%～15.0%、含锑1.75%～3.25%）两种牌号。锡合金的箔材在电气、仪表等工业中用于制造零件。例如SnSb 2.5合金，其厚0.05mm的箔材可用作子弹壳底火垫片；SnPb13.5～2.5合金，其厚0.02mm的箔材可用于制作电容器。

较为著名的含锑合金有：印刷活字合金，其成分（质量分数）为：Sn 2%～4%、Sb 10%～13%、Pb83%～88%，其特点是在冷却凝固时轻微膨胀，所以能制成轮廓清晰的铸件；巴氏合金（又称白色合金），根据成分又可分为锡巴氏合金（以锡为基体的锡－锑－铜合金）和铅巴氏合金（以铅为基体，以铅部分或全部代替锡），其特点是有高的耐磨性，作为轴承合金用于制造轴承。

1.2.2 锑化合物的用途

锑化合物种类繁多，应用范围相当广泛，在医药、电子、玻璃制造、阻燃剂、陶瓷、搪瓷、印染、化工、化学分析等方面都有应用。

葡萄糖酸锑钠是治疗黑热病的首选药，疗效很好，且很少发生副作用，可由葡萄糖酸钠与锑酸作用制得。酒石酸锑氧钾$C_4H_4O_7KSb \cdot 1/2H_2O$（吐酒石）和锑－273（次没食子酸锑钠）都是治疗血吸虫病的药物，前者通过扰乱血吸虫虫体代谢达到消灭血吸虫的目的，后者则能将肠系膜静脉中血吸虫转入肝脏，阻塞于肝小血管，被吞噬细胞所包围，最后消灭。酒石酸锑氧钾由三氧化锑与酒石酸氢钾溶液共热后结晶制得；锑－273则由没食子酸和三氧化锑在中性液中作用制得。

锑与ⅢA族、ⅥA族元素形成的化合物InSb、AlSb、GaSb、Sb_2Se_3、Sb_2Te_3等都是很好的半导体材料。金属锑和铟在高温熔合，再经熔炼提纯即为锑化铟的单晶，该单晶可制成具有特殊性能的红外线探测器件。

氧化锑（Sb_2O_3）、锑酸钠（$NaSbO_3$）、水合锑酸钠[$NaSb(OH)_6$]等都可用于玻璃生产中作澄清剂，只是Sb_2O_3用于普通玻璃，而$NaSbO_3$和$NaSb(OH)_6$用于显像管玻壳、光学玻璃及各种高级玻璃。

Sb_2O_3作玻璃澄清剂使用时，要和硝酸盐并用，其原理为在1000～1200℃温度下，Sb_2O_3被硝酸盐放出的氧所氧化（$Sb_2O_3 \rightarrow Sb_2O_5$）；当温度达到1300℃以上时又放出氧（$Sb_2O_5 \rightarrow Sb_2O_3$），从而起澄清作用；在冷却过程中$Sb_2O_3$再变为$Sb_2O_5$，这样便把氧气气泡吸收除去。一般玻璃中$Sb_2O_3$的用量为0.05%～0.5%。$NaSbO_3$和NaSb（$OH)_6$作为玻璃澄清剂比$Sb_2O_3$效果要好，它们单独使用，所起作用与$Sb_2O_3$相似，也是高温时生成$Sb_2O_3$而放出氧，冷却时$Sb_2O_3$再转变为$Sb_2O_5$吸收氧气气泡，从而达到澄清玻璃的目的。

在钠钙玻璃中加入一定量的Sb_2O_3、硫黄、炭粉，熔炼后再经显色热处理，即得到价格便宜、便于推广的锑红玻璃，此种玻璃用作信号玻璃和艺术玻璃等。

锑系阻燃剂在无机阻燃剂中占有越来越重要的地位，阻燃剂已成为锑的最大应用领域，其消耗量占锑总消耗量的80%以上。采用Sb_2O_3、非胶体Sb_2O_5、胶体Sb_2O_5、

$SbCl_3$、$NaSbO_3$ 等，已分别开发出了组成不同、特性不同、应用于不同场合的系列品种，广泛应用于橡胶、塑料、化纤、地毯、涂料等阻燃制品中。随着 Sb_2O_3 超微细技术的发展，能够得到粒径更细的 Sb_2O_3，其添加性能更好，对被阻燃基材物理性能的恶化更少。胶体 Sb_2O_5 的平均粒径仅 0.03μm，约为一般 Sb_2O_3 粒径的 1/100，由于极细，基本上不恶化树脂基材的物理性能，同时对树脂的颜色也少有影响。试验证明，胶体 Sb_2O_5 阻燃性高于同系列的非胶体 Sb_2O_5、Sb_2O_3 及 $NaSbO_3$ 等，是锑系阻燃剂中最好的一种。

$SbCl_5$ 用于检验生物碱和铯元素。$NaSbO_3$ 和焦锑酸钾（$K_2H_2Sb_2O_7 \cdot 4H_2O$）都可用于钠离子的鉴定。$SbCl_3$ 常作为无机和有机氯化反应的催化剂。

Sb_2O_3 是最重要的锑化合物之一，除了前面提到的用途外，它还可用作石油化工和合成纤维的催化剂；用于制造媒染剂、乳白剂；用作合成锑盐的原料；在搪瓷工业中用作添加剂，以增加面釉的不透明性和表面光泽。另外，Sb_2O_3 还是一种优良的白色颜料，其遮盖力略次于钛白，而与锌钡白相近。在钛白的生产中，Sb_2O_3 能有效地抑制钛白的光致变色反应。利用 Sb_2O_3 良好的抗粉化、对光稳定性能以及阻燃性能，人们已经制备出各种用途的含锑二氧化钛，如钛镍黄、化纤钛白、超细含锑二氧化钛等。

1.3 锑的储量与消耗

我国是世界上锑的主要生产国和出口国，锑的地质储量居世界第一位。20 多年来，我国的锑冶金工业得到了快速发展，目前，无论是锑的资源量、生产量还是出口量，都名列世界第一，锑已成为我国的有色金属优势资源之一。2004 年，在我国居世界第一位的 10 种有色金属产量中，锑产量为 12.49 万 t，占全球锑产量的 80% 以上，锑品出口量为 7.69 万 t，约占全球锑品出口量的 80%。国土资源部公布我国 2003 年末锑矿储量为 50.7 万 t，基础储量 87.5 万 t，资源量 119.7 万 t，总资源储量 207.2 万 t。

我国锑矿资源的分布从大区来看，以 1996 年保有储量统计，主要集中在中南区，占全国锑矿储量的 68.7%，居首位；其次是西南区，占 21.3%；西北区占 8.3%，华东、东北、华北的锑矿很少，3 个区合计占 1.7%。就各省区来看，储量占有依次为：广西 115.57 万 t、湖南 56.21 万 t、云南 28.46 万 t、贵州 23.93 万 t、甘肃 15.29 万 t，5 省区合计储量 239.46 万 t，占全国锑矿总储量的 86.1%。其次，广东 12.2 万 t、陕西 7.87 万 t、河南 5.14 万 t、西藏 4.43 万 t，这 4 个省区合计储量 29.64 万 t，占 10.7%。内蒙古、吉林、黑龙江、浙江、安徽、江西、湖北、四川、青海等 9 省区的储量很少，合计仅占 3.2%。

云南省锑资源分布较广，全省有 7 个专州，16 个县有锑矿，其中云南木利锑业有限公司是云南省发展锑工业的主要基地，该矿探明锑矿储量为 16 万 t，至今仍有 10 余万吨，矿石平均品位高，矿物组成简单，有害杂质含量低，现已形成年产 4000t 以上精锑以及锑白等产品的采选冶联合配套能力，被列为我国锑生产的主要后备生产基地。

表 1-1 是美国地质调查局 2008 年发布的锑矿储量统计数据。根据美国地质调查局的定义，“资源量”是指目前和潜在可经济利用的矿物量。“储量基础”是指“资源量”中已探明的、满足当前采选生产最低物理化学要求（包括品位、品质、厚度及深度）的资源，它包括目前可经济利用、临界经济及次经济的资源。“储量”是指“储量基础”中在确定的时期可经济利用的资源，仅包括可回收的矿物量。表 1-2 是美国地质调查局发布的

2002~2006年世界矿山的锑产量。表1-3是2000~2005年上半年，我国锑品的进出口量。

美国是世界最大的锑品消费国，但自2001年起即停止从矿石中生产锑，其所需锑产品主要从国外进口，年进口锑品量折合锑金属约3万t，其中用作阻燃剂的占40%，用于交通运输业（包括蓄电池）的占22%，用于化工业的占14%，用于陶瓷和玻璃工业的占11%，其他占13%。美国本土生产的锑金属主要是从蓄电池中回收二次锑，2003~2007年的产量分别为5600t、3650t、3030t、3480t、3240t，产量呈逐年下降的趋势，其原因是钙—铅免维护电池正逐步取代传统蓄电池。

我国氧化锑主要出口到日本、荷兰和美国，2004年的数量分别为17699t、11753t和9277t，共占总出口量的78.6%。精锑主要出口到日本、荷兰、韩国和比利时，2004年的数量分别为6076t、5061t、3230t和2501t，占出口总量的78.5%。近几年，美国所需锑产品主要从中国进口，2003~2006年平均约占其总进口量的51%。

表1-1　2007年世界锑储量和储量基础

国　别	储量（金属）/万t	储量基础（金属）/万t
中　国	79	240
泰　国	42	45
俄罗斯	35	37
玻利维亚	31	32
塔吉克斯坦	5	15
南　非	4.4	20
美　国	—	9
其他国家	15	33
世界总计（取整数）	210	430

表1-2　2002~2006年世界矿山的锑产量

国家或地区	锑产量（金属）/t				
	2002年	2003年	2004年	2005年	2006年
中　国	100000	100000	125000	120000	110000
俄罗斯	1000	2000	3000	3000	3500
南　非	5746	5291	4967	5979	6000
塔吉克斯坦	3000	1800	2000	2000	2000
玻利维亚	2346	2585	2633	5098	6600
澳大利亚	1200	1300	1800	1900	1900
吉尔吉斯斯坦	150	40	20	10	50
危地马拉	4010	2000	2686	1007	1000
秘　鲁	356	356	356	807	810
加拿大	173	153	105	96	100
泰　国	1	38	52	347	940
土耳其	250	650	900	1400	1400
世界合计（取整数）	118000	116000	144000	142000	134000

表 1-3 2000~2005 年上半年我国锑品的进出口量 (t)

年份	类别	锑品类别							
		生锑	锑矿砂及精矿	锑氧化物	硫化锑制品	未锻杂锑	废碎料、粉	其他锑及锑制品	锑品合计
2000	出口		0.1	36086	2395	44959	20	112	83572
	进口		80	1206	1				1287
2001	出口			36067	2518	22007		30	60622
	进口		217	316	1	10	6	173	723
2002	出口			49539	2447	20276		0.1	72262
	进口	25	13048	410		32	3	106	13624
2003	出口	2		46543	345410	25243		41	75283
	进口	65	22055	937		148	9	115	23939
2004	出口			53793	1550	21488	2	102	76935
	进口	22	17984	1496	31	373	13	140	20059
2005上半年	出口			26140	683	17525		62	44407
	进口		8329	573	28	6615	0.5	40	15593

目前，我国仍是世界第一的产锑大国，年产锑金属 10 万 t 左右。我国平均年产锑精矿在 2000t 以上的有湘、桂、粤、黔、滇五省区，其合计产量占全国锑精矿总产量的 89.5%；平均年产锑金属在 3000t 以上的也是这五省区，其合计产量占全国锑总产量的 95.6%。

2005 年 7 月之后，国际市场锑锭价格持续上涨，最高报价达 3700~3800 美元/t，8 月份国内的交易价格为 28000~29000 元/t。高位的锑价刺激着中国锑企业的生产热情，根据中国有色金属工业协会公布的统计数据，2005 年 1~7 月我国共生产精锑（锑含量）78763t，除去重复计算部分，约为 62000t 左右，同比增长了 12.11%，其中锡矿山闪星锑业有限责任公司同比增加了 8.95%，湖南辰州矿业有限公司增加了 21.75%，柳州华锡集团增加了 9.22%，云南木利锑业有限公司增加了 19.29%，常德辰州锑品有限责任公司增加了 54.49%，河池市南方有色冶炼有限责任公司增加了 83.22%，独山县东峰集团有限责任公司增加了 27.88%。

2005 年 1~7 月，我国锑精矿产量为 31581t，累计同比增加 9.66%。主产区湖南和广西有所增加，湖南省 1~7 月产量为 16997t，累计同比增加 4.74%，广西 1~7 月的产量为 10161t，累计同比增加 26.13%。产量增加的还有陕西、贵州和河南，分别累计同比增加了 78%、4.63% 和 170%。

2 锑的物理化学性质

锑是化学元素周期表中第V主族元素，元素符号Sb，英文单词antimony，源于希腊文anti和monos两字的复合词，原意是“很少单独存在的金属”。

锑有许多无机和有机化合物。锑的原子价有+3、+4、+5和−3，但主要是+3价，4价化合物是3价和5价的结合体。

2.1 锑的物理性质

锑的相对原子质量为121.75，原子序数为51。它有四种同素异形体，即灰锑、黑锑、黄锑和爆锑，后三种均不稳定。灰锑是普通常见的所谓金属锑，外表呈银白色，断面呈现紫蓝色金属光泽，其主要物理性质见表2-1。黑锑、黄锑和爆锑的物理性质和制备方法见表2-2。

表2-1 锑的主要物理性质

物理性质	数　据
熔点/℃	630.7
沸点/℃	1635.0
密度（20℃）/$g \cdot cm^{-3}$	6.884
密度（630.5℃）/$g \cdot cm^{-3}$	6.697
晶　系	六方晶系（菱形六方体）
晶格常数/nm	$a=0.4307$；$c=1.1273$
莫氏硬度	3.0~3.5
熔化潜热/$kJ \cdot mol^{-1}$	18.866
蒸发潜热/$kJ \cdot mol^{-1}$	195.1
线膨胀系数（20℃时）/$\mu m \cdot (m \cdot ℃)^{-1}$	8~11
电阻率（20℃时）/$\Omega \cdot m$	37×10^{-2}
磁化率（18℃时）/cgs	-99.0×10^{-6}
比热容（27℃时）/$J \cdot (mol \cdot K)^{-1}$	24.4
热导率（0℃时）/$W \cdot (m \cdot K)^{-1}$	25.9
稳定的同位素	Sb^{121}，Sb^{123}

锑是较易挥发的金属，关于锑的沸点，文献报道的有1330℃、1380℃、1440℃、1587℃和1635℃等数据。A. H. 涅斯梅亚诺夫（A. H. Несмеянов）在详细分析了已发表的数据后，绘制了锑的蒸气压与温度的关系曲线图（见表2-3），将其沸点确定为1635.0℃。金属锑的蒸气压p（Pa）与温度T（K）的关系可按下式计算：

当温度低于或等于1300℃时：$\lg p = 7.995 - 6060/T$

当温度高于1300℃时：$\lg p = 9.154 - 7880/T$

表 2-2　黑锑、黄锑和爆锑的主要物理性质和制备方法

名称	主要物理性质	制备方法
黑锑	无定形黑色粉末，在常温下即可在空气中氧化，加热至400℃，能迅速变为灰锑	金属锑蒸气骤冷时即可产出黑锑
黄锑	与黄砷和黄磷相似，呈明显的非金属性质，在-50℃下即迅速变为灰锑	用空气或氧化液态锑化氢时可产出黄锑
爆锑	钢灰色，表面光滑柔软，用硬物轻轻敲击、摩擦、受热、辐射或加热到125℃，均可瞬时释放结晶热，发生爆炸，在沸水中或在水中缓缓加热，可失去其爆炸性	电解卤素化合物水溶液时，在阴极上可产出爆锑

表 2-3　锑在不同温度下的蒸气压

温度/℃	630	700	800	900	1000	1100
蒸气压/Pa	18.67	58.26	221.32	670.61	1719.85	3853.01
蒸气压/mmHg	0.14	0.437	1.66	5.03	12.90	28.9
温度/℃	1200	1300	1400	1500	1600	1635
蒸气压/Pa	7506.03	13732.17	27864.30	51862.26	87992.52	101324.7
蒸气压/mmHg	56.3	103.0	209.0	389.0	660.0	760

由630℃至1635℃的计算结果见表2-3。表2-3的数据也表明，锑的沸点为1635.0℃。根据表2-3的数据绘制出的锑蒸气压与温度的关系曲线如图2-1所示。

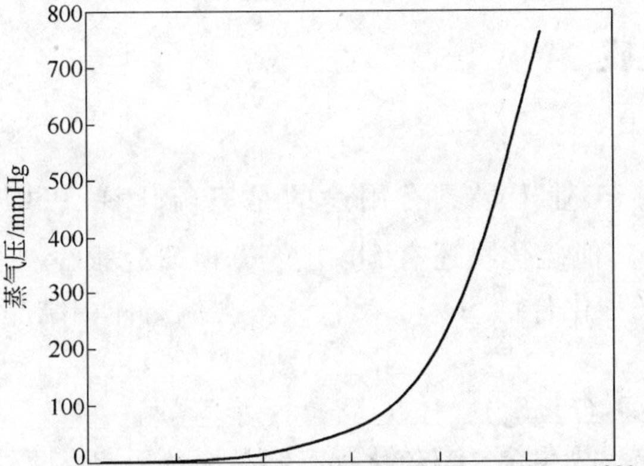

图2-1　锑蒸气压与温度的关系曲线
(1mmHg = 133.322Pa)

2.2　锑的化学性质

锑是一种较稳定的金属，在常温下即便长时间置于潮湿的空气中，也能保持其表面光泽而不受氧化。据测定，即使在100～250℃的温度范围内加热时，金属锑仍无明显的氧化现象，但若将粉状锑加热超过熔点时，则着火燃烧，若加热到750～800℃时，熔融的锑能使水蒸气分解而析出氢。锑的主要化学性质见表2-4。

表2-4　锑的主要化学性质

接触的物质	发生的化学反应
常温下的空气和水	无反应
热空气	氧化为 Sb_2O_3
氧　气	强烈燃烧
红热蒸汽	产生 Sb_2O_3
稀　酸	无作用
浓盐酸	有氧时溶解
浓硝酸	产出氧化氮气体，残留 Sb_2O_3 白色粉末
王　水	溶解为 $SbCl_3$ 溶液
热浓硫酸	产出 $Sb(OH)SO_4$
Cl_2	产出 $SbCl_3$
Br_2	加热时生成 $SbBr_3$
I_2	加热时生成 SbI_3
Mg	加热时生成 Mg_3Sb_2
次氯酸钙（钠）	不溶解
浓酒石酸	溶解产出 $(SbO)_2C_4H_4O_4$
黄色硫化铵	溶　解
NaOH 或 KOH 水溶液	无作用
与硫黄混合	生成黑色 Sb_2S_3
与硫的配合力	小于 Cu、Fe、Zn、Ni、Co、Cd 等金属

2.3　锑化合物的性质

2.3.1　锑的硫化物

在锑的硫化物中，工业上最具有用途的是三硫化锑（Sb_2S_3），其次是五硫化锑（Sb_2S_5），可能存在的其他硫化物还有 Sb_2S_4 等，但研究很少。图2-2是锑—硫状态图，从图中可看出，仅有一种化合物 Sb_2S_3，Sb_2S_5 不会从熔体中结晶析出，只能用化学方法制备。

2.3.1.1　三硫化锑（Sb_2S_3）

三硫化锑的商品统称为生锑。三硫化锑有结晶形及无定形两种形态。前者以辉锑矿形态普遍存在于各种锑矿床中，结晶形态属斜方晶系，铅灰色或钢灰色，金属光泽；后者可用化学方法制取。其主要物理化学性质见表2-5。

三硫化锑易挥发，且挥发速度随温度的升高而加剧，其蒸气压 p（Pa）与温度 T（K）的关系常由下式计算：

$$\lg p = -11200/T + 14.671 \quad (673\text{K} \leqslant T < 773\text{K})$$

$$\lg p = -7068/T + 9.915 \quad (773\text{K} \leqslant T \leqslant 1223\text{K})$$

表2-6所列的是三硫化锑在不同温度下蒸气压的实测数据，与按上式计算的数据有较大的出入。

根据表2-6的数据绘制出的三硫化锑蒸气压与温度的关系曲线如图2-3所示。

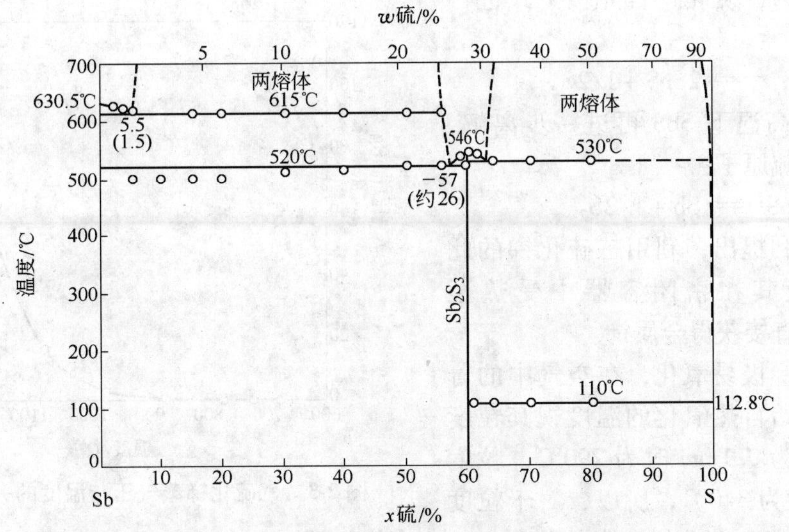

图 2-2 锑—硫状态图

表 2-5 三硫化锑的主要物理化学性质

主要物理性质	主要化学性质
密度：4.64g/cm³ 硬度：2～2.5HB 熔点：550℃ 沸点：1080～1090℃ 熔化热：23430～28950J/mol 蒸发热：61296J/mol 生成热：$\Delta H^{\ominus}_{298}=-149.369$J/mol 质量热容：0.34158J/(g·K) (20～500℃) 1.10093 J/(g·K) (>550℃) 摩尔分子热容按下式计算： $C_p=101.3+55.2\times10^{-3}T$ (298～821K)J/mol	常温下，几乎不溶于水 在沸水中可缓慢氧化为 Sb_2O_3 受热易分解 易氧化，其反应： $Sb_2S_3+9O_2 = 2Sb_2O_3+6SO_2$ 是挥发焙烧的理论基础 用 Cl_2 或 $FeCl_3$ 可氧化为 $SbCl_3$，析出元素硫，是氯化—水解法制取锑白的基础 能与 Na_2S 形成 Na_3SbS_3，是碱性浸出湿法炼锑的基础 能与 Sb_2O_3 交互反应转化为 Sb 和 SO_2 能被铁置换析出金属锑，此反应是沉淀熔炼的基础

表 2-6 三硫化锑在不同温度下的蒸气压

温度/K	673	723	773	873
蒸气压/Pa	0.0107	0.1514	5.907	65.884
蒸气压/mmHg	8.03×10^{-5}	1.135×10^{-3}	0.044	0.494
温度/K	973	1073	1173	1223
蒸气压/Pa	447.58	2127.46	7752.19	13670.00
蒸气压/mmHg	3.357	15.96	58.15	102.53

三硫化锑受热较易分解，600℃时，有显著的分解压，880℃时其分解压可达2452.08Pa。

一般认为三硫化锑首先按下式进行分解：

$$Sb_2S_3 = 2SbS + 1/2S_2$$

然后在高温下 SbS 再进一步离解，放出第二个硫原子：

$$SbS = Sb + 1/2S_2$$

曾有专利提出，利用三硫化锑的此种性质，使其在密闭容器中受热至1500℃，可直接获得金属锑。

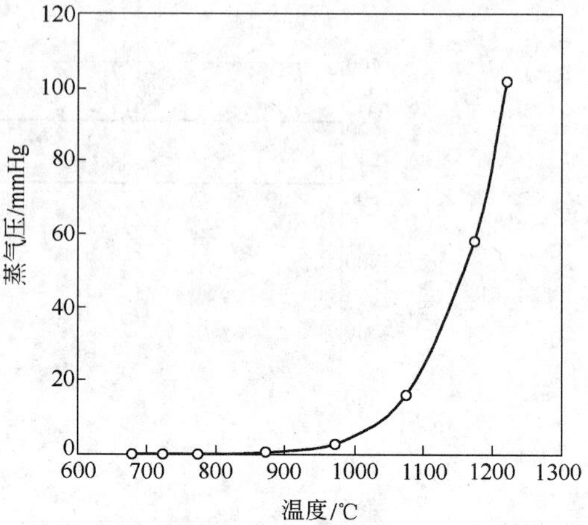

图2-3　三硫化锑蒸气压与温度的关系曲线

三硫化锑极易氧化，在空气中的着火点，即开始自热氧化的温度视其粒度而定。粒度为0.1mm时为290℃，粒度为0.2mm时为340℃，所以，对于粒度小于0.1mm的三硫化锑，当加热至290℃时，在空气中即可氧化为三氧化锑，氧化反应通常用下式表示：

$$2Sb_2S_3 + 9O_2 = 2Sb_2O_3 + 6SO_2$$

上述反应在520℃时即已进行得很快，560℃时可进行完全。

三硫化锑也能直接被碳、一氧化碳及氢气还原，反应式如下：

$$2Sb_2S_3 + 3C = 3CS_2 + 4Sb$$

$$Sb_2S_3 + 3CO = 3COS + 2Sb$$

$$Sb_2S_3 + 3H_2 = 3H_2S + 2Sb$$

用固体碳还原三硫化锑，始于700℃左右，在1200℃时反应可完全进行。当有空气存在时，CS_2 即燃烧成 SO_2 和 CO_2。用 CO 虽不需要很高温度，但反应进行得很不完全。

三硫化锑与 Cl_2 或 $FeCl_3$ 发生氧化反应的反应式为：

$$Sb_2S_3 + 6Cl_2 = 2SbCl_3 + 3SCl_2$$

$$Sb_2S_3 + 3Cl_2 + 3O_2 = 2SbCl_3 + 3SO_2$$

$$Sb_2S_3 + 6FeCl_3 = 2SbCl_3 + 6FeCl_2 + 3S$$

三硫化锑能与 Na_2S 反应生成 Na_3SbS_3，反应式为：

$$Sb_2S_3 + 3Na_2S = 2Na_3SbS_3$$

另外，NaOH 对 Sb_2S_3 也有一定的溶解能力，反应式为：

$$Sb_2S_3 + 4NaOH = Na_3SbS_3 + NaSbO_2 + 2H_2O$$

2.3.1.2　五硫化锑（Sb_2S_5）

五硫化锑为黄色无定形粉末，分子式为 $Sb_2S_3 \cdot 2S$，相对分子质量：403.82，含锑60.3%；密度：4.12～4.2g/cm^3。五硫化锑在商业上称为金黄锑（golden antimony）。五硫化锑在空气中易自燃，加热至85～90℃即开始分解，达120～170℃时，可全部分解为三硫化锑和元素硫。

工业上多采用硫酸或盐酸与硫代锑酸钠作用以制备 Sb_2S_5。

五硫化锑在氢气流中加热时，可不经三硫化锑而直接还原为金属锑。

$$Sb_2S_5 + 5H_2 = 2Sb + 5H_2S$$

2.3.2 锑的氧化物

锑与氧可生成一系列化合物。如 Sb_2O_5、Sb_6O_{13}、Sb_2O_4、Sb_2O_3、Sb_2O、SbO_2 和气态 SbO 等。锑的高价氧化物不稳定，随着温度升高可依次转化为低价氧化物。三氧化锑是锑的最稳定氧化物，是挥发焙烧—还原熔炼炼锑法的中间产物，同时也是锑化合物的主要产品之一。一般认为，Sb_2O_3、Sb_2O_4、Sb_2O_5 三种锑的氧化物在工业生产上具有意义，其他氧化物多为锑的不同生产过程中的过渡产物。

2.3.2.1 三氧化锑（Sb_2O_3）

固体三氧化锑的相对分子质量：291.5，含 83.53% Sb 和 16.47% O，在 1500℃的高温下，经测定其相对分子质量为 568～579，约相当于 291.5 的两倍，故其大部分分子的成分为 Sb_4O_6。

在常温下三氧化锑为白色结晶粉末，受热时呈黄色。三氧化锑有两种结晶形态，一是立方晶形（a = 1.11nm），另一种是斜方晶形（a = 0.492nm，b = 1.246nm，c = 0.542nm），在自然界中分别以方锑矿及锑华形态存在。立方晶体三氧化锑受热至 550～577℃时，转变为斜方晶体。三氧化锑两种晶体的分子结构如图 2-4 所示。

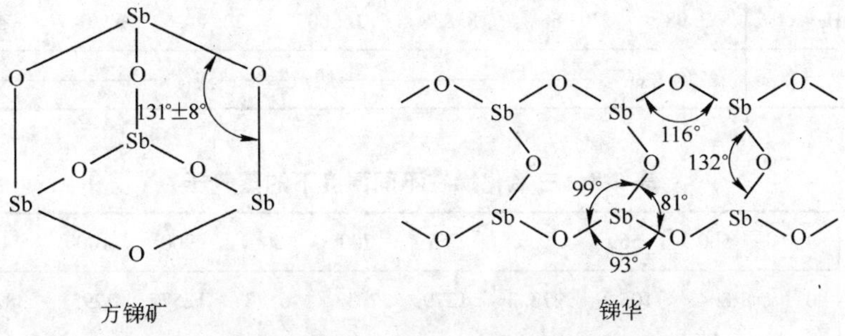

图 2-4 三氧化锑两种晶体的分子结构

立方晶体三氧化锑为单一的 Sb_4O_6 所组成，密度为 5.2g/cm³。

斜方晶体三氧化锑的主要物理性质如下：

（1）密度：5.67g/cm³；

（2）熔点：656℃；

（3）沸点：1425℃；

（4）熔化热：54.418～55.255kJ/mol；

（5）蒸发热：36.33～37.29kJ/mol；

（6）生成热：$\Delta H^{\ominus}_{298} = -692.451$kJ/mol。

三氧化锑的比热在 273～900K 范围内按下列方程计算：

$$C_p = 79.95 + 71.58 \times 10^{-3} T$$

三氧化锑易挥发，1930 年 W. L. 希克（Hicke W. L.），1935 年美国矿业局 C. G. 梅耶（Maier C. G.）及 1966 年苏联 Ф. А. 梅泽姆科夫（Мыземков Ф. А.）等以及 1968 年

Э. П. 博奇卡廖夫（Бочкарев Э. П.）等都认真地测定了不同温度下三氧化锑的蒸气压。按照 W. L. 希克提出的公式，其温度 T（K）与蒸气压 p（Pa）的关系为：

立方晶形 Sb_2O_3：$\lg p = 14.320 - 10357/T$

斜方晶形 Sb_2O_3：$\lg p = 13.443 - 9625/T$

液体 Sb_2O_3：$\lg p = 7.443 - 3900/T$

根据这几个公式计算出来的 450 ~ 1327℃的蒸气压见表 2-7。计算出的沸点偏低。C. G. 梅耶提出的数据见表 2-8，接近希克的数据。

表 2-7　三氧化锑在不同温度下的蒸气压

温度/℃	450	475	500	525	550	557	575	600
蒸气压/Pa	0.9999	2.9864	8.3326	21.9315	54.1287	69.9941	123.812	216.697
蒸气压/mmHg	0.0075	0.0224	0.0625	0.1645	0.406	0.525	0.928	1.962
晶　形	立方晶形——————→转变点——————→斜方晶形							
温度/℃	625	650	655	675	700	750	800	1327
蒸气压/Pa	530.6	1035.3	1178.2	2133.4	2721.3	4275.5	6431.9	101324.7
蒸气压/mmHg	3.98	7.765	8.838	16.002	20.412	32.047	48.242	760
晶　形	斜方晶形——————→熔点←——液体——————→沸点							

表 2-8　三氧化锑在不同温度下的蒸气压

温度/℃	400	500	569	600	655	700	800	900	1000	1100	1425
蒸气压/Pa	0.1	8.4	105.9	273.3	1279	2613	6173	12572	22931	38263	101324
蒸气压/mmHg	0.0	0.06	0.79	2.05	9.59	19.6	46.3	94.3	172	287	760
晶　形	立方晶系——→转变点——斜方晶系——→熔点←——————液态——————→沸点										

Ф. А. 梅泽姆科夫等提出的蒸气压 p（Pa）与温度 T 的关系式为：

$$\lg p = 7.900 - 4341/T$$

按上述方程计算出的数据与 W. L. 希克和 C. G. 梅耶的数据大致相近。为了对三氧化锑的蒸气压增长情况得到更清晰的概念，将 Э. П. 博奇卡廖夫等计算的数据列于表 2-9。

表 2-9　三氧化锑在不同温度下的蒸气压

温度/℃	574	625	666	729	813
蒸气压/Pa	133.322	666.61	1333.22	2666.44	5332.88
蒸气压/mmHg	1	5	10	20	40
温度/℃	873	957	1085	1425	
蒸气压/Pa	7999.32	13332.22	26664.4	101324.72	
蒸气压/mmHg	60	100	200	760	

根据表 2-9 的数据绘制出的三氧化锑蒸气压与温度的关系曲线如图 2-5 所示。

三氧化锑为两性氧化物，与酸作用表现为碱的性质而生成盐类，与碱作用表现为酸酐而生成亚锑酸盐。在氢卤酸中溶解时，生成卤化盐，例如在盐酸中生成三氯化锑。

$$Sb_2O_3 + 6HCl \longequal 2SbCl_3 + 3H_2O$$

三氧化锑在水中的溶解度很小（100℃时仅为 0.01g/L），也难溶于稀硫酸及稀硝酸，但浓硝酸可使其氧化为高价氧化锑。

三氧化锑在碱中的溶解度不大，但能溶解于煮沸的浓硫酸，而制得硫酸锑。

三氧化锑易溶于碱金属的硫化物，形成硫代亚锑酸盐，反应式如下：

$$Sb_2O_3 + 6Na_2S + 3H_2O \longequal 2Na_3SbS_3 + 6NaOH$$

三氧化锑能完全溶解于酒石酸（$C_4H_6C_6$），形成酒石酸锑络合物，三氧化锑也能与氯酸及氯化钠作用生成氯氧化锑。

三氧化锑与三硫化锑作用可生成锑玻璃，其成分与红锑矿 Sb_2S_2O（$2Sb_2S_3 \cdot Sb_2O_3$）相同。

三氧化锑与铜、铅、镍、锡的氧化物一样，容易还原成金属。

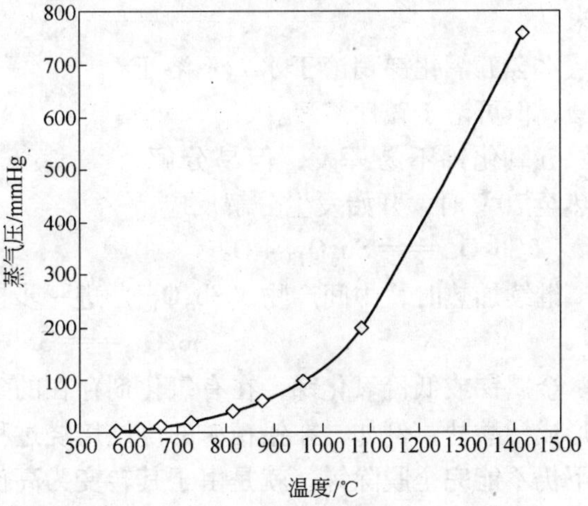

图 2-5 三氧化锑蒸气压与温度的关系曲线
（1mmHg = 133.322Pa）

2.3.2.2 四氧化锑

将金属锑、硫化锑或三氧化锑在空气中加热到 380 ~ 400℃时，即可制得四氧化锑。四氧化锑也是一种白色结晶晶体，属立方晶系（$a = 1.028$nm），密度为 6.59 ~ 7.5g/cm^3，生成热：$\Delta H_{298}^{\ominus} = -895.811$kJ/mol。中国、意大利和阿尔及利亚等国在自然界中发现的锑赭石，其成分即为四氧化锑。

四氧化锑与三氧化锑不同，具有不熔化和不挥发的特性。这种特性是硫化锑精矿完全氧化焙烧的基础，但也是挥发焙烧工艺中造成结炉现象的原因之一。

四氧化锑与三硫化锑反应可被还原为三氧化锑，其反应式为：

$$9Sb_2O_4 + Sb_2S_3 \longequal 10Sb_2O_3 + 3SO_2$$

该反应在硫化锑矿石或精矿的挥发焙烧中，有利于减少 Sb_2O_4 的生成和促进 Sb_2O_3 的挥发。

四氧化锑微溶于水，溶于盐酸，不溶于其他酸类，但可溶于碱溶液。

就四氧化锑的性质和结构而言，可将其看成是一种盐类，即锑酸锑（$SbSbO_4$），也可认为是 Sb_2O_5 和 Sb_2O_3 相结合而成的氧化物。根据对其晶体结构进行 X 射线衍射的分析，在其分子中确实有 3 价和 5 价锑原子（$Sb^{III}Sb^{V}O_4$）。

最适于四氧化锑生成的温度是 500 ~ 900℃，四氧化锑在 900℃时开始离解，1030℃时离解反应完全：$2Sb_2O_4 = 2Sb_2O_3 + O_2$

西蒙（Simon）测定的四氧化锑离解压的数据见表 2-10。根据表 2-10 的数据绘制的离解反应曲线如图 2-6 所示。

表 2-10　四氧化锑的离解压

温度/℃	820	930	1080	1110
p_{O_2}/Pa	1.216×10^{-6}	2589.11	18371.77	29984.12
p_{O_2}/mmHg	9.12×10^{-9}	19.42	137.8	224.9

2.3.2.3　五氧化锑

五氧化锑可由 $SbCl_5$ 通过水解获得，为棕黄色粉末。分子式为 $Sb_2O_5\cdot nH_2O$，大约相当于 $Sb_2O_5\cdot3.5H_2O$ 的五氧化锑水合物，将此种水合物加热至700℃时脱水变成白色粉末。

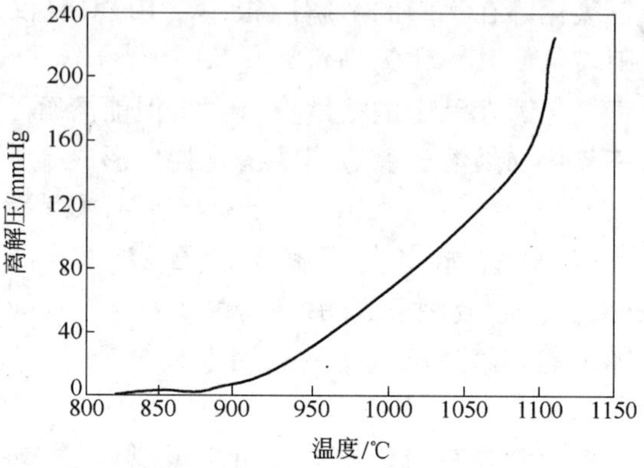

图 2-6　Sb_2O_4 离解曲线图

水合五氧化锑稍溶于水，不溶于硝酸，但可溶于碱性溶液。

五氧化锑不易挥发，但易分解，加热至70℃时，开始发生分解反应：

$$3Sb_2O_5 = Sb_6O_{13} + O_2$$

继续加热时，中间产物（Sb_6O_{13}）进一步按下式分解：

$$Sb_6O_{13} = 3Sb_2O_4 + 1/2O_2$$

金属锑或低价氧化锑，在有氧化剂存在的条件下，若与强碱性氢氧化物接触，则很容易形成锑酸盐。例如，在铅精矿的烧结焙烧过程中，精矿中的硫化锑在强烈鼓风氧化的情况下仍不能完全脱除锑，就是由于其转变为高价氧化物的缘故。

2.3.3　锑的卤化物

锑能与卤素直接化合，生成各种 SbX_3 型和 SbX_5 型化合物，但不能生成 $SbBr_5$ 和 SbI_5。锑的各卤素化合物的主要物理性质见表2-11。

表 2-11　锑的各卤素化合物的主要物理性质

性　质	锑的卤素化合物					
	SbF_3	$SbCl_3$	$SbBr_3$	SbI_3	SbF_5	$SbCl_5$
分子量	178.75	228.11	361.48	502.46	216.74	299.02
存在形态		斜方晶系			油状液体	
颜　色	无色		白色	红色	无色	
密度/$g\cdot cm^{-3}$	4.379	3.060	4.148	4.850	(21℃)	(20℃)
熔点/℃	280±1	73.4	96.0±0.5	170.5	6	3.2±0.1
沸点/℃	346±10	222.6	287	401	150	68(1.82kPa)
$\Delta H^{\ominus}_{298}$/$kJ\cdot mol^{-1}$	-915.5	-382.2	-259	-100		-45.8±6.2
$S^{\ominus}_{298}$/$J\cdot(mol\cdot K)^{-1}$	127	184	207	216±1		263±12
$\Delta H_{熔化}$/$kJ\cdot mol^{-1}$	21.4			22.7±0.2		
$\Delta S_{熔化}$/$J\cdot(mol\cdot K)^{-1}$	38.2			51.5±0.14 (444℃)		

续表 2-11

性 质	锑的卤素化合物					
	SbF_3	$SbCl_3$	$SbBr_3$	SbI_3	SbF_5	$SbCl_5$
$\Delta H_{蒸发}$/kJ · mol^{-1}	102.8 ± 1.3 (298℃)	46.72 (496℃)	53.2 (540℃)			43.45 (449℃)
$\Delta S_{蒸发}$/J · (mol · K)$^{-1}$	175.8 ± 2.5 (298℃)	93.6 (496℃)	94.9 (560℃)			95.44 (449℃)
C_p/J · (mol · K)$^{-1}$						
固体		108		96		
液体				144		
$\Delta H^{\ominus}_{升华(298)}$/kJ · mol^{-1}				106.6 ± 0.4		

在锑的各种卤素化合物中，工业生产上最重要的是三价锑的卤化物，如 SbF_3 和 $SbCl_3$ 等。各卤素化合物的主要化学性质如下：

三氟化锑（SbF_3）：易溶于水，其在水中的溶解度见表 2-12；易升华，在熔点时的蒸气压达 26344.427Pa（197.6mmHg）；在氢氟酸存在时，其溶解度可进一步增加，并且不容易水解，在稀溶液和浓溶液中都很稳定；能与无机化合物形成配合物，在工业生产中可作为氟化剂取代氯。

表 2-12 三氟化锑在水中的溶解度

温度/℃	0	20	22.5	25	30
溶解度/g · L^{-1}	3847	4447	4528	4924	5636

五氟化锑（SbF_5）是锑的卤化物中熔点较低的物质，在室温下为油状液体；易潮解，在潮湿空气中会发烟吸潮而生成 $SbF_5 \cdot 2H_2O$；易溶于水，呈无色黏性液体；能与许多无机物形成配合物，是很好的氧化剂和氟化剂。

三氯化锑（$SbCl_3$）常温下为无色斜方结晶，熔化后为无色透明油状液体，商业上称为"锑油"；具有强烈腐蚀性，可用于涂镀钢铁和阻燃剂；在潮湿空气中水解，产生 SbOCl 烟雾；易溶于水（其在水中的溶解度见表 2-13），但过量的水又使其在水解时产生 SbOCl 或 $Sb_4O_5Cl_2$；可溶于苯、二硫化碳、丙酮和酒精中。

表 2-13 三氯化锑在水中的溶解度

温度/℃	0	15	20	25	30	35	40	50	72
溶解度/g · L^{-1}	60.74	82.30	92.31	99.67	107.66	116.15	131.62	193.38	∞

三氯化锑可由锑与氯气直接反应制得，也可用 Sb_2O_3 或 Sb_2S_3 溶于盐酸制取，反应式如下：

$$2Sb + 3Cl_2 \xlongequal{} 2SbCl_3$$

$$Sb_2O_3 + 6HCl = 2SbCl_3 + 3H_2O$$

$$Sb_2O_3 + 6HCl = 2SbCl_3 + 3H_2O$$

还可通过硫化锑精矿与 $FeCl_3$ 的酸性溶液作用，再经干馏制取，其主要反应如下：

$$Sb_2S_3 + 6FeCl_3 = 2SbCl_3 + 6FeCl_2 + 3S$$

三氯化锑溶于硫酸，生成硫酸锑，其反应式为：

$$2SbCl_3 + 3H_2SO_4 = Sb_2(SO_4)_3 + 6HCl$$

三氯化锑极易挥发，其蒸气压与温度的关系见表 2-14。三氯化锑可用来制取高纯锑，即利用其强烈的挥发性使之与其他杂质元素分离。

表 2-14　三氯化锑在不同温度下的蒸气压

温度/℃	50.3	99.7	112.0	128.8	137.5
蒸气压/Pa	146.55	2399.80	4172.98	7599.35	10319.12
蒸气压/mmHg	1.10	18.00	31.30	57.00	77.40
温度/℃	149.8	177.8	199.3	212.5	223.5
蒸气压/Pa	16038.64	37276.83	59514.94	84152.85	101324.72
蒸气压/mmHg	120.30	279.60	446.40	631.20	760.00

五氯化锑（$SbCl_5$）常温下为无色或稍带浅黄色液体；沸腾时即发生分解，放出氯气，转变为 $SbCl_3$，反之，如通氯气于 $SbCl_3$，也可获得 $SbCl_5$；可溶于盐酸和氯仿内；能与无机和有机物质反应生成一系列配合物；是一种强氧化剂；能与水作用生成锑酸，反应式为：

$$SbCl_5 + 4H_2O = H_3SbO_4 + 5HCl$$

三溴化锑（$SbBr_3$）为黄色晶体，容易潮解，遇水立即分解，可溶于二氧化碳、氢溴酸和氨，主要用于媒染剂。

三碘化锑（SbI_3）为红色结晶晶体，容易水解而生成复杂配合物离子，在高温下则挥发，可溶于酒精、二硫化碳、盐酸和碘化钾溶液，不溶于氯仿，在有机溶剂内可用锑与碘或硫化锑反应制取，主要用于医药。

氯氧化锑（SbOCl 或 $Sb_4O_5Cl_2$）为白色单斜晶体，可溶于盐酸、CS_2 及热水中，170℃时分解。其制取方法是将三氯化锑溶于水并稀释至发生水解反应，沉淀产物即为氯氧化锑，其成分视稀释程度分别为 SbOCl 或 $Sb_4O_5Cl_2$，反应式如下：

$$SbCl_3 + H_2O = SbOCl + 2HCl$$

$$4SbCl_3 + 5H_2O = Sb_4O_5Cl_2 + 10HCl$$

2.3.4　锑的氢化物

锑的氢化物即锑化氢（SbH_3），为无色剧毒气体，有邪臭味，其主要物理化学性质见

表2-15。

表2-15 锑化氢的主要物理化学性质

名 称	物理化学性质
熔点/℃	-88
沸点/℃	-17
密度/$g \cdot cm^{-3}$	2.204（沸点时的液态密度），15℃时的密度是空气的4.344倍
	145.256
$\Delta H^{\ominus}_{298}/kJ \cdot mol^{-1}$	微溶于水，稍溶于酒精和二硫化碳； 室温下，可缓慢分解为锑和氢，200℃时分解很快； 具有强还原性，当有空气或氧存在时，在低温即可分解为锑和水，温度提高时会着火燃烧，产生三氧化锑和水； 卤素、硫及大多数氧化物均可使其分解； 通过氢氧化钾或氢氧化钠水溶液时，发生如下反应： $SbH_3 + 3KOH = K_3Sb + 3H_2O$ $SbH_3 + 3NaOH = Na_3Sb + 3H_2O$ 此时溶液呈棕色，随后析出金属粉末； 能被苏打-石灰（氢氧化钠与氧化钙的等量混合物）吸收； 与砷化氢一样，易发生在有“初生氢”与锑化物接触的场合； 高纯锑化氢可用于制造N型硅半导体时的气相掺杂物
制备方法	(1) 用酸处理金属锑化物，典型反应为： $Zn_3Sb_2 + 6H_3O^+ = 3Zn^{2+} + 2SbH_3 + 6H_2O$ 如用盐酸处理含33% Sb和67% Zn的锌锑合金，可产生含SbH_3达15%的气体； (2) 用锌在酸性溶液中还原高价锑的化合物，也可制备锑化氢，反应式为： $SbO_3^{3-} + 9H_3O^+ + 3Zn = SbH_3 + 3Zn^{2+} + 12H_2O$ (3) 用锑阴极电解酸性或碱性溶液，在锑阴极上析出“初生氢”时，即与锑作用，生成锑化氢

2.3.5 锑的金属间化合物

锑与元素周期表中许多族的金属容易生成金属间化合物，简称锑化物。分述如下：

第Ⅰ族金属的锑化物有：Li_3Sb、Na_3Sb、K_3Sb、KSb、Cu_3Sb、Cu_2Sb、Ag_3Sb；

第Ⅱ族金属的锑化物有：Mg_3Sb_2、Ca_3Sb_2、ZnSb、CdSb和CaSb；

第Ⅲ族金属的锑化物有：BSb、AlSb、GaSb和InSb；

第Ⅵ族的锑化物有：Sb_2S_3、Sb_2Se_3、Sb_2Te_3；

第Ⅷ族金属的锑化物有：$FeSb_2$、Ni_2Sb_3、NiSb。

这些金属间化合物大部分具有半导体性质，其中最重要的是锑与第Ⅲ族和第Ⅵ族金属形成的锑化物。

目前已有研究报道的锑的半导体化合物主要有：BSb、AlSb、GaSb、CsSb、InSb、Mg_3Sb_2、ZnSb、CdSb、CaSb、Li_3Sb、Na_3Sb、K_3Sb、KSb、Rb_3Sb、CsSb、Sb_2S_3、Sb_2Se_3、Sb_2Te_3、$PtSb_2$等，而研究较多的是AlSb、GaSb和InSb。这些金属间化合物属混

合键型。用红外光晶格吸收法推算的有效电荷数值：AlSb 为 0.48，GaSb 为 0.30，InSb 为 0.34。InSb 的载流子有效质量小，载流子迁移较高，同时也较容易制备，是制作霍尔器件与磁阻器件等的好材料。

AlSb 是 Al－Sb 二元系中唯一的稳定化合物，其禁带宽度值高达 1.6eV，熔点为 1050℃，电子迁移率为 $900cm^2/(V·s)$，空穴迁移率为 $400cm/(V·s)$。AlSb 易于用拉制技术生长单晶，但应注意的是，在大气中，样品和单晶体表面都容易很快氧化而变成粉末。

锑和镓一起熔化，很容易从熔体中抽出锑化镓单晶。经多次区域熔炼后所制得的锑化镓属 P 型半导体，这是锑在熔区中蒸发，使化合物中镓过剩所致。此外，用掺入第Ⅵ族元素的方法可制得 N 型的锑化镓。

铟和锑在其金属间化合物的熔点（525℃）下，其蒸气压均小于 1.01325×10^5Pa，按化学计量比将纯铟和纯锑置于石英舟或石墨舟中通入保护性气体，加热使铟和锑熔化，保温使其熔化均匀，即可直接合成锑化铟。合成的锑化铟经提纯后，用直拉法或者布里奇曼法（Bridgman Method）使其生成单晶，也可以直接利用区域熔炼法制得单晶。

2.3.6　锑的无机盐及有机盐

锑的无机盐及有机盐类，除上述已介绍的卤素化合物外，在工业上和医药上有较大意义的还有硫酸锑、锑酸钾、锑酸钠、锑酸铅、乳酸锑、酒石酸锑氧钾、酒石酸锑氧钠以及硫代锑酸钠等，其主要物理化学性质和制备方法见表 2-16。

表 2-16　锑的无机盐的主要物理化学性质和制备方法

种　类	物理性质	化学性质	用　途
硫酸锑 $Sb_2(SO_4)_3$	相对分子质量为 531.63，含锑 45.8%，无色闪光针状结晶，密度 $3.62g/cm^3$	在空气中易潮解，不溶于水，与少量水可形成水合硫酸锑晶体，进一步稀释时即可部分水解	用于制造炸药、焰火，在锑的水解精炼时，用于配制电解质，以增大电导率
锑酸钾 $K[Sb(OH)_6]$ 和锑酸钠 $Na_2[Sb(OH)_6]$	由五氧化锑和过量的氢氧化钾共熔后，溶于少量水中结晶获得，精制的锑酸钾是白色晶体	仅稍溶于热水中，锑酸钠的溶解度远比钾盐为小，可作为钠盐的沉淀剂	
锑酸钠 $NaSbO_3$	三价锑的偏亚锑酸、亚锑酸和焦亚锑酸及五价锑的偏锑酸、锑酸和焦锑酸与氢氧化钠作用时皆可生成相应的锑酸钠，具有工业意义的是 $2NaSbO_3·7H_2O$ 和 $Na_2H_2Sb_2O_3·H_2O$	各种锑酸钠均可略溶于水、无机酸和酒石酸中	用作遮盖剂及耐酸性的搪瓷配料。焦锑酸钠可用于电视机显像管的玻璃澄清剂
锑酸铅 $Pb_3(SbO_2)_3$	商品名为“拿浦黄”（Naples yellow），简称“锑黄”，为橘黄色结晶，由硝酸铅和锑酸钾反应制成，再结晶提纯，呈橘黄色结晶	不溶于水	用作陶瓷的黄色颜料

续表2-16

种类	物理性质	化学性质	用途
乳酸锑 $Sb[C_3H_5O_3]_3$	棕黄色粉末，由氢氧化锑和乳酸制得	可溶于水	用作织物的媒染剂
酒石酸锑钾 $K(SbO)C_4H_4O_6 \cdot 1/2H_2O$	医药上称吐酒石，为白色无味结晶，由三氧化锑溶于酒石酸氢钾结晶制得	溶于水和丙三醇，不溶于乙醇	用于医药，织物和皮革的媒染剂、香料和杀虫剂的制造
酒石酸锑钠 $Na(SbO)C_4H_4O_6 \cdot 1/2H_2O$	白色收湿性晶体或有甜味的粉末，毒性较吐酒石小，由三氧化锑溶于酒石酸氢钠溶液制得	溶于水，不溶于酒精	在医药上已取代酒石酸锑钾
硫代锑酸钠 $NaSbS_4 \cdot 9H_2O$	商业上称“施里普盐”(Schlippes salt)，为亮黄色晶体，工业品一般含锑 24% ~ 26%，可由五硫化锑与硫化钠共熔制得	稍溶于水	

2.3.7 有机锑化合物

有机锑化合物是指含有 Sb—C 键的化合物，种类很多，包括烃基锑、有机锑卤化物、有机锑氧化物、有机锑氢化物、不饱和杂环有机锑及含 Sb—Sb 键的有机锑化合物。通常分为三价锑有机化合物和五价锑有机化合物两大类。

三价锑有机化合物含有 1 ~ 3 个有机基团（R_3Sb、R_2SbX、$RSbX_2$、R_2SbOH、$(R_2Sb)_2O$、$RSb(OH)_2$、$RSbO$、R_2SbH 和 $RSbH_2$）；五价锑有机化合物含有 1 ~ 5 个有机基团（R_5Sb、R_4SbX、R_3SbX_2、R_2SbX_3、$RSbX_4$、$RSbOH$、R_3SbO、$R_2SbO(OH)$、$RSbO(OH)_2$ 及 SbR_6）。此外，还有含 Sb—Sb 键（$R_2Sb—Sb—R_2$）的有机二锑化合物，含有多个 Sb—Sb 键 $(RSb)_n$ 的低聚合和多聚合化合物以及芳香有机锑的衍生物，许多二烃基锑酸的衍生物等。

三甲基锑是沸点为79.4℃的液体，它不与水作用，溶于醚。可与溴加成得 R_2SbBr_2；三甲基锑与氧反应很迅速，甚至在空气中自燃，将其在乙醚中进行缓慢氧化生成氧化三甲基锑 R_3SbO，它也同硫黄及碘甲烷发生氧化加成反应：

$$R_3Sb + S \longrightarrow R_3SbS$$

$$R_3Sb + RI \longrightarrow R_4SbI$$

三甲基锑的强还原能力不仅表现在可将 Hg（Ⅱ），银、金的盐以及 $PbCl_3$、$PbCl_5$ 还原，甚至能将浓盐酸还原：

$$R_3Sb + 2HCl \longrightarrow R_3SbCl_2 + H_2$$

三价有机锑卤化物是很活泼的，易于水解和氧化，尤其是含脂肪烃基的那些。氧化和水解产物为五价的一烃基锑酸 $RSbO(OH)_2$ 和二烃基锑酸 $R_2SbO(OH)$，而还原产物则是有机锑氢化物或含 Sb—Sb 键的化合物。

苯基锑酸是最为人们所熟悉的一烃基锑酸，它是生产药物的原料，不少治疗寄生虫病的药物是从它开始的。

有机锑化合物的详细性质参见王积涛的专著《金属有机化学》。

3 锑的资源和生产

3.1 锑的矿物

3.1.1 锑矿物类型

自然界的含锑矿物多达120余种，经美国地质调查所鉴定有固定成分的达112种。锑在自然界存在的形态按化合价来分有零价、3价和5价。零价的锑即自然锑，3价和5价的锑矿物则有含锑的金属间化合物、硫化物、卤化物或含卤化物、氧化物。

硫化锑矿物按化学成分又可分为简单的硫化矿（辉锑矿）和复杂的硫化矿－硫盐矿物。锑的硫盐矿物是由络阴离子 $[SbS_3]^{3-}$ 与Ag、Cu、Pb、Fe等形成的矿物，或者说是辉锑矿与其他金属硫化物的混晶或固溶体，如黝铜矿、脆硫锑铅矿等。

氧化锑矿物是硫化锑矿物的风化产物，也可分为简单的氧化矿和复杂的氧化矿。前者如方锑矿和锑华，两者的分子式均为 Sb_2O_3。复杂的氧化锑矿物则是三氧化锑与五氧化锑、其他金属氧化物或硫化物的混晶或固溶体，如锑酸铅矿、黄锑矿等。锑的卤化物较少见，较典型的卤化物锑矿为氯氧锑铅矿。

重要的工业矿物有辉锑矿、方锑矿、锑华、锑赭石、脆硫锑铅矿、黝铜矿、红锑矿及硫汞锑矿等。常见含锑矿物的名称及其主要特征见表3-1。天然矿物的成分往往不完全符合化学计量，表3-1中有些矿物的含锑量是实验测定量。

表3-1 常见含锑矿物及其主要特征

矿物名称	化学式	锑含量（质量分数）/%	莫氏硬度	密度 /g·cm^{-3}	颜色	
					矿物	条痕
自然锑（antimony）	Sb	约98	3~3.5	6.6	锡白，钢灰	锡白，灰
金属化合物						
方金锑矿（aurostibite）	$AuSb_2$	55.28	3	9.98	铅灰	青铜色
锑银矿（dyscrasite）	Ag_3Sb	27.34	3.5~4	9.4~10	银白	银白
锑铜矿（horsfordite）	Cu_6Sb	24.20	4~5	8.8	灰，银白	银白
红锑镍矿（breithauptite）	NiSb	67.47	3.5~4	8.23	铜红	红褐
锑钯矿（stibiopalladinite）	Pd_5Sb_2	31.40	4~5	9.5	钢灰，银灰	黑
砷锑矿（allemontite）	SbAs	61.90	3.5	6.2	锡白	锡白
硫化物及硫盐类						
辉锑矿（stibnite）	Sb_2S_3	71.68	2	4.63	铅灰	灰黑
锑硫镍矿（ullmannite）	NiSbS	57.29	5.5	6.65	钢灰，银白	灰黑
硫锑铁矿（gudmundite）	FeSbS	58.07	5.5~6	6.72	钢灰，银白	灰黑
辉锑铋矿（horobetsuite）	$(Bi, Sb)_2S_3$	28.52	2	5.45	灰	灰

续表 3-1

矿物名称	化学式	锑含量（质量分数）/%	莫氏硬度	密度 /g·cm^{-3}	颜色	
					矿物	条痕
脆硫锑铅矿（jamesonite）	$Pb_4FeSb_6S_{14}$	35.39	2.5	5.56	钢灰，铅灰	黑，灰
块硫锑铅矿（boulangerite）	$Pb_5Sb_4S_{11}$	26.44	2.5	6	钢灰，蓝灰	红褐
针硫锑铅矿（falkmanite）	$Pb_5Sb_4S_{11}$	25.77	2~3	6.31	铅灰，粉褐	灰褐
柱硫锑铅矿（freieslebenite）	$AgPbSbS_3$	22.84	2.5	6.3	灰，银白	灰白
砷硫锑铅矿（geocronite）	$Pb_{14}(Sb,As)_6S_{23}$	14.08	2.5~3	6.4	蓝灰，银白	铅灰
车轮矿（bournonite）	$PbCuSbS_3$	24.91	3	5.8	黑，钢灰	灰
辉锑铅矿（zinkenite）	$Pb_9Sb_{22}S_{42}$	45.47	3~3.5	5.23	钢灰	钢灰
斜辉锑铅矿（meneghinite）	$Pb_{13}CuSb_7S_{24}$	19.46	2.5	6.38	铅灰，黑灰	灰黑
黝铜矿（tetrahedrite）	$(Cu, Fe)_{12}Sb_4S_{13}$	29.64	3.5~4	4.6~5.2	黑，钢灰	黑
银黝铜矿（freibergite）	$(Ag,Cu,Fe)_{12}(Sb,As)_4S_{13}$	18.93	3.5~4	4.85~5	黑，钢灰	黑红
脆硫锑铜矿（famatinite）	Cu_3SbS_4	27.63	3~4	4.57	灰黑，钢灰	黑
硫锑铜矿（stibioenargite）	$Cu_3(Sb,As)S_4$	15.28	3		黑	黑
脆银矿（stephanite）	Ag_5SbS_4	15.42	2~2.5	6.25	黑，铅灰	黑
浓红银矿（pyrargyrite）	Ag_3SbS_3	22.3	2.5~3	5.77~5.86	深红至灰黑	血红
辉锑银铅矿（ramdohrite）	$Ag_3Pb_6Sb_{11}S_{24}$	36.44	2	5.33	黑灰	灰黑
硫锑铅银矿（andorite）	$PbAgSb_3S_6$	41.85	3~3.5	5.41	灰黄，钢灰	黑
圆柱锡矿（cylindrite）	$Pb_3Sn_4FeSb_2S_{14}$	13.2	2.5	5.41	铅灰至黑	黑
辉锑锡铅矿（franckeite）	$(Pb, Sn)_6FeSn_2Sb_2S_{14}$	12.2	2.5	5.7	黑灰	灰黑
硫汞锑矿（livingstonite）	$HgSb_4S_8$	51.58	2	4.85	钢灰，铅灰	红
辉锑铁矿（berthierite）	$FeSb_2S_4$	56.94	2~2.5	4.3	钢灰，深褐	灰褐
氧化物和氢氧化物类						
方锑矿（senarmontite）	Sb_2O_3	88.39	2	5.25	白，灰，无	白
锑华（valentinite）	Sb_2O_3	83.59	2.5~3	5.69	灰白	白
红锑矿（kermesite）	Sb_2S_2O	75.24	1.5	4.55	樱桃红	褐红
硫氧锑钙石（sarabauite）	$CaSb_{10}O_{10}S_6$	75.62	4.5	4.8	深红色	橙色
黄锑矿（cervantite）	Sb_2O_4	79.19	4~5	6.5	黄至红	淡黄
黄锑华（Stibiconite）	$Sb_2O_4 \cdot H_2O$	76.37	4~5	4.94	褐，浅黄	淡黄
锑钽矿（stibiotantalite）	$SbTaO_4$	33.2	5.5	6.7	褐	浅黄
铌锑矿（stibiocolumbite）	$SbNbO_4$	43.69	5.5	5.98	褐	黄褐
锑钙石（romeite）	$(Ca, Fe, Mn, Na)_2(Sb,Ti)_2O_6(O,OH,F)$	44.54	5.5~6	5.05	黄至褐	黄褐

3.1.2　自然锑和锑的金属间化合物

自然锑呈锡白至钢灰色，有金属光泽，常失去光泽，变为深灰色。自然锑属三方晶系，结晶形态包括假立方晶形及斜方六面体晶形，但常呈他形晶及他形晶集合体，通常成粒状、片状、块状、网状、纤维状和放射状等产出。自然锑性脆，硬度低，无磁性。自然锑与自然砷很相似，较难区分，但自然锑无味，而自然砷常具有一种大蒜臭味；而且自然锑不像自然砷那样容易失去光泽。自然锑无单独形成的富矿床，常与辉锑矿及含银锑矿物伴生，在氧化作用下转变为锑的氧化物，其中以三氧化锑为最常见。南非莫奇森(Murchison) 地区的锑矿床中发现有自然锑呈微粒附着在蓝铁矿和辉锑矿的晶面上，显然是和这些矿物同时生成的。美国赫尔马德锑矿含有相当量的原生自然锑，它嵌布在接近石英-辉锑矿矿脉的围岩中。此外，瑞典的萨拉（Sala）银矿，美国加州科恩（Kern）公司和加拿大魁北克沃尔夫（Wolfe）公司的矿山也发现有自然锑。我国贵州独山半坡锑矿亦见有自然锑与辉锑矿共生。

锑与其他金属可形成固溶体或金属间化合物，如方金锑矿、锑银矿、锑钯矿等。其形成条件也与硫化物和氧化物的固溶体相同，且大都属于交代形成，而很少充填形成。这类矿物在自然界出现在金、银、砷化物矿石以及稀有金属铂钯矿床中，偶尔也可在伟晶岩中遇到。

我国云南金宝山特大型铂钯矿床中的主要钯矿物即为三方锑钯矿。锑与其他金属形成的这类矿物对锑的生产价值不大，但在金属精炼和合金制造中具有实际意义。例如：锑和砷由于原子价和晶体结构相同，而原子半径（As 0.256nm、Sb0.290nm）的差别仅13.8%，也在广泛互溶的界限值以内，所以能够形成一系列连续的固溶体，结果在冶炼中，砷常随锑出现，被认为是一种较难分离的杂质元素。又如锑与金，虽不形成固溶体，但可生成 $AuSb_2$ 金属间化合物（方金锑矿），出现在某些金矿和合金锑矿内。在有色金属的熔炼和精炼中，常视锑为金的一种捕集剂。

3.1.3 硫化锑矿物

最简单的硫化锑矿物为辉锑矿（见图 3-1），其成分符合分子式 Sb_2S_3，有时含有极少量 Se、As、Bi、Pb、Cu、Fe、Hg、Au 及 Ag 等，其中绝大部分元素为成矿时期的机械混入物。辉锑矿分布很广，是锑生产中最主要的矿物。辉锑矿是低温热液矿床中较晚形成的矿物，由于成矿时上升的热液中很少或不含有其他溶解的硫化物，所以可析出相当纯净的三硫化锑，是典型的浅成矿床。它主要富集于基本上由辉锑矿单矿物组成的石英脉或碳酸盐矿层中。此外，它常见于一些矿化较复杂的热液脉内，而与辰砂、雄黄等共生。少量辉锑矿还见于热泉沉积物和火山凝华物中。如果在成矿的高温阶段，上升热液中遇有相当数量的其他金属硫化物，则三硫化锑就会与这些硫化物形成混晶或固溶体，其中有些在成矿液体温度降低时不发生分解，因而形成有固定组成的复杂硫化物。

辉锑矿除常单独形成工业矿床外，往往还出现在铜、铅、锌矿石中而成为这些金属生产中的副产品。

辉锑矿属斜方晶系，其产出形态多样，如放射状、针状、片状、柱状、半自形晶粒集合体等，在矿床空隙部位常生成闪亮美观的粗大柱状结晶或晶簇，柱面具有明显的纵纹，较大的晶体往往显现弯曲。长而弯曲的片状晶体像阿拉伯人的弯刀，是收藏家的至爱，弯曲的晶形是由双晶作用产生的。在矿床发生氧化时，氧化产物往往仍保持形似辉锑矿的假晶。辉锑矿的颜色为铅灰至钢灰色，表面常带暗蓝青色，呈金属光泽，条痕色为铅灰至灰黑色。辉锑矿性脆，解理平行｛010｝完全，解理面上常有横的聚片双晶纹。共生矿物多

图 3-1 辉锑矿晶体

为石英、重晶石、含汞的黝铜矿、黄铁矿、白铁矿、毒砂、蓝铁矿等。矿脉中常含有金，有些还含有钨。

复杂硫化锑矿物是成矿期间硫化锑与其他金属硫化物复合形成的，两者常呈天然混晶或固溶体，其形成有两种方式：第一种是充填式，即锑原子分散填充于载体分子的空穴内，这种固溶体可出现在某些非化学计量的矿物分子中，如黄铁矿和磁黄铁矿；第二种是置换固溶体，常见于矿石矿物中。在这种固溶体中溶剂金属在其晶核的正常位置上被溶质金属所置换。最易形成固溶体的条件是溶质与溶剂的原子半径相近，原子价和晶体结构相同。复合硫化锑矿物大都是 Sb_2S_3 与其他在常温下可稳定存在的简单金属硫化物的复合物。例如表 3-1 中的脆银矿，其分子式 Ag_5SbS_4 可写成 $5Ag_2S \cdot Sb_2S_3$。

由于成矿时，成矿液体中的化学组分十分复杂，因而复合硫化锑矿物的化学成分往往并不完全符合分子式。例如黝铜矿的分子式一般写成 $Cu_{12}Sb_4S_{13}$，如其中不仅有铜而且尚含原子价相同的锡原子或铁原子时，则可写成 $(Cu, Sn)_{12}Sb_4S_{13}$ 或 $(Cu, Fe)_{12}Sb_4S_{13}$。复合含锑硫化物中的锑为三价锑，可称为硫代亚锑酸锑，这种硫化锑矿的种类繁多，较常见且具有经济价值的复杂硫化锑矿物的特性简述如下。

3.1.3.1 硫汞锑矿

硫汞锑矿的分子式为 $HgSb_4S_8$，其英文名称 Livingstonite 系取自 19 世纪探险家、传教士 David Livingstone 的名字。硫汞锑矿的分子式曾被误认为 $HgSb_4S_7$，直到 1957 年才确定其正确的成分。硫汞锑矿能稳定存在的最高温度约 451℃，可以在 200℃、10MPa 下，用 HgS 和 Sb_2S_3 在 Na_2S 溶液中人工合成 $HgSb_4S_8$ 晶体。硫汞锑矿常产于低温热液矿床，与辉锑矿、辰砂、自然硫、方解石等共生，在某些方解石和石膏标本中，发现其与石膏和自然硫一起产出。硫汞锑矿属单斜晶系，其晶体常呈放射状、纤维状和柱状，具半金属光泽，不透明至半透明，无磁性。在矿相显微镜下，反射色为浅灰色带奶油色调；双反射显著；奶油灰色至奶油棕色带紫罗兰色调；非均质性强；暗紫罗兰色至浅绿灰色；内反射局部可见血红色。硫汞锑矿是一种少见的矿物，但在某些矿山却是主要的含锑矿物之一。世界著名产地有墨西哥、澳大利亚的新南威尔士、新西兰及美国的内华达等。

3.1.3.2 车轮矿

车轮矿的化学组成为 $CuPbSbS_3$，常含微量的砷、铁、银、锌、锰等杂质。车轮矿属斜方晶系，斜方单锥晶类，晶体呈短柱状、板状及假立方状，双晶很常见。当双晶重复形成时可形成一种扁平的似车轮形的晶体，所以称为车轮矿。车轮矿性脆，无磁性，在矿相显微镜下，反射色为白色，在油中带微弱的蓝灰色调。

车轮矿广泛分布在中温和低温热液矿床中，但数量不大；主要在铅锌和多金属矿床中，与较晚的硅化阶段有关；在低温锑矿中为早期析出的矿物；在氧化带中，则易分解为孔雀石、白铅矿及氧化锑。世界著名产地有乌拉尔、捷克斯洛伐克、智利、英国康沃尔、墨西哥、秘鲁等地。

3.1.3.3 圆柱锡矿

圆柱锡矿也称圆柱锡石，其化学组成为 $Pb_3Sb_2Sn_4S_{14}$，一般含有少量铁，所以常写成 $Pb_3Sn_4FeSb_2S_{14}$。圆柱锡矿是一种非常特别的矿物，属斜方晶系，它有一种很特殊的晶体习性，如其名称所指，可形成圆柱或圆筒状晶体。它实际上是由片状体或壳状体卷曲形成的，在压力作用下常不能卷曲而形成叶状或壳状体产出。具有这种晶体习性的其他矿物仅有绿泥石和蛇纹石，但需要借助显微镜才能观察到，而圆柱锡矿靠肉眼就能观察到。圆柱锡矿也常形成块状或放射状集合体，常与辉锑锡铅矿，闪锌矿和黄铁矿一起产在锡矿脉中。世界著名的产地是玻利维亚的朴坡（Poopo），我国广西大厂、云南蒙自白牛厂等矿区也有圆柱锡矿赋存。

3.1.3.4 辉锑锡铅矿

辉锑锡铅矿的化学组成为 $Pb_5Sb_2Sn_3S_{14}$，成分中常有 Fe、Zn、Ag 等的混入，其分子式常写成 $(Pb, Sn)_6FeSn_2Sb_2S_{14}$。单斜晶系。晶体薄板状，常弯曲；双晶复杂。集合体为块状、放射状或球状。辉锑锡铅矿晶体呈浅灰黑色，条痕浅灰黑色。金属光泽，不透明，解理完全，硬度较低。具挠性，无弹性，并略具延展性。辉锑锡铅矿常常与辉锑铅矿、圆柱锡矿和黝锡矿一起产于与灰岩接触的岩石中，亦见于锡矿矿脉中。

3.1.3.5 黝铜矿

黝铜矿的分子式应为 $Cu_{12}Sb_4S_{13}$ 或 $5Cu_2S \cdot 2CuS \cdot 2Sb_2S_3$，其中的铜常常部分地被银、铁、锌、汞、镍、钴、钒所取代，而其中的锑可完全或者部分地为砷所取代，完全被砷取代时则为砷黝铜矿（$Cu_{12}As_4S_{13}$），或者当含锑较高时称为黝铜矿，含砷较高时则称为砷黝铜矿。黝铜矿与砷黝铜矿的晶体结构相同，属立方晶系，六四面体晶类，常见单形有立方体、四面体、菱形十二面体、三角三四面体、四角三四面体等，也呈集合体或粒状产出，偶见双晶。黝铜矿实际上是一种在成分上十分复杂的矿物。最常见的黝铜矿是 Cu－Sb型黝铜矿，呈黄褐色，纯 Cu－Sb 型黝铜矿呈青绿色，含银的 Cu－Sb 型黝铜矿呈浅黄褐色，而含汞的 Cu－Sb 型黝铜矿呈光泽较暗的浅黄色。黝铜矿分布广泛，但是一般很少聚积。常见于各种成因的热液矿床和多种硫化物共生组合中；它主要分布于中温热液矿床中，尤其在一些火山热液成因的矿床，与黄锡矿、黄铜矿、闪锌矿等共生。世界著名产地有英国、罗马尼亚、美国、玻利维亚、秘鲁、墨西哥等。如美国爱达荷州的黝铜矿已开采数十年，是该国产量最大的锑矿。我国某些银铜铅锌多金属硫化矿中含有银黝铜矿。

3.1.3.6 脆硫锑铅矿

脆硫锑铅矿，又称为羽毛矿。其分子式为 $Pb_4FeSb_6S_{14}$，也写成 $4PbS \cdot FeS \cdot 3Sb_2S_3$。但成分有时并不完全符合化学式，铁含量可达10%而远超过理论含量，其他混入物有 Cu、

Ag、Zn、Bi、As 等。属单斜晶系，通常呈柱状、针状，具有聚片双晶，在显微镜下易于发现。集合体除多呈致密块状充填于矿床的洞穴或裂隙中外，还常形成纤维状、针状、放射状、毛发状晶簇，有时也形成粗大的棱状晶体而易与辉锑矿晶体混淆。脆硫锑铅矿性脆，无磁性。脆硫锑铅矿风化后转化为锑和铅的氧化物，例如水锑铅矿（$Pb_2Sb_2O_7 \cdot nH_2O$）。脆硫锑铅矿在显微镜观察下与辉锑矿、块硫锑铅矿、针硫锑铅矿和其他某些硫盐矿物很相似。通常不容易与块硫锑铅矿分清楚，后者呈现多种不同色调，而各种晶面间的差别也比脆硫锑铅矿显著。脆硫锑铅矿具聚片双晶，三组解理；而块硫锑铅矿未发现双晶，只有一组解理。脆硫锑铅矿与块硫锑铅矿以及针镍矿均能形成毛发状晶簇，但块硫锑铅矿晶体较柔韧，能弯曲，而脆硫锑铅矿晶体更脆；针镍矿的颜色则与脆硫锑铅矿有较大差别，针镍矿为黄色。与方铅矿比较，脆硫锑铅矿的晶体一般有强金属光泽，呈灰绿黄色。脆硫锑铅矿是热液成因的矿物，主要见于铅锌矿床和锡石硫化物矿床中，常与黄铁矿、闪锌矿、方铅矿、辉锑矿等共生。

脆硫锑铅矿在大多数锑矿床中的蕴藏量很少，但在我国广西大厂矿田则为主要有用矿物之一，广西大厂锡矿床中，脆硫锑铅矿形成巨大聚积，其数量之多在世界上亦是很罕见的。此外在我国湖南、吉林、辽宁、甘肃、江西等省的中低温铅锌矿床及美国内华达州和玻利维亚的辉锑矿床中也有产出。

3.1.3.7　块硫锑铅矿和针硫锑铅矿

块硫锑铅矿的分子式为 $Pb_5Sb_4S_{11}$，实验结构式为 $Pb_5Sb_{4.1}S_{11}$，属单斜晶系，呈针状结晶和纤维晶簇。针硫锑铅矿的分子式与块硫锑铅矿相同，实验结构式为 $Pb_{4.9}Sb_{3.9}S_{11}$，与块硫锑铅矿的性质很相似，两者均可呈连续的固溶体，而且在两个连续的固溶体中还可能插入另一固溶体。块硫锑铅矿主要产于中低温热液矿床中，如我国独山、大厂锑矿床中均有，在德国、前苏联、法国、瑞典、玻利维亚等国的锑矿床中也有出现。块硫锑铅矿和针硫锑铅矿与脆硫锑铅矿的差别是很小的，并且在自然界普遍存在，蕴藏量也比较丰富。

3.1.3.8　辉锑铁矿

辉锑铁矿又称为蓝铁矿，其分子式为 $FeSb_2S_4$，可认为是辉锑矿和黄铁矿的混晶，常出现在低温锑矿床内，共生矿物有石英、黄铁矿、辉锑矿。辉锑铁矿易与辉锑矿相混淆，但前者常形成针状、纤维状晶簇，其条痕色与辉锑矿不同，为褐色。主要产地有罗马尼亚、德国、挪威、法国、澳大利亚和南非。辉锑铁矿是南非锑矿中的一种主要矿物，含有丰富的镍。

3.1.3.9　浓红银矿

浓红银矿（Ag_3SbS_3），又称深红银矿，属三方晶系，晶体呈各种形态的短柱状，集合体为致密块状或粒状。在吹管火焰下加热极易熔化。以其颜色和条痕可与淡红银矿（Ag_3AsS_3）区别；又以其条痕及银的反应可与辰砂、赤铜矿及雄黄等辨别。浓红银矿与淡红银矿两者很难区别，唯后者颜色及条痕色稍淡，相对密度较小，吹管试验有砷的反应。浓红银矿相对密度 5.77 ~ 5.86。淡红银矿颜色深红色到朱红色，类似辰砂，条痕鲜红色；浓红银矿颜色深红色、黑红色或暗灰色，条痕血红色。浓红银矿具金刚光泽或金属光泽，半透明。解理完全，贝壳状到参差状断口。江西冷水坑产出的浓红银矿含 Ag 58.97%、Sb 23.11%、S 18.21%。内蒙古蒙恩陶勒盖产出的浓红银矿含 Ag 63.08%、Sb

20.83%、S 17.14%。浓红银矿见于中低温铅锌银矿床中，为晚期形成矿物，也可以在次生富集中形成。在这些矿床中浓红银矿常与方铅矿、闪锌矿、黄铁矿、自然银以及砷和锑的硫盐矿物共生。我国内蒙古、江西、辽宁、青海、广东等省均有产出。

3.1.4 氧化锑矿物

氧化锑矿物也可分为简单氧化锑矿物和复杂氧化锑矿物。简单氧化锑矿物是指矿物的成分为简单的三氧化锑（Sb_2O_3）。常见的有方锑矿（Sb_2O_3）和锑华（Sb_2O_3），大多是辉锑矿的风化产物，往往保留辉锑矿的晶形而成假晶，有时内部还留有辉锑矿的残核。

复杂的氧化锑矿是指三氧化锑与五氧化锑、其他氧化物或硫化物的混晶或固溶体。当固溶体内的氧化锑为三氧化锑时称亚锑酸盐，如果为五氧化锑则称锑酸盐。元素周期表第Ⅰ族中的铜和钠，第Ⅱ族的锌、钙、铍，第Ⅳ族的钛和铅，第Ⅴ族的钒和钽，第Ⅶ族的锰及第Ⅷ族的铁等金属，由于与锑的原子价相同或原子半径相近，都可与三氧化锑形成混晶式的复杂氧化锑矿。较常见的复杂氧化锑矿物有黄锑矿（Sb_2O_4）、黄锑华（$Sb_2O_4 \cdot H_2O$）和红锑矿等。常见氧化锑矿物的特性简述如下。

3.1.4.1 方锑矿

方锑矿多呈粒状、土状或皮壳状集合体产出，有时形成无色或浅灰色发亮的八面体结晶，折光率为2.087，具有金刚光泽、玻璃光泽或油脂光泽，解理不完全，无磁性。共生矿物有石英、辉锑矿、锑华、黄锑矿、红锑矿等。用吹管分析其性状与锑华颇为相似，但方锑矿属立方晶系，而锑华属斜方晶系。

3.1.4.2 锑华

锑华结晶习性为板状或棱柱状，常呈辐射状晶簇或单个长柱状晶体，负光性，折射率为2.35，颜色为白色、黄白色、浅褐红色或无色，半透明至微透明，具有金刚光泽或珍珠光泽，解理完全，性脆，无磁性。置木炭上易为吹管熔成白色薄膜，可完全挥发。锑华一般产于硅化灰岩穴隙内晶簇状辉锑矿晶面上，少量可嵌生于硅化灰岩和石英集合体上。根据其结晶形态和嵌生特征可认为是由辉锑矿溶解后再沉淀结晶而成。

3.1.4.3 黄锑矿

黄锑矿属斜方晶系，斜方单锥晶类，晶体少见，常呈粉末状、鳞片状集合体，或呈致密块体。黄色到红色，有时无色。具有油脂光泽、珍珠光泽或土状光泽。解理完全到中等。吹管焰下不熔，在盐酸中亦不溶。

3.1.4.4 黄锑华

黄锑华的化学成分为$Sb_3O_6(OH)$，也写成$Sb_2O_4 \cdot H_2O$。黄锑华属立方晶系，是天然锑，辉锑矿及其他亚锑酸盐或硫代锑酸盐的风化产物，呈淡黄、黄白或浅红白色，晶体少见，常成块状致密隐晶或非晶质的土质集合体，有时呈辉锑矿的假晶。具有玻璃光泽或土状光泽，无磁性。黄锑华常与辉锑矿、锑赭石和锑华一同产出，并常紧密共生，可作锑矿的找矿标志。

3.1.4.5 锑赭石

锑赭石的化学组成为$Sb_2O_3 \cdot Sb_2O_4 \cdot H_2O$，含锑74%～79%，可能不是一个独立矿物，大概是锑华和黄锑华等的混合物，是锑矿床氧化带中较常见的产物。常呈致密状、卵状或粉末状产出。具有玻璃光泽，无磁性。颜色视其杂质含量多少而变化，一般呈黄色或橘红色。

3.1.4.6　红锑矿

表3-1所列氧化物和氢氧化物类中的红锑矿，系三氧化锑与三硫化锑的混晶，又称为硫氧锑矿。红锑矿的主要组成为$2Sb_2S_3 \cdot Sb_2O_3$，化学分子式简写为Sb_2S_2O，其形成原因大都认为是辉锑矿尚未完全氧化而形成的。红锑矿属三斜晶系，常以针状、枝状或皮壳状集合体产出，颜色为红色或樱桃红色，呈金刚石光泽，半透明至不透明，硬度较低，没有磁性。主要产地有英国、匈牙利、加拿大、墨西哥等。

我国广西右江流域德保、丹池及田东等地区的一种埋藏很浅的似层状矿床中，有一种红色锑矿物，俗称"红锑"，有些资料也把它叫做红锑矿。这种矿物分散于第四系红土层中，分布零乱，排列无序；形状各异，呈圆球状、卵状、粒状、似棱状及块状等形形色色。凡圆球状、卵状、粒状及少部分似棱状者，表面均极光滑。块状者，棱角较完整，表面欠光滑。圆球状及卵状者，少部分表面可见到似擦痕痕迹。单个矿物大者重达一吨或数百、数十斤，此为少数；小者几斤几两，最小的如豆粒，此为多数。含锑一般40%～60%，含有较多的CaO、Fe_2O_3、Al_2O_3等氧化物，CaO质量分数一般11%～15%。密度4～4.7g/cm^3，硬度5.5～7，具壳状断口，油脂光泽。这种矿物的成分复杂，其物理及化学性质与表3-1中所列的红锑矿有很大差异，应是两种不同的矿物。这种矿物目前仅在我国发现，矿物名称尚难确定，可能是一种锑酸钙盐类矿物。

3.1.4.7　硫氧锑钙石

硫氧锑钙石的化学组成为$CaSb_{10}O_{10}S_6$。含Ca 2.49%、Sb 75.62%、S 11.95%、O 9.94%。单斜晶系。晶体呈板柱状。晶体颜色为深红色、洋红色或雄黄红色。橙色条痕。油脂光泽。未见解理。硬度4～4.5，相对密度4.8。无脆性，具有一定的可切性。硫氧锑钙石首次于1978年发现于马来西亚的萨拉鲍（Sarabau）矿山，其英文名称（Sarabauite）是由其产地而来的。硫氧锑钙石常呈似雄黄的细脉状矿物集合体，与石英、方解石、硅灰石、辉锑矿、方锑矿成共生组合产出，可能是热液矿床中形成的原生矿物，可以在温度500℃、压力1000 kg/cm^{2}的水热条件下人工合成硫氧锑钙石晶体。

3.2　锑矿床地质

3.2.1　锑的地球化学和锑矿床的成因

3.2.1.1　锑的地球化学

锑的宇宙丰度是0.381（宇宙丰度的标准Si = 10^6），是1967年卡梅伦用碳质球粒陨石（Ⅰ型）中的锑含量估计出来的。锑在地壳中的丰度为$(0.2 \sim 0.5) \times 10^{-6}$，排在93种天然元素的第64位。锑在火成岩中的丰度为$(0.1 \sim 1) \times 10^{-6}$。A. П. 维努格拉多夫认为玄武岩含锑最高，而K. K. 图兹基恩等发现，深海的淤泥中含有1×10^{-6}锑，近年来的研究认为锑的来源与火山活动及其后期温泉有关。锑的物理化学性质与砷和铋相似，由于锑具亲硫性，故在成矿过程中容易与硫结合成硫化矿物，最易伴生的金属为铅、铜和银。常见的共生矿物有黄铁矿、方铅矿、闪锌矿、黄铜矿、毒砂、辰砂、磁黄铁矿以及金和银，最主要的脉石矿物为石英，其次为方解石和重晶石。沉积岩中的锑含量很少。锑矿物在风化过程中常变为锑氧化物。锑和砷一样，趋向于富集在水解产物中，主要是吸附于氢氧化铁表面。现代分析技术已测定出海水中含有微量的锑，而且在某些海洋动物和海藻中也含有微量锑。

3.2.1.2 锑矿床的成因

锑矿物的形成与深部岩浆活动有密切关系。含锑的热液受压从地壳深部岩浆源向浅部移动时，往往伴随有硫质在内，这说明锑和硫具有紧密共生关系。因而自然界中的锑绝大部分以单一硫化锑，即辉锑矿的形式存在。

锑经常还与其他金属硫化物，特别是硫化汞共生，由于锑与汞都能在流动的热液中长期存留，当热液沿地壳裂隙上升，高、中温时不发生沉淀，因而能达到接近地表的地带，其结果是高、中温锑、汞矿床很少，而大都是低温浅成矿床。

含锑的热液上升时，极易侵入围岩中的细小裂隙及空硐形成细网脉状，或与易溶解的碳酸盐类岩石发生交代作用而形成交代矿床。锑矿物大部产于石英脉或硅化石灰岩中，脉石矿物以石英为主，方解石、重晶石和萤石较少。锑矿床一般分原生和次生两大类，所有原生锑矿几乎都属于岩浆期后热液矿床；次生矿床则是由原生锑矿受地表氧化作用再经运搬堆积而成。有工业意义的原生锑矿，多在岩浆期后热液上升过程的后一阶段所形成。这主要是由于锑的熔点低，溶解度高，尤其是在碱质硫化物（Na_2S）的溶液中更甚。

美国和前苏联一些地质学者对许多温泉中的沉积作用以及对温泉的成分进行了观察和研究，提出汞和锑矿床是由碱性热液形成的理论，认为在碱性溶液中，锑呈 $mNa_2S \cdot nSb_2S_3$ 型的易溶络合物存在，20 世纪 50 年代叶尔马科夫和格鲁什金对某些与辉锑矿共生的矿物（石英、方解石、萤石等）所进行的热力学研究，确定出辉锑矿由热液中沉积的温度约为 100～150℃，热液离开岩浆源上升时含有气相 HCl、HF、H_2S、SO_2 等，其性质应为酸性。这些酸性气体向上移动，逐渐冷却成为液体，遇碱性围岩（石灰岩、泥灰岩及其他碳酸盐岩石等）即被中和，失去酸性，最后变为碱性溶液。根据这些论据，在热液上升的早期阶段，由于其处在高温条件下，硫化锑量少分散不易集中。稍后，溶液温度虽有降低，但因其酸性被围岩逐渐中和变为碱性，而碱性硫化物的浓度比例提高，硫化锑还是溶解在溶液中，而不能大量析出。到了最后阶段，温度更加降低，并且由于碱性硫化物逐渐消耗，硫化锑在溶液中转而处于过饱和状态，因而大量地沉积，从而形成矿体。Д. С. 柯尔仁斯基指出，渗滤作用与锑矿床的形成有密切关系。物体孔隙大小不超过半微米时，都可发生渗滤现象，而与物体的成分无关。这说明含矿围岩之上有页岩作覆盖层时，不易发生渗滤作用，因而是形成锑矿床的另一有利条件。试验证明，溶液浓度的增加和覆盖层孔隙的减小，都会降低渗滤作用的影响，也就是说，在高温时渗滤作用较大，低温时则渗滤作用较小，因此，在低温和渗透性弱的覆盖层条件下，常能形成规模巨大的锑矿床。

含矿溶液在低温条件下的化学活性较差，它与围岩发生交代作用的能力也相应较弱。因此围岩的硅化，应在前一阶段，并且是交代作用的结果。而辉锑矿本身则因沉积在后，温度更低、交代作用不显重要。辉锑矿石构造和结构的研究证明它们经常是在空隙中，主要不是交代作用的产物，而由充填作用形成。石灰岩经硅化后，脆性增加，更易破碎。矿石中往往发现含硅化灰岩碎块并被后来沉积的辉锑矿所胶结，也能证明在充填成矿作用中，围岩先被硅化，消耗热液中的硅酸组分，放出碳酸，消耗碱性硫化物，并促进硫化锑的沉淀。至于锑矿石的某些结构，如辉锑矿晶体呈不同方向分布或穿插于细粒或隐晶的石英基质中，这一部分可以认为是交代作用的结果。但如果这种辉锑矿分散在硅质凝胶中与硅质同时沉淀，然后再发生重结晶作用，也可解释这一现象。因此并不能否定充填作用的领先地位。还必须指出，大量辉锑矿的析出，必须有充分的空间位置作为沉积场地，所以有利的构造型式，如背斜轴部和穹窿的顶部，对于巨大矿床的形成是一种重要的先决条件。

3.2.2　锑矿床的类型

目前世界地质界尚无公认的锑矿床分类方案，各国主要依据各自掌握的材料进行划分。

L. 德洛奈和 B. A. 奥布鲁切夫以锑矿物从热液中沉淀的温度及其构造地质状态为标志作为分类基础，将锑矿床分为高温、中温和低温热液矿床三大类型。高温热液矿床与酸性及中性岩石，如花岗岩、花岗闪长岩、二长岩、闪长岩等有关，锑一般呈辉锑矿存在，有时和黄铜矿、黄铁矿、毒砂、辉铋矿伴生；中温热液矿床都与多金属（银、铅、锌）矿石有关，锑矿物多为辉锑矿或硫锑铅矿；低温热液矿床分布最广，而成矿性质也极不一致，低温热液矿床中常有交代矿床。在这三种热液矿床中辉锑矿是极重要的金属矿物，在靠近地表处辉锑矿常氧化成锑华、锑赭石和黄锑矿。

德洛奈还就锑矿石存在的形态将其分为以下 7 种类型：（1）与黄铁矿、毒砂共生的含锑矿物石英脉；（2）含金辉锑矿脉；（3）铜锑矿床；（4）铅银锑矿床；（5）锑汞矿床；（6）硫砷锑矿床；（7）层状锑矿床。A. A. 萨乌可夫根据在前苏联的发现，又补充了第 8 种锑萤石矿脉和第 9 种锑—汞—萤石矿脉两种类型。

世界锑矿主要分布于环太平洋和地中海的古生代和中新生代构造活动带内，而在前寒武纪地层中也有发现，但数量不多，前苏联中亚地区的锑矿化时代也主要是古生代。

在上述地带内，锑往往与汞或钨伴生在一起，分布于很长的矿化带内，受区域性隆起和拗陷之间的过渡带所控制。这种矿化带往往可以构成长几百千米、宽几十千米的规模，在时间上常具有漫长的演化过程，与构造带的发育过程相吻合，有的并具有明显的继承性。

如上所述，世界范围内有经济价值的锑矿化，都属于热液型。按矿体形态还可再分为热液层状矿床和热液脉状矿床。第一类的容矿岩石以硅质碳酸岩、角砾岩为代表，其储量约占构成锑矿总储量的 2/3 以上，第二类为含锑或含锑金的石英脉。此外，锑还以伴生组分存在于各种多金属矿床中。

根据 B. A. 佩尔瓦戈的统计，各类锑矿储量在各成矿时代所占的百分比见表 3-2 所示。

表 3-2　锑矿床类型及形成时代统计　（%）

矿床类型	前寒武纪	古生代	中生代	新生代	合　计
含锑硅质碳酸盐型	—	12.5	50.3	4.5	67.3
含锑石英脉型	—	2.0	11.3	10.2	23.5
含金、锑石英脉型	3.9	—	4.1	1.2	9.2
合　计	3.9	14.5	65.7	15.9	100.0

依据矿床赋存的围岩岩性、矿体形态和矿石共生组合的不同，我国锑矿床可分为四类 10 型。

第一类为碳酸盐岩中锑矿床，细分为层状似层状锑矿床，脉状汞锑矿床和似层状脉状多金属矿床 3 种。

第二类为变质岩中锑矿床，细分为脉状锑矿床，脉状锑钨、锑金矿床，似层状金锑钨矿床和脉状铅锌锑多金属矿床4种。

第三类为碎屑岩中锑矿床，仅脉状似层状锑矿床1种。

第四类为火山岩中锑矿床，细分为海相火山岩层状锑矿床和陆相火山岩脉中脉状锑矿床两种。

此外，在广西右江流域的靖西、德保、田阳、田东、平果、大新等十余县产有我国特有的第四纪红土层中堆积型红锑矿床，因分布局限而又零散，不利于勘探，也不利于集中开采，且矿石成分复杂，因而工业利用价值不高。但因矿石含锑品位高，开采条件简单，适合民采，具有进一步的研究价值。

3.2.2.1　碳酸盐岩中层状似层状锑矿床

本类型是我国最主要的锑矿工业类型，储量约占全国锑金属总储量的34%。开采历史悠久，目前仍为我国开采的主要对象。

矿床产出的地层主要为泥盆系，次为二叠系，少数产于震旦系。矿床规模多为大至中型，个别为特大型，如锡矿山锑矿。成矿与区域性断裂关系密切，矿床受背斜、背斜加断层、背斜与层间断裂破碎带复合构造控制。断裂破碎带、层间破碎带，背斜轴部剥离空间，古岩溶空洞及低序次的断层裂隙为矿体的主要赋存部位。矿体还受一定的岩性条件和不同岩性互层组合的控制。绝大多数矿床上覆有页岩或泥质粉砂岩等透性弱的遮挡层，其下常为灰岩或白云岩等透性强且化学性质活泼的容矿层，使成矿在封闭条件下，矿液聚集于容矿层中交代充填而形成规模巨大的层状、似层状矿体。当容矿层中有灰、页岩的互层组合时，矿体常具多层性。

围岩蚀变以硅化为主，蚀变范围广，并具多期性的特点。一般早期硅化矿很弱，辉锑矿多伴随第二期甚至第三期硅化以充填形式大量产出，矿体受硅化的范围与形态制约，除硅化外，尚有碳酸盐化、黄铁矿化、萤石、重晶石化等。大量方解石晶出，标志着成矿接近尾声。方解石—辉锑矿的形成一般都在成矿晚期。

矿体的产状与地层产状基本一致。从工业矿体整体来看为层状、似层状，但从局部来看，矿化富集多呈扁豆状、透镜状、囊状和各种脉状。

矿床矿物成分简单，工业矿物为单一辉锑矿床，地表氧化带一般有锑华、黄锑华、锑赭石等，大部分矿床均有少量黄铁矿。脉石矿物以石英为主（个别矿床为燧石），次为方解石，还有少量重晶石、萤石等。矿石大多具自形、半自形结构和粒状、胶状、镶嵌结构。矿石构造常为块状、角砾状、条带状、细脉状、网脉状、晶洞状、放射状、浸染状等。

本类矿床近围目前尚未发现火成岩体出露，但个别矿区有煌斑岩脉或长英岩脉产出，前者如锡矿山，后者如崖湾。过去多称之为低温热液矿床。近年来，有人认为是沉积—改造成因。

3.2.2.2　碳酸盐岩中脉状汞、锑矿床

本类型矿床主要分布于秦岭纬向构造带的陕、甘两省。矿床规模通常为大、中型，锑为中、小型。与汞共生的锑储量约占全国锑金属总储量的2.6%，因汞锑分别均达工业要求，故具较大的工业意义。

矿床产出的地层，在陕西境内多为泥盆系，次为石炭系，在甘肃境内则多为三叠系及

二叠系。矿体围岩以白云岩或石灰岩为主。成矿主要受断裂控制，而且具有等距性控矿特征，矿体密集地段常依一定的间距有规律地出现。富矿体一般出现在断裂拐弯、分支和交叉处。此外，成矿还受地层岩性和岩层组合的控制。如陕南一些汞锑矿床多产于下泥盆统公馆组下部白云岩和下石炭统袁家沟组灰岩中，容矿层上、下具遮挡层，对成矿有利。

矿体形态产状依含矿断裂形态而异，常为各种复杂的脉状，也有产于层间破碎带中呈似层状，矿体规模大小悬殊较大。

本类型矿床矿石矿物成分较简单，金属矿物主要为辰砂、辉锑矿，含少量自然汞、黄铁矿、方铅矿、闪锌矿。脉石矿物主要有石英、白云石、方解石。矿石结构多为他形、半自形—自形、交代、变晶结构。矿石构造主要为浸染状、脉状、角砾状、条带状等。矿石类型主要有单汞、汞锑、锑汞、单锑四种，以汞锑和锑汞矿石为主。

围岩蚀变以硅化为主，与成矿关系密切。次为碳酸盐化、重晶石化、角砾化、褪色化等。

矿床一般远离火成岩体数十公里，矿区内也未见有任何岩浆岩岩脉，成矿与岩浆岩无直接联系。过去多数认为是低温热液矿床，近年来，有的认为属沉积－再造矿床，有的认为主要成矿物质 Hg、Sb、S 来自地幔或深部壳层。

3.2.2.3 碳酸盐岩中似层状脉状多金属矿床

本类型矿床的典型代表，是我国广西南丹大厂锡矿田中的铅锌锑多金属矿床。锑为锡或铅锌的伴生矿，锑的平均品位很低，但储量很大，约占全国锑金属总储量的29%，可综合回收。具有一定的工业价值。

按有用金属矿物的共生组合及矿体赋存部位的不同，矿床分为3个大的类型：一是锡石—硫化物类，以锡石为主，矿体形态有大脉、细脉带、层状和似层状矿体等，如长坡、巴里、龙头山及大福楼等矿床。二是铅锌多金属硫化物类，以铅锌为主，矿体形态主要为似层状、条带状，也有脉状及细脉带，如龙箱盖矿床。三是锑钨—石英方解石类型，以辉锑矿、白钨矿为主，矿体多以脉状产出，也有似层状的（属层间破碎带型），这类矿床有茶山坳、大湾、洞坎等。

矿床主要含锑矿物为脆硫锑铅矿、辉锑锡铅矿、辉锑矿及少量硫锑铅矿。矿石中以锑的硫盐矿物为主的矿体，含锑品位为0.81%～0.36%。以辉锑矿为主时，锑的平均品位达2.25%～3.17%，如茶山。矿床规模依形态而异，产在礁灰岩中的缓倾斜似层状矿体长达900m，宽60～200m，平均厚17.59m，锑的平均品位达4.37%，如巴里—龙头山矿区的100号矿体。

围岩蚀变以硅化较普遍，此外，有绢云母化、黄铁矿化、大理岩化、矽卡岩化、角岩化等。成矿早期为锡矿化，后期为多金属矿化，矿化分带明显，靠近岩浆岩地区发育钨锡，向外为铅锌，边缘则为锑汞。

3.2.2.4 变质岩中脉状锑矿床

本类型矿床多为中小型，以小型为主，储量约占我国锑总储量的4%，是我国锑矿开采的重要对象之一。

矿床多产于古陆隆起区，产出地层有泥盆系、志留系、奥陶系、寒武系及元古界的板溪群，以板溪群居多。岩性多为区域浅变质岩系的板岩、变质砂岩，少数为白云岩和灰岩。成矿受断裂控制，两组或多组裂隙交汇处或断裂破碎带发育地段为富矿的产出部位。

岩性条件对成矿也起着一定的制约作用，例如板岩，常构成成矿的“闭封”环境，使矿质在断裂带中沉淀富集。

矿床一般远离岩浆岩体，少数矿区（床）见有成矿前石英斑岩脉或煌斑岩脉的产出，与成矿无直观联系。

矿体形态为各种脉状，也有断裂破碎带型。产状依控矿断裂而异，倾角一般都大于50°。矿化富集体常呈脉状、囊状、透镜状及浸染状。

围岩蚀变宽度小，主要为硅化、褪色化、黄铁矿化、毒砂化，次为绿泥石化、绢云母化、碳酸盐化、白云石化、重晶石化等。矿化与围岩蚀变有明显依存关系，如湖南板溪锑矿，有矿化地段均有毒砂化、绿泥石化。碳酸盐化大量出现时，则矿化明显减弱。蚀变宽度过大，不利于矿化富集。

矿床矿物成分较简单，主要工业矿物为辉锑矿，伴有少量毒砂、黄铁矿、黄铜矿、闪锌矿和方铅矿。有的矿床还含微量金。脉石矿物以石英为主，次为白云石、方解石、绢云母、重晶石等。矿石多为自形—半自形晶粒结构、花岗变晶结构、揉皱压碎结构等。矿石构造多为块状、脉状、角砾状、浸染状等，局部见有晶簇和放射状构造。

3.2.2.5　变质岩中脉状锑钨、锑金矿床

该类型矿床主要分布于我国的湖南省，矿床规模中、小型居多，个别为大型，常成群成带出现。锑的总储量约占我国锑金属总储量的9%，其中锑金矿床中的锑所占储量比例约3%。

该类型矿床多产于古陆隆起区，产出地层以元古界板溪群为主，矿体主要受断裂控制，多呈脉状。矿石矿物多以辉锑矿为主，次为白钨矿、自然金、黄铁矿、毒砂等。围岩蚀变有硅化、褪色化、黄铁矿化、毒砂化等。

3.2.2.6　变质岩中似层状金锑钨矿床

本类型矿床已知的有湖南桃源的沃溪、桃江的西冲和浏阳的中岳，矿床规模大、中、小型皆有，总储量约占我国锑金属总储量的3.7%。由于金、锑、钨均达到工业要求，能综合利用，工业价值较大，成为我国开采金、锑的重要矿床类型。矿床产于元古界板溪群板岩中，受断裂或受背斜构造控制，矿体呈似层状。金属矿物以辉锑矿、自然金、白（黑）钨矿为主，围岩蚀变以褪色化、硅化、黄铁矿化为主，次有碳酸盐化、绿泥石化等。

3.2.2.7　变质岩中脉状铅锌锑多金属矿床

这类矿床目前已知的仅有湖南衡东的东岗山和吊马垅两处。矿区近围的黑云母花岗岩为成矿母岩，矿体产于断裂破碎带中，脉组的收敛部位常赋存工业矿体。矿床中矿物以铅锌为主，锑呈脆硫锑铅矿产出，伴生有银可作副产品回收，探明储量铅、锌、锑均为小型，矿床中锑的平均品位为0.435%～0.529%。矿石经选矿后只能获得铅锌锑混合精矿，采用湿法冶炼流程，才能得到锑的合格产品。从锑的储量、矿石质量和品位来看，工业利用价值不高。

3.2.2.8　碎屑岩中脉状、似层状锑矿床

产于碎屑岩中的锑矿床，在我国主要分布于黔、滇两省，其总储量占我国锑金属总储量的8%。矿床规模大、中、小型皆有，矿石质量好、品位富，如贵州半坡锑矿床，产于下泥盆统变质砂岩中。断裂和特定的地层组合是控矿的主要条件，矿体呈脉状、扁豆状、

似层状，矿物以辉锑矿为主，次有黄铁矿等。围岩普遍硅化，次有黄铁矿化、重晶石化。

3.2.2.9　海相火山岩中层状似层状锑矿床

本类型矿床在我国为数不多，已知的有贵州晴隆大厂锑矿和云南勐腊新生锑矿等处。矿床规模为大至中型，探明储量约占我国锑金属储量的7%。开采历史悠久，为我国锑矿较重要的工业类型之一。

晴隆大厂，为我国大型锑矿床之一。该矿床处于黔桂地台的黔西南凹陷带中，受背斜和断裂控制。矿床产于上二叠统峨眉山玄武岩与下二叠统茅口灰岩古侵蚀面之间的“大厂层”，该层是一套以强烈黏土化、硅化为特征的，经受蚀变的火山碎屑沉积岩，是找寻“晴隆式”锑矿的标志层。

矿床矿化富集体常为条带状、扁豆状、透镜状、囊状。该矿床矿物组合简单，金属矿物主要为辉锑矿、黄铁矿，次有白铁矿、黄铜矿、辰砂及褐铁矿等。非金属矿物有石英、地开石、萤石、重晶石等。

围岩蚀变普遍为强烈的黏土化、硅化，次为黄铁矿化、萤石化及重晶石化等。

3.2.2.10　陆相火山岩脉中脉状锑矿床

这类矿床，已知的有江西德安的保山（中型）、安徽东至的花山（小—中型）、吉林盘石的三和（小型）等。成矿均受断裂控制，矿体呈脉状产出。控矿断裂早期均有不同的陆相火山岩侵入，矿体与岩脉在空间分布上关系密切。

矿床矿石组分较复杂，金属矿物除辉锑矿外，尚有砷黄铁矿、毒砂、自然金、赤铁矿、磁铁矿、磁黄铁矿、黄铜矿、自然铜、斑铜矿、黝铜矿、锡石、钛铁矿、闪锌矿等。非金属矿物以石英、方解石为主，次有白云石、重晶石、磷灰石、电气石、黄玉、尖晶石、云母等30多种。多数矿床伴生有金，平均品位达1.2～1.7g/t，可作副产品回收。矿床中锑的平均品位一般为3%～5%，少数富矿体锑品位高达20%～30%。矿石质量除砷的含量较高外，其他有害元素平均含量都较低。

围岩蚀变以硅化、碳酸盐化为主，次为绿泥石化、绢云母化。

3.2.3　世界锑矿床分布

世界锑矿主要分布在两大地区：一是太平洋沿岸地区（环太平洋锑矿带），包括中国南部、前苏联东部、玻利维亚、智利、秘鲁、墨西哥、美国西部、日本、澳大利亚、马来西亚等，这个地区集中了世界锑矿的绝大部分；二是地中海地区（地中海锑矿带），包括阿尔及利亚、前南斯拉夫、捷克、意大利、土耳其及前苏联高加索等。此外尚有中亚锑矿带和外贝加尔锑矿带两个锑矿分布区，南非的锑矿资源也很丰富。

3.2.3.1　亚洲的锑矿床

A　中国

我国主要有4个锑矿成矿带，并分别与世界4个锑矿带相连：（1）华南锑矿带：这是我国最重要的锑矿带，也是环太平洋锑矿带的重要组成部分。已知锑矿床（点）占全国锑矿床（点）总数的85.5%，占全国锑总储量的83.1%。（2）滇西、西藏锑矿带：西延与地中海锑矿带相连，占全国锑矿床（点）总数的2.4%，占全国锑总储量的0.3%。（3）秦岭—昆仑山锑矿带：西延与中亚锑矿带相连，已知锑矿（点）占全国锑矿床（点）总数的9.7%，占全国锑总储量的16.3%，是近10多年来查明的重要锑矿带。（4）

长白山—阴山—天山锑矿带：西延与外贝加尔锑矿带相连，是新发现的区带，占全国锑矿床（点）总数的3.4%，占全国锑总储量的0.3%。重要的锑矿床分布区域有湖南锡矿山、湖南板溪、湖南渣滓溪、湖南龙山、湖南沃溪、湖南沅隆、湖南衡东、湖南宁远、湖南浏阳、湖南溆浦、贵州晴隆、贵州独山、贵州榕江、云南木利、甘肃西和、广西南丹、广西隆林、广西河池、广西灵川、广西兴安、广东乐昌、四川岷山、河南卢氏、江西德安、陕西旬阳、陕西丹凤、西藏南部地区及新疆天山地区。超大型矿床有湖南锡矿山矿田、广西大厂锡铅锌锑矿床；大型矿床有湖南安化渣滓溪锑矿、沅陵湘西金锑钨矿，广西河池五圩箭猪坡、南丹茶山锑矿，贵州晴隆锑矿、独山半坡锑矿，云南广南木利锑矿。

最重要的锑矿产区是湖南，其次是广西、贵州、云南、陕西、甘肃和广东，此外西藏南部地区及新疆天山地区是较有潜力的金锑共生矿产区。湖南已发现的锑矿点多达254处，其中最重要的有冷水江市附近锡矿山的单一辉锑矿床，桃源沃溪的钨、锑、金矿床及桃江板溪的锑金矿床。广西大厂在锡矿带中蕴藏的脆硫锑铅矿，田东地区的红锑矿床以及陕西旬阳的锑汞矿床也各具特色。

广西已探明的锑矿分布于南丹大厂、河池五圩、茶山、隆林、上林、德保等地区，在矿物组合上各具特色。南丹大厂是锡、锑、铅、锌复杂矿，河池五圩是锑、铅、锌复杂矿，茶山和隆林主要是辉锑矿，而上林、德保等县的锑矿床系一种红色锑矿，呈砾状分散埋藏在第四纪红土层中，不形成矿脉，主要产地是田东一带。广西的锑矿主要属中温热液锡铅锌锑多金属矿床，主要产于泥盆纪碳酸盐地层中，矿床有整合型与交错型两类。

贵州省锑矿分布于晴隆、独山、雷山、榕江等县，产出层位较多，以二叠系、泥盆系为主，次为板溪群，寒武系、梵净山群，三迭系，志留系也有少量锑矿点或锑矿化分布。

二叠系是贵州省锑矿主要工业类型的产出层位。锑矿赋存于下二叠纪茅口灰岩顶部与峨眉山玄武岩之间的大厂层中，矿体多呈层带状、扁豆状及脉状、网脉状、囊状等沿层断续分布。

泥盆系锑矿主要分布于独山。此外，惠水、荔波等地也有少数矿点。锑矿赋存岩层主要为泥盆纪下统丹林组石英砂岩，呈交错型脉状单一矿床，金属矿物主要为辉锑矿及少量锑华。脉石矿物主要为石英、白云石及少量方解石。

云南省的锑矿主要集中在木利，其次为富宁、西畴、邱北、文山、屏边、蒙自、开远、河口、建水、巍山等县。矿石大都是硫化锑和氧化锑的混合矿。

广东省的锑矿区位于粤北山字形构造脊柱—瑶山复背斜西翼的马蹄形盾地。区内地层反复褶皱，纵向断裂发育，构成北北东向的新华夏系断褶带。矿床呈北北东向的带状分布，延伸达11km。已知的矿床有5处。各矿床的成矿地质构造条件和矿床特征大致相似，其主要的共性是：矿床位于天子岭灰岩地层；成矿受三级构造和两种岩性界面所控制；矿体赋存于硅化灰岩中，呈似层状及扁豆状，倾角较陡，缺乏较为良好的封闭构造；矿床属石英-萤石-辉锑矿建造，辉锑矿主要呈团块状，浸染状次之；矿物成分较简单，属单一的硫化物辉锑矿床；矿床成因类型属低温热液交代-充填矿床，工业类型为热液层状扁豆-似层状锑矿床。

陕西省锑矿产地分布于陕南丹凤、商县、山阳、镇安等县，以镇安锑矿范围较大。其特点是小而富，属鸡窝矿，块矿品位高的达60%，低的也有30%。矿物形态以氧化矿较多，基本上是硫化氧化混合矿，含砷较高。

陕西旬阳地区汞锑金成矿带蕴藏着丰富的汞锑共生矿，公馆特大型汞锑矿床、青铜沟特大型汞锑矿床即产于该地区。

甘肃省的锑矿主要产于天水地区西和县的崖湾，矿石矿物组成较简单，主要矿石矿物为辉锑矿，次为黄铁矿、白铁矿；次生氧化矿物有锑赭石、黄锑华、白锑华、褐铁矿等。矿石的锑平均品位为2.86%，并伴生 Se、Ag、Ga、Ge、In、Te 等。

河南省的锑矿资源蕴藏于豫西山区卢氏和南台两县，矿物主要为辉锑矿。

西藏南部及新疆天山地区的锑矿主要为锑金矿或锑金银多金属矿床，主要有用矿物为辉锑矿，伴生金、银等。

B　土耳其

土耳其主要的锑矿床分布于东北部的图尔哈尔（Turhal）一带及巴勒克西尔（Balikesir）地区。图尔哈尔锑矿属热液型硫化锑矿，矿体呈层状及脉状、透镜状，产于古生代绢云母绿泥石片岩与上覆石墨岩的接触带中，后期脉状矿体沿断裂充填并切穿早期层状矿体，围岩蚀变有绿泥石化、绢云母化。矿石主要由辉锑矿、石英组成，伴有黄铁矿、毒砂等。矿石品位 Sb 4% ~5%，高者可达 11% ~13%。

巴勒克西尔锑矿属脉状矿床，年产矿石量 1000 ~10000t。此外，位于屈塔希亚市西南克兹尔达格山坡上的格季亚矿床，也属脉矿床。含辉锑矿的石英脉厚达 2m，产于石英岩与云母片岩中。该矿床规模不大。

C　泰国

泰国的锑储量估计约 40 万 t。锑矿化与石英脉和古生代页岩、灰岩中的硅化带有关。矿床类型主要有热液型和残积型硫化锑矿。重要的锑矿床有纳卡哈（Nakacha）锑矿、克朗克拉塞（Klong Kra – Sae）锑矿和南邦（Lampang）锑矿。克朗克拉塞锑矿位于泰国东部，属残积型锑矿床；矿石呈 5 ~150cm 直径的碎块和巨砾，矿石品位较高，集中分布在平缓山坡与河床上，底板为灰岩，上覆厚 0.3 ~1m 的浅红色、棕色砂砾表土层；附近发现了几个辉锑矿石英脉型原生矿床，沿变质砂岩与硅化页岩的角砾岩带产出，局部有安山岩体侵入。南邦锑矿位于泰国的清迈东南，为北部远景区；矿床属热液型硫化锑矿，锑矿化产于角砾岩带中，并交代砂岩、页岩；矿体呈脉状、囊状产于石灰岩中。

D　马来西亚

马来西亚有一些与汞和金银矿化共生的小锑矿床，属热液型硫化锑矿床。重要的锑矿有巴乌（Bau）汞锑矿和泗里街（Sarawak）锑矿。巴乌汞锑矿为中型汞硫化矿床。矿体呈脉状、囊状、扁豆状和细脉状充填于灰岩、贝岩和砂岩中。

泗里街锑矿为小型锑硫化矿床。矿体呈脉状、囊状和扁豆状，矿石由石英、辉锑矿等组成，伴生有雄黄、辰砂、金、自然锑等，主要赋存在火山岩附近的灰岩、黏土岩及页岩中。

此外，亚洲的缅甸和日本也有小型锑矿床分布。

3.2.3.2　非洲的锑矿床

非洲的锑矿资源主要为南非林波波省（Limpopo）的莫奇森绿岩带，锑矿床赋存在所谓的锑线（Antimony line）中。锑线是一条层状滑石—绿泥石和滑石—碳酸盐片岩带，滑石片岩和含滑石碳酸盐岩是锑线的主要岩石类型，其中包括透镜状、带状含滑石碳酸盐岩和灰绿色块状碳酸盐岩，锑矿化带的长度约 55km。矿床产区地层属太古代变质岩和石英岩系，围岩为绿泥石片岩和千枚岩、碳酸盐化绿泥石千枚岩及含绿泥石石英—碳酸盐岩，围岩蚀变以硅化为主。含锑矿石有两种类型，一为单一辉锑矿石，另一为含镍丰富的蓝铁矿（辉锑铁矿）。共生矿物有40多种，其中含锑矿物有硫锑铁矿、锑硫镍矿、黝铜矿、自然锑、黄锑华、硫锑铜矿等。金在矿石中呈微粒存在，分布很广。

其他非洲国家，如津巴布韦、阿尔及利亚及摩洛哥等也有锑矿床分布。

3.2.3.3 欧洲的锑矿床

A 前苏联

前苏联的锑矿分布很广，在中亚高加索、顿巴斯、阿尔泰山及沿海地区，都发现有锑矿床和矿点。矿床类型分脉状矿床及层状和网状脉两类，地质建造以石英—萤石—辉锑矿脉、石英—萤石—辉锑矿—辰砂脉等，矿石构造以细脉浸染、块状构造为主，角砾构造次之，其余构造仅占总储量的5%~10%。

有代表意义的脉矿床是克拉斯诺雅尔斯克地区的锑矿床，产于前寒武纪和寒武纪的沉积岩层中，与前寒武纪变质页岩相交错，是石英—辉锑矿脉状矿床，围岩是泥质和含砂泥质页岩。与围岩比较，石英脉有整合和交错的特点，和页岩一起被压缩成许多小褶皱，伴生各种岩枝，并被断层破坏折断。主要矿物是辉锑矿和辉锑镍矿，有少量的黄铁矿、毒砂、磁黄铁矿、闪锌矿、黄铜矿和脆硫锑铅矿。矿藏聚集在石英脉中，最富的矿石常常产于被压缩的褶皱处。矿脉含锑从痕量到70%，平均4.0%。

卡达姆扎依斯基（Кадмужаиский）锑矿床位于吉尔吉斯斯坦境内，属层状矿床。这个矿床是向西倾没、宽展状的背斜褶皱。褶皱的核心由下中石炭纪大理岩化的石灰岩组成。按照剖面，它上面与泥盆纪页岩和中石炭纪砂岩交代，上面盖有志留纪和泥盆纪的近海沉积地层。在石灰岩和页岩接触处成一背斜层，在背斜褶皱翼部形成似层状的矿体，硅化作用生成的围岩是角页岩碧玉角质砾岩。褶皱呈不对称构造，北冀的特点在北部是急倾斜（接近垂直），南翼是缓倾斜，呈20°~45°。北翼褶皱矿体被北部逆断层切断。褶皱轴向西倾没。逆掩断层的多次破坏使背斜复杂化，造成矿体沿许多断裂呈多层分布。矿体厚度达40m，沿整个硅质角砾岩层都发现有锑的矿化，工业矿主要趋向上盘，厚度从1~2m到20~25m。矿石含锑品位0.6%到9%~10%。脉石矿物主要是石英，金属矿物主要是辉锑矿及其氧化产物。在裂隙溶洞水的静水面（1030m水平）以上，氧化特别强烈，上部水平氧化度达50%~60%，随深度加大，氧化度减小，低于1030m水平的减少到12%~26%。上部的氧化矿物主要是水锑赭石、黄锑华和水锑钙石，而下部，则以锑华占优势。这个矿床不但有地下开采，而且也露天开采。

吉日克鲁特（Джикрутский）汞锑矿位于塔吉克斯坦境内，属泽拉夫尚—吉萨尔矿带。矿床为热液型汞锑硫化矿，矿床规模属大型。锑品位1.15%~14.70%，汞品位0.07%。矿体呈似层状、巢状，厚1.5~40m，有3个含矿层，主矿层产于志留纪—早泥盆纪角砾状硅化灰岩中，另二层产于早石炭纪角砾岩中，受背斜和断裂控制呈整合状产出，长10~200m，最厚达40~50m，中部矿化较好。矿石由辉锑矿、辰砂、雄黄、雌黄、黄铁矿、方解石、石英等组成，围岩蚀变以硅化为主。

B 意大利

意大利的锑矿床多为汞锑共生矿床，且成矿期较新。在蒙特阿米塔汞矿区南部，有许多小型锑矿床。重要的锑矿区为曼西阿诺（Manciano）锑矿，矿床属沉积充填型矿床，矿石为含锌多金属矿（锑、铅、砷、锌、汞）。矿体产于三叠纪“洞穴灰岩”与上覆推复体的黏土质建造的交界处，呈层状及脉状，围岩蚀变有硅化。该矿区由3个矿床组成，矿体埋深50m。主要金属矿物为辉锑矿，其次为黄铁矿、白铅矿、方铅矿、闪锌矿、辰砂和硫酸盐。脉石为石英、卵石和砾石。矿石呈细粒浸染状分布，外观呈黏土状。

在格罗谢坦的谢里韦纳和马列马矿区，有产在黑色沥青质灰岩中的综合性汞锑矿床。在该区内，类似的汞锑矿床呈现着一个自西南直至齐连海沿岸的条带状矿脉。在撒丁岛和西西里岛上也有一些小型锑矿床。

C 奥地利

奥地利的锑矿床多位于阿尔卑斯—喀尔巴阡成矿带上。施塔特什莱宁（Stadschlaining）锑矿位于奥地利布尔根兰（Burgenland）州，为热液型锑金矿床。矿体由层状和网状组成，层状矿体产于厚6m的石墨片岩中，其下灰岩中有陡倾斜闪锌矿脉分布。矿石受强烈动力变质而片理化。矿石由辉锑矿、黄铁矿、辰砂、毒砂组成。锑（金属）伤员4万t，矿石品位Sb 6.5%～80%，其中含Au 21g/t，Ag 108g/t。

东阿尔卑斯山的什拉依林格矿床是奥地利的主要锑矿之一。过去认为是与早古生代海底火山作用有关的同生钨—锑—汞矿化。现在大多认为该矿床是典型的阿尔卑斯型裂隙—脉状矿床，由层状和网状矿脉聚合而成。层状辉锑矿体产于厚6m的石墨片岩中，并在其下的石灰岩内形成陡倾斜矿脉组。矿石受强烈动力变质而片理化。矿石中除辉锑矿外，还有黄铁矿、毒砂，局部有辰砂。含锑品位为6.5%～8%，黄铁矿中含有金（21g/t）和银（108g/t）。

德国、法国及东欧的塞尔维亚、捷克等地区也有锑矿分布。

3.2.3.4 美洲的锑矿床

A 玻利维亚和秘鲁

南美的锑储量估计为45.7万t，95%以上的金属储量集中在玻利维亚和秘鲁。

玻利维亚是美洲的主要产锑国家，近年来的年产量按含锑量计大约在5000t左右。

锑矿床分布在所谓“锡带”范围内。“锡带”从玻利维亚的北西边界，经秘鲁到阿根廷南界，几乎延伸900km，宽50～100km。“锡带”具有中生代和新生代各构造中在岩浆活动阶段形成的各种金属矿床组合（锡、钨、金、银、铅、锌、铋、锑、汞等）。

玻利维亚的锑矿主要分布在波托西西北，由的喀湖至阿托查的长约250km矿带内，海拔3500～4000m，其中心产区为温西尔和波尔科。矿床为不规则的石英脉，主要矿物为辉锑矿，有些矿区还含有金（达8g/t）和黄铁矿以及重金属硫化矿，矿脉厚度0.6～0.9m，最厚部分达8m，围岩为页岩，属古生代浅成矿床。富矿石含锑20%，堆积的废矿石中含锑也高达5%～10%。含锑矿脉有垂直分层现象，最上部为玉髓矿脉，其中除辉锑矿外，尚有少量方解石和辰砂；较深部为白色石英组成的矿脉，其中辉锑矿呈富积体状，一般填充于脉的中部，除辉锑矿外尚有脆硫锑铅矿、黝铜矿、硫锑铜矿、钨铁矿、白云石、高岭土、少量金和胶状黄铁矿等，矿脉厚度达4～8m，向深处延伸200～300m，更深的矿体由石英和辉锑矿组成，含有丰富的金。

秘鲁的锑矿分布在普诺、利伯塔德、黄卡维利济、阿姆卡什等地区，具有代表性的矿床是含辉锑矿的石英脉，以及脆硫锑铅矿和车轮矿的矿床，辉锑矿往往含银较多，有时含铋，在普诺也有一些在石灰岩中出现的层状矿床。

B 墨西哥

墨西哥的锑矿主要产于圣路易斯·波托西省的圣何塞，瓦哈长省的特拉赫尼阿科，索诺拉省的埃里·奥里捷尔，吉达里戈省的齐马潘及古埃列罗省的威楚科等地区。

圣何塞矿床发现于1898年，在20世纪40年代，其产量曾占墨西哥锑总产量的三分之一。矿床产于晚侏罗纪页岩覆盖下的灰岩中，距页岩层6~30m，矿床共有四层，以上部矿层为主。矿体分布面积约2km^2，厚0.5~3.5m。具硅化蚀变，下部结晶灰岩中有浸染状辰砂产出。矿石由辉锑矿和石英组成，并有少量锑华。辰砂呈浸染状分布于结晶灰岩中。矿石锑品位一般2%~4%，富矿锑品位高达30%以上。

埃里·奥里捷尔和特拉赫尼阿科两矿床系含辉锑矿的石英层，是与砂岩互层的石炭纪石灰岩系的一部分。矿石含锑5%~30%，被强烈氧化，并含有银矿。

齐马潘矿床是一种脆硫锑铅矿的交代矿床，产于白垩纪的石灰岩内，主要脉石矿物为石英、方解石、闪石、磷灰石、赛黄晶、钠长石、萤石和石榴石。金属矿物除脆硫锑铅矿外主要有磁黄铁矿、黄铁矿和闪锌矿。矿石含Sb4%，Pb8%，还含Ag15~62g/t和Au0.31g/t。

威楚科矿床是一种独特的硫汞锑矿，最常见的围岩是石灰岩，被许多断层强烈地错动，引起块状石灰岩发生角砾岩化，薄层石灰岩发生等斜小型褶皱等现象。金属矿物为硫汞锑矿、汞矿物、锑矿物等，汞矿物有辰砂和黑辰砂，锑矿物为辉锑矿，另伴生有黄铁矿。在矿床上部矿石中含Sb16%~17%和Hg 3%~4%，在下层含1.25%锑和0.37%汞。

美国的锑矿主要产于阿拉斯加、爱达荷、蒙大拿、内华达等州，目前的锑储量基础约9万t。加拿大及危地马拉也有少量小型锑矿床分布。

3.2.3.5 大洋洲的锑矿床

澳大利亚的锑矿床多系辉锑矿—金—石英脉，锑精矿多为开采金矿的副产品。锑矿床主要分布于昆士兰州和新南威尔士州等地区。

希尔格罗夫（Hillgrove）锑矿位于新南威尔士州阿米代尔（Armidale）附近，属低温热液金锑钨矿床。矿脉呈似层状，倾角近乎垂直。矿体厚度一般1.5~6m，沿走向的长度较大，且连续性较好。矿石由石英脉中的辉锑矿和少量的方解石组成，与矿床共生的其他矿物有黄铁矿、磁黄铁矿、砷黄铁矿、白钨矿、石墨和金。目前预计该矿保有矿石储量390万t，矿石含金5.2g/t，含锑2.1%。

布鲁斯佩克（Blue Spec）锑金矿位于西澳大利亚纳拉金镇（Nullagine）东北约20km，属热液脉状矿床。该矿床锑储量约8万t，含锑4.63%。金与早期辉锑矿和黄铁矿有关，金品位12~45.11g/t。矿体产于太古代黑色片岩、砂岩、石英岩的片理化带中。矿带东西长9km，宽12m，矿体长12~45m，厚1.5~2.4m。矿石由辉锑矿、黄铁矿、毒砂、碲金矿、白钨矿、石英及含铁碳酸盐矿物等组成，矿石品位随赋存深度的增加而增高。20世纪70~80年代，在该矿床西边约1km处发现了另一类似矿床，称为高登斯佩克（Golden Spec）矿床，该矿床的金锑品位和储量均比布鲁斯佩克小一些。

瓦特古利（Wattle Gully）锑矿位于澳大利亚维多利亚州的Chewton，属热液型锑金硫化矿。矿体呈脉状充填于志留纪板岩的断裂带中，长16km，延深300m，矿体由一系列短而陡的金锑石英脉组成，呈分枝复合状，单脉厚0.5~1km，长100m。矿石由辉锑矿、黄铁矿、毒砂、磁黄铁矿、石英及碳酸盐矿物等组成。锑储量约2万t，矿石锑品位6.8%，金品位 19.09g/t。

3.2.3.6 我国典型锑矿床简介

A 湖南锡矿山锑矿

湖南锡矿山锑矿是碳酸盐地层中层状锑矿床的典型代表，有人通过研究得出，辉锑矿的形成温度约为 250～100℃，该锑矿床属中低温热液型矿床。矿区位于新华夏构造体系的雪峰山隆起东南侧的沉降和隆起分异构造的活动地带。区域内褶皱、断裂十分发育。构造线由南向北，呈北北东转向北，略呈一电弧形构造。矿区内广泛出露中泥盆统棋子桥组灰岩、上泥盆统佘田桥组砂页岩夹灰岩、上泥盆统锡矿山组砂岩、页岩及钙质页岩、下石炭统岩关阶炭质页岩及石英砂岩。其中，佘田桥组中段的硅化灰岩为主要含矿层位。矿区构造为一北北东向复式背斜，向北东和南西倾没，长约 9km、宽 2km、面积 $18km^2$。其中包括老矿山、飞水岩、物华、童家院等 4 个背斜，仙龙界、井田村等两个向斜。复式背斜西部掀起比较剧烈，并为一系列走向逆断层所切割；东翼断层较少，产状比较平缓。锑矿产于 4 个相应的背斜中。矿区分南北两个矿段，包括 4 个矿床（北矿段：老矿山矿床，童家院矿床；南矿段：飞水岩矿床，物华矿床）。其中飞水岩矿床规模最大，锑储量占全矿区的 53.1%，有 4 个主要矿体，呈层状、似层状、扁豆状、透镜状，个别的为陡斜脉状等。其中，Ⅰ号矿体沿走向长 600m，倾向长 1800m，平均厚度 2.5m，锑品位 4.5%；Ⅱ号矿体沿走向长 600m，倾向长 1300m，平均厚度 7m，锑品位 4%。锡矿山锑矿主要金属矿物为辉锑矿，其次为锑华、锑赭石和黄锑矿等。伴生金属矿物为黄铁矿，以及极少量的菱铁矿、赤铁矿。辉锑矿呈块状及放射状集合体，产于晶洞中者具有完美的晶形，最长可达 1m 左右。脉石矿物以石英为主，其次为方解石、重晶石及少量萤石和绢云母等。矿石具条带状、角砾状、块状、浸染状和晶洞构造。围岩蚀变以硅化最为主要，其次为碳酸盐、重晶石化、黄铁矿化、萤石化和绢云母化。

B 湖南板溪锑矿

湖南桃江县板溪锑矿属辉锑矿石英脉型，围岩为千枚岩。矿区位于雪峰山隆起带北段向东偏转的天树山背斜轴部、东西向构造与北东－北北东向构造的交接复合地带。矿区地层简单，仅有前震旦系板溪群的五强溪板岩、千枚岩出露。其走向略近东西，向南倾斜，倾角陡峻。区内褶皱强烈，断裂构造不很发育。有矿脉及蚀变带 21 条，可分为富锑石英脉，含锑破碎带及含锑金石英脉三种类型。主要锑矿物为辉锑矿，共生矿物主要为黄铁矿和毒砂，脉石矿物主要为石英，沿脉壁有辰砂晶粒嵌布。

C 湖南渣滓溪锑矿

湖南渣滓溪锑矿床位于湖南安化县城西南约 65km，是湖南产于前寒武系的最具代表性的交错脉状充填锑矿床。渣滓溪锑矿带位于湘西雪峰弧形构造带中段西南侧，溆浦—洪江 NE 向大断裂与冷家溪 EW 向大断裂的斜接复合部位之南缘。西南起自溆浦羊皮帽，经安化渣滓溪、横冲，东北至同心，长约 50km，宽 7.5km。已发现锑矿床（点）20 余处。该矿带出露地层主要为上元古界板溪群，其下段为马底驿组，上段为五强溪组，后者是区内锑矿床最重要的赋矿层位。矿床的矿石矿物成分非常简单，主要金属矿物为辉锑矿，脉石矿物为石英。矿石类型主要为石英辉锑矿石。矿石具他形粒状、粒状、充填交代、粒状胶结及镶嵌等结构，细脉状、块状、角砾状和条带状构造等。其中块状和角砾状矿石为湖南前寒武系锑矿和锑金矿床所特有。辉锑矿为铅灰色，主要为他形粒状，次为柱状晶体，粒径0.1~0.2mm，少量柱状晶体长可达10mm。辉锑矿一般充填于石英脉颗粒间或破碎围岩的角砾空隙中，并交代石英。

D　湖南沃溪锑矿

湖南桃源县沃溪锑矿是典型的钨锑金型矿床，该矿床规模属大型。沃溪钨锑金矿床赋存于元古界板溪群马底驿组紫红色板岩中。辉锑矿脉主要以块状辉锑矿脉、似层状辉锑矿脉和条带状辉锑矿石英脉等形式产出。块状辉锑矿脉一般视厚大于20cm，多为厚板状、板柱状、囊状、透镜状的致密块状辉锑矿，在断裂交汇或褶皱虚脱部位形成大的矿包；似层状辉锑矿脉延伸稳定，视厚在5~20cm之间，常与含矿石英脉相伴生；条带状辉锑矿石英脉一般视厚小于5cm，呈舒缓波状弯曲。辉锑矿脉的产出与围岩产状并不完全一致，通常矿脉两盘围岩中发育产状不同的劈理裂隙，且围岩中发育的劈理裂隙并不透过矿脉，显示矿脉的后成特征。矿石组成以辉锑矿为主，伴生矿物主要有黄铁矿、白钨矿、黑钨矿等，其次为闪锌矿、方铅矿、自然锑、毒砂、辰砂、黄铜矿、斑铜矿、黝铜矿、自然金等矿物，脉石矿物主要为石英，并有少量的白云石、方解石、绢云母等。辉锑矿为该矿床主要的载金矿物之一。镜下辉锑矿呈块状、细脉状沿先成矿物（如白钨矿、黑钨矿、石英等）的边界、张开裂隙或粒间裂隙充填，显示明显的后成特征。

E　广西大厂多金属伴生锑矿

广西的锑矿主要属中温热液含锑多金属矿床，南丹大厂矿田是这类矿床的典型代表。矿田处于广西南丹—河池多金属矿带中部，呈北西向展布。矿田地层为泥盆系—三叠系均有出露。岩性为细碎屑岩、硅质岩、碳酸盐岩等。含矿岩系为硅质岩和石灰岩。矿田构造具网格构造特征。大厂矿田中的锑矿床及锑矿体按形态划分为两种类型：

（1）似层状整合型锑铅硫盐类矿床，如长坡—巴里—龙头山式（简称龙头山式）。矿区位于江南古陆的丹池拗陷带，大厂背斜轴部、横向裂隙带、层间错动及不同性质岩石的界面等为赋矿空间。有似层状，细脉浸染状矿体和锡石硫化物型节理带及细脉带矿床。龙头山式锑矿床现已探明大小矿体11个，其中最大的是20世纪70年代末探明的100号矿体，Sn储量13.68万t，其他Pb、Zn、Sb三种金属储量130多万吨。主矿体长900m，宽60~230m，平均厚12.61m。矿体形态较复杂，纵向较稳定，横向变化大，似弯曲状莲藕。矿体品位：Sb 3.69%，Sn 1.53%，Zn 3.44%，Pb 4.28%。1996年新上全国储量表的大厂巴里—龙头山多金属矿锑储量为50.78万t，锑品位4.72%。主要矿石矿物为锡石、毒砂、磁黄铁矿及脆硫锑铅等，共有34种硫盐类矿物。

（2）脉状交错型锑钨矿床，如茶山式。茶山式锑钨矿床位于南丹县车河乡西偏南2.5km处，属大厂矿田的一部分，探明锑储量10.53万t，具大型规模。已知矿脉有42条，单脉长300~500m，厚0.23~0.67m，品位：Sb为0.35%~5.53%，WO_3为0.08%~1.49%。其中28号脉组为主矿脉，地表断续出露长3800m，延深大于800m，厚0.5~10m，以锑、钨为主，伴生有银、铅、锌、铜、金等。主要矿石矿物为辉锑矿、黑钨矿、白钨矿，矿体呈透镜体、薄板状。近矿围岩蚀变为硅化、碳酸盐化等。矿床类型为岩浆期后中低温热液充填矿床。

F　贵州半坡锑矿

半坡锑矿区位于贵州省独山县城东约14km处，矿区面积$2km^2$，为大型锑矿床，累计探明锑储量14.31万t。地质工作始于1959年。从1974年起由贵州地质勘探公司三队和物探队进行地质勘探工作。1981 年完成初勘，1986 年提交详勘报告。

矿床处于湘黔汞矿带与广西丹池锡锑多金属矿带之间，具有区域性成矿特征，属于两者之间的过渡型锑矿带。

矿区地层主要为泥盆系下、中统。主要赋矿层位为泥盆系下统丹林群，假整合于志留系翁顶群之上，为灰色厚层状中细粒石英砂岩。矿区内北北西向断裂发育，辉锑矿充填其中。在该区域 100km 范围内未见岩浆岩。

区内辉锑矿体呈脉状产于半坡断裂破碎带中。共有工业矿体 9 条，沿赋矿断裂呈斜列展布。其中Ⅰ号矿体为主要矿体，占半坡锑矿床总储量的 77%，其余矿体规模较小。Ⅰ号矿体呈不规则脉状，长 1220m，延深约 500m，南宽、北窄，厚度由 0.98 ~ 4.49m，最厚达 26.45m，锑品位 1.24% ~ 6.66%，最高达 22.29%。Ⅱ至Ⅸ号矿体也产于断裂带内，呈大脉状、长条状和透镜状产出，长 120 ~ 550m，宽 45 ~ 260m，厚 0.34 ~ 9.3m，锑品位 1.17% ~ 10.07%。

矿石矿物成分简单，以辉锑矿为主，次为黄铁矿、锑华及锑赭石。矿区围岩蚀变常见有硅化、碳酸盐化、重晶石化、黄铁矿化及绢云母化。其中硅化与成矿关系密切，常与辉锑矿伴生产出。矿床类型属碎屑岩型沉积—热液改造锑矿床。

G　贵州晴隆锑矿

晴隆锑矿区位于贵州省晴隆县大厂乡，故也称晴隆大厂锑矿，是西南地区的大型锑矿之一，累计探明锑储量 19.96 万 t。

晴隆大厂锑矿于明末清初即已发现、开采和土法冶炼。1953 年，开展普查找矿工作。1956 年后由贵州省地质局一一二队、一〇五队等在矿区及外围开展普查找矿和勘探工作，探明了这一大型锑矿，已构成一个锑矿田，包括大厂、西舍、水井湾、固路、后坡、支氽、黑山箐、沙家坪、银厂坪等矿段或矿床，并与其南部放马坪组成矿田，东西长 26km，北西—南东宽 16km，总面积达 420km^2。矿田位于黔西南拗陷带北部，碧痕营背斜（轴向北东）的南东翼部位。矿田出露地层主要有下二叠统茅口组、大厂层、峨眉山组玄武岩及上二叠统龙潭组等。褶皱为宽缓的短轴背斜与向斜，轴向北东。断裂较发育，沿断裂带见有硅化、萤石化和锑矿化。矿田由 100 多个大小矿体组成了 20 多个含矿体。工业锑矿体大部分产于“大厂层”中，占矿田锑储量的 97%。矿体呈层带状、似层状及凸透镜状产出，一般长 300 ~ 1200m，宽 100 ~ 500m，厚 2 ~ 20m。区内最大的矿体为大厂矿床，长 1200m，宽 400 ~ 500m，平均厚 12m，最厚达 27m。

矿石中有益组分有 Sb、S、F、Se。其中，Sb 为主要组分，Sb 品位 1% ~ 40%，矿床平均品位 2.8% ~ 5.5%。Se 于 1958 年在冶炼纯锑的同时回收 Se 成功。矿石矿物主要为辉锑矿，次为黄铁矿、黄铜矿、斑铜矿、辉铜矿以及锑华、锑赭石等。围岩蚀变主要为硅化，次为黏土化，局化有黄铁矿化、方解石化、高岭石化等。矿床类型属海相火山岩型火山沉积—构造改造锑矿床。

H　云南木利锑矿

木利锑矿位于云南省广南县城东南，直距 32km 的河谷南坡，是西南有色地质勘查局于“七五”期间探明的大型富锑矿床，累计探明锑储量 17.39 万 t。矿区位于右江褶皱带西端，文山—广南—富宁弧形褶断带北东侧。矿田出露地层主要为寒武系、泥盆系及二叠系，赋矿层位为下泥盆统坡脚组中段强硅化灰岩，区内褶皱、断裂十分发育，展布方向与主构造线方向基本一致。矿区工业矿体主要分布在木利矿段及三家村矿段，除局部有所出露外，一般均呈隐伏矿赋存于木利背斜之中。已知矿体断续分布在长2270m，宽68.5~241m，海拔标高由665~832m的空间范围内。木利矿段，已查明工业矿体5个，以产于背斜核部的Ⅰ号矿体规模最大，探明储量占全区锑储量的99.2%。矿体呈层状、似层状产于下泥盆统坡脚组中段硅化灰岩之中。矿体连续长1397m（往南东延至三家村矿段），宽68.5~309m，平均厚7.9m，核部平均厚10.5m，锑平均品位5.36%，核部平均6.45%。三家村矿段，位于木利矿段南东端，属木利背斜东延部分，全长2500m。已查明45~75线之间有工业矿体6个。其中，以Ⅰ号矿体规模最大，长694m，矿体呈似层状产于背斜核部硅化灰岩之中，矿体厚0.55~14.1m，平均厚3.28m，锑平均品位5.58%。区内矿石矿物组成简单，主要为辉锑矿、黄铁矿、锑赭石、方锑矿、黄锑华及锑华。围岩蚀变主要是硅化，与锑矿化关系密切，次为方解石化、黄铁矿化。矿床类型为碳酸盐岩型沉积改造型层控矿床。

I 陕西旬阳汞锑矿

旬阳汞锑矿成矿带是秦岭—中亚汞锑矿带山阳—旬阳汞锑成矿亚带的南带。矿带西起乾佑河东至周公山，长约60km，宽约17km。包括公馆—回龙汞锑矿田及老虎荡—马鞍寨、砂硐沟等矿化区。现已发现汞锑矿床（点）20余处，汞、锑、钨、金等化探、重砂异常多处。其中，蜚声中外的公馆特大型汞锑矿床、青铜沟特大型汞锑矿床均产于此带。近年来，该区先后发现金矿化、金矿床（点）多处，其中以惠家沟、小河金矿床最具代表性。汞锑矿化带产于受断裂反复切割破坏了的褶皱带—褶断带中，以下泥盆统公馆组为最主要的赋矿层位，矿体多产于各种细碎屑岩与碳酸盐岩的接触界面附近靠近细碎屑岩一侧。汞锑矿成矿作用以充填方式为主，交代作用较弱，所以辰砂、辉锑矿均分布在由石英、白云石、方解石、重晶石和白云岩角砾等组成的脉状蚀变体内。此类脉体仅局限于断层破碎带内及其近旁的围岩中，所以围岩蚀变比较简单，分带现象极不明显。汞锑矿石的自然类型基本上为单一原生矿石，氧化带不发育，仅在个别地段见微量黑辰砂、红锑矿、锑华等，故无过渡带矿石。根据有用矿物组合可分为单汞矿石、汞锑矿石及单锑矿石，其中以汞锑矿石或锑汞矿石为主，局部地方可见单汞或单锑矿石。主要金属矿物为辰砂、辉锑矿，含少量黄铁矿、雌黄、雄黄、闪锌矿、黄锑矿、红锑矿、锑华，微量黑辰砂、自然汞、硫铜锑矿、黝铜矿、蓝辉铜矿、斑铜矿、孔雀石、锑钙石、方铅矿、褐铁矿等。脉石矿物主要为石英、方解石、白云石，其次为重晶石、黏土矿物、萤石等。

J 甘肃崖湾锑矿

崖湾锑矿区位于甘肃省西和县城西南71km处，为西北地区的大型锑矿，累计探明锑储量14.94万t。矿床处于西秦岭印支褶皱带的东段，秦岭锑汞矿带西部。矿区地层为中三叠统三渡水组，是一套浅变质岩系，主要由板岩、灰岩及少量砂岩组成。矿区构造为单斜构造（有的认为是背斜），断裂构造发育且与成矿关系密切。岩浆岩不发育，仅有闪长岩脉及长英岩脉，且与成矿无关。矿体呈似层状、透镜状及脉状，产于中三叠统三渡水组薄层灰岩夹中厚层灰岩或其与钙质板岩的接触（破碎）带中。区内矿床已控制矿体42个，其中以6号矿体规模较大，占矿床中锑储量的78%，矿体长50~1000m，延深70~

515m，厚1.0~33.24m。矿石矿物组成较简单，主要矿石矿物为辉锑矿，次为黄铁矿、白铁矿；次生氧化矿物有锑赭石、黄锑华、白锑华、褐铁矿等。矿石的锑平均品位为2.86%，并伴生Se、Ag、Ga、Ge、In、Te等。其中，以Se、Ag含量较高，硒含量为0.001%~0.032%，银为0.1~5g/t，平均4g/t，可综合利用。矿床围岩蚀变较简单，有硅化、方解石化、黄铁矿化、萤石化等，其中以硅化为主，与矿化关系密切。矿床类型为浅变质岩型沉积改造层控锑矿床。

3.3　我国锑矿石的类型

3.3.1　锑矿石的自然类型

锑矿石的自然类型可分为氧化矿石、混合矿石、原生矿石3种，其标准按锑氧化率（%）划分：

（1）氧化矿石，锑氧化率大于50%；

（2）混合矿石，锑氧化率30%~50%；

（3）原生矿石，锑氧化率小于30%。

3.3.2　锑矿石的工业类型

根据我国锑矿床物质成分特点，有的是以锑为主的单一矿床，更多的是多组分共生矿床，有些是锑与金、汞、钨等共生。故锑矿石工业类型可划分为以下4个大类：

（1）单一硫化锑矿石。金属矿物是辉锑矿，其他金属矿物很少。

（2）单一硫化氧化锑混合矿石。金属矿物为辉锑矿和锑的氧化物（方锑矿、锑华等）。

（3）单一氧化锑矿石。如广西右江流域的“红锑”，云南魏山氧化锑矿等。

（4）含锑复杂多金属硫化矿石。含锑矿物为辉锑矿、硫汞锑矿、脆硫锑铅矿、黝铜矿、车轮矿等，还有钨矿物、辰砂、黄铁矿、毒砂、铅锌矿物、锡石及金等其他有用矿物。因此又可进一步划分为铅锑、金锑、锑钨、锑汞、锑金钨、锑砷金及锑铅锌矿石等。如湖南湘西金矿是锑金钨矿石。

从选矿工艺的角度出发，我国锑矿石类型大体可细分为以下7种：

（1）单一硫化锑矿石。矿石中其他金属矿物的含量很少。如湖南锡矿山南选厂处理的矿石，金属矿物以辉锑矿为主，含少量的黄铁矿和锑的氧化矿，脉石主要是石英，其次是方解石、重晶石、高岭土、石膏等。

（2）单一硫化氧化混合矿石。这种类型的矿石中主要含有辉锑矿及较多次生氧化锑矿物，一般不含砷。目前回收氧化矿只能采用重选的方法，因此这类矿石的选矿回收率不高，一般小于80%。损失率随氧化锑矿细泥的增加而提高。如锡矿山北选厂，处理的矿石中锑矿的氧化率占50%。主要矿物是辉锑矿、黄锑酸钙石、黄锑华、少量锑赭石、锑华、硫氧锑矿等。脉石矿物以石英为主，其次是方解石、石灰石、重晶石、石膏、电气石、白云石、绢云母、锆英石等。云南木利锑矿的矿石也属这种类型，矿石锑氧化率高达60%以上，主要金属矿物为辉锑矿、方锑矿、锑赭石、黄锑华、锑华等，主要脉石矿物为石英。

(3) 含金的辉锑矿矿石。这类矿石一般都含有砷，并且是以毒砂的形态出现。砷与金的共生关系很密切。一般锑—砷分离时，也是锑—金的分离。如湖南桃江板溪锑矿处理的矿石，金属矿物以辉锑矿为主，其次是毒砂、黄铁矿、少量黄铜矿、白钨矿、自然金、孔雀石、黄锑华。脉石矿物以石英为主，少量白云石、方解石、绢云母、绿泥石、磷灰石、长石等。

(4) 含有钨金砷等矿物的硫化锑矿石。这种类型矿石不多，但金的含量较高。白钨矿也可以作为副产品回收。如湘西金矿，矿石中的矿物以辉锑矿、白钨矿、自然金、黄铁矿、毒砂为主，少量方铅矿、闪锌矿、黄铜矿、辉铜矿、褐铜矿、黝铜矿等。脉石以石英为主，其次是方解石、白云母、绢云母、叶蜡石、绿泥石、伊利石、绿色高岭土等。

(5) 含锡、铅、锌、砷等矿物的硫化锑矿石。这种类型的矿石，锑是以脆硫锑铅矿、辉锑锡铅矿等出现。因此锑精矿中含有大量的铅。锡和锌也是选厂的重要产品。如广西大厂长坡选厂，处理的矿石中含有锡石、脆硫锑铅矿、辉锑锡铅矿、铁闪锌矿、黄铁矿、毒砂、磁黄铁矿等。脉石矿物以石英为主，还有电气石、方解石等。

(6) 含汞硫化锑矿石。矿石主要矿物为辉锑矿和辰砂。两种矿物的含量不稳定。辉锑矿和辰砂往往紧密共生，而且辉锑矿和辰砂的可浮性相似，浮选分离的难度较大。关于锑—汞分离浮选的研究还在进行之中。陕西旬阳锑汞矿床和贵州的八寨锑汞矿床均属于这一类型的矿石。

(7) 单一氧化锑矿石。矿石中的主要锑矿物为锑的氧化物，如锑赭石、黄锑矿等。这类矿石的储量相对较少，主要采用手选和重选法处理。

3.4 国内锑生产现状

1985 年底，第二次全国工业普查时，我国的锑冶炼厂有 14 家，生产能力为 4 万 t，实际产量为 3.51 万 t。

1995 年底，第三次全国工业普查时，我国的锑冶炼厂猛增到 369 家，主要分布在湖南（122 家）、广西（75 家）、云南（39 家）、广东（12 家）。生产规模在 1000t/a 以下的 284 家，占 77%；1000 ~ 2000t/a 的 64 家，占 16%；2000 ~ 3000t/a 的 10 家，占 3%；3000 ~ 4000t/a 的 4 家，4000 ~ 5000t/a 的 5 家；5000 ~ 10000t/a 的 5 家；10000t/a 以上的 1 家，即锡矿山闪星锑业有限责任公司。1995 年底，我国的锑品生产能力已达到 26.78 万 t，实际产量已达到 12.95 万 t。

表 3-3 是根据中国有色金属工业协会信息统计部编制的《2000 ~ 2003 年有色金属工业统计资料汇编》提供的数据，统计了近几年我国锑品生产能力、实际产量、产品品种及主要生产厂家的情况。

从表 3-3 中可以看出，近年来，我国的锑品生产能力、实际产量、产品品种及生产厂家快速增长。锑品生产能力由 1985 年的 4 万 t 增长到 2003 年的 24 万 t，年均增长率为 10.5%；产品产量由 1985 年的 3.51 万 t 增加到 2003 年的 8.99 万 t，年均增长率为 5.4%；生产厂家由 1985 年的 14 家增加到约 400 家。

表 3-3 我国锑品生产能力、产量、品种及主要厂家情况

厂 名	2000 年					2001 年				
	能力/t	总产量/t	精锑/t	锑白/t	其他/t	能力/t	总产量/t	精锑/t	锑白/t	其他/t
全 国 合 计	276411	113274	73005	21945	18324	224778	147910	92747	43121	12042
锡矿山闪星锑业有限责任公司		24022	3269	20032	721		22157	3705	18171	280
柳州华锡集团有限责任公司		8948	5643		3305		10503	9472		1075
湖南辰州矿业有限责任公司		4127	4127				4519	4519		
云南木利锑业有限责任公司		4451	4451				3853		3853	
湖南东港锑品有限公司							6172	2422	3750	
南丹县南星锑业有限公司		4155	4155				3389	3389		
江西武宁县明星锑业有限公司							1528	858		670
柳州环东金属材料厂							9413		9413	
广西河池有色工业集团公司		3340	3340				3900	3650	118	132
河池南方化工冶炼总厂		9742	9742				7902	7902		
厂 名	2002 年					2003 年				
	能力/t	总产量/t	精锑/t	锑白/t	其他/t	能力/t	总产量/t	精锑/t	锑白/t	其他/t
全 国 合 计	235232	123239	73271	44569	5399	239550	89890	48574	33853	7463
锡矿山闪星锑业有限责任公司		22691	2321	20278	92		22602	6946	15232	424
柳州化锡集团有限责任公司		12799	9262	1599	1938		9452	7928	695	829
湖南辰州矿业有限责任公司		5600	5600				7075	7075		
云南木利锑业有限责任公司		7702	2649	5053			5212	116	5096	
湖南东港锑品有限公司							5132	1726	3406	
南丹县南星锑业有限公司		1049	1049				4403	3150	1253	
江西武宁县明星锑业有限公司		2500	1640		860		4400	3100		1300
柳州环东金属材料厂		3243		3243			3712	740	2972	
广西河池有色工业集团公司		3582	2884	513	185		3367	2589	778	
河池南方化工冶炼总厂		5811	5811				2980	2664	316	

在我国的锑冶金工业获得长足进步的同时，应该看到，我国的锑品生产能力的增长率远大于实际产量增长率，造成生产能力成倍过剩；锑品结构仍然以精锑等初级产品为主（2000~2003 年全国精锑产量分别占锑品总产量的 64.5%、62.7%、59.5% 和 54.0%），是典型的资源型产品，深加工产品所占份额偏少；生产厂家虽多但生产规模偏小，如 2003 年实际产量在 3000t 以上的厂家仅有 10 家，占生产厂家的 2.5%。

3.5 国外锑生产现状

国外，锑储量和储量基础较多的国家是俄罗斯、玻利维亚、南非、吉尔吉斯斯坦和美国（详见表 1-1）。锑产量较大的国家是俄罗斯、南非、塔吉克斯坦、澳大利亚和玻利维亚（详见表 1-2）。

目前国外至少有 23 个国家生产锑矿石或锑精矿，有 50 多家锑冶炼厂或锑品生产厂。其主要生产国家和地区是独联体、玻利维亚、南非、欧洲共同体、美国、日本等，年生产能力在 10 万 t 左右。1978 年成立了国际氧化锑工厂联合体（IAOA），成员有 19 家，如洛罗工业（Laurel Industries）公司，凯品公司（Inc. Compine），御国熔炼和精炼公司（Mikuni Smelting & Refining. Co., Ltd.）等。

前苏联的主要产锑国是俄罗斯、吉尔吉斯斯坦和塔吉克斯坦 3 个国家。其中最大的锑品生产企业是吉尔吉斯斯坦的卡达姆扎依（Kadamdjaisk）锑业联合公司，年生产能力为 2 万 t 精锑，近年来，每年的出口量约 8000~12000t 金属锑。

玻利维亚有许多中、小型锑矿，中型锑矿的产量约占全国总产量的 3/4，其主要的锑企业有联合矿物公司 [Empresa Minera Unificada SA（EMUSA）]、文托（Vinto）炼锑厂等。文托炼锑厂的锑品生产能力为年产 6000~8000t，锑精矿采用旋涡炉挥发熔炼，制得的粗锑氧粉用反射炉还原精炼产出精锑，锑白用精锑生产。

南非从事锑品业的最大公司是麦脱雷斯（Metorex）联合公司，该公司于 1999 年兼并了南非唯一的锑品生产商莫奇森（Murchison）后，成为了南非最大的锑品生产公司。南非 1999~2001 年，三年平均年锑产量为 4277t。主要以硫化锑精矿为原料，采用回转窑挥发焙烧工艺生产粗锑氧粉，并生产纯氧化锑和锑酸钠。

欧盟较缺乏锑资源，但具备较强的锑冶炼能力，拥有每年 3 万 t 左右的锑品生产能力，其中，比利时的凯品（Compine）公司具备年产 8000t 的能力，法国西卡（Sica）公司具备年产 5000t 的能力。

美国是一个贫锑国，1999~2001 年，三年的平均锑产量仅有 485t，但美国同时又是一个具有相当锑冶炼生产能力的国家，年生产能力约为 3 万 t。主要进口精锑、粗氧化锑加工为纯氧化锑（锑白），有 10 家锑白生产公司，如阿姆斯派克（Amspec）公司、洛罗（Laurel）公司等。阿姆斯派克公司是美国最大的锑白生产厂，采用双窑法生产工艺生产锑白。

日本的锑品生产能力约为 1.5 万~2 万 t，其原料全部依靠进口，主要厂家有日本精矿株式会社、住友金属矿山、东湖产业株式会社、三国制炼株式会社等。日本精炼株式会社是日本最大的氧化锑生产公司，2003 年 6 月宣布兼并日本第二大氧化锑厂——住有金属矿山氧化锑厂后，锑品生产能力达到年产 1 万 t 左右，主要生产经营三氧化二锑、四氧化二锑、五氧化二锑、金属锑、三硫化二锑、锑酸钠、三氯化锑、无尘锑化合物等产品，建有冶炼厂、脱硫厂、表面处理厂等，拥有大型还原炉、挥发炉、自动化包装系统和自动化产品仓库等设施。

表 3-4 列出了比利时凯品（Compine）公司要求的三氧化锑质量指标。表 3-5 是日本精矿株式会社三氧化锑质量标准。图 3-2 是美国阿姆斯派克公司三氧化锑生产的原则流程。图 3-3 是日本精矿株式会社锑品生产的原则流程。

表 3-4　比利时凯品（Compine）公司三氧化锑质量指标

WHITE STAR（白星指标）		N 0811xx	MT 1401xx	C090101	WSC – S103xx
Sb_2O_3	% min	99.80	99.80	99.90	99.90
Pb	% max	0.10	0.10	$(160 \pm 25) \times 10^{-6}$	$(50 \sim 90) \times 10^{-6}$
As	% max	0.08	0.08	$(100 \pm 20) \times 10^{-6}$	$(80 \sim 120) \times 10^{-6}$
Fe	% max	0.003	0.003	15×10^{-6}	15×10^{-6}
Ni	max				5×10^{-6}
Cu	max				5×10^{-6}
SO_4^{2-}	max				30×10^{-6}
Cl^-	max				30×10^{-6}
透光率	%				>97
平均粒径	μm			0.9 ±0.2	0.4 ~1.0
44μm 筛上物	%	0.7 ~1.1	1.1 ~1.5	0.9 ±0.2	0.02
BLUE STAR（蓝星指标）		RG 060101	MT 1601xx	LT 1701xx	Z 2101xx
Sb_2O_3	% min	99.50	99.50	99.50	99.50
Pb	% max	0.25	0.25	0.25	0.25
As	% max	0.30	0.30	0.30	0.30
Fe	% max	0.01	0.01	0.01	0.01
平均粒径	μm	0.7 ~1.1	1.1 ~1.5	2.0 ~2.5	8.0 ~13.0
44μm 筛上物	%	0.10	0.10	0.10	
125μm 筛上物	%				0.10

表 3-5　日本精矿株式会社三氧化锑质量标准

质量指标		PATOX –								
		M	C	P	L	U	H	MZ	CZ	HS
Sb_2O_3	% min	99.5	99.7	99.5	99.5	99.3	99.7	99.5	99.5	99.7
As	% max	0.1	0.05	0.1	0.1	0.1	0.01	0.1	0.05	0.05
Pb	% max	0.2	0.006	0.1	0.1	0.1	0.005	0.2	0.02	0.01
Fe	% max	0.01	0.003	0.01	0.01	0.01	0.002	0.01	0.003	0.003
SO_4^{2-}	% max	0.01	0.01	0.01	0.005	0.05	0.005	0.01	0.01	0.005
色调	min	97.0	93.0	93.0	94.0	96.5	93.0	96.5	91.5	93.0
粒径	mm	0.4 ~0.6	0.8 ~1.2	1.8 ~4.0	7.0 ~9.0	0.015 ~ 0.025		0.4 ~0.5	3.0 ~7.0	4.0 ~7.0
盐酸浊度	max		9×10^{-6}							
电导率	ms/s max							2.0	3.0	5.0
45μm 筛上物	max							2.0×10^{-6}	1.0×10^{-6}	1.0×10^{-6}
A 线量	$C/(cm^2 \cdot h)$ max								0.1	0.03

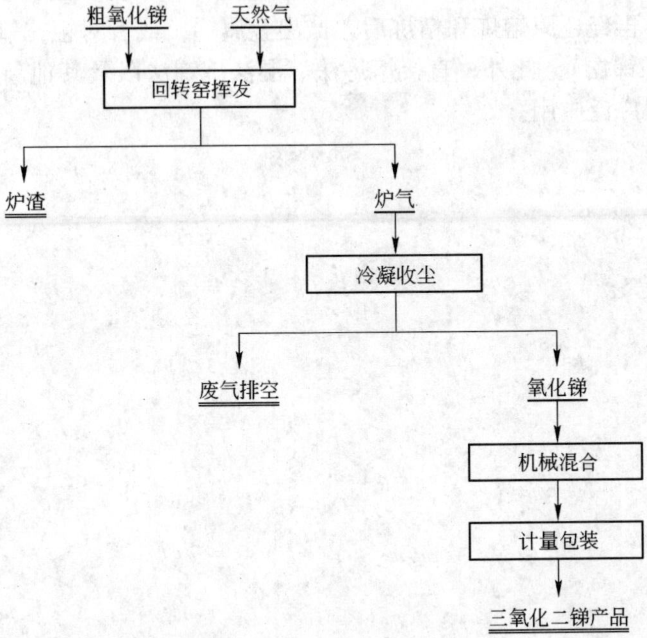

图 3-2 美国阿姆斯派克公司三氧化锑生产的原则流程

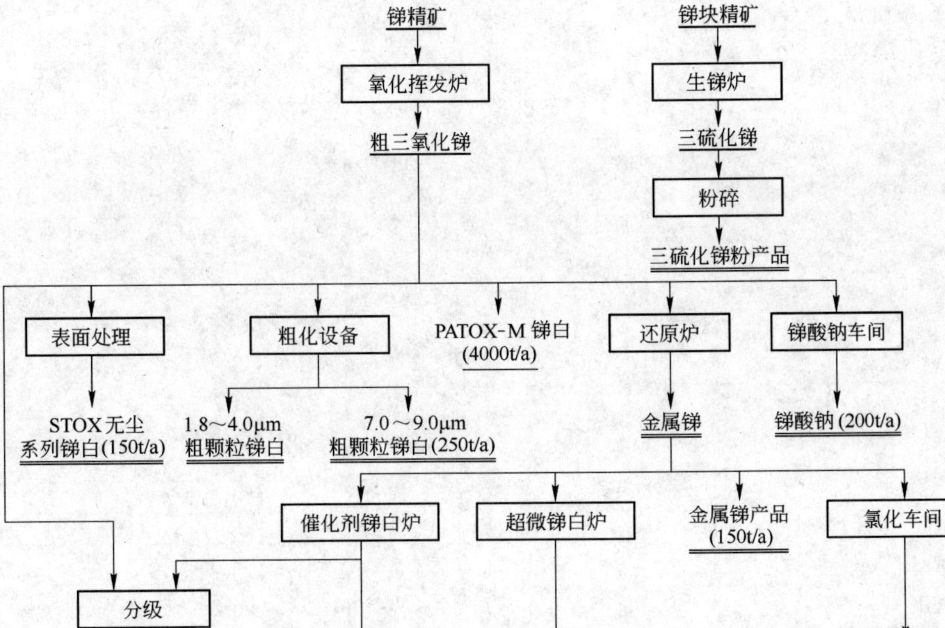

图 3-3 日本精矿株式会社锑品生产的原则流程

国外，锑的冶炼仍以火法工艺为主，基本工艺流程为锑精矿经挥发焙烧（熔炼）后，产出粗三氧化锑，再经还原熔炼和精炼后，产出金属锑，或者对粗三氧化锑再挥发提纯后制得精三氧化锑（锑白）。此外，直接熔炼法、湿法炼锑法以及其他新的炼锑工艺也在国外得到重视并获得广泛应用。

4 锑矿的采选工艺

4.1 锑矿的采矿

4.1.1 采矿技术概述

固态矿石的开采方式可分为露天开采和地下开采两种。这两种采矿方式在锑矿的开采中都有应用，但主要以地下开采为主。

露天开采主要有两种基本方法，即台阶式开采和条带剥离式开采，前者主要用于开采金属矿床以及其他硬岩矿床；后者主要用于开采煤炭。几十年来，露天开采方法没有发生根本性的变化，其工艺的改进主要体现在陡工作帮和分期开采，高性能、大型设备以及不同运输方式的应用等方面。

绝大多数锑矿床的采矿采用地下开采方式。地下开采过程可以概括为矿床开拓、矿块采准切割和矿块回采 3 个步骤。矿床开拓是矿山生产的基本准备过程，主要包括运输通道（竖井、斜井、平峒等）及主通风井的开拓建设。矿床开拓后，矿块的外部生产条件已经具备，可以在矿块内进行采准、切割和回采。在矿块中进行的采准、切割和回采工作称为采矿方法。为了适应不同的矿床赋存条件、矿石和围岩性质及开采环境，地下矿床的开拓和采矿方法随着开采技术的进步不断演变。目前常用的矿床开拓方法约 10 种，以竖井、斜井、平峒和斜坡道开拓为主；常用的采矿方法约 20 种。

按采场地压管理方法的不同，采矿方法可划分为空场采矿法、崩落采矿法和充填采矿法三大类。空场采矿法利用矿岩自身的稳固性和留矿柱进行地压管理，而崩落采矿法通过崩落围岩、充填采矿法用充填材料充填采空区进行地压管理。三大类采矿方法中，目前空场采矿法和崩落采矿法用得较多，这与开采深度较浅有关。随着开采深度的增加，充填采矿法的应用比重将不断增大，而空场采矿法的应用会逐渐减少。

根据采矿方法的结构特点、工作面布置形式和落矿方法等的不同，可进一步将三大类采矿方法细分为许多类型。

空场采矿法中应用较广泛的采矿方法有全面采矿法、房柱采矿法、留矿采矿法、分段矿房法和阶段矿房法。

崩落采矿法可分为单层崩落法、分层崩落法、分段崩落法和阶段崩落法。

按矿块结构和回采工作面推进方向，充填采矿法可分为单层充填采矿法、上向分层充填采矿法、下向分层充填采矿法和分采充填采矿法。根据所采用的充填料和输出方法不同，充填采矿法又可分为干式充填采矿法，用矿车、风力或其他机械输送干充填料（如废石、砂石等）充填采空区；水力充填采矿法，用水力沿管路输送选厂尾砂、冶炼厂炉渣、碎石等充填采空区；胶结充填采矿法，用水泥或水泥代用品与脱泥尾砂或砂石配制而成的胶结性物料充填采空区。

目前，我国的地下采矿技术虽然较过去有了一定的改进与提高，但总的说来，还是相当落后的。现存的主要问题是机械化程度不够，生产成本高、矿石损失率较大。很多锑矿的采矿方法不合理，而且大部分都是采用繁重的开采方法，某些中小型锑矿甚至仍在使用土法开采。此外，还有残留多年的大量矿柱，没有找到合理与安全的回采途径。

4.1.2　采矿方法的选择

采矿方法决定了材料和设备的需要量、掘进工程量、劳动生产率、矿石回采率以及采出矿石的质量等，在矿床开采中占有十分重要的地位。同时，由于矿体赋存条件多种多样，各个矿山的技术经济条件又不尽相同，所以在采矿方法的选择中，首先应遵循采矿方法选择的基本原则，然后根据矿山的具体情况，充分分析研究影响采矿方法选择的重要因素，最终确定适宜的采矿方法。

4.1.2.1　采矿方法选择的基本原则

采矿方法的选择应满足以下基本原则：

（1）安全。所选择的采矿方法必须保证工人在采矿过程中能够安全生产，有良好的作业条件（如可靠的通风防尘措施、合适的温度和湿度），尽可能采用机械化作业，降低工人的劳动强度；同时要保证矿山能安全持续地生产，避免由地压活动及爆破震动等造成的地表滑坡和泥石流危害，防止地下水灾、火灾及其他灾害的发生等；

（2）矿石贫化率低。选择的采矿方法要满足加工部门对矿石质量的要求，尽量避免过多的围岩混入矿石中。矿石的贫化对选矿加工工艺、加工成本及产品的质量和数量有着较大的影响。一般要求矿石的贫化率在 15% ~20% 以下；

（3）矿石回采率高。矿产资源是有限的、不可再生的，采矿属于耗竭性生产，因此要求选择回采率高的采矿方法，以充分利用矿产资源。矿石损失会影响企业的生产成本、减少盈利并缩短矿山生产寿命。矿石回采率一般应在 80% ~85% 以上。开采价值高的富矿、稀缺金属以及贵金属矿床，更应尽可能选择回采率高的采矿方法；

（4）生产效率高。要优先选择生产能力大和劳动生产率高的采矿方法。一般在一个回采阶段内，布置的矿块数目应能满足矿山生产能力要求，且回采矿块所占长度，以小于阶段工作线长度的三分之二为宜。高生产效率可以减少同时工作矿块数，便于实施集中采矿，有利于生产管理和采场地压管理等；

（5）经济效益好。经济效益主要是指矿山产品成本的高低和盈利的大小。盈利指标最具有综合性质，例如矿石成本、矿石损失率及贫化率等对盈利都有影响。要选择盈利大的采矿方法。

上述基本原则是相互联系或相互制约的，例如回采率高的采矿方法的生产成本可能较高，经济效益可能会差一些，因此，只有综合考虑上述基本原则，才能正确地选择适宜的采矿方法。

4.1.2.2　影响采矿方法选择的要素

影响采矿方法选择的重要因素存在于两个方面，一是矿床地质条件，二是开采技术经济条件。

A　矿床地质条件

矿床地质条件是影响采矿方法选择的基本因素，因此在选择采矿方法时，首先要详细分析研究有关的地质资料。一般情况下，具有足够可靠的地质资料才能进行采矿方法选择；否则，可能由于选出的采矿方法不合适，危害生产的安全，并使矿产资源和经济遭到损失。

矿床地质条件一般包括下列内容：

（1）矿石和围岩的物理力学性质。其中矿石和围岩的稳固性对选择采矿方法有着非常重要的影响。它决定着采场地压的管理方法和采场结构参数。例如，矿石和围岩都稳固时，可以采用采场地压管理简单的空场采矿法，并可以选用较大的矿房尺寸与较小的矿柱尺寸；如果矿石稳固、围岩不稳固，用空场法围岩易产生冒落，这时用崩落法、充填法较为有利；相反，如果矿石稳固性较差而围岩稳固，并且其他条件如厚度与倾角又合适时，则采用阶段矿房法较为有效，因为这种方法可以避免直接在较大的暴露面下工作；如果矿石和围岩都不稳固，可考虑采用崩落法或下向分层充填法。

（2）矿体产状。矿体产状主要指倾角、厚度和形状等。矿体的倾角主要影响矿石在采场内的运搬方法，而且倾角对运搬的影响还与厚度有关。只有当矿体倾角大于50°～55°时，才有可能利用矿石的自重运搬；而采用留矿法时，矿石的自重运搬则需矿体倾角大于60°。当矿体厚度较大时，则不受倾角的限制，通过开掘下盘漏斗，矿石仍可靠自重运搬。当矿体倾角不够大，如30°～50°左右，在其他条件允许时，可以考虑爆力运搬或借助溜槽进行自重运搬。而30°以下的矿体，用电耙运搬往往较为有效。当采用崩落法但矿体倾角小于65°时，则应考虑开凿下盘漏斗或在矿块底部开掘部分下盘岩石，以减少矿石损失。

矿体厚度影响采矿方法和落矿方法的选择以及矿块的布置方式。例如，对于0.8m以下极薄矿体，要考虑分采，如分采充填法或混采，如留矿法。单层崩落法一般要求矿体厚度不大于3m，分段崩落法要求厚度大于6～8m，阶段崩落法要求厚度大于15～20m。在落矿方法中，浅孔落矿常用于厚度小于5～8m的矿体，中深孔落矿常用于厚度大于5～8m的矿体，深孔大爆破用于厚度在10m以上的矿体，而药室落矿要求的厚度比深孔爆破的更大。

在厚与极厚矿体中，矿块一般应垂直走向布置。

矿体形状和矿石与围岩的接触情况也影响采矿方法的选择。如接触面不明显，矿体形状又不规则，采用深孔落矿或药室落矿的采矿方法会引起较大的矿石损失与贫化。

如果极薄矿脉的矿体形状规则，而且矿石与围岩的接触明显，应该采用分采的采矿方法；否则，宜采用混采的采矿方法。

（3）矿石品位及价值。开采品位较高的富矿、价值较高的贵金属和稀缺金属（如镍、铬等）矿石，则应采用回采率较高的采矿方法，例如充填法；反之，宜采用成本低、效率高的采矿方法，例如分段或阶段崩落采矿法。

（4）矿体内有用成分的分布及围岩矿物成分。矿体内有用成分分布不均匀而又差别很大时，应考虑使用分采的采矿方法，同时还可以将品位低的矿石或岩石留下作为矿柱。

如果围岩有矿化现象，则回采过程中围岩混入的限制可以适当放宽，这时就可以采用深孔落矿的崩落采矿法。当围岩的矿物成分对选矿和冶炼不利时，应选用废石混入率小的采矿方法。

（5）矿体赋存深度。当矿体埋藏深度很深，如500～600m以上时，地压增大，会产生冲击地压，这时不宜采用空场法，以采用崩落法或充填法较为适宜。

（6）矿石与围岩的自燃性与结块性。开采硫化矿石时，须考虑有无自燃危险的问题。高硫，即含硫超过30%～40%的矿石发生火灾的可能性很大（含硫量在20%左右的硫化矿，也有发生自燃的），此时不宜采用矿石积压量大和积压时间长的采矿法，如留矿法和阶段崩落法等。对具有结块性的矿石（如含硫量较高的矿石，遇水结块的高岭土矿石等），同样不宜采用矿石积压量大和积压时间长的采矿法。

B　开采技术经济条件

矿床开采的技术经济条件主要包括以下几项：

（1）地表是否允许陷落。在地表移动带范围内，如果有河流、铁路和重要建筑物，或者由于保护环境的要求等，地表不允许陷落，此时不能选用崩落法和采后崩落采空区的空场法；必须采用维护采空区不会引起地表岩层大规模移动的采矿方法，如胶结充填法，或当矿体不厚时用水砂充填法，或在厚矿体中留有一定数量的矿柱和同时充填采空区的方法。

（2）加工部门对矿石质量的技术要求。如加工部门规定了最低出矿品位，从而限制了采矿方法的最大贫化率，又如粉矿的允许含量、按矿石品级分采等要求，都影响到采矿方法的选择。

（3）技术装备与材料供应。选择某些需要大量特殊材料（如水泥、木材）的采矿方法时，需事先了解这些材料的供应情况。应尽量选择不用或少用木材的采矿方法。如果选择胶结充填采矿法，应考虑水泥和充填料的来源。

采矿方法的工艺和结构参数等与采矿设备有密切关系。在选择采矿方法时，必须考虑设备供应情况。如选用铲运机出矿和深孔落矿的采矿方法时，需事先了解有关的设备、备品备件的供应情况及设备的性能。

（4）采矿方法所需要的技术管理水平。选择的采矿方法应力求技术简单，易于掌握，管理方便；这对中小型矿山、地方矿山特别重要。当选用一些技术复杂、矿山人员不熟悉的采矿方法时，应预先进行采矿方法试验。例如，壁式崩落法要经常放顶，较难掌握；空场法中，留矿法比分段凿岩阶段矿房法容易掌握。在这两种方法都可用的情况下，如果系小型矿山，技术力量薄弱时，采用留矿法可能会收到较好的效果。

上述影响采矿方法选择的因素，在不同的条件下所起的作用也不同，必须针对具体情况作具体分析，全面、综合地考虑各种因素，才能选出最优的采矿方法。

4.1.3　典型锑矿的采矿工艺

4.1.3.1　锡矿山倾斜薄矿体的采矿

锡矿山是一个具有多年开采历史的特大型锑矿山，矿体赋存条件复杂，形态不一，为适应这一复杂矿体的开采技术条件，在采矿生产过程中曾先后使用过矿柱房柱法、长壁法、留矿法、杆柱房柱法、胶结充填法和杆柱砂浆充填法。近几年来，随着矿体的逐步深移，矿体倾角已大大变陡，由缓倾斜变为倾斜乃至急倾斜，矿体形态变化也更加复杂。若利用原有的采矿方法进行回采，将存在着施工困难、作业不安全和技术经济指标恶化等问题。为有效地解决这些问题，该矿山对新的采矿方法和回采工艺进行了大量的探讨和研究。1990 年底，完成了国家“七五”重点科技攻关项目《锡矿山粗颗粒水砂充填采矿法试验与研究》，较好地解决了倾斜（急倾斜）中厚和厚矿体回采难的问题。为了进一步解决杆柱砂浆充填采矿法回采倾斜薄矿体时存在的通风风路堵塞、凿岩和锚杆安装困难、矿石滚动伤人和技术经济指标恶化等问题，该矿在借鉴斜壁粗颗粒水砂充填采矿法的基础上，于 1991 年提出了上向水平分层采矿法设计方案，用于开采南矿下部中段倾斜（急倾斜）薄矿体取得了较好的效果，它不但解决了杆柱砂浆充填法开采类似矿体所存在的施工困难、采矿与出矿作业安全威胁大、通风与通路不良等问题，而且降低了采准比和减少了充填水泥用量，具有明显的经济、环境、社会效益，对于类似矿体的开采可以推广使用。

采区断裂构造较为发育，矿体倾角 45° ~ 55°。矿石和底板围岩稳固，$f = 14 \sim 18$；矿体顶板为不稳固的长龙界页岩，$f = 3 \sim 6$，与矿体接触部位有一层厚 1 ~ 3m 不等的破碎带，在回采时易冒落，24h 内允许顶板暴露面积 $18m^2$，经锚杆支护后，暴露面积可增大到 $400m^2$ 以上。

上向水平分层采矿法采场沿走向布置，沿走向长 50 ~ 60m，沿倾斜长 40 ~ 50m。采用水平分层自下而上进行回采，采场宽度为矿体厚度，中段高 36m，采场垂直高度为 24m，顶柱高 5m，底柱高 7m。分层高度为 6m，每一分层分三次回采，每次采 2m，待该分层全部采完后再进行充填，充填后作业高度为 2. 5m，并预留出矿漏斗。

从下向上分层回采，回采第一分层时先拉底，再平行矿体走向布置炮眼，拉至采场宽度，呈阶梯形往前推进。拉完底后再挑顶，从漏斗处先靠矿体底板一侧挑顶或修顶，然后平行矿体走向布置炮眼（炮眼角度和长度要控制好，严禁打烂顶板），挑至采场宽度，呈阶梯形往前推进。采完一分层后，紧接着充填，再采下一分层，上分层回采与第一分层挑顶相同，依此类推。每分层充填时必须预留 2 ~ 2. 5m 高，作为上分层的回采空间并预筑放矿漏斗。

为了便于下部中段顶柱的回收，减少矿石损失，第一分层采用胶结充填，其配比为水泥: 分级尾砂: 骨料 =1∶3∶6，抗压强度 1. 96 ~ 3. 92MPa。以上分层采用粗颗粒水砂或尾砂充填，粗颗粒水砂充填系统主要由充填制备站、充填料破碎站、供水系统组成。充填料由破碎筛分后的手选废石和冶炼炉渣组成，最大粒径为 45 mm，平均粒径为 14. 94mm。输砂管直径 150mm，充填系统输砂能力 $200m^3/h$，水砂比为（1. 5∶1）~（1∶1）。充填前，必须进行密闭，并构筑出矿漏斗。采用粗颗粒水砂充填时，视其情况可用钢筋网滤水挡墙或钢筋滤水窗脱水，漏斗用钢筋混凝土预制件构筑；而采用尾砂充填时，采场要安装溢流管脱水，漏斗用料石砌筑。充填后其顶部（上分层回采的底板）必须胶结 1m 厚的砂浆隔离层，避免上分层回采时二次贫化，且顶面要有一定的坡度，以利电耙出矿。

4.1.3.2 锡矿山三下矿体充填采矿法

地表水体、建筑物、构筑物下的矿体俗称“三下”矿体。“三下”采矿是当前仍在研究的一个世界性难题。由于历史原因，锡矿山南矿地表分布有南炼厂、1号竖井、空压机房及俱乐部等重要建筑物，还有飞水岩河流经矿体上部。1956年，按照有关规定划定了南炼厂、1号竖井、南矿办公室和河床等几个保安矿柱并列为禁区。这些禁区的设置，极大地影响着矿山生产的发展，尤以河床和南炼厂保安矿柱为甚。为解决这个问题，锡矿山从20世纪50年代末即开始探讨“三下”采矿这个课题。自1966年采用两步回采的人工壁柱房柱法进行6~7中段河床保安矿柱的试采开始，先后回采了5~11中段河床保安矿柱、1号竖井保安矿柱，目前正在回采南炼厂保安矿柱和办公室保安矿柱。其间经历了30多年的“三下”采矿实践，进行了大量的试验研究工作。

锡矿山锑矿为岩浆期后热液充填、交代矿床，矿体呈多层结构，矿体厚度从薄至中厚，倾角由缓倾斜至倾斜。矿体顶板为页岩，$f=3\sim5$，不稳固；底板为稳固的硅化灰岩，$f=10\sim18$。矿区内断层节理发育，完整性较差。

矿山浅部保安矿柱位于矿田内炭山界背斜轴部及偏东翼，即飞水岩矿床中、西部地区。南起老尾矿库，北至羊古岭；东起东翼风井东300m的B41勘探线，西至原矿办公室。东西宽和南北长各800m，属矿体厚大富集部分。

6~11中段河床保安矿柱基本上与中段其他区域开采同时进行，其他保安矿柱回采均滞后中段20~30年。保安矿柱周围矿体均已用房柱法采完，使其经历了较长时间的采矿扰动，加之周围部分空区充填未接顶和老采空区复杂的多层结构，又经受了1965年两次大面积地压活动的影响，开采地压条件日趋复杂。特别是南炼厂保安矿柱，矿体距地表仅20~70m，地表有一级保护对象——冶炼炉厂房等重要工业建筑物，因而其安全回采难度更大。

在采矿方法的选择上，考虑到地表不容许塌陷，矿体厚度大、品位高，且有些部位呈多层产出，因而不宜采用房柱法开采。1966年初，矿山试验研究两步回采的人工壁柱房柱法（又称胶结充填法），并初步获得成功。鉴于该采矿法具有工艺简单，采准工程量少，矿石回采率高的优点，特别是在控制地压、保证坑内与地表安全上有其独特之处，因而在1966年，首先被运用于6~7中段河床保安矿柱的试验开采，并在以后各保安矿柱的开采中沿用。

采场斜长50~70m，宽8~10m，高度控制在10m以内。当矿体厚度在10m以下时，实行整层回采；大于10m时，实行分层回采。第一步回采空区采用胶结充填，第二步回采空区采用尾砂充填。胶结充填材料水泥、尾砂、碎石配比为1∶3∶6，实际充填混凝土单轴抗压强度为2.4~3.9MPa。

两步回采的胶结充填采矿法，开创了中国金属矿山“三下”采矿的先例。该采矿法回采率高，能充分回收地下资源，延长矿山服务年限，体现了该法在经济上的优越性。根据现场观测结果和研究所得出的地压和岩层移动规律，有力地证实了该采矿法控制地压的可靠性。

锡矿山锑矿在采矿实践中总结出了两步回采充填采矿法采场的地压机理。在矿壁回采过程中，顶板岩层载荷转由两侧矿房原生矿柱支撑，且在一定高度形成脱层破坏区。随着矿房拉开，这个脱层将扩展至矿房顶板，脱层高度增大，上覆岩层载荷转移至相邻的待采矿块的岩体上，两侧胶结壁仅仅支撑脱层范围内岩体的重量，使矿房回采处于脱层破坏区上部应力升高区的保护之下，实现了比较安全的回采条件。随着回采范围的增大，顶板岩层脱层破坏区域随之扩展，上覆岩层的载荷将最终转移至回采区域周围的岩体上，同时可能引起已采区域范围地表的下沉。这种“卸压”过程就是胶结充填法采场的地压机理，正是由于这个道理，才使胶结体承受的压力不大，从而保证了矿房回采的安全。

在地压控制方面，探索出两种地压控制方案。一种是在6~9中段河床保安矿柱开采试验研究中，探索出由中间向两翼回采的地压控制工艺组合模式。即采用从中央向两翼推进的回采顺序，随着采矿工作线的推进，使顶板的“卸压区”逐步扩展，达到人为控制地压的效果。这是根据两步回采两步充填，其工艺是分别在不同地压条件下实现，同时又产生不同的“地压”扰动过程和控制效果这一情况，为使其充分发挥有利方面，克制不利因素，使之达到最优组合效果而确定的一种工艺组合模式。另一种是南炼厂保安矿柱在开采试验研究中，通过地压论证，探索出“分区卸荷多回次平稳沉降”的地压控制方案。即将回采区域分为有限个小区，在小区回采过程中，各自形成相对独立的卸压系统，最后破除区间壁柱才使各卸压区合而为一。这种地压控制模式的效果是，在整个区域的回采过程中，岩层脱层破坏是逐步升高的，岩层沉降是多回次递增的，同时也是相对平稳、连续的。实践证明，这是保护地表、杜绝灾害性地压发生的一种较理想的地压控制方案。

4.1.3.3 大厂100号矿体的采矿

广西大厂矿田100号矿体属断裂充填的中、低温交代型锡石多金属硫化脉状矿床，伴生铅、锌、锑、银等有价元素。矿体形态变化复杂，埋藏较深，倾角上陡下缓，350m标高以上的倾角大致为60°~80°，350m标高以下为25°~45°，水平厚度在4~25m之间。

350m标高以上矿体倾角较陡，选择的开采方法是沿矿体垂直高度每50m划分为中段，以中段高度作为采场矿房高度，用分段空场采矿法嗣后充填进行开采。其采场沿矿体走向布置，长度50~60m，宽度为矿体全厚，两相邻采场留有12m的间柱，顶柱10m，分段高10m，切割槽布置在矿体厚大位置，用中孔凿岩落矿，底柱结构为有底柱或无底柱平底结构和铲运机出矿的方式，采场设计均考虑采出空区后用废石及尾砂混合一次性充填采空区。但由于充填系统尚未建成，所以采空区尚未实施充填。

由于100号矿体延伸到350m水平以下矿体倾角突然变缓，空场法已不适应其下部矿体开采技术条件。经过综合分析和对比，决定采用上向分层充填采矿方法对350m标高以下矿体进行开采试验。

试验矿段处于100号矿体中部250~300m标高，矿体沿北西走向长51m，局部厚度达45m，矿体倾角在25°~45°之间，厚度下大上小，形态变化复杂，顶底板均为较稳固的礁灰岩，$f=8\sim10$；矿石硬度系数$f=6\sim8$。

在采场布置上，以300~250m中段高度为矿块高度，矿块宽度与矿体厚度相同，长度则以花岗岩层为采场间柱隔墙，沿走向至矿体边界，最长51m。

根据矿体特征，在270m标高以下至250m水平厚大矿体部分采用分条分矿房进行回采，条柱采完后用混凝土进行充填，充填体主要起着隔墙及临时顶柱的作用，矿房采完后则用废石充填。270m标高以上用水平分层块石胶结充填法进行回采。

回采时，先在250m水平拉底，拉底高度3~3.5m，然后用标号为C18的混凝土进行构底，构底层厚2m；再采条柱、充混凝土，形成隔墙假柱后采矿房。条柱及矿房均采用浅孔落矿法进行回采，铲运机出矿。

生产实践表明，利用上向分层充填采矿法对大厂100号矿体350m标高下部缓倾斜中厚矿体进行回采是可行的，它既能确保矿山生产能力的需要，又做到了在地质原矿品位特高（富）的情况下尽量减少矿产资源的损失，其采矿成本相对高些，主要是采场增加了混凝土的充填（隔墙、柱和构底），但相对于矿石的价值来讲是可以接受的。

4.1.3.4　沃溪缓倾斜中厚矿体的采矿

沃溪矿区为金、锑、钨共生的多金属热液蚀变型矿床。矿区 V_7 脉矿带是近几年新探获的矿体，该矿带的走向为近南北向，因断层节理发育，矿体顶板较为破碎，稳固性较差。矿量主要集中在南翼，该矿段矿体平缓而厚大，脉厚达4~6m，走向较短。针对南翼厚大矿体的开采，曾提出了多种回采方案，经方案对比，确定选用长锚杆预控顶连续分条尾砂胶结充填采矿法进行回采，采矿方法设计见图4-1。

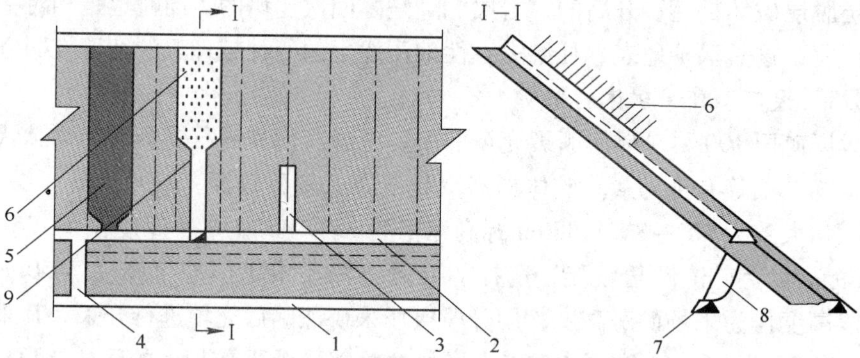

图4-1　采矿方法示意图

1—沿脉平巷；2—切割巷；3—掘进中的分条天井；4—人行天井；5—已充填的采空区；6—长锚杆；7—底巷；8—漏斗；9—回采中的分条

沿走向将矿块划分为8个分条，每个分条宽6~7m。每分条布置一个分条天井，天井布置在分条矿房的中央，利用已有地质腰巷作为切割巷道，部分探矿天井为矿房天井，每两个矿房掘进一个放矿漏斗。

由于该矿块脉副达5m左右，为了回采和护顶的方便，分条天井规格为2.0m×1.8m。回采工作的第一步是自下而上刷底，刷底厚度为1.5m；第二步，以分条天井为回采自由面，分段自上而下向天井两边扩刷，分段长为5m，当顶板暴露面达4m宽时，用长锚杆将顶板护好；第三步，继续扩刷至6m宽，出矿后进入下一分段的回采；第四步，整个分条扩刷完毕，用长锚杆护顶板，再自下而上挑底，直到分条内矿块回采完为止。待整个分条回采结束后，立即砌筑密闭墙，处理采空区，在有条件的情况下优先采用废石胶结充填，这样既减少了废石出窿，节约了提升运输费用，又处理了采空区，一举两得；在无废石来源的情况下，用尾砂胶结充填处理。与此同时，开始下一个分条天井的掘进。同一分条内采取自上而下扩刷，自下而上挑底的顺序，整个矿块内采取间隔回采的顺序进行回采。

采用水泥药卷长锚杆预控顶进行顶板管理，锚杆的长度为3.2m，锚杆网度为1m×1m。

采用长锚杆预控顶连续分条尾砂胶结充填采矿法回采顶板不太稳固的缓倾斜中厚及厚大矿体有如下优点：

(1) 能有效地保证安全；

(2) 降低了出矿贫化率，由于顶板得到了控制，避免了顶板围岩的垮落，而以往采用短锚杆（1.8m）护顶时常出现顶板垮落并将锚杆连根拔出的现象，造成大量的出矿贫化。采用此方法前出矿贫化率一般为7%～10%，而采用此方法后其出矿贫化率仅为4%～5%；

(3) 由于采用了尾砂胶结充填处理采空区，胶结体的强度能有效支撑顶板并保持自立，使回采相邻分条时无需留房间矿壁，降低了矿石损失。以往回采类似的矿体都是采用房柱法或分条尾砂充填法，矿石损失率达8%～15%，而采用此方法后其损失率可降低到最低程度，约为2%～3%。

4.1.3.5 鱼儿山缓倾斜中厚难采矿体的采矿

湖南省沅陵县鱼儿山金矿属中低温热液充填金、锑伴生的石英脉型破碎带矿床，矿体赋存于沃溪大断层破碎带中，厚度一般大于3m，节理裂隙发育，局部地段存在层间小断层。矿体的直接顶板为厚度0.2～1.8m的断层泥，其上方是胶结程度一般的破碎带，在近断层面5m范围内的岩石为糜棱状角砾岩，易塌落。上盘围岩不稳固至极不稳固，下盘围岩中等稳固，矿体中等稳固至不稳固。

矿床的地表遍布农田、农舍、建筑设施，又有两条溪河流过。在矿床浅部残存有老窿，且已充水。地表不允许陷落，可归为“三下”开采之列。此外，该矿为小型矿山，投资极为有限，只能选择常规采掘设备。

该矿试产初期，使用扇形上向干式充填法回采。由于矿体赋存情况复杂，采场安全条件差，贫化损失率高；而且采空区需从地表开采块石进行人工回填，劳动强度大，生产效率低，影响矿山如期达产。后来经过多种方案比较，结合鱼儿山金矿的技术装备条件，最终选择分条块石胶结充填法作为开采方案，并先在该矿具有代表性的，且难度较大的1304矿块成功完成了开采试验。1304矿块位于150m中段和130m中段之间，矿体平均厚6m，倾角30°。

分条块石胶结充填法的矿块沿走向布置，分条间隔回采，单号分条用块石胶结充填，双号分条下部3m胶结充填，余下部分用块石充填。采用电耙出矿，7655手持式凿岩机凿岩。

试验采场长55m，阶段高20m，斜长40～50m。采场结构参数确定为分条宽度4m，分条内三步回采，高度控制在6m以内。矿体厚度大于6m时，则分层回采，矿块不留顶柱和间柱，只留少量待下一中段回采时回收的底柱。

采准工程极为简单，除利用基建时在134m中段掘进的沿脉和脉外运输平巷外，为便于充填料的运输与下放，沿150m水平矿体底板界限布置一运输联络道。底部结构为溜井出矿形式，即在130m脉外运输巷道反向掘进放矿溜井，该放矿溜井为相邻之单双号共用。采准工程布置见图4-2。

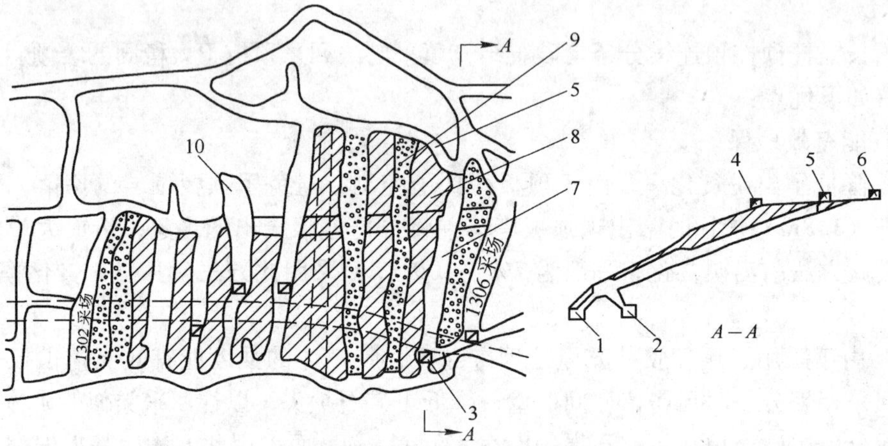

图4-2 分条块石充填法采准工程与分条布置图

1—130m中段沿脉巷道；2—130m中段脉外运输道；3—矿石溜井；4—150m中段沿脉巷道；5—150m中段充填联络道；6—150m中段脉外运输道；7—在采分条；8—待采分条；9—已充填分条；10—待充分条

试验矿块划分为14个分条，由两翼相向推进，先采单号分条，待相邻单号分条块石胶结充填并养护一定时间后，再回采双号分条。

采场可同时布置2~4个分条作业。分条回采时分3个步骤进行：（1）小断面回采；（2）扩帮挑顶；（3）回采护顶矿层。

回采分条的顶板管理是采场顶板管理和地压控制的重要组成部分。由于直接顶板为断层泥，在未支护的情况下，一般10d左右产生脱层塌落，尤其是顶板上方不稳固的糜棱状角砾岩，在断层泥破坏后，随时都存在冒落的危险，直接危及工作面人员和设备的安全。因此，保护断层泥不受破坏，维护其稳定性，是回采分条顶板管理的技术关键。针对矿岩特性，采取如下措施维护顶板：（1）分条宽度严格控制在4m以内，以限制分条的暴露面积；（2）顶层矿体回采时必须应用控制爆破技术，间隔装药，松动爆破，尽可能保持顶板完整，尤其注意在采矿过程中易破顶，保证顶板断层泥免遭破坏；（3）一般情况下，第一、第二步骤回采不需支护。但当进行第三步骤回采时，护顶矿层采下后，不稳固的断层泥暴露，应立即进行护顶工作。通常安装楔管式锚杆护顶即可。当断层泥受外部影响或暴露时间长而易产生脱落时，可在安装锚杆的同时挂上废旧钢丝绳，必要时辅以金属网喷锚支护。实践证明，这样做可以有效地制约断层泥的脱落。

鱼儿山金矿选厂距坑口较远，产出的尾砂已被湘西金矿利用，因此不能利用尾砂而只能利用掘进废石作充填材料。全粒级掘进废石中粒度小于25mm的占40%，小于50mm的占71%，而粒度在100mm以上的仅占6.6%，含泥量很低。这些数据说明可以利用全粒级掘进废石作为块石胶结充填材料，且无需加砂。充填材料配比为水泥：块石 =1∶10，水灰比0.5~0.8。块石胶结充填料28d抗压强度平均达2.2MPa，最大2.75MPa，最小1.88MPa，可以满足分条块石充填法对胶结充填体的承载要求。

4.2 锑矿的选矿

锑矿石的选矿方法主要有手选、重选（包括重介质选矿）、浮选、化学选矿以及各种选冶联合处理工艺。具体矿石的选矿工艺，应根据矿石类型（自然类型和工业类型）、矿物组成、结构构造和有用矿物的工艺粒度等物理化学性质进行选择，此外还应考虑矿石中有价组分含量的高低及锑冶金技术的要求等因素。

块状富矿石经手选后就能得到含锑量不低于30%（质量分数）的精矿。

单一硫化锑矿石含锑大于12%的富矿石可直接熔炼，一般低于10%～12%的单一锑矿石均要进行选矿。

辉锑矿的密度、颜色及金属光泽等均与脉石矿物有显著差别，且可浮性又比较好。因此无论采用单一浮选或重选并辅以手选进行选分，均能得到较好的结果。目前浮选是辉锑矿主要的选矿方法。重选主要用于氧化锑矿石的选矿及粗粒辉锑矿的选别，重介质选矿与手选则主要用作锑矿石的预选。因此，单一硫化锑矿石的选矿流程有单一浮选流程及重选—浮选联合流程等。

混合硫化氧化物锑矿石的选矿，粗粒级用重选，细粒级辉锑矿则用浮选及重选—浮选联合流程，细粒级氧化锑矿物或难选氧化锑矿的选矿方法有离析浮选、螯合剂浮选及离析重选等，但至今仍未完全解决其工业应用问题。

含锑复杂多金属硫化物矿石的选矿，主要是辉锑矿与其他共生有用矿物的分选问题，常采用复杂的流程处理。

贫氧化锑矿石的选别目前几乎没有实际意义。因锑的氧化矿物在破碎磨矿过程中易于过粉碎，使重选困难，也不宜浮选。如果含锑量不低于3%～5%，则可不经选矿，直接进行升华处理，得出三氧化锑。含锑量超过10%～20%的氧化矿石，不需要选矿，可以直接送去还原熔炼。

4.2.1 锑精矿质量标准

锑冶炼时，除对矿石或精矿的锑品位有一定的要求外，对杂质元素的含量也有要求。一般来讲，锑精矿中的As、Pb、Cu、Cd及Fe均是有害杂质。

我国锑精矿质量标准见中华人民共和国有色金属行业标准YS/T 385—2006。其技术条件如下：

（1）按矿石类型和化学成分，锑精矿分为硫化矿、混合矿和氧化矿三大类。前两大类又分为粉精矿和块精矿两种，以干矿品位计算，应符合以下规定：

硫化锑精矿（硫化锑中的含锑量与精矿中总含锑量之比大于85%）列于表4-1。混合锑精矿（硫化锑中的含锑量与精矿中总含锑量之比在15%～85%范围内）列于表4-2。氧化锑精矿（硫化锑中的含锑量与精矿中总含锑量之比小于15%）列于表4-3。

（2）粉精矿水分应不大于10%，块精矿水分应不大于0.5%。

（3）浮选粉精矿粒度，小于0.074mm的应大于60%，手选块精矿粒度控制在25～150mm范围内。

（4）精矿中不能含有目力可辨的夹杂物。

表 4-1　硫化锑精矿质量标准（YS/T 385—2006）

类别	品级	锑不小于/%	杂质不大于/%	
			As	Pb
粉精矿	一级品	55	0.6	0.15
	二级品	45	0.6	0.15
	三级品	35	0.4	0.15
	四级品	30	0.4	0.15
块精矿	一级品	60	0.6	0.15
	二级品	50	0.6	0.15
	三级品	40	0.4	0.15
	四级品	30	0.4	0.15
	五级品	20	0.2	0.10
	六级品	10	0.2	0.10

表 4-2　混合锑精矿质量标准（YS/T 385—2006）

类别	品级	锑不小于/%	杂质不大于/%	
			As	Pb
粉精矿	一级品	55	0.6	0.15
	二级品	45	0.6	0.15
	三级品	35	0.4	0.15
	四级品	30	0.4	0.15
块精矿	一级品	60	0.6	0.15
	二级品	50	0.6	0.15
	三级品	40	0.4	0.15
	四级品	30	0.4	0.15
	五级品	20	0.2	0.10
	六级品	10	0.2	0.10

表 4-3　氧化锑精矿质量标准（YS/T 385—2006）

类别	品级	锑不小于/%	杂质不大于/%	
			As	Pb
块精矿	一级品	60	0.6	0.20
	二级品	55	0.6	0.20
	三级品	45	0.4	0.15
	四级品	35	0.4	0.15

4.2.2　我国锑矿的选矿流程

我国的锑选厂，从处理规模为 1250t/d 的大型锑选厂到规模 50t/d 的小选厂。大部分都首先采用手选法获得块精矿并丢尾。有些选厂还采用重介质选矿，并根据粒度粗细采用跳汰和摇床处理。绝大多数选厂需要配合采用浮选工艺。只有极少数选厂直接采用单一的浮选法或单一重选法。广泛采用联合流程是我国锑矿选矿工艺的基本特点之一。

概括起来，目前我国锑矿的选矿生产流程主要有以下 6 种：

（1）“手选—重介质选—浮选”联合流程。如锡矿山南选厂的选矿工艺，原矿中 150～35mm 的粗粒级别用手选法选出块精矿并丢弃废石；35～10mm 级别颗粒用重介质选矿丢去43%的废石，重产物经二段闭路破碎后与原矿中10～0mm级别的产物合并送入球磨机。再用一粗三精三扫浮选流程得锑精矿。

浮选的磨矿细度为54%～60% -200目。在自然pH矿浆中用丁黄药330g/t，硝酸铅147g/t，松醇油119g/t，页岩油288g/t，煤油65g/t浮选辉锑矿。

（2）“手选—重选—浮选—重选”联合流程。如锡矿山北选厂的选矿工艺。原矿中150～8mm的粗级别用手选法选出块精矿并丢弃废石。28～16mm级别的矿石闭路破碎到16mm后与原矿中16～0mm的产物合并再分成16～8mm，8～2mm，2～0mm 3个级别，进行三级跳汰得精矿；尾矿经磨矿后送第二段跳汰处理，再得第二段跳汰精矿。第二段跳汰尾矿脱水后进行磨矿，用一粗二精二扫的浮选流程得硫化锑精矿，浮选尾矿用摇床回收氧化锑。

（3）“重介质选矿—重选—浮选—重选”联合流程。如广西大厂长坡选厂1995年以前的选矿工艺。矿石经三段一闭路破碎到20mm。20～4mm级别的颗粒用重介质丢去40%～50%的废石。重产物送入浮选前的重选作业。重选的混合精矿用浮选法全浮硫化矿，槽内产物送入浮选后的重选作业得锡精矿。浮选前重选作业的中矿细泥用浮选法脱硫后送入重选得出细泥锡精矿。全浮硫化矿混合精矿用浮选法分别得出锑铅混合精矿、锌精矿和黄铁矿、毒砂混合精矿（作重介质使用）。浮选的磨矿细度为74% -200目；浮选药剂为石灰21.5kg/t，过硫酸铵671g/t，硫酸铜243g/t，丁黄药（或硫氮九号）405g/t及松醇油27g/t。

（4）“手选—重介质选矿—重选—浮选—重选”联合流程。如云南木利锑矿即采用这种工艺。手选得高品位块精矿和富中矿（花矿）并抛弃部分废石。5～15mm矿石进入重介质选矿得精矿并抛弃尾矿。细粒级矿石进入跳汰、摇床等重选流程得细粒精矿，重选尾矿在磨后入浮选得硫化锑精矿，浮选尾矿进入摇床回收氧化锑。

（5）“手选—浮选”联合流程。我国许多锑选厂采用这种流程。用手选法先选出块精矿并丢弃部分废石，同时预先富集进入浮选作业的矿石，降低生产成本。如湖南新开锑选厂，处理量为100t/d，但进入浮选的矿石只有40t/d。又如江西德安锑选厂，处理量为120t/d，进入浮选作业的矿石只有50t/d。

（6）单一浮选法。我国有一些锑选厂采用单一浮选的选矿工艺。单一浮选法可用作单一硫化锑矿的选矿工艺，也可用于复杂多金属矿的选别。如广东庆云锑选厂，只回收单一辉锑矿精矿。湖南龙山锑选厂除回收锑精矿外还获得金和砷精矿等。

4.2.3 锑矿石的手选

锑矿石的手选是根据锑矿石中含锑矿物与脉石矿物的颜色、光泽、形状的差异，借助于工人的目力，用手拣选的方法。这虽然是一种原始的选矿方法，且劳动强度较大，但用于锑矿石的选矿仍具有特殊的意义。因为锑矿物常呈粗大单体结晶或块状集合体产出，手选能得到较高品位块状锑精矿，适合于锑冶金技术的要求。含锑矿物一般性脆，硬度低，在碎矿或磨矿过程中极易过粉碎而影响选矿回收率。手选能在粗粒情况下尽早回收有用矿物，提高锑选矿的总回收率。此外，手选能降低选矿生产成本和能耗。因此，世界上一些主要产锑国家和地区，如中国、玻利维亚、前苏联、南非等，在锑矿石的选矿中至今仍然有部分手选作业。据资料统计，我国现生产的18个主要锑选矿厂中，有手选作业的15

座，占83.3%，其中单一硫化锑矿选厂4座，硫化—氧化混合锑矿选厂4座，含锑复杂多金属矿选厂7座。

手选可选出块状锑精矿，只要含锑7%以上即可进入竖式焙烧炉直接进行挥发焙烧，制取三氧化锑，然后再还原精炼制取金属锑；含锑高于45%的块状硫化锑精矿，可通过熔析法制取纯净的三硫化锑（俗称生锑），用于火柴和军火工业。

锑矿石的手选，必须在矿物组成、矿物含量、嵌布特性、粒度等方面都比较合适的条件下采用，方能得到最好的效果。

手选锑矿石的适应范围较广，既适于单一硫化锑矿石，硫化—氧化混合矿，也适于个别含锑的多金属复杂矿石（如钨、锑、金矿石，锑、砷矿石等），除适应粗粒嵌布锑矿石外，对粗细不均匀嵌布矿石，只要围岩（脉石）含锑甚微也能适应，因为后者通过反复手选，可丢掉大量废石，提高入选原矿的品位（即合格矿石）。适合手选的粒度在150～20mm之间。粒度过小，生产率显著下降，锑回收率降低；粒度过大则不利于提高块状锑精矿品位。大多数矿山实行宽粒级手选。

在粗粒嵌布的锑矿石中，手选可以不受矿石品位高低的约束，一般含锑2%以上的锑矿石即可入选，品位愈高则选矿比愈低、富矿比愈高。

洗矿对手选是必不可少的作业，它有利于区分矿物和脉石，同时能清除黏附于矿石表面的矿泥杂质，可提高作业指标。洗矿一般在洗矿筛上进行，多采用多段洗矿流程。

早期的手选方法非常简陋。可在采矿场、坑外矿石堆积场或专门的手选棚里进行。洗矿、筛分、分选、运搬都靠手工操作，劳动强度大，工效低，锑的回收率也低。现在多改用皮带手选，手选皮带速度为0.15～0.2m/s，个别情况可达0.3m/s。皮带宽度由500～800mm不等，最宽不宜超过1m。手选皮带机的设计，由于不断改进已日趋完善。在首轮底部安装导向轮，使上下皮带面相距0.7～0.8m，以使手选工方便地坐着分拣，改善劳动条件并提高手选工效。

皮带手选可以分成一段、两段甚至三段进行，段数的增加用以克服矿石在皮带上人工翻动之不足；通常矿石经过一次分选后，随即卸入下一段分选，矿石在卸落一次后可以翻动一次，增加目的矿物再次暴露的机会，加上重复拣选，可以提高选别效果。

皮带手选又可分正反两种手选方法。前者选出块状合格锑精矿，直接送去冶炼，多见于以锑为主的选矿厂；后者选出脉石的一部分或大部分，以提高入选矿石的品位，有利于下段工序的富集或分离，湖南湘西金矿锑金钨矿的手选即采取了这种方式。有些选厂同时采用正反两种手选方法，在同一条皮带上，一部分手选工拣选锑精矿，另一部分手选工则拣选废石，如云南木利锑矿选厂。

4.2.4　锑矿石的重选

重选是根据不同的矿物在介质流中具有不同的沉降或运动速度来进行分选的方法。锑矿石的重力选矿和其他矿石的重选一样，可以在不同流动方式的介质流中进行，包括垂直流（如跳汰选矿）、斜面流（如摇床选矿）和旋转流（如离心选矿等）；也可以在重悬浮液中进行分选。

就简单锑矿石而言，辉锑矿的密度为4.62g/cm^3，脉石的密度介于2.6～2.65g/cm^{3}之间，其等落比值为2.19～2.26，属于按密度分选的易选矿石。黄锑华（5.2g/cm^3），红锑矿（7.5g/cm^3），锑华（5.57g/cm^3）与脉石的等落比值分别为2.55～2.63、3.93～4.06和2.76～2.86。这三种锑矿石属于极易按密度分选的矿石。只有水锑钙石密度为3.14g/cm^3，其等落比值仅1.29，属于较难按密度分选的矿石。

就复杂的锑矿石而言，由于锑经常与其他金属矿物，如铅、锡、汞、金、钨等矿物共生，能否采用重力选矿法，则应根据具体条件决定。这些条件是：锑矿物在矿石中的回收价值（主收还是副产），锑矿物与共生矿物（包括脉石矿物）之间的构造和嵌布特性，以及锑矿物与共生矿物的最终分离（包括去除有害杂质）方法等。

无论是单一硫化锑矿或是硫氧混合锑矿均具有较好的重选条件。重选费用一般比浮选低，没有污染，能在一定粒级范围内直接产出合格的锑精矿。重选还可作为预选过程，在进入浮选以前除去大量脉石，提高浮选的入选品位，降低选矿成本。此外，由于氧化锑矿浮选的难度较大，现阶段工业上处理氧化锑矿仍以重选为主。

4.2.4.1 重介质选矿

重介质选矿是在密度较大的介质中，使矿粒按密度分选的一种选矿方法。重介质悬浮液的密度介于高密度矿粒和低密度矿粒之间，分选过程中矿粒的分层规律，主要取决于矿粒的密度，而粒度、形状影响较小，因而分选精确性较高，可以分选密度差很小（小于0.1～0.05g/cm^3）的矿物，但由于细粒级矿石与加重剂的分离（脱介）较困难，重介质选矿难以分选细粒级矿石，目前重介质旋流器的分选粒度下限为0.5mm。

A 锑矿石的重介质可选性

锑矿石破碎到一定粒度后，其重介质可选性主要取决于：

（1）矿物的单体解离度；

（2）目的矿物之间的密度差；

（3）密度与重介质分选时分离密度相近的矿粒（或称中间密度矿粒）的含量。单体解离度高，目的矿物的密度差大，中间密度矿粒的含量少，则矿石的可选性好。

云南木利锑矿为单一硫化—氧化混合锑矿，矿石中主要锑矿物为辉锑矿、方锑矿、锑华等，主要脉石为石英。锑矿物与脉石的密度差较大。矿石破碎到-15mm时，大量锑矿物和脉石矿物呈单体分离状态。15～3mm粒级矿石通过重介质选矿抛弃大量尾矿并获得合格锑精矿。

锡矿山单一硫化锑矿石和硫化—氧化混合锑矿石的重介质选矿研究表明，矿石破碎到一定粒度，将有大量的脉石分离出来。

锡矿山硫化锑矿石的主要锑矿物为辉锑矿，脉石多为硅化灰岩。辉锑矿呈块状、脉状、星点状和晶硐状构造。当矿石破碎至-70mm时，70～3mm粒级的单体脉石，占64.8%～89.2%。硫化—氧化混合锑矿石的主要锑矿物为辉锑矿和黄锑华，次为水锑钙石及少量锑赭石、锑华。脉石大多为硅化较深的石灰岩。辉锑矿与氧化锑的混合矿具有块状、残余、晶硐构造，氧化锑呈土状、多孔状、皮壳状、胶状、骨骼状构造。当这种矿石破碎到-50mm时，50～3mm粒级的单体脉石占77.8%～89.41%。

锡矿山这两种锑矿石的重液浮沉试验表明：

（1）粗粒级的锑矿石即具有丢弃尾矿的可能；

（2）当分选密度有0.01g/cm^{3}差别时，浮物产率即有8%～10%的变化。如工业上允许分选密度波动±0.02g/cm^{3}时，则将有35%左右的矿石难于按密度精确分选。这说明有较多矿粒的密度与分离密度接近，因此在工业生产中须严格控制重悬浮液密度，以确保分选指标；

（3）硫化矿和硫化—氧化混合锑矿石均具有晶硐结构。此类矿石的密度（$2.6g/cm^3$ 左右）都小于脉石的密度，晶硐中有辉锑矿或氧化锑矿物，这类结构的锑矿石不容易用重介质选矿回收；

（4）粗粒级的锑矿石中连生体居多，单体锑矿物很少，因此，难以获得品位较高的锑精矿。

B　重介质分选设备

目前工业生产上所用重介质分选机型不下30余种，分类方法很不一致。应用于工业生产或试验研究工作中的机型有鼓形分选机、角锥形分选机、内螺旋筒形分选机和重介质旋流器等。

a　鼓形分选机

单位处理量所需介质流量比其他形式的重介质分选机小，一般为 $1\sim1.5m^3/t$；入选粒度范围宽，为50～6mm；设备转速较低，磨损部件较少，但用于辉锑矿选别，要求分选密度波动范围小，悬浮液黏度要低，需要高密度加重剂。

b　角锥形分选机

这种分选机分选介质的稳定是靠调节提升斗槽液面高度来控制的。在正常情况下，提升斗排出的重产品中的介质流密度，较轻产品端排出的介质流密度要高 $0.02g/cm^3$。为了满足分选精度，需要控制悬浮液密度稍高于额定分选密度，以抵消这类分选机中加重剂沉降的影响，维持分选机上部所需要的分选密度。存在大量连生体的难选锑矿石，在角锥型深槽分选机中选分，会造成大量中间密度矿石的悬浮，严重妨碍应下沉的矿粒在介质中的“自由沉降”。对辉锑矿的实验证明，遇到介质密度突然下降，中矿的下沉还易使分选机底部堵塞，难以得到较好的指标。

c　重介质旋流器

重介质旋流器具有如下优点：（1）利用离心力可以产生比重力场高几十倍甚至几百倍的离心力场，加速细粒级物料的分选过程，降低重介质分选的粒度下限，提高分选精度；（2）旋流器的体积小，处理量大；（3）旋流器本身无运动部件，加工容易，操作简单；（4）容易实现自动化；（5）在离心力的作用下，重悬浮液在旋流器内产生一定程度的浓缩作用，提高了分离密度，因而可以用较低的重悬浮液密度达到较高的分离密度。

对硫化锑矿石进行的试验表明，重介质旋流器能有效地分选细粒矿石，如6～0.5mm。研究锑矿石分选过程的各种影响因素时表明：给矿压力、给入介质的密度、沉砂口直径或锥比（沉砂口直径与溢流管直径之比）是影响锑矿石分选过程的三项主要因素。生产中常通过改变旋流器的锥比来调节分离密度或轻、重产品的产率。此外，在使用高密度硅铁加重剂时，必须含一定量微细粒级，以避免介质发生明显的偏析现象，使加重剂富集于沉砂中，影响锑矿石的分选过程。因此以硅铁作加重剂分选锑矿石时，硅铁必须细磨，生产中通常磨至－200目占98%。

C　加重剂的选择

加重剂的性质对提高重介质选别效率有决定性作用，应具备密度大、使用过程不易泥化和氧化、便于净化回收、价格低廉、来源广泛及对下一选别作业无影响等条件。锑矿石重介质选矿所用的加重剂有方铅矿、含硅13%～18%的硅铁、磁铁矿、砷黄铁矿精矿等。方铅矿可用浮选法回收再用，但方铅矿易于泥化、损耗大，配制的重悬浮液的黏度较大；此外，对于锑精矿来讲，铅还是有害杂质，混入产品后常影响锑制品质量，所以生产上愈来愈倾向于采用磁性物质。如磁铁矿或硅铁，其优点是净化回收方便，损耗也小。另外在选别脆硫锑铅矿时利用选矿厂自产砷黄铁矿作为加重剂，也行之有效。

我国锑矿石选厂所用的硅铁加重剂，大多为砂轮厂电炉刚玉废料（属含杂硅铁），其性质和成分见表4-4所列。

表4-4 砂轮厂刚玉废料的性质和成分

加重剂	粒度（-0.074mm）/%	磁性物含量/%	密度/g·cm^{-3}	化学成分（质量分数）/%		
				Si	Fe	Al+Ti
郑州砂轮厂块状硅铁	93.0	92.1	6.25	12.54	74.20	1.21
汉阳砂轮厂块状硅铁	75.0	88.0	5.80	12.00	66.81	
沈阳砂轮厂块状硅铁	10.2	98.0		12.57	78.52	1.19
贵阳砂轮厂粉状硅铁	95.8	73.5				
郑州中原砂轮厂粉状硅铁	56.5	71.5	5.66	10.10	69.86	9.18

D 重悬浮液的黏度和稳定性

悬浮液黏度和稳定性是重介质悬浮液最基本的物理性质，是影响锑矿石选别指标的重要因素。通常黏度高，稳定性好，而黏度低，稳定性就差。分选过程中要求悬浮液稳定性好、黏度低。稳定性取决于加重剂的密度和细度；黏度除与加重剂在悬浮液中的容积浓度和分散性有关外，还受生产过程中矿泥污染的影响。悬浮液黏度与其密度、加重剂细度和温度有如下相应关系，即悬浮液密度在2.5g/cm^{3}以上（图4-3）及细度在95% -200目以上（图4-4）时，其黏度明显上升，只有悬浮液温度上升时（图4-5）黏度才明显下降。

在生产中，由于悬浮液黏度的升高，在同一分选密度下，该上浮的脉石因受黏度干扰，上浮速度减慢而影响沉物的品级；该下沉的矿物来不及沉降，受介质流的作用而损失，使尾砂品位升高。

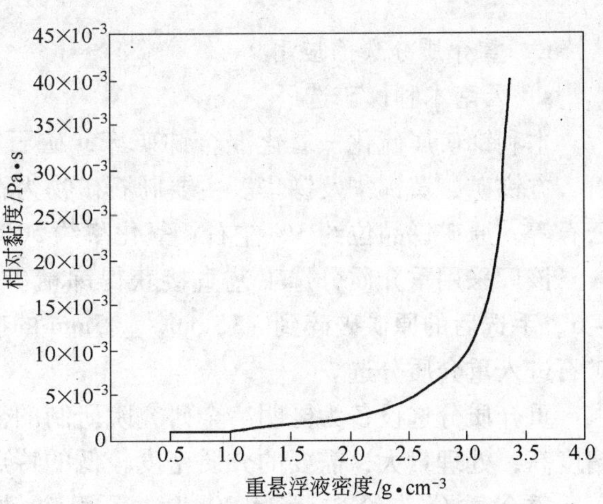

图4-3 悬浮液黏度与其密度的关系

在锑矿石重介质选矿实践中，通过悬浮液部分净化或全部净化来调节生产过程的介质黏度。前者采用边生产边净化的方式，增大轻产品脱介过程的悬浮液分流量，送往净化系统，排除污染矿泥以降低黏度；而后者则是在介质黏度完全恶化时方予实行，因为全净化的介质损耗比前者为大，因而不够经济。

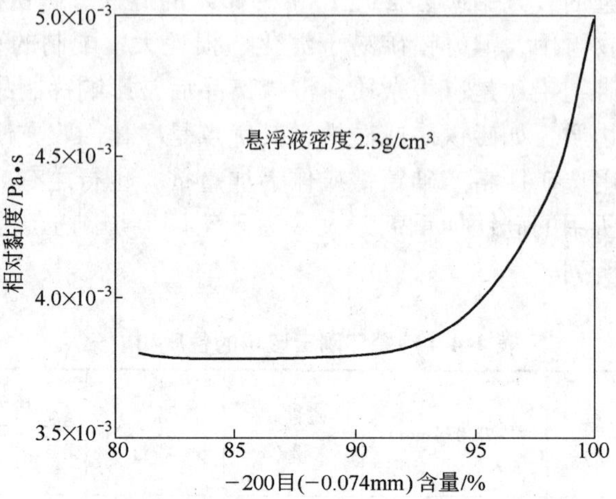

图4-4　悬浮液黏度与加重剂细度的关系

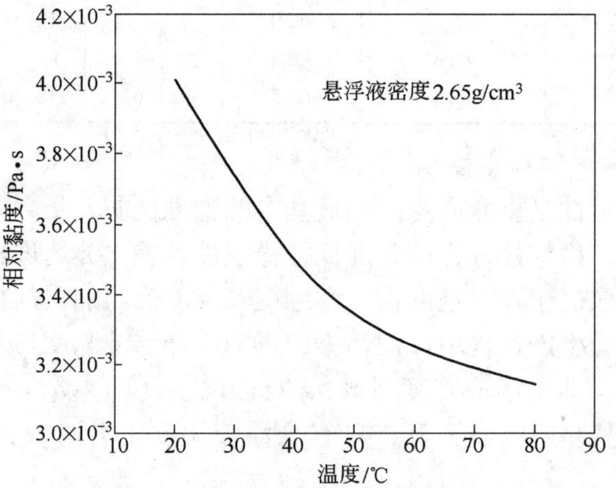

图4-5　悬浮液黏度与温度的关系

E　重介质分选的应用

a　云南木利锑矿选厂

木利锑矿属硫化—氧化混合锑矿床，矿石中主要金属矿物为辉锑矿、黄铁矿、锑赭石、方锑矿、黄锑华及锑华。主要脉石矿物为石英、白云母，有少量的石墨、方解石及白云石等。原矿锑品位约3%左右，氧化率约50%。

该厂采用重介质分选工艺直接获得锑精矿，并抛弃尾矿，重介质选矿工艺流程见图4-6。手选后的原矿破碎到-15mm，-5mm的矿石进入后续的重选、浮选作业，5～15mm矿石进入重介质分选。

重介质分选设备为昆明冶金研究院研制的ϕ500双锥重介质旋流器，该设备具有分选精度高，处理量大，需要的介质密度较低的特点。

重介质分选给矿量为20t/h，采用磁铁矿作加重剂，配制的重介质密度约为2.4g/cm^3，分选时的实际分离密度为2.65g/cm^3。采用磁选机回收介质，磁选尾矿中含有部分细粒锑矿物，用摇床回收。

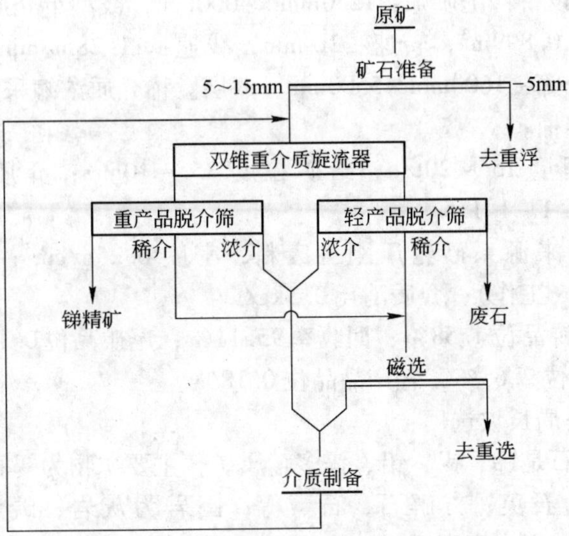

图 4-6 木利锑矿重介质选矿流程

分选指标为：原矿锑品位 3% 左右，精矿锑品位 13% 左右，精矿回收率约 80%。

b 锡矿山矿务局南选厂

南选厂的原矿是单一硫化矿，主要金属矿物为辉锑矿，仅伴有少量氧化锑矿物及黄铁矿，脉石矿物主要为石英，围岩是硅化灰岩。1970 年建成重介质选矿车间，其工艺流程如图 4-7 所示，矿石破碎至 -35mm，35 ~ 10mm 粒级入重介质选别，所用重介质为硅铁，有介质净化系统。重介质选矿的目的是预选抛废，提高后续浮选作业的入选品位，并降低生产成本。

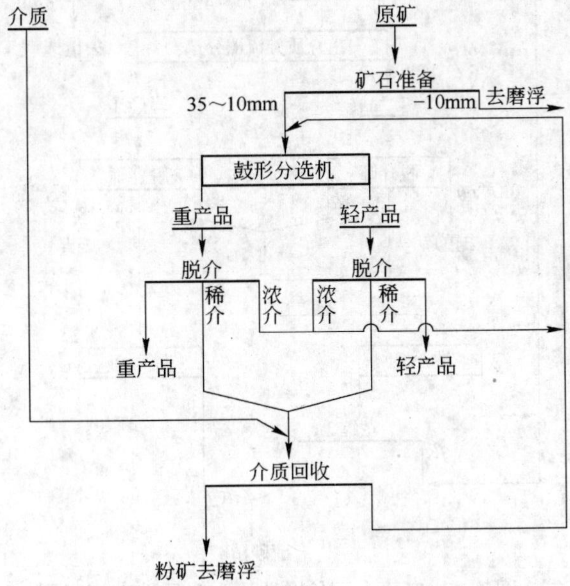

图 4-7 锡矿山南选厂重介质车间工艺流程

重介质系统主要设备：洗矿筛：1250mm×4000mm；鼓型重介质分选机：ϕ1800mm×1800mm，有效容积：0.899m^3，转速：2r/min，线速：11.28m/min；脱介筛：1250mm×4000mm，双层；脱介筛：1600mm×5500mm，双层。稀介质浓缩采用ϕ700单螺旋分级机和ϕ2.5m浓介质搅拌桶。

选别条件：处理量15～20t/h；给矿粒度35～10mm；介质悬浮液密度2.62～2.65g/cm^3；矿介比1∶1～1∶1.5。

介质性质：硅铁来源系砂轮厂刚玉废料；密度6.25g/cm^3；粒度：93% -200目（新），86% -200目（工作）；介质消耗0.5kg/t。

选别指标：原矿锑品位1.58%；回收率95.11%；尾矿品位0.18%；废石产率占作业的43.3%；重产品品位2.65%，轻产品品位0.18%。

c　广西大厂矿务局长坡选厂

选厂处理的原矿石是锑、锡、铅、锌多金属矿，主要矿物为锡石、铁闪锌矿、脆硫锑铅矿等，脉石矿物为石英、方解石、石膏等；围岩为灰岩、碳质页岩。锑矿物密度2.8g/cm^3以上；脉石、围岩密度低于2.8g/cm^3。重介质选矿工艺流程如图4-8所示。矿石破碎至-20mm，20～4mm粒级入重介质选别，所用加重剂系本厂自产的砷黄铁矿，无介质回收系统，重介质选矿的作用也是预选脱废。

重介质系统主要设备：洗矿筛：1500mm×3000mm；重介质旋流器：直径430mm，圆柱高250mm，锥角20°，给矿口80mm×80mm，溢流管ϕ90mm，插入深度230mm，排矿口直径为50mm、55mm、60mm；脱介筛：1250mm×4000mm，双层。稀介浓缩采用ϕ300mm旋流器。

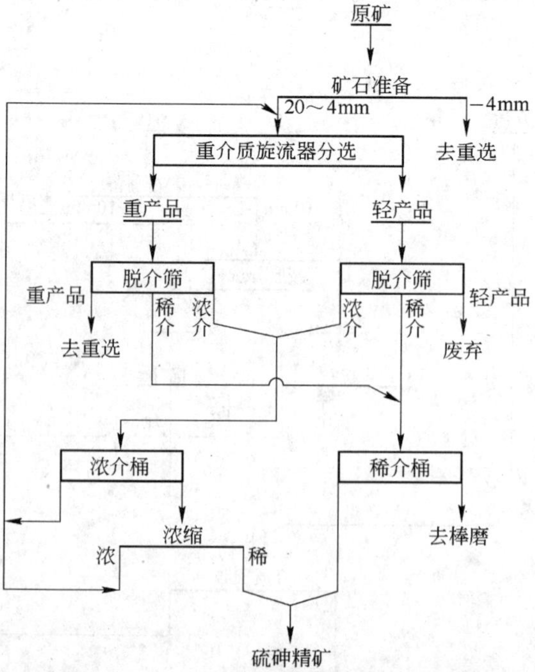

图4-8　广西大厂长坡选厂重介质选矿流程图

选别条件：处理量30～40t/h；给矿粒度20～4mm；介质悬浮液密度2.3～2.6g/cm^3；

矿介比 1:2～1:4；给入压力：1.18×10^4～1.47×10^4Pa，也即 1.2～1.5kg/cm^2。

介质性质：加重剂系本厂砷黄铁矿，密度 4.8g/cm^3，粒度 57% -200 目（新）。

选别指标：原矿品位 Pb 0.43%～0.83%、Sb 0.35%；回收率 Pb（Sb）91.15%～96.4%；尾矿品位 Pb 0.044%～0.119%，Sb 0.039%；废石产率：对原矿为 38.89%，对作业为 44.94%；重产品品位 Pb 0.48%～1.05%。

该厂 1995 年后，改为处理 100 号矿体特富矿石，工艺流程发生较大变化，现已没有重介质预选作业。

4.2.4.2 跳汰选矿

跳汰选矿是矿石在垂直变速介质流中，按矿石的密度差异进行分选的方法。用跳汰机分选锑矿石的效率虽然较重介质选矿差，但由于锑矿石（硫化锑矿或氧化锑矿）在粗粒或中等颗粒时有单体锑矿物出现，且跳汰选矿的富集比往往较重介质选矿高，因而可得到成品锑精矿。但跳汰选矿受硫化锑或硫化—氧化混合锑矿石固有的晶硐构造及颗粒形状的影响，在大多数场合下，难以丢弃合格的尾矿（含锑小于 0.2%），故跳汰回收率不很高，一般为 60%～70%。

因此，跳汰机在锑矿石选矿方面，主要用于获得成品锑精矿。一般与摇床配合，跳汰处理粗粒级矿石，摇床处理细粒级矿石。跳汰尾矿往往需要再磨、再用摇床或浮选等方法进一步选别。此外，分级跳汰比不分级跳汰的指标好。

4.2.4.3 摇床选矿

摇床选矿是细粒锑矿石选矿中应用很广泛的一种重力选矿方法，尤其是对于难选氧化锑矿石，用摇床与跳汰组合起来进行选别，能获得单一浮选法目前所不能达到的指标。

摇床的富集比较高，不论硫化锑矿或氧化锑矿都可以得到足够高的锑精矿品位，但回收率则相当低，一般作业回收率仅 45%～55%。

处理 2～0.074mm 粒级范围的锑矿石，一般采用普通摇床。处理较粗粒级矿石的摇床称为砂床，其床面有木条制成的床条（俗称来复条）。处理较细级别矿石的摇床称为刻槽床或矿泥摇床，其床面采用刻槽法制成床条。

有一种高频快速摇床（弹簧摇床），可用于处理 -0.074mm 级别的锑矿石，有效的回收粒级在 37～20μm 之间。

我国曾经研究过一种新型离心摇床，从经济和提高生产率的角度上说，这种摇床可更好地处理较细粒级氧化锑矿。

离心摇床是普通平面摇床的一种改进，其分选原理与普通摇床相同，其差别仅在于后者的分选过程是在重力场中进行，而离心摇床的分选过程则是在离心力场中进行。由于离心加速度可人为地在一定范围内变动，可比重力加速度大几倍或十几倍，因而可以强化分选过程，提高单位工作面积的处理能力，或降低处理物料的粒度下限。

采用离心摇床处理氧化锑矿，与刻槽、弹簧摇床比较，原矿含锑 1% 左右，细度 0.1～0.015mm 占 98.97%，其中 -30μm 占 46.86%，可以获得相近的选别指标。但离心摇床单位面积处理能力为普通摇床的 6～8 倍。因其生产率高，对处理较细粒级的氧化锑矿石，该设备有一定的发展前途。

4.2.4.4 溜槽选矿

选矿溜槽是利用重力、离心力、摩擦力和水流流动的综合作用而发展起来的新型选矿设备，适用于分选细泥或细粒矿石。下面介绍在锑矿石选矿中得到应用的离心机—皮带溜槽、振摆皮带溜槽及螺旋溜槽。

A 离心机—皮带溜槽

卧式离心选矿机是离心力与流膜作用相结合，加速细粒重矿物沉降，强化分选过程，提高分选效率的一种新型选矿设备，用以处理微细粒物料，效果很好。

离心选矿机的分选腔是一个截顶圆锥形筒体或转鼓，当给入矿浆后，在转鼓内壁上形成薄的矿浆层（流膜），它随着转鼓一起转动。因转鼓得到转速很高，因而产生很大的离心力，这就加速了矿粒的沉降。又由于锥度的影响，矿浆由锥体小头流向大头，加上离心力分量的作用，轴向速度（沿流膜流动方向）增加，增大了速度差，增强了紊流的脉动速度，因而强化了选别过程。在惯性离心力和流膜的作用下，重矿物很快地从矿粒间的空隙钻到鼓壁上形成精矿，处于矿层表面的轻矿物，被矿流冲走，成为尾矿。

皮带溜槽是一种连续生产的典型流膜选矿设备，富集比一般可达 3 ~ 4 倍，通常用于精选而与离心选矿机（粗选）配套使用。

曾经研究用离心选矿机加皮带溜槽的组合工艺来选别氧化锑细泥，可收到一定的效果。试料粒度 37 ~ 10μm，含锑品位 0.71% 时，通过离心机一次粗选，皮带溜槽两次精选，可获得锑精矿品位 9.86%，作业回收率 33.2% 的选别指标。

B 振摆皮带溜槽

振摆皮带溜槽是综合了皮带溜槽、摇床及重砂淘洗的原理而研制出来的一种新型细泥选别设备，与摇床、皮带溜槽比较，对 -38μm 级别矿石的处理，分选效果有不同程度的提高。但设备结构复杂，处理能力有限，一般只用于细粒物料的精选。

采用振摆皮带溜槽处理 0.08 ~ 0.015mm 的氧化锑矿细泥，原料含锑 1.418%，可获得精矿品位 10.98%、尾矿品位 0.51%、作业回收率 57.09% 的选别指标。

C 螺旋溜槽

一种横截面为立方抛物线的螺旋溜槽，曾研究用来选别氧化锑矿石，取得了一定的效果。这种螺旋溜槽的螺旋外径 400mm，内径 90mm，螺距 168mm，横向倾角 9°，纵向倾角 3.07° ~ 7.5°。

试验用氧化锑矿细泥，小于 18μm 粒级占 92.87%，氧化率 95.2%，含锑品位 0.263%，经螺旋溜槽一次粗选，可得到含锑 1.65% 的粗精矿，作业回收率 42.71%；粗精矿再经螺旋溜槽精选，品位又可提高到 17.4%，作业回收率 54.54%，对矿石的锑回收率为 23.29%。

5 硫化锑矿的选矿

目前，硫化锑矿石一般用浮选（或用重选浮选联合法）处理，即使用黄药或黑药作捕收剂，铅盐作活化剂，松油作起泡剂，在弱酸性介质 pH 值为 6.5 左右作用后，可制得品位较高的锑精矿。

辉锑矿的浮选研究始于 1912 年。1915 年，在美国阿拉斯加州，经手工作业后生产出高品位锑精矿（矿石经锤碎和手选，得到品位为 58% Sb 的产品），残留部分进行浮选试验，效果良好，从此开始了锑矿石浮选技术的研究。

早期试验使用的是焦油浮选。1925 年，加拿大进行了采用煤焦油产品和硫酸作浮选剂的工业试验，试验结果表明，对含锑 60% 的高品位辉锑矿的除砷有一定效果，随后广泛使用了黄原酸盐，硫化锑矿的浮选技术得到了迅速发展。

1936 年，苏联在卡达姆朱依斯基锑矿建成辉锑矿试验选矿厂，当时以重选为主，但对泥矿采用了浮选。

我国于 1935 年开始锑矿石的浮选研究；1959 年，在锡矿山建成了我国第一个锑矿石浮选厂，同时还对硫化—氧化混合锑矿的浮选进行了较深入的探索。

5.1 硫化锑矿的浮选捕收剂

常用的硫化锑矿捕收剂有阴离子型捕收剂和烃油类捕收剂。后者一般作为辅助捕收剂添加。阴离子捕收剂主要以黄药类为主，如乙黄药、丁黄药、异丁基黄药、仲丁基黄药、戊黄药、异戊基黄药、仲辛基黄药等；其次为硫氮类，如乙硫氮等；黑药类，如 25 号黑药及丁铵黑药等。

在硫化锑的浮选中，捕收剂的混合使用往往能降低药剂费用，改善浮选指标。

5.1.1 黄药类捕收剂

当以黄药为捕收剂时，最普遍采用的药方为：硝酸铅—丁黄药—2 号油。捕收剂也可以混合使用，如丁黄药—乙黄药、丁黄药—黑药、丁黄药—丁铵黑药、丁黄药—Z 200、丁黄药—乙硫氮、乙黄药—乙硫氮等。当用仲辛基黄药为捕收剂时，也可以不用起泡剂。

黄药在硫化锑矿表面的吸附过程十分复杂，其吸附作用机理至今仍有争论。黄药在辉锑矿表面吸附的可能产物一般有两种，一种是金属黄原酸盐，另一种是双黄药。有些研究认为，在正常的浮选条件下用丁黄药浮选辉锑矿时，其表面吸附的疏水产物是丁基双黄药，另一些研究则认为是在辉锑矿表面形成了丁基黄原酸锑或丁基黄原酸铅（添加铅离子作活化剂），还有的研究结果表明丁基黄原酸盐和丁基双黄药同时存在。

实际上，黄药在硫化锑矿表面的吸附产物与矿浆溶液条件及矿物表面的氧化还原电位等密切相关。矿浆中各种离子的浓度，如金属离子浓度、黄药浓度，矿浆 pH 值，矿物的表面电位等的变化都会对黄药在硫化锑矿物表面的吸附形式产生影响。

许多研究表明，用黄药浮选硫化锑矿物时，黄药在浮选过程中的氧化产物——双黄药起着很大的作用。通过对黄药水溶液进行电化学处理可以得到双黄药，从而提高浮选效果。1969 年，苏联的卡达姆朱依斯基选矿厂，在工业上用经电化学氧化处理的黄药浮选锑矿石，所得锑精矿品位提高了 0.59%，锑回收率提高 1.2%。

电化学处理通常是在药剂溶液中通直流电（以不锈钢或石墨作电极材料），此时在阳极区部分黄药被氧化成双黄药：

$$2ROCSS^- - 2e \longrightarrow (ROCSS)_2$$

在阴极区，水被还原并析出氢气：

$$2H_2O + 2e \longrightarrow H_2 + 2OH^-$$

对不同类型的矿石，存在不同的黄药与双黄药的适宜配比。用电化学氧化黄药溶液进行的浮选研究结果表明：对汞—锑硫化矿石浮选时，黄药氧化成双黄药的适宜度为10% ~ 15%，当浮选的锑矿石含部分氧化锑时，其适宜度为 25% ~30%，此时锑的回收率较高。

黄药类捕收剂的碳链长度对辉锑矿的浮选有明显影响。图 5-1 为用不同碳链长度的黄药为捕收剂时，捕收剂用量对辉锑矿浮选的影响情况。由图 5-1 可见，含 4 ~6 个碳原子的黄药均具有较好的捕收作用，而含 2 ~3 个碳原子的短链烃黄药的捕收能力较弱。

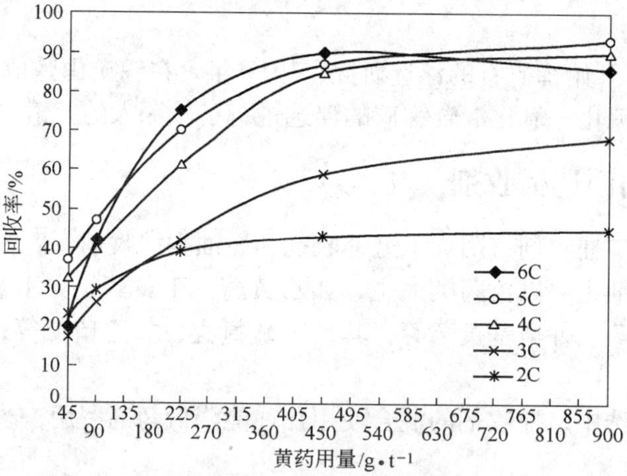

图 5-1　黄药的碳链长度对辉锑矿浮选的影响

5.1.2　黑药类捕收剂

黑药类捕收剂，如丁铵黑药、25 号黑药、苯胺黑药等常常具有更好的选择性，因而常用于复杂硫化锑矿石的浮选分离。如用丁铵黑药为捕收剂浮选毒砂含量高的锑矿石时，锑砷分离效果较好。用黑药类作硫化锑矿的捕收剂时，常与黄药混合使用，此时可降低药耗，减少选矿成本，提高选别指标。

5.1.3　烃油类捕收剂

烃类油及焦油可作为辉锑矿浮选的辅助捕收剂，一般不单独使用。属于这类药剂的有：煤焦油、由煤焦油馏分加工成的硫化蒽油和硫化重油、页岩油及煤油等。煤焦油的成分极为复杂，已发现其中包含有400 多种化合物，其中最常见的为烷烃、烯烃、芳香烃、含氧化合物、含氮化合物、含硫化合物、游离碳及沥青中所含的其他高分子化合物。影响煤焦油捕收性能的主要因素是低温馏分（如低于290℃的馏分）和吡啶碱类的含量。这些组分含量高时，捕收性能一般较好。有人认为"硫化"可以改善煤焦油的浮选性能，使其接近于黄药类捕收剂。例如用低温焦油及其馏分的硫化物为捕收剂浮选辉锑矿的效果较好，试验指标见表5-1。

表5-1 低温焦油及其馏分的硫化物的浮选效果

产品名称	产率/%	Sb品位/%	回收率/%	药方
粗精矿	13.89	31.75	95.16	丁黄药150g/t，硝酸铅600g/t，松醇油70g/t（常规药方）
尾矿	86.11	0.26	4.84	
原矿	100	4.60	100	
粗精矿	14.60	29.80	94.97	丁黄药100g/t，低温煤焦油600g/t，硝酸铅200g/t，松醇油70g/t
尾矿	85.40	0.27	5.03	
原矿	100	4.58	100	
粗精矿	21.57	19.40	95.24	硫化蒽油：轻油=1∶2，硫化蒽油400g/t，松醇油70g/t
尾矿	78.43	0.26	4.76	
原矿	100	4.39	100	
粗精矿	19.04	22.00	95.92	硫化重油：中油=1∶1，硫化重油500g/t，松醇油70g/t
尾矿	80.96	0.22	4.08	
原矿	100	4.37	100	

页岩油是一种由油母页岩热加工后所得的有机质混合物，它也可作为浮选硫化锑矿的辅助捕收剂。

用含饱和烃47.58%，芳香烃16.92%，非烃化合物20.61%，沥青质4.33%的页岩油与丁黄药（或乙硫氮）混合使用，浮选锡矿山硫化锑矿石的效果较好。当页岩油用量为245g/t时，可使丁黄药、硝酸铅、松醇油用量分别降低26.09%、25%及65.91%。药剂费用降低28.73%，并提高锑的回收率1.48%。生产指标对比见表5-2。

表5-2 混合使用页岩油的浮选生产指标对比

时间	药方/g·t^{-1}	Sb原矿品位/%	Sb精矿品位/%	Sb尾矿品位/%	Sb回收率/%
1965年1~5月	丁黄药414，硝酸铅206，松醇油238	3.71	55.27	0.27	92.60
1965年12月	丁黄药306，页岩油245，柴油（溶剂）198，硝酸铅154，松醇油81	3.46	53.06	0.20	94.08
1974年	丁黄药135，乙硫氮65，页岩油478，硝酸铅151，松醇油167	3.13	50.36	0.22	93.56

5.1.4 硫氮类捕收剂

硫氮类（二烃基二硫代氨基甲酸盐）及硫氮酯类捕收剂具有良好的选择性，其对辉锑矿和脆硫锑铅矿的捕收作用较强，而对黄铁矿、闪锌矿及毒砂等矿物的捕收能力较弱。因此，在复杂锑矿石的浮选中常用硫氮类捕收剂。最常用的是乙硫氮（曾称为硫氮9号），即二乙基二硫代氨基甲酸钠，其结构式为：

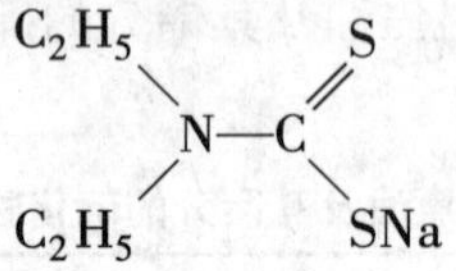

对于单一硫化锑矿石浮选，以乙硫氮与页岩油混合使用或乙硫氮与丁黄药、页岩油混合使用的效果较好。乙硫氮良好的选择性，对提高锑精矿品位有益。与丁黄药相比，粗精矿的富矿比要比丁黄药高，用药量比丁黄药低。我国锡矿山硫化锑矿石浮选实践证实，采用乙硫氮与丁黄药混合使用效果较使用单一黄药为好。研究表明，用乙硫氮作辉锑矿的捕收剂时，由于其选择性较强，泡沫性脆，必须与页岩油配合使用，否则浮选效果较差。表5-3为乙硫氮与丁黄药的浮选效果对比结果，表5-4列出了锡矿山硫化锑矿采用乙硫氮的浮选生产指标。

表5-3　乙硫氮与丁黄药的浮选效果对比

试验类别	产　物	产率/%	品位/%	锑回收率/%	浮选条件及药方用量按 g/t 计
乙硫氮（与页岩油综合使用）	粗锑精矿 尾　矿 原　矿	9.15 90.85 100	28.15 0.11 2.68	96.27 3.73 100	磨矿细度60% -0.074mm（-200目）； 乙硫氮60；页岩油300； $Pb(NO_3)_2$60；松醇油120
丁黄药	粗锑精矿 尾　矿 原　矿	15.92 84.08 100	17.01 0.1 2.79	96.79 3.01 100	磨矿细度60% -0.074mm（-200目）； 丁黄药340；页岩油450； $Pb(NO_3)_2$130；松醇油120
乙硫氮（不与页岩油综合使用）	粗锑精矿 尾　矿 原　矿	5.4 94.6 100	42.5 0.29 2.55	89.24 10.76 100	磨矿细度64% -0.074mm（-200目）； 乙硫氮150；页岩油0； $Pb(NO_3)_2$150；松醇油120

表5-4　乙硫氮在锡矿山硫化锑矿浮选中的应用效果

时　间	锑品位/%			回收率/%	药　方
	原矿	精矿	尾矿		
1981年7月	2.76	48.21	0.21	93.85	乙硫氮76g/t，丁黄药104g/t，页岩油298g/t，硝酸铅126g/t，新松醇油119g/t，煤油68g/t
1978年	2.96	47.00	0.21	93.35	丁黄药349g/t，页岩油424g/t，硝酸铅165g/t，松醇油118g/t，煤油52g/t

硫氮类及其酯类化合物是较有发展前途的捕收剂，前苏联卡达姆朱依斯基选厂的工业试验结果表明，这类药剂的使用，将可以废除或者大幅度地减少硝酸铅的预先活化过程。并且，与现场原药剂制度相比较，能显著地提高浮选过程的效率。锑精矿品位提高

6.76%~12.53%，回收率提高2.2%~3.4%。

研究表明，二硫代氨基甲酸盐具有与金属离子形成难溶化合物的特性。锑矿物用二硫代氨基甲酸盐处理后在矿物表面形成难溶化合物，用甲苯对矿物进行解吸后用电子磁共振法检测，发现矿物表面上铜的二硫代氨基甲酸盐最稳定。

现已查明，在辉锑矿表面层中总有铜离子存在，它与巯基捕收剂形成表面化合物。已得到的结果证明，当二硫代氨基甲酸盐的浓度为4×10^{-3}g/L时，固着在辉锑矿表面的二硫代氨基甲酸盐在形成二硫代氨基甲酸锑的同时以1:1和9:0.45的比例伴随形成了二硫代氨基甲酸铜和硫化二烃基氨硫羰。随着二甲基二硫代氨基甲酸盐浓度的提高，辉锑矿表面形成的二硫代氨基甲酸铜和二硫代氨基甲酸锑的量增加。

同样用电子磁共振法研究了介质pH值对辉锑矿表面与二甲基二硫代氨基甲酸钠形成不同化合物的影响。结果表明，当pH值小于7时，辉锑矿表面形成二硫代氨基甲酸锑。当pH值大于7后，二硫代氨基甲酸锑的量急剧下降。这是因为当pH值大于7时形成氢氧化锑，甚至是OH^-置换下吸附在辉锑矿表面的二烷基二硫代氨基甲酸盐。这就是高pH值下辉锑矿浮游性能弱的原因所在。pH值小于7时二硫代氨基甲酸铜的数量随pH值的增大而增加，但当pH值达到7后情况正好相反。pH值为8.5~9.0时，辉锑矿表面无二硫代氨基甲酸铜存在。这一结果与热力学计算结果完全吻合。

在多金属复杂锑矿石的浮选中，广泛应用硫氮类捕收剂，或者与黄药类捕收剂混合使用。如在脆硫锑铅矿的浮选，锑金砷、锑铅锌复杂矿石的浮选中，使用或混用硫氮类（混合使用少量黄药）捕收剂常能取得更好的效果。

5.1.5 新型硫化锑矿浮选捕收剂

针对硫化锑矿的浮选，为强化浮选效果，提高精矿质量，减少环境污染，国内外学者在新型高效捕收剂方面进行了大量研究工作。许多新型捕收剂已在生产实践中取得良好效果。

5.1.5.1 国内新药剂

我国近年来开发出的新型捕收剂有Y89-3、二乙基胺甲醇黄药、MA系列等，在锑矿选厂应用后，均可明显提高分选指标。

Y89-3是Y89系列捕收剂产品之一。Y89高效捕收剂是黄药家族的新成员，是株洲选矿药剂厂与广州有色金属研究院近年联合开发出来的，由株洲选矿药剂厂独家生产的专利产品，现已形成Y89系列产品，可满足不同用户的需求。药剂急性毒性试研究结果为：Y89捕收剂$LD_{50}=588.6$mg/kg，丁基黄药$LD_{50}=442.6$mg/kg，这表明Y89捕收剂的毒性小于丁基黄药。工业生产的Y89捕收剂为橘黄色粉末，无异臭、易溶于水。Y89-3黄药质量稳定，性能可靠，除具有Y89高效捕收剂的优越性能外，还具备价格较低的优点，是值得推广使用的经济型优良产品。

研究与应用表明Y89-3黄药对湘西金矿原矿的适应性好，选择捕收性强。代替丁基黄药浮选，其用量可大幅度降低，药剂配制添加方便，毒性低，便于生产管理，为湘西金矿金、锑浮选的稳定生产打下了良好基础。表5-5为湘西金矿使用Y89-3黄药代替丁基黄药的工业试验对比结果。

表 5-5　Y89 - 3 黄药方案与丁基黄药方案工业生产应用指标

方案名称	原矿品位		精矿品位		尾矿品位		回收率/%	
	Au/g · t^{-1}	Sb/%	Au/g · t^{-1}	Sb/%	Au/g · t^{-1}	Sb/%	Au	Sb
Y89 - 3	5.24	2.85	75.24	44.22	0.54	0.07	90.35	97.70
丁基黄药	5.09	2.78	71.82	43.77	0.68	0.07	87.46	97.64
差值（Y89 - 3 - 丁黄药）	+0.15	+0.07	+3.42	+0.45	-0.14	0.00	+2.89	+0.06

MA 系列捕收剂是湖北省石首市荆江选矿药剂有限责任公司生产的系列金、锑浮选药剂。在湘西金矿的试验结果表明，MA - 1 药剂比 Y89 - 3 更适用于湘西金矿的沃溪矿石与鱼儿山矿石的回收，2002 年 4 月中旬开始在选矿厂使用以来，在生产条件相同，其他指标相近条件下，取得了比同期金回收率提高 1.22%、锑回收率提高 1.15% 的指标，经济效益显著。

二乙基胺甲醇黄药是株洲选矿药剂厂生产的高效捕收剂，其结构式为：

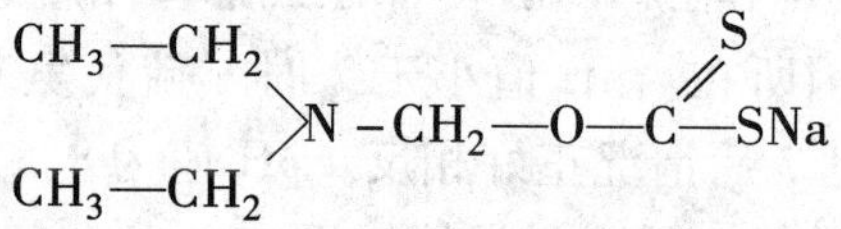

二乙基胺甲醇黄药是一种浮选性能优良的硫化矿物捕收剂，对铜铅锌等硫化矿物，特别是硫化镍矿物有较好的选择性和一定的捕收能力。对辉锑矿的浮选更为有效，能在较宽的 pH 值范围捕收辉锑矿，是锑砷矿物浮选分离的有效药剂。辉锑矿与砷黄铁矿的浮选试验表明，二乙基胺甲醇黄药的选择性很好，在广泛的 pH 值范围内，对砷黄铁矿的捕收能力弱，而对辉锑矿的捕收能力较强。其原因是二乙基胺甲醇黄药特殊的两性结构，能选择性地与某些矿物表面的金属离子形成络合物或螯合物，而对铁离子则不敏感。

图 5-2 是二乙基胺甲醇黄药分别浮选纯矿物辉锑矿和砷黄铁矿时，pH 值与回收率的关系曲线。砷黄铁矿在整个 pH 值范围内可浮选性极差，而辉锑矿在 pH 值小于 6 的介质中则有很好的可浮性。与此相对应，图 5-3 为用丁基黄药作捕收剂对两种纯矿物分别浮选

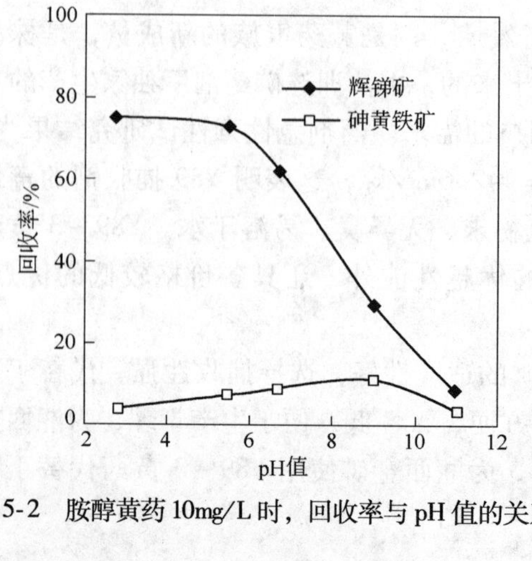

图 5-2　胺醇黄药 10mg/L 时，回收率与 pH 值的关系

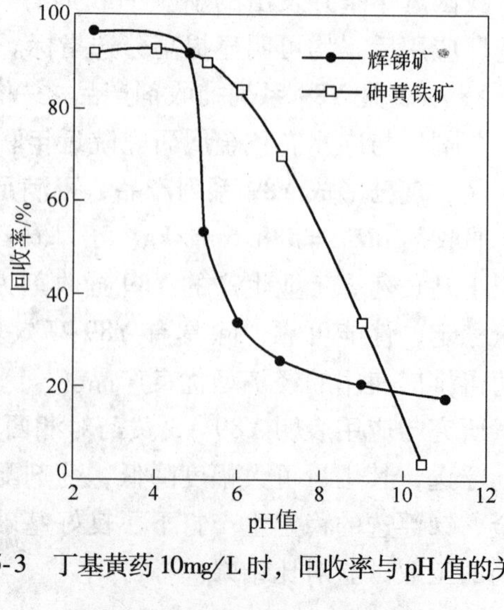

图 5-3　丁基黄药 10mg/L 时，回收率与 pH 值的关系

的结果，在介质 pH 值小于 5 时两种矿物都有较好的可浮性，可见胺醇黄药是解决锑砷矿物浮选分离的有效捕收剂，选择性优于丁基黄药。从图 5-2 和图 5-3 还可看出，胺醇黄药对辉锑矿的有效浮选矿浆 pH 值比丁基黄药的要高出一个单位，可以推断，胺醇黄药浮选锑矿可降低浮选过程中 Pb^{2+} 的消耗，并能改善浮选指标。

5.1.5.2 国外新药剂

采用黄药浮选锑矿石，一般需预先用阳离子（Pb^{2+} 或 Cu^{2+}）活化，其结果是大部分金属离子进入锑精矿，在冶炼厂需要预先从锑精矿中分离出铅和铜。独联体学者索洛仁金通过研究，认为采用巯基二硫化物类表面活性剂，锑矿物不需要预先用金属阳离子进行活化。

硫化二烃基氨硫羰是一种有前途的药剂。采用四甲基硫化二烃基氨硫羰作捕收剂浮选中亚矿床的锑矿石，获得了比用黄药 + 硝酸铅更好的指标。如处理兹余克鲁矿床的锑矿石，其精矿含 Sb39.0%，回收率 89.2%，尾矿含 Sb 0.16%；而用黄药 + 硝酸铅，精矿含 Sb36.3%，回收率 76.3%，尾矿含 Sb0.39%。用四乙基硫化二烃基氨硫羰浮选安佐布斯克采选公司锑矿石的半工业试验也获得了较好结果，与传统的丁基黄药 + 硝酸铅药剂制度比较，锑精矿品位提高 7% ~8%，回收率提高 5.1% ~6.6%。

在难选硫化—氧化锑矿的浮选捕收剂方面，独联体学者开发了一系列表面活性的非离子型捕收剂，这类化合物是以乙二胺为基础的氧化丙烯和氧化乙烯共聚物，主要有 ПРОКСАМИН－385，ДИРОКАМИН－157，ПРОКСАНОЛ－305 等。其中ПРОКСАМИН－385 的结构式为：

$$\begin{array}{ccc} H(C_2H_4O)_n(C_3H_6O)_m & & (C_3H_6O)_m(C_2H_4O)_nH \\ & \diagdown\quad\diagup & \\ & CH_2CH_2 & \\ & \diagup\quad\diagdown & \\ H(C_2H_4O)_n(C_3H_6O)_m & & (C_3H_6O)_m(C_2H_4O)_nH \end{array}$$

它们均可用作硫化—氧化锑矿的捕收剂，锑回收率比黄药提高 12%，且浮选过程中不用 $Pb(NO_3)_2$ 和松醇油。用 ПРОКСАМИН－385 浮选金—锑矿，精矿中金品位提高 4.2g/t，尾矿中金的损失降低 6%。

二乙胺苯基乙酸汞也是强化氧化锑矿浮选的有效药剂，用二乙胺苯基乙酸汞作捕收剂选别不同矿物组成的锑矿石，对氧化率为 46% 的矿样采用这种捕收剂进行连续浮选试验，回收率比用丁黄药提高 8.3%。尾矿物相分析表明，这种药剂对回收低化合价的氧化锑更为有效（Sb_2O_3 和 Sb_2O_4 的回收率分别为 71.1% 和 80%），对高价氧化锑的回收率较低（34.8%）。二乙胺苯基乙酸汞浮选氧化率为 70.4% 的锑矿石，回收率为 68%，精矿品位 42.8%，而使用丁黄药时，回收率为 52.9%，精矿品位为 37.25%。

锑砷浮选分离选择性捕收剂的研究得到高度重视，取得了不少成果。丁基二硫代磷酸盐（代号为 AP3477），是一种选择性较好的锑—砷分离捕收剂，配合使用调整剂 $Pb(NO_3)_2$，在加拿大 Dominion Explorer 公司、南非 Consolidated Murchison 矿、澳大利亚西部纳拉金 Blue Spel 矿都已获得了成功的工业应用，并且往往是这些矿山锑精矿含砷低的重要原因。

二乙胺苯基乙酸汞也是锑砷分离浮选的选择性捕收剂，用于处理含砷锑矿石，其选择性比黄药类要好。如对中亚细亚矿床的一种锑矿石采用传统浮选工艺，在只得到贫精矿

（含锑 31.4%）的情况下，精矿中含砷量只能降到 0.56%，而当采用二乙胺苯基乙酸汞时，则能得到高质量精矿（含锑 61.8%），含砷仅为 0.09%，并且当采用分段加药时，浮选最初得到的锑精矿不含砷。用二乙胺苯基乙酸汞浮选含砷金—锑矿石时，当其用量为 50g/t 时，锑已基本浮出，而此时砷的回收率只有 11%。

Solozhenkin 等人推出了一些低毒的用于锑—砷分选的新药剂。如 Oxafor 系列和 Pemisol。Oxafor 系列是烷基苯酚和甲醛的冷凝产品，Oxafor－43 的结构式如图 5-4 所示。Pemisol 的主要成分是芳香烃，占 70%，是一种非离子型表面活性剂。用它们浮选含砷锑矿石，可减少硝酸铅用量，甚至可取消而代之以毒性更低的铜盐。对于含 Sb 2.7%、As 0.26%，氧化率 22.5% 的某锑矿石，用 Oxafor－43 浮选获得了含 Sb 56.60%、As 0.10%，锑回收率 91.47% 的锑精矿；用 Pemisol 获得的锑精矿含 Sb 41.05%、As 0.31%，锑回收率 94.45%。

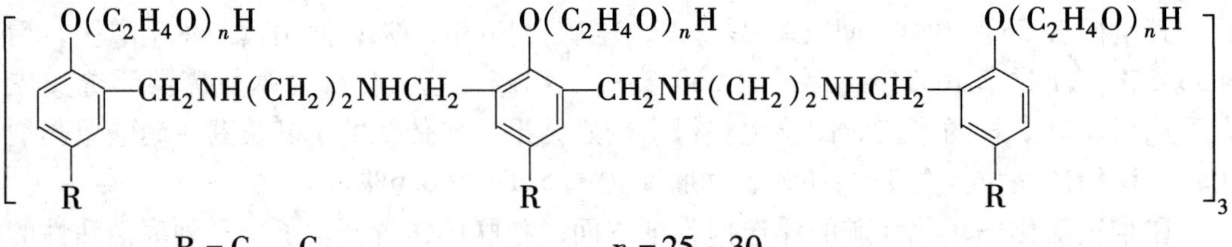

图 5-4　Oxafor－43（俄文代号 Оксафор－43）的结构式

5.2　辉锑矿的浮选

5.2.1　辉锑矿的可浮性

辉锑矿的可浮性与雄黄（AsS）、雌黄（As_2S）类似。它的可浮性与其晶格结构密切相关。从矿物结构来看，辉锑矿是典型的层状结构矿物，在每层内部，锑和硫原子团以共价键键合。各层之间（即解理面之间）相互以范德华键（分子键）连接在一起。由于辉锑矿沿解理面范德华键的破裂而暴露的表面为弱的分子键，与水的键合能力差。因此，辉锑矿应具有较强的天然疏水性质，没有捕收剂存在时，辉锑矿也能天然可浮。

然而，辉锑矿的天然可浮性常常不佳，其可浮性强烈依赖于矿浆 pH 值。这是因为在水溶液中，辉锑矿的表面性质不稳定。随着 pH 值的变化，辉锑矿表面发生不同的化学变化，导致辉锑矿表面动电位及接触角发生变化，从而引起其可浮性的差异。辉锑矿表面动电位及接触角与其可浮性有很好的相关性。

5.2.1.1　pH 值对辉锑矿可浮性的影响

辉锑矿的 ζ 电位与 pH 值的关系如图 5-5 所示。由此可见，当 pH 值由 4 增至 5 时，ζ 电位显著下降，当 pH 值在 5 ~ 9 范围内变动时，ζ 电位呈稳定状态，当 pH 值大于 9 时，ζ 电位又进一步降低。辉锑矿的等电点为 2.50。

辉锑矿的可浮性与 ζ 电位的关系可用下式表示：

$$\frac{d\varepsilon\zeta^2}{A} < K$$

式中　K——接近于 3 的常数；

　　　d——离子雾的德拜密度；

ε ——溶液的介电常数；

$A = A_{11} - A_{12}$ 为水对矿物颗粒及水分子间的范德华氏力（分别为 A_{12} 及 A_{11}）常数。

应用上式计算结果表明：当 $\frac{d\varepsilon\zeta^2}{A} < 3$ 时，辉锑矿回收率较高；当该值超过3时，回收率降低。这表明该矿物的双电层特性对浮选过程具有重要影响。

在水溶液中，除了在pH值很低的情况下（小于2.5），辉锑矿表面由于氧化及氧化产物的水解作用而存在类似 $(SbS_x \cdot O_y \cdot H_2)^{-n}$ 形式的离子基团，因而表面呈负电荷。

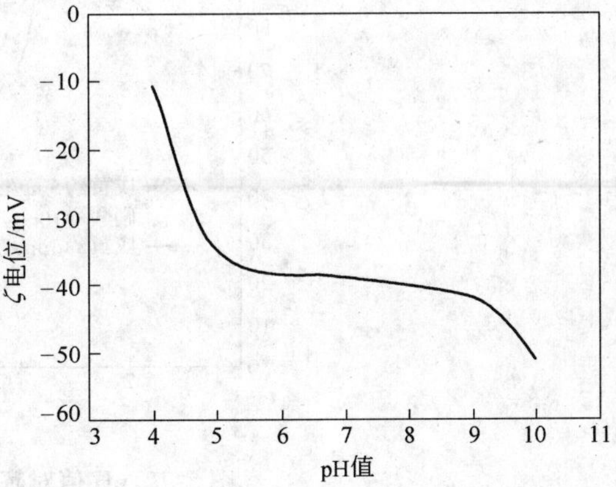

图5-5 pH值对辉锑矿表面ζ电位的影响

在不同pH值溶液中，用戊基黄原酸盐溶液（5mg/L）、处理辉锑矿纯矿物，并沿其解理面方向测定接触角结果如图5-6所示。由图可见，当溶液pH值为4.2时，接触角呈现极大值。

辉锑矿在不同pH值溶液中的浮选行为有很大的差别。图5-7和图5-8表示溶液pH值对辉锑矿可浮性的影响。由图5-7可见，无论活化与否，其最佳浮选pH值范围均在3~4之间。图5-8表明，在丁基黄药浓度为 1.6×10^{-5} mol/L，当pH值小于5时，辉锑矿具有很好的可浮性，浮选回收率高达95%，当pH值大于5时，辉锑矿浮选回收率随pH值增加而迅速减少，当pH值大于7时，辉锑矿基本不浮。在丁基黄药浓度很大时（7.0×10^{-4} mol/L），辉锑矿也仅在pH值小于7的范围有较高的浮选回收率。这说明矿浆的pH值对辉锑矿的可浮性影响很明显。

用非极性油如烃类油、页岩焦油等作捕收剂时，在酸性介质中浮选也可得到满意的效

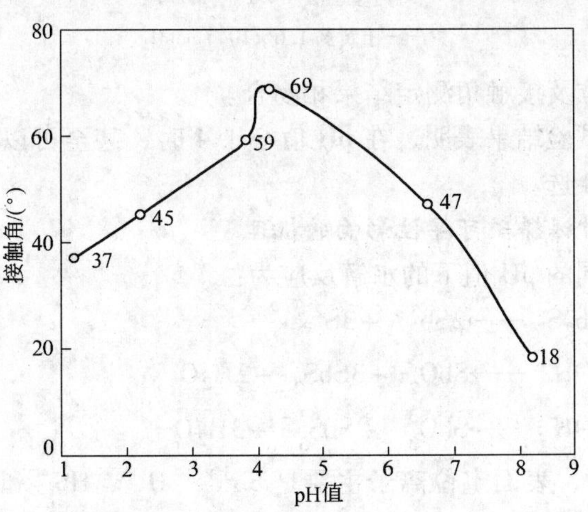

图5-6 pH值对辉锑矿接触角的影响

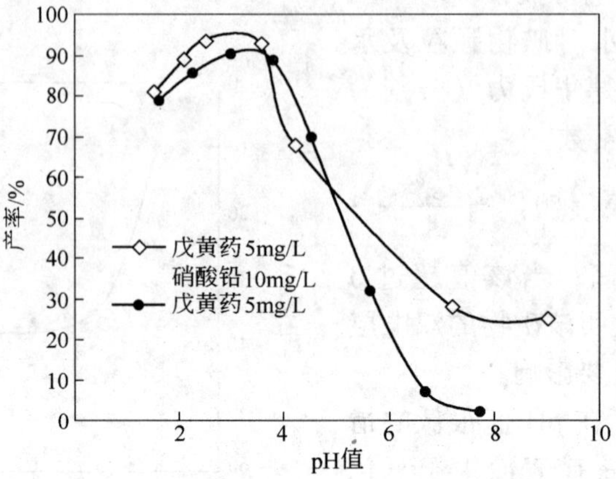

图 5-7　pH 值对辉锑矿可浮性的影响

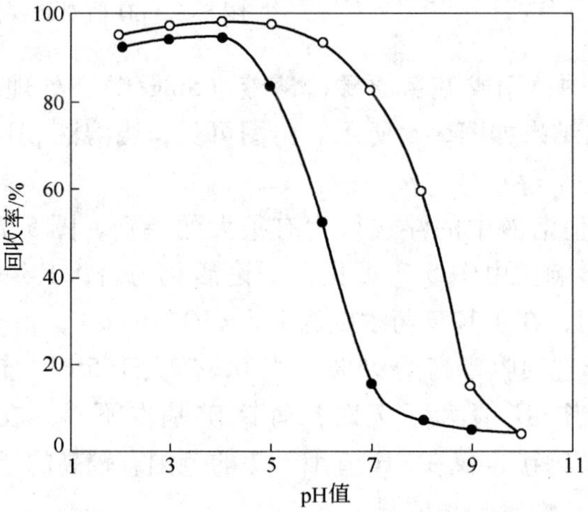

图 5-8　pH 值对辉锑矿可浮性的影响

—○—丁黄药 7.0×10^{-4}mol/L;

—●—丁黄药 1.6×10^{-5}mol/L

果。这些结果与 ζ 电位及接触角测定结果相吻合。

格兰伯格的浮选试验结果表明，在 pH 值小于 4 时，甚至可以不加捕收剂，仅加起泡剂就可实现辉锑矿的浮选。

5.2.1.2　pH 值对辉锑矿可浮性影响的机理

辉锑矿表面在不同的 pH 值下的水解反应为：

$$Sb_2S_3 \longrightarrow 2Sb^{3+} + 3S^{2-} \qquad (pH<5) \qquad (5\text{-}1)$$

$$2Sb_2S_3 + 4OH^- \longrightarrow SbO_2^- + 3SbS_2^- + 2H_2O \qquad (pH>5) \qquad (5\text{-}2)$$

$$Sb_2S_3 + 6OH^- \longrightarrow SbO_3^{3-} + SbS_3^{3-} + 3H_2O \qquad (pH>10) \qquad (5\text{-}3)$$

在 pH 值小于 5 时，表面定位离子主要是 Sb^{3+}、H^+、HS^- 和 S^{2-}，黄药易于和表面的 Sb^{3+} 发生化学作用。在 pH 值大于 5 时，表面反应以式 5-2 和式 5-3 为主，产生的 SbO_2^-、SbS_2^-、SbO_3^{3-}、SbS_3^{3-} 等氧化物阻碍了黄药离子的吸附，使辉锑矿变得难以被黄药浮选。

在碱性 pH 值范围内辉锑矿不浮，是因为辉锑矿具有明显的碱溶性，它的碱性溶解方程式如下：

$$2NaOH + H_2S + S + 2e \longrightarrow 2NaHS + 2OH^-$$

$$Sb_2S_3 + 2NaHS \longrightarrow Na_2S \cdot Sb_2S_3 + H_2S$$

由于在辉锑矿表面上形成可溶性复合结构 $Na_2S \cdot Sb_2S_3$，它会阻止活化剂或捕收剂离子的附着，从而抑制辉锑矿的浮选。

在碱性溶液中，辉锑矿的可溶性在美国氰胺公司会报 1958.6，No.23 的"化学氰化法"曾进行过讨论。将粒度为 200～325 目的辉锑矿在碱性溶液中浸泡，然后对溶液进行成分分析，结果见表 5-6。由表可见，当溶液 pH 值从 10.1 增高至 12.2 时，辉锑矿的分解率从 1.5% 迅速增加到 17%～21%。图 5-9 也表示了辉锑矿在不同浓度的 NaOH 溶液中溶解度的变化规律，即该矿物的溶解度随溶液碱度的增高而变大。

表 5-6 辉锑矿的碱溶性 （%）

条　件	Sb	总 S	NaCNS	矿物分解率
3h，不加 CaO，pH = 10.1	0.0005	0.0005	0.0001	1.5
6h，不加 CaO，pH = 10.1	0.0011	0.0005	0.0001	1.5
3h，0.11% CaO，pH = 12.2	0.0120	0.0060	0.0004	17.7
6h，0.11% CaO，pH = 12.2	0.0140	0.0072	0.0005	21.1

在黄药存在时，格兰伯格通过模型对辉锑矿浮选体系溶液中的各种平衡反应进行了计算。其计算结果表明，在正常的浮选条件及低 pH 值和自然 pH 值下，黄原酸锑是锑的主要化合物；在 pH 值小于 2 时，辉锑矿（固相）与三丁基黄原酸锑是锑的主要化合物，两者共存。这就意味着辉锑矿的层状结构和天然疏水表面是辉锑矿天然疏水性的原因，因而在低 pH 值下，可以实现辉锑矿的无捕收剂浮选。在 pH 值大于 2 时，虽然黄原酸锑仍是主要的，但 Sb（Ⅲ）进一步水解，导致了 $Sb(OH)_2^+$ 和液态 $Sb(OH)_3$ 的生成。在 pH 值为 4 时，Sb（Ⅲ）开始氧化成 Sb（Ⅴ），Sb（Ⅴ）完全水化成 $Sb(OH)_6^-$，此时黄原酸锑仍是主要成分。这已被在此 pH 值下添加黄药有良好的浮选结果所证实。然而，随着 pH 值的继续升高，Sb^{3+} 开始逐步氧化为 Sb^{5+}，辉锑矿的可浮性逐渐恶化。在 pH 值为 7 时，$Sb(OH)_6^-$ 和黄原酸锑一起成为主要组分，可浮性显著恶化。当 pH 值大于 9 时，黄原酸锑将不能形成了，所有的锑都以 $Sb(OH)_6^-$ 的形式存在。

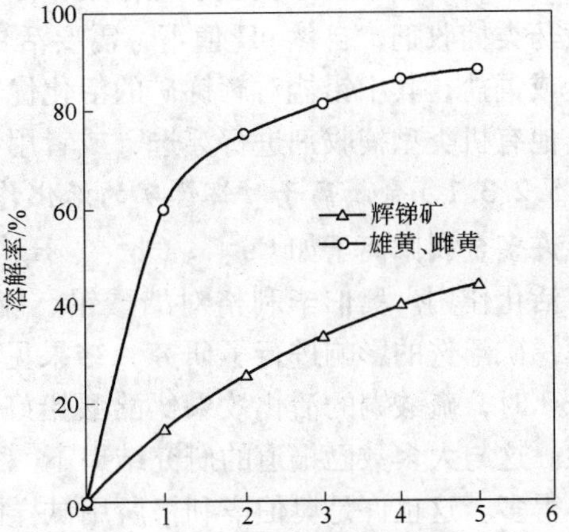

图 5-9 矿物在 NaOH 溶液中的溶解度
（10g 矿物（粒度 -0.074mm）在 200mL 溶液中搅拌 30min，温度 20℃）

格兰伯格认为，矿物表面与溶液有着同样的组成，而这也许就可以推断，当 pH 值升高时，一个氧化和水化了的矿物表面层在某种程度上开始形成。由于锑的高电荷，可以断定这一层将强烈地水解而阻止浮选。

根据热力学计算，黄原酸锑在 pH 值为 9 时就不存在了。这一点和黄药与矿物表面键合相一致，已被 pH 值为 9 和 10 时辉锑矿极差的可浮性所证实（见图 5-8）。

5.2.2　辉锑矿的抑制

辉锑矿在碱性矿浆中很容易被抑制，这在 5.2.1 节已经讨论过了。抑制辉锑矿的药剂有硫化钠、苛性碱（NaOH）、丹宁酸、石灰、重铬酸钾以及氰化钠等。

硫化钠造成的强碱性使辉锑矿表面产生强烈的水化作用，从而抑制其可浮性。此外，硫化钠对辉锑矿的抑制作用与 HS^- 在矿物表面的吸附有关。该过程可用下式表示：

$$Sb_2S_3 + Na_2S + 2H_2O \xlongequal{} [Sb_2S_3]HS^- + 2NaOH + H^+$$

由于 HS^- 吸附在辉锑矿表面，阻止了黄药的附着从而使其受到抑制。硫化钠在水中生成 HS^- 的量取决于 pH 值，在 pH 值为 8 时，HS^- 起主导作用，可使辉锑矿受到抑制。当进一步提高 pH 值时，不仅抑制辉锑矿，且会溶解此矿物。因而增加 HS^- 浓度，进一步抑制辉锑矿。碱溶性复合物在水溶液中的电离产物也是 $[Sb_2S_3]HS^-$，即碱对辉锑矿的溶解作用能在辉锑矿表面生成 HS^-。因此，碱和硫化钠对辉锑矿的抑制作用原理是一致的。

5.2.3　辉锑矿的活化

辉锑矿在水中易于发生水化作用，因而并不是很易浮的矿物，所以在通常条件下，如用黄药类捕收剂，自然 pH 值下，需要活化。一般用重金属离子作活化剂，常用活化剂有铅盐或铜盐，其中铅盐对辉锑矿的活化优于其他盐类。未经活化的辉锑矿，通常用煤焦油或其他有机类型捕收剂进行浮选，或者用黄药类捕收剂，在酸性条件下浮选。

5.2.3.1　金属离子对辉锑矿的活化作用

许多金属阳离子如 Cu^{2+}、Pb^{2+}、Hg^{2+}、Hg^+、Ag^+、Fe^{3+}、Zn^{2+} 等对辉锑矿的浮选均有活化作用。奥伯毕利格对醋酸铅、硫酸铜、硫酸亚铁及硫酸锌在 pH 值为 6～7 时，对辉锑矿浮选的影响进行了研究，结果见图 5-10。由图可以看出，当金属盐的用量低于 450g/t 时，硫酸铜的活化效果比醋酸铅好，当用量接近 900g/t 时，铅盐才显出一定的优越性。这与大多数已报道的研究结果不一致，多数试验结果均表明铅盐优于铜盐，且用量也小得多。这也许是奥伯毕利格所用试样的特殊性造成的。

对云南木利锑矿低品位混合矿的浮选试验表明，在自然 pH 值条件下（pH 值约 6.5），用量在 200g/t 以下时，硝酸铅的活化作用比硫酸铜好；用量大于 200g/t 后，两者的活化效果均没有明显的增强，但硝酸铅仍优于硫酸铜。

锡矿山辉锑矿可浮性研究的结果表明，在 pH 值为 4.2 时，各种重金属阳离子活化能力的顺序为：$Hg^{2+} > Ag^+ > Hg^+ > Pb^{2+} > Cu^{2+}$，当 pH 值增高时，这一活化能力顺序也有所改变。特别是 Hg^+ 离子在 pH 值为 5.6 时，表现出较强的活化能力。在碱性介质中，这些阳离子的活化能力均很差（见图 5-11，图 5-12）。

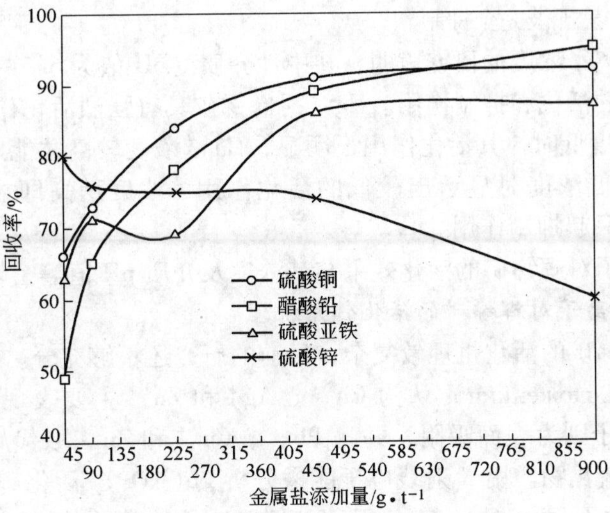

图 5-10 金属离子对辉锑矿的活化效果

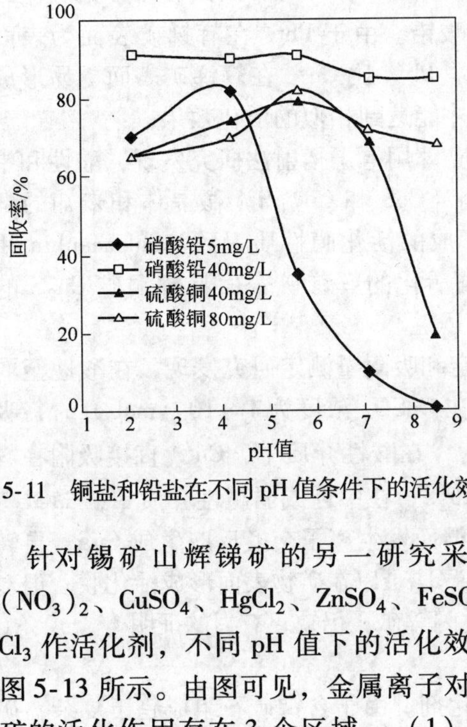

图 5-11 铜盐和铅盐在不同 pH 值条件下的活化效果

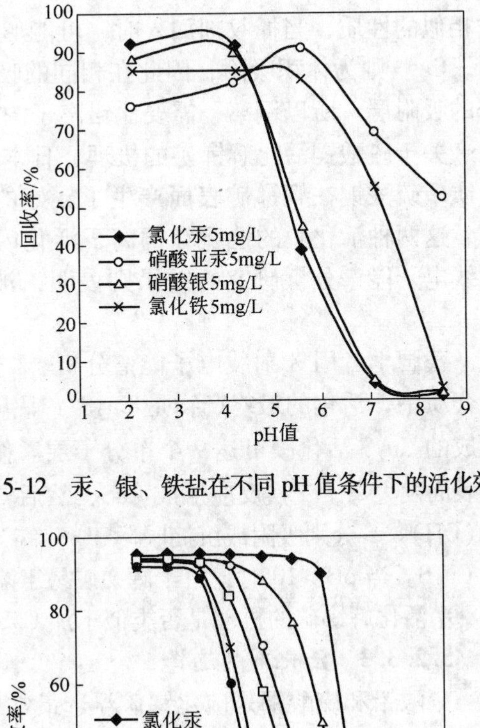

图 5-12 汞、银、铁盐在不同 pH 值条件下的活化效果

针对锡矿山辉锑矿的另一研究采用 $Pb(NO_3)_2$、$CuSO_4$、$HgCl_2$、$ZnSO_4$、$FeSO_4$、$FeCl_3$ 作活化剂，不同 pH 值下的活化效果如图 5-13 所示。由图可见，金属离子对辉锑矿的活化作用存在 3 个区域：（1）当 pH < 5 时，金属离子种类和存在与否对辉锑矿可浮性没有多大影响，辉锑矿无需活化就能很好地被丁黄药捕收；（2）当 pH 值为 5 ~ 9 时，不同的重金属离子对辉锑矿具有不同的活化作用，并且活化作用顺序为：$HgCl_2 > Pb(NO_3)_2 > CuSO_4 > ZnSO_4 > FeSO_4 > FeCl_3$；（3）当 pH > 10 时，辉锑矿难以被金

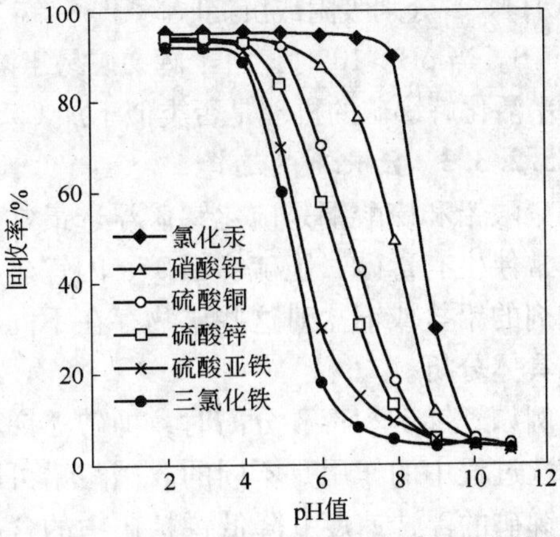

图 5-13 不同 pH 值下金属离子的活化效果
（金属离子浓度：1.0×10^{-5} mol/L；丁黄药浓度：1.6×10^{-5} mol/L）

属离子活化，辉锑矿易于被完全抑制。

进一步对金属离子浓度的研究表明，在中性介质（pH 值为 6.5 ~ 7.0）里，金属离子对辉锑矿具有不同的活化和抑制作用。Hg^{2+} 对辉锑矿具有强烈活化作用。Pb^{2+} 比 Cu^{2+} 活化效果好。Cu^{2+} 浓度低时，其活化作用不明显，Cu^{2+} 浓度较高才能对辉锑矿产生较好的活化作用。Zn^{2+} 在低浓度时显示出较低的活化作用，浓度稍高即显抑制作用。Fe^{3+} 和 Fe^{2+} 几乎对辉锑矿只起抑制作用。

因此，金属离子对辉锑矿的活化效果与其浓度及介质 pH 值等密切相关。

5.2.3.2　金属离子对辉锑矿的活化作用机理

金属离子对辉锑矿的活化机理较复杂，目前的研究还不够充分。索洛仁金（Solozhenkin，俄文为 П. М. Соложенкин）认为 Cu^{2+}、Ag^{+} 和 Zn^{2+} 主要表现为体积吸附，Pb^{2+}、Cd^{2+} 和黄原酸根离子则为表面吸附，并且 Pb^{2+}、Cu^{2+} 和 Zn^{2+} 取代辉锑矿晶格中的锑离子形成相应的金属硫化物。用 X 射线电子能谱分析 $Pb(NO_3)_2$ 活化辉锑矿的作用产物后，认为是形成 PbS 表面膜。但也有人用 X 射线电子能谱分析后认为是形成锑硫盐（$PbSbS_4$）。格兰伯格通过模型计算后认为可能形成 PbS，使得辉锑矿具有与方铅矿浮选性质相似的性质，当捕收剂加入时，可能形成黄原酸铅。由于 Pb^{2+} 在辉锑矿表面为表面吸附，Cu^{2+} 则为体积吸附，因此在相同的吸附量时，Pb^{2+} 比 Cu^{2+} 在辉锑矿表面更易形成紧密的吸附层。所以铜离子需要比铅离子浓度大时才能达到相似的活化效果。

关于硫酸铜活化辉锑矿的机理，日本的佐藤亮郎用电子衍射法研究发现，酸性和中性介质中硫酸铜在辉锑矿表面产生了较好的硫化铜（CuS 和 $Cu_{1.8}S$）微晶体和未知的微晶体，这两种活化膜的性质和铜离子活化闪锌矿形成的活化膜性质一致。Solozhenkin 用 X 射线电子能谱分析研究的结果则表明，被硫酸铜活化的辉锑矿表面具辉铜矿 Cu_2S 的特征。

我国学者用 X 射线电子能谱分析、ζ 电位测定和吸附量测定研究发现，在酸性至弱碱性介质中，活化的最终产物是 Cu_2S（辉铜矿），在 $CuSO_4$ 浓度为 1×10^{-5} mol/L 时，吸附形成的 Cu_2S 活化膜可达 9 个单分子层。作者认为，在酸性介质中，Cu^{2+} 直接吸附在辉锑矿表面发生离子交换反应形成 CuS，然后转变成 Cu_2S；在中性或弱碱性介质中，$CuOH^{+}$ 和 $Cu(OH)_{2(固)}$ 分别吸附或沉淀吸附于辉锑矿表面，继而发生离子交换反应生成 CuS，再转化为 Cu_2S。当 pH > 10 时，由于辉锑矿易于溶解，$CuSO_4$ 难以在矿物表面形成活化膜。但对于 $CuSO_4$ 活化辉锑矿的机理是否类似于加 $CuSO_4$ 活化闪锌矿，仍缺乏有力的证明。

5.2.3.3　活化剂的选择

硝酸铅和硫酸铜是硫化锑矿浮选最常用的活化剂。由于含锑矿石组成趋于复杂，矿石中常常伴生有毒砂、脆硫锑铅矿、闪锌矿、黄铁矿、方铅矿等多金属硫化矿，作为辉锑矿活化剂的铅盐或铜盐对这些矿物存在不同程度的活化作用，因此，活化剂的选择必须具体情况具体分析。

例如辉锑矿和毒砂分离时，抑砷浮锑和优先脱砷两种流程中，活化剂硝酸铅和硫酸铜在浮选过程中的作用是不同的。硝酸铅可以作为抑砷浮锑流程的有效活化剂，它能显著提高辉锑矿的浮选速度并降低锑精矿中的含砷量。硫酸铜也是辉锑矿的活化剂，它对辉锑矿的活化作用比硝酸铅弱，但对毒砂（还有黄铁矿）的活化作用明显地比硝酸铅强，因此在抑砷浮锑时，它不宜作活化剂，但在优先脱砷流程中，它是毒砂、黄铁矿的有效活化剂。

在锑铅锌多金属硫化矿的分选过程中，活化剂硝酸铅的作用受矿石性质的影响很大。在处理一种含辉锑矿、少量脆硫锑铅矿、闪锌矿、黄铁矿的多金属矿石时发现硝酸铅可以作为锑浮选的活化剂，它对闪锌矿、黄铁矿的活化作用可以通过控制用量及添加抑制剂等方法加以调节。然而在处理另一类主要含脆硫锑铅矿、闪锌矿、黄铁矿的锑铅锌矿石时，硝酸铅对脆硫锑铅矿的浮选没有活化效果，在分选过程中加入硝酸铅，不仅未能提高锑铅矿物的浮选速度，反而使闪锌矿受到活化，使得锑铅精矿中含锌量增加。

5.3 脆硫锑铅矿的浮选

5.3.1 脆硫锑铅矿的可浮性

脆硫锑铅矿（$Pb_4FeSb_6S_{14}$或$4PbS \cdot FeS \cdot 3Sb_2S_3$）在许多锑矿床中都存在，但大量富集的矿床却较少，因而关于其浮选特性的研究相对较少。然而，在我国广西大厂矿田、河池五圩地区脆硫锑铅矿的蕴藏量较丰富，尤其在大厂则为主要有用矿物之一。脆硫锑铅矿一般与闪锌矿（铁闪锌矿）、黄铁矿、磁黄铁矿等共生，浮选分离的难度较大。我国从20世纪60年代即开始对这类矿石的处理进行研究，取得了一定进展，但由于矿石中矿物种类繁多，共生组合复杂，至今尚未有理想的分离方法，存在的问题主要是产品成分互相掺杂，回收率较低，环境污染等。

由于脆硫锑铅矿在组成上具有方铅矿和辉锑矿的特征，因而其浮选行为与方铅矿和辉锑矿有一定的相似性，但更接近于方铅矿的浮选特性。

在水溶液中，脆硫锑铅矿矿物表面会发生各种物理化学作用，导致其表面性质的变化，进而影响其可浮性。由于脆硫锑铅矿不像辉锑矿那样具有较固定的化学成分，不同矿床产出的脆硫锑铅矿的化学成分不尽相同，所以在水溶液中脆硫锑铅矿表面性质的变化也不尽相同。鉴于这种情况，不同研究者对脆硫锑铅矿可浮性的研究结果往往有所差别。

对广西大厂脆硫锑铅矿的研究表明，在广泛的 pH 值范围内，其表面荷负电。ζ 电位与 pH 值的关系见图 5-14，脆硫锑铅矿的等电点 pH 值为 2.3。

矿浆 pH 值对脆硫锑铅矿可浮性影响的过程较复杂，不同的 pH 值调整剂及不同的捕收剂浓度可能产生不同的结果。多数针对大厂脆硫锑铅矿的研究认为，在广泛的 pH 值范围内，脆硫锑铅矿的可浮性均较好。

当乙黄药浓度为 1×10^{-4}mol/L 时，采用各种缓冲溶液调整 pH 值，脆硫锑铅矿浮选回收率与 pH 值的关系如图 5-15 所示。由图 5-15 可见，乙黄药体系下，在 pH 值为 2 ~ 12 的范围内，脆硫锑铅矿均具有很好的可浮性。

二乙基二硫代氨基甲酸钠（俗称乙硫氮）用量 350g/t，用硫酸作酸性调整剂、碳酸钠和石灰分别作碱性 pH 值调整剂时，广西河池五圩地区脆硫锑铅矿的可浮性与矿浆 pH 值的关系见图 5-16。从图 5-16 看出，当用硫酸、碳酸钠作 pH 值调整剂时，脆硫锑铅矿在广泛的 pH 值范围内（pH 值为 4 ~ 10.5）都具有良好的可浮性；当用硫酸、石灰作 pH 值调整剂时，在酸性 pH 值范围及 pH 值为 7.5 左右时，脆硫锑铅矿仍具有良好的可浮性。随着 pH 值的提高，其可浮性急剧下降。可见石灰对脆硫锑铅矿有较强的抑制作用。

20 世纪 90 年代，长沙有色金属专科学校的一项关于大厂脆硫锑铅矿可浮性的研究结果与上述研究有较大差别。

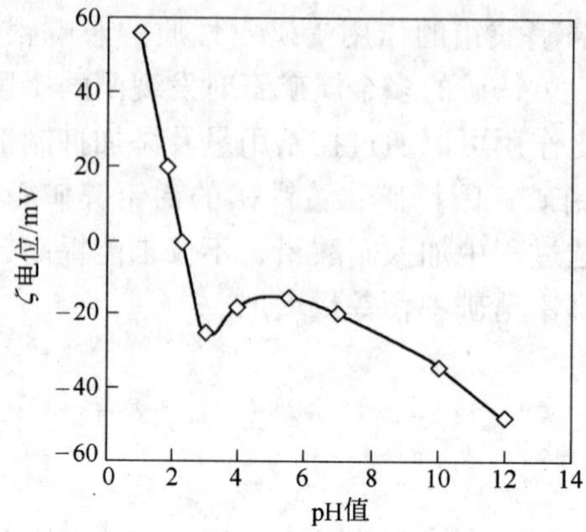

图 5-14　脆硫锑铅矿的 ζ 电位与 pH 值的关系

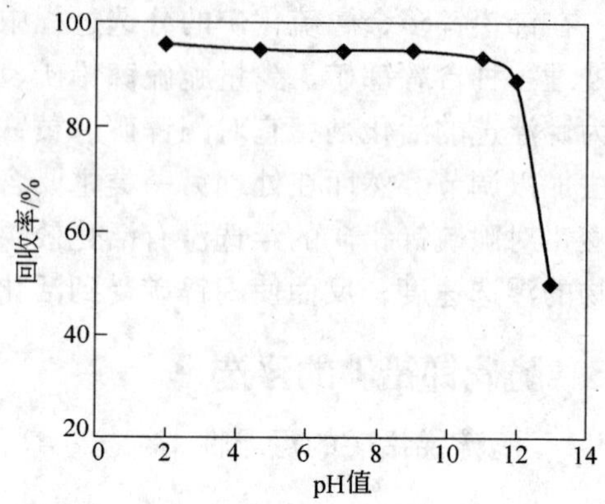

图 5-15　乙黄药体系下，pH 值对脆硫锑铅矿可浮性的影响

该研究采用丁黄药作捕收剂，浓度为 1×10^{-5}mol/L，以盐酸和氢氧化钠作为 pH 值调整剂，矿浆 pH 值对脆硫锑铅矿可浮性的影响见图 5-17。结果表明，脆硫锑铅矿在 pH 值为 4～5 时可浮性最好，pH 值范围不宽。在碱性介质中，可浮性下降，当 pH 值大于 10 后可浮性就很差了。

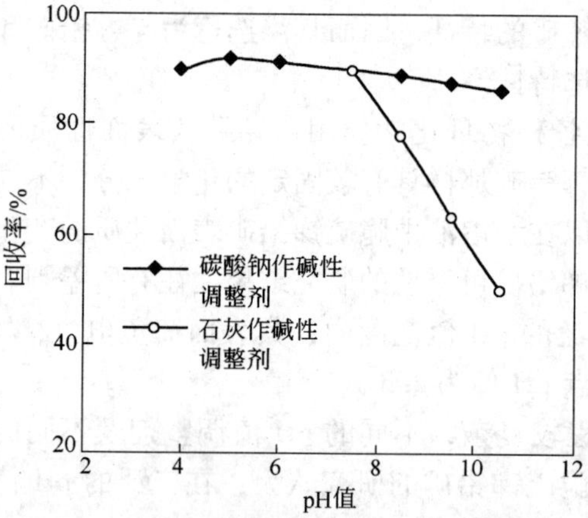

图 5-16　乙硫氮体系下，pH 值对脆硫锑铅矿可浮性的影响

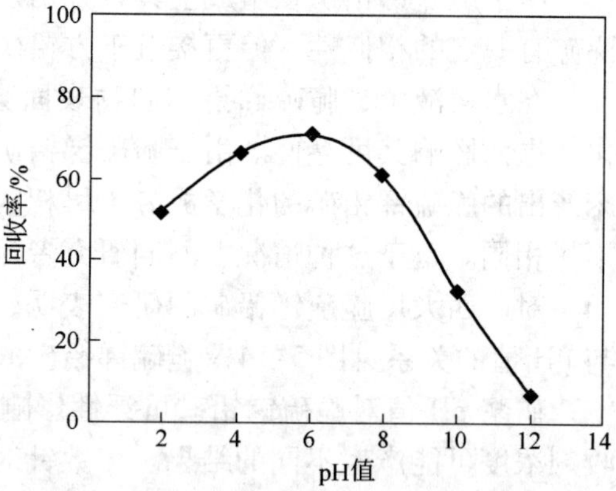

图 5-17　丁黄药体系下，pH 值对脆硫锑铅矿可浮性的影响

（盐酸和氢氧化钠作 pH 值调整剂）

该研究在试验的 pH 值范围内，脆硫锑铅矿的回收率普遍偏低，最高的也未达到 80%，可能是因为捕收剂的用量较低及样品的特殊性造成了这种结果。

该研究从一个侧面说明，脆硫锑铅矿的可浮性变化较大。在实际矿石的浮选中，脆硫锑铅矿与其他矿物的分离将可能是复杂而困难的。

5.3.2　脆硫锑铅矿的活化与抑制

与方铅矿类似，脆硫锑铅矿在自然 pH 值，甚至较高 pH 值下，无需活化即可用短链烃黄药或乙硫氮等浮出。而辉锑矿在中性 pH 值下需活化，在中性至碱性条件下难浮甚或不浮。因此，与辉锑矿相比，脆硫锑铅矿的可浮性更好。

在实际矿石的浮选中，脆硫锑铅矿的浮选一般不使用活化剂。曾经有人在脆硫锑铅矿与闪锌矿的浮选分离中采用硝酸铅活化脆硫锑铅矿，结果不但没有起到活化脆硫锑铅矿的作用，反而活化了闪锌矿。

脆硫锑铅矿较难抑制，氢氧化钠、碳酸钠、氰化钠等对脆硫锑铅矿的抑制作用很小；在自然 pH 值条件下，脆硫锑铅矿可以使用重铬酸盐加以抑制；这与辉锑矿的浮选行为不同，而与方铅矿的浮选行为非常相似，上述药剂对辉锑矿均有较强的抑制作用。但是脆硫锑铅矿对石灰较敏感，石灰造成的强碱性条件可以抑制脆硫锑铅矿的上浮。这与方铅矿不同，在类似的条件下，方铅矿通常仍具有较好的可浮性。

5.4 单一硫化锑矿的选矿

5.4.1 概述

单一硫化锑矿矿石的构成较简单，金属矿物主要是辉锑矿，某些矿石中还含少量自然锑，脉石矿物主要为石英、方解石等。辉锑矿易于被黄药捕收，因而浮选成为单一硫化锑矿的主要选矿方法。

由于辉锑矿的结晶粒度较粗，而且硬度低，性脆易碎，所以对于这类矿石一般应在尽可能粗磨的情况下进行浮选，并在磨矿分级回路中安装单槽浮选机或闪速浮选机及时浮出较粗粒的辉锑矿。细磨往往造成过粉碎，影响辉锑矿的浮选效果。一方面锑精矿品位不及粗磨条件下所得的高，另一方面影响锑精矿的浮选回收率。此外细粒精矿的过滤效率较低，影响脱水作业的效率。

有的矿山在粗选时，先加捕收剂和起泡剂浮出易浮的辉锑矿，然后再加活化剂如铅盐或铜盐活化较难浮的辉锑矿，并再加捕收剂进行浮选，得到了较高的浮选指标。但通常是在磨矿过程中或在搅拌槽中先加活化剂，然后加捕收剂与起泡剂在酸性或自然 pH 值介质中浮选辉锑矿，尤其在 pH 值为 5.7 条件下的浮选效果最好。单一硫化锑矿浮选所用的流程一般采用一次粗选，1 ~ 3 次精选和 1 ~ 2 次扫选。

5.4.2 自然锑的浮选

对于含自然锑的硫化锑矿，一般通过增加浮选药剂用量来强化自然锑的回收。美国赫尔马德锑矿含有相当量的原生自然锑，这种自然锑的可浮性很差，该矿的做法是，当对浮选尾矿进行溜槽检验时，如发现辉锑矿或自然锑颗粒，则在最末的几个扫选浮选槽中添加较多的铜盐和黄药进行尾矿再扫选。该矿实践表明，用醋酸铅活化，用黄药作捕收剂，可以浮出自然锑。

美国格雷菲特（Graphite）选矿厂（位于 Omak 以东），1951 年用同样方法处理来自 Bales 等矿山的锑矿石。1962 年，在处理爱达荷（Idaho）州 Midnight 矿锑矿石时，按赫尔马德选矿厂的工艺流程和药剂制度，都得到了品位高于 60% Sb，锑回收率 80% ~90% 的锑精矿。

5.4.3 含碳硫化锑矿的浮选

我国有不少单一硫化锑矿中含有碳，这类矿石中的碳对辉锑矿的浮选常造成不利影响。对这类矿石的浮选一般采用优先脱碳或添加碳质物抑制剂两种浮选工艺。

湖南省东安县锑矿，主要工业矿物是辉锑矿，辉锑矿中含的锑占矿样中总锑量的88.63%~91.48%。辉锑矿具有自形晶、半自形晶结构及他形粒状结构，致密块状、浸染状或细脉状构造。次要锑矿物是锑的氧化物和锑酸盐矿物，如水黄锑矿、锑华、黄锑华、方锑矿等。氧化锑矿物具有隐晶质及放射状结构，土状、多孔状、胶状及格架状构造。主要脉石矿物是石英、云母、白云石、石墨和碳质等。矿样的多元素分析结果为：Sb 4.33%、As 0.18%、Pb 0.009%、Zn 0.025%、Cu 0.025%、Mg 0.27%、Ca 0.25%、S 3.30%、Si 34.43%、C 11.7%。

对该矿石进行了抑碳浮选试验，粗选在弱酸性介质（pH值为5.5）中进行常规浮选，在第一次精选作业加入碳质物抑制剂。可以作为碳质物抑制剂的种类很多，如单宁、淀粉、糊精、亚硫酸、木质素磺酸钠，环烷碳酸钠等。试验选用的水玻璃与硫酸铝（2∶1）混合抑制剂，对该矿石中所含的碳质物具有良好的抑制作用。

试验流程结构为一次粗选、三次精选，第二、三次精选尾矿返回第一次精选作业，粗选尾矿和第一次精选尾矿合并为总尾矿。工艺条件为：原矿磨矿细度 -200 目占70%，页岩油351g/t（加入磨机中），硫酸2250g/t，硝酸铅250g/t，丁基铵黑药140g/t，松醇油20g/t，以上药剂均加在粗选作业，在第一次精选作业加入组合抑制剂300g/t。最终获得品位48.1%Sb，回收率90.11%的锑精矿。

又如湖南安化廖家坪钨矿锑选厂，原设计采用弱酸性介质中的常规浮选工艺，受矿石中碳和黄铁矿的影响，浮选过程极不稳定，选矿指标波动大且偏低。常规浮选条件为：一段闭路磨矿至 -74μm 占70%，浮选流程为一次粗选、一次精选、两次扫选，中矿顺序返回；药剂制度为（g/t）：丁基黄药900、硝酸铅550、松醇油220、硫酸3000。平均指标为：原矿品位3.31%Sb，尾矿品位1.15%Sb，精矿品位35.68%Sb，回收率67.43%。

为了提高选矿指标，在试生产中针对矿石性质采用优先浮碳工艺，取得了明显的效果。

选厂入选矿石中金属矿物以辉锑矿为主，伴生少量白钨矿、闪锌矿、黄铁矿，脉石矿物主要为石英，有少量方解石、白云石。围岩为碎裂碳质页岩，因采矿贫化大量存在于原矿中。辉锑矿呈块状、粒状、脉状和角砾状构造，常与白钨矿、黄铁矿和碎裂碳质页岩共生，形成板状集合体或充填于石英颗粒间或破碎围岩角砾空隙中。原矿多元素分析结果：Sb 3%~4%、As 0.043%、Pb 0.038%、Fe 4.65%、S 5.40%、C 8.65%、SiO_2 61.87%。矿石氧化率在10%左右。

试生产的工艺流程和操作条件是：一段闭路磨矿至 -74μm70%，浮选流程为脱碳浮选，一次锑粗选、两次锑扫选，中矿顺序返回。药剂制度为（g/t）：乙硫氮400，硝酸铅410，松醇油200，硫酸2500。脱碳浮选时只要将硫酸、松醇油加入搅拌桶，就可优先浮出大部分碳质，再将硝酸铅、乙硫氮分别加入浮选槽浮选辉锑矿。试生产中浮选过程稳定，指标明显提高。使用这一工艺试生产期的平均指标为：原矿品位3.80%Sb，尾矿品位0.62%Sb，精矿品位45.58%Sb，回收率84.69%。

5.4.4　单一硫化锑矿的选矿流程

单一硫化锑矿的选矿工艺一般均以浮选为主，并结合其他选矿方法。常用的选矿工艺流程有手选—浮选、手选—重介质预选—浮选以及全浮选流程。

5.4.4.1 手选—浮选联合流程

A 半坡锑矿手选—浮选试验

半坡锑矿位于贵州省独山县，属大型锑矿床。主要金属矿物是辉锑矿，占总锑量的94%，粒度一般为0.1~0.3mm，最大的为5mm，最小的为0.01mm；其次是锑华、锑赭石，约占总锑量的6%，粒度为0.01~0.3mm；其他金属矿物有黄铁矿、氧化铁等，粒度为0.005~0.5mm。脉石矿物主要是石英，占矿物相对量的67.8%，粒度为0.2~1.5mm，最大的为2mm；其次是玉髓、绢云母、绿泥石、方解石、黏土等，占矿物相对量的18.6%，有害杂质如砷、铅、铜、铁等元素含量甚微。

矿石破碎到-50mm后筛分，+25mm进行4次拣选，可获得精矿、中矿、尾矿。手选中矿与-25mm粒级的矿石合并浮选；浮选流程结构是一次粗选、一次扫选、二次精选。以硝酸铅为活化剂，松醇油为起泡剂，捕收剂为丁基黄药、乙硫氮、页岩油、柴油等混合药剂。试验结果见表5-7。

表5-7 半坡锑矿手选—浮选试验结果

产物	产率/%	品位/%	回收率/%
手选精矿	17.83	26.45	53.80
浮选精矿	7.52	51.66	44.31
综合精矿	25.35	33.93	98.11
手选尾矿	21.68	0.13	0.32
浮选尾矿	52.97	0.26	1.57
总尾矿	74.65	0.22	1.89
原矿	100.0	8.77	100.0

由表5-7可见，半坡锑矿矿石的可选性很好，手选丢弃的废石量较大，而且锑的金属损失很小。

B 湖南安化渣滓溪锑矿选厂

该矿属中低温热液裂隙充填矿床。主要矿物为辉锑矿，脉石矿物以石英为主，其次为方解石，辉锑矿呈粗细不均匀嵌布。

选矿厂日处理能力为200t原矿，生产流程见图5-18。

矿石经筛分后+150mm粒级矿石用人工手锤破碎，并且进行手选，-150mm经筛分后，+50mm粒级矿石进行洗矿和手选，得块锑精矿并丢弃部分废石；-50mm粒级矿石经两段一闭路破碎流程将矿石破碎到-22mm。碎矿产品经一段闭路磨矿，溢流细度为55% -0.074mm（-200目）。

浮选流程为一次粗选一次扫选得出锑精矿。浮选药剂采用黄药400g/t，硝酸铅180g/t，松醇油130g/t。

选矿指标：1980年，处理新采出的矿石与地表堆存的氧化矿石的混合矿，其原矿品位为3.32% Sb，精矿品位48.9% Sb，尾矿品位0.52% Sb，回收率85.07%；而处理新采出矿石时（1981年），原矿品位为3% Sb，精矿品位大于50% Sb，尾矿品位0.16%~0.28% Sb，回收率92%~93%。

C 湖南宁远新开锑选厂

该矿属低温热液充填型脉矿床。主要金属矿物为辉锑矿（锑的氧化物与氢氧化物很

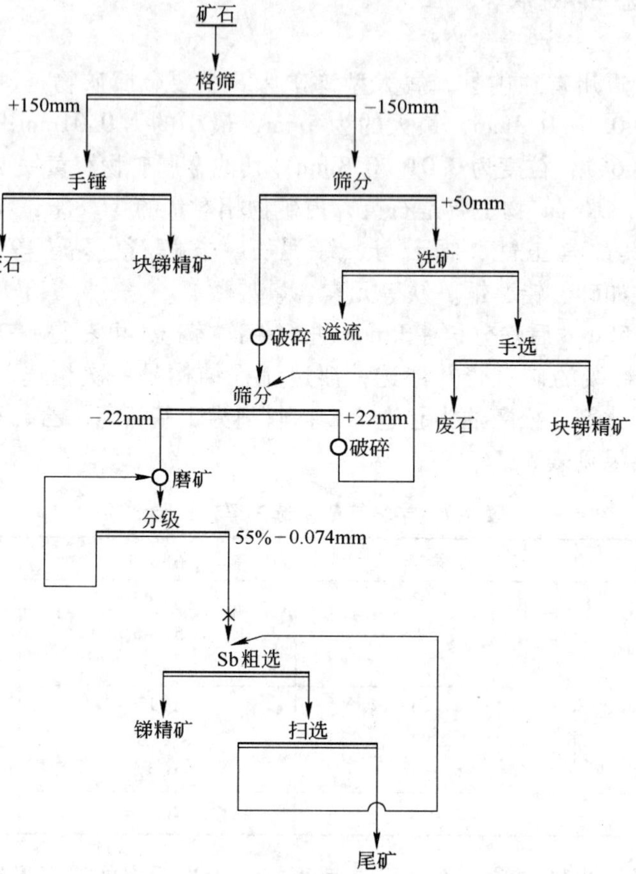

图 5-18　安化渣滓溪锑矿选厂选矿流程

少)，其次为黄铁矿，脉石矿物以石英为主，其次为长石、重晶石、绢云母、白云石。围岩为矽化灰岩。辉锑矿呈粗细不均匀嵌布。

选矿厂生产流程见图 5-19。

先用手选选出成品富块锑精矿及部分废石，手选尾矿经两段一闭路破碎，破碎至 −12mm。碎矿产品经一段闭路磨矿后进行浮选。

浮选流程包括一次粗选一次精选及一次扫选，得最终锑精矿。浮选药剂为丁黄药、硝酸铅、松醇油。

选矿指标：选矿厂处理的矿石为有一定氧化程度的地表堆存矿石和新采出矿石的混合矿石。原矿品位为 2% Sb，精矿品位大于 50% Sb，回收率 80% 左右。

5.4.4.2　手选—重介质预选—浮选流程

湖南锡矿山南选厂即采用这种流程，手选、重介质预选和浮选 3 个选别作业的处理量分别占 33.3%，6.6% 和 60.1%。

矿石主要矿物为辉锑矿，其次为少量锑的氧化物如黄锑华、锑华及黄铁矿、褐铁矿等。辉锑矿呈块状、脉状、交错角砾状、星点状及晶硐状 5 个类型，具有自形、他形晶等结构。脉石矿物以石英为主，其次为方解石、重晶石、高岭土、石膏。围岩为硅化灰岩。辉锑矿呈粗粒嵌布，1mm 以上者占 95.8%。矿物含量见表 5-8。

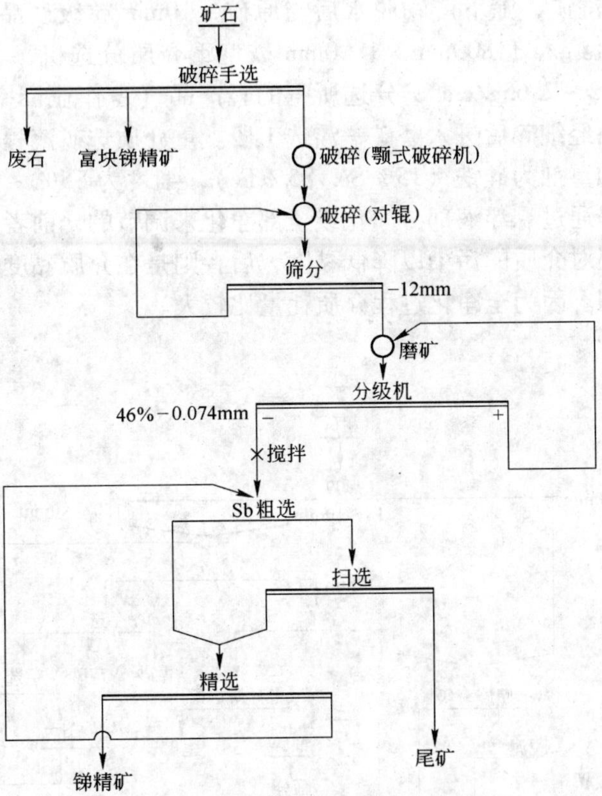

图 5-19 宁远新开锑选厂工艺流程

表 5-8 矿物含量

矿 物	辉锑矿	氧化锑	黄铁矿	石 英	硅化灰岩	其 他
含量(质量分数)/%	5.10	0.19	0.10	37.10	57.45	0.06

选厂生产流程见图 5-20，手选可得出块锑精矿并抛弃部分废石。35～10mm 粒级用重介质进行预选，丢一部分尾矿。手选贫精矿和重介质预选重产品均破碎后，一并进入磨矿浮选，产出浮选锑精矿。

碎矿为两段一闭路流程。原矿给矿粒度 480～0mm，由竖井箕斗提升卸入选厂粗矿仓，用板式给料机给入 600mm×900mm 颚式破碎机破碎至 -150mm，经 1250mm×4000mm 双层振动筛洗矿，分为 3 种产物，150～10mm 矿石再经 1500mm×3000mm 单层振动筛洗矿筛分，150～35mm 进入手选作业，35～10mm 进入重介质选矿作业，所得的重产品进入由 ϕ1200mm 圆锥破碎机与 1500mm×3000mm 筛子组成的闭路破碎系统碎至 -10mm，其产物与原矿中 -10mm 粒级合并送至细矿仓，然后进行磨矿和浮选。

所有洗矿矿泥均进入单独的浓缩机，浓缩机底流进行浮选处理。

手选为两段作业，采用皮带正手选，选出富块锑精矿出厂。附产的贫块锑精矿经 1 台 250mm×400mm 颚式破碎机破碎后进入细碎，然后送去磨矿—浮选。手选废石用皮带运输机送往废石场。

重介质预选作业是将重介质原矿仓中 35～10mm 矿石，用皮带卸料进入 1250mm×

4000mm 振动筛再次洗矿，筛下产物脱水后与原矿 -10mm 粒级产品合并送去磨矿浮选。筛上物经斗式提升机给入 ϕ1800mm × 1800mm 鼓型重介质分选机，处理能力 15 ~ 20t/h，分选密度控制在 2.62 ~ 2.65g/cm³，分选所得的轻产品（占作业产率 45%）作坑内采场胶结壁骨料，重产品经细碎后进入磨矿—浮选工段。重介质选矿流程如图 4-7 所示。

重介质选矿的加重剂为硅铁（15% Si，85% Fe），细度为 85% ~ 95% -0.074mm，生产过程中介质黏度是通过悬浮液部分净化或全部净化来调节的，前者采用边生产边净化的方法，及时排除矿泥对介质的污染以降低黏度，后者则是在介质黏度已达到严重干扰选别作业的程度时才采用。因为全净化过程介质耗量比较大。

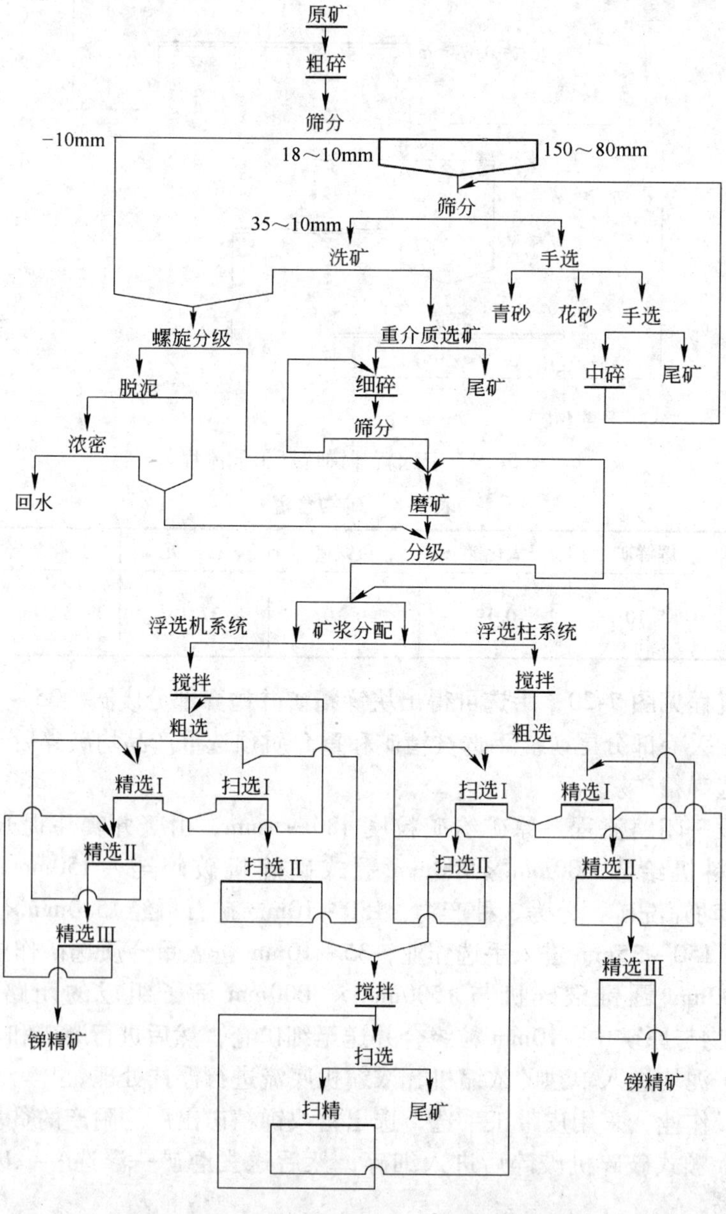

图 5-20　锡矿山锑矿南选厂选矿工艺流程

重介质选矿所用的鼓形重介质分选机具有分选粒度上限大、粒度范围宽、分选过程稳定，矿石介质比小（1: 1.5），设备部件磨损小和操作维修简便等明显特点。

磨矿为一段闭路流程。分为3个系列，第一、二系列为两台 ϕ2100mm×2200mm 格子型球磨机和两台1500mm 单螺旋分级机组成闭路磨矿。第三系列为一台2400mm×2400mm 溢流型磨矿机与 ϕ1200mm 双螺旋分级机组成闭路磨矿，磨矿细度54%～60% -200目。

浮选也设3个生产系列。第一、二系列各采用一台规格为 ϕ1800mm×8470mm 的浮选柱作粗选，一台 ϕ1800mm×6700mm 浮选柱作一次扫选，一台 ϕ1800mm×5800mm 作二次扫选。第三系列采用5A 及6A 浮选机进行浮选，为一粗二扫的流程，一、二、三系列的粗选精矿均进入各自的5A 浮选机进行精选。3个系列的尾矿合并用6A 浮选机进行再扫选，并丢弃最终尾矿。泡沫产品返回浮选柱系统。

浮选是在自然pH值条件下进行的。当矿石内混有坑内采矿场胶结矿壁的水泥块时，则需添加适量硫酸调节矿浆。建厂初期使用的浮选药剂为丁黄药、硝酸铅和松醇油，药耗比较高。20世纪60年代以页岩油作辅助捕收剂，使上述三种常规药剂耗量大幅度下降，并提高了锑回收率；70年代应用乙硫氮和页岩油组合药方，使药剂成本更趋下降，并提高了锑精矿质量。药剂用量为丁黄药80g/t，乙硫氮90g/t，硝酸铅160g/t，页岩油300～350g/t，松醇油120g/t，煤油60g/t。1980年的平均生产指标为：原矿品位2.68% Sb，总精矿品位19.44% Sb（其中浮选精矿品位50%左右），总回收率94.11%。

5.4.4.3 全浮选流程

A 广西隆林锑矿选厂

选厂处理矿石中的主要金属矿物为辉锑矿、黄铁矿以及少量毒砂和黄铜矿等，脉石矿物主要为石英、方解石，以及少量白云母、绿泥石、长石等。矿石中的锑主要以辉锑矿形态存在，约占96%，锑氧化物（如锑华等）约占4%。矿石多元素分析结果为：Sb 14.50%，Fe 3.10%，Pb 0.05%，As 0.05%，S 8.05%。

选矿厂于1989年2月建成投产，通过近几年的生产实践证明，在pH值为5.5～6.0弱酸性矿浆中，采用硝酸铅作活化剂、乙硫氮作捕收剂，一次粗选、四次精选、二次扫选的浮选流程，获得了满意的分选结果。生产指标为：原矿含锑11%～15%，精矿含锑63%～69%，锑回收率91%～96%。

B 湖南麻阳铜矿锑选厂

锑原矿的金属矿物主要以辉锑矿为主，次为锑华、黄锑华以及其他氧化锑，伴有少量毒砂、砷黄铁矿、黄铜矿和微量自然金等；脉石矿物主要有石英、方解石、碳质页岩、长石、云母等。氧化率一般在15%以上，最高达30%，锑矿物颗粒均匀，易单体解离。

原矿破至-15mm，经一段闭路磨矿，磨矿细度为-200目65%，分级溢流浓度控制在35%左右，浮选采用一次粗选，一次精选和三次扫选的流程。

采用丁铵黑药作捕收剂，硫酸作调整剂，硝酸铅作活化剂，在弱酸性条件下（pH值为5.2～5.5）浮选，可取得满意的浮选效果。1989年1～3月的生产指标为：原矿品位8.67% Sb，精矿品位46.49% Sb，精矿回收率87.63%。

C 前苏联某锑矿选厂

该厂所处理的矿石中，主要金属矿物为辉锑矿，并含有少量黄铁矿，磁黄铁矿及呈褐铁矿状的氢氧化铁。脉石矿物为石英、硅酸盐、长石及少量绢云母。

试验表明，对这种矿石采用阶段磨矿、阶段浮选的流程可提高回收率。试验流程如图5-21所示。

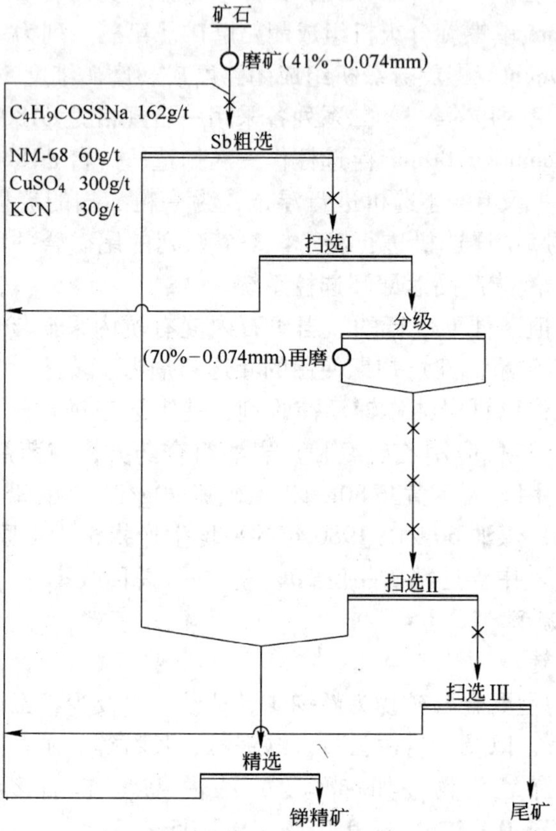

图5-21　前苏联克拉斯诺亚尔斯克锑选厂试验流程

矿石第一段磨至41% -200（-200目为-0.074mm）目后，经粗选和一次扫选，尾矿再磨至70% -200目，又经第二、第三次扫选丢弃尾矿。粗选和第二次扫选精矿合并进入精矿，得最终锑精矿。扫选Ⅰ、扫选Ⅲ的泡沫产物及精选的槽内产物合并作为中矿返回粗选。浮选药剂为丁黄药（162g/t），NM-68（60g/t），硫酸铜（300g/t），氰化钾(30g/t)。连续试验达到的浮选指标为：原矿品位6.27% Sb，精矿品位56.75% Sb，尾矿品位0.65% Sb，锑回收率90.68%。

D　加拿大德海姆矿业与资源联合公司锑选厂

德海姆矿业与资源联合公司是加拿大的锑矿采选企业，位于新不伦瑞克省的弗雷德里克顿（Fredericton）以西40.25km，锑产量约占世界锑产量的6%。

选厂处理的矿石为硫化锑矿，主要金属矿物为辉锑矿，有些矿带含有1%~5%的自然锑，脉石矿物主要为石英。原矿锑品位变化在2%~10%之间，平均4%。

选矿流程较简单，原矿磨至-200目占63%（采用旋流器分级）后进入浮选，浮选流程为一次粗选、一次扫选和两次精选。采用硝酸铅作活化剂，Aero Promotor-3477（丁基二硫代磷酸盐）作捕收剂。选矿指标列于表5-9。

表 5-9 德海姆公司选矿指标

产 品	锑品位/%	砷品位/%	铅品位/%	锑回收率/%
精 矿	65.43	0.15	0.28	93.1
尾 矿	0.32	0.70	0.04	—
原 矿	4.40	0.63	0.018	100

5.5 单一硫化—氧化混合锑矿的选矿

5.5.1 概述

单一硫化锑矿发生部分氧化后形成单一硫化—氧化混合锑矿，矿石含有相当数量的（大于30%）锑华与黄锑华等氧化锑矿物。这类矿石的选矿工艺一般较复杂，选矿指标相对较低（视氧化锑矿物的含量而有所区别），原因是其中的细粒氧化锑矿物难以用重选回收。对这类混合矿石的浮选，很久以来一直在进行试验研究，浮选主要针对其中的硫化锑矿物，迄今对氧化锑矿物的浮选还没有获得满意的效果。例如前人对赫尔马德（Hermada）矿石用皂类浮选时，氧化锑矿物的回收率还不到20%。本书5.1.5节曾提到国外在强化氧化锑矿浮选捕收剂方面的研究成果，我国的研究相对较少。目前我国锡矿山氧化锑矿石的选矿回收，仍以重选（手选作预选手段）为主。

5.5.2 硫化—氧化混合锑矿的选矿流程

硫化—氧化混合锑矿的选矿一般都采用联合流程，如手选、重选（包括重介质）与浮选的联合，也有的选厂采用全浮选流程。

5.5.2.1 手选—重介质—重选—浮选—重选流程

云南木利锑矿选厂即采用这种流程。木利锑矿是我国的大型锑矿，区内矿石矿物组成简单，主要金属矿物为辉锑矿、黄铁矿、锑赭石、方锑矿、黄锑华及锑华。主要脉石矿物为石英、白云母，有少量的石墨、方解石及白云石等。

选厂近年来处理的矿石原矿品位约3%左右，氧化率约50%。2004年以前，该选厂没有浮选作业，尾矿中的锑损失较多，选厂总回收率约63%。2004年增加浮选作业回收重选细粒尾矿中的硫化锑，选厂总回收率提高到71%以上。

选厂现生产流程见图5-22。

手选和重介质选矿的精矿直接送冶炼厂，手选所得富中矿（花矿）焙烧后送冶炼厂。重介质选矿流程见图4-6。浮选流程为一次粗选、三次扫选、四次精选。采用硝酸铅作活化剂，丁黄药作捕收剂。硫化锑的相回收率大于90%。浮选尾矿进入摇床，可进一步回收一部分氧化锑矿物。

5.5.2.2 手选—重选—浮选—重选流程

锡矿山锑矿北选厂为这一流程的典型代表。矿石中主要矿物为辉锑矿、黄锑华，其次为水锑钙石和少量锑赭石、锑华、硫氧锑矿。辉锑矿呈块状构造和晶硐构造，具自形晶，半自形晶，他形晶，放射状结构。氧化锑呈土状、多空状、残余、皮壳、胶状、骨骼状构造。黄锑华、水锑钙石均为隐晶质结构，锑华呈放射状结构。辉锑矿与氧化锑矿物的混合矿石具有块状，残余构造。脉石矿物以石英为主，其次为方解石、石灰石、重晶石、石膏、锆英石、电气石、白云石、绢云母、绿帘石、自然硫等。围岩主要是矽化灰岩、灰岩

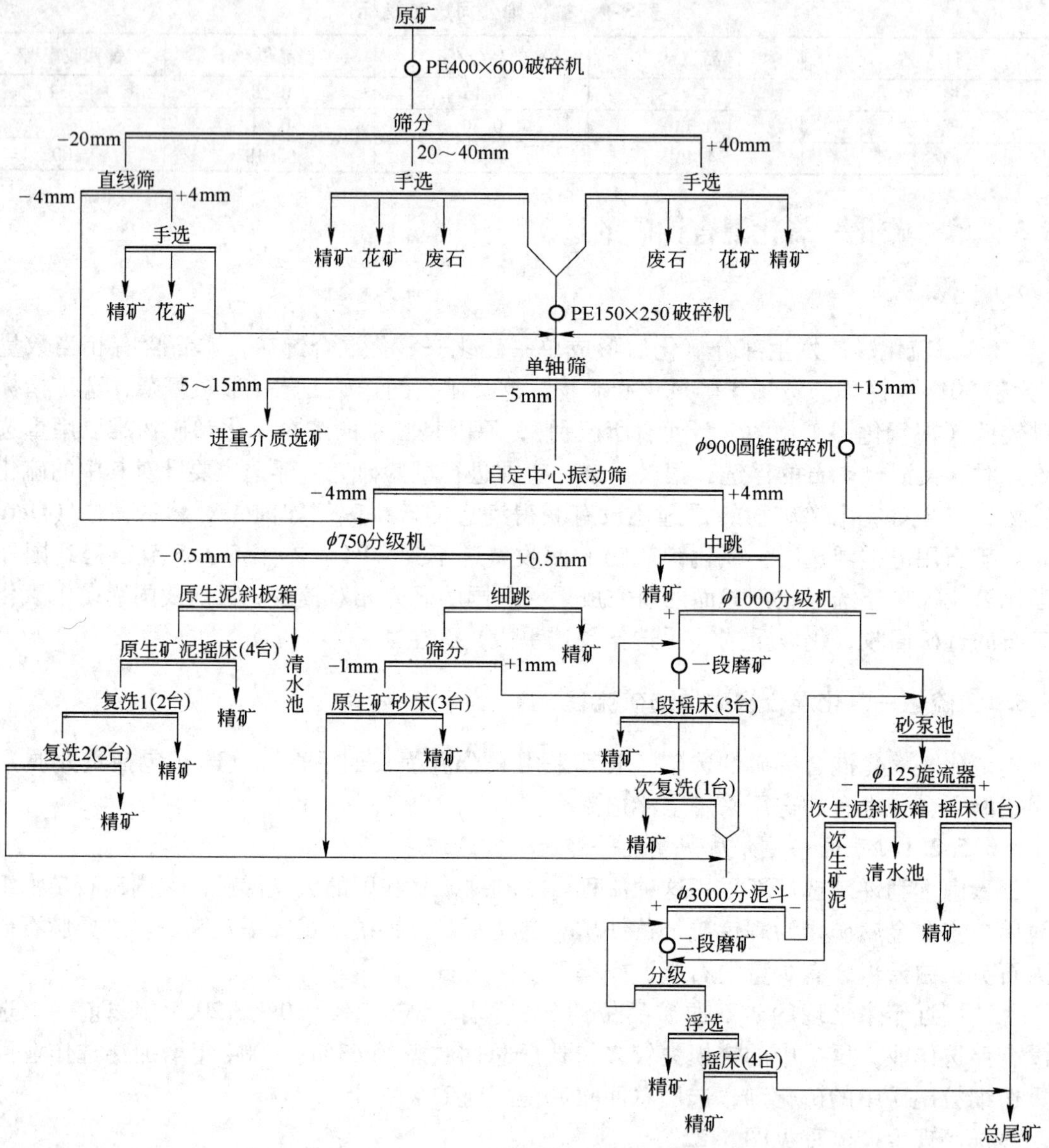

图5-22　木利锑矿选厂工艺流程

和页岩。锑矿物呈粗细不均匀嵌布，大于1mm者占80%以上。矿物性脆易泥化，原矿含泥量大，品位高。

选矿厂工艺流程如图5-23所示。手选处理量占55.9%，重选和浮选处理量占44.1%，矿石氧化率为50%～60%。

碎矿为两段一闭路流程。原矿最大块度400mm，由竖井箕斗提升卸入选矿厂的粗矿仓，用电振给料机给入第一段600mm×900mm颚式破碎机。矿石破碎至−150mm，经1250mm×2500mm双层振动筛洗矿并筛分成3个级别：150～28mm粒级矿石经再次筛洗后手选，28～18mm粒级矿石进入第二段破碎（由ϕ1200mm液压圆锥破碎机与1250mm×2500mm单层筛组成闭路），并全部破碎至−18mm。经ϕ1.5m单螺旋分级机脱泥，返砂进入细矿仓储存。

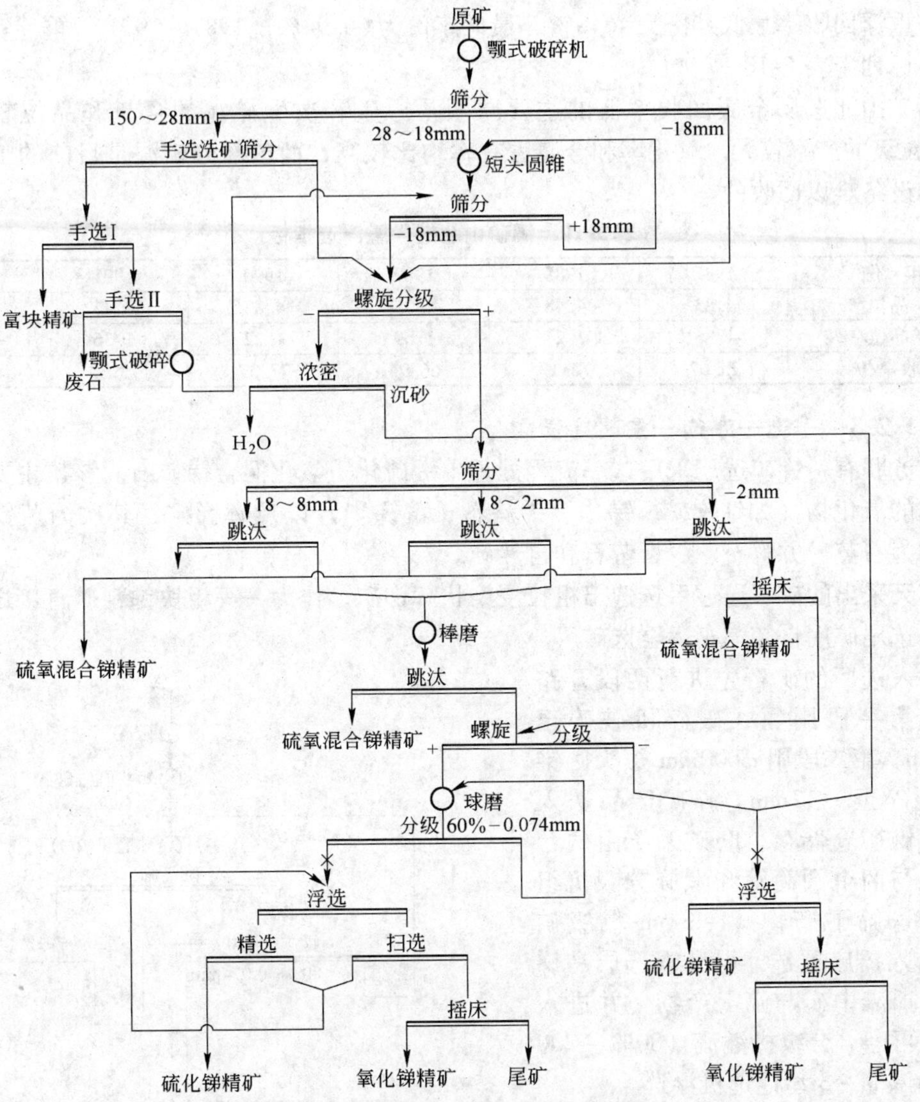

图 5-23 锡矿山北选厂工艺流程

手选为两段作业，采用正手选以选出成品硫氧富块锑精矿与贫精矿，贫精矿经破碎后进入第二段闭路碎矿系统，手选废石用自卸汽车运往废石场。

经破碎和手选后的矿石进行两段选别，第一段分 3 个粒级（18～8，8～2，2～0mm）进入跳汰，前两个粒级的跳汰尾矿进入 ϕ1.5m×3m 棒磨机再磨后再进行第二次跳汰，均获得硫氧混合锑精矿。全部跳汰尾矿送入 ϕ2.1m×2.2m 球磨机磨矿后再用浮选法回收硫化矿物。

洗矿产生的原生矿泥和棒磨产生的次生矿泥，合并后进入单独的矿泥系统（浮选—摇床）处理。硫化锑矿物的浮选采用一次粗选，一次精选，一次扫选的浮选流程。浮选药剂为丁基黄药 350g/t、硝酸铅 210g/t、松醇油 150g/t。浮选尾矿进入摇床重选以回收其中的氧化锑矿物。

北选厂设计日处理能力 500t，原矿品位 3.4%，全厂回收率 86.0%，其中手选 92%，重选和浮选 78.6%。自建厂投产以来，重浮回收率实际从未达到设计指标。1987～1991

年间，重浮回收率最低月份为46.8%，最低年份为66.94%。1987～1991年重浮实际主要技术指标列于表5-10。

锡矿山北选厂金属回收率低的主要原因是原生和次生矿泥的含量和品位较高，-20μm粒级的产率较大，氧化率和金属占有率均比较高，而这部分矿泥是目前的工艺流程和选矿设备难以回收的。

表5-10　锡矿山北选厂重浮选指标

年　份	1987	1988	1989	1990	1991	平均
原矿品位/%	4.83	4.48	4.35	4.83	4.45	4.59
尾矿品位/%	1.36	1.27	1.59	1.22	1.36	1.36
回收率/%	75.67	72.17	66.94	77.37	73.32	73.09

5.5.2.3　手选—浮选—重选流程

前苏联有一锑矿选厂采用这一流程处理单一硫化—氧化混合锑矿石。该矿主要金属矿物为锑的氧化物（如红锑矿、锑华、锑赭石、黄锑华）以及辉锑矿，其次为黄铁矿。脉石矿物为石英、方解石、少量萤石和自然硫。

露天采出的矿石通过手选选出粗粒浸染状辉锑矿，作为一等粗块锑精矿直接送入冶炼厂，手选尾矿用自卸汽车运至选矿厂。

进入选厂的矿石先进行两段开路破碎，第一段用颚式破碎机破碎至-40mm，第二段用ϕ600mm短头圆锥破碎机碎至-12mm。碎矿产品送入100t角锥矿仓储存。磨矿系统由两台球磨机与两个圆筒筛和螺旋分级机组成闭路。筛下产物（-2mm粒级矿石）给入摇床重选，得出重选成品锑精矿，摇床中矿与筛上产物一并进入分级、再磨，分级机溢流（80% -200目）给入M-3型浮选机浮选。

浮选流程为一次粗选，一次扫选，一次精选，得锑精矿，浮选尾矿再进行摇床扫选，以回收氧化锑矿物。摇床中矿与浓缩机溢流一起送到沉淀池，沉积物根据情况或者返回浮选，或者与成品锑精矿掺和出厂。浮选药剂为石油与页岩焦油（3∶1）混合物（900g/t加入球磨机）和页岩焦油（1200g/t加入分级机溢流）。

选矿指标为，原矿品位4.8%～5.2% Sb，精矿品位30% Sb，尾矿品位0.23% Sb，锑回收率70%。工艺流程如图5-24所示。

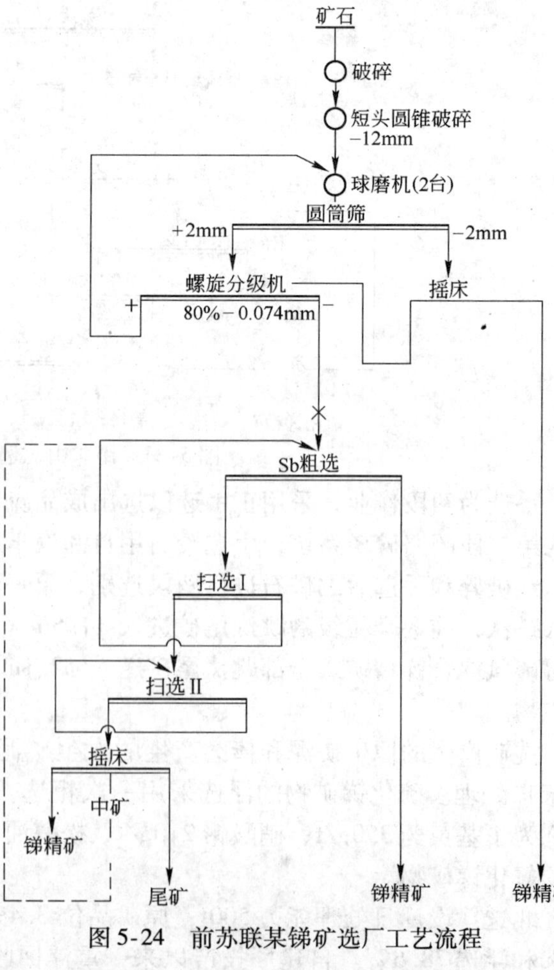

图5-24　前苏联某锑矿选厂工艺流程

5.5.2.4 单一浮选流程

A 江西德安锑矿选厂

江西德安锑矿选厂位于江西省德安县境内，处理的原料是多年积存的废石和手选后的尾矿，统称锑废石。虽然原矿系热液充填似矽卡岩型硫化锑矿床，但锑废石在多年堆存过程中严重风化，以致氧化率高达37.5%。

锑废石主要金属矿物有辉锑矿、黄锑华、黄铁矿、毒砂和少量黄铜矿、自然金等，脉石矿物为石英、方解石、重晶石、绿泥石、硅化灰岩等，锑呈不均匀嵌布于煌斑岩细脉中。锑废石化学分析含锑（质量分数）2.14%，其中辉锑矿占62.5%，三氧化二锑占30.94%，五氧化二锑占6.56%。矿石含砷较高，约0.8%~1.2%，其余元素均未达伴生回收之最低要求。矿物嵌布特性为：锑矿物嵌布最粗，黄铁矿次之，毒砂最细，破碎到-0.1mm，辉锑矿解离度达94.5%、黄锑华也有84.4%、黄铁矿为33.8%，毒砂只有4.6%，这种嵌布特性上的差异有利于分选时采用粗磨和降砷。

选厂采用的分支串流浮选流程见图5-25。磨矿细度为68.5% -200目，浮选矿浆pH值5.4，浮选药剂为硫酸2kg/t，丁基铵黑药40g/t，硝酸铅250 g/t，松醇油80 g/t。采用这一工艺可获得锑品位40%左右，回收率80%左右的锑精矿。

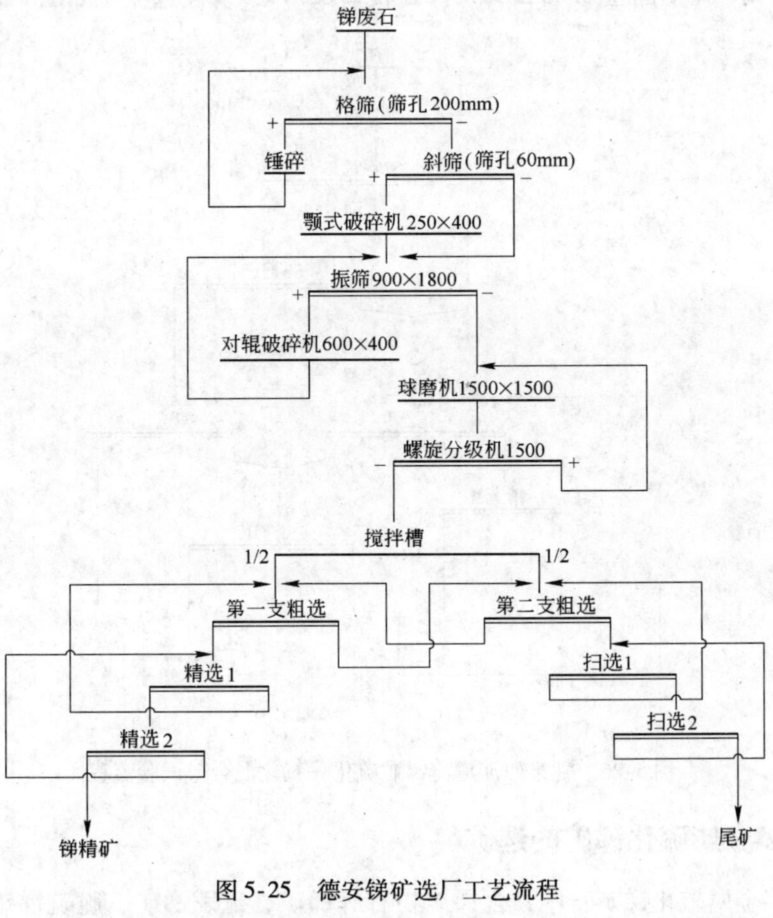

图5-25 德安锑矿选厂工艺流程

利用矿物嵌布特性的差异进行粗磨是锑精矿获得良好降砷效果的关键。上述条件下，锑精矿含砷0.42%，如磨矿细度为80% -200目，锑精矿含砷增为1.38%，说明毒砂结晶粒度细，由于解离度增加，毒砂进入浮选泡沫产品，导致锑精矿含砷增加，只有在粗磨的条件下才有利于脱砷。

B　甘肃西河崖湾锑矿选厂

该矿属中低温热液充填交代矿床。锑矿体主要赋存于灰岩与板岩接触带或灰岩中，受构造和岩性控制。工业矿体既有硫化锑矿石也有硫化—氧化混合锑矿石，氧化带一般较浅，深度多在40m左右。硫化矿物主要为辉锑矿，脉石矿物为石英、方解石、萤石、炭质物等。硫氧混合矿石则为辉锑矿和锑的氧化物，脉石亦为石英、方解石等。

该矿床的储量较大，500t/d的浮选厂设计试验流程是原矿第一段磨至65% -200目，经两次粗选，粗选锑精矿合并再磨至90% -0.053mm，再经两次精选得成品锑精矿，粗选尾矿经一、二次扫选丢尾矿，扫选精矿与精选Ⅰ尾矿合并，经扫选Ⅲ丢弃尾矿，扫选Ⅲ的泡沫产物与精选Ⅱ的中矿合并返回精选Ⅰ。浮选药剂为：丁基黄药380g/t，硝酸铅290g/t，松油330g/t。

试验指标：对于硫化锑矿石，原矿品位3.85% Sb，精矿品位45.85% Sb，尾矿品位0.26% Sb，锑回收率93.89%；对于硫化—氧化混合锑矿石，原矿品位2.375% Sb，精矿品位41.58% Sb，尾矿品位0.43% Sb，锑回收率82.79%。浮选流程如图5-26所示。

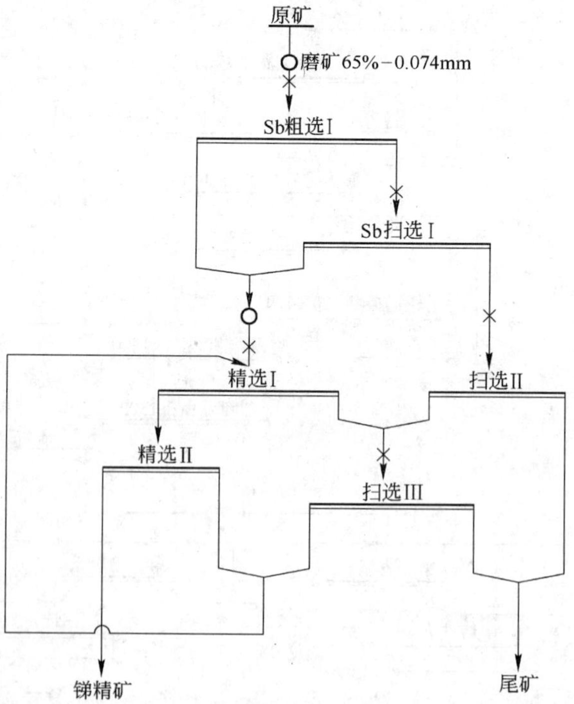

图5-26　甘肃西河崖湾锑矿硫化—氧化混合矿试验流程

5.6　复杂多金属硫化锑矿的选矿

在复杂多金属硫化锑矿石中，含锑矿物有辉锑矿、硫汞锑矿、脆硫锑铅矿、黝铜矿、车轮矿等，伴生矿物有钨矿物、辰砂、黄铁矿、毒砂、铅锌矿物、锡石及金等。这类矿石又可细分为铅锑、金锑、锑钨、锑汞、锑金钨、锑砷金及锑铅锌矿石等。

多金属硫化锑矿的选矿较复杂，某些矿石的分选难度很大。这类矿石的分选难点主要在于含锑矿物与其他矿物的分离。归结起来，主要有锑砷分离、锑铅分离、锑汞分离、锑钨分离及锑铅锌分离等。

5.6.1 富砷锑矿石的锑砷分离

富砷锑矿石，顾名思义就是矿石中的砷含量较高。我国富砷锑矿石大体上可分为两种类型：一类是矿石中的砷主要以类质同相赋存于辉锑矿中，例如贵州册亨锑矿、广西南丹锑矿等，分选时锑砷呈比例富集，锑砷分离只能在冶炼过程中（如通过烧碱造渣的方法）加以解决，另一类是矿石中的含砷矿物主要为毒砂和含砷黄铁矿，这类富砷锑矿石较常见，砷矿物和黄铁矿中常常含有一定量的金，有些可以采用选矿方法分离。矿物的分选实质上是解决辉锑矿与毒砂分离的问题。湖南的龙山、龙王江、江溪垄锑金矿均属辉锑矿毒砂型—锑金砷型矿石。

目前我国处理富砷锑矿石的方法基本上与处理一般硫化锑矿石的方法一样。由于毒砂的物理、化学性质及工艺矿物学特性与辉锑矿相近，采用常规方法浮选辉锑矿时，锑精矿含砷量较难达到冶炼规定的标准，严重影响了这类锑矿资源的开发利用。某些矿山在选矿时干脆不进行锑砷分离，如湖南龙山锑矿选厂只产出锑金砷混合精矿送冶炼处理。针对富砷锑矿的锑砷分离这一课题，许多学者进行过研究，取得了一定的进展，但至今尚未完全解决。

这类矿石的分离方法主要分为两种，一种是优先浮选，另一种为混合浮选—混合精矿再分离。这两种方法在锑砷分离的时候均包括反浮选脱砷，即优先浮选砷（金），或优先浮选锑两种方案。归结起来，锑砷分离就是对锑砷的选择性捕收或选择性抑制。

5.6.1.1 浮锑抑砷

A 在优先浮选流程中浮锑抑砷

在优先浮锑的流程中一般用铅盐作辉锑矿的活化剂，硫酸作 pH 值调整剂，乙硫氮、丁铵黑药等作选择性捕收剂，在弱酸性介质中浮出辉锑矿得锑精矿，毒砂（或含金毒砂）残留在浮选槽中。如需回收毒砂或含金毒砂，则可再加丁黄药（必要时加硫酸铜作活化剂）与起泡剂浮选含金毒砂得含金毒砂精矿，并从中提取金。锑精矿中所含的金，可用火法冶炼工艺加以回收。

在这种优先浮锑的流程中，有些可以不加砷矿物的抑制剂，锑砷分离的关键在于控制合适的矿浆 pH 值并采用选择性捕收剂和活化剂。

对广西西林锑矿的浮选试验研究表明，采用乙硫氮作捕收剂，硝酸铅作活化剂，在弱酸性介质中优先浮锑能获得较好的锑砷分离效果。图 5-27 和图 5-28 分别为添加和不添加活化剂时，锑和砷的回收率与矿浆 pH 值的关系。

从图 5-27 看出，在没有活化剂存在时，不同 pH 值下，辉锑矿和毒砂的可浮性极其相近，即在酸性介质中，两种矿物都好浮，随着 pH 值的提高，可浮性急剧下降，在碱性介质中两者都不好浮。此时，锑砷分离非常困难。图 5-28 表明，在硝酸铅存在时，酸性及碱性介质中，辉锑矿和毒砂的可浮性差异不明显，但在 pH 值为 5.5 ~ 6 的弱酸性介质中，可浮性差异显著增大，即受到活化的辉锑矿具有较好的可浮性，而毒砂的可浮性仍很差。在这种条件下进行锑砷分离可获得好的分选结果。

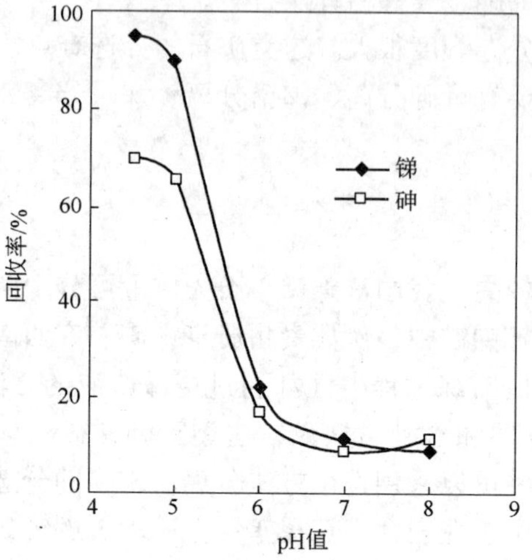

图 5-27　无活化剂时，锑砷回收率与 pH 值的关系
（乙硫氮 300g/t，松醇油 65g/t）

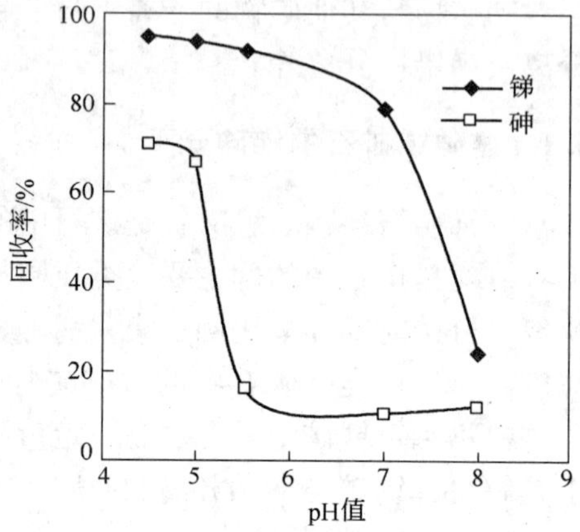

图 5-28　加硝酸铅 750g/t，锑砷回收率与 pH 值的关系
（乙硫氮 300g/t，松醇油 65g/t）

该研究发现，在锑砷分离浮选中，硝酸铅在提高分选的选择性方面起着重要的作用，它显著提高辉锑矿的浮选速度并对毒砂显示某种“抑制”作用。在这里，硝酸铅用量是一个关键因素。试验结果表明，只有当硝酸铅用量足够大时（750～1000g/t），才能取得满意的分选结果，而且随着硝酸铅用量的增加，锑精矿含砷还略有降低。硝酸铅所起的这种作用不仅表现在辉锑矿的粗选阶段，而且还会延伸到精选过程，即在一定范围内，硝酸铅用量愈大，最终精矿的质量愈高。可见，适当加大硝酸铅用量，对提高锑砷分选的效果是极为重要的。这一点已在很多锑选矿厂的生产实践中得到了证实。

利用选择性捕收剂扩大矿物的可浮性差异也十分重要。对三种常用选锑捕收剂所作的试验结果表明，乙硫氮是一种优良的选择性捕收剂，对辉锑矿的捕收能力强，对毒砂的捕收能力弱；丁基铵黑药虽是一种选择性好的捕收剂，但由于它具有强的起泡性能，当用量大时会影响分选效果；丁基黄药对辉锑矿和毒砂都有较强的捕收能力，不宜用作优先浮锑的捕收剂。

湖南麻阳铜矿锑选厂以丁基铵黑药作捕收剂的弱酸性浮选工艺生产试验也取得了令人满意的结果（见表 5-11）。试验采用硫酸作 pH 值调整剂，丁基铵黑药 300g/t，硝酸铅 350g/t。由表 5-11 可见，pH 值是锑矿浮选的关键，随着矿浆 pH 值的升高，锑的分选效率下降。但锑在弱酸性介质（pH 值为 5.1）中可浮性最好，锑的回收率和精矿品位都高，锑精矿含砷低。当矿浆 pH 值在 6 以上时浮选指标变差。当矿浆 pH 值为 4.5 时，锑的回收率出现下降趋势，锑精矿含砷量又开始回升。所以，要取得好的生产指标，浮选矿浆 pH 值应在 4.5～5.5 之间。

1987 年下半年以来，麻阳铜矿采用上述工艺处理混合锑矿，生产稳定，指标较好，经济效益明显。1988 年和 1989 年连续两年锑选矿回收率在 87% 以上，锑精矿含砷降到 0.5% 以下。

湖南某锑矿利用丁铵黑药对辉锑矿捕收能力较强，而对毒砂捕收能力弱的特点，采用优先浮锑的工艺，获得较好的锑砷分离指标。

表 5-11 麻阳铜矿锑选厂弱酸性浮选试验

硫酸用量/kg·t⁻¹	pH 值	产品名称	产率/%	品位/%		回收率/%		分选效率/%
				Sb	As	Sb	As	
2.5	4.5	精矿	16.72	49.34	0.61	88.24	24.50	82.30
		尾矿	83.28	1.32	0.94	11.75	85.50	
		原矿	100.00	9.35	0.83	100.00	100.00	
2.0	5.1	精矿	17.16	51.46	0.49	89.58	12.56	84.91
		尾矿	82.84	1.24	0.88	10.42	87.44	
		原矿	100.00	9.86	0.80	100.00	100.00	
1.5	5.5	精矿	17.15	50.94	0.53	88.02	15.31	82.42
		尾矿	82.85	1.41	0.91	11.98	84.69	
		原矿	100.00	9.75	0.82	100.00	100.00	
未加	6.0	精矿	15.64	49.81	0.75	82.72	30.61	77.28
		尾矿	84.35	1.93	0.77	17.28	69.39	
		原矿	100.00	9.42	0.68	100.00	100.00	

该矿矿石中的金属矿物以辉锑矿为主，伴生有毒砂、黄铁矿和极微量的自然金、黄铜矿。脉石矿物主要为石英、绢云母及微量磷灰石、长石等。用丁铵黑药及丁黄药作捕收剂，硫酸和碳酸钠作 pH 值调整剂时，矿浆 pH 值对浮选指标的影响如图 5-29 及图 5-30 所示。由图可以看出，丁铵黑药比丁黄药的选择性好。在精矿回收率相同的条件下，硫酸用量为 2000g/t，用丁铵黑药所得锑精矿品位可达 54.5% Sb，含砷仅 0.44%，而用丁黄药，锑精矿品位仅为 44.4% Sb，含砷达 4.4%。

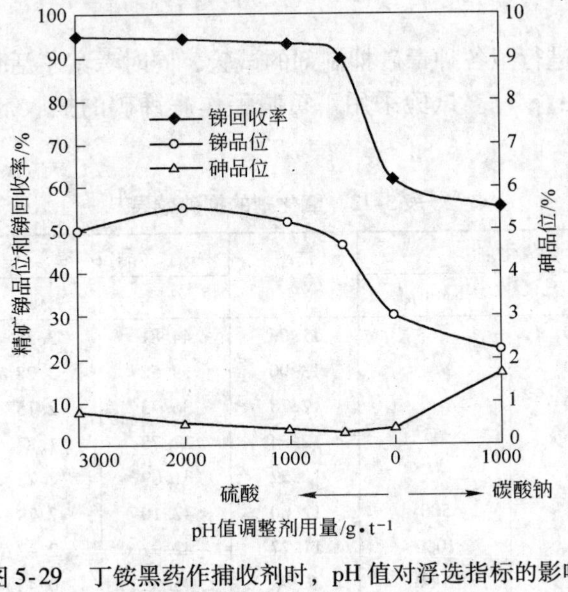

图 5-29 丁铵黑药作捕收剂时，pH 值对浮选指标的影响

（丁铵黑药 250g/t，硝酸铅 250g/t，松醇油 2g/t）

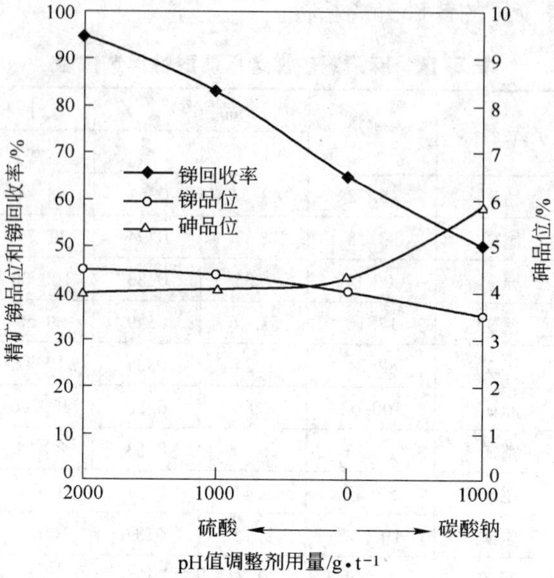

图 5-30　丁黄药作捕收剂时，pH 值对浮选指标的影响
（丁黄药 800g/t，硝酸铅 160g/t，松醇油 30g/t）

用丁铵黑药作捕收剂所进行的工业试验指标如下：当原矿品位为 7.07% Sb，含砷 0.54% 时，可获得品位为 66.38% Sb 的锑精矿，回收率为 92.33%，锑精矿含砷 0.28%。药剂制度为硫酸 1200g/t，硝酸铅 348g/t，丁铵黑药 250g/t，松醇油 13g/t。

当含砷矿物的可浮性较好时，在优先浮选流程中浮锑抑砷需要添加砷矿物抑制剂。常用的抑制剂有氧化剂，如漂白粉、高锰酸钾等，氰化物，亚硫酸钠，硫代硫酸钠，硫酸锌等。由于氰化物的毒性较强，一般倾向于采用无氰抑制工艺。浮选时活化剂的选择很重要，一般用硝酸铅而不采用硫酸铜作活化剂，因为硫酸铜对毒砂和黄铁矿等的活化作用很强。

对某含砷锑矿石进行了各种毒砂抑制剂的试验，同时考察了活化剂种类对浮选分离的影响（药剂用量单位：g/t）。试验采用丁黄腈酯作辉锑矿的捕收剂，试验结果列于表 5-12 和表 5-13。

表 5-12　氧化剂的抑砷效果

活化剂	氧化剂		产率/%	品位/%		回收率/%	
	$Ca(OCl)_2$	$KMnO_4$		锑	砷	锑	砷
$CuSO_4$ 1500	1000		11.06	44.81	3.38	90.11	71.92
	2000		13.00	39.58	3.28	93.65	81.92
	3000		12.78	36.73	2.15	90.00	52.88
	4000		12.84	37.78	1.87	88.20	46.15
	5000		12.52	31.09	2.23	70.76	53.65
		500	12.00	42.10	2.79	91.85	64.42
		1000	11.27	42.97	2.47	88.05	53.08
		2000	9.94	45.55	0.45	82.33	9.04
		2500	不矿化				

续表 5-12

活化剂	氧化剂		产率/%	品位/%		回收率/%	
	$Ca(OCl)_2$	$KMnO_4$		锑	砷	锑	砷
$Pb(NO_3)_2$ 300	1000		6.84	39.81	0.45	49.51	5.96
	2000		6.84	33.42	0.23	41.56	3.08
	3000		6.11	22.69	1.96	25.20	23.08
	4000		5.85	16.60	3.37	17.60	37.69
	5000		3.42	10.67	5.62	6.56	36.92
		500	7.92	42.37	1.24	61.02	23.85
		1000	7.66	40.46	0.89	57.41	12.39
		1500	6.30	38.04	0.40	44.43	4.93
		1800	不矿化				

由表 5-12 可看出，矿浆中有漂白粉和高锰酸钾氧化剂存在时，能促使毒砂过氧化而达到抑制的目的。试验中选用了 $CuSO_4$ 或 $Pb(NO_3)_2$ 作为辉锑矿的活化剂。不同活化剂存在时，氧化剂的抑制效果也不同。矿浆中有硫酸铜存在时，漂白粉对毒砂的抑制效果不明显。在泡沫产物的产率基本相同的情况下，即使锑与砷似有分离的趋势，但随漂白粉用量的增加，锑精矿中砷的含量虽逐渐下降，但锑的含量也随着减少。当用量超过 4000g/t，尚未达到比较满意的分离效果时，锑精矿中的砷又回升。矿浆中有硝酸铅存在时，漂白粉对毒砂的抑制效果较明显。漂白粉用量 2000g/t 时，锑精矿含砷可降到 0.23%。漂白粉用量大于 2000g/t 时，锑精矿砷的含量迅速提高，精矿锑品位却下降；用量为 5000g/t 时的精矿产率只有用量 2000g/t 时的一半，锑精矿品位下降极为迅速，锑品位不及用量为 2000g/t 时的三分之一，回收率也大受影响。

表 5-13　硫酸锌与其他药剂的组合抑砷效果

抑制剂			产率/%	品位/%		回收率/%	
$ZnSO_4$	Na_2SO_3	$Na_2S_2O_3$		锑	砷	锑	砷
300	600	0	10.34	34.79	0.20	64.47	6.06
300	400	200	10.10	35.52	0.29	66.19	6.05
300	300	300	9.80	36.71	0.31	65.16	6.28
300	200	400	11.10	32.01	0.39	64.79	8.24
300	0	600	11.30	41.35	0.37	88.43	8.19
300	0	750	10.17	43.35	0.36	79.21	6.81
300	0	900	10.38	43.12	0.31	81.37	6.51
300	0	1050	11.20	42.26	0.38	87.28	9.07

矿浆中有硫酸铜存在时，高锰酸钾可降低精矿中的含砷量，并随用量的增加而迅速下降。但锑精矿产率也随之减少，虽锑品位提高了，然而回收率急剧下降。此外，试验过程中还发现，当高锰酸钾用量超过 2000g/t 时，浮选的泡沫不矿化，不仅毒砂失去可浮性，辉锑矿也不浮游。显然，矿物都已经处于过分氧化的状态。矿浆中有硝酸铅存在时，随高锰酸钾用量的增加锑精矿中含砷量也呈下降的趋势，用量 1500g/t 时，锑精矿含砷为 0.4%。但继续提高用量后，浮选泡沫同样出现不矿化的现象。

表 5-13 表明，采用硫酸锌与亚硫酸钠或硫代硫酸钠组合作为毒砂的抑制剂，可取得较好的效果。试验时固定硝酸铅的用量，抑制剂用量的变化对辉锑矿浮选的影响不大。使用亚硫酸钠对锑矿物的浮游有一定影响。与硫代硫酸钠比较，锑的回收率低 20% 左右，当完全由硫代硫酸钠代替亚硫酸钠并与硫酸锌混合使用时，锑精矿的各项指标均比较高。因此，硫酸锌和硫代硫酸钠组合对该矿石的锑砷分离较理想。

上述试验中，当活化剂为硝酸铅时，氧化剂的作用效果不太理想，其原因可能一是硝酸铅的用量太少，二是矿浆 pH 值偏高（可能是接近中性的自然 pH 值）。尽管如此，该试验说明亚硫酸钠等抑制剂是较有前途的锑砷分离药剂。

另一个含砷锑金矿石的选矿试验也说明了亚硫酸钠能较好地实现锑砷分离。该矿石中的锑矿物为辉锑矿，砷矿物主要为毒砂。在自然 pH 值（pH 值为 6.5）情况下，不加砷的抑制剂优先浮锑时，锑精矿含砷达 1.64%，大大超过国家对锑精矿含砷的要求标准。同时，由于毒砂和黄铁矿的大量上浮导致锑精矿品位不高，只有 32.42%。

该试验在自然 pH 值（pH 值为 6.5）下，用硝酸铅作活化剂，采用亚硫酸钠降砷，取得较好效果。当亚硫酸钠用量为 1000g/t 时，锑精矿含砷可降为 0.176%，锑精矿锑品位可达 45% 以上。亚硫酸钠用量对砷矿物浮选的影响见图 5-31。

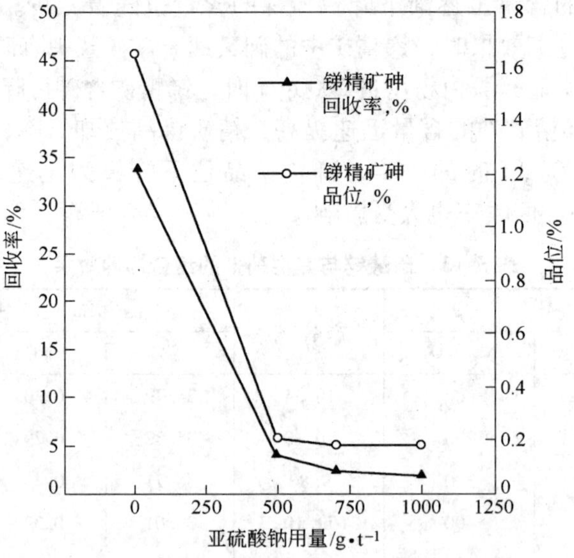

图 5-31　亚硫酸钠用量对砷矿物浮选的影响

B　在混合浮选流程中浮锑抑砷

在混合浮选流程中先混合浮选锑矿物和砷矿物得锑砷混合精矿，然后采用浮锑抑砷的办法对混合精矿进行锑砷分离。

混合精矿分离时一般用氧化剂或亚硫酸钠等抑制毒砂及黄铁矿等其他硫化物，用黄药浮选辉锑矿。

我国某矿属于石英—萤石型脉状锑钨矿床，矿石中主要有价元素为锑、钨、铅、砷和伴生金属银。锑、铅、银、砷皆以硫化矿物为主，试验采用部分混合—分离浮选回收硫化矿中的银、铅、锑和砷。首先将可浮性较好的含铅、银矿物及小部分可浮性好的毒砂浮起，然后加入活化剂将辉锑矿等锑矿物活化后与较难浮的那部分毒砂一起浮起。银铅粗精矿及锑、砷粗精矿分别进行银铅—砷及锑—砷分离，经过精选后得到银铅混合精矿、锑精矿、砷精矿三种产品。

锑砷混合浮选时用硝酸铅作活化剂，丁黄药作捕收剂。锑砷混合精矿再磨后，加入硝酸铅活化辉锑矿，采用亚硫酸钠抑制毒砂等硫化矿物，用乙黄药作捕收剂浮选辉锑矿进行锑砷分离。

前苏联曾对一复杂金砷锑矿石进行过浮选研究。该矿石中主要的硫化矿物为辉锑矿，少量为方铅矿，斜硫锑铅矿和斜方硫锑铅矿，此外还有黄铁矿及毒砂。原矿含 Sb 1.95%，Pb 0.4%，As 0.3%。试验采用的是混合浮选流程，所得的混合精矿含 65% 黄铁矿，23% 辉锑矿，4% 的硫锑铅矿和毒砂。当以氰化钠（50 ~ 350g/t）抑制黄铁矿和毒砂进行锑砷分离时，锑矿物也被抑制，而氰化钠用量小于 50g/t 时，全部矿物均上浮，没有获得满意的分离结果。

后来采用在优先浮锑分离前将矿物颗粒表面进行氧化的办法，取得了良好的分离效果。该工艺的主要特点是在混合精矿浮选分离前，加入氧化剂漂白粉（$Ca(OCl)_2$）或高锰酸钾（$KMnO_4$），矿浆固液比为 1∶3，搅拌时间为 1min，然后加入醋酸铅 100g/t，用黄药为捕收剂浮选辉锑矿。氧化剂漂白粉或高锰酸钾用量对混合精矿分离浮选指标的影响分别见图 5-32 和图 5-33。

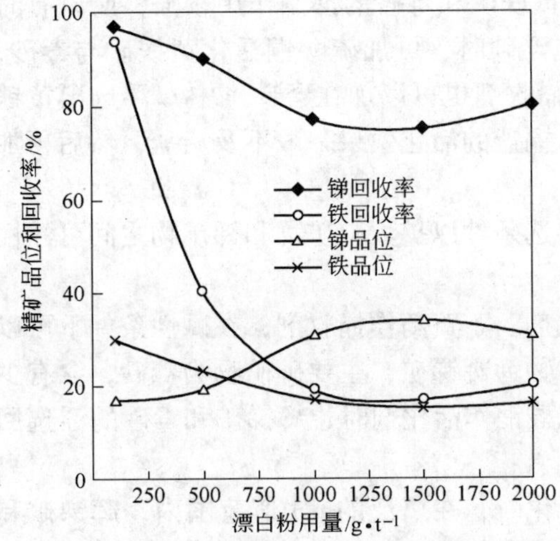

图 5-32　漂白粉对分离浮选的影响

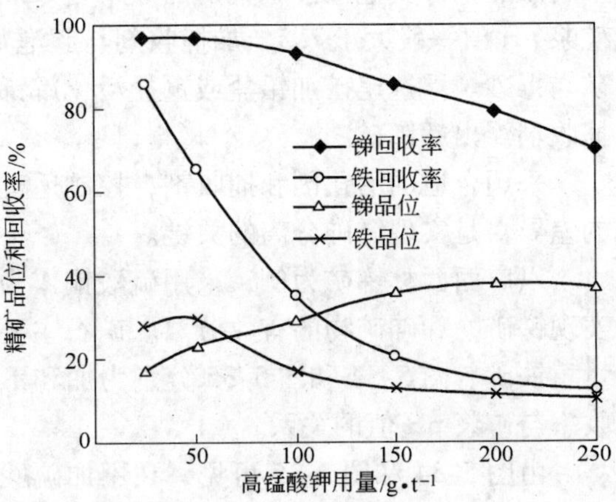

图 5-33　高锰酸钾对分离浮选的影响

采用漂白粉为氧化剂的用量为 1000g/t 时，锑回收率由 97% 下降至 77%，泡沫产品中铁回收率从 93.5% 下降至 19%。

采用高锰酸钾为氧化剂，用量为 25 ~ 150g/t 时，锑回收率由 97% 下降至 86%，泡沫产品中铁回收率从 86% 下降至 20%。

在分离辉锑矿和黄铁矿（毒砂）时，矿浆与氧化剂的搅拌时间及强度十分重要。当矿浆与高锰酸钾的搅拌时间大于 1min 时，对黄铁矿（毒砂）的抑制作用开始减弱。当进行强烈搅拌 15min 后，黄铁矿（毒砂）可浮性大增。这可能与矿物表面生成的氧化薄膜因强烈摩擦而脱落有关。

用上述方法浮出的锑精矿，经四次精选后可得出高品位锑精矿 1，在中矿循环中经锑的粗选和扫选，得出品位较低的锑精矿产品 2，该循环的尾矿则是黄铁矿（毒砂）精矿，氧化法分离浮选的结果见表 5-14。

表 5-14　混合精矿分离浮选结果

产　品	产率/%	含量（质量分数）/%			回收率/%		
		Sb	Fe	As	Sb	Fe	As
锑精矿 1	13.6	44.71	9.32	0.31	52.6	4.6	3.5
锑精矿 2	11.4	26.58	15.76	1.18	26.1	6.6	10.9
总精矿	25	36.6	12.2	0.71	78.7	11.2	14.4
黄铁矿	75	3.32	32.2	1.41	21.3	88.8	85.6
给　矿	100	11.6	27.25	1.24	100	100	100

5.6.1.2　浮砷（金）抑锑

A　在优先浮选流程中浮砷抑锑

这种工艺是先对锑矿物进行抑制，优先浮砷，浮砷尾矿再加活化剂及捕收剂浮选锑矿物，也称为反浮选脱砷工艺。

由于辉锑矿在碱性介质中的可浮性很差，所以对锑矿物的抑制一般采用添加碱性调整剂的办法。如将氢氧化钠加在磨矿机中，使在碱性介质中磨矿，以抑制辉锑矿。也可以使用廉价的石灰作碱性 pH 值调整剂，但是石灰对黄铁矿和毒砂的抑制作用较强，所以有时采用碳酸钠等其他碱性调整剂的效果更好。优先浮砷时，可加硫酸铜活化黄铁矿与毒砂，矿浆 pH 值一般大于 7.5，加捕收剂与起泡剂（捕收剂也可以加在磨矿机中）浮选出黄铁矿与毒砂。浮选尾矿加铅盐或铜盐活化辉锑矿，铜盐的活化效果一般不及铅盐，然后再加捕收剂浮出辉锑矿。

采用合适的活化剂和捕收剂，控制适宜的浮选条件以扩大砷矿物和锑矿物之间可浮性的差异，是实现锑砷分离的关键。

以广西西林锑矿为例，采用硫酸铜作为活化剂、丁黄药作捕收剂，在碱性条件下可以实现锑矿物和砷矿物的有效分离。矿石主要锑矿物为辉锑矿，主要砷矿物为毒砂，含有少量黄铁矿。图 5-34 和图 5-35 分别为加和不加硫酸铜作活化剂时，辉锑矿和毒砂的浮选回收率与矿浆 pH 值的关系。

由图 5-34 和图 5-35 可见，在不加硫酸铜活化时，在广泛的 pH 值范围内，辉锑矿和毒砂的可浮性差异很小，难以实现锑砷分离。而有硫酸铜存在时，pH 值 7.5 左右（以石灰为调整剂），辉锑矿与毒砂的可浮性差异较明显，即受到活化的毒砂仍具有良好的可浮性，而辉锑矿则受到较强烈的抑制。此时，两者有可能在弱碱性介质中浮选分离。

采用上述反浮选脱砷工艺浮选西林锑矿的试验效果十分理想。脱砷时采用石灰调整 pH 值至 7.5，硫酸铜作活化剂，丁黄药作捕收剂；脱砷尾矿再加硫酸调整 pH 值至 5.7，用硝酸铅活化辉锑矿，用乙硫氮作捕收剂。试验指标为：原矿锑品位 12.63%、砷品位 0.61%，精矿锑品位 69.29%、砷品位 0.14%，精矿锑回收率 91.17%。

美国爱达荷锑矿，矿石中的砷矿物含金，原矿含金 1.7g/t，银 42.53g/t，含锑 3.2%。该矿也采用抑锑浮砷工艺，采用氢氧化钠 136g/t 加在球磨机中以抑制锑矿物，优先浮砷（金）时用 301 号黄药 12g/t，B－23 起泡剂 54g/t；浮锑时用醋酸铅（412g/t）作活化剂，用黄药作捕收剂（14g/t），B－23 作起泡剂（27g/t），获得的指标如表 5-15 所列。

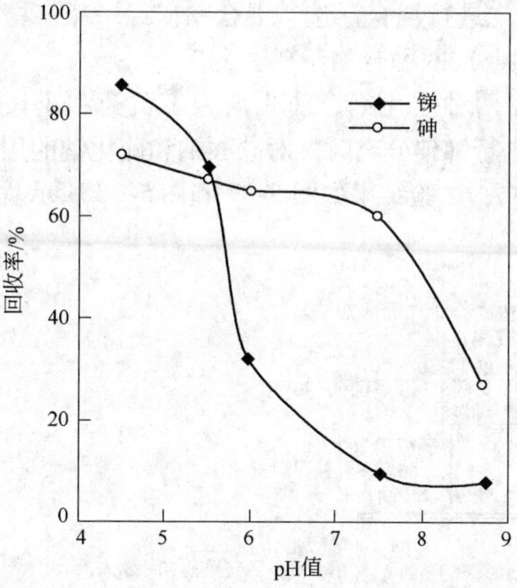

图 5-34 硫酸铜存在时，辉锑矿、毒砂回收率与 pH 值的关系

（硫酸铜 500g/t，丁黄药 100g/t，松醇油 65g/t）

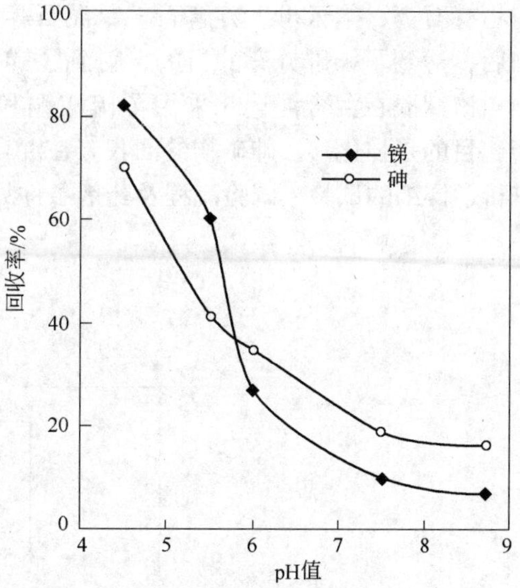

图 5-35 无硫酸铜时，辉锑矿、毒砂回收率与 pH 值的关系

（丁黄药 100g/t，松醇油 65g/t）

表 5-15 爱达荷锑矿分选结果

产 品	产率/%	含量（质量分数）			回收率/%		
		Au/g · t⁻¹	Ag/g · t⁻¹	Sb/%	Au	Ag	Sb
金精矿	2. 34	38. 57	245. 51	20. 0	53	13	15
锑精矿	4. 04	5. 67	510. 30	51. 0	13	51	65
尾 矿	93. 62	0. 6	17. 01	0. 7	34	36	20
原 矿	100. 00	1. 7	42. 53	3. 2	100	100	100

B 在混合浮选流程中浮砷抑锑

某些矿石通过优先浮选难以获得好的锑砷分离指标，有时采用混合浮选再分离工艺能取得满意的效果。

混合浮选再分离工艺的关键是混合精矿的浮选分离。在混合浮选流程中浮砷抑锑可采用的方法有重铬酸盐法，碳酸钠—硫化钠法，苛性钠—硫酸铜法，或这些药剂的组合，如苛性钠—碳酸钠—硫化钠—硫酸铜法等。重铬酸盐对辉锑矿有很强的抑制作用，而对砷矿物的抑制作用相对较弱。苛性钠、碳酸钠及硫化钠均为碱性调整剂，均能使辉锑矿表面产生强烈的水化作用而受到抑制。随着 pH 值的升高，辉锑矿的溶解作用越来越强，阻止了活化剂和捕收剂在其表面的吸附。硫化钠还能对混合浮选精矿起脱药作用；此外，硫化钠在水中解离出的 HS^-，可包围辉锑矿颗粒，阻止其与黄原酸盐的吸附，使辉锑矿受到抑制。碳酸钠及苛性钠对砷矿物的抑制作用相对也比较弱。硫酸铜对砷矿物及黄铁矿等的活化作用很强，而在碱性介质中对辉锑矿的活化作用较差。因此，合理控制这些药剂的用量，在抑制辉锑矿的同时，尽可能保持砷矿物的可浮性，将有可能实现锑砷分离。

对湖南龙山金锑矿的浮选试验表明，采用碳酸钠 - 硫化钠法能获得锑、砷（金）分离的满意效果。该矿主要金属矿物有辉锑矿、自然金、黄铁矿、毒砂及锑华等，主要脉石矿物有石英、绢云母、方解石、绿泥石等。原矿先进行混合浮选，混合精矿经一粗二精一扫后，达到了锑砷分离的目的，得到了锑和砷（金）两种合格精矿。

该试验在混合浮选时采用了硫酸铜和硝酸铅两种活化剂，捕收剂为丁黄药和丁铵黑药，目的是强化锑、砷矿物的回收。在混合精矿进行锑砷分离时，对碳酸钠和硫化钠的用量进行了详细的试验，试验流程及药剂条件见图5-36，试验结果如图5-37和图5-38所示。

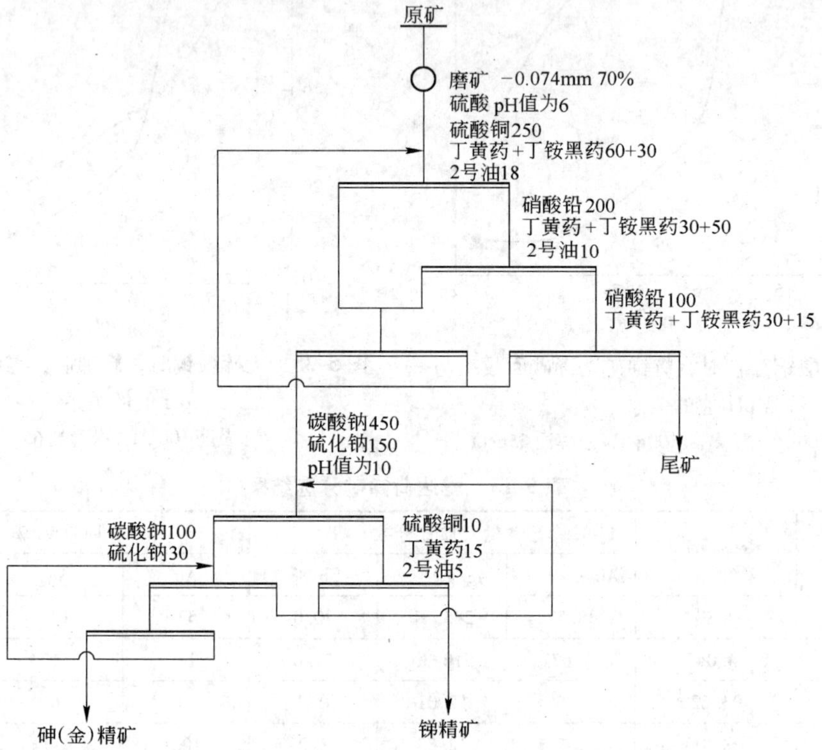

图5-36　龙山锑矿浮选试验流程
（药剂用量：g/t）

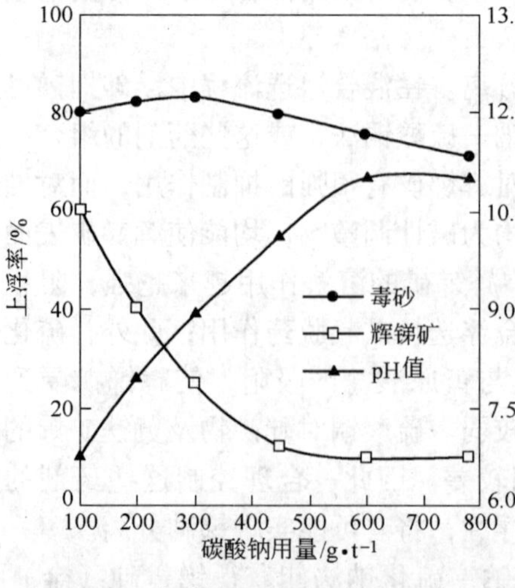

图5-37　碳酸钠用量对矿物上浮率的影响

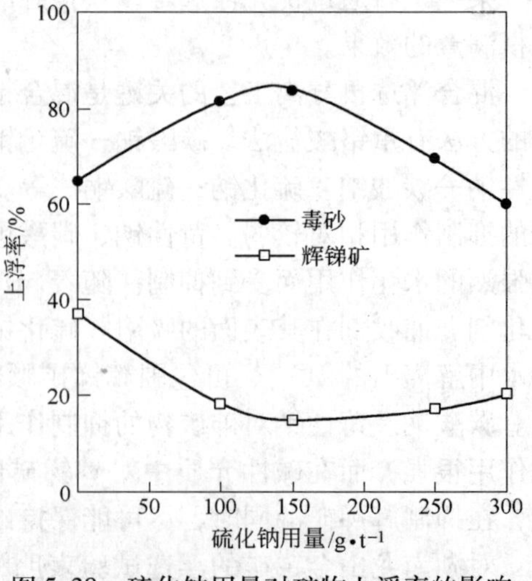

图5-38　硫化钠用量对矿物上浮率的影响

图5-37为碳酸钠用量与矿物上浮率的关系。试验表明，随着碳酸钠用量的增加，矿浆pH值也随着增加，当碳酸钠用量达到600g/t时，pH值达到11；此后，pH值几乎不随碳酸钠用量的增加而增加，说明碳酸钠调节矿浆pH值是有限度的。同时，随pH值的上升，辉锑矿被逐渐抑制。试验结果证实，在低碳酸钠用量下，毒砂的可浮性很好，锑精矿品位高、含砷量低，但锑精矿产率小、锑回收率低。在碳酸钠用量为450g/t左右时，辉锑矿基本上被抑制，回收率相对稳定；再增加碳酸钠用量，泡沫产品产率减少，毒砂开始部分受到抑制，辉锑矿精矿中砷的含量增加，超过锑精矿质量标准。为保证锑精矿产品质量和回收率，较好的条件是，碳酸钠用量450g/t左右，控制pH值在10左右。

图5-38所示是在碳酸钠用量为450g/t时，硫化钠用量与矿物上浮率的试验结果（与图5-37对照，此两组试验的其他药剂可能有所变化）。毒砂的上浮率随硫化钠用量的增加稍有上升，达到一定值后，又开始有所下降，辉锑矿的上浮率随硫化钠用量的增加而逐渐降低，在硫化钠用量为150g/t时，有一最低点，随后基本保持不变。从图中看，辉锑矿和毒砂分选的最佳硫化钠用量即为150g/t。根据现代硫化矿物的浮选电化学理论，对于硫化矿混合精矿的浮选分离，可通过控制电位—氧化或控制电位—还原，在一定的pH值条件下使矿物表面或表面捕收剂产物发生选择性的氧化和还原，对矿物进行选择性抑制，从而实现混合精矿的分选。硫化钠是一种典型的还原剂，加入矿浆中后形成了矿浆的还原气氛。在硫化钠用量为150g/t时，足以使辉锑矿表面的捕收剂疏水产物还原解吸而受到抑制，而此时毒砂表面不受其影响。但随着用量的增加，矿浆电位负值升高，毒砂表面也将受到影响，使上浮率降低。最佳分离条件是，浮选体系的适宜pH值为10左右，矿浆电位为-100mV左右。

由图5-38可见，两矿物分选的最佳点，碳酸钠用量和硫化钠用量成3:1的关系，试验时曾试图改变这种关系，都未能得到更好的分选效果，说明碳酸钠和硫化钠使用比例以3:1最好。

按图5-36所示的流程和条件进行的全闭路试验，实现了锑—砷的浮选和分离，得到了含锑49.44%、砷0.44%，锑回收率80.85%的锑精矿和含砷10.96%、金79.94g/t，砷回收率77.98%，金回收率68.79%的砷（金）精矿。

又如湖南某锑金砷矿曾作过混合浮选再分离试验，也是采用碳酸钠—硫化钠法进行锑砷分离。该矿原矿含锑7.22%，砷0.65%，金8.13g/t，在pH值为6.5时，用硫酸铜、硝酸铅作活化剂，黑药和黄药作捕收剂，进行锑砷（金）混合浮选。所产混合锑金精矿在碱性介质中，用碳酸钠、硫化钠调整pH值为11，抑锑浮砷（金）进行锑金分选，所得结果见表5-16。

表5-16 湖南某锑金砷矿浮选试验结果

产品	产率/%	含量			回收率/%		
		Sb（质量分数）/%	As（质量分数）/%	Au/g·t^{-1}	Sb	As	Au
锑精矿	14.41	46.95	0.81	14.43	93.58	17.97	25.57
金砷精矿	2.84	9.92	16.17	184	3.90	70.58	64.25
混合精矿	17.25	40.84	3.34	42.35	97.48	88.55	89.82
尾矿	82.75	0.22	0.09	1.0	2.52	14.15	10.18
原矿	100.00	7.22	0.65	8.13	100.00	100.00	100.00

美国联合汞矿公司布拉德利(Bradly)选矿厂混合精矿分离所采用的方法为苛性钠—碳酸钠—硫化钠—硫酸铜法。选厂工艺流程如图5-39所示，选矿指标见表5-17。

该厂选矿工艺的特点是在磨矿过程中加氢氧化钠与苏打，然后加醋酸铅、硫酸铜、丁黄药及硫酸进行混合浮选得金锑混合精矿与废弃尾矿。混合精矿经再磨，磨矿时加氢氧化钠、丁黄药、硫酸铜并充气几分钟，然后进行分离粗选得金粗精矿。槽中产物就是锑精矿。金粗精矿加氢氧化钠与硫化钠进行分离精选得金精矿与低品位锑精矿。

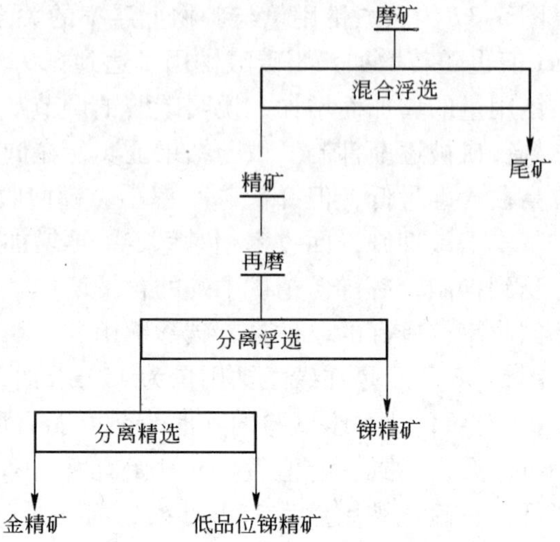

图5-39　美国布拉德利选矿厂原则流程

表5-17　美国布拉德利选矿厂选矿指标

产　品	产率/%	含　量			回收率/%		
		Au/g·t^{-1}	Ag/g·t^{-1}	Sb（质量分数）/%	Au	Ag	Sb
金精矿	1.82	83.07	226.8	1.50	63	22	2
锑精矿	1.82	11.91	623.7	51.30	8	60	76
低品位锑精矿	0.44	36.86	226.8	20.00	7	5	8
混合精矿	4.08	48.76	419.58	29.00	78	87	86
尾　矿	95.92	0.57	2.84	0.20	22	13	14
原　矿	100.00	2.41	19.85	1.30	100	100	100

布拉德利选矿厂的选矿药剂条件如下：

混合浮选前的磨矿：氢氧化钠544～815g/t，碳酸钠272g/t；

混合浮选：醋酸铅227g/t，硫酸铜227g/t，硫酸317g/t，Z－4 91g/t；

再磨：氢氧化钠9g/t，硫酸铜181g/t，Z－4 9g/t；

分离精选：氢氧化钠6g/t，硫化钠23g/t。

5.6.2　锑铅锌复杂矿石的分离

在我国丰富的各类不同锑矿资源中，锑、铅、锌等多种金属共生的锑矿具有相当大的储量。这类锑矿的矿物种类繁多，共生组合复杂，给分离造成很大的难度。这类复杂锑矿石中的含锑矿物有辉锑矿、脆硫锑铅矿、辉锑铅矿、块硫锑铅矿、柱硫锑铅矿、硫锑银铅矿和辉锑锡铅矿等，其他共生矿物主要有方铅矿、闪锌矿、铁闪锌矿、黄铁矿、磁黄铁矿、毒砂和锡石等，主要脉石矿物有石英、方解石和白云石等。这类矿床主要分布在广西，如南丹大厂矿田含锡较高，锡也是回收对象。广西河池地区锑铅锌多金属矿含锡较少。

锑铅锌复杂矿石的分离一般采用物理选矿法实现锑矿物（或锑铅矿物）与锌矿物的分离，采用化学选矿法（湿法冶金）实现锑与铅的分离。即采用物理选矿法获得含铅或富铅锑精矿和锌精矿，再采用湿法冶金处理富铅锑精矿分离铅和锑。富铅锑精矿也可直接送冶炼厂处理。对于含锡的矿石，一般在硫化矿选别流程后增加重选工艺回收锡石。

锑（铅）矿物与锌矿物的分离比方铅矿与闪锌矿的分离要复杂，需要根据矿石中锑铅矿物的种类、含量和其他硫化矿物的种类、含量，具体情况具体分析。通常锑（铅）矿物具有较好的可浮性，所以一般采用优先浮锑（铅）抑锌的办法进行浮选分离。浮选分离的关键在于选择合适的药剂并控制适宜的矿浆 pH 值。锌矿物的抑制剂主要有石灰、氰化物、亚硫酸钠、硫酸锌、硫酸亚铁等。最常用的抑制剂为硫酸锌与亚硫酸钠组合，此外氰化物与硫酸亚铁组合对铁闪锌矿的抑制效果较好。锑铅浮选捕收剂一般采用选择性强的乙硫氮、丁铵黑药等。锑铅浮选时一般不加活化剂，因为活化剂常常使锌矿物得到活化而上浮，造成分离困难。某些矿石可以适当添加活化剂，但需严格控制用量。

几种典型锑铅锌复杂矿石的浮选分离方法介绍如下。

5.6.2.1 广西河池市有色金属矿选矿厂

该厂处理的原矿是一种含碳质脉石的低品位锑铅锌多金属硫化矿。矿石中的金属矿物有闪锌矿、脆硫锑铅矿、辉锑矿、辉锑铅矿、块硫锑铅矿、黄铁矿、黄铜矿、银斑铜矿、方铅矿、毒砂、柱硫锑铅矿、硫锑银铅矿等，锑、铅矿物共生组合复杂、嵌布粒度细，在细度为 85% -74μm 时，才能与其他矿物基本单体解离。脉石矿物除主要的矿物伊利石、方解石、白云石、石英等外，尚有一部分呈黑色的非晶质碳，含量约占矿石的 3% ~5%。这种非晶质碳没有固定的形状，也不构成集合体，而是呈细分散状态分布在伊利石、方解石、白云石等矿物之间，或作为机械混合物散布于这些矿物的内部，使矿石呈灰黑色。原矿多元素分析结果见表 5-18。

表 5-18 原矿多元素分析结果

元 素	Sb	Pb	Zn	Ag	Fe	As	Cu	S	Ca	Mg	Na	K
含量（质量分数）/%	2.04	0.86	3.05	0.009	7.13	0.13	0.26	4.50	3.31	0.76	0.14	1.51

采用优先浮锑铅再浮锌的方案，进行了小型试验和工业试验并成功应用于生产实践，取得较好的效果。该厂没有进一步对锑铅精矿进行锑铅分离。

A 优先浮锑铅

首先在磨矿细度 85% -74μm，硝酸铅 500g/t，乙硫氮 300g/t，丁基黄药 100g/t，松醇油 80g/t，用硫酸、石灰分别作 pH 值调整剂的条件下，考察了矿浆 pH 值对锑、铅、锌浮选回收率的影响。如图 5-40 所示，在 pH 值为 5 时，辉锑矿、脆硫锑铅矿都有良好的可浮性，随着 pH 值提高，两者的可浮性下降，但下降的程度不同，前者下降迅速，后者下降较慢，但两者在碱性矿浆中都不好浮。在优先浮选锑铅时，分选 pH 值以 5.5 左右为宜，若 pH 值偏低，闪锌矿、黄铁矿上浮量增加，影响锑铅精矿的质量。

采用硝酸铅作活化剂，其用量对浮选的影响见图 5-41。结果表明，硝酸铅能提高辉锑矿的浮选速度，使锑回收率有较大的提高；硝酸铅对脆硫锑铅矿的浮选没有影响；硝酸

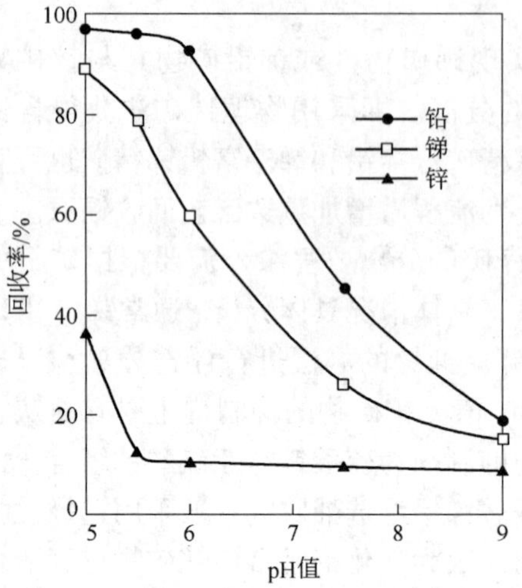

图5-40 矿浆pH值对锑、铅、锌浮选回收率的影响

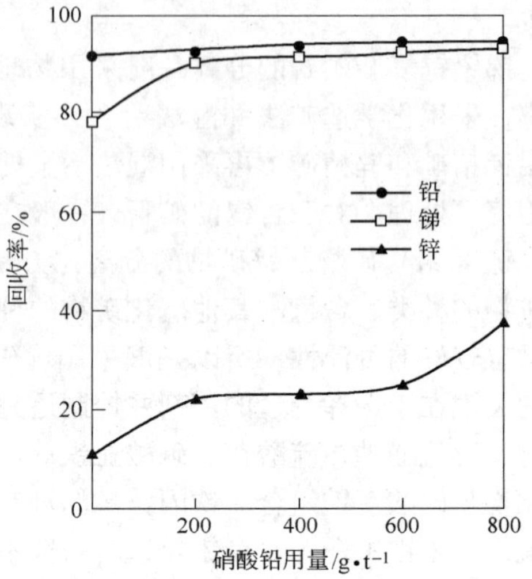

图5-41 硝酸铅用量对锑、铅、锌浮选回收率的影响

铅对闪锌矿产生活化作用，随着其用量增加，闪锌矿的上浮率也增加。硝酸铅的合适用量为200~400g/t。

为了实现无氰浮选，采用常规抑制剂硫酸锌与亚硫酸钠组合作锌矿物的抑制剂。结果表明，硫酸锌与亚硫酸钠组合抑制剂，对辉锑矿、脆硫锑铅矿的浮选影响很小，而对闪锌矿的抑制效果明显。抑制剂的合适用量为：300~600g/t。

利用选择性捕收剂扩大矿物的可浮性差异十分重要。对丁基黄药、丁基铵黑药、乙硫氮三种常规捕收剂所作的试验结果表明，丁基铵黑药是一种优良的选择性捕收剂，它的突出优点是在金属回收率相近的情况下，锑铅精矿品位比其他两类捕收剂显著提高。这与它对黄铁矿、碳质脉石矿物捕收能力相对较弱有关。镜下鉴定结果表明，采用丁基铵黑药作捕收剂的精矿中，黄铁矿、碳质脉石矿物的含量最低。

B 闪锌矿的浮选

采用硫酸铜500g/t作活化剂，丁黄药300g/t作捕收剂，用石灰调整矿浆pH值进行了锌浮选试验。结果表明，矿浆pH值对锌浮选的影响至关重要。在弱酸性介质中（pH=6左右），无论是产品质量还是金属回收率，都明显地比在碱性介质中的要高，这不仅是因为弱酸性介质为闪锌矿提供了一个好的浮选介质条件，更重要的是此时碳质脉石矿物的可浮性差，上浮量明显减少。现场的生产实践也曾证实，若在粗选前添加石灰，将造成粗选泡沫大量“跑槽”，锌精矿品位及回收率反而下降。

根据以上试验结果进行了工业试验。锑铅优先浮选时，控制矿浆pH值在5.5~6之间。锌浮选时，根据闪锌矿、黄铁矿、碳质脉石矿物可浮性与pH值的关系，通过分段严格控制分选pH值，使粗选在较低的pH值条件下选锌，解决碳质脉石矿物上浮的问题；然后在精选阶段逐步提高pH值，并添加一定量的腐殖酸钠与水玻璃，进一步解决闪锌矿与黄铁矿的分离问题，其结果是锌精矿的质量和回收率都达到了较好的指标。各作业的pH值严格控制在如下范围：粗选pH值小于7.5，精选1 pH值为10~11，精选2 pH值为12~13，精选3 pH值为13~14。

工业试验指标列于表5-19。

表 5-19 浮选工业试验指标

产品名称	产率/%	品位/%			回收率/%		
		Sb	Zn	Pb	Sb	Zn	Pb
铅锑精矿	6.57	34.98	2.23	17.77	83.26	3.70	90.50
锌精矿	7.12	0.79	53.50	0.32	2.04	90.69	1.77
尾 矿	86.31	0.47	0.27	0.12	0.27	5.61	7.73
原 矿	100.0	2.76	4.20	1.27	100.0	100.0	100.0

5.6.2.2 广西大厂 100 号矿体

大厂 100 号矿体矿石为含锑锡石多金属硫化矿，矿石中不仅锡、锌、铅、锑、银等元素的品位高，还伴生有铟、镉、金等有价成分，是世界上罕见的特富矿，综合利用价值高。100 号矿体的矿石不同于大厂矿田中其他的锡石多金属硫化矿，后者锡的价值所占比例较大，选矿工艺是以锡为主，综合回收硫化矿中的有价元素。100 号矿体中硫化矿的价值超过锡石，因此对铅、锌、锑等金属的回收十分重要。

100 号矿体矿石主要有用矿物有锡石、脆硫锑铅矿、铁闪锌矿，其中锡、铅、锑、锌矿物含量高达 32.75%，脉石矿物仅占 15.83%。矿石的矿物组成和多元素化学分析结果分别见表 5-20 和表 5-21。

矿石中大部分矿物都是以硫化物存在，硫化矿占 82.12%。锡石、铁闪锌矿、脆硫锑铅矿和磁黄铁矿等嵌布关系都非常密切，结晶粒度粗细不均。

锡石和硫化矿呈粗粒为主的粗细不均匀嵌布。在选矿过程中锡石要求在粗粒情况下回收，而硫化矿则需要在较细的粒度下进行分离。当矿石磨至小于 0.2mm 时，锡石、脆硫锑铅矿、铁闪锌矿才得到充分解离。矿石中以锡石存在的锡占 94.42%，以铁闪锌矿存在的锌占 98.58%，以脆硫锑铅矿存在的铅和锑分别占 93.29% 和 87.41%。铟和镉主要赋存在铁闪锌矿中，银主要赋存在脆硫锑铅矿中，金主要分布在毒砂和黄铁矿中。因此在回收锌的同时，铟和镉可得到富集，只要提高锌的回收率，铟和镉的回收率就会提高；银可在铅锑精矿中富集，只要提高铅回收率，锑和银的回收率随之提高。

表 5-20 矿石的矿物组成

矿 物	锡石	脆硫锑铅矿	铁闪锌矿	磁黄铁矿	黄铁矿	毒砂	其他硫化物	脉石
含量（质量分数）/%	2.05	12.70	18.00	36.80	8.00	5.50	1.12	15.83

表 5-21 原矿多元素分析结果

元 素	Sn	Zn	Pb	Sb	Fe	S	As	SiO_2	CaO	Ag /$g \cdot t^{-1}$	In
含量（质量分数）/%	1.6～2.0	10.10	5.21	4.80	33.45	28.12	2.36	6.58	2.85	156.9	0.031

目前，巴里选矿厂和长坡选矿厂均处理 100 号矿体的矿石，选矿原则流程均为磁选—浮选—重选流程。首先采用磁选法选出 20% 左右的磁黄铁矿，一方面可减轻后续作业的负荷，另一方面可消除磁黄铁矿对后续选别作业的干扰。然后采用浮选法回收铅、锑、锌

等金属，产出合格的铅锑精矿和锌精矿。最后采用重选法选出合格的锡精矿。

为了兼顾锡石和硫化矿不同入选粒度的要求，选矿厂均采用高频细筛与磨机构成闭路，控制硫化矿浮选给矿粒度为小于0.3mm，以减少锡石过粉碎，并保证硫化矿物的基本解离。

巴里选矿厂硫化矿浮选流程与长坡选矿厂不同。巴里选矿厂硫化矿的浮选分离采用两段混合浮选分离流程，入选粒度为小于0.3mm。首先不加活化剂浮出铅锑矿物和部分其他易浮硫化矿，泡沫再磨至小于0.2mm后进行铅、硫分离，产出合格的铅锑精矿。铅、硫分离时，采用高碱无氰工艺，分离时加石灰抑制锌和硫，矿浆pH值大于10，用乙硫氮作为捕收剂回收铅。在粗选尾矿中添加活化剂硫酸铜，浮出剩余的硫化矿，然后进行锌、硫分离，产出合格锌精矿。长坡选矿厂硫化矿浮选分离工艺采用优先混合浮选分离流程，入选粒度为小于0.25mm。在中性介质中，用丁铵黑药作为捕收剂，亚硫酸钠和硫酸锌作为硫和锌的抑制剂，优先浮出铅锑矿。丁铵黑药对铅和银有较强的捕收能力和选择性，有利于提高铅和银的回收率。在浮出铅锑的尾矿中添加硫酸铜和黄药，浮出全部硫化矿，然后进行锌、硫分离，产出合格锌精矿。

长坡选矿厂的选矿指标优于巴里选矿厂，其工艺流程见图5-42，生产指标列于表5-22。

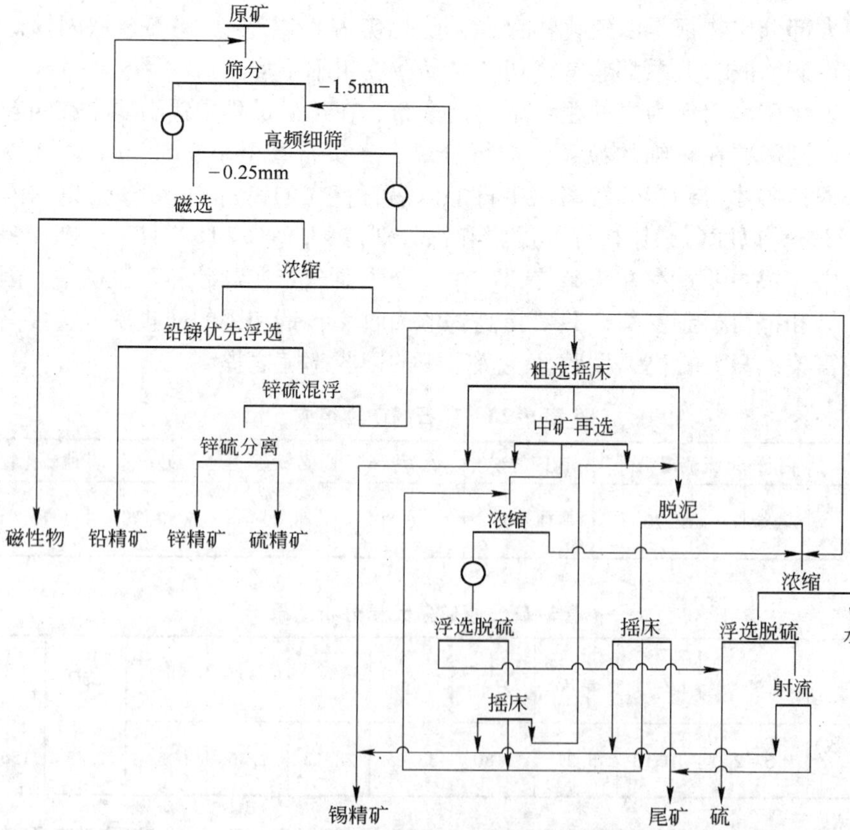

图5-42　长坡选矿厂原则工艺流程

表 5-22 长坡选矿厂生产指标

铅精矿/%		锑精矿/%		锌精矿/%		锡精矿/%	
铅品位	回收率	锑品位	回收率	锌品位	回收率	锡品位	回收率
32.29	96.20	26.31	92.98	47.94	82.65	52.74	73.88

长坡选矿厂选矿工艺特点主要体现在以下几个方面。

A 磨矿细度的控制

由于 100 号特富矿中锡石与主要硫化物属粗粒为主的不均匀嵌布，矿石易碎，锡石要求在粗粒条件下回收，而铅锌浮选则要求在较细的粒度下进行。为使锡石不过粉碎而又能很好地综合回收铅锑锌等有用金属，必须有一个合理的磨矿细度。试验确定磨矿细度为 50.55% -0.074mm。

长坡选厂在调试时，采用了磨机与细筛闭路的形式把磨矿粒度控制在 -0.25mm（即 -0.074mm 50% ~55%），从而较合理地解决了这一问题。在开始调试时，细筛的筛孔尺寸为 0.42mm，筛下产品中 +0.25mm 级别含量（质量分数）为 12.70%，比要求的粒度偏粗。粒度粗对浮选，特别是铅浮选不利，浮铅尾矿中粗粒铅损失较多。把筛孔尺寸降到 0.38mm 后，细筛筛下产品 +0.25mm 粒级的产率由原来的 12.7% 下降到 6.29%。铅优先浮选尾矿含铅由 1.2% 下降到 0.83%，铅优先浮选的作业回收率由原来的 74.96% 上升到 82.72%。

B 磁选

原矿含有大量的单斜磁黄铁矿和六方磁黄铁矿，其中单斜磁黄铁矿具有亚铁磁性，显强磁性，这部分磁黄铁矿的存在对浮选作业，特别是锌硫分离作业的干扰较大。在浮锌作业中，由于两种黄铁矿的上浮速率不同，使锌精矿夹带少量磁黄铁矿而影响锌精矿质量。如果在浮选前加磁选作业把这部分磁黄铁矿除去，不但可以减轻浮选作业的负荷，减少浮选设备和药耗，而且对保证铅锑精矿及锌精矿的质量也起到了重要作用，同时又获得了含砷低的硫精矿。磁性产品的产率为 20% ~24%，磁性产品中锡、铅、锌的损失都很少。

C 铅锑优先浮选

因为矿石中的脆硫锑铅矿有较好的自然可浮性，所以采用优先浮选法，在 -0.25mm 时可以优先选出高质量、高回收率的铅锑精矿。磁选的非磁性产品经直径 3m 浓泥斗和直径 6m 浓密机浓缩后给入铅锑优先浮选作业，浓缩溢流的产率为 0.015% ~0.023%，产率很小，因此损失的金属量也很少。浮选中使用的捕收剂以丁铵黑药为主，丁基黄药作为辅助捕收剂，用硫酸锌和亚硫酸钠来抑制矿石中可浮性较好的锌和硫的上浮。从试验中发现，铅锑精矿质量与药剂制度、操作条件有很大的关系。1996 年，铅锑精矿含铅量由原来的 29% 提高到 34.5%，铅锑精矿中含锌由原来的 4.5% 下降到 2% 左右。其中一个主要原因就是亚硫酸钠的用量减少，使泡沫变脆，夹带减少，提高了铅锑精矿的质量。1996 年1 ~11月，累计铅锑实际回收率达到 88.59%，超过了设计回收率 80% 的指标要求。

D 锌硫混浮与锌硫分离

在锌硫混浮作业中，要求有高的锌硫回收率，以便为重选回收锡创造有利条件，同时要求混浮泡沫含锡要低，以降低锡在硫化矿中的损失。这就要求黄药和硫酸铜以及 2 号油的用量必须适宜。硫酸铜和黄药的用量，一般为 300 ~500g/t，2 号油的用量不宜超过

150g/t。当药剂用量过大，特别是 2 号油的用量过大时，硫化矿中锡的损失增加，从而影响锡的回收率。1995 年 11 月 13 日和 14 日的生产指标表明，2 号油过量时 245g/t，锌硫混浮泡沫中锡的损失达 31.96%。混浮泡沫产率一般控制在 55% ~60% 比较适宜，产率过大，锡的损失会增加；产率太小，硫化矿脱得不干净，影响重选回收锡。

在锌硫分离浮选作业，通过添加大量石灰石后，再补加少量氰化物来抑制硫。生产实践表明锌硫分离效果比较好，锌精矿质量和回收率超过了设计要求，锌精矿含锌量达到 48%，而杂质含量基本上满足冶金上的要求。

E　摇床重选

用磁选和浮选脱除大部分硫化矿物之后，分离锡石与脉石矿物最有效的方法是重选。由于锡石与硫化物致密共生，粒度粗细嵌布不均。为使各粒级的锡石都能较好地回收，先用粗选摇床回收粗粒锡；摇床中矿因含有未脱干净的硫化物，采用再磨 - 脱硫 - 摇床再选流程回收中间粒级的锡；细粒锡石经脱泥后进入细泥系统回收。进入重选作业的锡金属量一般为原矿的 88% ~91%，其中经脱泥后进入细泥系统的锡金属量为 13% ~15%，这样摇床重选所需回收的金属量一般为 73% ~76%。1996 年 1 ~11 月锡的回收率累计达 71.77%，其中细泥占 1.56%，粗粒部分占 70.21%，超过了设计指标，达到了国内先进水平。摇床尾矿锡含量一般都较低，1996 年 4 月 9 日测定的摇床尾矿的结果显示，尾矿中锡的损失仅为 2.06%，尾矿中 +0.076mm 级别的锡金属含量更低。

5.6.3　金锑钨共生及金锑共生矿的分离

5.6.3.1　金锑钨共生矿的分离

湘西金矿沃溪矿区系典型的石英脉型含金、锑、钨的多金属矿。广西南丹大厂矿田中的一部分也是金、锑、钨共生的多金属矿，如茶山。这类矿石中的锑矿物主要为辉锑矿，伴生自然金及白钨矿。金与辉锑矿和黄铁矿的关系密切，通常金随辉锑矿与黄铁矿的富集而富集。这类矿石的分离目标主要是锑（金）与钨的分离，即选矿所得产品主要是锑金精矿和钨精矿。选矿方法主要是重选和浮选相结合，湘西金矿沃溪矿石的选矿工艺可作为这类矿石选矿工艺的代表。

沃溪矿石中主要金属矿物有自然金、辉锑矿、白钨矿、黄铁矿、钨铁矿、闪锌矿、毒砂等；脉石矿物以石英为主，约占 90%，其次为方解石、白云石、绿泥石、叶蜡石、绢云母；次生矿物以褐铁矿较多，其次有钨华和锑华呈薄膜状产出；自然金、辉锑矿、白钨矿为有用矿物。选矿原则工艺流程见图 5-43。

前段重选（摇床、溜槽）回收矿石中的粗粒自然金，经混汞作业后可得成品金。前段重选混合精矿（富中矿）经锑金浮选后，可得锑金精矿，槽内产物再进行摇床选别，得高质量的白钨精矿。前段重选尾矿经球磨后进入硫化矿浮选和白钨矿浮选流程，得锑金精矿和白钨精矿。

在锑金浮选捕收剂的选择上，考虑到矿石中的自然金嵌布粒度较细，磨矿细度 -200 目 80% 的条件下仍有许多连生体存在，需采用捕收能力强的捕收剂；另一方面冶炼厂对锑金精矿的杂质含量要求控制较严，需采用选择性较好的捕收剂。因此，生产上采用丁基钠黄药和丁基钠黑药组合捕收剂，其选别指标好于单一用药。

为保证重选白钨精矿的质量，在第一段锑金浮选作业中加入氟硅酸钠（Na_2SiF_6）作

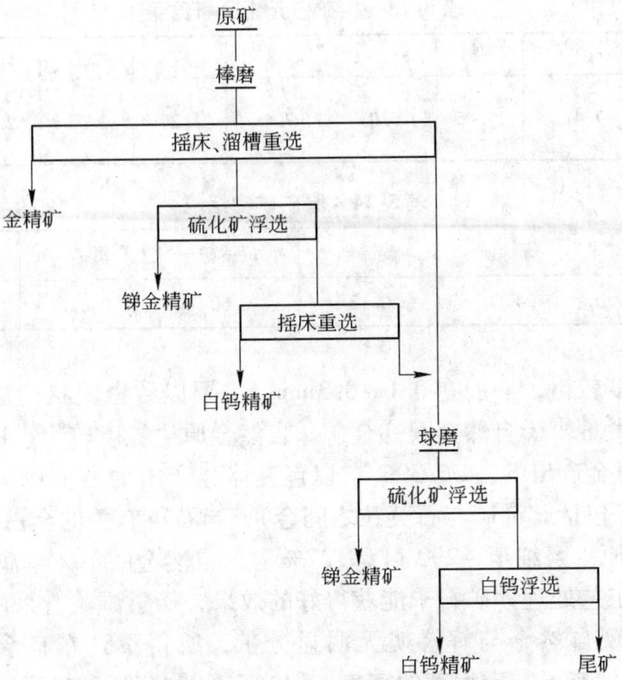

图 5-43 沃溪锑金钨矿石选矿工艺原则流程

调整剂，活化黄铁矿，抑制白钨矿。在重选尾矿球磨后的锑金优先浮选中，则采用硫酸铜活化黄铁矿、磁黄铁矿等，加入硝酸铅活化辉锑矿。当矿浆中混入碱性脉石时，加入硫酸调节 pH 值在 6.8 ~7.0 之间。

白钨矿的浮选分粗选和精选两段。粗选采用油酸作捕收剂，碳酸钠与水玻璃作调整剂。水玻璃用作含硅石英脉石矿物的抑制剂，生产上水玻璃的模数与用量要控制好；碳酸钠除调节矿浆 pH 值外，兼有分散矿泥的作用。矿浆 pH 值控制在 9 ~10.5 之间。粗选所得白钨粗精矿再用彼得罗夫法精选。

白钨粗选控制白钨粗精矿品位在 5% 左右，粗精矿品位过高则影响白钨粗选的回收率，过低会导致下一步彼得罗夫法处理量过大，水玻璃消耗量大，增加成本和流失量。白钨粗精矿经浓缩至 30% 以上后，采用彼得罗夫法处理。

5.6.3.2 金锑共生矿的分离

金锑共生矿资源在我国湖南、江西、甘肃、青海、西藏、广西等地均有分布，尤其近年来在西部地区新发现了不少矿床。这类矿石中的有价金属主要是金和锑，某些矿石中的锑含量较低，如甘肃岷县鹿儿坝金锑矿平均含锑仅 0.53%。

以下介绍某高品位金锑共生矿的分离方法。

矿石类型为三元组矿物（自然金 - 辉锑矿 - 石英）自然连生组合，是典型的 Sb - Au - Si体系形成的金锑共生矿。矿石中主要锑矿物为辉锑矿，极微量黄锑矿；金矿物主要为自然金，微量含锑自然金，极微量锑金矿物；脉石矿物主要为石英，少量方解石，微量绢云母、金红石、石膏等。其他微量、极微量的金属硫化物为黄铁矿、毒砂、辰砂、闪锌矿、黄铜矿、黝铜矿等；金属氧化物主要为褐铁矿，微量磁铁矿、磁赤铁矿。原矿化学多元素分析及矿物组成分别见表 5-23 和表 5-24。

表5-23　原矿多元素分析结果

元　素	Au/g·t^{-1}	Sb	Ag/g·t^{-1}	S	Fe	CaO	Al_2O_3	SiO_2	As
含量（质量分数）/%	7.41	17.85	3.01	7.48	1.23	1.55	2.38	59.93	0.18

表5-24　原矿矿物组成

矿物名称	辉锑矿	黄锑华	黄铁矿	毒砂	脉石	合计
含量（质量分数）/%	24.60	0.12	0.60	0.22	74.46	100.00

辉锑矿原生粒度较粗，一般在0.1～0.3mm，主要以致密块状构造的形式产出。金矿物主要为自然金、微量含锑自然金及锑金矿。自然金原生粒度较粗，以粒间金形式产出的占62.52%，以裂隙金产出的占36.39%，以包裹体金产出的占1.08%。其中与辉锑矿有关的金占66.75%（包括辉锑矿与石英粒之间金），与石英有关的金占33.02%，与毒砂有关的金占0.23%。原矿磨细至－200目69.27%时，自然金的单体解离度为83.95%。

采用单一重选工艺处理该矿石未能获得好的效果，探索试验曾采用未预先分级的单一摇床重选工艺，发现自然金与辉锑矿无明显分带，所得重选精矿含金24.52g/t，含锑56.30%，金和锑虽然有了一定程度的富集，但锑金回收率仅25%左右。最后采用重选－浮选联合工艺或单一浮选工艺均获得较好的金锑回收效果。单一浮选为常规硫化矿浮选，工艺流程简单，更易于工业化实施。单一浮选试验流程见图5-44，试验指标列于表5-25。

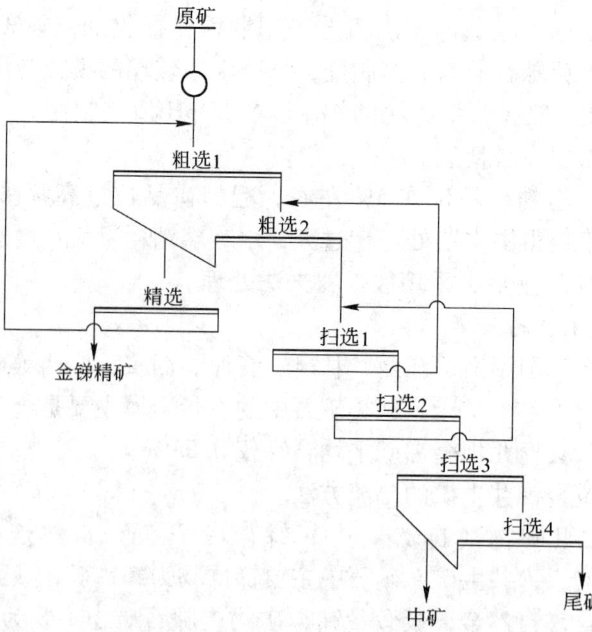

图5-44　单一浮选试验流程

表 5-25 单一浮选试验指标

产品名称	产率/%	品位		回收率/%	
		金/g·t^{-1}	锑/%	金	锑
金锑精矿	27.45	24.65	60.69	91.93	93.33
中　矿	8.93	3.44	3.29	4.14	1.64
尾　矿	63.62	0.53	1.41	4.55	5.03
原　矿	100.00	7.41	17.85	100.00	100.00

浮选所得金锑精矿采用湿法工艺选择性地浸出锑，金和硫富集在浸渣中。浸出液中的锑用于生产锑酸钠，锑的直接回收率为87%。浸渣中元素硫的含量高达44%，可利用硫直接自燃焙烧而不需额外的焙烧热源。浸渣焙砂采用氰化浸出工艺，金浸出率高达97%。

5.6.4 汞锑共生硫化矿的分离

汞与锑共生的汞锑复杂硫化矿资源相对较少，我国陕西、甘肃、青海和河南等地均有分布，以陕西旬阳地区的蕴藏量为最大。陕西旬阳青铜沟汞锑矿是我国20世纪80年代中期发现的大型汞锑矿床，一度曾因汞、锑选矿分离问题不能解决，而采用选冶联合流程小规模开采生产，严重影响了该资源的开发和利用。以下介绍青铜沟汞锑矿浮选分离工艺。

青铜沟汞锑矿是以白云岩为矿岩石的沉积改造型汞锑矿床。矿石矿物组合简单。金属矿物以辉锑矿和辰砂为主，含少量黄铁矿及微量磁铁矿。脉石矿物主要有石英、白云石、方解石和重晶石，少量绢云母、绿帘石、黝帘石以及微量金红石和磷灰石。次生金属矿物有褐铁矿、锑华和黄锑华，含量甚微。

辉锑矿为自形—他形粒状晶粒，呈细脉状、细脉浸染状、网脉状、浸染状、长柱状、针状、叶片状及团块状，产于锑矿石和汞锑矿石中。粒径最大达到2.1mm，一般介于0.01~0.1mm。其中大于0.074mm的约占40%，0.074~0.01mm的约占50%，小于0.01mm的占10%。与石英连生或产于其集合体中的辉锑矿占其总量的60%，与碳酸盐矿物连生或产于集合体中的约占30%，呈细脉状穿插于重晶石或产于集合体中的约占5%；呈单体或集合体与脉石矿物连生的占90%左右，而与辰砂连生、交代或互为包裹关系的约占10%。

辰砂主要呈星散浸染状、细脉浸染状、网脉状及团块状，产于汞矿石和汞锑矿石中，少量呈粉末状或底膜状黏浮于脉石矿物表面及裂隙中。一般呈他形粒状晶粒，少量自形晶粒为板状或板柱状。粒径最大达4mm，多数介于0.01~0.05mm。大于0.074mm的约占45%，0.074~0.01mm的约占45%，小于0.01mm的约占10%。辰砂与辉锑矿的关系比较复杂，既有被辉锑矿包裹的现象，也有包裹辉锑矿的现象，还有共结连生、相互交生的现象，因而选矿分离的难度较大。

原矿汞品位0.6%~1%，锑品位1%~4%。

针对该矿石曾进行过许多浮选试验研究，大多采用混合浮选汞锑再分离的原则流程。研究的重点主要集中在混合浮选及混合精矿再分离的各种技术条件方面。

5.6.4.1 汞锑混合浮选

混合浮选的目的是分离出大量脉石矿物，并尽可能使汞锑矿物进入混合精矿。研究发现，青铜沟汞锑矿中的部分辰砂和辉锑矿，自然可浮性较差，要想获得回收率较高的汞锑混合精矿，需加入适量的活化剂进行活化。许多金属阳离子如 Cu^{2+}、Pb^{2+}、Hg^{2+}、Ag^{+} 等，对辉锑矿和辰砂的浮选均有活化作用，实践中常用的活化剂有硫酸铜和硝酸铅。在磨矿细度为 66% -0.074mm，丁基黄药用量 200g/t，松醇油用量 50g/t 时，硝酸铅用量对锑汞混合浮选的影响见图 5-45，可见，添加硝酸铅对提高汞、锑回收率有利，对锑矿物的活化作用更为明显。

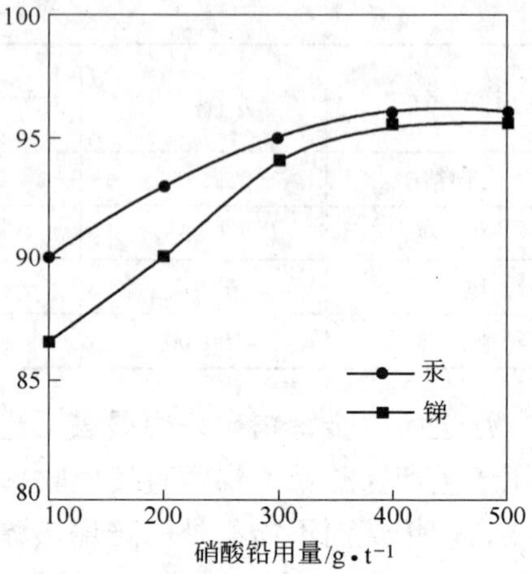

图 5-45　硝酸铅用量对锑汞浮选回收率的影响

经硝酸铅活化后，辉锑矿的可浮选增强，这可能会给后续的抑锑浮汞分离作业带来不利影响。为此进行了混浮粗选加与不加硝酸铅所得不同混合精矿在相同的条件下，进行汞—锑浮选分离的对比试验，试验结果见表 5-26，重铬酸钾用量为 2000g/t。从表 5-26 可以看出，混合浮选作业不加硝酸铅活化汞、锑矿物的情况下，采用重铬酸钾抑制辉锑矿的分离效果很差。说明在混合浮选时加入适量的硝酸铅活化辰砂和辉锑矿，并不像普通多金属硫化矿浮选那样，因粗选加入活化剂而给下步分离作业增加困难，相反更有利于汞与锑的浮选分离。这是因为在混合浮选时矿浆中加入铅盐后，则在辉锑矿表面附着，形成类似方铅矿表面的铅盐络合物薄膜，像重铬酸盐能有效地抑制方铅矿的作用机理一样，在重铬酸钾作用下，在辉锑矿物表面生成难溶的亲水性铬酸铅（$PbCrO_4$），增加了辉锑矿的亲水性，从而被抑制。实践证明，在汞锑混合浮选时加入适量的活化剂硝酸铅，不仅能提高汞、锑回收率，而且对汞—锑分离浮选也是有益的。

表 5-26　硝酸铅对汞锑分离的影响

产品名称	产率/%	品位/%		回收率/%		备　注
		Hg	Sb	Hg	Sb	
汞粗精矿	38.96	12.89	43.16	65.99	34.80	混合浮选不加硝酸铅
锑粗精矿	61.04	4.24	51.62	34.01	65.20	
给　矿	100.00	7.61	48.32	100.00	100.00	
汞粗精矿	12.33	47.85	14.87	83.92	3.82	混合浮选添加硝酸铅
锑粗精矿	87.67	1.29	52.65	16.08	96.18	
给　矿	100.00	7.03	47.99	100.00	100.00	

汞锑混合浮选时，一般采用黄药类捕收剂，如丁基黄药等，因为其捕收能力较强。

5.6.4.2　混合精矿分离

硫化汞锑混合精矿的浮选分离，通常采用抑锑浮汞的办法。因此，抑制剂对辉锑矿的抑制效果是影响分离的重要因素。常用辉锑矿的抑制剂有硫化钠、氢氧化钠、石灰、氰化物、丹宁酸及重铬酸钾等。在硫化汞锑矿物的分离中，重铬酸钾是迄今发现的最有效的抑制剂。重铬酸钾能选择性地抑制被铅盐活化的辉锑矿，而对辰砂的浮游性影响较小。青铜沟汞锑矿浮选分离试验曾采用纤维素（CMC）、羧甲基纤维素（ACMC）、水玻璃、硫化钠、诺克斯、腐殖酸（钠）等药剂作为辉锑矿的抑制剂代替重铬酸钾进行分离试验，但效果不理想。当重铬酸钾用量大时，同样会对辰砂产生抑制作用，此外重铬酸钾毒性很强，所以应控制其用量。图 5-46 为重铬酸钾用量对汞锑分离效果的影响。

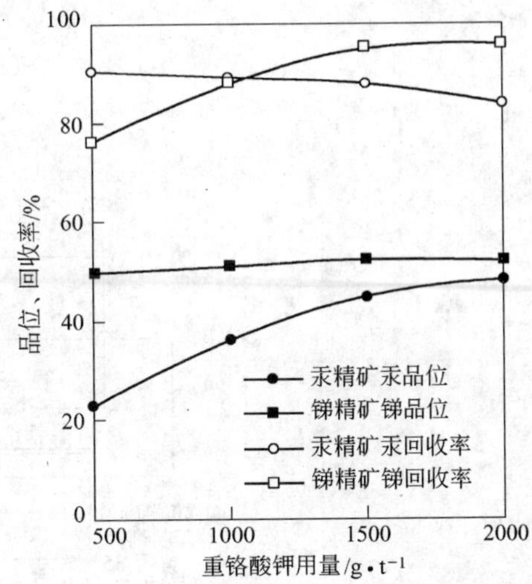

图 5-46 重铬酸钾用量对汞锑分离效果的影响

影响浮选分离效果的另一个因素是混合精矿的脱药。在混合浮选时，为了尽可能地提高汞、锑回收率，添加了足够量的丁基黄药和松醇油，这些药剂附着在矿物表面而被带入分离作业。如果不进行脱药处理，将带来重铬酸钾抑制剂用量增大、分离效果差等不良影响。因此，在分离作业需加入脱药剂，脱出浮选药剂。常用的脱药剂有硫化钠以及活性炭等。试验时曾加入 XY－1 脱药剂，使重铬酸钾用量从 2000g/t 下降到 500g/t。

为了降低重铬酸钾的用量，减少环境污染，曾进行过大量研究。采用陕西省地质矿产实验研究所研制的 1 号抑制剂与重铬酸钾配合使用取得了较好的效果。该药剂在青铜沟汞锑矿选矿厂进行了工业试验，工业试验流程见图 5-47。试验发现，重铬酸钾和 1 号抑制剂的配比及用量必须严格掌握。如用量过大，会使矿浆中部分汞也受到抑制；用量小，使锑抑制不彻底。在工业试验中，根据小型试验的研究结果和现场的不断调试，重铬酸钾和 1 号抑制剂的用量分别由 1700g/t 和 50g/t 降至最终的 400g/t 和 35g/t，并取得了满意的分离指标。工业试验指标见表 5-27。

5.6.5 复杂多金属硫化锑矿的选矿流程

复杂多金属硫化锑矿的选矿工艺一般以浮选为主，结合采用其他选矿方法，如手选、重选、磁选等。

5.6.5.1 手选－重选－浮选流程

湖南湘西金矿沃溪选矿厂采用手选－重选－浮选流程处理锑金钨共生矿石。

沃溪矿区为中低温热液充填层间脉状矿床。主要矿物有自然金、辉锑矿、白钨矿，其次是黑钨矿、黄铁矿，脉石矿物以石英为主。成矿阶段可分为两期：第一期为白钨矿石英矿化期，该期的主要矿物有白钨矿、钨铁矿、石英、叶蜡石等，第二期为硫化物矿化期，主要矿物有辉锑矿、自然金、黄铁矿、闪锌矿、方铅矿、石英、方解石等。可利用的工业矿物为自然金、辉锑矿、白钨矿及黑钨矿。

主要矿物的嵌布特性如下：

自然金：呈微粒状、细小片状，金黄色，密度 18.307g/cm^3。在石英间隙，辉锑矿的边缘及黄铁矿的边缘裂隙中，呈包裹体存在。共生富集特点是：通常金随辉锑矿与黄铁矿的富集而富集，即辉锑矿富集的区段金也富集；黄铁矿富集区段金更富集。金的粒度为 0.001～0.2mm，有的大于 0.83mm。由于自然金的粒度绝大部分相当细，而赋存状态又很复杂，因此，在选矿过程中即使磨得很细，仍难完全解离。

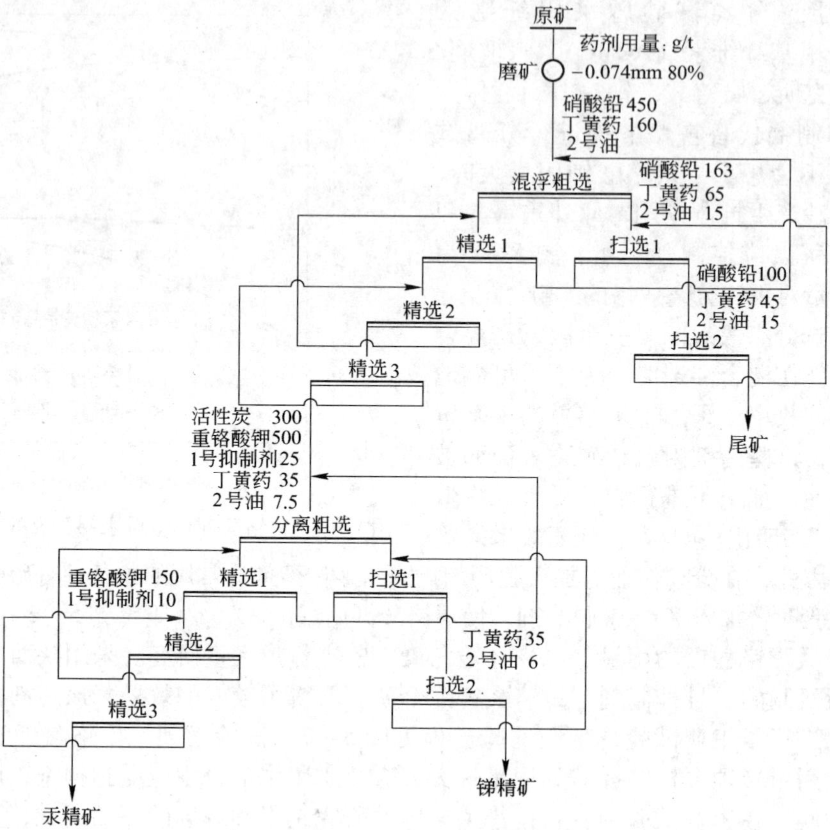

图 5-47　工业试验流程

表 5-27　工业试验指标

产品名称	产率/%	品位/%		回收率/%	
		Hg	Sb	Hg	Sb
汞精矿	1.00	74.24		85.32	
锑精矿	3.05		62.93		90.12
原　矿	100.0	0.874	2.13	100.0	100.0

辉锑矿：铅灰色，经风化后迅速变为黑色。密度 4.572g/cm³。呈致密块状、针发状等。在石英脉中呈条带状分布，均充填于石英间隙，有的形成填间结构，有的则包裹了石英碎屑，内常有黄铁矿浸染。辉锑矿磨到 0.1mm 粒级仍不能很好的解离。

白钨矿：白色，少数呈黄色，性脆易粉碎。密度 6.057g/cm³。粒度一般为粗粒，不规则块状，产于石英脉中，也有的呈薄层状及个体状产于辉锑矿中，还有的呈细线状产于围岩中，通常在 6mm 开始单体露离，到 -0.1mm 则近于完全解离。

黑钨矿：黑色，多呈较完整的小板状晶体，部分呈不规则状。只在矿脉中局部存在，且多与白钨矿伴生，并有切割白钨矿的现象。

黄铁矿：黄白色，密度 5.19g/cm³。多呈不规则粒状，小部分呈五角十二面体及立方体。多浸染于石英间隙及裂隙中，也浸染于辉锑矿内，少数浸染于白钨矿裂隙中。黄铁矿磨到 0.1mm 仍不能很好的解离。

矿石多元素分析结果见表5-28。

表5-28 矿石多元素分析结果

元素	WO_3	Sb	SiO_2	Fe	S	As	Mn	Ca	Cu	MgO	P	Au/g·t^{-1}
含量（质量分数）/%	0.65	4.92	72.34	3.16	2.7	0.07	0.13	1.34	0.006	0.67	0.028	9.3

选矿工艺流程见图5-48。该选厂手选作业的目的是抛弃废石，提高入选品位。手选后的矿石破碎至-30mm再两段磨矿。第一段棒磨至0.4mm，进入第一段摇床选出金精矿，混合锑金钨精矿，中矿和尾矿。前两种产物经溜槽后加工为混汞金，溜槽尾矿进入第一段浮选得锑金精矿，第一段浮选尾矿再经第二段摇床获得高质量白钨精矿。第一段摇床中矿和第二段摇床尾矿返回第一段磨矿，第一段摇床尾矿经第二段闭路磨矿至0.1mm，进入第二段先浮锑金，后浮白钨的优先浮选流程，浮出的锑金精矿与重选产出的锑金精矿合并后送冶金处理。

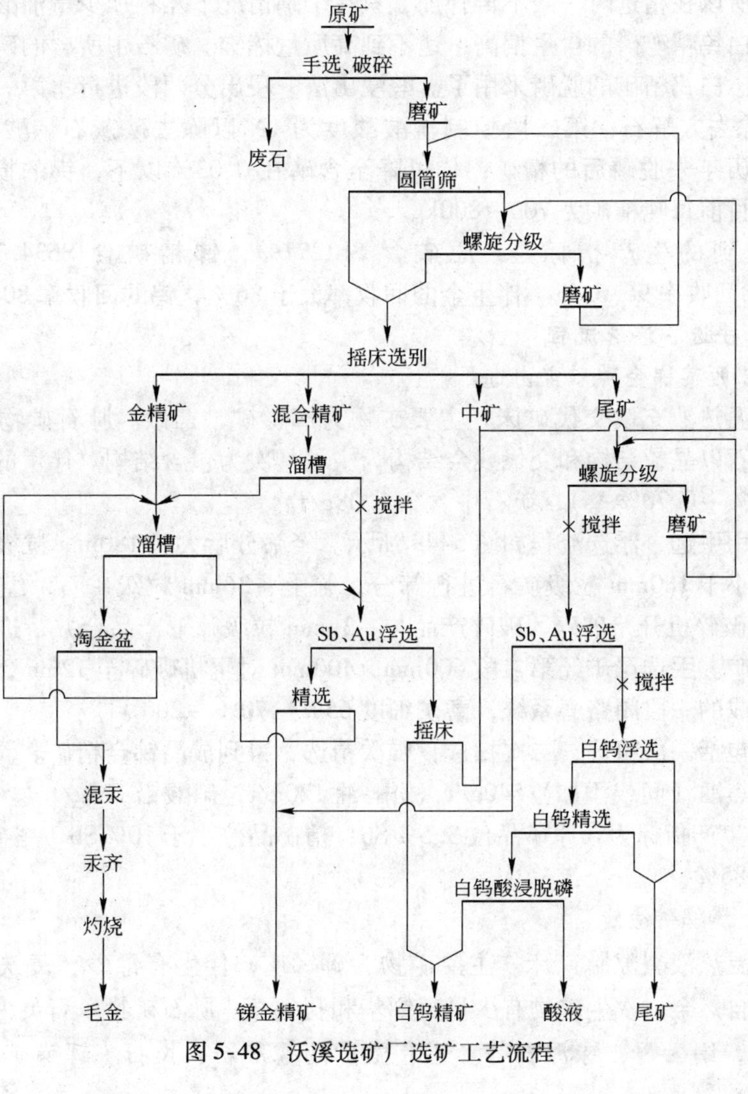

图5-48 沃溪选矿厂选矿工艺流程

第一段锑金浮选条件：pH 值为 6 ~ 7，浮选药剂为丁黄药 46g/t、煤油 8.2g/t、硫酸 46g/t、氟硅酸钠 91g/t，通过一次粗选和一次精选得锑金精矿，粗选尾矿添加煤油，再经第二段摇床选出白钨精矿。

第二段摇床尾矿进行锑金浮选，pH 值 7.5，浮选药剂为丁黄药 200g/t，黑药 80g/t，松醇油（适量），硝酸铅 100g/t，硫酸铜 70g/t，浮出锑金精矿，送冶金处理。

浮选所得白钨精矿经精选和脱磷得成品白钨精矿。精选方法是加水玻璃、加温、浓浆搅拌、稀释、常温浮选即彼得罗夫法，其实质是在搅拌槽中，钨粗精矿在矿浆浓度50% ~ 60% 固体的条件下，加水玻璃，通蒸汽在温度为 100℃左右，搅拌 30 ~ 60min。这样，就使一些钙矿物如方解石、萤石等表面上吸附的油酸被水玻璃所解吸，同时水玻璃又粘附在这些含钙矿物的表面上，使它们亲水，白钨矿表面吸附的油酸虽也被解吸，但水玻璃不会粘附在表面上。因此油酸又会重新吸附在白钨矿上，所以矿浆中的油酸使其继续保持疏水性。搅拌后矿浆加入新鲜常温水稀释后进行精选（矿浆温度 25 ~ 30℃）1 ~ 3 次，便可得到品位 65% ~ 70% WO_3 以上的钨精矿。作业回收率可达 96% ~ 97%。由于粗精矿中含有足够的油酸，所以在精选时一般不再补加，只在个别情况下才补加少量油酸。

该矿所产白钨精矿磷的含量偏高，达不到高质量标准。矿石中所含的磷可能是以磷灰石形式存在的。白钨精矿的脱磷采用了盐酸浸出法，浸出分两段进行：第一段控制盐酸酸度为 0.5N 以除去方解石，第二段控制盐酸酸度为 1N 以除去磷灰石。酸浸脱磷率可达 97% ~ 98%。历年来脱磷后的精矿，均可降至含磷在 0.03% 以下，钨的损失率为 1% 以下，盐酸耗量目前每吨精矿为 700 ~ 800kg。

该厂已达到的生产指标是：原矿含 Sb1.71%，锑精矿含 Sb34.73%，尾矿含 Sb0.055%，锑回收率 96.62%。伴生金的回收率大于 86%，钨的回收率 80% 左右。

5.6.5.2　手选 – 浮选流程

A　我国江西某锑金砷矿宝山选厂

该矿属低温热液充填交代矿床。主要矿物为辉锑矿、毒砂。脉石矿物为石英、方解石、云母。矿石以晶粒结构和交代残余结构为主，其次为包含结构。伴生的有害元素砷含量较高（0.52% ~ 0.70% As），矿石中含金 1.08g/t。

选矿厂采用手选 – 浮选流程如图 5-49 所示。经筛分后大于 180mm 粒级矿石经手捶选出块锑精矿，小于 180mm 粒级矿石进行筛分，筛上 +36mm 粒级矿石，经第一段 250mm ×400mm 颚式破碎机开路破碎，破碎产品与 –36mm 粒级筛下产品合并，进行一次手选以选出富块锑精矿。手选尾矿经第二段 600mm × 400mm 对辊机破碎至 12mm，然后进入球磨机和分级机组成的一段闭路磨系统，磨矿细度 65% ~ 70% –200 目。

浮选流程包括一次粗选，二次扫选，二次精选，得到成品锑金精矿。浮选药剂为丁黄药 400g/t，煤焦油（间或添加）540g/t，松醇油 120g/t，硝酸铅 175g/t。

1980 年的生产指标为：原矿品位 3.5% Sb，精矿品位小于 10% Sb，尾矿品位 0.496% Sb，锑回收率 85%。

B　湖南板溪锑砷金选厂

该矿属低温热液裂隙脉矿床。主要矿物为辉锑矿，伴生有毒砂、黄铁矿及微量黄铜矿、白钨矿及自然金。次生矿物有少量黄锑华和孔雀石。脉石矿物以石英为主，其次为白云石，方解石，绢云母，绿泥石等。还有微量的磷灰石、长石。辉锑矿呈粗细不均匀

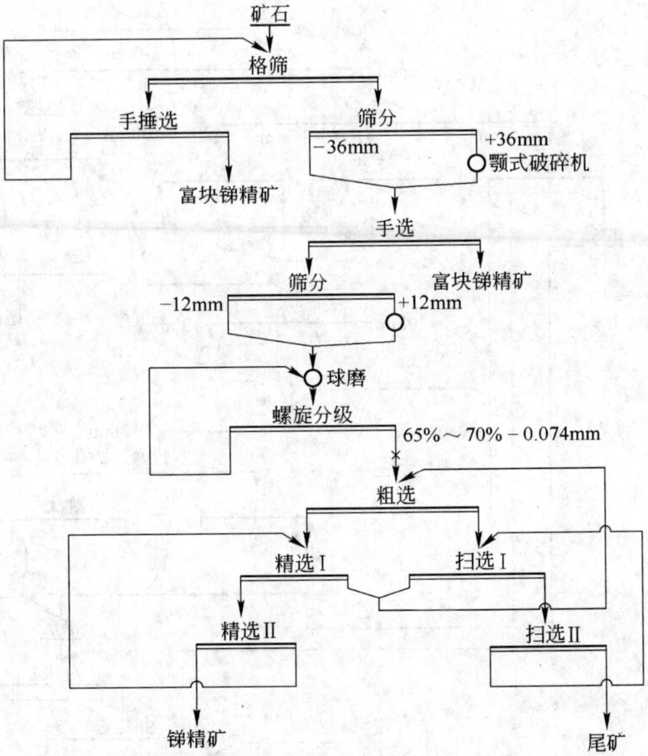

图5-49 江西某锑矿宝山选厂工艺流程

嵌布。

选矿厂采用手选-浮选流程（见图5-50）。原矿经大块手捶拣选，得部分块锑精矿，丢弃废石，然后再经筛分，洗矿脱泥，矿泥进入单独浮选系统处理。粗粒矿块经两段手选，得部分块锑精矿，丢弃废石（砷大部分在围岩中），手选合格矿石经一段闭路破碎至-12mm然后进入一段闭路磨矿系统。

浮选流程包括一次粗选、二次扫选、一次精选，得出最终锑精矿。浮选药剂为丁黄药645g/t，醋酸铅230g/t以及适量松醇油。

该矿1981年1～9月累积生产指标为：原矿品位3.2% Sb（0.4%～0.5% As），精矿品位56% Sb，尾矿品位0.46% Sb，锑回收率90%。该厂于1982年初开始采用分支串联浮选工艺及用丁铵黑药降砷，控制矿浆pH值至4.8～5，药剂制度为丁铵黑药151g/t，硝酸铅214g/t，松醇油8g/t，硫酸2000g/t。选别指标：原矿品位6.5% Sb（0.52% As），精矿品位65.63% Sb（0.35% As），尾矿品位0.4% Sb，锑回收率94.55%。

C 陕西旬阳青铜沟汞锑矿选厂

青铜沟汞锑矿床位于旬阳县城北北东30km，在公馆矿床的东边7km处，赋存于下泥盆统公馆组白云岩中，受罗家沟—柳树沟断裂制约。矿化充填在断裂上、下盘的次级裂隙及层间裂隙里。矿体呈细脉带产出，呈群分带，近东西延伸，以盲矿体为多数，共有大小矿体122个。

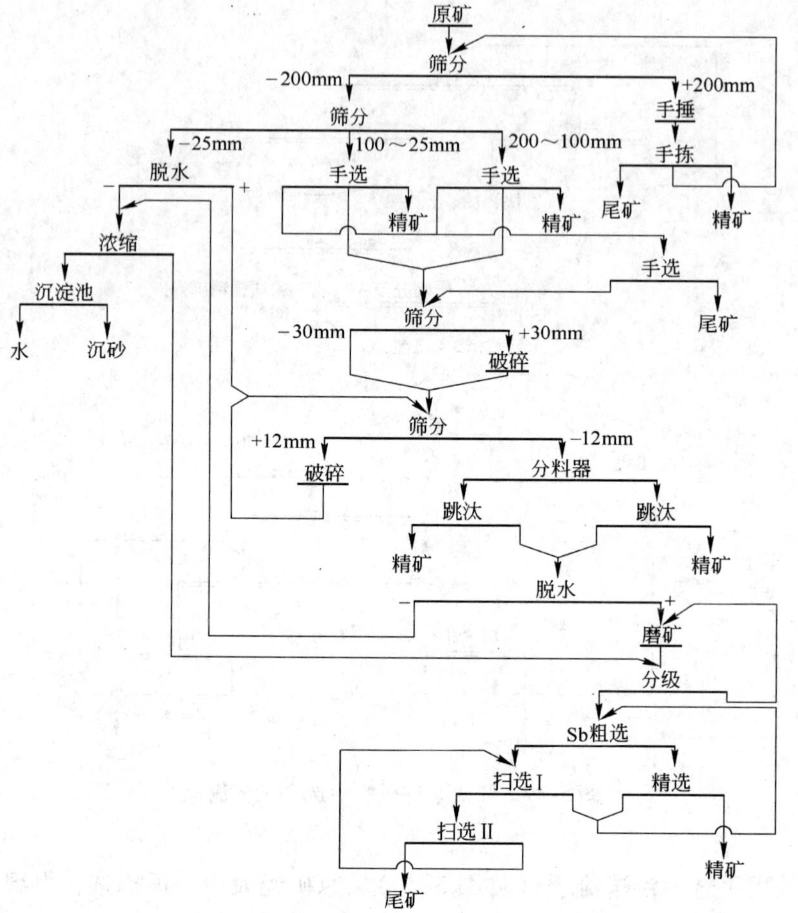

图 5-50　湖南板溪锑矿选矿厂流程

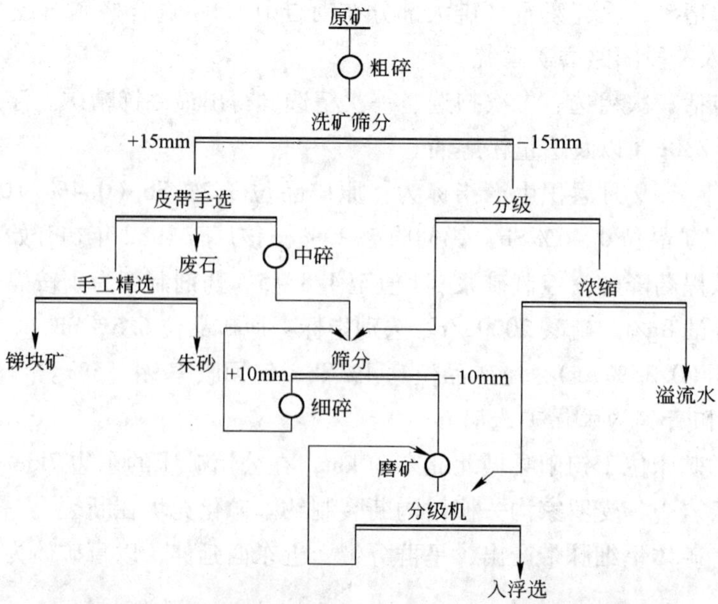

图 5-51　青铜沟汞锑矿选厂碎矿、手选及磨矿流程

目前，青铜沟汞锑矿已建成150t/d选矿厂，采用的破碎、手选及磨矿流程如图5-51所示，浮选工艺流程见图5-47。原矿粗碎后，大于15mm的矿石进入手选作业，选出辰砂块矿、锑块矿和废石。将辰砂块矿加工成工艺品或医用朱砂，锑块矿（青砂）可直接送冶炼，废石则丢弃。矿石再经两段破碎后进入浮选，先混合浮选得到汞锑混合精矿。混合精矿脱药后，再进行抑锑浮汞，产出汞精矿和锑精矿。

该厂目前的生产指标较好，汞锑回收率可达92%～95%，唯精矿质量不太稳定，精矿中不同名金属的含量偏高。汞精矿含锑10%左右，锑精矿含汞2%左右。

5.6.5.3 浮选—重选或重选—浮选流程

先采用浮选工艺选出混合精矿，再用重选进行分离。南非的莫奇森（Murchison）锑金砷矿选厂过去曾采用这种先浮后重的联合流程，目前则改为重选－浮选流程，即先重后浮的选别流程。

莫奇森锑金砷矿选厂属于莫奇森金矿发展公司，是世界上最重要的锑生产厂家之一。该厂处理一种含有纯辉锑矿、镍品位高的辉锑铁矿（$FeS\cdot Sb_2S_3$）和黄铁矿－砷黄铁矿的复杂矿石。除这些以外，矿石中还含有硫锑铁矿、辉砷镍矿、磁黄铁矿、黄铜矿、闪锌矿、硫铜锑矿、自然锑以及自然金、砷锑金矿和方金锑矿。辉锑矿产于石英—云母页岩和碎砾岩中。金也是该厂的主要回收对象。

选矿厂处理能力为1800～2000t/d，过去以浮选为主的浮选—重选联合流程见图5-52。矿石经三段一闭路破碎，破碎产品进入由球磨机及水力旋流器组成的一段闭路磨矿系统。磨矿产品进入下一段由水力旋流器与浓密机组成的浓缩系统浓缩后，进行浮选。

浮选分为两段，第一段为一次粗选，二次扫选，一次精选的混合浮选流程。得到的锑金砷混合精矿用水力旋流器分级，溢流即为锑精矿，旋流器沉砂经调浆后进入优先浮选砷金的第二段浮选流程。第二段浮选精矿用摇床选出砷金精矿，槽内产物与摇床尾矿合并为锑精矿。

混合浮选时添加硫酸调整矿浆pH值为6.8，加铅盐活化辉锑矿，用异丁基钠黄药和丁基二硫代磷酸钠作捕收剂浮选锑砷金，使用硅酸钠作分散剂，而糊精作滑石的抑制剂。第二段浮选时，加氢氧化钠控制矿浆pH值为9.5，抑制辉锑矿，用硫酸铜活化砷矿物。

采用上述先浮后重的工艺，在原矿品位为3%Sb时，可获得品位为60%Sb的锑精矿。该工艺在锑砷分离浮选时，常常对辉锑矿的抑制不充分，造成辉锑矿损失严重。

目前莫奇森锑金砷矿选厂已改为先重选后浮选的选别工艺流程，见图5-53。该工艺设两段磨矿，每段磨矿后均有重选作业。重选精矿直接送到冶炼厂和精炼厂。重选尾矿进入优先浮锑的浮选流程，增加氰化钠作为砷矿物的抑制剂，获得锑精矿。浮选采用两段粗选回路与扫选串联；有两段精选，第二段精选有扫选作业。浮选尾矿送入碳柱中，进行吸附，以提取与氰化物结合而溶解了的金。浮选锑精矿或者直接送入熔炉氧化成Sb_2O_3，或者先送入氰化浸出。为了避免锑进入溶液，在管式反应器中采用了压力浸出的形式。这里不是直接浸出浮选精矿，而是先采用专门的处理设备进行磨矿，然后浸出矿渣。

5.6.5.4 重选—浮选—重选流程

澳大利亚新南威尔士Hillgrove锑矿的矿石由石英脉中的辉锑矿和少量的方解石组成，与矿床共生的其他矿物有黄铁矿、磁黄铁矿、砷黄铁矿、白钨矿、石墨和金。

选厂生产能力大约7t/h，采用的重选—浮选—重选流程如图5-54所示。矿石破碎到

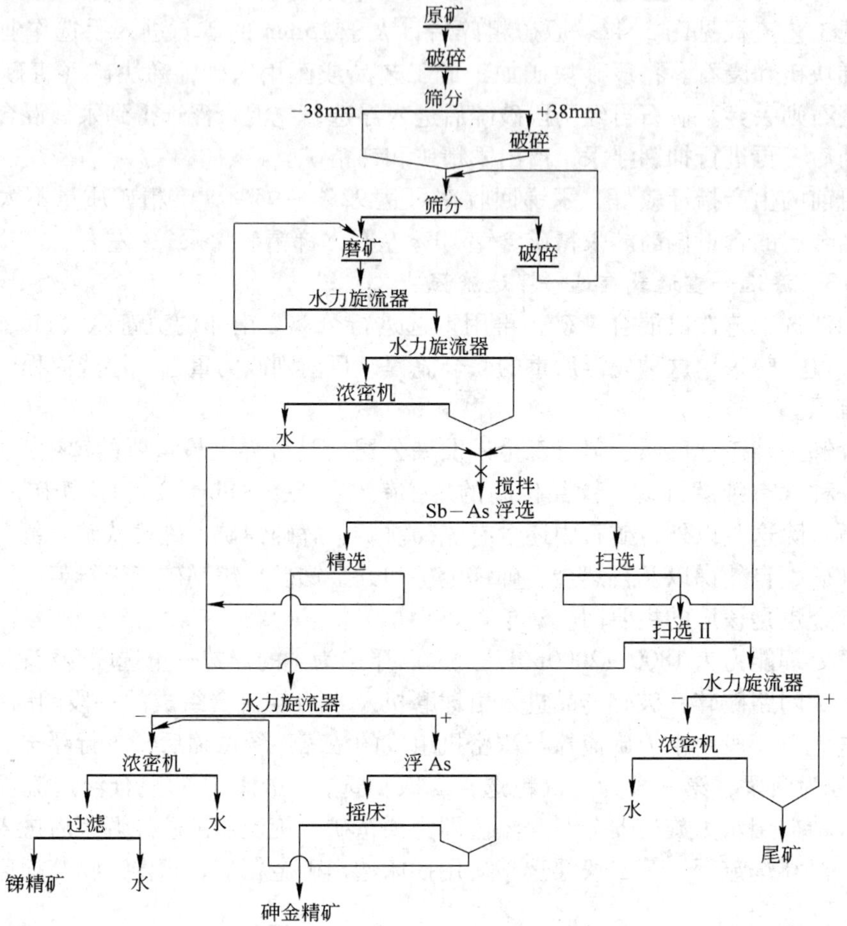

图 5-52　南非莫奇森锑金砷矿选厂先浮后重流程

12mm 以下之后，用一台球磨机进行磨矿，磨矿使用的钢球为 80mm。为了避免产生不必要的矿泥，磨矿回路与重选设备构成闭路，即磨矿回路的排矿送去三段重选（Reichert 圆锥选矿机，Reichert 螺旋选矿机和振动摇床）之前要筛到 -3mm。筛出的粗粒部分和各段重选的尾矿，用水力旋流器进行分级，溢流送去浮选，而沉砂返回磨机，旋流器溢流细度大约为 -74μm 占 60%。用硝酸铅（1600g/t）作活化剂，用乙基钠黄药（107g/t）和 MIBC（甲基异丁基甲醇）进行浮选。

为了除去浮选精矿中的砷黄铁矿，用两台振动摇床处理浮选精矿，选出的砷黄铁矿精矿返回重选回路。过去该选厂原矿品位大约为 4.5% Sb，金为 9g/t。锑回收率一般高于 90%，而重选回路的金回收率仅占 40%。辉锑矿精矿品位一般都在 60% Sb 以上，含砷则低于 0.4%，金精矿品位一般为 3000g/t，金的损失分布为 40% 损失于尾矿中，20% 损失于辉锑矿精矿中。目前矿石的金锑品位均有所下降。

5.6.5.5　磁选—浮选—重选流程

我国广西大厂长坡选厂即采用此工艺流程处理含锑锡石多金属硫化矿，选厂工艺流程见图 5-42，详见本章 5.6.2 节。

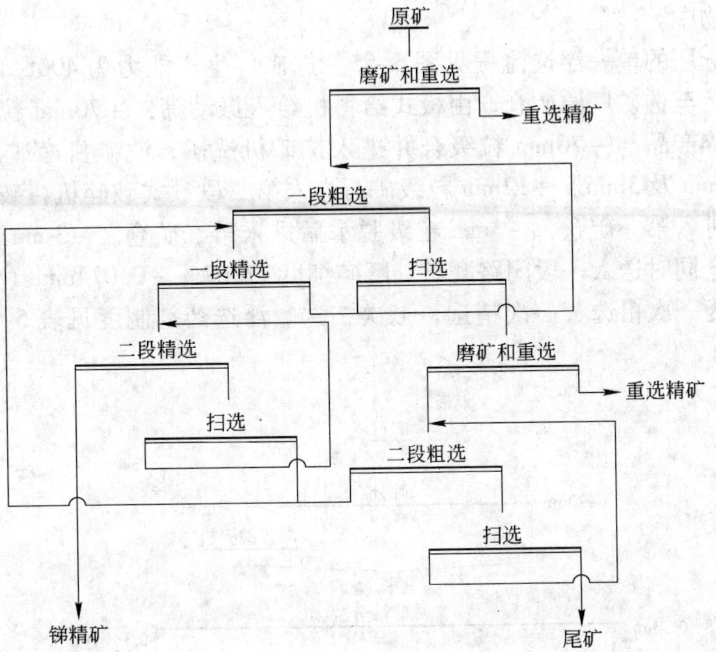

图 5-53 南非莫奇森锑金砷矿选厂先重后浮流程

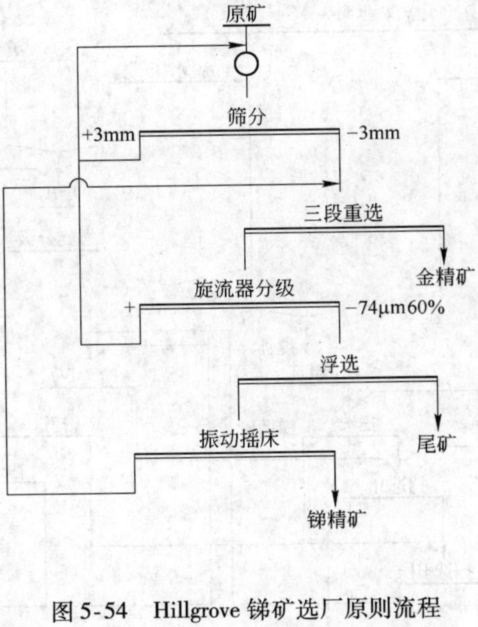

图 5-54 Hillgrove 锑矿选厂原则流程

5.6.5.6 全浮选流程

我国湖南龙山锑矿即采用全浮选流程处理锑金砷共生矿石。意大利曼西阿诺（Manciano）选厂也采用单一浮选流程。曼西阿诺选厂处理一种含锑、铅、锌、汞的矿石，脉石主要为易碎黏土和少量钙质巨砾石和卵石，辉锑矿除呈晶体矿巢赋存外，大部呈细粒浸染于黏土矿物中，共生的黄铁矿、白铁矿、方铅矿、闪锌矿、辰砂和硫酸盐矿物也呈细粒浸染于黏土矿物中。

曼西阿诺选厂的单一浮选流程见图5-55。选矿厂生产能力为400t/d。露天开采的矿石用载重汽车运至选矿厂原矿仓，由板式给料机给入振动筛，+70mm粒级进入第一段颚式破碎机，破碎产品与-70mm粒级合并进入选矿机洗矿，洗矿机净矿给至双层振筛筛分，筛孔为12mm及3mm。+12mm粒级矿石进入第二段颚式破碎机，破碎产品与+3mm粒级矿石合并进入第一矿仓，-3mm粒级脱水后进入第二矿仓。-3mm和+3mm粒级物料，由两个矿仓同时送入一段闭路磨矿，磨矿细度77.67% -0.074mm（-200目）。

浮选流程为一次粗选、一次精选、七次扫选。浮选药剂制度见表5-29。该厂生产指标列于表5-30。

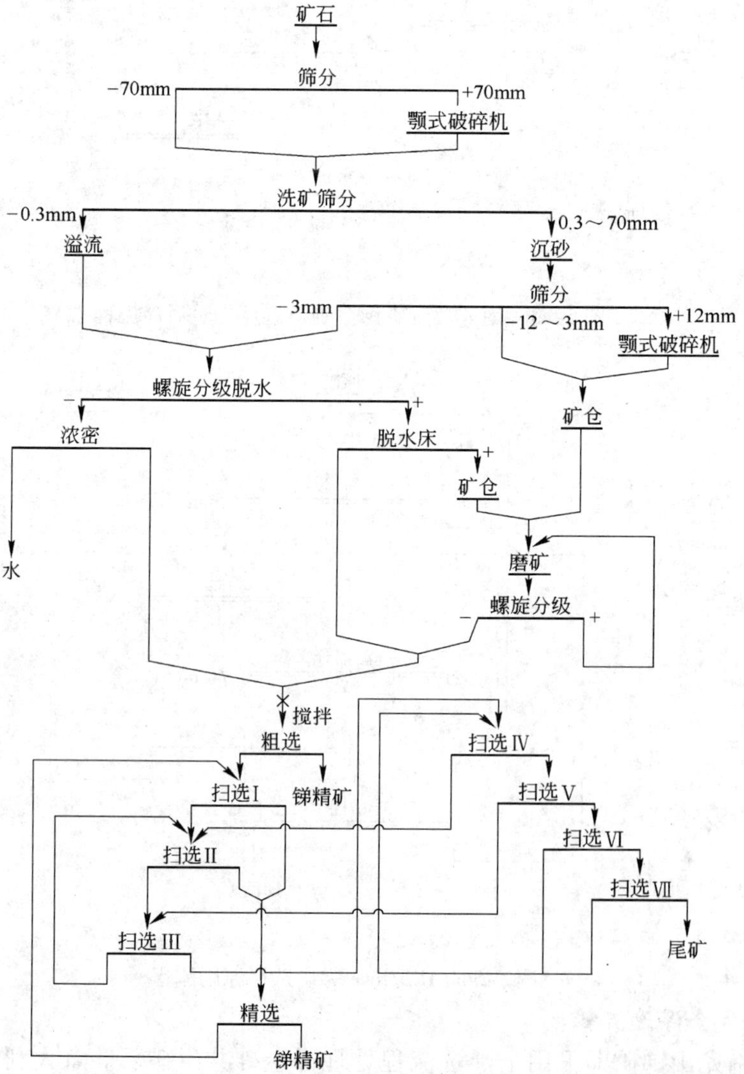

图5-55　意大利曼西阿诺选矿厂流程

表 5-29 曼西阿诺选厂浮选药剂制度

药剂名称	异丁基黄药	二硫代磷酸盐	硝酸铅	甲基异丁基甲醇	水玻璃	氢氧化钠
用量/$g \cdot t^{-1}$	125	300	950	80	600	160

表 5-30 曼西阿诺选厂主要生产指标

项目	产率/%	品位/%						回收率/%					
		Sb	As	Fe	Pb	Zn	Hg	Sb	As	Fe	Pb	Zn	Hg
精矿	3.8	53	0.8	4.8	1.5	3.5	0.3	84.6	3.7	5.3	43.3	60	31.3
尾矿	96.2	0.39	0.95	3.7	0.09	0.1	0.03						
原矿	100	2.4	0.95	3.8	0.15	0.25	0.04	100	100	100	100	100	100
水耗/$m^3 \cdot t^{-1}$	7.7（其中回水 4.1）												
电耗/$kW \cdot h \cdot t^{-1}$	27												
球耗/$kg \cdot t^{-1}$	0.15												

6 氧化锑矿的选矿

6.1 概述

目前，重选仍是国内外氧化锑矿选矿生产实践中采用的唯一选矿方法。重选仅能回收粗粒氧化锑矿物，而细粒氧化锑矿物的重选回收率很低。氧化锑矿物（锑华、方锑矿、锑赭石、黄锑华等）的硬度较低，在碎磨过程中很容易泥化。因此，目前锑选厂氧化锑的总回收率都比较低。

为了提高细粒氧化锑矿物的选矿回收率，国内外学者进行了许多试验研究工作，主要包括细粒氧化锑矿的浮选和选冶联合工艺两方面的研究。

氧化锑矿的表面润湿性强，属于较难浮游的矿石。氧化锑矿物与主要脉石矿物石英的零电点几乎相同，均为 pH 值为 1.9 左右，且定位离子都是 H^+ 和 OH^-，两者的浮选行为极其相似；氧化锑矿物在水中水解成微量的亲水表面化合物 $HSbO_2$ 或 $HSbO_3$，同石英在水中水解生成的微溶性酸类化合物非常相似。因此，用常规活化或抑制的方法分离氧化锑矿物与石英，极易造成两者同时活化而上浮或同时被抑制，很难分离。氧化锑矿浮选研究的重点是寻找高效、选择性强的活化剂和捕收剂，如有机螯合剂等。

选冶联合工艺方面的研究主要有离析－浮选、离析－重选等。

6.2 氧化锑矿的浮选

细粒氧化锑矿物的选别，是当今国内外选矿领域中的难题之一，自 20 世纪 60 年代以来，尽管国内外进行了大量研究，但均未取得突破性进展。目前，细粒氧化锑矿物的选别仍沿用摇床重选法，效果很差，作业回收率仅 20% 左右。由于细粒氧化锑矿物的重选回收率低，所以对氧化锑矿的浮选研究受到重视，并在实验室取得了一定成果，但至今仍未见工业应用报道。

6.2.1 高效药剂浮选氧化锑矿

6.2.1.1 氧化锑矿物的选择性活化

昆明理工大学曾经进行过选择性活化剂活化氧化锑矿物的浮选试验研究。试验采用了 LZL 等 4 种性质相近，能改变氧化锑矿表面结构状态的药剂作为活化剂，采用油酸作捕收剂。pH 值影响试验结果表明 4 种药剂均能活化氧化锑矿物，而对石英不起作用，其最佳活化 pH 值范围不宽，为 6 和 7。活化剂用量试验结果表明活化剂存在最佳用量点（极值点），过高或过低都使活化效果不佳，氧化锑矿物被完全或较完全活化所需的药剂量较少。对氧化锑与石英组成的人工混合矿进行了浮选分离试验，当原矿锑品位为 2.83% 时，精矿锑品位可达 30% 左右，精矿回收率大于 85%。

6.2.1.2 脉石矿物的选择性抑制

中南工业大学采用变性水玻璃作抑制剂，在 pH = 7.5 时，对氧化锑矿与硅化灰岩的浮选分离进行了研究。结果表明，Mn^{2+}离子能选择性地活化氧化锑矿物。在有Mn^{2+}离子存在的情况下，由于氧化锑矿物和硅化灰岩表面对Mn^{2+}离子吸附能力的不同，使两种矿物表面电性质差别扩大，当Mn^{2+}离子用量为30mg/L时，由于氧化锑矿物对Mn^{2+}离子的强烈吸附，因而它表面的ζ电位由无Mn^{2+}离子时的 -45mV 变为 -20mV；而硅化灰岩由于对Mn^{2+}离子的吸附较弱，其表面的ζ电位变化不大，只由 -46mV 变为 -40mV。试验证明，在这种情况下，变性水玻璃能够更进一步有效地扩大氧化锑矿物和硅化灰岩表面性质和可浮性差异，它对脉石矿物硅化灰岩具有良好的选择性抑制作用。在有Mn^{2+}离子存在的情况下（Mn^{2+}离子用量 30mg/L），随着变性水玻璃用量的增加，硅化灰岩回收率急剧下降，当变性水玻璃用量为 60 mg/L 时，硅化灰岩回收率下降到 3% 以下；这时，对氧化锑矿物浮选回收率的影响不明显，其回收率仍保持在 90% 以上。可见，变性水玻璃能够强化氧化锑矿物和硅化灰岩的浮选分离过程，有利于它们的浮选分离。变性水玻璃的重要作用是在于它有可能强烈地、选择性地被吸附到硅化灰岩表面，增加硅化灰岩表面的亲水性，使之受到抑制，而且它又不影响Mn^{2+}离子对氧化锑矿物的活化。药剂吸附量测定结果表明，当变性水玻璃用量大于 60 mg/L 时，变性水玻璃在硅化灰岩表面上的吸附量明显增加，而且与硅化灰岩浮选回收率的明显下降具有一致对应关系。

在有Mn^{2+}离子存在的情况下，采用变性水玻璃对锡矿山北矿难选细粒氧化锑工业矿石混合试样进行了浮选试验。氧化锑浮选给矿的锑品位为 1.9% ~ 2.0%，氧化率高达 87%，浮选所得氧化锑精矿含锑 17% ~ 19%，回收率达 70% ~ 74%。这一试验指标，与锡矿山现厂所用摇床选别的指标相比，氧化锑精矿品位提高 5%，回收率提高约 50%。

该研究指出，使用变性水玻璃对氧化锑矿物与脉石矿物硅化灰岩进行浮选分离时，Mn^{2+}离子的存在非常重要。在无Mn^{2+}离子存在的情况下，即使采用变性水玻璃，氧化锑矿物与硅化灰岩的浮选分离效果并不理想。

6.2.1.3 利用高效捕收剂浮选氧化锑矿

高效选择性捕收剂在氧化锑矿的浮选研究中受到较多重视，研究较多的这类捕收剂有硫代二苯脲、1，2 - 二羟基 -4*n* 邻苯二酚络合剂、胺类（十二胺、十八胺及混合胺）、羟肟酸类、烷基硫酸盐类、二乙胺苯基乙酸汞以及以乙二胺为基础的氧化丙烯和氧化乙烯共聚物 ПРОКСАМИН - 385，ДИРОКАМИН - 157，ПРОКСАНОЛ - 305 等。二乙胺苯基乙酸汞以及 ПРОКСАМИН - 385，ДИРОКАМИН - 157，ПРОКСАНОЛ - 305 均能强化氧化锑矿物的浮选，在本书 5.1.5 节中已有叙述。

中南大学曾采用十二胺等捕收剂浮选氧化锑矿，结果表明用十二胺或烷基硫酸钠作捕收剂时，矿物表面电性对氧化锑矿物的可浮性起着十分重要的作用。十二胺阳离子在低浓度时呈单个离子的静电吸附，对矿物可浮性影响不显著。在浓度高于 1×10^{-4} mol/L 以后，可浮性急剧增加，ζ电位变正，形成半胶束吸附。Pb^{2+}对十二胺浮选氧化锑有抑制作用。用十六烷基硫酸钠浮选时，当 pH 值在 5 ~ 7 之间时，Al^{3+}对氧化锑矿有显著的活化作用，主要原因是 $Al(OH)^-$ 在矿一液界面形成特性吸附，使ζ电位变正。羟肟酸不浮未经活化的氧化锑矿物，而Cu^{2+}在 pH 值为 5 ~ 7 范围内有很强的活化作用。

我国锡矿山北选厂氧化锑矿石的成分十分复杂，金属矿物由原生单一辉锑矿氧化变成了复杂的锑赭石——黄锑矿、黄锑华、水锑钙石、锑华、方锑矿和残余辉锑矿。还有过渡性氧化产物——硫氧锑矿（红锑矿）等。脉石矿物主要是石英，次为高岭石、黏土和碳酸盐（方解石、白云石）等。湖南有色金属研究所曾进行过浮选试验研究。

该研究所在氧化锑矿石的浮选探索试验中，曾使用过阴离子捕收剂（黄药、硫氮9号、硫代二苯脲、油酸、氧化石蜡皂、环烷酸、RA-315、SR等），阳离子捕收剂（混合胺），两性捕收剂（十六胺基乙酸、AE-12）和螯合剂（LT-402）等。试验最终选择了多种阴离子捕收剂各自最佳用量的混合。混合药剂是将磺酸水杨酸钠加入到硫代二苯脲中，从而改变硫代二苯脲的性质，然后再与适当用量的丁基黄药、乙基黄药、尿素、丁基醚醇混合作氧化锑矿石的捕收剂。混合用药的组合方案比例为丁基黄药∶乙基黄药∶尿素∶（硫代二苯脲∶磺酸水杨酸钠）∶丁基醚醇=33∶14∶12∶（1.9∶1）∶1.9。选用酸性水玻璃∶草酸=1∶1作为混合抑制剂，大大提高了药剂的选择性和抑制能力。而氧化锑矿物的活化剂采用多种金属阳离子进行了比较选择，Pb^{2+}、Cu^{2+}、Fe^{3+}、Fe^{2+}、Mn^{2+}等对氧化锑矿物均有不同程度的活化作用，以Cu^{2+}和Mn^{2+}组合的活化效果为优，硫酸铜∶硫酸锰=1∶0.6。

试验最终获得氧化锑精矿的品位为20% Sb左右，氧化锑浮选相回收率在60%～80%之间，比重选的指标有较大提高，但浮选药剂消耗量较大，浮选时间较长。

前苏联学者L. N. 萨利霍娃等对氧化锑及石英的可浮性进行了研究。氧化锑的成分为：Sb_2S_3 0.15%，Sb_2O_3 0.63%，SbO_2 5.15%，Sb_2O_5 66.1%，As_2O_3 0.025%。用黄药、油酸及烷基硫酸盐作捕收剂浮选未获成效，而用阳离子捕收剂（如十八胺及ANP-2），在pH值3.8～6.7时获得了良好的浮选结果，铜、铅、铁、锌等盐类起抑制作用。最佳活化剂是在加有吡啶的盐酸溶液中（pH=1.5）加入KI，用十八胺或ANP-2浮选，可得78%～83%的浮选产率。

6.2.2　氧化锑矿的硫化浮选法

氧化锑矿的硫化浮选法就是先对氧化锑矿进行硫化，然后用常规黄药类捕收剂浮选。由于氧化锑矿在碱性溶液中的溶解性较强，因而不能采用硫化钠进行硫化。氧化锑矿的硫化需要在非碱性介质中进行，常用的硫化剂有H_2S、Na_2S_5、元素硫及硫代乙酰胺以及硫酸盐还原性细菌等。

独联体学者索洛仁金（П. М. Соложенкин，英文为Solozhenkin P.）等人研究了一种氧化锑矿的水热硫化法。研究对象是含锑2%的矿石，其中硫化锑的含量为0.14%。在水热条件下，有元素硫和Na_2S_5存在时，在245℃硫化后，矿石中硫化锑的含量增加到50%。在180℃时，用Na_2S_5进行硫化，硫化剂的用量为矿石总量的2%。恒温作用60min后，硫化产品用传统浮选药剂进行浮选。与未经硫化的浮选试验结果相比，水热法可将尾矿中锑的含量从1.13%降到0.31%，精矿回收率提高50%。

另外，索洛仁金还研究了一种细菌硫化法，即借助于硫酸盐还原性细菌НКБ进行硫化。在培植НКБ时，用加工棉籽的废物——绒棉尘来代替贵重的乳酸钠，棉绒尘以3g/L的用量加入培养介质中。对硫化矿浮选尾矿采用НКБ浮选锑，可使尾矿中锑的损失减少7%～11%。热力学计算结果表明，在含НКБ的矿浆中，硫化氢的氧化速度比在含硫化钠的矿浆中慢。因此，在含НКБ的浮选矿浆中硫化物离子和连二亚硫酸离子浓度的降低也比在含硫化钠的矿浆中要小。显然，硫化剂 HKБ 的效果也取决于硫化氢一级水解作用所生成的硫氢离子浓度，由于矿浆中的氧化程度较低，因而可以保持适当的硫氢离子浓度。

6.3 氧化锑矿的选冶联合回收工艺

选冶联合工艺回收氧化锑矿常常能取得较好的效果。目前，技术上较完善的选冶联合工艺是先对氧化锑矿石进行氯化焙烧预处理，又称为离析处理，然后再用常规选矿方法回收。这种工艺较之氧化锑矿直接浮选或重浮联合法能得到较高的品位和回收率，其缺点是处理成本较高，迄今尚未应用于生产实践。

氧化锑矿石的离析，是指在有固体还原剂的情况下，添加氯化剂并加热，经复杂的氯化－还原反应，使矿石中的锑呈挥发性的氯化物从矿物晶格中析出，吸附在还原剂的表面，被离析反应中生成的氢还原成金属锑。还原出的金属锑常具有较好的可浮性，可通过浮选或重选法加以回收。

锡矿山曾对一种硫化－氧化混合锑矿细泥进行过浮选－离析－浮选工艺研究。矿样中的主要锑矿物辉锑矿和氧化锑约各占 50%，矿样含锑品位 9.74%，矿样粒度为54% －19μm（其中 －10μm 金属占 31%），脉石为硅化灰岩。

首先用常规浮选法浮出矿石中的硫化锑矿物，浮选药剂为丁黄药 250 ~ 300g/t、硝酸铅200g/t、松醇油 120 ~ 150g/t。浮选尾矿脱水烘干，配入1% ~2% 的食盐作氯化剂，1% 的煤作还原剂，在温度为960℃条件下，离析反应 20min。离析产物隔绝空气冷却（或水淬），湿磨至60% ~70% －200 目，然后加入丁黄药250g/t、页岩油300g/t、松醇油120g/t 进行浮选，获得金属锑精矿和废渣。该研究最终获得锑品位为 28.70% 的综合锑精矿，精矿总回收率高达 95.01%。离析处理的温度、时间、煤比、盐比是影响回收指标的重要因素。

云南某氧化锑矿浮选、重选后的中矿，锑矿物主要为黄锑华，氧化率大于 95%，粒度小于 0.063mm。对该中矿进行了离析—重选试验研究，首先把试料（中矿）烘干，再加入适量的氯化剂（NaCl1.5%）和还原剂（煤粉 1.5%）与试料混匀送入高温炉进行离析还原焙烧（焙烧温度 960℃，恒温 20min），离析产品采用水淬冷却，再经磨矿（－200 目占 97%）用常规浮选法选别的指标不好，而采用重选（摇床）选别，获得了比较好的指标。离析－重选精矿锑品位 71.56%，作业回收率 50.53%。

广西都结锑矿是一处类型独特的氧化锑矿床，矿石中的锑矿物几乎均为黄锑矿，脉石矿物主要为石英、方解石及少量黏土矿物。矿石多呈松散土状，黄锑矿嵌布粒度微细，属极难选的氧化锑矿石。针对该氧化锑矿石，曾进行过多种选矿方法的探索。如分级摇床选别、分级离心机－横流皮带溜槽以及多种药剂配方的浮选等，效果均不理想。化学选矿探索试验研究结果表明，由于矿石含有大量碳酸盐矿物，不适宜采用盐酸浸出法；而采用硫化钠和氢氧化钠浸出法虽可使化学性质稳定的黄锑矿溶解进入溶液，但溶解速度缓慢且成本较高。进一步的研究发现，矿石中的黄锑矿矿物颗粒含有一定量的铁质，并具有弱磁性。根据矿石矿物的这一特性，尝试采用强磁选方法选别粗粒黄锑矿，并采用化学除钙工艺处理细泥获得了成功。选矿试验确定的选矿工艺流程为：原矿预先筛分，＋0.85mm 筛上样品破碎至－0.85mm；然后将－0.85mm 粒级样品水洗分级，＋0.048mm 粒级采用强磁选（磁场强度 1.8～2.0T），-0.048mm 粒级采用稀盐酸溶液去除碳酸盐，残渣为泥精矿。采用该选矿试验流程，在原矿锑品位为 8.28% 时，得到磁选精矿品位 58.65%，回收率 23.45%，泥精矿品位约 37%，回收率 72.19%，混合精矿品位 39.29%，总回收率 95.64%。

7 锑精矿的挥发焙烧

7.1 锑的生产方法

金属锑的冶炼方法，分为火法与湿法，现仍以火法冶炼为主。火法炼锑主要采用的是挥发焙烧—还原熔炼法或挥发熔炼—还原熔炼等方法，即先经挥发焙烧（熔炼）产出三氧化锑，三氧化锑再经过还原熔炼和精炼，产出金属锑。另外，对高品位的辉锑矿或精矿，可采用沉淀熔炼法直接产出金属锑。根据所用溶剂的性质，湿法炼锑可分为：碱性浸出—硫代亚锑酸钠溶液电解；酸性浸出—氯化锑溶液电解两种方法。前一方法用硫化碱作为浸出剂，是20世纪逐渐兴起的炼锑工艺。

硫化锑矿石和精矿的挥发焙烧—还原熔炼、硫化锑精矿的沉淀熔炼、碱性浸出—浸出液电解三种方法是目前工业生产上主要采用的炼锑方法。此外，锑冶炼厂还可以以富矿石为原料，采用熔析法生产生锑（三硫化锑）。锑的生产方法与其它有色金属生产方法的不同之处主要是所用的原料未规范化，应根据原料品位、形态和产品要求确定生产方法。

我国的锑冶炼厂，95%以上采用火法炼锑工艺，即先将硫化锑矿石或精矿挥发焙烧（熔炼）产出三氧化锑，再对三氧化锑进行还原熔炼和精炼，产出金属锑。

硫化锑矿石及精矿的挥发焙烧工艺在工业生产上已得到广泛应用，其挥发焙烧的基本原理是基于硫化锑在空气不足的情况下，受热氧化为易挥发的三氧化锑，三氧化锑随炉气进入收尘系统，冷凝为白色粉状结晶沉积下来，达到锑与脉石的分离。

最古老的挥发焙烧设备是处理含锑15%左右或更贫的块状锑矿石的某些直井炉或称竖炉，在我国通用的是类似赫氏焙烧炉的一种中国式直井炉。此外，多年来曾进行过研究或投入生产运用的挥发熔炼设备还有回转窑、液态化炉、烧结机、隧道窑、飘悬炉、鼓风炉及旋涡炉等。

直井炉这一挥发焙烧设备，长期广泛使用，历史悠久，现已逐渐被淘汰，它起源于法国，我国曾长期使用该种设备处理价廉质次的手选块矿，燃料消耗低，能产出质量很好的三氧化锑。

回转窑也是较早使用的炼锑挥发焙烧设备，前南斯拉夫长期使用、经验丰富。后来意大利又研制出一种回转窑闪速焙烧的新方法，直接处理粉状浮选硫化锑精矿，方法独特，设备流程简单，不需要加入熔剂，能耗低，产出窑渣含锑低，直收率高达96%，此种炉型具有硫态化沸腾炉的特点，反应速度快、处理能力大、挥发率高、产出的锑氧粉质量好。

沸腾焙烧主要用于处理硫化锑矿，北京有色金属研究总院和锡矿山矿务局先后对沸腾焙烧处理浮选硫化锑精矿及低品位含锑氧化物物料进行了试验研究，前苏联对含锑小于5%的贫锑矿料（锑锍、氧化矿、尾矿、浸出渣），曾试用沸腾焙烧及烧结焙烧，锑挥发率分别为80%及90%～97%。前苏联已将其用于低品位矿石的焙烧，我国某厂将其用于处理脆硫锑铅矿精矿。

隧道窑挥发焙烧锑精矿是我国的研究成果，该工艺既能处理硫化锑精矿，也能处理硫化锑和氧化锑的混合精矿，锑的挥发率高，产出的锑氧粉质量好。

我国锡矿山曾利用原有的冷凝收尘设备进行了浮选锑精矿的飘悬焙烧试验，日本采用飘悬焙烧处理含贵金属锑精矿，锑挥发率为87% ~ 90%，焙砂经再处理回收贵金属。

三氧化锑的生产也可采用挥发熔炼来实现，这种方法是在高温、强氧化气氛及炉料呈熔融体的情况下，使锑最大限度地以三氧化锑的形态挥发、冷凝下来，从而克服了挥发焙烧时因炉料熔结带来的困难。挥发熔炼是由普通的鼓风炉熔炼发展起来的，适于处理高品位精矿，硫—氧混合矿及各种冶炼中间产物。墨西哥曾采用热炉顶的鼓风炉熔炼法处理氧化矿，使80%的锑挥发为三氧化锑，20%的锑还原为粗锑。我国对鼓风炉炼锑有创造性的发展，除热炉顶外，还采用低料柱、薄料层、大风量、全挥发工艺流程，能处理高品位硫化锑精矿。前苏联和捷克斯洛伐克、玻利维亚文托冶炼厂，都进行过旋涡炉挥发熔炼作业，另外，日本进行过吹炉熔炼试验，美国对锑的富集熔炼的研究也取得了一定的进展，提高了熔炼效率。

硫化锑精矿还可在低于硫化锑熔点和空气充足的条件下进行死焙烧，使之氧化成不挥发的四氧化锑，然后进行还原熔炼，产出金属锑，在焙烧过程中砷、汞等易挥发组分也可与锑分离。这种方法主要用于处理高品位辉锑矿精矿，由于精矿中的脉石和杂质含量低，因而后续还原生产的难度不大。美国斯提布乃特炼锑厂用多膛炉焙烧含砷 1.8% 的锑精矿，使75%的锑呈 Sb_2O_4形态残留于焙砂内。智利用含锑 60% ~65% 的富精矿与硝石在多膛炉内进行死焙烧，仅16%的锑进入气相。在处理硫汞锑矿时，由于汞易挥发，前苏联及捷克斯洛伐克曾采取控制焙烧的气氛和温度的办法，使锑主要呈 Sb_2O_4形态留在焙砂中，然后再进行还原处理。

由于三氧化锑易挥发，所以对以锑华和方锑矿为主的氧化锑精矿或硫氧混合精矿同样可以采用上述挥发工艺处理。

7.2　锑精矿挥发焙烧反应的热力学

硫化锑矿石及精矿氧化挥发焙烧时，其主要化学反应为：

$$2Sb_2S_3 + 9O_2 = 2Sb_2O_3 + 6SO_2$$

其 $\Delta G_T^{\ominus}$ 随温度的变化见表 7-1，从表中的数据可以看出，在工业生产中的焙烧温度（800 ~ 1000℃）下，硫化锑的氧化反应很容易进行，反应产生的锑化合物只有 Sb_2O_3 和 Sb_2O_4。

硫化锑矿石和精矿氧化挥发焙烧时，还可能发生如下反应：

$$2Sb_2O_3 + O_2 = 2Sb_2O_4$$

$$2Sb_2O_3 + 2O_2 = 2Sb_2O_5$$

由于 Sb_2O_5 仅在 70℃以下才能稳定存在，故在氧化焙烧的实际条件下，Sb_2O_5 将可能发生以下反应而转化为 Sb_2O_4：

$$Sb_2O_5 + Sb_2O_3 = 2Sb_2O_4$$

$$6Sb_2O_5 \xrightarrow{\text{分解}} 6Sb_2O_4 + 3O_2$$

Sb_2O_4 较难挥发，在锑精矿的挥发冶炼工艺中应尽量避免 Sb_2O_4 的生成，可以采取的措施是提高温度及添加还原剂。Sb_2O_4 在温度大于 900℃ 即开始分解为 Sb_2O_3 和氧气，还原剂则可使 Sb_2O_4 还原为 Sb_2O_3。

表 7-1 硫化锑氧化反应的 $\Delta G_T^{\ominus}$ 随温度的变化

温度/℃	$\Delta G_T^{\ominus}$/kJ · mol^{-1}	温度/℃	$\Delta G_T^{\ominus}$/kJ · mol^{-1}
202	-623470	702	-566470
302	-611486	802	-557871
402	-599465	902	-549116
502	-587392	1002	-540089
602	-575855	1102	-530872

霍夫曼（H. O. Hofman）和布拉奇福德（J. Blatchford）曾使用几乎纯净的辉锑矿对其氧化过程进行了研究。试料加热时，开始记录的温度为 337.5℃，最终升温到 545.4℃，试料在连续升温过程中的变化情况见图 7-1。

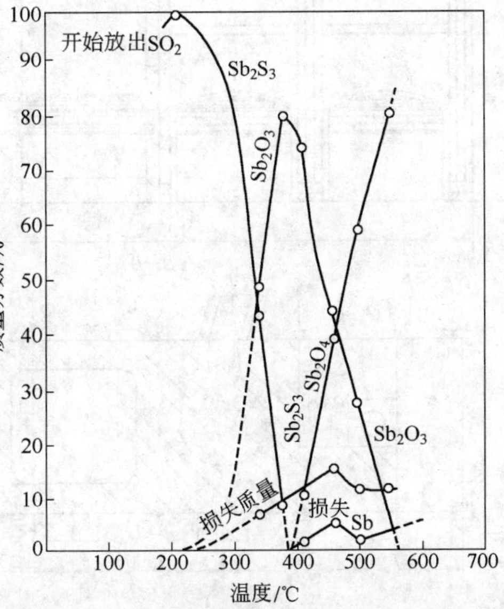

图 7-1 辉锑矿在空气中氧化与温度的关系

从图 7-1 中可以看出，辉锑矿在温度逐渐上升到 200℃ 时开始放出二氧化硫，由 200℃ 到 400℃ 的过程中，三硫化锑迅速氧化释放出二氧化硫，生成三氧化锑；当三氧化锑的生成达到最高点时，三硫化锑的氧化即告完成，同时四氧化二锑开始生成。由此可见，三硫化锑的氧化首先生成三氧化锑，在三硫化锑消失后，才有四氧化二锑的生成。硫化锑精矿既可挥发焙烧生成三氧化锑，也可进行非挥发焙烧获得四氧化二锑；对硫化锑精矿，在空气中进行氧化焙烧时，炉料的温度需加热到 450℃ 以上（实际工业生产中氧化焙烧的温度在 800～1000℃ 左右），当然，影响三氧化锑氧化和挥发速度的因素除炉料的温度外，还与炉料表面三氧化锑的分压、气流的成分、氧气的充足程度、炉料尺寸和炉型等因素有关。

7.3 直井炉挥发焙烧

7.3.1 直井炉的炉型及附属设备

我国的直井炉是在法国赫氏炉的基础上发展起来的。赫氏炉是硫化锑矿挥发焙烧的最早炉型，发明人赫伦士密特（W. Herrenschmidt）于 1908 年 4 月 5 日申请了专利（法国专利 No. 386107）。由于其冷凝系统的冷却管在空中排列形似“人”字，我国又称其为“人字炉”。

中国式直井炉（又称锑氧炉）较赫氏炉的结构和操作有不少改进。其最大的特点是适宜高温作业。其基本炉型见图 7-2。

中国式直井炉，一般炉体高 5m，炉拱为半球形，每个炉腔有效面积为 $4m^2$，炉顶中心设 ϕ400mm 的加料口，加料后用 200mm 铸铁板封闭，炉底有两层铸铁炉条，排气口（鹅颈）设于炉膛一侧，整个炉体用酸性黏土耐火砖砌成，周围用重型钢轨或工字钢作攀柱，其间用 ϕ32mm 的圆钢拉固，生产中常将 4 个直井炉并排拉固在一起，共用一套收尘系统，称为“一连炉”。

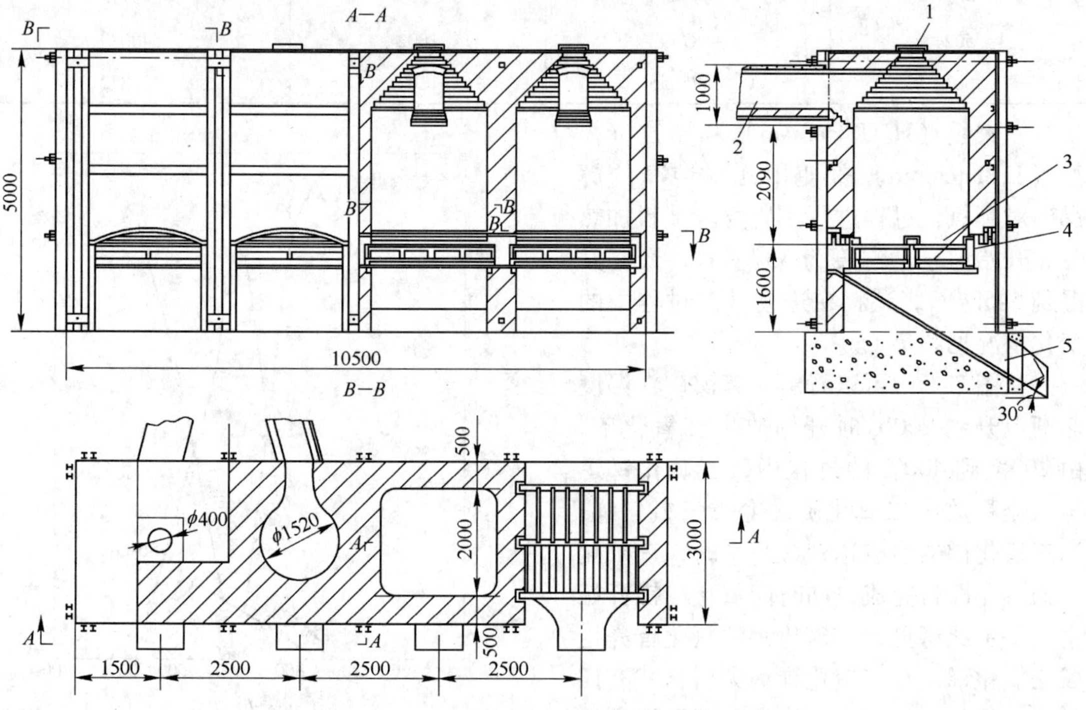

图 7-2 四炉一连中国式直井炉

1—加料口；2—排烟口；3—上、下炉条；4—过桥柜架；5—排渣坑

中国式直井炉的附属设备见图 7-3，主要有加料系统（包括料仓、运输皮带、计量装置）、排料系统（松渣机构、运渣车）及冷凝收尘系统（水冷器、表面冷却器、布袋收尘室、风机、烟道等）。

冷凝收尘系统是冷凝和收集三氧化锑的重要系统，主要由水冷管、表面冷却器、布袋收尘室和锑氧粉输送装置四部分组成，其主要作用和结构为：

水冷管：使烟气由 970℃降至 500 ~ 550℃，水冷夹套管高 2m，内管用 ϕ277 ~ 370mm 无缝钢管制成，外管用 4.5 ~ 6mm 钢板围成，散热面积 $15m^2$，散热系数为 41860 ~ 50232J/（cm^2 · ℃）。

表面冷却器：使烟气温度降至 120 ~ 160℃，它由冷却管和沉积室两部分组成。冷却管在高温段是 ϕ0.7m × 3.5m 的铁管，低温段是 ϕ0.4m × 4m ~ 0.4m × 5m 的铁管，散热系数为 12558 ~ 20930J/（cm^2 · ℃），沉积室为方形，用红砖砌壁，内外涂以石灰。

布袋收尘室：也用红砖砌成，水泥挂面，布袋为涤纶绒布。过滤速度一般为

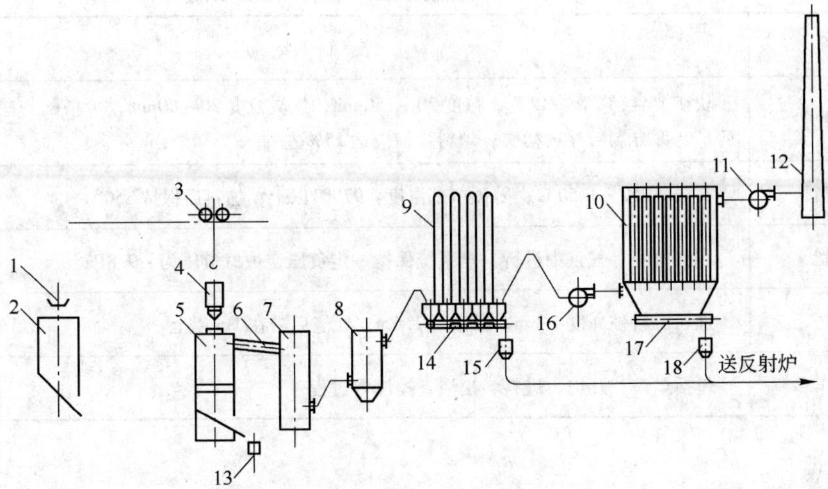

图 7-3 中国式直井炉及附属设备配置
1—皮带运输机；2—精矿仓；3—电葫芦；4—料罐；5—直井焙烧炉；6—鹅颈；7—火柜；8—水冷却器；9—冷却烟道；10—布袋室；11—抽风机；12—烟囱；13—渣车；14—螺旋输送机；15—锑氧输送泵；16—抽风机；17—螺旋输送机；18—锑氧输送泵

0.35m/min，收尘效率为99%以上，过滤后废气含尘量为2~8g/m^3。

锑氧粉输送装置：主要由输送泵和若干输送管道组成，用压缩空气将冷凝系统收集的锑氧粉输送到还原熔炼工序。

7.3.2 直井炉挥发焙烧实践

采用中国式直井炉处理的锑矿种类及化学成分见表7-2，其作业实践主要包括配料控制、炉温控制、风量控制、炉料粒度控制和焙烧操作等环节，其控制要点见表7-3。

表 7-2 直井炉处理的原料种类和化学成分

原料	化学成分（质量分数）/%				
	Sb	As	Cu	Pb	S
块矿	7~12	0.04~0.05	0.003~0.004	0.006~0.007	2.8~4.8
浮选精矿	45~55	0.06~0.25	0.010~0.011	0.050~0.140	18.0~25.0
碎块	8~15	0.04~0.06	0.003~0.004	0.006~0.007	3.2~6.0
原料	化学成分（质量分数）/%				
	Se	SiO_2	Fe_2O_3	CaO	Al_2O_3
块矿	0.0002	80~90	1.4~2.6	0.16~0.20	0.3~5.0
浮选精矿	0.0010~0.0020	10~30	2.7~4.4	0.08~0.25	0.9~1.5
碎块	0.0010	75~84	1.5~2.5	0.15~0.20	2.0~5.0

图7-4和图7-5分别是焙烧过程各阶段实测的炉气出口成分变化、烟气流量和温度

变化。

表 7-3　中国式挥发焙烧炉各工序控制要点

工　序	控　制　要　点
配　料	块矿：含锑 7% ~12%、粒度 20 ~150mm；焦炭粒度 20 ~80mm；可搭配一些 2mm 以上的碎矿、部分制粒浮选精矿；炉料含锑应达 15% 左右
炉温控制	高温：950 ~1050℃；鹅颈中部温度：970℃以上；加料后保持 850℃
风量控制	在空气不足气氛中进行，全系统保持一定负压，炉口负压为 -9.8Pa
料柱控制	加料后料柱高度 1.8m，松渣后 1.6m，红渣后需在 1m 以上
焙烧操作	包括烘炉、开炉、进料、松渣、挫渣等过程

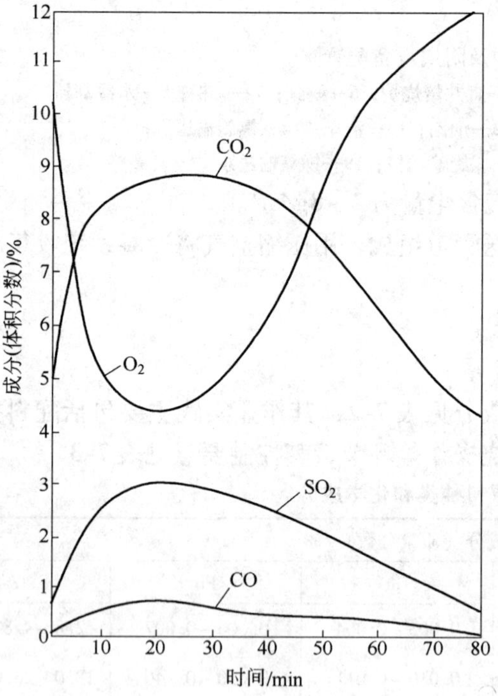

图 7-4　焙烧各阶段炉气成分变化

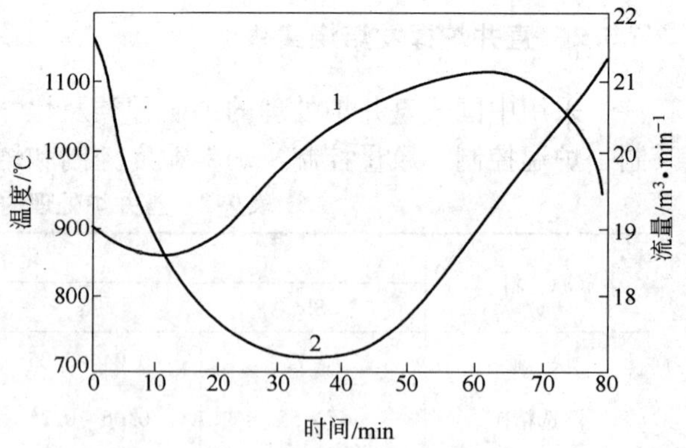

图 7-5　焙烧各阶段烟气流量和温度变化

1—烟气流量变化曲线；2—温度变化曲线

焙烧产物：氧化挥发焙烧的产物主要有锑氧粉、炉渣和废气等。

视冷凝地点的不同，锑氧粉又分为不同形态的结氧、粉结氧、粉氧、纤维氧、红氧等，其化学成分及主要性质见表 7-4。

炉渣是直井炉焙烧的废弃物，视原料不同，所产炉渣的密度和成分也不同，表 7-5 是锡矿山南炼厂所产炉渣的性质。

表 7-4 锑氧粉的化学成分和性质

名 称	产率/%	化学成分（质量分数）/%							
		Sb	As	Fe	S	Pb	Se	SiO_2	CaO
结 氧		76~78	0.05	0.10~0.40	0.50~0.70	0.03	0.001~0.060	0.70~1.30	0.70~0.97
粉结氧	11	78~79	0.09~0.20	0.10~0.20	0.60~0.70	0.02~0.04	0.002	0.24~0.68	0.69~3.00
粉 氧	49	82~83	0.27	0.14	0.14~0.30	0.05	0.003	0.60~0.70	1.00
布袋氧	40	约82	0.33~0.37	0.09	0.20	0.10~0.20		0.34~0.36	0.46

名 称	化学成分（质量分数）/%		假密度 /g·cm^{-3}	真密度 /g·cm^{-3}	自然堆角 /（°）	安息角/（°）	色泽及形态
	Al_2O_3	MgO					
结 氧	0.70~1.00	0.32~0.60	2.53		38	3	产于鹅颈和烟柜，灰色、块状
粉结氧	0.35~0.70	0.58~1.30	1.06		40	38	黄白色，粉末状、夹有块片
粉 氧	0.40~0.60	0.40	0.66	5.19	35	38	白色，粉末状，产于表面冷却器
布袋氧	0.21~0.27	0.30	0.43		31	44	白色，粉末状，布袋收集

废气经布袋收尘后排入大气，其主要成分和含尘量等见表 7-6。

表 7-7 是直井炉挥发焙烧的主要技术经济指标。表 7-8 是直井炉挥发焙烧的热平衡。表 7-9 是直井炉挥发焙烧的料平衡。

表 7-5 直井炉炉渣性质

名 称	密度/g·cm^{-3}	化学成分（质量分数）/%					
		Sb	SiO_2	Fe_2O_3	CaO	S	Al_2O_3
直井炉炉渣	1.13	0.67	94.99	0.96	0.32	0.31	0.22

表 7-6 废气主要成分和含尘量

名 称	含尘量（Sb_2O_3）/mg·cm^{-3}	含尘量（SO_2）/%	化学成分（质量分数）/%			
			SO_2	CO_2	O_2	CO + N_2
废 气	2~8	0.2~0.7	0.3~3.0	4.0~9.1	4.3~12.0	81.9~85.4

表 7-7 直井炉挥发焙烧的主要技术经济指标

名 称	年生产统计数据		生产试验数据	
	1	2	1	2
矿石平均含锑品位/%	16.39	15.13	8.95	9.96
炉床处理能力/t·（m^2·d）$^{-1}$	3.05	3.50	3.84	4.48
焦率/%	5.02	5.96	6.05	5.03
煤率/%	1.86			
每吨锑氧焦耗/kg	353.00	345.00	602.00	442.00
渣含锑/%	0.82	1.15	0.85	0.81
最低回收率/%	95.20			

续表 7-7

名　称	年生产统计数据		生产试验数据	
	1	2	1	2
平均回收率/%	95.40	93.00	90.70	92.00
每吨锑氧收尘滤布消耗/m^2		0.20		
每吨锑氧电耗/kW · h		152.00		
每吨锑氧水耗/m^3		8.80		

表 7-8　直井炉挥发焙烧热平衡

名　称	收　入		名　称	支　出	
	物料量	热量/kJ		物料量	热量/kJ
精矿（25℃时）	100kg	1674.40	烟气带走热	175.20m^3（970℃）	329754
空气显热（25℃时）	174.10m^3	5554.80	炉渣带走热		24723.80
焦煤显热	5.96kg	87.91	其他损失	79.00kg	42002.30
燃料及化学反应热		319383			
合　计		326700	合　计		326700

直井炉作为我国较早使用的挥发焙烧设备，它具有如下主要优点：设备简单、投资少、见效快、适于小规模生产；不需要高品位原料及复杂的制备过程；产出的锑氧质量好，易于后续的还原熔炼；水、电、燃料消耗少，容易操作，生产成本低。但事物总是一分为二的，直井炉挥发焙烧方法也存在一些缺点，如：炉床单位处理量小、生产能力低；对原料适应性差，不适宜处理富锑矿石、高品位锑精矿及低熔点脉石的硫化矿；渣含锑高，冶炼回收率低；劳动强度大、环境条件差；废气含二氧化硫浓度低，不易利用，废热也难充分利用。

表 7-9　直井炉挥发焙烧料平衡

名　称	收　入					
	精　矿		焦　煤		合　计	
	含量/kg	占有率/%	含量/kg	占有率/%	含量/kg	占有率/%
Sb	15.130	100.00			15.130	100.00
S	6.270	97.88	0.136	2.12	6.406	100.00
As	0.048	100.00			0.048	100.00
Pb	0.138	100.00			0.138	100.00

名　称	支　出									
	锑　氧		炉　渣		烟　气		无名损失		合　计	
	含量/kg	占有率/%	含量/kg	占有率/%	含量/kg	占有率/%	含量/kg	占有率/%	含量/kg	占有率/%
Sb	14.080	93.06	0.910	6.01			0.140	0.93	15.130	100
S	0.046	0.07	0.025	0.38	6.312	98.53	0.024	0.37	6.406	100
As	0.048	99.79					0.001	0.21	0.048	100
Pb	0.018	13.04	0.120	86.96					0.138	100

7.4　平炉挥发焙烧

平炉挥发焙烧相对于其他锑精矿的挥发方法，其冶炼炉的结构较为简单。平炉挥发焙烧的主要优点有：

（1）对原料的适应性强，既能处理硫化矿，也能处理氧化矿和硫氧混合矿以及低熔点锑矿。

（2）对原料的水分无特殊要求，可以处理粉矿而无需制团。

（3）锑的挥发率高，一般大于95%。

（4）生产成本相对较低，适合处理中低品位（30%以下）锑矿。与鼓风炉相比，由于其处理中低品位锑矿时需消耗大量的焦炭（占锑矿的45%以上）和熔剂（铁矿石、石灰石），造成燃料消耗大、渣率高（70%以上）、生产成本高，因而从经济角度考虑，鼓风炉是不适宜处理中低品位锑矿的，而平炉则可在一定程度上弥补这些缺陷。正是由于以上优点，平炉炼锑在我国得到广泛的应用，尤其适用于中小型锑冶炼企业。

平炉挥发焙烧的缺点是自动化程度低，劳动强度较大，单位面积的处理能力低，不能连续作业。

7.4.1　平炉挥发焙烧系统的结构

平炉挥发焙烧系统主要由平炉和冷凝收尘系统两部分组成。平炉的结构很简单，类似于一个中空的长方体，由拱炉顶、焙烧室、栅板和炉底等构成；栅板位于炉内中下部，其与拱炉顶之间的空间构成焙烧室。炉顶和焙烧室用黏土砖砌成，炉底用红砖砌成，栅板为孔眼均匀分布的铸铁板。

云南木利锑业有限责任公司使用的平炉，其炉膛长度约4m，宽度约2m，炉床面积$8m^2$。

广西南丹县有色金属冶炼厂平炉焙烧室的炉膛长度为7.3m，宽度1.37m，炉床面积$10m^2$。该厂采用孔眼结构为上小下大的栅板，上孔尺寸20mm×15mm、下孔尺寸30mm×20mm、栅板厚30mm，这种结构的栅板不易堵塞。焙烧室炉头高950mm、炉尾高850mm。冷凝收尘系统由沉降室（$15m^3$）、“人”字形水套冷却管（直径500mm）、布袋收尘器（过滤面积$240m^2$）等组成。焙烧所需空气从炉头及炉体两侧的底部鼓进，离心式鼓风机功率5.5kW，风量$2269m^3/h$。抽风机为锅炉引风机，风量为$22000m^3/h$，全压为2.7kPa，一台抽风机可供两座平炉同时使用。

为了获得质量好的锑氧，应配置合适的冷凝收尘系统。冷凝收尘系统中的沉降室大小、冷却管的冷却方式和整个系统的阻力对锑氧粉的质量（尤其是表现质量）及锑氧粉分布有影响。为了尽量生产数量多、表观质量好的锑氧粉，广西南丹县有色金属冶炼厂采用较大（$15m^3$）的沉降室，且上面加盖水箱，沉降室后接两个直径为500mm，共24m长的水套“人”字管。以上措施是为了使平炉炉尾烟气中的氧化锑迅速冷却到600℃左右，以便得到表观质量很好的锑氧即洁白海绵锑氧。水套冷却管后面是直径500mm的U形表冷管，表冷管高 4m，冷却面积 150m^2，U 形表冷管的阻力较大，便于得到更多海绵锑氧。生产实践表明，在铅、砷含量为 0.5% 以下时，除结氧外可得到含锑为 80% 以上的锑氧粉，且在水套冷却管和部分 U 形表冷管下得到的海绵锑氧粉可直接出口。

7.4.2　生产工艺

平炉挥发焙烧一般用于处理品位为 12% ~35% Sb 的锑矿石（或锑精矿），其原理是在一定温度下，使矿石中的锑挥发并氧化成氧化锑，氧化锑在冷凝收尘系统中成为锑氧粉。锑矿中的脉石成分和燃料中的灰分成为平炉渣。块状渣从操作门中清出，由栅板孔落入炉底的粉渣则定期从炉底清出。

平炉挥发焙烧采取间断、分批作业的方式。云南木利锑业有限责任公司平炉的每个焙烧周期约 6h。采用优质煤作燃料，煤的配入比例为锑矿石量的 40%。该公司采用多次进料，一次性出渣的焙烧工艺，即先在炉内栅板上布一层底煤，底煤燃烧后再加入一层配好的炉料进行挥发焙烧，焙烧一定时间后，对炉渣进行适当松动，再加入炉料进行焙烧，如此重复数次后，一次性出渣。入炉锑矿石的品位要求大于 12% Sb，一般 25% ~30% Sb。该公司 8m^2 平炉的处理能力约 8t/d。

广西南丹县有色金属冶炼厂则根据不同锑矿品位，总结出了不同的操作办法。品位在 20% 以下的低品位矿，采用一次性进料一次性出渣的焙烧方法，即先进底煤燃烧起来，接着一次性加入锑矿，这样减少了进料和出渣的操作时间，相对地增加了焙烧时间，使锑矿中的硫化锑更有效地挥发氧化，缺点是底层的锑矿不易挥发氧化，易结炉，炉渣含锑的品位较高，最高达 2.6%。焙烧品位为 25% ~35% 的锑矿时，由于品位较高，锑矿熔点低易熔化造成结炉。因而为了避免结炉，该厂采用多次进料多次出渣的方法进行焙烧，即每一次入炉的煤和矿的数量少，进料薄而快，待锑矿挥发氧化完全后立即出渣，接着继续进料焙烧，如果抽风、鼓风足够的话，锑矿挥发氧化很快，炉渣的锑品位很低，仅为 2% 左右，缺点是炉温高、劳动环境较恶劣、劳动强度大。常用的操作方法是把品位 25% ~35% 和品位 15% 左右的锑矿结合起来进行焙烧，即多次进料，一次性出渣，先焙烧品位 15% 左右的锑矿，然后加些煤在上面再加入品位为 25% ~35% 的锑矿进行焙烧。这种操作方法生产的炉渣含锑 2.3% 左右，劳动强度相对较低。

平炉挥发焙烧生产中最常见的问题是结炉，严重时会造成停炉，使生产不能进行。除了锑矿品位高、煤的质量不好易造成结炉外，不经常翻动焙烧炉料、抽风太小也是造成结炉的主要原因。加大抽风可减少结炉的发生，其原理是强力抽风会使锑矿中已熔化的硫化锑加快挥发氧化，避免其渗到焙烧炉料底层造成结炉。

广西南丹县有色金属冶炼厂目前 10m^2 平炉挥发焙烧的技术条件及技术经济指标如下：

入炉锑品位/%：	15 ~35；
煤比/%：	18；
炉料厚度/mm：	150 ~350；
焙烧温度/℃：	700 ~1100；

丢渣品位/%：	2.3；
锑氧锑含量/%：	大于80；
锑矿粒度/mm：	10～40；
煤粒度/mm：	10～60；
一次进料/t：	1.5～3；
日处理量/t：	9；
回收率/%：	大于86。

7.5 回转窑挥发焙烧

7.5.1 常规挥发焙烧

前南斯拉夫炼锑厂于1938年建立了两座常规回转窑，进行辉锑矿精矿挥发焙烧。每台回转窑窑长26m，筒径2m，倾斜度3%，窑内衬200mm厚黏土耐火砖，至加料口处内径收缩到1m。窑体由16kW马达带动，转速0.3r/min，炉料由料仓经溜槽及加料管导入窑内。采用低压喷嘴喷入重油供热。

处理的原料为20%～40%的块矿及60%～80%的精矿，块矿含Sb 10%～20%，需破碎至40mm，精矿包括含Sb10%的重选精矿及含Sb 50%的浮选精矿，三者混合后含Sb 25%～27%。入炉前配入3～5mm的无烟煤，配比为原料量的22%～24%。炉料在圆筒混料机中混合，不经干燥而直接入炉，炉料水分达6%～7%。

窑内高温焙烧区温度为1100℃，炉料在窑内的停留时间2～3h，尾气排出温度700～720℃，烟气经收尘后排空。

焙烧产品锑氧的主要成分（质量分数）为：Sb 70%～80%，As 1.3%～1.5%，Pb 0.1%～0.2%，S 0.6%～0.65%。锑回收率约90%，窑渣含Sb 0.6%～0.8%。

在熔烧过程中，窑内整个长度都有炉结形成，25d内，炉结厚度可达150mm，故每月需停炉清理2～3d，清除炉结的同时进行炉衬的小修，内衬大修周期约在4个月以上。

该厂曾在回转窑内进行了粒度为5mm、含Sb10%～12%锑矿石的焙烧试验，锑氧中锑的回收率仅73%。

为了探讨低品位难选硫氧锑矿挥发熔炼的工业生产条件，前苏联某厂曾先后在ϕ1.2m×10m及ϕ2.5m×41m的回转窑中进行挥发焙烧的小型和工业性试验。

小回转窑处理的矿石含Sb1.49%，其中55%为氧化物形态，矿石破碎至20～25mm后，配入10%～20%的焦粉，焙烧温度950～1050℃，时间1.5～2.0h，采用重油供热。回转窑处理矿石的能力为11.8t/d，即相当于每立方米有效容积处理矿石2.4t左右，窑渣含Sb0.23%。烟气经沉降室—旋风收尘器—表面冷却器—布袋收尘室收尘后排空，所得锑氧含Sb 30%～36%，锑在其中的回收率为80%。炉料中约50%的焦粉未参加反应而留在窑渣中。

大回转窑处理的矿石是氧化锑矿，粒度－25mm，含Sb1.5%，脉石主要为石英，占50%。

大回转窑倾斜度为2°30″，上段（17m）内衬黏土砖，厚度150mm，下段（24m）黏土砖厚度300mm。转速0.75~2r/min。重油供热，窑内高温区1250℃。窑渣借水力冲入渣池。

试验所得结果如下：每吨矿石消耗还原剂（焦粉）231kg，重油55kg。矿石处理能力为113t/d。窑渣含炭7%，焦炭利用率约60%。所得锑氧的质量较差，其中含Sb（质量分数）25%左右，As 0.44%，Pb 2.0%，SiO_2 50%，FeO 5%~6%。

7.5.2　闪速挥发焙烧

回转窑闪速挥发焙烧最早由意大利曼西阿诺炼锑厂研究成功并投入生产应用。它与回转窑常规挥发焙烧方法的根本区别在于物料的焙烧反应主要不是在与窑壁的相对运动中完成，而是与窑内高温空气强烈混合及密切接触下完成的。因此焙烧的物料必须磨至一定细度并干燥至一定程度，才能形成类似湍流或流态化状态，从而使矿石中的硫化锑和氧化锑迅速挥发，被气流带出窑外，进入冷凝收尘系统。这种焙烧方式大大强化了反应过程，可充分利用硫化精矿的表面能并节省燃料消耗，同时使炉气中的SO_2得到富集，以便回收利用。

曼西阿诺炼锑厂的回转窑闪速焙烧系统见图7-6。

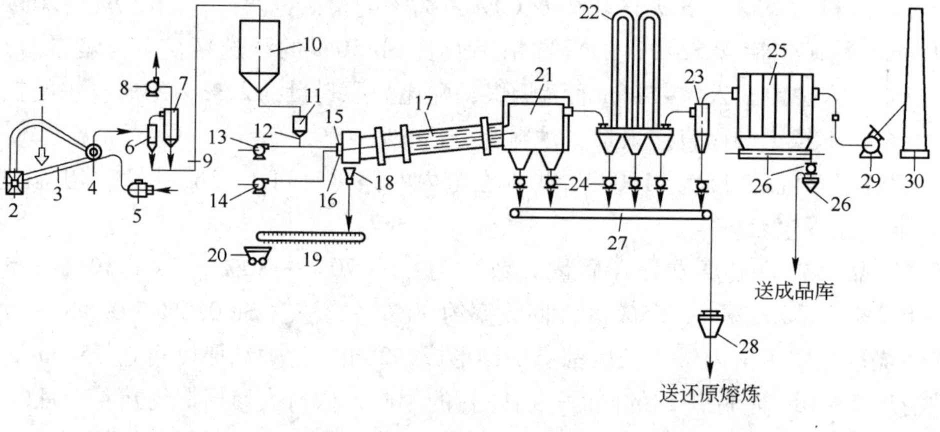

图7-6　回转窑闪速挥发焙烧系统

1—给料漏斗；2—鼠笼破碎机；3—干燥环管；4—分配器；5—热风炉；6—旋涡收尘器；7—布袋收尘器（自动振打）；8—排风机；9—干精矿运输装置；10—干精矿仓；11—称量装置；12—给料装置；13—喷料风机；14—焙烧风机；15—精矿喷枪；16—燃油喷嘴；17—回转窑；18—炉渣排放装置；19—炉渣输送机；20—倒渣车；21—沉降室；22—表面冷却器；23—旋涡收尘器；24—锑氧排放装置；25—布袋收尘器；26—纯氧化物卸料装置；27—不纯氧化物输送机；28—不纯氧化物卸料装置；29—排风机；30—烟囱

精矿先进入干燥系统，此时的精矿含水平均为6%~8%，干燥后精矿含水约0.5%。热风温度不大于250℃，该温度在热风炉出口进行控制。热风炉无特殊结构，用低压喷嘴烧油，油压力98kPa，热风炉工作压力为59~78kPa。

分配器内装有普通不锈钢叶片，其作用是排送合格干精矿进收尘系统，并使没有完全干燥的精矿循环再干燥。整个干燥系统（从热风炉至布袋收尘器）的压力降为6375Pa，该厂认为这是操作中需要严格控制的参数。其干燥系统和收尘系统的技术指标如下。

干燥系统指标：精矿处理量1000kg/h，气流量（标态下）5000m^3/h，入口热风温度

250℃，出口气体温度120℃。

收尘系统指标：气流量（标态下）5000m^3/h，气体温度110℃，含尘量150～200g/m^3，布袋过滤速度1.0m/min，布袋收尘器压降981Pa，旋涡收尘器压降588Pa，热耗1.36MJ/t。

干燥后的精矿用空气输送至焙烧工段精矿仓，用压缩空气喷入回转窑，当精矿硫含量较高时，焙烧反应可自热进行，若热量不够时，则有燃油系统补充。

干精矿高度分散地喷入回转窑后，在1200～1300℃的高温下进行闪速焙烧，反应在2～3s内迅速完成。渣呈糊状（炉况不正常时可能出现液态状），大约在窑的中部开始沉积，并随窑的转动再次经过反应的高温区。此时，随渣带走的锑再一次强烈氧化挥发，使渣含锑进一步降低。渣的排出温度约800℃，经水冷后堆存。

从窑内排出的含有氧化锑的烟气温度为800℃，先经沉降室吸入冷空气进行二次氧化，烟气温度急剧下降到400℃，含杂质较多的粗颗粒三氧化锑大部分在此沉积下来。较细的三氧化锑则经后续的旋涡收尘器和布袋收尘器收集，除布袋收尘器收集的部分三氧化锑可作为商品出售外，其余均送反射炉还原熔炼。

曼西阿诺炼锑厂的回转窑规格为ϕ1.8m×12m，坡度3%。转速可以调节，最高0.5r/min。根据该厂经验，窑的坡度与渣含锑和处理量的关系不大，主要与窑内衬的寿命有关，在相同的条件下，降低窑的转速，加大窑的坡度可减少耐火材料的消耗。

回转窑的寿命与处理的物料密切相关。若物料成分较稳定，脉石含量少，且与空气混合均匀，则窑结就少，无需专门处理。该厂实践中，当窑结少时，用油嘴烧油升温处理；窑结多时，则需人工清理。回转窑内衬一般每年局部修理两次，主要是更新高温区的炉衬。每年平均维修时间为15～20d（包括布袋收尘器及其他设备的维修）。

回转窑内温度分布情况为：窑头（低端）700℃，离窑头5～6m处1200℃，窑尾850℃。窑内高温区长约6～8m。

锑氧收尘系统由沉降室、表面冷却器、布袋收尘器组成。布袋收尘效率99%，布袋材质为玻璃纤维。过滤速度0.5m/min。正常情况下，布袋寿命至少一年。

布袋收尘室收下的三氧化锑量占总量的60%，其质量最佳，洁白且粒度极细，含锑品位达80.5%，杂质含量（质量分数）是Fe 0.1%、As 0.4%及很少的高价氧化物（如Sb_2O_4），能满足某些工业部门的使用要求，故部分直接出售。

焙烧烟气用水洗法除砷、汞和二氧化硫，洗水先澄清，后与选厂尾矿水混合，中和至pH值为7左右返回选厂使用。

7.6　沸腾炉挥发焙烧

目前，在锑冶炼中采用沸腾炉焙烧工艺的工厂主要有南宁冶炼厂和金城江冶炼厂，用以处理复杂脆硫锑铅矿，但其目的是脱硫，而不是挥发锑。

前苏联曾进行过沸腾炉挥发锑的工业试验。20世纪50年代，北京有色金属研究总院和锡矿山矿务局都进行过沸腾焙烧处理浮选硫化锑精矿试验，由于沸腾炉处理锑精矿时所产锑氧粉夹杂有飞扬的脉石，不适于在反射炉内进行还原熔炼，故未能在工业上获得应用。锡矿山矿务局使用的小型试验设备见图7-7，扩大试验使用的沸腾炉见图7-8。扩试的综合试验条件及主要结果见表7-10，金属平衡见表7-11。

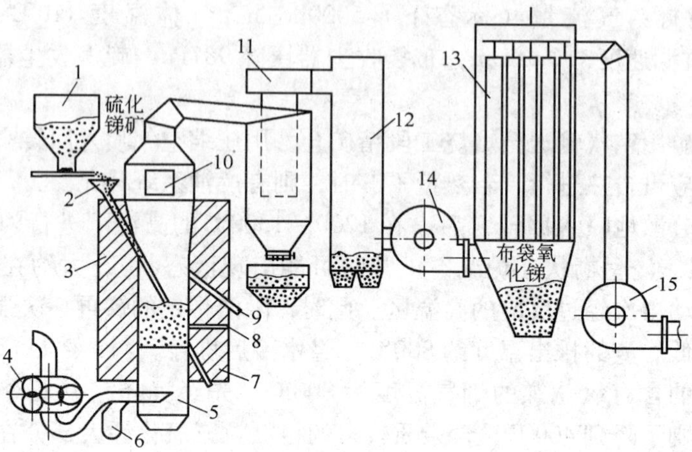

图 7-7　沸腾焙烧处理锑精矿小型试验设备

1—圆盘进料器；2—水套进料器；3—沸腾炉体；4—罗茨鼓风机；5—风巷；6—孔板流量计；7—底部排料管；8—热电偶插孔；9—排渣管；10—操作门；11—旋涡收尘器；12—冷凝器；13—布袋过滤器；14，15—抽风机

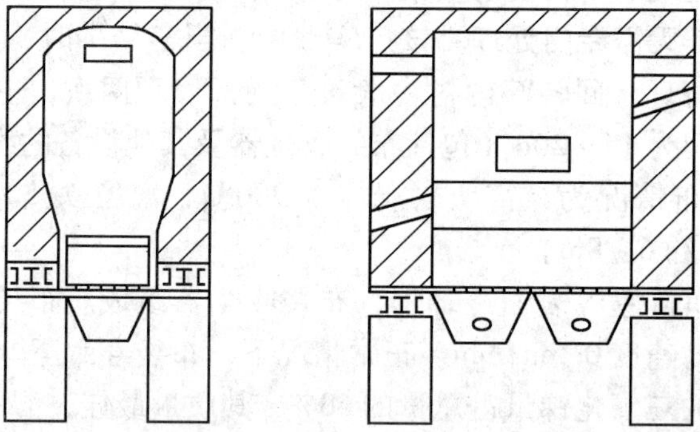

图 7-8　沸腾焙烧处理锑精矿扩大试验采用的沸腾炉

表 7-10　沸腾焙烧扩大试验综合条件

综合条件	数　据
沸腾炉尺寸	炉床面积 1.2m^2，有效高度 4.2m，长 1.5m，宽 0.8m
试　料	浮选锑精矿，成分为：Sb 51.10%，S 19.76%，Fe_2O_3 4.15%，Al_2O_3 5.03%，SiO_2 17.12%，CaO 2.76% 无烟煤，-1.5mm 及 1.5～15mm 的各占 50%，成分为：固定碳 85.11%，挥发物 4.73%，灰分 10.16%
试验条件	料层温度 780±20℃，稳定时的直线速度为 0.7m/s，沸腾层高度 0.8m，矿：煤 =100：40，炉床能力 9t/m^2

表 7-11 沸腾焙烧扩大试验的金属平衡

收入					支出					
原料	质量/t	含锑/%	含锑重/t	分布/%	产物	质量/t	含锑/%	含锑尘/t	分布/%	合计
浮选精矿	22.50	51	11.47	100	布袋氧	3.493	80.10	2.800	48.80	
					风鼓前	2.632	78.84	2.280	20.00	62.50
					风鼓后	2.685	76.94	2.080	17.70	
					旋涡料	2.413	66.00	1.585	13.70	
					旋涡前料	1.216	45.92	0.560	4.99	30.50
					火柜料	1.946	4.10	0.800	7.00	
					炉渣	4.400	18.10	0.800	7.00	7.00
					其他			0.561	4.90	
共计	22.50		11.47	100	共计	18.765		11.470	100.0	100.0

7.7 烧结机挥发焙烧

烧结机挥发焙烧含锑物料，可克服因物料熔结给操作带来的麻烦，且烧结机可处理颗粒较粗的物料，返尘量小，燃料利用率也高于其他炉型，因此引起了人们一定的关注。

表 7-12 所列是前苏联用带式烧结机挥发焙烧处理卡达姆朱依斯基的低品位氧化－硫化锑矿石的条件和试验结果。由表 7-12 可见，增加焦粉用量及粒度，焙烧温度可提高到 1600℃，而烧渣含锑也随之降低，从而有利于锑的挥发；当焦粉粒度为 10～15mm、用量为 10%～12% 时，焙烧的效果最佳，此时渣含锑可降至 0.08%～0.10%，但矿石粒度以小于 15mm 为宜，增大粒度则挥发指标下降。在较佳的试验条件，如矿石粒度不大于 15mm；焦粉粒度 10～15mm 且用量为 10%～12%，空气通过料层速度 0.3～0.5m/s 时，对指标无影响。

试验考察了布料厚度对指标的影响，当矿石粒度为 30mm，焦粉粒度 10mm，焦耗 10%，空气穿过速度 0.3m/s 时，所得结果如下：

料层厚度/mm	200	250	300	350	400
烧渣含锑（质量分数）/%	0.23	0.22	0.20	0.20	0.19

结果表明，厚度增至 400mm，不会影响挥发指标，而此时烧结机的生产能力却可由料层厚度 300mm 的 12t/（m^2·d）提高到 16t/（m^2·d）。试验也考察了矿石中锑质量分数的影响，当含锑波动于 1.35%～2.3% 时，残渣含锑仍可控制在 0.08%～0.10% 的范围。

为了改善料层透气性并使还原剂分布均匀，曾在焙烧前，将原料（尾矿和滤渣）在圆盘上制粒（圆盘倾角 50°，转速 35r/min）。矿石最终水分为 14%～16%，若降至 12%，料层透气性下降，挥发率降低。制粒原料料层厚度在 300mm 以下时，焙烧获得的锑挥发率超过 90%。

曾以平均含锑分别为 0.86% 及 1.36% 的尾矿和炉渣进行了半工业性烧结机焙烧试验，烧结机有效面积为 0.3m^2，烟气通过两个并联旋风收尘器及过滤面积为 43m^2 的布袋收尘室后排空。主要有关试验数据及所得结果见表 7-13。

表 7-12　含锑 2.3% 的矿石用烧结机挥发焙烧时烧渣含锑与矿石粒度、焦粉粒度及焦耗的关系

空气穿过速度 /m · s^{-1}	矿石粒度 /mm	料层最高温度/℃	焦耗（占炉料的百分数）											
			6			8			10			12		
			焦粉粒度/mm			焦粉粒度/mm			焦粉粒度/mm			焦粉粒度/mm		
			-5	-10	-15	-5	-10	-15	-5	-10	-15	-5	-10	-15
0.3	-15	1400 ~ 1600	0.35	0.25	0.23	0.25	0.12	0.08	0.2	0.08	0.08	0.12	0.06	0.08
	-30	775 ~ 1060	0.6	0.48	0.4	0.55	0.38	0.3	0.48	0.32	0.22	0.42	0.28	0.2
	-40	500 ~ 725	0.75	0.64	0.6	0.7	0.6	0.55	0.66	0.58	0.5	0.6	0.5	0.48
0.4	-15	1400 ~ 1600	0.45	0.33	0.32	0.28	0.12	0.12	0.2	0.08	0.0	0.14	0.08	0.08
	-30	950 ~ 1250	0.55	0.45	0.43	0.45	0.28	0.21	0.35	0.18	0.1	0.32	0.12	0.08
	-40	650 ~ 900	0.66	0.6	0.55	0.60	0.5	0.4	0.58	0.42	0.3	0.56	0.38	0.28
0.5	-15	1480 ~ 1600	0.5	0.4	0.4	0.3	0.18	0.14	0.2	0.1	0.08	0.17	0.08	0.08
	-30	1450 ~ 1360	0.6	0.48	0.48	0.43	0.28	0.22	0.35	0.18	0.1	0.28	0.1	0.08
	-40	725 ~ 1050	0.65	0.58	0.58	0.55	0.4	0.36	0.49	0.32	0.24	0.44	0.24	0.16

在使用烟煤时，其中含有的硫会使锑氧中的硫化物和硫酸盐的含量增加。

表 7-13　烧结机焙烧半工业试验结果

项目名称	结　果
料层厚度/mm	220
炉料含锑（质量分数）/%	0.75 ~ 0.85
炉料水分/%	14 ~ 16
炉料在带上停留时间/h	0.5
物料产出率/%：	
烧　渣	68.4
旋风尘	0.03
布袋尘	1.4
集气管尘	0.47
物料含锑（质量分数）/%：	
烧　渣	0.08 ~ 0.10
集气管尘	1.4 ~ 1.6
旋风尘	3.8 ~ 3.9
布袋尘	46.5
烟气量/$m^3 \cdot t^{-1}$	2500 ~ 3000
煤耗/%	13.5
柴油消耗/$kg \cdot t^{-1}$	44.0
烧机单位生产能力/$t \cdot (m^2 \cdot d)^{-1}$	24（处理炉渣） 12（处理尾矿）
烧结渣含碳（质量分数）/%	0.7

7.8 飘悬挥发焙烧

飘悬焙烧处理浮选锑精矿试验是由我国锡矿山矿务局于20世纪60年代利用原有的冷凝收尘设备完成的。用此方法处理锑精矿时，也是由于产出的锑氧粉夹杂有飞扬的脉石，不适于反射炉还原熔炼，所以未能在工业上获得应用。图7-9是试验设备示意图，表7-14是试验的主要条件和结果。

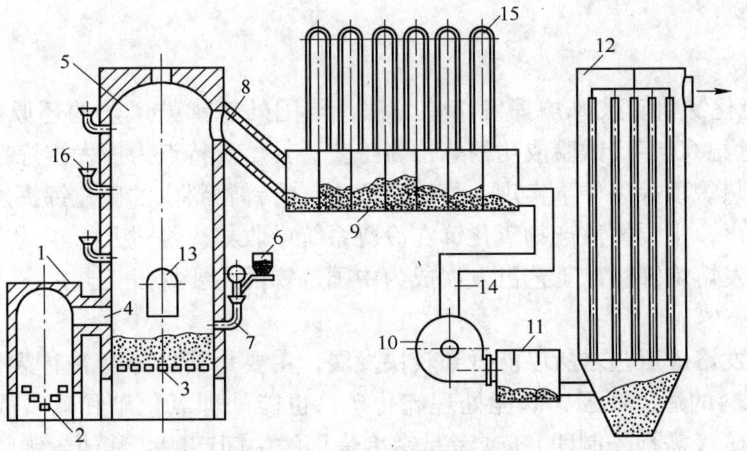

图7-9 飘悬焙烧试验设备示意图

1—煤气炉；2—炉桥；3—飘悬炉炉桥；4—煤气口；5—飘悬炉；6—圆盘给料机；7—喷嘴；8—出炉烟道（鹅颈）；9—冷凝收尘系统；10—抽风机；11—烟道；12—布袋室；13—工作门；14—烟道；15—冷凝管；16—备用喷嘴

表7-14 飘悬焙烧试验的主要条件和结果

条件和指标	数据			
设备情况	炉体容积21m^3，喷料嘴至炉底距离8.5m；外砌红砖，内衬黏土耐火砖，四周用巨型钢轨做攀柱，用20mm圆铁拉固 圆盘给料机给料，定时定料送入烧嘴，用低压空气喷入炉内 加热设备用固定桥漏斗式煤气炉			
试料	浮选硫化锑精矿，成分（质量分数）为：Sb 51.10%，S 19.76%，Fe_2O_3 4.15%，Al_2O_3 5.03%，SiO_2 17.12%，CaO 2.76%			
控制条件	炉顶压力：49Pa（5mmHg）；炉温：900～1000℃；喷嘴与固定床的高差1.4m			
技术经济指标	布袋室	风机后区	风机前区	火柜
锑氧分布/%	30.7	23.6	23.2	22.5
锑氧含锑（质量分数）/%	78.7	78.5	73.8	65.1
处理量/kg·d^{-1}	4200			
煤耗（占精矿）/%	煤气炉：18.2；固定床：4.6			

8 锑精矿的鼓风炉挥发熔炼

8.1 概述

我国的硫化锑精矿鼓风炉挥发熔炼方法，与国外炼锑鼓风炉的还原熔炼有所区别，是我国于20世纪60年代试验成功的炼锑新工艺。其熔炼特点为挥发熔炼在低料柱、薄料层、高焦率、热炉顶等条件下实现。熔炼过程中，含锑物料中的硫化锑挥发氧化，脉石造渣后由炉缸放出，主要挥发产物氧化锑在冷凝系统中收集。经过几十年的实践、改进与提高，鼓风炉挥发熔炼锑精矿工艺已发展成为中国炼锑的主要挥发工艺之一，国内炼锑厂普遍采用。

鼓风炉挥发熔炼工艺之所以能得到较快发展，主要是其具有以下主要特点：

（1）对原料的适应性强，既能处理硫化矿，也能处理氧化矿和硫氧混合矿。无论是块精矿、粉精矿（需预先制团），或者是锑冶炼厂的中间产物、其他含锑较高的物料，如泡渣、锑渣、生锑渣、炉底砖渣等，均可入炉处理；

（2）适于处理高品位锑精矿，精矿含锑品位越高，经济效益越好；

（3）锑的挥发率高，一般在90%以上；

（4）鼓风炉的生产能力较大，按处理精矿量计算的单位生产能力为直井炉的5～6倍、平炉的20～30倍，回收率高达97%～98%；

（5）产出的锑锍和粗锑可返回鼓风炉处理，不必另建处理锑锍的设备；

（6）较容易实现机械化操作，从而降低劳动强度、改善职业卫生条件。

鼓风炉炼锑的缺点是焦率高、热效率低。锑鼓风炉的焦率，一般为炉料量的20%～25%，或为精矿量的30%～45%，个别厂的焦率高达炉料量的47%。锑鼓风炉的炉气温度高，其带走的热量约占总热量的60%，因而其热效率较低。此外，需要加入铁矿石等作为熔剂。因此，鼓风炉炼锑的成本相对较高，不宜用于处理中低品位锑矿。

8.2 鼓风炉挥发熔炼的基本原理

锑精矿中的Sb_2O_3和Sb_2S_3均易挥发，挥发的Sb_2S_3又易于与空气中的O_2反应，生成Sb_2O_3。所以向炉内鼓入空气，焦煤燃烧提供热量，精矿中的硫化锑在高温下挥发成气态，气态Sb_2S_3再与空气中的氧气反应生成氧化锑，精矿中的脉石与铁矿石和精石灰发生造渣反应，生成$SiO_2-FeO-CaO$三元熔渣，最后使锑与脉石分离。这就是我国目前鼓风炉炼锑的基本原理和实践过程。

采用鼓风炉挥发熔炼锑精矿时，浮选的锑精矿需加入石灰作黏结剂，压制成团矿作为主要原料。鼓风炉的批料由铁矿石、焦炭和团矿组成，铁矿石和焦炭的成分及团矿的合理组成分别见表8-1和表8-2。

表 8-1　铁矿石和焦炭的成分

名　称	化学成分（质量分数）/%							挥发分/%
	SiO_2	Fe_2O_3	CaO	MgO	Al_2O_3	C	S	
焦　炭	5.74	4.27	1.12	0.34	3.64	79.25	2.27	6.75
铁矿石	9.39	47.86	18.71	1.78	6.56			

表 8-2　团矿合理组成

物　相	Sb_2S_3	Sb_2O_4	Sb_2O_3	FeS_2	FeAsS	CaO	MgO	Al_2O_3	SiO_2	Fe_2O_3
成分（质量分数）/%	68.18	4.47	0.30	3.44	0.14	3.60	0.39	1.58	13.61	1.10

注：CaO 中 $CaCO_3$ 占 0.76%，MgO 中 $MgCO_3$ 占 0.68%。

鼓风炉挥发熔炼工艺的特点是炉顶温度很高，达 800～1100℃，炉料一入炉就经受到高温的作用，剧烈地进行干燥、脱水、离解、挥发、氧化和造渣等一系列复杂的物理化学反应，大致发生如下 17 个主要反应，且反应式（8-1）～式（8-4）进行得迅速而彻底，它们的离解压曲线见图 8-1。

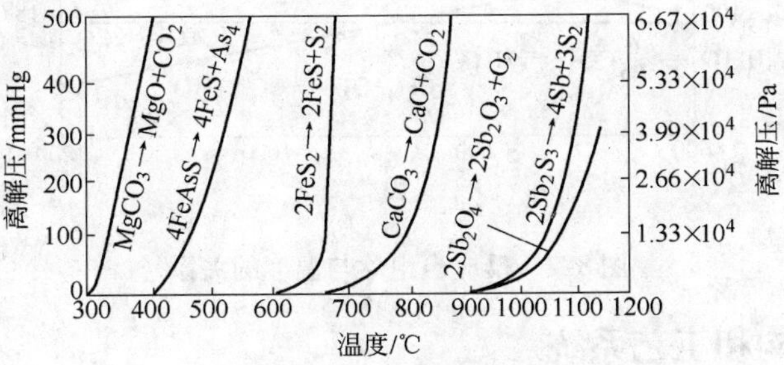

图 8-1　有关物质的离解压曲线

$$CaCO_3 \xlongequal{\triangle} CaO + CO_2 \tag{8-1}$$

$$MgCO_3 \xlongequal{\triangle} MgO + CO_2 \tag{8-2}$$

$$FeS_2 \xlongequal{\triangle} FeS + S \tag{8-3}$$

$$4FeAsS \xlongequal{\triangle} 4FeS + 4As \tag{8-4}$$

$$2FeS + 3O_2 = 2FeO + 2SO_2 \tag{8-5}$$

$$2Sb_2S_3 + 9O_2 = 2Sb_2O_3 + 6SO_2 \tag{8-6}$$

$$S + O_2 = SO_2 \tag{8-7}$$

$$C + O_2 = CO_2 \tag{8-8}$$

$$2CO + O_2 = 2CO_2 \tag{8-9}$$

$$2C + O_2 = 2CO \tag{8-10}$$

$$CH_4 + 2O_2 = CO_2 + 2H_2O \tag{8-11}$$

$$2C_6H_6 + 15O_2 = 12CO_2 + 6H_2O \tag{8-12}$$

$$Sb_2S_3 + 2Sb_2O_3 = 6Sb + 3SO_2 \tag{8-13}$$

$$9Sb_2O_4 + Sb_2S_3 = 10Sb_2O_3 + 3SO_2 \tag{8-14}$$

$$Sb_2O_4 + CO = Sb_2O_3 + CO_2 \tag{8-15}$$

$$Sb_2O_4 + C \longrightarrow Sb_2O_3 + CO \tag{8-16}$$

$$2Sb_2O_4 + C \longrightarrow 2Sb_2O_3 + CO_2 \tag{8-17}$$

图8-2是上述部分反应的反应自由焓与温度的关系，从图中可大致估算出这些物质的氧化顺序为：碳及挥发分－硫－硫化锑－硫化亚铁。再根据三硫化锑蒸气压与温度的数据及关系曲线（见表2-6，图2-3），可以认为，锑精矿加入鼓风炉后，其中的三硫化锑将优先挥发，然后在烟气气流中氧化为三氧化锑，在冷凝收尘系统中沉积。

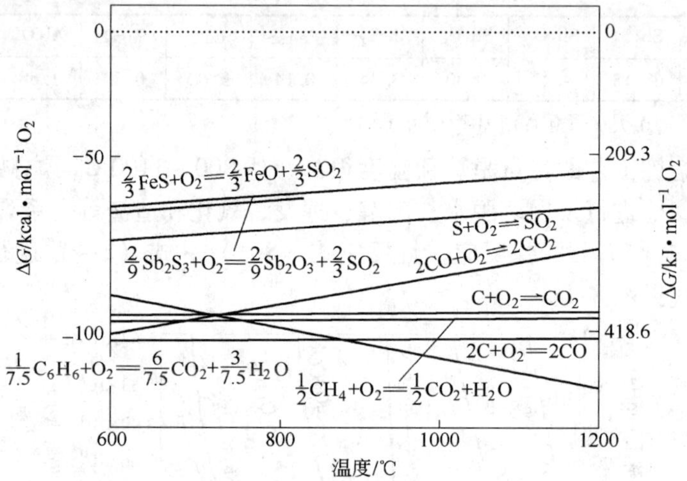

图8-2　反应自由焓与温度的关系

8.3　鼓风炉的结构和工艺系统

图8-3是锡矿山矿务局 $2m^2$ 鼓风炉示意图。通常用于挥发熔炼的鼓风炉是半水套鼓风炉，横截面可为圆形、矩形或椭圆形，由炉顶（包括加料装置）、炉身、炉缸和前床等部分组成。炉缸与前床之间，以过渣道或溜槽连接，该部分很容易损坏，管理维修的工作量较大，常常影响鼓风炉的正常生产。因此，某些锑冶炼厂的鼓风炉取消了前床，而加深炉缸。

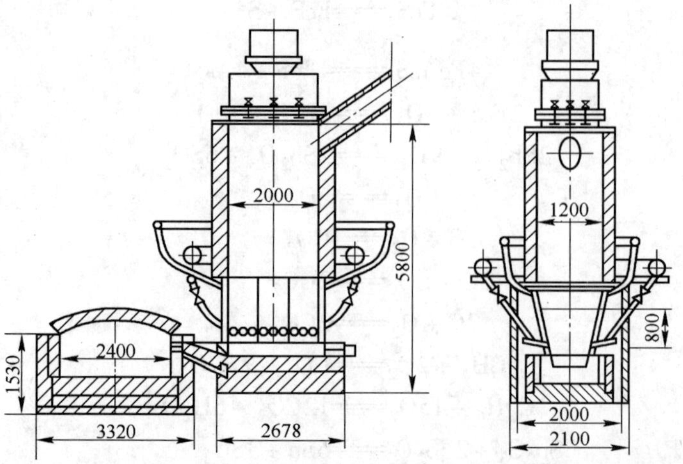

图8-3　挥发熔炼鼓风炉结构示意图

图8-4是与鼓风炉配套的冷凝收尘系统示意图。鼓风炉的冷凝收尘系统主要由“鹅颈”、烟尘沉降室、汽化冷却器或水冷却器、表面冷却器、抽风机和布袋室等组成。

图8-5是鼓风炉挥发熔炼工艺流程图。整个工艺流程主要包括干团矿的制备，鼓风炉造渣熔炼，炉气系列冷凝收尘等部分。

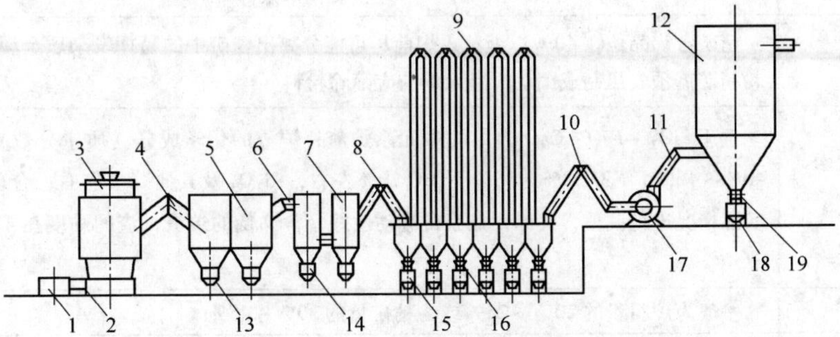

图8-4 鼓风炉冷凝收尘系统示意图

1—前床；2—过渣道；3—鼓风炉；4—鹅颈；5—烟尘沉降室；6，8，10—连接烟道；7—汽化冷却器；9—表面冷却器；11—布袋室分配烟道；12—布袋室；13，14—闸门；15，18—锑氧输送泵；16，19—圆盘闸门；17—抽风机

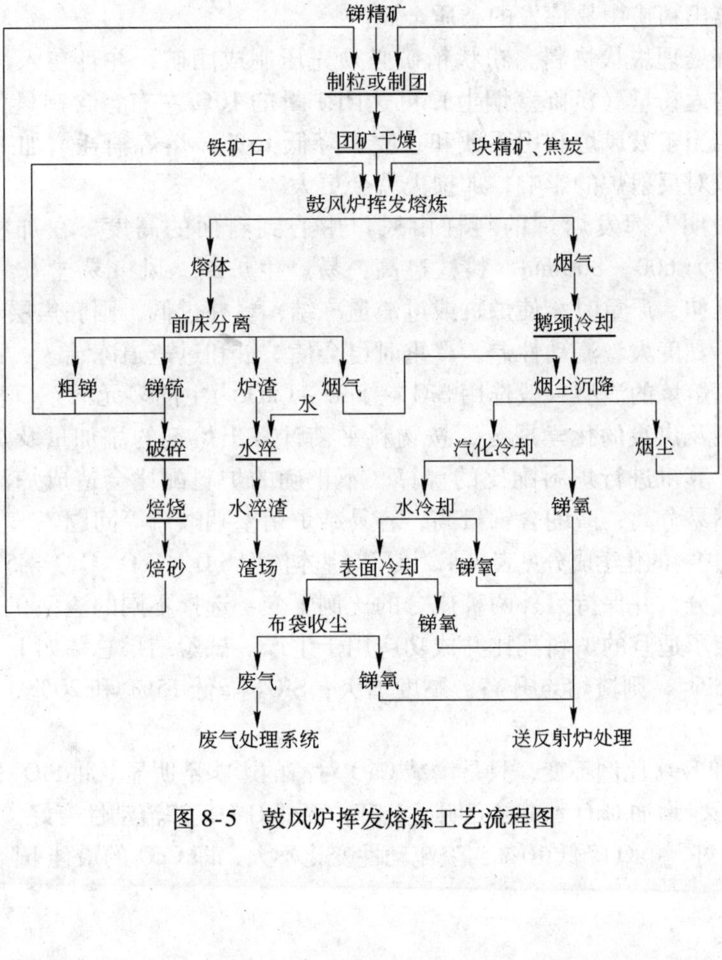

图8-5 鼓风炉挥发熔炼工艺流程图

8.4　鼓风炉挥发熔炼的主要技术条件

鼓风炉挥发熔炼的主要技术条件见表8-3。

表8-3　鼓风炉挥发熔炼的主要技术条件

名　称	主要技术条件
对炉料要求	精矿含锑品位在40%以上；入炉前尽可能分离出精矿中的易挥发杂质金属；宜处理块矿，粉精矿需预先压制成团矿，且入炉前应筛除粉料
渣型选择	选用 SiO_2 – FeO – CaO 为主的多元系炉渣；炉渣的化学成分（质量分数）一般为：SiO_2 40% ~42%，FeO 28% ~30%，CaO 20%左右，Al_2O_3 及其他10%左右；合理的渣型应根据实际情况进行调整，其原则是获得流动性好、含锑低的炉渣，渣的黏度在4Pa · s左右较适宜
焦　率	一般为炉料量的20% ~25%或为精矿量的30% ~45%
风　量	一般为60 ~80m^3/（m^2 · min）
风　压	一般为7999 ~10666Pa

锑精矿中常见的易挥发杂质主要是砷和铅，在熔炼过程中90%以上的砷和70% ~80%的铅挥发进入锑氧（如果锑锍和粗锑返回鼓风炉处理，则砷和铅除极少量进入炉渣外将全部进入锑氧）。为了提高锑氧质量，改善精炼技术指标，最好是在熔炼前通过选矿或其他方法分离出精矿中易挥发的杂质金属。

鼓风炉只宜处理块状物料。粉状精矿必须先压制成团矿，并且在入炉前必须筛除粉料，否则产出的返粉量（沉降室烟尘）可达团矿量的10%左右，含锑量为入炉含锑量的15%左右，这相当于鼓风炉利用系数和直收率降低15%，熔炼消耗增加15%；如果再考虑粉尘进入锑氧对反射炉的影响，那损失就会更大。

生产实践表明，挥发熔炼的料柱由风口中心到料面的高度，在加料前应为300 ~500mm，加料后为600 ~800mm。料柱过高，易产生炉结，风口易挂渣，形成“空洞”，并向炉子中心延伸，严重时会使炉缸或过渣道冻结；料柱过低，则底焦层薄，炉渣和锑锍的过热温度低，黏度大，流动性差，严重时也会使炉缸和过渣道冻结。

鼓风炉挥发熔炼的渣型一般选用 SiO_2 – FeO – CaO 为主的多元渣系。根据选择的渣型和锑矿石、熔剂及焦炭的化学成分，按物料平衡计算出熔剂的添加量及炉料配比。实践中，一般利用计算机进行炉料配比的计算。不正确的炉料配比会造成炉渣黏稠，流动性差，渣和锑锍不易分离，渣的含锑量高，容易结炉堵塞咽喉口等问题。

某锑冶炼厂炉料的化学成分见表8-4，该厂对基本渣型 SiO_2 : FeO : CaO =45 : 33 : 22 作调整，增减其中某一成分，并保持另外两种成分的比例不变，选择不同的渣型在高温电炉中进行试验，最终确定了适宜的炉料配比并成功应用于生产。试验结果总结如下：

（1）增加 SiO_2，则渣熔点升高，黏度增大；SiO_2 降低15% 和20%，渣在1000℃ 时就开始熔化。

（2）SiO_2 和FeO 比例不变，只是增减CaO 对渣的影响不明显。将 SiO_2 降低17.5%，在1000℃ 的温度下，增加CaO，渣黏度明显上升；降低CaO，渣流动性变好，在CaO 降低5%时，渣流动性最好，CaO 降低10%，渣流动性变化不大，即CaO 的最佳下降幅度为5%。

表 8-4 某锑冶炼厂炉料的化学成分

物料	成分（质量分数）/%			
	Sb	SiO_2	CaO	FeO
球团	43.94	10.44	6.32	7.46
焦炭		15.38	0.36	0.50
石灰石		2.82	54.30	0.40
铁矿石		3.26	1.17	68.44

（3）FeO 的变化对渣的密度影响很明显，但对渣的熔点影响不大。当 FeO 增加时，渣的流动性变好，渣的熔点稍有降低，这种渣冷却后像铁块一样。FeO 降低，渣密度明显降低，熔点稍有上升，渣发黏。

（4）最终的试验结果是 SiO_2 降低 17.5%，CaO 降低 5%，FeO 不变，此时渣的熔点很低，流动性以及渣锑分离效果都很好。相应的渣型为 SiO_2 : FeO : CaO = 29 : 47 : 24。炉料配比为球团: 焦炭: 石灰石: 铁矿石 = 100 : 40 : 15 : 31。这时，渣的熔点低，流动性及渣锑分离效果都很好。

按调整后的渣型重新确定的炉料配比进行生产，鼓风炉的熔炼就容易进行了，渣浮在熔体面上流动性很好，容易放出，鼓风炉炉况正常，熔化后的渣和锑锍顺利流出，渣锑分离好，渣中含锑低。

鼓风炉熔炼的生产操作主要包括开炉准备、开炉和正常操作 3 个步骤：

（1）开炉准备。检查鼓风炉水套、风嘴及冷凝系统，试机操作，要求各系统运行正常。

（2）开炉。用木材点火，加焦炭 5 ~ 6 批或更多批次，同时抽风，然后开鼓风机鼓风，分数批加入焦炭、锑锍、粗锑及熔剂等开炉炉料，熔炼一定时间后即转入正常操作。

（3）正常操作。按照焦炭—熔剂—锑矿石或其他含锑物料的顺序分批进料，每批炉料熔炼一段时间后，再加入下一批炉料继续熔炼。出现结炉现象时，可用粗锑洗炉。定期从前床中放出炉渣以及锑锍和粗锑。无前床鼓风炉一般从虹吸渣口连续放渣，定期放出锑锍和粗锑。

8.5 鼓风炉挥发熔炼的主要产物

鼓风炉挥发熔炼的主要产物有：锑氧、锑锍和粗锑、炉渣和废气。

锑氧是鼓风炉熔炼的最终产品，其中 90% 左右是粉锑氧，其余 10% 左右是粉结锑氧。锑氧的主要化学成分是三氧化锑，还含有少量易挥发的金属（砷、铅等）氧化物和飞扬的脉石，熔炼品位较高的精矿时，锑氧平均含锑可达到 80% 左右，能满足反射炉还原熔炼的要求。典型鼓风炉熔炼所产锑氧的化学成分见表 8-5。

表 8-5 鼓风炉产出的各种锑氧粉化学成分

锑氧粉名称	化学成分（质量分数）/%					
	Sb	As	S	Pb	Cu	Fe
水冷却器锑氧粉	69.04	0.16	0.38	0.11	0.002	1.21
表冷却器锑氧粉	79.36	0.32	0.34	0.06	0.001	0.19
布袋室锑氧粉	81.25	0.31	0.35	0.13	0.001	0.06

锑锍和粗锑是鼓风炉挥发熔炼的中间产物，锑锍不能送反射炉处理，粗锑含铁较高，也不适宜直接送反射炉提取金属锑，一般是返回鼓风炉处理。粗锑和锑锍的产出率主要与料柱高度、鼓风量和精矿的成分有关，表 8-6 为两个炼锑厂的团矿成分与锑锍和粗锑产出率的关系。粗锑和锑锍的化学成分见表 8-7。

表 8-6　两家炼锑厂所用团矿的成分及锑锍、粗锑产出率

编号	团矿化学成分（质量分数）/%							锑锍		粗锑	
	Sb	As	Pb	S	SiO_2	CaO	Fe	产出率/%	含锑率/%	产出率/%	含锑率/%
1	50	0.08	0.14	19.97	11	3.97	3.0	4.5	0.4	1.9	3.0
2	38 ~ 44	0.70 ~ 0.80	0.1 ~ 0.15	25.27	13 ~ 15	0.8 ~ 1.0	8.0 ~ 11.0	13.0 ~ 16.0	1.3 ~ 2.0	4.0 ~ 6.0	8.0 ~ 10.0

注：含锑率是指粗锑和锑锍的含锑量与入炉炉料含锑之比。

表 8-7　锑锍和粗锑化学成分　　（%）

编号	锑锍化学成分（质量分数）			粗锑化学成分（质量分数）		
	Sb	Fe	S	Sb	Fe	S
1	4.70	64.44	26.40	50.32	40.03	9.65
2	4.60	64.69	24.84	63.60	22.24	5.63
3	7.85	62.92	24.12	75.43	13.80	3.50
4	4.57	64.96	25.76	86.32	10.33	2.07
5	1.90	67.54	24.90	91.40	7.49	1.15
6	0.30	58.12	24.92	52.32	33.14	11.65

炉渣是由脉石、熔剂和焦炭灰分形成的各种低熔点化合物，也含有少量的金属硫化物和金属粒子，比如未能完全分离的而夹杂其中的锑锍。据测试，把含锑 1.43% 的炉渣置于坩埚中重新熔化，则有锑锍在坩埚底部析出，渣含锑可降低到 0.83%，析出的锑锍成分为：Sb 8.2%，Fe 59.36% 和 S 15.06%，因此在熔炼过程中，应尽量创造条件使锑锍和粗锑与炉渣分离，正是基于这一点，一般在鼓风炉炉膛一侧设置前床。对某些小型鼓风炉来讲，也可不设前床而加深炉缸，以利锑锍和粗锑的沉降。炉渣含锑一般低于 1%，经水淬后可送渣场堆存或用作制造水泥的原料。

鼓风炉挥发熔炼产生的废气量很大，布袋室出口废气量常达理论量的 3 倍左右，其主要原因是冷凝收尘系统庞大，漏风严重。废气的成分主要与炉料的化学成分及鼓风量有关，某锑冶炼厂鼓风炉废气的成分见表 8-8。废气中的 SO_2 含量一般均超过环保标准，如锡矿山南炼厂 2000 年监测的烟气 SO_2 浓度平均结果是：0.31% 或 8802mg/m^3，远超过排放标准。因此，废气一般需要用石灰吸收法处理，以使其 SO_2 的浓度达到国家规定的排放标准。

表 8-8　废气化学成分

化学成分	SO_2	O_2	CO_2	N_2	CO
（质量分数）/%	0.3 ~ 0.8	16 ~ 18	2 ~ 4	76 ~ 79	0 ~ 0.3

8.6 鼓风炉挥发熔炼的主要技术经济指标

反映鼓风炉挥发熔炼的主要技术经济指标有生产率、利用系数、金属回收率和单位消耗等。

影响挥发熔炼技术经济指标的因素较多，其中精矿（或团矿）的品位是最重要的因素。精矿品位高，则熔剂加入量少，金属回收率高，鼓风炉利用系数高，熔炼总消耗（原材料、燃料、动力等）低，成本低。

因此，要提高鼓风炉挥发熔炼的技术经济指标，最重要的措施是提高精矿品位。精矿含锑品位至少应在40%以上，表8-9列出了两种不同品位的精矿在鼓风炉挥发熔炼中的主要经济指标的对比。

表8-9　不同精矿品位鼓风炉挥发熔炼的经济指标对比

精矿品位/%	渣率/%	渣含锑（质量分数）/%	渣损失率/%	每吨锑消耗/kg		
				焦炭	铁矿石	烟煤
46.00	59.91	0.74	0.90	906	934	123
28.73	133.77	0.73	3.62	1921	4361	305

鼓风炉挥发熔炼的生产率一般按炉料计，通常为35～45t/（m^2·d），如果不考虑配入的熔剂量，仅按风口区面积和每天处理的含锑物料量计算，则其处理含锑物料的生产能力约为20～33t/（m^2·d）。

鼓风炉的利用系数是指每平方米风口区面积、每天处理的金属锑含量（以吨计）。一般鼓风炉的利用系数为7.5～12.5t/（m^2·d）。

金属的回收率主要与精矿品位和渣含锑有关，在渣含锑低于1%，精矿品位为30%～50%时，回收率约为92%～98%。

单位消耗一般是指生产1t精锑所消耗的原材料、燃料、水电等的数量，如果只考虑鼓风炉部分，则单位消耗也可按锑氧所含的每吨金属锑量计算。影响单位消耗的主要因素也是精矿品位，随着精矿品位的不同直接导致单位消耗的变化。不同品位的精矿在鼓风炉挥发熔炼中的主要消耗见表8-9。

8.7 鼓风炉挥发炼锑技术的发展

我国锑鼓风炉挥发熔炼于1962年进行试验，1965年投入生产，至今已有40余年的历史，在我国锑冶炼厂得到较广泛的应用。通过几代人的不断改进，鼓风炉的冷凝收尘，锑氧输送，过渣道以及炉龄等问题相继得到了解决，但鼓风炉能耗高，环境污染严重，自动化程度较低等问题，一直没有得到很好的解决。为此，冶金工作者就锑鼓风炉的冶炼工艺、技术装备及自动控制系统进行了积极的探索。

8.7.1 采用富氧熔炼技术

鼓风炉富氧熔炼是一项成熟的工艺技术，现已广泛用于铜以及其他多种有色金属的冶炼工艺，它通过提高空气中的氧浓度（变压吸附制氧装置可将O_2浓度提高到93%）来减少鼓入鼓风炉的空气量，进而减少烟气带走的热量；空气中氧浓度的提高，可强化燃料的燃烧过程，减少化学不完全燃烧热损失，某些炼锑鼓风炉的烟气中含有较多CO，其化学不完全燃烧热损失高达20%以上；此外，富氧熔炼还能强化锑矿的氧化挥发、降低渣的锑含量并减少锑氧中的硫含量。富氧熔炼需要增设氧气制备装置，可采用生产成本较低的变压吸附制氧装置来生产氧气。以锡矿山闪星锑业有限责任公司南炼厂3.0m² 鼓风炉为例，该鼓风炉日处理量为55t/d，每小时鼓入空气量为14040m³，如果采用富氧熔炼，可提高炉温，节约焦炭并大大减少鼓风量；同时，加强对冷凝收尘系统的密闭，可使烟气中的SO_2浓度提高到6%左右，进而回收制酸。这样既可改善炉况、提高热效率、优化指标，又能从根本上解决环境污染和精矿中硫的回收问题。

8.7.2 炉体大型化

鼓风炉挥发熔炼生产锑氧的工艺，包括了硫化锑的挥发、氧化和脉石造渣等过程，炉型越大，则精矿处理量越多、渣量和锑锍熔融物越多，可克服过渣道和前床容易冻结的现象，且更有利于改善炉况。锡矿山闪星锑业有限责任公司南炼厂，自1976年拥有鼓风炉以来，炉体规格先后从1.6m² 扩大至3.0m²，其主要经济技术指标见表8-10。

表8-10 南炼厂不同炉型生产技术指标

炉 型	平均炉日处理量 /t	炉床处理能力 /t·(a·m)$^{-1}$	平均金属回收率 /%	焦率/%
1.6m²	26.10	16.3	95.5	37.1
2.0m²	33.60	16.8	96.5	35.2
2.4m²	43.16	17.9	96.8	32.7
3.0m²	54.60	18.2	97.0	30.2

由表8-10可看出，随着炉体规格的增大，不仅床能力得到提高，金属回收率、焦率等主要技术经济指标均得到了优化，同时还有利于人力资源的有效配置。所以，在设计过程中，合理设计风嘴的分布和炉缸矩形尺寸，扩大炉型，有利于提高鼓风炉综合效益。

8.7.3 采用新型结构的鼓风炉

8.7.3.1 概述

传统炼锑鼓风炉大多设有前床，进料方式采用上下双料钟，收尘方式是炉侧抽风收尘，炉缸固定在炉身以下。有部分小型锑鼓风炉已取消了前床，而采用加深炉缸的办法使锑锍和粗锑获得较好的沉降。

前床的作用是贮存高温熔体，加热保温，使锑锍和粗锑与炉渣澄清分离。炉膛的温度应保持在1200~1300℃，需要消耗大量的能源，才能保持正常生产。前床温度低，渣黏度大，渣含锑高。操作不当时可产生严重的炉结，造成停炉，影响生产。为解决以上问题，锡矿山矿务局对2.4m² 锑鼓风炉的结构进行了改造，将原来的炉顶进料方式改为物料分布合理、均匀的两侧进料方式，原炉侧抽风收尘改为抽风均匀的炉顶收尘方式并用缩短修炉和烘炉时间的活动炉缸取代了前床。应用于工业生产后，使焦点区温度达1350~1400℃，有利于渣锑分离。

取消前床改装活动炉缸和改进收尘、进料方式，可以降低渣含锑、提高回收率、降低焦率和熔剂率、增加鼓风炉运行时间，从而达到节约能源和熔剂、降低生产成本、提高经济效益的目的。

8.7.3.2 炉顶抽风活动炉缸无前床炼锑鼓风炉

A 设计原理

锑鼓风炉所产炉渣密度为3.0～3.3g/cm³，锑锍密度为4.5～4.8g/cm³，粗锑密度为6.3～6.5g/cm³，三者的密度差较大，有利于分离。在配料正常、炉渣渣型变动不大的情况下，要加速锑锍、粗锑的沉降速度，缩短沉降时间，必须降低渣的黏度。

渣型确定后，提高渣温是降低黏度的有效方法。组成炉渣的各种氧化物中，SiO_2 对熔渣黏度影响最大。硅氧络合阴离子的结构愈复杂，离子半径愈大，熔体的黏度也愈大。升高炉渣温度时，复杂的硅氧络阴离子逐步离解为简单的络阴离子，离子半径逐渐变小，因而黏度也随之而降低。锡矿山锑精矿鼓风炉挥发熔炼渣的成分（质量分数）为：SiO_2 40%～42%、FeO 28%～30%、CaO 20%，Al_2O_3 及其他成分约10%，前三者之和占渣成分的90%。此渣型的熔点约为1000～1050℃。

传统锑鼓风炉炉渣经过渣道流入前床，前床温度为1100～1200℃，前床内混合物的黏度为10Pa·s，这样大的黏度，不利于锑锍和粗锑，及炉渣的分离，渣含锑相应的会增加。当取消前床后，熔体贮存在炉缸中，而锑鼓风炉焦点区温度为1350～1400℃，炉缸内炉渣的温度也达到了1350℃。此炉渣的黏度为4Pa·s，此值不到炉渣在前床时黏度的一半。锑锍、粗锑的沉降速度将成倍增加，对降低渣含锑十分有利。

传统锑鼓风炉的炉缸容积较小，渣在其中的停留时间较短，不利于渣的沉降分离，取消前床后，为了得到含锑较低的渣，必须增大炉缸的容积。增大炉缸有两种方法，一是将炉缸加深，二是在炉缸内设附缸，增大容积，渣在炉缸中停留的时间长，渣与锑锍、粗锑分离就完全，渣含锑就能降低。

新型锑鼓风炉采用炉顶抽风的收尘方式，这样可保证抽风均匀、温度一致且温度容易上升。

两侧进料可使炉料的分布更均匀，料柱下降一致，能提高处理量。

采用活动炉缸则可减少修炉时间和烘炉时间，增加冶炼炉的实际运行日数。

B 鼓风炉的结构

炉顶抽风、两侧进料、活动炉缸、无前床炼锑鼓风炉的结构如图8-6所示，其风口区面积为2.4m²。

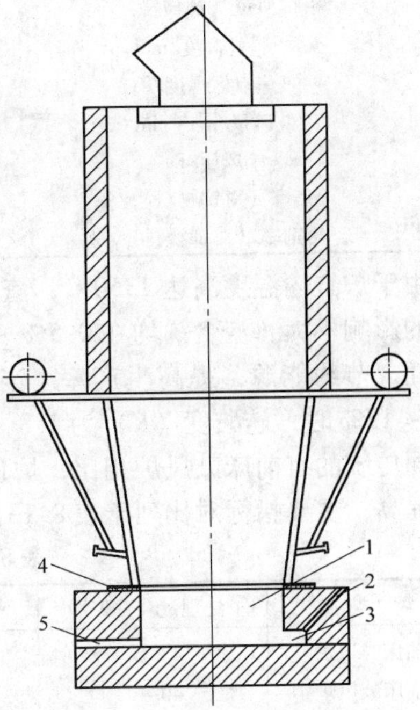

图8-6 无前床炼锑鼓风炉的结构示意图
1—炉缸；2—渣道；3—附缸；4—活动砖；5—锑锍出口

炉顶中心位置安装收尘抽风烟管。炉身的上部用耐火砖砌筑，下部为钢制冷却水套。活动炉缸的内部与熔体部分用耐火砖砌筑，其与炉身之间采用活动耐火砖进行连接。无前床鼓风炉炉缸结构的改装主要是增大容量，当炉缸的面积确定以后，只有采用加深炉缸的办法来实现。此外，可在炉缸上增设附缸。附缸位置和大小的设置必须合理，合理设置的附缸能使锑锍、粗锑与渣进一步分离沉降，对降低渣含锑有利。

炉缸安装在轮轨式可移动装置上，需要维修时，可拆除炉缸与炉身之间的活动砖，移开炉缸进行维修。

无前床锑鼓风炉的放渣是连续的，但流量小而稳定，因而锑锍、粗锑与渣在炉缸中有一定的分离沉降时间。

C　试验工作及结果分析

试验用的主要物料为粒状精矿、泡渣、锑锍、粗锑以及铁矿石和焦炭，其化学成分列于表 8-11。试验的主要技术条件如表 8-12 所示。

表 8-11　锑鼓风炉入炉物料化学成分

名　称	成分（质量分数）/%					
	Sb	S	SiO_2	FeO	CaO	Al_2O_3
粒状精矿	51.80	19.69	17.10	3.80	2.37	6.87
泡　渣	57.30	0.33	10.00	3.54		4.18
锑　锍	71.70	3.45				
铁矿石		0.82	14.20		16.06	3.43
焦　炭			7.00	4.10	1.15	

表 8-12　主要试验条件

项　目	数　量
料批质量（锑物料）/kg	700
料柱高度/mm	650
焦点区温度/℃	1400～1450
鼓风量/$m^3 \cdot min^{-1}$	160
风压/Pa	20000
焦率（对锑物料）/%	33
熔剂率（对锑物料）/%	35

由于炉缸内温度高达 1350℃，渣黏度较小，因而在一定范围内，硅酸度的增减对渣含锑的影响不大，渣含锑均在 0.5%～0.9%，因此选用较高的硅酸度以减少熔剂、焦炭的消耗，节约能源，提高生产率。当渣型为：SiO_2 37%～38%，FeO 27%～29%，CaO 15%～17%时，硅酸度（K）为 1.8～1.9。

同传统的有前床鼓风炉相比，炉顶抽风双侧进料活动炉缸无前床炼锑鼓风炉的指标有显著提高，主要指标对比列于表 8-13。

表 8-13　试验指标对比

炉　型	处理量/$t \cdot d^{-1}$	渣含锑（质量分数）/%	焦率/%	熔剂率/%
无前床鼓风炉	43.14	0.90	29.75	33.40
有前床鼓风炉	40.40	1.14	37.60	46.07

试验结果证明，无前床鼓风炉取代有前床鼓风炉，仍可以产出质量好的锑氧产品，降低了物料消耗及渣中的金属损失，提高了鼓风炉的处理能力。

渣中金属损失下降的原因是：（1）炉缸内温度高达1350℃，渣黏度小，约5Pa · s，低于有前床鼓风炉渣黏度；（2）合理增设的附缸能使锑锍、粗锑与渣进一步分离沉降，对降低渣含锑有利；（3）炉缸中锑锍、粗锑层厚度控制在200mm，距渣道进口为150mm，与有前床鼓风炉比较，冲击力小，渣层稳定，有利于熔体中锑锍、粗锑与渣很好地分离。

能耗、熔剂用量下降的原因是：（1）炉缸中保持了大量的熔体，热容量大，温度高，加快了物料的熔化速度；（2）炉渣硅酸度的提高，节约了焦炭和熔剂用量；（3）取消了前床，则无需前床保温烟煤了。

处理量提高的原因是：（1）炉缸内焦点区温度达1400～1450℃，加快了物料的熔化速度；（2）炉渣硅酸度的提高，熔剂用量降低了，相应提高了锑物料的处理量；（3）前床取消后，减小了分散到前床熔体通过渣道对鼓风压力的阻力损失，充分利用了鼓风量，对提高处理量有利；（4）在炉缸两端增加风嘴，供风均匀，消灭了死角，有利于处理量的提高；（5）炉顶抽风可保证炉内热量分布更均匀，而两侧进料方式使物料分布均匀，物料下降一致，对提高处理量有利。此外，采用活动炉缸能减少维修时间，增加鼓风炉的实际运行时间，从而提高鼓风炉的年处理量。

总体来讲，无前床炼锑鼓风炉简化了设备，其技术条件更易控制；减轻了劳动强度，改善了劳动条件，经济效益更好；无前床炼锑鼓风炉，不但能用于小炉型，而且适用于大炉型；无前床炼锑鼓风炉能处理硫化锑矿，也可以用于处理氧化锑矿石和锑的硫氧混合矿等。

8.7.4 应用自动控制技术

低料柱和保持料柱均衡是锑鼓风炉工艺生产的一大特点，因而需要采取少量多次的进料操作制度，建立一套自动化控制系统，连续对炉温、炉内料柱高度及设备运行状况等进行自动检测，通过系统处理，可实现自动配料、自动计量、自动进料和自动调节氧气供应量，从而取代劳动强度高、工作环境恶劣的司炉工操作，实现司炉自动化提高设备运行的稳定性。自动控制技术的应用可以优化生产管理、节约人力资源、提高设备维护质量、节约生产成本。

锡矿山闪星锑业有限公司拥有日处理能力世界第一的炼锑鼓风炉，下面以此为例介绍自动控制系统的应用。

8.7.4.1 系统构成

自动控制系统上位机采用工控机实现全部实时数据的采集、显示、监控和处理。整个系统由配料系统、汽化冷却系统、水冷却系统和设备维护系统组成。为保证传输数据的可靠性，上位机与配料系统置于同一操作室，距离很近，上位机与配料系统之间可直接使用Rs－232串口进行通讯。上位机与其余各系统间由于距离较远（500～1200m）采用Rs－485接口进行通讯，因上位机不带Rs－485接口，需在上位机的扩展槽上插入通讯转换卡，完成Rs－485与Rs－232之间的转换。

配料自动控制系统采用PLC＋称重传感器控制，实现自动计量和顺序配料控制，实时数据通过PLC的I/O接口，由上位机自动采集；汽化冷却系统主要控制汽包水位和气压，实现自动给水和超压超水位报警，汽包水位和气压分别由液面传感器和压力传感器将实时数据传送给上位机，由上位机通过电动阀门实时控制，实现自动进水和排气；水冷却系统主要控制各水冷却器的出水口温度，在各水冷却器的出口安装热电偶，信号传送给上位机，由上位机通过电动阀门进行实时自动控制；设备维护系统主要对4台主要生产设备实行定点监测，监测的内容为：设备运转负荷（电流数值）、轴承温度和设备振动情况。分别由电流变送器、热电偶和振动传感器测量，信号传送上位机，由上位机进行实时监测。各系统与上位机的连接采用并联方式，既可同时运行，也可单独运行。整个系统的构成如图8-7所示。

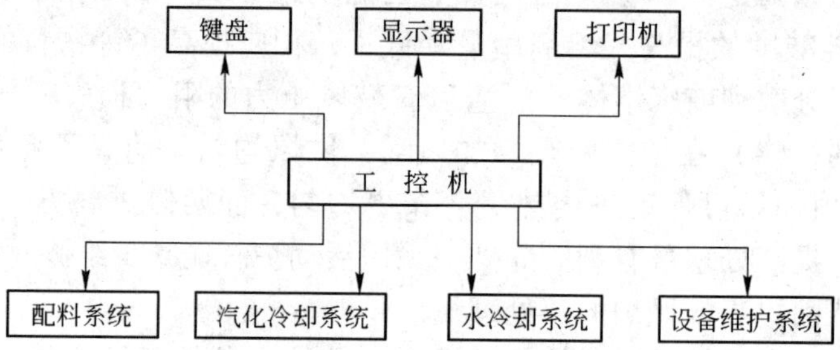

图8-7　自动控制系统构成示意图

8.7.4.2　硬件组成

上位机采用研华工控机IPC－610型/586/233MHZ/32M。控制配料系统的PLC采用华光电子SR－21型，输出的实时数据（BCD码），经研华PCLD－780接线端子板接驳，入PCL－720计数器通道，与上位机相连，如图8-8所示。

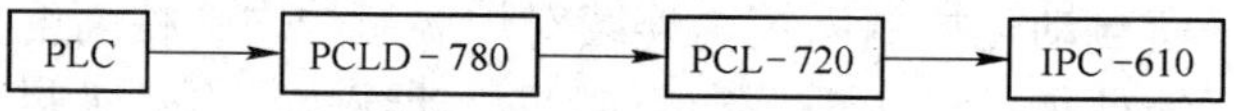

图8-8　硬件组成示意图

汽化冷却系统的液位及气压（各2点），由安装在汽包内的液面传感器和压力传感发出信号，经PCLD－780接线端子板接驳，与上位机连接，上位机根据液位（或气压），通过PLC－728模拟输出卡控制进水（或排气）电动阀门执行器，控制汽包的水位（或气压），如图8-9所示。

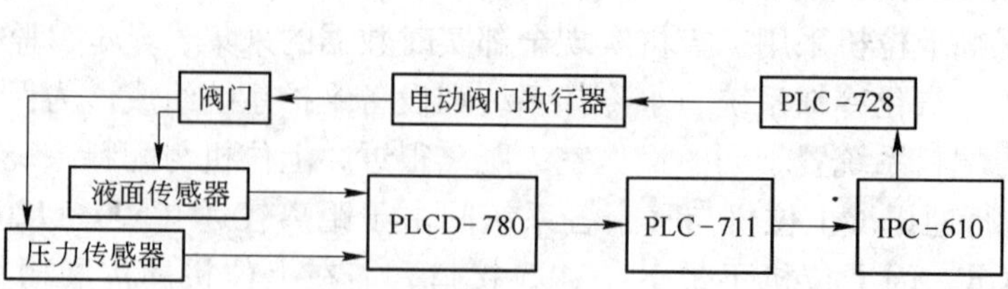

图8-9　汽化冷却系统控制图

水冷却系统是在各水冷却器的出口（共8点）安装热电偶，经研华PCLD－779隔离继电器放大及多路转换板、PCL－711多功能I/O卡与上位机相连，上位机通过PCL－

728 模拟输出卡，控制进水电动阀门执行器，调节冷却水量，如图 8-10 所示。

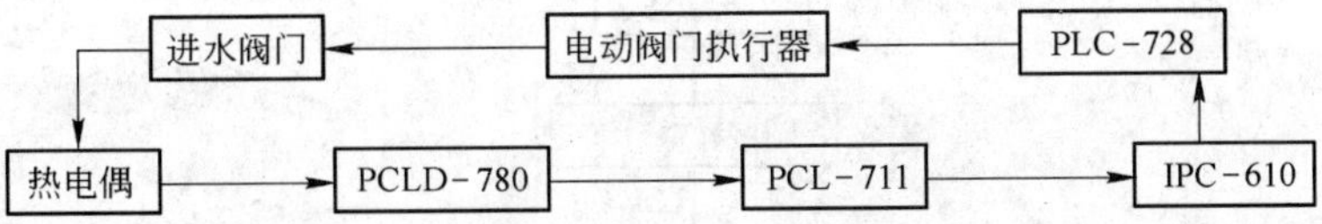

图 8-10 水冷却系统控制图

设备维护系统有设备温度测控点 16 点、设备振动测控点 8 点、负荷测控点 4 点，分别由热电偶、振动传感器和变送器将信号经 PCLD－789 多路转换板、PCLD－711 多功能 I/O 卡传送至上位机，如图 8-11 所示。

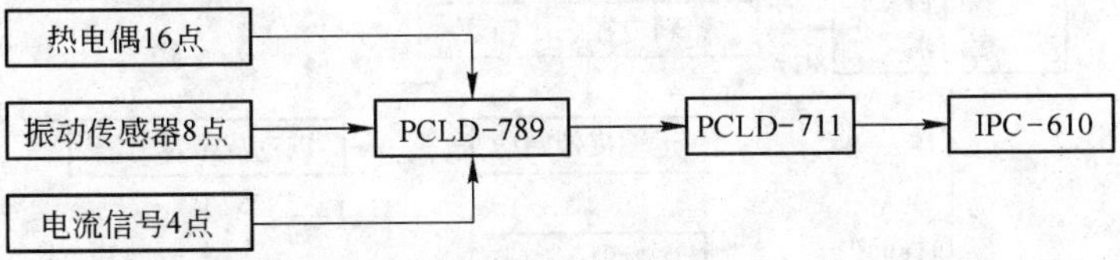

图 8-11 设备维护系统控制图

通讯卡采用研华 ADAM－4520 隔离转换器和 ADAM－4510 型 Rs－485 中继器，实现 Rs－485 与 Rs－232 的接口转换。

为了提高系统可靠性，在设备安装中，所有信号线全部使用屏蔽电缆，屏蔽层接地，并尽量减少电缆接头，避免靠近电力线，端子板安装滤波电容，提高系统的抗干扰能力。

8.7.4.3 软件设计

控制系统软件采用研华 GENIE 数据采集和控制软件包，在 Windows 环境下运行。通过 GENIE 图标模块式策略编辑器，使用其丰富的 DLL 驱动程序与硬件 I/O 设备连接，通过 GENIE 的显示编辑器创建各过程控制的显示操作面板，即可达到控制和监视过程的目的。整个设计采用组态软件和流行的可视化设计，方便灵活，具有数据采集、数据处理、自动控制、动态显示和数据记录等功能。在策略编辑过程中，每一个分系统编辑一个策略文件，由上位机菜单化操作，既可多系统同时运行，也可各分系统单独运行，以适应实际需要。编辑策略时，只需在策略编辑器的工具箱内选出并排列必要的图标模块，用连接线按上面硬件所列顺序将各个相应模块连接起来，双击每个图标模块从而对模块参数进行配置，然后进入显示编辑器设置每个显示选项。即可完成策略的编辑。

在配料系统策略中，系统的自动计量和顺序配、排料控制由 SR－21 型可编程序器完成。上位机将输入的物料种类（共 3 种：粒矿、焦煤和铁矿石）、物料配比及重量等数据，自动下载到 PLC 作为称重依据。自动给料、配料、称重、去皮及顺序动作则由 PLC 完成。物料分别下到 3 个料仓，分别由给料电振顺序配送到带有称重传感器的 3 个配料斗内，达到设定质量，配料完毕，再由排料电振将物料按设计顺序排料，由运输皮带送入炉内，排料完毕，PLC 再次分别称重去皮，得出入炉物料的质量数值，送上位机进行数据处理。配料系统流程图如图 8-12 所示。上位机执行数据采集、动态监测、数据存储和报表打印等功能，显示策略则依次动态显示配料称量过程。

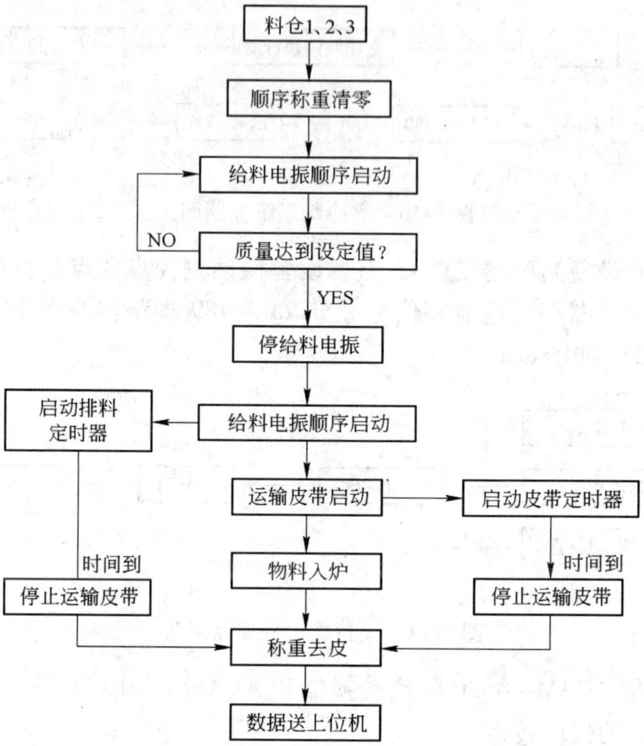

图 8-12　配料系统流程图

在编辑汽化系统策略时，设置了报警水位和气压，汽包水位设上、下限定值，气压设上限，汽包运行时，其水位（或气压）超过限定值，上位机发出报警信号，同时控制阀门电动执行器，执行开启（或关闭）阀门操作。上位机定时进行一次数据采集和记录。显示策略则动态显示汽包的实时液位和气压，方便操作人员监测。

在编辑水冷系统策略时，要设置冷却器出口水温上下限定值，防止冷却水过冷或过热。当水温超过设定值时，工控机输出信号，控制阀门执行器执行相应操作，阀门的开启量经过数学模型计算与输出的控制信号相适应。上位机定时对各点依次扫描采集数据，显示策略则依次动态显示各点的温度值。

在编辑设备维护系统策略时，要设置设备运转时轴承温度的上限值、设备振动的上限值及负荷电流的上限值。设置上限报警。上位机分设备定时采集数据，进行数据记录。显示策略则动态依次显示每台设备运行的实时温度、振动和负荷状况。

8.7.4.4　应用效果

（1）配料系统采用 PLC + 称重传感器的流行配置，称重精确，配比准确，大大减少了物料的称重损失。

（2）汽化系统监测的自动化，防止了因操作工的疏忽而造成的汽包缺水事故的发生，同时大大改善了操作人员的工作环境。

（3）水冷却系统监测的自动化，可以防止冷却水过冷或过热，大大减少了冷却水的用量。

(4) 设备维护系统的自动化监测，既减少了维护工岗位，又能做到监测准确，预防设备事故的发生。

(5) 整个系统将分散的多个岗位集中到一个控制室，节约了大量的人力资源，为生产管理带来很大方便。

9 硫化锑精矿的其他挥发熔炼

9.1 旋涡炉挥发熔炼

9.1.1 概述

20 世纪 40 年代，苏联和美国出现了一种特殊类型的固体燃料燃烧室，称为旋风火箱。这种设备大大强化了燃烧过程，强度超过通常粉煤悬浮燃烧的几十倍，而且设备紧凑、灰尘少以及氧的利用率高，因而受到冶金工作者的重视。

鉴于硫化精矿的燃烧和熔炼与固体燃料碎屑的燃烧过程相似，1952 年，苏联哈萨克斯坦共和国科学院动力研究所在研究了旋风燃烧室一般原理的基础上，进行了熔炼铜精矿的试验，并称之为精矿的旋涡熔炼。此后，旋涡熔炼法处理锑精矿的试验研究工作也取得了重大的进展。

前苏联吉尔吉斯斯坦加盟共和国科学院曾用旋涡炉、淋洗塔和快速收尘器处理锑矿石，入炉混合物料的粒度为 1 ~5mm，除锑矿石外，添加有石灰石和碳酸钠（为矿石量的 20% ~25%）及煤（7% ~15%）。当每吨炉料消耗空气量为 2000m^3 的时候，炉膛单位熔炼量为 2.25t/（m^3 · h），粉尘逸出率为 2% ~3%；液体燃料消耗为炉料量的 17%；炉中最高温度为 1500℃；挥发物中锑回收率达 91% ~92%。

自 1962 年开始，捷克斯洛伐克对锑精矿的旋涡熔炼作了大量的试验研究。用含锑 30% ~50% 及总硫 28% 的精矿，按获得最佳渣成分计算配入石灰石、铁矿石及粉煤发热量 26707kJ/kg 进行旋涡熔炼时，其含锑 50% 精矿的熔炼产物及组成见表 9-1。

实验室炉膛单位熔炼量为 3.45t/(m^3 · h)，其挥发物中的锑含量随空气过剩量减少而降低，当过剩空气系数 $\alpha = 1$ 时指标最好。α 值愈小，产出的锑锍量愈大，随 α 降低，挥发物中铅含量增加，砷含量降低。挥发物中锑回收率可达 99%，粉尘机械逸出率不超过 3%。

旋涡熔炼可集中在小容积的旋涡体中进行，这样既可提高设备的单位处理能力，又能有效地利用热源，且易于实现过程的机械化与自动化。1975 年，捷克为玻利维亚设计建设了一座采用旋涡熔炼工艺处理锑精矿的炼锑厂，年产锑品约 6000t。

表 9-1 旋涡熔炼试验的产物及成分

产物名称	产出率（占精矿）/%	化学成分（质量分数）/%							
		Sb	As	Pb	Fe	S	CaO	FeO	SiO_2
挥发物	60	79.5	0.75	1.6	0.5	0.16	0.8	0.2	
锑 锍	3	5.5				3			
炉 渣	25	1.7					15	38	28

9.1.2 旋涡炉挥发熔炼的主要反应

硫化锑精矿旋涡挥发熔炼的主要物理化学过程分析如下：

配有造渣熔剂（石灰石及铁矿石）和粉煤的硫化锑精矿喷入旋涡室后，在旋涡室上部遇到经过预热而沿室壁以切线方向鼓入的高速热气流，在热空气所形成的550～660℃温度带中，物料中的硫化锑部分氧化为三氧化锑。这一氧化过程，一种可能是粉状硫化锑直接氧化，另一种可能是硫化锑气态挥发以后的氧化。由于过程所鼓入的空气量有限，因此物料在上部温度带所形成的三氧化锑在数量上会受到限制，而且这部分为数不多的氧化物产出后，也将和物料中绝大部分的硫化锑一道被熔化，这些熔融液滴与物料中的造渣物料，在高速气流的作用下被强大的离心力抛向室壁，形成黏附于室壁并沿壁向下流动的熔体薄膜层，因此，物料入炉初期，在旋涡室内上部温度带所发生的主要是熔化反应。

在旋涡室中部，高速旋转气流激烈冲刷室壁的熔融薄膜层，使其温度迅速升高，三硫化锑在高温及高速气流的作用下进一步氧化成三氧化锑，其中既有三硫化锑先在高温下挥发后的氧化反应，也存在着熔融硫化锑受高速气流洗刷而直接氧化的反应。然而，无论是前者或后者，在旋涡炉的特定强化条件下，传质传热、气－液、气－固、液－液、液－固等反应均不受物理因素的限制。旋涡室中部温度逐步上升并维持在860℃左右。显然，在这一温度带中，三硫化锑有足够大的蒸气压，其先挥发再氧化条件是充分的。而由于过剩空气量严格控制，三氧化锑很难继续氧化成高价氧化锑，这时旋涡炉中部的主要反应与一般挥发焙烧相同，即：

$$2Sb_2S_3 + 9O_2 = 2Sb_2O_3 + 6SO_2$$

在旋涡室中部，来不及挥发的大量三硫化锑及生成的部分三氧化锑，在旋涡室下部进行还原反应。此外，燃烧不完全的CO也能使锑的硫化物和氧化物发生还原反应。由中部开始，到下部激烈发生的反应如下：

$$2Sb_2S_3 + 3C = 3CS_2 + 4Sb$$

$$Sb_2S_3 + 3CO = 3COS + 2Sb$$

$$Sb_2O_3 + 3C = 2Sb + 3CO$$

$$Sb_2O_3 + 3CO = 2Sb + 3CO_2$$

如果炉料内有 Sb_2O_4 存在，也可发生如下的还原反应：

$$Sb_2O_4 + 2C = 2CO_2 + 2Sb$$

$$Sb_2O_4 + 4CO = 4CO_2 + 2Sb$$

同时有可能在炉壁液膜内产生交互反应：

$$Sb_2S_3 + 2Sb_2O_3 = 6Sb + 3SO_2$$

在旋涡炉下部，硫化锑氧化放出的热，使熔融薄膜层温度迅速上升，可高达1450℃，旋涡室下部乃成为造渣带和过热带。

被熔融液膜所包裹的少量硫化锑，将发生造锑锍反应而形成锑锍，精矿中大量的脉石则造渣，还原反应产出的金属锑，大部分经高速气流洗刷而氧化升华，极少量被锍渣包裹而流入旋涡炉沉淀室。

9.1.3 旋涡炉挥发熔炼的工艺流程和设备

采用旋涡炉挥发熔炼工艺处理锑精矿的冶炼厂仅玻利维亚文托炼锑厂一家。该厂的挥发熔炼系统主要由炉料加工、输送系统，旋涡炉及收尘系统组成。炉料加工、输送系统负责将炉料磨细并切向喷入旋涡炉。旋涡炉由反应室、辐射室、分离室和电热前床组成，反应室内径850mm，内高1300mm，反应室和分离室由冷却水套构成。旋涡熔炼中，呈 Sb_2S_3 直接挥发的锑约占精矿的75%，氧化后再挥发的占25%以下。从反应室出来的含 Sb_2S_3 和 Sb_2O_3 的烟气进入辐射室并全部氧化为三氧化锑，最后在冷凝收尘系统中收集锑氧。旋涡炉的炉渣和锑锍由分离室进入电热前床并在其中保温、沉降和分离，炉渣和锑锍分别定期放出。

文托炼锑厂旋涡炉挥发熔炼所产锑氧先用木炭在短鼓回转窑中进行预还原产出粗锑，粗锑送反射炉精炼后制得精锑和其他锑产品；短鼓回转窑和反射炉产出的次生锑氧返回短鼓回转窑，短鼓回转窑和反射炉产出的炉渣则返回旋涡炉。

图 9-1 是文托炼锑厂锑品生产的工艺流程图，图 9-2 为该厂旋涡炉挥发熔炼系统的设备连接图，表 9-2 是该厂锑品生产工艺的主要技术条件和技术经济指标。

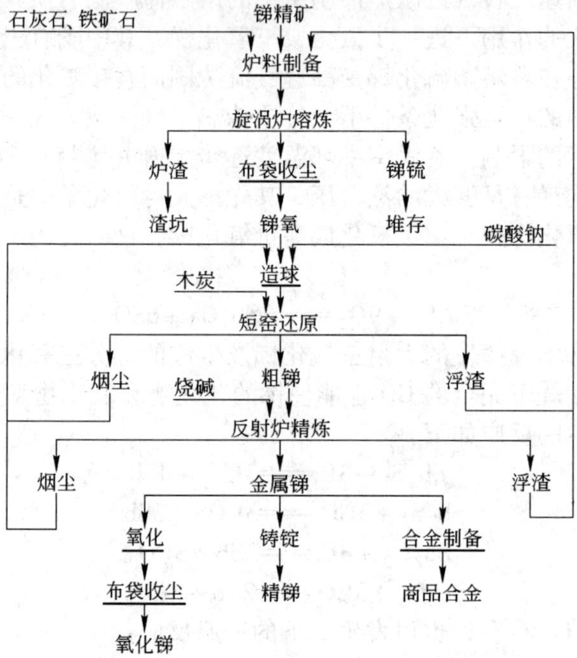

图 9-1　文托炼锑厂锑品生产工艺流程图

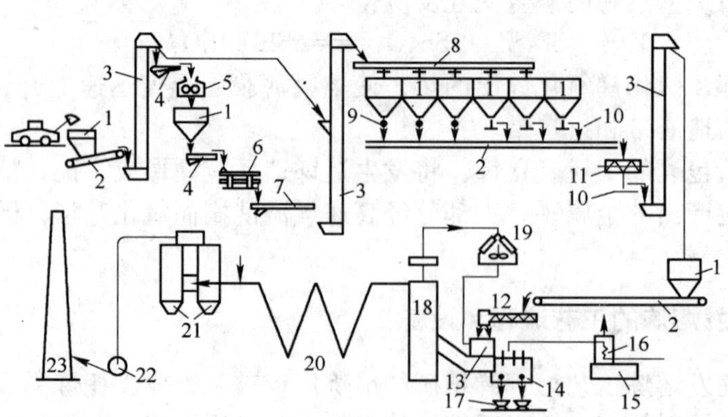

图 9-2　文托炼锑厂旋涡炉挥发熔炼设备连接图

1—料仓；2—螺旋运输机；3—斗式提升机；4—振动式运输机；5—对辊破碎机；6—振动磨；7—管式运输机；8—链式运输机；9—叶轮闸门；10—圆盘给料机；11—螺旋混合机；12—螺旋给料机；13—旋涡炉；14—电热前床；15—加热设备；16—空气预热炉；17—渣包；18—辐射室；19—空气冷却器；20—烟道；21—袋式收尘器；22—烟道抽风机；23—烟囱

表 9-2 文托炼锑厂技术条件和指标

技术条件和指标	数 据
原 料	锑精矿含锑品位不小于60%，铅、砷含量不高于0.5%
旋涡炉尺寸	由反应室、分离室和电热前床组成，反应室内径 850mm，内高 1300mm，反应室和分离室由冷却水套构成
处理能力	设计能力为31.5t/d，实际能力平均已达到39.1t/d
挥发熔炼的主要指标	以三硫化锑直接挥发的锑约占精矿的75%，氧化后再挥发的锑约占25%； 布袋收尘室锑氧粉含锑 76% ~79%，冷却器锑氧粉含锑 66% ~70%；锑的回收率 95.5% ~96.0%；渣含锑 0.5% ~1.5%
还原熔炼	采用短鼓回转炉还原熔炼。还原剂：木炭；熔剂：苏打
精 炼	采用反射炉加苛性钠精炼。精炼温度 800℃
主要产品	两种等级的金属锑，三种不同成分的铅基合金，一种优质氧化锑
A 级精锑成分（质量分数）/%	Sb≥99.6，Pb≤0.12，Cu≤0.11，As≤0.10，Fe≤0.05，其他元素≤0.02
B 级精锑成分（质量分数）/%	Sb≥99.5，Pb≤0.12，Cu≤0.10，As≤0.12，Fe≤0.05，其他元素≤0.11
锑合金Ⅰ/%	Sb 13.00 ~ 15.00，Pb 75.00 ~ 79.80，Cu 0.50 ~ 1.50，As 0.70，Sn 5.50 ~ 6.50，Ni 0.50 ~ 1.30
锑合金Ⅱ/%	Sb 14.00 ~ 16.00，Pb 73.80 ~ 78.55，Cu 0.50 ~ 1.50，As 0.20 ~ 0.80，Sn 5.70 ~ 6.30，Ni 0.45 ~ 1.00，Cd 0.60 ~ 1.60
锑合金Ⅲ/%	Sb 14.50 ~ 16.50，Pb 71.00 ~ 73.75，Cu 0.50 ~ 1.50，As 0.15
氧化锑成分（质量分数）/%	Sb_2O_3 ≥99.850，Sb_2O_4 ≤0.020，Fe_2O_3 ≤0.003，Ag_2O_3 ≤0.025，PbO≤0.100，SnO_2 ≤0.002，S≤0.001

9.2 悬浮挥发熔炼

北京有色金属研究总院曾对硫化锑精矿的悬浮熔炼进行过试验研究。试验是在直径为380mm 的小型悬浮炉中进行的，其附属设备有沉淀池、空气预热室、自动加料器及过滤面积为 17m^2 的布袋收尘室。在试验中，用 15 种不同配料比做过 19 炉次试验，共处理硫化锑精矿 1283.5kg。

通过试验初步认为较适宜的操作条件是：

温度，悬浮炉 1300℃左右，沉淀室 1200℃左右；

压力，炉尾负压 29.4 ~78.4Pa；

喷嘴出口空气速度，100m/s；

空气过剩系数，$\alpha = 1$；

空气量，100m^3/h；

煤气量，加 20% 煤时，小于 16m^3/h。

针对锑精矿主要脉石为 SiO_2，试验最初按 SiO_2 38%，CaO 15%，FeO 28% 的渣型配入赤铁矿和石灰石，发现因锑锍的生成，使渣含 FeO 一般降为 20% ~23%，黏度较大，流动困难，造成渣含锑 3.5% ~6%，个别甚至高达 10% 以上。后改用 Na_2CO_3 作熔剂，渣变得易流动，而渣含锑亦相应降低。例如，当矿石、石灰、纯碱、煤为下列各配比时，渣含锑均较低：

配比为 100 :7 :4 :20 时，渣含锑 1.62%；

配比为 100 :6 :5 :20 时，渣含锑 1.73%；

配比为 100 :6 :5 :30 时，渣含锑 1.71%。

在某些不正常情况下也出现过渣含锑为 4.5% 的情况。试验表明，当炉渣温度较高、纯碱量为 3% ~4% 时，即可维持操作。

试验中有两炉次设有旋风收尘器，17 炉次未设旋风收尘器。前者布袋室锑氧含锑 81%，旋风器锑氧含锑 71.9%；后者布袋室锑氧含锑 78% 左右，烟道尘含锑 74%，预热室尘含锑 54%，产出氧化锑的质量较差，平均含锑品位低于 78%。

在最佳的条件试验情况下，主要技术经济指标为：渣含锑 2% 以下，渣率 22.5% 左右，炉床能力 15.4t/（m^3·d），总燃料消耗率为 36% 左右，每产出 1t 氧化锑，耗粉煤 500kg，石灰 99.5kg，纯碱 56.5kg。

硫化锑精矿悬浮熔炼虽未进一步进行扩大试验，但就探索试验的结果可知，这一方法在技术上是可能的。但该法存在的主要问题是，所产锑氧质量较差，不适于目前通用的反射炉还原熔炼作业，同时炉气中 SO_2 的含量也尚未达到制酸的要求。

悬浮熔炼和旋涡熔炼一样，也做到了充分利用浮选硫化锑精矿粒度细、表面积大、分散度高的特点，是强化熔炼过程的有效方法之一。从原理上分析，旋涡与悬浮大同小异，就应用而言，旋涡熔炼已设有炼锑厂，悬浮熔炼技术仍具有一定潜力，值得进一步探讨。

10 中低品位锑矿的熔池熔炼

10.1 熔池熔炼工艺的技术特点

熔池熔炼工艺（Bath Smelting Process），是当前重有色金属火法冶金中正在研究和发展的很有前途和应用范围很广的一种新的熔炼工艺。

熔池熔炼工艺的技术特点是向熔池内部鼓入空气、富氧空气、工业纯氧或空气与燃料的混合气体，使熔体呈剧烈的沸腾状态，此时当炉料从炉顶以各种不同的方式加入熔池表面时，炉内液、固、气三相充分接触，为反应的传热、传质创造了极为有利的条件，促使反应的热力学和动力学条件达到较为理想的状态而使反应迅速进行。在熔炼过程中充分利用了矿石的内能（铁、硫等成分的反应热），使其向自热熔炼和降低能耗方向发展。

熔池熔炼工艺与其他方法相比，明显地具有流程短、备料工序简单、冶炼强度大、炉床能力高、节约能耗、控制污染、炉渣易于得到贫化等一系列优点，从而获得了普遍重视。

“熔池熔炼”这一概念，实际上很早就已经在重有色金属冶炼工艺中得到了广泛的运用。其最早的应用可追溯到19世纪末和20世纪初，将转炉吹炼铜锍和烟化炉贫化熔炼铅鼓风炉渣先后用于工业生产。此外，如我们所熟知的冰镍转炉吹炼，加拿大发明的诺蓝达法（Noranda），日本的三菱法（Mitsubishi）以及我国研究成功的白银炼铜法（Baiyin copper smelting process），处理炼铅鼓风炉炉渣的铅锌烟化法（Fuming process），炼锡富渣以及富中矿的烟化法，等等，均属于熔池熔炼的范畴以及在工业生产中实际应用的典范。QSL炼铅法，澳大利亚赛罗熔炼法（Sirosmelt process）等也是熔池熔炼的一种运用。

近几十年来，在有色金属火法冶炼技术方面，世界各国开发出的新冶炼工艺主要有：用于冶炼铜和镍的奥托昆普（Outokumpu）闪速熔炼（Flash smelting）技术，三菱（Mitsubishi）熔炼技术（铜冶炼），诺兰达（Noranda）熔池熔炼技术（铜），顶吹旋转转炉技术（铜、镍和铅），采用含氧燃料的反射炉冶炼技术（铜、镍），电炉熔炼技术（铜和镍），帝国熔炼技术（锌），炼铅的QSL（Queneau - Schuhmann - Lurgi）工艺，炼铜的肯那库—奥托昆普（Kennecott - Outokumpu）固体铜锍闪速—转换工艺，处理铜、镍、锡等复杂物料的奥斯麦特（Ausmelt）工艺，Contop炼铜工艺，基夫赛特（Kivcet）炼铅工艺、瓦纽科夫（Vanyukov）熔池熔炼工艺以及在我国已成功投入工业应用的艾萨（ISA）炼铜工艺和富氧顶吹熔炼—鼓风炉还原炼铅工艺（ISA—YMG法）等。

熔池熔炼按反应气体鼓入熔体的方式，分为侧吹、顶吹和底吹三种类型。

（1）侧吹：富氧空气直接从设于侧墙而埋入熔池的风嘴鼓入铜锍—炉渣熔体内，未经干燥的精矿与熔剂加到受鼓风强烈搅拌的熔池表面，然后浸没于熔体之中，完成氧化和熔化反应。属于侧吹熔池熔炼的有白银炼铜法（Baiyin copper smelting process）、诺蓝达法（Noranda）、瓦纽科夫（Vanyukov）熔炼法等炼铜方法。

（2）顶吹：喷枪从炉顶往炉内插入，喷枪出口浸没于熔体之中或距熔池液面一定高度。根据冶金反应的需要，喷入还原性或氧化性气体，在湍动的熔池内完成还原或氧化反应。属于顶吹的有艾萨熔炼法（Isasmelt）、三菱法（Mitsubishi）和顶吹旋转转炉法等炼铜、炼镍、炼铅方法。

（3）底吹：喷枪由炉底往炉内插入，浸没于熔体中，如一步炼铅的QS法，采用卧式长形圆筒反应器，在用隔墙分开的氧化段和还原段都设有数个底吹喷嘴。在氧化段喷吹氧气，使硫化铅精矿氧化成金属铅和高铅（锌）炉渣；在还原段，喷吹氧气和还原剂（粉煤和天然气）贫化炉渣，回收铅、锌。

10.2　烟化法简介

烟化炉烟化法是典型的熔池熔炼。1927年世界上第一座工业烟化炉在美国东赫勒拿（East Helena）炼铅厂投入生产。我国对烟化炉的开发及半工业试验始于1957年，1959年设计建成第一座工业试验炉，1962年正式全面投产。烟化炉在我国工业生产中的应用已超过40余年，广泛而成功地用于炼铅炉渣的烟化和富锡渣以及富锡中矿的烟化处理，以便回收其中易挥发的有价金属，如Pb、Zn、Sn、Bi、Cd、In、Ge等。

烟化炉烟化法具有金属回收率高，生产能力较大，可用劣质煤粉作发热剂和还原剂，而且燃料消耗相对较少，易于实现过程的机械化和自动化，烟化产物可综合利用等优点，因此在世界各地被广泛采用。例如加拿大的特雷尔（Trail）炼铅厂，美国的埃尔帕索厂（El Paso）和东赫勒拿（East Helena）厂，澳大利亚的皮里港（Port Pirie）铅厂，哈萨克斯坦的契姆肯特（Чимкент）炼铅厂等都已先后采用了烟化炉烟化法来处理炉渣。我国的原云南会泽铅锌矿冶炼厂，株洲冶炼厂，云锡一冶，韶关冶炼厂等在20世纪50年代后期也开始逐渐使用烟化炉烟化法吹炼处理各种炉渣。烟化法金属挥发率一般为：Zn 85% ~ 94%，Pb 98% ~ 100%，Cd 100%，Ge 75%，In 70% ~ 75%，Tl 75%，Se 95%，Te 95%，铜与贵金属不挥发留在炉渣内。

值得一提的是，用烟化炉烟化法处理锡炉渣和低锡物料，具有生产能力大、废渣含锡低、富集比大、金属回收率高，成本低等优点，已成为国内外处理锡炉渣及低锡物料行之有效而较有前途的方法，广泛应用于各炼锡厂。我国主要的炼锡厂在20世纪60年代以后逐渐推广使用该工艺。40余年来，在锡炉渣及低锡物料的液态烟化技术方面积累了相当丰富的经验，烟化炉硫化挥发已发展成为处理锡粗炼富渣、富锡中矿等的行之有效的方法，以云南锡业公司第一冶炼厂为例，该厂采用烟化炉处理含锡8% ~ 10%的粗炼富渣和含锡3% ~ 6%的富锡中矿，烟化炉炉床能力达18 ~ 25t/(m^2 · d)，锡回收率96 %以上，弃渣含锡低于0.1 %。实践表明，工艺过程易于掌握，技术可靠，经济效益明显。但对于高钨、高硅的锡炉渣或低锡物料的处理仍很困难，据有关资料认为，当炉渣硅酸度大于1.4或含WO_3高于2 %时，将给正常的烟化作业带来困难。20世纪70年代，国内曾对此类锡炉渣进行过硫化挥发处理，没有获得成功。80年代末到90年代初，又对此类锡炉渣进行过固态硫化挥发小型试验，未获得进一步应用。

烟化炉烟化法作为一种挥发工艺，就金属的挥发特性来说，具有一系列无法比拟的优越性，这是因为与静态熔池和固态料柱挥发相比，熔池熔炼强化了易挥发金属及其化合物进入气相的过程，在气泡中金属易挥发组分的分压增大及扩散阻力大大降低，从而加快了整个挥发过程。

表10-1、表10-2给出了国内外某些烟化炉的主要尺寸和参数。

表10-1　国内部分烟化炉的主要尺寸和参数

主要尺寸和参数	云锡一冶		柳州冶炼厂	平桂冶炼厂
炉床面积/m^2	2.6	4	2.01	1.84
内型尺寸：长/mm	1220	1584	2012	2000
宽/mm	214	2526	1000	920
高/mm	5440	6800	2312	2350
风嘴数目/个	8	16	8	10
风嘴直径/mm			29	25
风嘴中心到炉底水套距离/mm	200	625（包括底衬砖）	145	110
炉料加料口尺寸/mm			200×240 φ200	240×260 φ200
三次风口直径/mm	φ100	φ100		
渣口内径/mm	φ130	φ130	100×100	60×60 60×150
渣口中心到炉底距离/mm	200	200	80	230
风口比/%			0.262	0.267
风口鼓风强度/$m^3\cdot(cm^2\cdot min)^{-1}$			0.664	0.651
一次风压/MPa	0.0657～0.0686	0.0657～0.0686		
二次风压/MPa	0.0883～0.108	0.0883～0.108	0.031	0.037
风量/$m^3\cdot h^{-1}$	4500～5000	7000～8000		
一次风量/%	30	30		
二次风量/%	70	70		
炉内压力/Pa	−29.5～−98	−29.5～−98		
进料量/t·炉$^{-1}$	6～7	13～15		0.85～0.95
风煤比控制	0.7～0.9	0.7～0.9		
炉温/℃	1150～1250	1200～1300	1200～1250	1250～1300
冷却水温度/℃	<60	130～140（气化）		
炉床能力/t·$(m^2\cdot d)^{-1}$	23～27	15～19		
弃渣含锡（质量分数）/%	0.10	0.01		

表 10-2　国外部分烟化炉的主要尺寸和参数

主要尺寸和参数	烟化炉编号									
	1	2	3	4	5	6	7	8	9	10
炉床面积/m^2	2.6	5.3	6.69	4.74	2.54	2.88	14.2	2.6	4	17.5
风口数/个	12	16	28	20	6	12	32	8	16	14
风口直径/mm	40				30		30			37.5
风量/$m^3 \cdot min^{-1}$	45 ~50	180	76	50.7	56.6	31.7	325.6			303
风速/$m \cdot s^{-1}$	55				230		273			335
渣池深/m	0.91	1.0	0.56	0.65	1.8	1.22	2.11			
渣量/t	8.5		15.2	12.0	10.0	11.0	90.0			

10.3　熔池熔炼—连续烟化法的优越性

熔池熔炼—连续烟化法，将熔池分为熔池熔炼区和连续烟化区，熔池同时起到熔炼和还原挥发作用。根据配料比，物料以固体冷料的形式加入，作业按加料—熔化—吹炼—放渣的程序在同一炉内循环进行，省去了常规烟化炉必需的化矿和保温设备，基建费用下降、工艺简单、能耗低。

熔池熔炼过程中，由于喷吹作用，熔池内部熔体上下翻腾，形成了熔体液滴向上喷溅和向下溅落。向下溅落的熔体流或称熔体雨洗涤炉气中的机械粉尘，同时由于熔体与固体物料传热传质得到最大的改善，从而大大缩短了固体物料在炉内的停留时间，加快了固体物料的熔炼挥发，提高了炉床能力。工业实践的结果表明，机械烟尘率低，常可达到小于1.0%，挥发烟尘的质量高，富集比大，有利于再处理流程的简化和获得较优的技术经济指标。

以锑的冶炼为例，采用熔池熔炼—连续烟化挥发法与现行鼓风炉熔炼挥发法相比，具有一系列的优点，主要表现在：

（1）对原料适应性强。粉矿块矿等都可直接入炉，省去了复杂的制团工序。熔池熔炼对入炉炉料的湿度、松散度和细度没有严格的要求，粉状锑精矿不需再经过造块及干燥处理，可以直接入炉熔炼。熔剂及返料，富块矿经破碎到小于10mm粒度范围后，即可直接加入炉内熔炼，不需细磨；

（2）可以因地制宜地采用低质煤代替鼓风炉所必需的优质冶金焦作为燃料和熔剂，降低冶炼加工成本；

（3）不需要再增加外加热前床，渣含锑就可达到较低水平，依据烟化炉处理锡渣生产实例，预计渣含锑可小于0.5%或更低，既提高了金属回收率，也节省了外加热前床的投资，节约了燃煤；

（4）可以处理含锑品位为15% ~30%的中低品位锑矿，使矿山选冶回收率大幅度升高。以某锑矿为例，选40%锑精矿的选矿回收率为60%左右，如把精矿品位降至15% ~20%，选矿回收率可提高至80%，加上冶炼回收率可再提高5% ~10%（对鼓风炉挥发熔炼），如对直井式挥发熔炼，冶炼回收率将提高更大，即整个选冶回收率可提高20% ~25%。有效地利用了有限资源；

(5) 当处理硫化锑矿时，由于有可能按理论空气需要量控制鼓风量，空气过剩系数 α 小于或等于 1.0，冶金计算的结果表明，当精矿含硫达 20% 左右时，烟气中二氧化硫浓度可以满足制酸要求，从而为解决烟化中二氧化硫对环境污染提供了可能性；

(6) 流程短，设备较简单，工艺过程容易掌握和控制，易于实现机械化和自动化，进一步提高劳动生产率，降低劳动强度。

由上述简单的比较可以看出，以锑为例，采用熔池熔炼—连续烟化挥发取代现行鼓风炉熔炼挥发，由于取消了复杂的备料、压团、干燥等工序，用低质煤代替鼓风炉必须的优质冶金焦，特别是当处理硫化锑矿或硫氧混合矿时，有可能最大限度地利用精矿的内能，取消外加热保温前床，节约燃煤，从而将极大地降低能耗和加工成本，提高金属回收率，增加经济效益。

10.4 我国锑的冶炼工艺流程利弊

如前所述，我国目前锑的冶炼工艺流程主要是：高品位的锑精矿（含 Sb 大于40%），经配料、压团固结后，团矿在高焦率、低料柱的鼓风炉中进行挥发熔炼，产出粗锑氧粉；低品位的锑块矿（含 Sb 小于 20%），在赫氏炉（竖井式挥发焙烧炉）中进行挥发焙烧产出粗锑氧粉。

粗锑氧粉经反射炉还原熔炼和精炼产出精锑。

采用高品位的锑精矿经配料、压团、干燥固结后在鼓风炉中进行挥发熔炼产出粗锑氧粉，是我国目前主要的炼锑工艺，据不完全统计，全国超过 50% 以上的锑是用这一方法生产出来的。

鼓风炉挥发熔炼法是我国炼锑工业所独创的工艺，是我国广大炼锑业的技术人员和工人对鼓风炉这一古老的冶金设备的一种创新。该方法是 1965 年由我国的锑都—湖南省锡矿山矿务局和湖南冶金研究所等单位共同试验成功的。在这以前，我国锑冶炼工艺主要采用以国外引进的赫氏焙烧炉，以及后来不断改进沿革而成的中国式直井焙烧炉生产粗锑氧粉，随后由于生产的不断发展以及选矿厂向冶炼厂提供的高品位的粉状锑精矿的日益增多，原有的直井式焙烧炉不适于直接处理粉状物料，必须另外寻求新的冶炼方法以适应生产力不断发展的需要，经过多方面的探索试验之后，鼓风炉挥发熔炼法采用低料柱、高焦率以及高温炉顶等独特的技术措施，有效地解决了粉状锑精矿（经配料、造块后）中锑的挥发富集问题，并迅速在锡矿山的锑冶炼中推广应用、完善，逐步取代了原有焙烧炉，形成了我国炼锑工业中独特的鼓风炉挥发熔炼工艺。

40 余年来，鼓风炉挥发熔炼法，经不断的改进和完善，取得了很大的成绩，在我国炼锑工业中发挥了重要作用，其主要优点是：

(1) 对原料有较大的适应性。不论是硫化锑矿、氧化锑矿或者是硫氧混合块状锑矿、粉状锑精矿（经造块后）均能够被有效地处理，并获得较好的技术经济指标；

(2) 鼓风炉挥发熔炼法生产能力大。其炉床能力一般可达到 20 ~ 30t/($m^2 \cdot d$)，比焙烧炉已有很大的提高，而且单炉的生产能力可随生产规模的要求可大可小；

(3) 金属冶炼回收率较高。对品位大于 40% 的锑精矿，金属回收率一般可达 90% 以上，湖南锡矿山生产实践表明，经采取增加外加热式前床，炉渣经炉外保温分离后，渣含锑可降到 1.0% 以下，金属回收率可提高 3% ~4%；

（4）成品锑氧粉质量较高。除去火柜尘、沉降尘外，成品锑氧粉的含锑量一般可达79%～80%，对反射炉还原熔炼和精炼有利。

但事物总是一分为二的，鼓风炉挥发熔炼法也存在着严重的不足，其突出的主要问题是：

（1）鼓风炉挥发熔炼法不适于直接处理粉状物料，锑精矿在入炉前必须事先经过配料造块，为了提高团矿的质量，锑精矿须预先经过配料、混匀、碾压、压密等多道工序作业，否则团矿质量不易得到保证。此外，湿团块入炉前必须经过干燥、固结、筛除粉料等工序，以保证入炉团矿的质量。我国锑精矿压团工艺由于多方面的原因，一直未能得到满意的解决，团矿质量差，入炉团矿粉料率高，以云南省文山州木利锑业有限责任公司冶炼厂为例，入炉团矿粉矿率高达15%～20%以上，直接影响鼓风炉作业及挥发效果；

（2）鼓风炉挥发熔炼法需用大量优质冶金焦，而且焦率很高，一般焦率约为40%左右（对团矿而言），冶金焦价格昂贵，这增加了锑冶炼的加工成本，同时也限制了鼓风炉直接处理低品位精矿的经济合理性；

（3）鼓风炉挥发熔炼法产出的弃渣含锑仍偏高，一般达5%左右，云南文山州木利锑业有限责任公司冶炼厂的渣含锑也大于2%，为了降低渣含锑，必须增设外加热式前床（实际上是一个燃煤反射炉），这又增加了燃煤消耗，即便如此，渣含锑仍然达1.0%左右，这是一些炼锑厂金属回收率不高的直接原因；

（4）鼓风炉挥发熔炼法处理硫化锑矿或硫氧混合矿时，会产出大量低浓度二氧化硫烟气，造成对环境的污染。当处理硫化矿时，精矿含硫高达20%以上，如湖南湘西含金锑矿，云南西畴县小锡板硫化锑精矿含硫高达24%～27%，鼓风炉排出烟气含二氧化硫浓度可达2%以上，由于对低浓度二氧化硫烟气尚缺乏有效且经济的治理回收利用方法，排空后将造成对环境的严重污染，现各锑冶炼厂普遍采用高烟囱排放措施，但这一问题仍然是我国各炼锑厂急需解决的课题；

（5）鼓风炉挥发熔炼法需要庞大而复杂的备料工序，需大量的优质冶金焦，增加外加热前床需增加燃煤等，导致了工艺过程能耗高、加工成本高的必然结果，这是由其工艺过程本质所决定的。

基于上述理由，为了适应生产的发展，结合我国资源，并综合分析和借鉴国内外锑的冶炼工艺，从降低能耗和加工成本，加强环境保护，节约能源，提高金属回收率等方面出发，提出对现行鼓风炉熔炼挥发工艺进行改革，是必要的和适时的，特别是针对我国有的地区缺焦多煤的具体情况，更显得尤为重要。

如能采用熔池熔炼—连续烟化挥发工艺取代现行锑的鼓风炉挥发熔炼工艺，由于取消了复杂的备料、压团、干燥等工序，用低质煤代替鼓风炉必不可少的优质冶金焦，特别是当处理硫化锑矿或硫氧混合矿时，有可能最大限度地利用精矿的内能，取消外加热前床保温，节约燃煤，从而将极大地降低能耗，减少加工成本，克服鼓风炉挥发熔炼所存在的弊端，提高金属回收率，降低加工成本，增加经济效益。

10.5　采用熔池熔炼工艺处理锑矿的可行性

为了论证采用熔池熔炼工艺处理锑矿的可行性，首先有必要了解锑及其主要化合物的主要理化性质（见第2章）。根据锑及其主要化合物的理化性质，表明它们在熔池熔炼—连续烟化法冶炼作业的正常温度1100 ~1200℃下，均已具有很高的蒸气压，这为采用该工艺处理锑矿挥发锑提供了理论依据。

10.5.1 锡的烟化挥发与锑的烟化挥发

锡烟化挥发的可行性已被大量的工业实践所证实，并充分显示出采用烟化法处理低锡物料的优越性。我国云南锡业公司第一冶炼厂烟化炉的生产实践就是一个较为突出的实例。为了进一步论证采用烟化挥发法处理含锑（包括锑精矿和低品位锑矿）物料的可行性，将含锡物料烟化过程机理与含锑物料烟化挥发可行性进行讨论、对比分析如下：

（1）锡物料的烟化挥发是在作业温度1100~1200℃，还原性气氛条件下，首先使锡的高价氧化物还原成易挥发的氧化亚锡挥发，当锡含量降低到一定程度后，为了加速残存锡的挥发，加入一定量的硫化剂，促使锡生成硫化亚锡，利用硫化亚锡在作业温度下，比氧化亚锡具有更大蒸气压、更易挥发的特点，使残留锡更快、更彻底地完全挥发出来。挥发物在炉子上部的高温区被空气中的氧氧化，生成锡的氧化物进入烟尘中，从而达到回收富集的目的；

（2）锑物料在鼓风炉挥发熔炼中，则是利用了锑的高价氧化物在还原气氛下易被还原成 Sb_2O_3，物料中的 Sb_2S_3 易被氧化成 Sb_2O_3，而 Sb_2O_3 易挥发的基本原理。与此同时，在此过程中，不可避免地有大量的氧化锑被还原成金属锑，或部分 Sb_2S_3 直接熔化生成锑锍，这就是在鼓风炉熔炼过程中会产生一部分金属锑和锑锍的原因。当然，由于金属锑在作业温度下已具有较大的蒸气压，因而也可直接呈金属锑蒸气挥发，所有这些挥发组分在炉子上部或火柜高温气流中被氧化成 Sb_2O_3 进入烟尘富集。从以上分析可以看出，锡、锑两种金属挥发过程的机理是极为相似的；

（3）另一方面可以肯定，鼓风炉挥发熔炼所能达到的作业工艺条件如温度、气氛、物料停留时间、还原作用强度等，烟化炉烟化挥发过程中同样可以达到，并且更加优越，而且由于强化了挥发过程，减少了挥发物的扩散阻力，对挥发作业将更为有利，这是烟化炉弃渣较鼓风炉弃渣含金属更低的原因所在。

图10-1是根据锡、锑两种金属的主要氧化物、硫化物的蒸气压与温度的数据绘制出的SnO、SnS、Sb_2O_3、Sb_2S_3 以及Sb的蒸气压与温度的关系曲线。

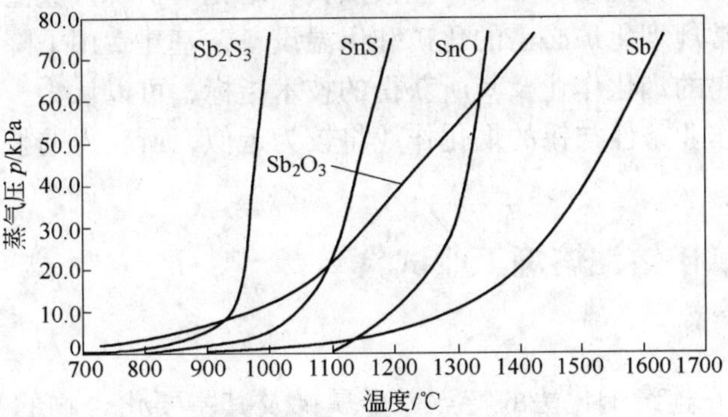

图10-1 锑及其主要化合物和锡的主要化合物的蒸气压与温度的关系曲线

由图10-1中可以看出，锡、锑两种金属的主要氧化物、硫化物的挥发性能较为相似，在烟化炉的作业温度 1100 ~ 1200℃的条件下，锑及其三硫化锑、三氧化锑和硫化亚锡、氧化亚锡皆具有较大的蒸气压，易于挥发，因此，对照锡的烟化作业及其所获得的技术指标，可以认为，锑的烟化挥发不仅是可能的，而且其作业条件与锡的烟化作业将较为近似，所获得的技术指标也将不会比锡的技术指标差。

10.5.2　沉没熔炼处理锑矿扩大试验

针对目前锑挥发熔炼工艺中存在的主要问题，国内外进行了大量的研究与开发工作。从 1985 年起，昆明冶金研究院就开始了采用熔池熔炼—连续烟化法处理锡炉渣和中低品位锑矿的试验研究。1990 年，在个旧市有色金属加工厂建成 $2m^2$ 试验烟化炉，进行工业试验，处理该厂历年堆存的锡炉渣，同年 7 月，试验成功后转入工业生产，1991 年又建成 $4m^2$ 烟化炉及其相应设备，投入工业应用，目前仍在正常运行之中。

对中低品位锑矿的处理，昆明冶金研究院采用沉没熔炼（熔池熔炼的一种形式），完成了处理中低品位锑矿的扩大试验。考查了锑矿石对熔池熔炼的适应性、适宜的喷枪结构选择以及以煤代油等试验内容。对中低品位锑矿的处理，得出了如下基本结论：

（1）采用沉没熔炼（熔池熔炼）处理中低品位锑矿，能使锑及其化合物有效地挥发，其挥发指标稳定可靠，渣含锑较低（在 0.5% ~0.7% 之间），锑的挥发率为 97% ~99%；

（2）当锑矿中的含铅量和含砷量符合两者之和小于 0.5% 的要求时，所获得的表冷及布袋尘的锑氧粉含锑 80% ~82%，完全符合后续还原熔炼精锑的要求；

（3）在试验过程中未产出锑锍和金属锑，不会对设备造成损害而发生事故。

（4）该方法既可处理能成团的粉状物料，又可处理粒状物料，对物料适应性强，能处理硫化矿、氧化矿及混合矿，且允许矿石中的含锑量有较大的波动范围。

目前，鼓风炉挥发熔炼法一般处理含锑大于 40% 的锑矿，而在锑的选矿中，要达到此品位，锑的回收率将受到影响，如昆明冶金研究院对云南省文山州木利锑业有限公司选矿厂流程查定结果表明，选矿回收率仅为 30%，如果降低金属品位到含锑 10% ~30%，选矿回收率将大幅度增加，这将极大地提高整个矿山的金属回收率和经济效益。

综上所述，在烟化炉的正常作业温度 1100 ~1200℃的条件下，锑及其三硫化锑、三氧化锑等锑的化合物都具有较大的蒸气压，易于挥发。熔池熔炼—连续烟化法处理低品位锑矿，如能实现固体冷料直接开炉，作业按加料 - 熔化 - 吹炼 - 放渣的程序在同一炉内循环进行，则可省去常规烟化炉必需的化矿和保温设备，基建费用下降、工艺趋于简单、能耗更为降低。对照锡的烟化作业及其所获得的技术指标，可以认为，锑的烟化挥发不仅是可能的，而且，其作业条件与锡的烟化作业将较为近似，所获得的技术指标也将不会比锡的技术指标差。

10.6　中低品位锑矿熔池熔炼工业试验

10.6.1　工业试验流程

根据熔池熔炼—连续烟化法的特点、金属锑及其主要化合物的特性和熔池熔炼—连续烟化法在处理锡渣时的成功经验，在查阅了大量文献资料、顺利完成了采用沉没熔炼（熔池熔炼的一种形式）处理中低品位锑矿扩大试验并取得较好指标的基础上，昆明冶金研究院确定的工业试验采用的工艺流程如图 10-2 所示，设备连接如图 10-3 所示。

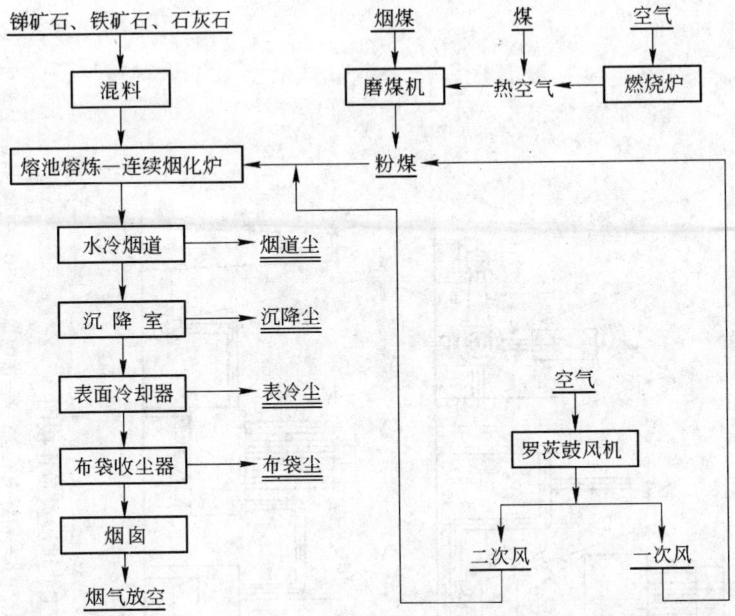

图 10-2　熔池熔炼—连续烟化法处理低品位锑矿工业试验工艺流程图

10.6.2　工业试验的主要设备和尺寸

熔池熔炼—连续烟化法处理低品位锑矿工业试验，在云南省文山州木利锑业有限责任公司进行。

工业试验中，使用的主要设备和尺寸如下：

(1) $4m^2$ 熔池熔炼—连续烟化炉一座，总体积 $1.6m^3$；

(2) 炉子内型尺寸：熔池面积 $4m^2$，化矿区炉高 2.5m，挥发区炉高 6m，风口 16 个；

(3) 水冷烟道尺寸：$1m \times 1m \times 8m$；

(4) 火柜：$72m^3$；

(5) 空气表面冷却器：表面积 $400m^2$；

(6) 布袋收尘器：过滤面积 $1960m^2$；

(7) 球磨机：功率为 110kV · A；

(8) 罗茨鼓风机：风量为 $63m^3/min$，压力为 $700mmH_2O$；

(9) 离心通风机：风量为 $6200m^3/h$，全压为 $450mmH_2O$；

(10) 粉煤仓：体积为 $4.5m^3$，输送管道直径为 $\phi230mm$；

(11) 粉煤布袋收尘器：收尘面积为 $100m^2$。

10.6.3　试料的理化性质

表 10-3 是经选矿厂选矿后运到冶炼厂用于试验的锑矿石的化学分析结果。表 10-4 ~ 表 10-6 是试验中采用的粉煤、粉煤中灰分、石灰石、铁矿石、鼓风炉炉渣等原料测定的理化性质。

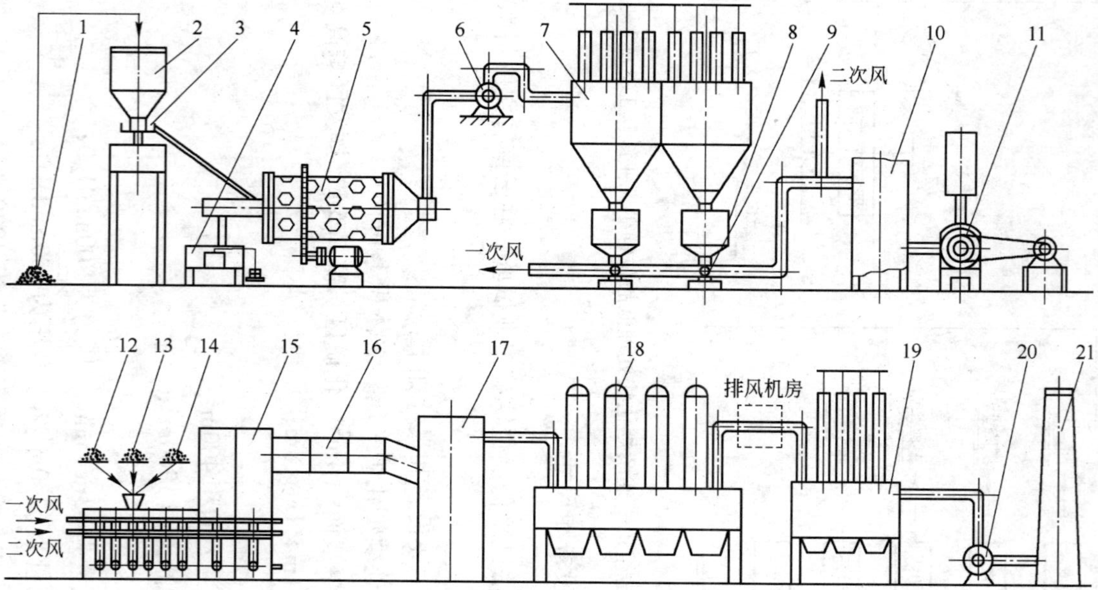

图 10-3　熔池熔炼—连续烟化法处理低品位锑矿工业试验设备连接图

1—烟煤；2—煤斗；3—圆盘给料机；4—热风炉；5—风扫球磨机；6—抽风机；7—粉煤沉积箱；8—粉煤中间仓；9—送煤螺旋；10—气包；11—鼓风机；12—石灰石；13—锑矿石；14—铁矿石；15—烟化炉；16—水冷烟道；17—火柜；18—表面冷却器；19—布袋收尘器；20—排风机；21—烟囱

表 10-3 锑矿石的化学分析结果

名称	化学成分（质量分数）/%									
	Sb	SiO_2	Fe	CaO	MgO	Al_2O_3	S	As	Pb	水分
重介质锑矿	30.42	34.4	8.1	1.9	0.6	4.0	9.4	0.029	<0.01	1.5
混合锑矿	30.53	38.3	7.6	1.2	0.8	4.7	7.5	0.031	<0.01	2.9
重介质跳汰混合锑矿	28.09	35.1	7.3	1.2	0.8	4.7	7.6	0.032	<0.01	2.9
跳汰锑矿	30.08	42.0	5.1	1.4	0.9	4.4	5.5	0.032	<0.01	4.5

表 10-4 粉煤的理化性质分析

名称	含量和成分（质量分数）/%									发热值
	SiO_2/%	Fe/%	CaO/%	MgO/%	S/%	固定碳/%	灰分/%	挥发分/%	水分/%	/kJ·kg^{-1}
粉煤	7.2	1.6	1.3	5.6	1.5	66.1	16.8	15.9	6.0	27307

名称	性能指标		
	粒度 0.074mm（200 目）以上/%	密度/g·cm^{-3}	水分/%
粉煤	>90	0.52	1.5

表 10-5 粉煤中灰分成分、石灰石及铁矿石的化学分析

名称	化学成分（质量分数）/%				
	SiO_2	Fe	CaO	MgO	Al_2O_3
粉煤中灰分	42.72	9.55	7.8	30.37	
石灰石	0.17	0.44	55.0	1.03	0.15
铁矿石	2.86	59.93	0.66	0.76	

表 10-6 鼓风炉炉渣的化学成分

名称	化学成分（质量分数）/%						
	Sb	SiO_2	Fe	CaO	MgO	Al_2O_3	S
鼓风炉炉渣	3.39	36.91	27.20	13.18	0.88	5.70	0.001

10.6.4 熔池熔炼—连续烟化法处理低品位锑矿原理

采用熔池熔炼—连续烟化法处理低品位锑矿，锑矿石的挥发熔炼过程是在烟化炉内实现的。新建的烟化炉开炉时，需预先烘烤炉膛，预热整个系统，然后加入木柴、焦炭等并鼓入微风逐渐升温，待着火并且木柴、焦炭充分燃烧后，加入一定量的贫化炉渣，为形成液态熔池做准备，此时，调整鼓风机的风量，粉煤在一、二次风的作用下，由小到大送入炉内，粉煤在炉内燃烧，使炉温迅速升高，并逐渐形成熔体。待炉内温度升高到烟化炉作业的正常温度 1100～1200℃时，炉内整个熔池已基本形成，此时（或在熔池形成过程中），经配料后的炉料（低品位锑矿石、石灰石、铁矿石、烧渣等），从烟化炉炉顶加入。配料和加料是按如下方式进行的。首先按确定的每批料量，低品位锑矿石、石灰石、铁矿石、烧渣分层堆配，初步混合，然后通过加料料钟和漏斗，加入烟化炉内。炉料分批加入（每批炉料计为一炉），烟化一定时间后，从碴口放出一定量的贫化炉渣。随后再加入第二批炉料，重复烟化－放渣作业。

炉料一入炉就经受高温的作用，并在熔池内沸腾、搅拌，气、固、液三相充分接触，

剧烈地进行干燥脱水、离解、挥发、氧化和造渣等一系列复杂的物理化学反应。

根据锑及其主要化合物的蒸气压与温度的数据及关系曲线（详见本书第 2 章）和图 10-4 的有关反应自由焓与温度的关系曲线，在熔池熔炼—连续烟化炉的正常作业温度 1100 ~ 1200℃时，烟化炉内大致发生如下主要化学反应：

$$2C + O_2 = 2CO$$

$$C + O_2 = CO_2$$

$$2CO + O_2 = 2CO_2$$

$$CaCO_3 = CaO + CO_2$$

$$MgCO_3 = MgO + CO_2$$

$$4FeAsS = 4FeS + 4As$$

$$2/3FeS + O_2 = 2/3FeO + 2/3SO_2$$

$$S + O_2 = SO_2$$

$$2/9Sb_2S_3 + O_2 = 2/9Sb_2O_3 + 2/3SO_2$$

$$Sb_2S_3 + 2Sb_2O_3 = 6Sb + 3SO_2$$

$$4/3Sb + O_2 = 2/3Sb_2O_3$$

$$9Sb_2O_4 + Sb_2O_3 = 10Sb_2O_3 + 3SO_2$$

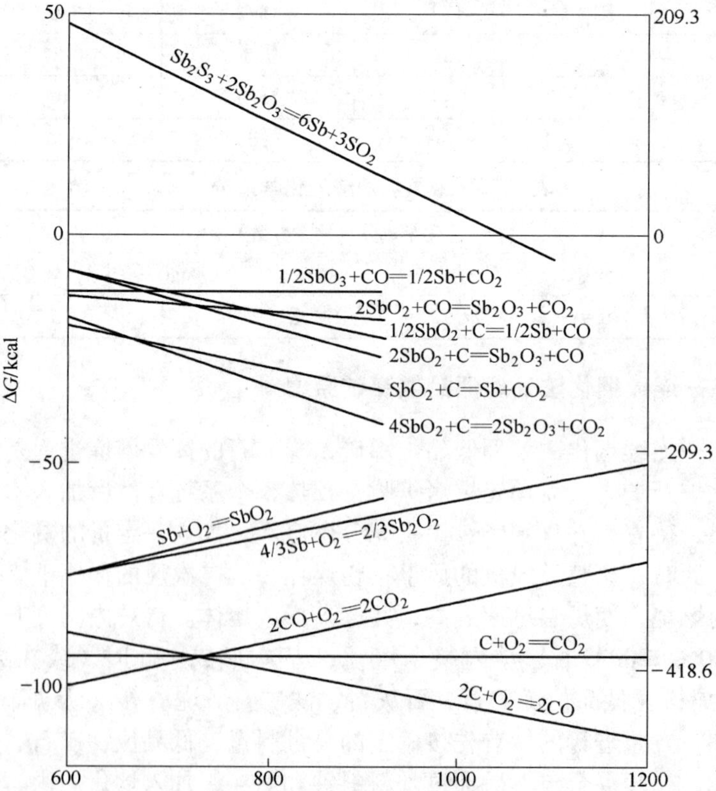

图 10-4　有关反应自由焓与温度的关系曲线

由以上各反应式可以看出，在熔池熔炼—连续烟化炉的作业条件下，锑矿石中的锑最后将以三氧化锑的形式挥发，在冷凝收尘系统内富集收集，而反应过程中形成以及加入的氧化钙、氧化镁、氧化亚铁等将与物料中的二氧化硅等脉石造渣，由碴口放出。

10.6.5 渣型选择

从表10-3的化学分析结果可以看出，云南省文山州木利锑业有限责任公司的锑矿石属高硅、较低氧化铁、低氧化钙型锑矿，硅酸度（K值）高，这将导致烟化炉内的炉渣黏度大，熔炼挥发作业难以进行，因而需加入一定的熔剂量，以便降低炉渣的硅酸度，减小炉渣的黏度，改善其流动性，保证烟化作业顺利进行。

云南省文山州木利锑业有限责任公司所用锑精矿的脉石成分主要是二氧化硅，因而工业试验中确定采用SiO_2—FeO—CaO系炉渣渣型，用铁矿石和石灰石作熔剂。配料中渣型控制为（质量分数）：SiO_2：32%，FeO：36%，CaO：15%，此时炉渣硅酸度为1.4，并据此进行配料计算和计算炉渣产出率。

10.6.6 配料计算

根据配料中渣型控制（质量分数）：SiO_2：32%，FeO：36%，CaO：15%，进行配料计算。

考虑到工业试验中准备的各种锑精矿的数量，以重介质锑矿40%、跳汰锑矿60%混矿，记为1号混合锑矿；两种重介质跳汰混合锑矿各取50%进行混矿，记为2号混合锑矿，混矿后两种锑矿扣除水分后的化学成分见表10-7。

表10-7 混合锑矿的化学成分

名 称	化学成分（质量分数）/%								
	Sb	SiO_2	Fe	CaO	MgO	Al_2O_3	S	As	Pb
1号混合矿	29.22	37.63	6.11	1.55	0.77	4.12	6.84	0.03	0.01
2号混合矿	28.46	35.63	7.21	1.14	0.77	4.69	7.36	0.03	0.01

以100kg锑矿为例，计算所需加入的铁矿石和石灰石的数量。

需加入的铁矿石量$T_{铁矿石}$为：

$$T_{铁矿石}=(H_{SiO_2}\cdot\alpha-H_{FeO})/T_{FeO}+T_{SiO_2}\cdot\alpha/T_{FeO}+Y\cdot Y_{灰分}\cdot(Y_{灰分SiO_2}\cdot\alpha-Y_{灰分FeO})/T_{FeO}$$

需加入的石灰石量$S_{石灰石}$为：

$$S_{石灰石}=(H_{SiO_2}\cdot\beta-H_{CaO})/S_{CaO}+T_{铁矿石}\cdot(T_{铁矿石SiO_2}\cdot\beta-T_{铁矿石CaO})/S_{CaO}+Y\cdot Y_{灰分}\cdot(Y_{灰分SiO_2}\cdot\beta-Y_{灰分CaO})/S_{CaO}$$

式中 $T_{铁矿石}$——需加入的铁矿石量，kg；

H_{SiO_2}——混合锑矿中SiO_2质量，kg；

H_{FeO}——混合锑矿中FeO质量，kg；

T_{FeO}——铁矿石中FeO质量，kg；

T_{SiO_2}——铁矿石中SiO_2质量，kg；

$\alpha =$ 选定渣型中 FeO 含量/选定渣型中 SiO_2 含量；
Y ——加入的烟煤量，kg；
$Y_{灰分}$ ——烟煤中灰分质量，kg；
$Y_{灰分SiO_2}$——烟煤灰分中 SiO_2 质量，kg；
$Y_{灰分FeO}$——烟煤灰分中 FeO 质量，kg；
$S_{石灰石}$——需加入的石灰石量，kg；
$\beta =$ 选定渣型中 CaO 含量/选定渣型中 SiO_2 含量；
H_{CaO} ——混合锑矿中 CaO 质量，kg；
S_{CaO} ——石灰石中 CaO 质量，kg；
$T_{铁矿石SiO_2}$——需加入的铁矿石中 SiO_2 质量，kg；
$T_{铁矿石CaO}$——需加入的铁矿石中 CaO 质量，kg；
$Y_{灰分CaO}$——烟煤灰分中 CaO 质量，kg。

烟化法中，煤耗量占入炉物料的比例一般不大于35%，即便以入炉矿石计，其比例也不宜超过50%，否则能耗过高，烟化炉就失去了本身的优越性。考虑到该因素，可以认为上述两计算式中，第三项由烟煤带入的灰分中 SiO_2 消耗的熔剂量占加入的总熔剂量的比例不大，因而配料计算时忽略烟煤带入的灰分中 SiO_2 消耗的熔剂量，计算出的熔剂总需要量适当增加，便能保证烟化作业对熔剂量的需求，将各数据代入上述两式，即可计算出烟化条件下每处理100kg 锑矿所需的铁矿石和石灰石的数量：

$$T_{铁矿石} \approx 50\text{kg},\ S_{石灰石} \approx 30\text{kg}$$

即配料比为：混合锑矿（1号、2号）：铁矿石：石灰石 = 100：50：30。

所占百分比为：

混合锑矿（1号、2号）：铁矿石：石灰石 = 56%：27%：17%。

10.6.7　试验内容、结果和讨论

10.6.7.1　设备的无负荷及满负荷试运行

熔池熔炼—连续烟化法工艺的设备装置系统，虽然已经在处理锡炉渣等熔炼方面相继取得成功并已显示出比传统烟化炉熔炼的优越性，但在锑的熔炼方面的应用尚属首次，兼之全部工业试验装置除排烟收尘系统系利用文山州木利锑业有限责任公司原有鼓风炉排烟收尘系统设备外，其他设备全部新建，因此在进行工业试验时，首先分别对新建设备进行了：

（1）单台无负荷试运转；

（2）无负荷联动试运转；

（3）单台带负荷、满负荷试运转；

（4）带负荷联动试运转等项工作。

整个熔池熔炼—连续烟化炉系统无漏水、漏风现象。冷却水的供应系统能满足工业试验开炉要求，无水套供水不足现象。排烟收尘系统装置完好，处于备用状态。熔炼烟化炉有较大负压，管道、烟道无破裂、渗漏现象，所有阀门开启灵活，布袋室可分别关风震打，整个电路系统畅通无阻，即设备的无负荷及满负荷试运行正常，可进行工业试验。

10.6.7.2　冷料开炉试验

一般烟化炉需配置化矿和保温设备（常用鼓风炉或反射炉化矿，电热前床保温）。本

次工业试验中，在总结以往工作经验和沉没熔炼扩大试验的基础上，大胆尝试用冷料直接开炉，即甩掉烟化炉前需配置的化矿和保温设备，锑矿石以冷料的形式直接加入烟化炉进行脱水、加热、熔化、熔炼挥发、造渣等作业。

试验过程是这样进行的：新建烟化炉按前面叙述的方法进行开炉及加料操作。待炉内温度升高到烟化炉作业的正常温度 1100～1200℃时，炉内整个熔池已基本形成，此时，将经配料混匀后的锑矿石、铁矿石、石灰石等冷炉料从烟化炉炉顶的加料口加入炉内。从试验情况（1～3 炉）看，冷料加入后，经受高温的作用，在熔池内沸腾、搅拌，气、固、液三相充分接触，传热、传质过程完全，冷物料剧烈地进行干燥脱水、离解、挥发、氧化、造渣等一系列复杂的物理化学反应。伴随着有大量的白色挥发气体（气相 Sb_2O_3）产生，炉况顺畅，未出现剧烈降温、固结、死炉等现象，这充分说明采用熔池熔炼—连续烟化法工艺处理低品位锑矿，直接冷料开炉是可行的。

10.6.7.3 合理渣型试验

按选择的渣型确定的配料比，即：混合锑矿（1 号、2 号）：铁矿石：石灰石 = 56%：27%：17%，进行配料。试验中第 5 炉～第 15 炉主要考查渣型选择是否合理，从渣口放渣情况看，渣的流动性较好，证明渣的黏度值不高，该渣型能使炉况顺畅，烟化作业顺利进行。表 10-8 是第 5 炉～第 15 炉炉渣含锑的试验结果，从表中也可看出，渣含锑较低，平均值仅为 0.468%（个别炉次渣含锑偏高的原因是吹炼时间较短的缘故）。以上试验结果说明，渣型的选择是合理的。

表 10-8 第 5 炉～第 15 炉炉渣含锑试验结果

炉 次	第 5 炉	第 6 炉	第 7 炉①	第 8 炉	第 9 炉	第 10 炉
渣含锑（质量分数）/%	0.45	0.49	1.19	0.50	0.46	0.49
炉 次	第 11 炉	第 12 炉	第 13 炉	第 14 炉	第 15 炉	平均值
渣含锑（质量分数）/%	0.48	0.46	0.42	0.55	0.40	0.47

①该炉渣含锑偏高的原因主要是吹炼时间较短的缘故。

10.6.7.4 风煤比试验

在风煤比试验中，风量固定，用变动加煤量的大小来改变风煤比。试验结果为：在加料阶段，为了加快化矿速度，保持炉内有较高温度，风煤比宜偏大，空气过剩系数控制在 0.95～1.0，而在后期，炉内主要完成液态挥发作业，风煤比可适当减小，空气过剩系数控制为 0.9～0.94。

10.6.7.5 吹炼时间试验

吹炼时间是一个重要的工艺参数，吹炼时间的长短直接影响着锑的挥发率。表 10-9 是工业试验中对不同炉次确定不同吹炼时间后所获得的渣含锑的数据。图 10-5 是根据表 10-9 的数据绘制的吹炼时间与渣含锑的关系曲线。

表 10-9 不同吹炼时间下的渣含锑①

吹炼时间/min	15	20	25	30	35	40
渣含锑（质量分数）/%	1.19	0.84	0.69	0.50	0.46	0.38

①表中的渣含锑是同一吹炼时间下三炉的平均值。

从表 10-9 和图 10-5 的试验结果可以看出，吹炼时间长，渣含锑低，但随着吹炼时间的延长，后期的挥发效率很低，加大了烟化作业的成本。同时，由于使用的云南省泸西县圭山烟煤灰分中造渣成分属酸性，二氧化硅含量达 42.72%，如吹炼时间过长，炉渣黏度增大，炉渣容易变稠，流动性变差，反而影响正常的烟化作业。因此确定吹炼时间为 30min，此时渣含锑已降至 0.5%。

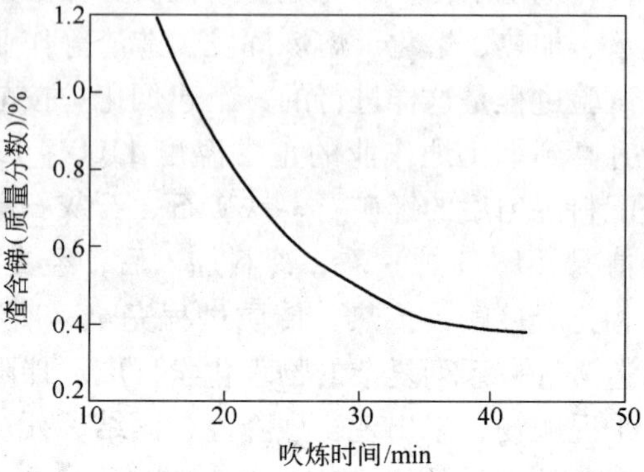

图 10-5　吹炼时间与渣含锑的关系曲线

10.6.7.6　处理量试验

在确定入炉物料的配料比，固定风煤比、吹炼时间的条件下，进行处理量试验。根据烟化炉的设计能力，初步确定烟化炉的加料速度为 2.0 ~ 2.5t/h。加入两批料共计 5t 后，停止加料，烟化 20 ~ 30min，放出部分贫化炉渣，以上即完成一炉作业，随后再加料进入第二炉作业。暂定放渣期间停止加料，烟化炉加料时间作业率为 85%，这样烟化炉生产能力为每天处理物料 40 ~ 50t。从试验情况看，在确定的配料比，风煤比、吹炼时间的条件下，按 2.5t/h 的加料速度，炉况正常，渣含锑小于 0.5%，即每天物料的处理量可达 50 t，并基本可实现连续加料。

10.6.7.7　综合条件试验

根据以上确定的各条件，进行综合条件试验。工艺参数为：

状态：冷料开炉；

配料比：混合锑矿（1 号、2 号）: 铁矿石 : 石灰石 =56% : 27% : 17%；

风煤比：空气过剩系数 0.9 ~ 1.0；

吹炼时间：30min；

处理量：每小时 2.5t 物料；

物料：混合锑矿（1 号、2 号）1400kg，铁矿石 675 kg，石灰石 425kg。

综合条件下，共连续进行了 40 炉试验，处理物料 200t，其中锑矿石 112t，试验结果见表 10-10 ~ 表 10-12。

表 10-10　综合条件试验下的炉渣成分

炉　次	炉渣成分（质量分数）/%				硅酸度 K
	Sb	SiO_2	FeO	CaO	
18 ~ 23 炉平均值	0.49	32.12	33.80	16.50	1.4
24 ~ 35 炉平均值	0.47	36.42	37.70	15.09	1.5
36 ~ 57 炉平均值	0.46	42.33	33.67	15.29	1.8

表 10-11　系统产品锑氧粉含量

炉　次	锑氧粉含量（质量分数）/%		
	火柜尘（Sb_2O_3）	表冷尘（Sb_2O_3）	布袋尘（Sb_2O_3）
1 ~ 57 炉平均值	49.24	77.04	77.88

表 10-12 锑氧粉成分

名 称	化学成分（质量分数）/%					
	SiO_2	Sb	Fe	S	C	CaO
1 ~57 炉锑氧粉综合值	2.68	76.40	1.72	0.18	4.56	<0.5
鼓风炉锑氧粉	1.01	80	0.15	0.18	0.7	<0.5

10.6.8 主要技术经济指标

10.6.8.1 炉床处理能力

处理量试验已确定加料速度为每小时 2.5t，每天处理物料 50t，则 $4m^2$ 烟化炉的炉床处理能力为：12.5 t 物料/（m^2 · d）。

10.6.8.2 入炉锑矿石含锑品位

按表 10-3 的锑矿石化学分析结果，入炉锑矿石含锑品位在 28.46% ~29.22% 之间。

10.6.8.3 煤耗

供煤量为 600kg/h，物料处理量为 2.5t/h，则煤耗为 24%。如以处理锑矿石计，则煤耗为 428.57kg 煤/ t 锑矿石。一般烟化炉的常规煤耗 35% ~40%，实际正常炉次的供煤量为 450 ~ 570kg/h，还小于煤耗 24% 的指标。

10.6.8.4 锑的挥发率

为计算锑的挥发率，首先计算产渣率：

按上述确定的配料比，每 180kg 混合入炉物料中，产出的渣量为：

$$H_{锑矿} \times (H_{SiO_2} + H_{FeO} + H_{CaO} + H_{MgO} + H_{Al_2O_3}) + T_{铁矿石} \times (T_{SiO_2} + T_{FeO} + T_{CaO} + T_{MgO}) + S_{石灰石} \times (S_{SiO_2} + S_{FeO} + S_{CaO} + S_{MgO} + S_{Al_2O_3}) + Y_{灰分}$$

式中 $H_{锑矿}$——加入的混合锑矿量，kg；

H_{SiO_2}——混合锑矿中 SiO_2 质量，kg；

H_{FeO}——混合锑矿中 FeO 质量，kg；

H_{CaO}——混合锑矿中 CaO 质量，kg；

H_{MgO}——混合锑矿中 MgO 质量，kg；

$H_{Al_2O_3}$——混合锑矿中 Al_2O_3 质量，kg；

$T_{铁矿石}$——加入的铁矿石量，kg；

T_{SiO_2}——铁矿石中 SiO_2 质量，kg；

T_{FeO}——铁矿石中 FeO 质量，kg；

T_{CaO}——铁矿石中 CaO 质量，kg；

T_{MgO}——铁矿石中 MgO 质量，kg；

$S_{石灰石}$——加入的石灰石量，kg；

S_{SiO_2}——石灰石中 SiO_2 质量，kg；

S_{FeO}——石灰石中 FeO 质量，kg；

S_{CaO}——石灰石中 CaO 质量，kg；

S_{MgO}——石灰石中 MgO 质量，kg；

$S_{Al_2O_3}$——石灰石中 Al_2O_3 质量，kg；

$Y_{灰分}$——烟煤中灰分质量，kg。

代入各数据后计算得每 180kg 入炉物料产出的渣量大致为 120kg，即渣率约为 70%。

锑的挥发率为：

$$1-\frac{渣含锑（\%）\times 入炉物料量 \times 渣率（\%）}{入炉锑矿石数量 \times 锑矿石含锑品位（\%）}$$

将各表的相关数据代入上式，可计算出综合条件试验过程中锑的挥发率为 97.97%，大于要求的 94% 的锑挥发率指标。

10.6.8.5　渣含锑

按表 10-10 中，综合试验条件下各炉次的渣含锑，得出工业试验中平均渣含锑为 0.4675%，远小于要求的渣含锑小于 1% 的指标。

10.6.8.6　锑氧粉含锑量

按反射炉精炼锑的要求，入炉锑氧粉的含锑量需大于 75%，工业试验中，据表 10-12 的锑氧粉综合成分分析，锑氧粉含锑量为 76.4%，预计能满足反射炉精炼锑的要求。

10.6.8.7　铁矿石和石灰石用量

按配料比下的实际用量计算：铁矿石用量为 482kg/ t 锑矿石，或铁矿石率为 27%（占入炉物料的比例）；石灰石用量为 304kg/ t 锑矿石，或石灰石的消耗率为 17%（占入炉物料的比例）。

表 10-13 列出了工业试验的主要参数和技术经济指标。

表 10-13　熔池熔炼—连续烟化法工艺的主要参数和技术经济指标

名　称	主要参数和指标	备　注
试验规模	$4m^2$ 烟化炉及相应设备	
试验状态	冷料开炉	
入炉锑矿品位/%	28.46 ~ 29.22	
吨物料加料速度/h	2.5	
配料比/%	56 : 27 : 17	锑矿 : 铁矿 : 石灰石
风煤比	0.9 ~ 1.0	空气过剩系数
吹炼时间/min	30	min
吨物料炉床处理能力/m^2 · d	12.5	
吨锑矿石煤耗/kg	428.57	
锑挥发率/%	97.97	
渣含锑（质量分数）/%	0.4675	
锑氧粉含锑（质量分数）/%	76.4	
吨锑矿石铁矿石消耗/kg	482	
吨锑矿石石灰石消耗/kg	304	

10.6.9 经济效益初步评价

继工业试验后，文山州木利锑业有限责任公司又开炉进行了试生产，累计处理锑矿石560 t，产出含锑综合品位大于75%的锑氧粉200余吨，锑的直收率大于90%。现以收集到的某年月该公司鼓风炉生产锑氧粉的主要经济技术指标和本试验所确定的熔池熔炼—连续烟化法处理低品位锑矿工业试验的工艺参数为基础，以1个月（实际生产26d）为生产周期，进行初步经济效益比较和评价，其结果见表10-14。

表10-14 烟化法熔炼工艺与鼓风炉熔炼工艺处理锑矿的主要指标比较

名称	主要参数和指标		说明
工艺路线	烟化法熔炼工艺	鼓风炉熔炼工艺	
规模	$4m^2$烟化炉	$0.84m^2$鼓风炉两座	按26天计
锑矿品位/%	28.46~29.22	37.55	
吨锑物料处理量/月	728	594	
配料比	56:27:17	56:35:9	锑矿:铁矿:石灰石
风煤比	0.9~1.0		空气过剩系数
吹炼时间/min	30		
焦率/%		37.12	焦炭/锑物料
吨物料炉床能力/$m^2 \cdot d$	12.5		
吨锑物料利用系数/$m^2 \cdot d$		5.11	
煤耗/%	24		煤/物料
锑挥发率/%	97.97	88.99	
锑直收率/%	90	78.42	
渣含锑（质量分数）/%	0.4675	2.69	
锑氧粉总量/t	247	220	
锑氧粉含锑（质量分数）/%	76.4	80.00	
吨锑物料铁矿石消耗/kg	482（24%）	625（35%）	
吨锑物料石灰石消耗/kg	304（17%）	161（9%）	
原燃材料耗			
焦炭/t		394	单价400元/t
煤耗/t	312		单价240元/t
铁矿石耗/t	350	370	单价105元/t
石灰石耗/t	220	100	单价100元/t
电耗/kW·h	325160	256520	单价0.162元/kW·h
工资/元	391282.56	39282.56	
吨锑氧消耗			
吨锑氧粉焦炭/$t \cdot t^{-1}$		1.79	
吨锑氧粉煤耗/$t \cdot t^{-1}$	1.26		
吨锑氧粉铁矿石耗/$t \cdot t^{-1}$	1.42	1.68	

续表 10-14

名　称	主要参数和指标		说　明
吨锑氧粉石灰石耗/$t \cdot t^{-1}$	0.89	0.45	
吨锑氧粉电耗/$t \cdot t^{-1}$	1316	1166	
吨锑氧粉工资/元	159.04	159.04	
吨锑氧成本/元 · t^{-1}	927	1709.60	

注：1. 鼓风炉数据主要根据文山州木利锑业有限责任公司月生产和财务报表提供，实际消耗数较指标计算消耗数大，这可能是考虑了其他零星消耗之故；

2. 鼓风炉入炉锑物料包括块矿（含锑 46.88%）、团矿（含锑 27.58%）、泡渣（含锑 33.06%）、铜锍（含锑 33.58%）等，而烟化炉入炉锑物料主要指锑矿石，含锑平均品位为 28.84%；

3. 烟化法锑氧粉吨加工成本计算中，其电耗按球磨机每天 24 小时计算，实际上，球磨机的电耗远小于该数值。

从表 10-14 的数据可以看出，熔池熔炼—连续烟化法工艺与鼓风炉挥发熔炼工艺相比较，首先，它能处理中低品位锑矿，扩大了锑矿利用范围和锑资源的综合利用水平；其次，无论从处理量、锑的挥发率、锑的直收率、渣含锑等技术经济指标来看，都有较大程度的改善，特别是用粉煤代替了优质冶金焦，使其加工成本大幅度降低。虽然粉煤系统的增加，增大了电耗，但综合起来，吨锑氧粉的加工费仍比鼓风炉挥发熔炼工艺低得多。从以上经济角度比较也说明，烟化法液态挥发工艺比鼓风炉挥发工艺优越。

10.6.10　小结

（1）工业试验的结果表明，采用熔池熔炼—连续烟化法工艺处理低品位锑矿，以取代目前国内通用的鼓风炉挥发熔炼和直井式挥发熔炼工艺处理锑矿是可行的。确定的工艺技术路线畅通，指标合理。

（2）用熔池熔炼—连续烟化法工艺处理含锑品位为 15% ~30% 的低品位锑矿，取得了炉床处理能力为 12.5t 物料 /（$m^2 \cdot d$），锑挥发率 97.97%，直收率 90%，渣含锑 0.4675%，锑氧粉含锑 76.4%，煤耗 24%，铁矿石率 27%，石灰石率 15% 的较好技术经济指标，经工业试验和试生产证明，作业正常，指标稳定，工艺路线先进。

（3）用熔池熔炼—连续烟化法工艺处理低品位锑矿，实现了冷料开炉，省去了一般烟化炉必需的化矿、保温设备，简化了生产工序，大大节约了基建投资。

（4）该工艺实现了以煤代焦，降低了能耗，可处理大批量低品位锑矿，大幅度提高选冶回收率，达到了降低生产成本的目的。

（5）该试验的成功，为我国的锑冶金工业开辟了一条新的途径，有重大的经济效益、社会效益和很大的推广应用价值。它是锑冶炼技术的一项改革，对锑冶炼行业的技术进步有较大意义，必将对我国的炼锑业产生很大的影响。

11 氧化锑的还原熔炼

11.1 概述

锑矿石通过挥发焙烧或挥发熔炼产出锑的氧化物产品，俗称锑氧或锑氧粉，其主要成分为 Sb_2O_3。挥发焙烧或挥发熔炼过程中，在收尘器的特定位置可以获得少量较纯净的高品质氧化锑并可作为最终产品出售，但大多数锑氧均含有较多的杂质元素。锑氧粉一般需经过还原熔炼获得金属锑，然后再经一系列加工处理后，生产出各种锑品出售。

11.2 氧化锑还原熔炼的热力学

还原过程的热力学主要研究还原反应进行的可能性、必需的热力学条件以及如何创造条件使还原反应能充分进行。氧化物的还原在冶金中十分普遍，研究较成熟。金属氧化物的离解压和标准生成自由焓是氧化物还原热力学研究的两个重要参数。

11.2.1 金属氧化物的离解压

11.2.1.1 生成—离解反应的基本概念

在冶炼的原料及各种中间产品中，金属及其伴生元素往往以各种化合物形态存在，如含氧盐、氢氧化物、硫化物、氧化物等，这些化合物只在一定条件下是稳定的，某些化合物在高温或一定真空条件下能离解（或称分解）产生金属和一种气体或一种简单化合物和一种气体，如：

$$2Ag_2O \overline{\overline{\quad}} 4Ag + O_2$$

$$CaCO_3 \overline{\overline{\quad}} CaO + CO_2$$

这类反应总称为离解反应。但这些反应是可逆的，一定温度下，当 O_2、CO_2 的分压超过一定限度，或分压一定而温度低于一定限度，则反应将向生成 Ag_2O、$CaCO_3$ 的方向进行，此时称为 Ag_2O、$CaCO_3$ 的生成反应，因此离解反应和生成反应实际上是一对平衡反应的两个方面。

化合物的生成—离解反应无论在理论上和工艺上来说，在冶金中都非常重要，许多冶炼工艺过程往往是以离解反应为主（此时称为煅烧或焙解过程），也有许多过程常伴随着生成—离解反应；同时氧化物生成—离解反应的热力学原理是分析还原过程热力学的基础，因此，研究生成—离解反应的热力学条件，通过它来认识各种化合物的稳定性，从而控制适当条件以保证或防止离解反应的进行，是冶金工作的重要任务之一。下面以氧化物的生成—离解为例，研究其反应的热力学条件。

11.2.1.2 金属氧化物的离解、离解压

金属氧化物的生成—离解反应可用以下反应式表示：

$$m\mathrm{Me} + n/2\mathrm{O}_2 \overline{\overline{\quad}} \mathrm{Me}_m\mathrm{O}_n$$

反应向右进行则为生成反应，向左进行则为离解反应。

为简便起见，以 2 价金属氧化物 MeO 为例进行研究。MeO 的生成—离解反应为：

$$2Me + O_2 \longrightarrow 2MeO$$

反应的平衡常数 K_p 可表示如下：

$$K_p = 1/p_{O_2} \cdot \frac{a_{MeO}^2}{a_{Me}^2}$$

式中，a_{Me}，a_{MeO}分别为 Me 和 MeO 的活度；p_{O_2}为系统中氧的平衡分压。

当系统中 Me 及 MeO 均处于标准状态且温度一定时，其活度均为 1，故 $p_{O_2} = 1/K_p$，即在上述条件下，系统中氧的平衡分压为常数，此数值称为该氧化物的离解压，对具体的氧化物 MeO，其离解压可用 $p^{\ominus}_{O_2(MeO)}$ 表示，即 $p^{\ominus}_{O_2(MeO)} = 1/K_p$。

由化学平衡的原理可知，在上述条件下，当系统中氧的实际分压 $p_{O_2} > p^{\ominus}_{O_2(MeO)}$，则上述金属氧化物的生成—离解反应向生成氧化物 MeO 的方向进行；当 $p_{O_2} < p^{\ominus}_{O_2(MeO)}$，则氧化物 MeO 离解；当 $p_{O_2} = p^{\ominus}_{O_2(MeO)}$，则反应保持平衡。这说明金属氧化物的离解压愈大，则此氧化物愈不稳定，愈易离解析出金属；当其离解压愈小，则要使它离解就需要更高的真空度或更高的温度，即此氧化物愈稳定。因此离解压的大小是衡量氧化物稳定性的一个标志。

根据两种氧化物离解压的相对大小，也可判断还原反应能否自动进行。假定系统中有两元素 Me 和 A（假设它们均为 2 价）及其氧化物 MeO 和 AO 四种物质，MeO 和 AO 的离解压分别为 $p^{\ominus}_{O_2(MeO)}$ 和 $p^{\ominus}_{O_2(AO)}$，现分析在不同情况下反应进行的方向：

（1）当 $p^{\ominus}_{O_2(MeO)} > p^{\ominus}_{O_2(AO)}$ 时，则 MeO 的离解使系统中氧的分压 $p_{O_2} = p^{\ominus}_{O_2(MeO)}$，其离解才达到平衡；但系统中又有 A 存在，其氧化物的离解压 $p^{\ominus}_{O_2(AO)} < p^{\ominus}_{O_2(MeO)}$ 或 $p^{\ominus}_{O_2(AO)} < p_{O_2}$，因此 A 将被氧化，消耗系统中的氧，使 p_{O_2} 下降，这又导致了 MeO 的进一步离解，如此不断循环，整个过程可用下式表示：

$$\begin{array}{r} MeO \longrightarrow Me + 1/2O_2 \\ +\ (A + 1/2O_2 \longrightarrow AO \\ \hline MeO + A \longrightarrow Me + AO \end{array}$$

该过程实际上是 A 作为还原剂将 MeO 还原。若系统中 Me、A、MeO、AO 均为凝聚相，且均为纯物质，互相也不形成溶液（或固溶体），则反应将进行到 A 或 MeO 相完全消耗为止。

（2）当 $p^{\ominus}_{O_2(MeO)} < p^{\ominus}_{O_2(AO)}$ 时，同样可证明 Me 将使 AO 还原。

（3）当 $p^{\ominus}_{O_2(MeO)} = p^{\ominus}_{O_2(AO)}$ 时，则系统保持平衡。

因此从离解压的角度来说，选择还原剂的标准是：还原剂氧化物的离解压应小于被还原氧化物的离解压。

11.2.1.3　温度对金属氧化物离解压的影响

在金属氧化物离解成氧及金属的系统中，若金属及其氧化物均为标准状态，且温度低于它们的沸点，则系统有 3 个相（两个凝聚相和气相），两个独立组元，根据相律：$f =$

$C-P+2$，即 $f=2-3+2$，$f=1$。说明上述条件下，系统中只有一个自由度，也即系统中氧的平衡分压（氧化物的离解压）仅随温度而变。离解压与温度的关系可通过范特霍夫等压方程求出：

$$\frac{\mathrm{d}\ln p_{O_2}^{\ominus}}{\mathrm{d}T}=\frac{\Delta H}{RT}$$

式中　ΔH——离解过程的热效应。

若 ΔH 随温度变化不大，视为常数，则积分得：

$$\ln p_{O_2}^{\ominus}=-\frac{\Delta H}{RT}+I$$

式中　I——积分常数。

一般离解反应均为吸热反应，故离解压均随温度的升高而升高，或者说氧化物的稳定性随温度的升高而降低，如图 11-1 所示。从图 11-1 也可看出，若某氧化物的离解压与温度关系符合图中的曲线 1，而系统的起始状态（p_{O_2} 和温度）处于Ⅰ区域内（如 a 点），则说明 $p_{O_2}>p_{O_2}^{\ominus}$，反应将向生成该氧化物的方向进行，故区域Ⅰ为氧化物的稳定区；同理，若起始状态在区域Ⅱ内（如 b 点），则 $p_{O_2}<p_{O_2}^{\ominus}$，氧化物将离解，即区域Ⅱ为金属稳定区；若起始状态恰恰在曲线上（如 c 点），则系统保持平衡。

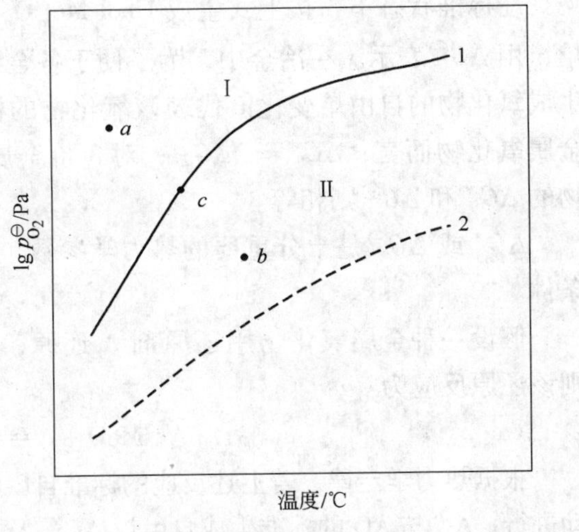

图 11-1　金属氧化物的离解压与温度的关系示意图

对图 11-1 所示金属氧化物的离解压与温度的关系曲线进行分析，可得出如下结论：

（1）金属氧化物的离解压曲线在图中位置越高，则离解压越大；一般银、铜等金属氧化物的离解压较大，稳定性差。而碱金属、碱土金属及大部分稀有金属氧化物的离解压小，稳定性高。

（2）在标准状态下，氧化物离解压曲线在图 11-1 中位置低的金属可作为还原剂，将位置较它高的氧化物还原，如图中“曲线 2”代表的金属氧化物，其金属可以将“曲线 1”代表的金属氧化物中的金属还原出来。

（3）由于各氧化物的离解压随温度而改变的趋势不同，故各氧化物离解压曲线可能交叉，即在不同的温度范围内，氧化物的相对稳定次序可能不同。例如温度低于 1420℃时，CO 的离解压大于 MnO 的离解压，曲线在 1420℃左右与 MnO 的离解压曲线交叉，温度高于 1420℃时，CO 的离解压小于 MnO 的离解压，说明在标准状态下，当温度低于 1420℃时，锰能将 CO 还原，即：$Mn+CO=C+MnO$，而温度高于 1420℃时，则其逆反应有可能自动进行。

（4）在通常耐火材料所允许的温度（约 1700℃）范围内，绝大部分金属氧化物的离解压都很小，除少数金属（银、汞等）外，靠氧化物离解法不太可能得到金属。如从这些金属氧化物中提取金属，必须选择一种对氧的亲和力更大的物质作为还原剂，以夺取金属氧化物中的氧，使金属还原才能达到目的。

金属氧化物离解压是衡量其稳定性的标准，根据它可判断标准状态下还原反应进行的可能性。为了更全面了解还原过程的可能性，还有必要研究生成—离解反应的另一个热力学参数，即生成自由焓。

11.2.2　金属氧化物的标准生成自由焓

金属氧化物的生成反应可用下式表示：

$$m\mathrm{Me} + n/2\mathrm{O_2} = \mathrm{Me}_m\mathrm{O}_n$$

在标准状态下，按上式生成1mol $\mathrm{Me}_m\mathrm{O}_n$ 的自由焓变化称为该氧化物的标准生成自由焓，用 $\Delta G^{\ominus}$表示。在冶金中，为了便于各金属间直接比较，一般用1mol氧气与金属作用生成氧化物的自由焓变化值代表该氧化物的标准生成自由焓，本书用 ΔG^* 表示。对2价金属氧化物而言，$\Delta G^* = 2\Delta G^{\ominus}$；对3价金属氧化物而言，$\Delta G^* = 2/3\Delta G^{\ominus}$；而4价氧化物的 ΔG^* 和 $\Delta G^{\ominus}$则相等。

ΔG^* 或 $\Delta G^{\ominus}$是十分重要的热力学参数，可通过它分析金属氧化物还原反应的热力学条件。

假设一种金属氧化物用还原剂 A 还原，为简便起见，假定金属和还原剂均为2价，则该还原反应为：

$$\mathrm{MeO} + \mathrm{A} = \mathrm{Me} + \mathrm{AO}$$

根据热力学定律，若上述反应的标准自由焓变化 ΔG 为负值，则标准状态下，有可能自动进行。ΔG 与 AO 的标准生成自由焓 ΔG^*_{AO}及 MeO 的标准生成自由焓 $\Delta G^*_{\mathrm{MeO}}$存在如下关系：

$$2\Delta G = \Delta G^*_{\mathrm{AO}} - \Delta G^*_{\mathrm{MeO}}$$

只有当 $\Delta G^*_{\mathrm{AO}} < \Delta G^*_{\mathrm{MeO}}$时，$\Delta G$ 才为负值，即标准状态下还原反应才有可能自动进行。因此，金属氧化物 MeO 的标准生成自由焓 $\Delta G^*_{\mathrm{MeO}}$愈小（或愈负），则 MeO 愈稳定，愈难被还原；同时也说明 $\Delta G^*_{\mathrm{MeO}}$值愈负，则此金属对氧的亲和力愈大。

金属氧化物的生成自由焓随温度的变化而变化，某些金属氧化物的 ΔG^* 值与温度的关系（$\Delta G^* - T$线）见图11-2。分析图11-2可得出如下规律：

（1）金属氧化物的 ΔG^* 值与温度的关系曲线在图中位置愈低，则其 ΔG^* 值愈小，说明此金属对氧的亲和力愈大，因此在标准状态下，图中位置较低的金属可将位置较高的金属氧化物还原。如钙可将 ZnO 还原成金属锌，氢可将 HgO 还原成金属汞；钙、镁、铝等都是较强的还原剂。

锑与氧的亲和力较弱，许多金属能将其氧化物还原成金属锑，例如可用碳或氢将三氧化锑还原成金属。

（2）所有金属氧化物的 ΔG^* 值均随温度的升高而大体上呈直线增加，说明金属氧化物的稳定性（即对氧的亲和力）随温度的升高而降低。但需要说明的是，上述曲线在金属或氧化物的相变点（特别是沸点和升华点）都发生转折，在金属相变点则向上转折，

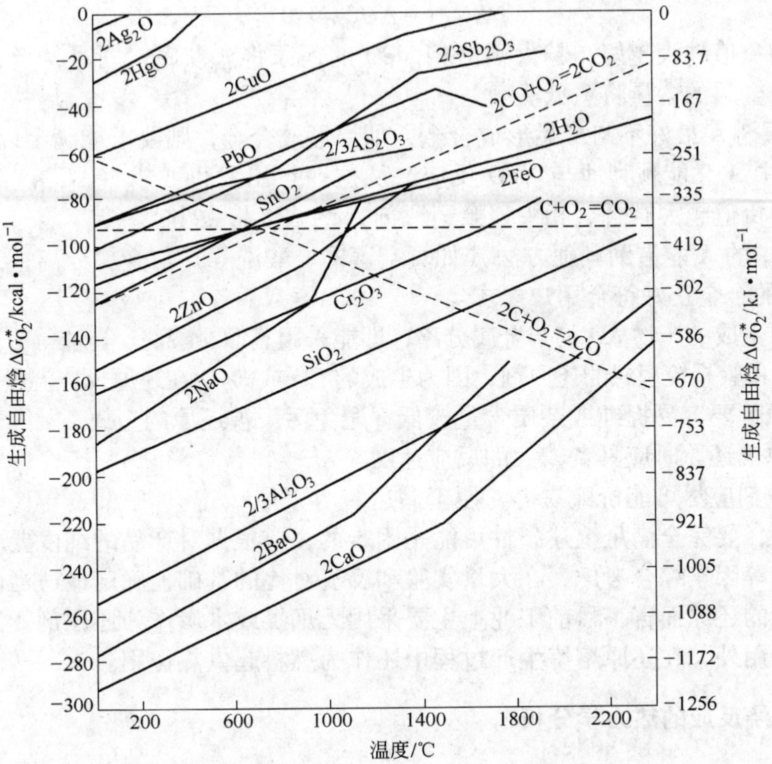

图 11-2 锑及某些金属氧化物的生成自由焓与温度的关系

即高于金属相变点后，ΔG^* 值随温度升高而增加的趋势比相变前更大，而在氧化物的相变点则相反。

这种规律在冶金中具有一定的意义，因为高于金属的相变温度后，金属氧化物的稳定性随温度升高而下降的趋势更大，因此某些还原剂虽在温度低于某金属相变点时，不能将其氧化物还原，但反应温度超过相变点一定范围后，则还原反应有时成为可能。如图11-2所示，在标准状态下，低温时铝不能将 BaO 还原。但当温度升高到一定程度后，BaO 能被铝还原。

(3) 将金属氧化物的 $\Delta G^* - T$ 线与 CO_2、CO 的 $\Delta G^* - T$ 线对照，可发现三者间有明显的差别。对金属氧化物而言，ΔG^* 随温度的升高而增加，当金属及其氧化物均处于固相温度范围时，各金属氧化物的 $\Delta G^* - T$ 线接近于平行，而 CO_2 的 $\Delta G^* - T$ 线则接近于水平，CO 的 ΔG^* 则随着温度的升高而下降。

上述差别在冶金中具有很大的意义，由于金属对氧的亲和力随温度升高而降低，而碳与氧的亲和力反而随温度的升高而增加，因此在高温下，碳可作为许多金属氧化物的还原剂，且温度愈高还原能力愈强。此外，碳价廉易得，且还原生成物为气态的 CO，很易与目标金属分离，所以碳成为金属氧化物的良好还原剂。

11.2.3 还原剂的选择原则

根据上述还原过程热力学的分析，归纳出氧化物还原时还原剂的选择原则如下：

（1）还原剂 A 对氧的亲和力应比待还原的金属大，即：

$$\Delta G_{AO}^{*} - \Delta G_{MeO}^{*} < 0$$

上述差的负值越大越好，越大则渣相 MeO 的还原将愈彻底，同时，当金属形成合金时，合金相中金属的含量将愈低。

（2）还原剂 A 最好不与产品形成合金，如果形成合金，则要求能满足以下条件之一。

1）合金中 A 又能顺利地与 MeO 反应，从这一点出发也要求（$\Delta G_{AO}^{*} - \Delta G_{MeO}^{*}$）的负值越大越好，负值越大则合金相中残余还原剂 A 的浓度将愈小；

2）合金中的 A 能借助其他方法（如真空蒸馏、酸洗等）与金属分离；

3）形成的合金正好符合用户要求。

（3）还原生成的产物 AO 易与金属分离，即能采用蒸馏、酸洗、造渣等方式分离。从这个角度来说碳和氢是较理想的还原剂，因为生成的 CO 或 H_2O 在还原反应温度下为气态。

（4）还原剂要容易提纯或杂质含量较低，避免污染被还原的金属。

（5）还原剂还原时应具备较大的反应速度。

（6）还原剂应尽可能价廉易得，便于储运。

在实践中，要完全满足上述条件可能是困难的，应根据对产品的纯度要求，原材料价值，产品价值等因素综合考虑，在大量实验和反复对比的基础上确定最适当的还原剂。

就锑氧粉的还原而言，目前工业上主要采用无烟煤或木炭作为还原剂。无烟煤或木炭除了起还原作用外，在还原熔炼生产过程中还作为燃料起供热作用。

11.2.4 碳燃烧反应的热力学分析

用碳还原金属氧化物的热力学可能性，一方面取决于金属对氧的亲和力，另一方面取决于碳对氧的亲和力，因而有必要研究碳与氧的各种反应（碳的燃烧反应）。

11.2.4.1 碳氧系的燃烧反应

碳的燃烧过程包括下列 4 种反应。

（1）碳的完全燃烧反应

$$C + O_2 = CO_2 \qquad (11\text{-}1)$$

其标准自由焓变化 $\Delta G^{\ominus}$ 及平衡常数 K_p 与温度的关系可用下式表示：

$$\Delta G^{\ominus}_{11-1} = -393940 - 0.84T \qquad (J)$$

$$\lg K_{p11-1} = 20586/T + 0.044$$

（2）碳的不完全燃烧反应

$$2C + O_2 = 2CO \qquad (11\text{-}2)$$

其标准自由焓变化 $\Delta G^{\ominus}$ 及平衡常数 K_p 与温度的关系可用下式表示：

$$\Delta G^{\ominus}_{11-2} = -223310 - 175.22T \qquad (J)$$

$$\lg K_{p11-2} = 11670/T + 9.156$$

（3）一氧化碳完全燃烧反应

$$2CO + O_2 = 2CO \qquad (11\text{-}3)$$

其标准自由焓变化 $\Delta G^{\ominus}$ 及平衡常数 K_p 与温度的关系可用下式表示：

$$\Delta G^{\ominus}_{11-3} = -564600 + 173.55T \qquad (J)$$

$$\lg K_{p11-3} = 29502/T - 9.068$$

（4）碳的气化反应（布多尔反应）

$$C+CO_2 \xlongequal{} 2CO \quad (11\text{-}4)$$

其标准自由焓变化 $\Delta G^{\ominus}$ 及平衡常数 K_p 与温度的关系可用下式表示：

$$\Delta G^{\ominus}_{11\sim4}=170620-174.38T \quad (J)$$

$$\lg K_{p11\sim4}=-8916/T+9.113$$

根据上述方程式，C－O 系各反应的 $\Delta G^{\ominus}$ 与温度的关系如图 11-3 所示。从图中曲线 1、2 可知，碳对氧的亲和力很大，故碳为氧化物的良好还原剂，特别是碳对氧的亲和力随温度的升高而变大，这在金属氧化物的还原中具有重要意义。同时从图中也可看出，在温度不太高的情况下（低于 978K），气体 CO 对氧的亲和力也很大，故温度不太高时，CO 同样是氧化物的良好还原剂。

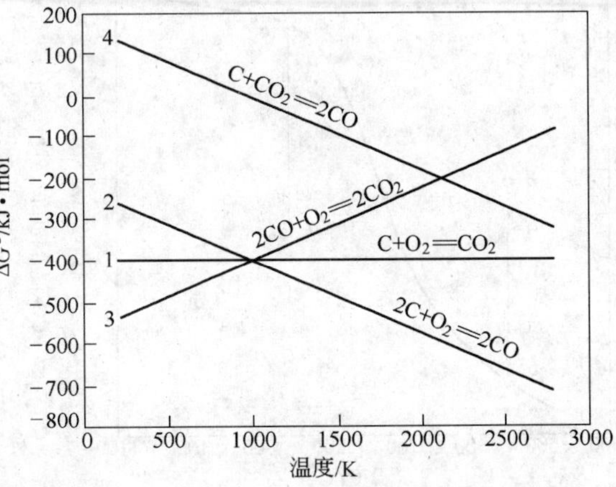

图 11-3 C－O 系各反应 $\Delta G^{\ominus}$ 与温度的关系

11.2.4.2 布多尔反应

反应式 11-4 称为布多尔反应，其对冶金过程具有重大意义，下面研究其平衡态气相成分与各种参数的关系。

根据相律：

$$f=C-P+2$$

对 C－CO－CO_2 体系而言，独立组分数 C 及相数 P 均为 2，故自由度等于 2，说明反应的平衡状态由温度及压力两个参数决定。在不同温度及压力下，系统中 CO 和 CO_2 的平衡分压可联立以下方程式解出：

$$p_{CO}^2/p_{CO_2}=K_{p11\sim4}$$

$$p_{CO}+p_{CO_2}=p$$

式中 p_{CO}，p_{CO_2}——系统中 CO 和 CO_2 的平衡分压；

p——系统中 CO 与 CO_2 的分压之和，不考虑其他惰性气体；

$K_{p11\sim4}$——布多尔反应的平衡常数。

根据 $\lg K_{p11\sim4}=-8916/T+9.113$，将 $K_{p11\sim4}$ 的值代入上述方程组，可计算出当 P 为 0.1MPa 时系统中 CO 的浓度（体积分数）（%）与温度的关系如图 11-4 所示，在不同 p 值下 CO 的浓度（体积分数）（%）与温度的关系如图 11-5 所示。

对图 11-3，图 11-4 及图 11-5 进行分析，可得出以下结论：

（1）由图 11-3 中的线 4 可知，布多尔反应的标准自由焓—温度线约在 705℃（978K）时通过零点，即温度高于 705℃时，反应式 11-4 的 $\Delta G^{\ominus}$ 为负，标准状态下反应式 11-4 向右进行，CO 相对于 CO_2 更稳定，平衡时，气相以 CO 为主；当温度低于 705℃时，反应（4）的 $\Delta G^{\ominus}$ 为正，标准状态下反应式 11-4 向左进行，CO_2 相对于 CO 更稳定，气相以 CO_2 为主；

（2）根据图 11-4，在 C－CO－CO_2 平衡体系中，在 0.1MPa 时，在 400～1000℃的温度范围内，气相成分随温度的改变而急剧改变。在 400℃时，气相中 CO 的平衡浓度很小，很难使金属氧化物还原；当温度升高到 1000℃时，气相中的 CO 平衡浓度几乎达到 100%，有利于金属氧化物的还原；

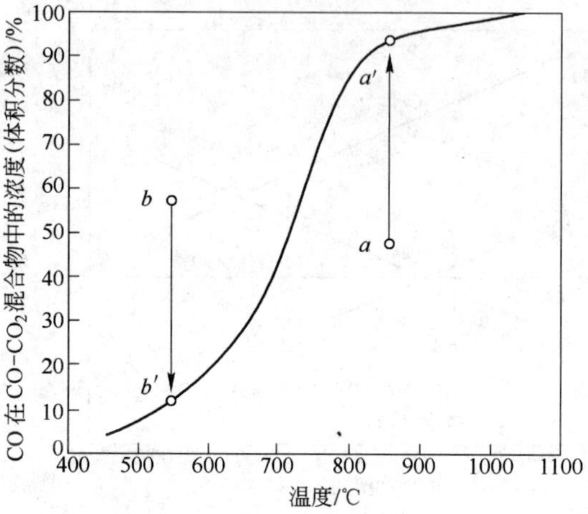

图 11-4　C－CO－CO_2 系中 CO 浓度与温度的关系（p＝0.1MPa 时）

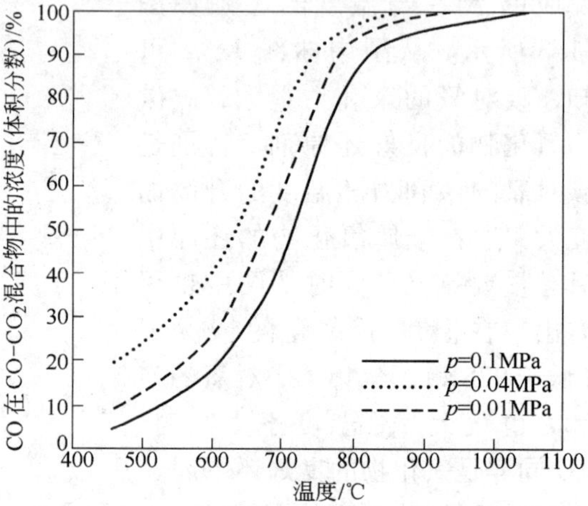

图 11-5　不同 p 值下，C－CO－CO_2 系中 CO 浓度与温度的关系

（3）图 11-4 中的平衡曲线将图分为两个区域，曲线以下区域中 CO 的浓度小于其平衡浓度，反应式 11-4 将向右进行，假设起始状态为 a 点，则在温度不变的情况下，反应将进行到 CO 的浓度达到 a'时为止；在曲线以上区域中 CO 的浓度大于其平衡浓度，反应式 11-4 将向左进行，假如起始状态为 b 点，则在温度不变的情况下，反应将进行到 CO 的浓度等于 b'时为止；

（4）由图 11-5 可知，升高温度或降低压力都有利于反应向生成 CO 的方向进行，即在高温下及在真空中有利于金属氧化物的还原。

11.2.5　碳还原氧化锑的热力学分析

锑氧粉的还原一般是在反射炉中进行的，还原熔炼时，用无烟煤或木炭作为还原剂。用固体碳还原金属氧化物，通常称为直接还原。当体系内有固体碳存在时，锑氧粉的还原过程主要发生下列反应：

$$Sb_2O_3 + 3CO = 2Sb + 3CO_2 \tag{11-5}$$

$$CO_2 + C = 2CO$$

上述两个反应是锑氧粉还原的基本反应，固体碳还原锑氧粉的最终反应式为：

$$Sb_2O_3 + 3C = 2Sb + 3CO \tag{11-6}$$

反应式 11-5 是氧化锑还原过程的主要反应，有必要分析其热力学平衡条件。反应式 11-4 是布多尔反应，在前面已经讨论过了。

反应式 11-5 的标准自由焓变化无法直接获得，但可根据盖斯定律求出。已知：

$$4/3Sb + O_2 = 2/3Sb_2O_3 \qquad (11\text{-}7)$$

$$\Delta G^{\ominus}_{11-7} = -432020 + 126.44T \quad (J)$$

$$2CO + O_2 = 2CO_2$$

$$\Delta G^{\ominus}_{11-3} = -564600 + 173.55T \quad (J)$$

则 3/2［式（11-3）－式（11-7）］＝式（11-5），即：

$$\Delta G^{\ominus}_{11-5} = 3/2\ (\Delta G^{\ominus}_{11-3} - \Delta G^{\ominus}_{11-7})$$

$$\Delta G^{\ominus}_{11-5} = -198870 + 70.665T$$

通过以下反应同样可求出 $\Delta G^{\ominus}_{11-5}$ 与温度的关系。

$$4/3Sb + O_2 = 2/3Sb_2O_3$$

$$\Delta G^{\ominus}_{11-7} = -432020 + 126.44T \quad (J)$$

$$2C + O_2 = 2CO$$

$$\Delta G^{\ominus}_{11-2} = -223310 - 175.22T \quad (J)$$

$$C + O_2 = CO_2$$

$$\Delta G^{\ominus}_{11-1} = -393940 - 0.84T \quad (J)$$

则 3 式（11-1）－3/2 式（11-2）－3/2 式（11-7）＝式（11-5），即：

$$\Delta G^{\ominus}_{11-5} = 3\Delta G^{\ominus}_{11-1} - 3/2\Delta G^{\ominus}_{11-2} - 3/2\Delta G^{\ominus}_{11-7}$$

$$\Delta G^{\ominus}_{11-5} = -198825 + 70.65T$$

两种方法求出的 $\Delta G^{\ominus}_{11-5}$ 是一致的，两者的差异很小。根据范特霍夫等温方程可得：

$$\Delta G^{\ominus}_{11-5} = -RT\ln K_p$$

$$\Delta G^{\ominus}_{11-5} = -RT\ln\frac{[CO_2]^3}{[CO]^3}$$

$$\Delta G^{\ominus}_{11-5} = -198870 + 70.665T$$

$$\ln\frac{[CO_2]}{[CO]} = 7973.3/T + 2.833$$

式中，$[CO_2]$ 和 $[CO]$ 分别为平衡气相中 CO_2 和 CO 的百分浓度，不考虑其他惰性气体，则 $[CO_2]+[CO]=100$，所以通过联立方程可求出不同温度下平衡气相中的 CO 浓度，如表 11-1 和图 11-6 所示，为便于讨论，布多尔反应平衡气相中的 CO 浓度也示于其中。

表 11-1 Sb_2O_3 及 CO_2 还原反应平衡气相中的 CO 浓度

温度/℃	CO 浓度（体积分数）(%)	
	$Sb_2O_3 + 3CO = 2Sb + 3CO_2$	$CO_2 + C = 2CO$
400	0.01	0.86
450	0.03	2.44
550	0.11	12.91
650	0.30	40.99

续表 11-1

温度/℃	CO 浓度（体积分数）(%)	
	$Sb_2O_3 + 3CO = 2Sb + 3CO_2$	$CO_2 + C = 2CO$
750	0.70	76.56
850	1.38	94.07
950	2.45	98.54
1050	3.94	99.58
1150	5.90	99.86
1200	7.05	99.91

图 11-6 中曲线 1 为反应式 11-5 的还原曲线，反映出不同温度下 Sb_2O_3 还原反应式 11-5 所需的最低 CO 浓度；曲线 2 为布多尔反应的平衡气相组成曲线。由图 11-6 可知，在很宽的温度范围内，由布多尔反应提供的 CO 浓度均远大于反应式（11-5）所需的最低 CO 浓度，说明有固体碳存在时，即使在较低的温度下，Sb_2O_3 也很容易被还原。

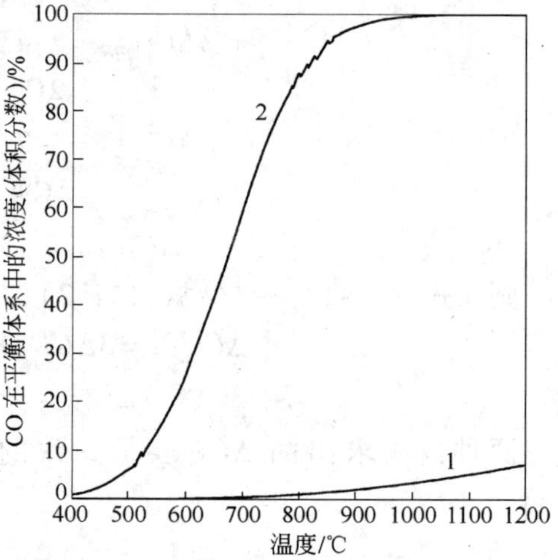

图 11-6　Sb_2O_3 及 CO_2 还原反应平衡气相中的 CO 浓度（体积分数）

上述讨论所采用的热力学分析数据一般是在高温条件下测定并通过回归分析得出的，如反应式（11-7），$\Delta G^{\ominus}_{11-8} = -432020 + 126.44T$ 的适用温度约大于 1000℃。因此，上述讨论在低温下可能不是十分准确。

锑氧粉在反射炉内还原熔炼的实际控制温度是比较高的，一般在 1000～1200℃。因为当采用固体碳还原氧化锑时，如果温度较低，比如低于氧化锑的熔点（约 929K），则还原反应的速度将很慢。根据布多尔反应的 $\Delta G^{\ominus}_{11-4} = 170620 - 174.38T$ 可知，只有当温度大于 978K 时 $\Delta G^{\ominus}_{11-4}$ 才小于零，布多尔反应（碳的气化）才能自发进行。因此，在低温下用固体碳还原锑氧粉，还原反应可能仅在两个固相之间进行，由于两固相之间互相接触的面积很有限，还原过程进行的速度将非常缓慢。

如果将锑氧粉的还原反应温度提高到其熔点以上进行，或者有布多尔反应提供 CO 气体参与还原反应过程，则可大大提高固体碳及 CO 与熔融氧化锑接触的机会，反应过程就会获得很大的改善。此外，当采用反射炉还原锑氧粉时，除了发生氧化锑的还原反应外，还发生杂质的造渣反应。保持较高的温度可获得黏度较低、流动性好的炉渣，从而使渣与金属能够顺利地分离并减少锑在渣中的机械夹杂损失。

11.2.6　锑氧粉还原过程中杂质的行为

锑氧粉还原过程中的杂质来源有两个，一是锑氧粉中所含的 As_2O_3、PbO、CuO、SnO_2、FeO 等氧化物，二是无烟煤中所含的 Al、Mg、Ca、Si、Fe 等的氧化物。按照杂质被碳还原的难易程度，可将它们分为两大类。

11.2.6.1 易被碳还原的氧化物

这类杂质包括 As_2O_3、PbO、Cu_2O、Ag_2O、HgO、SnO_2 以及 FeO 等。从这些氧化物的 $\Delta G^* - T$ 图（图 11-2）中可以看出，在锑氧粉的实际还原熔炼温度下，这类杂质氧化物的标准生成自由焓均处于布多尔反应曲线的上方，即 $\Delta G^*_{2CO} - \Delta G^*_{MeO} < 0$，且两者之差的负值较大，说明这些金属氧化物在标准状态下易被碳还原。此外，除 As_2O_3、SnO_2 以及 FeO 之外，上述杂质氧化物的标准生成自由焓也都处于 Sb_2O_3 生成反应曲线的上方，说明这些杂质氧化物比 Sb_2O_3 更容易被碳还原而进入锑金属相中。As_2O_3 和 SnO_2 的标准生成自由焓与 Sb_2O_3 的相差不大，因此从理论上讲，当 Sb_2O_3 被完全还原时，大部分 As_2O_3 和 SnO_2 也将被还原成金属进入锑金属相中。所以，锑氧粉还原所得的金属锑需经过进一步精炼才能得到合格的精锑。至于锑氧粉中的杂质 FeO，虽然也可以被碳还原，但由于 FeO 易与酸性氧化物反应，因而在实践中主要利用造渣反应使其转入炉渣而除去。锑氧粉还原过程中主要杂质氧化物的还原反应如下：

$$As_2O_3 + 3CO = 2As + 3CO_2$$
$$Cu_2O + CO = 2Cu + CO_2$$
$$PbO + CO = Pb + CO_2$$
$$SnO_2 + 2CO = Sn + 2CO_2$$
$$Ag_2O + CO = 2Ag + CO_2$$
$$HgO + CO = Hg + CO_2$$

与前述 Sb_2O_3 被碳还原的讨论相似，单独考虑某一杂质氧化物的还原反应，同样可计算出反应的平衡气相组成与温度的关系。图 11-7 为部分杂质氧化物还原平衡的气相组成与温度的关系。从图 11-7 也可以看出，在锑氧粉还原熔炼的温度范围 1000～1200℃ 内，由碳的气化反应（布多尔反应）所提供的 CO 浓度，均可以使这些杂质氧化物还原，而且除 Fe 和 Sn 等杂质氧化物外，Pb 和 Cu 等杂质氧化物比 Sb_2O_3 更容易被还原。

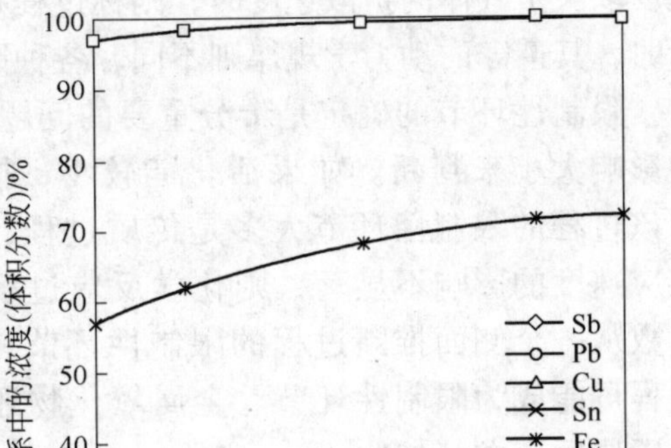

图 11-7 某些金属氧化物还原反应的平衡气相组成与温度的关系

11.2.6.2 难被碳还原的杂质氧化物

锑氧粉中难被碳还原的杂质氧化物主要来自还原剂，主要是 CaO、MgO、Al_2O_3、SiO_2 等氧化物。从这些氧化物的 $\Delta G^* - T$ 关系图可知，在锑氧粉还原熔炼的实际温度条件下，这些杂质氧化物的稳定性很高，很难被碳还原，绝大多数进入炉渣而除去。在生产实践中往往加入少量纯碱（碳酸钠）作为熔剂。碳酸钠的熔点低、密度小且碱性强，能与各种酸性氧化物作用形成熔点低、流动性好的炉渣。例如与 SiO_2 和 Al_2O_3 反应可形成低熔点的硅酸钠（Na_2SiO_3）和铝酸钠（Na_3AlO_3）。碳酸钠还能与 As_2O_3 反应生成砷酸钠（Na_3AsO_4）使其进入炉渣，减少进入金属锑中的砷，从而起到预先精炼的作用。

锑氧粉还原熔炼过程所产出的炉渣，凝固后呈蜂窝状，俗称泡渣，是由锑氧粉中的脉石成分、还原剂的灰分、添加的熔剂、锑及砷等组成的各种化合物，包括金属锑、锑酸钠、砷酸钠、硅酸钠、铝酸钠、亚锑酸钠、亚砷酸钠等。

11.3　氧化锑还原熔炼的动力学

如前所述，氧化锑还原熔炼的主要反应是 CO 与 Sb_2O_3 之间的反应，即用 CO 还原 Sb_2O_3。在实际还原熔炼的温度条件下，氧化锑和还原产物金属锑均呈液态，因而氧化锑的还原是在气—液界面进行的；同时，CO 还原气体是通过分散在熔体中的固体碳气化产生的，因而氧化锑还原反应是包含气—液—固多相反应的复杂过程。

11.3.1　氧化锑还原反应的环节

氧化锑的整个还原过程可大致概括为以下 5 个环节：

（1）固体碳气化产生的还原气体 CO 扩散到液态金属氧化物中；

（2）还原气体 CO 在反应界面进行还原反应；

（3）气体还原产物 CO_2 通过熔体扩散到固体碳表面；

（4）气体还原产物 CO_2 在固体碳表面反应；

（5）气体还原产物通过熔体表面扩散到气相中。

上述 5 个环节都可能对反应速度产生一定阻力。对于扩散过程，则传质系数的倒数就是该过程的阻力。对于化学反应过程，则化学反应速度常数的倒数就是该过程的阻力。

5 个环节同时进行时，阻力最大、速度最慢的环节就是整个过程的限制性环节。当过程的总速度取决于化学反应速度时，则称过程是在化学反应速度范围内进行。当过程的总速度取决于气体的扩散速度时，则称过程是在扩散速度范围内进行。反应在不同范围内进行时，其遵守的动力学规律则不同，各种因素对反应速度的影响也不一样。

限制性环节的确定是十分重要的问题，可以由反应活化能及反应物流速对反应速度的影响大小来判断。如果活化能较小，搅拌或提高流速对反应速度的影响比较显著，则该过程的限制性环节大多是传质过程；反之，如果活化能较大，搅拌或提高流速对反应速度的影响不显著，则化学反应过程是限制性环节。也可以通过化学反应的平衡常数从一个侧面推断过程的限制性环节，平衡常数大，则化学反应速度快，因而传质过程可能成为限制性环节。金属氧化物还原反应的限制性环节大多是传质过程，气—固还原反应尤其如此。

氧化锑的还原反应及布多尔反应的速度很快，整个还原过程的反应速度可能主要受气体扩散速度的控制。

11.3.2　影响氧化锑还原反应速度的因素

11.3.2.1　*反应温度*

随着温度的升高，氧化锑还原反应的平衡常数 K_p 有所减小，说明化学反应速度将有所降低，但是，由于 K_p 值本身很大，适当升高温度，K_p 值虽有所减小，但其数值仍大大超过 10^3，即仍能保证还原率超过 99.99% 以上。如前所述，氧化锑的还原过程主要受扩散控制，故适当升高温度实际上不会影响其还原率，相反由于温度的提高，熔体的流动性好、黏度低，因而黏性阻力降低，而且在熔体内部反应生成的气体（CO 和 CO_2）压力将增大，这都有利于熔体的搅动、气体的扩散及固体碳在熔体中均匀分散，还原过程的速度反而会提高，所以氧化锑的还原过程还是应控制在较高的温度下进行。

11.3.2.2 还原反应气体的压力

在一定温度下，增大反应体系的压力有利于化学反应向气体摩尔体积减小的方向进行。由反应式 11-5 可知，氧化锑还原反应前后气体的摩尔体积相等，因而体系的总压力对化学反应速度没有影响，所以用固体碳还原熔炼氧化锑通常在常压下进行，但是，氧化锑的还原反应主要是在熔体内部进行的，还原反应的气体是在熔体内部产生的，这些气体的局部压力对气体的扩散及熔体的搅动有着很大影响，提高还原气体的局部压力将有利于提高反应速度。如前所述，适当提高反应温度可以达到此目的。

11.3.2.3 反应物的粒度

粒度越小，反应面积越大，反应速度越快。就氧化锑的还原熔炼而言，锑氧粉呈液态，颗粒度的大小主要是指固体碳的粒度大小。固体碳的粒度越小，越有利于还原反应。

11.4 氧化锑的反射炉还原熔炼

锑氧粉的还原熔炼包括两个过程，一是氧化锑还原成金属锑的过程，二是除去锑氧中杂质的造渣和挥发过程。造渣是除杂的主要过程，在锑氧粉的还原熔炼过程中，大部分杂质进入炉渣而去除，少量杂质则挥发进入烟尘。

在反射炉内还原熔炼锑氧粉时，为了减少氧化锑的挥发，熔炼作业一般在碱熔剂覆盖下进行。

在锑氧粉的还原熔炼过程中，部分杂质易于还原而进入金属锑中，因而通过还原熔炼过程，只能得到粗锑。粗锑需经过精炼除杂后才能得到合格的金属锑。粗锑的火法精炼一般为氧化或硫化过程，通过氧化或硫化使杂质生成氧化物或硫化物并与熔剂反应形成炉渣而分离出去。我国粗锑的精炼通常在同一反射炉内进行，即在完成锑氧粉的还原熔炼后，接着进行粗锑的精炼。虽然粗锑的精炼在同一反射炉内进行，但它不属于还原熔炼的范畴，粗锑的反射炉精炼将在后续章节中讨论。

我国锑氧粉还原熔炼反射炉的炉床面积一般为 11～20m^2，炉床生产能力（包括精炼）为 0.6t/(m^2·d)，锑的直收率约为 80%，总回收率可达 98%。

11.4.1 反射炉的结构和工艺系统

反射炉是传统的火法冶炼设备之一。按作业性质可分为周期作业反射炉和连续作业反射炉；按冶炼工艺过程可分为熔炼和精炼反射炉。

反射炉具有结构简单、操作方便、容易控制、对原料及燃料适应性强等优点，因此，反射炉在锑氧粉的熔炼和精炼中得到了广泛应用。

反射炉的主要缺点是燃料消耗量大，热效率低（只有 15%～30%），耐火材料消耗量大。

11.4.1.1 反射炉的结构

反射炉由炉基、炉底、炉墙、炉顶、加料口、产品放出口及烟道等部分组成，其附属设备有加料装置、鼓风装置、排烟装置及余热利用装置等。图 11-8 是锡矿山炼锑厂 11m² 反射炉示意图。

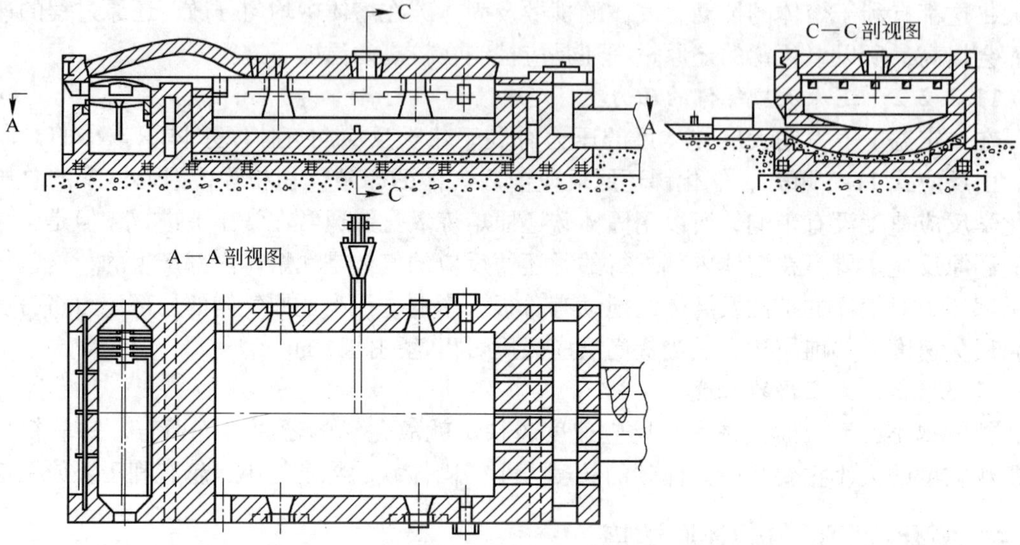

图 11-8　锡矿山炼锑厂 11m² 反射炉示意图

(1) 炉基：炉基是整个炉子的基础，承受炉子巨大的负荷，因此，要求基础坚实。炉基可用混凝土、炉渣或石块捣固，其外围为混凝土或钢筋混凝土侧墙。炉基的底层留有孔道，以便安放加固炉子用的底部拉杆。

(2) 炉底：炉底是反射炉的重要组成部分。炉底长期处于高温作用下，承受熔体的巨大压力，不断受到熔体冲刷和化学侵蚀，必须选择适当的耐火材料砌筑或捣打烧结炉底以延长炉子寿命。对炉底的要求是坚实、耐腐蚀并在加热时能自由膨胀。

按照炉底与炉基的关系，炉底可分为架空炉底和实炉底；按照炉底结构，炉底可分为砖砌反拱炉底和烧结整体炉底。

(3) 炉墙：炉墙直接砌在炉基上。炉墙经受高温熔体及高温炉气的物理化学作用，因此，锑氧熔炼反射炉炉墙的内层用半酸性或黏土质耐火砖砌筑，外层用生铁板加固。镁质耐火材料也可用于砌筑炉墙，其寿命较长，但对锑锭的表面质量有一定的影响。

(4) 炉顶：反射炉炉顶从结构形式上分为砖砌拱顶和吊挂炉顶两种，炼锑反射炉通常采用砖砌拱顶。

(5) 产品放出口：反射炉产品放出口有洞眼式，扒口式和虹吸式三种形式。炼锑反射炉，一般采用普通洞眼式放出口，其位置可设在后端墙、侧墙中部或尾部炉底的最低处。

此外，在反射炉炉墙上设有加料口、工作门和放渣口，在炉尾设有竖式烟道或斜烟道，反射炉前端为火膛。

对反射炉的烟气，常采用汽化冷却或夹水套冷却。首先将烟气强制冷却到 400℃ 左右，此时，锑氧粉不会再熔结；再采用表面散热设备将烟气冷却到低于滤袋材质所能经受的最高温度。

含尘烟气中带有大量的氧化锑，与挥发焙烧炉一样，需要庞大的收尘系统捕集锑氧粉，其冷却烟道和布袋收尘器与鼓风炉挥发熔炼基本一致。

11.4.1.2 反射炉熔炼工艺

氧化锑的反射炉还原熔炼主要包括熔化、还原、粗锑精炼、泡渣处理和高温炉气的冷却收尘等过程，其工艺流程图见图11-9。

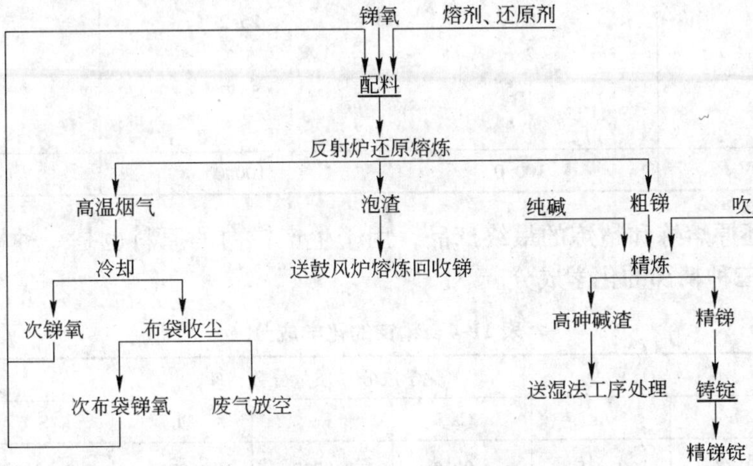

图11-9 氧化锑反射炉还原熔炼的工艺流程

11.4.2 反射炉还原熔炼的主要技术条件

反射炉还原熔炼的主要技术操作包括烧火、进料、熔化、还原、加“衣子”和铸锭等，其操作要点及对原料的要求见表11-2。

表11-2 反射炉还原熔炼技术操作要点

项 目	技术操作要点
对炉料要求	锑氧粉：应按含锑、铅、砷量的高低予以合理配料，入炉锑氧粉含锑量不低于75%，冶炼1号、2号精锑时，锑氧粉含铅量应分别控制在0.08%和0.18%以下； 还原剂：无烟煤的含碳量不低于80%，粒度应小于5mm； 熔剂：采用粉末状纯碱，纯碱中碳酸钠含量（质量分数）应大于95%，重金属含量（质量分数）不超过0.02%
熔炼温度	为防止入炉锑氧粉过度挥发，熔体温度一般不超过1000℃
主要技术操作	烧火：多采用薄煤层多次燃烧操作法，每25~30min加燃料一次，保持煤层厚度为350mm； 进料：炉料按配料比混合均匀，分批从炉顶加料口加入，每批炉料重量控制在0.2t/m^2； 加“衣子”：所谓“衣子”是锑锭表面的起星剂或覆盖剂。它主要是含锑较高、含砷较低的粉状锑氧粉在高温下的熔融物，用以覆盖在锑液表面，隔绝空气，保持锑不受氧化，同时使熔融的金属锑缓慢冷却，创造结晶条件，使锑锭表面呈现凤尾状花纹。“衣子”常用含锑大于80%，含砷较低的粉状锑氧粉，配以1%~2%的纯碱制得； 铸锭：锑的铸锭有人工舀铸和机械铸锭两种方法

11.4.3 反射炉还原熔炼的产物

反射炉还原熔炼的产物主要有精锑、次锑氧粉、泡渣、碱渣和烟气等。

锑、砷、铅等在各种产物中的分配平衡见表11-3。

表 11-3　锑、砷、铅等在各种产物中的分配平衡

产物名称	化学成分（质量分数）/%		
	Sb	As	Pb
精锑或锑白原料	78.6	13.9	52.2
次锑氧	15.9	25.2	1.3
泡　渣	2.6	5.2	
碱　渣	1.5	55.7	
其　他	1.4		46.5
合　计	100.0	100.0	100.0

精锑：是还原熔炼和精炼的最终产品，用于生产锑白的原料也是一种精锑产品，表 11-4 是产出的三种精锑的化学成分。

表 11-4　精锑的化学成分

产品名称	化学成分（质量分数）/%						
	Sb	As	Ca	Fe	Pb	S	Se
1 号精锑	99.88	0.035	0.0015	0.0038	0.075	0.0038	0.0007
2 号精锑	99.74	0.068	0.0029	0.0045	0.170	0.0054	0.0017
锑白原料	99.83	0.036	0.0036	0.0120	0.093	0.0050	0.0021

次锑氧粉：是反射炉收尘系统收集的氧化锑，需返回反射炉再进行还原熔炼，表 11-5给出了一般次锑氧的化学成分。

表 11-5　次锑氧粉的化学成分

名　称	化学成分（质量分数）/%					
	Sb	As	Ca	Fe	Pb	S
次锑氧粉	78.0 ~ 79.8	0.5 ~ 0.6	0.0004	0.035 ~ 0.055	0.01 ~ 0.06	0.12 ~ 0.20

泡渣：是反射炉产出的、由还原剂的灰分和氧化锑中的脉石成分、添加剂中的 Na_2O 和砷、锑的低价盐类组成的含锑、砷等呈蜂窝状的炉渣，其一般化学成分见表 11-6。按质量计，泡渣的产出率约为锑产量的 13% ~ 22%，其处理方法有坩埚炉熔炼法和鼓风炉熔炼法等。

表 11-6　泡渣的一般化学成分

成　分	Sb	As	Fe	S	Pb
含量（质量分数）/%	36 ~ 40	0.15 ~ 0.35	2.5 ~ 3.8	0.1 ~ 0.7	0.022
成　分	SiO_2	CaO	Al_2O_3	MgO	Na_2O
含量（质量分数）/%	23 ~ 28	2.1 ~ 3.6	3 ~ 8.1	约 1.4	7 ~ 9

碱渣：是还原熔炼完成后，加碱除砷的产物。一般化学成分见表 11-7。碱渣常采用湿法处理，有钙渣法和砷酸钠混合盐法。

烟气：反射炉烟气夹带有挥发的锑氧粉和飞扬的煤尘，需配置冷凝收尘系统处理。表 11-8 是锡矿山炼锑厂反射炉出炉烟气的有关数据。

表 11-7 碱渣的化学成分

名称	化学成分（质量分数）/%										碱度
	Sb	As	Fe	Se	S	Pb	SiO_2	CaO	Al_2O_3	MgO	
碱渣	30~40	3~5	<1	0.07~0.09	<0.12	<0.02	<3	<2	<3	<1	20~30

名称	化学成分（质量分数）/%					
	Na_2SbO_3	Na_3SbO_4	Sb	Na_3AsO_3	Na_3AsO_4	As
碱渣	82.27	0.22	16.51	97.88	1.89	0.23

表 11-8 出炉烟气的有关数据

炉尾烟气量/$m^3 \cdot h^{-1}$	炉尾温度/℃	炉尾含尘量/$g \cdot m^{-3}$	烟尘假密度/$g \cdot cm^{-3}$	平均烟尘粒度/μm
1200~1500	700~750	40~48	0.7~0.8	0.2

11.4.4 反射炉还原熔炼的主要技术经济指标

还原熔炼及精炼的效果与许多因素有关，如炉膛面积大小，锑氧粉、还原煤和燃烧煤的质量，技术条件的控制及操作水平的高低等，这些因素都直接影响着锑氧粉还原熔炼的技术经济指标。

为反映反射炉生产过程的数量、质量和生产技术水平，在生产中需要考核的指标主要有生产能力、金属直接回收率、金属实际回收率和燃料、材料消耗等。我国某些工厂的一些技术经济指标见表 11-9 。由表 11-9 看出，随着反射炉炉膛面积的扩大，生产能力和指标相应地得到提高。

表 11-9 反射炉还原熔炼的主要技术经济指标

序 号	1			2	3
炉膛面积/m^2	7	11	16.8	12.25	8.8
炉膛生产能力/$t \cdot d^{-1} \cdot m^{-2}$	0.77	0.62	0.624	0.46	0.94
每吨锑熔炼时间/h	4.45	3.50	2.29	4.25	2.89
每吨锑碱耗/kg	18.4	36.6	24.45	44.3	242.5
每吨锑还原煤耗/kg	166.1	130.28	131.8	191	312.9
每吨锑燃料煤耗/kg	300.4	256.98	190.75	458	395
锑的直收率/%	71.02	70.72	>82	—	60.8
锑的冶炼回收率/%	98.43	99.5	99.5	99.5	—

12 烟化法锑氧粉的还原熔炼

12.1 概述

经熔池熔炼—连续烟化法液态挥发制得的三氧化锑是一种中间产物，须进行还原熔炼方能制得金属锑。

如本书第 11 章所述，三氧化锑的还原熔炼包括三氧化锑还原成金属锑和原料中脉石的造渣两个紧密联系的反应过程。三氧化锑是极易还原的氧化物，还原熔炼采用无烟煤或木炭为还原剂。曾有人研究过用气体还原剂或利用三氧化锑的挥发性在气态中进行还原；但尚未在工业上应用。为了减少三氧化锑的挥发，还原熔炼作业一般在碱性熔剂覆盖下进行，常采用碳酸钠作为熔剂，与脉石造渣。这种熔剂熔点较低（约 850℃），密度较小，在 1000℃左右的炉温下能保证炉渣有一定的流动性，从而易与还原出来的金属锑分离。

三氧化锑的还原熔炼大部分在反射炉内进行，个别工厂用鼓式旋转窑进行熔炼，在还原过程中，原料内含有的各种杂质金属氧化物，大部分被还原成金属进入锑中，其中最常见的是 As_2O_3 和 PbO，因为在焙烧过程中，锑精矿内砷和铅的硫化物与锑一道氧化挥发进入冷凝系统，被捕收于粗锑氧粉中，所以在大多数情况下，所得的金属锑需要精炼脱砷、铅，以制取合格的金属锑。

火法精炼所用的除铁剂一般是硫化锑精矿及硫酸钠，脱砷、脱硫剂是苛性钠和碳酸钠。

为使精炼作业获得合格的产品和良好的经济效果，在生产中往往按产品质量要求对不同的焙烧挥发产物进行合理配料。

由于三氧化锑容易挥发，加之炉顶加料的影响，在还原过程中，不可避免地有大量三氧化锑再次进入烟道和收尘系统，形成二次三氧化锑，需再次进行还原熔炼。

在还原过程中所产生的还原渣（俗称泡渣），需采用专门的泡渣鼓风炉处理，使其中锑的化合物直接还原为金属锑，或在挥发熔炼过程中搭配处理，以三氧化锑形式回收。

云南省文山州木利锑业有限责任公司的锑矿石属高硅矿，渣黏度大，硅酸度（*K*）高，加之采用熔池熔炼—连续烟化法工艺处理中低品位锑矿，烟化炉对锑矿原料限制不严，粉矿块矿都可入炉，同时采用粉煤作燃料，对烟尘质量造成影响，从工业试验的结果，即表 11-12 中锑氧粉成分可看出，虽然烟化法锑氧粉含锑品位大于 75%，为 76.40%，但与鼓风炉烟尘比较，成分较复杂，杂质含量较高。

在采用“熔池熔炼—连续烟化法处理低品位锑矿”工业性试验顺利完成后，曾在文山州木利锑业有限责任公司生产现场，在未改变配料比（与鼓风炉锑氧粉还原熔炼的配料比相同）的情况下，对烟化法锑氧粉进行了反射炉还原熔炼试验。入炉物料的配比为：烟化法锑氧粉∶还原剂（木炭）∶助熔剂（苏打）＝100∶10∶2，炉温 1000℃。结果发现还原熔炼时间延长，每炉熔炼时间达 12d，而同样的配料比及相同炉温下，鼓风炉锑氧粉的还原熔炼时间为6d，两者比较，烟化法锑氧粉的冶炼时间延长一倍，设备生产能力降低一半，技术经济指标有较大幅度的降低，还原熔炼时间的延长，极大地影响了厂方的经济效益。为此，在工业试验结束后，在现场采集烟化法锑氧粉综合样，对其还原熔炼进行研究。

12.2 还原熔炼试验

12.2.1 试验设备和方法

12.2.1.1 测试仪器

首先，通过光谱分析，定性得出物料的元素组成，然后再经化学分析，定量得出物料的元素含量。

采用日本产3015型X射线衍射分析仪，考查物料的物相组成。X射线衍射分析仪的技术性能为：管压25kV，管流20mA，靶管 CuK_2，扫描速度1℃/min，走纸速度10mm/min。

12.2.1.2 其他试验设备

（1）高温箱式电炉：型号SX2－6－13，炉膛尺寸250mm×150mm×100mm。常用温度1300℃，升温速度100℃/min；

（2）还原熔炼容器：100mL石墨坩埚及高铝坩埚；

（3）称量设备：HCTP11-10和HC－TP12B－1架盘药物天平；

（4）温度自控器。

12.2.1.3 试验方法

锑氧粉、碳酸钠与木炭混合均匀，以坩埚为容器，置高温箱式电炉中升温至一定温度进行还原熔炼，一定时间后，取出搅拌、倾析，渣、锑分别取样，渣样进行分析。

12.2.2 物料性质

12.2.2.1 烟化法锑氧粉的光谱及化学分析

由文山州木利锑业有限责任公司现场采集两种工业试验烟化法锑氧粉试料，其一为烟化法锑氧粉综合样（记为ST－1），其二为开停炉时的产出品样，称之为次锑氧粉样（记为ST－2）。首先进行光谱分析，其结果见表12-1，然后对其主要元素进行化学分析，结果见表12-2，为便于比较，表12-2中也列出了工业生产中鼓风炉锑氧粉的主要化学成分。

表12-1 烟化法锑氧粉的光谱分析结果

名称	元素含量（质量分数）/%						
	Al	Si	Sb	Mn	Mg	Pb	Sn
ST－1成分	1	1	>10	0.01	0.1	0.01	0.001
ST－2成分	>1	1	>10	0.01	0.1	0.01	0.003
名称	元素含量（质量分数）/%						
	Fe	Ti	V	Cu	Zn	Na	Ni
ST－1成分	3	0.1	0.03	0.03	0.03	0.1	0.02
ST－2成分	3	0.1	0.03	0.03	0.03	0.1	0.02

表 12-2　烟化法锑氧粉的化学分析结果

名　称	化学成分（质量分数）/%						
	Si/SiO_2	Sb/Sb_2O_3	Fe/FeO	S	C	Ca	Al_2O_3
ST－1 成分	1.25/2.68	76.40/91.45	1.34/1.72	0.18	4.56	<0.50	1.46
ST－2 成分	2.37/4.94	65.67/78.62	1.85/2.38	0.29	8.74	0.47	2.65
鼓风炉锑氧	0.47/1.01	81.66/97.76	0.12/0.15	0.18	0.70	<0.50	0.15

由表 12-2 可知，采用鼓风炉挥发熔炼的锑氧粉较纯净，除 Sb 外，杂质总量为 2.24%，而用烟化法挥发熔炼的锑氧粉综合样 ST－1 杂质含量达 8.85%，次锑氧粉样 ST－2达 21.39%。烟化法锑氧粉 ST－1 含 Sb 平均为 76.4%，ST－2 为 65.67%，二者成分复杂、杂质含量高。鼓风炉锑氧粉除含少量 SiO_2 外，其他杂质都较少，而烟化法锑氧粉综合样 ST－1 含 SiO_2 为 2.68%，比鼓风炉锑氧粉高 2.65 倍，含铁高出约 12 倍，Al_2O_3 高出约 10 倍；次锑氧粉样 ST－2 杂质含量更高，SiO_2 比鼓风炉锑氧粉高出 4.9 倍，Al_2O_3、Fe，分别高出 15 倍以上。

12.2.2.2　烟化法锑氧粉的物相分析（X 射线衍射）

采用 X 射线衍射对两种烟化法锑氧粉进行物相分析，结果表明：烟化法锑氧粉以 Sb_2O_3 为主，Sb_2O_3 有两种晶型结构，主要以等轴晶系的形态存在，斜方晶系的较少，其他物相有无定形碳和石墨、赤铁矿（Fe_2O_3）、石英（SiO_2）等，而鼓风炉锑氧粉物相主要是等轴晶系，杂质相谱线无法辨识。

从以上分析结果可以看出，烟化法锑氧粉较鼓风炉锑氧粉物相变化不大，但 SiO_2 等杂质含量较鼓风炉锑氧粉高，故需进行配料计算，在不同的配料比下进行试验，以便确定最佳工艺条件，保证烟化法锑氧粉还原熔炼的顺利进行。

12.2.2.3　烟化法锑氧粉的筛分分析

取烟化法次锑氧粉样 ST－2 进行筛分，结果见表 12-3。

表 12-3　烟化法次锑氧粉（ST－2）的筛分结果

筛　目	+0.125mm	+0.074mm	－0.074mm
比例/%	0.1	0.9	99

+200 目以上的占总量的 1%，其颜色为红褐色，与挥发烟尘完全不同，可以认定是机械吹出的矿石粉尘。

12.2.3　配料原则

烟化法锑氧粉还原熔炼时的配料，主要是考虑助熔剂和还原剂的加入量。

12.2.3.1　助熔剂用量

助熔剂的消耗量主要由锑氧粉的质量确定，其用量随入炉锑氧粉中 SiO_2 含量的增高和熔结程度的增大而增多。为了防止入炉锑氧粉过分挥发，炉内熔体温度一般不宜超过 1000℃，故采用较低熔点的碳酸钠（熔点 850℃）作为熔剂，使炉料和还原剂中的脉石氧化物渣化。助熔剂碳酸钠的配入量是熔炼作业的关键，配入量太少，不能形成该还原熔炼温度下的低熔点渣，锑炉渣难以流动，不易实现渣、锑分离，配入量过高则影响作业成本。因而进行配料计算时，助熔剂碳酸钠的配入量，低限以锑炉渣能发黏，扒动时能黏结成团，渣、锑能分离为标准，高限则以锑炉渣刚能流动为限度。当然提高助熔剂碳酸钠的配入量，锑渣分离会更迅速，效果会更好，但从经济成本考虑，则不合算。

12.2.3.2 还原剂用量

还原剂的用量是由入炉锑氧粉中三氧化锑的实际含量和加入还原剂的实际含炭量决定的。

实际上，配入的还原剂量并不能全部用于还原反应，还有一部分被燃烧掉，即使考虑到入炉的锑氧粉在高温和负压下，部分挥发进入冷凝系统，还原剂的实际消耗量仍比理论量大。

试验中以木炭为还原剂。

烟化法锑氧粉中含炭量达4.56% ~8.74%，是鼓风炉锑氧粉含炭量的6.5 ~12.5倍，根据X射线衍射分析，烟化法锑氧粉中的炭，其物相为无定形碳和石墨。预备试验表明，还原熔炼时，含于锑氧粉内的炭都充当了还原剂。因此，配料计算时应先考虑这部分还原剂的数量，不足部分再以木炭或无烟煤补充。

还原剂数量太多，会成为锑炉渣中的悬浮体，使炉渣不能聚集、流动，并且使黏度提高，金属锑与渣难以分离，同时，还原剂在炉内容易烧损，所以，须根据熔炼时间的长短，考虑一适当的过量系数，但过量系数太大对熔炼作业是不利的。

12.2.4 还原熔炼的热力学及渣型

根据烟化法锑氧粉的X射线衍射分析，Sb以Sb_2O_3形态存在，Sb_2O_3是极易还原的氧化物之一，其标准生成自由焓随温度的变化曲线见图11-2。采用固体碳还原Sb_2O_3的热力学讨论详见本书第11章。

有关Sb_2O_3还原的热力学分析，前人曾作过许多研究，由于所采用的热力学经验公式不同，因而导致计算结果有所不同，但这并不影响有关Sb_2O_3还原的最终结论。以下简要介绍A. A. 罗兹洛夫斯基的热力学研究结果。

实际生产中，锑氧在液态进行还原反应，对液态Sb_2O_3的还原，A. A. 罗兹洛夫斯基曾按照以下3个反应式：

$$Sb_2O_{3(液)} + 3CO = 2Sb_{(液)} + 3CO_2 \tag{12-1}$$

$$Sb_2O_{3(液)} + 1.5C = 2Sb_{(液)} + 1.5CO_2 \tag{12-2}$$

$$Sb_2O_{3(液)} + 3C = 2Sb_{(液)} + 3CO \tag{12-3}$$

计算出其标准自由焓变化与温度的关系分别为：

$$\Delta G_T^\ominus = -138866.96 - 496.14T - 25.31 \times 10^{-3} T^2 + 1.72 \times 10^{-6} T^3 - 0.4184 \times 10^3 T^{-1} + 170.46 T\lg T \quad (J/mol)$$

$$\Delta G_T^\ominus = 122423.84 - 716.55T - 13.39 \times 10^{-3} T^2 + 0.8786 \times 10^{-6} T^3 - 6.694 \times 10^5 T^{-1} + 150.37 T\lg T \quad (J/mol)$$

$$\Delta G_T^\ominus = 383756.48 - 936.97T - 1.464 \times 10^{-3} T^2 - 12.970 \times 10^5 T^{-1} + 130.30 T\lg T \quad (J/mol)$$

按以上各式计算出不同温度下各反应的标准自由焓变化数值及平衡常数分别见表12-4和表12-5。

表 12-4 三氧化锑还原反应的 $\Delta G^{\ominus}$ (kJ/mol)

反应式	温度/℃						
	600	700	800	900	1000	1100	1200
(12-1)	-152.480	-148.381	-143.926	-139.176	-134.179	-128.975	-123.596
(12-2)	-127.470	-150.178	-172.444	-194.323	-215.859	-237.089	-258.044
(12-3)	-102.340	-151.860	-200.855	-249.373	-297.453	-345.130	-392.434

表 12-5 三氧化锑还原反应的平衡常数 K_p

反应式	温度/℃						
	600	700	800	900	1000	1100	1200
(12-1)	1.32×10^9	9.22×10^7	1.01×10^7	1.57×10^6	3.20×10^5	8.06×10^4	2.41×10^4
(12-2)	4.23×10^7	1.15×10^8	2.48×10^8	4.49×10^8	7.19×10^8	1.05×10^9	1.41×10^9
(12-3)	1.33×10^6	1.42×10^8	5.98×10^9	1.27×10^{11}	1.60×10^{12}	1.65×10^{13}	8.23×10^{13}

从表12-2和表12-5的数据可以看出，反应式12-3，即固体碳还原三氧化锑，生成一氧化碳的趋向最大，此反应与用碳还原其他氧化物一样，是经过气相按式12-1、式12-4两个反应进行的：

$$Sb_2O_{3(液)} + 3CO = 2Sb_{(液)} + 3CO_2$$

$$3C + 3CO_2 = 6CO \qquad (12\text{-}4)$$

$$Sb_2O_{3(液)} + 3C = 2Sb_{(液)} + 3CO$$

反应式12-1、式12-4都是可逆反应，反应进行的方向取决于温度和气相成分。在同一温度下，反应式12-5中CO的平衡浓度大于反应式12-1平衡所需的浓度时，三氧化锑就被还原。由本书第11章的表11-1可知，反应式12-5中CO的平衡浓度远远大于反应式12-1平衡所需的浓度，因此三氧化锑很容易被还原。

三氧化锑的还原反应速度很快，在低温下即可迅速进行。若在1000℃的高温下，可在数分钟内还原出大部分金属锑。但还原熔炼应包括Sb_2O_3还原为金属锑和原料中的脉石造渣两个紧密联系的反应过程。若造渣反应进行得不好，或熔点高、密度大、不熔化，则不能实现金属锑与渣的分离，若金属锑以微细质点嵌布在固体炉渣内，即使反复搅拌，虽能使金属锑颗粒长大，也难以彻底分离。

原料中主要造渣脉石成分是SiO_2，此处还有Al_2O_3、CaO、FeO、Fe_2O_3及MgO，要迅速形成低熔点渣，工业上传统的做法是添加苏打做助熔剂，苏打（Na_2CO_3）的熔点为850℃，熔融时有挥发性，也有较强的腐蚀性，配入苏打可与脉石结合，生成较低熔点的化学物质，以利于脉石熔化造渣及实现渣锑分离。根据相图，对脉石造渣的渣型探讨如下。

12.2.4.1 SiO_2-Na_2O 系

相图见图12-1。此系有4种化合物，即正硅酸钠（$2Na_2O\cdot SiO_2$）、偏硅酸钠（$Na_2O\cdot SiO_2$）、二硅酸钠（$Na_2O\cdot 2SiO_2$）和$3Na_2O\cdot 8SiO_2$。其中二硅酸钠$Na_2O\cdot 2SiO_2$为一致熔融化合物，熔点874℃，它有两种变体，分为α_1和β型，转化温度710℃，

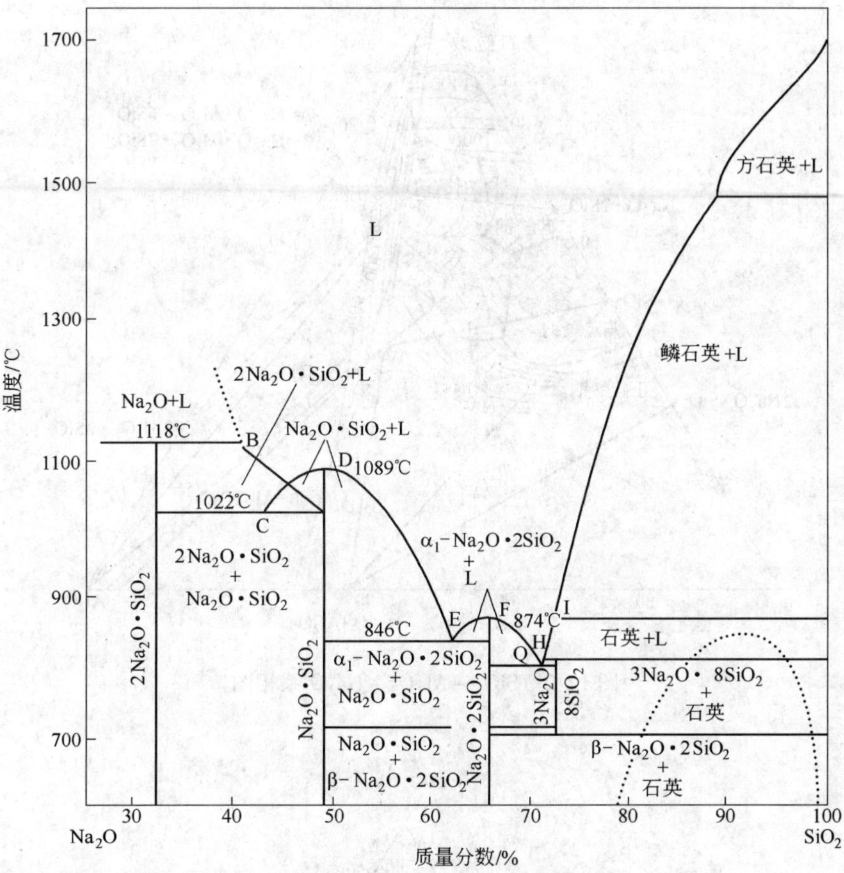

图 12-1 SiO_2-Na_2O 系相图

含 SiO_2 66%，Na_2O 34%，该化合物与偏硅酸钠（$Na_2O \cdot SiO_2$）及 $3Na_2O \cdot 8SiO_2$ 分别形成共晶，相应熔化温度为 874℃ 及 799℃，成分为 SiO_2 62.1%，Na_2O 37.9% 及 SiO_2 71.4%，Na_2O 28.6%，二硅酸钠含 SiO_2 较高，适用于1000℃左右的炉温，并且其附近有两个低温共晶，可以使炉渣熔点及黏度不致出现较大的波动，因此，配料时在 SiO_2 高、其他杂质含量低的情况下均可按这一化合物成分计算。但在大量多组元脉石成分的影响下，很难做到准确计算。

12.2.4.2 $SiO_2-Al_2O_3-Na_2O$ 系

相图见图 12-2。在以 SiO_2 及 Na_2O 为主的体系中，Al_2O_3 与 SiO_2，Al_2O_3 与 Na_2O 之间都难以形成化合物，在 SiO_2-Na_2O 系中添加 Al_2O_3，可以形成多种化合物，如 $NaAlSiO_4$ 等，但不致引起炉渣熔点及黏度有较大的提高。

12.2.4.3 SiO_2-Na_2O-CaO 系

相图见图 12-3。共有 3 个二元化合物：偏硅酸钠 [$Na_2O \cdot SiO_2$]（NS）、二硅酸钠 [$Na_2O \cdot 2SiO_2$]（NS_2）和 $CaO \cdot SiO_2$（CS）；3 个三元化合物：$Na_2O \cdot 2CaO \cdot 3SiO_2$（$NC_2S_3$），$2Na_2O \cdot CaO \cdot 3SiO_2$（$N_2CS_3$）和失透石（或称析晶石）$Na_2O \cdot 3CaO \cdot 6SiO_2$（$NC_3S_6$）。以 Na_2O-SiO_2 为主的渣相成分中，随 CaO 的增加，往往引起炉渣熔点的提

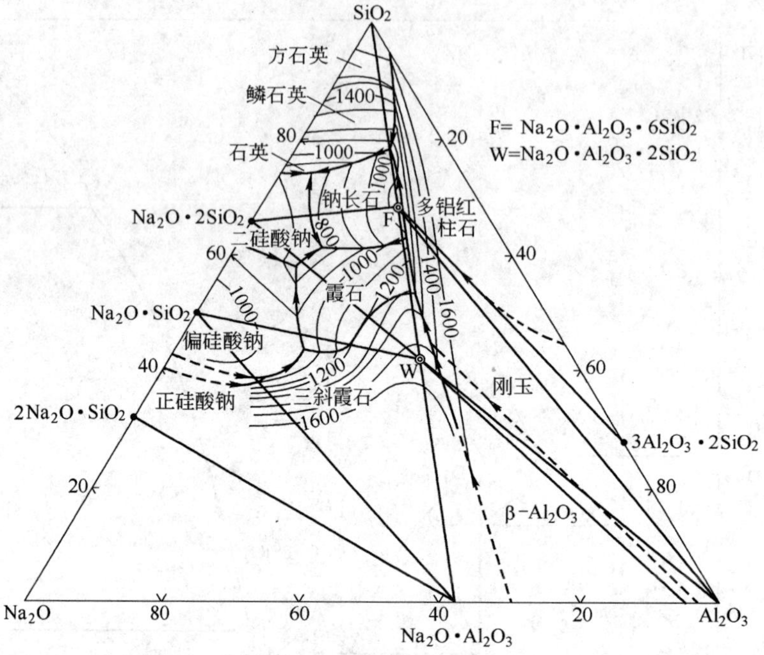

图 12-2　$SiO_2-Al_2O_3-Na_2O$ 系相图

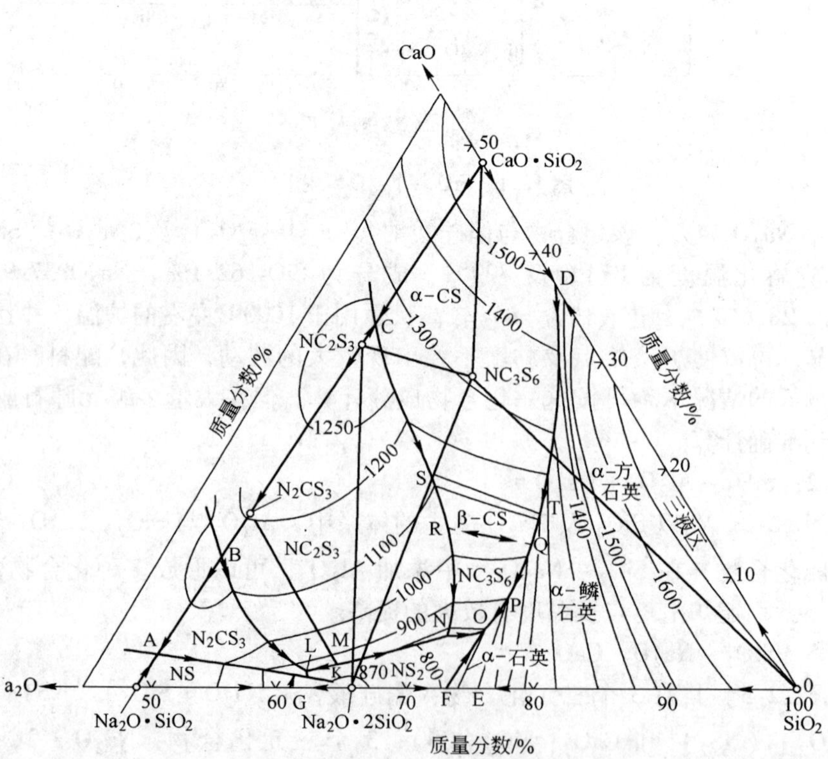

图 12-3　SiO_2-Na_2O-CaO 系相图

高，从图 12-4 中 Na_2O-SiO_2 连线底边往上看，$Na_2O\cdot2SiO_2$ 化合物处于底边连线上，随着 CaO 的增多，则出现越来越多的固熔体、熔点也随之升高。烟化法锑氧粉中含 CaO 数量少，故还原熔炼时，对其熔点影响不大。此系中有几个无变量点，其熔点低、含 CaO 不高，反应时有可能生成。但因其数量少，物相分析时一般不易查出，故统一归入玻璃相中。这几个无变量点的性质见表 12-6。

表 12-6 $Na_2O\cdot SiO_2-CaO\cdot SiO_2-SiO_2$ 系中几个无变量点的性质

图上点号	相间平衡	平衡性质	平衡温度/℃	组成（质量分数）/%		
				Na_2O	CaO	SiO_2
K	液 = NS + NS_2 + N_2CS_3	共晶点	821	37.5	1.8	60.7
L	NC_2S_3 + 液 = NS_2 + N_2CS_3	包晶点	827	36.6	2.0	61.4
N	NC_2S_3 + 液 = NS_2 + NC_3S_6	包晶点	740	24.1	5.2	70.7
O	液 = NS_2 + NC_3S_6 + SO_2	共晶点	725	21.3	7.0	24.3

12.2.4.4 铁的行为

铁在原料中以 Fe_2O_3 及 FeS 存在，在还原剂含量不高的情况下，容易发生下列反应：

$$Fe_2O_3 + Na_2CO_3 \xlongequal{\quad} Na_2Fe_2O_4 + CO_2$$

$$FeS + Na_2CO_3 \xlongequal{\quad} Na_2S + CO_2 + FeO$$

$$FeO + Al_2O_3 \xlongequal{\quad} FeAl_2O_4$$

$$2(FeO) + Na_2CO_3 + 1/2O_2 \xlongequal{\quad} Na_2Fe_2O_4 + CO_2$$

12.2.4.5 锑的行为

锑渣中可能会有部分没有完全澄清分离的金属锑以及来不及还原的 Sb_2O_3，Sb_2O_3 在还原熔炼过程中，还可能发生下列反应：

$$Sb_2O_3 + Na_2CO_3 \xlongequal{\quad} 2NaSbO_2 + CO_2$$

$$Sb_2O_3 + CaO \xlongequal{\quad} CaSb_2O_4$$

12.2.4.6 其他

X 射线衍射和电子探针分析，发现锑渣中还有 $FeAl_2O_4$ 及 Na_2AlFeO_4 等物相。

从以上烟化法锑氧粉还原反应的机理及渣型探讨可以看出，烟化法锑氧粉还原熔炼时，在通常 1000～1200℃的还原熔炼温度下，如配料比适当，在锑炉渣中将大部分形成低熔点化合物，使还原熔炼过程顺利进行。当然，烟化法锑氧粉的还原熔炼，是一个多相反应过程，各种化合物相互作用，实际情况将会更复杂一些。

12.2.5 试验内容和结果

12.2.5.1 烟化法锑氧粉综合样 ST-1 的正交试验

理论还原剂用量：根据配料原则，按反应式：$Sb_2O_3 + 1.5C \rightarrow 2Sb + 1.5CO_2$ 计算的理论还原剂用量为 5.65%，原料中含碳 4.56%，尚缺碳 1.08%（占还原剂用量的 23.68%），用木炭补充。

理论助熔剂 Na_2CO_3 用量：根据配料原则及炉渣相图，按 SiO_2 与 Na_2CO_3 结合为 $Na_2O\cdot2SiO_2$，Al_2O_3 与 Na_2CO_3 结合为 $Na_2O\cdot Al_2O_3\cdot6SiO_2$ 来计算，需 Na_2CO_3 的数量为 6.55%。

根据以上计算数据及配料原则，正交试验中，设定还原熔炼时间：20min。因子为：木炭加入量：0，2.5%，4%；碳酸钠加入量：6%，7%，8%；还原熔炼温度：950℃，1000℃，1050℃。详见表12-7。

表12-8是正交试验的试验结果。表12-9是极差分析结果。

表12-7　正交试验表

水平	因子		
	温度/℃	木炭/%	碳酸钠/%
Ⅰ	1050	0	6
Ⅱ	1000	2.5	7
Ⅲ	950	4	8

表12-8　正交试验的试验结果

编号	原料量/g	温度/℃	木炭量/%	碳酸钠/g	金属量/g	回收率/%	渣产量/g	锑炉渣成分（质量分数）/%				
								Sb	SiO_2	Fe	Na_2O	Al_2O_3
ST-1	200	1000	0	6	126.5	82.90	28.0	24.04	20.49	6.87	18.47	10.77
ST-2	200	1000	2.5	7	127.5	83.55	21.5	22.02	20.72	4.04	20.92	10.75
ST-3	200	1000	4	8	126.0	82.57	55.0	38.95	17.06	2.83	14.23	10.25
ST-4	200	1050	0	7	127.0	83.22	33.0	16.27	23.13	7.40	21.20	11.08
ST-5	200	1050	2.5	8	123.0	80.60	42.0	31.17	19.03	5.22	14.29	9.91
ST-6	200	1050	4	6	115.0	75.36	27.5	24.51	18.57	6.18	15.53	10.28
ST-7	200	950	0	8	117.0	76.67	49.5	30.88	18.26	5.00	17.85	9.45
ST-8	200	950	2.5	6	126.3	82.77	32.2	24.68	21.53	4.14	19.53	10.70
ST-9	200	950	4	7	120.2	78.83	32.5	35.62	17.08	3.16	15.97	9.22

表12-9　极差分析结果

Ⅰ	Ⅱ	Ⅲ	K_1	K_2	K_3	R	$K_1-\mu$	$K_2-\mu$	$K_3-\mu$
2.490	2.392	2.330	0.830	0.797	0.777	0.054	2.280	-1.000	-3.070
2.438	2.469	2.368	0.810	0.823	0.789	0.020	0.253	1.586	-1.800
2.410	2.456	2.398	0.803	0.819	0.800	0.034	-0.377	1.147	-0.773

根据极差分析，温度条件中以1000℃为最好，木炭条件以2.5%为最好，此时还原剂的过量系数为1.27，Na_2CO_3用量以7%为宜，此最佳工艺条件即ST-1-2组试验条件。为了降低碱耗，Na_2CO_3用量可选用6%，此时金属回收率变化不大。

综合正交试验的试验结果，可归纳出烟化法锑氧粉还原熔炼的最佳工艺条件为：还原熔炼温度1000℃；碳酸钠加入量6%～7%；木炭加入量2.5%（过量系数为1.27），此时金属回收率在83%左右。

12.2.5.2　烟化法次锑氧粉ST-2的还原熔炼试验

为进一步弄清烟尘质量对还原熔炼的影响，对烟化法次锑氧粉ST-2进行还原熔炼试验研究。

按前述配料原则及方法计算，烟化法次锑氧粉ST-2还原熔炼时所需还原剂木炭的理论量为4.86%，需助熔剂碳酸钠的理论量为12.05%。由于烟化法次锑氧粉ST-2本身的含炭量已高达8.74%，为所需理论炭量的1.8倍，故无需外配木炭作还原剂。

不同试验条件下，其金属回收率随还原熔炼时间、碳酸钠的配入量、还原熔炼温度、木炭配入量等的变化关系分别见表12-10～表12-13和图12-4～图12-7。

表12-10 金属回收率与还原熔炼时间的关系

固定条件	还原熔炼温度：1000℃，木炭配入量：0，碳酸钠数量：10%			
还原熔炼时间/min	15	30	45	60
金属回收率/%	67.00	72.33	79.18	72.71

表12-11 金属回收率与碳酸钠配入量的关系

固定条件	还原熔炼温度：1000℃，木炭配入量：0，熔炼时间：45min				
碳酸钠配入量/%	8	10	12	14	16
金属回收率/%	61.41	67.00	76.40	82.22	86.41

表12-12 金属回收率与还原熔炼温度的关系

固定条件	碳酸钠配入量：12%，木炭配入量：0，还原熔炼时间：45min			
还原熔炼温度/℃	950	1000	1050	1100
金属回收率/%	67.94	69.81	77.66	74.23

表12-13 金属回收率与木炭配入量的关系

固定条件	碳酸钠配入量：10%，还原熔炼温度：1000℃，熔炼时间45min			
木炭配入量/%	0	1	2	4
金属回收率/%	69.81	69.05	68.52	62.05

图12-4为金属回收率与还原熔炼时间的关系曲线，随着还原熔炼时间的延长，回收率有所提高，到45 min时出现一极大值79.18%，随后又复下降。这表明还原熔炼过程中始终存在着两个相互矛盾的过程：三氧化锑的还原反应和高温挥发反应。还原熔炼过程的前期，前者速度远远大于后者，后期则后者的相对速度有所增高。故还原熔炼的适宜时间为45min。

图12-5是金属回收率与碳酸钠配入量的关系曲线，从图中可以看出，随碳酸钠用量的增加，回收率呈明显增加的趋势，但碳酸钠的消耗太高，使成本提高太大，这是不经济的，故确定碳酸钠的适宜配比为12%～14%。

图12-6是金属回收率与还原熔炼温度的关系曲线，随着还原熔炼温度的升高，金属回收率也随之提高，但温度达1050℃以上时，回收率则呈下降趋势，这可能是温度过高，导致锑氧粉直接挥发所致，故还原熔炼时的炉温不宜超过1000℃。

图12-7是金属回收率与木炭用量的关系曲线，随着含炭量增加，熔渣黏度上升，渣锑分离不好，金属回收率下降，在含炭量增加到10%的极端条件下，无金属产出，渣锑根本无法分离，故试验确定的适宜外配碳量为0%。

上述工艺条件优化试验确定了烟化法次锑氧粉的适宜还原熔炼条件为：不外配还原剂、配加10%～12%的碳酸钠、还原熔炼温度1000℃、还原熔炼延续时间45min。在优化条件下进行综合验证试验，结果见表12-14，还原熔炼后的锑炉渣成分见表12-15。

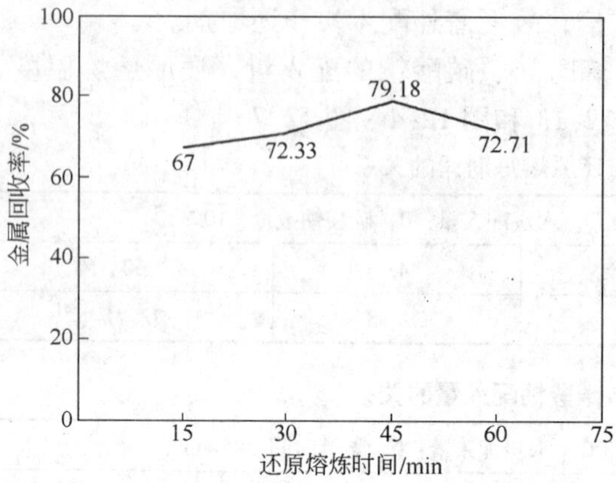

图 12-4　金属回收率与还原熔炼时间的关系曲线

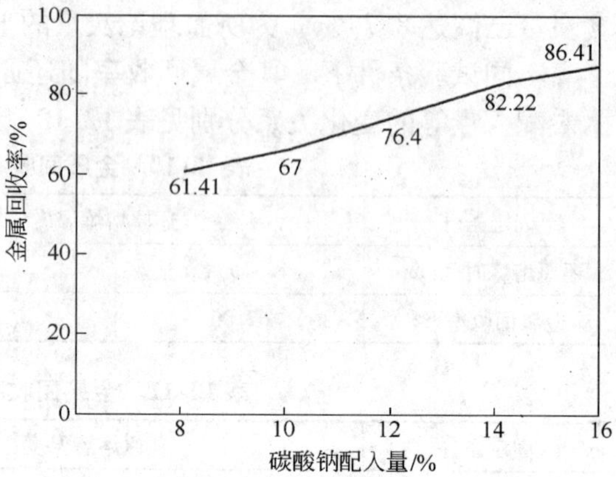

图 12-5　金属回收率与碳酸钠配入量的关系曲线

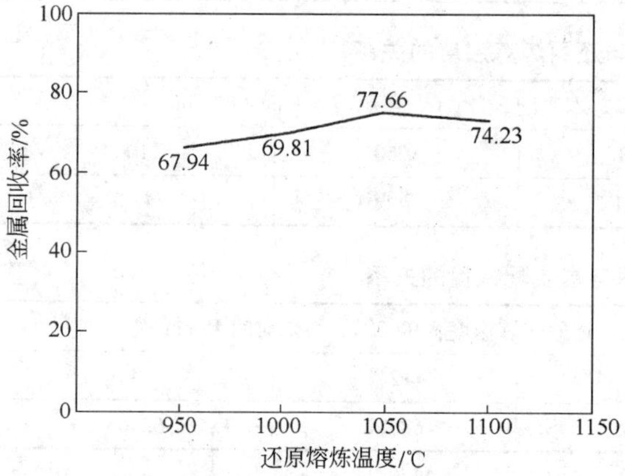

图 12-6　金属回收率与还原熔炼温度的关系曲线

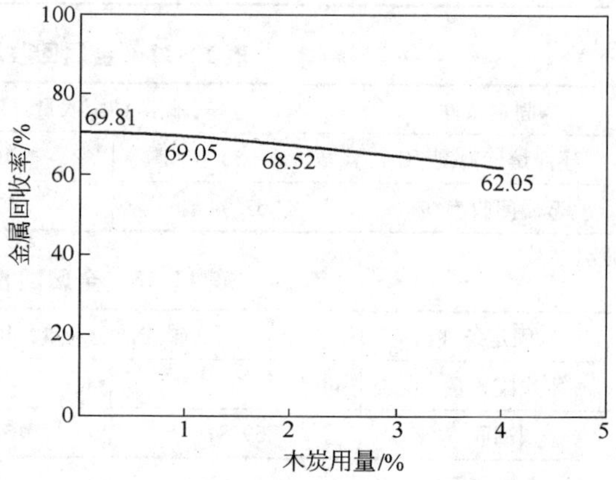

图 12-7　金属回收率与木炭配入量的关系曲线

表 12-14　部分烟化法次锑氧粉的还原熔炼条件

编　号	还原熔炼条件				金属回收率/%
	还原熔炼温度/℃	还原熔炼时间/min	木炭加入量	碳酸钠加入量/%	
ST-2-2	1000	45	0	10	67.00
ST-2-3	1000	45	0	12	76.40
ST-2-4	1000	45	0	14	82.22

表 12-15　还原熔炼后的部分锑炉渣化学成分

编　号	锑炉渣成分（质量分数）/%					
	SiO_2	CaO	Fe	Al_2O_3	Na	Sb
ST-2-2	13.81	1.25	3.32	7.28	10.66	23.82
ST-2-3	14.40	1.04	2.19	7.95	13.20	36.50
ST-2-4	12.22	1.45	1.56	6.82	18.75	14.64

由以上分析可见，综合试验验证了条件试验结果，在不外配还原剂、配加 12% 的碳

酸钠、还原熔炼温度1000℃、还原熔炼延续时间45min的条件下，锑的还原熔炼回收率达76.4%，适当增加熔剂量，回收率可增高到80%以上。但由于试验规模较小，熔体分离时间不足，还原熔炼渣中金属态锑的含量太高。可以预见，在工业装置中，熔体分离时间充足时，渣含锑应能大幅下降。

综合上述试验研究结果可以认为，烟化法次锑氧粉还原熔炼的适宜工艺条件为：还原熔炼温度：1000℃；碳酸钠加入量：12%；还原熔炼时间：45min，不需加入木炭，此时金属回收率在76%左右。但是，在调整还原熔炼条件后，此类锑氧粉虽能进行正常的还原熔炼作业，但其技术经济指标较差。故在采用"熔池熔炼—连续烟化法"处理低品位锑矿时，应尽量减少此类含有机械尘的低品位锑氧粉的生成。

12.3 还原熔炼后的锑渣特性

12.3.1 试验设备和方法

12.3.1.1 熔点测定

用昆明冶金研究院自制的熔点测定仪测量，测定仪以大功率的镍片为发热体，磨细的炉渣置镍片上加温，并通氩气保护，用显微镜观察熔化情况，记录下熔化开始和终了的温度，用双铂铑热电偶测温，并随时用纯银丝校正热偶温度，仪器灵敏度±25℃，每种渣样测定3次，结果取平均值。

12.3.1.2 X射线衍射

X射线衍射仪的型号和性能见本章前述。

12.3.1.3 电子探针分析

使用仪器：日本岛津产EPMA－1600型电子探针分析仪。分析晶体RAP、LS5A、LiF、AoP，电压15kV，电流18mA。

12.3.2 锑渣熔点

对还原熔炼正交试验后的9种锑渣（编号为ST－1－1～ST－1－9），进行熔点测试。熔点测试值见表12-16。

表12-16 锑渣熔点测试值

编　号	ST－1	ST－2	ST－3	ST－4	ST－5	ST－6	ST－7	ST－8	ST－9
熔点/℃（开始～终了）	918～1000	813～918	936～970	840～870	964～1000	885～950	860～900	812～902	873～910

再选择部分烟化法次锑氧粉还原熔炼后的锑渣（编号为ST－2－1～ST－2－9），进行熔点测试。ST－2－1～ST－2－9的还原熔炼条件及熔点测试值分别见表12-17和表12-18。

从表12-16、表12-18的熔点测试数据可以看出，烟化法锑氧粉还原熔炼后的锑渣皆是低熔点炉渣，适于1000℃的还原熔炼温度。

炉渣黏度：采用定性方法考查，即锑炉渣搅拌澄清后，可以用倾析法分离者，认为其流动性较好。

表 12-17　部分烟化法次锑氧粉的还原熔炼条件

编　号	还原熔炼条件				金属回收率/%
	还原熔炼温度/℃	还原熔炼时间/min	木炭加入量	碳酸钠加入量/%	
ST-2-1	1000	45	0	8	61.41
ST-2-2	1000	45	0	10	67.00
ST-2-3	1000	45	0	12	76.40
ST-2-4	1000	45	0	14	82.22
ST-2-5	1000	45	0	16	86.41
ST-2-6	1000	45	1	10	69.05
ST-2-7	1000	45	2	10	68.52
ST-2-8	1000	45	4	10	62.05
ST-2-9	1000	45	10	10	无金属产出

表 12-18　锑渣熔点测试值

编　号	ST-1	ST-2	ST-3	ST-4	ST-5	ST-6	ST-7	ST-8	ST-9
熔点/℃（开始~终了）	910~982	870~943	810~893	680~850	840~923	740~849	900~937	900~1000	915~1010

12.3.3　锑渣的 X 射线衍射分析

选择两种烟化法锑氧粉还原熔炼后的锑渣 ST-1-2 和 ST-2-4，记为 S-34 和 ST-35，进行 X 射线衍射和电子探针分析见图 12-8 和图 12-9。该两种锑渣的化学成分分析结果分别见表 12-8 和表 12-15。

锑渣 S-34 样，经 X 射线衍射分析，证明有如下物相：

（1）Sb；

（2）$NaAlSiO_4$；

（3）$(Na_2O)_{33}NaAlSiO_4$；

（4）$FeAl_2O_4$；

（5）$CaSb_2O_4$；

（6）Na_2AlFeO_4；

（7）Sb_2O_3；

（8）$Na_2SiO_3 \cdot 5H_2O$（样品吸水而成）。

其 X 射线衍射图见图 12-8 和图 12-9。

经 X 射线衍射分析，查明锑渣 ST-35 中有下列物相：

（1）Sb；

（2）$NaAlSiO_4$；

（3）$CaSb_2O_4$；

（4）$(Na_2O)_{33}NaAlSiO_4$；

（5）Na_2AlFeO_4；

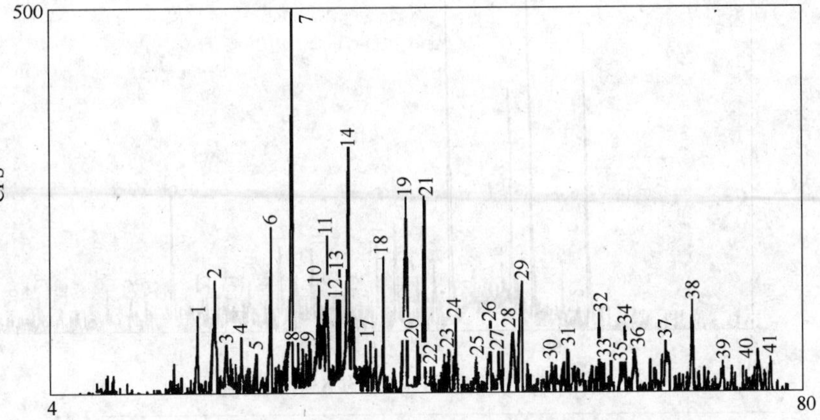

图 12-8 锑渣 S－34 的 X 射线衍射图

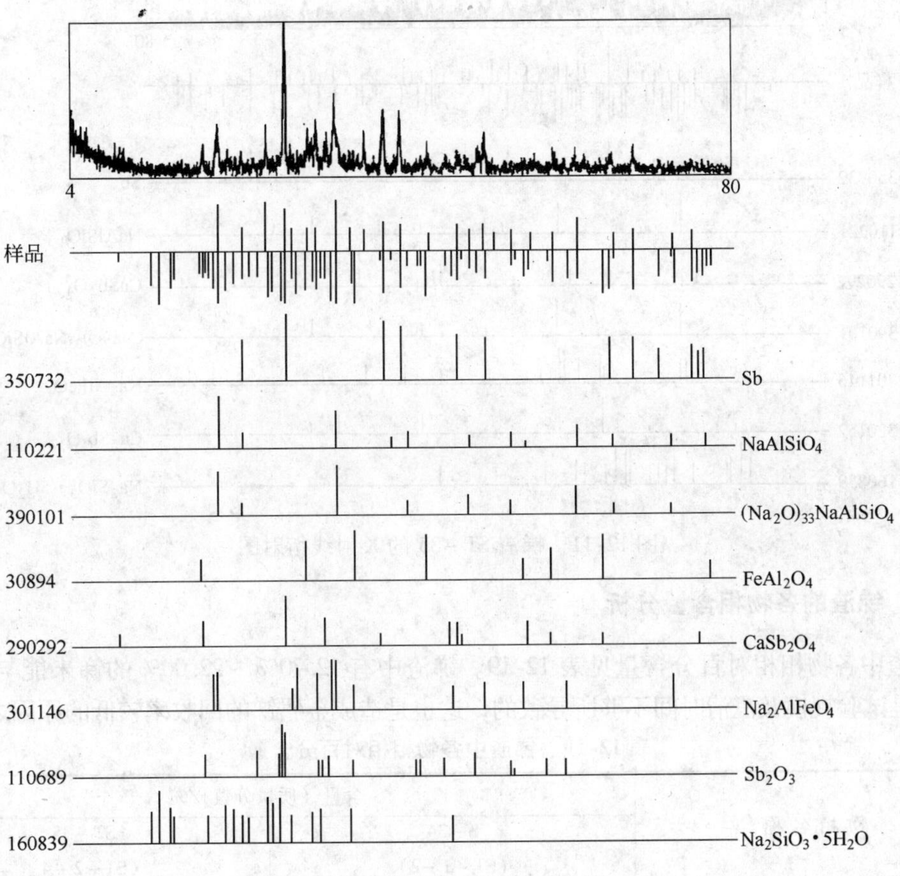

图 12-9 锑渣 S－34 的 X 射线衍射图

（6）$Ca_5Sb_5O_{17}$；

（7）$Na_2SiO_3 \cdot 5H_2O$（样品吸湿而生成）。

其 X 射线衍射图见图 12-10 和图 12-11。

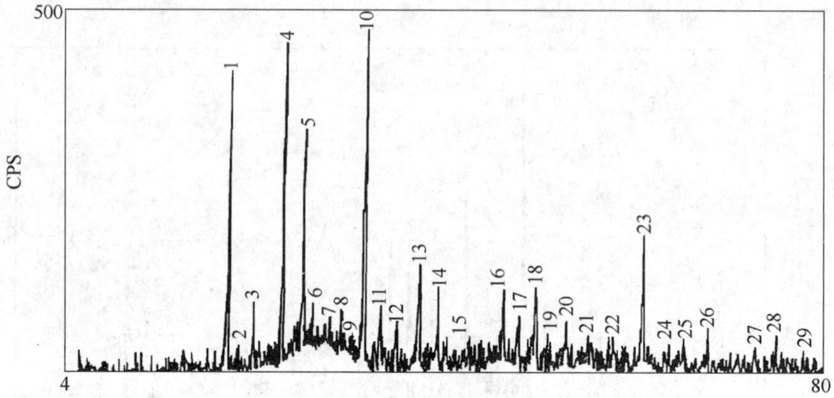

图 12-10 锑渣 ST-35 的 X 射线衍射图

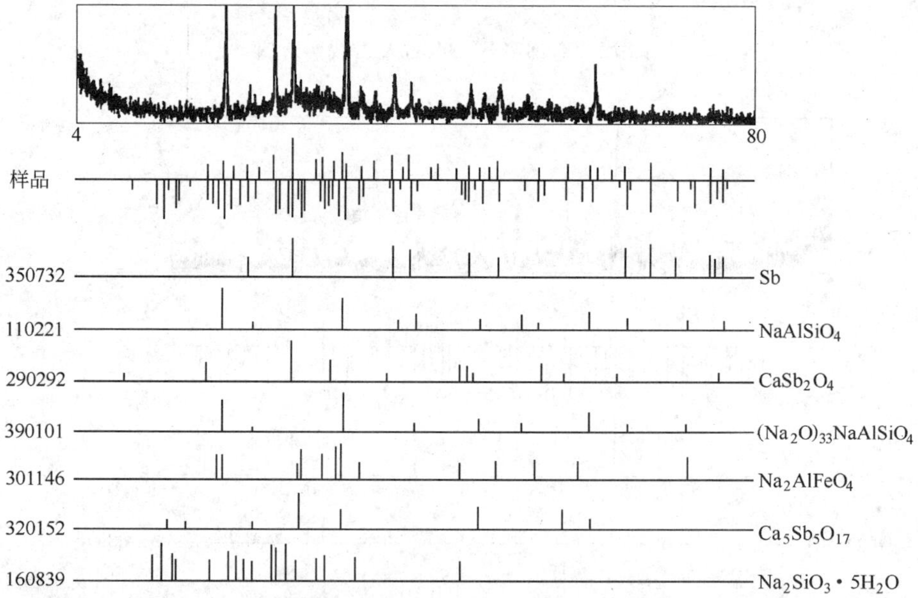

图 12-11 锑渣 ST-35 的 X 射线衍射图

12.3.4 锑渣的各物相含量分析

锑渣中各物相相对百分含量见表 12-19。锑渣中有 12.70% ~22.00% 的锑未能与渣分离，这可能是试验规模及澄清时间不够所导致的，这也是造成金属锑的回收率较低的原因之一。

表 12-19 锑渣中各物相相对百分含量

物相名称	含量（质量分数）/%	
	S-34（ST-1-2）	ST-35（ST-2-4）
Sb	22.00	12.70
$NaAlSiO_4$	7.80	25.40
$(Na_2O)\ NaAlSiO_4$	4.30	7.00
Na_2AlFeO_4	8.90	4.50
$AlFe_2O_4$	3.20	0.30

续表 12-19

物相名称	含量（质量分数）/%	
	S－34（ST－1－2）	ST－35（ST－2－4）
$CaSbO_4$	7.10	7.40
Sb_2O_3	4.50	少量
$Na_2O \cdot SiO_2 \cdot 5H_2O$	28.50	20.00
SiO_2	少量	少量
玻璃及其他	13.70	22.70
合　计	100.00	100.00

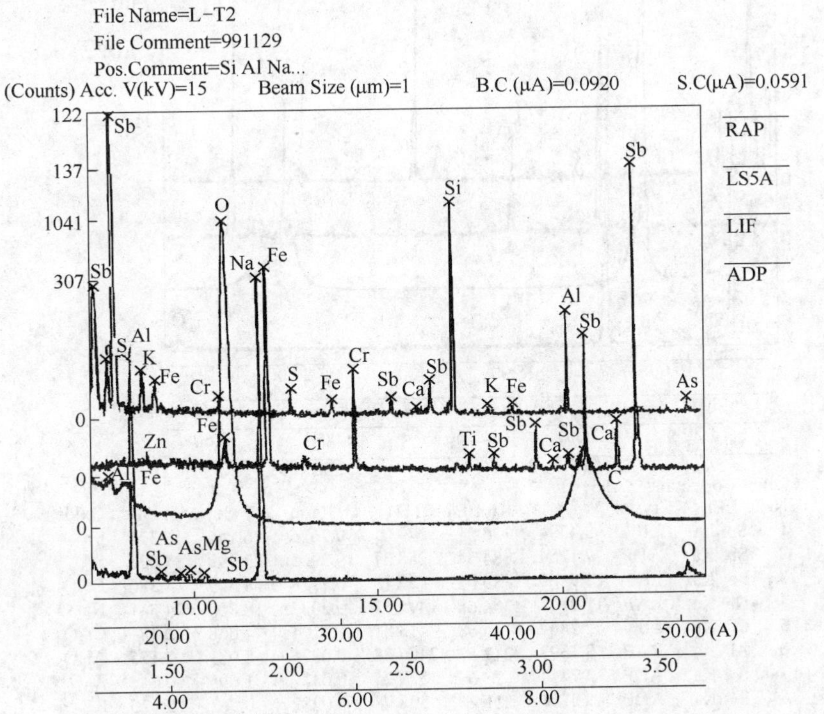

*Ratio [Correction=ZAF3]

No.	ELE.	Crystal	W.L.(A)	PKI-861	STD (I)	I-Ratio	WT (%)	Mol (%)	Oxide
1	Sb La	LIF	3.4394	138.51	178.01	0.7626	26.146	17.371	Sb
2	Si Ka	ADP	7.1254	84.34	288.37	0.2925	27.489	37.020	SiO_2
3	Fe Ka	LIF	1.8360	89.83	422.18	0.2128	8.549	4.380	Fe_2O_3
4	Na Ka	RAP	11.8101	304.68	1485.37	0.2037	18.804	24.541	Na_2O
5	Cr Ka	LIF	2.2887	45.88	413.81	0.1104	4.863	2.481	Cr_2O_3
6	Al Ka	RAP	8.3393	217.60	2488.88	0.0875	8.881	7.125	Al_2O_3
7	K Ka	ADP	3.7414	18.84	570.24	0.0327	1.035	0.940	K_2O
8	S Ka	ADP	5.3721	11.28	838.93	0.0282	0.961	2.425	S
9	Ti Ka	LIF	2.7485	6.92	335.78	0.0206	1.040	1.053	TiO_2
10	Ca Ka	LIF	3.3584	23.13	1441.11	0.0181	0.590	0.851	CaO
11	Zn Ka	LIF	1.4352	2.01	219.18	0.0092	0.322	0.320	ZnO
12	As La	RAP	9.8709	6.78	901.38	0.0075	0.731	0.299	As_2O_3
13	Mg Ka	RAP	9.8900	11.82	2121.52	0.0058	0.620	1.244	MgO
TOTAL							100.00		

图 12-12　S－34 锑渣的元素定性分析

12.3.5　锑渣的电子探针分析

“S－34”锑渣的元素定性分析结果见图12-12，形貌及元素分布图略。元素定量分析见表12-20。

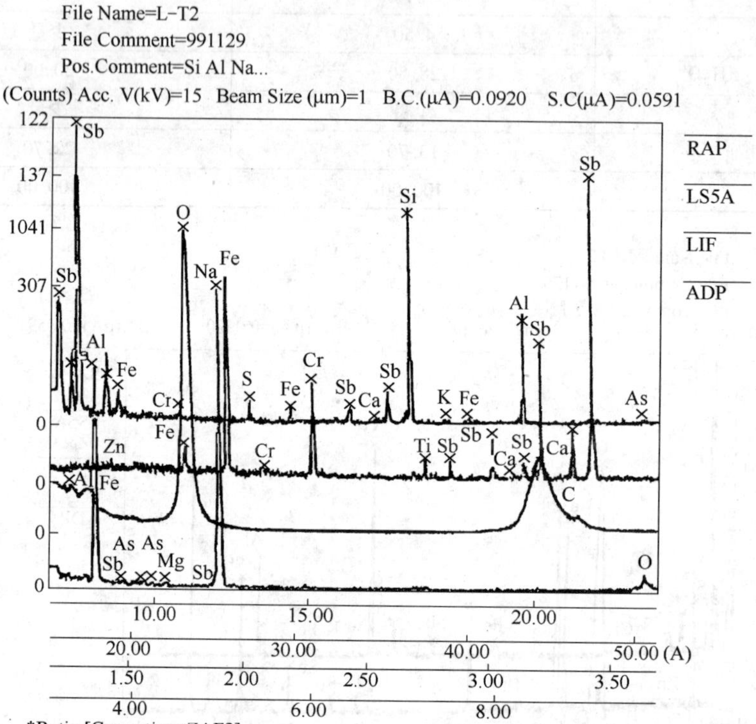

*Ratio [Correction=ZAF3]

No.	ELE.	Crystal	W.L.(A)	PKI-BBI	STD (I)	I-Ratio	WT (%)	Mol (%)	Oxide
1	Sb La	LIF	3.4394	136.51	179.01	0.7626	26.146	17.371	Sb
2	Si Ka	ADP	7.1254	84.34	288.37	0.2925	27.499	37.020	SiO_2
3	Fe Ka	LIF	1.9360	89.83	422.18	0.2128	8.549	4.380	Fe_2O_3
4	Na Ka	RAP	11.9101	304.66	1495.37	0.2037	18.804	24.541	Na_2O
5	Cr Ka	LIF	2.2887	45.68	413.81	0.1104	4.668	2.481	Cr_2O_3
6	Al Ka	RAP	8.3393	217.50	2486.88	0.0875	8.981	7.125	Al_2O_3
7	K Ka	ADP	3.7414	18.64	570.24	0.0327	1.095	0.340	K_2O
8	S Ka	ADP	5.3721	11.26	398.98	0.0282	0.961	2.425	S
9	Ti Ka	LIF	2.7485	6.92	335.73	0.0206	1.040	1.053	TiO_2
10	Ca Ka	LIF	3.3584	23.18	1441.11	0.0161	0.590	0.851	CaO
11	Zn Ka	LIF	1.4352	2.01	219.18	0.0092	0.322	0.320	ZnO
12	As La	RAP	9.6709	6.73	901.98	0.0075	0.731	0.299	As_2O_3
13	Mg Ka	RAP	9.8900	11.82	2121.52	0.0056	0.620	1.244	MgO
TOTAL							100.00		

图12-13　ST－35锑渣的元素定性分析

表12-20　锑渣S－34的元素定量分析

元　素	Sb	SiO_2	Fe_2O_3	Na_2O	Al_2O_3	K_2O
含量（质量分数）/%	28.146	27.499	8.549	18.804	8.981	1.085
元　素	S	TiO_2	CaO	ZnO	As_2O_3	MgO
含量（质量分数）/%	0.961	1.040	0.59	0.822	0.731	0.62

从图12-12中可见，"S－34锑渣"中所含元素峰值，主要元素为Sb、Si、Na、Al、Fe，其他元素为K、S、Ti、Ca、Zn、As、Mg。

从"S－34锑渣"形貌图及K、Al、Sb、Na、Ca、Si、O、Fe等元素的面扫描分析图（图略）知，锑主要以金属锑状态存在，与硅、氧基本上没有关系，而Si、Al、Na、K、Fe等元素主要以氧化物形式生成硅酸盐物相和少量铁、铝氧化物物相，有少量铁融入金属锑中。

"ST－35锑渣"的元素定性分析结果见图12-13，形貌及元素分布图略。元素定量分析结果见表12-21。

从图12-13中可见，"ST－35锑渣"中所含元素峰值，主要元素为Sb、Si、Na、Al，其他元素为K、S、Ti、Fe、Ca、Zn、As、Mg。

表12-21 锑渣ST－35的元素定量分析

元素	Na_2O	Sb	SiO_2	Al_2O_3	Fe_2O_3	CaO
含量（质量分数）/%	30.51	11.896	21.192	18.735	1.297	1.112
元素	K_2O	Al_2O_3	TiO_2	S	MgO	
含量（质量分数）/%	1.016	3.197	1.274	0.725	0.414	

从"ST－35锑渣"形貌图及K、Al、Sb、Na、Ca、Si、O、Fe等元素面扫描分析图（图略）知，锑主要以金属状态存在，边缘有氧化痕迹，而Si、Al、Na、K、Fe等元素主要以氧化物形式生成硅酸盐物相。

从"ST－35锑渣"中锑和硅元素的线扫描分析（图略）也可知，锑和硅元素所生成的物相基本上是分开的，说明锑以独立物相存在，没有进入硅酸物相。

从"ST－35锑渣"中氧和锑元素的线扫描分析（图略）中也可见锑和氧线也基本上是分开的，说明锑主要以金属状态存在，仅少量锑生成氧化物。

12.3.6 锑渣的渣相鉴定

为进一步查清锑渣中Sb、Si、Fe、Ca、Na、Al等元素的分布，又对锑渣进行了渣相鉴定（各元素面分布的照片略），其结果与上述各分析一致。

12.3.7 锑渣的物相分析小结

（1）锑渣中夹杂有较多的金属锑，说明澄清分离的时间不足，这与试验的规模有关；

（2）锑渣中的主要物相为：Sb、$NaAlSiO_4$、$(Na_2O)_{33}NaAlSiO_4$、$FeAl_2O_4$、$CaSb_2O_4$、Na_2AlFeO_4、Sb_2O_3、$Ca_5Sb_5O_{17}$、$Na_2SiO_3 \cdot 5H_2O$（样品吸水而成）等；

（3）锑渣中的锑主要以金属锑状态存在，与硅、氧基本上没有关系，而Si、Al、Na、K、Fe等元素主要以氧化物形式生成硅酸盐物相和少量铁、铝氧化物物相，有少量铁融入金属锑中；

（4）尚有少量的Sb_2O_3，以独立相存在，说明还有提高回收率的可能性；

（5）锑渣中各元素互相结合，分别以独立相的形态存在，这以按传统相图确定的物相有一定差异，配料计算尚有改进余地；

（6）试料熔炼时间较短，导致结晶粒度细小，各物相互相结合紧密，会给测定结果带来一定偏差。

12.4　小结

（1）试验研究的结果表明：虽然烟化法锑氧粉比鼓风炉锑氧粉的成分复杂、杂质含量较高，但通过改变还原熔炼制度，能顺利实现烟化法锑氧粉的还原熔炼。用含锑品位为76.4%和65.64%的两种烟化法锑氧粉，分别进行还原熔炼试验，在不同的配料比下，实现了正常的还原熔炼作业，回收率分别达到83%和76%。

（2）烟化法锑氧粉的物相较鼓风炉锑氧粉物相变化不大，以Sb_2O_3为主，Sb_2O_3主要是等轴晶系，斜方晶系的较少，其他物相有无定形碳和石墨，赤铁矿（Fe_2O_3）、石英（SiO_2）等。

（3）助熔剂碳酸钠的配入量是熔炼作业的关键，其数量主要由锑氧粉的质量决定，对烟化法锑氧粉，配比以6%～7%为宜，提高配比，效果当然更好，分离更迅速。

（4）烟化法锑氧粉中所含的固定碳，可以100%作还原剂，配料计算时应先考虑这部分还原剂的数量，不足部分再以木炭或无烟煤补充。考虑到还原剂在炉内的烧损，还原剂的过量系数宜控制在1.2～1.3。

（5）烟化法锑氧粉适宜的还原熔炼工艺条件为：还原熔炼温度：1000℃；助熔剂碳酸钠的配入量：6%～7%；还原剂木炭加入量：2.5%（过量系数控制在1.2～1.3）。

（6）还原熔炼后的锑炉渣，熔点低、黏度小，说明配料比下选定的渣型是适宜的。锑渣中的主要物相为：Sb、$NaAlSiO_4$、$(Na_2O)_{33}$ $NaAlSiO_4$、$FeAl_2O_4$、$CaSb_2O_4$、Na_2AlFeO_4、Sb_2O_3、$Ca_5Sb_5O_{17}$、$Na_2SiO_3 \cdot 5H_2O$（样品吸水而成）等。锑渣中的锑主要以金属锑状态存在，与硅、氧基本上没有关系，而Si、Al、Na、K、Fe等元素主要以氧化物形式生成硅酸盐物相和少量铁、铝氧化物物相，有少量铁融入金属锑中，尚有少量的Sb_2O_3，以独立相存在。

（7）较低品位的锑氧粉（次锑氧粉），虽能进行正常的还原熔炼作业，但需加入较多的碳酸钠，而且其技术经济指标较差，故在采用“熔池熔炼—连续烟化法”处理低品位锑矿时，应尽量减少此类含有机械尘的低品位锑氧粉的生成。

13 硫化锑精矿的直接熔炼

硫化锑精矿的直接熔炼法一般是指不需要经过锑氧粉的挥发环节而直接从硫化锑精矿产出金属锑的方法。硫化锑精矿的直接熔炼法主要有沉淀熔炼法、反应熔炼法、碱性熔炼法、熔盐电解法、氢还原法、低温焙烧－还原熔析法及还原造锍熔炼法等。

13.1 沉淀熔炼法

沉淀熔炼法是一古老的炼锑方法，最早在英国开始工业化应用。这种工艺方法不适宜处理中低品位硫化锑精矿，适宜的原料一般为 Sb（质量分数）45%～65% 的富精矿或熔析的生锑，而且对精矿的粒度也有较严格的要求。如果物料中含有过多的脉石和杂质或浮选精矿的粒度过细，都不利于锑的沉淀熔炼。熔炼所用的沉淀剂一般为废马口铁。此外，高品位硫氧混合锑矿也可采用沉淀熔炼法生产金属锑。

沉淀熔炼法的生产能力较低，但工艺和设备简单，适于小规模生产。

13.1.1 沉淀熔炼法的热力学分析

沉淀熔炼法的主要反应为：

$$Sb_2S_3 + 3Fe = 2Sb + 3FeS$$

在 Sb—Fe—S 三元系中，存在 Sb、Sb_2S_3、FeS 及 Fe 几个相的分层区，其中一层为熔融金属锑相，另一层为硫化锑和硫化铁的熔体，后两者相互间的溶解度很小。因此，利用这个反应可以获得金属锑。

在 900～1200℃的温度范围内，上述反应的自由焓变化可近似地用下式表示：

$$\Delta G^{\ominus} = -146973 - 32.919T \quad (J)$$

根据 $\Delta G^{\ominus}$ 与平衡常数的关系：

$$\ln K_p = -\Delta G^{\ominus}/RT$$

可得：

$$\lg K_p = 7677.359T^{-1} + 1.72$$

由以上两式可计算出不同温度下的 $\Delta G^{\ominus}$ 和 K_p 值，见表13-1，从表中可以看出，反应的平衡常数很大，说明硫化锑的沉淀熔炼反应很容易进行。

表 13-1 Sb_2S_3 与 Fe 反应的 $\Delta G^{\ominus}$ 和 K_p 值

温度/℃	900	1000	1100	1200
$\Delta G^{\ominus}$/kJ	－185.592	－188.884	－192.175	－195.468
K_p	1.84×10^8	5.62×10^7	2.05×10^7	8.53×10^6

对于硫氧混合锑矿的沉淀熔炼，还发生以下反应（假定氧化矿中的锑以三氧化锑的形式存在）：

$$Sb_2O_3 + 3Fe = 2Sb + 3FeO$$

该反应的标准自由焓变化与温度的关系可根据盖斯定律，由 Sb_2O_3 和 FeO 的标准生成自由焓求出，即：

$$\Delta G^{\ominus} = -156540 - 4.5T \quad (J)$$

$$\lg K_p = 8177.106T^{-1} + 0.235$$

反应在 900 ~ 1200℃范围内的 $\Delta G^{\ominus}$ 和 K_p 值见表 13-2，表中数据表明，该反应也很容易进行。

表 13-2　Sb_2O_3 与 Fe 反应的 $\Delta G^{\ominus}$ 和 K_p 值

温度/℃	900	1000	1100	1200
$\Delta G^{\ominus}$/kJ	-161.819	-162.269	-162.719	-163.169
K_p	1.60×10^7	4.55×10^6	1.55×10^6	6.11×10^5

沉淀熔炼反应实际上是一种还原置换反应，即以铁作为还原剂把硫化锑或氧化锑中的锑置换出来，因此从理论上讲，只要某金属硫化物的稳定性大于硫化锑，则该金属可用于硫化锑的沉淀熔炼。对氧化锑来讲也同样如此。

图 13-1 为某些金属与 1mol S_2 反应生成硫化物的自由焓变化与温度的关系，由图中曲线可知，除 FeS 外，还有一些金属硫化物的稳定性大于 Sb_2S_3，如 Pb、Cu、Zn 等，这

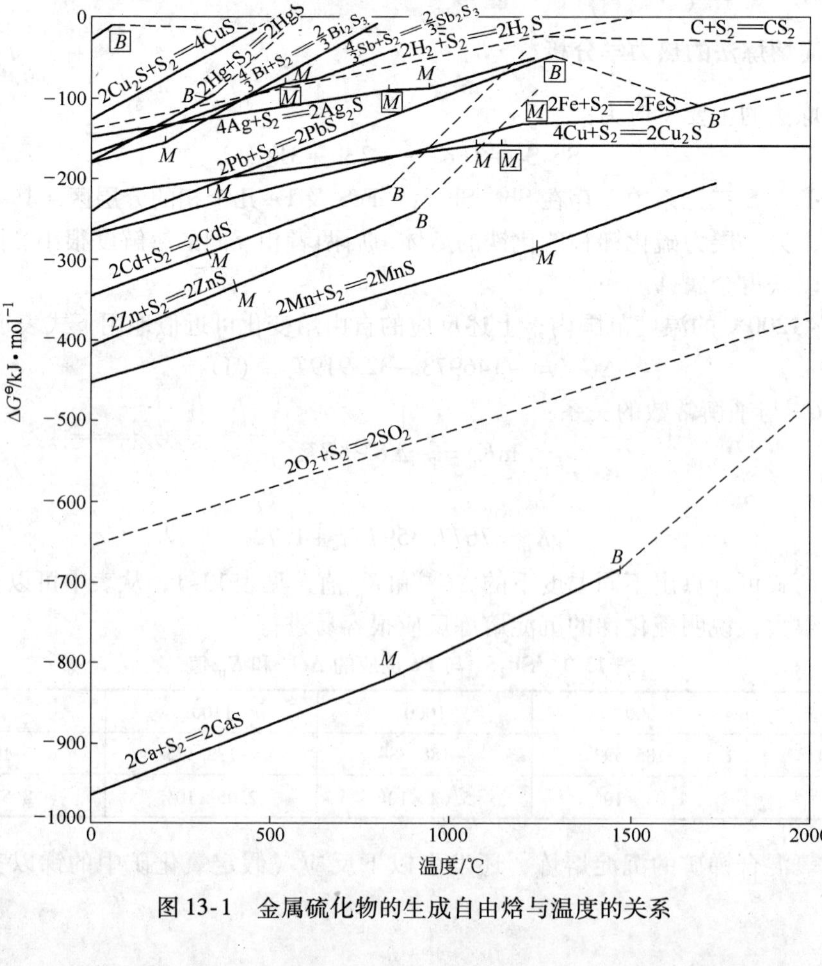

图 13-1　金属硫化物的生成自由焓与温度的关系

些金属与熔融的硫化锑接触时，也能把锑置换出来。由于铁价廉易得，所以工业上一般用铁作为置换锑的沉淀剂。图 11-2 也表明铁可以把锑从熔融氧化锑中置换出来。

硫化锑的沉淀熔炼反应生成的硫化铁具有较高的密度，与锑液的密度相差很小，这将使析出的锑不易沉聚，可能造成渣锑不易分离，生产中一般加入纯碱或芒硝、食盐等溶剂，形成密度较小的浮渣，从而使析出的锑易于聚集。造渣过程的主要化学反应如下：

$$FeS + Na_2CO_3 = FeO + Na_2S + CO_2$$

$$FeO + SiO_2 = FeSiO_3$$

$$4Fe + Na_2SO_4 = 4FeO + Na_2S$$

$$FeS + 2NaCl = FeCl_2 + Na_2S$$

在硫化锑精矿的沉淀熔炼生产中，往往还加入一定量的煤，其作用是防止锑的挥发损失，此外它还能与纯碱一起与硫化锑反应，使锑沉淀出来，反应式如下：

$$Sb_2S_3 + 3Na_2CO_3 + 6C = 2Sb + 3Na_2S + 9CO$$

13.1.2 沉淀熔炼法的设备及工艺

沉淀熔炼法使用的主要设备为坩埚炉或一端倾斜的深炉膛反射炉或特殊的腰鼓炉。辅助设备主要包括配料、装料及收尘设施等。

高品位硫氧混合矿的沉淀熔炼可在反射炉或电炉中进行。反射炉炉床面积由 $4 \sim 27m^2$ 不等，处理能力为 $1.2 \sim 1.5t/(m^2 \cdot d)$。电炉炉床面积为 $12 \sim 16m^2$，一般处理能力为 $2 \sim 3t/(m^2 \cdot d)$。由于反射炉氧化气氛及炉气量较电炉大，虽易于脱硫及使铁造渣、锑锍产率小，但随炉气损失的锑量也较电炉大 5% ~6%，故在电力充裕的国家，都倾向于使用电炉。

13.1.2.1 坩埚炉熔炼

图 13-2 是一种小型坩埚炉的示意图。坩埚炉的两端各有一炉膛，燃烧气体从位于炉

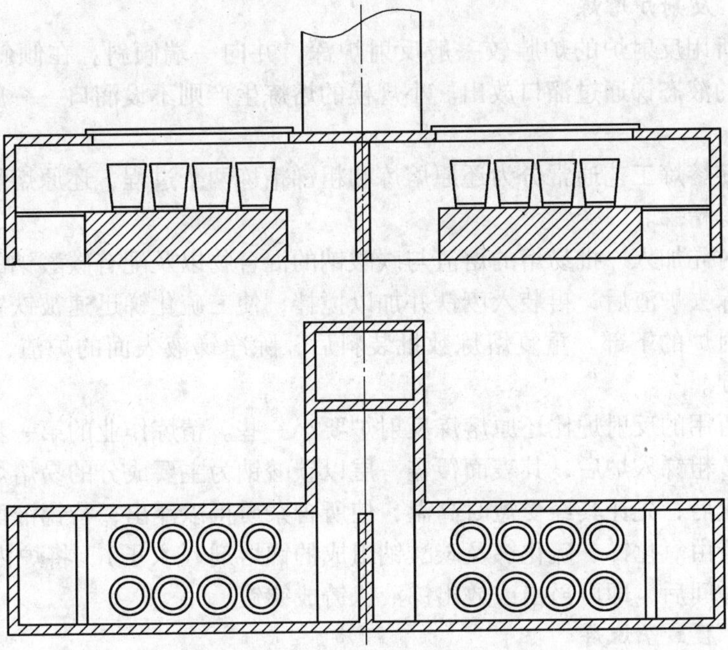

图 13-2 沉淀熔炼坩埚炉示意图

膛中部的烟道逸出。炉顶盖有铁板，坩埚则从炉顶上的圆孔放入或取出。小型坩埚炉容纳的坩埚数量要少一些，大型坩埚炉可容纳较多的坩埚。

坩埚炉熔炼的工艺过程通常包括如下三期：

第一期为还原熔炼。先将坩埚放置于坩埚炉内预热，然后按照一定的配比在坩埚中加入锑精矿、废铁屑、还原煤、食盐及上批第二期熔炼所产熔渣，最后用锤成饼状的废铁覆盖在料面上。为了让硫化锑完全还原，第一期熔炼加入的铁要比理论量多一些。在熔炼期间要经常监视每一坩埚的内部情况，必要时可用铁棍将废铁压沉，以加速熔化。熔炼完毕，取出坩埚，将熔体倾入铁模内，再迅速将坩埚放回炉内，装第二批炉料继续熔炼。铁模内熔体冷凝后，除去上层熔渣得一期粗锑。一期粗锑内含铁量一般较高。

第二期为除铁熔炼。将破碎后的一期粗锑加入坩埚内，并配入约10%的生锑以及少量食盐或芒硝。熔炼时应尽量避免用铁棍搅动，炉料熔化后，刮去表面浮渣，然后取出坩埚，倾入铁模内。第二期熔炼刮出的浮渣含锑较高，可用作第一期熔炼的配料。在第二期熔炼中，为了尽量除铁，往往加入过量生锑，从而使锑金属含硫较高，需进行第三次除硫熔炼。

第三期为除硫熔炼，也称为起花熔炼。将第二期熔炼所得锑金属破碎成小块，装入坩埚内，当锑金属开始熔化时，再加入碳酸钠和生锑作为衣子料（熔剂），熔剂覆盖在锑液表面，可防止锑氧化挥发，待锑金属完全熔化后，立即用铁棍搅拌，并迅速取出坩埚，将熔体倾入模内。锑锭冷却脱模后，除去表面熔渣及衣子层，即得精锑最终产品。第三期熔炼时，锑的氧化挥发率较高，约达装料的10%，因而要求有完善的冷凝收尘设备，以减少锑的损失。

坩埚炉熔炼法有许多缺点，最主要的是生产能力小，工人劳动强度大，燃料及坩埚的消耗高；但锑的挥发损失较反射炉熔炼法为低。

13.1.2.2　反射炉熔炼

沉淀熔炼所用反射炉的炉膛较一般反射炉深，并向一端倾斜。在倾斜的一端砌有溜口，熔炼所得的液态锑通过溜口放出。小规模的熔炼生产则不设溜口，一般使用铁勺舀取锑液。

反射炉沉淀熔炼工艺通常分为还原熔炼和粗锑精炼两个过程，还原熔炼产出粗锑，再经精炼除杂后得精锑。

还原熔炼时先加入一批易熔的熔渣与碳酸钠的混合物以及配有碳酸钠的锑精矿，待炉料完全熔化并除去炉渣后，再装入废铁并加以搅拌，使三硫化锑迅速被铁置换，产出的金属锑沉降在反射炉的下部。重复熔炼数批装料后，除净锑液表面的炉渣，用铁勺舀出锑液，铸成粗锑锭。

精炼过程所用的反射炉比还原熔炼反射炉要小一些。精炼作业的第一步是将粗锑装入炉内重新熔化。粗锑入炉后，其表面覆盖一层以碳酸钠为主要成分的易熔熔渣，以防止锑氧化。粗锑熔化后，先让其经受短时高温，使所含杂质得以浮出；待锑液面上的浮渣除净后，即加入少量由氧化锑、硫化锑及碳酸钠组成的锑熔剂（衣子），将炉内锑液面全部覆盖，精炼一定时间后，即可舀出或放出锑液，铸成锑锭。

13.1.2.3　腰鼓炉熔炼

腰鼓炉是一种特殊的沉淀熔炼设备，其断面形状如腰鼓，如图13-3所示。炉外壳为

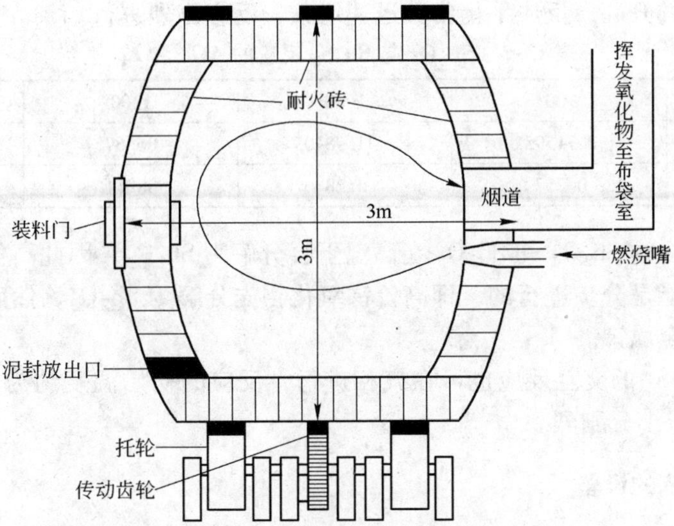

图 13-3 沉淀熔炼用腰鼓炉断面图

钢板所制，钢壳内衬以耐火砖。整个腰鼓炉由托轮支持，熔炼时腰鼓炉是旋转的，转速1r/min。腰鼓炉的特点是炉料和还原剂在炉内受到一定的搅拌作用，强化了炉料反应的接触面积，因而沉淀反应的速度较快。

腰鼓炉所用炉料为锑矿石或精矿，配以纯碱、铁屑及碎焦，经一活动溜槽装入。采用发生炉煤气作为燃料。

加热熔炼时，腰鼓炉即开始徐缓旋转，炉温维持在950℃左右。熔炼一定时间之后，打开放出口，还原的金属锑注入模中，而炉渣则放入渣桶。腰鼓炉沉淀熔炼所得粗锑质量分数约95%左右。炉渣锑质量分数10%～16%，需要另外在回转窑内进行烟化处理。

13.2 反应熔炼

反应熔炼是用硫化和氧化混合锑矿共熔或硫化锑矿在熔融过程中部分氧化后通过交互反应产出金属锑的一种熔炼方法。

13.2.1 反应熔炼的热力学分析

反应熔炼的基本反应为：

$$Sb_2S_3 + 2Sb_2O_3 = 6Sb + 3SO_2$$

前人的实验结果表明，该反应在高温下可向右进行，析出金属锑，但反应进行得不完全，金属锑的产出率一般不超过50%。

上述反应的自由焓 $\Delta G^{\ominus}$ 与平衡常数 K_p 与温度的关系可近似地用下式表示：

$$\Delta G^{\ominus} = 527114 - 447T \quad (J)$$

或

$$\Delta G^{\ominus} = 669440 - 1339T + 251T\lg T \quad (J)$$

$$\lg K_p = -27534.6T^{-1} + 23.35$$

反应的起始温度约906℃，在900～1200℃的温度范围内，反应的自由焓 $\Delta G^{\ominus}$ 和反应

平衡常数 K_p 的变化情况见表13-3。表中数据表明，该反应的平衡常数在1100℃以下时较小，但随着温度的升高，反应平衡常数迅速增大，反应剧烈进行。

表13-3　Sb_2O_3 与 Sb_2S_3 反应的 $\Delta G^{\ominus}$ 和 K_p 值

温度/℃	900	1000	1100	1200
$\Delta G^{\ominus}$/kJ	2.71595	−41.98405	−86.6751	−131.384
K_p	0.757	5.28	1.98×10^3	4.56×10^4

锑的高价氧化物 Sb_2O_4 和 Sb_2O_5 在高温下会分解为 Sb_2O_3，因此高价锑氧化物与硫化锑的交互反应可能是分步进行的，即高价锑氧化物先分解为 Sb_2O_3，然后再与硫化锑发生交互反应并析出金属锑。

Sb_2O_3 和 Sb_2S_3 的交互反应也可在气相进行，反应的初始温度约为600℃，当温度超过900℃时，反应十分剧烈。

13.2.2　反应熔炼的设备

在实际生产中，单独利用反应熔炼来生产金属锑的方法尚未见报道，目前还没有独立的反应熔炼设备用于锑冶炼，但是，在很多还原性气氛不太强的冶炼炉，如反射炉、鼓风炉、回转窑中发现，锑的硫化物和氧化物的交互反应是存在的，了解这一反应过程对传统炼锑工艺和设备的完善和改进是有裨益的。

13.3　碱性熔炼

金属硫化物与强碱共熔而析出金属的反应，称为碱性熔炼反应。试验证明，无论是否存在还原剂，铅、锌、镉、钼及某些其他金属的硫化物与强碱共熔时，都能析出相应的金属。但硫化锑与碳酸钠或苛性钠一道熔炼时，只有在还原剂（碳）存在时，才能析出金属锑。

13.3.1　碱性熔炼的热力学分析

碳酸钠或苛性钠在高温下易分解为 Na_2O，所以，硫化锑的碱性熔炼可用下列化学反应式表示：

$$2Sb_2S_3 + 6Na_2O + 3C = 4Sb + 6Na_2S + 3CO_2$$

该反应的自由焓 $\Delta G^{\ominus}$ 与平衡常数 K_p 与温度的关系可由如下经验式表示：

$$\Delta G^{\ominus} = -447707 - 581.57T \quad (J)$$

$$\lg K_p = 23386.66T^{-1} + 30.38$$

在900～1200℃的温度范围内，反应自由焓 $\Delta G^{\ominus}$ 和平衡常数 K_p 的变化见表13-4。

表13-4　Sb_2S_3 碱性熔炼反应的 $\Delta G^{\ominus}$ 和 K_p 值

温度/℃	900	1000	1100	1200
$\Delta G^{\ominus}$/kJ	−1129.98	−1188.13	−1246.28	−1304.45
$\Delta G^{\ominus}$/kJ（1mol Sb_2S_3）	−564.99	−594.07	−623.14	−652.22
K_p	2.06×10^{50}	5.60×10^{48}	2.58×10^{47}	1.80×10^{46}

从表中可见，反应的平衡常数很大，说明反应进行得十分完全。然而在还原剂存在时，对硫化锑与纯碱或固体苛性钠反应的试验结果表明，金属锑的实际产率并不高，这可能是由于硫化锑的挥发造成的。

硫化锑的碱性熔炼析出金属锑的机理目前尚未完全研究清楚。碱性熔炼所得的金属锑中，常常含有杂质金属钠，这可能是被碳还原而产生的。金属钠在碱性熔炼过程中可能起着催化剂的作用。

13.3.2 碱性熔炼的设备和工艺

硫化锑碱性熔炼的设备有回转窑、腰鼓炉及电炉等，辅助设施包括配料、进料、收尘及烟尘处理装置等。碱性熔炼一般采用间断操作工艺，即先按一定的配比加入锑精矿、纯碱及煤，熔炼一定时间后，排出熔炼产物，再进行下一批炉料的熔炼。

碱性熔炼的缺点是金属锑的产出率及炉子设备的生产率较低，远远不如沉淀熔炼，但碱性熔炼所得粗锑的质量较高，粗锑中铁、砷和硫的含量较低，这主要是因为纯碱能与铁和硫等杂质发生造渣反应，形成炉渣而除去。

13.4 造锍熔炼

硫化锑精矿的造锍熔炼分为两种，一种是将硫固定于铁锍中，同时将锑还原为金属锑，此法可称为还原造锍熔炼一步炼锑法；另一种是先将硫化锑精矿熔炼成锑锍，然后再对锑锍进行处理制得金属锑，此法可称为造锍熔炼两步炼锑法。

13.4.1 还原造锍熔炼一步炼锑法

还原造锍熔炼是在有还原煤存在的条件下，利用黄铁矿烧渣或铁矿石形成铁锍固硫，同时添加苏打、芒硝、食盐以及生石灰等进行造渣，从而获得金属锑。该工艺可使烟气中的 SO_2 浓度远远低于国家排放标准，从而解决我国炼锑业中普遍存在的低浓度二氧化硫烟气污染问题。

13.4.1.1 还原造锍熔炼原理

在 1000 ~ 1300℃和有过剩碳质还原剂存在的情况下，造锍剂中的高价态氧化铁先被还原成低价 FeO，FeO 再与硫化锑及碳质还原剂发生还原造锍反应，生成粗金属或合金、铁锍及炉渣，主要的还原造锍反应式为：

$$3Fe_2O_3 + C = 2Fe_3O_4 + CO$$

$$Fe_3O_4 + C = 3FeO + CO$$

$$Sb_2S_3 + 3FeO + 3C = 2Sb + 3FeS + 3CO$$

$$Sb_2S_3 + 3FeO + 3CO = 2Sb + 3FeS + 3CO_2$$

此外，原料中的脉石成分与氧化亚铁反应，生成熔点高、黏度较大的多元炉渣。

添加剂与硫化锑也发生还原造锍反应，反应式为：

$$3Na_2CO_3 + Sb_2S_3 + 6C = 2Sb + 3Na_2S + 9CO$$

$$Na_2SO_4 + 4C = Na_2S + 4CO$$

反应生成的硫化钠会降低炉渣及铁锍的熔点和黏度。

13.4.1.2　还原造锍熔炼试验

中南大学冶金科学与工程学院采用锡矿山和广西南丹茶山锑矿的硫化锑精矿进行了还原造锍熔炼试验。硫化锑精矿的化学成分见表13-5。试验所用的辅助原料包括黄铁矿烧渣（*A*、*B* 两种）、还原煤、生石灰及添加剂等。黄铁矿烧渣、还原煤和生石灰的成分见表13-6，添加剂纯碱、无水芒硝和食盐均为工业级试剂。

表13-5　硫化锑精矿的化学成分（质量分数）　（%）

精矿产地	Sb	S	Fe	Pb	As	Au	Ag	SiO_2	CaO	Al_2O_3
锡矿山	48.15	21.82	2.46	0.085	0.02	3.1×10^{-5}	2.20×10^{-4}	16.94	0.69	2.16
茶　山	55.55	22.51	0.55	0.010	0.02	4.5×10^{-5}	1.37×10^{-3}	21.31	1.52	0.40

表13-6　辅助原料的化学成分（质量分数）　（%）

物　料	S	Fe	Au	Ag	SiO_2	CaO	Al_2O_3	C
黄铁矿 *A*	1.69	46.50	2.6×10^{-4}	1.1×10^{-2}	15.78	3.48	1.91	
黄铁矿 *B*	1.82	51.77	4.3×10^{-5}	3.6×10^{-3}	11.90	3.84	2.14	
煤　粉	3.01				6.66	0.83	4.81	82.33
生石灰					18.19	80.00	1.88	

熔炼试验设备为1台6kW的三相硅碳棒箱式马弗炉，装料容器为石墨坩埚（直径90mm，高70mm，容积445cm^3）。

每次试验用天平称取100g硫化锑精矿，按配料计算结果加入不同量的烧渣、还原煤、添加剂以及生石灰后，研磨混匀，装入石墨坩埚，在马弗炉中熔炼一定时间后，将炉温升至1200℃并保温一段时间，取出石墨坩埚，在室温下急冷，然后将金属锑、铁锍及炉渣分离。

试验主要考查了熔炼温度、熔炼时间、造锍剂黄铁矿烧渣及添加剂的用量对熔炼效果的影响。

A　熔炼温度的影响

按锑精矿、煤粉、纯碱、无水芒硝和食盐的质量比100∶20∶10∶5∶2配制炉料，烧渣和石灰加入量为其理论量。先在熔炼温度下反应120min，再在10min内升温至1200℃，保温澄清30min。试验结果如图13-4所示。

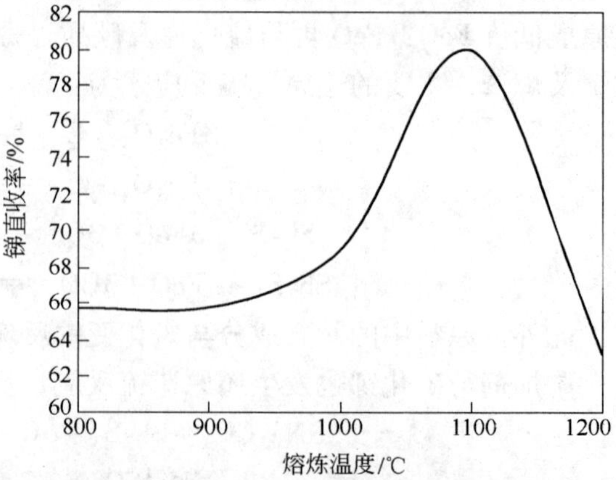

图13-4　熔炼温度对金属锑直收率的影响

由图13-4可知，当温度由800℃提高至1100℃时，锑的直收率由65.72%增加至79.99%。但当温度继续提高至1200℃时，金属锑的直收率反而下降，这主要是由于温度高于1100℃时，金属锑的挥发显著增加所致。由此可知，在还原造锍熔炼过程中始终存在这样一对矛盾：一方面，由于熔炼过程为还原过程，需要大量的热量，且较高的熔炼温度有利于$FeO-SiO_2-CaO$三元渣的熔化。降低其黏度和密度，保持良好的流动性，有利于炉渣与铁锍和粗锑的分层，降低炉渣含锑量；另一方面，金属锑是一种比较容易挥发的金属，过高的熔炼温度将使粗锑的挥发损失加剧。为妥善解决这一矛盾，一是可通过渣型的选择，尽量降低三元渣的熔点、黏度以及密度等物化性质；二是采用两段温度制度，即先在1100℃下进行熔炼反应，再在1200℃的高温下进行澄清分层和放渣。

B 熔炼时间的影响

按上述配比配制炉料。熔炼温度为1100℃，保温温度为1200℃。改变反应时间和保温时间，考查它们对金属锑直收率的影响，试验结果如图13-5所示。

由图13-5可知，不同的保温时间下，金属锑直收率随反应时间的变化趋势有所不同。当保温时间为30min时，随反应时间的延长，金属锑的直收率缓慢增加。反应时间由1h增加至3h时，金属锑直收率也随之由67.04%上升至78.79%。但此后继续延长反应时间，金属锑的直收率反而下降，这主要是由于金属锑的挥发加剧所致。当保温时间为50min时，金属锑的直收率对反应时间的变化要敏感得多。在2h内，金属锑的直收率迅速增加至79.99%，此后继续延长反应时间，金属锑的直收率随之下降。由此可以判断，硫化锑精矿的还原造锍反应很迅速，于1~1.5h内即可达到平衡。当保温时间为30min时，由于保温时间不够，反应3h后才达到金属锑的最高直收率。为了缩短熔炼时间，提高生产效率，同时追求金属锑最高直收率，最佳反应时间为2h，保温时间为50min。

C 烧渣加入量的影响

按上述配比配制炉料，改变固硫所用的黄铁矿烧渣量（按理论量的百分比计），造渣用的烧渣量和石灰加入量均为理论值。先在1100℃温度下反应2h，再将炉温迅速升至1200℃，并保温50min。试验结果如图13-6所示。

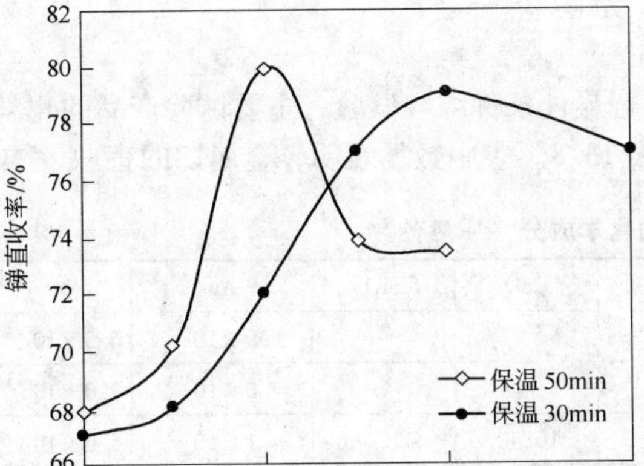

图13-5 熔炼时间对金属锑直收率的影响

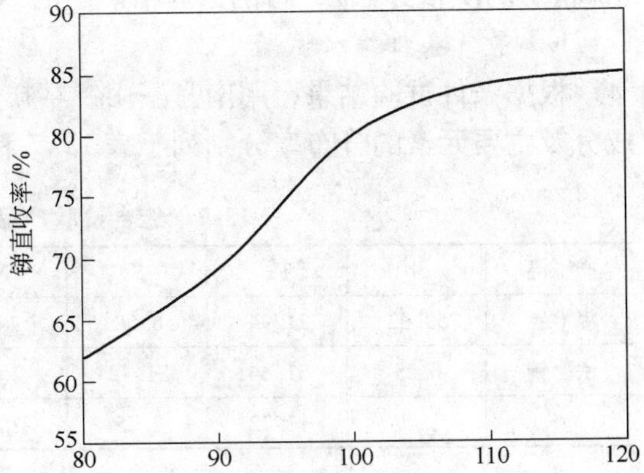

图13-6 烧渣加入量对金属锑直收率的影响

由图13-6可知，烧渣的加入量对金属锑直收率的影响很大。随着烧渣加入量的增加，金属锑的直收率也随之显著上升；但当固硫用的烧渣加入量超过理论量的110%后，金属锑直收率的提高比较缓慢。在试验中还发现，随着烧渣加入量的增加，炉渣的熔点和黏度随之下降，熔体流动性明显改善。这说明由于体系的强还原性气氛使得炉渣成分偏离了选定渣型。因此，为了获得较高的金属锑直收率，加入过量的烧渣是有必要的。最终选定的烧渣加入量为其理论量的120%。

D 添加剂加入量的影响

按锑精矿、煤粉、食盐的质量比为100∶20∶2 的配比加入煤粉和食盐。烧渣和石灰加入量为其理论量的120%。熔炼温度为1100℃，反应时间为2h，在1200℃下保温50min，分别控制总钠量为精矿量的4%、8%和10%，再改变苏打加入量（与锑精矿的质量比），考查不同添加剂加入量对熔炼过程的影响。试验结果如图13-7所示。

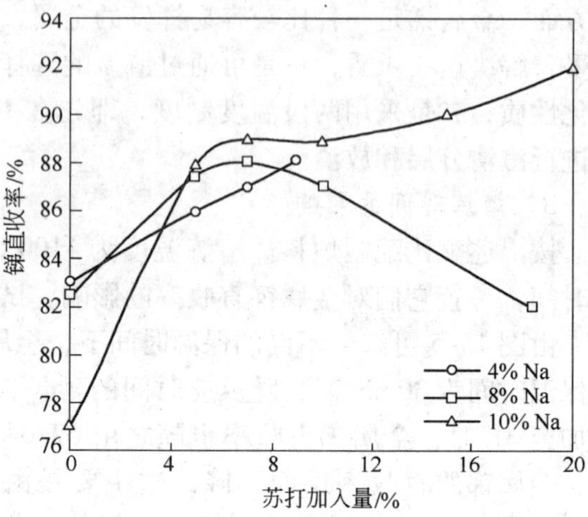

图13-7 苏打加入量对金属锑直收率的影响

由图13-7可知，添加剂加入量对熔炼过程的影响很复杂。当总钠量固定不变时，增加苏打的加入量，金属锑的直收率基本上呈上升趋势，但当总钠量质量分数为8%时，苏打量超过一定值后，金属锑的直收率反而下降。由于加入添加剂的主要作用在于降低铁锍相的密度和熔点，因此，当总钠质量分数小于8% 时，产物中并无单独铁锍相出现，主要为金属锑和铁锍的混合物，其中，金属锑的质量分数小于40% 。如果不加硫酸钠而只加苏打时，产生的铁锍很少且难以与金属锑分离。这可能是由于加入的硫酸钠在熔炼过程中被碳还原成 Na_2S 而进入铁锍相，铁锍相中 Na_2S 与 FeS 的相对含量影响铁锍的性质，如密度、熔点以及对金属锑的溶解度等。综合考虑金属锑的直收率和产物分离的简便性，苏打和芒硝的加入量为5%和24.2%（锑精矿的质量分数），总钠量为精矿量的10%为宜。

E 最优条件综合试验

根据条件试验结果，用南丹茶山锑精矿进行最佳条件综合试验，主要试验产品的化学成分及主要元素的分布率分别列于表13-7和表13-8。表中数据表明，金属锑的直收率较

表13-7 综合试验产品的化学成分（质量分数） （%）

产品	Sb	Fe	S	Na	CaO	SiO	Au	Ag
粗锑	59.02	31.94	8.68				5.0×10^{-5}	6.5×10^{-3}
铁锍	6.25	51.54	31.72	2.44			4.0×10^{-5}	2.0×10^{-3}
渣	1.29	11.32	2.25	7.73	16.40	47.27	4.1×10^{-5}	6.0×10^{-4}

表13-8 主要元素在产品中的分布（质量分数） （%）

产品	Sb	Fe	S	Au	Ag
粗锑	82.07	33.34	21.52	36.47	77.65
铁锍	7.82	48.40	70.79	26.25	21.50
渣	2.21	14.56	6.89	37.28	0.85
烟尘	7.90	3.70	0.80		
合计	100.00	100.00	100.00	100.00	100.00

高，达到82.07%。炉渣中含锑较低，可以直接弃去，但铁锍及烟尘中含锑较高，需要返回熔炼工序，这样金属锑的总回收率可达到97.79%。粗锑中铁和硫的含量较高，分别达到31.94%（质量分数）和8.68%（质量分数），需要设置单独的精炼工序。按产物计算，总的固硫率为99.20%，基本消除了含硫气体对环境的污染。原料中的银主要进入粗锑中，银的直收率为77.65%，总回收率为99.15%。金在产物中的分布比较分散，可能是由于原料中金的含量很低，分析误差所致。

F 铁锍的处理

硫化锑精矿还原造锍熔炼的主要产物为粗锑、铁锍、炉渣及烟尘。在这些产物中，铁锍是一种重要的产物，其主要成分为FeS和Na_2S。另外，铁锍中Sb和Ag的含量也较高，因此，为了提高Sb和Ag的总回收率，必须将铁锍处理后返回熔炼工序。

由于铁锍含有硫化钠，它容易吸水风化。用水浸出硫化钠，再用蒸发结晶法可得到硫化钠产品，因此，铁锍处理工艺的关键在于如何将其中的FeS转化为氧化铁并回收其中的硫。将铁锍中的FeS转化为氧化铁有两种方法，一种是将FeS湿法氧化为氧化铁和元素硫；另一种是将铁锍焙烧，所得的高浓度SO_2烟气用于制酸，而氧化铁渣含有金属锑以及金、银，可返回熔炼工序作造锍剂并回收其中的有价金属。

13.4.2 造锍熔炼两步炼锑

造锍熔炼两步炼锑法，即首先用硫酸钠作造锍剂并配入过量的煤，将硫化锑精矿熔炼成锑锍，然后再将锑锍进行湿法浸出—电积处理或将锑锍进行熔融电解处理制得金属锑。

13.4.2.1 熔炼原理

造锍熔炼两步炼锑法生成的锑锍为锑-钠锍，是硫化锑原料与硫酸钠在有还原剂存在条件下共熔而生成的硫代盐熔体，其主要反应式为：

$$Na_2SO_4 + 4C = Na_2S + 4CO$$

$$Na_2SO_4 + 2C = Na_2S + 2CO_2$$

$$Na_2SO_4 + 3C = Na_2S + CO_2 + 2CO$$

$$Na_2SO_4 + 4CO = Na_2S + 4CO_2$$

$$Sb_2S_3 + mNa_2S = Sb_2S_3 \cdot mNa_2S$$

碳还原硫酸钠开始于700~750℃，CO还原硫酸钠开始于850℃，随着温度的提高，反应速度显著增加，还原反应能较彻底地进行。

Sb_2S_3与Na_2S作用生成的锑锍中，主要含$NaSbS_2$、$Na_4Sb_2S_5$和Na_3SbS_3等硫代锑酸盐。除这些化合物外，锑锍中可能存在一定量的Na_3SbO_3、$NaSbO_2$及NaSbSO等锑-钠氧化物和氧硫代盐。它们是硫化钠与原料中的锑氧化物作用而生成的，例如，可发生以下一些反应：

$$Sb_2O_3 + 3Na_2S = Na_3SbO_3 + Na_3SbS_3$$

$$2Sb_2O_3 + 3Na_2S = 3NaSbO_2 + Na_3SbS_3$$

$$Sb_2O_3 + Na_2S = NaSbO_2 + NaSbSO$$

在造锍熔炼的实际条件下，强还原性气氛的存在，可使硫酸钠迅速转变成硫化钠并与硫化锑生成锍相，而且有可能使锑还原成金属。少量金属锑一般不形成单独的金属相，而可完全溶解于锍相中。为了避免形成独立的锑金属相，熔炼时必须配入过量的硫酸钠，以获得足够的锍相。例如，用锑的质量分数为40% ~45%的精矿（锑氧化率为10% ~15%）进行造锍熔炼，当硫酸钠的配料量不小于精矿量的40%时，没有发现单独的金属相。

造锍熔炼时，硫酸钠不仅用作造锍剂，而且用作熔剂。造渣时，作熔剂消耗的硫酸钠量达到炉料中的50% ~70%，这部分硫酸钠可用碳酸钠、石灰石等代替。

13.4.2.2　熔炼设备和工艺

造锍熔炼两步炼锑法一般用三相交流电炉作为造锍熔炼设备。电极电压为50 ~100V，熔炼温度约1200℃左右。

采用电炉进行造锍熔炼可处理多种含锑硫化矿，如硫化锑精矿及含银的黝铜矿精矿等。前苏联哈萨克科学院选矿冶金研究所曾用本国的锑原料，对电炉造锍熔炼进行了研究，结果表明，电炉造锍熔炼的最佳条件是：硫酸钠消耗为精矿量的40% ~55%；还原剂（煤）消耗量为精矿量的3% ~6%；熔炼温度1150 ~1200℃。在这些条件下，锍中锑的回收率为78% ~86%，渣损失锑为0.6% ~2%，其余的锑进入烟尘。精矿熔炼能力达3.2t/(m^2 · d)，锍产出率为精矿量的40% ~50%。锑锍的主要化学成分为（质量分数）：Sb 40% ~50%，S 约30%，Na10%，Fe7% ~8%。原料中含有的重金属和贵金属也富集于锑锍中。电炉熔炼的渣含锑仅0.2% ~1%，可丢弃或加工成建筑材料加以利用。

13.4.2.3　锑锍的处理

造锍熔炼所得的锑－钠锍需要经过第二步处理，才能得到金属锑。锑锍的处理方法主要有两种：一种方法是湿法浸出，使锑进入硫化钠溶液中，再对溶液进行电积处理，在阴极获得金属锑，或者采用置换法获得金属锑，锑锍中的贵金属残留在浸出渣中另外进行处理；另一种方法是将锑锍进行熔盐电解处理，在阴极上析出金属锑，在阳极上析出硫，电解后的残余物主要是Na_2S，可将其返回熔炼过程。为了在电解时获得最佳结果，在造锍熔炼作业加入的硫酸钠量，应当保证所得锑锍含（质量分数）Na_2S 40% ~50%。这种成分的锑锍在熔融状态的离子导电性很高，当电解过程温度达700 ~800℃，槽电压5 ~8V，电流密度2 ~3A/cm^2时，电解的电流效率达70% ~80%，但由于在电解槽的工业化方面仍存在一定的问题，迄今尚未见工业应用的报道。

13.5　硫化锑的低温焙烧－还原熔析

常规火法炼锑所采用的挥发焙烧还原熔炼工艺，存在环境污染严重、工艺流程长、劳动条件差和设备投资大等缺点。

早在20世纪五六十年代，原中南矿冶学院与锡矿山合作，前后成功地进行了浮选硫化锑精矿的低温沸腾焙烧试验和在多膛炉内的非挥发焙烧试验。试验结果证明，硫化锑精矿在上述两种炉型中的低温非挥发焙烧是完全可行的，且各种经济技术指标均优于挥发焙烧。20世纪90年代，贵州工业大学用硫化锑精矿分别在沸腾炉和回转窑中进行的多次试验也验证了这一结论。

非挥发焙烧的反应温度较低，硫化锑氧化脱硫后仍留在焙砂中，同时由于无需鼓入大量空气，焙烧烟气中的SO_2浓度较高，达到了制酸的要求，避免了常规焙烧工艺低浓度SO_2的污染问题。但是，低温非挥发焙烧的焙砂中含有原矿中的脉石组分，不适应利用已成熟的反射炉还原熔炼工艺制取金属锑，若能解决焙砂的熔炼问题，则火法炼锑工艺流程将大大简化。为寻求一个理论上可行、技术进步的炼锑工艺，贵州工业大学曾进行过锑精矿非挥发焙烧产品的还原熔炼研究，取得了较好的试验结果。

13.5.1 低温焙烧－还原熔析的理论基础

辉锑矿是一种极易氧化的硫化锑矿物。根据 Sb_2S_3 氧化为 Sb_2O_3 的反应，可计算出不同温度下反应自由焓的变化值为：300℃时为－2.525MJ/mol；600℃时为－2.435MJ/mol；1000℃时为－2.326MJ/mol。从这些数据可以看出，Sb_2S_3 在较低的温度下氧化为 Sb_2O_3 在热力学上是完全可行的。辉锑矿在空气中的着火温度，随物料的粒度而改变，粒度0.1mm时着火温度为290℃，粒度0.2mm时着火温度为360℃。0.1mm试料在400℃前可全部脱硫，生成固体状 Sb_2O_3 与脉石共存于焙砂中，这样即实现了非挥发的低温焙烧。

关于锑精矿低温氧化焙砂的还原熔析，日本理化研究所渡边元雄研究了三氧化二锑与一氧化碳的如下反应：

$$Sb_2O_{3(固)} + 3CO \longleftrightarrow 2Sb_{(固)} + 3CO_2$$

测出还原反应的平衡气相组成为：在502℃时，CO_2 体积分数为99.92%，CO体积分数为0.08%；596℃时，CO_2 体积分数为99.85%，CO体积分数为0.15%。由此可见，由于CO气体容易与固体 Sb_2O_3 接触，所以还原反应在低于金属锑的熔点以下是可以进行完全的。据渡边元雄计算的标准自由焓变化值，当气体温度在500℃时，还原反应的 $\Delta G^{\ominus}$ 为－131378J/mol；600℃时，$\Delta G^{\ominus}$ 为－92629.6J/mol。因此，氧化锑还原为金属锑，既可以用固体炭在较高的温度下进行，也可在较低的温度下用气体还原，两者均同样具备热力学反应条件，且后者更具有应用价值。

利用氧化锑的易还原性和金属锑的低熔点性质，可以在锑的熔点（约630℃）范围内使氧化锑还原成金属锑，然后将温度提高到700℃，便可把分散的固体锑粒熔析成液体，从而达到锑与其他高熔点脉石分离的目的。

13.5.2 低温焙烧－还原熔析试验

13.5.2.1 试验原料

试验原料选择面较宽，浮选锑精矿、手选精矿、硫氧混合精矿和复杂氧化矿均可作为原料入炉。精矿在焙烧前需经脱水处理，这样既使矿粉疏松，在焙烧时又节约热能。粒度要求小于0.295mm。试验精矿的主要成分为（质量分数）：Sb 37%～62%，Si 4.9%～26.62%，As 0.03%～0.121%，Se 0.0016%～0.0131%。还原气体既可用CO，也可用含 H_2 70%左右的液氨裂解气或氨肥厂氨合成过程中释放的含 H_2 气体。

13.5.2.2 试验流程与设备

经过小试探索，焙烧炉最后选用了传质传热效果好、能充分利用浮选精矿的活性表面特性、可创造良好流体力学条件的一种松动状流态化低温焙烧炉型。这种炉型将焙烧和收尘融为一体，充分利用了硫化物的潜热，除开炉时供给必要的热能外，基本实现了全过程的自热焙烧。焙烧炉规格为 ϕ600mm×1200mm，容积为0.33m^3，实际容量为0.6t，炉床处理精矿能力为4.36t/(m^2·d)。

由于锑在焙砂中处于极其分散的状态，故还原炉与熔析炉的选择必须以气固和气液接触良好为前提，再综合考虑其他因素。沸腾炉可以满足焙砂还原的要求，但还原后的产品还必须由熔析炉来完成渣锑的分离。为尽量缩短工艺，提高设备利用率，满足各项经济技术要求，通过各种炉型的对比试验，最后认为回转窑是较为可取的炉型，并借鉴沸腾炉的一些优点，在窑内增设一套相应的扬料装置，以改善还原气体与物料之间的接触，还原与熔析均在同一炉窑内进行。还原熔析回转窑规格为 ϕ600mm×3000mm，有效容积 0.1272m^3，填充系数 0.15～0.16，产能为 0.25t 焙砂/炉。

13.5.2.3　凝聚剂的选择

锑的非挥发焙烧和焙砂的低温还原在理论上是可行的，但要从低温还原后的混合产品中将锑与脉石分离，缺乏充分的理论依据和成功的实践经验。从热力学分析，用化学和物理的方法是可分离的，但工艺复杂，分离不彻底。利用锑与脉石的熔点差异，用物理的方法熔炼分离，结果是渣和锑熔结不分，曾在不同的温度条件下做过无数次试验，均以失败告终。但在熔炼中加入各种不同的凝聚剂后，实验结果就大不一样了，特别是选用氯化钠，效果特别突出。凝聚剂的选择试验结果如表 13-9 所示。

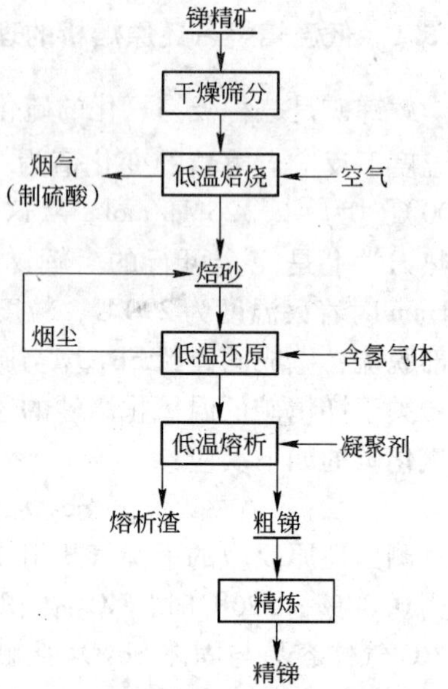

图 13-8　低温焙烧－还原熔析试验流程

表 13-9　凝聚剂的选择试验结果

序　号	1	2	3	4	5	6
还原混合料/kg	250	250	250	250	250	250
凝聚剂	$NaCO_3$	$NaCO_3$	NaCl	NaCl	C	C
凝聚剂用量/kg	12.5	10	12.5	10	12.5	10
熔炼时间/h	1.5	1.2	1.5	1.2	1.5	1.2
炉温/℃	600～700	630～700	600～700	630～700	600～700	630～700
还原气体用量/L·min^{-1}	25	30	25	30	10	15
渣锑分离率/%	30	15	99	80	20	10

根据 NaCl 的物化特性，在小于 800℃ 的熔炼温度下，它既不会熔化，也不会与物料中的任何成分发生化学反应。NaCl 在还原混合料中能湿润微小锑粒的表面，使锑粒增加表面张力，而且整个物料变得疏松。随着物料在炉内不停运动，锑粒间不断相互碰撞，使锑粒珠愈聚愈大，最后汇聚成锑液。根据炉内液相和固相物质密度的不同，完全实现了锑与脉石的分离。

13.5.2.4　试验的技术条件

试验的技术条件如下：

焙烧温度：　　370～450℃

空气过剩系数：　　1.2～1.5

还原温度：　　400～630℃

熔析温度　　630～700℃

回转窑转速：　　13r/min

窑填充系数： 15%
还原时间： 6h
熔析时间： 1.5h
还原气体用量： 25～180L/min
凝聚剂用量： 5.2%。

13.5.2.5 焙烧试验结果

以8×3kW的电热丝作为焙烧炉启动热源，当炉温达到400℃时开始缓慢加料。整个焙烧过程炉温控制在370～450℃之间，试验结果见表13-10。

表13-10 低温焙烧试验结果

序号	1	2	3	4	5
进料率/$kg \cdot h^{-1}$	40	60	60	70	80
总进料量/kg	400	600	600	700	400
炉温/℃					
上部	380	390	400	440	435
中部	420	430	445	430	450
下部	410	430	425	430	440
空气过剩系数	1.2	1.2	1.3	1.5	1.3
进风量/$m^3 \cdot h^{-1}$	50	73	93.5	105	105
原料成分（质量分数）/%					
Sb	50.13	50.13	61.2	50.13	50.13
As	0.05	0.05	0.121	0.05	0.05
S	19.52	19.82	24.13	19.82	19.82
焙砂成分（质量分数）/%					
Sb	56.43	56.78	71.71	55.21	54.92
As	0.027	0.021	0.046	0.036	0.03
S	0.92	0.97	0.80	1.21	1.33
烟气SO_2体积分数/%	7.1	8.3	8.9	6.4	8.5
焙砂中锑的平均回收率/%	97.13				

锑精矿氧化焙烧过程的关键是控制好炉子各部分的温度。炉温过高，料易烧结；炉温过低，产品残硫率高。而温度的控制又在于进风量和进料量的大小，只有调整好这两个参数，温度才易于控制。

13.5.2.6 还原熔析试验结果

用两种不同的非挥发低温氧化焙砂做原料，还原与熔析在同一窑内的不同阶段进行，550℃之前主要为还原阶段，650℃后为熔析阶段。为了让渣、锑更好分离，在原料中添加了5%～5.2%（质量分数）的凝聚剂，以增强锑粒的聚合能力。还原剂选用含氢约70%的液氨裂解气。生产方式采用间断式作业，试验结果见表13-11。

低温还原的控制温度为450～550℃，熔析的最佳温度为680℃。试验所用的外加热式回转窑采用电加热，其温度可自动控制。炉料在各段的停留时间应满足焙砂中各种不同价态氧化锑的还原温度要求。测定炉窑出口尾气中氢的含量多少，即可确定各段物料所需的停留时间。

表 13-11　还原熔析试验结果

序　号	1	2	3	4	5	6
料量/t · 炉$^{-1}$	0.25	0.25	0.25	0.25	0.25	0.25
窑转速/r · min^{-1}	13	13	13	13	13	13
填充系数/%	15	15	16	16	15	16
停留时间/h						
400 ~ 450	2	0	0	2	0	0
450 ~ 500	3	3	4	2	4	1
500 ~ 550	2	2	1	2.5	1	3
550 ~ 650	1	1	1	0.5	1	0.5
650 ~ 700	1	2	1.5	1	1	1.5
还原气体最大量/L · min^{-1}	160	170	150	130	175	165
还原气体最小量/L · min^{-1}	32	34	30	26	35	33
焙砂成分（质量分数）/%						
Sb	56.43	56.43	47.12	47.12	56.43	47.12
As	0.027	0.027	0.034	0.034	0.027	0.034
S	0.92	0.92	0.76	0.76	0.92	0.76
Se	0.0026	0.0026	0.0014	0.0026	0.0014	0.0014
焙砂成分（质量分数）/%						
Sb	98.2	99.1	99.6	96.3	97.6	98.1
As	0.029	0.008	0.021	0.036	0.029	0.024
Se	0.0027	0.0009	0.0007	0.0017	0.0021	0.0012
粗锑量/t	0.1361	0.1352	0.1131	0.1152	0.134	0.1113
金属直收率/%	94.8	95.1	95.71	94.25	92.77	92.76

焙砂中的残硫率是还原过程的限制性指标，残硫率越高，还原越困难，不仅还原时间加长，且易产生结窑。因此，要求在焙烧过程中尽可能降低焙砂中的硫。

焙砂中氧化锑的还原速率，与氢气的通入量有密切关系。通入氢气的速率过大，会降低还原温度，造成反应减速，同时使气流带出的物流量增加。而通入氢气的速率过小，不但会降低炉内物料的还原速度，而且易造成炉结。因此通入氢气的速率过大或过小，均不利于氧化锑的还原，而且各个还原阶段的氢通入量也有所差异。

氢气与物料的接触方式对于还原速率具有很大的影响。试验所用回转窑内增加了一套扬料器，增加了气固接触的几率，提高了还原速率。但这种炉型还存在着设备利用率低、热损失大等问题，有待进一步研究解决，以使工艺更加完善合理。

在熔析阶段，适当通入微量的氢气使窑内保持还原气氛，有利于进一步除去液体锑中的砷、硒，且能把砷、硒含量降低到控制指标内，这一过程与时间和温度有直接关系。

锑精矿的低温焙烧－还原熔析工艺具有以下特点：

（1）焙烧烟气中 SO_2 的浓度高，可用于制酸，从而消除了传统火法炼锑的大气污染问题。

（2）由于焙烧过程温度较低，为炉顶设立布袋收尘创造了有利条件，使整个过程均处在趋于封闭的体系中完成，这不但简化了工艺，提高了设备利用率，而且有效地控制了锑的各类损失，金属回收率可达97%。

（3）在传统工艺中，除砷、硒的问题始终没有一个最佳的方法，因而严重影响了精锑的质量。低温焙烧－还原熔析法，不但焙烧时可以除去一部分砷、硒，而且在熔析中，只要使窑内保持还原气氛，就能把砷、硒降低到理想的程度，粗锑中锑的质量分数高达96%～99%。

锑精矿的低温焙烧－还原熔析试验取得了较好的经济技术指标，但要形成大规模生产，还有许多工作要做。

13.6 硫化锑的氢还原

早在20世纪初，即有人开始进行硫化锑的氢还原试验。试验表明，在加热的硫化锑中通入氢气可获得金属锑，该还原反应可用下式表示：

$$Sb_2S_3 + 3H_2 = 2Sb + 3H_2S$$

反应在较低的温度下（硫化锑的熔点550℃以下）即可发生，且随温度的升高，反应体系中 H_2S 的分压也会提高，说明升高温度有利于硫化锑的还原。

日本学者须藤钦吾曾详细研究了上述氢还原硫化锑反应的平衡常数与温度的关系，其所得的关系式为：

$$\lg K_p = -10893T^{-1} + 11.950$$

据此计算的反应自由焓变化与温度的关系如下：

$$\Delta G^{\ominus} = 208532 - 228.77T$$

由以上关系式可知，在标准状态下，硫化锑氢还原反应的起始温度约640℃，温度愈高，反应速度愈快。在400～800℃的温度范围内，$\Delta G^{\ominus}$ 和 K_p 的计算值列于表13-12。

表13-12 Sb_2S_3 氢还原反应的 $\Delta G^{\ominus}$ 和 K_p 值

温度/℃	400	500	600	700	800
$\Delta G^{\ominus}$/kJ	54.54	31.66	8.78	-14.10	-36.97
K_p	5.86×10^{-5}	7.26×10^{-3}	0.30	5.71	63.05

表13-12表明，在标准状态下，硫化锑的氢还原反应速度较慢，在温度较低时只能朝反方向进行，但是在实际还原过程中，由于生成的 H_2S 气体被不断排出或采用固硫剂吸收，降低了体系中 H_2S 气体的分压，还原反应依然可以在较低的温度下进行。当然，还原反应最好在较高的温度下进行。

我国学者的研究结果证实，氢还原液态硫化锑的反应速度比在固体状态下要快得多，并且还原产物也容易与残渣分离。例如在850℃时的还原时间较固态硫化锑的还原时间大大缩短，大约仅需1小时左右，硫化锑的还原率大于95%。此外，高温下还原所得粗锑的质量更好，例如在850℃时，还原所得粗锑的质量分数在98%以上，比在650℃时还原所得粗锑的含量约高1个百分点。

目前的试验结果表明，用氢气直接还原硫化锑生产金属锑较现在常规锑冶炼法的速度要快，但在还原反应的基础理论、工业化还原反应器的设计及 H_2S 气体的回收利用等方面还存在一定的难度，有待于进一步研究。

13.7　熔盐电解

硫化锑精矿的熔盐电解是用硫化锑加硫化钠共熔，在适当的温度及电气条件下进行电解，在阴极上析出金属锑，在阳极上析出硫，但这种技术迄今没有得到工业应用。

西班牙科学院物理化学研究所曾详细研究了 $Na_2S - Sb_2S_3$ 熔体的电积过程，得出硫化锑熔盐电积的最佳条件是：Na_2S 浓度为 0.33mol 分数，温度为 900 ~ 1000℃，电流密度为 1 ~ 2A/cm^2，电流效率高达 100%。

在上述条件下进行硫化锑的熔盐电解，由于离子电导率高，采用的电流密度比水溶液中电积高出 30 ~ 60 倍，可以大大提高设备的单位生产能力。在理论上，这是一项很有价值的技术，值得进一步研究。

14 锑的湿法冶金

14.1 概述

传统的火法炼锑工艺，存在低浓度二氧化硫的危害，这个问题一直很难彻底解决，为此，我国自1965年即开始进行锑矿的湿法处理工艺研究。湿法炼锑工艺既能处理单一的含锑原料，又能处理复杂多金属矿，如锑金矿、锑铅矿、锑汞矿、硫化-氧化混合矿以及铜、铅精炼过程的阳极泥，冶炼厂的含锑烟尘等。

锑的湿法冶金工艺主要包括锑的浸出和浸出液的处理两个过程。锑的浸出方法分为碱性浸出和酸性浸出两种，浸出液的处理则分为电解沉积法、氢还原法产出金属锑及其他一些直接产出锑白或锑酸钠等化工产品的工艺。此外，我国还开发了拥有自主知识产权的矿浆电解新技术，它将湿法冶金通常包含的浸出、溶液净化、电积3个工序合而为一，利用电积过程的阳极氧化反应来浸出矿石，其实质是用矿石的浸出反应来取代电积的阳极反应，使通常的电积过程阳极反应大量耗能转变为金属的有效浸出。同时，槽电压降低，电解电能下降，整个流程大为简化。矿浆电解技术适合于处理多金属复杂矿及伴生矿，如复杂锑铅矿等，对传统电解或电积来说，这是一个重大的变革，不仅大大简化了流程，金属回收率高，而且能源得以充分利用，环境友好，具有较好的发展前景。

碱金属硫化物的水溶液很容易使硫化锑溶解，它不但能选择性地将精矿中的锑优先溶解，而且硫化钠还可以在电积过程中再生，返回浸出使用。硫化钠水溶液为碱性，对钢铁没有腐蚀作用，因此一般容器和设备可以采用钢铁结构而无需另外采取防腐措施，这给大规模的工业生产带来很大好处，因而锑的碱性浸出工艺最早得到工业应用。现在工业上应用的湿法炼锑技术大多为硫化钠碱性浸出-硫代亚锑酸钠溶液电解的碱性湿法处理技术。

锑矿的碱性浸出-电积处理技术不仅金属回收率高，而且还可按无渣工艺处理多金属锑精矿，例如锑铅精矿的浸出渣可送炼铅厂处理，渣中的锑以锑酸钠形态回收，锑的碱性浸出率可达99%以上，电积回收率98.92%左右，综合回收率不低于98%。火法流程中，鼓风炉挥发熔炼的回收率只有96%，直井炉挥发焙烧仅93%，碱性浸出-电积综合回收率比鼓风炉和直井炉分别高2%和5%。

酸性湿法炼锑主要采用三氯化铁、五氯化锑或氯气等作为浸出剂在酸性环境下将锑浸出，对浸出液可作电积或还原处理产出金属锑，但多数是直接生产锑白等化工产品，我国的广东和广西等省区已建设了一些湿法锑白厂。

锑精矿的矿浆电解法最早由北京矿冶研究总院提出，在 $HCl-NH_4Cl$ 体系中用矿浆电解法处理脆硫铅锑矿，可成功地实现铅锑分离并一次获得电解锑。

锑的湿法冶金工艺虽然有很多优点，但也存在不少缺点。例如用湿法工艺生产金属锑的成本高于火法工艺；在环保方面，虽然没有 SO_2 的危害问题，但在废水处理方面同样也存在一定的问题。硫化钠碱性浸出-硫代锑酸钠溶液电积工艺曾用于生产实践，目前已退出我国的锑冶炼行业。但用碱性浸出继而生产焦锑酸钠的方法由于其大大简化了工艺过程，生产成本低，已成为焦锑酸钠的主要生产方法。氯化浸出－水解法生产锑白等化工产品已投入工业生产，其优点是产品质量好，金属回收率高，无 SO_2 污染，但其生产成本仍比火法高，今后的发展方向是作为生产高档锑白或其他高价值锑化工产品的中间原料。

本章主要介绍采用湿法工艺生产金属锑的方法，而用湿法工艺生产锑白或其他化工产品的内容将在后面的章节中介绍。

14.2　碱性湿法炼锑

以硫化锑精矿为原料的碱性湿法炼锑，目前所用的浸出剂，主要是硫化钠和氢氧化钠的混合溶液。碱性湿法炼锑主要包括锑的碱性浸出和浸出液的处理两大工序，即先用硫化钠和氢氧化钠溶液浸出锑精矿，产出硫代亚锑酸钠溶液，然后对硫代亚锑酸钠溶液进行电积，产出阴极锑，或者对硫代亚锑酸钠溶液进行还原处理，产出金属锑粉。硫代亚锑酸钠溶液的电积又分为隔膜电积和无隔膜电积两种，我国一般采用隔膜电积法。

硫化钠碱性浸出的优点是锑的浸出率高，选择性好，杂质金属的溶出率较低，对设备无特殊的防腐要求，易于在工业上实施，因而得到推广。

14.2.1　锑精矿的碱性浸出

14.2.1.1　碱性浸出原理

用硫化钠和氢氧化钠混合溶液作为浸出剂浸出硫化锑精矿时，其主要反应为：

$$Na_2S + Sb_2S_3 = 2NaSbS_2$$

$$NaSbS_2 + Na_2S = Na_3SbS_3$$

$$Na_3SbS_3 = 3Na + SbS_3^{3-}$$

$$Na_2S + H_2O = NaOH + NaHS$$

$$Sb_2S_3 + 4NaOH = NaSbO_2 + Na_3SbS_3 + 2H_2O$$

$$Sb_2O_3 + 3Na_2S + 3H_2O = Sb_2S_3 + 6NaOH$$

$$Sb_2S_3 + 3Na_2S = 2Na_3SbS_3$$

$$Sb_2O_3 + 6Na_2S + 3H_2O = 2Na_3SbS_3 + 6NaOH$$

$$HgS + Na_2S = Na_2HgS_2$$

$$As_2S_3 + 3Na_2S = 2Na_3AsS_3$$

$$As_2S_5 + 3Na_2S = 2Na_3AsS_4$$

$$SnS_2 + 2Na_2S = Na_4SnS_4$$

$$3SnS_2 + 6NaOH = 2Na_2SnS_3 + Na_2SnO_3 + 3H_2O$$

硫化锑很容易在硫化钠碱性溶液中溶解，当溶液中有足够的硫化钠时，Sb_2S_3 将优先与硫化钠反应而不与 NaOH 发生反应，只有当溶液中的硫化钠不足时，Sb_2S_3 才会与 NaOH 发生反应。

一般认为，矿石或精矿中的三氧化锑（Sb_2O_3）在硫化钠溶液中的溶解反应分为两步，即先生成硫化锑，然后再生成硫代亚锑酸钠。该溶解反应不如硫化锑的溶解反应那样容易进行，且所需硫化钠的理论摩尔量比溶解硫化锑多一倍。此外，锑的高价氧化物 Sb_2O_4 和 Sb_2O_5 较难溶解于硫化钠溶液，硫化锑精矿中的伴生金属，除 Hg、As 和 Sn 的硫化物外，Cu、Pb、Fe、Zn、Ag 等在硫化钠溶液中都难溶解，以毒砂（FeAsS）形式存在的 As 也不能被浸出。

由于氧化锑（特别是高价氧化锑）比硫化锑难以溶解，所以在碱性湿法炼锑时，一般要求原料中氧化态的锑不大于总锑的 25%。如果硫氧混合锑精矿中高价锑氧化物的含量过高，则可通过低温还原焙烧处理，使其转变为低价氧化锑或硫化锑后再进行碱性湿法浸出。

14.2.1.2 浸出过程的影响因素

硫化锑碱性浸出过程的动力学研究表明，锑的浸出是化学反应和扩散联合控制的过程，因此，任何影响化学反应的条件及影响扩散过程的因素都将制约锑的浸出。

锑精矿碱性浸出的主要影响因素有硫化钠用量及浓度、氢氧化钠用量及浓度、浸出温度、浸出时间、搅拌强度及精矿性质（锑的形态、精矿粒度及孔隙度）等。这些因素之间存在交互效应，即当其他因素变化时，某一因素对锑浸出率的影响规律可能是不同的。以下主要介绍我国锡矿山过去所作的单因素影响试验结果，试验所用锑精矿中的主要含锑矿物是硫化锑，Sb_2S_3 中锑的质量分数为 87.3%，Sb_2O_3 中锑的质量分数为 10.3%，锑酸盐中锑的质量分数为 2.4%。

A 硫化钠用量及浓度的影响

硫化钠是锑浸出过程中最重要的影响因素，硫化钠的实际用量一般要大于理论量，实际用量与理论用量的比值称为过量系数或过剩系数。硫化钠的过量系数在 1.1～1.6 的范围内时，对锑的浸出率影响不大。在实际浸出生产中，硫化钠的过量系数一般控制在 1.1～1.2 范围内即可获得满意的浸出效果。

锑的浸出率一般随硫化钠浓度的增大而增加，但过高的硫化钠浓度对锑的浸出反而不利。

图 14-1 是在浸出温度 98℃，Na_2S 过量系数 1.2，液固比 2.5∶1，浸出时间 3h 的条件下，硫化钠浓度对硫化锑精矿浸出率的影响。图 14-1 表明，当温度较高时，在较宽的硫化钠浓度范围内，锑的浸出率均较高。当硫化钠的浓度在 120～140g/L 时，锑的浸出率最高，但过高的硫化钠浓度将导致锑的浸出率下降。

硫化钠的质量浓度对硫化锑精矿浸出过程影响的另一个试验结果如图 14-2 所示。该试验的浸出条件为：浸出温度 30℃，浸出时间 20min，液固比为 250mL Na_2S 溶液∶50g 锑精矿。由图 14-2 可知，锑浸出率最高时，对应的硫化钠质量浓度约为 120g/L，当 Na_2S

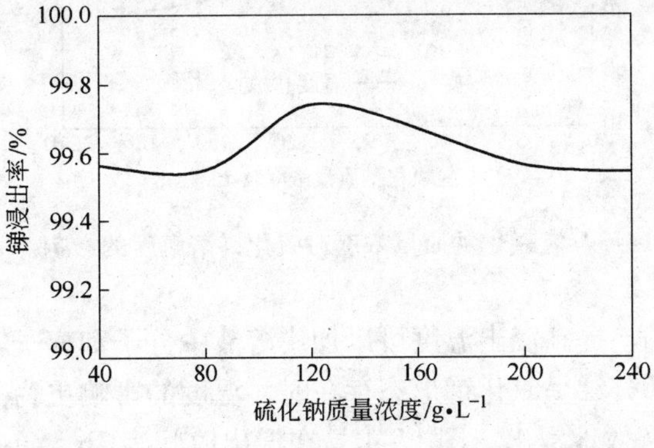

图 14-1 98℃时硫化钠质量浓度对浸出率的影响

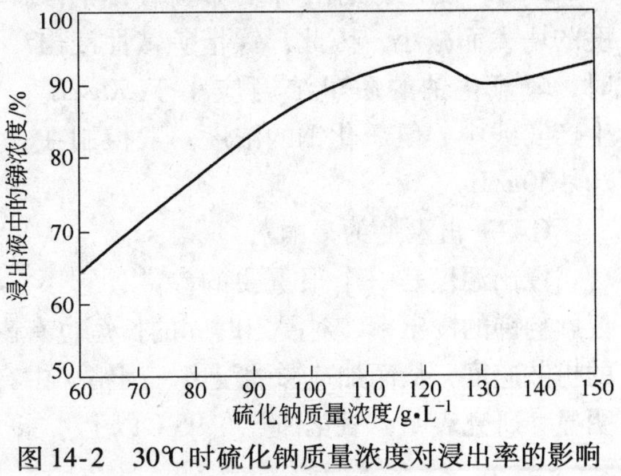

图 14-2 30℃时硫化钠质量浓度对浸出率的影响

质量浓度大于 120g/L 时，锑的浸出率略有下降，这个结果与锡矿山在 98℃时的浸出结果是一致的。在工业实践中，一般将硫化钠的浓度控制在 120 ~ 140g/L 的范围内。

硫化钠的质量浓度过高，锑的浸出率反而下降，其原因可能有两种：一种是在保证 Na_2S 过量系数一定的条件下，Na_2S 质量浓度的提高将导致液固比减小，溶液的黏度增加，分子扩散受到影响，因而不利于锑的浸出。另一种是当硫化钠溶液的浓度增加时，其氧化程度也随之增加，氧化生成 Na_2S_2（过硫化钠或称多硫化钠）、亚硫酸钠和硫代硫酸钠等。亚硫酸钠和硫代硫酸钠会使硫化锑在硫化钠溶液中的溶解度下降。硫化钠氧化过程的主要反应如下：

$$Na_2S + H_2O \longequal NaHS + NaOH$$

$$2Na_2S + 3O_2 \longequal 2Na_2SO_3$$

$$2Na_2S + H_2O + CO_2 \longequal 2NaHS + Na_2CO_3$$

$$4NaHS + O_2 \longequal 2Na_2S_2 + 2H_2O$$

$$2Na_2S_2 + 3O_2 \longequal 2Na_2S_2O_3$$

硫化钠溶液中的亚硫酸钠和硫代硫酸钠会使硫化锑的溶解度降低，这已被试验所证实，而且硫代硫酸钠的影响更大。添加一定量的 NaOH，可以抑制硫化钠的水解和氧化，从而减少溶液中亚硫酸钠和硫代硫酸钠的浓度，因此，工业生产中均添加一定量的 NaOH 抑制 Na_2S 的水解和硫化钠溶液的氧化，即采用硫化钠 - 氢氧化钠混合溶液作浸出剂。硫化钠溶液氧化生成的过硫化钠和硫代硫酸钠还会降低电解作业的电流效率，并影响副产品硫化钠的产量和质量。

B　氢氧化钠用量及浓度的影响

氢氧化钠的作用主要是抑制 Na_2S 的水解和硫化钠溶液的氧化，其次是当 Na_2S 用量不足时，能代替 Na_2S 溶解硫化锑。工业生产中，氢氧化钠的用量一般控制在硫化钠用量的 20% 左右。

在硫化钠质量浓度为 170g/L 时，氢氧化钠的浓度对硫化锑溶解度的影响见图 14-3。当氢氧化钠的质量浓度小于 50g/L 时，硫化锑的溶解度随氢氧化钠浓度的增大而增加；当氢氧化钠的质量浓度大于 50g/L 时，硫化锑的溶解度随氢氧化钠浓度的增大而减小。因此，锑精矿碱性浸出时，氢氧化钠的质量浓度应小于 50g/L。生产实践中，氢氧化钠的浓度一般控制在 20 ~ 30g/L。

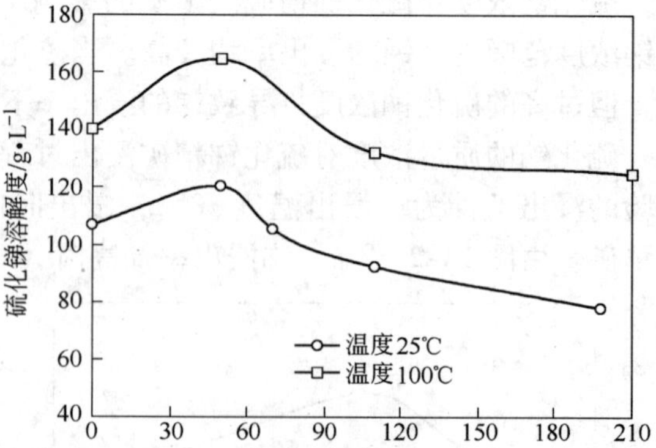

图 14-3　氢氧化钠质量浓度对硫化锑溶解度的影响

C　浸出温度的影响

浸出温度是一个很重要的参数，它不仅影响锑的浸出率，对浸出时间的长短也有影响。提高浸出温度可以加快溶液中分子和离子的扩散速度，从而加速锑的浸出。当精矿中有部分锑呈氧化锑形态存在时，温度的影响更为明显。研究表明，氧化锑要在 95℃以上才能被有效地浸出。图 14-4 是在浸出时间为 3h，硫化钠浓度为100g/L，硫化钠过量系数为1.2的条件下，温度对浸出率的影响情况。从图14-4可以看出，常温下，锑的浸出率已达98%以上，随着浸出温度的升高，浸出率也升高。由于氧化锑较难浸出，所以当原料中的氧化锑含量较高时，应适当提高浸出温度。

D 浸出时间的影响

浸出时间取决于原料粒度、孔隙度、浸出温度及原料中可溶锑的含量等。在浸出过程的初始阶段，锑的浸出率随时间的延长而增大，但浸出时间过长反而会使浸出率下降，同时也降低了设备的生产能力。硫化锑在硫化钠溶液中的溶解速度很快，当溶液中有足够的硫化钠并在适当温度及搅拌的情况下，浸出15min即可获得很高的浸出指标。实践中为了使原料中的锑充分溶解，一般控制浸出时间为15~30min。图14-5为浸出时间对浸出率的影响情况，试验用硫化锑浮选精矿的粒度为0.074mm（-200目）占85.8%，硫化钠浓度97g/L，浸出温度100℃，硫化钠过量系数1.165。当浸出时间为10~30min时，浸出率即可达99.6%~99.72%，若浸出时间再延长，对浸出反而不利，原因是SbS_3^{3-}和硫化钠不稳定，随着时间的延长，溶液中的硫化钠发生氧化反应，降低了溶液中的S^{2-}浓度，从而导致硫化锑的溶解反应反向进行，即SbS_3^{3-}重新离解为Sb_2S_3和S^{2-}。

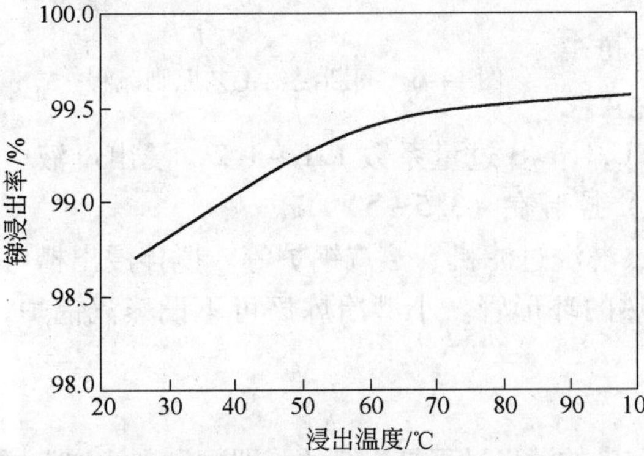

图14-4 浸出温度对锑浸出率的影响

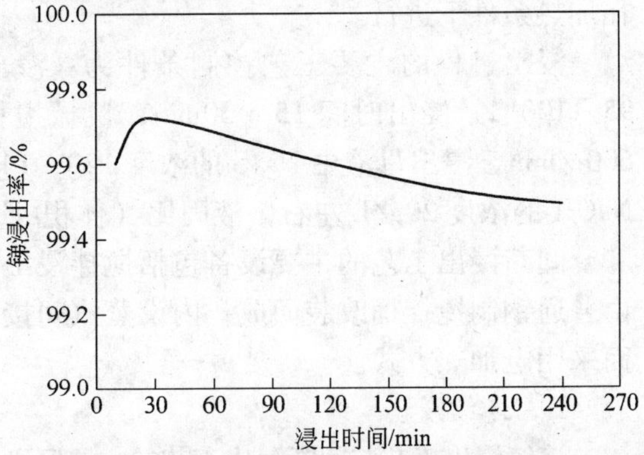

图14-5 浸出时间与锑浸出率的关系曲线

E 搅拌强度的影响

锑精矿的浸出过程受化学反应和扩散联合控制，所以在浸出过程中，为了增加固液界面的接触和加速溶液的扩散，充分搅拌是十分必要的。为了尽量减少溶液和空气的接触，采用机械搅拌为好。搅拌速度一般控制在600r/min，以将矿浆搅起，固体物料呈悬浮状态为宜。

F 锑精矿性质的影响

锑精矿的粒度、孔隙度及硫化锑和氧化锑的含量等对锑的浸出有较大影响。原料的粒度愈小，比表面积愈大，浸出反应速度也愈快。反之，原料的粒度愈大，浸出所需时间愈长。试验证明，粒度小于5mm的矿石，要5h才能浸出完全；-0.147mm（-100目）占95%的浮选精矿，需要浸出2h，而-0.074mm（-200目）含量为85%的硫化锑精矿，其浸出速度很快，只需15min就能获得很高的浸出率。但锑精矿也不能太细，因为将精矿磨细需要增加动力消耗，同时，过细的锑精矿浸出后，其矿浆过滤、洗涤较困难。

锑精矿中硫化锑的含量越高、氧化锑的含量越低，则锑的浸出率越高、浸出时间越短。

14.2.1.3　碱性浸出的工艺和设备

锑精矿的碱性浸出分为间断浸出和连续浸出两种，工业生产上多采用连续浸出工艺，以便实现自动化，提高浸出过程的生产率。间断浸出较适合于小型和原料多变的企业。

A　间断浸出

间断浸出工艺的原则流程见图14-6。

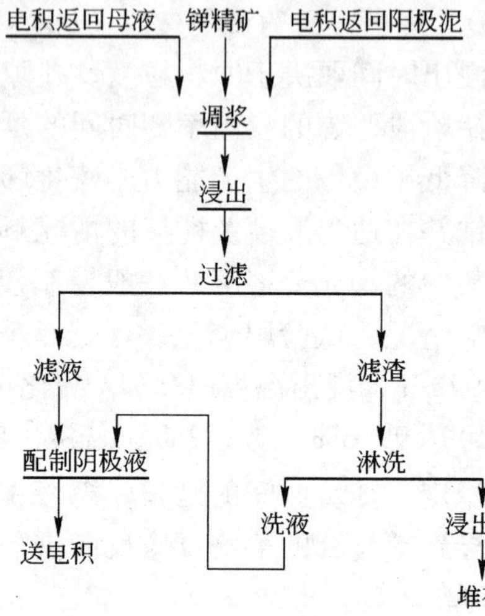

图14-6　间断浸出工艺原则流程

浸出时，将一定质量的精矿和返回的结晶母液（最初用新配制的硫化钠和氢氧化钠溶液），一同加入调浆桶内搅拌调浆。然后输入带加热装置的搅拌浸出槽中，搅拌浸出一定时间后，全部放出并过滤，滤渣用热水淋洗2～3次，洗水同滤液一起配制阴极液送电积工序，滤渣堆存或作为建筑材料。重复上述过程，进行下一批原料的浸出。需指出的是，由于锑精矿中一般都含有一定量的氧化锑，为了保证较高的浸出率，浸出作业通常在加热条件下进行。

浸出过程的主要工艺控制条件为：浸出温度95～100℃，浸出时间15～30min，机械搅拌速度600r/min，浸出母液中Na_2S的浓度120～140g/L，Na_2S过量系数1.1～1.2，浸出母液中NaOH的浓度20g/L左右，液固比（体积:质量）控制在（3.5～5）:1。

间断浸出工艺的主要设备包括搅拌浸出槽、淋洗过滤机、蒸汽锅炉等。搅拌浸出槽可由普通钢制搅拌桶改装而成，内设蒸汽间接加热的环形管。小型冶炼厂可不设蒸汽锅炉，而采用电加热方式。

B　连续浸出

连续浸出工艺与间断浸出工艺的主要区别是前者的浸出过程是连续的，即物料连续加入搅拌浸出槽，同时连续排出浸出后的矿浆。连续浸出工艺的控制条件与间断浸出工艺基本相同。

图14-7是我国湿法炼锑厂使用的一种搅拌浸出槽，物料通过进料管连续进入浸出槽的底部，浸出后的矿浆连续从浸出槽的上部排出，并趁热直接进入过滤机过滤，然后用过量的热水在滤渣上方淋洗2～3次，渣中锑的质量分数可降至0.2%～0.4%。过程简单，液固分离好，所需设备少。

关于浸出矿浆的液固分离，锡矿山矿务局曾先后做了四层浓密箱洗渣和四段浓密机逆流洗涤试验，试图通过洗渣取消过滤机达到弃渣的目的。试验表明，这种方式洗涤锑浸出渣是不合适的。主要原因是Na_3SbS_3比较容易水解，在洗渣过程中用大量的水冲稀浸出液，使Na_3SbS_3水解进入渣中，渣含锑高达2%～3%，同时也发现，随浓密机级数的增加，渣含锑有上升的趋势。如果用NaOH来抑制Na_3SbS_3的水解，则造成NaOH的损失增加。后来又做了矿浆经浓密机后上清液和底流分别过滤和矿浆直接过滤的试验。前者虽然也能使浸出渣中锑的质量分数控制在0.4%以下，但过程较复杂，设备较多。因此使浸出矿浆尽快地在一个过滤设备内实现过滤和多次淋洗较为理想。

图14-8为前苏联某湿法炼锑厂处理块状硫氧混合锑矿和浮选硫化锑精矿的连续浸出工艺流程。锑的浸出剂为电解废液，其中含Na_2S 90～100g/L、NaOH 25～35g/L和

Sb 20~30g/L。块状硫氧混合锑矿先磨细到 0.1mm，然后进入浸出作业。浸出温度控制在 97~98℃。浸出矿浆固液分离时，采用多级浓密槽洗涤底流残渣。该工艺的特点是在对硫氧混合锑矿进行磨矿时，用电解废液代替水，这样在磨矿过程中即开始进行锑的浸出反应，有利于提高锑的浸出率。

浸出作业所用的连续浸出槽如图 14-9 所示，用蒸汽夹套加热，为了强化过程，其中设有管式加热器。矿浆从上面经浸出槽中央的中空套管进入浸出槽下部，已浸出的矿浆则经上部溢流管排出，聚集在槽底的粗残渣定期经下部的排渣管放出。为了减少热损失，槽体外侧设有保温层。在槽内下部衬铸铁板或辉绿岩或瓷砖，以防止槽体磨损。

该厂利用含锑 25~35g/L 的电解废液浸出时，可以得到含锑 70~80g/L 的浸出液，其组成能满足电解要求。浮选硫化锑精矿的锑浸出率为 98%~99%，渣中锑的质量分数为 1.3%~1.7%。

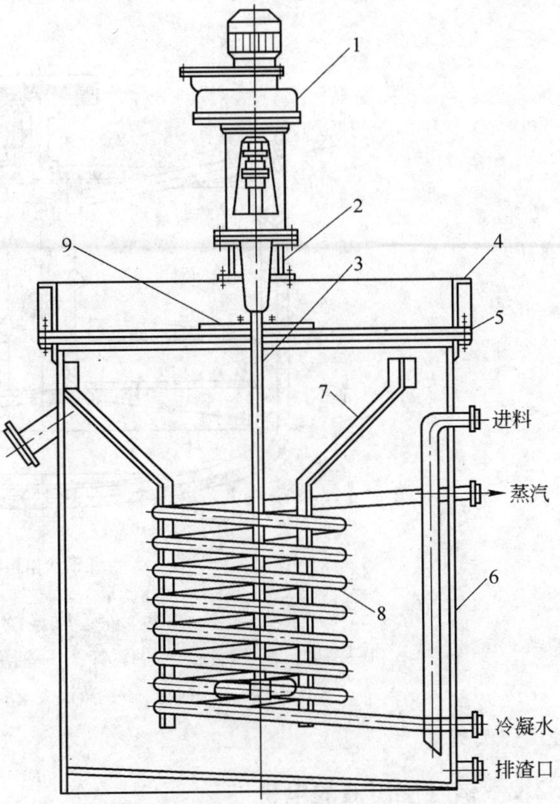

图 14-7 连续浸出槽示意图

1—搅拌驱动装置；2，4—支架；3—搅拌装置；5—盖板；6—槽体；7—角钢架；8—蛇形管；9—小孔盖

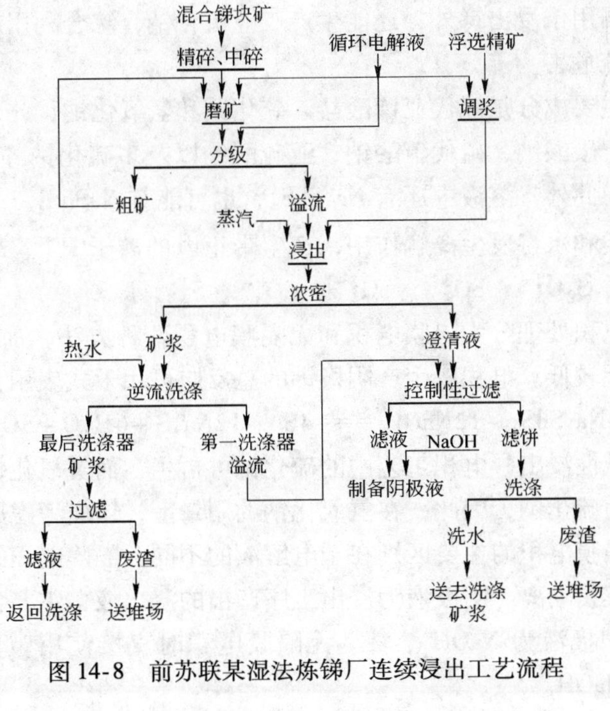

图 14-8 前苏联某湿法炼锑厂连续浸出工艺流程

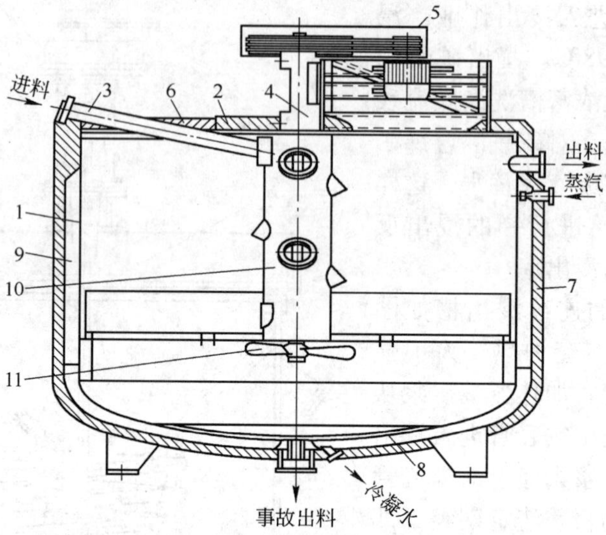

图 14-9 前苏联连续浸出槽的结构

1—槽体；2—槽盖；3—进料管；4—轴承体；5—传动装置；6—大孔盖；
7—保温层；8—衬板；9—蒸汽夹套；10—中空套管；11—搅拌器

14.2.2 碱性浸出液的电积

碱性浸出液的处理大多采用电积法，或称电解法。电积法可以产出优质阴极锑，金属回收率也大于火法。电积法能将浸出液中的硫（包括浸出剂及锑精矿中的硫）大部分转化为硫化钠，除返回用于浸出锑外，还能生产工业硫化钠，综合利用原料中的硫，消除了火法炼锑的二氧化硫危害。

碱性浸出液的主要成分是硫代亚锑酸盐、硫化钠和氢氧化钠，此外还有不同浓度的其他盐类，如硫酸钠、碳酸钠、硫代硫酸钠、亚硫酸钠以及多硫化钠等，锑主要以 Na_3SbS_3 形式存在于溶液中，此外，溶液中还有 Na_3SbS_4，也可能有 $NaSbS_2$。

浸出液中的盐类和水将发生离解作用，产生带正电的离子 H^+、Na^+ 和带负电的离子 S^{2-}、OH^-、SbS_3^{3-}、$S_2O_3^{2-}$、SO_3^{2-}、SO_4^{2-}、CO_3^{2-}、S_2^{2-} 等。

碱性浸出液的电积处理分为隔膜电积和无隔膜电积两种方法，前者的操作比较复杂，但电流效率高，电耗较低。电积法生产阴极锑的总反应可用下式表示：

$$4Na_3SbS_3 + 12NaOH \xlongequal{\quad} 4Sb + 12Na_2S + 6H_2O + 3O_2$$

由上式可知，碱性浸出－电积工艺中的硫化钠可再生，而氢氧化钠的作用在宏观上是使原料中的硫转化为硫化钠，因此，在氢氧化钠的用量上，还应考虑原料中的硫含量。

隔膜电积和无隔膜电积的主要区别在于电解液的不同。隔膜电积的阴极液和阳极液是不同的，两者用隔膜袋隔离。阴极液为浸出工序产出的浸出液，主要含锑成分是硫代亚锑酸钠（Na_3SbS_3），阳极液为 NaOH 溶液。无隔膜电积时直接使用碱性浸出液作电解液，视具体情况，补加 NaOH。

14.2.2.1 阳极过程

在 Na_2S—NaOH 浸出液的电积过程中，阳极可发生两个电化学反应：

$$4OH^- - 4e = 2H_2O + O_2$$

$$S^{2-} - 2e = S$$

在正常的电解条件下，由于电解液中 OH^- 浓度很高，且其析出电位较低，所以阳极上主要是 OH^- 放电。当 OH^- 浓度很低，而 S^{2-} 浓度较高时，S^{2-} 也会放电，生成元素硫。OH^- 放电对电积过程没有影响，但 S^{2-} 放电生成的元素硫可与 Na_2S 反应生成多硫化钠：

$$nS + Na_2S = Na_2S_n \quad (n = 2 \sim 5)$$

多硫化钠能被阳极析出的原子氧进一步氧化为硫代硫酸钠 $Na_2S_2O_3$，例如：

$$Na_2S_2 + 3O = Na_2S_2O_3$$

多硫化钠和硫代硫酸钠能使电解液中的硫代亚锑酸钠氧化为硫代锑酸钠，即：

$$(n-1)Na_3SbS_3 + Na_2S_n = (n-1)Na_3SbS_4 + Na_2S$$

$$Na_3SbS_3 + Na_2S_2O_3 = Na_3SbS_4 + Na_2SO_3$$

这一氧化作用使锑由 3 价变为 5 价，5 价锑在阴极的还原将消耗更多的电能。

此外，当多硫化钠与 $Na_2S_2O_3$ 迁移到阴极时，可以在阴极上替代锑被还原，消耗电能，同时它们还可以使阴极锑重新溶解，降低电流效率。主要反应如下：

$$S_n^{2-} + 2(n-1)e = nS^{2-}$$

$$S_2O_3^{2-} + H_2O + 6e \longrightarrow S^{2-} + 6OH^-$$

$$3Na_2S_n + 2Sb = 2Na_3SbS_3 + 3(n-2)S$$

$$3Na_2S_2O_3 + 2Sb + 3Na_2S = 2Na_3SbS_3 + 3Na_2SO_3$$

为了提高电流效率，应尽量减少 S^{2-} 放电并尽量避免阳极区产生的多硫化钠及 $Na_2S_2O_3$ 在阴极上被还原和使锑溶解。采用隔膜电积可达到这一目的。

隔膜电积中，阳极上 OH^- 的放电产生原子氧，可使 S^{2-} 氧化为 SO_4^{2-}、SO_3^{2-} 和 $S_2O_3^{2-}$，SO_3^{2-} 和 $S_2O_3^{2-}$ 可进一步氧化为 SO_4^{2-}，最终导致阳极液中 Na_2SO_4 浓度提高，给电积作业带来不利的影响：

$$S^{2-} + 2O_2 = SO_4^{2-}$$

$$2S^{2-} + 3O_2 = 2SO_3^{2-}$$

$$4S^{2-} + 3O_2 - 4e = 2S_2O_3^{2-}$$

阳极液补充的液碱含有一定量的 Na_2CO_3，液碱也吸收空气中的 CO_2 变成 Na_2CO_3，从而使阳极液中 Na_2CO_3 的浓度增高，但增加到一定程度后，可产生放电反应：

$$2CO_3^{2-} - 4e = 2CO_2 + O_2$$

这一放电反应避免了阳极液中碳酸钠的过量积累，与此类似的是液碱中带来的 Cl^- 累积到一定程度后，也将放电析出：

$$2Cl^- - 2e = Cl_2$$

氯的析出将会腐蚀阳极，同时造成空气污染，因此液碱中的氯含量愈低愈好。

14.2.2.2 阴极过程

碱性浸出液在电解时，阴极上可能发生的电化学过程有：金属锑的沉积、氢的析出以及溶液中其他物质的还原。

关于金属锑沉积的机理，不同的研究者有着不同的解释。有人认为阴极上可能产生锑离子放电，形成金属锑和氢离子放电逸出氢：

$$Sb^{3+} + 3e \longrightarrow 3Sb$$

$$2H^{+} + e = H_2$$

根据电解液成分和控制技术条件，可能是锑的析出或氢的逸出，也可能上述两种情况同时发生。

也有人认为，电解时水和氢氧化钠最先电解，阴极析出具有强还原性的氢原子，而金属锑是由于锑的硫化盐类被氢原子还原而生成的。过程如下：

$$H^{+} + e = H$$

$$Na_3SbS_3 + 3H = Sb + 3NaHS$$

另外，也有人认为 SbS_3^{3-} 是一个偶极性聚集体。在阴极上存在着双电层结构，该双电层的电位梯度很大，使双电层附近的 SbS_3^{3-} 络离子发生强烈变形至分解，最后偶极体的正极部分（Sb^{3+}离子）就在阴极上放电析出金属锑。

目前比较公认的说法是负电性的锑络离子在阴极上放电，这与一般的电解规律是不同的，锑络离子在阴极的放电反应为：

$$SbS_3^{3-} + 3e = Sb + 3S^{2-} \quad (E^0 = -0.9V)$$

有研究指出，SbS_3^{3-} 在放电前存在一个前置转化反应，然后再在阴极上放电并析出金属锑：

$$SbS_3^{3-} = SbS_2^{-} + S^{2-}$$

$$SbS_2^{-} + 3e = Sb + 2S^{2-}$$

电解液中的高价锑络离子先还原为 3 价锑络离子，然后再按上述步骤在阴极析出金属锑：

$$SbS_4^{3-} + 2e = SbS_3^{3-} + S^{2-} \quad (E^0 = -0.61V)$$

电解液中其他物质可能发生的还原反应包括硫代硫酸钠、过硫化钠还原为硫化钠：

$$S_2^{2-} + 2e = 2S^{2-} \quad (E^0 = -0.524V)$$

$$S_2O_3^{2-} + 3H_2O + 6e = S^{2-} + 6OH^{-} \quad (E^0 = -0.65V)$$

以及 Sn(Ⅳ) 和 As(Ⅲ) 等杂质金属的还原析出。在工业生产中，阴极控制电位约 −1.0V，在此条件下，锡不会在阴极上析出，但升高温度可使锡的放电出现去极化作用，导致锡大量析出。As(Ⅴ) 不会析出，但 As(Ⅲ) 会放电析出，故当原料中的砷含量较高时，阴极锑通常需要精炼除砷。

此外，若电解条件控制不当，可导致氢离子放电而大量析出，降低电流效率。研究表明，氢在锑上析出的超电压较高，一般情况下不会析出，但电解液中的 5 价锑离子及升高温度能降低氢的超电压，因此应控制锑络离子的氧化及电解液温度，阴极电位应控制在

-1.10V以内。硫代亚锑酸络离子的浓度也影响氢的析出。实践中观察到，锑浓度在20~25g/L以上时，阴极上没有气泡，低于20g/L时，阴极上有大量气泡冒出，电流效率下降。贫化电积试验表明，当溶液中锑浓度由10g/L降至2~3g/L时，电流效率只有33%~35%。

14.2.2.3 影响电积的主要因素

A 阴极液组成

阴极液中，锑、Na_2S_2 和 $Na_2S_2O_3$ 的浓度对电积过程的影响很大，硫化钠的浓度对电积过程的影响要小一些。前面已经提到，当电解液中锑浓度很低时，将导致析氢而降低电流效率。实践中，当电解液中锑的起始质量浓度为90~100g/L、终了质量浓度为10g/L左右时，能保证较高的电流效率和浸出工序的经济合理性。

电解液成分对电流效率影响最大的是阴极液中 Na_2S_2 和 $Na_2S_2O_3$ 的质量浓度，见表14-1。表中数据表明，Na_2S_2 和 $Na_2S_2O_3$ 的含量对锑的电积十分有害，因此，在浸出工序应设法减少溶液的氧化，在电积过程中增设隔膜，以阻止 Na_2S_2 和 $Na_2S_2O_3$ 向阴极区迁移。

表14-1 Na_2S_2 和 $Na_2S_2O_3$ 的质量浓度对电流效率的影响

成 分	质量浓度/g·L^{-1}	槽电压/V	电流效率/%	吨锑直流电耗/kW·h
Na_2S_2	0	2.8	87.67	2129
	15	2.6	77.08	2249
	30	2.9	65.87	2935
	45	2.9	60.95	3172
$Na_2S_2O_3$	5	2.7	82.68	2177
	10	2.6	77.51	2236
	15	2.6	72.84	2380

电解液中游离 Na_2S 的浓度对锑的电积有一定影响，随着 Na_2S 质量浓度的提高，溶液导电性变好，槽电压有所下降。锡矿山矿务局曾在电解液中配入不同浓度的游离 Na_2S 进行电积试验，结果见表14-2，该试验的固定条件为：电流30A，阴极电流密度300A/m^2，阳极电流密度1200A/m^2，异极距50mm，电积时间17.5h，温度50℃，阳极液含NaOH 378g/L，阴极液起始锑质量浓度82.18g/L，电积终了锑质量浓度为17.88~18.38g/L。

表14-2 Na_2S 质量浓度与电流效率的关系

样 号	Na_2S 质量浓度/g·L^{-1}	槽电压/V	电流效率/%	吨锑直流电耗/kW·h
1	45	2.8	87.41	2135
2	65	2.9	90.59	2134
3	85	2.7	87.69	2054

试验结果证明，保持一定的 Na_2S 浓度是有益的，在两段阴极电流密度试验中，第二段电流密度保持150A/m^2，阴极液终了锑浓度低至10g/L，Na_2S 质量浓度提高到170~

190g/L，而锑的电流效率仍达85%左右，所以电解液中保持一定量的游离Na_2S对锑电积的电流效率没有不利影响，但Na_2S浓度也不能太高，过高的硫化钠浓度，容易氧化产生过硫化钠及硫代硫酸钠。

B 阳极液的组成

阳极液的主要成分是NaOH。NaOH浓度稍高一些，会使溶液导电率增加，槽电压降低，这对电积有利，但是过高的NaOH浓度会使阳极区的Na_2SO_4在阳极上析出，导致电阻增加，槽电压升高。

NaOH浓度也不能过低，否则会使S^{2-}放电并形成硫化铁薄膜包裹在阳极上，产生阳极钝化，槽电压上升。试验表明，阳极液中NaOH质量浓度以120～150g/L为宜。

阳极液中的Na_2SO_4易于积累，若其浓度过高，会在阳极上析出，影响电积的正常进行。此外，Na_2SO_4也容易在隔膜袋内、循环管道和高、低位槽中结晶析出，给操作带来困难。工业实践中发现，阳极液中的Na_2SO_4质量浓度可以高于阴极液中的极限浓度45g/L，但还是以控制在45g/L以下为好。

C 电流密度

采用高的阴极电流密度可以提高电解槽生产能力和劳动生产率，但也会使槽电压升高和电能消耗增加。

为适应电解过程中锑浓度的变化，锡矿山矿务局曾做了两段阴极电流密度试验（第一段电流密度300A/m²，第二段电流密度150A/m²），电积试验的固定条件为：阳极电流密度1200A/m²，异极距50mm，阴极液含锑89.18g/L，阳极液含NaOH 432g/L，温度50℃，试验结果如表14-3所示。

表14-3 两段阴极电流密度试验结果

阴极电流密度/$A \cdot m^{-2}$	槽电压/V	锑电流效率/%		吨锑直流电耗/kW·h
		分段	平均	
300 150	2.6 2.4	83.65 95.38	89.52	2072 1677
300 200	2.6 2.4	84.14 87.54	85.84	2060 1828
300 250	2.5 2.5	84.54 93.63	89.14	1969 1780

由表14-3可知，在溶液中锑含量较少的情况下，降低电流密度是合理的。

工业生产中发现，当电解液内Sb(Ⅲ)离子浓度高时，阴极锑上易长刺，而在Sb(Ⅲ)离子浓度低时，阴极上易生成粉锑，散落槽底。这不仅影响产品质量，增加劳动强度，而且长刺可导致阳极隔膜被刺穿，降低电流效率，甚至妨碍生产的正常进行。为此，中南矿冶学院曾通过试验，考查了电流密度对阴极锑质量的影响。试验结果表明，要获得质量较好的阴极产物，需要根据溶液中的锑浓度选择合适的阴极电流密度，当电解液含Sb(Ⅲ)10～20g/L时，采用100A/m²左右的电流密度为好，Sb(Ⅲ)含量在30～60g/L时，可采用250A/m²左右的电流密度，而Sb(Ⅲ)含量在70g/L以上时，则采用300A/m²或稍高的电流密度为宜。

阳极电流密度同样对电积过程产生重要影响。前苏联许多研究工作者认为阳极电流不能过低，当低至200 ~ 250A/m² 时，阳极上 OH^- 和 S^{2-} 同时放电，且以后者为主，铁阳极部分溶解，生成硫化铁，电流效率显著下降。为使阳极过程移向 OH^- 离子放电一方，铁阳极不溶解，最适宜的阳极电流密度是1000 ~ 1500A/m²，这在前苏联无隔膜电积实践中得到采用。

我国曾对阳极电流密度在1000 ~ 1500A/m² 的范围内作过选择对比试验，结果以1200A/m² 左右为好。1975年，在作脆硫铅锑矿的湿法试验时，为了降低电流消耗，曾做了降低阳极电流密度试验，连续试验20d，结果见表14-4。试验结果表明，平均槽电压和吨锑电耗有所下降，有一定效果，但后来未再深入研究。

表 14-4 阳极电流密度对电积过程的影响

阳极电流密度/A·m⁻²		阴极电流密度/A·m⁻²		通入电量/A·h	槽电压/V	电流效率/%	吨锑直流电耗/kW·h
一段	二段	一段	二段				
1390	870	330	210	350×439.5	2.95	71.54	2730
900	450	280	140	300×473	2.625	68.58	2530

一般来讲，随着阳极电流密度的提高，锑的电流效率和析出率都相应增高，这是由于提高了阳极电流密度，也就是升高了阳极电位，能克服气态氧析出的超电压，而有利于阳极过程析出氧，抑制元素硫和多硫化钠的形成，从而提高锑的电流效率。阳极电流密度保持在1000A/m² 以上是合理的。

D 电解液温度

电解过程中，依靠放出的焦耳热，可以维持溶液的温度。随着温度的升高，电解液的电阻减少，有利于降低槽电压；但温度过高，会加大溶液的蒸发量，增高环境温度，恶化劳动条件，同时，可能影响电积的阴极过程和阳极过程。电解液的温度也不能过低，温度过低会使电极极化增大，溶液中组分的溶解度下降，不利于锑的电积。

研究表明，温度对锑的析出电位影响不大，但随着温度的升高，锡和氢的超电压降低，可能导致非目标金属在阴极析出，既降低了电流效率，又影响阴极锑的质量。温度过高对阳极过程也会产生不利的影响。随着温度的升高，氧的实际析出电位和阳极溶解电位降低，从而促进阳极钝化膜的溶解，加速阳极腐蚀，因此，电解液的温度应控制在一个合理的范围内。我国工业实践中，控制电解液温度为50 ~ 55℃，采用隔膜电积能够获得满意的电积指标。

14.2.2.4 电积工艺和设备

硫代亚锑酸钠浸出液的电积处理分为隔膜电积和无隔膜电积两种工艺。隔膜电积的电流效率较高，达80% ~ 85%，但操作较复杂；无隔膜电积的电流效率较低，仅45% ~ 55%，但操作较简单。

A 电积工艺

隔膜电积和无隔膜电积的工艺流程分别见图14-10和图14-11。主要技术条件和指标见表14-5。

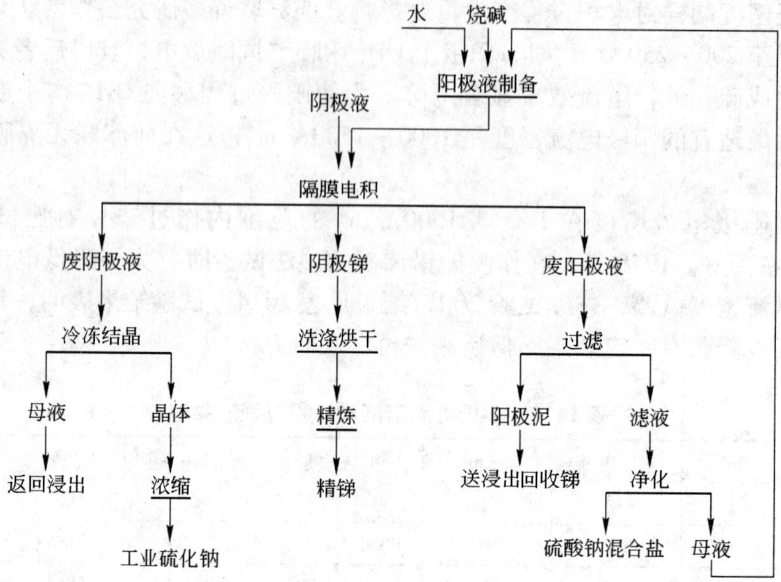

图 14-10　隔膜电积工艺流程

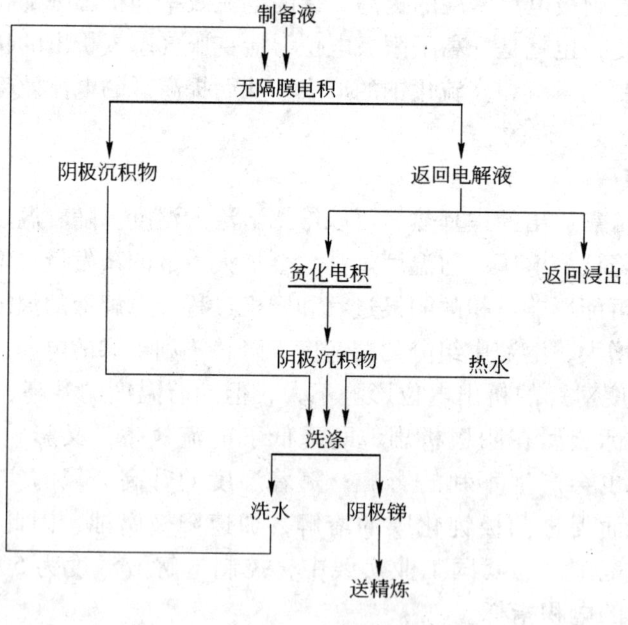

图 14-11　无隔膜电积工艺流程

隔膜电积一般每 4 个电解槽串成一组，并布置成阶梯形，阴极液由高位槽先流入第一槽的进液区，再由电解槽另一段的上部溢流嘴流出并进入下一槽，最后流入废阴极液桶。阴极液的流速按阴极液的起始浓度和废阴极液终了浓度及电流强度和电流效率来调整。

阳极液经各槽各袋以并联形式流动，与阴极液流动方向垂直。阳极液由高位槽经进液总管上的分管流入到电解槽内各隔膜袋中，流出电解槽的阳极液经过滤后返回高位槽。阳极泥返回浸出回收其中的锑。电解中，消耗的 NaOH 在高位槽或低位槽中以液碱的形式补充。阳极液的流量在可能情况下应尽量增大，一般控制在每袋 0.2 ~ 0.3L/min。

表 14-5 隔膜电积和无隔膜电积的技术条件和指标

隔膜电积		无隔膜电积	
技术条件和指标	数 据	技术条件和指标	数 据
阴极液	Sb：90~100g/L NaS：20%	电解液	Sb：50~60g/L NaOH：50~60g/L Na_2S：50~60g/L Na_2CO_3：20~30g/L $Na_2S_2O_3$ 和 Na_2SO_3 共 60~65g/L Na_2SO_4：75~80g/L
阳极液	NaOH：100~120g/L		
电解液温度	50~55℃	槽电压	2.7~3.0V
槽电压	2.6~3.0V	电流效率	45%~55%
阴极电流密度	第一段：300A/m^2 第二段：150A/m^2	阴极电流密度	250~400A/m^2
阳极电流密度	1200A/m^2	阳极电流密度	1000~2000A/m^2
电流效率	82%~85%	吨锑直流电耗	3000~4000kW·h
吨锑直流电耗	2050~3200kW·h 碱耗：1.05t		

阴、阳极片装槽前，先放入稀盐酸中浸泡 10min，洗去表面铁锈，然后装槽，待阴、阳极液装满槽后通电，电积液温度也慢慢升高，控制槽内温度为 50~55℃。温度过高，则产生大量碱雾，使劳动条件恶化；温度太低，槽电压高，使电耗增加。同极距保持在 120~130mm。操作中，主要维护阴、阳极液能正常流动，极板与母线接触良好。保证槽电压为 2.6~3.0V。第 1、2 槽的锑浓度较高，阴极电流密度较大，一般为 300A/m^2，第 3、4 槽的阴极电流密度一般控制在 150A/m^2。

阴极锑的结构随电流密度和锑浓度的变化而不同。第 1、2 槽内阴极沉积物较致密，有树枝状结构；第 3 槽有时为片状，有时为粉状；第 4 槽为粉状结构，并有一部分粉锑落入槽底。为了获得致密的阴极锑，提高阴极锑质量，可加入表面活性物质，如聚丙烯酰胺（5mg/L），聚乙烯醇（10mg/L），硫代乙烯胺（10mg/L）等。

电解进行到 3~4d 后，阴极片上析出锑的厚度达 3.5~5.0mm 时，即可取出剥锑，然后再将阴极片放入槽内进行下一个周期的电积。剥离的阴极锑用热水洗涤后烘干取样送精炼。洗锑水返回配制阴极液，回收其中的锑和 Na_2S。

无隔膜电积一般采用更高的阳极电流，因为这样可以降低阳极氧化产物对电流效率的有害影响。即阳极电流密度愈高，则 OH^- 放电过程进行得愈激烈，从而阻止电解液的氧化过程。并且硫化物中硫的氧化在生成多硫化物后，会继续氧化生成 $Na_2S_2O_3$ 和 Na_2SO_4，这两种物质对电解的有害影响较小。

B 电解槽和电极

电解槽材质必须耐碱性能好、容易加工、成本较低。实践证明，无内衬而添加了亚甲基二萘磺酸钠作为减水剂的耐碱混凝土电解槽，可满足电解工艺的要求，其结构见图 14-12。

阴极板为 3.5~4mm 厚的普通钢板，上部焊有导电铜棒，其结构见图 14-13。阳极用

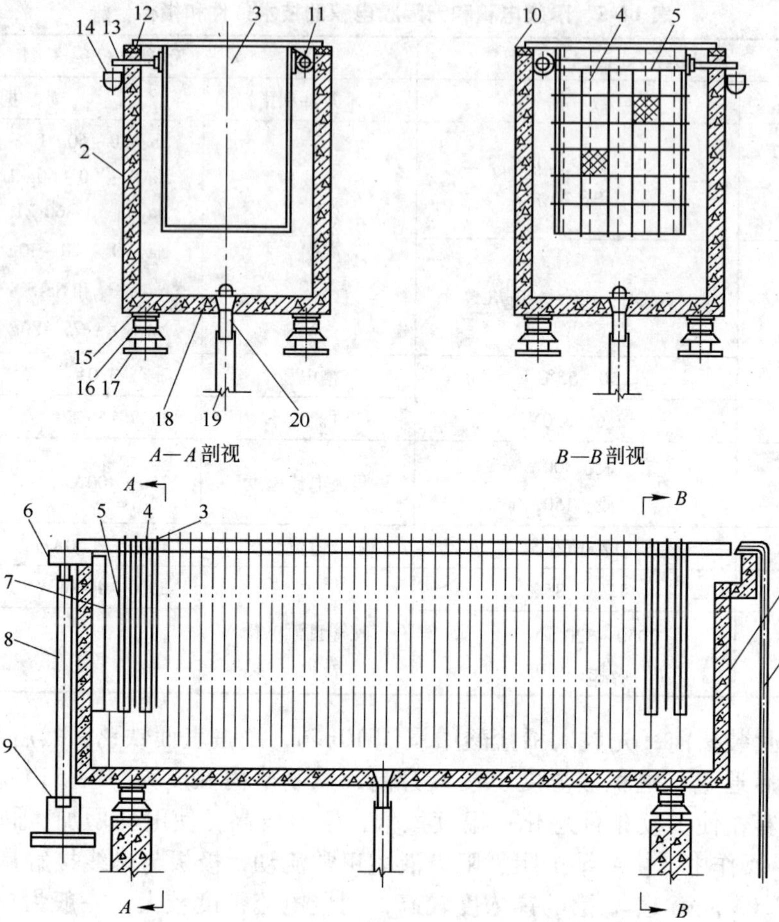

图 14-12　隔膜电解槽的结构

1—阴极液进液管；2—槽体；3—阴极板；4—栅状阳极；5—阳极框架；6—溢流嘴；7—溢流斗；8—阴极液出液管；9—阴极液流槽；10，12，15，17—耐碱橡胶板；11—阳极液进液总管；13—阳极液出液管；14—阳极液流槽；16—绝缘子；18—塞子；19—耐碱胶管；20—洗水下液管

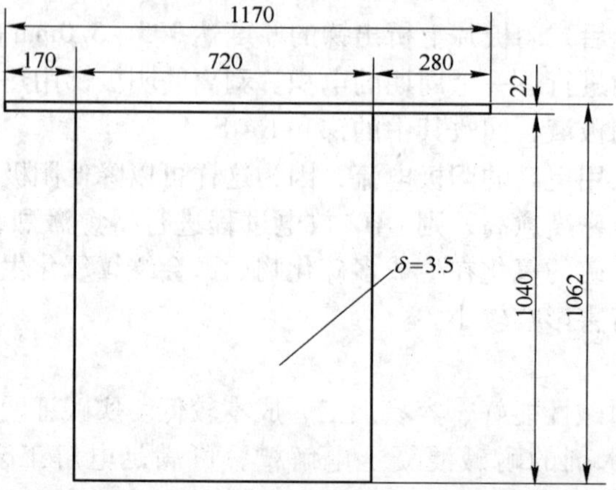

图 14-13　阴极板结构简图

圆钢或扁钢焊成栅状，上部焊有导电铜棒，如图 14-14 所示。隔膜电解槽需要增设隔膜袋和阳极框架，隔膜袋可采用 5 号工业帆布或 0238 棉维帆布缝制，曾用微孔塑料代替帆布作隔膜袋，但平均槽电压约增高 0.3 ~ 0.45V。阳极框架可用 ϕ6 ~ 8mm 的圆钢焊接而成，如图 14-15 所示。在电解槽中，栅状阳极插在阳极框架的中央。

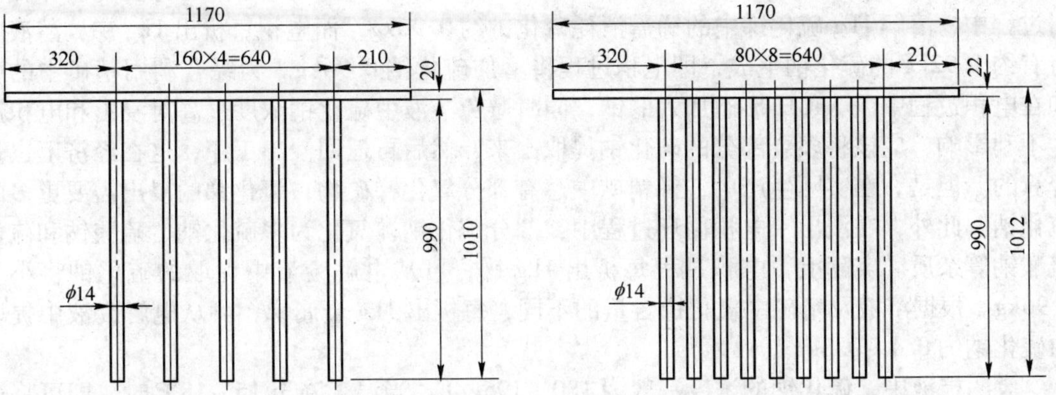

图 14-14　栅状阳极结构示意图

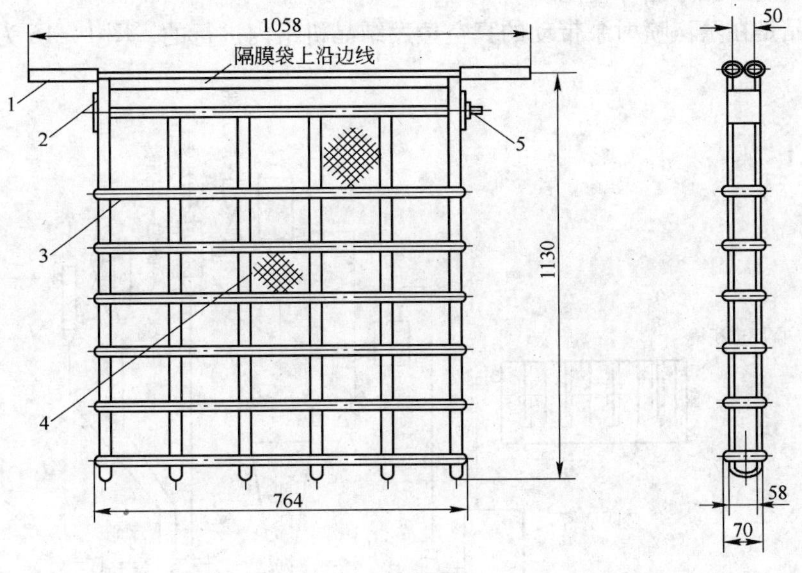

图 14-15　阳极框架示意图

1—软聚氯乙烯管；2—钢板；3—圆钢框架；4—隔膜袋；5—阳极液流出管

无隔膜电解槽的结构与隔膜电解槽类似，只是没有阳极液进液管及相关设施。无隔膜电解槽同样可以用耐碱混凝土制成，也可用厚度 5 ~ 6mm 的钢板制成，其形状呈矩形，一般长 1800 ~ 2300mm，宽 700 ~ 950mm，深 1000 ~ 1100mm，槽的一端设有进液室，另一端距槽顶 100mm 处设有电解废液排出管。

14.2.2.5　电解废液的处理

A　废阴极液冷冻结晶提取硫化钠

在电积过程中，阴极液中的锑在阴极上析出，S^{2-}则留在溶液中；阳极液中的OH^-在阳极上放电而残存Na^+，这些Na^+将通过隔膜渗透到阴极区和S^{2-}结合成Na_2S。

从硫化锑的浸出反应式和电积总反应式可看出，在浸出液电积后的电解废液中，除了浸出时加入的硫化钠外，还将产出由硫化锑中的硫所形成的硫化钠。从理论上分析，在浸出过程中，溶解1kg硫化锑中的锑需消耗硫化钠约0.96kg，而电积每析出1kg锑，溶液中将有约1.92kg的硫化钠生成，即电积过程将增加硫化钠0.96kg。为综合利用精矿中的硫和在电积过程中以NaOH形态加入的钠，同时避免溶液中硫化钠浓度过高对浸出和电积产生不利影响，应该将多余部分的硫化钠提取出来，然后再返回浸出工序，这在经济上也是合算的。但是，在实际生产中，锑精矿中总有部分氧化锑矿物，氧化锑的浸出需要更多的硫化钠。此外，在浸出－电积循环过程中，部分硫化钠被氧化为多硫化钠、硫酸钠和硫代硫酸钠等杂质。实际上，电积过程每析出1kg锑，可从电解废液中提取的硫化钠将小于0.96kg。根据溶液及精矿中氧化锑含量的不同，每析出1kg金属锑，可从电解废液中提取的硫化钠约0.4～0.8kg。

废阴极液中，硫化钠的浓度一般为180～195g/L，当温度降至15～18℃时，即可将溶液中多余的硫化钠以$Na_2S \cdot 9H_2O$晶体的形态沉析出来，再经进一步浓缩脱水可产出工业硫化钠。提取结晶硫化钠后的电解废液通常称为结晶母液，其中含硫化钠约130～140g/L，返回浸出工序循环使用。

冷冻结晶是在蒸汽喷射泵带动的真空蒸发结晶机组内进行的，图14-16为其设备连接

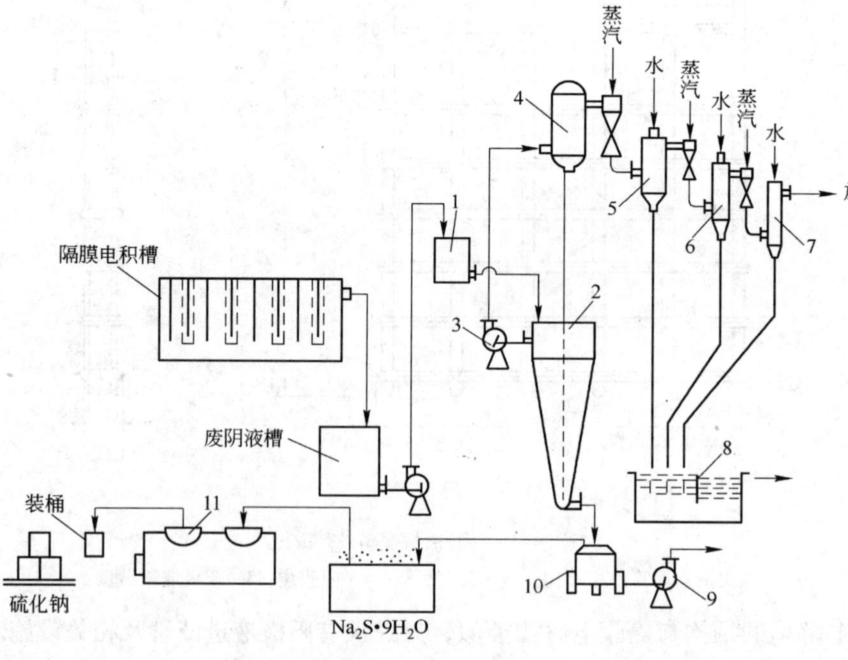

图14-16　真空蒸发结晶设备连接简图

1—结晶液高位槽；2—悬浮结晶器；3—循环泵；4—真空蒸发器；5—主冷凝器；6—辅助冷凝器；7—消声器；8—水封槽；9—母液泵；10—离心过滤机；11—浓缩锅

简图。废阴极液由贮槽流入结晶器，通过循环泵打入由三级蒸汽喷射泵带动的蒸发器内，真空度为97.3～97.9kPa（730～734mmHg），溶液水分迅速蒸发，使溶液温度降低。温度降低了的溶液沿下液管流至结晶器底部，然后又在结晶器内慢慢上升至循环泵，又重新打入蒸发器内进一步降温。如此反复循环，当温度降至一定程度后，往结晶器内加入晶体硫化钠作晶种，以实现大量硫化钠的结晶。然后用离心过滤机过滤得 $Na_2S \cdot 9H_2O$ 晶体。该过程是间断进行的，所得硫化钠晶体及母液的成分见表14-6。

表14-6 硫化钠晶体和母液的成分

成分	Sb	As	Na_2S	NaOH	Na_2SO_4	Na_2CO_3	$Na_2S_2O_3$	Na_2S_2	Na_2SO_3
晶体/%	0.13～0.19	0.0094～0.01	28～29.6		0.25～0.45	0.8～1.25	0.44～0.78	0.038～0.5	1.0～1.6
母液/$g \cdot L^{-1}$	15～17.5	0.39～0.41	132～140	20～28	29～39	60～73	18～22	2～3	17～18.5

真空蒸发冷冻结晶的主要技术指标如下：

进液温度：40～45℃
冷冻温度：15～18℃
工作蒸汽压力：约0.5～0.6MPa
蒸发器真空度：97.3～97.9kPa
主冷凝器温度：30～40℃
辅助冷凝器温度：30～45℃
消声器出水温度：60～75℃
冷却水进水温度：18～22℃

浓缩冷冻结晶所产 $Na_2S \cdot 9H_2O$ 晶体，硫化钠质量分数为28%～30%，它极易吸收空气中的 CO_2 转变为 Na_2CO_3 并很容易潮解变为溶液。为了使硫化钠作为一种产品出售，并考虑到运输等问题，晶体硫化钠必须及时脱水浓缩变成工业硫化钠。浓缩是将晶体放在铁锅内用燃煤加热，使水分和结晶水大量蒸发。当晶体含杂质较高时，需在110～140℃时把固体残渣捞出。一般情况下不必捞渣，待温度升至195℃左右时，出锅装桶，质量可达部颁标准。曾分别送往印染厂、造纸厂、选矿厂等单位试用鉴定，结果同市场销售的工业硫化钠一样，完全符合用户的要求。

B 结晶母液的净化

电解液中，铅、砷等元素未发现积累现象，但各种钠盐则有不同程度的变化。除 Na_2SO_4 外，其余钠盐在溶液中增到一定浓度后就不继续增长，对整个过程没有多大影响。阴极液中 Na_2SO_4 的浓度增长到45g/L左右时，就在隔膜袋上结晶析出，使离子穿过时阻力增加，槽电压急剧上升，电解作业无法进行。因此应该将 Na_2SO_4 从溶液中除掉，以保证电解作业正常进行。

结晶母液的净化方法主要有贫化电积法和二次冷冻结晶法等。

贫化电积法就是抽出部分结晶母液至贫化电积槽进行第二次电积，将溶液中的锑由10～12g/L降至1～2g/L，得到一部分阴极锑，然后将贫化废阴极液同晶体硫化钠一起浓缩制得工业硫化钠，过程中减少的溶液在浸出时补充。这种方法可以保持废阴极液中

Na_2SO_4 浓度稳定在45g/L以下，但增加了一套电积设备，电流效率低，电耗大，这部分贫化的废液单独浓缩时得不到合格的工业硫化钠产品，与晶体硫化钠一起浓缩则影响硫化钠产品的质量。此外，这部分废液中的锑无法返回流程，使锑的损失增加。

二次冷冻结晶法就是在更低的温度（12℃）下进行第一次结晶，以提取硫化钠。将第一次结晶后的母液再降低温度至5~6℃，使 Na_2SO_4 同二次晶体硫化钠一起结晶出来，达到净化目的。二次冷冻结晶也能使阴极液中 Na_2SO_4 浓度维持在45g/L以下，过程也较简单，但由于第一次结晶温度低，一次晶体浓缩时必须捞渣，所产工业硫化钠才能达到一级品。此外，二次晶体质量更差，不论单独处理或同一次晶体一起处理，也必须捞渣才能达到二级品。所捞出的渣是以 Na_2S、Na_2SO_4、Na_2CO_3 等为主的各种杂质和钠盐的混合物，该混合物没有很好的处理方法而只能暂时堆存，容易造成环境污染，同时，二次结晶温度低，蒸汽消耗量很大，不够经济。

C　阳极液净化

电解液中有害的钠盐主要在阳极区产生，因此对阳极液进行净化将更为重要。阳极液的净化方法主要有硫化钡净化法及真空蒸发结晶法。

阳极液的硫化钡净化，是将BaS的水溶液加入需净化的阳极液内，保持温度在90~95℃，搅拌30~40min，使BaS与溶液中的有害钠盐反应，生成溶解度很小的 $BaSO_4$、$BaCO_3$、$BaSO_3$ 等钡盐，并从溶液中沉淀析出，从而达到净化的目的。这种净化方法需消耗大量的硫化钡，应考虑其来源问题，同时，产出的钡盐渣也必须考虑处理回收，这是比较困难和复杂的。此外，由于BaS水溶液的加入，导致阳极液体积膨胀，这在湿法炼锑中也是不易解决的问题。

阳极液的真空蒸发结晶净化法，是使阳极液水分蒸发，使 Na_2SO_4 和NaOH的浓度增高，而 Na_2SO_4 在NaOH溶液中的溶解度随NaOH浓度的增加而减小，当其浓度达到过饱和状态时，即结晶析出。

锡矿山矿务局曾对真空蒸发结晶净化进行过深入研究。试验是在带有蒸汽夹套的蒸发器内进行的。蒸发器上接有水环式真空泵，以维持蒸发器内的真空度。在温度80~90℃及真空度为60~66.7kPa（450~500mmHg）的情况下，水分大量蒸发，Na_2SO_4 及NaOH浓度增加，当 Na_2SO_4 达到过饱和状态时结晶析出。将溶液及结晶体过滤，滤液返回阳极液循环系统，结晶体为 Na_2SO_4 为主的混合钠盐，可作为制造玻璃和生产工业硫化钠的原料，其主要成分见表14-7，烘干后的 Na_2SO_4 质量分数达70%~80%。净化试验的主要技术条件及指标如下：

表14-7　硫酸钠晶体成分

成　分	Sb	As	Na_2S	NaOH	Na_2SO_4	Na_2SO_3	Na_2CO_3	$Na_2S_2O_3$
质量分数/%	0.20	0.0064	0.53	4.99	57.30	0.23	10.15	3.23

净化溶液温度71~85℃；

真空度57.3~66.7kPa（430~500mmHg）；

锑阳极液处理量4.5~6.0m³/t；

阳极液中 Na_2SO_4 浓度45~50g/L；

被处理的阳极液蒸发率43.2%；

被处理的阳极液 Na_2SO_4 结晶率68.43%；

被处理的阳极液 Na_2CO_3 结晶率52.86%；

硫酸钠晶体中 NaOH 损失率（以被净化阳极液为基数）2.64%；

折合每吨金属锑的 NaOH 损失率9.54kg；

硫利用率80.87%；

锑回收率99.19%；

Na_2SO_4 晶体中损失锑0.036%；

Na_2S 晶体中损失锑0.46%；

阳极泥中损失锑0.19%；

浸出渣中损失的锑0.33%；

电流效率84.05%。

试验表明，真空蒸发结晶净化阳极液，控制阳极液内 Na_2SO_4 浓度为45～50g/L，可以保证阴极液内 Na_2SO_4 浓度低于45g/L。该净化工艺过程简单，操作方便，没有上述几种净化方法所存在的缺点，Na_2SO_4 晶体的质量达一级品，而且提高了工业硫化钠的质量，蒸汽消耗量降低，彻底消灭了废渣的危害。此外，由于阳极液的净化，使 Na_2SO_4 浓度控制在45～50g/L，减少了 Na_2SO_4 在阳极液循环系统中析出的可能，阳极液流动性变好，给操作带来了方便。

真空蒸发浓缩结晶法净化阳极液，是湿法炼锑工艺中比较理想的电解液净化方法。

14.2.3 碱性浸出液的高压氢还原法

碱性浸出液的电解处理工艺具有阴极锑质量好、金属回收率高等优点，但隔膜电积的操作较复杂，过程中蒸发出来的水带出碱雾，不利于劳动条件的进一步改善，电积过程中部分硫易氧化，难以获得较纯净的工业硫化钠产品，并且耗电也较大。

为克服上述电积过程存在的问题，湖南冶金研究所曾进行过用氢还原的试验工作，并取得了一定的效果。

14.2.3.1 碱性浸出液氢还原的原理

硫代亚锑酸钠用氢还原的化学反应式如下：

$$2Na_2SbS_3 + 3H_2 + 6NaOH \longrightarrow 2Sb + 6Na_2S + 6H_2O$$

即在系统中有足够 NaOH 存在，并在一定的温度和压力条件下，Sb(Ⅲ) 能被氢气还原为金属锑粉，系统中的硫则转变为硫化钠。

14.2.3.2 碱性浸出液的氢还原试验

试验用浮选锑精矿的化学成分为（质量分数）：Sb 47.96%，As 0.25%，S 21.55%，Fe 2.28%，Pb 0.17%。该试验用返回结晶母液（含 Na_2S、NaOH、Sb）浸出精矿，残渣经洗涤后废弃。浸出液和洗水合并，配入氢氧化钠后送管式高压釜进行氢还原，还原后得锑粉和贫锑硫化钠溶液，后者进行冷却结晶，提取结晶硫化钠。试验流程如图14-17所示。

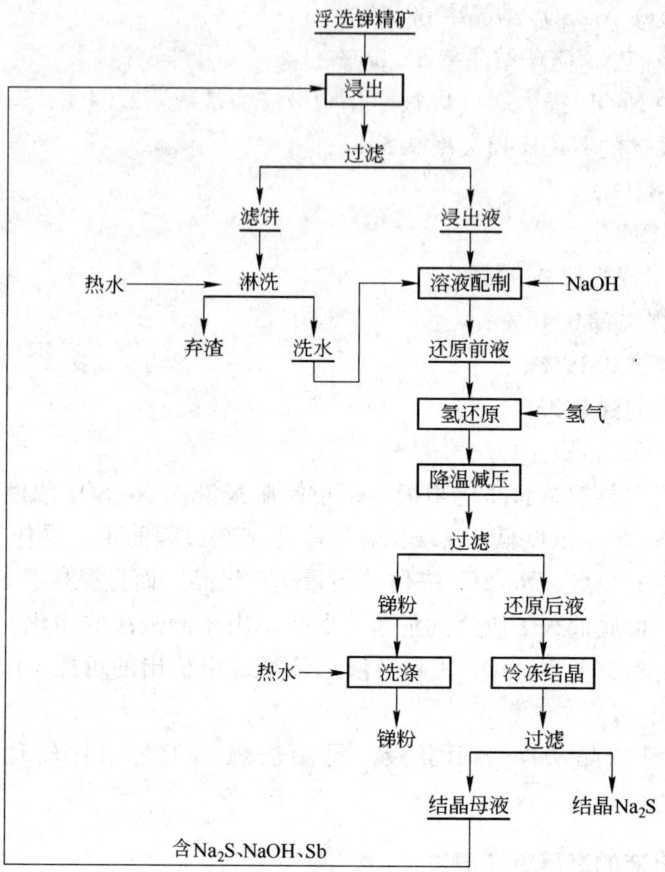

图 14-17　碱性浸出液高压氢还原试验流程

该工艺的关键设备为管式高压反应器（或称高压釜），采用无缝钢管分段焊成，反应器总长 420m。

还原反应的主要技术条件为：

还原前液含锑约 90g/L；

还原反应压力约 6.08MPa（60atm）；

还原反应时间 140 ~ 180min（在 420m 长的管式反应器中每次还原 20min，反复进行 7 ~ 9次）；

还原后液含锑 20 ~ 28g/L。

高压氢还原试验与隔膜电解技术的比较见表 14-8，根据试验结果及试验中发现的问题，得出如下结论：

（1）氢还原法产出的硫化钠结晶质量好。锑在晶体硫化钠中的损失主要取决于还原后液中残锑浓度和结晶温度；

（2）还原后的锑粉含铁较高。这除与原料组成有关外，主要取决于晶粒的大小及洗涤的程度；

（3）在氢还原过程中，反应管壁黏结锑粉，结疤较严重；

（4）还原速度太慢，需要进一步研究，提高还原速度。

表 14-8 氢还原和隔膜电解技术经济指标比较

<table>
<tr><th>项 目</th><th>氢还原法</th><th colspan="2">隔膜电解法</th></tr>
<tr><td>浸出部分</td><td>锑浸出率:99.71%~99.82%
渣含锑:0.28%~0.46%
渣中锑总损失:0.18%~0.29%</td><td colspan="2">锑浸出率:99.48%~99.75%
渣含锑:0.25%~0.88%(质量分数)
渣中锑总损失:0.13%~0.57%</td></tr>
<tr><td>还原电解部分</td><td>氢气还原率:72%~79.2%
还原后液残锑:20~28g/L
锑粉成分(质量分数)/%:Sb 95.67~98.61, As 0.178~0.194, S 0.12~0.42, Fe 0.63~1.24, Pb 0.005~0.009</td><td colspan="2">平均电流效率:85.21%
吨锑直流电耗:2107kW·h
电解残液含锑:10~15g/L
阴极锑成分(质量分数)/%:Sb 98.2, As 0.15, S 0.175
硫利用率:84.24%</td></tr>
<tr><td>结晶部分</td><td>结晶温度5.5~7℃
结晶硫化钠成分(质量分数)/%:Sb 0.4~0.5, Na_2S 26, Na_2S_2 0.6~0.7, $Na_2S_2O_3$ 1.05~1.28, Na_2SO_3 0.38~0.6, Na_2SO_4 0.19~1.38, Na_2CO_3 1.07</td><td>一次结晶12℃
结晶硫化钠成分(质量分数)/%: Sb 0.012, Na_2S 28.5, Na_2S_2 0.39, $Na_2S_2O_3$ 1.0, Na_2SO_3 0.34, Na_2SO_4 1.38, Na_2CO_3 1.88</td><td>二次结晶6℃
结晶硫化钠成分(质量分数)/%: Sb 0.4, Na_2S 18.9, Na_2S_2 0.65, $Na_2S_2O_3$ 1.02, Na_2SO_3 1.06, Na_2SO_4 12.8, Na_2CO_3 2.26</td></tr>
</table>

14.2.4 碱性浸出液的铝还原法

许多金属能将硫代亚锑酸盐中的锑还原而沉淀出来，用铝粉还原硫代亚锑酸盐的反应如下：

$$2Na_3SbS_3 + 8NaOH + 2Al \xlongequal{} 2Sb + 6Na_2S + 2NaAlO_2 + 4H_2O$$

铝置换法所得金属锑呈粉末状，易于澄清从而与溶液分离。在80℃以下时，随着温度的升高，锑的沉淀速度增加，但进一步提高温度，沉淀速度却又减缓。延长过程的时间、提高溶液中硫化钠和氢氧化钠的浓度，可增加锑的还原率。

理论上讲，每还原1t金属锑需要铝粉约0.222t。实际还原时，金属铝粉的加入量应确保金属铝被完全消耗，否则将造成金属锑粉与铝粉混杂，影响金属锑的质量。

铝还原后的还原后液中会积累铝酸钠，需净化脱铝后才能返回流程使用，净化过程较为复杂。

其他一些金属，如锌和铜等也能从硫代亚锑酸盐中还原出金属锑，但同时会生成这些金属的硫化物沉淀，难以与金属锑粉分离。目前金属还原法尚未在工业上得到应用。

14.3 酸性湿法炼锑

酸性湿法炼锑是在酸性环境下，利用浸出剂浸取硫化锑精矿，再从浸出液制取金属锑或锑白等化工产品的方法。酸性湿法炼锑工艺同样可分为两大工序，即锑精矿的浸出和浸出液的处理。就浸出而言，目前研究较多的是氯化浸出法，该法是在盐酸环境下，用氯气或高价金属氯化物作为浸出剂浸取硫化锑精矿。这类浸出剂实际上是强氧化剂，在浸出过程中，锑精矿中的硫大部分被氧化为元素硫进入浸出渣，而锑则形成可溶性氯化物进入溶液。浸出液的处理有两种方法，一是采用电解沉积法生产金属锑；二是采用中和-水解等方法生产锑白或其他化工产品。本节主要介绍锑精矿的酸性氯化浸出技术及浸出液的电积技术，浸出液的其他处理技术将在后面的相关章节中介绍。

酸性氯化浸出-电积提取金属锑的工艺，具有金属浸出率高、无二氧化硫危害、电积电流效率高、直流电耗低、产品纯度高等优点，但其缺点也很明显，如对设备的防腐要求高、浸出过程的选择性差、浸出液成分复杂、浸出液的净化难度较高以及在电积过程中容易生成爆锑等，因而这种工艺长期以来未能在工业上获得应用。

如果将浸出液进行水解处理，则可利用 Sb^{3+} 离子发生水解时 pH 值较低，而其他杂质金属离子发生水解时 pH 值较高的特性，控制适宜的水解 pH 值，使锑以氯氧锑的形态先从浸出液中水解沉淀出来，从而实现锑与其他杂质的分离，利用这一特性可生产出合格的湿法锑白产品。

14.3.1　锑精矿的酸性氯化浸出

氯化浸出的浸出剂主要有三氯化铁、五氯化锑或氯气。在盐酸存在时，当这些强氧化性浸出剂与锑精矿作用时，精矿中的大多数金属硫化物转变为相应的金属氯化物，同时硫被氧化为元素硫。精矿中的大多数金属氧化物则与盐酸反应转变为金属氯化物和水。锑精矿浸出后，控制适宜的条件进行固液分离，即得浸出渣和浸出液。用三氯化铁浸出所得的浸出液可用于电解生产金属锑或进行其他处理生产锑白等化工产品，用氯气、五氯化锑浸出所得的浸出液，一般可进行水解处理制取锑白。

14.3.1.1　氯化浸出的原理

以三氯化铁浸出锑精矿的主要反应如下：

$$Sb_2S_3 + 6FeCl_3 = 2SbCl_3 + 6FeCl_2 + 3S^{\ominus}$$

$$SbCl_3 + Cl^- = SbCl_4^-$$

有研究表明，锑在浸出液中的主要存在形式是 $SbCl_4^-$ 和 $SbCl_3$ 络合物。浸出过程同时可能发生的反应还有：

$$Sb_2S_3 + 6HCl = 2SbCl_3 + 3H_2S$$

$$H_2S + 2FeCl_3 = 2HCl + 2FeCl_2 + S^{\ominus}$$

$$As_2S_3 + 6FeCl_3 = 2AsCl_3 + 6FeCl_2 + 3S^{\ominus}$$

$$FeAsS + 5FeCl_3 = AsCl_3 + 6FeCl_2 + S^{\ominus}$$

$$PbS + 2FeCl_3 = PbCl_2\downarrow + 2FeCl_2 + S^{\ominus}$$

$$ZnS + 2FeCl_3 = ZnCl_2 + 2FeCl_2 + S^{\ominus}$$

$$SnS + 2FeCl_3 = SnCl_2 + 2FeCl_2 + S^{\ominus}$$

$$FeS + 2FeCl_3 = 3FeCl_2 + S^{\ominus}$$

$$Sb_2O_3 + 6HCl = 2SbCl_3 + 3H_2O$$

$$As_2O_3 + 6HCl = 2AsCl_3 + 3H_2O$$

$$Fe_2O_3 + 6HCl = 2FeCl_3 + 3H_2O$$

$$Al_2O_3 + 6HCl = 2AlCl_3 + 3H_2O$$

$$SnO_2 + 4HCl \longrightarrow 2SnCl_4 + 2H_2O$$

除石英等惰性物质外，锑精矿中的大多数物质均会与浸出剂或盐酸反应，除 $PbCl_2$ 因其溶解度小而进入浸出渣外，其他杂质元素大多进入溶液，因而浸出液的成分很复杂。与碱性浸出相比，酸性氯化浸出的选择性较差，浸出液用于电解时，其净化难度更大。

浸出过程生成的元素硫有少量会被进一步氧化为 SO_4^{2-} 而进入溶液：

$$S^{\ominus} + 4H_2O - 6e = SO_4^{2-} + 8H^+$$

由上式可知，提高酸度可抑制元素硫的氧化，同时由于 $SbCl_3$ 很容易水解：

$$SbCl_3 + H_2O = SbOCl\downarrow + 2HCl$$

$$4SbCl_3 + 5H_2O = Sb_4O_5Cl_2\downarrow + 10HCl$$

因而提高酸度更重要的意义在于抑制 $SbCl_3$ 的水解，但过高的酸度在氧化剂不足时可导致有毒气体硫化氢的逸出：

$$S^{\ominus} + 2H^{2+} + 2e = H_2S$$

因此，酸性氯化浸出过程应保持适宜的盐酸浓度。

以五氯化锑溶液或氯气作为浸出剂的浸出原理与三氯化铁基本相同。这两种浸出剂的优点是避免了向体系中引入杂质金属离子，有利于浸出液的净化。

14.3.1.2 浸出过程的影响因素

酸性氯化浸出属于化学反应和扩散联合控制的过程，影响浸出率的主要因素有：浸出温度、浸出时间和搅拌强度、浸出剂用量（过量系数）和浓度、矿浆液固比、精矿粒度以及盐酸用量等。

A 浸出温度的影响

温度对浸出率的影响较大，温度升高，反应速度加快，有利于减少浸出时间。但温度不宜过高，因为酸性氯化浸出一般是在常压下进行，浸出温度受到矿浆沸点的限制，而且过高的温度对防腐及操作也不利。已有的研究结果表明，采用五氯化锑、三氯化铁或氯气作浸出剂，适宜的浸出温度为 90 ~95℃，在此温度下锑的浸出率可达 99% 以上。

B 浸出时间的影响

在浸出初期，反应较剧烈，过后则较为平稳，随着时间的延长，浸出率逐渐提高，浸出一定时间后，再延长时间，浸出率无明显变化。用五氯化锑或三氯化铁作浸出剂时，最佳浸出时间约 1.5 ~2.0h，用氯气作浸出剂的最佳浸出时间约 3 ~4h。

C 搅拌强度的影响

搅拌强度对浸出剂及反应产物的扩散有着重要影响，适当提高搅拌强度有利于提高浸出速度，机械搅拌速度一般为 200 ~300r/min。

D 浸出剂用量及浓度的影响

浸出剂的用量一般大于其理论需要量，实际添加量与理论量之比称为过量系数。在一定范围内，浸出剂的过量系数愈大、浓度愈高，锑的浸出率愈高，但过多的浸出剂用量将导致不必要的浪费，并给后续处理工序带来困难。以五氯化锑作浸出剂时，其过量系数约在 1.3 左右。以三氯化铁作浸出剂时，其过量系数选 1.1 为宜。以氯气作为浸出剂时，其过量系数约为 1.4 ~1.6。

E 矿浆液固比的影响

降低矿浆的液固比有利于提高设备的处理能力。当固定浸出剂用量时，降低液固比将提高浸出剂的浓度，因此，原则上应选择较低的矿浆液固比，但液固比过低，矿浆黏度增大，不利于浸出。根据浸出剂种类及其他条件的不同，矿浆液固比的选择范围在 3 ~5 之间。

F 盐酸用量的影响

浸出过程中，盐酸的主要作用是防止 $SbCl_3$ 水解，同时能抑制元素硫的氧化。$SbCl_3$ 在 pH 值很低时即发生水解，因此浸出液必须保持较高的酸度，但盐酸浓度太大，将增加后续处理工序的难度，且可能产生有毒气体 H_2S。盐酸浓度一般应大于 1.3mol/L。

G 精矿粒度的影响

当硫化锑精矿的粒度小于 2mm 时，锑的浸出率基本不受粒度大小的影响，但精矿粒度对浸出速度有影响，浸出速度随粒度的减小而增大，粗粒锑精矿的浸出时间要适当延长。锑精矿粒度过细，会给固液分离带来困难，同时在浸出渣的洗涤过程中，细粒渣更易吸附已浸出的锑化合物，增加洗涤难度，造成金属损失，其综合经济效益反而不如粗颗粒精矿的浸出。锑精矿的粒度以控制在 1 ~0.25mm 较合理。

14.3.1.3　浸出剂的再生

用五氯化锑或三氯化铁作浸出剂浸出锑精矿后，高价金属氯化物被还原为相应的低价金属氯化物进入浸出液，为了降低生产成本，循环利用浸出剂，必须对浸出剂进行再生处理。但用氯气作浸出剂时没有再生工序。

三氯化铁在浸出后被还原为 $FeCl_2$，使用适当的氧化剂可把 Fe^{2+} 氧化成 Fe^{3+}，从而使三氯化铁再生。可使用的氧化剂有空气（氧气）、过氧化氢、氯气等。

空气氧化的成本较低，但氧化速度较慢，而过氧化氢的成本较高。氯气是较合适的氧化剂。如果对浸出液进行电解处理生产金属锑，则可利用电解的阳极过程，使 Fe^{2+} 氧化成 Fe^{3+}，从而使三氯化铁再生，这是酸性氯化铁浸出 - 电积工艺的优势之一。

五氯化锑的再生，一般是将浸出液（主要含 $SbCl_3$）分流出一部分，然后通入氯气，使 $SbCl_3$ 氧化为 $SbCl_5$，再返回浸出工序。

14.3.2　酸性氯化浸出液的电积

到目前为止，仅对三氯化铁作浸出剂的浸出液进行过电积试验工作，简要介绍如下。

锑精矿的三氯化铁浸出 - 电积工艺的原则流程见图 14-18。

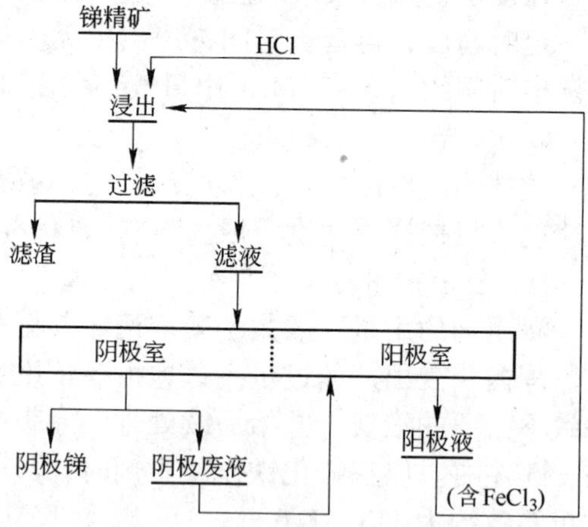

图 14-18　三氯化铁浸出 - 电积工艺原则流程

酸性氯化浸出液的电积在隔膜电解槽中进行，隔膜材料为阴离子交换膜，阳极材料为石墨，阴极材料可选用钛板或铜板等。阴离子交换膜只允许阴离子透过而不允许阳离子透过，阴离子交换膜可选用聚氯乙烯半均相阴离子交换膜（AM）、聚乙烯均相阴离子交换膜（PEAM）以及过氯乙烯均相阴离子交换膜（MR866）等等，其中上海树脂研究所研制的 MR866 型膜的使用效果较好，能耐 80 ~90℃的酸性氯盐介质，对 Cl^- 的选择透过性较好。

电积时，将浸出液加入电解槽的阴极室，锑在阴极板上析出，阴极废液（含 $FeCl_2$ 及少量 $SbCl_3$）则送入阳极室，通过阳极的氧化作用使 $FeCl_3$ 再生。隔膜的作用是防止 Sb^{3+} 进入阳极室被氧化为 Sb^{5+} 而降低电流效率。

14.3.2.1　阴极过程

电解液（浸出液）加入阴极室，其主要成分是 3 价锑络离子及 $FeCl_2$。电积时，阴极上发生的主要反应为：

$$Sb^{3+} + 3e \longrightarrow Sb$$

同时可能发生的副反应还有：

$$Fe^{3+} + e \longrightarrow Fe^{2+}$$

$$2H^+ + 2e = H_2$$

3 价铁离子还原为 2 价铁离子的反应比锑的析出反应更易进行，当电解液中存在 Fe^{3+} 时，将降低电解的电流效率。因此在浸出过程中，应控制三氯化铁的过量系数，尽量减少浸出液中 Fe^{3+} 的含量。由于氢在阴极上析出的过电位较高，一般情况下，阴极上不会有氢的析出。

此外 As^{3+}、Pb^{2+} 和 Cu^{2+} 会在阴极上放电析出而影响阴极锑的质量，即

$$As^{3+} + 3e = As$$

$$Pb^{2+} + 2e = Pb$$

$$Cu^{2+} + 2e = Cu$$

14.3.2.2 阳极过程

连续生产过程中，阳极液为来自阴极室的电解废液，其主要含 $FeCl_2$ 及少量 $SbCl_3$，电积时阳极上发生的主要反应为：

$$Fe^{2+} - e = Fe^{3+} \qquad (E^0 = 0.771V)$$

$$Fe^{3+} + 3Cl^- = FeCl_3$$

阳极液中不足的 Cl^- 由阴极室中的 Cl^- 透过阴离子交换膜补充，这样就使三氯化铁得到再生。

阳极区可能发生的副反应还有：

$$Sb^{3+} - 2e = Sb^{5+}$$

$$Sb^{5+} + 5Cl^- = SbCl_5$$

$$2Cl^- - 2e = Cl_2 \qquad (E^0 = 1.395V)$$

$$2H_2O - 4e = O_2 + 4H^+ \qquad (E^0 = 1.229V)$$

3 价锑离子的氧化将降低阳极的电流效率，即减少了三氯化铁的再生率。因此，仅考虑阳极过程，要求进入阳极室的阴极废液中含 Sb^{3+} 愈低愈好，但是就阴极过程而言，电解液中的 Sb^{3+} 太低，阴极电流效率也会降低，阴极废液中必须保证一定的 Sb^{3+} 浓度。这是一个两难的选择，一般认为阴极废液中的 Sb^{3+} 浓度维持在 30g/L 左右较为适宜。阳极区氧化生成的五氯化锑在返回浸出工序时可起到浸出剂的作用。

从标准电极电位来看，Cl^- 比 Fe^{2+} 更难被氧化，故其放电更慢，即使发生 Cl^- 放电，则因为新生的氯具有很强的氧化性，能将 Fe^{2+} 氧化为 Fe^{3+}：

$$Fe^{2+} + Cl = Fe^{3+} + Cl^-$$

此外，氧气在石墨阳极上析出的超电位较高，氧气析出的反应一般不会发生，所以阳极过程主要发生 Fe^{2+} 氧化为 Fe^{3+} 的反应而不会析出氯气和氧气。

14.3.2.3 影响电积的主要因素

影响电积的主要因素有初始阴极液中的 Sb^{3+} 和 Fe^{3+} 的浓度、阴极废液中 Sb^{3+} 的浓度、电流密度及温度等。

初始阴极液中的 Sb^{3+} 浓度应大于 30g/L，否则会影响电流效率。初始阴极液中 Fe^{3+} 浓度则越低越好，一般要求小于 10g/L。

前已述及，阴极废液中 Sb^{3+} 的浓度不能过高也不能过低，浓度过高将降低阳极电流效率，浓度过低则影响阴极电流效率。

电流密度过高易生成爆锑，同时容易导致杂质金属在阴极析出，影响阴极锑的质量。阴极电流密度一般要求小于300A/m²。

提高电解温度有利于降低电解液的电阻，但温度过高会导致氢在阴极上析出并产生酸雾，研究表明电解温度以30～45℃为宜。

14.3.2.4　爆锑的成分及生成条件

酸性氯化浸出－电积工艺至今未能在工业上应用，其主要原因之一就是氯化锑水溶液在电解时会析出“爆锑”。所谓爆锑，是一种呈无定形的产物，当用硬物击打、研磨、接触电火花或者加热到120℃以上时，会爆炸放热，逸出白烟。很显然，具有这种性质的锑，在工业上不仅无用且有危险。为避免爆锑的形成，前中南矿冶学院曾对爆锑的成分及其形成条件进行了较详细的研究。

爆锑实际上是一种含有氯化物杂质的金属锑，该氯化物的组成为SbCl，这是一种不稳定的无定形化合物。SbCl兼有Sb^+和Cl^-的某些特性，可以使锑的晶格产生畸变和缺陷，当SbCl含量超过一定数值时，会使整个阴极产物呈无定形。这意味着有一个SbCl的临界含量，约3%～5%，相应的存在着爆锑形成的临界条件。

在低温下，SbCl为处于介稳状态的化合物。当温度升高时，SbCl便可能按下列反应分解：

$$2SbCl \longrightarrow Sb + SbCl_2$$

$$SbCl + SbCl_2 \longrightarrow Sb + SbCl_3$$

常温下，爆锑中可能存在微量的$SbCl_2$和$SbCl_3$，随着SbCl的分解，无定形锑结晶，同时放出热量。当温度升高到一定程度，分解反应加快，放出的热量使体系的温度迅速上升。当分解反应和结晶过程以极大的速度发生时，便使$SbCl_3$气化，导致爆炸性的结晶转变。

研究表明，过高的电流密度、高的锑、氢离子浓度、低温和低氯离子浓度以及强烈搅拌，均有利于爆锑的形成，反之，则可避免形成爆锑。影响爆锑形成的最重要因素是温度和电解液中锑离子的浓度。

当电解液中的锑离子浓度不同时，存在一个爆锑生成的最高温度。当温度高于此“最高温度”时，则不会生成爆锑，该温度称为爆锑形成的临界温度。不同锑离子浓度所对应的临界温度见表14-9。

表14-9　不同锑离子浓度下爆锑形成的临界温度

Sb^{3+}质量浓度/g·L^{-1}	70	80	90	100	115	130
临界温度/℃	32.5	35.8	38	40	41.8	43.5

只有在临界温度附近，电流密度的影响才能体现出来。在$FeCl_3$－HCl浸出液制备的电解液中，氯离子浓度和酸度对爆锑形成的影响可以忽略。当氯离子浓度较低时，其影响才较显著。在实际电积过程中，只要将电解液的温度保持在阴极液起始锑浓度所对应的临界温度以上3～5℃，则可以避免爆锑的形成。

14.3.3　锑精矿的氟硅酸铁浸出法

酸性氯化浸出法处理含铅锑精矿（如脆硫锑铅精矿）时，矿石中的铅以$PbCl_2$的形式进入浸出渣，需要另外对浸出渣进行处理以回收其中的铅，这增加了工艺的复杂性。为了简化处理工艺，实现锑铅的同时提取，昆明理工大学采用氟硅酸铁作浸出剂进行了脆硫锑铅精矿的浸出试验研究。

$PbSiF_6$ 在水中的溶解度比 $PbCl_2$ 要大得多，能满足电解沉积的要求，可在阴极同时提取锑和铅，克服了氯化浸出法的缺点，该法有可能成为一种新的湿法炼锑方法。

14.3.3.1 浸出剂的制备及浸出体系的组成

浸出剂可用黄色氧化铅＋工业氟硅酸＋硫酸铁晶体制备，先将氧化铅溶于氟硅酸，再加入硫酸铁，反应式为：

$$PbO + H_2SiF_6 \xlongequal{} PbSiF_6 + H_2O$$

$$3PbSiF_6 + Fe_2(SO_4)_3 \xlongequal{} Fe_2(SiF_6)_3 + 3PbSO_4 \downarrow$$

滤去硫酸铅沉淀，即可制得浸出剂溶液。该方法制备的浸出剂中，Fe^{3+} 的浓度较高，可通过调整氟硅酸的浓度控制 Fe^{3+} 的浓度。浸矿石时需补加适量的氟硅酸以维持一定的酸度，浸出体系的一般组成为：Fe^{3+} 浓度 44.1g/L，游离氟硅酸浓度 25.3g/L，Pb^{2+} 浓度 2.9g/L。

14.3.3.2 脆硫锑铅矿的浸出机理

在 $Fe_2(SiF_6)_3-H_2SiF_6$ 体系中浸出脆硫锑铅矿，可能存在两种浸出机理：

（1）铁离子对脆硫锑铅矿的氧化：

$$Sb_6Pb_4FeS_{14} + 28Fe^{3+} \xlongequal{} 6Sb^{3+} + 4Pb^{2+} + 29Fe^{2+} + 14S^{\ominus}$$

（2）脆硫锑铅矿的非氧化酸溶：

$$Sb_6Pb_4FeS_{14} + 28H^{+} \xlongequal{} 6Sb^{3+} + 4Pb^{2+} + Fe^{2+} + 14H_2S$$

生成的 H_2S 再被溶液中的 Fe^{3+} 氧化为元素硫：

$$2Fe^{3+} + H_2S \xlongequal{} 2Fe^{2+} + 2H^{+} + S^{\ominus}$$

在试验过程中没有觉察到 H_2S 气体的放出，而且体系的酸度不是很高，因此 Fe^{3+} 的氧化机制在脆硫锑铅精矿的溶解中起着主要作用。

14.3.3.3 浸出工艺流程

用氟硅酸铁浸出剂从脆硫锑铅精矿中选择性提取铅和锑，在试验室的研究取得了阶段性成果。氟硅酸铁能从脆硫锑铅精矿中浸出提取铅和锑。用这种浸出方法从含铅、锑的复杂硫化矿中提取生产铅和锑的工艺流程见图 14-19。

脆硫锑铅精矿首先用氟硅酸铁溶液浸出，浸出矿浆进行浓缩和洗涤。含单质硫和贵金属的浸出渣作进一步处理。含有溶解的铅、锑和氟硅酸的浸出液可以通过加入铅粉置换铜和锡。净化液送隔膜电解槽电解提铅锑合金。在电解阶段，铅和锑离子在阴极沉积，析出铅锑固溶体合金，而浸出液中的亚铁离子在阳极被氧化而再生氟硅酸高铁溶液，返回浸出。

14.3.3.4 浸出试验结果

$Fe_2(SiF_6)_3-H_2SiF_6$ 体系可以较好地浸出脆硫锑铅精矿，当浸出温度为 50～66℃时，在12h 的浸出时间内，铅和锑可同时溶解在溶液中，铅的溶出率为 78%，锑的溶出率为 94%。由于硫化锑浸出时有部分 S 被氧化为 SO_4^{2-}，在应用该体系浸出脆硫锑铅精矿（铅锑复合精矿）时，铅可能生成 $PbSO_4$ 沉淀而留在渣中，造成铅的溶出率难以提高。试验结果表明，浸出液需要维持一定的酸度，Fe^{3+} 的浓度不可过高，矿石的粒度对浸出速

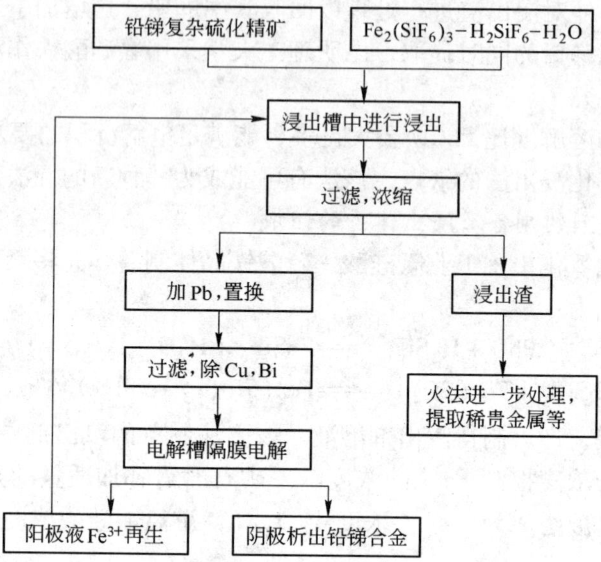

图 14-19　氟硅酸铁浸出锑铅精矿的工艺流程

率有明显的影响。在该体系中，浸出脆硫锑铅精矿的优化条件为：

（1）Fe^{3+}的浓度范围为35～50g/L；

（2）游离H_2SiF_6的浓度范围为25～130g/L；

（3）浸出温度为50～65℃；

（4）精矿粒度控制在0.047mm（－300目）以下，浸出时间为12h左右。粒度增大，浸出时间相对延长；

（5）矿浆密度为45～70g/L。

14.4　锑精矿的矿浆电解法

矿浆电解（Slurry Electrolysis）是将湿法冶金通常包含的浸出、溶液净化、电积等过程结合在一个装置中进行，向这个装置中加入磨细了的矿石或精矿，直接从这个装置中产出产品。矿浆电解的实质是利用电积过程的阳极氧化反应来浸出矿石，即用矿石的浸出反应来取代电积过程的阳极反应，使通常电积过程阳极反应大量耗能转变为金属的有效浸出。矿浆电解发展的历史并不长，较明确地提出矿浆电解的概念是在20世纪70年代。

矿浆电解的优点是流程短、化学试剂耗量小、环境友好。矿浆电解是在一个装置、一个步骤中同时完成金属矿物的浸出与金属的制取，属短流程冶金技术。电解处理后分离出的液体可返回使用，有利于减少试剂的消耗，降低成本。硫化矿中的硫经矿浆电解后，主要转化为元素硫，便于处置，避免了常规火法冶金中产生的SO_2污染。同时，阳极区的总过程主要为金属硫化物的氧化浸出反应，一般不会析出Cl_2和O_2，冶金环境友好。

国外曾对硫化铅、硫化铜等精矿进行过大量矿浆电解试验研究，取得了一系列成果，但在工程化方面还存在很多问题，例如，电解槽结构较复杂、操作难度较大、浸出反应速度缓慢、反应时间长等。此外，矿浆电解的适应性不是很强，某些情况下的生产成本很高，缺乏竞争优势，这些问题阻碍了矿浆电解的工业化。目前，国外仍未见工业化规模生产的报道。

北京矿冶研究总院率先在国内进行了黄铜矿、方铅矿、多金属硫化矿、含金银的铜铅矿、铋矿及废杂铜等物料的矿浆电解试验、扩大试验及半工业试验，取得了良好的试验指标，并首先在湖南柿竹园实现了产业化，用矿浆电解法取代原来的火法工艺，从辉铋矿中提取铋，并于1996年建成了年产200t金属铋的生产线。

在锑精矿的矿浆电解研究方面，昆明理工大学、贵州工业大学、北京矿冶研究总院及广东工学院等曾进行了大量研究，但目前尚未进入工业化生产。

14.4.1 矿浆电解的一般原理

矿浆电解的一般过程是直接对由适当的电解质溶液和硫化矿精矿组成的矿浆进行电解处理。电解槽用渗滤性隔膜将阳极区和阴极区分隔，矿浆加入阳极区并进行搅拌以保证精矿悬浮，矿物中的金属在阳极区溶解后，透过隔膜进入阴极区并在阴极上析出。阳极一般用石墨制作。阴极除可用石墨制作外，还可用钛板、铅板或铜板制作。隔膜可由石棉或合成纤维制成，或可根据工艺需要采用离子交换膜。图14-20为矿浆电解的原则工艺流程，矿浆经电解处理后，在阴极获得金属粉末或金属片。阳极区的浸出产物进入固液分离作业，液体返回电解槽，固体渣则视其是否还含有价金属，或丢弃或进一步处理以回收其中的金属。

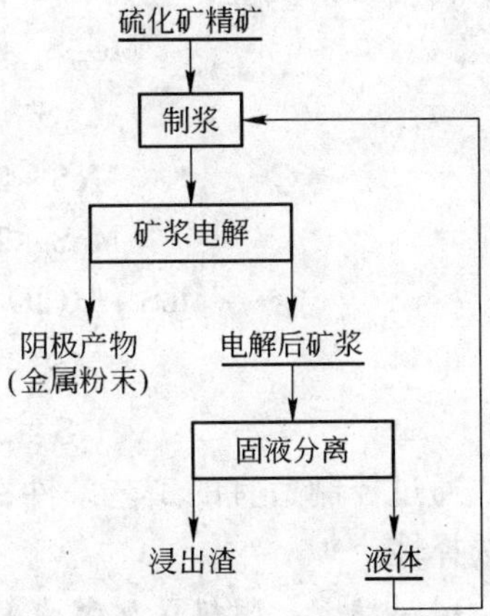

图14-20 矿浆电解的原则工艺流程

采用阴离子交换膜作隔膜时，阳极区浸出产物进行固液分离后，渣按常规方法处理，液体则送入阴极区电积，在阴极上可获得锑片。

矿浆电解的电解质溶液（矿浆介质）大多选用盐酸-氯盐溶液。常用的介质有 $NaCl + HCl$ 水溶液、$CaCl_2 + HCl$ 水溶液及 $NH_4Cl + HCl$ 水溶液等。其原因主要有以下几点：

(1) 大多数金属氯化物的溶解度较大；

(2) Cl^- 与金属离子的配合能力很强，Cl^- 能与很多金属离子生成配合物，使溶液中游离的金属离子浓度大为降低，这会使各种难溶金属硫化物的溶解度随 Cl^- 浓度的增大而明显升高，使硫化物的浸出更易于实现；

(3) Cl^- 对电极过程有活化作用，电化学的研究表明，Cl^- 对大多数金属电极体系的阳极过程与阴极过程有显著的活化作用，这种活化作用能加速硫化矿物的溶解，例如黄铜矿在 $FeCl_3$ 溶液中的浸出速率比在 $Fe_2(SO_4)_3$ 溶液中高很多。

14.4.1.1 阳极区矿浆电解过程

矿浆电解的阳极区主要发生阳极上的氧化反应（电子受主为阳极的电极过程）及溶液中的化学反应（电子受主为溶液中物质的非电极过程）两种过程。

阳极上可能发生的反应主要有金属硫化矿颗粒和溶液中各种物质的阳极氧化（浸出反应）反应：

$$Me_mS_n - 2ne = mMe^{(2n/m)+} + nS^{\ominus}$$

$$Fe^{2+} - e = Fe^{3+}$$

$$2Cl^- - 2e \xlongequal{} Cl_2$$

$$H_2S - 2e \xlongequal{} 2H^+ + S^{\ominus}$$

$$2H_2O - 4e \xlongequal{} O_2 + 4H^+$$

$$S^{\ominus} + 4H_2O - 6e \xlongequal{} SO_4^{2-} + 8H^+$$

由于氧气在石墨阳极上析出的超电位较高，所以氧气析出反应发生的可能性不大。

阳极区溶液中，可能发生的化学反应主要包括各种氧化剂对金属硫化矿的化学氧化以及矿物的酸溶反应，例如：

$$Me_mS_n + nCl_2 \xlongequal{} mMeCl_{2n/m} + nS^{\ominus}$$

$$S^{\ominus} + Cl_2 \xlongequal{} SCl_2$$

$$MeS + 2Fe^{3+} \xlongequal{} Me^{2+} + 2Fe^{2+} + S^{\ominus}$$

$$MeS + 2Cu^{2+} \xlongequal{} Me^{2+} + 2Cu^+ + S^{\ominus}$$

$$MeS + HClO + H^+ \xlongequal{} Me^{2+} + Cl^- + H_2O + S^{\ominus}$$

$$MeS + 2H^+ \xlongequal{} Me^{2+} + H_2S$$

$$H_2S + 2Fe^{3+} \xlongequal{} 2Fe^{2+} + 2H^+ + S^{\ominus}$$

通过控制适宜的工艺条件，可使目的金属在阳极区被有效浸出，同时尽可能提高过程的选择性。

14.4.1.2　阴极区矿浆电解过程

矿浆电解的阴极区，主要发生金属离子在阴极上的还原析出反应及其他离子在阴极上的还原反应，包括氢气的析出及高价金属离子还原为低价金属离子等，如：

$$Me^{n+} + ne \xlongequal{} Me$$

$$2H^+ + 2e \xlongequal{} H_2$$

$$Fe^{3+} + e \xlongequal{} Fe^{2+}$$

$$Cu^{2+} + e \xlongequal{} Cu^+$$

目的金属的析出是主要反应，其他副反应可能造成电解的电流效率降低，选择恰当的工艺条件可降低副反应发生的几率。

14.4.2　辉锑矿的矿浆电解试验

贵州工业大学曾采用高品位锑精矿进行矿浆电解试验研究。对浸出过程的影响因素、电解能耗的影响因素及浸出机理等进行了考查。

14.4.2.1　工艺流程

试验所用试料为辉锑矿，系贵州产辉锑矿的浮选精矿和富锑块矿。试料粒度小于0.088mm。锑精矿中的主要矿物为辉锑矿，此外，还含有石英、黄铁矿、砷黄铁矿、方铅矿、辉铜矿、闪锌矿、黏土等。试料的化学成分见表14-10。

表14-10　试料的化学成分

元　素	Sb	As	Pb	Cu	SiO_2	Fe	Zn	S
锑精矿（质量分数）/%	58.47	0.15	0.25	0.035	6.65	3.37	0.003	26.01
锑块矿（质量分数）/%	1.70	0.075	0.0057	0.0059	37.35	1.17	0.001	16.43

矿浆电解槽用呋喃玻璃钢制作，用阴离子交换膜将电解槽隔为阴阳两个电极室，容积各为1L。阳极室装有搅拌器和加热器。阳极材料为石墨，阴极材料选用铜板或钛板。浸出剂用工业盐酸、食盐和返回的阴极液配制。每次投矿量100g。阴极液为阳极室的浸出液，用高位槽循环，并根据需要调整浓度和流速。阴极室电积条件为Sb^{3+}浓度大于80g/L，电流密度500～600A/m^2。

矿浆电解试验的工艺流程如图14-21所示。

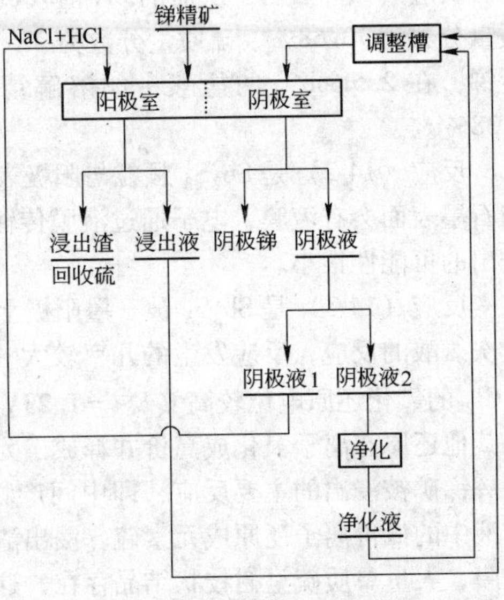

图14-21 辉锑矿矿浆电解试验工艺流程

14.4.2.2 影响辉锑矿浸出率的因素

固定液固比为8～10，通入电量为理论电量的1.0～1.2倍，试验考查了温度、酸度和氯离子浓度对浸出率的影响，得出了反映浸出率y与浸出温度x_1、酸度x_2和氯离子浓度x_3关系的一次回归方程为：

$$y = 85.57 + 7.81x_1 + 1.55x_2 + 2.75x_3$$

由上式可知，影响浸出率的主要因素依次是温度、氯离子浓度和酸度。试验得出锑精矿最佳浸出条件为温度70～85℃，盐酸浓度为2～3g/L，氯离子浓度4～6g/L。当温度降到60℃以下时，浸出率则降至70%以下。

14.4.2.3 阳极室浸出反应机理

辉锑矿的矿浆电解，需要较高的酸度和氯离子浓度以保持浸出的锑在溶液中的稳定性，试验条件下阳极电位达到1.39V就有氯气析出，这有别于在低酸度下石墨阳极上析出氧气，因此，辉锑矿在阳极室被浸出的化学反应主要有如下类型：

（1）直接酸溶：

$$Sb_2S_3 + 2H^+ + 2H_2O = 2SbO^+ + 3H_2S \quad pH = -5.73 \tag{14-1}$$

（2）Sb_2S_3颗粒直接在石墨阳极上放电：

$$Sb_2S_3 - 6e = 2Sb^{3+} + 3S^{\ominus} \quad E^{\ominus} = 0.51V \tag{14-2}$$

（3）Sb_2S_3颗粒直接被石墨阳极上新生的氯氧化：

$$Sb_2S_3 + 3Cl_2 = 2SbCl_3 + 3S^{\ominus} \tag{14-3}$$

（4）Sb_2S_3颗粒被溶液中的高氧化态离子Fe^{3+}、Sb^{5+}、ClO^-等氧化：

$$Sb_2S_3 + 6Fe^{3+} = 2\ Sb^{5+} + 6Fe^{3+} + 3S^{\ominus} \tag{14-4}$$

$$Sb_2S_3 + 3Sb^{5+} = 5Sb^{3+} + 3S^{\ominus} \tag{14-5}$$

$$Sb_2S_3 + 3ClO^- + 6H^+ = 2Sb^{3+} + 3Cl^- + 3H_2O + 3S^{\ominus} \tag{14-6}$$

阳极室还可能发生以下反应：

$$2SCl_2 = S_2Cl_2 + Cl_2 \tag{14-7}$$

$$S_2Cl_2 + 2Fe^{2+} = 2Fe^{3+} + 2Cl^- + 2S^{\ominus} \tag{14-8}$$

$$S_2Cl_2 + Sb^{3+} \longrightarrow Sb^{5+} + 2Cl^- + 2S^{\ominus} \quad (14\text{-}9)$$

$$Fe^{2+} - e \longrightarrow Fe^{3+} \quad (14\text{-}10)$$

$$Sb^{3+} - 2e \longrightarrow Sb^{5+} \quad (14\text{-}11)$$

$$Sb^{3+} + nCl^- \longrightarrow SbCl_n^{-(n-3)} \quad (14\text{-}12)$$

上述反应在多相体系中进行，反应历程比较复杂。

反应（14-1）由于所需的 pH 值较负，在矿浆电解的酸度下难以进行。试验测定了锑质量分数为 70.68%、硫质量分数为 27.15%、铁质量分数为 0.12%、粒度小于 0.1mm 的生锑，在 2.5mol/L 的盐酸中的溶解情况。在 70～75℃ 下浸出 2h，锑的浸出率只有 2.38%。

反应（14-2）是 Sb_2S_3 颗粒与阳极表面碰撞失去电子被氧化的反应。由于 Sb_2S_3 颗粒和石墨表面会有液膜，电子通过液膜传输比较困难，因此，辉锑矿在阳极上直接被电氧化浸出的可能性很小。

反应（14-3）是 Sb_2S_3 被石墨阳极上新生的氯氧化的反应，实际上包含了溶解氯及产生次氯酸的反应，反应发生的几率较大，反应产生的 SCl_2 会按式（14-7）分解成 S_2Cl_2。S_2Cl_2 的氧化还原电位较高（$E^{\ominus}=1.23V$），会按式（14-8）、式（14-9）将 Fe^{2+} 和 Sb^{3+} 及其他还原态离子氧化成高价并释放出元素硫，因此，反应式（14-8）、式（14-9）可能是辉锑矿被浸出的主要反应，即中间产物 SCl_2 离开 Sb_2S_3 矿粒表面发生歧化反应，再被溶液中的低价离子还原成元素硫。浸出渣的透射电镜照片表明，残留的辉锑矿粒表面没有硫膜，大量单质硫呈树枝状结晶存在，这与上述结论是一致的。

试验测定了电解过程中槽电压和阳极液电位的变化情况，结果如图 14-22 所示。

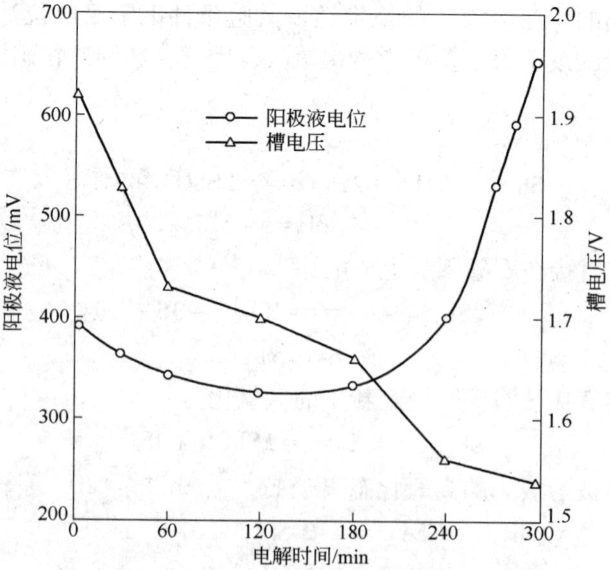

图 14-22　槽电压和阳极液电位随电解时间的变化

由图 14-22 可知，随着电解的进行，阳极液电位逐渐升高，槽电压逐渐下降，电解 3h 以后，阳极液电位急剧上升，表明锑的浸出反应基本完成，溶液中的 Sb^{3+} 和 Fe^{2+} 浓度增高，会与 Cl^- 争相在阳极上放电而被直接氧化成高价离子。正是由于 Sb^{3+} 和 Fe^{2+} 直接在阳极上放电，因其放电电位比 Cl^- 低而引起槽电压呈下降趋势，因此，反应式（14-4）、式（14-5）对辉锑矿的浸出可能到后期才会逐渐发挥作用。反应式（14-4）、式（14-5）产生的单质硫之所以没有在矿粒表面形成硫膜，可能是按式（14-6）生成 SCl_2 的缘故。已有研究证实 SCl_2 的生成是用 Cl_2 浸出锑精矿制取锑酸钠工艺中造成产品染色的原因。络合反应式（14-12）使 Sb^{3+} 浓度降低，有利于反应式（14-3）的进行和保持锑在溶液中的稳定。

综上所述，辉锑矿在矿浆电解阳极室中被浸出的机理主要是溶液中新生氯的化学溶解作用，主反应是 Sb_2S_3 与溶解氯的作用，S_2Cl_2 是反应的中间产物，S_2Cl_2 的氧化作用是主要的反应，高价离子 Fe^{3+} 和 Sb^{5+} 对辉锑矿的浸出是在电解过程的后期才逐渐发挥作用的。

14.4.2.4 影响矿浆电解能耗的因素

辉锑矿矿浆电解试验表明，槽电压仅稍高于电解池理论分解电压 1.26V，远低于碱性锑电积的槽电压 2.7～3.0V。这是由于电解液温度、H^+ 和 Cl^- 浓度都较高、膜电阻较小、Cl^- 的透过性能好，使得电解液和膜的电压降都较低的缘故，因此，影响能耗的主要因素是阴极电流效率。

阴极液（阳极室的浸出液）主要含 Sb^{3+}，其氧化还原电位 $E^0=0.1V$，更正电性的杂质主要是 Cu^{2+}（$E^0=0.345V$）和 As^{3+}（$E^0=0.24V$）。Cu^{2+} 和 As^{3+} 积累到一定浓度后会在阴极析出，使阴极电流效率降低并使阴极锑的质量下降。阴极液中的 Sb^{5+} 也会在阴极上放电还原为 Sb^{3+}，从而降低电流效率。经测定，阳极液中 Sb^{5+} 的含量占 Sb 总量的 5%～10%，若直接引入阴极室电积，阴极电效将下降 2%～5%，此外，溶液中的 Fe^{2+} 在电解过程中会积累，当阴极液中的 Fe^{2+} 浓度升高到一定程度后，也会造成阴极锑产品含铁量的增加。

提高阴极电积电流效率的方法主要分为两种，一种是将阴极液中 Sb^{3+} 的浓度提高到 80～120g/L，并用锑精矿还原浸出液，尽量降低其中 Sb^{5+} 的含量；另一种是定期让 Cu^{2+}、As^{3+} 和 Fe^{2+} 开路清除。试验证明采用还原蒸馏的方法除砷较好。铜和铁的清除可采用简单易行的水解法，所得 SbOCl 可直接用于调整阴极液的 Sb^{3+} 浓度。采用这些措施后所进行的全流程试验结果表明，阴极电流效率均大于 95%，高于不用离子交换膜的 $SbCl_3$ 溶液电积指标。阴极锑的锑含量大于 99.5%。

14.4.2.5 爆锑问题

$SbCl_3$ 溶液电积，需避免爆锑生成。该试验由于阳极室浸出温度需维持 70～90℃，相应阴极室温度为 50～65℃，远高于相应 Sb^{3+} 浓度下生成爆锑的临界温度，因此，自身的工艺条件即避免了爆锑的生成。即便为提高产出率而采用高电流密度（$825A/m^2$），试验仍能得到正常锑。

14.4.2.6 离子交换膜和阴极材料

试验考察过几种国产阴离子交换膜，以上海树脂研究所研制的 MR866 阴膜效果最好。该膜的主要优点是 Cl^- 的选择性透过率高，且电阻低，因而膜电压降较小。同时，该膜可耐强酸和高温且强度高，一张膜的间断使用寿命可达 750h 左右。聚砜季铵阴膜 S203 也可使用，但强度稍差。

试验证实，不锈钢、铜、钛都适合作为酸性氯盐介质矿浆电解的阴极材料，而采用钛板作阴极材料，有耐腐蚀和阴极锑易剥离的优点。

14.4.3　复杂锑铅矿的矿浆电解试验

我国广西有着丰富的锑、铅、锌、锡共生矿，其中的主要含锑矿物为脆硫锑铅矿，这类矿石无法通过选矿实现锑铅分离，只能获得锑铅精矿。

锑铅精矿的冶炼工艺非常复杂，通常是将锑铅精矿经沸腾炉焙烧脱硫，焙砂配料二次烧结后，采用鼓风炉还原熔炼产出铅锑合金，铅锑合金再经反射炉吹炼，得到锑氧粉和底铅，锑氧粉经反射炉还原熔炼再精炼生产2号精锑，底铅（含Pb大于80%）经硅氟酸铅电解后生产1号电铅，白银被富集在铅阳极泥中予以回收。该工艺不仅流程长、能耗高、消耗大、金属回收率低、成本高，而且生产环境差，产出的烟气含SO_2低（约1%），难以治理而直接排放，环境污染严重。

为了寻求合理的锑铅精矿冶炼工艺，我国学者进行了大量研究工作，其中昆明理工大学的矿浆电解研究较为深入，分别进行了不同电解槽容积的大量试验。试验中，电解槽用石墨作阳极，钛材作阴极，阴极室和阳极室用隔膜隔开。简要介绍如下。

14.4.3.1　锑铅精矿原料的性质

试验使用的原料系广西河池地区的锑铅精矿。原料中除富含铅、锑、铁等金属元素外，还含有锌、铜、锡、砷以及银、铟、镉等，其主要元素化学分析结果见表14-11。

表14-11　锑铅精矿主要化学成分

元　素	Sb	Pb	Fe	Zn	Cu	Sn	S	Cd
含量（质量分数）/%	23.40	27.12	12.10	2.12	0.014	0.15	23.61	0.022
元　素	CaO	MgO	SiO_2	Al_2O_3	As	Mn	C	In
含量（质量分数）/%	1.68	0.040	1.68	0.050	0.70	0.12	0.69	0.010

锑铅精矿主要是由脆硫锑铅矿、黄铁矿、磁黄铁矿及少量闪锌矿、方铅矿、硫锑铁矿、银黝铜矿、锑银矿等组成，其中脆硫锑铅矿含量高达59.09%，是精矿中最主要的矿物。脉石矿物主要为石英。

电子探针波谱进行的定点微区分析表明，物料中的脆硫锑铅矿基本接近标准的$Pb_4FeSb_6S_{14}$结构，其他金属矿物的元素组成也比较接近标准矿物，其中闪锌矿平均铁的质量分数为10%，属铁闪锌矿，黝铜矿银的质量分数为22%，为典型的银黝铜矿。

矿物中的铅主要富集在脆硫锑铅矿和方铅矿中。脆硫锑铅矿中铅的质量分数为23.73%，占总含铅量的87.66%；方铅矿中铅的质量分数为2.11%，占总含铅量的7.79%。

矿物中的锑主要富集在脆硫锑铅矿和硫锑铁矿中。脆硫锑铅矿中锑的质量分数为16.96%，占总含锑量的72.72%，是最主要的含锑矿物；硫锑铁矿中锑的质量分数为4.23%，占总含锑量的18.15%。

矿物中的铁主要以黄铁矿、磁黄铁矿的形式存在。黄铁矿、磁黄铁矿和脆硫锑铅矿中的铁分别占总铁量的41.98%、28.35%和13.22%。

精矿中的主要含银矿物为银黝铜矿。锑银矿、银黝铜矿部分呈单体，部分与脆硫锑铅矿连生或呈细粒包体。单体及裸露连生体的银黝铜矿和锑银矿含银总量为300g/t，占精矿总含银量的47.47%；脆硫锑铅矿包裹的银黝铜矿以及呈类质同象存在的银总计293g/t，占精矿总含银量的46.36%。

精矿中的主要富砷矿物为砷黄铁矿，个别黄铁矿中固溶有少量的砷。

黄锡矿是精矿中的最主要含锡矿物，其次为锡石，其他的含锡矿物极少。

14.4.3.2 金属提取方案、浸出体系及工艺流程选择

脆硫锑铅矿的组成较复杂，对其热力学性质，目前研究得较少，有关它的热力学数据也很难查到。鉴于脆硫锑铅矿的组成可以分解为 $3Sb_2S_3 \cdot 4PbS \cdot FeS$，故以下关于脆硫锑铅矿的讨论将主要参考 Sb_2S_3 和 PbS 的热力学性质。

A 金属提取方案的选择

复杂锑铅矿的矿浆电解，可供选择的金属提取方案有：

（1）锑铅同时提取方案；即锑铅在阳极区被浸出的同时，在阴极也同时得到锑铅合金，再经火法或湿法冶金分离锑、铅。

（2）锑优先提取方案，一步实现锑、铅的分离；通过控制适宜的条件，优先浸出锑，实现矿浆电解对锑的选择性提取和锑、铅的一步分离。

（3）铅优先提取方案。通过适宜条件的控制，优先浸出铅，实现矿浆电解对铅、锑的一步分离。

为此开展了一系列的试验研究，分述如下。

a 锑铅同时提取方案

锑盐在水溶液中极易水解转化为不溶性沉淀，因此锑矿的酸性提取体系，大都采用较高的酸度来防止其水解，以利于锑的浸出。但由于铅的标准电位为负电位（Pb^{2+}/Pb 标准电位为 -0.126V），而锑的标准电位为正电位（Sb^{3+}/Sb 标准电位为 0.21V），在酸度较高时，铅不易在阴极析出，因此，为了实现锑铅的同时提取，应选择锑、铅溶解度均较高的浸出体系。

方铅矿析出元素硫的平衡 pH 值上限为 -2.34，下限为 -5.54，当 pH 值大于 -2.34 时，硫化物中的硫有可能氧化成 HSO_4^- 或 SO_4^{2-}。事实上，由于动力学的原因，绝大多数的硫仍以单质形态产出。也就是说，矿浆电解时，析出的元素硫会有少数被氧化为 HSO_4^- 或 SO_4^{2-}，因此被浸出的铅不可避免地会以 $PbSO_4$ 的形态沉淀入渣，导致铅有效浸出率的降低。为了避免 $PbSO_4$ 的形成，选取了以下几种浸出体系，并分别进行了探索试验。

（1）$CaCl_2 + H_2SiF_6 + HCl$ 浸出体系。由于 $CaSO_4$ 的溶度积较 $PbSO_4$ 的小，因此，当体系中在有足量的 Ca^{2+} 离子存在时，就可以避免 $PbSO_4$ 的形成，有关的资料也证实了这一点。

加入硅氟酸，是为了进一步提高铅的溶解度。

试验中发现，当加入硅氟酸时，氯化钙溶液中有絮状物生成，矿浆电解后，渣的过滤很困难，渣含水量很高。在保持锑+铅的理论电量时，锑浸出率为88.29%，铅浸出率为84.32%。

（2）$CaCl_2 + Pb(NO_3)_2$ 浸出体系。在该体系中，当 $CaCl_2$ 为400g/L时，铅的溶解度在25℃时可以高达37g/L。试验中发现，在停止搅拌后，阳极区有大量的气泡放出；用阴极液冲洗阳极炭棒时，有大量棕色浓烟生成，这可能是 NO_3^- 被 Fe^{2+} 分解所致。

（3）$CaCl_2 + Pb(C_2H_3O_2)_2$ 浸出体系。$Pb(C_2H_3O_2)_2 \cdot 3H_2O$ 易溶于水，因此采用

$CaCl_2 + Pb(C_2H_3O_2)_2$ 浸出体系，有可能较大幅度地提高铅在该体系中的溶解度。$Pb(C_2H_3O_2)_2 \cdot 3H_2O$ 在 400g/L 的 $CaCl_2$ 溶液中的溶解度测定结果如图 14-23 所示。

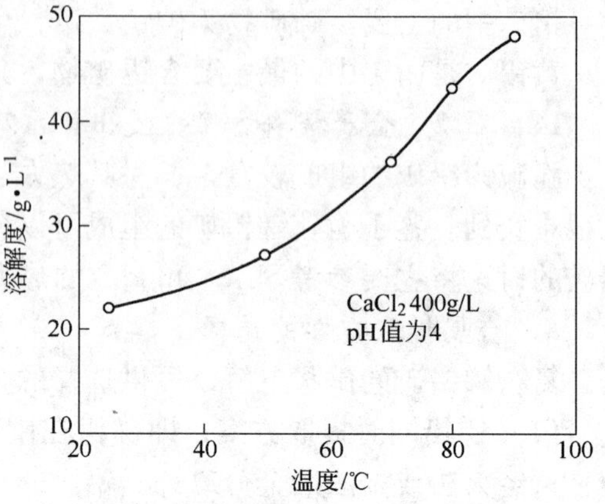

图 14-23　$Pb(C_2H_3O_2)_2 \cdot 3H_2O$ 在 $CaCl_2$ 体系中的溶解度

由图 14-23 可知，$Pb(C_2H_3O_2)_2 \cdot 3H_2O$ 在 $CaCl_2$ 溶液中有较高的溶解度，基本可满足锑、铅同时提取的要求。为验证 SO_4^{2-} 对该体系中铅的浸出不产生影响，在 1L 含 $CaCl_2$ 400g/L、$Pb(C_2H_3O_2)_2 \cdot 3H_2O$ 42g/L 的溶液中加入 2mL 浓 H_2SO_4，测定生成沉淀物的铅含量，经分析，沉淀物中铅的质量分数小于 0.5%，说明 $CaSO_4$ 优先于 $PbSO_4$ 而沉淀，SO_4^{2-} 在该体系中，对铅的浸出基本不产生影响。

探索试验发现，由于该体系的酸度较低，矿浆电解时，复杂锑铅矿很难被分解，在保持锑 + 铅的理论电量时，铅、锑的浸出率约为 60%。

因此，锑铅同时提取方案较难实现。这在盐酸 - 氯化钠和盐酸 - 氯化钙体系中进行的探索试验也证实了这一点。

b　铅优先提取方案

锑盐易水解，因此从理论上讲，可以通过对浸出体系酸度的控制，使锑不被浸出或浸出后重新水解入渣，以实现铅的优先提取，但探索试验表明，在溶液 pH 值低于 1 时，即便通入几倍于锑铅氧化所需理论量的电量，铅的浸出率依然较低，仅 70% 左右，因此铅优先提取方案也无法实现。

c　锑优先提取方案

如前所述，金属铅的析出电位为负值，而锑的析出电位为正值，因此，可以利用在体系酸度较高时铅不易在阴极析出的特点，通过对锑、铅在浸出体系中溶解度的调节（铅尽可能低，而锑尽可能高），以控制铅在阴极的析出，从而实现锑、铅的一步分离。

应保持溶液有一定的酸度，提高溶液酸度，不仅有利于元素硫的生成，提高锑在溶液中的溶解度，防止锑盐的水解，而且有利于抑制铅在阴极的析出。

探索试验表明，采用锑优先提取方案是可行的，也是合理的。在适宜的浸出体系中，通入氧化复杂锑铅矿中锑所需的理论量电量，锑的浸出率即可达到 98%，95% 以上的铅也被浸出，以 $PbCl_2$ 的形态进入渣中，因此，试验选取了锑优先提取方案作为复杂锑铅矿矿浆电解的技术方案。

B　浸出体系的选择

矿浆电解工艺大都采用盐酸 - 氯化钠或盐酸 - 氯化钙浸出体系，这不仅有利于硫化矿物中单质硫的形成，同时也有利于矿物中有价成分的浸出。但对复杂锑铅矿而言，采用盐酸 - 氯化钠或盐酸 - 氯化钙体系是不适宜的。因为当 Cl^- 浓度较高时，氯化铅在氯化钠和氯化钙体系中均有较高的溶解度，复杂锑铅矿在该两种体系中矿浆电解时，锑和铅可同时完全浸出，并和溶液中的氯离子络合生成配合物，导致铅有较大的溶解度，这将使铅在阴极有少量析出，致使锑中铅的含量偏高约2%左右，从而无法实现锑、铅的一步分离，因此，应研究采用 $PbCl_2$ 溶解度低（最好能以 $PbCl_2$ 或 $PbSO_4$ 的形态留在渣中）、而 $SbCl_3$ 溶解度高、能满足锑在阴极上以板状析出的浸出体系。

a 盐酸－氯化钠浸出体系

探索试验表明，采用盐酸－氯化钠体系处理复杂锑铅矿，体系中游离酸的浓度可以大幅降低，且锑、铅的浸出率高。当通入电量为浸出锑所需理论量的1倍时，以渣计的锑浸出率为97.79%，铅浸出率为98.11%；阴极锑中锑的质量分数为96.41%，铅的质量分数为1.36%。阴极产品金属锑板中，铅含量较高，无法实现锑铅的一步分离，因此，盐酸－氯化钠浸出体系不能满足复杂锑铅矿的矿浆电解要求。

b 盐酸－氯化钙浸出体系

采用盐酸－氯化钙体系处理复杂锑铅矿，体系中游离酸的浓度也可以大幅降低，且铅、锑的浸出率高。当通入电量为浸出锑所需理论量的1.07倍时，以渣计的锑浸出率为99.39%，铅浸出率为99.43%。阴极产物中锑的质量分数为66.45%，铅的质量分数为15.87%。阴极产品中，金属锑和铅含量均较高，也无法实现锑铅的一步分离，因此，盐酸－氯化钙体系同样不适合复杂锑铅矿的矿浆电解。

c 硫酸－盐酸浸出体系

硫酸锑可溶于盐酸而硫酸铅不溶于盐酸，因此采用硫酸－盐酸的混合体系，就可以充分利用硫酸铅（溶度积小）的酸不溶性，使复杂锑铅矿中的锑优先浸出，进而在阴极析出，而铅则存留于浸出渣中，从而实现锑和铅的分离。

探索试验表明，采用硫酸－盐酸混合体系处理复杂锑铅矿，可以实现锑铅的一步分离。以渣计的锑浸出率为96.6%，铅浸出率为14.4%。阴极锑中锑的质量分数为96.41%，铅的质量分数为0.049%。为了保证复杂锑铅矿中被浸出的锑在硫酸－盐酸混合体系有较高的溶解度，保证锑不水解，要求盐酸在该体系中的浓度不低于5mol/L，因此，在试验的温度条件下（60℃），不仅盐酸的挥发损耗高，而且操作环境恶劣。硫酸－盐酸混合体系仍不适合复杂锑铅矿的矿浆电解，而应选择在盐酸浓度较低的情况下能保证锑不水解的浸出体系。

d $HCl-NH_4Cl$ 浸出体系

溶解度试验测定结果表明，$HCl-NH_4Cl$ 体系中，在盐酸浓度较低的情况下，$SbCl_3$ 有较高的溶解度，而 $PbCl_2$ 的溶解度较之于氯化钠和氯化钙体系有明显的降低，基本符合试验对浸出体系的要求。此外，在该体系中 AgCl 的溶解度也较高，有利于复杂锑铅矿中银的提取。试验最终选择 $HCl-NH_4Cl$ 体系作为复杂锑铅矿矿浆电解的浸出体系。

C 工艺流程的选择

用矿浆电解法在 $HCl-NH_4Cl$ 体系中处理复杂锑铅矿，锑在阴极析出，精炼后得金属锑；硫以单质硫的形式入渣；铅以 $PbCl_2$ 的形态沉淀入渣。

从该浸出渣中提取铅，可行的工艺方案有：二次矿浆电解提铅；碳铵转化，使 $PbCl_2$ 转化为 $PbCO_3$，$PbCO_3$ 再经硅氟酸酸溶得到硅氟酸铅，硅氟酸铅经不溶阳极电积得到电铅；碳铵转化，使 $PbCl_2$ 转化为 $PbCO_3$，而后反浮选，使 $PbCO_3$ 留在浮选尾矿中得以富集，并得到碳酸铅精矿，铅精矿再经火法熔炼回收铅；碳铵转化，使 $PbCl_2$ 转化为

$PbCO_3$，转化渣经（$(NH_4)_2S$）浸出，渣中的元素硫以多硫化物的形态被溶出，铅和银被富集在渣中，再经火法熔炼回收铅、银。

a　二次矿浆电解提铅工艺

锑铅精矿在 $HCl-NH_4Cl$ 体系中经矿浆电解选择性浸出，实现了锑、铅的一步分离，复杂锑铅矿中的铅以 $PbCl_2$ 的形态进入矿浆电解浸出渣中，这部分铅在 $HCl-CaCl_2$ 体系中再经一次矿浆电解，铅以海绵铅的形态在阴极析出，海绵铅经火法熔炼得到精铅。

虽然该工艺流程结构简单，但由于渣中的铅以 $PbCl_2$ 的形态存在，矿浆电解时，阳极将会有析氯反应发生，导致操作环境恶劣，设备腐蚀严重，因此采用二次矿浆电解处理复杂锑铅矿的办法是不适宜的。

b　硅氟酸铅不溶阳极电积工艺

矿浆电解浸出渣中的 $PbCl_2$ 经碳铵转化为 $PbCO_3$，$PbCO_3$ 经硅氟酸溶解，得到硅氟酸铅，固液分离后，滤渣作为硫精矿出售，硅氟酸铅溶液经不溶阳极电积得到电铅。

此流程为全新的湿法流程，虽然有利于铅的回收，但流程较为繁杂，工业化有一定的难度。采用硅氟酸铅的不溶阳极电积工艺，因阳极为析氧反应，槽电压较高（小型试验时槽电压约 2.6V），电耗较大（约每吨铅耗电 1000kW · h），经济上很不合理。另外，在采用硅氟酸浸出 $PbCO_3$ 时，要求溶液中游离的硅氟酸量较高（约 120g/L），不溶阳极电积时，硅氟酸的挥发损失较大，对环境和工人的健康都有一定的影响。

c　碳铵转化 - 反浮选提铅工艺

以 $PbCl_2$ 的形态进入矿浆电解浸出渣中的铅，经碳铵转化为 $PbCO_3$，而后反浮选脱硫，使 $PbCO_3$ 留在浮选尾矿中，富集后得到含硫较低的碳酸铅精矿，铅精矿经火法熔炼生产精铅。

该工艺可以得到品质较高的铅精矿并回收大部分的铅，同时能脱除大部分的硫，较易实现工业化，有一定的现实意义，但探索试验研究表明，富集在矿浆电解浸出渣中的银却无法进入铅精矿而难以回收，这是因为金银等贵金属具有亲硫性。矿浆电解时溶出的银很容易吸附到单质硫表面而进入硫精矿，未溶出的银则以矿物的形式进入硫精矿。

d　碳铵转化 - $(NH_4)_2S$ 提取硫工艺

复杂锑铅矿经矿浆电解浸出后，锑以金属锑的形态在阴极析出，铅以 $PbCl_2$ 的形态进入矿浆电解浸出渣中，矿物中的硫也以单质硫的形态留在浸出渣中。这部分单质硫约占浸出渣总重量的 20%。由于这部分单质硫可以与 $(NH_4)_2S$ 形成多硫化物被浸出，因此采用浸出渣碳铵转化 - $(NH_4)_2S$ 提取硫的工艺，不仅可以大大降低浸出渣中硫的含量，而且可使浸出渣中的铅和银得以富集。

此流程较简单，且铅、银的回收率高，有一定的现实意义。探索试验表明，转化渣中大部分的元素硫可以被浸出，浸出渣中铅的质量分数可高达 55% 左右，硫的质量分数可降至 15% 以下，但试验中发现，$(NH_4)_2S$ 的挥发较为严重，操作环境较为恶劣，工业生产存在一定的难度。

e　碳铵转化 - 煤油提取硫工艺

鉴于碳铵转化渣中的元素硫含量较高，而元素硫具有易溶于高温煤油的特点，提出了转化渣煤油热滤提取元素硫，滤渣作为铅精矿经火法熔炼回收铅、银的工艺流程，如图 14-24 所示。

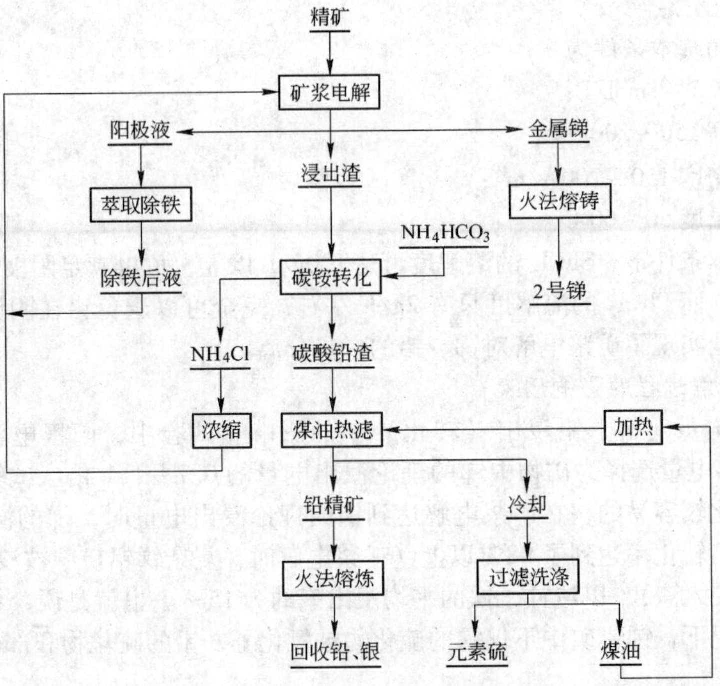

图 14-24 复杂锑铅精矿矿浆电解工艺流程

该工艺避免了以上几个工艺的缺点，不仅工业化简单，而且不损失铅、银，还可以得到副产品硫，其特点概括如下：

（1）铅回收率较高，大于 95%。

（2）银回收率较高，大于 80%；由于复杂锑铅矿中的银大部分是以难溶的砷黝银矿的形态存在，矿浆电解时银无法溶出而留在浸出渣中，被浸出的少部分银也可通过在矿浆电解浸出液中添加少量的碘化钾而使银重新沉淀入渣。煤油热滤时，银留在滤渣中，可在火法炼铅时予以回收。

（3）碳铵转化后液的主要成分是 NH_4Cl，部分经浓缩后可返回矿浆电解工序，补充 NH_4Cl 的损耗。

（4）煤油热滤得到的铅精矿，其品质较高，含硫较低，可以大大降低火法熔炼时 SO_2 对环境的污染。

综上所述，复杂锑铅矿的处理，采用在 $HCl-NH_4Cl$ 体系中进行矿浆电解，选择性地提取金属锑，矿浆电解浸出渣中的铅经碳铵转化为 $PbCO_3$，转化渣再经煤油热滤提取硫的工艺流程是合理的。

14.4.3.3 复杂锑铅精矿矿浆电解小型试验

复杂锑铅精矿矿浆电解工艺的特点是将阳极氧化浸出、金属锑离子的阴极还原和氧化剂的阳极氧化再生 3 个过程有机地结合为一体。小型试验中，考查了浸出电量、反应温度、电解液盐酸浓度、电解液铁离子浓度、矿物粒度（磨矿时间）、阳极电流密度和液固比等诸因素对锑、铅浸出率的影响，找出了诸因素对锑、铅浸出率的影响规律，并分析了阴极电流密度和电解液锑浓度对阴极锑物理形貌的影响。

A　基本试验条件

小型试验的基本条件为：

HCl 浓度 0.5 ~ 1mol/L；

NH_4Cl 浓度 150 ~ 200g/L；

阳极电流密度 150 ~ 200A/m^2；

矿浆电解温度 50 ~ 60℃。

在上述基本条件下，$SbCl_3$ 的溶解度可达 100g/L 以上，可以满足阴极析出板状锑时对锑浓度的要求，而 $PbCl_2$ 的溶解度只有 2g/L 左右，完全可以避免铅在阴极析出对锑带来的污染，较好地实现了矿浆电解对锑、铅的一步分离。

B　矿浆电解过程的影响因素

（1）浸出电量对锑、铅浸出（转化）率的影响。试验中，阳极电流密度为 150 ~ 200A/m^2，浸出电量选择为矿物中锑的理论浸出电量的 0.7 ~ 1.1 倍。试验结果表明，锑铅矿的浸出是比较容易的，在矿浆电解达到锑的理论浸出电量时，锑的浸出率可达 98% 以上，同时铅的转化率达到了 98% 以上（矿浆电解时，复杂锑铅矿中被浸出的铅以 $PbCl_2$ 的形态重新沉淀入渣），以渣计，铁的平均浸出率约为 15%。也就是说，在通入锑的理论浸出电量的情况下，锑铅矿中不仅锑的硫化物被氧化了，铅的硫化物和部分铁的硫化物也都被氧化分解了。

（2）电解液酸度对锑、铅浸出（转化）率的影响。试验结果表明，在试验所采用的酸度范围内，即盐酸浓度为 0.5 ~ 1.4g/L，电解液酸度对锑、铅浸出（转化）率的影响不明显。

（3）电解温度对锑、铅浸出（转化）率的影响。对于矿物的浸出，通常来说，温度的影响是比较明显的，温度不仅影响着离子的迁移速度和化学浸出反应速率，同时还影响着电极表面电化学反应的速率。提高电解液温度对锑、铅和银的浸出是有利的，但温度过高，不仅使能耗增高，而且电解液的挥发严重，操作环境差，设备腐蚀严重，挥发还可导致电解液中的游离酸度降低，影响浸出率的提高，因此电解液的温度以 50 ~ 60℃ 为宜。

（4）阳极电流密度对锑、铅浸出（转化）率及槽电压的影响。根据矿浆电解的基本原理，复杂锑铅矿的矿浆电解浸出是借助于阳极区的氧化作用而实现的，因此阳极在单位时间内供电量的大小，也即阳极电流密度的高低对锑铅矿的浸出会有一定的影响，而这种影响表现在两个方面：一方面，阳极电流密度高，在其他条件相同的情况下，阳极在单位时间内所提供的电量越多，所能处理的复杂锑铅矿的量越多，也就是说，处理单位锑铅矿时所用的时间就少，生产效率也就高；另一方面，阳极电流密度高，相应地，槽电压也会增高，导致处理单位锑铅矿的电耗增高。

试验结果表明，阳极电流密度对锑、铅浸出率的影响很小，但对槽电压和处理单位锑铅矿电耗的影响较大。随着阳极电流密度的提高，槽电压和电能的消耗也随之增加，阳极电流密度由 70A/m^2 增加至 240A/m^2 时，虽然生产能力增加了 3 倍多，但处理 1t 复杂锑铅矿的电耗则由 142kW · h 增加至 235kW · h，增加了 2/3。综合考虑能耗及生产效率，阳极电流密度取 150 ~ 200A/m^2 较适宜。

（5）阴极电流密度对阴极锑物理形态的影响。在其他条件相同的情况下，阴极电流密度高，则在单位时间内锑在阴极析出的量就多，生产效率就高，但阴极电流密度过高，析出阴极锑的物理形态和晶体结构将可能发生改变。

试验考查了阴极电流密度对阴极锑物理形态和晶体结构的影响。试验的固定条件为：Sb^{3+}浓度60g/L，温度60℃，H^+浓度0.5g/L，NH_4Cl浓度200g/L。

试验结果表明，在试验所采用的电流密度135～270A/m^2条件下，电流密度对阴极锑的物理形态和晶体结构的影响不明显。

（6）锑浓度对阴极锑物理形态和晶体结构的影响。矿浆电解时，溶液中金属离子浓度的高低对浸出和电解过程均会有一定的影响。金属离子浓度过低，阴极易因金属离子的贫化而发生阴极极化，使槽电压升高；金属离子浓度过高，则对浸出不利。同时，金属离子浓度的高低对阴极析出物的物理形态和晶体结构也有一定的影响。

试验考察了电解液中锑浓度对阴极锑物理形态和晶体结构的影响。试验的固定条件为：温度60℃，H^+浓度0.5g/L，NH_4Cl浓度200g/L，电流密度200A/m^2。

不同锑浓度下析出的阴极锑电子探针形貌图表明，在锑浓度20～60g/L的试验条件下，锑浓度对阴极锑物理形态的影响不明显，但对其晶体结构则有一定的影响。随着电解液中锑浓度的增大，析出的阴极锑的晶型将愈来愈细化，阴极锑的表面也愈加光滑致密，因此，选择40～60g/L的锑浓度较适宜。

（7）矿物粒度对锑、铅浸出（转化）率的影响。一般情况下，矿物颗粒的大小，对矿物的浸出过程有很大影响，尤其是浸出过程受扩散反应控制时，则影响尤为明显。

试验对-0.047mm含量占55.6%～99.3%的不同粒度组成的矿样进行了矿浆电解研究，结果表明，在试验的粒度范围内，锑、铅浸出（转化）率的变化不大。

（8）液固比对锑、铅浸出（转化）率的影响。液固比试验，主要考察了矿浆黏度和溶液的金属离子浓度两个因素。

在不影响浸出率的情况下，减小液固比，可以减小浸出过程中矿浆的循环量，增大设备生产能力，降低材料和能量的消耗。在液固比为3～20的范围内，液固比对锑、铅浸出（转化）率的影响很小。

（9）铁离子浓度对锑、铅浸出（转化）率的影响。复杂锑铅矿在矿浆电解过程中，电解液中的铁离子扮演了一个重要的角色，它直接参与了阴阳极的电极反应和复杂锑铅矿的氧化浸出反应，既取到了电子的传递作用，又使阳极反应发生改变，使槽电压明显降低。因此，溶液中有适量的铁离子存在，对复杂锑铅矿矿浆电解过程的进行有重要意义，但溶液中铁离子浓度过高，则会对矿浆电解过程产生不利的影响，使溶液的黏度增大，阴阳极的电流效率降低。

试验结果表明，铁离子浓度小于10g/L时，锑、铅的浸出（转化）率有一最大值，即电解液中铁离子浓度存在一最佳值，以4～8g/L为宜。

C 综合验证试验结果

综合验证试验条件为：NH_4Cl浓度200g/L，HCl浓度1g/L，温度60℃，Sb浓度50g/L，Fe浓度5g/L，阳极电流密度200A/m^2。

试验结果表明，通入锑的理论浸出电量+初始阳极液所含Fe^{2+}氧化为Fe^{3+}所需的理论电量，锑和铅即可达到较高的浸出（转化）率；经细磨后的复杂锑铅矿的锑、铅的浸出（转化）率分别达到了98%以上，未经细磨的复杂锑铅矿的锑、铅的浸出（转化）率也分别达到了97%以上；铁的浸出率约15%，基本为脆硫锑铅矿所含有的铁；处理每吨锑铅矿的直流电耗为190kW·h，酸耗为100kg，阳极平均电流效率约95%，阴极平均电流效率约99.8%。

14.4.3.4 复杂锑铅精矿矿浆电解扩大试验

A 扩大试验条件

扩大试验采用2.5m^{3}的单电解槽，NH_4Cl质量浓度为200g/L，HCl浓度为1mol/L，温度60℃，Sb浓度50g/L，精矿粒度为-0.147mm占100%，阳极电流密度150～200A/m^2，通电量为锑的理论浸出电量+初始阳极液所含Fe^{2+}氧化为Fe^{3+}所需的理论电量。

B 扩大试验结果

扩大试验中，对矿浆电解槽的槽体结构、搅拌强度、浸出时间等进行了考察。共完成了12次扩大试验，处理脆硫锑铅精矿860kg，全流程各工序操作正常。

综合试验结果为：渣率65%，渣成分中各元素的质量分数为：Sb 0.8%～3%、Pb 35%～40%、Ag 1000～1300g/t、S 28%～32%、Fe 10%～12%、As 1%～3%。各元素的浸出率分别为：Sb 97%、Ag 20%、Fe 20%、S 15%。平均槽电压1.98V，吨锑平均电耗1377kW·h，酸耗280kg/t矿。

C 铁离子的积累

试验中发现，复杂锑铅矿在矿浆电解过程中，矿物中约有20%的铁被浸出并在溶液中积累。对于这部分铁，试验采用P204和N235萃取分离的办法直接对高酸阳极液进行处理。在盐酸-氯化铵体系中，采用P204萃取除铁，需预先将溶液中的2价铁氧化为3价铁，考虑到与矿浆电解过程的衔接，试验采用了阳极氧化的办法，即在矿浆电解过程中通过通入过量的电能，使2价铁氧化为3价铁。

采用P204和N235萃取除铁的主要过程为：先采用P204，选择性地萃取阳极液中的铁；P204负载有机相经盐酸溶液反萃后，再生有机相返回萃铁；反萃液中含大量盐酸，不宜直接中和处理，故采用N235再次萃取P204反萃液，经N235有机相萃铁后的萃余液主要含盐酸，其含铁小于0.05g/L，可返回用于反萃P204负载有机相，从而大大降低盐酸的消耗；N235负载有机相反萃后，再生有机相返回利用，反萃液为酸性三氯化铁溶液，采用石灰中和除铁后排放。

萃取除铁的主要工艺条件如下：

（1）P204萃取。有机相组成：35%P204+65%煤油；

相比：$O:A=1:1$；

级数：2级逆流；

混合时间：5min；

温度：15℃以上。

（2）P204洗涤。洗涤液：NH_4Cl 200g/L，HCl 0.5mol/L；

相比：$O:A=5:1$；

级数：3级逆流；

混合时间：5min；

温度：15℃以上。

（3）P204反萃。反萃液：6mol/L HCl；

相比：$O:A=2:1$；

级数：2 级逆流；

混合时间：5min；

温度：15℃以上；

反萃后液：Fe 10 ~15g/L，HCl 5 ~5.5mol/L。

(4) N235 萃取。有机相组成：25% N235 +10% 异辛醇 +65% 煤油；

相比：$O:A=1:1$；

级数：单级；

混合时间：5min；

温度：20℃。

(5) N235 反萃。反萃液：pH 值为 0.5；

相比：$O:A=4:1$；

级数：3 级；

混合时间：5min；

温度：20℃；

反萃后液：Fe 16g/L；

pH 值为 1 ~1.5。

(6) N235 反萃液处理。石灰中和法：温度 50℃；

pH 值为 10 ~11；

时间 2h。

D 其他有价元素的走向

分析扩大试验数据表明，矿物中所含的 Sn 和 In 均部分浸出并在溶液中积累，In 在阴极上不析出，Sn 有部分析出，但在阴极锑中的含量极低。由于原料中 Sn 和 In 的含量较低，加之矿浆电解过程部分浸出，残留在渣中的 Sn 和 In 含量也较低，无回收价值。As 部分浸出，溶液中 As 含量波动在 0.2 ~1.8g/L，试验过程未发现 AsH_3 析出。和小试不同，浸出的砷在阴极析出，阴极锑含砷约 2%，需进一步火法精炼除砷。

此外，在矿浆电解扩大试验过程中发现，生成的元素硫有少量被氧化。由于溶液中有少量的铅氯配合物存在，元素硫氧化生成的 SO_4^{2-} 将和铅离子生成 $PbSO_4$ 沉淀，因此溶液中的硫酸根不会积累，扩大试验中，溶液中的 SO_4^{2-} 浓度稳定在 7g/L 左右。

14.4.3.5 矿浆电解渣的特性研究

A 矿浆电解渣的主要矿物组成

矿浆电解渣的矿物组成研究表明，精矿经矿浆电解后，脆硫锑铅矿及方铅矿这两种矿物在矿浆电解过程中基本上被溶解而消失，浸渣中产出大量的氯化铅及元素硫，这说明在实际的矿浆电解过程中，随着脆硫锑铅矿及方铅矿的溶解，氯化铅及元素硫不断生成。

显微镜观察发现，新生相氯化铅基本上呈细粒团状单独存在，而元素硫除单独存在外，还经常嵌生在残余的脆硫锑铅矿周围，形成疏松多孔的元素硫包裹层。这类元素硫的镶边结构，基本上遍及浸渣中所有的残余脆硫锑铅矿及少量的磁黄铁矿和闪锌矿中。

氯化铅的细粒集合体粒度粗大，粒间疏松多孔，而元素硫则呈多孔镶边结构包裹在残存的脆硫锑铅矿周围。这表明在实际的矿浆电解过程中，氯化铅的生成是一个不断聚集长大的过程，而元素硫的多孔状镶边结构主要是由于脆硫锑铅矿中的铅、锑、铁不断被浸出进入溶液，硫变成零价而原地不动的结果。根据浸渣中残余脆硫锑铅矿普遍存在的元素硫镶边结构可以认为，矿浆电解时，脆硫锑铅矿的浸出包含了金属的扩散。

元素硫的X光能谱分析表明，包裹在脆硫锑铅矿周围的元素硫成分单一，不含任何金属元素，这说明铅、锑、铁通过多孔状元素硫的扩散速度是较快的。此外，氯化铅在生成过程中几乎不吸附溶液中的其他金属离子。

B　矿浆电解过程其他矿物的行为

（1）黄铁矿、磁黄铁矿的行为。显微镜观察发现，矿浆电解渣中的黄铁矿基本不溶，而磁黄铁矿部分溶解，部分颗粒完好，磁黄铁矿这种部分溶解的现象可能与自身的铁含量以及结晶程度有关，一般来讲，含铁量高且结晶完好者不易被浸出。

（2）闪锌矿、黄铜矿的行为。闪锌矿为铟的最主要载体矿物，因此闪锌矿在矿浆电解时的行为将直接关系到铟的走向。显微镜观察发现，浸渣中的大部分闪锌矿均没有明显的溶蚀痕迹，少量闪锌矿边部呈轻微锯齿形，但没有明显的元素硫包裹。这表明在实际的矿浆电解时，仅有少量的闪锌矿被溶解，而绝大部分富集在浸渣中。在闪锌矿中，呈类质同象的铟也会随之在浸渣中得到富集。

显微镜观察同样证实，黄铜矿在矿浆电解时基本不溶。

（3）银黝铜矿、锑银矿的行为。显微镜观察发现，矿浆电解渣中已很难见到锑银矿，说明该矿在矿浆电解时已经溶解。而银黝铜矿在浸渣中经常可见，其边界平滑完整、周围没有明显的元素硫包裹。当与之连生的脆硫锑铅矿明显溶解时，银黝铜矿边界依然平整，没有明显的溶蚀痕迹。渣中有数量明显的银黝铜矿，说明该矿物在试验的矿浆电解条件下很难被浸出。试验使用的锑铅精矿中，银黝铜矿为银的主要载体矿物，其数量远远大于锑银矿，在实际的矿浆电解过程中，银的浸出率仅为20%左右，主要是由于银黝铜矿未溶解所致。

14.4.3.6　矿浆电解渣的处理

为了综合利用矿浆电解渣中的铅、硫及银等有价元素，需要对渣作进一步处理。渣的处理工艺主要包括渣中铅的转化和硫的提取两个过程，铅的转化是将渣中的$PbCl_2$转化为$PbCO_3$，再通过水洗脱出氯根以消除氯根对火法炼铅的影响，脱氯后的渣用煤油热滤提取单质硫，最终所得的渣主要含$PbCO_3$及银等有价金属，可作为铅精矿送火法处理。

A　铅的转化

锑铅矿经矿浆电解提取锑后，被浸出的铅又以$PbCl_2$的形态重新沉淀入渣，矿浆电解渣中的铅含量得到富集。由于$PbCO_3$的溶度积远小于$PbCl_2$的溶度积，因此可利用碳铵转化的办法，使$PbCl_2$转化为$PbCO_3$，并使渣中的氯根用水洗脱除。碳铵转化的反应式如下：

$$PbCl_{2(s)} + 2NH_4HCO_{3(aq)} = PbCO_{3(s)} + 2NH_4Cl_{(aq)} + H_2CO_{3(aq)}$$

影响铅转化率的主要因素有NH_4HCO_3的加入量、转化温度及转化时间等。

试验表明，NH_4HCO_3的多少对矿浆电解渣中$PbCl_2$的转化率有重要的影响，加入量少，$PbCl_2$转化不完全，转化渣中氯根的含量高，所得到的铅精矿氯根含量高，不利于火法炼铅；加入量过多，不仅NH_4HCO_3的耗量高，而且得到的转化后液pH值高，返回矿浆电解利用时，导致酸的消耗增高。NH_4HCO_3加入量为矿浆电解渣中铅所需理论量的

1.2 倍为宜，在此条件下，不仅 $PbCl_2$ 的转化率高，而且转化渣中氯根的含量也较低。转化温度应大于 40℃，以 50℃为宜。转化时间约 1h，在上述条件下转化后，转化渣中氯根的含量小于 1%。

B 单质硫的提取

复杂锑铅矿经矿浆电解提锑后，复杂锑铅矿中与锑铅结合的硫大部分以单质硫的形态留存于渣中。这部分单质硫约占渣中总硫量的 70%，占总渣量的 20% 以上。如果采用直接提取单质硫的办法把占总渣量 20% 以上的单质硫提取出来，就可以直接得到含铅约 45%、含硫小于 15% 的铅精矿，而银也被富集在铅精矿中得以回收。

针对单质硫的提取，常用的办法有 CCl_4 提取法、$(NH_4)_2S$ 或 Na_2S 提取法、CS_2 热滤法、熔融硫热滤法及煤油热滤法。CCl_4 提取法因 CCl_4 的挥发性强，对环境的污染严重和经济上的不合理目前已不被采用。$(NH_4)_2S$ 提取法因 $(NH_4)_2S$ 的分解比较严重，操作环境恶劣也很少被采用。Na_2S 提取法因生成的多硫化钠无法再生 Na_2S、经济上不合理也不宜采用。CS_2 毒性较高，故 CS_2 热滤法也很少采用。熔融硫热滤法已有工业应用，但要求渣中含硫量不低于 80%，矿浆电解渣中硫的含量不高，约 30% ~35%，无法采用熔融硫热滤法。煤油热滤法是利用单质硫在不同温度的煤油中溶解度的差异而提取硫的方法。

试验采用煤油热滤法提取转化渣中的单质硫。试验时，取一定量的转化渣，用水浆化后，加热至指定温度，保温过滤，过滤完毕后再用一定量被加热至指定温度的煤油淋洗热滤，淋洗完毕再用热水洗涤，滤渣烘干后即为铅精矿，淋洗液冷却至室温后过滤，即可得到单质硫。油水混合物经油水分离，煤油返回利用。

煤油热滤法提取单质硫的小型试验条件为：矿量 20g、浆化温度 90℃、煤油加热温度 90℃、煤油用量 200mL、煤油冷却温度 30℃。

试验结果表明，采用煤油热滤法处理转化渣是可行的，硫的溶出率大于 70%，可以直接得到铅的质量分数约为 50%、硫的质量分数小于 15% 的铅精矿和纯的单质硫产品。银不损失而被富集在铅精矿中，可以在火法炼铅时予以回收。滤渣含煤油约 2%，由滤渣带走而损耗的煤油量很低。实际生产中，为了避免煤油的挥发，可考虑采用密闭换热器加热和冷却煤油。

14.4.3.7 脆硫锑铅矿矿浆电解机理

A 阳极区反应机理

脆硫锑铅在阳极区的浸出过程是一个复杂的反应过程，脆硫锑铅在盐酸 - 氯化铵介质中呈悬浮状所发生的阳极浸出过程，可以通过下列几种途径来实现。

（1）脆硫锑铅矿与石墨阳极的碰撞接触氧化：

$$Sb_6Pb_4FeS_{14} - 28e = 6Sb^{3+} + 4Pb^{2+} + Fe^{2+} + 14S^{\ominus}$$

（2）石墨电极上析出的 Cl_2、O_2 氧化脆硫锑铅矿：

$$Sb_6Pb_4FeS_{14} + 14Cl_2 = 6SbCl_3 + 4PbCl_2 + FeCl_2 + 14S^{\ominus}$$

$$Sb_6Pb_4FeS_{14} + 7O_2 + 28HCl = 6SbCl_3 + 4PbCl_2 + FeCl_2 + 14S^{\ominus} + 14H_2O$$

（3）铁离子参与脆硫锑铅矿的氧化浸出：

$$Sb_6Pb_4FeS_{14} + 28Fe^{3+} = 6Sb^{3+} + 4Pb^{2+} + 29Fe^{2+} + 14S^{\ominus}$$

Fe^{2+} 再在阳极上氧化：

$$Fe^{2+} - e = Fe^{3+}$$

（4）脆硫锑铅矿的非氧化络合酸溶反应：

$$Sb_6Pb_4FeS_{14} + 28HCl + (6n + 4m - 26)Cl^- = 6SbCl_n^{(3-n)} + 4PbCl_m^{(2-m)} + FeCl_2 + 14H_2S$$

$$2Fe^{3+} + H_2S = 2Fe^{2+} + 2H^+ + S^{\ominus}$$

相关研究证明，在有铁离子存在的情况下（即实际锑铅精矿矿浆电解时），阳极上发生的主要反应是2价铁离子的氧化反应，脆硫锑铅矿的氧化主要是由3价铁离子完成的，3价铁被还原为2价铁，2价铁又在石墨阳极上被氧化，如此反复循环。当然，在浸出过程中自始至终也存在着脆硫锑铅矿与阳极的碰撞接触氧化。脆硫锑铅矿的非氧化络合酸溶反应可以发生，但反应速度很慢，直接酸溶时，锑的浸出率约为8%。

研究还证明，在有铁离子存在时，在相同的电流密度下，阳极电位比无铁离子存在时有明显下降，这对降低电耗有利。

在锑铅矿矿浆电解小型试验中还发现，在仅通入锑的理论浸出电量（假定矿物中的锑均以 Sb_2S_3 的形式存在）的情况下，不仅矿物中锑的浸出率达到了98%左右，铅的硫化物也被完全氧化，且与脆硫锑铅矿共生的铁也被氧化浸出。这一现象的发生主要有以下几个原因：

（1）锑铅精矿中含有少量氧化铁矿物（褐铁矿、磁铁矿）和氧化铜矿物，这些矿物在矿浆电解的酸性环境下被溶解，产生的高价金属离子参与了对硫化矿物的氧化浸出过程。

（2）脆硫锑铅矿的直接酸溶反应使部分金属溶出。

（3）精矿中的硫锑铁矿容易被酸直接溶解浸出。

（4）搅拌浸出过程中的空气氧化作用。

B　阴极过程

脆硫锑铅矿矿浆电解时，在阴极上还原析出的金属主要是Sb和少量的Pb、Ag，此外，溶液中的 Fe^{3+} 也能在阴极发生还原反应变为 Fe^{2+}，当溶液中锑浓度很低时，阴极上还可能发生 H^+ 的还原，析出 H_2。

在矿浆电解的试验条件下，阴极上发生的主要是 $SbCl_n^{(3-n)}$ 的还原反应，H_2 的析出反应不会发生。阴极液中如果有 $FeCl_n^{(3-n)}$ 存在，则 $FeCl_n^{(3-n)}$ 的阴极还原不可避免，但在电荷传输中所占份额很小。矿浆电解过程中，由于 Fe^{3+} 主要是由阳极氧化产生，并很快在阳极区被矿物还原，进入阴极区的 Fe^{3+} 量很少，Fe^{3+} 对阴极电流效率的影响也很小。只有在电解的后期，锑铅矿的氧化接近完毕，阳极区产出大量的 Fe^{3+} 扩散渗透进入阴极区，才可能影响阴极的电流效率。

在矿浆电解试验条件下，铅在钛阴极上的析出可以忽略，矿浆电解可以实现锑的选择性提取。只有在溶液中锑含量极低的情况下，铅才有可能在钛阴极上析出，此时的槽电压也将大大提高。在没有 Sb^{3+} 和 Fe^{3+} 存在的情况下，当电流密度较低时（小于 $6mA/cm^2$），钛阴极上的主要反应是 H^+ 的析出反应，只有在高电流密度下，铅才有可能在钛阴极上析出。

15 粗锑的精炼

无论是由氧化锑还原熔炼或者是由锑精矿直接熔炼产出的金属锑以及由湿法炼锑工艺所产出的阴极锑，通常都含有铁、砷、铅、硫等一定数量的杂质，其含锑品位和纯度往往达不到商品锑的要求，需进行精炼。对锑的精炼，目前工业上大部分采用火法精炼，也有部分工厂采用水溶液电解精炼。近年来，锑的真空蒸馏精炼和熔盐电解精炼技术引起了人们的注意，但国内目前尚未有工业生产的报道。

表 15-1 是粗锑和阴极锑的一般成分，表 15-2 是我国的精锑（锑锭）质量标准。

表 15-1　粗锑和阴极锑的化学成分

锑的来源	化学成分（质量分数）/%			
	Sb	As	Pb	Cu
还原熔炼的粗锑	96 ~ 97	0.2 ~ 3.0	0.08 ~ 0.25	0.001 ~ 0.010
沉淀熔炼的粗锑	80 ~ 90	0.2 ~ 3.0	0.1 ~ 5.0	0.03 ~ 0.20
电解阴极锑	98.0 ~ 98.3	0.018 ~ 0.120	0.0006 ~ 0.0013	0.0038 ~ 0.0046

锑的来源	化学成分（质量分数）/%			
	Fe	Na	Sn	S
还原熔炼的粗锑	0.01 ~ 0.50	0.02 ~ 0.10	0.01 ~ 0.10	0.1 ~ 1.0
沉淀熔炼的粗锑	3 ~ 15	0.02 ~ 0.10	0.01 ~ 0.10	0.2 ~ 0.3
电解阴极锑	0.005 ~ 0.010	0.10 ~ 1.00	0.01 ~ 0.03	0.15 ~ 0.36

表 15-2　锑锭质量标准（GB/1599—2002）

牌 号	化学成分（质量分数）/%								
	Sb	杂质含量，不大于							
	不小于	As	Fe	S	Cu	Se	Pb	Bi	杂质总和
Sb99.90	99.90	0.02	0.015	0.008	0.01	0.003	0.03	0.0030	0.10
Sb99.85	99.85	0.05	0.02	0.04	0.015			0.0050	0.15
Sb99.65	99.65	0.10	0.03	0.06	0.05				0.35
Sb99.50	99.50	0.15	0.05	0.08	0.08				0.50

15.1　反射炉精炼

反射炉是粗锑火法精炼最常用的设备。前已述及，在以粗锑氧粉为原料生产金属锑时，锑氧粉的还原及粗锑的精炼是在同一反射炉内进行的，即当锑氧粉的还原完成后，接着进行粗锑的精炼。

反射炉精炼粗锑的基本原理是控制合适的工艺条件，使杂质金属形成密度较锑液轻的浮渣而分离除去。根据粗锑中杂质的不同及杂质含量的不同，精炼脱杂采取的方法也不同。

15.1.1　脱铁

铁易与锑形成合金，铁在液相时能与锑完全互溶。锑与铁能组成含铁为1.5%、熔点为628℃的共晶。铁与锑的金属间化合物 $FeSb_2$ 和 Fe_3Sb_2 的熔化温度分别为728℃和1014℃。当锑液内含铁超过1.5%时，在冷凝过程中，这些合金首先从锑液中析出。当锑液内含铁降至1.5%时，$FeSb_2$ 与 Sb 形成共晶而同时凝固。根据此特性，当锑含铁大于1.5%时，可利用锑与 $FeSb_2$ 熔点不同的特性，采取降温除铁法，即将炉温从1200℃降至接近 $FeSb_2$ 熔点的温度，部分铁便以 $FeSb_2$ 形态结晶析出，经与炉气接触后，其中的铁氧化成氧化铁，与锑液分离，作为铁渣由炉内清除。当锑液内含铁小于1.5%时，则无法用降温法脱铁，需采用其他方法除铁。

由于铁的氧化物和硫化物的生成自由焓都比锑的负，利用这个特性，能有效地除去残余的铁。在工业生产中，通常向锑液中加入硫化锑精矿（或生锑、硫酸钠、氧化锑）作为除铁剂，并加入碳酸钠作为造渣剂，同时可鼓风搅拌锑液以强化铁的氧化（但会造成锑的氧化挥发损失），脱铁过程的主要反应式为：

$$3Fe + Sb_2S_3 = 3FeS + 2Sb$$

$$4Fe + Na_2SO_4 = 4FeO + Na_2S$$

$$3Fe + Sb_2O_3 = 3FeO + 2Sb$$

$$FeS + Na_2CO_3 = FeO + Na_2S + CO_2$$

$$4FeO + 2Na_2CO_3 + O_2 = 2Na_2Fe_2O_4 + 2CO_2$$

15.1.2　脱铜

粗锑中铜的含量一般很低。在液态时，锑与铜能无限互溶，在526℃时，两者能生成含铜23%的共晶从锑液内析出，故可用降温法脱出部分铜，但最低只能使锑液内含铜量降至0.2%，此后需要采用其他的方法脱铜。

铜与铁一样，其硫化物的生成自由焓值较硫化锑为负，根据这种性质，可在一定温度下，加适量的硫化锑精矿生成 Cu_2S：

$$6Cu + Sb_2S_3 = 3Cu_2S + 2Sb$$

Cu_2S 的密度为5.6g/cm³，与锑的密度6.6g/cm³ 相差不大，不易分层而分离。工业生产中，常加入适量的造渣剂 Na_2CO_3 或 NaCl，使 Cu_2S 转变成一种密度较小的钠、铜与锑的硫化复合物，即可与锑很好地分离。

15.1.3　脱硫

硫在锑中以 Sb_2S_3 形态存在。当硫在锑中的含量不超过1.5%时，能完全溶于锑内；超过1.5%而不超过25%时，则形成两种成分，上层为一种溶有锑的 Sb_2S_3 熔体，熔点520℃；下层为一种溶有 Sb_2S_3 的金属锑熔体，熔点615℃；当硫的含量超过25%时，只有一种溶有金属锑的 Sb_2S_3 熔体。

粗锑中的含硫量一般小于1%，通常采用纯碱作为脱硫剂。采用纯碱脱硫时，可将锑中的硫降至0.002%，其反应式为：

$$3NaCO_3 + Sb_2S_3 \longrightarrow 3Na_2S + Sb_2O_3 + 3CO_2$$

生成的 Sb_2O_3 可能挥发，或与过剩的 $NaCO_3$ 反应生成锑酸钠进入渣中，反应式为：

$$Sb_2O_3 + 3NaCO_3 + O_2 \longrightarrow 2Na_3SbO_4 + 3CO_2$$

生成的 Na_2S 则能继续与锑液内的 Sb_2S_3 反应，生成硫代亚锑酸钠进入渣中，反应式为：

$$3Na_2S + Sb_2S_3 = 2Na_3SbS_3$$

15.1.4 脱砷及脱硒

砷的化学性质与锑很接近，在锑精矿的挥发焙烧或挥发熔炼时，砷很容易挥发而进入锑氧粉。在锑氧粉还原熔炼时，砷又容易还原进入粗锑，所以，砷是粗锑中最常见的杂质，其含量一般在0.2%～3%之间。反射炉精炼脱砷时，需要加入适量的除砷剂，常用的除砷剂有纯碱、碱金属氢氧化物及金属铝等。

生产锑白大多采用精锑为原料，而精锑中的杂质硒是影响锑白产品白度的元素，生产锑白的精锑含硒量一般要求小于0.005%，更高的要求则应小于0.003%。在我国，一些重要锑产区（如贵州）所产的锑含硒较高，一般为0.02%～0.03%，这些含高硒的锑必须经过除硒后才能用于生产锑白。反射炉精炼脱硒采用的工艺及除硒剂与脱砷基本相同，即在脱砷的同时也能脱硒。下面介绍几种主要的脱砷、硒方法。

15.1.4.1 纯碱吹风氧化法

砷与锑在金属状态能够无限互溶，但在反射炉精炼的温度范围内，砷和锑与氧的亲和力有一定的差别，砷更容易被氧化，因此，在反射炉内精炼除砷，广泛采用加纯碱吹风氧化的碱性精炼除砷工艺。该工艺是将纯碱加在熔融的锑液上，并向锑液内鼓入压缩空气，在碱性熔剂存在下，砷被空气中的氧所氧化，再与碱性熔剂作用生成砷酸盐或亚砷酸盐，从而与锑分离，反应式如下：

$$4As + 5O_2 + 6Na_2CO_3 = 4Na_3AsO_4 + 6CO_2$$

$$4As + 3O_2 + 6Na_2CO_3 = 4Na_3AsO_3 + 6CO_2$$

生产实践证明，粗锑中96%以上的砷能与纯碱生成砷酸钠，其余的则形成亚砷酸钠。

鼓入锑液的空气能同时使锑氧化，并与碱性熔剂生成锑酸钠和亚锑酸钠（主要是亚锑酸钠）：

$$4Sb + 3O_2 + 6Na_2CO_3 = 4Na_3SbO_3 + 6CO_2$$

$$4Sb + 5O_2 + 6Na_2CO_3 = 4Na_3SbO_4 + 6CO_2$$

生成的锑酸钠和亚锑酸钠可能会与锑液中的砷发生取代反应，形成砷钠盐浮在锑液表面，从而促进除砷过程：

$$Na_3SbO_4 + As = Na_3AsO_4 + Sb$$

$$Na_3SbO_3 + As = Na_3AsO_3 + Sb$$

加纯碱吹风氧化脱砷工艺，要求控制锑液温度在850～900℃之间，同时要鼓入足够量的空气，充分搅动锑液并保持反射炉内的氧化气氛。因为进入浮渣中的砷在还原性气氛下或与还原剂（炉内的固体碳或CO）接触时可重新进入锑液：

$$4Na_3AsO_4 = 6Na_2O + 2As_2O_5$$

$$As_2O_5 + 5CO = 5CO_2 + 2As$$

$$2As_2O_5 + 5C = 5CO_2 + 4As$$

纯碱吹风氧化除砷工艺，具有脱砷剂来源丰富，易于采购，产品质量能够满足要求等优点，但该工艺的缺点是造渣反应速度慢、时间长，往往需要分批加入纯碱，多次鼓入空气进行精炼。

采用该工艺时，每一批次纯碱的熔化时间在2h以上，每精炼一次耗时6h；纯碱消耗量大，操作复杂，生产高质量产品的成本太高；反应所生成的气体 CO_2 难以脱离浮渣而形成泡渣，使渣含锑增高；同时，因除砷剂用量大、除砷效率低而使渣中所含砷品位不高，仅为2% ~4%，不利于浮渣的二次处理和砷的回收，易于造成环境污染。

加纯碱吹风氧化脱硒的原理与脱砷类似，精炼时加入的纯碱与粗锑中的硒，在压缩空气的氧化作用下反应造渣而除去：

$$4Se + 3O_2 + 6Na_2CO_3 \overline{\overline{\quad}} 4Na_3SeO_3 + 6CO_2$$

此法存在如下缺点：除硒效果差；经多次加碱吹风操作，才能使锑含硒降到0.007%左右，若要降到0.005%以下十分困难。锑损失大；由于多次加碱吹风使锑大量挥发和进入碱渣，锑直收率仅达70% ~80%。操作成本高、耗碱量大；每吨低硒锑要多耗碱80 ~130kg。劳动强度大；要进行多次高温下的吹风清渣操作。

15.1.4.2　碱金属氢氧化物吹风氧化法

CN1455011发明专利公开了一种锑冶炼火法精炼除砷、硒的方法，其特征是在精炼炉内控制锑液温度在700 ~950℃，根据粗锑中砷、硒含量的高低，一次性加入除砷、硒所需的碱金属氢氧化物，如氢氧化钠或氢氧化钾，然后再通入压缩空气搅拌15 ~150min，其中优选的时间为60 ~120min。加入的氢氧化物快速与粗锑液中的砷、硒杂质反应，生成浮渣及水蒸气，水蒸气可挥发去除。以氢氧化钠为例，发生的主要反应如下：

$$4NaOH \overline{\overline{\quad}} 2Na_2O + 2H_2O\uparrow$$

$$4As + 5O_2 + 6Na_2O \overline{\overline{\quad}} 4Na_3AsO_4$$

$$4As + 3O_2 + 6Na_2O \overline{\overline{\quad}} 4Na_3AsO_3$$

$$Se + O_2 + Na_2O \overline{\overline{\quad}} Na_2SeO_3$$

加入的氢氧化钠，少量会与锑液反应生成锑酸钠，而锑酸钠能很快与锑液中的砷反应，生成砷酸钠和金属锑，反应式如下：

$$4Sb + 5O_2 + 6Na_2O \overline{\overline{\quad}} 4Na_3SbO_4$$

$$Na_3SbO_4 + As \longrightarrow NaAsO_4 + Sb$$

锑精炼除砷、硒过程中，精炼炉温度宜控制在650 ~1000℃，优选的温度为700 ~950℃，同时应保持温度由高至低逐步下降，这既有利于造渣反应的快速进行，也有利于渣锑的分离。

该法造渣反应速度快，且加入氢氧化钠的用量比纯碱法大大降低（约为纯碱量的25%左右），砷、硒杂质在浮渣中的富集度高，浮渣中砷含量可高达15%，硒含量可达0.96%，精锑中砷含量可降至0.0026%，硒含量可降至0.00008%。操作过程简便，可一次性完成造渣反应。精炼时间较短，渣含锑较低，精锑产品质量较高。浮渣中的砷较易二次回收利用，有良好的环保效益。

以下为该公开专利的两个反射炉精炼实例。

实例1：在一个 $12m^2$ 锑精炼反射炉中生产超纯精锑。先用粗锑氧粉还原熔炼出32.5t粗锑，粗锑含砷0.25%，含硒0.019%。将温度升到880℃，然后加入氢氧化钠500kg，通入压缩空气搅拌 120min，完成造渣反应。清渣后取样，锑液含砷 0.0026%，含硒 0.00008%，精炼过程消耗时间为3h，获得合格产品 29.3t，所产精炼渣含锑 16.20%，含砷 14.1%，含硒 0.96%。

实例 2：在工业反射炉中生产精锑。先用粗锑氧粉还原熔炼出 31.5t 粗锑，粗锑含砷 0.28%，含硒 0.015%，将炉温升到 950℃，加入氢氧化钠 475kg，通入压缩空气搅拌 80min，反应温度逐步降至 720℃，造渣反应基本完成。清渣完成后，取样分析，锑液含砷 0.021%，含硒 0.0002%，精炼过程消耗时间 2.5h，获得产品 31t。所产精炼渣含锑 17.8%，含砷 13.82%，含硒 0.79%。

15.1.4.3 金属铝脱砷、硒

粗锑加铝除砷，与火法炼锡中所采用的方法类似，砷和铝能生成高熔点金属间化合物 AlAs（熔点高于 1600℃）而转入浮渣被除去。锑与铝也能生成金属间化合物 AlSb（熔点约 1050℃），但其稳定性不如 AlAs。此外，铝与铁和铜也能生成高熔点化合物 Al_3Fe（熔点 1160℃）、Al_2Fe（熔点 1170℃）以及 Cu_3Al（熔点 1016℃），因此，加铝除砷宜在脱铁和脱铜之后进行，以减少金属铝的消耗。

加铝除砷的技术条件如下：铝的用量为生成 AlAs 化学计算量的 6 ~ 9 倍，温度为 700 ~ 850℃，搅拌精炼时间为 15 ~ 60min。精炼后，锑中的砷含量可从 0.2% ~ 0.5% 降低到 0.02% ~ 0.06%。粗锑中的铁也能随砷浮渣一起排出，锑中铁含量可从 0.1% ~ 0.5% 降低到 0.002% ~ 0.003%。精炼直收率不低于 85%，精炼过程中锑的挥发损失较小，损失的锑主要存在于浮渣中，其原因是铝化物可抑制锑的氧化和挥发。

加铝精炼脱砷后，可加硫酸钠或硫酸氢钠除去锑中剩余的铝，在 1100 ~ 1150℃ 的温度下，吹入空气氧化除铝，可将锑中铝含量降低到 0.002%。

金属铝脱砷的主要缺点是所得的砷浮渣有毒，当其与水或大气中的湿气接触时，会析出剧毒的 AsH_3 和 SbH_3 等，反应式为：

$$AlAs + 3H_2O \xlongequal{} Al(OH)_3 + AsH_3\uparrow$$

$$AlSb + 3H_2O \xlongequal{} Al(OH)_3 + SbH_3\uparrow$$

AsH_3 气体无色、有大蒜气味，但常温下不易察觉，当空气中含有一定剂量时可致人死亡。虽然在生产过程中中毒的事例鲜有发生（原因是这些化合物极不稳定而容易分解），但还是应加以预防，如在现场悬挂 AsH_3 逸出试纸等。

粗锑加铝除硒，同样是使硒与铝形成金属间化合物转入浮渣而除去。CN1049685 专利公开了一种金属铝脱硒的方法，该法包括合金化和熔析两个过程。

合金化是在较高的温度下，使加入的金属铝与粗锑中的硒形成金属间化合物硒化铝：

$$2Al + 3Se \xlongequal{} Al_2Se_3$$

熔析过程是将锑液温度降低，使生成的硒化铝进入浮渣而与锑液分离。主要工艺条件如下：

（1）在锑精炼中，把锑液温度控制在 1000 ~ 1150℃，最好为 1020 ~ 1080℃，然后把一定量的铝或铝合金加入锑液中，进行 1 ~ 2h 的合金化过程，使铝或铝合金熔化并均匀分布到锑液中，每吨锑所需加入的铝量为除硒前粗锑含硒量的 6 ~ 10 倍（质量比），但不应少于 1.5kg/tSb。

（2）在合金化过程完成后，将锑液温度降至 700 ~ 850℃，最好为 700 ~ 750℃，保温

2~4h 进行熔析，使加入的铝与锑中的硒生成的硒化铝成浮渣完全析出，然后将锑液表面的硒化铝浮渣清出炉外。

经过上述措施除硒后，锑含硒可降到 0.0002%~0.001%，除硒过程中，锑的直收率大于99%（含产出的氧化锑烟尘在内），硒渣产出率 1.2%~1.9%。该法操作费用较低，仅为纯碱吹风氧化法的 15%~30%。

除硒后，锑液中会残留少量的铝，可通入压缩空气将铝氧化造渣，使含铝量降低到所要求的指标。

该法适合处理含硒小于 0.05% 的锑，对于含硒大于 0.05% 的锑也可同样处理，但成本会相应增加。加入的铝最好是金属铝，但在不影响锑的其他质量指标的前提下，也可以用各种废旧铝件或含铝的合金代替，充分降低成本。

硒渣遇水时会析出剧毒气体硒化氢（H_2Se），反应式为：

$$Al_2Se_3 + 6H_2O = 2Al(OH)_3 + 3H_2Se\uparrow$$

硒化氢为无色有臭味的气体，其毒性与砒霜相当，在生产过程中应加以预防。

15.1.5 脱铅

火法炼锑过程中，伴生金属铅大部分进入粗锑，而最终产品精锑或锑白对铅含量有一定要求。精锑一般要求含铅量小于 0.2%，锑白要求含铅小于 0.1%。铅是粗锑火法精炼过程中较难除去的杂质。

粗锑脱铅的传统方法有硫化法、氯化法、重复氧化吹炼法、真空蒸馏法等。其基本原理是根据锑与铅在物理、化学性质上的差异来实现锑、铅的分离，其中真空蒸馏法的脱铅效果较好，但不适用于锑精炼反射炉。

硫化法是向锑熔体中加入元素硫或硫化锑等硫化剂，使铅生成 PbS 进入渣中而除去，该法除铅不彻底，锑熔体中铅的残留量仍高达 0.8%~1.3%，因此，硫化法只能用于初步脱铅，要进一步脱铅，必须与其他方法结合。

氯化法是在有 NaCl 熔体覆盖在锑液表面的情况下，往锑液内鼓入氯气，使铅生成 $PbCl_2$ 浮渣而除去。该法的主要缺点是：主体金属锑会被氯化，生成 $SbCl_3$ 或 $SbCl_5$ 挥发而导致锑直收率下降；通氯气对环境、安全和生产设备带来危害，同时，锑、铅分离仍不彻底，锑中残留的铅量为 0.12%~0.5%。

重复氧化吹炼法是根据锑比铅更易氧化挥发的特点，往锑熔体中鼓入空气，使锑氧化成 Sb_2O_3 挥发除去，而铅除少量被氧化成 PbO 与 Sb_2O_3 一道进入收尘系统外，大量铅留在残余熔体（俗称底水）中，所得氧化锑再还原熔炼。该法一次作业不能使锑、铅彻底分离，需在反射炉内多次重复氧化挥发和还原熔炼过程。该法虽然能得到符合标准的金属锑，但流程长、冶炼时间长，导致锑直收率低，精炼成本较高。

以下介绍几种反射炉精炼脱铅的新方法。

15.1.5.1 含氧酸锑盐除铅法

CN1117084A 发明专利公开了一种火法精炼脱铅方法，该法使用的除铅剂是硅、硼或磷的含氧酸锑盐，如硅酸锑、硼酸锑和磷酸锑等。

除铅剂可分别采用高温合成法和水溶液反应法制取。

高温合成法是将三氧化二锑与硅、硼或磷的含氧化合物如 SiO_2，B_2O_3，H_3BO_3，

$(NH_4)_3PO_4$，$(NH_4)_2HPO_4$，$NH_4H_2PO_4$ 等在高温下反应，生成相应的含氧酸锑盐。

水溶液反应法是将可溶性锑盐，即 3 价或 5 价锑盐与可溶性硼或磷的含氧酸盐在溶液中反应，生成相应的锑含氧酸盐。也可以将硼酸或磷酸溶液与 Sb_2O_3 或 Sb_2O_5 在溶液中反应，生成相应的含氧酸锑盐，具体的合成方法如下。

A 制备硅酸锑类除铅剂

将石英（SiO_2）碾成 -0.147mm（-100 目）细粉，与 Sb_2O_3 充分混合均匀，在 650～1100℃温度下，使其发生如下反应：

$$3SiO_2 + 2Sb_2O_3 = Sb_4(SiO_4)_3$$

$$3SiO_2 + Sb_2O_3 = Sb_2(SiO_3)_3$$

反应时间 2～4h，反应后，产品呈玻璃状，冷却后稍加粉碎，即为硅酸锑类除铅剂。

B 制备硼酸锑类除铅剂

该类除铅剂的制备，可采用高温合成和水溶液反应两种方法。

高温合成法与硅酸锑盐类除铅剂相似，即取 B_2O_3 粉或 H_3BO_3 粉与 Sb_2O_3 充分混合均匀，使其在 450～1100℃的温度下发生如下反应：

$$B_2O_3 + Sb_2O_3 = Sb_2(B_4O_7)_3$$

$$3B_2O_3 + Sb_2O_3 = Sb_2(B_2O_4)_3$$

$$6H_3BO_3 + Sb_2O_3 = Sb_2(B_2O_4)_3 + 9H_2O$$

$$12H_3BO_3 + Sb_2O_3 = Sb_2(B_4O_7)_3 + 18H_2O$$

反应时间 2～4h，反应后的产品也呈玻璃状，冷却后稍加粉碎，即为硼酸锑类除铅剂。

水溶液反应法制取硼酸锑类除铅剂是将可溶性 3 价或 5 价锑盐，如 $SbCl_3$、$SbCl_5$、$SbBr_3$ 或 $Sb_2(C_2O_4)_3$ 等锑盐溶液与可溶性硼酸盐，如 $Na_2B_4O_7$、$K_2B_4O_7$、$Na_2B_2O_4$、$Na_4B_2O_5$ 等硼酸盐的溶液反应（也可采用硼酸溶液与 Sb_2O_3 或 Sb_2O_5 在溶液中反应），其离子反应方程式为：

$$3B_2O_4^{2-} + 2Sb^{3+} = Sb_2(B_2O_4)_3$$

$$3B_4O_7^{2-} + 2Sb^{3+} = Sb_2(B_4O_7)_3$$

$$3B_2O_5^{4-} + 4Sb^{3+} = Sb_4(B_2O_5)_3$$

$$B_2O_4^{2-} + 2Sb^{5+} = Sb_2(B_2O_4)_5$$

$$B_4O_7^{2-} + 2Sb^{5+} = Sb_2(B_4O_7)_5$$

$$5B_2O_5^{4-} + 4Sb^{5+} = Sb_4(B_2O_5)_5$$

控制反应温度为 0～100℃，搅拌 20～120min 后，将生成的沉淀物过滤、干燥，即可制得硼酸锑类除铅剂。

C 制备磷酸锑类除铅剂

锑的 3 价或 5 价磷酸盐类除铅剂可采用水溶液反应法制取，即采用前述可溶性锑盐与各种磷酸的钠盐、钾盐、铵盐等可溶性磷酸盐在溶液中反应制取，也可采用磷酸溶液与 Sb_2O_3 或 Sb_2O_5 在溶液中反应制取，其离子反应式为：

$$3PO_3^- + Sb^{3+} = Sb(PO_3)_3$$

$$PO_4^{3-} + Sb^{3+} = SbPO_4$$

$$3HPO_4^{2-} + 2Sb^{3+} = Sb_2(HPO_4)_3$$

$$3H_2PO_4^{-} + Sb^{3+} = Sb(H_2PO_4)_3$$

$$3P_2O_7^{4-} + 4Sb^{3+} = Sb_4(P_2O_7)_3$$

$$3P_3O_{10}^{5-} + 5Sb^{3+} = Sb_5(P_3O_{10})_3$$

$$5PO_4^{3-} + 3Sb^{5+} = Sb_3(PO_4)_5$$

$$5P_2O_7^{4-} + 4Sb^{5+} = Sb_4(P_2O_7)_5$$

控制反应温度为 0 ~ 100℃，搅拌反应时间为 20 ~ 120min 后，将生成的沉淀物过滤、干燥，即可制得磷酸锑类除铅剂。

3 价锑的磷酸盐类除铅剂也可以采用高温合成法制取，即将三氧化二锑与磷酸铵盐，如 $(NH_4)_3PO_4$、$(NH_4)_2HPO_4$、$NH_4H_2HPO_4$ 粉末，在高温下反应生成磷酸锑类除铅剂。其合成工艺控制条件，如反应温度和反应时间等与上述硅酸锑类和硼酸锑类除铅剂相同。

通过以上制备方法得到的分子式为 Sb_nR_m 的除铅剂，具有良好的理化性能，其密度为1.5 ~5.6g/cm³，熔点为430 ~900℃，沸点大于1600℃。在反射炉作业温度下，它们都具有良好的流动性和热稳定性，其热稳定性皆能适应锑精炼反射炉除铅的要求，因此，取分子式为 Sb_nR_m 锑盐除铅剂中的任何一种或任意 2 ~ 4 种的配合，均可直接加入炼锑反射炉中进行精炼除铅，其除铅反应通式为：

$$2Sb_nR_m + m \cdot nPb = mPb_nR_2 + 2nSb$$

式中　m ——锑盐除铅剂中锑化合价数；

n ——硅、硼或磷的含氧酸根化合价数；

R ——硅、硼或磷的含氧酸根。

显然，这种除铅方法，不同于传统的将铅硫化、氯化或氧化等精炼除铅方法，它是使除铅剂锑盐中的锑被杂质铅置换，铅则生成热稳定性好、自由能很负的硅酸铅、硼酸铅或磷酸铅熔体渣，从而达到锑、铅分离的目的。采用此种除铅方法获得的，最终的精炼锑产品，其铅的质量分数可降至 0.025% ~0.15%。

此外，这类除铅剂不仅可除去粗锑中的杂质 Pb，而且对 Fe、Cu 等杂质也有深度净化的效果。在反射炉中使用上述除铅剂除铅的工艺控制条件为：

除铅剂 Sb_nR_m 的总加入量为炉内锑金属量的 1% ~15%；

温度应控制在锑熔点温度以上，通常为 630.5 ~ 1100℃；

反应时间为 20 ~ 240min，并可适度地鼓风搅动锑液；

当粗锑中铅含量较高时，可重复多次操作，直至将铅降到满意为止。

使用此类除铅剂脱铅时，生成的含 Pb 浮渣，呈玻璃状，有较好的流动性，易与锑分离，冷却后性脆易碎，因此，它还可代替传统的“衣子”作保护剂，在铸锭时，让其覆盖于锑液表面，防止锑氧化，确保精锑质量，并能使锑形成美丽的凤尾草状花纹结晶。作保护剂的使用方法与常规制备“衣子”的方法相同。

以下为反射炉内脱铅的两个实例。

实例 1：将 560kg$Sb_4(P_2O_7)_3$ 除铅剂加入到 11m² 的炼锑反射炉内精炼除铅，炉内锑液35t，Pb的质量分数为0.34%，在650~1100℃的温度下鼓风搅动30min，炉前取样分析，Pb的质量分数降至0.18%，出炉后精锑产品取样分析，Pb的质量分数为0.16%。

实例2：将300kg$Sb_2(B_4O_7)_3$和250kg$Sb_4(P_2O_7)_3$除铅剂加入到6m^2的炼锑反射炉内精炼除铅，炉内锑液6.35t，含各元素的质量分数为：Sb 94.1%、Pb2.4%、Cu 1.86%、Fe 0.017%、S 0.04%，在650~1100℃的温度下鼓风搅动锑液45min，取样分析，除铅后的金属锑中各元素的质量分数为：Sb 99.62%、Pb 0.18%、Cu 0.93%、Fe 0.0014%、S 0.0022%、Se 0.0025%。

15.1.5.2 含氧酸铵盐除铅法

CN1123335A发明专利公开了一种用于锑火法精炼的铵盐除铅法，其除铅工艺是用磷含氧酸氨盐、硫含氧酸铵盐或二者的复合铵盐作为除铅剂，控制适宜的温度，恒温半小时以上，然后除去表面浮渣，降温冷却而得到精锑。

该工艺的除铅原理是：铵盐或复合铵盐在高温下不稳定，易分解放出氨气，分解出的酸酐与粗锑中的铅生成相应的盐而进入浮渣，从而达到铅、锑分离的目的。同时，放出的氨气对锑熔体起搅拌作用，可加速化学反应的进行。

以硫酸铵、磷酸铵、磷酸氢铵及磷酸二氢铵为例，除铅过程可能发生的反应如下：

$$2(NH_4)_2SO_4 + 2Pb + O_2 \xlongequal{\quad} 2PbSO_4 + 4NH_3\uparrow + 2H_2O\uparrow$$

$$4(NH_4)_3PO_4 + 6Pb + 3O_2 \xlongequal{\quad} 2Pb_3(PO_4)_2 + 12NH_3\uparrow + 6H_2O\uparrow$$

$$4(NH_4)_2HPO_4 + 6Pb + 3O_2 \xlongequal{\quad} 2Pb_3(PO_4)_2 + 8NH_3\uparrow + 6H_2O\uparrow$$

$$2(NH_4)_2HPO_4 + 2Pb + O_2 \xlongequal{\quad} 2PbHPO_4 + 4NH_3\uparrow + 2H_2O\uparrow$$

$$4NH_4H_2PO_4 + 6Pb + 3O_2 \xlongequal{\quad} 2Pb_3(PO_4)_2 + 4NH_3\uparrow + 6H_2O\uparrow$$

$$4NH_4H_2PO_4 + 4Pb + O_2 \xlongequal{\quad} 2Pb(H_2PO_4)_2 + 4NH_3\uparrow + 2H_2O\uparrow$$

由以上反应式可知，当这几种铵盐的质量相同时，磷酸二氢铵能与更多的铅反应，同时放出最少的氨气，因此，从理论上讲，磷酸二氢铵更适合作为除铅剂。

铵盐除铅工艺的主要工艺过程和条件为：

(1) 当反射炉内含有高铅的锑熔化后，将铵盐或复合铵盐覆盖在锑熔体表面，升温到700~1100℃之间的某一温度，并鼓风搅拌约2h，扒出表面浮渣，放出金属锑液铸模。

(2) 可单独使用磷含氧酸铵盐或硫含氧酸铵盐作除铅剂，也可以使用二者的复合铵盐作为除铅剂，复合铵盐的质量配比是磷含氧酸铵盐的40%~70%、硫含氧酸铵盐的30%~60%。

(3) 铵盐或复合铵盐的加入量根据铅的含量而定，若精锑最终铅含量控制在0.15%以下，则加入量可按下列公式计算：

$$G = 100 \cdot K \cdot x$$

式中 G——每吨锑应加入的除铅剂质量，kg；

x——粗锑中铅的百分含量；

K——常数，一般取10~35，可根据具体情况而定。

上述铵盐除铅工艺的实例结果表明，锑中铅的质量分数可降低到0.16%以下。复合铵盐的除铅效果优于单独使用一种铵盐的除铅效果，单独使用硫含氧酸铵盐的除铅效果最差。

作为除铅剂的复合铵盐，可以用市面上的磷含氧酸铵盐和硫含氧酸铵盐，如硫酸铵、硫酸氢铵、磷酸铵、磷酸氢铵、磷酸二氢铵等按比例混合而得，但是以化学方法自行制备最佳。复合铵盐的化学制备步骤是先将硫、磷含氧酸按一定配比混合，用氨或碳酸氢铵进行中和反应，再经浓缩、结晶、干燥工序而制得。

含氧酸铵盐除铅法的优点是除铅剂来源广泛，制备容易，使用设备简单，经济可行，锑的直收率高，除铅效果较好。缺点是除铅过程会析出氨气，烟雾大，不利于生产操作。

15.1.5.3 液态含氧酸除铅法

CN1127793A 发明专利公开了一种用于锑火法精炼的液态含氧酸除铅法。该法是将主要由磷的含氧酸、硫酸组成的液态除铅剂，用氮气进行雾化后直接喷入高温锑熔体中，使铅与除铅剂快速接触并反应形成浮渣而除去。

液态除铅剂的制备方法是先将磷的含氧酸、硫酸按一定比例混合，进行脱水处理，然后加入 15% 的稳定剂进行稳定化处理，得到液态成品。稳定剂为氯化铵、碳酸氢铵、五氧化二磷、磷酸铵中的任意一种。磷的含氧酸主要包括正磷酸、偏磷酸、焦磷酸、过磷酸、聚合磷酸等。液态除铅剂各组分的质量百分比是磷的含氧酸 + 硫酸为 85%，稳定剂为 15%。

液态含氧酸除铅剂的除铅原理与前述铵盐除铅法基本相同，即使其形成含氧酸铅盐的浮渣而脱铅。由于这种除铅剂中的铵盐含量少，因而不会大量析出氨气。

采用该法在反射炉内精炼脱铅的一个实例：炉内粗锑 12t，铅的质量分数为 0.82%，用氮气将 250kg 液态除铅剂通过插入锑熔体的喷枪雾化并直接喷入锑熔体中。氮气起到雾化除铅剂和搅动锑熔体的双重作用。反应温度为 700 ~ 1100℃，时间为 20min，反应过程中生成的铅化合物浮渣应不断扒出，最后得到铅质量分数为 0.12% 的精锑 11.5t。

液态含氧酸除铅法的特点是精炼速度快，除铅效果好，但需要较复杂的辅助设施，要求喷枪能耐腐蚀、耐高温。

15.1.5.4 复合磷酸盐除铅法

广州有色金属研究院曾用五氧化二磷和碳酸钠混合物组成的熔盐除铅剂，直接加入到锑熔体中，进行除铅试验研究。试验设备为坩埚炉，在五氧化二磷与碳酸钠的质量比为 3∶1，温度为 800℃，除铅剂的加入量为粗锑质量的 20%，除铅 50 min 的条件下，可使锑中铅的质量分数从 4% 降至 0.015%。

试验考察了除铅剂原料配比、除铅剂加入量、温度、时间等对除铅效果的影响，得出如下结论：

（1）除铅剂中碳酸钠所占比例增加时，形成的渣比较黏，流动性差，锑与渣较难分离；当五氧化二磷所占比例增加时，渣的流动性增强，渣的颜色从浅蓝到紫色透明。当五氧化二磷与碳酸钠的配比为 3.5∶1 时，渣为黑紫色的玻璃状物，易与锑分离。当配比为 3∶1时，锑中铅的质量分数从 4% 降至 0.015%，除铅率最高，为 99.63%。

（2）随着除铅剂添加量的增加，除铅效果提高。当除铅剂的量较少时，一方面除铅效果不理想，另一方面因除铅剂不足以完全覆盖锑液液面，导致锑挥发损失，而使锑的直收率降低，因此，决定除铅剂的使用量时，应考虑锑液面的面积，以能完全覆盖锑液面为准，根据锑中的含铅量调整除铅剂的用量。在试验条件下，除铅剂的用量以粗锑量的 15% ~20% 为宜。

（3）当温度低于 700℃时，除铅剂几乎不熔，可以看到白色的碳酸钠，无玻璃状渣形成，并且渣与锑互相夹杂，这可能是五氧化二磷在此温度下没有与碳酸钠生成偏磷酸钠，而是大量的挥发了，大部分碳酸钠仍以其原态存在；当温度超过700℃时，锑中的铅含量可以下降两个数量级，除铅效果明显；当温度为800℃ 时，锑中的铅含量最低。虽然800℃时锑的直收率也略有减少，但是渣中的锑可以再回收，故确定最佳的除铅温度为800℃。

(4) 随反应时间的增加，锑中的铅含量降低，但是当时间超过90min后，锑中的含铅量反而较50min时有所增加，其原因尚不清楚，有待进一步研究。试验确定的最佳除铅时间为50min。

(5) 该除铅剂对锑中的铜没有去除作用，但可以使锑中的铁和砷的含量减少一个数量级。试验样品粗锑中，Fe和As的质量分数分别为0.089%和0.01%，除铅后其质量分数分别降低到0.0053%和0.0065%。

该除铅法的特点是原料易得，操作简单，易应用于反射炉精炼，但除铅剂的用量偏高。

关于此种除铅法的原理，目前尚不十分清楚。除铅剂在精炼炉内可能发生的反应为五氧化二磷与碳酸钠作用生成偏磷酸钠：

$$n/2P_2O_5 + n/2Na_2CO_3 \xlongequal{\quad} Na_n(PO_3)_n + n/2CO_2$$

偏磷酸钠再与熔体中的铅反应生成铅盐浮渣，但该反应中，五氧化二磷与碳酸钠的质量比约为1.34∶1，即该反应不能全部消耗加入的五氧化二磷。由于精炼过程的氧化作用，五氧化二磷还可能发生如下反应：

$$P_2O_5 + Sb_2O_3 \xlongequal{\quad} 2SbPO_4$$

生成的$SbPO_4$与熔体中的铅发生置换反应并形成磷酸铅入渣：

$$3Pb + 2SbPO_4 \xlongequal{\quad} Pb_3(PO_4)_2 + 2Sb$$

上述反应也可能是除铅过程的主要机理。

15.2 水溶液电解精炼

水溶液电解精炼可用于粗锑的除杂提纯，同时使粗锑中的金、银等有价金属在阳极泥中富集而得到回收，也可以用来处理含杂质较多的粗锑并取得较好的综合效益。

当粗锑中含有贵金属时，通常采用水溶液电解精炼。由于铜、铋、砷的电极电位与锑接近，电解时，这些杂质会在阴极上析出，影响精锑的质量，因此，当粗锑中铜、铋、砷杂质的含量较高时，不宜采用电解精炼法。

15.2.1 电解液体系的选择

电解工艺对电解液的一般要求是：具有良好的导电性和稳定性、毒性小且使用成本低，目的金属在电解液中有足够的溶解度。

由于锑的盐类大多数难溶于水，如锑的硫酸盐和硝酸盐均不溶于水，硅氟酸盐和硼酸盐的溶解度也很小，因此锑的电解液体系可选择的范围很小。粗锑水溶液电解精炼可采用的电解液体系可分为碱性体系和酸性体系两种。

碱性电解液体系有碳酸钠和氢氧化钠组成的碱性溶液体系以及硫化钠和氢氧化钠组成的碱性溶液体系等。前者的缺点较多，未能得到推广。后者常导致阴极沉积物不致密，尤其在溶液中锑浓度较低时易生成粉锑，精炼含贵金属的粗锑时，由于氧的去极化作用，贵金属以硫代钠盐形式转入溶液并在阴极析出，导致贵金属的损失。

酸性电解液体系主要有氢氟酸－硫酸体系、盐酸－氯盐体系、酒石酸体系、柠檬酸－柠檬酸盐体系及硫酸盐－氨络合物－氟化物体系等。各种酸性电解液体系的组成及优缺点见表15-3。

表15-3　各种酸性电解液体系的组成及优缺点

体系	氢氟酸－硫酸	盐酸－氯盐	酒石酸	柠檬酸－柠檬酸盐	硫酸盐－氨络合物－氟化物
成分/$g \cdot L^{-1}$	Sb^{3+} 100～130 SO_4^{2-} 360～400 总 F^- 70～90 游离 F^- >20	Sb^{3+} 40～60 NaCl 180 游离 H^+ 1.5	Sb^{3+} 60 酒石酸 100～150	Sb_2O_3 50～55 柠檬酸钾 144 柠檬酸 1.39	Sb^{3+} 90～120 SO_4^{2-} 300～360 总 F^- 70～90 NH^+ 50
优点	①易溶于水，稀释时不水解； ②价格较廉	①易溶于水，锑离子浓度不会贫化； ②电流效率接近理论值	①溶解度较大； ②电流效率接近理论值		①易溶于水； ②可采用高的电流密度； ③电解液毒性较小； ④阴极锑质量优良； ⑤价格较低
缺点	①不能采用高电流密度； ②电解液毒性较大	①易生成爆锑； ②电解液稀释时易发生水解反应； ③电解液再生困难	①阴极电流密度较大时，沉积物结构变坏； ②易出现阳极钝化； ③价格昂贵	①溶解度较小； ②价格昂贵	

工业生产上，主要采用氢氟酸和硫酸组成的电解液，这种电解液的价格便宜，电解效果较好。如我国湘西金矿采用这种电解液，对反射炉精炼后的含金贵锑在室温下进行电解精炼处理，使金、锑分离。产出的阴极锑呈淡灰色结晶，致密平整，其阴、阳极锑（粗锑）成分列于表15-4中。阳极泥产出率10%～13%，阳极泥金的质量分数为10%～25%。阴极电流密度在100～110A/m^{2}之间，电能消耗为400～600kWh/t，电流效率达到96%以上。

表15-4　湘西金矿电解阴阳极锑成分

成　分	Sb	Pb	As	Fe	Cu	Au
阳极粗锑（质量分数）/%	75～80	<10	<1	<2	<9	20kg/t
阴极锑（质量分数）/%	90	0.1	1.1	2.1	6.4	0.3

但HF有毒，在电解液温度升高时，氢氟酸有可能挥发。由表15-3可以看出，硫酸盐－氨络合物－氟化物体系不仅具有氢氟酸－硫酸体系的优点，而且在电解液的毒性特性及阴极锑的沉积质量上具有一定优势。

昆明理工大学采用硫酸盐－氨络合物－氟化物体系，对粗锑的电解精炼进行了较详细的试验研究，以下主要就该体系中粗锑的电解精炼进行讨论。

15.2.2 硫酸盐－氨络合物－氟化物体系的成分

硫酸盐－氨络合物－氟化物电解液体系，用三氧化二锑、硫酸、氢氟酸、氟化铵及柠檬酸配制，体系中主要含 F^-、Sb^{3+}、SO_4^{2-} 和 NH^{4+} 等离子。在电流密度一定的条件下，各离子在电解液中的含量，对电解过程有较大的影响。一般电解液的成分见表 15-5，各成分的作用分述如下。

表 15-5 电解液的主要成分

成 分	Sb^{3+}	NH_4^+	F^-	SO_4^{2-}	柠檬酸
质量浓度/$g \cdot L^{-1}$	100	50	80	360	5

（1）电解液中的氟离子 F^-，特别是游离的氟离子对电解的影响很大，它影响到槽电压的高低及砷在电解过程中的分布。游离氟离子含量低，槽电压则高，进入阴极锑中的砷增多，此外，游离的氟离子能够避免阳极钝化。当电解液中的氟离子浓度保持在 70g/L 以上时，游离的氟离子达到一定的浓度，大于 20g/L，此时，电解过程稳定，槽压较低，为 0.3～0.5V；

（2）电解液中 Sb^{3+} 浓度的变化影响着阴极锑的沉积质量。增大 Sb^{3+} 的浓度，有利于获得结晶致密、平整光滑的阴极沉积物，但会增大电解液的电阻，导致槽电压升高。而 Sb^{3+} 离子浓度较低时，如小于 80g/L，则析出的阴极锑结构疏松，附着差，容易崩落掉入槽底，因此，电解液中 Sb^{3+} 离子浓度宜保持在 90～120g/L 之间。

（3）电解液中的 SO_4^{2-} 离子能增加电解液的导电性，防止阳极产生钝化，此外，SO_4^{2-} 离子能与阳极中的铅生成 $PbSO_4$，形成导电性的阳极泥，降低槽电压，实现锑与杂质铅的有效分离。但随着 SO_4^{2-} 离子浓度的增大，电解液的密度增大，阳极泥沉降困难，因此，为保证电解的顺利进行，SO_4^{2-} 离子浓度应控制在 300～360g/L 的范围内。

（4）电解液的配制过程中，用氟化铵代替氢氟酸，能够降低电解液的酸度，减少电解液的挥发及其对电解设备的腐蚀，有利于电解车间的环保。此外，Sb 及部分杂质金属能以$[Me(NH_3)_{n1}F_{n2}]$及$[Me(NH_3)_{n3}(SO_4)_{n4}]$络离子形式存在，$NH_4^+$ 的络合效应能改变金属的平衡电位，有利于某些杂质金属，如铜等的脱除。

（5）微量柠檬酸的存在，能改善阴极锑的结晶形态。

15.2.3 粗锑精炼的电极过程

粗锑电解精炼时，粗锑作为可溶性阳极，在电解过程中，阳极锑及其他可溶性金属失去电子而进入溶液，阳极可能发生的反应为：

$$Sb - 3e = Sb^{3+}$$

$$Me - ne = Me^{n+}$$

$$2H_2O - 4e = 4H^+ + O_2\uparrow$$

阴极可能发生的反应为：

$$Sb^{3+} + 3e = Sb$$

$$Me^{n+} + ne = Me$$

$$2H_3O^+ + 2e = 2H_2O + H_2\uparrow$$

上述反应式中的 Me 代表粗锑中可溶的杂质金属。在硫酸盐－氨络合物－氟化物电解液体系中进行电解时，阴极上放电的离子还有锑及其他金属与 NH_3 等组成的络离子。

15.2.4　电解参数对粗锑精炼的影响

15.2.4.1　电流密度的影响

电流密度的变化范围为 100～500A/m²。阴极电流密度与阳极电流密度基本相当时，电解试验结果表明，电流密度主要影响着槽电压、阴极锑及阳极泥的产出率，而对电流效率无明显影响。随着电流密度的增加，槽电压升高，电能消耗增大，但同时阴极锑的单位面积产量也明显提高。在试验研究的电流密度控制范围内，电流密度的大小对阴极锑的表面质量影响不大，但电流密度高时，阴极锑周边毛刺增多。

阳极表面的过电位随着电流密度的增大而提高，相应的，阳极氧化强度也升高，这可能使一些在低电流密度下不能被氧化溶解的杂质，在高电流密度下被氧化溶解，并且在阴极析出。

电解试验结果表明，随着电流密度的增大，铜、砷和铋进入阳极泥的比例增大，在电解液中的含量降低，在阴极锑中的含量明显减少；电解后液中，铁离子浓度先是随电流密度增大而升高，而后随电流密度的升高而降低，电流密度在 200～400A/m² 时保持较低水平；铁的电极电位较锑负，部分铁在电解过程中从阳极上转入溶液，但铁一般不会在阴极析出，而在电解液中不断积累，造成电解液不纯；当溶液中铁离子含量太高时，可结晶析出，导致槽电压升高及污染阴极锑，因此，在连续生成过程中应定期除铁。

电流密度增加，使槽电压升高，电解精炼的单位能耗增加；电流密度增加，也使电解液的温度升高，电解液需要重新进行处理，才能满足对电解温度的要求。

综合以上因素，确定采用 300～400A/m² 的阳极电流密度较适宜。

15.2.4.2　温度的影响

电解温度是水溶液电解精炼的重要影响因素之一，它不仅影响着电解过程中各杂质金属的走向与分布，而且还影响到电解液的挥发及电解车间的环境。在电解过程中，由于电流的焦耳热，将会导致电解液温度升高。在某些金属，如铜的水溶液电解中，为了加快液相传质速度及降低浓差极化对电解过程的影响，会采用外加热方式，使电解液保持在较高的温度范围内，但是对于粗锑的电解精炼来说，由于电解液体系及杂质金属的特殊性，宜采用较低的电解温度。

砷和铋在阳极泥中的分布随着电解温度的升高逐渐减小，铋减小的幅度大于砷减小的幅度，这表明电解温度升高，杂质进入电解液的数量增多，最终导致阴极锑产品的杂质含量增加，质量变差。锑在阳极泥中的数量与电解温度的升高基本没有关系，温度升高不能降低阳极泥中锑的绝对含量及提高锑的回收率。当电解温度升高时，槽电压略有降低，但电流效率也降低。

随着电解温度的升高，杂质金属在电解液中的含量均有升高的趋势；温度升高，加快了酸对阳极泥和粗锑的化学作用，使杂质溶解的速度加快，阴极锑中杂质砷和铋的含量明显增加，特别是砷，其增加速度更快；同时，电解温度的升高会增大电解液的挥发，产生明显的环境污染，增加电解液试剂的消耗，因此，粗锑电解时应尽可能采用低的电解温度，最好低于30℃。较低的电解温度有利于提高杂质在阳极泥中的富集程度，降低杂质在阴极锑中的含量，且对电解液的维护及电解车间的环境有利。

15.2.4.3 极间距的影响

在电解液组成、电流密度、温度一定的情况下，极间距对于阴极质量有较大影响。极间距太小，阳极泥容易被机械吸附在阴极上，而阳极泥被吸附的多少与阴阳极极间距有密切关系。极间距过大，会降低电解槽的单位产率，并增大槽电压。生产上采用的异极中心距一般为70mm。

15.2.4.4 阴极板材料的影响

金属/电解质溶液界面的结构和性质对电化学动力学影响很大。同一电化学反应在不同的电极上进行的速度可以有很大的差别，反应机理也可能不一样。电极材料的选择还影响槽电压及电解过程的顺利进行。当电极导电性差的时候，会引起电解槽内电流密度分布不均，阳极板上部的电流密度比下部的电流密度大，溶解速度较快，最终导致断板。因此，选择合适的阴极材料对电解精炼是必要的，各种金属的水溶液电解精炼，可选用的阴极材料一般有铜、不锈钢、钛、铅银合金、铁、铝等。

试验研究发现，粗锑的电解精炼不能采用电负性比锑强的金属阴极，如锌板、铁板等。当阴极金属的电极电位比锑电极电位负得多时，一旦阴极板与电解液接触，会立即发生阴极金属与锑离子的置换反应，在阴极板表面覆盖上一层黑色疏松的置换锑，使得在它表面电沉积形成的锑层与阴极结合不牢固，容易掉板。

目前锑电解精炼主要采用铜板与不锈钢板，由于铜板导电性能要优于不锈钢板，在工业上采用铜板较多，但是经试验研究发现，采用铜板会污染阴极锑。铜板在下板时，由于 F^- 和 NH_4^+ 的络合作用，铜会溶解进入电解液，在电解过程中，阴极附近铜离子浓度较高，又在阴极上与锑一起放电析出，降低精锑的质量。

在电解温度为35℃，电流密度为300A/m^2，异极中心距为50mm的条件下，分别采用铜板和不锈钢板作阴极进行了对比电解试验，结果显示，采用不锈钢阴极板，阴极锑中铜含量仅为铜阴极板的1/10。电解过程中铜的物料平衡分析结果也表明，采用铜阴极电解时，铜的产出量远大于阳极粗锑带入的铜量，铜阴极明显地影响了阴极锑的质量，因此，粗锑电解精炼时采用不锈钢板较好。

15.2.5 添加剂对粗锑精炼的影响

在粗锑电解精炼过程中，添加剂具有非常重要的作用。试验研究表明，在无添加剂的单纯的硫酸盐－氨络合物－氟化物电解液体系中，要实现锑与砷、铋的有效分离，其条件很苛刻，需要较高的电流密度及很低的电解温度。在工业上由于电流的焦耳热，电解液的温度很难保持在25℃以下，因此，锑与砷、铋的分离非常困难，但在电解液中加入适当的添加剂常常能改善电解过程，提高阴极产品质量。

在粗锑电解精炼中，可选择的添加剂包括络合剂与表面活性剂等。对添加剂的一般要求：

（1）能与杂质金属形成沉淀而进入阳极泥中。

（2）能与杂质金属形成金属络离子，改变金属的电极电位，减少杂质金属在阴极上的放电。

（3）能提高极化度，改善电解液的分散能力。

（4）能提高活化极化，有利于获得致密的阴极沉积层，降低锑板的脆性，易于剥板。

在粗锑电解精炼过程中，这类添加剂包括草酸、EDTA、硫脲、葡萄糖等，以下分别讨论其对电解过程的影响。

15.2.5.1　草酸

草酸亦称“乙二酸”，分子式 $H_2C_2O_4 \cdot 2H_2O$，相对分子质量 126.07，为无色晶体，易溶于水或乙醇，具有较强的酸性及还原性，能与铅（II）、铋（III）、铜（II）等形成不溶于水的沉淀物。在水溶液中根据下述次序进行离解：

$$HOOC—COOH = [HOOC—COO]^- + H^+$$

$$[HOOC—COO]^- = [OOC—COO]^{2-} + H^+$$

草酸属于亲水性表面活性物质，它在水中的离解常数比醋酸大约 2000 倍，离解出来的草酸根离子在电解过程中起到以下作用。

（1）除铋剂。草酸根离子与 Bi 能形成沉淀进入阳极泥，同时草酸根离子与 Bi 能形成稳定的络合物，铋在阴极上的电极反应为：

$$Bi(C_2O_4)_n^{3-2n} + 3e = Bi + nC_2O_4^{2-}$$

草酸根离子的络合效应使铋的电极电位负移，铋不易在阴极上还原，从而达到分离锑与铋的目的。

对电解后液中铋离子的浓度进行检测，在草酸添加量在 5～20g/L 时，铋离子浓度基本没有波动，低于未加草酸时电解后液中的铋离子浓度，而阳极泥中铋的含量比未加草酸时要高。电解液中添加 5g/L 以上浓度的草酸后，阴极锑中的铋含量降至最低值，此时能够实现锑与铋的分离。

（2）除铁剂。铁的电极电位比锑负，在电解过程中，部分的铁转入溶液中，在电解液中不断积累，造成电解液不纯，当其含量太高时，即结晶析出，阻碍了电解的进行，甚至会在阴极表面上结晶，严重污染阴极锑，因此铁虽不会在阴极上沉积，但必须处理电解液以免其积累过多。草酸能与 Fe^{2+} 生成 FeC_2O_4，FeC_2O_4 难溶于水，其在 100g 冷水中的溶解度为 0.022g，在 100g 热水中的溶解度也仅为 0.026g，在草酸溶液中难溶，因此，草酸能除去溶液中的一部分铁。

（3）改善阴极产品的物理结构。草酸根离子与金属离子结合的络合阳离子，如 $C_2O_4Sb^+$ 等，能在阴极上吸附，引起阴极极化值增加，晶格成长变慢，使阴极析出产品结晶致密，从而改善其物理质量。电解液中添加草酸后，获得的阴极锑表面质量得到了明显的改善，结晶细密、平整、光滑。草酸浓度在 1～5g/L 时，阴极锑表面形貌随草酸浓度的增大而变好，但当草酸浓度大于 5g/L 后，阴极锑表面质量基本没有改变。

综合考虑各方面的因素，草酸的最佳添加量为 5～10g/L。

15.2.5.2　乙二胺四乙酸二钠盐

乙二胺四乙酸二钠盐可由乙二胺四乙酸（EDTA）与氢氧化钠反应制得，习惯上也称为 EDTA，分子式 $C_{10}H_{14}N_2O_8Na_2 \cdot 2H_2O$，相对分子质量 372.2，常温下为白色结晶粉末，溶于水，呈弱酸性，其5% 的水溶液的 pH 值为 4～6。EDTA 在水中易离解成 $EDTA^{4-}$，能与大多数金属形成稳定的络合物。$EDTA^{4-}$ 与锑形成络合物的分子式为［Sb（EDTA）］$^-$，其在水溶液中的稳定常数为 10^{25}，在 pH 值为 2 的酸性溶液中也不分解，但络合物中的 Sb^{3+} 很容易被铜、砷及其他金属离子取代。

EDTA 二钠盐在粗锑电解过程中的作用如下：

（1）除杂剂。$EDTA^{4-}$ 能与电解液中的金属离子形成稳定的配合物，由于各金属配合物的稳定常数不同，其引起的金属电极电位变化值也不同，由此将改变各金属杂质在电解过程中的分布。此外，$EDTA^{4-}$ 与金属产生的络合离子多为负电性，其在阴极上的特性吸附，将使电极电位负移。对于以络合阳离子形式在阴极上还原的金属，电位负移将使电极反应速度常数增大，有利于其阴极还原，如添加 EDTA 将使阴极锑中的铋含量增加；而对于以络合阴离子形式在阴极上还原的金属，电位负移，将使其速度常数减小，即发生阻化作用，不利于其在阴极析出，如添加 EDTA 将使阴极锑中的砷含量减少；因此，在添加 EDTA 时，应在能够有效除砷的同时，尽量减少其对除铋的不利影响。当粗锑中的铋含量很低时，添加 EDTA 除砷的效果较好。

（2）改善阴极产品的物理结构。在粗锑电解精炼中，EDTA 与金属离子生成的络合离子多为负电性，其在阴极上的特性吸附，引起阴极极化值增加，晶格成长变慢，使阴极锑结晶致密，从而改善其物理结构。

15.2.5.3 硫脲

硫脲是白色而有光泽的晶体，分子式为 $(NH_2)_2CS$，相对分子质量 76.12，密度约 $1.4g/cm^3$，溶于水，在水溶液中呈中性。硫脲在电解中作为表面活性物质，能降低固－液相间的界面张力，在界面上形成的分子胶膜能抑制阴极上活性区域的扩展，改善阴极产品的结晶结构，形成作为补充结晶中心的微粒，有利于阴极产品结晶变细，板面致密。在高电流密度下，硫脲用量适当而又均匀分布时，阴极锑表面出现结晶致密、表面有定向结晶的平行细条纹。

硫脲浓度不宜太高。硫脲浓度太高，其吸附时，硫代基团与金属表面相互作用强，且分子胶膜脱附速度比新晶核成长速度慢，大量硫脲埋入阴极沉积层，影响阴极锑质量。在粗锑的电解精炼中，硫脲的适宜浓度为 5mg/L。

15.2.5.4 其他添加剂

粗锑电解试验表明，添加少量乙醇能够使阴极锑结晶致密，改善其物理质量。而十二烷基硫酸钠、葡萄糖、β 萘酚会恶化阴极锑的沉积质量，不适合作为粗锑电解的添加剂。

15.3 真空蒸馏精炼

粗锑所含杂质主要有 As、Pb、Fe、S、Cu、Na、Sn 等，有时还有 Au、Ag、Se 等，各种杂质的含量则因产地、冶炼方法而有所差别。

采用传统的冶金方法能分离大部分杂质，但分离有些杂质则显困难，例如火法精炼时，铅不易除去，从而影响锑的质量。采用真空蒸馏法精炼粗锑可取得较好的除杂效果。

15.3.1 真空蒸馏精炼的原理

真空蒸馏精炼锑的基本原理是基于锑和各种杂质蒸气压的差别。锑的蒸气压（P_{Sb}）与温度的关系可用下式计算：

固态锑：$\lg p_{Sb} = -10320T^{-1} + 12.715$（Pa）（$T$ = 500K ~ 熔点）

液态锑：$\lg p_{Sb} = -6500T^{-1} + 8.495$（Pa）（$T$ = 熔点 ~ 沸点）

根据上两式，可计算出不同温度下的锑蒸气压数据，如表 15-6 所示。

表 15-6　锑的蒸气压与温度的关系

温度/℃	400	500	600	630.755	700
蒸气压/Pa	2.4×10^{-3}	0.23	7.83	19.768	65.25
温度/℃	800	900	1000	1100	1200
蒸气压/Pa	273.66	898.77	2.45×10^{3}	5.77×10^{3}	1.208×10^{4}

从表中可见，在800℃时，锑的蒸气压已达274Pa，故蒸馏粗锑可在不太高的温度和低真空的条件下进行。

粗锑中的杂质可分为两类，一类为沸点低于 Sb 的杂质，主要有 S、Se、As 等，如表 15-7 所示；另一类为沸点高于 Sb 的杂质，主要是 Pb、Sn、Cu、Au、Fe 等，其熔点和沸点以及 Sb – i 系 Sb 端的活度系数 γ_i 列于表 15-8。

表 15-7　S、Se、As、Sb 的熔点和沸点

元　素	S	Se	As	Sb
熔点/℃	115.22	221	603 (S. P)	630.5
沸点/℃	444.6	685	603	1750

表 15-8　元素 i 的熔点、沸点及 Sb – i 系 Sb 端的 γ_i

元素 i	Pb	Cu	Sn	Au	Fe
熔点/℃	327.5	1084.9	232.0	1064.4	1538
沸点/℃	1750	2563	2603	2857	2862
Sb – i 系 Sb 端的 γ_i	0.779（632℃）	0.378（917℃）	0.411（632℃）		

在可采用的粗锑真空蒸馏温度下，沸点较低的元素，其蒸气压比锑的蒸气压高，两者的蒸气压比值（$p_i/p_{Sb}=r_i$）列于表 15-9，可见其差距甚大，达到 $10^2\sim10^4$ 倍，多数为 10^3 倍以上。

表 15-9　S、Se、As 的 p_i（Pa）和 p_i/p_{Sb} 与温度的关系

温度/℃	700	800	900	1000	1100
p_{Sb}	65.25	273.66	899	2449	5766
p_S	1.26×10^{6}	2.24×10^{6}	3.47×10^{6}	4.86×10^{6}	6.29×10^{6}
p_{Se}	1.22×10^{5}	3.66×10^{5}	9.14×10^{5}	1.97×10^{6}	3.81×10^{6}
p_{As}	4.11×10^{5}	1.60×10^{6}	4.94×10^{6}	1.28×10^{7}	2.87×10^{7}
r_s	1.93×10^{4}	8.19×10^{3}	3.86×10^{3}	1.98×10^{3}	1.09×10^{3}
r_{Se}	1.87×10^{3}	1.34×10^{3}	1.02×10^{3}	8.04×10^{2}	6.61×10^{2}
r_{As}	6.30×10^{3}	5.85×10^{3}	5.49×10^{3}	5.23×10^{3}	4.98×10^{3}

由于缺少 S、Se、As 这三种元素的 Sb – i 系活度系数值，因而不能准确地计算出气相中元素 i 的含量 i_g。

Sb – S 系有化合物 Sb_2S_3（同分熔点 546℃），Sb – Se 系有化合物 Sb_2Se_3（同分熔点 617℃），这两个体系可能为负偏差。Sb – As 系为互溶系，其偏差不会很大，若将这三个

体系中的活度系数 γ_i^0 近似地设为 1，再取它们在 Sb – i 系中元素 i 在液相中的含量 i_l 的值为 10^{-1}、10^{-2}、10^{-3}，应用下式：

$$i_g = [1 + (\gamma_{Sb}/\gamma_i) \cdot (p_{Sb}/p_i) \cdot (Sb_l/i_l)]^{-1}$$

则可计算出气相中元素 i 的含量 i_g 的数值，列于表 15-10。

由表 15-10 中可知，在蒸馏时，S、Se、As 这三种元素优先进入气相，它们在气相中的含量大于液相。分离这三种元素，应使 Sb 保持液态，部分蒸发，使这些杂质元素富集到气相中，液态锑则得以提纯。

表 15-10 Sb – i 系中气液相平衡成分

温度/℃		700			900			1100		
i_l		10^{-1}	10^{-2}	10^{-3}	10^{-1}	10^{-2}	10^{-3}	10^{-1}	10^{-2}	10^{-3}
Sb_l/i_l		9	99	999	9	99	999	9	99	999
i_g	S	0.9995	0.9949	0.9508	0.9977	0.9750	0.7946	0.9918	0.9168	0.5221
	Se	0.9952	0.9497	0.6518	0.9912	0.9113	0.5045	0.9865	0.8696	0.3980
	As	0.9986	0.9845	0.8632	0.9984	0.9823	0.8461	0.9982	0.9805	0.8330

另一类沸点高于锑的杂质元素，其蒸气压 p_i 及 p_{Sb}/p_i 与温度的关系列于表 15-11。这一类元素中，Pb 的蒸气压较高，但仍比 Sb 的蒸气压低，600℃时，p_{Sb}/p_{Pb} 达 129 倍，1200 ℃高温时降到 6.23 倍。其他元素 Sn、Cu、Au、Fe 等的 p_{Sb}/p_i 也达 $10^4 \sim 10^{11}$，较易分离。

作定量估算时，缺少 Au 和 Fe 的 Sb – i 系 γ_i 值，Sb – Au 系有化合物 $AuSb_2$，而且接近同分熔点化合物，结合能力较强，应为负偏差体系，γ_{Au}应小于 1。Sb – Fe 系中部有组成范围较小的固溶体存在，也显示异分组元间的结合能力较强，应为负偏差，γ_{Fe}也应小于 1，估算时，均取其为 1，不致有大的误差。同样取 Pb、Sn、Cu、Au、Fe 等元素在液相中的含量 i_l 的值为 10^{-1}、10^{-2}、10^{-3}，则可计算出元素 i 在气相中的含量 i_g，如表 15-12 所示。

表 15-11 高沸点元素的蒸气压 p_i 及 p_{Sb}/p_i 值

温度/℃	600	700	800	900	1000	1100	1200
p_{Sb}	7.83	65.25	273.66	898.77	2.45×10^3	5.77×10^3	1.208×10^4
p_{Pb}	0.06	0.85	7.23	42.24	186	655	1940
p_{Sn}	3.98×10^{-8}	2.66×10^{-6}	8.12×10^{-5}	1.38×10^{-3}	0.0151	0.116	0.68
p_{Cu}	5.10×10^{-9}	5.17×10^{-7}	2.18×10^{-5}	4.84×10^{-4}	6.53×10^{-3}	0.0599	0.405
p_{Au}	2.81×10^{-11}	4.69×10^{-9}	2.99×10^{-7}	9.30×10^{-6}	1.67×10^{-4}	1.96×10^{-3}	0.0164
p_{Fe}	1.21×10^{-11}	2.20×10^{-9}	1.50×10^{-7}	4.94×10^{-6}	9.31×10^{-5}	1.13×10^{-3}	9.78×10^{-3}
p_{Sb}/p_{Pb}	130.5	76.76	37.85	21.28	13.17	8.81	6.23
p_{Sb}/p_{Sn}	1.97×10^8	2.45×10^7	3.37×10^6	6.51×10^5	1.62×10^5	4.97×10^4	1.78×10^4
p_{Sb}/p_{Cu}	1.54×10^9	1.26×10^8	1.26×10^7	1.86×10^6	3.75×10^5	9.63×10^4	2.98×10^4
p_{Sb}/p_{Au}	2.79×10^{11}	1.39×10^{10}	9.15×10^8	9.66×10^7	1.47×10^7	2.94×10^6	7.37×10^5
p_{Sb}/p_{Fe}	6.47×10^{11}	2.96×10^{10}	1.82×10^9	1.82×10^8	2.63×10^7	5.11×10^6	1.24×10^6

表 15-12　Sb－i 系中气液相平衡成分

温度/℃		700			900			1100		
i_l		10^{-1}	10^{-2}	10^{-3}	10^{-1}	10^{-2}	10^{-3}	10^{-1}	10^{-2}	10^{-3}
Sb_l/i_l		9	99	999	9	99	999	9	99	999
i_g	Pb	1.13×10^{-3}	1.03×10^{-4}	1.02×10^{-5}	4.05×10^{-3}	3.70×10^{-4}	3.66×10^{-5}	9.74×10^{-3}	8.93×10^{-4}	8.86×10^{-5}
	Sn	1.86×10^{-9}	1.69×10^{-10}	1.68×10^{-11}	7.03×10^{-8}	6.39×10^{-9}	6.33×10^{-10}	9.22×10^{-7}	8.38×10^{-8}	8.30×10^{-9}
	Cu	3.33×10^{-10}	3.02×10^{-11}	3.00×10^{-12}	2.26×10^{-8}	2.06×10^{-9}	2.04×10^{-10}	4.37×10^{-7}	3.97×10^{-8}	3.94×10^{-9}
	Au	8.00×10^{-12}	7.27×10^{-13}	7.21×10^{-14}	1.15×10^{-9}	1.04×10^{-10}	1.03×10^{-11}	3.79×10^{-8}	3.45×10^{-9}	3.41×10^{-10}
	Fe	3.75×10^{-12}	3.41×10^{-13}	3.38×10^{-14}	6.11×10^{-10}	5.55×10^{-11}	5.50×10^{-12}	2.19×10^{-8}	1.99×10^{-9}	1.97×10^{-10}

由表 15-12 可知，气相中含有的 Sn、Cu、Au、Fe 等已经很微弱，在 $10^{-7}\sim10^{-14}$ 的范围内，达到任何等级的锑质量标准要求。

只有杂质铅在气相中的含量稍高，在 $10^{-3}\sim10^{-5}$ 之间，比液相含 Pb 降低 1～2 个数量级，但若控制粗锑中含铅量在 10^{-2} 以下，则蒸馏锑含铅可达到 10^{-4}，若粗锑含铅大于 10^{-2}，则一次蒸馏获得的锑就难以保证含 Pb 量达到 2×10^{-3} 的标准。

前苏联沙仁（Сажин）等在 1959 年曾进行过粗锑的真空蒸馏试验，试验条件为：作业温度 700～800℃，残压 40～53Pa，锑的挥发率约达到 100kg/（m^2·h）。一次作业可较彻底地除去 Fe、Cu、Ni 及其他杂质，要较完全地除 Pb，则需两次蒸馏。

昆明理工大学在电热式真空炉内进行了粗锑蒸馏试验，所用的粗锑化学成分见表 15-13。

试验条件为：温度由 750 ℃升到 800℃时，锑的总挥发率由 88% 提高到 93%，当残压为 133.3Pa，温度为 680～750℃时，锑的挥发速率大于 100kg/（m^2·h）。获得的精锑成分及 Sb99.85 精锑的质量标准列于表 15-14。

表 15-13　粗锑化学成分

编　号	成分（质量分数）/%					杂质总和/%
	Sb	As	S	Pb	Fe	
1	80.99	0.24	4.07	0.026	7.19	19.01
2	83.68		4.81	0.26	6.65	16.32
3	94.02	0.62	0.96	0.25	3.29	5.98

表 15-14　真空炉产出精锑的化学成分

炉　次	成分（质量分数）/%							杂质总和/%
	Sb	Pb	Bi	Fe	Cu	As	S	
1	>99	0.026		0.0029	0.0035	0.08	0.12	0.23
4	>99	0.18		0.0038	0.0029	0.17	0.31	0.67
Sb	99.85		0.0050	0.02	0.015	0.05	0.04	0.15

由表 15-14 可知，所得的精锑中，高沸点杂质 Fe、Cu 都达到或超过 Sb99.85 精锑的水平，但 As、S 则不能很好分离，因为在此作业中，锑大量挥发，与低沸点 As、S 同入

气相而无法分离，故它们在精锑中的含量高，达不到Sb99.85 精锑的标准。

上述两试验结果与前述气液相平衡成分计算所得到的结论是一致的。

D. 狄柯维克（Dirkovic）等人于1973 年进行了分离杂质铅的研究，在800 ~900℃温度和残压0.01Pa 条件下精炼锑，第一次蒸馏后，使铅的质量分数从2.2×10^{-3}降至1.3×10^{-4}，再经过第二次蒸馏，铅的质量分数降低到6×10^{-6}，详细试验结果列于表15-15。

表15-15 锑真空蒸馏除铅结果

蒸馏次数	温度/℃	残压/Pa	粗锑含铅（质量分数）/%	锑回收率/%
第1次	700 ~800	40 ~53.3	0.013	98
第2次	800 ~900	1.33×10^{-2}	0.0006	89
第3次	800 ~900	1.33×10^{-2}	0.0005	80

注：粗锑中铅的质量分数为0.22%。

昆明理工大学曾对高铅粗锑进行真空蒸馏试验，所用原料的成分见表15-16。试验条件为：温度800℃，残压40Pa，每次加料40g，试验结果列于表15-17。

表15-16 高铅粗锑成分

元　素	Pb	Sb	As	Zn	Ag	Cu	S	Fe
含量（质量分数）/%	9.94	89	0.61	0.098	0.38	0.055	0.1	0.018

表15-17 真空蒸馏高铅粗锑结果

蒸馏时间/min	冷凝物组成/%			锑挥发率/%	残留物组成/%		
	Sb	Pb	As		残留物质量/g	Sb	Pb
10	98.64	0.38	0.84	77.02	12.2	68.35	31.67
20	98.01	0.81	1.13	86.70	8.5	49.27	48.80
30	96.95	1.53	0.64	93.10	5.8	32.80	69.71
40	96.00	1.90	0.40	95.70	4.5	33.60	64.90
50	95.68	2.91	0.80	96.70	4.2	28.90	71.37

冷凝物与残留物的含铅量相差1 ~2 个数量级，蒸馏的温度对残留物含铅量有所影响。上面两除铅试验的结果与前述气液相平衡成分计算所得到的结论也是一致的。

15.3.2 高铅粗锑的真空分离

脆硫锑铅矿是我国重要的一种锑矿，其他的锑矿也常常含有或多或少的铅，采用选矿的方法不能使其中的铅、锑分开，因而，铅、锑分离就成为重要的冶金课题。20 世纪70 年代以来，人们投入了大量的人力、物力，使此课题得到了一定程度的解决，但尚不尽如人意。火法冶金流程已得到广泛应用，但只能得到高铅锑（含Pb 1%，Sb 90%）和粗铅（含Sb 1%，Pb 90%），前者可作为产品出售，后者需用电解法处理。

高铅锑原来并不是一种市场上通行的金属材料，但由于我国的产量较大，故以一定批量供给市场，逐渐形成一种定型产品。高铅锑作为最终产品，可以销售，但它毕竟不是金属锑，其价格较精锑低。

真空蒸馏铅锑合金的主要消耗为电能，其他辅助材料用量很少，而其他方法则消耗材料较多，流程较复杂，因此，真空蒸馏法具有一定的优越性。

目前，脆硫锑铅精矿的处理，一般是先经过焙烧脱硫，然后将其还原熔炼成粗合金，粗合金再经氧化，使锑成为氧化锑挥发（部分铅也挥发），收集的烟尘再还原熔炼成高铅锑。这几种物料的主要成分列于表 15-18。

表 15-18　脆硫锑铅精矿及火法冶炼产品成分

物　料	成分（质量分数）/%			
	Pb	Sb	Sn	Ag
铅锑精矿	25 ~ 29	16 ~ 20	0.6 ~ 0.8	0.1 ~ 0.15
粗合金	63	32	0.61	0.4
高铅锑	约 6	86 ~ 90		
粗　铅	81.2	14	0.039	0.59

高铅锑真空蒸馏的基本原理是基于铅、锑两元素纯物质存在饱和蒸气压之差，如表 15-19 所示。锑在 700℃和残压约 60Pa 时已有明显的挥发，700℃时，锑的饱和蒸气压是铅的 76.8 倍，但随温度升高，蒸气压之比明显下降，到 1200℃时，其蒸气压之比只有约 6 倍了。

表 15-19　p_{Sb}、p_{Pb}、p_{Sb}/p_{Pb}与温度的关系

温度/℃	600	700	800	900	1000	1100	1200
p_{Sb}/Pa	7.83	65.25	273.66	898.77	2450	5770	12080
p_{Pb}/Pa	0.06	0.85	7.23	42.24	186	655	1940
p_{Sb}/p_{Pb}	130.5	76.8	37.9	21.3	13.2	8.8	6.2

两元素形成合金以后，曾测得 632℃时的 $N_i - a_i$ 的关系如图 15-1 所示，据此计算全组成范围的气液相平衡成分见图 15-2。图 15-2 表明，任何成分的 Pb - Sb 合金蒸馏时，气相含锑都比液相含量高。

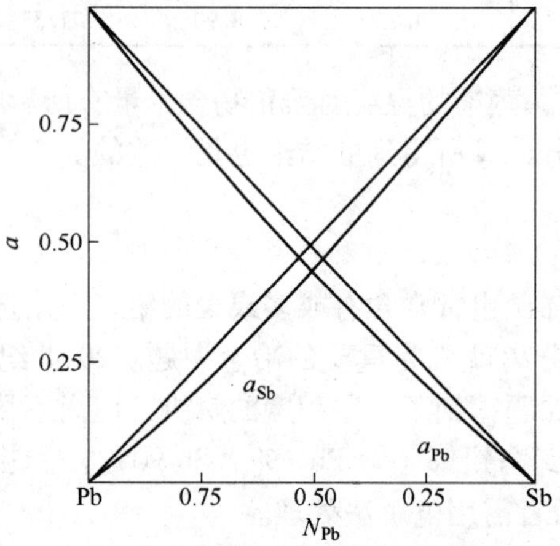

图 15-1　Pb - Sb 系的 $N_i - a_i$ 关系（632℃）

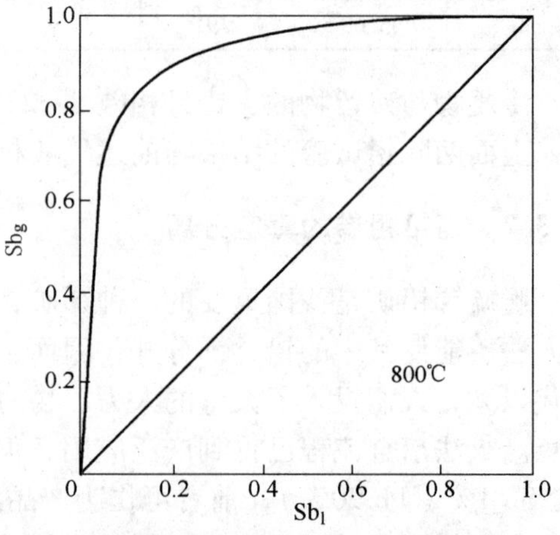

图 15-2　Pb - Sb 系全组成范围的气液相平衡成分

计算锑端的气液相含铅量平衡，见图 15-3，其中图 15-3*b* 的成分范围较大，图 15-3*a* 的液相含 Pb 少。

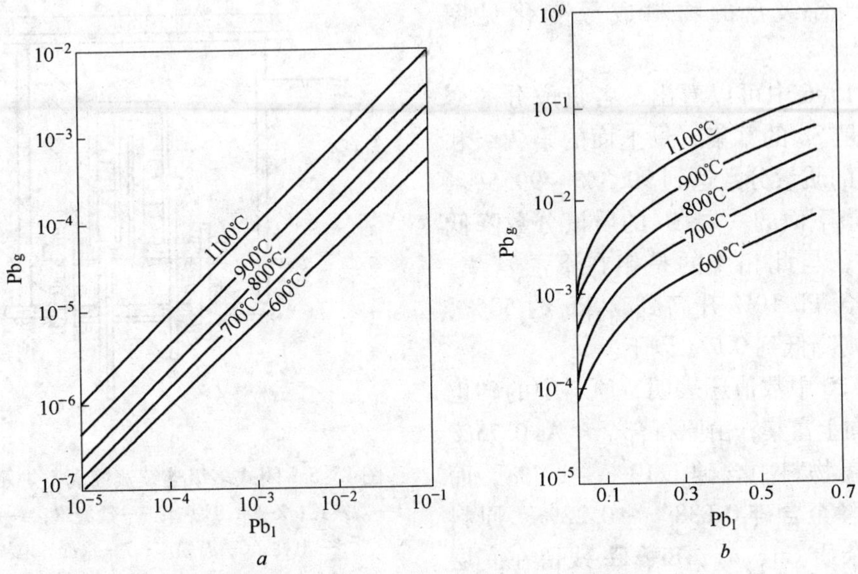

图 15-3 Pb – Sb 系 Sb 端气液相平衡成分

一般火法冶炼脆硫锑铅矿所得高铅锑的含铅量在 10^{-1}（质量分数为 10%）附近，由图 15-3 可知，其平衡气相物质含铅在 10^{-4} ~ 10^{-2}（质量分数为 0.01% ~1%，以下类推）之间，温度高时靠近 10^{-2}，与液相含铅量相差 10 倍左右。随着锑的挥发，液相含 Pb 逐渐富集，气相物质含铅量在 10^{-3} ~ 10^{-2}，有所升高。因此，蒸馏温度宜偏低一些。

此规律与高铅锑真空蒸馏实验结果一致，如图 15-4 所示，温度升高，冷凝物质含铅增加。

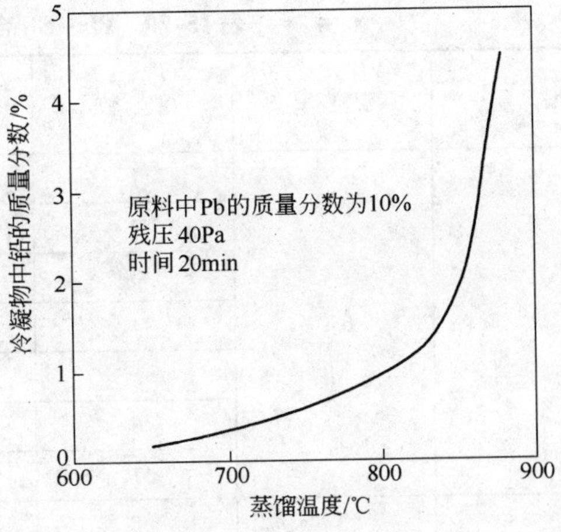

图 15-4 高铅锑真空蒸馏冷凝物含铅量与蒸馏温度的关系

上述规律表明含铅较少的粗锑（含 Pb 10^{-2}或以下）一次蒸馏，能够得到含 Pb 10^{-3}以下的锑。若温度低于 900℃，含 Pb 可达到 10^{-4}以下。若原料含铅较高（Pb > 10^{-2}），如高铅锑，含 Pb 约 10^{-1}，一次蒸馏则不可能得到含铅 2×10^{-3}的锑，应采用闭式多级蒸馏。

昆明理工大学研制的处理高铅锑的闭式多级真空蒸馏炉如图 15-5 所示。曾对含 Pb 约 10% 的铅锑合金，进行规模为 100kg/d 的真空蒸馏试验。

真空蒸馏试验条件为：蒸馏温度低于750℃，残压低于99Pa，采用7层（级）蒸发盘。各级盘中物料成分（质量分数）见表15-20，各级盘的物料成分变化见图15-6。

从图15-6中可以看出，各盘成分的变化，往上是Sb的富集，最上面的第7级和顶层，Sb的质量分数达到99.3%～99.5%，而往下，最下面的一层Sb的质量分数降低到约45%，与此相应的是铅在下层富集，由原料的含Pb 10%升高到含Pb约50%，在上层盘则降低到0.2%以下。

表15-20中数值还表明，原料中的砷也和锑一起向上富集，由原料合金含As 0.75%增高到顶盖物料中含砷1.19%～1.7%，而在底层则降至含砷0.038%～0.22%。原料合金中的杂质Cu、Ag、Bi、Fe残留在底层合金中。

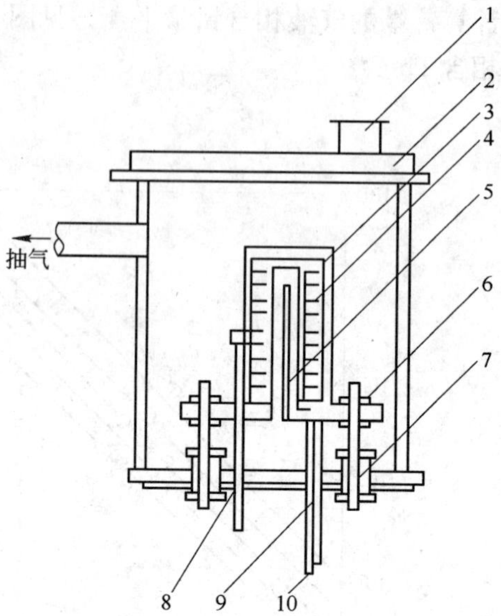

图15-5　闭式多级连续蒸馏真空炉示意图
1—观察孔；2—水冷炉壁；3—冷凝罩；4—蒸发盘；5—电柱；6—石墨座；7—水冷导电棒；8—进料管；9—出铅管；10—出锑管

表15-20　Pb－Sb合金多级蒸馏实验结果

编　号	温度/℃	级　数	成分（质量分数）/%		
			Sb	Pb	As
1	650	1	54.50	41.90	0.22
		2	42.60	57.90	0.12
		3	58.90	39.81	0.12
		4	87.70	12.70	0.17
		5	98.80	1.53	0.28
		6	98.90	0.24	1.16
		7	98.80	0.22	1.49
2	700	1	45.10	53.50	0.2
		2	36.80	60.20	0.11
		3	42.80	53.00	0.10
		4	64.50	33.40	0.13
		5	95.60	4.28	0.13
		6	95.70	0.56	0.79
		7	99.30	0.048	0.83
		顶盖	99.50	0.042	1.70

续表 15-20

编　号	温度/℃	级　数	成分（质量分数）/%		
			Sb	Pb	As
3	750	1	45.00	52.80	0.038
		2	32.20	60.70	0.073
		3	40.60	59.20	0.084
		4	56.90	42.40	0.11
		5	72.10	28.50	0.12
		6	97.80	2.00	0.22
		7	99.00	0.36	0.59
		顶　盖	99.37	0.084	1.19

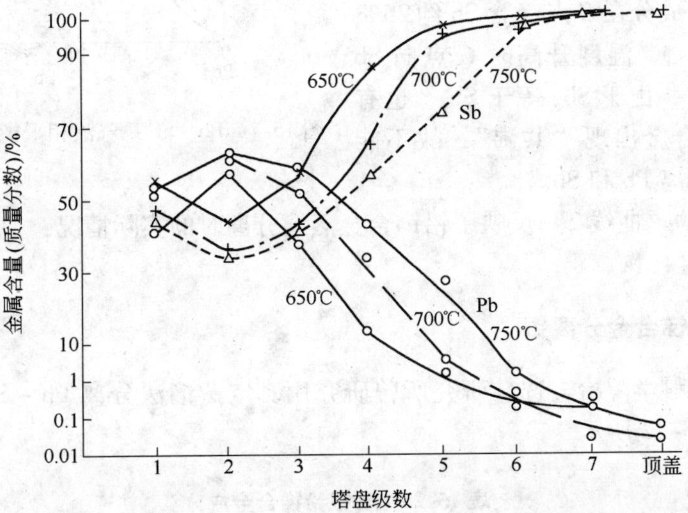

图 15-6　Pb－Sb 合金多级蒸馏各级成分的变化

闭式多级真空蒸馏炉一次作业，可以将含 Pb 约 10%（质量分数）的铅锑合金提纯成含 Pb 小于 0.2%（质量分数）的锑，含铅量达到精锑的一般要求。铅富集在成分与原铅锑合金类似的残留合金中，而砷存在于锑中，需另行除去。

上述真空蒸馏试验中，锑的金属直收率大于 91.8%，每千克物料的电耗约为 2.7kW · h。

根据 Pb－Sb 系 $N_i - a_i$ 图计算得到的图 15-2 表明，任何成分的 Pb－Sb 合金，蒸馏时，气相物质含 Sb 总比液相含 Sb 要高，即任何成分的 Pb－Sb 合金，均能用真空蒸馏方法分离，但试验发现，含 Sb 25%（质量分数）左右的粗 Pb－Sb 合金不能用真空蒸馏方法分离。

曾有学者通过试验，对全组成范围的铅锑合金进行蒸馏，得到表 15-21 的数据，根据这些数据可绘制出图 15-7 中的“曲线 2”。图 15-7 中，“曲线 1”是根据计算所得数据（见图 15-2）绘制的。从图 15-7 中可见，“曲线 2”与“曲线 1”有较大差别，在靠近 Sb 的一端有 $Sb_g > Sb_l$，而在靠近 Pb 端则是 $Sb_g < Sb_l$。

表 15-21　Pb－Sb 合金物料的 Sb 含量和馏出物的 Sb 含量（质量分数）　　（%）

原料	0	4.91	11.30	19.80	24.66	40.56	53.90	67.98	74.68	76.53	83.73	89.78	100
馏出物	0	2.44	7.13	19.26	22.09	63.33	82.89	93.95	96.06	97.70	99.44	99.64	100

根据“曲线 2”可知，在 Sb 端，蒸馏时可以将 Sb 富集在气相中，气相物质是提纯后的锑，对含量在这一端的铅锑合金，用真空蒸馏能有效提纯锑；而在 Pb 端，气相物质含 Sb_g 少于液相含锑 Sb_l，锑在液相相对富集，此时，气相物质含铅高于液相，$Pb_g > Pb_l$，铅在气相中富集，与锑端的情况相反。

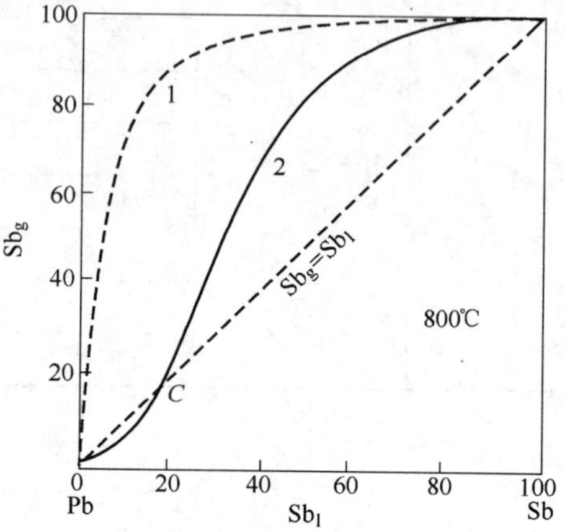

图 15-7　Pb－Sb 系气液相平衡组成（质量分数）

当铅锑合金成分在 *C* 点（含 Sb 约 25%（质量分数）左右，温度升高时 *C* 点向 Sb 端移动）附近时，由于 Sb_g 等于 Sb_l，也有 Pb_g 等于 Pb_l，合金出现“共沸”，故不能用蒸馏的方法分离 Pb 和 Sb。

图 15-7 中的“曲线 2”反映了铅锑合金蒸馏分离时的实际情况，“曲线 1”则与实际情况不符。

15.3.3　含银铅锑合金分离银

哈萨克斯坦科学院冶金选矿研究所曾研究用真空蒸馏法分离 Pb－Sb 合金与贵金属，原料成分如表 15-22 所示。

表 15-22　含银铅锑合金成分

元　素	Sb	Pb	Cu	Ni	Fe	其他
含量（质量分数）/%	44.5	45.3	0.44	0.45	0.7	0.6

扩大试验所用设备如图 15-8 所示，为开式多级蒸馏炉，在 1170 ~ 1180℃、200 ~ 533Pa 时的蒸馏结果列于表 15-23，此条件下，锑和铅的挥发率分别达到了 82.7% 和 93.2%，处理量为 3.2t/（m^2 · d）。

当加料量增加到 6.4t/（m^2 · d）时，锑和铅的挥发率分别下降为 53.9% 和 77.7%。冷凝物的产出率由 79.4% 下降到 59.3%。

冷凝物的成分主要是锑和铅，各元素的光谱分析结果见表 15-24，残留物中富集了 Cu、Ni、Au、Ag 和部分 Sb 及 Pb。

开式多级蒸馏时，各级的气相物质汇聚在一起凝结，得到冷凝物 Pb－Sb 合金，而把贵金属富集在残留物中。蒸馏过程达到了分离 Pb、Sb 和富集贵金属的目的，残留物可用灰吹法提 Au 和 Ag。

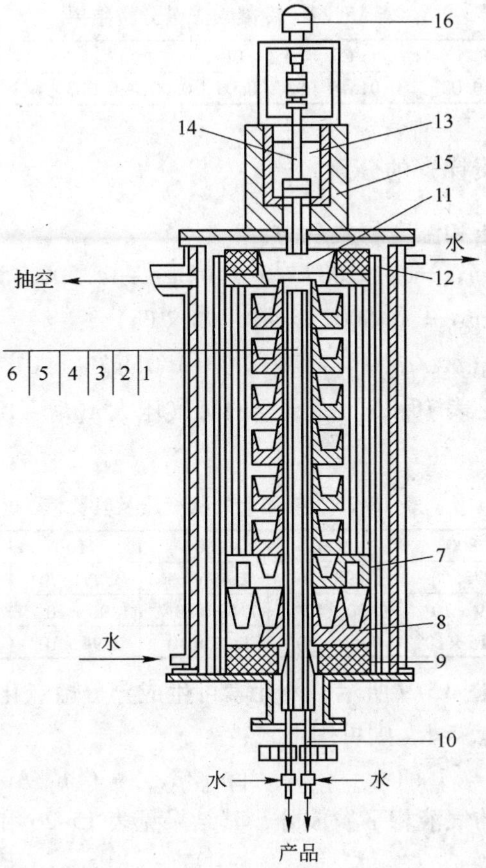

图 15-8 多级蒸馏炉

1—加热器；2—蒸发盘；3，4—冷凝罩；5—隔热罩；6—水冷套；7—中间盘；8—收集器；9，12—绝热密封；10—导电杆；11—容料盘；13—锅；14—加料器；15—锅加热器；16—电动机

表 15-23 Pb－Sb 合金中间产品真空处理扩大试验结果

指标		试验序号		
		1	2	3
温度/℃		1180	1170	1180
残压/Pa		3～4	1.5～2	1.5～3.5
生产率/t·（m^2·h）$^{-1}$		3.2	3.7	6.4
原料成分（质量分数）/%	Sb	44.5	44.5	44.5
	Pb	45.3	45.3	45.3
残留质量分数/%		20.6	29.6	40.6
成分/%	Sb	37	45.4	50.2
	Pb	15	20.6	24.9
冷凝物质量分数/%		79	70.4	59.3
成分质量分数/%	Sb	46.3	44	40.2
	Pb	53	55.6	59.3
回收挥发物产率/%	Sb	82.7	69.7	53.9
	Pb	93.2	86.6	77.7

表 15-24 冷凝物光谱分析结果

元 素	Ag	Cu	Bi	Ni	Fe	As	Mg	Zn、Sn、Au
含量（质量分数）/%	0.01 ~ 0.03	0.01 ~ 0.002	0.03	0.001 ~ 0.003	痕迹	10	0.001	未发现

15.3.4 金 – 锑合金（贵锑）的分离

金、锑的饱和蒸气压和温度的关系为：

$$\lg p_{Au} = -19280T^{-1} - 1.01\lg T + 14.505 \text{ (Pa)}$$
$$\lg p_{Sb} = -6500T^{-1} + 8.495 \text{ (Pa)}$$
$$\lg(p_{Sb}/p_{Au}) = 12780T^{-1} + 1.01\lg T - 6.01$$

不同温度下的数值见表 15-25。锑比金的蒸气压大 $10^{10} \sim 10^{5}$ 倍，温度较低时，倍数较大。

表 15-25 锑和金的蒸气压及其比值

温度/℃	700	800	900	1000	1100	1200	1300
p_{Sb}/Pa	65.25	273.66	898.77	2.45×10^{3}	5.77×10^{3}	1.208×10^{4}	2.3×10^{4}
p_{Au}/Pa	4.69×10^{-9}	2.99×10^{-7}	9.30×10^{-6}	1.67×10^{-4}	1.96×10^{-3}	0.0164	0.1
p_{Sb}/p_{Au}	1.39×10^{10}	9.15×10^{8}	9.66×10^{7}	1.47×10^{7}	2.94×10^{6}	7.37×10^{5}	2.3×10^{5}

Sb – Au 系状态图如图 15-9 所示，两元素可生成异分熔点化合物 β（$AuSb_2$），其熔点为 460℃。如假定 $\gamma_{Sb}/\gamma_{Au}=1$，则可用下式：

$$Au_g = [1 + (\gamma_{Sb}/\gamma_{Au}) \cdot (p_{Sb}/p_{Au}) \cdot (Sb_l/Au_l)]^{-1}$$

计算出合金蒸馏时的气液相平衡成分，其结果见表 15-26 和图 15-10。

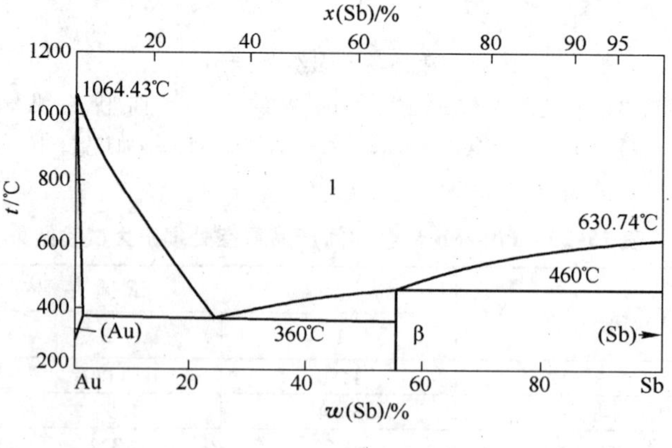

图 15-9 Sb – Au 系状态图

表 15-26 Sb – Au 系气液相平衡成分

Au_l		0.5	0.4	0.3	0.2	0.1	10^{-2}	10^{-3}	10^{-4}	10^{-5}
Au_g	900℃	1.03×10^{-8}	6.9×10^{-9}	4.44×10^{-9}	2.59×10^{-9}	1.15×10^{-9}	1.04×10^{-10}	1.03×10^{-11}	1.03×10^{-12}	1.04×10^{-13}
	1000℃	6.85×10^{-8}	4.57×10^{-8}	2.94×10^{-8}	1.71×10^{-8}	7.6×10^{-9}	6.92×10^{-10}	6.85×10^{-11}	6.85×10^{-12}	6.85×10^{-13}
	1100℃	3.41×10^{-7}	2.28×10^{-7}	1.46×10^{-7}	8.53×10^{-8}	3.79×10^{-8}	3.45×10^{-9}	3.42×10^{-10}	3.41×10^{-11}	3.41×10^{-12}
	1200℃	1.36×10^{-6}	9.07×10^{-7}	5.83×10^{-7}	3.4×10^{-7}	1.51×10^{-7}	1.37×10^{-8}	1.36×10^{-9}	1.36×10^{-10}	1.36×10^{-11}

由表 15-26 和图 15-10 可知，Au 和 Sb 能较好地分离，Au_g 和 Au_l 相差 $10^{-5} \sim 10^{-6}$ 倍，当 Au_l 较大（如为 0.5）、温度较高（如为 1200℃）时，Au_g 能达到 10^{-6}左右，温度

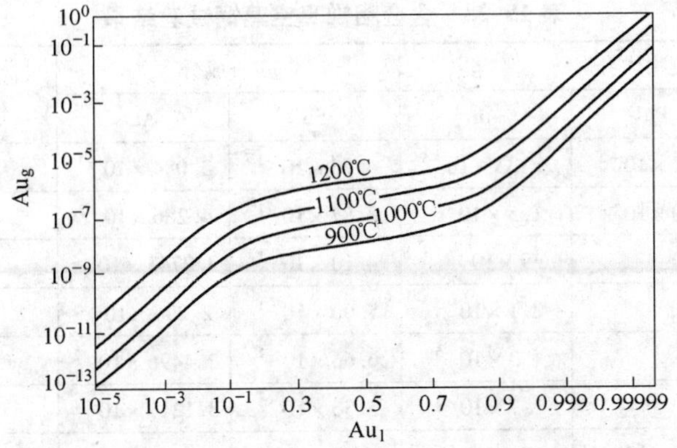

图 15-10 Sb - Au 系气液相平衡成分

低时 Au_g 也可达 $10^{-8} \sim 10^{-13}$，分离效果很好。

某厂将贵锑处理方法改为真空蒸馏提金法，所加工的原料成分见表 15-27，真空蒸馏炉见图 15-11。

表 15-27　金 - 锑合金原料成分

原料	Sb	Pb	Au	Cu	Ni	Fe	规　模
1	0.768	0.043	0.00849	0.0128	0.014	0.0085	小　试
2	0.851	0.0132	0.007358	0.0588	0.049	0.045	中　试
3	0.896	0.0233	0.046588	0.0088	0.019	0.018	试　产

作业条件为：温度 1100℃，炉内残压约 1.3Pa，蒸馏时间 4h，蒸馏结果列于表 15-28。表 15-28 中，冷凝物即分离出来的粗锑，含金为 $10^{-5} \sim 10^{-6}$，与前面计算的约 10^{-9} 相符，粗锑中锑的质量分数为 90% 以上，更好的达到 99.4% ~ 99.8%。若再蒸馏一次，可使其含金量再降到 10^{-11} 以下，同时得到质量更好的金属锑。

该工艺中，金的直收率达 99.99%，比原电解工艺的 87% 高很多。该工艺无废气、废水、废渣产出，改善了环境和劳动条件，操作简单，能源及辅助材料消耗低，技术指标比电解法好，经济效益显著。此外，该工艺的作业温度还可以降低。如果降至 800 ~ 900℃，锑的饱和蒸气压已达到 273.7 ~ 898.8Pa，对 Sb 的质量分数为 76% ~ 89% 的合金，蒸发速率已很可观，此时，冷凝物中的含金量还可以显著降低。

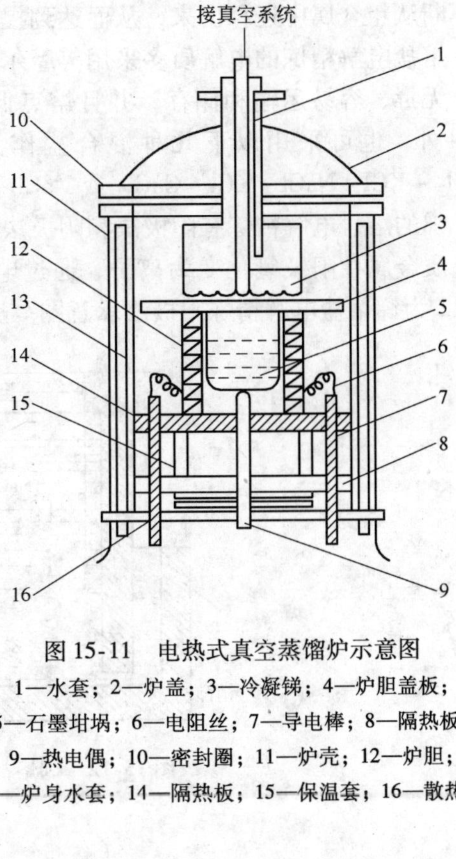

图 15-11　电热式真空蒸馏炉示意图

1—水套；2—炉盖；3—冷凝锑；4—炉胆盖板；5—石墨坩埚；6—电阻丝；7—导电棒；8—隔热板；9—热电偶；10—密封圈；11—炉壳；12—炉胆；13—炉身水套；14—隔热板；15—保温套；16—散热片

表 15-28 含金粗锑真空蒸馏试验结果

编号	冷凝物成分			残渣成分		除锑质量分数/%	金直收质量分数/%
	Sb	Pb	Au	Sb	Au		
1	8.80×10^{-1}	2.11×10^{-2}	2.133×10^{-5}	4.74×10^{-1}	3.084×10^{-2}	83	99.8
2	9.25×10^{-1}	3.50×10^{-2}	1.5×10^{-5}	3.87×10^{-1}	4.286×10^{-2}	86.7	99.85
3	8.94×10^{-1}		9×10^{-6}	4.10×10^{-1}	3.2743×10^{-2}	86.2	99.79
4	9.21×10^{-1}		2.1×10^{-5}	7.00×10^{-1}	2.296×10^{-2}	73.6	99.86
5	9.31×10^{-1}		1.3×10^{-5}	6.66×10^{-1}	2.4496×10^{-2}	76.5	99.87
6	9.48×10^{-1}		1.7×10^{-5}	5.36×10^{-1}	3.1247×10^{-2}	85.2	99.8
7	9.75×10^{-1}	1.45×10^{-2}	8×10^{-6}	5.89×10^{-1}	2.2975×10^{-2}	77.9	99.9
8	9.21×10^{-1}		9.33×10^{-6}	6.23×10^{-1}	3.1513×10^{-2}	82.9	99.9
9	9.53×10^{-1}	3.80×10^{-2}	1.133×10^{-5}	4.69×10^{-1}	3.5853×10^{-2}	88.4	99.86
10	9.98×10^{-1}		4.33×10^{-6}	4.71×10^{-1}	2.41991×10^{-1}	89.9	99.99
11	9.94×10^{-1}		5.33×10^{-6}	5.19×10^{-1}	2.27236×10^{-1}	88.1	99.99
12	9.66×10^{-1}		6.6×10^{-6}	4.62×10^{-1}	2.50418×10^{-1}	90.4	99.99

15.4 熔盐电解精炼

锑的熔盐电解精炼，是用熔点较低的混合熔融盐类作为电解质，熔融的粗金属作为阳极或阴极，不熔性金属或石墨作为导电的电极，在高温下进行电解。在电解过程中杂质金属不断从粗金属中迁移出来，从而达到提纯的目的。

熔盐电解精炼的电解质多采用等摩尔数的 KCl－NaCl 混合盐熔体，此种电解质价格低廉、无毒、容易运输和储存，并且熔点低、流动性好、导电性高、挥发性小。除 KCl－NaCl 外，也可采用以下几种混合盐作为电解质，即：Na_2SO_4－KCl－NaCl，NaCl－$MgCl_2$－KCl，NaCl－KCl－$CaCl_2$ 或 NaCl－Na_2CO_3。

锑的熔盐电解精炼有阳极法和阴极法。阳极法是将粗金属作为阳极，电解时电性较负的杂质金属在阳极氧化变为离子，通过电解质迁移到阴极表面，并在阴极还原沉积，图 15-12 为锑熔盐电解精炼阳极法示意图。反之，阴极法是将粗金属作为阴极，电解时碱金

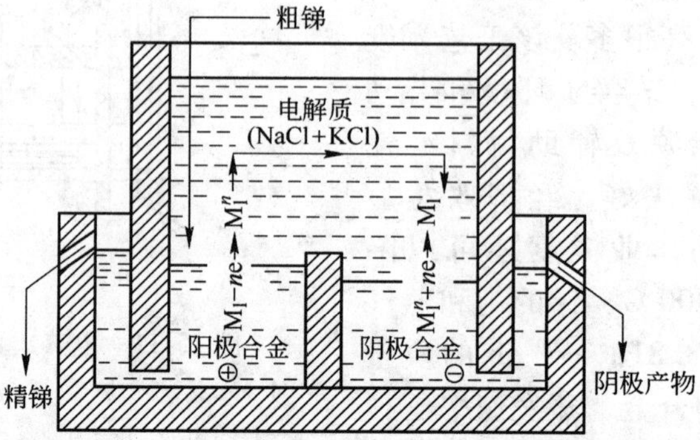

图 15-12 锑熔盐电解精炼阳极法示意图

属离子（如 Na^+ 等）在阴极还原成金属，它能选择性地与阴极中杂质元素化合，生成金属间化合物（如 Na_3As、Na_3S、Na_3Bi 等）溶解于电解质中，在电场引力和扩散作用影响下迁移到阳极附近，在阳极上又氧化成杂质元素，随着杂质元素不断迁出，主体金属得以提纯，图 15-13 为锑熔盐电解精炼阴极法示意图。

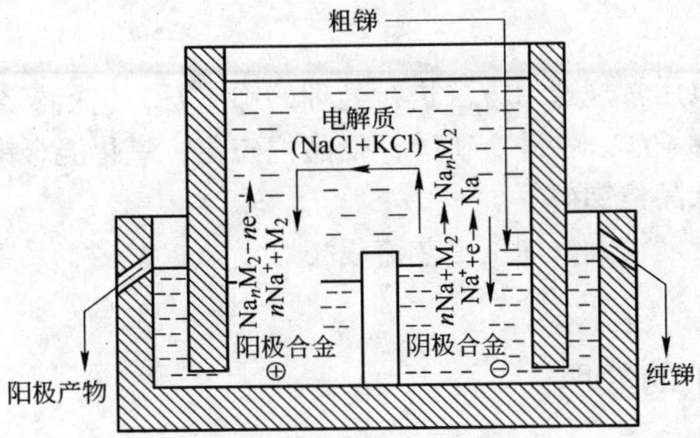

图 15-13 锑熔盐电解精炼阴极法示意图

熔盐电解精炼法具有离子电导率高、高温下化学反应快、只有被迁移的杂质元素参与电化学反应等特点。与火法精炼或水溶液电解法精炼相比，具有容易除去铅、精炼周期短、金属直收率高、化学反应快、设备生产能力大、节约电能、易实现连续化和自动化、有利于环境保护和改善劳动条件等优越性。

16 复杂锑矿的处理

复杂锑矿是指难以用常规选冶方法进行处理的锑矿石，包括复杂多金属硫化锑矿，如锑铅矿、锑铅锌矿、锑汞矿、锑砷金矿等，低品位硫化－氧化混合锑矿，低品位氧化锑矿以及含有易熔脉石的低品位锑矿等。

复杂锑矿的处理难度较大，加工工艺流程相对复杂，大多需采用联合工艺才能取得较好的处理效果。

16.1 锑铅锌硫化矿的处理

复杂锑铅锌硫化矿一般采用选冶联合工艺进行处理，即先用物理选矿法获得含铅或富铅锑精矿，如脆硫锑铅矿精矿和锌精矿，再采用湿法或火法冶金处理富铅锑精矿分离铅和锑，获得相应的金属或化工产品。

16.1.1 锑铅锌矿的选矿——湿法冶金工艺

以某锑铅锌矿为例，简要介绍该工艺。

矿石中，金属矿物主要为辉锑矿，其次为黄铁矿、闪锌矿、块硫锑铅矿、黄铜矿；脉石矿物主要有条纹长石、正长石、石英及少量伊利石、白云母等。

辉锑矿主要呈细脉状、网脉状及粒状充填交代于石英、正长石裂隙中，辉锑矿与闪锌矿、块硫锑铅矿共生关系密切，辉锑矿对闪锌矿有明显的交代现象。交代作用往往沿闪锌矿的边缘或解理裂隙进行，亦有呈星点状散布于闪锌矿中。电子探针测定结果表明，矿石中的铅除少量呈类质同象存在于辉锑矿中外，大部分以块硫锑铅矿形式存在，其中一部分呈显微包裹体的形式包裹于辉锑矿中，另一部分包裹辉锑矿，再一部分呈独立形式出现。无论是哪种形式存在的硫锑铅矿，其粒度大小都在 2～8μm 之间，可见，辉锑矿与块硫锑铅矿的浮选分离是非常困难的。

试料的主要化学成分（质量分数）为：锑 12.97%，锌 2.36%，铅 1.23%，铜 0.1%，铁 2.20%，砷 0.03%，硫 7.10%。锑物相分析结果为：辉锑矿占 92.86%，锑华与黄锑华占 7.14%。

针对该矿物，采用浮选方法分选辉锑矿与闪锌矿，低浓度三氯化铁选择性浸出锑、铅，使多金属锑矿中的锑、铅、锌得到了有效分离。

16.1.1.1 *辉锑矿与闪锌矿的浮选分离*

矿样中的主要有用矿物有辉锑矿、块硫锑铅矿和闪锌矿，辉锑矿为主要的含锑矿物。由于辉锑矿与块硫锑铅矿的共生关系密切，且块硫锑铅矿的嵌布粒度很细，所以浮选主要针对锑铅矿物与闪锌矿的分离。

图 16-1 为矿浆 pH 值与辉锑矿、闪锌矿、块硫锑铅矿浮选回收率的关系。从图中可见，在 pH 值小于 5 的酸性介质中，三种矿物的可浮性都比较好，随着 pH 值的增高，它

们的可浮性都下降，其中以闪锌矿更为突出。在pH值小于7的介质中，辉锑矿与块硫锑铅矿的可浮性极为相近，只有在碱性介质中，两者的可浮性差异才逐渐增大。

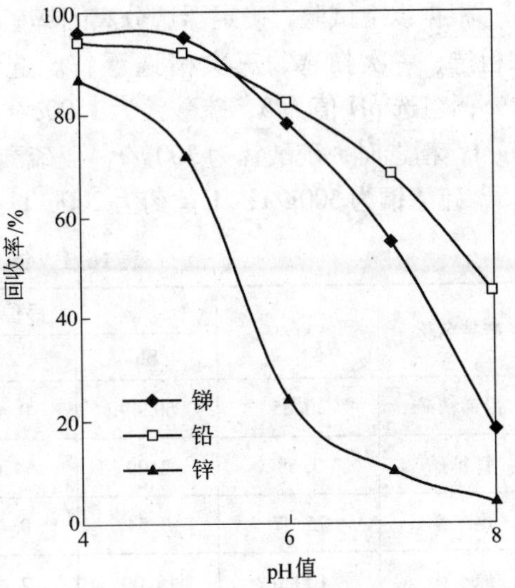

图16-1 pH值对锑、铅、锌浮选分离的影响

在pH值为5时，采用硫酸锌与亚硫酸钠组合作闪锌矿的抑制剂，试验考查了抑制剂用量对锑、铅与锌分离的影响，硫酸锌与亚硫酸钠的用量比为2∶1。试验选用乙硫氮300g/t作捕收剂，松醇油65g/t作起泡剂，试验结果如图16-2所示。添加抑制剂明显提高了分选过程的选择性。当硫酸锌与亚硫酸钠用量从0分别增加到2500g/t和1250g/t时，辉锑矿和块硫锑铅矿仍然保持了很高的浮选回收率，且几乎是同步的，而闪锌矿的可浮性则随着抑制剂用量的增加急剧下降，当硫酸锌和亚硫酸钠用量分别为1500g/t和750g/t左右时，综合浮选分离效果较好。

乙硫氮、丁基黄药和丁基铵黑药三种捕收剂的试验结果表明，采用乙硫氮作捕收剂选锑的效果比丁基黄药、丁基铵黑药要好，不仅锑、铅的回收率高，而且锑精矿中的锌含量最低。

选锑后的尾矿进入选锌作业。锌精矿中，锑的含量是一个重要的质量指标，而选锑尾矿总会存在部分含锑矿物，所以在后续选锌作业时，应确定适宜的矿浆pH值，既充分考虑降低锌精矿的锑含量，又要保证锌有较好的回收率。

图16-3表示出了pH值对锌粗选指标的影响。选锌时，矿浆的pH值可用石灰调整，pH值以7.5左右为宜，此时，锌回收率较高，而且辉锑矿受到抑制，锌精矿中的锑含量也较低。

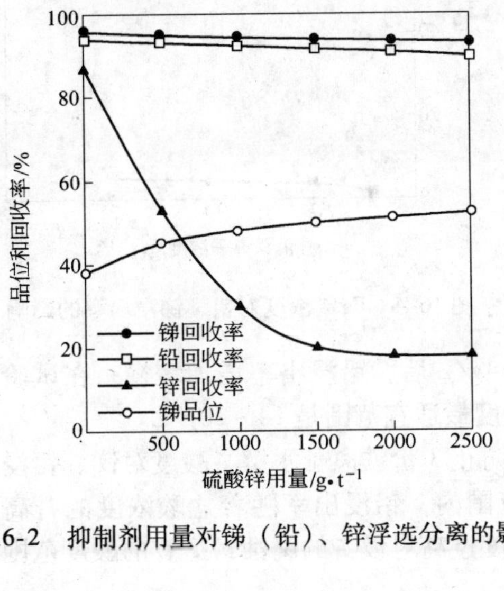

图16-2 抑制剂用量对锑（铅）、锌浮选分离的影响

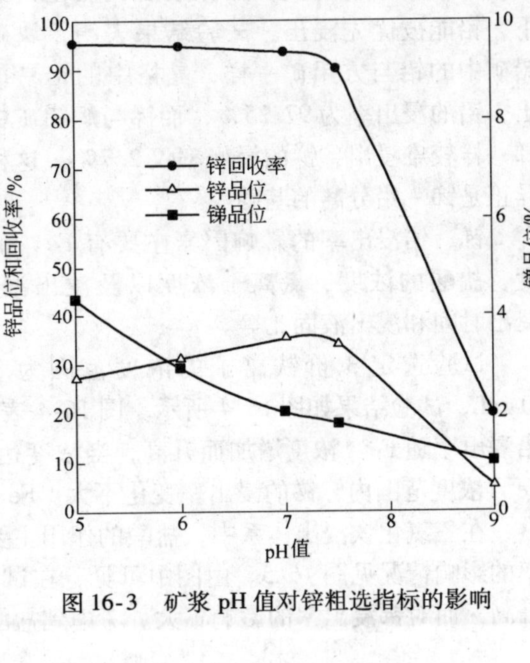

图16-3 矿浆pH值对锌粗选指标的影响

根据以上试验，确定浮选分离闪锌矿的流程为一次粗选、一次扫选、四次精选浮锑，一次粗选、一次扫选、三次精选浮锌。选锑条件为：磨矿细度 -0.074mm（-200目）占82%，粗选pH值为5，硫酸锌为1500g/t，亚硫酸钠为750g/t，乙硫氮为300g/t，松醇油为65g/t；精选时，硫酸锌为300g/t，亚硫酸钠为150g/t，分两段添加。选锌条件为：pH值为7.5，硫酸铜为500g/t，丁黄药为200g/t，松醇油为60g/t。浮选分离试验指标见表16-1。

表16-1 锑-锌浮选分离试验指标

产品名称	产率/%	品位/%			回收率/%		
		Sb	Zn	Pb	Sb	Zn	Pb
铅锑精矿	20.85	60.49	0.40	5.30	96.32	3.44	95.02
锌精矿	3.68	2.09	54.00	0.55	0.56	81.94	1.74
尾　矿	75.47	0.54	0.47	0.05	3.12	14.62	3.24
原　矿	100.0	13.09	2.43	1.16	100.0	100.0	100.0

16.1.1.2 铅锑精矿的锑-铅分离

三氯化铁具有强氧化性，在酸性介质中可将金属硫化物氧化，使硫离子氧化为单质硫，并使金属以氯化物形式转入溶液。不同硫化矿物在氯盐介质中的浸出性能有很大差异，这主要取决于矿物的化学组成、晶体结构、阴阳离子的极化作用和结合力大小等因素。各种金属硫化物由易到难的溶解顺序为：方铅矿 > 磁黄铁矿 > 辉铜矿 > 闪锌矿 > 辉钴矿 > 镍黄铁矿 > 黄铜矿 > 辉钼矿 > 黄铁矿，利用这种浸出性能的差别，可以实现不同物质的选择性分离。

由于块硫锑铅矿中，Pb 与 $[SbS_3]^{3-}$ 络阴离子结合，络阴离子中锑与硫的结合力比该络离子与铅的结合力大，在低浓度三氯化铁条件下，铅能被优先浸出。试验结果表明，块硫锑铅矿中的铅与方铅矿一样，晶格中的铅易被浸出，铅的浸出率为97.25%，而锑与辉锑矿中的锑一样较难浸出，锑的浸出率仅2.7%，这种差异正是锑-铅分离的基础。

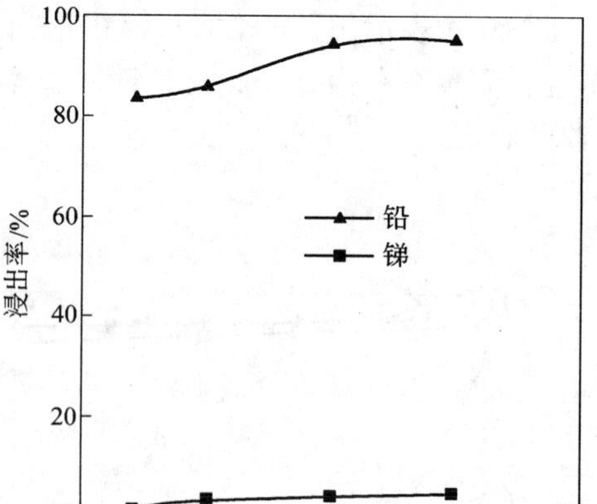

图16-4 Fe^{3+} 浓度对铅、锑浸出率的影响

锑、铅浸出率的影响因素主要有 Fe^{3+} 的浓度、盐酸的浓度、氯离子浓度以及浸出温度、浸出时间和浸出液固比等。

试验选定3价铁离子的浓度范围为3～21g/L，试验结果如图16-4所示。图16-4表明，铅浸出率随 Fe^{3+} 浓度增加而升高，当浓度达到14g/L后，铅浸出率增加缓慢；在试验的 Fe^{3+} 浓度范围内，锑的浸出率变化不大。Fe^{3+} 浓度最适宜范围是14～20g/L。

在三氯化铁浸出体系中，盐酸的作用主要是防止3价铁离子水解。酸度对锑、铅浸出率的影响情况见图16-5。由图中可见，在试验范围内，铅浸出率随着盐酸浓度的升高而升高，而对锑浸出率的影响不大。考虑到盐酸浓度过高对设备的腐蚀，适宜的酸度范围为

1.2～1.8M。

氯离子浓度是影响铅浸出率的重要因素。铅在氯盐溶液中，视氯离子浓度不同可形成不同的络合物，如 $PbCl_3^-$、$PbCl_4^{2-}$ 等。浸出液中的氯离子来自三氯化铁及盐酸。三氯化铁用量一定，而酸度不能任意提高，为了维持一定的氯离子浓度可添加某些氯盐，如氯化钠等，使反应形成稳定的络阴离子，从而提高氯化铅的溶解度，加速溶解反应。氯离子浓度对锑、铅浸出率的影响见图 16-6，从图中可见，铅的浸出率随氯离子浓度升高而增加。当其浓度达到 160g/L 后，铅浸出率有下降的趋势，这是因为在高氯离子浓度下，Fe^{3+} 与 Cl^- 形成络合物 $[FeCl_4]^-$，而降低了 Fe^{3+}/Fe^{2+} 离子对的氧化还原电位，减弱了 Fe^{3+} 的氧化能力，从而导致铅浸出率下降。此外，氯离子浓度过高，浸出液中铅的溶解度增大，进而影响后续铅的结晶沉淀，因此，适宜的氯离子浓度为 120g/L。

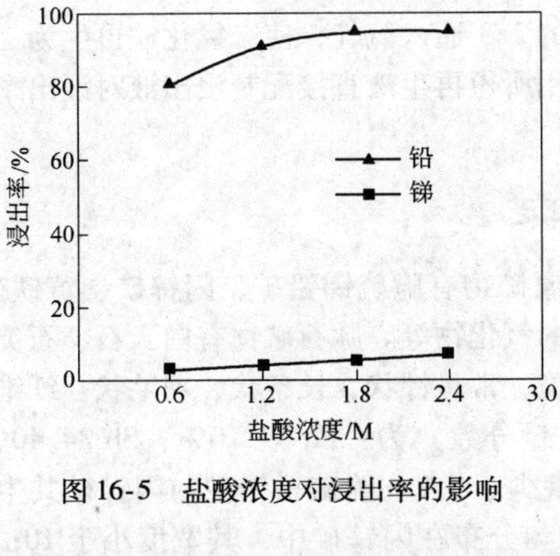

图 16-5　盐酸浓度对浸出率的影响

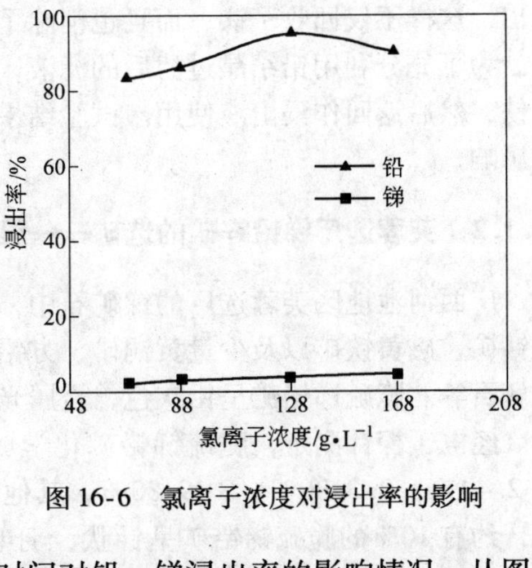

图 16-6　氯离子浓度对浸出率的影响

图 16-7 和图 16-8 表示出了浸出温度和浸出时间对铅、锑浸出率的影响情况。从图中可见，较适宜的浸出温度为 95～102℃，浸出时间为 1h，浸出液固比以 3:1 为宜。

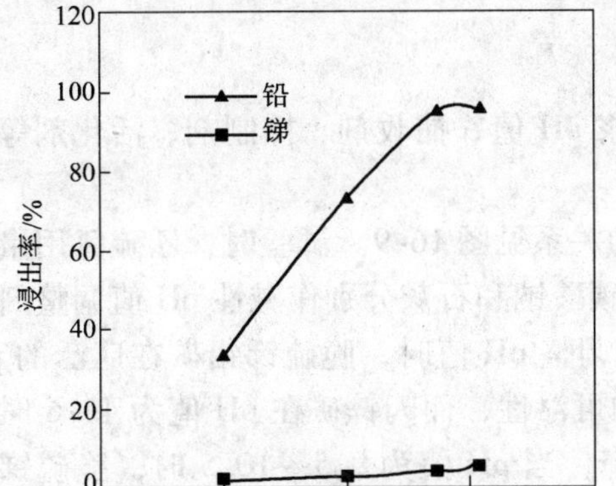

图 16-7　温度对浸出率的影响

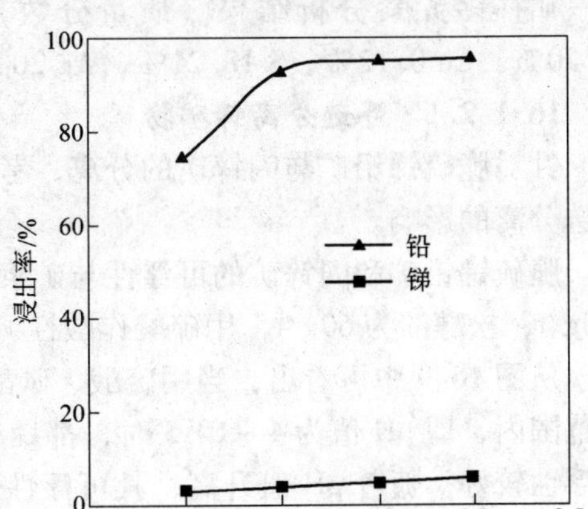

图 16-8　浸出时间对浸出率的影响

在上述适宜的浸出试验条件下，其浸出指标为：铅浸出率 97.25%，锑浸出率 2.7%，锌浸出率 67.62%。锑精矿（浸出渣）品位 63.63%，含铅 0.14%，含锌 0.14%。试验说明，利用低浓度三氯化铁选择性浸出工艺可以成功分离出锑铅精矿中的铅，而后的锑精矿可采用常规炼锑工艺处理。

三氯化铁浸出法的另一优点是可以利用金属氯化物的特性较容易地把金属从溶液中分离出来。在用三氯化铁浸出富铅锑精矿时，借助 $PbCl_2$ 的溶解度对温度的敏感性，可使铅直接从浸出液中结晶析出。溶液温度愈低，铅结晶愈完全，铅回收率也愈高。试验结果是铅的结晶率为 85.83%，铅品位为 73.96%。

此外，也可向浸出液中加入碳酸钠或碳酸氢铵，得到碳酸铅精矿，再用常规炼铅法处理。

浸出液中溶解有少量的锑，在滤液废弃之前，经过水解可使锑以 $Sb_4O_5Cl_2$ 形式结晶析出，这样不仅回收了锑，而且也消除了废液对环境的污染。

为了充分利用铅结晶过滤后的滤液，将其中的 2/3 通入氯气，使二氯化铁再生为三氯化铁，然后返回作浸出液使用。试验结果表明，用所得再生液直接配制浸出液对浸出率没有影响。

16.1.2　芙蓉选厂锑铅锌矿的选矿——湿法冶金工艺

广西河池地区芙蓉选厂的锑矿石中，主要金属矿物有脆硫锑铅矿、闪锌矿、黄铁矿、软锰矿、磁黄铁矿以及少量黄铜矿、方铅矿、锑的氧化物等。脉石矿物有白云石、石英和方解石等。脆硫锑铅矿呈铅灰色，金属光泽，性脆，常呈针状、长条状、羽毛状、纤维状等。经电子探针测定，脆硫锑铅矿化学成分（质量分数）为：Pb 39.10%，Sb 34.40%，Fe 2.40%，Bi 3.30%，S 19.80%，其他杂质元素少于 1%。脆硫锑铅矿与闪锌矿共生密切，约有 10% 的脆硫锑铅矿呈针状、羽毛状，均匀分布在闪锌矿中，其宽度小于 10μm。另一方面，部分闪锌矿呈微粒包裹于脆硫锑铅矿中。在磨矿细度为 −74μm 占 90% 时，脆硫锑铅矿、闪锌矿的单体解离度分别达到 88% 及 94%。

矿样多元素分析结果（质量分数）为：Sb 6.60%，Pb 6.50%，Zn 16.50%，Fe 11.20%，Cu 0.12%，S 18.21%，Ag 200g/t。

16.1.2.1　浮选分离锌矿物

针对脆硫锑铅矿与闪锌矿的分离，考查了矿浆 pH 值、捕收剂、抑制剂、活化剂等对浮选分离的影响。

脆硫锑铅矿和闪锌矿的可浮性与矿浆 pH 值的关系见图 16-9。试验时，乙硫氮用量为 350g/t，松醇油为 60g/t，用硫酸作酸性调整剂，碳酸钠和石灰分别作碱性 pH 值调整剂。

从图 16-9 中可看出，当用硫酸、碳酸钠分别调整 pH 值时，脆硫锑铅矿在广泛的 pH 值范围内，即 pH 值为 4 ~ 10.5 时，都具有良好的可浮性，而闪锌矿在 pH 值为 4 ~ 6 时的可浮性较好；随着 pH 值升高，其可浮性迅速下降，当 pH 值为 9.5 ~ 10.5 时，脆硫锑铅矿与闪锌矿的回收率差值达到最大，从而为两者的浮选分离奠定了基础。当用石灰作碱性调整剂，pH 值在 7.5 左右时，脆硫锑铅矿仍具有良好的可浮性；随着 pH 值的提高，其可浮性急剧下降，可见石灰对脆硫锑铅矿有较强的抑制作用，即用石灰作调整剂进行分选时，适宜的 pH 值在 7.5 左右，此时闪锌矿的上浮率较高，故需添加抑制剂，解决闪锌矿上浮的问题。

脆硫锑铅矿与闪锌矿、黄铁矿浮选分离时，常用氰化物作抑制剂，这不仅因为它是后两种矿物的典型抑制剂，而且它对脆硫锑铅矿几乎没有抑制作用，但是，氰化物是一种剧毒药剂，一般尽量避免采用。

试验着重考察了两种不同pH值条件下（石灰pH值为7.5，碳酸钠pH值为9.5），硫酸锌与亚硫酸钠组合抑制剂用量对脆硫锑铅矿与闪锌矿浮选的影响。采用乙硫氮作捕收剂，硫酸锌与亚硫酸钠按1∶1的比例添加，试验结果见图16-10。结果表明，在脆硫锑铅矿与闪锌矿分离浮选时，无论是用石灰或碳酸钠作pH值调整剂，采用硫酸锌与亚硫酸钠组合作抑制剂，当它的总用量达到1000g/t时，都能显著地提高分选效果，而采用石灰作调整剂pH值为7.5的分选结果比用碳酸钠作调整剂pH值为9.5的分选结果更好。

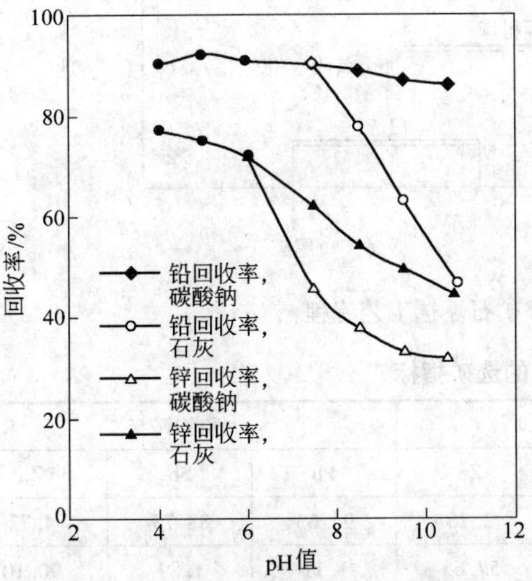

图16-9 pH值对脆硫锑铅矿和闪锌矿浮选的影响

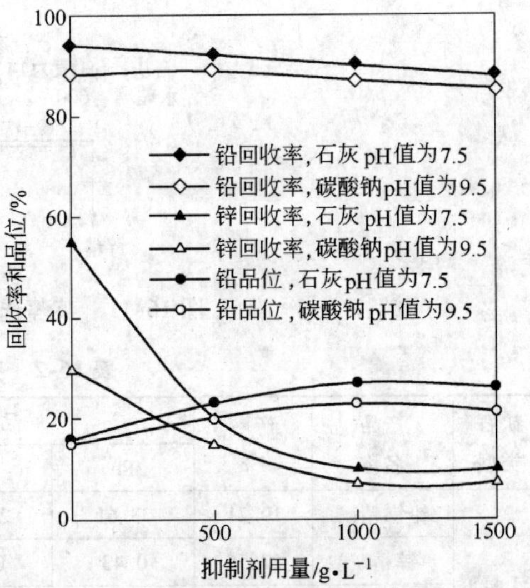

图16-10 抑制剂对脆硫锑铅矿和闪锌矿浮选分离的影响

活化剂硝酸铅的使用没有取得预期的效果，反而使锑铅精矿中的锌含量增加。对乙硫氮、丁铵黑药及丁黄药三种捕收剂的试验结果表明，乙硫氮的选择性最好，不仅铅锑精矿品位高，而且锌在铅锑精矿中的含量最低。但单用乙硫氮时，由于选出的泡沫性脆，铅锑回收率比其他两种捕收剂的略低，从产品质量及金属回收率综合考虑，以乙硫氮为主与少量丁基黄药组合作捕收剂较为合理。此外，试验中还发现，在精选中，适当提高pH值，添加一定量的乙硫氮，有利于提高铅锑精矿的质量和回收率。

试验最终确定的适宜选锌条件为：粗选时，pH值为12，精选时pH值为14；硫酸铜为600g/t，丁基黄药为400g/t，水玻璃为600g/t，松醇油为80g/t。在精选中提高矿浆pH值、添加一定量的水玻璃，可提高锌精矿的质量，降低锌精矿中的铅、锑含量。浮选流程见图16-11，选矿指标见表16-2。

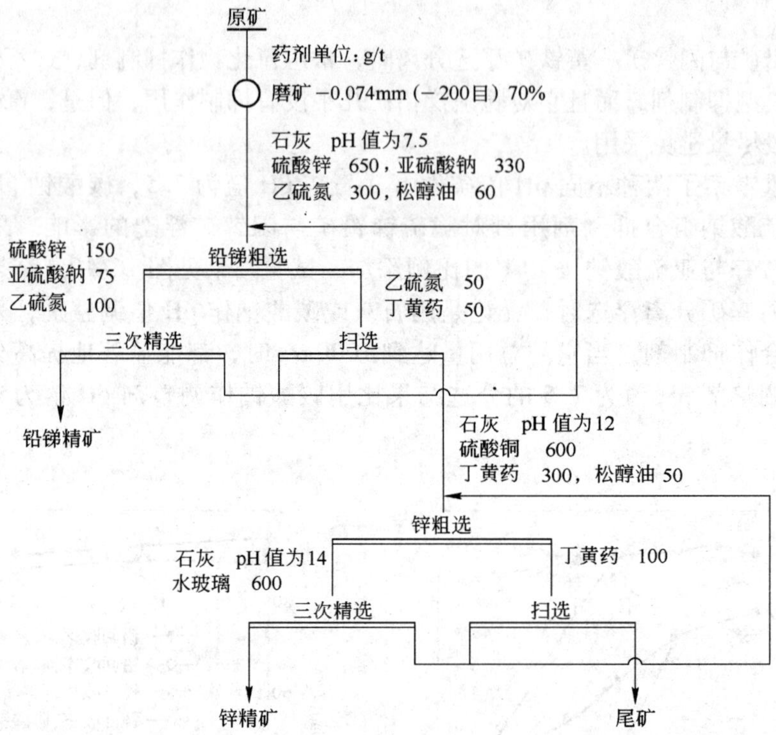

图 16-11　芙蓉选厂锑铅锌矿石浮选工艺流程

表 16-2　芙蓉选厂的选矿指标

矿石类型	产品名称	产率/%	品位/%			回收率/%		
			Pb	Sb	Zn	Pb	Sb	Zn
1号	铅锑精矿	19.21	33.61	29.59	2.76	94.63	88.73	4.72
	锌精矿	17.56	0.43	0.78	57.63	1.11	1.89	90.10
	尾矿	63.23	0.46	0.95	0.92	4.26	9.38	6.18
	原矿	100.0	6.82	6.41	11.23	100.0	100.0	100.0
2号	铅锑精矿	18.32	33.58	17.89	3.06	94.55	84.36	7.26
	锌精矿	11.41	0.46	0.77	58.30	0.81	2.29	86.10
	尾矿	70.27	0.43	0.73	0.73	4.64	13.35	6.64
	原矿	100.0	6.51	3.84	7.73	100.0	100.0	100.0

16.1.2.2　湿法分离锑铅

采用氯化浸出法，对铅锑精矿进行锑、铅分离并制取锑白（Sb_2O_3）和红丹（Pb_3O_4）试验，该工艺的原则流程见图 16-12。

A　制取锑白

首先在酸性介质中，加入液氯，同时加温，铅锑精矿中的脆硫锑铅矿和辉锑矿均被氧化，反应式如下：

$$Sb_2S_3 + 3Cl_2 \xlongequal{} 2SbCl_3 + 3S$$

$$Pb_4FeSb_6S_{14} + 14Cl_2 \xlongequal{\quad} 4PbCl_2 + 6\ SbCl_3 + FeCl_2 + 14S$$

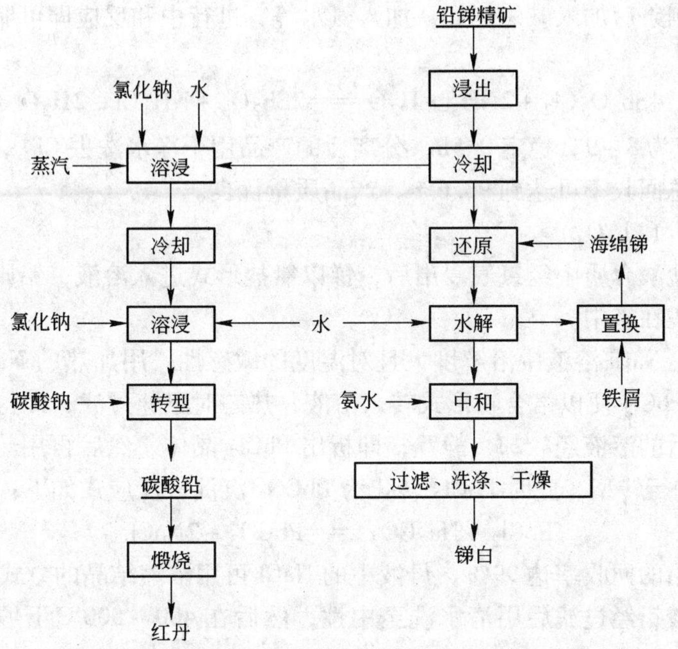

图 16-12 氯化浸出法生产锑白和红丹的原则流程

当氯气过量时，$SbCl_3$ 和 $FeCl_2$ 进一步氧化，反应式为：

$$SbCl_3 + Cl_2 \xlongequal{\quad} SbCl_5$$

$$FeCl_2 + Cl_2 \xlongequal{\quad} 2FeCl_3$$

锑、铅的浸出率主要取决于氯气用量、酸度及温度。试验结果表明，在氯气用量为105%（过量5%）、酸度3N、温度100～105℃、浸出时间2h、液固比为1∶6的条件下，锑、铅的浸出率分别为96%和99%。在确定浸出条件时，既应考虑需取得高的浸出率，同时又要有利于锑、铅的分离，后者主要通过控制氯气浓度及温度实现。研究结果表明，在上述条件下，当 Cl^- 浓度为110～130g/L时，对Sb的质量分数为28%、Pb的质量分数为32%的锑铅精矿，浸出后冷却过滤，浸出液中铅的含量仅为锑的1/150～1/100，$PbCl_2$ 绝大部分留在渣中，而锑几乎全部进入溶液，基本上可解决锑、铅分离问题。

在浸出液中可加入一定量的海绵锑还原 Sb^{5+} 和 Fe^{3+}：

$$2Sb + 3Sb^{5+} \xlongequal{\quad} 5Sb^{3+}$$

$$Sb + 3Fe^{3+} \xlongequal{\quad} 3Fe^{2+} + Sb^{3+}$$

当溶液中 Sb^{5+} 为0时，还原作业结束。作为还原剂的海绵锑是从水解母液中用铁屑置换而得到的。海绵锑的加入量为理论量的2～3倍，还原时间约为1h。

利用 Sb^{3+} 的强水解性能，通过加水水解，使溶液中的 Sb^{3+} 转换成固态3价锑氧化物，而杂质离子仍留在溶液中，从而达到锑与杂质的分离。水解反应式为：

$$4SbCl_3 + 5H_2O \xlongequal{\quad} Sb_4O_5Cl_2 \downarrow + 10HCl$$

锑的水解沉淀率、锑与其他杂质的分离程度，主要受水解加水量的影响。当水解母液中的 [H^+] 为0.5～0.6M时，锑的水解沉淀率达98%，与 Fe^{2+}、Pb^{2+}、As^{3+} 等的分离效果较好。

水解产物经制浆后加入碱，例如，加入氨水等，进行中和反应即可制得锑白，反应式为：

$$4Sb_4O_5Cl_2 + 2NH_3 \cdot H_2O \xlongequal{} 2Sb_2O_3 + NH_4Cl + 2H_2O$$

中和至 pH 值为 8 ~9，稳定 0.5h，分离后的产品用干净水洗去 Cl^-，然后烘干包装。

该工艺锑的总回收率可达到93.6%，产品质量优良。

B　制取红丹（Pb_3O_4）

锑铅精矿在盐酸介质中经氯气浸出后，锑以氯盐形式进入溶液，铅则以氯化铅的形式和银、硫一起富集在渣中。

利用 $PbCl_2$ 在 NaCl 溶液中溶解度大且对温度的敏感性，用加热的 NaCl 溶液溶浸上述浸出渣，渣中的 $PbCl_2$ 便以络合物形式转入溶液，热态时迅速过滤，即得到氯化铅溶液和硫、银渣。过滤后的溶液经冷却、静置，即析出 $PbCl_2$ 晶体，然后再用热 NaCl 溶液重溶，再加入 Na_2CO_3 进行转型，此时 $PbCl_2$ 转化为 $PbCO_3$ 沉淀，反应式如下：

$$PbCl_2 + Na_2CO_3 \xlongequal{} PbCO_3 + 2NaCl$$

转型过程中铅的回收率达99%，母液中的 NaCl 可用浓缩结晶的方式加以回收。

转型后的碳酸铅经过滤后用清水洗至中性，然后在 400 ~500℃下煅烧，即可得到红丹。

$$PbCO_3 \xlongequal{\triangle} PbO + CO_2$$

$$6PbO + O_2 \xlongequal{} 2Pb_3O_4$$

煅烧实质上是一个分解和氧化的过程，影响煅烧速度和质量的主要因素有温度、反应时间和料层厚度等。按上述方法制得的红丹，其质量可达国家一级标准。

16.1.3　锑铅精矿的火法处理工艺

我国广西等地蕴藏着大量锑、铅、锌、锡等共生的复杂多金属硫化矿，这类矿石一般不能通过选矿获得单独的锑精矿，而只能得到以脆硫锑铅矿为主的锑铅精矿，这类精矿的一般化学成分（质量分数）为：Pb 20% ~33%、Sb 15% ~27%、S 19% ~26%、Zn 5% ~9%，此外，还伴生少量的 Cu、Ag、Bi、Sn、As 等金属。

目前，脆硫锑铅精矿的火法处理工艺主要是：沸腾炉焙烧脱硫－鼓风炉还原熔炼－反射炉氧化吹炼再还原熔炼。即脆硫锑铅精矿经沸腾炉焙烧脱硫，焙砂配料二次烧结，而后经鼓风炉还原熔炼，产出铅锑合金；铅锑合金经反射炉氧化吹炼，得到锑氧粉和底铅，使铅锑分离；锑氧粉再经反射炉还原、精炼生产精锑；底铅经氟硅酸铅电解生产电铅，银被富集在阳极泥回收。根据具体情况，反射炉氧化吹炼－还原熔炼可能需要进行两次，即铅锑合金经第一次氧化吹炼－还原熔炼得到粗锑，粗锑再经第二次氧化吹炼－还原熔炼得到精锑。近年来，由于采用了高效除铅剂，一般不再需要进行第二次氧化吹炼－还原熔炼。

脆硫锑铅矿精矿的沸腾焙烧－鼓风炉还原－氧化吹炼再还原法，虽然解决了复杂锑铅精矿的利用问题，但该工艺尚存在返料多、流程长、锑铅分离不彻底，锑、铅及银的回收率较低等问题，导致了企业加工费高、利润低。此外，不少企业尚未能回收烟气中的 SO_2 和氧化砷而直接排放，给环境造成了污染。

针对上述问题，还研究了一些其他的火法冶炼处理方法，如苏打熔炼－直接还原法、还原造锍熔炼法、鼓风炉挥发熔炼法、选择性挥发分离锑铅法以及低温固硫直接还原法等。

16.1.3.1 沸腾焙烧－鼓风炉还原－氧化吹炼再还原法

采用沸腾焙烧－鼓风炉还原－氧化吹炼再还原法处理脆硫锑铅矿精矿的原则流程如图16-13和图16-14所示。

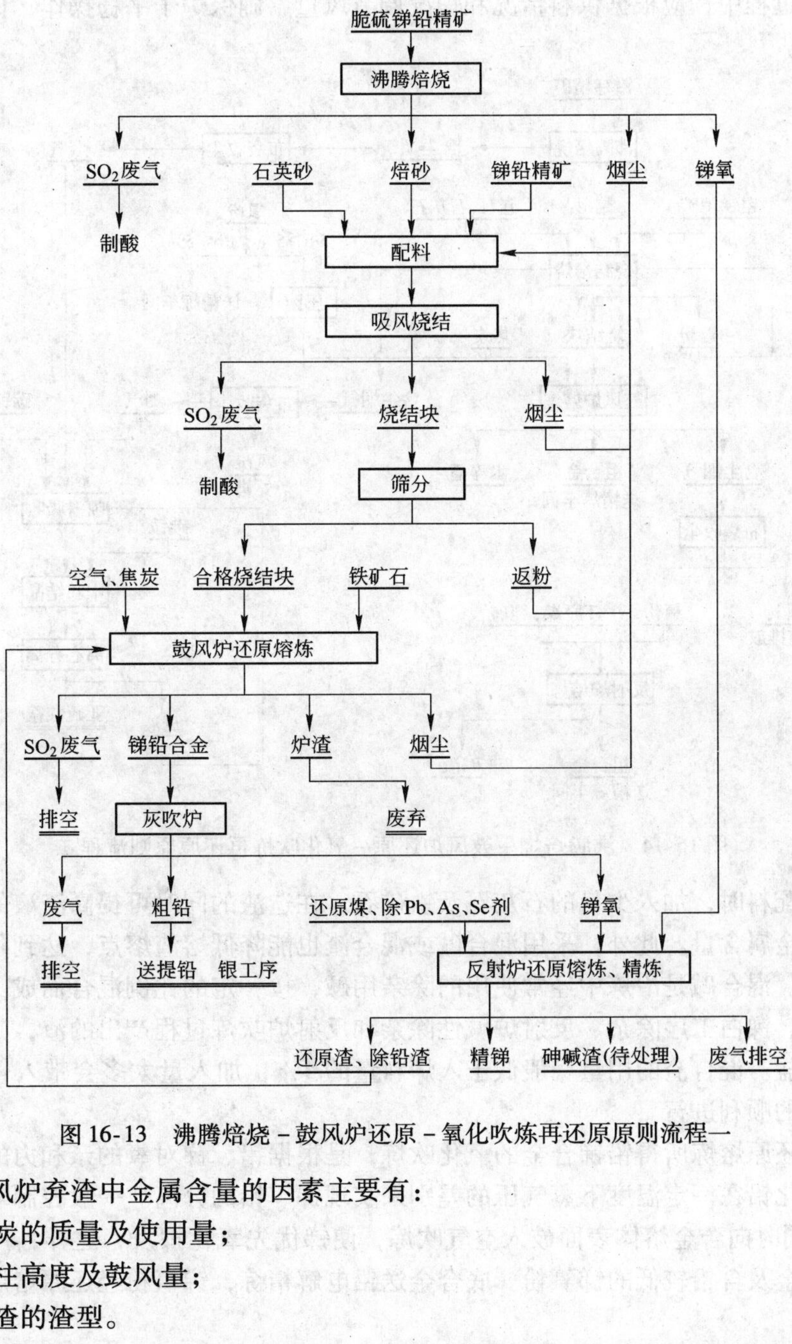

图16-13 沸腾焙烧－鼓风炉还原－氧化吹炼再还原原则流程一

影响鼓风炉弃渣中金属含量的因素主要有：

（1）焦炭的质量及使用量；

（2）料柱高度及鼓风量；

（3）炉渣的渣型。

焦炭的使用量也即在配料中的比例，应视焦炭的质量而定。对含固定碳在 78% 以下的焦炭，焦比（焦炭在配料中的比例）为 20% ~22%，而固定碳大于 78% 的焦炭，焦比为 17% ~19%。

料柱的高度一般视炉子情况及供料情况而定，在正常供料情况下，宜采用高料柱作业；在供料不足或炉况不正常的情况下，使用低料柱作业，但都要保证炉子料面不上大火。

在生产过程中，应根据供料情况和炉况调节风量，确保炉子平稳操作，保证弃渣金属含量的稳定。

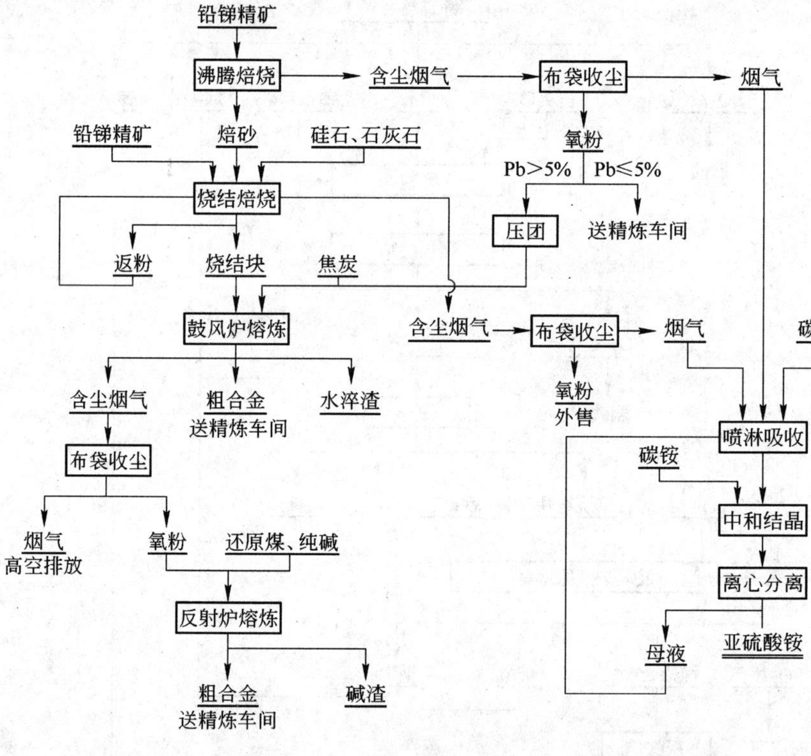

图 16-14　沸腾焙烧 - 鼓风炉还原 - 氧化吹炼再还原原则流程二

鼓风炉配料时，加入少量的石灰石及铁矿石，在造渣的同时可提高渣液的分离度，从而降低弃渣金属含量。此外，采用混合碱或混合渣也能降低熔渣熔点，达到降低弃渣金属含量的目的。混合碱是冶炼中经常使用的除杂用碱，按一定的比例混合而成。混合渣为电解精炼除杂、锑白工序除杂、反射炉碱性除杂和反射炉吹炼过程产出的渣，其主要成分是碱性铅锑钠盐。混合渣的用量一般低于入炉料量的 4%，加入量太多会带入较多杂质，影响后续工序的顺利进行。

鼓风炉还原熔炼所得铅锑合金的氧化吹炼，是根据铅、锑对氧的亲和力的不同，以及氧化锑和氧化铅在一定温度下蒸气压的差别来实现锑、铅的分离。一般控制氧化吹炼温度为 800℃，同时向合金熔体表面鼓入空气吹炼，使锑优先氧化挥发，这样，可以获得含铅较高的底合金及含铅较低的锑氧粉。底合金送铅电解精炼，锑氧粉经还原熔炼、精炼除杂后制得精锑。

锑氧粉的还原熔炼、精炼除杂过程一般在同一反射炉内一次完成，采用两段脱砷、两段脱铅工艺，其原则流程见图16-15。

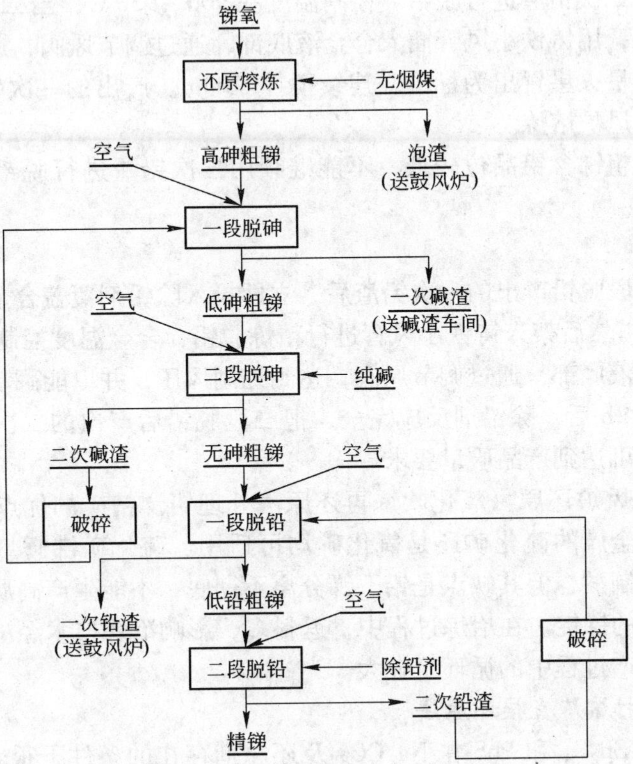

图16-15 锑氧粉的还原熔炼、精炼除杂原则流程

锑氧粉还原熔炼、精炼除杂的主要技术条件如下。

A 还原熔炼

熔炼温度大于1000℃，无烟煤粒度小于5mm，反射炉烟尘的粒度小于1mm。投料前，需将烟尘与无烟煤和纯碱按要求进行配料，配料比例为：烟尘:无烟煤:纯碱 = 100:8:3。无烟煤起还原剂作用，纯碱起助熔剂作用，还原时间一般为12~16h，当炉内渣液无气泡无黄色火苗时，开始扒出泡渣，一般泡渣含锑品位低于15%，为了减少锑金属的挥发，扒完泡渣后，要及时投入纯碱覆盖合金液面。

B 一段脱砷

一段脱砷主要用二次碱渣进行脱砷。先将碱渣破碎，再投入炉内熔化，控制温度在900℃以上，待加入的碱渣全部熔成液态，开始鼓入空气搅拌80min，用铸铁小风管插入合金液底部，通过调节风阀，达到控制风压，并以能翻动合金且有少量火星冒出为标准。一段脱砷产出的一次碱渣含砷高达10%以上，可以送到碱渣车间处理。

C 二段脱砷

二段脱砷用纯碱进行脱砷。控制合金温度在800~850℃，鼓入空气搅拌80min，用铸铁小风管插入合金液底部，通过调节风阀，达到控制风压，并以能翻动合金且有少量火星冒出为标准。二段脱砷产出的二次碱渣，砷含量较低，可以回收再利用，即破碎后用于一段脱砷精炼。

D　一段脱铅

一段脱铅采用二次铅渣进行脱铅。控制温度在900~950℃，当二次铅渣完全熔化后，开始鼓入空气搅拌，用铸铁小风管插入合金液底部，通过调节风阀，达到控制风压，并以能翻动合金且有少量火星冒出为标准，连续搅拌80min。产出的一次铅渣含Sb、Pb品位较高，可以送到鼓风炉熔炼。

一段脱铅后，粗锑含铅品位较低，不能继续用二次铅渣进行脱铅，需要用除铅剂脱铅，提高脱铅效果。

E　二段脱铅

当全部扒出一段脱铅产出的一次铅渣后，立即投入除铅剂覆盖合金液面，将炉内温度升高到900℃以上，然后架入铸铁小风管进行精炼脱铅，合金温度控制在850~900℃，铸铁小风管插入合金液底部，通过调节风阀，达到控制风压，并以能翻动合金且有少量火星冒出为标准。搅拌2h后，除铅剂反应完全，把二段脱铅后产出的二次铅渣扒出。二段脱铅后，精锑的质量可达到产品质量要求。

沸腾焙烧－鼓风炉还原－氧化吹炼再还原法处理铅锑精矿的优点是对原料的适应性强，无论原料是多金属的硫化矿还是氧化矿均可适用。硫化矿沸腾焙烧获得的烟气SO_2浓度较高，有利于制酸，但其缺点是铅、锑分离不彻底，不能生产高质量精锑，一般只能生产国标Sb99.65的锑锭。在冶炼过程中，返料多，影响冶炼技术经济指标，特别是锑的直收率低，锑在生产过程中的循环量较大。

16.1.3.2　苏打熔炼直接还原法

该法的基础是Sb_2S_3和PbS在Na_2CO_3及还原剂存在的条件下很容易被还原成金属，而其他硫化物则较难还原。苏打熔炼直接还原法可能发生的主要反应为：

$$Na_2CO_3 + C = Na_2O + 2CO$$

$$2Sb_2S_3 + 6Na_2O + 3C = 4Sb + 6Na_2S + 3CO_2$$

$$2Sb_2S_3 + 6Na_2CO_3 + 3C = 4Sb + 6Na_2S + 9CO_2$$

$$PbS + Na_2CO_3 + 2C = Pb + Na_2S + 3CO$$

$$2PbS + 2Na_2CO_3 + O_2 = 2Pb + Na_2S + Na_2SO_4 + 2CO_2$$

$$2PbS + 2Na_2O + O_2 = 2Pb + Na_2S + Na_2SO_4$$

在1000℃以上的温度时，硫化物中的铅和锑能较彻底地析出，此外，Pb与Sb在液态下能互相溶解，可促进PbS与Sb_2S_3的还原，液态铅对银的溶解也有利于银的回收。

精矿中，Zn、Fe、Cu等金属的硫化物及氧化物比较稳定，在冶炼时以化合物形态与反应形成的Na_2S和Na_2O互溶而形成碱渣。Na_2S及Na_2SO_4的存在有利于降低碱渣的熔点和熔炼温度。

昆明理工大学曾对某脆硫锑铅矿精矿进行了苏打熔炼直接还原试验，该精矿的主要成分（质量分数）为：Pb 26%、Sb 18%、Zn 6%、Fe 7.2%、Sn 0.64%、Ag 0.12%、SiO_2 6.5%。PbS和Sb_2S_3占精矿质量的54.8%。

主要熔炼试验条件如下：

苏打用量（相对于精矿质量）：50%、60%、70%、80%；

木炭用量（相对于精矿质量）：3%、5%、10%；

保温时间：30min、60min、90min；

主要试验结果见表16-3、表16-4及表16-5。

熔炼试验结果表明，在1100℃时，脆硫锑铅矿的还原较彻底，碱渣与粗金属的分离良好，粗金属的纯度较高。适宜的还原熔炼条件为：苏打用量为精矿质量的60%～70%，木炭用量为精矿质量的3%～5%。

碱渣中的 Na_2S 易溶于水，用热水浸出时可回收其中的 Na_2S。

表16-3 熔炼条件与粗金属产出率的关系

编号	配料/g		熔炼条件		粗金属		碱 渣	
	苏打	木炭	温度/℃	时间/min	质量/g	产出率/%	质量/g	产出率/%
1	70	3	1100	30	39.75	91.4	86.30	49.9
2	60	3	1100	30	41.00	94.3	76.00	46.6
3	70	5	1100	60	41.00	94.3	83.30	49.0
4	60	5	1100	60	33.60	77.1	85.95	52.1
5	70	10	1200	90	26.00	57.5	97.65	54.3
6	70	5	1100	60	40.25	92.5	90.95	52.0

注：上表数据以100g精矿为基础。

表16-4 熔炼产品的成分

编号	粗金属成分（质量分数）/%								碱渣成分（质量分数）/%							
	Pb	Sb	Zn	Sn	Cu	Fe	As	Ag	Pb	Sb	Zn	Sn	Fe	As	Na	S
2	58.1	40.0	0.04	0.36	0.12	0.077	—	0.34	2.4	2.4	5.5	0.31	—	—	15.6	11.3
3	58.5	39.7	—	—	0.13	0.17	0.08	0.26	1.8	1.7	—	0.31	5.9	0.26	22.1	17.7

表16-5 熔炼时炉料中所含元素的分布

编号	元素在粗金属中的分布（质量分数）/%								元素在碱渣中的分布（质量分数）/%							
	Pb	Sb	Zn	Sn	Cu	Fe	As	Ag	Pb	Sb	Zn	Sn	Fe	As	Na	S
2	92.3	92.8	0.25	22	7.3	0.44		~90	7.1	10.3	64.5	60.0			45.6	41.3
3	92.9	92.1			7.9	0.97	3.8	88.8	5.8	8.0		66.5	68.3	67	45.0	70.8

注：上表中Sb的分布率之和大于100%，系由取样或分析误差所致。

苏打熔炼直接还原法的主要缺点是苏打消耗量太大，此外，硫的入渣率不是很高，有相当数量的硫进入烟气。

16.1.3.3 还原造锍熔炼法

还原造锍熔炼法类似于采用铁屑作置换剂的沉淀熔炼法，其特点是采用廉价的黄铁矿烧渣作为造锍剂，并在强还原性气氛下进行造锍熔炼，使铅、锑进入合金或粗金属，硫则进入铁锍（主要为FeS及少量的硫化钠和MeS）。黄铁矿烧渣还起着固硫剂的作用，使锑铅精矿中的硫进入铁锍，避免了常规火法冶炼中 SO_2 的危害；采用黄铁矿烧渣作固硫剂还能回收其中的金、银等贵金属。

还原造锍熔炼的原则流程如图16-16所示。添加剂（纯碱和无水芒硝）、还原煤、造锍剂（黄铁矿烧渣）和精矿一起，磨碎混合均匀，然后投入熔炼炉内，在高温下进行还原造锍熔炼，反应结束后，得到粗金属、烟尘、炉渣及铁锍。烟尘返回熔炼，炉渣弃去堆存。铁锍经水浸回收硫化钠后，有两种处理方法，第一种是经湿氧化处理将 FeS 转换为氧化铁和硫黄，然后浮选分离，获得硫黄精矿及氧化铁渣，氧化铁渣再作为固硫剂返回熔炼；第二种方法是直接焙烧，烟气制酸，烧渣返回熔炼。这样，在铁锍中分散的金属，如 Pb、Ag 等，能够得到充分回收。

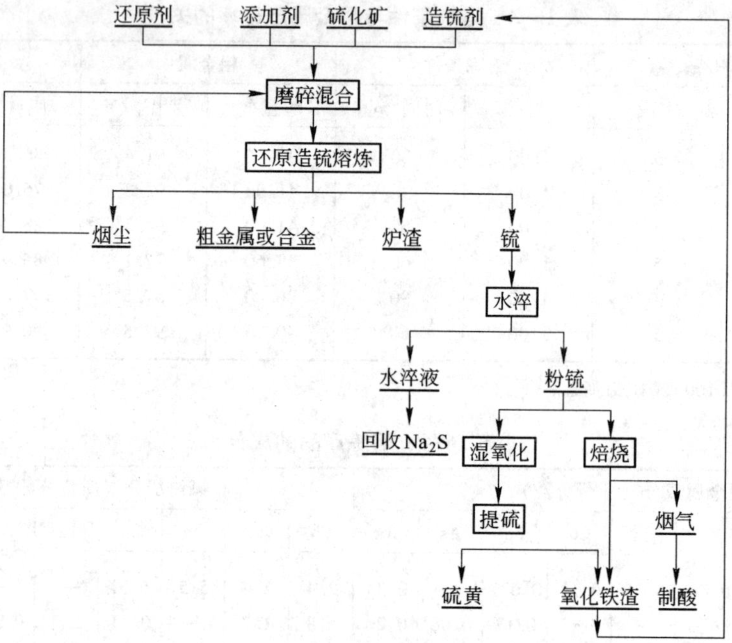

图 16-16 还原造锍熔炼原则流程

还原造锍熔炼所用的添加剂也可用锑酸钠渣或砷碱渣代替。砷碱渣为粗锑碱性精炼除砷过程中所产出的含砷锑废渣。锑酸钠渣是水浸砷碱渣所得的产物。锑酸钠渣含有少量砷及相应含量的与砷、锑结合的钠，由于在脆硫锑铅矿的还原造锍熔炼中需要添加一定量的碱，因此，可用锑酸钠渣来代替添加剂，这样既可以顺便回收锑酸钠渣中的锑，又可利用锑酸钠渣中的钠，从而节省添加剂，降低成本。

A 还原造锍熔炼的理论基础

锑铅精矿还原造锍熔炼的反应机理尚不完全十分清楚，一般认为，烧渣中的氧化铁首先被还原成氧化亚铁，然后氧化亚铁再与脆硫锑铅矿发生还原造锍反应，反应式为：

$$Fe_2O_3 + CO = 2FeO + CO_2$$

$$Pb_4Sb_6FeS_{14} + 13FeO + 13CO = 4Pb + 6Sb + 14FeS + 13CO_2$$

精矿及烧渣中的脉石成分与氧化亚铁反应，生成熔点较高，黏度较大的多元炉渣。此外，添加剂中的碱及锑酸钠等也能与脆硫锑铅矿发生下列反应，生成 Na_2S，降低炉渣及铁锍的熔点和黏度。

$$13Na_2CO_3 + Pb_4Sb_6FeS_{14} + 13CO = 4Pb + 6Sb + FeS + 13Na_2S + 26CO_2$$

$$26NaSb(OH)_2 + Pb_4Sb_6FeS_{14} + 26CO = 4Pb + 32Sb + FeS + 13Na_2S + 26CO_2 + 13H_2O$$

$$Na_2SO_4 + 2C \xlongequal{} Na_2S + 2CO_2$$

在熔炼过程中，一部分砷被氧化挥发进入烟尘，一部分被还原成元素砷后生成黄渣或进入铅锑合金中，反应式为：

$$26Na_3AsO_4 + 3Pb_4Sb_6FeS_{14} + 104CO \xlongequal{} 12Pb + 18Sb + 26As + 3FeS + 39Na_2S + 104CO_2$$

黄渣的生成与加入的铁量有关，铁加入量稍多，则生成 Sb - As - Fe - Pb 系黄渣，铁量加入少，则砷进入合金。

B　还原造锍熔炼试验

表 16-6　小型试验原料成分

原　料	含量（质量分数）/%							
	Sb	Pb	S	Fe	SiO_2	Ag	As	Na_2O
锑铅精矿 1	24.20	26.88	22.21	8.64	2.69	0.094		
锑铅精矿 2	26.27	29.68	22.99	8.56			0.48	
烧渣 1			2.87	52.8	2.28			
烧渣 2			3.44	52.05	5.08			
锑酸钠渣	32.64		1.36	2.37				12.01
砷碱渣	22.14						6.20	22.76

中南大学曾进行过锑铅精矿的还原造锍熔炼小型试验及半工业试验。小型试验使用的原料成分见表 16-6。

先采用苏打和无水芒硝作为添加剂进行小型熔炼试验，考查各因素对熔炼过程的影响。

试验发现，随着温度的升高，铅和锑的直收率逐渐降低，这主要是因为铅和锑都是易挥发的元素，温度越高，金属挥发就越多，因此，应尽可能在低温下进行熔炼，但熔炼过程中产生的少量铁 - 硅 - 钙三元渣熔点较高，在较低温度时，渣的黏度大，金属机械损失大，放渣困难，所以，应先在900℃左右完成反应，再升高温度到1200℃左右，使高熔点渣完全熔化并迅速放出。

当烧渣加入量为理论量的80%以上时，烧渣加入量对锑直收率的影响不大，锑的直收率较高，均在76%以上，但对铅直收率的影响较大。在烧渣加入量达到理论量时，铅的直收率最高，但仍在70%以下。这是因为，硫化锑的还原造锍熔炼反应比硫化铅的还原造锍反应容易进行得多，氧化亚铁首先与铅锑矿中的硫化锑进行还原造锍反应，在锑完全反应后，氧化亚铁才与铅锑矿中的硫化铅进行还原造锍反应。由于铁锍含铅高（大于5%），所以铅的损失较大。

添加剂用量试验结果表明，随着添加剂加入量的增加，铅和锑的直收率逐渐增加；对于锑而言，随着苏打加入量的增加，芒硝对锑直收率的影响逐渐减少；对于铅而言，添加剂用量越大，直收率越高。主要原因是铁锍中的铅含量与硫化钠含量密切有关，添加剂加入量大，则铁锍中硫化钠含量高、含铅低。考虑到苏打价格较贵，而芒硝在熔炼过程中发生强吸热的还原反应，加入量太大，会造成生产能力降低，因此，添加剂的用量不宜过多。

采用苏打和无水芒硝作添加剂时，适宜的原料配比为：精矿∶烧渣∶苏打∶无水芒硝∶还

原煤 = 100 ∶61 ∶10 ∶13 ∶15，熔炼条件是先在900℃下反应50min，再升温至1200℃并保温（共40min），在此条件下进行的还原造锍熔炼试验结果见表16-7和表16-8。

表16-7　还原造锍熔炼小型试验产物成分

产　物	Sb	Pb	S	Fe	SiO_2	Ag
合金（质量分数）/%	42.60	37.73	5.70	12.74		0.137
铁锍（质量分数）/%	1.03	4.95	24.46	38.53		0.031
炉渣（质量分数）/%	0.056	0.87	2.74	12.65	29.40	0.008

表16-8　还原造锍熔炼小型试验金属平衡

元素	加　入/%					产　出/%					
	锑铅矿	烧渣	芒硝	还原煤	合计	合金	铁锍	炉渣	烟尘	水洗液	合计
Pb	100				100	68.49	15.64	0.59	15.27		100
Sb	100				100	83.26	3.50	0.042	13.19		100
Fe	21.15	78.85			100	15.05	79.29	5.66			100
Ag	100				100	70.37	28.04	1.59			100
S	81.68	6.44	10.78	1.10	100	10.17	76.46	1.84	1.03	10.48	100

从表16-7和表16-8中可以看出，锑直收率较高，为83.26%，但铅的直收率较低，只有68.49%；铁锍中含锑较低，其质量分数为1.03%，但含铅较高，在5%左右，占总铅的15%左右；金属挥发损失较大，铅为15.27%，锑为13.19%；合金中铁和硫的含量较高，分别为12.74%和5.70%，需进一步精炼除铁和硫。根据产出物计算，固硫率为98.97%；银在熔炼中的直收率较低，仅为70%，约有30%的银分散在铁锍中，但烟尘可返回熔炼，铁锍回收硫后也可返回，这样，铅、锑、银的总回收率都将超过95%。

用锑酸钠渣可以代替添加剂纯碱和无水硫酸钠，熔炼试验取得了良好结果，铅和锑的直收率分别达到了78.24%和90.43%，随着锑酸钠用量的增加，铅和锑的直收率上升，这主要是因为，锑酸钠中含有较多的 Na_2O，降低了铁锍中铅和锑的含量。用砷碱渣作添加剂的熔炼效果较差，由于碱渣中含有大量的砷，在熔炼过程中，砷结合了大量的锑、铅和铁，形成了高熔点、高密度的黄渣，从而造成金属直收率的大幅度降低。

在试验室小型试验的基础上，采用 ϕ1.4m×2.0m 的短回转窑上，分别进行了锑酸钠渣和碱渣作添加剂的还原造锍熔炼半工业试验。

试验所用的原料成分见表16-9，试验取得了较好结果。铅和锑的直收率分别为63.50%及88.02%，固硫率在95%以上，在合适的烧渣加入量和铁锍及烟尘金属返回的情况下，铅和锑的总回收率分别可达98.20%及94.92%。熔炼中得到的铅锑合金质量较好，Pb + Sb 大于95%，可以用普通的合金处理工艺，生产精锑、电铅等产品。

半工业试验的结果表明：选用附设有机械自动加煤燃烧室的短回转窑作为熔炼设备，具有可用劣质煤作燃料、熔炼强度大、生产能力为反射炉的6倍以上等优点；炉料中砷和铁的含量是影响熔炼过程的最主要因素，砷和铁的含量增加，均会造成大量黄渣生成，金属直收率大大降低，因此必须控制合适的烧渣加入量；由于烟尘含砷超过15%，高的达23.9%，不能直接返回熔炼，因此烟尘脱砷及砷品制取是碱渣能否替代碱进行铅锑精矿固硫还原造锍熔炼的关键；此外，铅和银在铁锍中的分配比例较高，铅的质量分数约占总铅的15%，银为30%，如何经济有效地回收铁锍中的铅和银，是还原造锍熔炼工艺能否走向工业应用的重要影响因素。

表16-9 还原造锍熔炼半工业试验原料成分

原料	含量/%							
	Sb	Pb	S	Fe	SiO_2	Ag	As	Na_2O
锑铅精矿	25.59	28.39	22.63	8.13	0.53	0.085	0.48	
烧渣			2.87	52.8	2.28			
锑酸钠渣	32.64		1.36	2.37				12.01
砷碱渣	22.14						6.20	22.76

16.1.3.4 鼓风炉挥发熔炼法

该工艺以脆硫锑铅矿精矿为原料，用石灰作黏结剂，配入铁矿石、石灰石及锑反射炉泡渣、碱渣等，压制成团矿，在鼓风炉内进行挥发熔炼。

鼓风炉炉顶温度为800~900℃，如前所述，炉料一入炉就受到高温的作用，剧烈地进行干燥、脱水、离解、挥发、氧化、造渣等一系列物理化学变化。在熔炼温度为1350~1400℃的条件下，脆硫锑铅矿中的Sb_2S_3和PbS大部分从团矿中挥发出来，在炉气中被氧化成相应的氧化物Sb_2O_3和PbO，进入收尘系统，同时，产出锑铅合金、锑锍和炉渣。挥发熔炼过程发生的主要反应如下：

$$CaCO_3 = CaO + CO_2$$
$$2FeS_2 = 2FeS + S_2$$
$$4FeAsS = 4FeS + As_4$$
$$2FeS + 3O_2 = 2FeO + 2SO_2$$
$$2Sb_2S_3 + 9O_2 = 2Sb_2O_3 + 6SO_2$$
$$2PbS + 3O_2 = 2PbO + 2SO_2$$
$$S + O_2 = SO_2$$
$$C + O_2 = CO_2$$
$$2C + O_2 = 2CO$$
$$Sb_2S_3 + 2Sb_2O_3 = 6Sb + 3SO_2$$
$$PbS + 2PbO = 3Pb + SO_2$$

上述反应中，FeS的氧化反应进行得不很充分，是形成锑锍的主要成分，在生产中要尽量减少锑锍的形成。

湖南冶金职业技术学院曾对广西河池地区的脆硫锑铅矿精矿进行过鼓风炉挥发熔炼研究，并投入试生产。所使用的原料成分如表16-10所示。

表 16-10　挥发熔炼原料成分（质量分数）　（%）

原　料	Sb	Pb	S	SiO_2	FeO	CaO	As	Zn	Ag/ $g \cdot t^{-1}$
锑铅精矿	28.37	33.15	23.01	3.85	6.81	0.81	0.84	2.10	940
碱　渣	28.44	0.031			10.42				
铁矿石				13.72	62.43	8.970			
石灰石				0.98	2.13	48.22			
卵　石				67.82	10.30	11.20			

根据炉料的特点和鼓风炉挥发熔炼对炉渣的要求，选择的炉渣成分（质量分数）为 SiO_2 35%，FeO 30%，CaO 25%，其他成分约 10% 左右。据此计算出各种原料的配料比为：精矿∶泡碱渣∶卵石∶铁矿石∶石灰石 = 100∶7.5∶6.25∶5∶(20 ~ 25)，焦炭为普通冶金焦。

工业试生产中，鼓风炉床能力达到 26t/(m^2 · d)，渣含 Sb 小于 1.5%，含 Pb 小于 1%，含 Ag 小于 60g/t。熔炼产品的主要成分见表 16-11。

表 16-11　挥发熔炼产品成分（质量分数）　（%）

产　品	Sb	Pb	Ag/ $g \cdot t^{-1}$	SiO_2	FeO	CaO	As
炉　渣	1.23	0.49	39	36.24	31.21	28.34	1.08
锑　锍	12.48	22.74	2110				
锑铅合金	71.29	15.33	4108				
锑铅氧粉	29.87	37.28	392				

该工艺投入生产后，通过加强日常管理，严格配料，鼓风炉顺行、稳定，但在生产中应注意以下问题。

（1）采用高料柱操作时，在产出较多合金的同时，锑锍量也大，且合金质量不太好，含铁较高。将料柱降低，适当增大风量，锑锍和合金分开放出，并延长合金的放出时间，可取得较好的效果。锑锍采用鼓风炉单独处理；

（2）矿石中的 ZnS 没有被氧化，由于 ZnS 熔点高，易从熔体中析出，形成炉结。此外，料柱过高、过低都容易在炉缸形成炉结，所以应保持合适的料柱高度。在正常生产 2 ~ 3d后，进行洗炉 3 ~ 5 次，确保炉缸容积，保证正常生产。

鼓风炉挥发熔炼处理脆硫锑铅矿在工艺上是可行的。鼓风炉产出的锑铅合金和含铅锑氧粉在反射炉内经除砷、铁后，进行吹炼即可产出纯度为 99.50% 以上的商品锑氧粉。底铅经过电解可综合回收铅、锑、银。

16.1.3.5　*选择性挥发分离锑铅法*

脆硫锑铅矿的选择性挥发分离铅锑工艺是昆明理工大学发明的专利技术，其特点是不产出合金，只需一步处理就可直接产出铅精矿和锑精矿，实现锑和铅的有效分离，同时贵金属富集于铅精矿中。产出的铅精矿和锑精矿可用常规冶炼方法处理，得到金属。该工艺不消耗任何试剂，流程简单，生产成本低，金属综合回收率高。

该工艺的基本原理是基于在适宜的温度并有水蒸气存在的条件下，Sb_2S_3 和 PbS 具有显著的物理化学性质差别，利用水蒸气对 Sb_2S_3 的挥发所表现出来的特殊催化作用，使

Sb_2S_3 选择性地氧化挥发，PbS 则不被氧化而留在渣中，从而实现铅、锑的有效分离。

图 16-17 为脆硫锑铅矿选择性挥发分离铅锑工艺的原则流程图。脆硫锑铅矿精矿经备料制成 1 ~4mm 的球粒，干燥后入炉进行选择性挥发分离处理。控制温度和水蒸气分压，使锑主要以氧化物形态进入烟尘，铅则留在残渣中，收集烟尘和残渣分别得到锑精矿和铅精矿。铅精矿和锑精矿用传统方法进行冶炼。

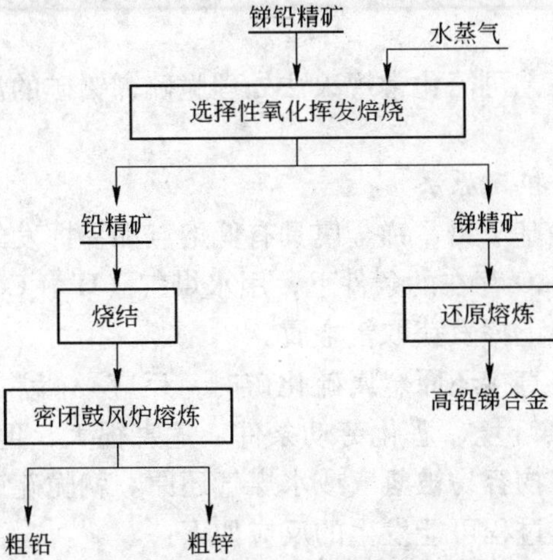

图 16-17 脆硫锑铅矿选择性挥发分离工艺原则流程图

曾在管式电炉内进行脆硫锑铅矿精矿的选择性挥发分离试验，试验所用原料的化学成分见表 16-12。试验考查了反应温度、反应时间等因素对锑铅分离的影响。

表 16-12 脆硫锑铅精矿化学成分

元 素	Sb	Pb	S	Zn	Bi	Fe	Cu	As	In	Cd	Ag	CaO	SiO_2	Al_2O_3	MgO
含 量（质量分数）/%	19.7	23.73	23.21	5.85	0.083	11	0.3	1.2	0.03	0.055	0.13	1.3	2.5	1.0	0.3

在选择性挥发分离试验中，主要技术条件的控制范围：温度 500 ~1000℃，水蒸气分压 0.02 ~0.1MPa，反应时间 2 ~4h。

反应温度是影响铅锑分离的重要因素，在 750℃之前，随着温度的升高，铅精矿（残渣）中铅的直收率虽略有下降，但烟尘中锑的直收率却显著提高，即此时提高反应温度，有利于促进铅、锑分离；在 800℃之后，虽然随着温度的升高，锑的直收率有所升高，但此时铅的挥发迅速增加，铅精矿中铅的直收率明显降低；到 900℃时，铅由于大量挥发而使铅精矿中铅的直收率急剧下降，此时烟尘中铅含量明显增大，因此，为了获得较好的铅、锑分离效果，反应温度控制在 700 ~750℃较为适宜。

在挥发分离过程的初期，随着反应时间的延长，铅精矿中铅的直收率缓慢降低，而烟尘中锑的直收率则明显提高，说明延长反应时间可以提高脆硫锑铅矿的铅、锑分离效果。当反应时间达到 2.5h 后，继续延长反应时间，锑的直收率没有明显变化，而铅的直收率却降低很快，因此，反应时间宜控制在 2 ~2.5h。

原料的粒度小于 3mm 时，铅、锑分离效果与粒度大小的关系不大，但当粒度大于 4mm 时，随着粒度的增大，烟尘中锑的直收率明显降低，影响了铅、锑的分离效果，因而原料粒度宜控制在 1 ~4mm 之间。

试验产出的铅精矿铅的质量分数为 34.3% ~37.2%，锑的质量分数为 0.65% ~2.0%，铅的直收率达93%以上；烟尘（锑精矿）中锑的质量分数为57% ~71%，铅的质量分数为1.5% ~3.0%，锑的直收率达92%以上；其他有价元素基本上富集在铅精矿中，可综合回收。

根据 X 射线分析，锑精矿中的锑主要以三氧化二锑形态存在，因而可直接进行还原熔炼处理。

选择性挥发分离锑铅工艺可简化常规火法处理脆硫锑铅矿的流程，但该工艺距离工业化应用尚有一段距离。

16.1.3.6　低温固硫直接还原法

低温固硫直接还原法是基于铅、锑金属具有低熔点和易挥发的特征，因而对锑、铅精矿不经氧化处理，而在有 CaO 存在的条件下，用水煤气（H_2+CO）或氢气在较低温度下直接还原固硫，然后在高温下挥发获取粗金属。

在一般情况下，用氢气直接还原金属硫化矿时，反应平衡常数甚小，反应速率不大，并且有 H_2S 气体产出，污染环境、恶化劳动条件，危害很大，但有 CaO 存在时，在还原条件下，硫化铅和硫化锑矿物容易被氢气或水煤气还原。就脆硫锑铅矿来讲，其还原机理还不是十分清楚，还原固硫过程可能发生的反应如下：

$$Pb_4Sb_6FeS_{14}+14CaO+14H_2 \longrightarrow 4Pb+6Sb+Fe+14CaS+14H_2O$$

$$Pb_4Sb_6FeS_{14}+14CaO+7H_2+7CO \longrightarrow 4Pb+6Sb+Fe+14CaS+7H_2O+7CO_2$$

脆硫锑铅矿中的 Fe 也可能不参与还原反应：

$$Pb_4Sb_6FeS_{14}+13CaO+13H_2 \longrightarrow 4Pb+6Sb+FeS+13CaS+13H_2O$$

$$2Pb_4Sb_6FeS_{14}+26CaO+13H_2+13CO \longrightarrow 8Pb+12Sb+2FeS+26CaS+13H_2O+13CO_2$$

或者仅有部分 Fe 参与还原反应。由于铁的蒸气压很低，不易挥发出来，所以铁的还原与否不会影响到粗金属的质量。

昆明理工大学曾对某脆硫锑铅矿精矿进行低温固硫直接还原试验研究，锑铅精矿成分见表 16-13。

表 16-13　脆硫锑铅矿精矿成分

元　素	Pb	Sb	Zn	S	Fe	Bi	SiO	Sn	Ag
含量（质量分数）/%	24.88	17.20	9.66	25.88	9.90	0.30	3.50	微量	0.0028

试验时，先将锑铅精矿与 CaO 混合制成 3 ~5mm 的球粒，干燥后入炉处理。CaO 的用量可根据原料中的含硫量计算，并适当过量。

还原固硫过程中，控制反应温度 850 ~ 900℃，通入氢气进行还原固硫反应约 1.5 ~2h，接着升温至 1400℃左右，使还原过程中产出的金属铅和锑挥发，经冷凝收集得粗金属。挥发过程中仍通入氢气，挥发时间约 1.5h。为保证还原和挥发良好，须有足够的料柱横截面，料柱高度不宜太高。料柱横截面越大，还原越彻底，挥发效果也越好。

挥发温度试验表明，当温度低于 1300℃时，金属的挥发率较低，当温度提高到 1400℃时，锑和铅的挥发率大于 90%，银的挥发率在 80%以上。

试验时，分两段收集挥发出来的金属，第一段为细粉金属，第二段为粗粒金属。表

16-14 和表 16-15 列出了几组试验的结果。

表 16-14 还原挥发后的残渣成分及残渣产率（质量分数） （%）

序号	Pb	Sb	Zn	Ag	S	残渣产率
1	1.45	3.35	微	0.128	29.16	57.0
2	0.74	3.42	微	0.017	28.95	55.5
3	0.77	5.16	微	0.123		54.0
4	0.97	3.26	微	0.040		53.3
5	1.30	2.00	微	0.085	28.09	58.0
6	0.47	2.13	微	0.034		55.0

表 16-15 挥发产物合金成分（质量分数） （%）

序号	一段细粉金属				二段粗粒金属			
	Pb	Sb	Ag	Zn	Pb	Sb	Ag	Zn
1	47.95	19.13	0.301	9.21	64.12	34.59	0.174	1.19
2	19.04	20.79	0.0205	28.93	62.99	25.34	0.438	0.28
3					47.44	26.48	0.345	9.14
4	58.28	19.51	0.324	15.15	56.74	37.10	0.040	3.13
5	22.88	17.18	0.103	28.46	53.98	29.90	0.073	0.86
6	18.97	17.54	0.452	18.11	61.34	32.13	0.0045	2.53

该工艺流程简单，分段的连续过程可在同一设备中完成，可从精矿一步直接获取液态金属或合金，且有较高的金属回收率。挥发后的残渣，其成分主要是 CaS，将其转化成 $CaSO_4$ 后是一种较好的建材原料，此外，CaS 亦可转变成 CaO 循环使用，并可回收元素硫。

16.1.4 锑铅精矿的湿法处理工艺

锑铅精矿的湿法处理工艺主要包括硫化钠溶液浸出－隔膜电积法、酸性氯化浸出－干馏法、酸性氯化浸出－水解法、氟硅酸高铁浸出－电积法及矿浆电解法等。后两种方法在第 14 章已作过介绍，本节主要讨论前三种处理方法。

16.1.4.1 硫化钠溶液浸出－隔膜电积法

用硫化钠溶液作溶剂，浸出铅锑精矿时，精矿中的锑溶解生成硫代亚锑酸盐，而铅、锌、铜、镉、铟、铁等的硫化物及锡的氧化物不溶于硫化钠溶液，锡和砷的硫化物仅部分溶解，因此，对多金属铅锑精矿，用硫化钠溶液作溶剂有比较高的选择性。首先是能使锑溶解，铅及其他稀贵金属则留在浸渣中。如果控制好条件，一次作业就能将锑与铅分开，再予以回收。

电积提取金属锑是将浸出液（硫代亚锑酸盐溶液）中的锑沉积出来，而废电解液又返回用于浸矿。电积产出的阴极锑经洗涤（除去夹带的电解液）、烘干、精炼除砷后铸锭，即得商品锑。浸出渣一般铅的质量分数 32% ~35%，大都呈硫化物形态存在，实际上它是一种低品位铅精矿，可单独或配入富铅精矿采用常规炼铅法处理。

硫化钠溶液浸出－隔膜电积法处理锑铅精矿具有工艺简单、流程短、有利于实现机械化等优点，其原则流程见图16-18。

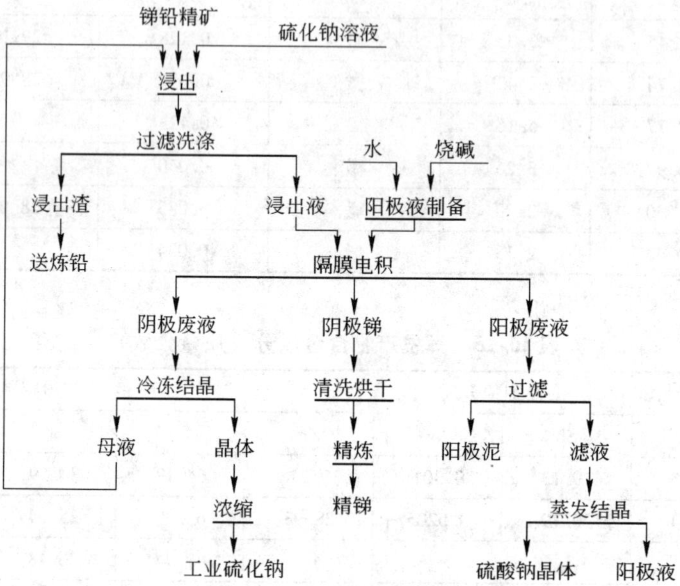

图16-18 锑铅精矿硫化钠浸出－电积工艺原则流程

锑的电积过程可用下面反应式表示：

$$2Na_3SbS_3 + 6NaOH \xlongequal{\quad} 2Sb + 6Na_2S + 3H_2O + 1.5O_2$$

由上述反应式可知，电积过程要消耗一定量的烧碱，并生成多于浸出过程所需的硫化钠，一般采用真空冷冻结晶法将增加的硫化钠从阴极废液中分离出来。

电积的阳极过程主要是氧的析出，部分硫离子会被氧化而生成一些盐类，如多硫化钠、亚硫酸钠、硫代硫酸钠、硫酸钠等。锑离子在阳极也会被氧化而形成溶解度比较低的盐或高价锑化合物。这些硫的氧化盐与高价锑，在阴极会发生还原反应，从而降低了电流效率、增加了电耗。为免除这些无益而耗电的氧化还原反应，采用隔膜电积槽把阳极区与阴极区分开，分别循环碱液（作阳极液）与浸出液（作阴极液）。

阴极过程析出锑、砷，由于极化作用，有不同程度的析氢现象。阳极废液中的硫酸钠会积累，影响电积正常作业，需要定期净化。净化时，分流部分阳极液，进行蒸发浓缩，结晶出以硫酸钠为主的混合钠盐，可制取硫化钠或作副产品。

广西冶金研究所曾进行了规模为日产金属锑20～25kg的半工业试验，取得了较好的指标。试验所用锑铅精矿的成分见表16-16。

表16-16 锑铅精矿化学成分（质量分数） （%）

元 素	Sb	Pb	S	Fe	Zn	As	Sn	Cu	Mn
含 量	18～20	25～29	21～26	7～13	5～9	0.5～1.5	0.6～0.8	0.2～0.4	0.2～0.4
元 素	Bi	Cd	In	Ag	CaO	MgO	Al_2O_3	SiO_2	C
含 量	0.12	0.06	0.025	0.1	0.5～2.0	0.2～0.4	0.7～1.2	4.5～5.7	3～4

用间接加热的机械搅拌桶浸出精矿，搅拌转速为600r/min，加热温度100℃ ±5℃，

浸出时间 1h；浸矿溶液含游离硫化钠 125g/L，浸出时固液比为 1:5，即每升溶液浸 200g 精矿；矿浆趁热过滤，并用 70℃以上的热水淋洗浸渣，洗水用量为矿浆容积的 15%，洗水与浸液合并送电积；浸出过程中，锑的浸出率达 93.87%，同时，锡的浸出率为 38.66 %，砷的浸出率为 24.59%，硫的浸出率为 32.40%。未发现铅的浸出，其他元素亦残留在浸出渣中。

电解槽由内衬硬聚氯乙烯的普通钢板制成，4 槽串联，每槽有 5 个阳极室，总容积约 20L，阴极室容积 120L；电极用 3 ~ 5mm 厚的碳素钢板制成，每槽阴极总面积 1.05m^2，阳极面积 0.336m^2，同极间距 125mm，电解液温度 50℃ ±10℃；采用两种阳极电流密度，第 1、2 槽为 900 ~ 1200A/m^2，第 3、4 槽为 450 ~ 750A/m^2；用工业细帆布或阳离子交换膜制阳极袋，浸出液加入阴极室，碱液加入阳极室，分别循环；控制阳极液含 NaOH 120g/L 左右，定时分批补充液碱；控制阴极液电解后含锑 10 ~ 12g/L；阳极液流速约 5h 更换一槽，阴极液流速约 4h 更换一槽；阴极废液送提取硫化钠或浸矿，阳极液经滤出阳极泥后，抽取部分结晶出硫酸钠，碱液返回使用；每隔 3 ~ 4d 剥取阴极锑一次。

电积的平均电流效率为 69.51%，平均槽电压为 2.90V，吨锑平均电耗（不计母线损失）2760kW · h（直流电）。吨锑碱耗，折成工业一级烧碱为 1.05t。锑的直收率计算到阴极锑为止，为 91.75%。

阴极锑的平均成分（质量分数）为：Sb 97.23%、As 0.83%、Sn 0.035%、S 0.107%、Fe 0.009%、Pb 0.005%、Cu 0.002%。

阴极废液中增生的硫化钠，采取真空冷冻结晶的办法使其析出。采用 0.59MPa（六个大气压）的蒸汽，带动三级串联的喷射泵，可达到 97.3 ~ 100kPa（730 ~ 750mmHg 柱）的真空度。阴极废液用泵在蒸发器与结晶器间不断循环，经 30 ~ 60min，溶液温度从 40℃ ±5℃降到 16 ~ 18℃，硫化钠呈 0.5 ~ 1mm 针状晶体析出，经过滤，从溶液中取出，母液与阴极废液配成适当成分返回浸矿。所得的硫化钠晶体含硫化钠 28% ~ 30%，需进一步加热浓缩、脱除结晶水，并除去部分硫酸钠或碳酸钠，至含硫化钠 63% 左右，用铁皮桶包装成工业硫化碱。用帆布隔膜电积时，硫化钠的产率为 500kg/tSb，用阳离子交换膜电积时，其产率则可达 600kg/tSb。

由于阳极过程的氧化，生成部分硫酸钠盐并在阳极液中积累，过饱和时会析出含水结晶物，它黏附于隔膜上增大了电阻，使槽电压上升，或堵塞管道，影响阳极液流通。为使电解顺行，当硫酸钠浓度达 40g/L 以上时，应定期抽取部分阳极液，进行蒸发浓缩。当 NaOH 浓度达 200g/L 时，硫酸钠便结晶析出，可采用真空蒸发进行浓缩，控制条件为：间接加热，温度 850℃，真空度 60kPa（450mmHg 柱），浓缩率 50%，则硫酸钠析出率为 78%。用帆布隔膜电积时，硫酸钠的生成量约为 175kg/tSb，用离子交换膜电积时，可以减少硫酸钠的产量。

半工业试验发现，锡离子能在阴极液中累积，且没有观察到不利影响，可考虑进行综合回收。阳离子交换膜的应用，可减少硫离子的氧化，从而提高硫化钠的产出率，但会出现阳极钝化、槽电压增高、电耗增大等问题。

20 世纪 80 年代，广西冶金研究所进一步就提高电积的电流效率进行了试验，采用异相阳离子交换膜作隔膜，钛板作阴极，普通钢板作阳极。试验结果表明：影响电流效率的主要因素有锑铅精矿的氧化程度、浸出液的氧化程度（包括 Sb^{5+} 生成数量）、浸出液组分

中 $Na_2S_2O_3$ 及 Na_2S_x 含量的高低等；浸出液中 NaOH 和 Na_2S 的含量对电流效率的影响不大，浸出液中的锑离子浓度大于 8g/L 时，电流效率的变化不大；锑铅精矿的存放时间越长，其氧化程度越高，其中的元素硫含量越高；浸出液中 $Na_2S_2O_3 + S^{\ominus}$ 的含量每增加 1g/L，电流效率降低 1.25%；当浸出液中无 $Na_2S_2O_3$ 及元素硫时，电流效率最高可达 96%；若要使电积过程的电流效率达到 70% 以上，必须控制锑铅精矿中元素硫含量在 0.7% 以下；当浸出液含锑在 50g/L 左右时，若要获得 75% 以上电流效率，浸出液中 $Na_2S_2O_3 + S^{\ominus}$ 的含量应控制在 12g/L 以下。

16.1.4.2　酸性氯化浸出 – 干馏法

酸性氯化浸出 – 干馏法所使用的氯化剂为三氯化铁或五氯化锑的盐酸溶液，由于五氯化锑不向体系中引入其他杂质金属离子，并且兼有三氯化铁和氯气氯化浸出的优点，所以用五氯化锑氧化浸出硫化锑原料的效果更好。

酸性氯化浸出 – 干馏的基本过程是先在酸性环境下氯化处理锑铅精矿，使其中的金属硫化物转化为氯化物和元素硫；浸出后的料浆可直接进行干馏，使 $SbCl_3$、$AsCl_3$、$SnCl_4$ 干馏出来，铅及其他金属留在渣中；干馏分离后的 $SbCl_3$ 液体经除砷、除锡后制取锑白，干馏渣再回收铅、银等有价金属。

料浆直接干馏时存在元素硫干扰的问题，且氯化剂的再生较复杂，为此，中南大学开发了一种新的氯化浸出 – 干馏法，该法采用五氯化锑的盐酸溶液作氯化剂，氯化浸出后，控制适宜的条件并利用 $PbCl_2$ 溶解度较低的特点，使铅、硫入渣，固液分离后的液体再经处理回收锑、砷、锌、铋及银并再生氯化剂，铅、银和硫则从浸出渣中回收。该工艺的原则流程见图 16-19。采用大厂脆硫锑铅矿精矿进行浸出试验，试验用精矿的化学成分见表 16-17。

表 16-17　大厂脆硫锑铅矿精矿成分（质量分数）　　（%）

元　素	Sb	Pb	S	Fe	Zn	As	Sn
含　量	14.22	24.18	22.96	12.41	10.98	1.18	0.58
元　素	Cu	Mn	Bi	Ag	CaO	SiO_2	C
含　量	0.45	0.14	0.62	0.185	0.49	4.80	3.33

五氯化锑浸出锑铅精矿的主要反应式如下：

$$Pb_4Sb_6FeS_{14} + 14SbCl_5 = 4PbCl_2 + FeCl_2 + 20SbCl_3 + 14S^{\ominus}$$

$$MeS + SbCl_5 = MeCl_2 + SbCl_3 + S^{\ominus}$$

浸出过程一般需要加热，锑铅精矿浸出时，其中的大部分金属以氯络阴离子形式进入溶液，浸出完毕后，通过控制 Cl^- 浓度及温度，可使铅以 $PbCl_2$ 的形式重新沉淀入渣。溶液中的银则通过加入沉银剂，如碘化钾、铁粉等，使其沉淀入渣。渣中的铅再用饱和食盐水进行二段浸出，二段浸出液再冷却结晶，可获得较纯净的 $PbCl_2$ 结晶。

新工艺的特点是氯化剂的再生较简单，只需从浸出液中分流一部分出来，通入氯气进行氧化处理即可。在实际生产过程中，由于浸出剂的循环使用，其成分会发生变化，最终达到稳定，试验推算出的工业用氯化剂的成分为：Sb^{5+} 122.94g/L，Fe^{3+} 52.30g/L，Zn^{2+} 95.56g/L，Cl^- 14N，H^+ 3.31N。人工配制这种成分的氯化剂进行浸出的试验证明，金属的浸出率虽有所下降，但仍保持较高的指标，在适宜条件下，锑、锌、银、铋的浸出率分别为：97.44%，92.59%，91.45%及98.95%。铅的两段浸出率达97.81%，硫的入渣率为84.31%。

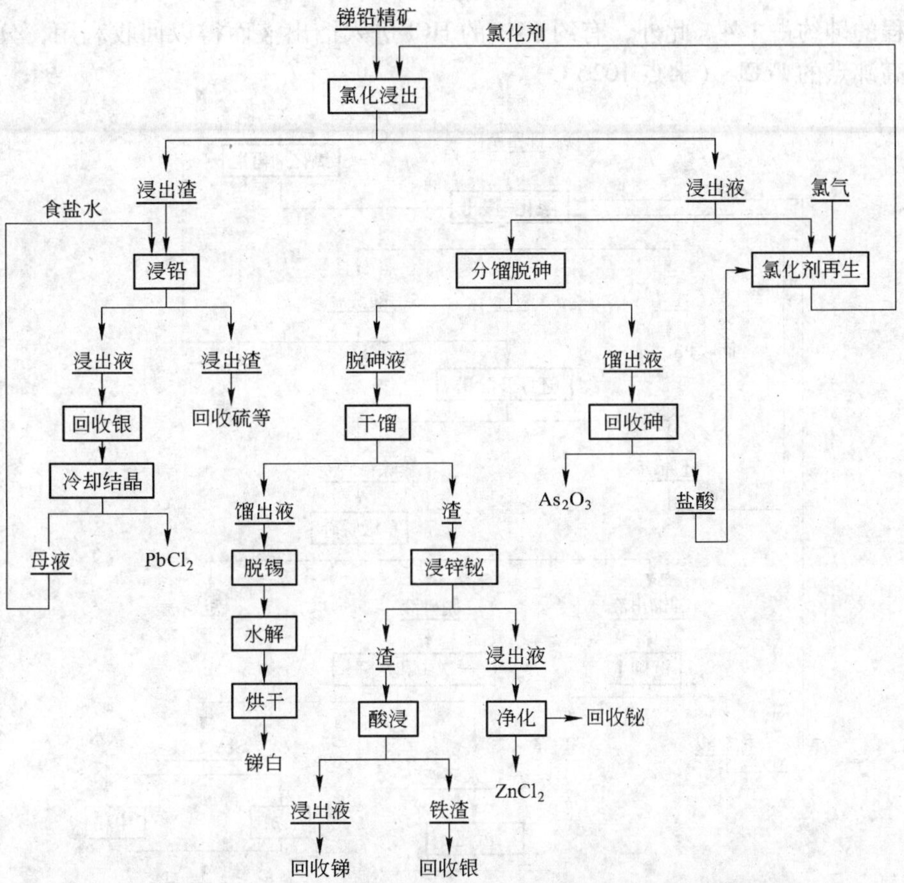

图16-19　五氯化锑浸出－干馏法处理锑铅精矿的原则流程

试验研究表明，用五氯化锑浸出时，体系的酸度对铅、锑浸出率的影响非常显著。酸度不够时，三氯化锑水解，其产物附着于脆硫锑铅矿的反应面上，阻碍氯化浸出过程的进行。锌在精矿中以独立矿物存在，在浸出的酸度条件下 $ZnCl_2$ 不会水解，所以酸度对锌的浸出率无影响。

16.1.4.3　酸性氯化浸出－水解法

该法同样采用五氯化锑的盐酸溶液作为氯化剂，其浸出液、浸出渣的处理及氯化剂的再生过程与图16-19的工艺基本相同，但在处理浸出液的方法上区别较大。

中南大学曾采用表16-17所示的锑铅精矿，进行酸性氯化浸出－水解扩大试验研究，试验规模为每次10kg精矿，试验的原则流程如图16-20所示。锑铅精矿经氯化浸出后，大部分铅金属入渣，对浸出液先进行还原处理，使其中的 Sb^{5+}、Sn^{4+} 和 Fe^{3+} 等高价金属离子还原，以利于后续的分馏和水解除杂。采用活性锑粉或海绵锑为还原剂，还原过程不加热，另外加入沉银剂和除铅剂使铅和银进一步入渣，还原渣返回氯化浸出工序。经过浸出和还原处理后，锑的浸出率在94%以上，铅、银及硫的入渣率大于90%。

$AsCl_3$ 的沸点比 $SbCl_3$ 低约90℃，其他金属氯化物，如 $SnCl_2$、$ZnCl_2$、$FeCl_2$、$MnCl_2$、$CdCl_2$ 及 $BiCl_3$ 等的沸点都比 $SbCl_3$ 高很多，故可用蒸馏法分离，砷馏出液的脱砷过程采用硫化法脱砷，使 $AsCl_3$ 转化为 As_2S_3 沉淀出来，砷的沉淀率为77.54%～83.73%，返回浸出过程的砷约占1/4。此外，有约64%的HCl进入馏出液而得以回收利用，分馏渣中，主要为高沸点的 $FeCl_2$（沸点1026℃）。

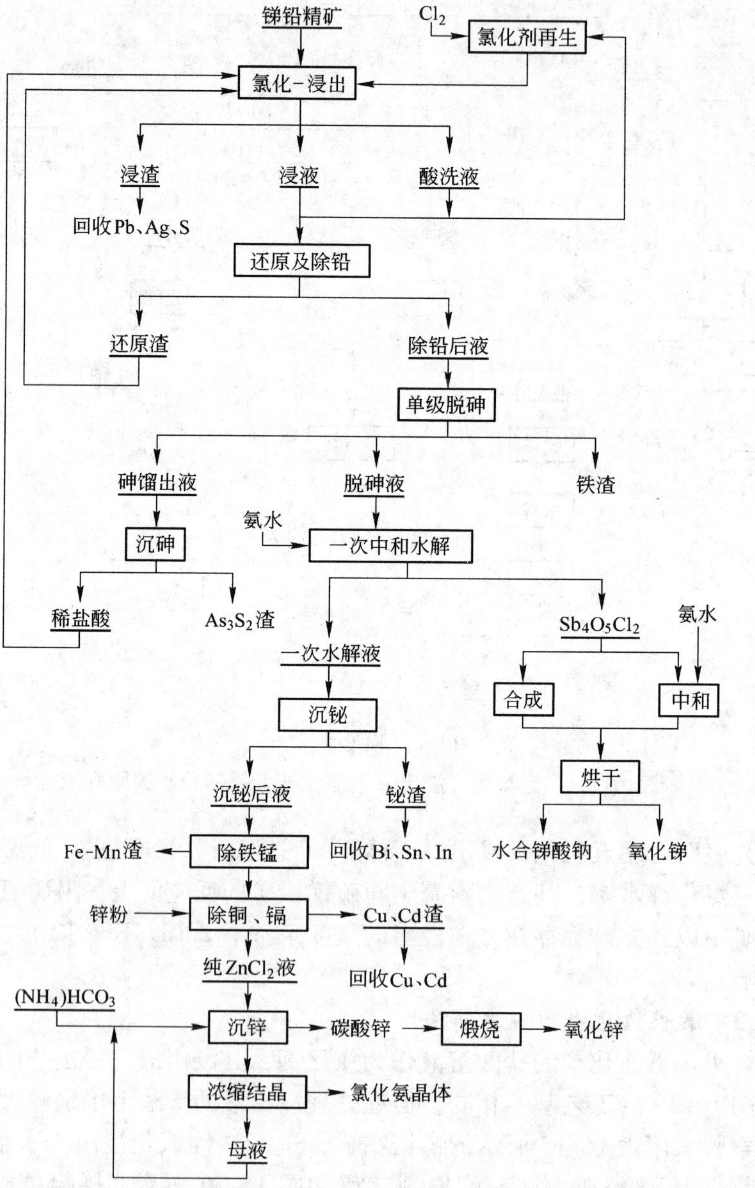

图16-20　酸性氯化浸出－水解法处理脆硫锑铅矿原则流程

脱砷后液采用氨水进行中和水解，使 $SbCl_3$ 水解生成氯氧锑（$Sb_4O_5Cl_2$）沉淀，其他金属如Bi、Sn、Zn、Cd、In、Cu、Fe、Mn等，绝大多数仍留在水解溶液中。$Sb_4O_5Cl_2$ 经进一步处理可制取氧化锑或水合锑酸钠，从脱砷液到氧化锑，锑的直收率高达98.28%。

水解后液经进一步处理，可回收各种有价金属，Bi、Sn、Zn、In、Cu 等金属的回收率大于98%。

试验结果表明：酸性氯化浸出－水解法能使精矿中的有价元素分离富集，解决了多年存在的铅－锑、锑－砷、锑－铋、锑－锡难分离的技术难题，实现了综合利用；有价元素的回收率均较高，锑、银、铅三种主要金属的总回收率分别达到了93.37%，97.36%和99.69%；可由极复杂的矿物原料直接制取市场所需要的化工产品，特别是锑、锌、铅、锡的深加工产品；有毒元素硫、砷等都以固态回收利用；流程为闭路循环，“三废”排放较少，有利于环境保护，但此工艺也存在着氧化锑的白度不高、需要耐腐蚀设备等缺点。

关于 $SbCl_3$ 的水解，除了可用氨水进行中和处理外，还可直接用水稀释水解，但稀释水解法会产生大量的低浓度酸性水解液，难以实现氯的返回利用，只有直接排放，造成污染环境，因而不宜采用。此外，还可以用苏打溶液对浸出液进行中和水解处理。

苏打中和处理法可实现氯的回收利用，避免环境污染。中南大学曾对表16－18所示的浸出液进行苏打中和水解试验研究，采用的工艺流程见图16-21。

表16-18　酸性氯化浸出液的主要成分

成　分	Sb^{3+}	Sb^{5+}	TFe	Pb^{2+}	Ag^{+}	Cl^{-}	SO_4^{2-}	Zn^{2+}
含量/$g \cdot L^{-1}$	239.84	21.0	75.78	1.95	0.64	424.55	41.15	31.03

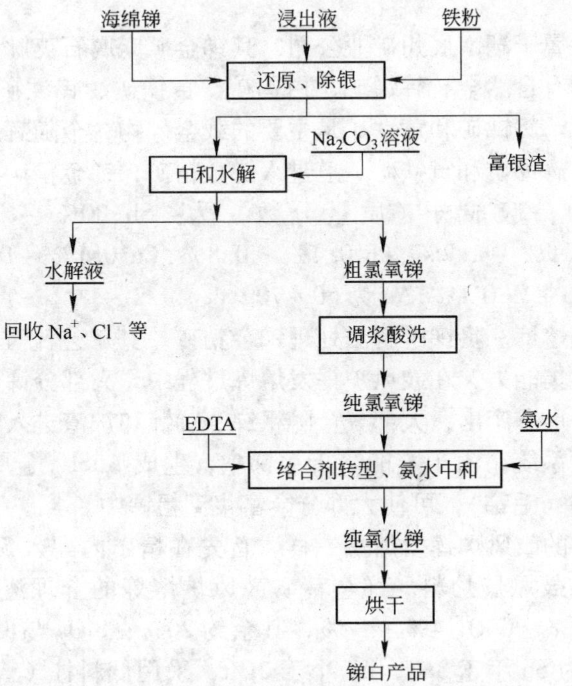

图16-21　酸性氯化浸出液的苏打中和水解法原则流程

用苏打中和水解法处理 $SbCl_3$ 浸出液，体系的酸度较低，但在该酸度下仍可分离其他金属离子，中和反应式如下：

$$4SbCl_3 + 5Na_2CO_3 = Sb_4O_5Cl_2 \downarrow + 10NaCl + 5CO_2$$

中和水解处理前，先向浸出液中加入海绵锑，以便还原其中的高价金属离子，同时加入铁粉除银。固液分离后，水解液中的氯化钠浓度为126.84g/L，为回收利用提供了良好的条件。水解所得粗氯氧锑按一定条件调浆酸洗、蒸馏水淋洗，纯氯氧锑用EDTA络合剂转型，氨水中和洗涤后制成锑白。络合剂的作用是使锑白主要以稳定的立方晶型存在，试验制取的锑白质量指标见表16-19。

表16-19　锑白的主要化学成分（质量分数）及白度

编　号	Sb_2O_3/%	As/%	Pb/%	Zn/%	白 度/%
1	99.70	0.053	0.0073	0.0012	94.8
2	99.29	0.048	0.0073	≤0.001	93.7

16.2　锑金（砷）硫化矿的处理

金锑共生矿资源在我国的湖南、江西、甘肃、青海、西藏、广西等地均有分布，尤其近年来，在我国西部地区新发现了不少矿床，这类矿石往往伴生有毒砂和黄铁矿，某些矿石的砷含量较低，矿石中的金主要与金属硫化物关系密切，多数呈微粒状嵌布于辉锑矿、黄铁矿及毒砂中。这类矿石大多无法单独采用选矿的办法使其中的锑、金彻底分离，一般需要采取选冶联合工艺加以处理。以下介绍我国的几种锑金（砷）矿的处理工艺。

16.2.1　湖南湘西金矿的处理工艺

湖南湘西金矿隶属于湖南辰州矿业公司，其锑金矿床属石英脉型含金、锑、钨的多金属矿。主要金属矿物有自然金、辉锑矿、白钨矿、黄铁矿、钨铁矿等，毒砂的含量较低；脉石矿物以石英为主。辉锑矿和黄铁矿是主要的载金矿物，金随辉锑矿与黄铁矿的富集而富集。选矿分离时，辉锑矿和黄铁矿一道进入锑金精矿，锑金精矿再经冶炼处理后回收锑和金。锑金精矿的一般成分（质量分数）为：Sb 30% ~ 35%，S 18% ~ 25%，Fe 12% ~14%，As 0.5% ~1.2%，Pb 0.4% ~0.8%，Cu 0.1% ~0.4%，Al_2O_3 4% ~6%，SiO_2 14% ~20%，CaO + MgO 1%，Au 为 60 ~70g/t。

采用鼓风炉挥发熔炼－贵锑电解法处理锑金精矿，其工艺流程见图16-22。该工艺基于锑对金有较好的捕集能力，在鼓风炉挥发熔炼过程中，大部分锑以锑氧粉形态挥发，少量以锑锍和金属锑的形态产出；大部分金随粗锑、锑锍和炉渣进入前床，而小部分金随氧化锑挥发，进入收尘系统。由于金能溶于粗锑中，生成 $AuSb_2$ 金属间化合物，所以在加热前床内加入阴极锑（毛锑），可使大部分金富集到粗锑中。

与一般硫化锑矿的鼓风炉挥发熔炼一样，首先在精矿内配入5% ~8%的消石灰并压成团矿，干燥后作为鼓风炉炉料。锑金精矿鼓风炉熔炼的合理渣型应控制 SiO_2 35% ~40%，FeO 25% ~28%，CaO 14% ~17%，其余约20%；SiO_2 与 CaO 质量比一般选取为2.4；渣中金属损失为 Sb 小于3%，Au 小于2g/t；采用低料柱（普遍在1m以下）操作，同时，焦耗较高，大于400kg/t 精矿，按炉料计，焦率约28%；炉顶出口烟气温度一般控制在850 ~1000℃。

生产中，鼓风炉通常每隔10 ~12min 进一批炉料，批次精矿量500 ~700kg、批次料层厚度约0.4m，因此挥发熔炼时，加料前最大料柱高度为0.3 ~0.6m，加料后最大料柱高度为0.7 ~1.0m。

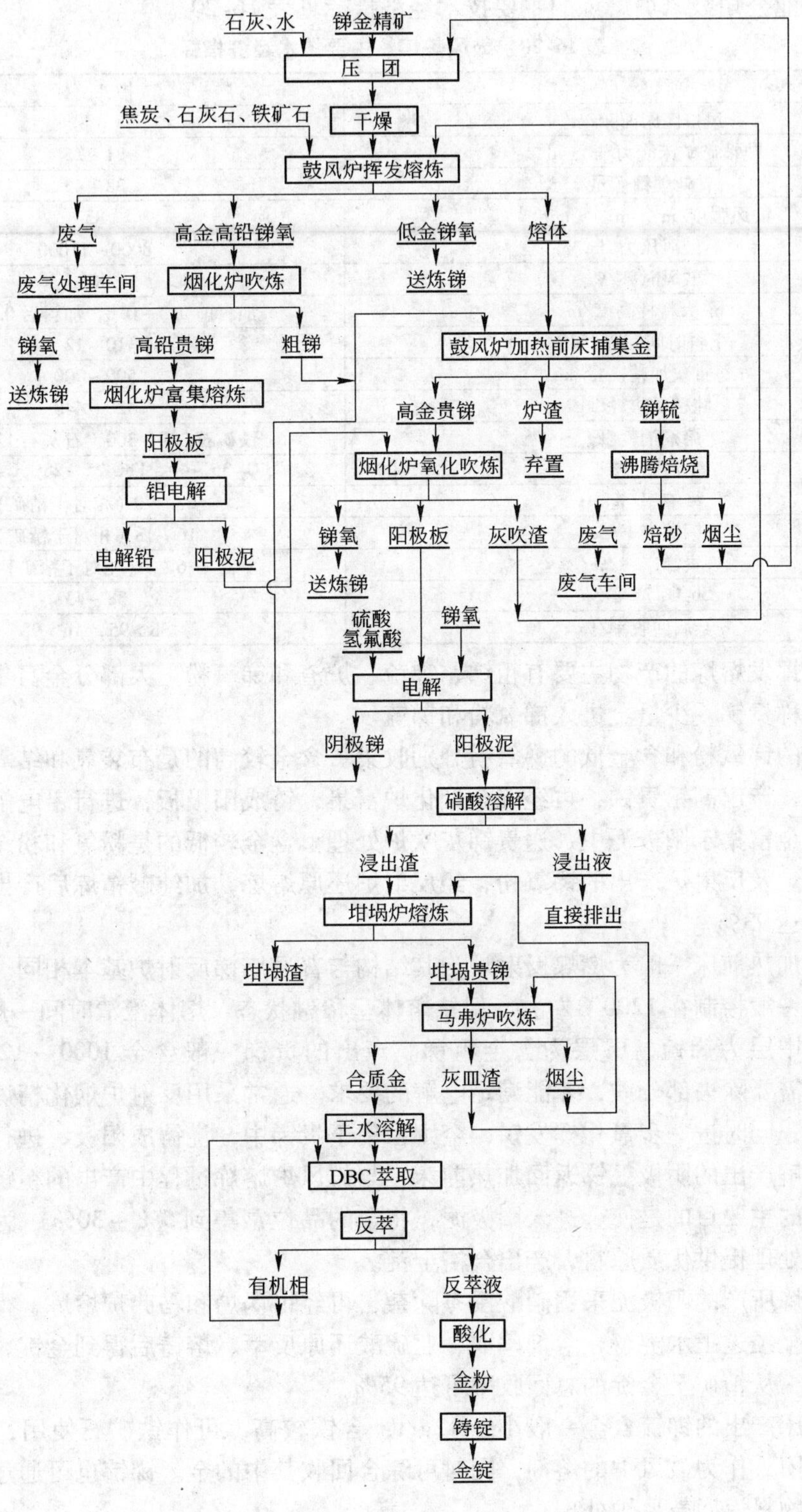

图16-22 鼓风炉挥发熔炼-贵锑电解原则流程

辰州矿业公司鼓风炉熔炼的主要技术经济指标见表16-20。

表16-20　鼓风炉熔炼主要技术经济指标

项　目	指　标
风口区床面积/m^2	1.8
吨精矿床能力/$m^2 \cdot d^{-1}$	21～25
日处理精矿量/t	38～45
鼓风强度/$m^3 \cdot m^{-2} \cdot min^{-1}$	85
鼓风压力/Pa	8000～11000
鼓风时率/%	83
最大料柱高度/m	加料前0.3～0.6，加料后0.7～1.0
下料时间间隔/min	10～12
每批次加精矿量/kg	500～700
吨精矿焦耗/kg	420～440
熔剂消耗/kg	铁矿石280～300，石灰石120～140
渣型/%	SiO_2 35～40，FeO 25～28，CaO 14～17
渣率/%	60～70（相对于精矿）
铜锍产率/%	16～18（相对于精矿）
贵锑产率/%	6～7（相对于精矿）
Sb_2O_3 产率/%	38～43
金属回收率/%	Sb＞95，Au＞98

鼓风炉挥发熔炼的产物主要有粗锑、锑锍、炉渣和锑氧粉。大部分金富集于前床内的粗锑中，俗称贵锑，少量金进入锑氧粉和锑锍。

含金高的锑氧粉和含金低的锑氧粉分别收集。含金较高的是布袋氧和结氧，先将其用烟化炉吹炼，产出高铅贵锑，再经炼金烟化炉富集，铸成阳极板，进行铅电解，得电解铅和阳极泥，金富集于阳极泥中，送贵锑灰吹炉处理。含金较低的是粉氧和粉结氧，连同烟化炉、马弗炉及反射炉产出的锑氧粉，经反射炉还原熔炼，加纯碱精炼后产出精锑，锑的总回收率可达93%。

鼓风炉加热前床一般为燃煤反射炉，其结构与普通炼锑反射炉基本相同。加热前床内的熔体温度一般控制在1200℃左右，保持熔体呈稀融状态，熔体澄清时间一般为16h，上层为弃渣，中层为锑锍，下层为含金粗锑。产出的贵锑一般含金1000～1200g/t，含铁20%左右，需要除去部分铁，才能满足电解的要求。通常采用反射炉烟化精炼，熔析除铁和氧化除铁，同时进一步氧化挥发锑，金则富集于贵锑中，浇铸成阳极，进行贵锑电解。

贵锑电解产出的阴极毛锑返回加热前床，与鼓风炉熔炼过程中产出的粗锑一起捕集贵金属。电解的主要目的是使金进入阳极泥，将金的品位富集到5%～30%，为下一步坩埚炉、马弗炉处理提供优质原料，产出合格金锭。

电解精炼所产的阳极泥采用硝酸浸煮除杂，再经坩埚炉和马弗炉熔炼，得到粗金银合金。金银合金经过王水溶解、溶剂萃取、亚硫酸还原反萃、熔铸后得到金锭，从王水不溶渣中回收银，从精矿至金锭的总回收率可达95%。

加热前床产出的锑锍含金一般小于12g/t，含铁较高，可作铁矿石使用，经沸腾焙烧后可返回制团，作为鼓风炉的熔剂，同时可综合回收其中的金。锑锍也可通过选矿方法富集，将含金物料返回鼓风炉处理。

近年来，由于进入鼓风炉的原料成分复杂，产出的贵锑中，Cu、Ni、Pb等的含量较高，导致吹炼时间长、能耗高；贵锑吹炼后产出的锑阳极板的杂质成分也相应增加，常造成贵锑难以从反射炉放出，而且铸造阳极板的合格率降低，大大增加了返回处理的金属量；由于阳极板中 Cu、Ni、Pb 杂质的含量过高，容易在电解过程中发生烧板、阳极钝化等现象，甚至使电解工序无法正常进行；坩埚炉熔炼和马弗炉吹炼两个工序也因 Cu、Ni 含量的增加而需延长吹炼过程，使能耗增加、返渣增多、金的直接回收率降低；此外，电解产出的阳极泥采用硝酸溶解，硝酸溶解过程会放出大量氮氧化物，使环境污染加剧，贱金属也得不到有效回收。

为了克服贵锑处理工艺的上述缺点，辰州矿业公司开发了贵锑选择性氯化提金工艺技术。该技术是金、锑分离技术的重要革新，其先进性在于它提供了一种能一次有效地脱除与回收锑、铜、镍、铅等杂质金属的方法，大大缩短了工艺流程，提高了回收率，且过程基本无污染。

贵锑选择性氯化提金工艺的原则流程见图 16-23。

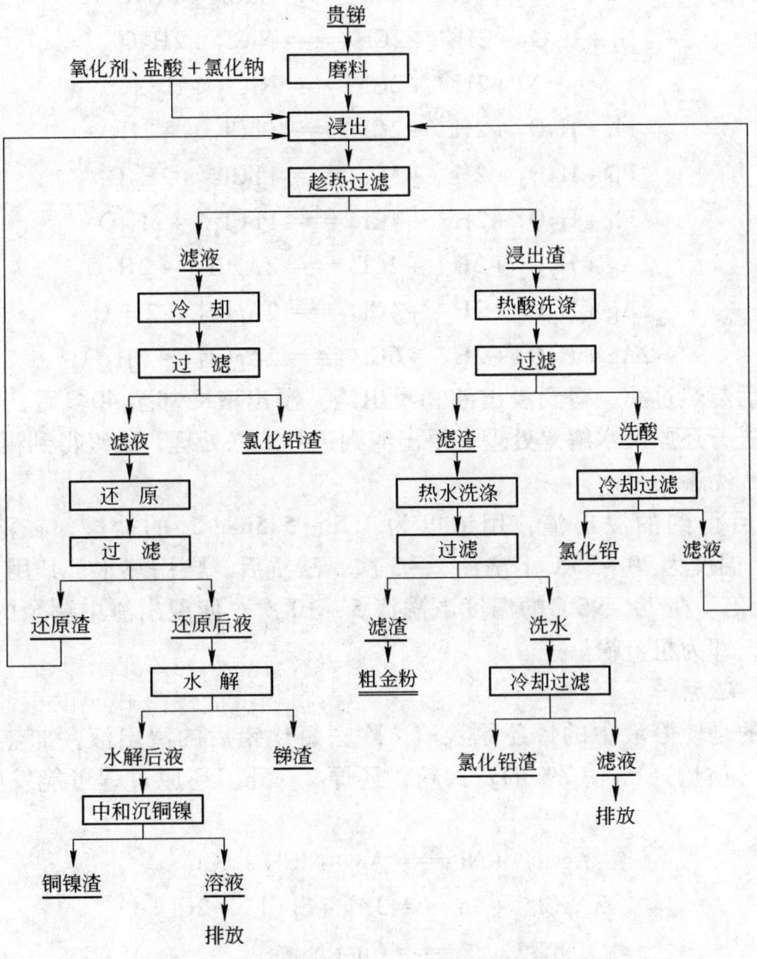

图 16-23 选择性氯化法处理贵锑的原则流程

选择性氯化法的基本过程：将贵锑粉末、盐酸、氯化钠按一定的配比混合，在一定温度下，控制溶液的电位，用过氧化氢进行氧化浸出，反应完毕后，在热态下滤去浸出液，滤渣用一定浓度的盐酸溶液和一定温度的水洗涤，得到富集了贵金属的粉末产品，浸出液和洗水经还原和水解回收其他有价金属。

16.2.1.1　浸出

将贵锑先破碎并磨成粒径为0.074～0.25mm的粉末，用盐酸和氯化钠溶液浆化。用铂电极为工作电极，饱和氯化钾甘汞电极为参比电极测定体系的电位，在控制体系的终点电位为200～450mV的条件下，加入过氧化氢。浸出温度为35～90℃，一般控制在60℃，盐酸浓度为1.5～5.5mol/L，氯化钠浓度为0～2mol/L，浸出液固质量比为（3～10）∶1，过氧化氢的用量根据电位来控制，一般为贵锑粉末质量的0.7～1.4倍，反应时间为2～6h。

浸出过程中发生的主要化学反应为：

$$2Sb + 3H_2O_2 + 6H^+ + 8Cl^- = 2SbCl_4^- + 6H_2O$$

$$Cu + H_2O_2 + 2H^+ + 2Cl^- = CuCl_2 + 2H_2O$$

$$Ni + H_2O_2 + 2H^+ + 2Cl^- = NiCl_2 + 2H_2O$$

$$Ni + 2H^+ + 2Cl^- = NiCl_2 + H_2$$

$$Pb + H_2O_2 + 2H^+ + 2Cl^- = PbCl_2\downarrow + 2H_2O$$

$$Pb + H_2O_2 + 2H^+ + 3Cl^+ = PbCl_3^- + 2H_2O$$

$$Pb + H_2O_2 + 2H^+ + 4Cl^- = PbCl_4^{2-} + 2H_2O$$

$$2Ag + H_2O_2 + 2H^+ + 2Cl^- = 2AgCl\downarrow + 2H_2O$$

$$2Ag + H_2O_2 + 2H^+ + 4Cl^- = 2AgCl_2^- + 2H_2O$$

$$2Ag + H_2O_2 + 2H^+ + 6Cl^- = 2AgCl_3^{2-} + 2H_2O$$

浸出完毕后趁热过滤，得到浸出液和浸出渣。浸出液冷却至40℃后，滤去析出的氯化铅渣，然后进行还原及水解等处理。浸出渣则进行洗涤处理，最终得到粗金粉。

16.2.1.2　洗涤

浸出反应后得到的浸出渣，用浓度为1.5～5.5mol/L的盐酸，在液固质量比为（2～10）∶1，温度为70～85℃下洗涤2～3次，酸洗后，再用热水，其用量为浸出渣质量的100～200倍，在70～95℃的温度下洗涤5～10次，使浸出渣中剩余的氯化铅溶解。洗涤渣烘干后，即为粗金粉。

16.2.1.3　还原

还原的目的是使溶液中的银还原入渣。除去氯化铅后的浸出液，加热至80℃左右，加入浸出液量（质量）1%～2%的贵锑粉，还原2～5h。还原过程可能发生的化学反应为：

$$AgCl_2^- + Ni = Ag + NiCl_2 + 2Cl^-$$

$$3AgCl_2^- + Sb = 3Ag + SbCl_4^- + 2Cl^-$$

$$Ni + Cu^{2+} = Cu + Ni^{2+}$$

$$2Sb + 3Cu^{2+} + 8Cl^- = 3Cu + 2SbCl_4^-$$

还原后，冷却至35℃左右，过滤。滤渣返回浸出，滤液进行水解处理。由于溶液中的氯离子浓度较高，银在其中的溶解度较大，还原沉银过程很难彻底进行，总有部分银损失在溶液中。

16.2.1.4 水解

经贵锑粉还原后的滤液，在常温下用 NH_4HCO_3、Na_2CO_3 或 NaOH 调节 pH 值至0～3之间，时间2～6h。溶液中的锑发生水解，主要化学反应式为：

$$4SbCl_4^- + 14NH_4HCO_3 + 4H^+ = Sb_4O_5Cl_2 + 14CO_2 + 14NH_4Cl + 9H_2O$$

$$4SbCl_4^- + 7Na_2CO_3 + 4H^+ = Sb_4O_5Cl_2 + 7CO_2 + 14NaCl + 2H_2O$$

$$4SbCl_4^- + 10NaOH = Sb_4O_5Cl_2 + 10NaCl + 4Cl^- + 5H_2O$$

水解分离锑后的溶液，再进行中和处理，回收其中的铜和镍。

贵锑粉经浸出、浸出渣酸洗、热水洗涤，可获得金品位在75%以上的粗金粉，金在粗金粉中的回收率大于99.95%。

选择性氯化浸出工艺适合于处理锑金精矿熔炼产出的贵锑，其成分（质量分数）范围为：Sb 30%～85%，Pb 15%～45%，Cu 8%～29%，Ni 0%～10%，Au 0.07%～3.5%，Ag 0.02%～0.08%，As 0.5%～5%，Fe 0.5%～2%。也适合于处理高锑铅电解产出的阳极泥。

16.2.2 甘肃鹿儿坝金锑矿

甘肃鹿儿坝金锑矿床是以岩金为主的中低温热液型锑金矿床。矿石主要由辉锑矿、黄铁矿等金属硫化物和方解石、石英、高岭石、绢云母等脉石矿物组成。已探明 C+D 级锑金矿石，金的平均品位为4.1g/t，锑的平均品位为0.53%。

针对该矿石进行了原矿全泥氰化、原矿焙烧－氰化和浮选－氯化浸出－焙烧－氰化等提取工艺研究。

16.2.2.1 原矿全泥氰化法

该工艺是将矿石磨至细度为 －1mm、－0.074mm（－200 目）、－0.043mm（－325 目），然后进行氰化浸出。对浸出矿浆中氰化钠和保护碱（石灰）的浓度、用量及氰化浸出时间等相关条件进行了反复试验，但由于矿石中的辉锑矿对金的氰化危害较大，金的最高浸出率仅达38.6%。

16.2.2.2 原矿焙烧－氰化法

先对原矿进行焙烧处理，使矿石产生孔隙和裂缝而有利于细粒金、分散金从中解离出来，也有利于包裹金暴露，同时除去矿石中妨碍氰化的元素。将矿石粉碎至 －1mm，分两段进行焙烧。第一段焙烧温度为550～600℃，时间1h；第二段焙烧温度为800℃，时间2h。经两段焙烧后，矿石中的硫几乎全部脱除，锑的脱除率为70.73%，再将焙砂磨细至 －0.043mm（－325 目），清水搅拌1h后进行常规氰化浸出。矿浆中，氰化钠质量分数为0.13%，每吨矿石氰化钠用量为4kg，搅拌浸出6h，金的浸出率为77.09%。

16.2.2.3 浮选－酸浸－焙烧－氰化法

先对原矿进行浮选，将矿石中的锑、金等有价元素富集到少量精矿中，抛弃大量尾矿，便于后续工艺处理，以降低生产成本。浮选的磨矿细度为 －0.074mm（－200 目），试验采用一次粗选、二次扫选、一次精选流程，按常规硫化矿浮选法回收锑、金。浮选获得产率16%的锑金精矿，精矿含金品位为23.56g/t，锑品位为2.094%，金的回收率为91.72%，锑的回收率为63.21%。

对浮选锑金精矿，进行较系统的氯化浸出提锑工艺试验研究。先将浮选所得精矿与清水按1∶2的比例进行调浆，加入氯化钠，加入量为每吨精矿8kg，搅拌1h后，通入氯气，其用量为每吨精矿约13kg，缓慢搅拌3h以上，以使氯化钠、氯气与精矿中的硫完全发生氧化还原反应，硫以单质的形式留在浸渣中，而锑则以离子的形式进入溶液。浸出过程能使精矿中89%的锑进入溶液中，而金保留在浸渣中，达到锑、金分离目的。从浸锑溶液中回收锑的方法有多种，如电解法、还原剂还原法、水解法等。考虑到该精矿锑含量低的特点，为降低回收锑的设备投资，采用铁粉还原法回收锑较为合理。

浸渣在750℃的焙烧炉中焙烧2h，脱硫并消除浸出剂的不利影响，将焙砂进行常规氰化浸出。每吨焙砂氰化钠用量为10kg，保护碱（石灰）为2kg，氰化矿浆中氰化钠质量分数为0.32%，搅拌氰化浸出6h，由活性炭5～7（级）吸附金，金的浸出率可达95%。

采用浮选－氯化浸出－焙烧－氰化浸出工艺提取该矿石中的锑、金，锑的总回收率为56.25%，金的总回收率为87.13%，回收效果较理想。

16.2.3 湖南龙山金锑矿的处理

龙山金锑矿的主要金属矿物有辉锑矿、黄铁矿、毒砂、自然金、褐铁矿及微量黄铜矿、闪锌矿、黝铜矿、脆硫锑铜矿、硫锑铁矿、锑华等。非金属矿物主要有石英、绢云母、白云石、绿泥石、长石及黏土矿物等。原矿毒砂含量较高，As的质量分数为0.4%。自然金呈不规则粒状、片状、树枝状产出，与金属硫化物的关系密切，多数呈微粒状被包裹于毒砂、黄铁矿及辉锑矿中。毒砂和黄铁矿中的包裹金约占63.5%，辉锑矿中的包裹金约占10.2%，其他矿物包裹金约占7.8%，单体裸露金约占18.5%。

由于原矿含泥量较大，金的嵌布粒度细，并包裹在其他矿物之中，很难用选矿方法使金与其他矿物完全分离。选矿过程一般仅产出锑金砷混合精矿，混合精矿中Sb的质量分数为30%左右、Au 45g/t左右、As的质量分数为4%～6%，精矿中的SiO_2较高，一般在20%以上。此外，手选块精矿的金品位更低，一般为8～16g/t，而SiO_2质量分数高达35%左右。

选矿产出的混合精矿和块精矿可采用鼓风炉挥发熔炼－贵锑电解的工艺处理，但由于精矿的金品位较低，而有害杂质砷及SiO_2等含量较高，给冶炼处理带来较大的困难，金的回收率较低。

根据矿石中金与辉锑矿的关系不太密切，而与毒砂和黄铁矿关系较密切的特点，在选矿加工过程中，可采用合适的工艺，产出高锑低金和高砷高金两种精矿，然后再采用适宜的冶炼工艺处理。

16.2.3.1 锑金砷混合精矿和块精矿的处理

锑金砷混合精矿和块精矿，采用鼓风炉挥发熔炼－贵锑电解工艺进行处理，生产工艺原则流程见图16-24。

鼓风炉熔炼，使精矿中的锑挥发生成Sb_2O_3，经表面冷却器，布袋收尘器收集，再经反射炉冶炼成精锑。锑氧粉含金一般为5g/t左右，金损失率10%左右。

鼓风炉熔炼过程采用低料柱、大风量操作，形成的粗锑量很少，金主要富集在锑锍和渣中，故在前床中加入部分粗锑，以便把其中的金最大限度地富集在贵锑中。贵锑中，一般含金300～400g/t，Sb质量分数为59%～89%、As质量分数为0.2%～0.89%、Fe质量分数为4.7%～34%，产出率为4%～8%。

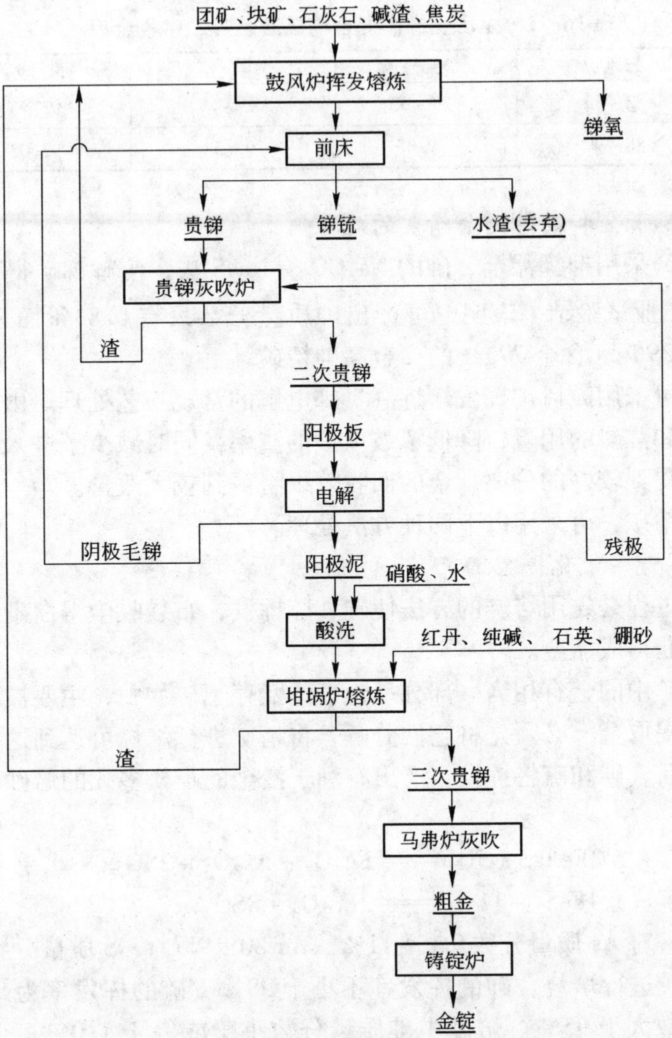

图 16-24 龙山金锑矿混合精矿冶炼工艺原则流程

锑锍的产出率为7%～10%，含金为3～5g/t。水淬渣含金一般为1.5～2g/t，锑质量分数为1%～2%。由于精矿中SiO_2含量高，熔炼时配入的熔剂量大，故渣量大，渣中损失的金约占入炉量的7%。锑锍和水淬渣含金较低，回收利用的难度较大，造成了金的损失。

一次贵锑经反射炉灰吹浓缩，除去大量杂质，使金富集。其产物二次贵锑含金3000～11000g/t，Sb质量分数为70%～89%，As质量分数为0.5%～1.2%。

二次贵锑采用三氟化锑与硫酸的混合液进行电解。金进入阳极泥，阳极泥含金47210～290749g/t，Sb质量分数为37.2%～48.5%。阴极产品毛锑，含金8～58g/t，再送鼓风炉前床进一步捕金。

电解产出的阳极泥用硝酸浸煮，除去贱金属及杂质，金品位可达22.13%以上，再经坩埚炉熔炼，产出三次贵锑。三次贵锑金质量分数为27%～34%，渣中金质量分数为0.6%～1.7%。三次贵锑用马弗炉高温灰吹，使金、锑进一步分离，粗金中金质量分数为45%～80%，灰皿渣中金质量分数为0.05%左右。粗金用坩埚熔炼铸锭，金品位为

50% ~96%。各道工序的金回收率见表16-21，总的金直收率一般很难超过60%。

表16-21　龙山金锑矿混合精矿冶炼各工序收金率

项　目	鼓风炉	贵锑灰吹	电　解	酸　洗	坩埚精炼
直收率/%	82 ~85	79 ~92	85 ~87	93.93	93.24
回收率/%	88 ~90	99.05	95.53	93.03	98.69

16.2.3.2　高锑低金和高砷高金精矿的处理

在选矿过程中，采用抑锑浮金、砷的 $Na_2CO_3-Na_2S$ 法，使辉锑矿得到抑制而分离锑与金（砷）。现场工业试验结果表明，可产出砷质量分数只有0.83%而含锑40%的高锑低金精矿和含砷9.39%、含金79g/t的高金高砷精矿。

高锑低金精矿可采用鼓风炉挥发熔炼－贵锑电解的常规工艺处理。由于原料质量得到改善，减少了熔剂和焦炭的用量，降低了鼓风炉的渣率，同时减少了进入贵锑和锑锍中的铁，使贵锑与锑锍得到较好的分离，金的回收效果将得到较大改善。

对于高砷高金精矿，可采用以下两种方法处理。

A　焙烧脱砷、硫－氯化提金工艺

该工艺的基本过程是先用焙烧的方法使砷、硫挥发，布袋收尘得白砒，焙烧渣用氯化法浸金，金泥熔炼获得成品金。

由于高砷金精矿中的金有相当一部分呈包裹体赋存于矿物中，主要被毒砂和黄铁矿包裹，要最大限度地提取金，必须先将它们分解，将精矿进行焙烧可达到这一目的。当物料被加热到一定温度后，砷和硫将挥发，产出有利于浸金的疏松多孔的焙砂。焙烧发生的主要反应为：

$$2FeAsS+5O_2 = Fe_2O_3+As_2O_3+2SO_2$$

$$4FeS_2+11O_2 = 2Fe_2O_3+8SO_2$$

试验结果证明，对As质量分数9% ~11%、Au 80 ~95g/t、S质量分数±35%，Fe质量分数±23%的精矿进行焙烧，砷的挥发率不小于98%，硫的挥发率为98% ~99%，白砒中 As_2O_3 质量分数大于95%。焙砂中砷质量分数小于或等于1.0%，金的损失率小于1.0%，完全达到了金与砷分离的目的。

脱砷后的焙砂，采用氯化法浸金，其原理是金在酸性氯化物溶液中被氧化，形成3价金的络合离子：

$$2Au+3Cl_2+2HCl = 2HAuCl_4$$

3价金在氯化物溶液中的电位相当高：

$$Au+4Cl^- = AuCl_4^- +3e$$

$$E=1.00V$$

因此，已溶解的金很容易被还原。试验采用的HCl浓度为260g/L，温度为90℃，液固比为4:1，305添加剂量为5g/L，浸出时间3h，则金的浸出率达97.43%以上。用木炭进行吸附，金的置换率可达98%，同时，吸附后的液体含铁达100 g/t以上，可浓缩结晶回收 $FeCl_3$，含HCl液还可返回浸出使用，终渣含 SiO_2 77%以上，可作为石英熔剂销售给铜、铅冶炼厂，并回收其中剩余的金。

此工艺技术可靠，指标先进，资源得到充分利用，基本做到无废渣排放，经济效益比较好，但由于高砷金精矿中还有少量的锑不但不能回收，而且在焙烧时进入白砒，影响 As_2O_3 的质量和深度加工。在焙烧过程中，脱出的 SO_2 浓度较低，难以回收，只能高空排放，对周围环境会有一定影响。

B 焙烧固砷、硫－氰化提金工艺

在高砷高金精矿中，加入石灰进行焙烧，使砷和硫分别生成砷酸钙和硫酸钙而固定在焙烧渣中。其主要反应式为：

$$4FeS_2 + 8CaO + 15O_2 = 2Fe_2O_3 + 8CaSO_4$$

$$2FeAsS + 5CaO + 7O_2 = Fe_2O_3 + Ca_3(AsO_4)_2 + 2CaSO_4$$

焙烧烟气中，还可能有少量挥发的砷和硫，可用石灰水喷淋吸收。

焙烧渣用氰化物的水溶液浸出金：

$$2Au + 4CN^- + 0.5O_2 + H_2O = 2Au(CN)_2^- + 2OH^-$$

浸出液中的金用锌粉置换：

$$2Au(CN)_2^- + Zn = 2Au + Zn(CN)_2^-$$

沉淀的金泥用酸法去除锌等杂质，然后再熔炼而获得合金。

研究表明，焙烧时，固砷率和固硫率均达到98%，金的浸出率达95%～98%。该工艺最大的优点是有效地消除了砷、硫在焙烧过程中对环境的污染，工艺简单，建设投资少。缺点是加入的石灰量较大，增大了焙烧废渣量。

16.2.4 锑金砷精矿的湿法处理工艺

锑金砷精矿的湿法处理工艺是先脱锑，使金富集到金砷精矿中。将锑、砷分离后，再分别处理，可得到锑白和金等产品。

目前研究较多的是氯化浸出脱锑－常压催化氧化脱砷－氯化提金工艺，原则流程见图16-25。

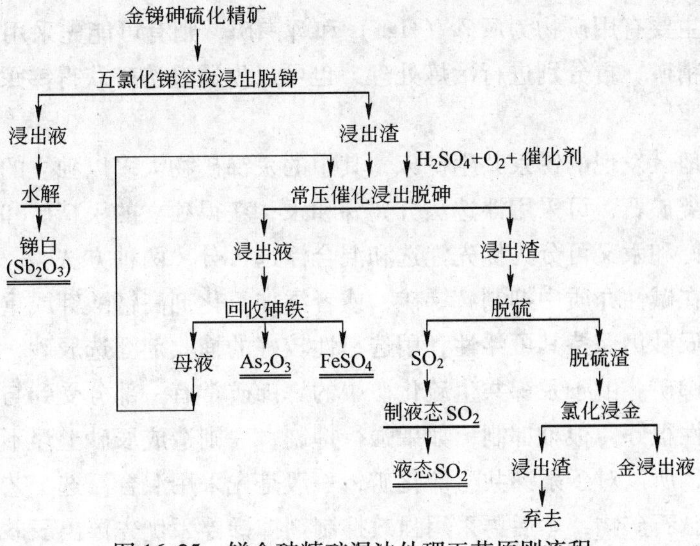

图16-25 锑金砷精矿湿法处理工艺原则流程

氯化浸出脱锑过程，采用 $SbCl_5$ 作为浸出剂，使精矿中的硫化锑转化为 $SbCl_3$ 进入溶液，锑的浸出率在99%以上。毒砂不参与反应，金、砷以及浸出过程生成的元素硫等几乎全部入渣。

浸出液经活性锑粉或海绵锑还原处理后，进行中和水解制取锑白。浸锑渣实际上是含有元素硫的金砷精矿，为了提取其中的金，必须预先脱除砷和硫。

采用常压催化氧化法脱除浸锑渣中的砷，主要过程是在硫酸介质中加入催化剂并通氧，使毒砂氧化浸出，砷的浸出率可达95%以上。脱砷液中的砷主要以5价砷的形式存在，利用3价砷在水中的溶解度比5价砷的溶解度低得多这一特点，将5价砷用SO_2进行还原处理，使其以As_2O_3的形式析出。

脱砷渣中元素硫的含量较高，由于元素硫对金有很强的吸附作用，直接进行氯化浸金的效果很差，浸出率几乎为零，因此，还必须脱除渣中的元素硫。可采用焙烧脱硫法，对脱硫后的渣进行氯化浸金，使金溶解，成为$AuCl_4^-$络离子进入溶液，金的浸出率在96%以上，浸出时间一般为1～2h。

从氯化浸金的浸出液中提取金，一般采用还原法，可选用的还原剂有草酸、甲醛、二氧化硫、氯化亚铁等。其中草酸的选择性好、反应速度快，实际应用较多，其反应式为：

$$2AuCl_4^- + 3H_2C_2O_4 = 2Au + 6HCl + 2Cl^- + 6CO_2\uparrow$$

还原反应过程需加碱中和，维持pH值在1～1.5之间较为适宜。加热可使反应速度加快，为避免大量CO_2快速逸出，导致金液外溢，反应温度一般控制在70～80℃为宜，还原母液可返回氯化浸金工序。此外，也可用锌粉置换法提取浸出液中的金。

16.3　锑汞硫化矿的处理

锑汞共生硫化矿的处理，视矿石中锑汞矿物的形态，需采取不同的处理办法。

如果矿石中的锑汞矿物主要以硫汞锑矿（$HgSb_4S_8$）的形式存在，则无法用选矿的办法分离锑和汞而获得独立的锑精矿和汞精矿，选矿只能获得锑汞混合精矿，混合精矿再用冶炼方法处理。

若矿石中的主要有用矿物为辰砂（HgS）和辉锑矿，则有可能先采用选矿方法获得独立的锑精矿和汞精矿，再分别进行冶炼处理，也可以先通过选矿获得锑汞混合精矿，再冶炼分离锑和汞。

我国陕西等地区发现的锑汞共生矿床，其中的汞锑矿物大多以独立的辰砂和辉锑矿形式存在，对于这类矿石，可采用浮选法分离锑和汞，获得独立的汞精矿和锑精矿。

浮选法分离锑和汞又可分为优先浮选和混合浮选再分离两种方法。

优先浮选是在碱性介质中抑制辉锑矿，或者添加氧化剂高锰酸钾或重铬酸钾等，使辉锑矿受抑制，而辰砂仍保持其可浮性，用选择性较好的捕收剂浮选辰砂，然后再以铅盐为活化剂，浮选辉锑矿。由于汞锑共生硫化矿中的辉锑矿常有一部分受到与生俱来的汞离子的活化，其可浮性很好，很难抑制，如果强行抑制，一则造成辰砂上浮不足，二则影响后续辉锑矿的上浮，所以对于汞锑共生硫化矿，一般是先采用混合浮选工艺获得汞锑混合精矿，分离出大量脉石矿物，然后再采用强效抑制剂抑锑浮汞优先浮出辰砂，槽中产品即为锑精矿。由于不需要对被抑制的辉锑矿再活化、浮选，从而避免了优先浮选的弊端。

混合浮选再分离工艺已在本书第5章中介绍。

通过浮选获得的汞精矿和锑精矿可采用常规冶炼方法分别处理，制取金属锑和金属汞。

16.3.1 锑汞混合精矿的氧化焙烧

硫化汞的分解温度比硫化锑低，因此，可以用火法冶金工艺将混合精矿中的汞和锑分离。氧化焙烧分离汞和锑的基本原理是：在严格控制炉内氧气含量的前提下，使硫化汞优先挥发，而硫化锑仅少量氧化而留在焙砂中。优先挥发的硫化汞在炉内特定区域被氧化为金属汞蒸气和 SO_2，含汞烟气经冷凝器收集。表 16-22 为某锑汞混合精矿的氧化焙烧小型试验结果。

表 16-22 锑汞精矿氧化焙烧挥发率

焙烧温度/℃	金属挥发率/%	
	Hg	Sb
300	98.95	1.34
400	99.61	3.01
500	99.80	11.24

辉锑矿（Sb_2S_3）在 350℃时，即能被氧化生成 Sb_2O_3 并开始升华，随温度增高，挥发率增加。氧化锑的生成会降低焙砂的质量并在后续处理中使提取锑的过程复杂化，因此，为了不使锑的挥发影响汞蒸气的冷凝作业，并保证 Sb_2S_3 不发生形态变化而完全残留于焙砂中，汞、锑分离应在缺氧和温度较低的条件下进行。

贵州汞矿曾在 ϕ380mm，21kW 的电热回转窑中，氧化焙烧处理汞（质量分数）1.99% ~2.4%、锑（质量分数）2.73% ~3.0%、硫（质量分数）22.6% ~32.7% 的混合精矿，在 600 ~650℃、焙烧时间 40min 的条件下，汞回收率为 90% ~95%，渣中锑（质量分数）1% ~5.5%，但由于炉料含硫高，不锈钢炉体运转 1 ~2 个月就被腐蚀穿孔甚至断裂。

氧化焙烧汞锑精矿的最佳炉型是沸腾炉，前苏联在这方面做了大量的工作，在无燃料消耗情况下用预热 400 ~500℃的压缩空气入炉，这样既可提高炉子生产率，又能降低脱硫率。使用 Sb 质量分数 30% ~45%、Hg 质量分数 0.4% ~1%、S 质量分数 20% 和 Sb 质量分数 20%、Hg 质量分数 1.5% ~2.5%、S 质量分数 7% 的两种混合精矿，在图 16-26 所示的沸腾炉内，按获得锑质量分数大于 30% ~32% 的焙砂配制炉料时，炉子空气耗量为 1200 ~1600m^3/（h · m^2），出炉烟尘小于 12%，沸腾层温度 430 ~480℃，沸腾层高 1.5 ~2m。

透过料层的焙烧气体不含自由氧，为避免辰砂蒸气冷凝，在料面上的空间补充空气，以提高温度至 450 ~500℃，同时促使挥发出的辰砂氧化，炉气经两级旋涡收尘，除尘效率约 85%。精矿含水 2% 时，沸腾炉的昼夜生产率为 90 ~100t/m^2，脱硫率为 23% ~24%；当精矿含水为 12% ~13% 时，则生产率降低一半而脱硫率高达 55% ~ 60%。用这种沸腾炉于 450 ~500℃下处理汞锑混合精矿，汞的挥发率约 99%，锑损失率小于 4%。

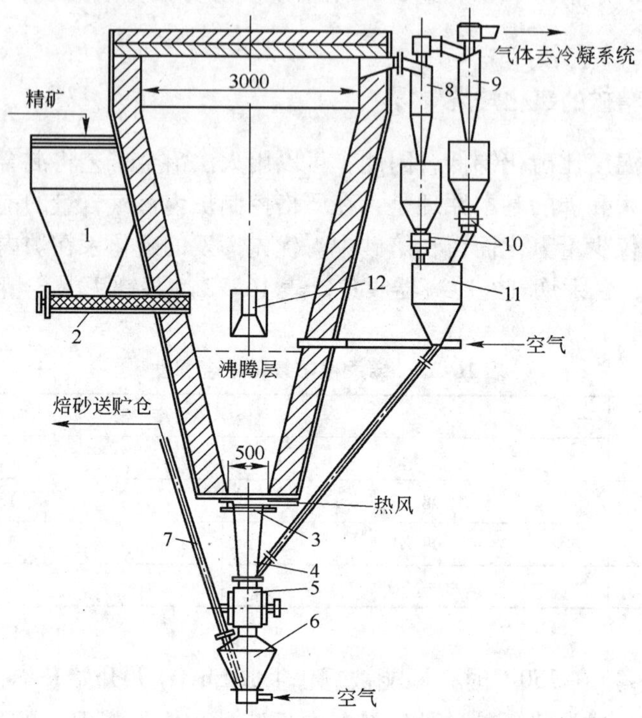

图 16-26　焙烧锑汞精矿的沸腾炉

1—给料仓；2—螺旋给料机；3—可卸料式炉底；4—卸料管；5—闸门阀；6—仓式风动泵；7—风动输送管；8—旋涡收尘器；9—双管旋涡收尘器；10—密封阀；11—灰斗；12—喷嘴孔

16.3.2　锑汞混合精矿的真空挥发

真空挥发法分离汞和锑的理论依据是：汞和锑及其化合物在蒸气压上存在着很大的差异，见图 16-27。常压下焙烧时，为预防精矿由于辉锑矿及生成的硫氧锑矿软熔结块，只得在较低温度下焙烧。辰砂和金属汞在较低温度下已有足够高的蒸气压，而辉锑矿在该温度下的蒸气压却很小。当炉内压力降至 6665 ~ 21328Pa 时，辰砂将会在 450 ~ 500℃ 时气化，辉锑矿则完全残留于焙砂中，因此，如果降低焙烧过程的炉内压力，过程温度就会降低，这不仅带来技术上的方便，而且会使汞、锑分离得更好。同时，在真空条件下，可以成百倍地减少炉气量，从而增大气相中汞的浓度，改善汞蒸气冷凝条件，提高汞回收率，并相应地改善了劳动生产环境。

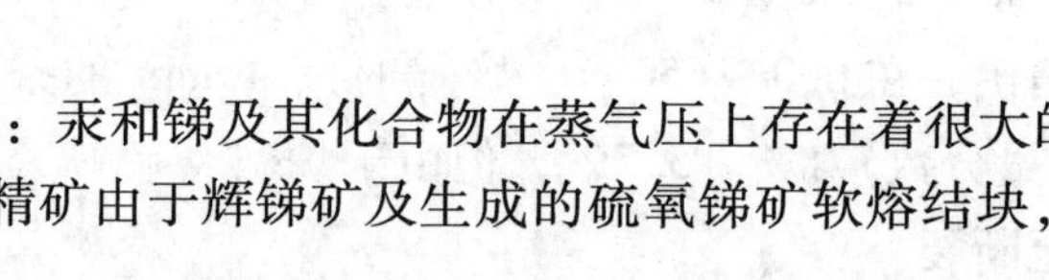

图 16-27　汞、锑化合物的蒸气压

真空条件下辰砂的还原反应，包括辰砂与精矿中存在的氧化锑的反应：

$$6HgS + 2Sb_2O_3 = 6Hg + 2Sb_2S_3 + 3O_2$$

辰砂蒸气与水蒸气的反应式为：

$$3HgS + 2H_2O = 3Hg + 2H_2S + SO_2$$

辰砂的离解反应以及离解生成的硫与炉内残氧的氧化反应式为：

$$HgS = Hg + 0.5S_2$$

$$0.5S_2 + O_2 = SO_2$$

为获得金属汞，应避免生成的硫蒸气与汞蒸气相遇，为此，在通往汞蒸气冷凝器的通道或专门的加热室内使硫蒸气发生氧化反应。

由于辰砂与辉锑矿的氧化速度不同，且在此过程的温度条件下，辉锑矿仍呈固相存在，故在辰砂挥发氧化的同时，不会出现辉锑矿被氧化的现象。关于真空条件下金属汞的形成机理、最佳传热条件以及连续化真空设备的结构、操作条件等问题，还有待继续深入的研究。

真空蒸馏分离汞锑混合精矿有3种方式：（1）汞以金属形态挥发，辉锑矿残留于焙砂，此时过程的余压为6.65～19.95kPa；（2）汞以辰砂形态挥发，辉锑矿残留于焙砂，余压为1.3kPa以下；（3）辰砂和辉锑矿均在0.13kPa的余压下挥发而分步冷凝，分别得到单一的硫化物，再依传统方法分别提取金属锑和金属汞。

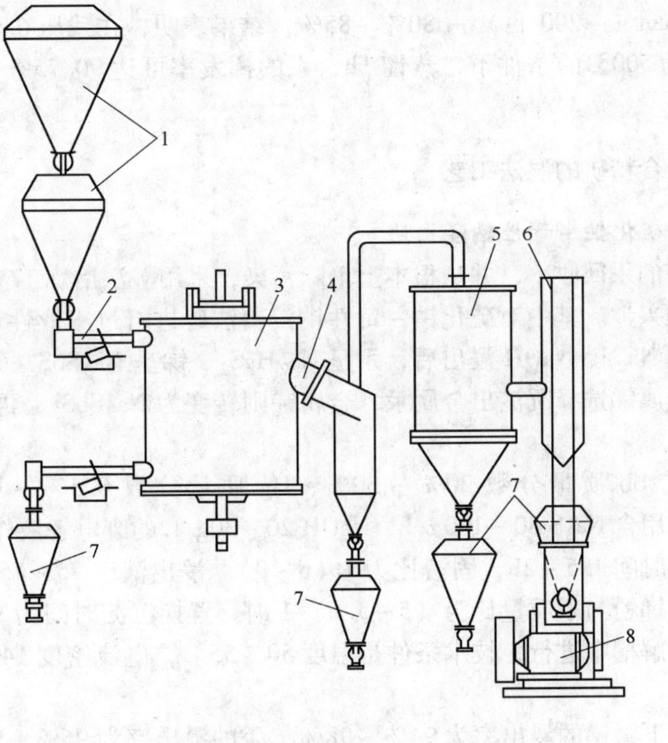

图16-28 日处理800kg精矿的半连续振动式真空装置

1—料斗；2—给料机；3—真空反应装置；4—集尘旋涡；5—冷凝器；6—布袋收尘器；7—卸料漏斗；8—真空泵

前苏联哈萨克科学院冶金和选矿研究所等单位，在实验室静态试验的基础上，用连续或半连续振动式真空装置先后进行了日处理 25kg、800kg 以及 5t 精矿的试验，取得了较好的效果。图 16-28 为日处理 800kg 精矿的半连续振动式真空装置示意图，反应装置装在设有水套的密闭壳体中，用带式电阻作加热器，通过改变加料机电磁振动器的电压调整精矿的加入量，圆柱形冷却室上带有清理冷凝物的机械装置。

5t/d 工业规模振动式真空炉的核心是螺旋形的内加热垂直气密钢质振动输送器，它必须安装电磁振动器以使连续作用的装置能够稳定地工作，振动器需依据温度和卸料管中焙砂的水平面而自动地接通和断开。试验使用的精矿成分（质量分数）为：Hg 1% ~ 4%、Sb 12% ~24%、Fe 5% ~10%、S 15% ~20%、SiO_2 30% ~40%。为使装置工作稳定，应控制精矿水分为 2% ~3%，粒度小于 5mm；精矿在炉内停留时间为 5 ~10min，生产率为 1.8 ~ 7.6t/（d · m^2）；真空处理后的焙砂为精矿质量的 75% ~80%，含 Hg 0.007%；烟尘产率为 7% ~10%，含 Hg 0.6% ~2.5%；汞炱产率为 3% ~4%，含 Hg 38% ~72%；汞挥发率为 99%。过程的适宜条件为：温度 400 ~420℃，残压 4×10^3Pa。97.8% ~98.8% 的锑残留于焙砂和返尘中，有 1% ~2% 的锑进入汞炱，电能消耗约 100kW · h/t 精矿。与沸腾炉比较，废气量只有其百分之一，汞和锑的回收率可提高 4% ~6%，同时改善了劳动条件，减少了环境污染。

我国曾对陕西某汞锑精矿进行实验室静态真空蒸馏试验，试验精矿 Hg 质量分数 7.55% ~12.19%，Sb 质量分数 18.1% ~26.92%，砷质量分数较低，仅 0.0017%，精矿粒度为 -0.074mm（-200 目）占 80% ~85%。结果表明，在残压 6.65kPa、精矿料层厚 1 ~3cm、温度为 500℃的条件下，蒸馏 1h，汞的挥发率可达 90.75% ~99.88%，而锑几乎不挥发。

16.3.3　锑汞混合精矿的湿法工艺

16.3.3.1　硫化钠 - 苛性钠浸出法

为取得更高的汞回收率，并从根本上消除污染，采用湿法冶炼工艺来处理汞锑混合精矿引起了人们的兴趣。其中对硫化钠 - 苛性钠浸出法曾进行过工业性试验。基本工序是：汞锑混合精矿用 Na_2S、NaOH 浸出后，汞呈 Na_2HgS_2、锑呈 Na_3SbS_3（硫代锑酸钠）转入溶液，而后用金属锑选择沉淀出金属汞，金属锑则转变为 Na_3SbS_3，再采用电解工艺回收锑。

试验用精矿 Sb 质量分数 20% ~30%、Hg 质量分数 0.5% ~6%、As 质量分数 0.2% ~0.5%。用含 Na_2S 80 ~100g/L、NaOH 20 ~30g/L 的废电解液作浸出剂，浸出温度 95 ~97℃，浸出时间 1.5 ~2h，固液比为 1:（6 ~9）。浸出液于 75 ~85℃的温度下进行置换沉淀作业，当锑粉与汞质量比为（5 ~5.6）:1 时，置换沉淀时间为 1 ~1.5h。电解在钢质阴阳极板的电解槽中进行，技术条件是温度 50 ~55℃，电流密度 140 ~210A/m^2，槽电压 2.3 ~2.5V。

试验结果如下：锑的浸出率为 94% ~98%，汞的浸出率为 96% ~99.4%；滤饼中 Hg 质量分数 0.05% ~0.06%，Sb 质量分数 0.9% ~1.35%；浸出液成分为：Sb 30 ~35g/L，Hg 0.5 ~8g/L，Na_2S 50 ~70g/L，NaOH 15 ~35g/L；置换率为 99.1% ~99.4%；阴极锑品位为 97% ~98%，电流效率为 72% ~82%，电耗为 2200 ~2300kW · h/t Sb；最后获得商品金属的提取率为汞 97.2% ~98.5%，锑为 90.6% ~93.4%。

该法简单、容易，其浸出与电解工序和处理单一锑矿的硫化钠法完全一致。缺点是沉淀汞要消耗大量的金属锑，同时不能保证溶液的深度净化，锑电解时，可能造成阴极半成品的含汞量高，甚至需增加额外的处理工序。

16.3.3.2 $FeCl_3$ 选择性浸出法

$FeCl_3$ 选择性浸出工艺是用 $FeCl_3$ 和 HCl 在一定条件下选择性浸出混合精矿中的锑，汞则留在浸渣中。含锑浸出液经过还原、水解及中和等程序，制取锑白，浸渣再用火法处理回收汞。这一方法虽然可得到最终产品，但浸出条件非常苛刻，如液固比、温度、搅拌时间等控制不好，HgS 就有可能被浸出，有时浸出液含汞高达 20%。

16.4 易熔低品位锑矿的处理

广西五圩锑矿，地处丹池成矿带的南段，矿物成分主要为辉锑矿、脆硫锑铅矿、闪锌矿、黄铁矿、白云石、含铁磷锰矿、含锰菱铁矿和锡石等，其化学成分（质量分数）为：Sb 16.5%、Pb 1.20%、As 0.07%、S 18.81%、Fe 4.5%、Sn 0.14%、Zn 2.45%、SiO_2 0.50%，其余为 $MnCO_3$、$CaCO_3$、$MgCO_3$ 等碳酸盐，是较典型的碱性脉石易熔锑矿，多年来，五圩锑矿一直是配入其他锑矿加入直井炉进行焙烧挥发处理。此类矿石在 500℃左右开始，边氧化、边熔化，硫化锑、氧化锑、脉石及煤焦灰分等形成低熔点熔体流出。由于直井炉料面温度高达 700 ~ 900℃，这种矿石加入炉内会造成大面积炉结，不但回收率只有 60% ~70%，而且操作困难，燃料消耗大。

为探求处理这种锑矿的合理焙烧工艺，将块矿分别在 600℃和 1000℃的中性气氛下进行焙烧试验。然后将焙烧矿进行扫描电子显微镜测试和 X 射线衍射仪分析，结果表明：在 600℃焙烧时，绝大部分硫化锑氧化为氧化锑；而在 1000℃焙烧时，硫化物、碳酸盐消失，大都转化为氧化物；MnO、MgO、CaO 等主要脉石成分不会形成低熔点的炉渣。即采用低温（550℃左右）焙烧脱硫、高温焙烧（1000℃左右）贫化渣的两段焙烧工艺流程冶炼易熔低品位锑矿，有可能避免冶炼过程中的熔化结炉现象。

采用小竖炉对五圩锑矿进行两段焙烧试验，试验结果表明：五圩低品位锑矿可以采用两段焙烧的方法冶炼，渣中锑质量分数可降到 2.5% 以下；由于原料中碳酸盐和硫化物的含量较高，因而渣率较低，约为 35% ~45%；锑的焙烧总挥发率可达 95% ~97%；低温焙烧时，可以克服锑玻璃等复合化合物形成和熔结的问题，虽然局部地方温度偏高，有少量熔融物流出，但可被焦炭等底料吸附而继续挥发，不会形成大块结渣；低温焙烧后，焙矿中的残留锑可在高温焙烧中进一步挥发，使渣含锑下降。

在试验基础上，设计了年产 400t 锑的冶炼车间。选用 0.58m × 10m 的链箅机作为低温焙烧主体设备，用 1t 炉排稳定供热，保证链箅机进气温度控制在 500 ~ 550℃。链箅机有效焙烧长度为 8m，用振动加料器分别加底料和块料，箅子板线速度为 4m/h。热风从箅子板下部进入，穿过底料层和块矿层，当块矿被加热到着火点 500℃左右时，开始氧化。由于矿块集中，局部温度可达 800℃左右，也有少量液态锑玻璃流出，但附着在底料表面后进一步氧化。携带氧化锑的热烟气经收尘排风系统，收集氧化锑后排放。

低温焙烧产出的焙矿送直井炉焙烧挥发。控制烟气出口温度 650 ~ 850℃，炉内负压

400～666.6Pa（3～5mmHg），料层高度 1.3～1.5m，锑以三氧化二锑形态进一步挥发，贫化后的烧渣从炉底定期排出。

直井炉高温焙烧时，宜采用薄料层和间断操作的焙烧方案。这是因为，此类锑矿经低温焙烧后，硫化锑大部分氧化挥发，碳酸盐脉石部分分解，矿块较疏松；从链箅机下料到直井炉进料过程有不少矿块粉化；此外，直井炉的挫炉和翻料作业又使大部分矿块粉化。料层中充满粉矿，导致料层通风不良和透气不均匀，局部区域串风，煤燃烧迅速，料层过热，易造成流渣熔结，一部分锑化合物夹杂在渣中而损失；局部区域不透风，煤不能充分燃烧，温度下降，还原气氛增强，氧化锑被还原成金属锑珠，夹带在矿粉中不能挥发，造成锑的损失。

采用上述工艺处理五圩锑矿，可以使烧渣中锑质量分数降到 3% 以下，总渣率约为 49%；直井炉焙烧时间为 5.5h，炉床能力为 0.9t/（m^2·d）；锑的总挥发率为 89.60%；两段焙烧工序中，锑的总回收率约为 85%；总耗煤量为原矿量的 42.5%。

两段焙烧产出的锑氧粉，可用常规反射炉还原熔炼和精炼生产锑锭。

16.5 低品位硫氧混合锑矿的处理

低品位硫氧混合锑矿中，既有硫化锑矿物，也有氧化锑矿物。氧化锑矿物主要包括方锑矿、锑华、黄锑华（$Sb_2O_4 \cdot H_2O$）及水锑钙石（$3CaO \cdot 2Sb_2O_5 \cdot 6H_2O$）等。这类矿石可通过重选－浮选联合工艺进行富集，但选矿回收率一般不高，也可以直接进行冶炼处理。冶炼此类矿石可采用鼓风炉挥发熔炼，也可采用卧式焙烧炉（平炉）挥发焙烧，由于矿石中存在锑的高价氧化物，所以在工艺上，与一般硫化锑矿的冶炼有一定的区别。

硫氧混合锑矿中的高价锑矿物有黄锑华及水锑钙石等，这类矿物在高温下可能先分解为四氧化锑和五氧化锑。

五氧化锑（Sb_2O_5）不挥发，但易分解，加热至 70℃时，开始分解为 Sb_6O_{13} 和 O_2，继续加热时，中间产物（Sb_6O_{13}）进一步分解为 Sb_2O_4 和 O_2。由于 Sb_2O_4 具有不熔化和不挥发的特点，所以在低温下不易回收锑。适合 Sb_2O_4 生成的温度是 500～900℃，900℃以上时开始离解为 Sb_2O_3，930℃时，其离解压为 2593.12Pa，1080 ℃时，达 18371.77Pa，所以在实际冶炼条件下，Sb_2O_4 可能离解。此外，Sb_2O_4 还能与 Sb_2S_3 发生以下交互反应：

$$9Sb_2O_4 + Sb_2S_3 \xlongequal{\quad} 10Sb_2O_3 + 3SO_2$$

另外，在物料中配入足够的还原煤，保持一定的还原气氛，可促进料中的 Sb_2O_4 在高温下发生下列反应：

$$Sb_2O_4 + CO \xlongequal{\quad} Sb_2O_3 + CO_2$$

$$Sb_2O_4 + C \xlongequal{\quad} Sb_2O_3 + CO$$

$$2Sb_2O_4 + C \xlongequal{\quad} 2Sb_2O_3 + CO_2$$

基于以上分析，在配入足够的还原剂并使炉内保持一定还原气氛的条件下，采用常规挥发熔炼或挥发焙烧工艺处理硫氧混合锑矿，可以取得满意的效果。

广东韶关市锑冶炼总厂，采用卧式焙烧炉处理低品位硫氧混合锑矿。这种混合锑矿的硫化锑含量不高，而黄锑华和锑酸盐含量却非常高，其化学成分和物相组成分别见表

16-23和表16-24。

表16-23 混合锑矿化学成分（质量分数） （%）

元素	Sb	Pb	S	Fe	As	Cd
含量	8.87~24.15	0.04~0.1	0.94~1.2	1.02~1.59	0.01~0.024	<0.01
元素	Ag	Au	CaO	MgO	SiO_2	Al_2O_3
含量	0.0006	0.00007	1.27~2.01	0.87	55.2~69.5	2.0

表16-24 混合锑矿的物相组成

物相	Sb_2S_3	Sb_2O_3	$Sb_2O_4 \cdot H_2O$	$3CaO \cdot 2Sb_2O_5 \cdot 6H_2O$
锑分布率/%	11.75~27.7	1.55~7.81	15.27~20.46	46.96~66.24

卧式焙烧炉的炉膛面积为7m^2，炉膛空间高度是1.2m，炉条用空气分布板作底板，底板下鼓入空气，炉后配以火柜、表冷及布袋室收集锑氧粉。相对于鼓风炉来讲，卧式焙烧炉的炉膛面积大很多，料层较薄，矿石内部挥发成分向表面扩散的阻力（距离）较小，可能更有利于氧化锑的挥发。

以焦炭或无烟煤块作燃料，其粒度及矿石的粒度均控制在40mm以下。先在炉膛中引燃焦炭，待焦炭完全烧红后，再分批分层加入已混有煤粉的混合矿，并鼓入空气，焙烧时间视矿石的挥发情况而定，待锑矿完全挥发后出渣。

焙烧温度必须控制在1000℃以上，这样才有利于高价氧化物的离解挥发。炉内焙烧气氛需控制为还原气氛，并加入一定量的煤粉，以利于四氧化二锑的还原挥发。

通过采用大面积炉膛、鼓风、高温，控制还原气氛等技术措施，直接处理低品位硫氧混合锑矿时，渣中锑质量分数可降低到1.5%以下，焦率15%以下，处理能力为1.5t/(m^2·d)。该工艺设备简单、操作简便，但存在着劳动强度大，机械化程度低等缺点。

16.6 复杂氧化锑矿的处理

复杂氧化锑矿中的主要锑矿物大多是黄锑华、黄锑矿及锑赭石等，矿石泥化严重。这类矿石中的锑无法通过浮选富集，采用重选处理时，回收率也很低，所以，一般直接采用冶炼的办法处理。对于品位较高的复杂氧化锑矿，可以采用与硫氧混合锑矿类似的直接挥发工艺处理。对品位较低的矿石，虽然也可以采用直接挥发工艺处理，但成本较高。矿石锑品位大于8%时，视市场情况，可以采用平炉焙烧挥发法处理。

针对复杂氧化锑矿的利用，曾进行过的试验研究有还原焙烧－碱浸矿浆电积法和真空碳热还原法等。

16.6.1 还原焙烧—碱性矿浆电解法

广东工学院对广西某复杂氧化锑矿进行了还原焙烧－碱性矿浆电积试验研究。该矿石系含钙黄锑华为主的深度氧化锑矿，矿石中的主要金属矿物为黄锑华。根据物相分析结果，锑的分布率为：黄锑华和锑赭石中，锑质量分数为88.60%；锑华和方锑华中，锑质量分数为7.93%；辉锑矿中，锑质量分数为3.47%。原矿多元素分析结果（质量分数）

为：SiO_2 38.27%，Al_2O_3 9.79%，MgO 1.40%，CaO 13.58%，Fe 2.74%，Sb 10.65%。

矿石中配入燃煤作为还原剂，试验在箱式电阻炉中进行，使黄锑华还原为 Sb_2O_3。还原焙烧试验表明：焙烧温度以 800℃为宜，温度低，反应速度慢，还原率低，温度过高，会产生过还原并出现物料熔结现象；还原剂的用量以 10% 为宜；当焙烧温度在 800～850℃范围内时，焙烧时间以 15～30min 为宜。

经上述还原焙烧后，矿石中的锑除极少量的挥发和机械损失外，基本上转变成 Sb_2O_3。对于这种焙烧矿，可采用酸性氯化浸出－中和水解法生产锑白，也可以采用硫化钠碱性浸出－电积法或碱性矿浆电解法生产海绵锑。

试验采用碱性矿浆电解法处理还原焙烧矿。矿浆电解的浸出体系为硫化钠和氢氧化钠混合溶液，硫化钠与氢氧化钠两者的比例为 4∶1。矿浆液固比为 3∶1。在硫化钠用量为 120g/L，槽电压 3V、阴极电流密度为 $260A/m^2$、电积温度为 50℃、电积时间 5h 的条件下，获得了较好的效果。

焙烧－碱性矿浆电解法的全流程闭路试验获得了锑质量分数为 93.44% 的海绵锑，锑的总回收率达 86.58%。

16.6.2　真空碳热还原法

复杂氧化锑矿中的 Sb_2O_4 具有不易熔化和挥发的特点，但在真空条件下，Sb_2O_4 的稳定性降低且更易被还原。在固体碳存在时，Sb_2O_4 的还原是一个复杂的多相反应体系，可能发生的主要反应如下：

$$Sb_2O_4 + CO = Sb_2O_3 + CO_2$$

$$Sb_2O_3 + 3CO = 2Sb + 3CO$$

$$Sb_2O_4 + C = Sb_2O_3 + CO$$

$$2Sb_2O_4 + C = 2Sb_2O_3 + CO_2$$

$$Sb_2O_3 + 3C = 2Sb + 3CO$$

$$2Sb_2O_4 = 2Sb_2O_3 + O_2$$

根据热力学计算可知，上述反应中 Sb_2O_3 被 CO 还原为金属 Sb 的反应和 Sb_2O_4 被 CO 还原为 Sb_2O_3 的反应最容易发生，而 Sb_2O_4 的离解反应趋势最小，所以，采用真空碳热还原法处理氧化锑矿时，锑的挥发形式有两种，一种是以 Sb_2O_3 的形态挥发，另一种是以金属锑的形态挥发。

复杂氧化锑矿中的伴生元素 Si、Al、Ca、Fe 等均以氧化物形式存在，这些氧化物的稳定性都大于锑的氧化物，一般不会对氧化锑矿的碳热还原造成影响。

昆明理工大学曾在真空电阻炉中对某氧化锑矿进行了真空碳热还原试验。试料的化学成分（质量分数）为：Sb 20.78%，SiO_2 49%，CaO 15%，Fe 2.5%，其他 12.72%。物相组成如表 16-25 所示。

表 16-25　氧化锑矿的物相组成

物　相	Sb_2S_3	Sb_2O_3	Sb_2O_4	合　计
锑分布率/%	4.7	89.8	5.5	100

试验的温度范围控制在 500～850℃之间。结果表明，随着温度的升高，锑的挥发率

迅速增大，尤其当保温时间为20min，在550～600℃温度范围内时，锑的挥发率增加很快。随着保温时间的延长，挥发率也随之增加，保温时间应不少于30min。

还原剂用量增加时，一般来说挥发率也随之增加。试验发现，还原剂用量与反应温度之间的关系较密切，在还原剂量一定时，必须控制适宜的温度，才能取得好的挥发效果。

当温度低于700℃时，还原剂的用量应小于5.6%，此条件下矿石中锑的挥发率大于90%。若还原剂用量增大，则锑的挥发率反而降低。这是因为，在此温度下，Sb_2O_3 的蒸气压远大于金属锑的蒸气压，而金属锑蒸气压的绝对值又较小（小于133Pa），此时，应使矿石中的锑主要以 Sb_2O_3 的形态挥发，而此时若还原剂的量过多，导致过多的金属锑生成，由于其蒸气压较小，大量金属锑以液态形式混杂于试料中无法蒸发，从而使矿石中锑的挥发率下降。

当温度高于800℃时，金属锑的蒸气压加大，此时可采用足量的还原剂，如大于10%，使金属锑大量地还原出来，并以较大的蒸发速率进入气相。例如，在800℃、还原剂量为20%、残压为67Pa的真空中，保温30min，锑的挥发率可达92%以上。

因此，采用真空碳热还原法处理复杂氧化锑矿时，可在较低的温度，如700℃、较少的还原剂量下，获得较高的挥发率，此时矿石中的锑主要以 Sb_2O_3 的形态挥发；也可在较高温度，如大于800℃、较多的还原剂条件下，使矿石中的锑主要以液态金属锑的形式挥发。

17 锑白的生产

17.1 概述

锑白（Sb_2O_3），学名三氧化二锑，也称为氧化亚锑、亚锑酸酐。常温下为白色结晶粉末，受热时变黄，冷却后又变为白色。锑白有两种结晶形态，一种是立方晶形，另一种是斜方晶形，在自然界中分别以方锑矿及锑华形态存在。

立方晶型的三氧化二锑，密度为5.2g/cm^3，受热至550～577℃即转变为斜方晶型，即立方晶型的三氧化二锑是热力学低温稳定晶型，斜方晶型是热力学高温稳定晶型。

斜方晶型三氧化二锑的密度为5.67g/cm^3，熔点为656℃，沸点为1425℃。

三氧化二锑是两性氧化物，其碱性比三氧化二砷强，不溶于水，难溶于醇，也不溶于稀硫酸或稀硝酸，但能溶于浓盐酸、浓硫酸、浓硝酸、浓氢氧化钠溶液、硫化钠溶液及酒石酸溶液。三氧化二锑被吸入人体后，会刺激呼吸器官，并对眼、鼻、喉有刺激作用，与皮肤接触可引起皮炎。

工业生产的锑白广泛用于搪瓷、颜料、油漆、塑料、玻璃、陶瓷、造纸、药物、阻燃剂等行业。

纯净的锑白不仅是搪瓷的遮盖剂，也是优良的乳着剂，可以确保搪瓷制品获得良好的表面覆盖及表面光泽，其常规用量大致是搪瓷总用量的7%～15%。

锑白是优良的白色颜料，其遮盖力略次于钛白，而与锌钡白相近。锑白粒度细、吸油率低，每100g颜料约吸油11～13g，锑白耐光、耐热、稳定性好，具备颜料、油漆所必备的优良性能。由于锑白呈微酸性，与脂肪酸不发生反应，故在高酸值油漆中不会皂化，适于制造各种喷漆及油墨。使用锑白时，须与氧化锌配合，以提早干结期并保证油膜坚韧。锑白的结晶组织能加强漆膜结构，粉化性小，密着性强，产出的油漆耐光、耐热、稳定性好，耐候性优于锌钡白，又耐高温，且可溶性锑盐对人体的毒性低于铅白，故可代替铅白。用锑白制造的防火漆，广泛用于船舶、绝缘电缆、桥梁，烟囱、锅炉等行业。锑白的缺点是密度较大，单独使用时干燥缓慢，漆膜柔软。

锑白在玻璃生产中，用作澄清剂。用锑白或硫化锑作原料，还可生产锑红玻璃，色泽鲜艳，透明清亮，可用于铁路指示灯以及工艺美术玻璃。用锑白配制淡黄、金黄等黄色颜料，在陶瓷器皿上绘制装饰图案，在1250～1260℃高温煅烧，可使陶瓷具有鲜亮并十分稳定的多种黄色图案，为制品增辉。

锑白是许多塑料的理想阻燃增效成分，例如聚氯乙烯（PVC）、聚丙烯、聚酯、环氧树脂以及其他共聚物等，这不仅因为锑白具有阻燃功能，还由于它能赋予塑料以耐热性，并使其对光和空气具有较高稳定性。

锑白与含卤素阻燃剂，如氯化石蜡、多氯联苯、六溴联苯、六溴苯、卤代磷酸酯等配合作用，具有显著的阻燃协同效应。在阻燃剂配料中，它既能作为一种活性单体，变成聚合物的一部分，又能作为一种廉价而又通用的非活性白色添加剂。锑白配入磷系、氯系和溴系等阻燃剂，作为增效剂，已应用于剧场、画馆、建筑壁纸、地毯、家用设备涂料、电子设备外壳、飞机和汽车等内装饰材料及各种化纤产品。

除以上主要用途外，锑白还有一系列其他功用，如在橡胶工业中与硫化锑配合作填充剂，在汽油中加入少量锑白可使其完全燃烧，减少对空气的污染。在有机合成工业中，锑白可作为聚酯缩聚及丙烯与氨氧化聚合的催化剂等。

表 17-1 是我国现行的三氧化二锑（锑白）质量标准 GB/T 4062—1998。

表 17-1 三氧化二锑的化学成分及物理性能（GB/T 4062—1998）

牌号			$Sb_2O_3$99.80	$Sb_2O_3$99.50	$Sb_2O_3$99.00
化学成分（质量分数）/%	Sb_2O_3 不小于		99.80	99.50	99.00
	杂质 不大于	As_2O_3	0.05	0.06	0.12
		PbO	0.08	0.10	0.20
		Fe_2O_3	0.005	0.006	
		CuO	0.002	0.002	
		Se	0.004	0.005	
物理性能	白度/% 不小于		93	93	91
	平均粒度/μm		0.3～0.9 0.9～1.6 1.6～2.5	0.3～0.9 0.9～1.6 1.6～2.5	

锑白的生产方法分为火法和湿法两大类。根据所使用的原料、设备、生产工艺及产品用途的不同，火法和湿法工艺又可细分为许多不同的方法。

湿法锑白生产工艺，一般采用锑精矿或粗锑氧粉为原料，先将原料与盐酸和 $FeCl_3$ 等氧化剂反应，将其转化成三氯化锑，提纯后的三氯化锑再经水解、氨解而制得产品。

火法生产锑白的生产工艺，通常使用精锑作为原料，通过熔化、氧化挥发和急剧冷却等步骤获得纯净的锑白。火法锑白生产工艺也可利用有害杂质很低的高品位硫化锑精矿作为原料，通过直接氧化挥发生产符合用户要求的产品，但由于高品位硫化锑精矿非常稀少，因而这种工艺在工业生产中很少应用。

17.2 火法生产锑白工艺

锑白的生产工艺以火法为主，火法生产的锑白量约占全国锑白总产量的 95% 以上。火法生产锑白，又可分为反射炉底吹式自热法和等离子体法等。

锡矿山 1958 年研究成功的反射炉底吹式自热法是一种以精锑为原料，生产率高、成本低、无污染的传统锑白生产方法，其产量约占全国总产量的 90% 左右，但传统底吹式自热法工艺的产品挡次较低，粒度粗，含有斜方晶型三氧化二锑，已无法满足锑白在特殊行业，特别是聚酯行业用作催化剂的特殊要求。

等离子体法克服了自热法产品挡次低的缺点，产品质量好、性能佳，但其生产成本高、生产能力较小、不适合大规模生产。为此，人们对传统的锑白生产方法在炉型、氧化挥发工艺及骤冷结晶器等方面进行了改进，开发了许多火法生产锑白的新方法，例如带或不带外加热器的顶吹法等。

以精锑为原料生产锑白的火法工艺，通常将炉内锑液温度控制在1000℃左右，等离子体法的温度更高，所以这类方法也可称为高温氧化法。相对于高温氧化法而言，我国还开发了一种生产锑白的低温氧化工艺，并于1997年开始应用于工业生产。

低温氧化法采用广西南丹、大厂一带的脆硫锑铅矿精矿，经焙烧氧化、还原、吹炼脱砷的高铅锑（铅锑合金）作原料，在特制的坩埚式氧化炉中，在700～750℃的温度下，鼓入空气，氧化高铅锑中的锑，使其变成Sb_2O_3蒸气，经冷却器冷却，布袋收尘而制得成品锑白。

17.2.1　传统底吹式自热法

17.2.1.1　基本原理和工艺过程

传统自热法生产锑白采用反射式隔焰炉，炉膛中装有耐火泥制的反应器，在隔焰的条件下，向锑液中鼓入一次空气，使锑挥发产生大量锑蒸气，同时向反应器内通入二次空气，使锑蒸气氧化生成Sb_2O_3。当锑液温度达1000℃时，锑的蒸气压为15.1kPa（112.9 mmHg），金属锑的气化挥发强度不是很高，但当向锑白炉下部的锑液中鼓入一次空气时，锑液形成强烈的沸腾状，锑液中形成大量气泡，这使锑液的挥发表面积大大增加，极大地增大了锑蒸气的挥发量，并被二次空气氧化生成Sb_2O_3。氧化挥发的三氧化二锑蒸气经过大量冷空气冷却后，进入旋风收尘器分离出烟尘及粗粒锑白，再由布袋收尘器收集而制得锑白产品。整个过程发生的主要反应如下：

$$Sb(l) + \text{空气} = Sb(g)$$
$$Sb(l) + 0.5O_2 = SbO(g)$$
$$2Sb(l) + 1.5O_2 = Sb_2O_3(g)$$
$$2SbO(g) + O_2 = Sb_2O_3(g)$$
$$2Sb(g) + 1.5O_2 = Sb_2O_3(g)$$
$$4Sb(g) + 3O_2 = Sb_4O_6(g)$$
$$Sb_2O_3(g) \longrightarrow Sb_2O_3(l) \longrightarrow Sb_2O_3(s)$$

因一次空气量较少，故逸出液面的蒸气主要为锑蒸气，另一部分为$SbO(g)$和$Sb_2O_3(g)$。在锑液面以上，锑受到强烈氧化而形成Sb_2O_3蒸气。

锑的氧化反应是放热反应，反应过程中产生的大量氧化热，可以维持反应器必须的温度和炉内锑液温度（约1000℃左右），并熔化不断加入的碎精锑或水淬锑粒，因此，这种炉子只在开炉、停炉和处理故障时才向火膛加煤，在正常操作期间完全不需要外加热量。

图17-1为传统自热法生产锑白的原则工艺流程。

自热法生产锑白使用精锑作原料，对原料的一般要求见表17-2，其中砷质量分数应小于0.05%，硒质量分数小于0.005%。生产实践表明：锑白原料中硒质量分数小于0.005%时，锑白中硒质量分数为0.002%～0.003%，对锑白产品白度无影响。

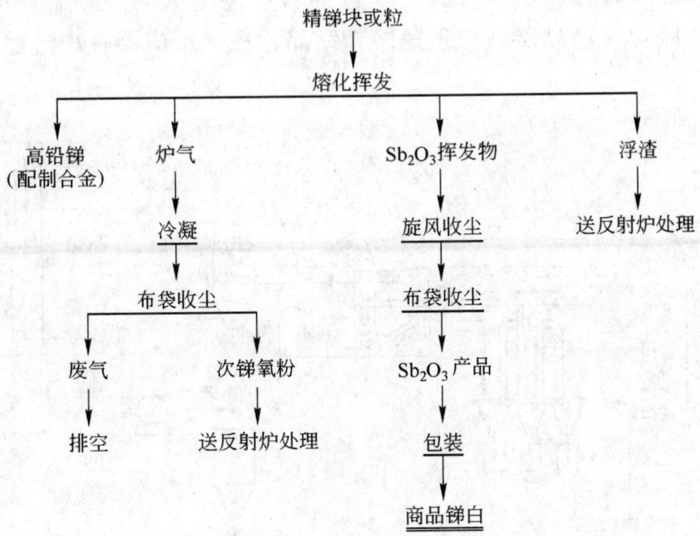

图 17-1 传统自热法生产锑白的工艺流程

表 17-2 自热法生产锑白对精锑的质量要求（质量分数） (%)

Sb	As	Cu	Fe	Pb	Se
>99.65	<0.05	<0.01	<0.02	<0.2	<0.005

传统自热法生产锑白，仅开炉、停炉和处理故障时需用少量燃料，故燃料消耗甚少，一般采用烟煤，燃料率小于5%。对煤质的一般要求见表17-3。

表 17-3 自热法生产锑白对煤质的要求（质量分数） (%)

固定碳	挥发物	灰分	水分	粒度/mm
>55	15~20	15~20	<6	<30

17.2.1.2 主要设备

自热法生产锑白的主要设备包括锑白炉、鼓风系统、冷却系统、收尘系统及产品包装系统等，图17-2为工艺设备的连接示意图

A 锑白炉

锑白炉为反射式隔焰炉，一般为长方形。炉膛中装有耐火泥或不锈钢制的反应器(室)，反应器与炉外的冷却装置相连。反应器一般为圆筒形，一台炉子可设多个反应器。炉子的一段设有供热火膛，在开炉、停炉和处理故障时燃煤供热，在正常操作期间则停止供热。锑白炉熔池的大小、炉膛高度须配合适当，以使热量损失减少到最小限度，图17-3为6m^2锑白炉的结构图。

B 鼓风及冷却系统

鼓风系统的作用是向锑白炉和反应器提供一次与二次空气，小型炉可以共用1台风机，较大炉型一般选2台风机，分别供给一次和二次空气。

一次空气的风管插入熔池锑液中，鼓风后使部分锑氧化挥发，同时使大量锑蒸气挥发进入反应器与二次空气相遇，即氧化产生气相Sb_2O_3，此时反应器内温度保持1000℃±20℃。为使Sb_2O_3产生极细化的立方结晶，需急剧冷却到200℃以下，主要采用

空气冷却，即以 60 ~ 80 倍于一、二次空气量的自然冷空气与反应器出口气体混合，使 Sb_2O_3 蒸气在冷却风管（结晶器）中迅速冷却结晶，氧化反应器及炉气骤冷装置如图17-4所示。

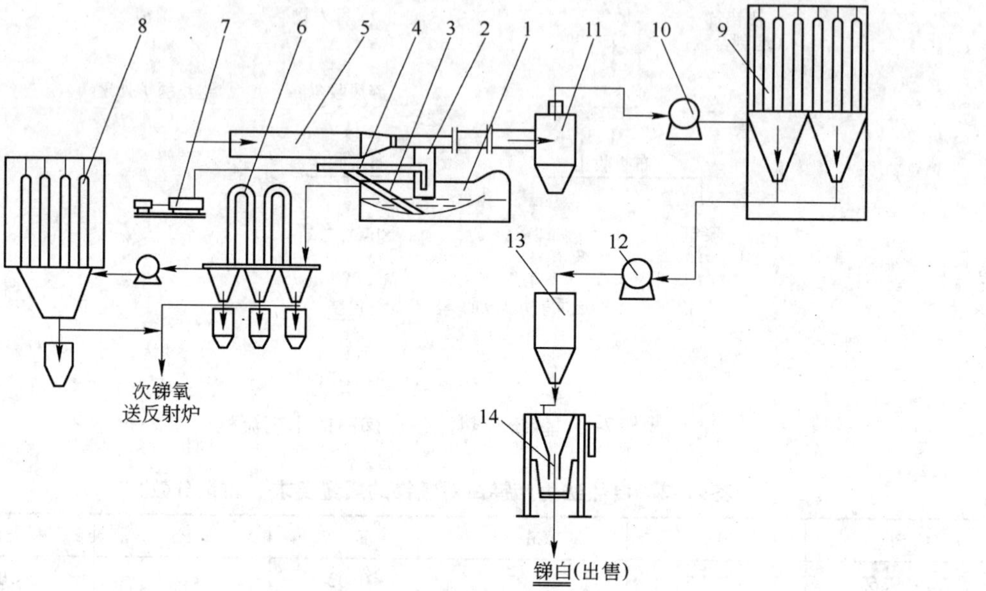

图 17-2　自热法生产锑白设备连接示意图

1—锑白炉；2—反应室；3—一次空气管；4—二次空气管；5—冷却风总管；6—表面冷却器；7—鼓风机；8—烟气收尘器；9—锑白粉收集室；10—排风机；11—旋风收尘器；12—锑白输送风机；13—锑白输送罐；14—锑白打包机

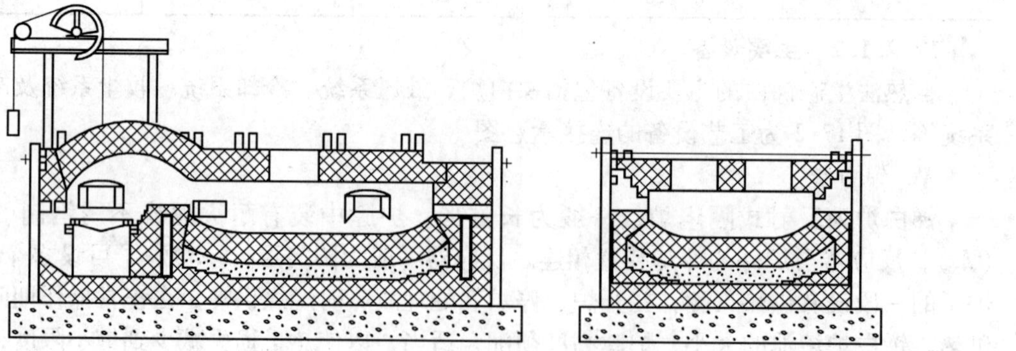

图 17-3　$6m^2$ 自热式锑白炉结构图

C　收尘系统

自热式锑白炉配备有两套收尘设备，一套收集开炉、停炉和处理故障时产生的次锑氧粉，另一套则收集正常情况下产出的锑白产品。

收尘系统主要包括旋风收尘器、风机及布袋收尘器。旋风收尘器为一般的慢速收尘器，主要用来分离烟气中的灰尘和粗粒锑白。为了防止含铁物质混入锑白产品中，旋风收尘器及全部连接管道需采用铝合金板制作。优质锑白产品主要收集于布袋收尘器中，常采用房室收尘器，机械振打或反吸风清灰，滤布可采用柞蚕丝绸制作，过滤速度不宜过大，一般取 0.2 ~ 0.3m/min，收尘效率可达 99.5%。在旋风收尘器与布袋室之间安装风机，抽入大量冷风，冷却含 Sb_2O_3 的炉气，炉气经旋风收尘器送入布袋室，废气通过布袋排出室外。风机的选择一般按一次与二次风量之和的 80 ~ 100 倍计算。

自热式锑白炉在开炉、停炉和故障处理时，需要烧煤加热，产出的烟气不能进入锑白产品收集系统，以免污染锑白，故另设置一套烟气冷却与收尘系统，用于收集次锑氧粉。从炉内排出的烟气温度约为 700 ~ 800℃，需要设置冷凝柜、表面冷却器和布袋收尘器。次锑氧粉收尘系统的结构形式与锑氧粉还原熔炼反射炉的烟气冷凝收尘设备相似，布袋排出的废气导入烟囱排空。

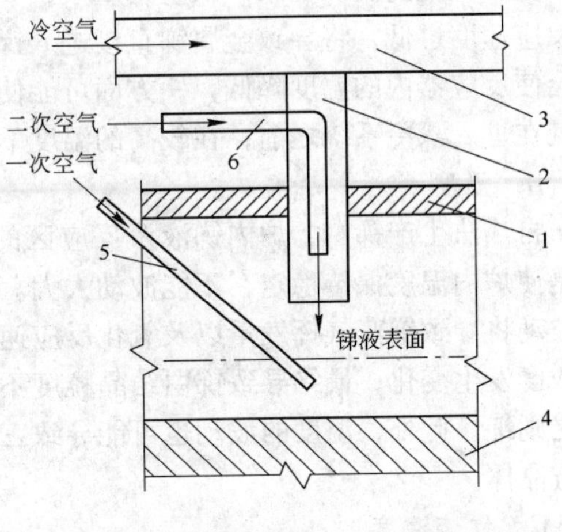

图 17-4 锑蒸气氧化与冷却装置示意图
1—锑白炉顶；2—反应器；3—冷却风管（结晶器）；4—锑白炉底；5—一次风管；6—二次风管

17.2.1.3 技术操作条件

锑白的质量由白度、粒度及结晶形态等决定。一般来讲，白度越高、粒度越细、立方晶型的含量越高，则产品质量越好。

以阻燃剂为例，相对于高分子材料本身结构的完整性来说，Sb_2O_3 是外来的“杂质”，与高分子材料有一定的不相容，所以它或多或少地会影响高分子材料的物理性能，这种影响随着 Sb_2O_3 粒度的增大而增大。Sb_2O_3 的粒度大小和均匀性，与高分子聚合物最终制品的抗冲击性是密切相关的。

研究表明，三氧化二锑粒度与 ABS 树脂的抗冲击性成反比，减少一个微米的三氧化二锑粒度，可以给聚合物增加一倍以上的抗冲击性。Sb_2O_3 粒度对织物纤维强度的影响尤为显著，一般织物纤维直径较小，多则十多个微米，少则几微米或更小，一般采用熔融纺丝方法生产，即聚合物在熔融状态下通过滤网挤压后抽丝成形，当熔体中 Sb_2O_3 粒度较大时，会增加过滤阻力，增加升压速度，纤维的强度下降，甚至会出现断丝。通常，为达到阻燃物较高的力学性能，在配料中选择粒度相对小一些的 Sb_2O_3 为好，较合适的粒度范围是 0.1 ~ 0.5μm。

锑白的结晶形态对其白度和稳定性有较大影响，斜方晶型的 Sb_2O_3 有很强的光敏性，光照后变为淡黄色，白度低，此外其粉末主要呈针状、纺锤形，流动性差。立方晶型的锑白质量更好，深受用户青睐。

自热法工艺影响锑白产品质量的主要技术条件有一次空气量、二次空气量、一次与二次空气量的比例、反应室高温区的温度控制、炉膛内锑液温度及深度控制、骤冷冷却风量的大小、调配等。

A　一、二次空气量及比例

一、二次空气量对维持锑液及氧化反应器内的温度起着重要的作用，同时影响锑蒸气的挥发和氧化速度。如果一次空气量大，导致锑蒸气挥发量过大，而二次空气量不足，氧化反应速度过低，将导致金属锑直接进入锑白产品，降低产品质量。此外，二次空气量过大会使反应器内的温度降低，一方面可能使氧化反应不彻底，另一方面可能使三氧化二锑蒸气在进入骤冷系统之前，在较高的温度下结晶而形成斜方晶体。

B　温度

自热法生产锑白，炉内锑液及反应区的温度一般控制在1000℃左右。温度控制的关键是使炉内温度保持稳定，不能波动太大。温度的波动将直接影响锑白的质量，因为温度的波动将导致锑蒸气挥发量以及氧化反应速度的变化，从而使反应生成的三氧化二锑蒸气的浓度发生变化，最终导致锑白结晶粒度不均匀。三氧化二锑蒸气浓度大，结晶粒度粗，反之则细。此外，温度的波动也可能导致三氧化二锑蒸气在进入骤冷系统之前结晶而形成斜方晶体。

C　锑液深度

炉膛内锑液深度应保持稳定，锑液深度主要是对一次空气量的影响。因为吹氧管的位置一般保持不变，当锑液深度增加1mm时，一次风管的空气阻力将增加约66Pa，这将造成很大的风量变化，导致氧化反应过程不稳定，从而影响产品质量。

D　骤冷冷却风量

斜方三氧化二锑是高温稳定晶型，因此，三氧化二锑蒸气在较高的温度下结晶时，将形成斜方晶体，为了得到立方晶型的锑白，必须以大量冷空气将三氧化二锑蒸气急剧冷却到500℃以下，一般为200℃左右。骤冷过程还可使三氧化二锑迅速通过 Sb_2O_4 的生成温度（500～900℃），避免三氧化二锑继续氧化而降低锑白的质量。

冷却风量对锑白的粒度有很大影响，一般而言，冷却风量大、结晶温度低、晶粒形核的过冷度大、结晶速度快、有效结晶时间短，三氧化二锑粒度就细。另一方面，三氧化二锑蒸气浓度小，分子间相互碰撞的频率少，有利于晶粒细化，形成的锑白粒度细。

表17-4为锡矿山矿务局炼锑厂 $6m^2$ 底吹式自热锑白炉的生产操作条件。

表17-4　$6m^2$ 底吹式自热锑白炉操作条件

项　目	指　标
一次空气量	8～13m^3/h
二次空气量	80～110m^3/h
二次空气量:一次空气量	10～13
反应室高温区控制温度	1000℃ ±20℃
二次空气管出口距锑液表面	500mm
炉膛内锑液温度控制	970～990℃
炉膛内锑液深度控制	228～234mm
冷却空气量	10000～12000m^3/h
锑液含铅富集上限	<3.5%

17.2.1.4 主要产物

A 锑白

目前，我国主要锑白工厂采用传统自热法生产的产品均已达到国标 GB/T 4062—1998 规定的 Sb_2O_3 99.50% 以上的品级。表 17-5 列出了益阳锑品冶炼厂所产分级锑白的化学成分和物理性质。

表 17-5 分级锑白成分和物理性质

品级	化学成分（质量分数）/%			物理性质	
	Sb_2O_3 不小于	As_2O_3 不大于	PbO 不大于	颜色	平均粒度/μm
一 级	99.50	0.06	0.12	纯白	0.5~1.0
二 级	99.50	0.06	0.12	纯白	1.0~1.3
三 级	99.50	0.06	0.12	纯白	1.3~1.7
四 级	99.50	0.06	0.12	纯白	1.7~2.5

近年来，通过对传统自热法工艺进行改进或采用等离子体法等新工艺，已能产出超细氧化锑和催化剂型氧化锑，畅销国内外。

目前，超细氧化锑和催化剂型氧化锑的规格尚无统一标准，不同客户的要求有一定的区别。

对于超细氧化锑，一般要求如下：化学成分符合 GB/T 4062—1998 规定的 Sb_2O_3 99.80% 标准，最大粒度小于 0.3μm。

催化剂型氧化锑，一般要求如下：化学成分（质量分数）为 Sb_2O_3 大于 99.80%，PbO 小于 0.003%，Fe_2O_3 小于 0.003%，As_2O_3 小于 0.003%，平均粒度小于 0.5μm，乙二醇溶解残渣小于 0.008%。

B 次锑氧粉

锑白炉在开、停炉和故障处理时，烟气收尘系统收集的烟尘中 Sb_2O_3 质量分数达 90%~92%，称为次锑氧粉，化学成分如表 17-6 所示。次锑氧粉一般送锑氧还原熔炼反射炉炼成精锑。

表 17-6 次锑氧粉的一般化学成分（质量分数） (%)

元 素	Sb	As	Pb	Cu
含 量	79~80	0.07~0.08	0.06~0.1	~0.001

C 高铅锑

随着吹炼过程的进行，锑白炉锑液中的铅会逐渐富集，当锑液中铅的质量分数达到 3.5% 以上时，不能再继续吹炼，须停炉放出剩余锑液，此种放出的锑液产品称为高铅锑，可用于配制合金，其化学成分如表 17-7 所示。

表 17-7 高铅锑的一般化学成分（质量分数） (%)

元 素	Sb	Pb	As	Fe	S	Cu
含 量	>95	>3.5	约 0.02	约 0.01	0.0063	>0.19

D　浮渣

锑白吹炼过程中产生的炉渣称为浮渣，其主要成分为锑的高价氧化物，同时还含有被腐蚀的炉壁耐火材料成分及铁的氧化物等，锑质量分数约75%，浮渣可返回反射炉还原熔炼，常规成分见表17-8。

表17-8　锑白炉浮渣的常规化学成分（质量分数）　（%）

元　素	Sb	Pb	As	FeO	SiO_2	CaO
含　量	>65~75	0.1~0.2	0.1~0.2	1.2~1.5	3.5~4.2	0.8~1.0

E　主要技术经济指标

a　吹炼时间

锑白炉生产1t合格锑白需要的吹炼时间，称为锑白吹炼时间，吹炼时间的长短与产品质量要求有关，$6m^2$ 锑白炉生产 Sb_2O_3 99.80%锑白的吹炼时间一般为2~2.2h/t，Sb_2O_3 99.50%锑白的吹炼时间一般为1.5~1.7h/t。

b　次锑氧率

开炉时熔化精锑、停炉以及处理故障时产出的次锑氧粉，质量均较差，需另行收集。将所产次锑氧粉的含锑量占加入炉内物料总含锑量的百分比，称为次锑氧率，次锑氧率一般为7%~8%。

c　残锑率（又称高铅锑率）

在吹炼过程中，锑液含铅不断富集，当锑液中含铅量达到一定程度后，吹炼出的锑白产品，含铅量将不合格。实践表明：当锑液中铅质量分数达到3.5%时，需立即停止吹炼，放出炉内残存的锑液，再重新开炉熔化精锑。将放出的高铅锑液的含锑量占入炉精锑含锑量的百分比，称为残锑率或高铅锑率，残锑率或高铅锑率一般为1%~1.5%。

d　锑白的直接回收率

锑白炉产出合格锑白的含锑量占加入炉内精锑含锑量的百分比，称为锑白炉的直接回收率，锑白的直接回收率一般为87%~88%。影响锑白直收率的主要因素是高铅锑、次锑氧粉和浮渣的产出量，因此，采用好的精锑作原料，保持最佳的炉况和较长的炉龄，是提高直收率的重要措施。

e　锑的冶炼回收率

吹炼锑白过程中产出的次锑氧粉、浮渣和高铅锑，均可分别回收其中的锑。次锑氧粉送还原熔炼反射炉炼出精锑，浮渣可送反射炉或鼓风炉处理，高铅锑可配制铅锑合金，故锑的冶炼回收率可达98%~99%，计算公式如下：

锑的冶炼回收率=锑白含锑量/（入炉精锑含锑量-再处理物料含锑量）×100%

f　燃料消耗

生产1t合格锑白，根据统计数据，一般约消耗烟煤10~15kg。

17.2.2　利用铅锑合金作原料的低温氧化法

17.2.2.1　基本原理及生产工艺

用铅锑合金生产锑白的工艺与用精锑为原料生产锑白的火法工艺既有相似之处，也有较大的不同，其主要区别在于锑白炉的结构、炉内反应温度及炉温控制方式，其原则工艺流程如图 17-5 所示。

由于砷极易氧化挥发，所以低温氧化法使用的铅锑合金必须预先脱砷。脱砷通常是在 650℃以下，加碱精炼，使砷进入浮渣而除去，脱砷后的纯净（低砷）铅锑合金才能用于生产锑白。

在氧化炉内，将铅锑合金加热到熔融状态，由于重力和共晶物形成的作用，在合金液面形成了富锑层，铅则向合金液底部富集。熔体温度一般控制在 750℃以下，在此温度下，Pb 及 PbO 的蒸气压很小，不会影响锑白产品的质量。

氧化气流（空气或富氧气体）的导入不能采用传统锑白工艺的底吹方式，因为这将使底部的铅金属大量挥发并氧化而进入锑白产品。氧化气流一般通过导风板沿合金液面掠过，使液面产生一定程度的翻腾，确保仅使熔体表层的锑被蒸发和氧化，也可在合金液面上方设置多个进风管，使气流垂直吹到熔体的表面。氧化反应产生的三氧化二锑蒸气在结晶器内被冷空气迅速冷却，再由引风机抽到布袋收尘系统捕集而得到锑白产品。在氧化过程中，铅则富集于合金的底部而排出，送电解工段生产精铅。产生的部分浮渣，主要为锑的高价氧化物及铅的氧化物，需定期捞出，送鼓风炉还原熔炼处理，以回收其中的金属。

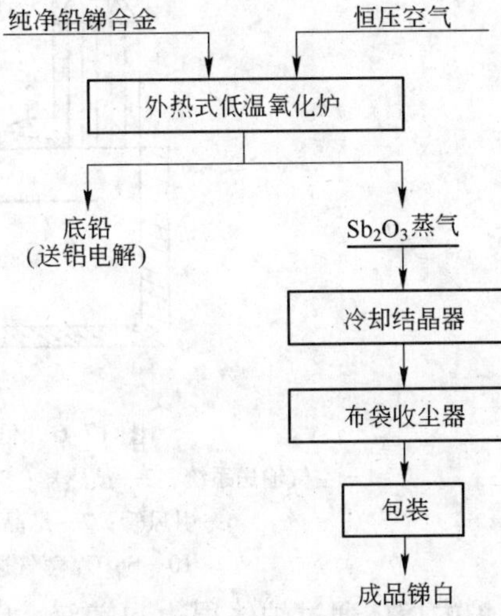

图 17-5 低温氧化法生产锑白的原则流程

低温氧化法的特点是用外热式氧化炉作锑白炉，氧化温度容易控制，同时，反应温度比高温氧化法低 300 ~ 500℃，锑白炉中温度波动很小，温度分布也很均匀。Sb_2O_3 的粒度主要由 Sb_2O_3 蒸气浓度和冷却器的冷却速率决定，在实际生产中，氧化反应所用的空气为恒压空气，Sb_2O_3 的蒸气浓度相对稳定，这样，控制好 Sb_2O_3 在冷却器中的冷却速率就基本上控制了 Sb_2O_3 的粒度，控制不同的冷却速率，可以得到不同粒度的 Sb_2O_3。由于该法控制粒度的工艺操作条件可控、易控，且可做到自动化控制，因而产品可保持同一品质，如柳州市环东锑业化工厂采用该法生产的产品，其平均粒径的一致性较好，基本保持在 0.30 ~ 0.38μm 的范围内，产品最大粒径小于 2.0μm，0.2 ~ 1.0μm 的占 95% 以上，粒度分布情况较好。

采用低温氧化法的另一优点是 Sb_2O_3 蒸气在结晶器中的结晶温度在 557℃以下，因而产品的晶型几乎全为立方晶体。

低温氧化法的缺点是炉子的单位生产能力较低。

17.2.2.2 主要设备

低温氧化法采用特殊的外加热坩埚式氧化炉，其他附属设备如冷却、收尘等系统与传统的自热法工艺基本相同。

坩埚式氧化炉，一般为长方形，用不锈钢板焊接制作。氧化炉的供热方式通常为在炉体的底部及周边间接加热。氧化气流可以先预热后再引入炉内。

图 17-6 为中国专利 01131596.2 公开的一种低温氧化炉。该氧化炉设置了预热系统对

空气进行预热，使空气加热到 50 ~ 400℃后，从氧化炉的一端进入氧化炉，在炉内导风板的作用下沿切线掠过合金液面进行氧化反应，氧化所产出的三氧化二锑蒸气从氧化炉的另一端进入结晶室，在结晶室内用冷风将温度迅速降低到 400℃以下，从而控制三氧化二锑的晶型及粒度的形成，产出粒度为 0.3 ~ 1.2μm 的锑白产品。

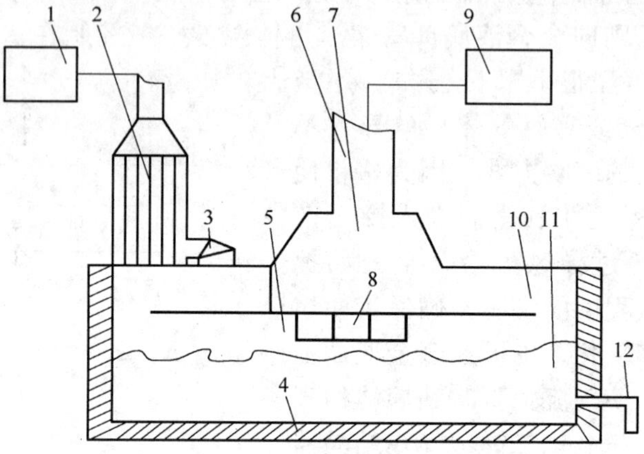

图 17-6　低温氧化炉结构示意图之一

1—空气输送系统；2—预热器；3—空气输送管道；4—氧化炉体；5—氧化反应室；
6—引风管；7—结晶器（室）；8—投料口；9—收尘系统；
10—Sb_2O_3 蒸气通道；11—合金熔体；12—放料阀

炉内熔体通过炉体周边和底部，用手工燃烧或机械燃烧煤炭、焦炭的间接方式供热，也可使用气、液体干净燃料，通过投料供热直接加热，确保炉内合金液体的温度保持在 750℃以下。氧化气体通过燃烧尾气的热交换进行预热。

该氧化炉的特点是采用与正压气流完全相反的负压气流切线吹氧的氧化方式，既在合金液面形成负压使得锑蒸气更易挥发脱离合金液体，又使得合金液体产生了翻腾并使氧化残留渣被吹到氧化炉尾部，从而保证了在整个生产过程中保持最大的新鲜合金液面，确保生产顺利进行。

中国专利 02233478.5，公开了图 17-7 所示的一种生产三氧化二锑的低温氧化炉。该坩埚式氧化炉在炉体上方设有直接与液面相通的气箱，气箱斜板浸入到熔体中，把炉内上部分隔成预熔区和反应区。气箱内部设有三氧化二锑蒸气结晶室并通过管道穿过气箱与收尘室相连。

如图 17-7 所示，锑铅合金经脱砷处理后，Sb 的质量分数为 90% ~ 10%、Pb 的质量分数为 10% ~ 90% 之间。从投料口投入到预熔区熔化，维持熔体液面高度，浮渣被深入到熔体中的气箱斜边板阻挡在预熔区而捞除；过滤后的洁净空气或富氧空气经进风管分配到气箱，以 900 ~ 5000Pa 的压力均匀地鼓到反应区的液面上，使液面发生波动，强化液体锑的蒸发和氧化；同时，气箱中的空气在斜向边板的引导下，可推动反应区的浮渣向结晶区漂移，维持反应区的液面不断清洁和更新，保证吹风的效果，浮渣在结晶区再次得到集中清除；反应产生的三氧化二锑蒸气进入结晶室，控制温度，获得所需粒度尺寸的三氧化二锑结晶粉末；通过常规方法，用适当的负压将结晶区的混合气经引风管引入收尘室即制得锑白产品。

利用铅锑合金制备三氧化二锑时，可以在氧化炉内的适当区域控制三氧化二锑的结晶温度，从而获得不同粒度的锑白产品，以适应不同用途的需要。我国发明专利01136356.8，公开了一种控制锑白粒度的方法。

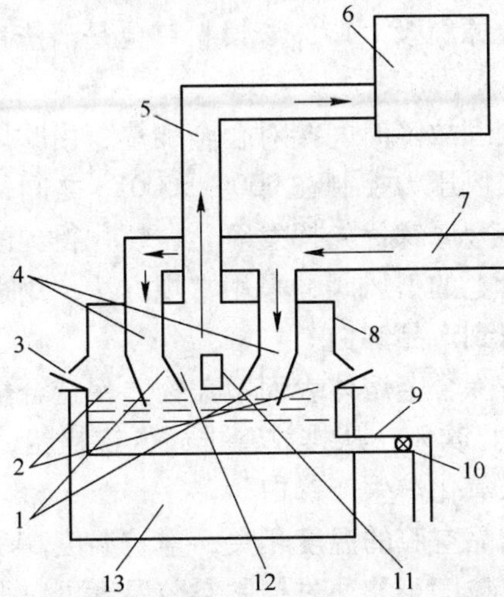

图 17-7　低温氧化炉结构示意图之二

1—反应区；2—合金预熔区；3—投料口（捞渣口）；4—气箱；5—引风管；6—收尘室；7—进风管；8—氧化炉炉体；9—排放管；10—排放阀；11—观察门（清渣口）；12—结晶室；13—供热室

该方法使用 Pb 质量分数 10% ~90%、Sb 质量分数 90% ~10% 的合金为原料，在熔体温度稳定在 700℃以下的条件下，将金属锑挥发氧化，将氧化得到的三氧化二锑在可以调控温度的空腔中冷却结晶，可获得平均粒度在 0.3 ~5μm 范围的三氧化二锑产品，所使用的氧化炉结构见图 17-8。

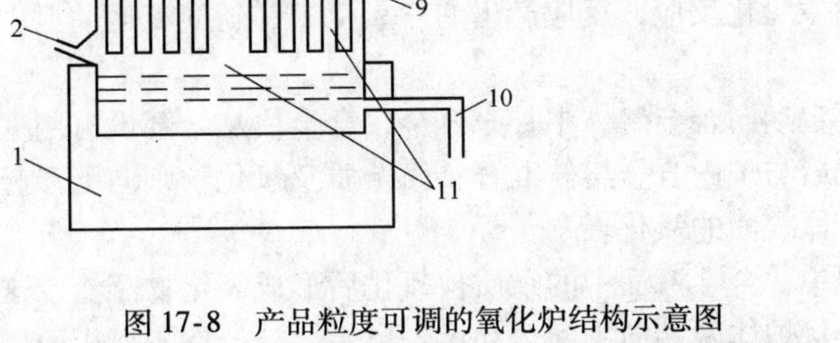

图 17-8　产品粒度可调的氧化炉结构示意图

1—供热室；2—投料口；3—吹风管；4—气箱；5—引风管；6—收尘室；7—配风板；8—加热器；9—坩埚氧化炉炉体；10—排放管；11—空腔

如图 17-8 所示，该氧化炉增加了一套对空气进行加热的装置，热空气的温度通过加热器供给的热量进行控制。炉内安装有配风板，在配风板下面安装垂直指向合金液面的吹风管，配风板的上部为气箱，加热后的空气由此经吹风管吹到熔体表面。氧化炉下部盛有合金熔体，合金熔体的上部为冷却结晶的空腔。配风板上安装有引风管穿过气箱，经引风阀与收尘室相通。炉体侧面开有合金原料投入口，该投料口也是清渣口。炉体下部开有排放管，用于排放低锑合金熔体。

炉体下部的供热室仅在开炉和处理故障时间接对合金加热，由吹风管进入的热空气或富氧空气则直接对合金熔体加热，鼓风压力控制在 900 ~ 5000Pa 之间，利用锑、铅和其他合金的熔点和蒸气压不同的特性，使金属锑优先挥发氧化，氧化得到的三氧化二锑在空腔中冷却结晶。与此同时，控制引风管上的引风阀，采用常规方法，用适当负压将炉膛内的混合气体引入布袋收尘室，经收集得到产品锑白。

生产过程中，需从投料口定期清除合金熔体表面覆盖物，保持合金熔体表面清洁。当熔体的 Sb 质量分数小于 10% 时，停止吹氧，从排放管排放低锑粗铅，送电解车间提取电铅，电解阳极泥熔铸成合金后，送入氧化炉生产锑白。

研究发现，三氧二锑的粒度与结晶空腔的温度相关，空腔温度高，得到的结晶粉末粒度大，空腔温度低，得到的结晶粉末粒度小，通过控制空腔温度可以得到粒度不同的三氧化二锑。空腔温度可以通过调整空气加热器的给热量进行调控。控制空腔温度在 150 ~ 180℃时，可以得到平均粒度为 0.3μm 的锑白；控制空腔温度为 300 ~ 320℃时，锑白的平均粒度为 0.63μm；控制空腔温度为 460 ~ 480℃时，锑白的平均粒度为 2.51μm。即炉膛空腔温度控制在 150 ~ 550℃时，可获得平均粒度在 0.3 ~ 5μm 范围内的三氧化二锑。

该装置的特点是流程简单，控制参数少，设备投资小，工业上易于实现，同一套装置可生产多种粒度规格的产品，市场适应性较强。

图 17-9 为中国专利 01258357.X 报道的另一种利用铅锑合金制取锑白的低温氧化炉。该氧化炉呈长方体，由不锈钢板焊接而成，使用时，将氧化炉体放置在供热燃炉上，并连接相应的进风管道及引风管道即可。

氧化炉的顶部设有两个进风口，排风口位于顶部中央。炉体一侧的侧壁上设有两个初始加料用的投料口和一个补加合金原料的补料口，在补料口对面侧壁的中上部设有一个排渣口。炉体内中上部设有焊接在炉壁上的挡风板（导风板），挡风板与炉体端壁之间有间隙，供空气流过，在炉体的中央设有浸入合金熔体的隔离板，即在挡风板以上区域形成两个气箱，挡风板以下区域形成两个氧化反应区。空气从进风口进入气箱后，在挡风板的作用下通过炉体两端的间隙进入反应区，形成由两端向中间流动的两股气流，气流掠过合金熔体表面并与锑发生氧化反应，反应产出的三氧化二锑随气流运动至中央隔离板，从排风口排出后会合。

生产时，需要定期向合金熔体中补充合金，合金块从内部设有网框的补料口补充。合金块在网框中熔化后与炉内合金熔体混合，而杂质及氧化物则向上浮起在网框上，不会影响其他部位合金熔体表面的氧化。

氧化反应过程中，合金液面中的杂质被氧化后形成氧化物浮渣，这些浮渣在炉体内流动空气的吹动下，从炉体两端向中间运动至隔离板，被挡在隔离板两侧的液面上，很容易从位于侧壁中部的排渣口清理，在整个氧化反应过程中，能较好地保持大部分的新鲜合金液面，保证氧化反应的顺利进行。

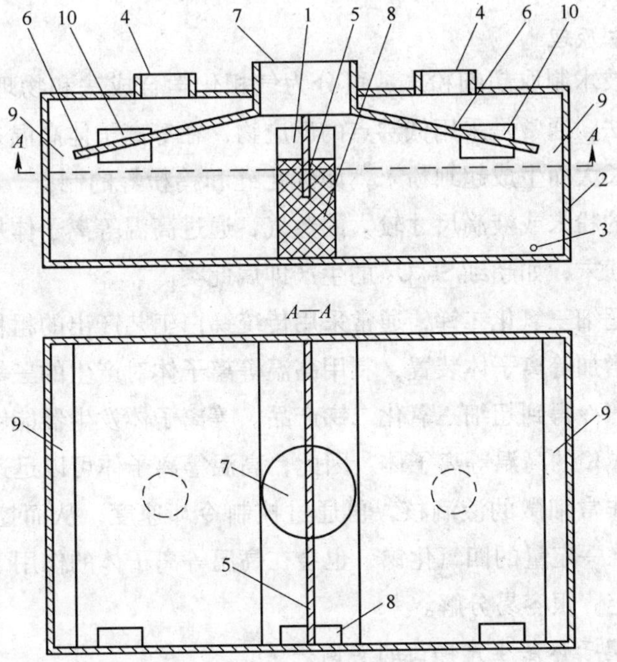

图 17-9 低温氧化炉结构示意图之三

1—排渣口；2—炉体；3—放料口；4—进风口；5—隔离板；6—挡风板；
7—排风口；8—补料口；9—间隙；10—投料口

该氧化炉的特点是内部结构简单、易于制造，不但氧化效果好，而且氧化反应产生的浮渣集中，便于清理。

17.2.2.3 主要工艺条件及技术指标

低温氧化法最关键的技术参数是炉内熔体的温度，熔体温度一般低于750℃，甚至低于700℃；其次，鼓风压力较低，一般为负压，鼓风压力控制在900～5000Pa较为适宜；负压气流更有利于锑蒸气的挥发，从而提高生产能力。

低温氧化法的产品质量较好，粒度更易控制且粒度分布均匀。由于不能在熔体内鼓风，锑蒸气的挥发面积相对较小，因而低温氧化炉的单位生产能力较低，一般为0.7t/（m^2·d），采用富氧空气作氧化气体可提高炉子的生产能力。

17.2.3 等离子体法

等离子体法生产锑白工艺是为满足聚酯用催化剂级三氧化二锑的要求而开发的新工艺。普通火法工艺生产的锑白，一般不能作为聚酯催化剂使用，主要原因是乙二醇溶解残渣量及粒度的大小不同。催化剂级三氧化二锑，要求粒度更细，乙二醇溶解残渣量更小，而普通三氧化二锑产品中，高价氧化锑（Sb_2O_4）的含量要高一些，由于高价氧化锑不溶于乙二醇，且无反应活性，其含量应越低越好。传统自热法生产锑白工艺的反应温度控制在1000℃左右，该温度与四氧化锑的生成温度500～900℃较接近，锑白炉内的温度波动及不均匀性，常常导致部分四氧化锑的生成。等离子体法的优势是可以降低产品的粒度及四氧化锑的含量。

17.2.3.1　基本原理

采用等离子体技术制取超细粉末，可分为气相化学合成法和物理气化－冷凝法两大类。气相化学合成法，通常是采用低沸点的反应物，在等离子体高温条件下，通过气相化学反应成核与晶粒长大而生成超细粉末，如碳化硅和钨粉等的制备。物理气化－冷凝法，是将一种粗粒物质的粉末或液滴尺寸较大的蒸气，通过高温等离子体加热气化，然后再快速冷凝而得到超细粉末，如超细 Sb_2O_3 的生产即属此类。

等离子法生产超细三氧化二锑，通常采用传统锑白工艺产出的粗粒锑白作原料，或者直接在传统工艺中增加等离子体装置，利用高温等离子体对产生的三氧化二锑蒸气进一步加热气化，然后再骤冷得到超细三氧化二锑产品。等离子体发生器能够产生并稳定维持温度在 $3\times10^3\sim3\times10^4$K 的高温等离子体，因此，高温等离子体可以迅速将 Sb_2O_3 在很高的温度下气化，形成非常细微的液滴核，再通过控制冷却速度，从而控制晶粒的大小。此外，如果原料中存在一定量的四氧化锑，也会在高温等离子体的作用下而消除，因为四氧化锑在高温下不稳定，很容易分解。

17.2.3.2　等离子体法生产锑白的实例一

A　生产工艺

该工艺先采用传统自热法锑白炉生产 Sb_2O_3，然后将含 Sb_2O_3 的气尘引入等离子体反应区与特高温度的等离子体混合，使 Sb_2O_3 进一步气化及活化，最后引出炉体外迅速冷却，其生产设备的连接如图 17-10 所示，工艺流程见图 17-11。

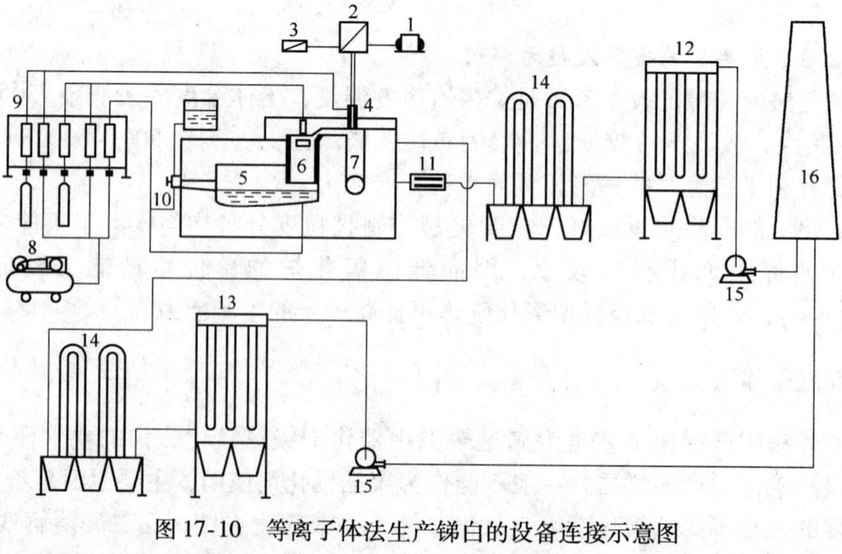

图 17-10　等离子体法生产锑白的设备连接示意图

1—变压器；2—等离子发生器；3—电气控制柜；4—等离子体灯柜；5—锑白炉；6—二次氧化室；7—等离子体反应室；8—空压机；9—气体控制柜；10—油燃烧器；11—圆筒套空气稀释器；12，13—布袋收尘室；14—表面冷却器；15—离心通风机；16—烟囱

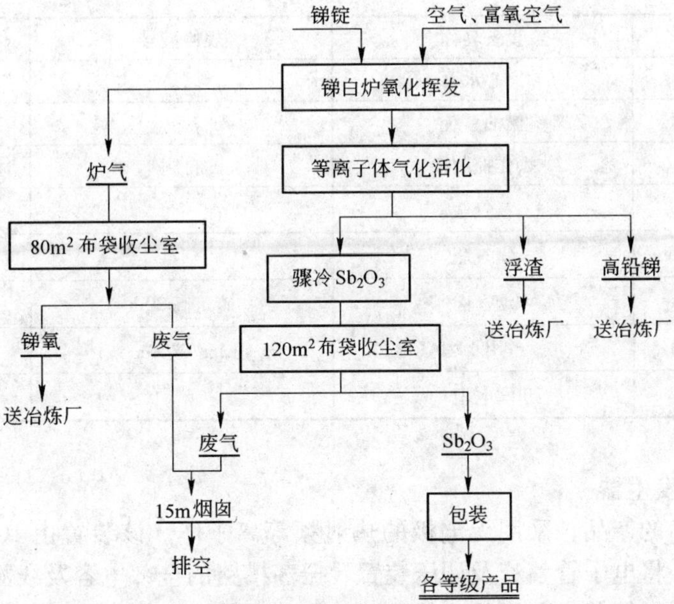

图 17-11 等离子体法生产锑白的工艺流程图

为了保证产品质量，采用该工艺生产锑白时，采取了如下措施：

(1) 在锑白炉中，设置了二次氧化室，并鼓入富氧空气将残余的锑全部氧化，防止锑蒸气冷凝为金属而降低 Sb_2O_3 的白度。

(2) 进入等离子体反应区的烟气温度大于 950℃，以防止生成 Sb_2O_4 而影响 Sb_2O_3 的白度和活度。

(3) 使用圆筒活动套稀释器，有效而迅速地将高温烟气冷却至小于 250℃，以减少 Sb_2O_3 立方晶型转变为斜方晶型的几率，增加 Sb_2O_3 的白度，提高性能指标。

等离子体法生产锑白的主要工艺参数为：氧化温度 950 ~ 1050℃；高温区温度 1150 ~ 1250℃；骤冷后炉气温度小于 250℃；一次氧化风量 $15m^3/h$；二次氧化风量 $9 \sim 11m^3/h$（空气: 氧 = 6: 4）；锑每次补充量为 60 ~ 70kg/h，每 30min 补充一次。

B 主体设备及附属设备

生产 Sb_2O_3 的主体设备主要有：供电及等离子体发生器；锑白炉；布袋收尘系统。整个生产线设备见表 17-9，各主体设备分述如下。

表 17-9 等离子体法锑白生产线设备明细

序 号	设备名称	规格型号	数 量
1	电源变压器	300kV · A	1 台
2	等离子体发生器	由 100kV · A 高频炉改装	1 台
3	锑白炉	$1m^2$	1 座
4	空压机	$3m^3$	1 台
5	锑氧收尘室	过滤面积 $120m^2$	1 座
6	次氧收尘室	过滤面积 $80m^2$	1 座
7	离心通风机	40kW	1 台
8	离心通风机	7.5kW	1 台

续表 17-9

序　号	设备名称	规格型号	数　量
9	离心水泵	4.5kW	1 台
10	燃油系统		1 套
11	操作控制柜	自制	1 台
12	氧气瓶		50 个
13	氩气瓶		4 个
14	烟　囱	砖筑高 20m	1 座
15	备用水塔	$2m^3$ 高 8m	1 座
16	配电柜		1 台

a　等离子体发生器

为了获得纯净的产品，采用无电极的热射频等离子体。该装置由 100kW 高频炉的电气设备改装而成。将电子管整流及调压装置、振荡槽路的全部电容及线圈、变压器、阳极及阴极扼流圈和电子管截止负压整流等取消并改装，其改装部分的线路见图 17-12。

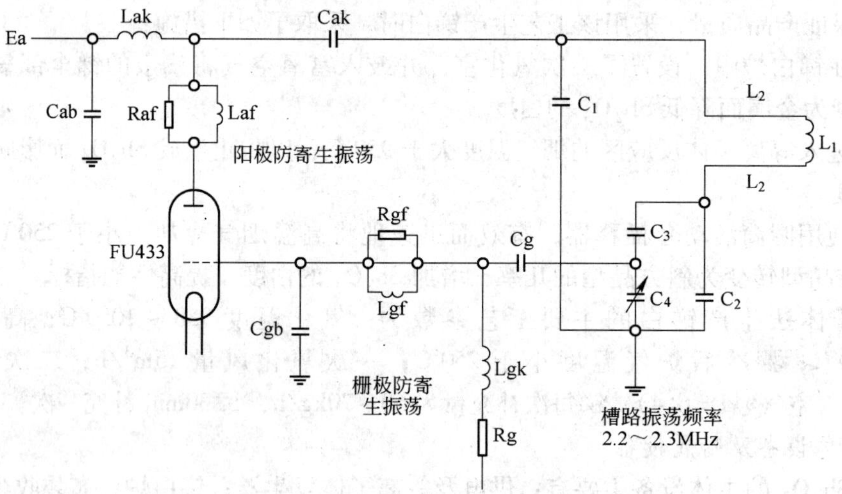

图 17-12　高频等离子体发生器电路参考图

另外增加一台 150～180kV · A 的电动感应调压器，采用三相全波硅堆整流器进行高压整流，对原电气柜做小的调整，使修改后的电气装置工作时产生 2～3MHz 频率的等离子体。

振荡槽路的电感量（$L = L_1 + L_2$）为 2μH，谐振槽路的输出线圈采用 ϕ10mm 的空心紫铜管，绕制螺旋圈 3.5 圈，圆圈直径为 90mm，圈总高度为 110～120mm，圈中灯炬的外管采用 ϕ70mm × 340mm 的石英管，内管为 ϕ60mm × 220mm 的石英管。

实践中，等离子体工作时所控制的主要参数为：电压 11～12kV，阳极电流 12A，栅极电流 1.6A（阳极的 1/7 ~ 1/5）。灯炬气流，起弧时主氩气流量 0 ~ 10L/min，炬边气 30 L/min，炬中气 10L/min，炬内气 20L/min。

等离子体电弧的引燃，采用 A 型电火花真空检测器，氩气流可根据弧的亮点进行调节。灯丝预热时，电压为 22V，电流为 10A。工作时，电压为 33V，电流为 10A。

b　锑白炉

锑白炉炉体类似反射炉，炉床面积约 $1m^2$。炉体为黏土耐火砖砌筑，炉底、侧墙内衬为高铝砖，二次氧化室为特制的高铝材制品部件。炉子预热升温，采用燃油燃烧器，炉体一侧设一加料工作门，靠二次氧化室一侧备有吹管的预留孔。经二次氧化后的烟气，沿炉顶水平烟道进入炉尾上部的等离子体反应室，进一步气化后的 Sb_2O_3，由底部烟道引出炉体外。在烟气出口处，设一圆筒套气体吸入器，由系统负压引入空气稀释炉气，使气温迅速降至 250℃以下。炉体结构见图 17-13。

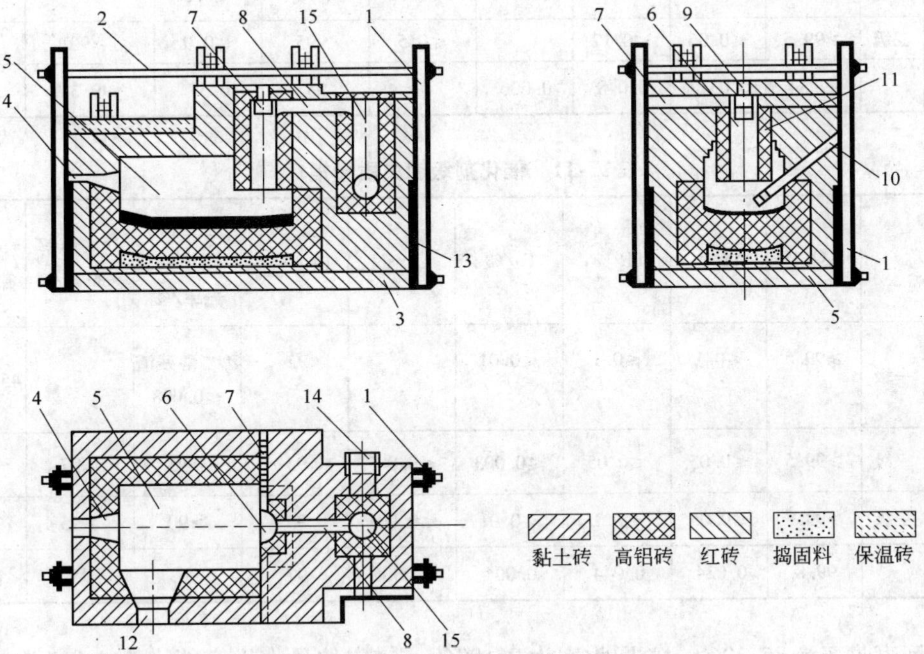

图 17-13　等离子体法锑白炉结构示意图

1—立杆；2—拉杆；3—炉壳；4—燃烧器孔；5—熔池；6—二次氧化室；7—次氧出口；8—锑氧烟道；9—次风管口；10——次进风管；11—反应室隔砖；12—炉门；13—炉尾烟道；14—冷却水套；15—等离子体通道

c　收尘系统

有两个收尘系统。一个由过滤面积为 $120m^2$ 的布袋收尘室、表面冷却器和 40kW 的离心抽风机组成；另一个则由过滤面积为 $80m^2$ 的布袋室、表面冷却器和 7.5kW 的离心抽风机组成，二者共用 20m 的烟囱。前者专供 Sb_2O_3 产品的收集，后者在烘炉、预热升温或停炉处理故障时使用。为了保证产品的质量，120m^2 收尘室的前管道和收尘室的底部料斗，都采用金属铝材。

C　主要技术经济指标

该工艺产出的产品，其粒度分布较窄，平均粒径小于 0.5μm，表面活性好。经工厂试用，作为聚酯合成催化剂，其合成产品的质量稳定，Sb_2O_3 的单耗降低 25%，缩合时间缩短 6%，产品质量指标分别见表 17-10 和表 17-11。

表 17-10　超细锑白质量指标

名　称		Sb_2O_3/%	As_2O_3/%	PbO/%	Fe_2O_3/%	杂质总合/%	白度/%	平均粒径/μm	<2μm 含量/%	0.043mm（325 目）筛筛余物/%
锡矿山企业标准	一级	≥99.5	<0.06	<0.11	<0.003		93	0.2 ~ 0.22	100	
	二级	≥99.5	<0.06	<0.12	<0.003		93	0.23 ~ 0.3	（≤4μm）100	
等离子体企业标准	一级	≥99.5	≤0.06	≤0.1	≤0.008	≤0.5	>95	≤0.5	96	≤0.01
	二级	≥99.5	≤0.06	≤0.12		≤0.5	>95	≤0.9	≥90	≤0.1
生产实例		99.84	0.0317	0.048	0.006		95	0.37	99.3	

表 17-11　催化剂级锑白质量指标

名　称		Sb_2O_3/%	As/%	Pb/%	Fe/%	Cu/%	白度/%	乙二醇溶解透光率/%	盐酸溶解透光率/%	360 目筛筛余物/%
锡矿山企业标准	一级	≥99.5	≤0.1	≤0.1	≤0.01			乙二醇残渣≤0.008		45μm≤0.1
等离子体企业标准	一级	≥99.5	≤0.05	≤0.05	≤0.003	≤0.001	95	≥95	≥97	≤0.1
	二级	≥99.3	≤0.05	≤0.1	≤0.01	≤0.001	95	≥90	≥95	≤0.1
生产实例		99.8	0.024	0.044	0.004	0.0006	97	96	95	0.1

冶炼直收率为 85.20%，总回收率为 95.80%，锑白炉最大生产能力为 4.0t/（m^2 · d），锑白炉正常生产能力为 3.0t/（m^2 · d）。每吨 Sb_2O_3 的原材料单耗列于表 17-12。

表 17-12　等离子体法生产每吨锑白主要原材料消耗

项　目	锑　锭	氧　气	水	油	电
单　耗	0.934t	10 瓶	10m^3	27kg	1300kW · h

17.2.3.3　等离子体法生产锑白的实例二

中国科学院化工冶金研究所于 1988 年开始进行等离子体法制取超微粒 Sb_2O_3 的研究，小试和中试都获得了高质量的 Sb_2O_3 产品，产品为立方晶型，平均粒度 0.035 ~ 0.07μm，纯度大于99.7%，中试能力达到30kg/h。

1991年，在湖南省益阳地区八三锑品冶炼厂，建成了年产300t等离子体法超微粒三氧化二锑生产线并投入生产。

A 等离子体发生器

以电为能源的等离子体发生器主要有两大类，即高频等离子体发生器和电弧等离子体发生器。高频等离子体发生器的原理是，在高频交变电磁场的作用下产生感应放电而形成等离子体。高频等离子体发生器不存在电极，因而不会出现电极材料对产品的污染问题，高频等离子体发生器适用于各种气氛，但与电弧等离子体发生器相比，高频等离子体发生器的设备投资高，电热转换效率低，仅约35%。

电弧等离子体发生器有两种基本形式，即实心电极型和空心电极型。

实心电极型等离子体发生器又称壁稳式电弧发生器，它的特点是电弧的阴极斑点固定在阴极尖端，因此，这种发生器的阴极通常都用钨等高熔点金属制作，但钨在高温下极易氧化，所以它只适合在氩、氮、氢等惰性或还原性气氛中使用。

空心电极型等离子体发生器又称旋稳式等离子体发生器或管状电极电弧等离子体发生器，这种发生器采用旋流稳定技术，两个电极都用金属圆管制作，还往往装有磁旋转线圈，等离子体工作气从切向引入，在气动力和电磁力的作用下，阴、阳极斑点都高速地沿电极表面不停转动，因此，既降低了电极表面的比热流，又扩大了电极的烧蚀区域。旋稳式发生器比壁稳式发生器具有更长的寿命，并能应用于氧化性气氛。电弧等离子体发生器的特点是造价低、电热转换效率高，一般大于70%。出于工艺要求和经济上的考虑，该工艺选用了以空气为工作介质的旋稳式电弧等离子体发生器。

B 生产工艺

a 原料

该工艺采用的原料是微米级的三氧化二锑，它可以是锑白炉生产的纯度大于95%的锑白，也可以是由鼓风炉生产的纯度较低的粗锑氧粉，但要求As和Pb的氧化物含量尽可能低。表17-13列出了试验与生产所用原料的化学成分。

表17-13 三氧化二锑原料化学成分（质量分数） （%）

项目		Sb_2O_3	As_2O_3	PbO
试验研究	锑白	99.8	0.012	0.018
	锑氧粉	99.7	0.018	0.031
工业生产	锑氧粉	98.0	0.05	0.1

b 工艺流程及主要设备

等离子体法生产超微粒三氧化二锑的工艺流程如图17-14所示。它主要由送粉器、等离子体发生器－反应器、气－固分离器以及供电、供气、供水等6个部分组成。

（1）等离子体发生器－反应器。等离子体发生器－反应器是完成Sb_2O_3粗粉气化、成核和晶粒长大过程的核心部分，关系到产品的产量、质量以及生产工艺的成功与否。它的设计涉及等离子体、流体力学和物理化学等多方面的学科知识。中科院化冶所自行设计的等离子体发生器－反应器，在实际运行中又作了一定的改进，目前已完全能满足生产要求。

（2）送粉器。送粉器能连续、稳定地向反应器中供粉，是保证产品质量稳定的重要环节。中科院化冶所自行设计的重力载气式送粉器结构简单、操作方便。送粉调节范围为30～60kg/h，载气为0.2～0.5m^3/h。

（3）气－固分离器。气－固分离器由重力、旋风和内收式布袋三级组成。重力部分主要收集高熔点杂质熔渣；旋风部分收集少量粗颗粒杂质或Sb_2O_3；内收式布袋收集器的收集率达到99.5%，成品率达100%。从气－固分离器排出的废气中未检出粉尘。

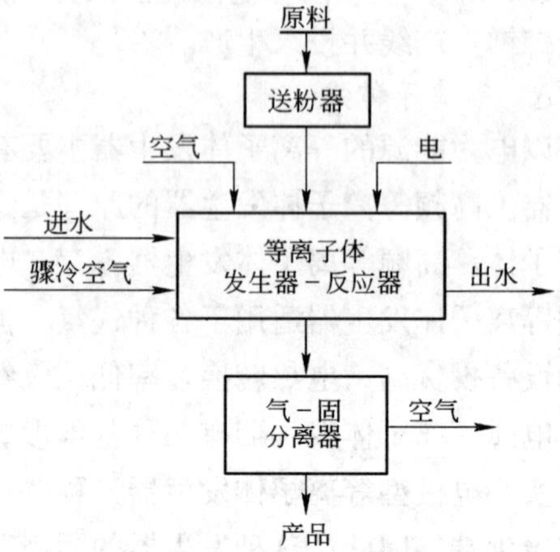

图17-14　等离子体法生产超微粒三氧化二锑的工艺流程

c　工艺过程的主要参数

工艺过程的主要操作参数：等离子体发生器的工作电压、工作电流，等离子体发生器的工作气流量、骤冷气流量、三氧化二锑加料量以及气－固分离系统的负压。试验室研究与工业生产的典型操作参数见表17-14。此外，为了达到正常生产，保证产品质量稳定，使等离子体发生器处于最佳工作状态并延长电极寿命，还必须精心控制等离子体的比功率α、加入料的有效比能耗β以及等离子体发生器电极进出水的温差ΔT。

表17-14　典型操作参数

操作参数	试验室研究	工业生产（300t/a）
电压/V	280	300
电流/A	250	280
加料量/kg·h^{-1}	14	18
工作气流量（标态）/m^3·h^{-1}	50～60	110～120
骤冷气流量（标态）/m^3·h^{-1}	25～30	40～60
系统负压/Pa（mmH_2O）	490（50）	980.6～1470.9（100～150）

C　产品及其性能

表17-15列出了超微粒三氧化二锑的化学分析和物理检测结果，各项指标都达到了标准。

表17-15　产品质量检测结果

项　目		试验室研究	工业生产（300t/a）
化学成分（质量分数）/%	纯度	>99.8	>99.7
	As_2O_3	<0.0024	<0.15
	PbO	<0.028	<0.08
晶　型		单一立方晶型	单一立方晶型
比表面积/m^2·g^{-1}		16.7～32.9	>16.7
粒度/μm		0.035～0.07	<0.07
白度/%		94.6～96.3	>96

用超微粒三氧化二锑产品先后作过 PBT 工程塑料和 ABS 塑料的阻燃性能以及聚酯缩聚催化剂试验，结果表明，其阻燃性能各项指标均超过用户厂级指标，缩聚催化反应正常，产品聚酯切片各项检测指标优良，产品符合部颁标准要求。

17.2.3.4 等离子体法生产锑白的实例三

我国发明专利 200510200009.8 公开了一种利用等离子体生产纳米三氧化二锑的生产方法和装置。

A 工艺过程

该方法是将粒度不超过 0.5mm 的锑氧化物粉料，经给料装置投入设有二次气化室的卧式反应器内，使粉料在 4000～8000℃ 的高温等离子体中进行一次气化，粉料中未被及时气化的含锑物料则沉降进入二次气化室，在反应器内的高温下进行二次气化，粉料中的高沸点杂质也沉降于反应器的二次气化室内，被定时从清理孔清出。在反应器出口，得到由等离子体尾焰与气态三氧化二锑组成的反应产物，该产物经反应器出口进入急冷沉降器内，用冷却空气急剧冷却至 120℃ 以下，再经纳米布袋收粉获得成品。

主要工艺控制条件为：

(1) 锑的氧化物粉料，是锑质量分数为 75% 以上的 Sb_2O_3、Sb_2O_4、Sb_2O_5 等氧化物粉料或锑质量分数为 70% 以上的锑氧化矿粉料。

(2) 锑的氧化物粉料的投料量，按等离子体发生器功率计算为 0.12～0.24kg/kW·h。

(3) 粉料在反应器内第一次气化的时间控制为 0.3s 以上。

(4) 等离子体尾焰与气态三氧化二锑组成的反应产物，其温度控制在 1450～1900℃。

(5) 冷却空气输入量为反应产物气量的 20～35 倍，冷却速度为 $3\times10^5\sim10^6$℃/s。

B 生产装置

纳米三氧化二锑的生产装置，主要包括等离子体发生器、给料装置、反应器和急冷沉降器等。

如图 17-15 所示，该装置的反应器为卧式反应器。卧式反应器的构造，包括一个横卧

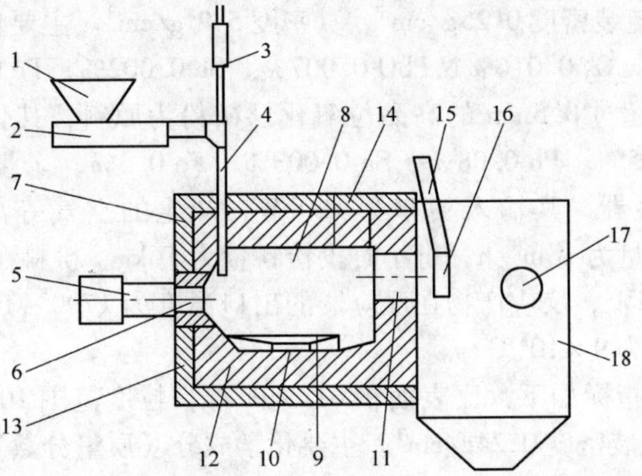

图 17-15 等离子体法生产纳米三氧化二锑的装置示意图

1—加料斗；2—给料机；3—清堵机构；4—加料管；5—等离子体发生器；6—高温等离子体入口；7—反应器；8—反应室；9—二次气化室；10—清理孔；11—反应器出口；12—高温耐火材料层；13—保温隔热材料层；14—另一种设置的反应器出口；15—上部进风管；16—侧面进风管；17—急冷沉降器出口；18—急冷沉降器

的反应室，反应室经端部水平方向的热源入口与等离子体发生器相接，经上方的进料口与给料装置相连，经尾部的出料口与急冷沉降器相接。反应室的下部设有一个二次气化室，二次气化室可采用类似池子的结构。

等离子体发生器可采用高频等离子体发生器或电弧等离子体发生器。

卧式反应器内安装有测温仪，反应产物出口也可以改从反应器尾部上端或侧上端开孔，此时，急冷沉降器及其料斗改变安装角度，使用效果不受影响。

该装置采用带脉冲和机械清堵机构的可更换式加料管进料，解决了加料口在高温下易堵塞、难清理、影响连续生产的问题。

急冷沉降器设有上部进风管和侧面进风管，风量和风速可以根据需要进行调控，以保证急冷条件。风管形状不限、方圆均可，可采用一根或多根排列，急冷沉降器内安装有测温仪，冷却空气可以由鼓风机、空压机供给。

C 实例

例1：以粒度不超过0.5mm的普通三氧化二锑为原料，其化学成分（质量分数）为：Sb_2O_3 99.63%、As_2O_3 0.016%、PbO 0.01%、Se 0.002%、Fe 0.003%，余量为其他杂质。原料由振动给料机或螺旋给料机，经过带脉冲和机械清堵机构的可更换式加料管，送入卧式反应器的反应室内，每小时的投料量为19kg三氧化二锑。

高频等离子体发生器的输入功率为100kW，工作气为空气，工作气量为$25m^3/h$，产生的空气等离子体温度为4000～7000℃。粉料在反应器内第一次气化的时间控制在0.3s以上。

在反应器出口，得到由等离子体尾焰与气态三氧化二锑组成的反应产物，控制反应产物的温度在1450～1700℃，急冷沉降器的冷却空气量为$800m^3/h$，冷却速度为4×10^5℃/s，可将反应产物急剧冷却至120℃以下。冷却后的气体通过急冷沉降器出口后，采用传统的收粉技术，通过引风机经纳米布袋过滤器收集。

三氧化二锑产品的质量指标如下：比表面积$48.75m^2/g$，平均粒径53.3nm，全立方晶型，白度99.07，疏装密度$0.25g/cm^3$，真密度$5.2\ g/cm^3$。主要化学成分（质量分数）为Sb_2O_3 99.91%、As_2O_3 0.016%、PbO 0.007%、Se 0.002%、Fe 0.002%。

例2：以粒度不超过0.5mm的高品位氧化锑矿粉为原料，其化学成分（质量分数）为：Sb 70%、As 0.05%、Pb 0.08%、Se 0.003%、Fe 0.2%，余量为其他杂质。采用直流电弧等离子体发生器，其输入功率为120kW，产生的空气等离子体温度为5000～8000℃，空气工作气量为$18m^3/h$，每小时投粉料量为16kg。粉料在反应器内第一次气化的时间控制在0.3s以上，反应产物在反应器的出口温度为1700～1900℃，冷却空气量为$950\ m^3/h$，冷却速度为9×10^5℃/s。

获得的产品质量指标如下：比表面积$61.5\ m^2/g$，粒度范围10～50nm，全立方晶型体，白度98.1%，疏装密度$0.24g/cm^3$。主要化学成分（质量分数）为：Sb_2O_3 99.79%、As 0.06%、Se 0.003%、Pb 0.05%、Fe 0.003%。

17.2.4 传统底吹式自热法的改进

17.2.4.1 顶吹法生产锑白新工艺

锡矿山闪星锑业有限责任公司于1995年开始对顶吹法生产锑白新工艺进行试验研究，

2003年在该公司全面推广应用，在不增加厂房、炉子及收尘系统的前提下，锑白产量提高了1倍以上。

A 基本原理及工艺流程

自热式顶吹法锑白生产工艺，不用向熔体中插入风管，而是将0.2~0.8MPa的压缩空气，通过炉顶上的喷嘴，以100m/s以上的速度冲入炉内熔化的锑液表面，锑液受到压缩空气流的强烈冲击而雾化，形成良好的挥发氧化反应表面，炉内液-气、气-气反应迅速进行，锑被氧化成三氧化二锑，并释放出大量热量，维持炉内900~1400℃的高温。高温烟气经过混合冷却器急剧冷却，收集后再经过后续处理，即可得到各种锑白产品，如零级锑白、粗颗粒锑白、超细锑白、微粒锑白、催化剂锑白等。其生产工艺流程如图17-16所示。

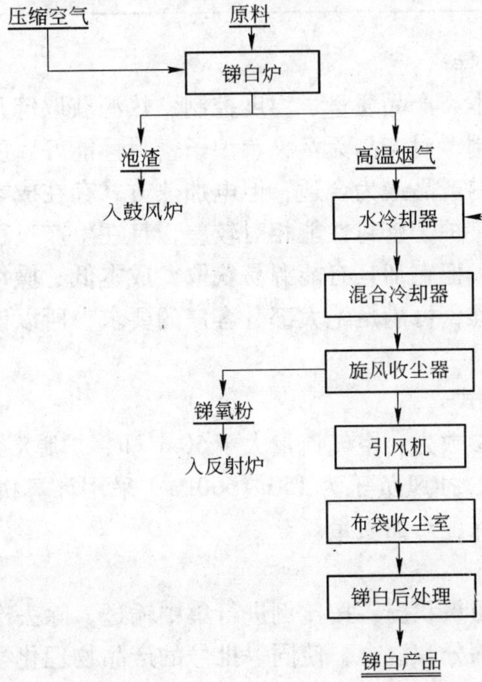

图17-16 顶吹法生产锑白工艺流程

B 顶吹法生产锑白试验

a 原料

试验原料为精锑，其化学组成（质量分数）为：Sb≥99.65%，As≤0.05%，Pb≤0.20%，Cu≤0.01%，Fe≤0.02%，Se≤0.005%，S≤0.04%。

b 主要设备

主要设备列于表17-16。

表17-16 顶吹法锑白生产试验主要设备

设备名称	规格型号	台数
锑白炉	2.3m^2	1
混合冷却器	自制	1
引风机	Y5-48-8	1

续表 17-16

设备名称	规格型号	台　数
空气压缩机	$6m^3/min$	1
旋风收尘器	ϕ1600mm	1
布袋收尘室	$2500m^2$	1
筛分机	自　制	1
混合缸	自　制	1
锑白包装机	自　制	8

c　锑白炉供热方式的选择

供热方式主要从生产成本、产品质量、温度控制、热源获取等几个方面综合考虑。采用电加热方式，温度易于控制、对产品无污染、炉子密封性能好，所以产品质量好，指标稳定，对于生产高品级的锑白产品最为合适，但电加热方式存在成本高的缺点；而煤加热的方式，温度控制精度不高，炉子密封性能相对较差，且在生产过程中难以补充加热，所以产品质量相对于电炉较差，但它却具有能源易获取、成本低、操作简单等特点，其产品质量指标亦远远高于国家标准，可满足绝大部分客户的要求，所以该工艺锑白炉采用煤加热的供热方式。

d　工艺参数及其控制方式

该工艺的主要工艺技术参数为：空气流量大于$50m^3/h$，炉膛温度为900～1400℃，骤冷气体混合温度100～400℃，抽风负压为150～600Pa。采用计算机控制，控制精度大大提高，炉况稳定，能有效地保证产品质量。

e　锑白后处理

根据各系统的炉前产品质量状况，按比例进行集中输送，除去产品中的粗大异物，进一步提高产品质量，再进行筛分和混合，使同一批号的产品物理化学性质均匀一致。

C　试验结果

在$2.3m^2$锑白炉中，进行了半年的试验。试验期间投入、产出的金属平衡及主要技术经济指标、产品质量比较分别见表17-17～表17-19。

表 17-17　试验炉投入产出金属平衡

名　称	质　量/t	金属量/t	占入炉原料比例/%
投入：入炉原料	623.283	622.036	100.00
产出：锑白产品	716.000	596.879	95.96
残　锑	15.100	14.798	2.38
次　氧	10.820	9.013	1.45
结　氧	0.300	0.225	0.035
泡　渣	0.100	0.060	0.010
其他损失		1.061	0.165
合　计		622.036	100

表 17-18 主要技术经济指标比较

工艺类型	回收率/%	直收率/%	渣率/%	床能力 /t·d^{-1}·m^{-2}	炉产量 /t·d^{-1}	煤耗 /kg·t^{-1}	电耗 /kW·h·t^{-1}
新工艺	99.82	95.96	0.17	8.91	20	5	50
传统工艺	99.0	94.0	1.86	2.04	10	15	100

表 17-19 产品质量比较

工艺类型	白度/%	立方晶型/%	粒度/μm	Sb_2O_3（质量分数）/%	酒石酸不溶物 /%	黑点合格率 /%
新工艺	95.5~100	97.2~99.9	0.3~5.0	99.70~99.97	<0.08	>90
传统工艺	93~96	40~98	0.7~1.8	99.65~99.85	>0.12	70~90
美国 Laurel	92~95	>95	0.4~3.5	99.30~99.90	<0.10	<50
美国 Amspec	97	>95	0.5~3.0	>99.6	<0.15	<60
日本东湖	>93	>92	2.0~3.0	99.5	<0.20	<90

顶吹新工艺与其他工艺相比，具有产品质量好、床能力大、能耗低、直收率高、成本低等特点。

17.2.4.2 附设外加热器的顶吹法

我国发明专利200510031323.8，公开了一种附设外加热器的顶吹法技术。该技术可生产催化剂级超高纯三氧化二锑，同时，具有能耗低、产量大等特点，弥补了等离子体法生产能力低、能耗高的缺点。

A 工艺过程

工艺过程主要包括以下步骤：

（1）将锑白炉炉温升至700℃后，向炉内投入金属锑，使之熔化。

（2）采用压缩空气离液顶吹的方式，向锑液表面喷入0.1~0.8MPa的压缩空气，使锑氧化挥发，并通过安装在锑白炉炉顶、炉墙内的电热元件，间接加热补给部分热量，将炉膛反应区域内的温度提高到1100℃以上，反应区域中央温度在1200℃以上。

（3）在锑白炉高温烟气上部反应室出口处，通过一个烟气骤冷混合装置，控制高温三氧化二锑烟气总量与骤冷空气量之比为1:（2~10），优选1:（6~8），使高温三氧化二锑烟气骤冷至60~300℃，所得产品用布袋收尘系统收集，即制得全立方晶型、高纯度、高白度的催化剂级超高纯三氧化二锑产品。

引入外加热器的目的是将氧化反应产生的含三氧化二锑的烟气维持在高温条件下，然后再进入骤冷系统。除了采用上述电加热方式供热外，也可采用以下方式达到这一目的，即将反应烟气导入一个高温气化反应室，通过向该反应室供给燃料燃烧，使三氧化二锑烟气经过此高温气化反应室迅速升温到1100~1600℃，优选温度为1200~1400℃，并形成一种均匀分布的气体状态。

B 生产装置

该工艺的生产装置主要包括改进型锑白炉、骤冷混合器及收尘系统。与普通锑白生产装置相比，该装置对锑白炉及骤冷混合器进行了改进。

锑白炉炉体顶部设有活动安装可向锑液表面垂直喷入压缩空气的喷管，压缩空气喷管与上部反应室中心的距离约为该高温反应室内径的8倍，喷管出口距锑液表面距离可在20～400mm的范围内调节；炉顶及尾端内壁分别安装有加热元件硅碳棒，加热元件与炉膛之间，分别设有将加热元件与炉膛加以分隔的耐高温导热板，其目的在于防止加热元件在高温氧化条件下氧化损耗，延长加热元件的使用寿命，并防止损耗物污染产品；炉顶表面覆盖有保温隔热层。高温烟气上部反应室出口设有骤冷混合器。骤冷混合器的一侧是冷却空气上进风口；骤冷混合器的下部与高温烟气上部反应室紧密相连的是高温烟气进口；骤冷混合器另一侧为急冷混合区，急冷混合区呈流线形展开，在其底下有一个冷却空气下进风口，急冷混合区横截面最大处与冷却烟气出口管相连。电加热改进型锑白炉及骤冷混合器的结构见图17-17。

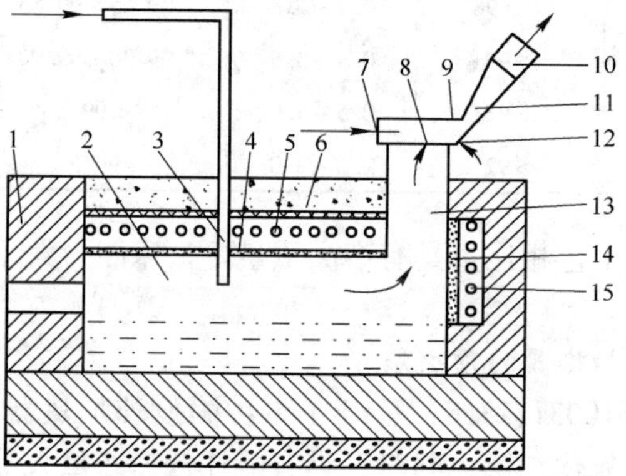

图17-17　电加热改进型锑白炉及骤冷混合器结构示意图

1—炉体；2—炉膛；3—压缩空气喷管；4，14—高温导热板；5，15—电加热元件；6—保温隔热层；7—冷却空气上进风口；8—高温烟气进口；9—骤冷混合器；10—冷却烟气出口管；11—急冷混合区；12—冷却空气下进风口；13—上部反应室

图17-18为非电加热改进型锑白炉的结构示意图，它与电加热改进型锑白炉的主要区别在于采用燃油或燃气燃烧器取代电加热元件供热。在图17-18中，锑白炉炉体顶部设有活动安装可向锑液表面垂直喷入压缩空气的喷管；在锑白炉炉膛烟气出口处设有高温气化反应室，该反应室的内壁衬有耐火材料；压缩空气喷管与高温气化反应室中心的距离约为该高温气化反应室内径的6倍，喷管出口距锑液表面距离可在20～400mm的范围内调节；在高温气化反应室内壁，分布有1～4个燃烧器作为外加热器提供热能，该燃烧器与一套独立的可调节燃料和空气供给量的燃料和空气供给系统相连；在高温气化反应室的高温烟气排出端，设置一个骤冷混合器，骤冷混合器的结构与图17-17所示的相同；锑白炉一端设有火室，用于烘炉及开炉熔锑。

C　实例

例1：采用图17-17所示的锑白炉作为主生产装置，以金属锑为原料，其化学成分（质量分数）为：Sb 99.89%、Pb 0.05%、As 0.02%、Fe 0.011%。由电加热元件将炉温升至700℃后，向炉膛内投入金属锑熔化，待炉内熔融锑液达2t以上时，向锑液表面喷入0.1～0.8MPa的压缩空气使锑氧化挥发，通过调节压缩空气压力、从而调节喷入锑液表面的压缩空气流量并用加热元件进行补充加热，将三氧化二锑烟气温度提高到1200℃以上，在烟气离开高温反应室进入骤冷混合器时，控制高温三氧化二锑烟气总量与骤冷空气量之

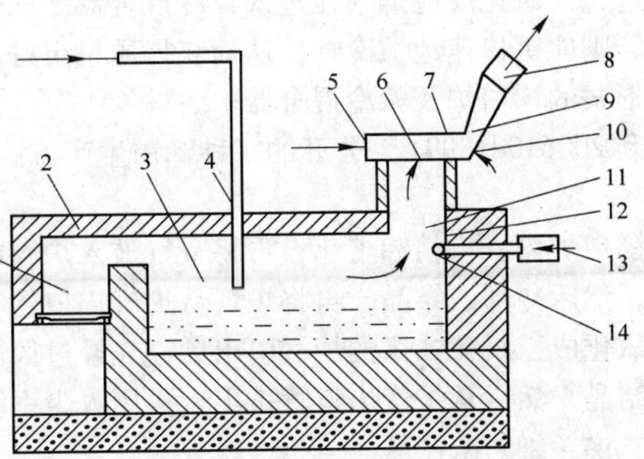

图 17-18 燃油或燃气改进型锑白炉及骤冷混合器结构示意图

1—火室；2—炉体；3—炉膛；4—压缩空气喷管；5—冷却空气上进风口；6—高温烟气进口；7—骤冷混合器；8—冷却烟气出口管；9—急冷混合区；10—冷却空气下进风口；11—高温气化反应室；12—反应室内壁；13—燃料及空气供给系统；14—燃烧器

比为1∶6，每小时向炉内投入金属锑300kg，所得产品用布袋收尘系统收集，每小时得三氧化二锑产品340kg。其中一个批号10t产品的理化指标检测结果如下：

化学成分（质量分数）：Sb_2O_3 99.90%、As 0.018%、Pb 0.032%、Fe 0.0015%；

EG（乙二醇）溶解透光率：98.8%；

盐酸溶解混浊度：$3.6\times10^{-4}\%$；

白度：98.1%；

平均粒度：0.61μm；

立方晶型含量：99.2%。

例2：采用图17-18所示的锑白炉作为主生产装置，以金属锑为原料，其化学成分（质量分数）为：Sb 99.90%、As 0.03%、Pb 0.04%、Fe 0.014%。先由火室用焦炭将炉温升至700℃以上，投入金属锑进行熔化，待炉内熔融锑液达到2t以上时，向锑液表面喷入0.1～0.8MPa的压缩空气使锑氧化挥发，同时停止火室升温，通过调节压缩空气压力，从而调节喷入锑液表面的压缩空气流量，将炉内反应温度提高到1100℃以上，用液化石油气或其他燃料，维持高温气化反应室内的温度为1300～1500℃，在烟气离开气化反应室进入骤冷混合器时，控制高温三氧化二锑烟气总量与骤冷空气总量之比为1∶8，每小时向炉内投入金属锑350kg，所得产品用布袋收尘系统收集，每小时获得三氧化二锑产品397kg。其有代表性产品的理化指标检测结果如下：

化学成分（质量分数）：Sb_2O_3 99.91%、As 0.022%、Pb 0.029%、Fe 0.0010%；

EG溶解率透光率：99.0%；

盐酸溶解混浊度：$5.2\times10^{-4}\%$；

白度：98.4%；

平均粒度：0.31μm；

立方晶型含量：99.5%。

17.2.4.3 传统工艺的其他改进

对传统底吹式自热工艺的改进主要集中在锑白炉的结构及骤冷混合器（结晶器）的

结构两方面。通过改进，使氧化反应烟气在进入骤冷混合器之前保持在高温状态，而烟气一旦进入骤冷混合器，则能更快速地被冷却，从而获得质量更好的锑白产品，为此，人们研究开发了多种不同形式的锑白炉及骤冷混合器。

以下介绍我国专利200610018991.1公开的一种锑白生产方法及其装置。

A 工艺过程

在改进的反射式锑白炉内，将精锑熔化，再将空气鼓入炉膛内熔融的锑液面，使锑氧化成三氧化二锑炉气，然后冷却、结晶，再将炉气从炉气出口管排出，而后用收尘系统捕集。其技术特点是，氧化成三氧化二锑的炉气引出后，先经过风冷式反应器，接着在结晶器中经过三级冷却并结晶，然后从炉气出口管排出，再用收尘系统捕集，得到单晶型、粒径分布均匀的三氧化二锑超细粉末产品。

B 主要工艺装置及工艺条件

主要工艺装置包括改进的反射式锑白炉、结晶器以及收尘系统，锑白炉及结晶器的结构如图17-19所示。

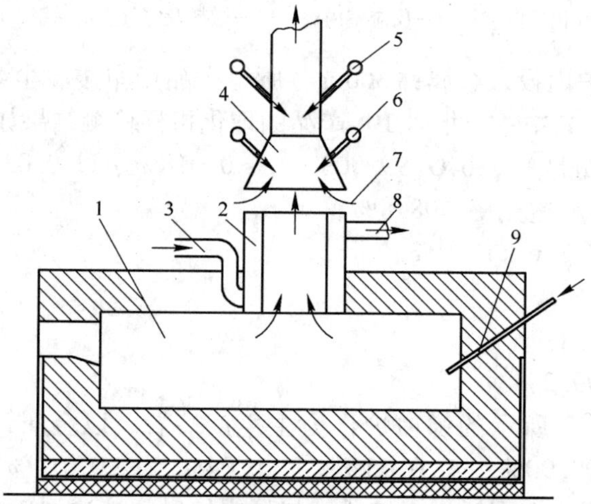

图17-19 锑白炉及骤冷混合器（结晶器）的结构示意图

1—锑白炉；2—风冷式反应器；3—反应器冷却空气进口；4—骤冷混合器（结晶器）；5—三次压缩空气冷却喷射管；6—二次压缩空气冷却喷射管；7—一次冷却空气；8—反应器冷却空气出口；9—鼓风管

其特点是在锑白炉上安装一个风冷式的不锈钢圆筒形反应器，反应器内不设二次鼓风管，而是经过若干根安装于炉壁的风管向炉膛内熔融的锑液面鼓入空气，使锑氧化成三氧化二锑炉气。风冷式反应器安装在炉膛上方的炉气出口处，风冷式反应器上端设置垂直结晶器，它由套筒和三级冷却风管构成，垂直结晶器为喇叭口形状。锑白炉内氧化反应产生的烟气，通过风冷式的不锈钢圆筒形反应器进入位于其上方的垂直冷却结晶装置，使炉气中的三氧化二锑骤冷结晶成单晶型、粒径分布均匀的三氧化二锑。

安装于炉壁的风管为3~8根，可使锑白炉内各处温度保持均匀，波动不大于50℃，同时反应器内的温度场分布均匀。

骤冷结晶器的一次冷却风，从反应器和结晶器之间的环形间隙进入并与炉气均匀混合，使炉气均匀快速冷却至500℃以下，紧接着二、三次压缩空气冷却风从均布于套筒上的喷射管射入结晶器并与炉气再次有效混合，迅速消除结晶死角，使炉气中的三氧化二锑完全骤冷结晶成单晶型、粒径分布均匀的三氧化二锑产品，经过冷却塔沉降大颗粒的三氧化二锑后在布袋收尘系统捕集。

以通常的 $6m^2$ 锑白炉生产时，主要工艺条件：鼓入锑白炉锑液的空气为 $200 \sim 520m^3/h$；进入结晶器的冷却风分 3 级，其中一次冷却风为空气，流量用引风机控制，流量为炉气流量的 0.5 ~ 10 倍；二次和三次冷却风为压缩空气，压力为 0.4 ~ 0.6MPa，流量为 $100 \sim 800m^3/h$；进入风冷式反应器的冷却风为 $1000 \sim 2000m^3/h$。

C 实例

例 1：在 $6m^2$ 的锑白炉上，使用 4 根风管，鼓风量为 $200m^3/h$；进入结晶器的冷却风分 3 级，其中一次冷却风为空气，流量为炉气的 2.5 倍；二、三次冷却风为压缩空气，压力为 0.4 ~ 0.6MPa，流量为 $100m^3/h$；进入风冷式反应器的冷却风为 $1000m^3/h$。在布袋收尘器收集单晶型、粒径分布均匀的三氧化二锑。

如以 Sb 质量分数为 98.65% 的锑锭为原料，则日产三氧化二锑产品 19.5t，单立方晶型为 99.5% 以上，粒径分布呈单峰正态分布，费氏平均粒径 0.90μm，0.043mm（325 目）筛余物为 0.002%，白度为 99.1%，化学成分（质量分数）为 Sb_2O_3 99.6%，Pb 0.06%，As 0.035%。

例 2：在 $6m^2$ 的锑白炉上，使用 6 根风管，鼓风量为 $360m^3/h$；进入结晶器的冷却风分 3 级，其中一次冷却风为空气，流量为炉气的 2 倍；二、三次冷却风为压缩空气，压力为 0.4 ~ 0.6MPa，流量为 $200m^3/h$；进入风冷式反应器的冷却风为 $1000m^3/h$。

如以 Sb 质量分数为 98.65% 的锑锭为原料，则日产三氧化二锑产品 22t，单立方晶型为 99.6% 以上，粒径分布呈单峰正态分布，费氏平均粒径 1.02μm，0.043mm（325 目）筛余物为 0.002%，白度为 99.0%，化学成分（质量分数）为 Sb_2O_3 99.6%，Pb 0.065%，As 0.04%。

例 3：在 $6m^2$ 的锑白炉上，使用 8 根风管，鼓风量为 $360m^3/h$；进入结晶器的冷却风分 3 级，其中一次冷却风为空气，流量为炉气的 2 倍；二、三次冷却风为压缩空气，压力为 0.4 ~ 0.6MPa，流量为 $200m^3/h$；进入风冷式反应器的冷却风为 $1000m^3/h$。

如以 Sb 质量分数为 98.65% 的锑锭为原料，则日产三氧化二锑产品 22t，单立方晶型为 99.7% 以上，粒径分布呈单峰正态分布，费氏平均粒径 1.02μm，0.043mm（325 目）筛余物为 0.002%，白度为 99.0%，化学成分（质量分数）为 Sb_2O_3 99.6%，Pb 0.065%，As 0.04%。

17.3 湿法生产锑白

湿法生产锑白，大多采用酸性氯化浸出 - 分离除杂 - 中和水解的原则流程。氯化浸出 - 分离除杂过程的目的是获得较纯净的 $SbCl_3$ 溶液，再利用 $SbCl_3$ 在高酸度下的强水解性质进一步分离杂质，最终获得合格的商品锑白。由于许多金属氯化物的性质与 $SbCl_3$ 的性质差别较大，特别是蒸气压的差别较大，故 $SbCl_3$ 溶液的分离除杂在技术上没有大的难度，大多数含锑原料，包括复杂的矿物原料，都可以通过上述方法获得优质锑白，但是由于不同含锑物料中杂质品种及其含量的不同，导致浸出及分离除杂过程的复杂程度有较大差异，因而某些原料用这种技术处理时缺乏经济上的合理性。

采用高品位硫化锑精矿或粗锑白作原料，不需要对浸出液进行复杂的除杂处理，一般

仅通过 $SbCl_3$ 的水解过程，即可使杂质分离。对于复杂原料，如锑铅精矿或高砷锑精矿，浸出液的除杂工序则较复杂，可能需要蒸馏或干馏等脱杂工序，还需进行其他有价金属的回收处理，因此，对于不同的含锑物料，采用酸性氯化浸出－分离除杂－中和水解法生产锑白的具体工艺流程是不相同的。

酸性氯化浸出，一般采用盐酸和氧化剂作为浸出剂，可选的氧化剂有三氯化铁、五氯化锑、电解食盐水产生的新生态氯以及氯气等，使用这些浸出剂生产锑白的方法相应地被称为高价铁盐法、高价锑盐法、电氯化法及酸性氯水法。此外，对浸出液进行干馏除杂处理，再中和水解生产锑白的方法则称为氯化－干馏法。

高价锑盐法和酸性氯水法，不向体系中引入杂质金属，因而在生产实践中得到更广泛的应用。氯化－干馏法通常也采用氯气或高价锑盐作浸出剂，该工艺主要用于处理复杂锑精矿，如高铅或高砷锑精矿等。

除了上述氯化浸出－中和水解工艺外，人们还开发了一些其他的湿法工艺以及湿法－火法联合工艺，如使用粗锑氧粉为原料的硝酸分解法、以粗锑氧粉为原料的气相合成法、以三氯化锑为原料的醇盐水解法以及湿法－等离子体联合工艺等。

17.3.1 以硫化锑精矿为原料的高价锑盐法

17.3.1.1 原料与辅助材料

原料为硫化锑矿石或浮选锑精矿，粒度一般小于0.175mm（80目），对其成分要求是Sb（质量分数）大于35%，最好大于50%，As不大于0.5%，Pb不大于0.5%。

火法生产锑白，要求原料，即精锑中硒质量分数必须小于0.005%，而该工艺不限制原料的含硒量，因为在浸出过程中，硒很难被浸出，因此，高硒锑矿适于湿法生产锑白。

在生产过程中需要的主要辅助材料为工业盐酸、液氯、工业氨水、锑粉、精石灰粉、软化水及一般清水。

17.3.1.2 工艺流程

五氯化锑是一种强氧化剂，能在常压下浸出硫化锑矿，使硫化锑中的硫被氧化为元素硫留在渣中，而锑以氯化物形态转入溶液中。由于三氯化锑能在较高酸度下水解而产出锑的固体沉淀物，因而可与溶液中其他杂质分离，最终获得合格的锑白。该工艺的基本原理在前面的相关章节中已有叙述，图17-20为其原则流程。

17.3.1.3 主要技术条件

A 浸出条件

浸出过程必须保证足够的氧化剂量，一般为理论量的1.05～1.3倍。氧化剂量不足时，浸出液中会含有一定量的硫离子，硫离子可在后续的水解过程中生成橘红色的 Sb_2OS_2 或深色的 Sb_2S_3，降低产品的白度。只要浸出液中有 Sb^{5+} 存在，即可避免硫离子的影响。生产中，以浸出液呈浅棕色为其目测合格标志，浅棕色是 Fe^{3+} 在浸液中的特征颜色。浸出条件如下：

浸出液组成：Sb^{5+} 150～200g/L，HCl 3～4mol mol/L；

液固比：（3～8）：1；

温度控制：70～100℃，采用蒸汽加热；

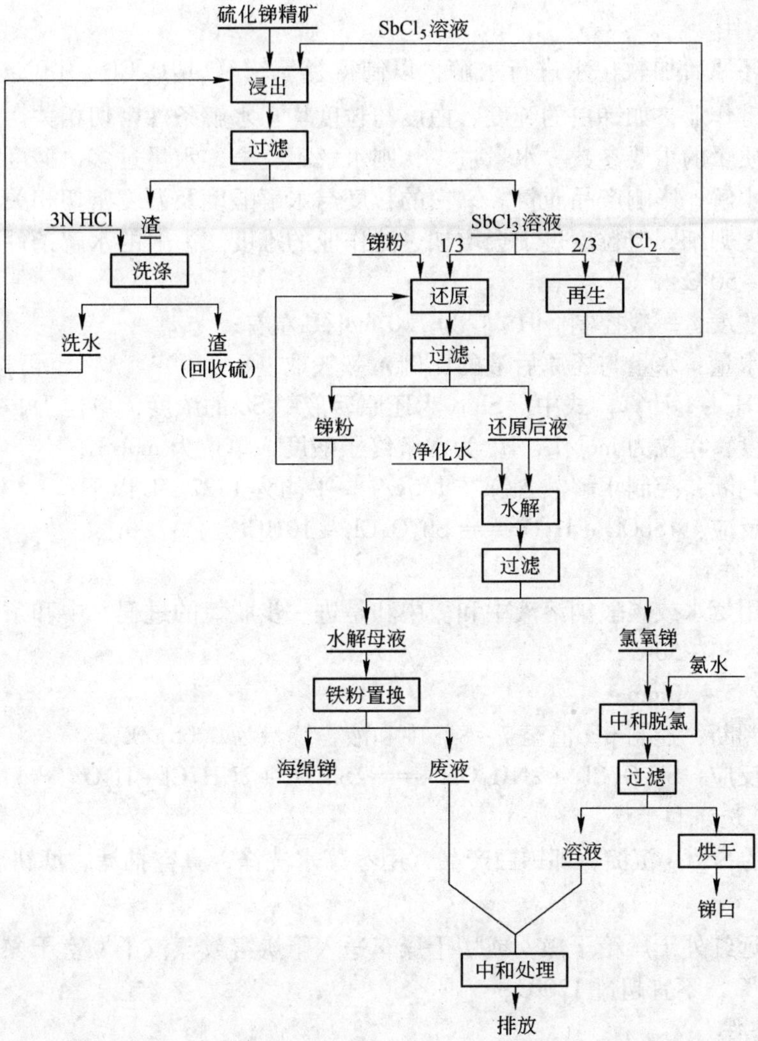

图 17-20 高价锑盐法原则流程（以硫化锑精矿为原料）

浸出时间：0.5～3h；

主要化学反应：$Sb_2S_3 + 3SbCl_5 = 5SbCl_3 + 3S^{\ominus}$。

B 还原条件

取浸出液的 1/3 用活性还原剂还原，使浸出液中多余的 $SbCl_5$ 还原为 $SbCl_3$，否则在水解过程中多余的 $SbCl_5$ 将生成 Sb_2O_5，既降低 Sb_2O_3 含量，又影响锑白的白度，同时使浸出液中的高价铁离子还原为亚铁离子。一般采用金属锑粉作还原剂，还原剂中绝对不能混入硫化锑，因为还原过程难以全部将硫离子氧化为元素硫而除去，在水解过程中生成的 Sb_2OS_2 或 Sb_2S_3 将降低产品的质量。还原条件如下：

还原温度：20～60℃或常温；

还原时间：0.5～2.0h；

还原终点判定：控制［Sb^{5+}］=0 或目测还原液由浅棕色转变为无色透明；

主要化学反应：$3Sb^{5+} + 2Sb = 5Sb^{3+}$

$$3Fe^{3+} + Sb = 3Fe^{2+} + Sb^{3+}$$

C　水解条件

浸出液经还原后加软化水进行水解，以制得氯氧锑（$Sb_4O_5Cl_2$）沉淀。水解是保证产品质量的关键作业，如锑白的纯度、白度与粒度均与水解条件密切相关。水解时，加水量是影响产品质量的重要参数。水量过少，则水解不完全，水量过多，酸度下降，则会造成杂质离子的水解，影响产品质量。锑白的粒度与水解酸度及温度密切相关，酸度高、温度低，产品粒度则细，但粒度过细会增加过滤作业的难度。一般的水解条件如下：

温度：30～50℃；

水解终了酸度：一般控制［H^+］为1.0 mol/L左右；

加入软化水量：水量与还原后液的比例 n 一般取（8～10）：1，也可按式 $n = (0.02 \times [Sb] + H_r)/H_e - 1$ 计算，式中［Sb］为还原后液中Sb的浓度，单位为g/L，H_r 为还原后液中游离酸度，单位为mol/L，H_e 为水解终了酸度，单位为mol/L；

水解终点判断：控制水解液含锑在1.5g/L，平均为1.22g/L以下；

水解化学反应：$4SbCl_3 + H_2O = Sb_4O_5Cl_2 + 10HCl$

D　中和条件

水解后，用氨水或碳酸钠溶液中和。中和是进一步脱氯的过程，中和条件如下：

温度控制：30～50℃；

中和时间：5～30min；

中和终点判断：控制pH值至7～8，中和液含锑量为0.05g/L；

中和化学反应：$Sb_4O_5Cl_2 + 2NH_4OH = 2Sb_2O_3 + 2NH_4Cl + H_2O$。

E　过滤、洗涤和干燥

中和产生的 Sb_2O_3 沉淀，即锑白产品，用蒸馏水洗涤，真空抽滤，滤饼含水为20%～30%。

滤饼采用远红外干燥箱干燥，或用干燥车送入干燥窑或蒸汽干燥室干燥，控制干燥温度为100～120℃，不宜超过120℃；

F　置换条件

水解母液中还含有少量的 Sb^{3+}，为了回收这部分锑并处理污水，用金属铁粉在常温下置换0.5～1.0h，置换率可达91.8%，置换所得海绵锑可代替金属锑粉作还原剂。置换后的废液含锑小于0.1g/L，其一般化学成分如表17-20所示，其中，Fe、As、Pb的含量随所用原料中各元素的含量而变化。

表17-20　铁粉置换后废液成分

元　素	Sb	Fe	Cl^-	As	Pb
含量/$g \cdot L^{-1}$	<0.1	0.84～1.0	17.7～400	0.008	0.036

G　$SbCl_5$ 再生条件

取浸出液的2/3用氯气再生 $SbCl_5$，作氯化剂返回浸出。再生过程在耐酸密封容器中进行，一般控制氯气压力为0.1～0.2MPa。

H　废水处理

水解母液与中和液混合后，先用石灰水中和到pH值小于或等于1，再加入适量的石灰乳处理，调整 pH 值至 7 ~ 8，必要时，再加入氧化剂或硫化剂，使铅和砷的含量降到排放标准，排入江河中。生产实践中，排放的废水经环保部门检验，铅和砷的含量分别为 0.75mg/L 与 0.04mg/L，符合国家规定的排放标准。

17.3.1.4 主要技术经济指标

锑的浸出率： 98.10%
锑的水解率： 96.00%
中和过程锑的回收率： 97.27%
置换回收率： 91.80%
锑的冶炼总回收率： 92% ~ 94%
锑在全过程中的机械损失： 1% ~ 2%
生产每吨锑白的消耗量如下：
工业盐酸 1000 ~ 1200kg/t
液体氯 860 ~ 950kg/t
工业氨水 380 ~ 450kg/t
精石灰粉 2 ~ 2.2t/t
烟煤 2.0t/t
电能 1400kW · h/t
清水 44 ~ 50t/t

17.3.1.5 产品与副产品

A 锑白

采用该工艺处理表 17-21 所列锑矿粉，产出锑白的典型样品质量指标列于表 17-22。

表 17-21 锑矿粉成分（质量分数） (%)

锑矿样号	Sb	As	Pb	S
生产样 1	53.28	0.22	0.024	23.92
生产样 2	62.59	0.21	0.01	24.35

表 17-22 锑白样品检验结果

序号	化学成分（质量分数）/%					白度/%	粒 度
	Sb_2O_3	As_2O_3	PbO	Fe	Se		
1	99.91	<0.001	0.008			91	0.043mm（ -325 目）占 99.99%
2	99.97	<0.001	0.0036	0.00066	<0.001		

B 副产品

副产品为含硫 20% ~ 60%（质量分数）的浸出渣，又称硫黄渣，可作制造硫黄的原料。含硫 20% 左右的低硫浸出渣，经过简单的浮选处理，可提高含硫达 50% 以上。渣含硫的高低与使用的锑矿石品位有关。如广西宜山锑品厂采用锑质量分数为 52.13% 的硫化锑矿石，浸出渣含硫为 48.3%；若采用锑质量分数为 62.59% 的罗城锑矿，则浸出渣平均含硫为 61.37%，含砷为 0.012%，此种渣可作为制酸的原料。

17.3.2 以硫化锑精矿为原料的酸性氯水法

酸性氯水法生产锑白采用氯气作浸出剂，其浸出原理与高价锑盐作浸出剂类似。该工艺也使用高品位硫化锑矿石或浮选锑精矿为原料，一般要求原料有较低的 As、Pb 含量，不限制含硒量。

主要辅助材料为工业盐酸、液氯、工业氨水、铁粉、锑粉（可用流程中产出的海绵锑代替）、精石灰粉、软化水及一般清水。

氯是一种强氧化剂，浸出时硫化矿中的硫被氧化成元素硫而转入渣中，矿中的金属元素则生成相应的氯化物进入浸出液，浸出液再经过水解、中和而得锑白。酸性氯水法生产锑白的原则工艺流程见图 17-21。

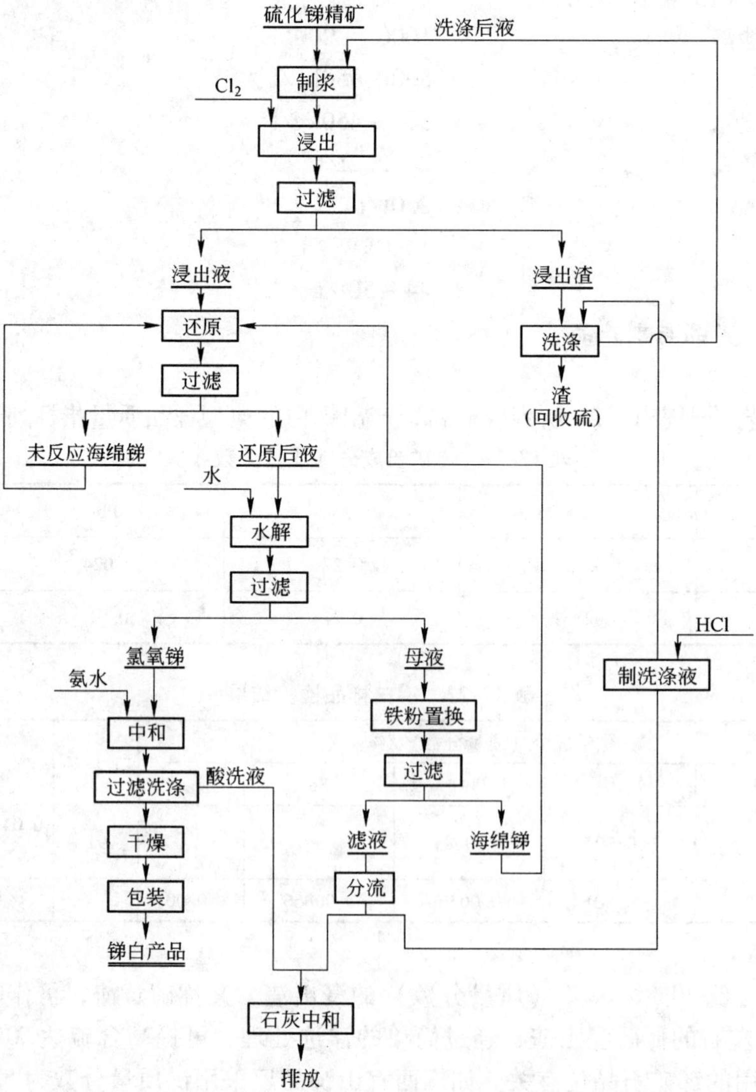

图 17-21 酸性氯水法生产锑白的原则工艺流程

酸性氯水法的一般浸出条件如下：

液固比 3~5；

温度 90~95℃。高温时，对防腐及操作都不利，氯水浸出硫化锑矿是放热反应，在工业生产中因用料多，发热量大，有时需通水冷却，以维持浸出温度不变；

氯气用量 以 Sb 计理论量的 1.2~1.5 倍。氯气用量需严格控制，供氯不足时，浸出液中［Sb^{5+}］或［Fe^{3+}］=0，浸出液中可能存在硫离子，致使产品的白度下降。供氯过多，不仅增加耗氯成本，而且增加还原剂的消耗；

浸出时间 2~3h；

盐酸浓度 酸度为 3~4mol/L。

主要化学反应

$$Sb_2S_3 + 3Cl_2 = 2SbCl_3 + 3S^{\ominus}\downarrow$$

$$SbCl_3 + Cl_2 = SbCl_5$$

$$3SbCl_5 + Sb_2S_3 = 5SbCl_3 + 3S^{\ominus}\downarrow$$

酸性氯水法的其他工艺控制条件，如还原、水解、中和等，与高价锑盐法基本相同。水解所得母液含较多的酸，母液分流出约 1/4 返回流程使用，其余母液开路并进行中和处理后排放，以避免杂质离子在流程中积累。

17.3.3 以锑铅精矿为原料的氯化－干馏法

锑铅矿，如脆硫锑铅矿精矿中的铅往往比锑高，处理这类锑矿时要考虑两者或更多元素的综合利用。由于 Cl^- 离子对 Sb^{3+} 及 Pb^{2+} 有不同程度的络合能力，在一定的浸出条件下，在锑进入溶液的同时，部分铅也将进入浸出液。例如，用 1.5M HCl，总 Cl 含量为 160~170g/L 的溶液，在氯过量为 10%，液固比为 3:1，温度为 98℃，常温下过滤等条件下，对脆硫锑铅矿进行浸出，其结果表明，进入浸液中的铅为 2g/L 以下。如采用这种浸液生产锑白，则锑白中铅的质量分数高达 0.25%，在生产中，一般需在相关作业中加入除铅剂脱铅，例如，中南大学在还原作业中除铅，效果很好，而且除去的微量铅可以回收，减轻废水处理的负担。此外，锑铅精矿中的砷含量往往较高，通常采用蒸馏（干馏）的办法脱砷。如采用多级蒸馏，则可脱除铅、砷等多种杂质。

广西宜山锑品厂在中南大学的指导下，应用氯化－干馏工艺成功地在工业生产中实现了锑、铅分离，并且解决了干馏设备的耐高温、耐腐蚀等难题，生产出合格的锑白产品，以下简要介绍其工艺流程。

宜山锑品厂使用原料的典型成分（质量分数）为：Sb 27%、Pb 33.43%、As 0.7%、Fe 7%、Ag 0.147%，生产工艺流程如图 17-22 所示。

17.3.3.1 浸出

在酸性介质中，以 Cl_2 氧化锑铅矿，铅锑浸出率均可达到 97% 以上，被浸出的铅多数以 $PbCl_2$ 的形式入渣。为减少粗馏的加工量，对浸出条件进行了优化，在优选的技术条件下，浸出液中 Sb^{3+} 浓度可达 450g/L 以上，浸出矿浆过滤性能相当好。由于粗馏的目的是对三氯化锑溶液深度脱铅、银，为此，在浸出时，无需特别控制铅、银进入浸出液的量。滤渣经洗涤后，锑几乎全部进入溶液。

17.3.3.2 干馏、水解、中和

干馏分粗馏和精馏两级。粗馏是基于锑、砷等低沸点氯化物与铅、银、铁等高沸点氯化物的蒸气压差别较大的原理，在高于 $SbCl_3$ 的沸点温度下，将 $SbCl_3$、$AsCl_3$ 馏出，而高

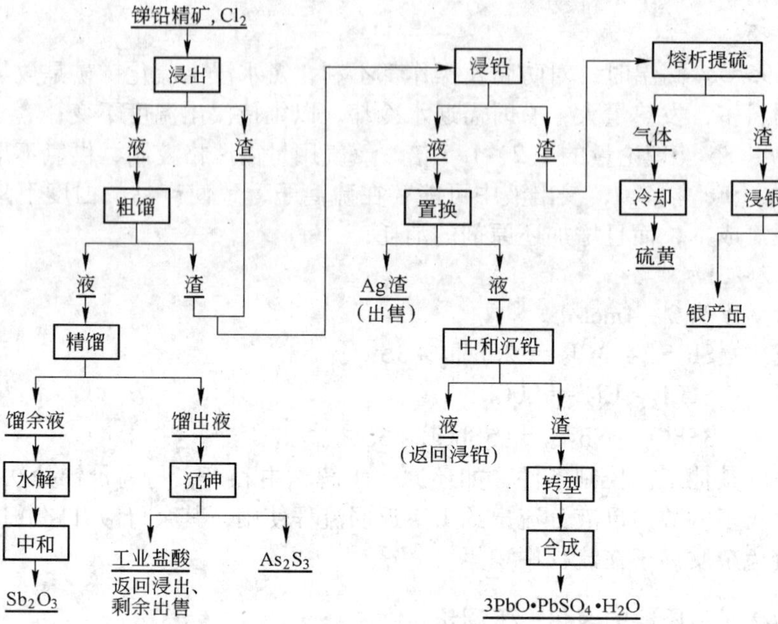

图 17-22　氯化－干馏法工艺流程

沸点氯化物 $PbCl_2$、$FeCl_2$、AgCl 与脉石一起留于馏渣中，从而实现铅、锑分离。在粗馏时略有微量的 3 价铁、银、镉、铝、铋、钴等夹带进入馏出物中，但可在精馏后，三氯化锑进行水解时进一步除去，最终产品质量不受影响。粗馏温度控制在 260℃，此时锑的馏出率达 95% 以上，馏出液进入下一个工序精馏脱砷，馏渣则汇同浸出渣一起送另一工序浸取铅。

脱砷粗馏时，主要有低沸点的砷及 4 价锡等氯化物与锑一起进入馏出液，通过精馏达到与锑分离的目的，使之符合下一工序的技术要求。精馏温度控制在 132℃，砷及其他低沸点氯化物随同水及盐酸被馏出。收馏采用分级收馏，收馏得到的盐酸可返回浸出作浸出母液。馏余液为纯净的三氯化锑溶液，通过常规水解、中和，即制得三氧化二锑。

17.3.3.3　副产品的综合回收加工

经过上述处理后，硫以元素硫的形式进入浸出渣中，其他有价金属均以氯化物形式进入浸出渣－馏渣的混合渣中，这就为副产品的加工提供了便利，尤其是铅的加工工艺相当灵活。在整个加工系统中，对工艺流程稍加改动，便可根据市场需要而生产出硝酸铅、二盐基磷酸铅、三盐基硫酸铅、黄丹、纯二氯化铅及粗铅等系列铅产品；在浸铅的同时把银置换出来，经熔铸后外卖；元素硫则用熔析法制成硫黄外卖；砷存在于精馏的馏出液中，返回浸矿利用，当循环砷积累到一定量时，用硫化钠沉砷，使砷呈 As_2S_3 形态，可作为原料外卖或自行加工成砷产品出售。

氯化－干馏法工艺流程短，工艺适应性强，不仅适应原矿的加工，同时还可处理各种含铅、锑的工业阳极泥；工人操作难度不大，产品质量稳定，技术经济指标先进，各种金属元素的回收率均达 94% 上；整个工艺流程采用了闭路循环，废水处理量少；各工序中产出的渣均可回收，最终废渣为脉石及一些无害介质，不会产生二次污染，有利于环境保护。此外，浸矿时通入的液氯经过浸出及精馏，大部分已转化为盐酸被馏出，除满足自身循环使用外，经简单处理后可作工业盐酸出售。在粗馏中产出的余热可用于产品的烘干及制取蒸馏水，减少了锅炉的蒸汽供应。

17.3.4 以硫化锑精矿为原料的电氯化法

电氯化法生产锑白，即以电解食盐水产出的新生态氯作浸出剂。贵州大学曾对此工艺进行了研究，与现代氯碱技术相结合，在产出锑白的同时，副产出烧碱。

试验原料为贵州产富锑矿与浮选精矿，其化学成分见表 17-23，粒度为 –0.124mm（–120 目）。使用的试剂为化学纯氨水、氢氧化钠、碳酸钠、氯化钡、锑粉、食盐、工业盐酸及离子交换水，试验采用的工艺流程见图 17-23，工艺过程描述如下。

表 17-23 试验用硫化锑矿成分（质量分数）（%）

名称	Sb	As	Pb	Cu	Zn	SiO_2	Al_2O_3	Fe_2O_3	CaO	S
锑精矿	58.47	0.075	0.28	0.04	0.015	6.50	0.42	4.63	0.55	26.74
富锑矿	43.32	0.16	0.008	0.01	0.01	32.45	1.75	1.27	0.79	17.18

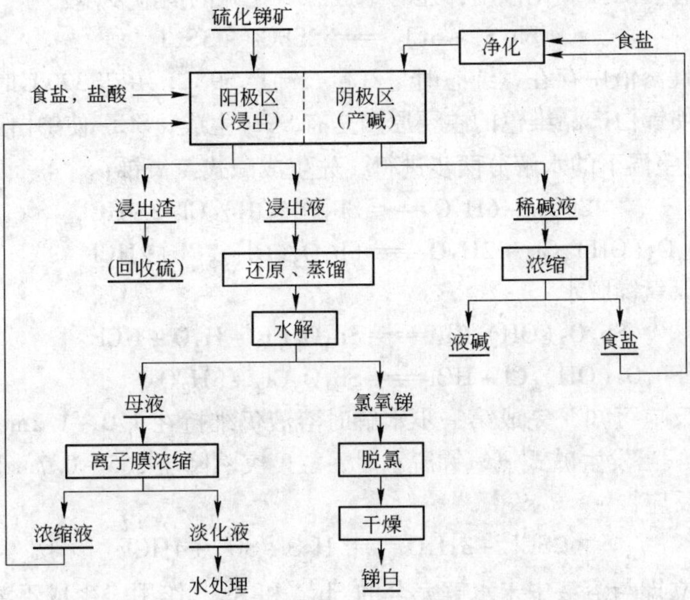

图 17-23 电氯化法制取锑白副产烧碱原则流程

17.3.4.1 电氯化浸出

电氯化浸出的基本原理与离子膜法制碱工艺相同，不同之处是用阴离子交换膜，而不是用阳离子交换膜隔开阳极区与阴极区。当阳极区装入酸性食盐溶液和锑矿粉组成的矿浆并通电之后，Cl^- 在石墨阳极上放电，产生原子氯和氯气，与矿浆中的辉锑矿作用，锑从固相进入溶液。

浸出反应还包括二次反应产生的 Sb^{5+} 和 Fe^{3+} 等强氧化剂与 Sb_2S_3 的相互作用。阳极区 Cl^- 的减少由阴极区食盐溶液中的 Cl^- 通过阴离子交换膜补充，随着 H_2 在阴极的析出和 Cl^- 进入阳极区，阴极区产生等当量的 NaOH。

浸出在电浸槽中进行，电浸槽用呋喃玻璃钢制成，阴阳极室容积为 1L，阳极材料为石墨，用多孔铁板作阴极，阴离子交换膜作隔膜。浸出剂用返回浓缩母液补加食盐和工业盐酸配制，每次投矿量为 60 ~ 100g。阴极液为净化过的食盐水，采用高位槽循环。在极距为 40 ~ 50mm、阳极电流密度为 700 ~ 900A/m^2，阴极电流密度为 500 ~ 700A/m^2、槽电压为 1.8 ~ 2.5V 的条件下，试验得出的适宜浸出条件为：温度 70 ~ 85℃、氯离子浓度为 4 ~ 6mol/L、盐酸浓度为 2 ~ 3mol/L，在此浸出条件下，锑精矿浸出率大于 96%，富锑矿浸出率大于 98%。

17.3.4.2　用 $SbCl_3$ 浸出液制取锑白

根据 $SbCl_3$ 溶液有高酸水解的特性，用常规方法经还原、蒸馏、水解、中和脱氯后制取锑白。电氯化浸出锑精矿所得浸出液的一般成分为：Sb 76.09g/L，As 0.093g/L，Pb 0.36g/L，Cu 0.041g/L，Zn 0.18g/L，Cl^- 330g/L，Fe 3.42g/L，H^+ 2.53mol/L。

A　还原蒸馏

由于电氯化浸出的氧化电位高，即 $E^{\ominus}_{Cl_2/Cl^-} = 1.36V$，浸出液中存在 5% ~ 10% 的 Sb^{5+} 以及 As、Fe 等元素的高氧化态离子，水解时 Sb^{5+} 和 As 进入产品会影响锑白的质量，同时，由于新生态氯的强氧化作用，还有生成二氯化硫的反应发生：

$$Sb_2S_3 + 6Cl_2 = 2SbCl_3 + 3SCl_2$$

SCl_2 可在酸性溶液中存在，纯态时呈红色，沸点 59℃，并于 320℃时分解。电氯化法浸出辉锑矿时，使锑白产品染色的主要原因是有 SCl_2 生成，SCl_2 使锑白染色的机理如下。

$SbCl_3$ 溶液在室温下的水解分两步进行，先生成碱式氯氧锑：

$$4SbCl_3 + 6H_2O = Sb_4O_3(OH)_3Cl_3 + 9HCl$$

$$Sb_4O_3(OH)_3Cl_3 + 2H_2O = Sb_4O_3(OH)_5Cl + 2HCl$$

第二步碱式氯氧锑脱水：

$$Sb_4O_3(OH)_3Cl_3 = Sb_4O_5Cl_2 + H_2O + HCl$$

$$Sb_4O_3(OH)_5Cl + HCl = Sb_4O_5Cl_2 + 3H_2O$$

从以上水解反应可知，完成第一步水解时溶液仍维持在 1.0 ~ 1.2mol/L 的较高酸度，此时 SCl_2 仍稳定。当发生碱式氯氧锑脱水时，酸度突然降至 0.5 ~ 0.7mol/L，SCl_2 在酸度突变时发生歧化反应：

$$2SCl_2 + 3H_2O = H_2S + SO_3 + 4HCl$$

产生的 H_2S 立即与溶液中未水解完全的 Sb^{3+} 和 As^{3+} 作用，生成不溶于稀酸的 Sb_2S_3 和 As_2S_3 而使锑白染色。

为保证锑白的化学成分和白度，试验采用加锑粉还原蒸馏的办法，既使 Sb^{5+}、As^{5+}、Fe^{3+} 等还原，又使低沸点杂质 $AsCl_3$、$SnCl_4$ 和 SCl_2 等蒸馏除去。

还原蒸馏条件为：锑粉添加量按 Sb^{5+} 和 Fe^{3+} 的含量计算并过量 1 倍，在 105 ~ 115℃沸腾蒸馏 20min。

还原液的一般成分为：Sb^{3+} 81.52g/L，Pb 0.38g/L，Cl^- 343g/L，As 小于 0.01g/L，H^+ 为 2.14 mol/L。

B　还原液水解

$SbCl_3$ 溶液的高酸水解特性，使得锑易与共存的杂质分离，试验使用的水解条件为稀释体积比为4～6（决定于还原液中的Sb^{3+}浓度），温度25～35℃并适当控制净化水的加入速度和搅拌强度。温度若超过40℃，氯氧锑晶型转变显著加快，易得到粗颗粒晶体。水解得到的氯氧锑沉淀用0.2～0.3mol/L的化学纯盐酸洗至无Fe^{2+}。水解母液的代表成分为：Sb^{3+} 0.16g/L，Cl^- 66.2g/L，H^+为0.76mol/L，水解率大于99%。

C 中和脱氯与干燥

氯氧锑滤饼用净化水浆化后，先用1∶10的氨水中和至pH值为3～4，然后用1∶25的氨水中和至pH值为7～8，并稳定不变。中和时，温度保持在40～50℃，时间可缩短。

脱氯后的滤饼用热净化水洗至无Cl^-，烘干即得锑白成品。锑白化学成分和物理性能检测结果见表17-24。

表17-24 锑白质量指标

试验编号	化学成分（质量分数）/%			白度/%	费氏平均粒度/μm
	Sb_2O_3	Pb	As		
1	99.67	0.059	0.031	88	1.75
2	99.73	0.067	0.016	91	
3	99.78	0.033	0.008	92	
4	99.75	0.042	0.005	92	0.87

17.3.4.3 阴极区碱的回收

阴极液用食盐配制，用化学纯试剂Na_2CO_3、NaOH，$BaCl_2$净化除去Ca^{2+}、Mg^{2+}、SO_4^{2-}。精盐水的成分为：$NaCl_2$ 93g/L，Ca^{2+} 0.01g/L，SO_4^{2-} 1.24g/L，pH值为6～7。

为了确定阴极室的产碱浓度与电流效率的关系，阴极室加入1L精盐水循环电解，阳极室电氯化浸出。电解过程中测定阴极液的OH^-和Cl^-浓度，并补加净化水保持阴极液体积。

从试验结果可知，阴极产碱电效随碱浓度的上升而下降，主要原因是OH^-穿过阴离子交换膜进入阳极区，同时Cl^-浓度的降低导致膜发生极化。采用阴极液循环并补加浓精盐水维持Cl^-浓度在4mol/L，并控制阴极液碱浓度在80～100g/L，即抽出进行浓缩，可使阴极电效保持在85%以上。将稀碱液浓缩到40%～50%的液碱，每吨锑白可副产含50% NaOH的液碱0.8t。

17.3.4.4 水解母液的处理与硫的回收

水解母液含有盐酸和食盐，数量大，需处理回收有用成分。采用离子膜浓缩后，将淡化液中和排放，效果较好，浓缩液只需补充少量食盐和盐酸即可作电氯化浸出的阳极液。

处理富锑矿时，浸出渣中硫质量分数为30%～40%，处理锑精矿时，浸出渣中硫质量分数为60%～70%。从含硫渣中回收元素硫的方法很多，试验选用直接蒸馏法处理含硫高于60%的浸出渣，硫回收率为88%～93%。低硫浸出渣则用$(NH_4)_2S+NH_3$作浸出剂处理，硫回收率可达95%以上，元素硫的回收指标为0.28～0.3（t/tSb_2O_3）。

试验获得的主要技术指标为：金属回收率大于95%，每吨锑白直流电耗为1750kW·h、食盐消耗为1.7～1.9t、盐酸消耗为0.5～0.7t。

17.3.5　以粗锑氧粉为原料的气相合成法

我国专利200410024884.0，公开了一种气相合成高纯超细三氧化二锑的方法。该法以粗锑氧粉、工业盐酸和氨气为原料，可制得粒径为0.1~0.4μm、白度为98%，Sb_2O_3质量分数为99.9%以上的高纯三氧化二锑。

气相合成高纯超细三氧化二锑的工艺流程见图17-24，主要工艺过程如下。

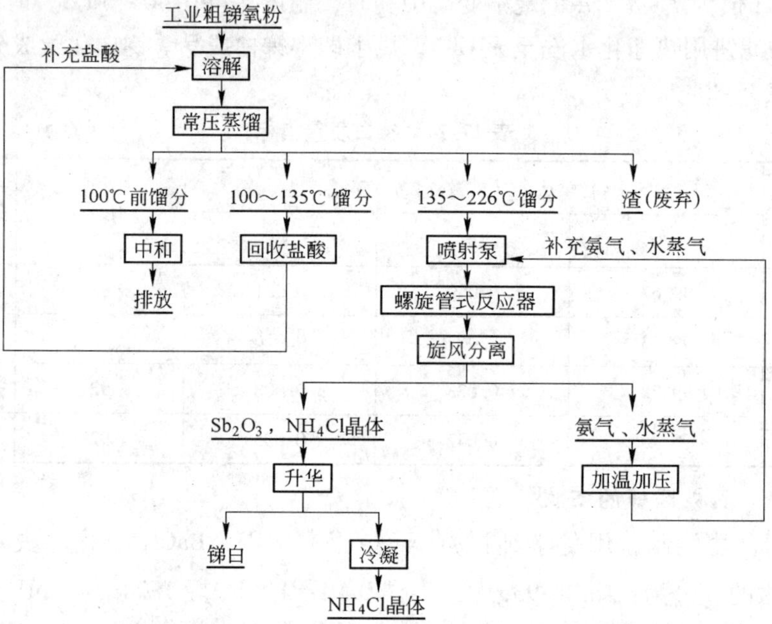

图17-24　气相合成高纯超细三氧化二锑工艺流程

17.3.5.1　粗锑氧粉的溶解

粗锑氧粉用20%~31%的工业盐酸或回收的盐酸溶解，使三氧化二锑转化为三氯化锑。三氧化二锑的溶解反应为吸热反应，溶解时需加热并搅拌。溶解温度20~100℃，搅拌转速100~1000r/min，溶解时间1~10h，盐酸用量超出化学计量的50%~100%。

17.3.5.2　三氯化锑的蒸馏

溶解后的三氯化锑以气态常压蒸馏出釜外。三氯化锑的蒸馏取135~226℃的馏分，或减压下取相应温度范围的馏分。常压100℃前的馏分中和排放，100~135℃的馏分回收盐酸返回利用。

100℃前的馏分为稀盐酸，浓度仅1%~2%，可中和排放或用电渗析将其浓缩到5%再回收盐酸。

由于盐酸-水的共沸浓度为18%、共沸温度为110℃，所以100~135℃的馏分为浓度10%~18%的盐酸。这种浓度的盐酸可用萃取精馏的方法浓缩到22%以上，完全可以回用。盐酸-水共沸物的蒸出可以使上述反应进行到底。

135~226℃的馏分为三氯化锑。三氯化锑的常压沸点为223℃，粗锑氧粉中，铬、锰、钴、镍、铬、铅、锌、铜、亚铁、钾、钠、钙、镁等金属的氯化物是不挥发的，故精馏提纯三氯化锑是极为有效的除杂方法。铝的氯化物不稳定，其水溶液分解为不挥发性的氧化物，铁、汞金属的氯化物挥发性较小，馏出液中基本上不含这类杂质。砷、锡的氯化物沸点分别为123℃和120℃，是挥发性的，只要控制馏出温度为135～226℃，可使粗锑氧粉中的常见杂质基本去除，原料中杂质含量的高低不影响三氯化锑的提纯。

不挥发性的杂质可在蒸馏5～10次后清釜一次，挥发性的杂质可在盐酸回收过程中浓缩去除。

17.3.5.3 三氯化锑生成三氧化二锑的反应

以氨气、水蒸气作动力，0.2～0.6MPa压力的水蒸气，冲入足量氨气，进入文丘里式喷射泵中，在喷射泵喉管部形成0.007～0.05MPa真空，通入蒸馏的三氯化锑，三氯化锑与氨、水蒸气的流量比控制为1∶(10～20)，氨气与水蒸气的流量比为1∶(10～20)。

低压的三氯化锑，在喉管以后部位与氨气、水蒸气迅速混合并进入不锈钢螺旋管式反应器进行如下反应：

$$2SbCl_3 + 6NH_3 + 3H_2O \Longrightarrow Sb_2O_3 + 6NH_4Cl$$

三氯化锑在低真空及瞬间被加压至0.2～0.6MPa的过程中，形成极细的液滴，传质表面大，反应温度高，因此，上述反应可快速完成。水解反应为放热反应，可以维持反应过程水蒸气不冷凝而完成气态反应，因此产生的三氧化二锑是均匀的微粒，满足生成超细微粒三氧化二锑的要求。

为了使反应能迅速、充分进行，氨气与水蒸气应过量，反应过程维持温度为120～145℃，反应时间为2～30min。

17.3.5.4 混合晶体的捕集

反应产物为细粒三氧化二锑和氯化铵的混合晶体，采用旋风分离捕集，捕集过程循环操作。分离出的未反应的氨气与水蒸气的废气，加温加压后补充新氨气与水蒸气循环利用。

17.3.5.5 三氧化二锑与氯化铵的分离

旋风捕集的混合晶体在300～400℃下，使氯化铵升华而与三氧化二锑分离，常压下氯化铵在350℃时能迅速升华。分离在夹套搅拌反应器中进行，夹套中充满有机高温载热体，电加热并使之回流，升华时间1～10h，搅拌转速100～1000r/min。升华分离的同时，使三氧化二锑干燥，升华气体冷凝后为高纯氯化铵产品。

该发明与已有的等离子体法等相比，设备投资小，蒸馏、气相反应、升华分离设备等均为常规化工设备；产物粒径0.1～0.4μm且均匀；由于除杂过程彻底，产品纯度高、白度高；原料要求不高，生产成本低。

以下为该发明的一个实例：

冷水江某厂粗锑氧10kg，其中含三氧化二锑69.3%、含铁0.85%、含铅0.98%、含水0.83%。投入100L搪瓷夹套搅拌釜中，加入40L浓度为20%的回收盐酸，控制转速为400r/min，温度为80℃，搅拌反应2h后，升温常压蒸馏。100℃前的馏分中和排放，100～135℃的馏分用于浓缩盐酸返回利用。

锅炉中，0.3MPa的蒸气通入喷射泵使喉管处压力为0.007MPa，导入三氯化锑蒸气，其下游5cm处通入氨气。三氯化锑与氨、水蒸气流量比控制1∶15，氨气与水蒸气的流量比1∶10。混合气在不锈钢螺旋管式反应器中与氨、水蒸气反应，反应温度控制为125℃，停留时间为5min。减压至0.007MPa下，三氯化锑的蒸出温度为62～124℃。混合气在旋风分离器中捕集三氧化二锑和氯化铵晶体，分离出的废气用电加热加温、加压至 0.3MPa 并补加氨、水蒸气后，重新进入喷射泵。

混合固体的分离在夹套搅拌釜中进行。夹套用 SD－320 有机高温载热体，控制温度 360℃。搅拌转速 400r/min，加热 2h，使氯化铵全部升华，冷凝后回收氯化铵。得到氯化铵 7kg，成分（质量分数）为：含氯化铵 99.5%、含铁 0.001%、含铅 0.0004%，回收率为 92.3%。得超细三氧化二锑 6.47kg，其中含三氧化二锑 99.90%、含铁 0.0004%、砷 0.005%、铅 0.00044%，平均粒径为 0.3μm，最大粒径为 0.8μm，白度 98.0%，三氧化二锑总回收率为 93.3%。

17.3.6　以粗锑氧粉为原料的硝酸分解法

我国专利 00112862.0，公开了一种以粗锑氧粉为原料的硝酸分解法。该发明的工艺流程简单，固定投资少，产品质量高，生产成本低，可制取高纯度三氧化二锑。图 17-25 为该工艺的原则流程。

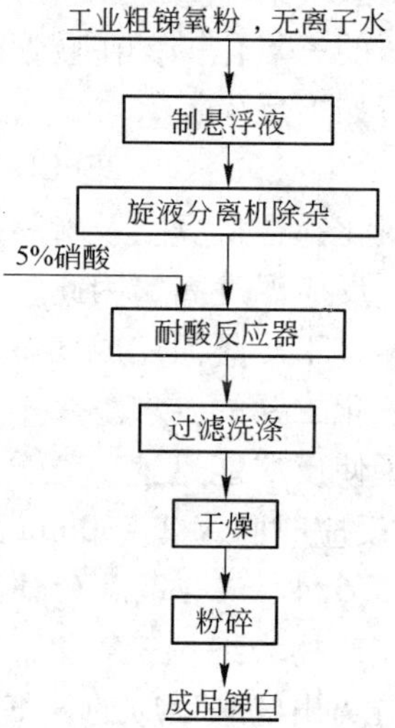

图 17-25　硝酸分解法制取锑白的原则流程

硝酸分解法的基本原理是三氧化二锑不溶于稀硝酸，而工业粗锑氧粉中的其他杂质在加温搅拌的条件下可溶，再经固液分离、洗涤，即可达到提纯三氧化二锑的目的。例如，挥发焙烧或挥发熔炼产出的粗锑氧粉主要含三氧化二锑，此外，还含有 As_2O_3、PbO、CuO、FeO 等。As_2O_3 易溶于水，三氧化二锑难溶于稀硝酸，而 PbO、CuO、FeO 等则能溶解在稀硝酸溶液中。

硝酸分解法的主要工艺过程是：将锑氧粉与无离子水配成悬浮液，除去杂质，导入耐酸反应器中；用硝酸与悬浮液配成 5% 的稀硝酸加入反应器，硝酸用量按杂质总和的化学计量加入；用蒸气加热至 70～80℃，搅拌反应 2h，锑氧粉以固态方式被保留；反应物经固液分离、无离子水洗涤至中性，pH 值为 6.5～7，再经 150℃高温干燥，粉碎后即得成品锑白。以三氧化二锑含量约 95% 的锑氧粉为原料生产时，产品三氧化二锑的质量分数不低于 99%。

17.3.7　以三氯化锑为原料的醇盐水解法

醇盐水解法主要用于生产超细锑白，该法用三氯化锑为原料，在有机试剂中水解或氨解而制取锑白。

17.3.7.1　基本原理

醇盐水解法，首先用三氯化锑与化学剂量过量的醇，以乙醇为例，作为醇化剂进行醇化反应，生成醇锑盐：

$$SbCl_3 + 3C_2H_5OH \longrightarrow Sb(OC_2H_5)_3 + 3HCl$$

当有氨、吡啶、有机胺等共存时，可促使醇化反应向右进行。通入氨，不仅能促进醇盐的生成，还可除去氯离子：

$$SbCl_3 + 3C_2H_5OH + 3NH_3 \longequal Sb(OC_2H_5)_3 + 3NH_4Cl$$

金属醇盐易于水解生成氧化物沉淀：

$$2Sb(OC_2H_5)_3 + 3H_2O \longequal Sb_2O_3 + 6C_2H_5OH$$

产品粒度的大小与醇化剂的碳链长度有关，一般 5 个以上碳原子的醇化剂，如戊醇、已醇、庚醇等，所得产品的粒度较细，这可能是醇化反应的完全程度，即锑的醇化率不同所致。醇化反应愈完全，所得产品的粒度愈细。碳链长的醇置换氯离子的能力更强，因而醇化率更高。

17.3.7.2 工艺流程

醇盐水解法生产超细锑白的原则流程见图 17-26。首先加适量的三氯化锑、醇、溶剂苯或醚等于回流反应器中，使其在 70℃左右反应，并通入氨气以促使反应进行。过滤除去不溶于有机试剂的 NH_4Cl，蒸馏醇锑液回收部分苯、醇并循环使用，然后在醇锑液中加蒸馏水进行水解，过滤并采用精馏法回收滤液中的有机试剂回用，沉淀用蒸馏水洗净，最后在高于 100℃的温度时干燥，即制得超细锑白粉末。

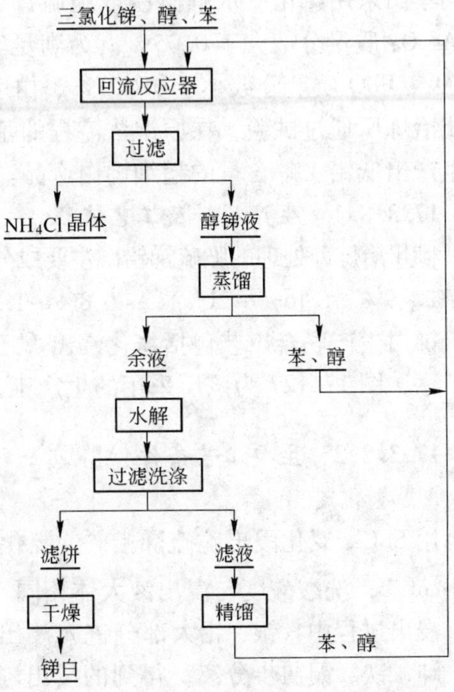

图 17-26 醇盐水解法制取锑白的原则流程

17.3.7.3 主要工艺影响因素

除醇的种类外，回流反应温度、醇的加入量、反应时间、通氨量等对产品粒径均有影响。以沸点温度为限，如反应温度越高，加入醇量越大，反应时间越长，则对醇化反应越有利，制备的锑白粒径越小，但通入氨量必须适当，如通氨量太多，由于氨的加质子作用，会使溶液的 pH 值升高，导致锑提前沉淀，不仅使锑的醇化率降低，产品粒径变大，而且锑的回收率下降。

锑白的粒径与水解条件，如水解温度、时间、加水量等也有较大的关系。水解温度以 60～80℃为宜，水解时间控制在 15～20min 即可，加水量为理论量的 10 倍以上时，可保证高的锑回收率。

中南大学曾采用异丙醇为醇化试剂进行试验制取超细锑白，其粒径在 0.02μm 左右，白度达 92.4%，锑回收率为 94.0%。

17.3.7.4 有机试剂的回收

醇盐水解法存在的一个问题是需要消耗价格较高的有机试剂，如能将其回收循环使用，则可降低成本。为此，在醇化反应后用蒸馏法蒸馏醇锑溶液，馏出部分溶剂和未反应的醇。试验表明：醇锑化合物的沸点大于 110℃，故蒸馏温度在 110℃以内，能馏出约占使用的苯与醇的一半供循环使用，而与锑反应的醇及部分苯，经水解后，又被还原出来，再采用精馏法将苯和醇与水分离，可使有机试剂循环使用，有机试剂的总循环使用率一般可达 70%以上。

17.3.8　湿法－等离子体法联合工艺

一般来讲，湿法工艺生产的锑白产品的总体杂质含量较低，但白度较低，且不稳定。华锡集团采用氯化－水解法浸取脆硫锑铅矿生产的锑白主成分高，Fe_2O_3、PbO 含量低，但 As_2O_3 质量分数大于0.05%。为满足客户要求，提供含 Sb_2O_3 质量分数大于99.80%，As_2O_3、PbO 质量分数小于0.003%、白度大于95%、粒度小于1.0μm 的产品，华锡集团柳州冶炼厂通过试验，在原湿法流程的基础上，增设蒸馏脱砷、等离子体高温处理，成功地生产出低铅、砷含量的超细锑白产品。

17.3.8.1　生产原料及工艺流程

柳州冶炼厂处理的脆硫锑铅矿主要成分（质量分数）为：Sb 25%～30%，Pb 26%～33%，Fe 7%～9%，S 16%～21%，As 0.8%～1.2%，Cu 0.15%～0.30%，Ag 800～1200g/t。

锑白生产联合工艺包括氯化浸出、还原除铅、蒸馏脱砷、水解、中和及等离子体处理等工序，图17－27为该厂采用的生产工艺流程。

17.3.8.2　主要工艺条件

A　氯化浸出

用 $SbCl_5$ 氯化浸出脆硫锑铅矿，氯化剂用氯气再生。浸出液固比为3∶1，浸出液酸度为4mol/L，洗酸酸度与浸出液大体相同，浸出温度95～105℃，机械搅拌2h。

浸出过程中，银、铅大部分进入浸出渣，锑、砷、铁、铜大部分入浸出液，银、铅与锑、砷、铁、铜初步分离，得到的浸出液主要成分为：Sb 350～400g/L，As 2.0～3.0g/L，Fe 45～55g/L，Cl^- 350～400g/L，Pb 2.0～2.5g/L，Cu 1.5～3.5g/L，Ag 0.8～1.2g/L。

B　还原除铅

浸出液中的高价金属离子，如 Sb^{5+}、As^{5+}，加海绵锑还原成 Sb^{3+}、As^{3+}；其他金属离子，如 Cu^{2+}、Ag^+，加铁粉还原成 Cu、Ag，进入还原渣；另外，加入除铅剂深度除铅。还原除铅后，溶液的成分为：Sb 350～400g/L，As 2.0～3.0g/L，Fe 50～60g/L，Cl^- 350～400g/L，Pb 0.02～0.04g/L，Cu 0.3～0.6g/L，Ag 0.05～0.1g/L。

C　蒸馏脱砷

浸出液经还原除铅后，剩下的金属氯化物，主要有 $SbCl_3$、$AsCl_3$、$FeCl_2$，其沸点分别为219℃、130℃、677℃，其中，$AsCl_3$ 沸点最低，高于100℃时被蒸馏出来，与溶液中其他氯化物分离。当蒸馏罐内真空度为0.06～0.08MPa，蒸馏温度达到120℃时，Sb_2O_3 产品中的 As_2O_3 质量分数低于0.003%。随着蒸馏温度升高，Sb 的蒸出率也逐渐升高，120℃时，Sb 蒸出率为3.72%，122℃时，迅速升高到8.23%，因此当罐内温度达到120℃时，蒸馏即可完毕，此时脱砷率可达99%。

D　硫化钠沉砷

含砷的馏出液用硫化钠沉砷，得到的砷呈 As_2S_3 形态存在，稳定、少毒，可贮存也可深加工成砷品出售，沉砷率可达99%。

E　水解中和

对于脱砷馏余液，采用常规水解、氨水中和工艺获得锑白。

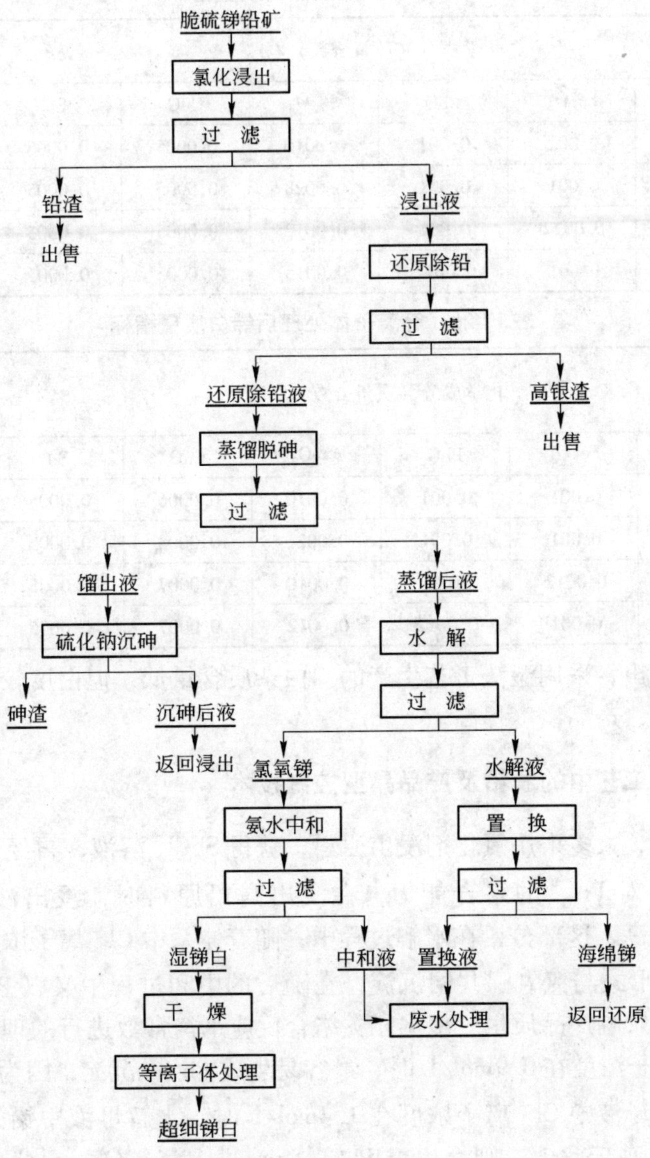

图 17-27 制取锑白的湿法-等离子体法联合工艺流程

F 置换

水解后液用铁置换获得海绵锑返回还原工序。从水解到置换，锑的回收率达 97.5%。

G 等离子体处理

在等离子体产生 3000℃的高温条件下，斜方型 Sb_2O_3 迅速气化，经骤冷而得到更稳定的超细立方晶型锑白，产品白度达到 95%以上，粒度约 0.1μm。产品的金属回收率为 98%，结渣率为 3.42%。

17.3.8.3 产品质量

对生产所得四批锑白在等离子体处理之前和处理之后进行全分析，其结果分别见表 17-25 和表 17-26。

表 17-25 湿法锑白质量指标

批号	化学成分（质量分数）/%						白度/%	粒度/μm
	Sb_2O_3	Fe_2O_3	PbO	As_2O_3	CuO	Se		
1	99.70	0.001	0.001	0.0010	0.0005	0.0005	87	1.0
2	99.60	0.001	0.001	0.0028	0.0005	0.0005	88	1.0
3	99.65	0.0012	0.001	0.0012	0.0005	0.0005	85	1.0
4	99.60	0.001	0.0012	0.0015	0.0005	0.0005	86	1.0

表 17-26 等离子体处理后锑白质量指标

批号	化学成分（质量分数）/%						白度/%	粒度/μm
	Sb_2O_3	Fe_2O_3	PbO	As_2O_3	CuO	Se		
1	99.85	0.001	0.001	0.0010	0.0006	0.0005	97	0.1
2	99.90	0.001	0.001	0.0021	0.0008	0.0005	96	0.1
3	99.85	0.0012	0.001	0.0010	0.0007	0.0005	97	0.1
4	99.90	0.001	0.0012	0.0012	0.0007	0.0005	97	0.1

从分析结果看出，采用湿法工艺生产的锑白杂质含量低，但白度较低，经过等离子体处理后，粒度变小，产品白度提高。

17.3.9 湿法锑白工艺中的脱铅及产品晶型控制技术

湿法锑白工艺，大多采用氯化剂浸出原料，获得 $SbCl_3$ 溶液，再经水解、中和产出锑白。由于 Cl^- 离子对 Pb^{2+} 的络合能力，在浸出高铅原料时，浸出液中的铅氯络离子（$PbCl_n^{2-n}$）浓度较高，这部分铅在水解过程中，随着体系中 Cl^- 离子浓度的降低，将可能部分地以 $PbCl_2$ 的形式与氯氧锑共同沉淀，在随后的中和过程中又以 $Pb(OH)_2$ 的形式进入锑白产品，从而影响产品质量。根据相关络合反应平衡常数进行的理论计算表明，水解终点母液中 Cl^- 离子浓度在 0.9mol/L 时，最容易生成 $PbCl_2$ 沉淀，因为此时 $PbCl_2$ 的溶解度最小。水解终点母液中 Cl^- 离子浓度在 1.4mol/L 时，水解母液中铅的最大允许含量约为 2g/L，若铅含量高于此值，则会生成 $PbCl_2$ 沉淀进入氯氧锑，因此，采用高铅原料的湿法锑白工艺，一般需要在适当的工序设置脱铅作业。

此外，氯化锑水解中和转化得到的是斜方晶型锑白，由于斜方晶型锑白粉末主要呈针状、纺锤形，流动性差，且有很强的光敏性，在阳光照射下，几个小时内，即可由白色变为灰黄色，产品性能不及立方晶型锑白，因而其用途受到一定的限制。人们通过研究发现，采取适当措施，湿法锑白工艺同样可生产出立方晶型锑白。

17.3.9.1 脱铅技术

湿法锑白工艺中的脱铅技术可概括为以下 3 种。

A 蒸馏法

蒸馏法是将浸出液进行多级蒸馏、精馏处理，从而达到分离锑、铅及其他杂质的目的，如前面介绍的氯化－干馏法。蒸馏法可获得很纯的三氯化锑溶液，但往往需要将溶液全部蒸馏，其设备要求高，能耗大，生产成本较高。

B 钡盐除铅法

钡盐除铅法是在浸出液的还原过程中，加入可溶性钡盐（如 $BaCl_2$）来除铅。该法需要硫酸根离子的配合，例如在氯化浸出时，用盐酸与硫酸两者混合作为浸出剂或用盐酸与硫酸钠两者混合作为浸出剂，也可在加入可溶性钡盐的同时加入硫酸钠。在浸出过程中加入硫酸或硫酸钠的好处是，由于硫酸铅的溶解度很小，因而，进入浸出液的铅含量会很低。在还原过程中，加入可溶性钡盐可进一步深度脱铅，其基本原理是使溶液中的铅与生成的 $BaSO_4$ 形成共沉淀而除去：

$$PbCl_n^{2-n} + Ba^{2+} + 2SO_4^{2-} =\!=\!= PbSO_4 \cdot BaSO_4 \downarrow + nCl^-$$

钡盐用量（摩尔比）为：Ba∶Pb = (3 ~ 10)∶1，除铅过程可在 5 ~ 50℃ 的温度下进行，反应时间 2 ~ 8h。

C 氯化钠溶液浸取法

氯化钠溶液浸取法是在水解所得氯氧锑中加入饱和氯化钠溶液浸泡氯氧锑，使夹杂在氯氧锑中的 $PbCl_2$ 沉淀绝大部分溶解在氯化钠溶液中：

$$PbCl_2(\text{固}) + nCl^- =\!=\!= PbCl_{n+2}^{-n}(\text{液})$$

然后经过滤、洗涤达到除铅的目的。饱和氯化钠溶液的用量可按氯化钠溶液与固体氯氧锑的质量比 1∶1 加入。

17.3.9.2 晶型控制技术

在湿法锑白生产工艺中，为了获得立方晶型的三氧化二锑产品，可采用以下几种办法。

A 真空干燥法

斜方晶型锑白的摩尔体积小于立方晶型锑白，属于高压稳定相。研究发现，湿法工艺得到的是斜方晶型锑白，将其在真空度 666Pa 和 400℃ 的条件下，真空干燥 4h，可转化为立方晶型的锑白。

虽然真空干燥处理可使锑白从斜方晶型转化为立方晶型，但由于条件限制，转化难以完全实现，而且成本较高。

B 添加晶型转化剂

人们研究发现，在氯氧锑中和转化调浆时添加少量的 EDTA、酒石酸、尿素、双氧水等，控制适宜工艺条件，用氨水就可以得到全立方晶型锑白，因此，人们称 EDTA、酒石酸等为锑白晶型转化剂。

EDTA 或酒石酸等锑白晶型转化剂的作用在于改变了氯氧锑中和转化反应的历程。氯氧锑中和转化由固相反应变为液相反应，氯氧锑（$Sb_4O_5Cl_2$）与相关螯合剂反应生成锑配离子而溶解，溶液中配离子与 OH^- 反应发生定向水解，生成立方晶型锑白，整个反应历程受表面化学反应控制，因此水解反应释放的螯合剂又立即吸附于氯氧锑表面，与之反应生成相应的配离子，使整个反应连续进行，从而促进 $Sb_4O_5Cl_2$ 转化为立方晶型锑白。EDTA、酒石酸、尿素、双氧水等晶型转化剂的作用，实质是中和转化反应的产物 - 立体结构选择性催化剂，其在反应历程中并不消耗，用量很少，关键在于其在 $Sb_4O_5Cl_2$ 表面的化学吸附能完全抑制 OH^- 与 $Sb_4O_5Cl_2$ 之间的直接反应。具体用量，由转化剂在

$Sb_4O_5Cl_2$ 表面吸附的有关参数，如配体大小、立体结构、溶解度、配离子的稳定常数以及操作条件，如 pH 值等综合决定。

C　碳酸钠中和法

水解产物氯氧锑，如果不加晶型转化剂而直接用氨水进行中和脱氯，所得到的锑白为斜方晶型锑白。

用 Na_2CO_3 溶液代替氨水作中和脱氯剂，可获得光稳定性好的立方晶型 Sb_2O_3，而且，Na_2CO_3 具有价格便宜和运输及操作方便等优点。

18 高纯锑的生产

高纯锑是指锑的质量分数不小于99.999%的金属锑。高纯锑主要用于制备III－V族化合物半导体，如锑化铝、锑化镓及锑化铟等，也用于制造高纯合金、制冷元件或作为硅、锗单晶的掺杂剂。

我国GB 10117—1988国家标准中，把高纯锑按纯度分为Sb－05和Sb－06两个牌号，要求产品表面应清洁、呈银白色、无氧化色斑。各牌号的化学成分要求列于表18-1。

表18-1　各牌号高纯锑的质量标准（质量分数）　（%）

牌　号		Sb－05	Sb－06
Sb不小于		99.999	99.9999
杂质含量不大于	Ag	0.05×10^{-4}	0.01×10^{-4}
	Au	0.2×10^{-4}	0.05×10^{-4}
	Cd	1.0×10^{-4}	0.01×10^{-4}
	Cu	0.05×10^{-4}	0.01×10^{-4}
	Fe	0.5×10^{-4}	0.05×10^{-4}
	Mg	0.2×10^{-4}	0.05×10^{-4}
	Ni	0.2×10^{-4}	0.05×10^{-4}
	Pb	0.5×10^{-4}	0.05×10^{-4}
	Zn	0.5×10^{-4}	0.05×10^{-4}
	Mn	0.05×10^{-4}	0.01×10^{-4}
	As	1.5×10^{-4}	0.3×10^{-4}
	S	0.5×10^{-4}	0.1×10^{-4}
	Si	1.0×10^{-4}	0.1×10^{-4}
	Bi	0.2×10^{-4}	0.02×10^{-4}

高纯锑有多种生产方法，普遍采用的是精馏－水解－氢还原法、两次电解法和区域提纯法等。

18.1　精馏－水解－氢还原法

将三氯化锑精馏提纯后，得到的三氯化锑用电导水水解，生成氧化锑，氧化锑在石英管内用氢还原，得到的锑于1.333Pa、650～700℃的温度下真空蒸馏，即可制得高纯锑。

该法的工艺流程见图18-1，主要的化学反应如下：

$$2SbCl_3+3H_2O\longrightarrow Sb_2O_3+6HCl$$

$$Sb_2O_3+3H_2\longrightarrow 2Sb+3H_2O$$

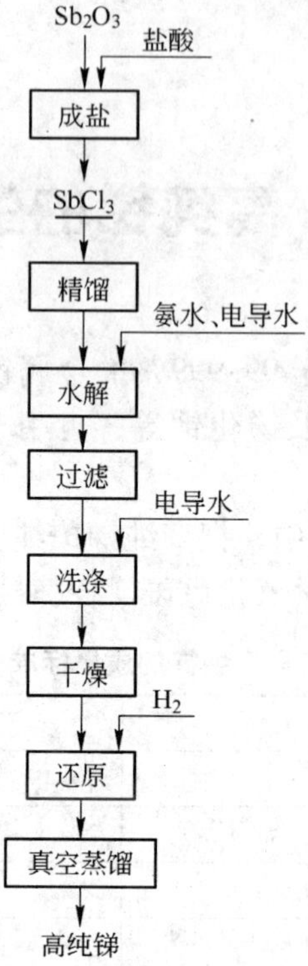

图 18-1　精馏－水解－氢还原法制备高纯锑的工艺流程

18.1.1　精馏

精馏提纯三氯化锑是极为有效的方法，特别对锑中普遍存在而又难以除去的杂质砷效果显著。精馏提纯三氯化锑法是基于三氯化锑和杂质金属的氯化物具有不同的沸点，从而可在一定温度下蒸馏分离。一些金属氯化物的沸点见表 18-2。

表 18-2　三氯化锑与部分金属氯化物的沸点

氯化物	沸点/℃	氯化物	沸点/℃	氯化物	沸点/℃
$SbCl_3$	220	$NiCl_2$	987	$BiCl_3$	441
AgCl	1564	$PbCl_2$	954	$FeCl_3$	319
$MnCl_2$	1110	$ZnCl_2$	732	$HgCl_2$	304
$CoCl_2$	1050	$SnCl_2$	652	$GaCl_3$	200
$FeCl_2$	1026	$SnCl_4$	114.1	$AlCl_3$	180
$CdCl_2$	967	$ZrCl_4$	331	$AsCl_3$	130

从表 18-2 中的数据来看，在三氯化锑蒸馏时，杂质 Ag、Mn、Co、Cd、Ni、Pb、Zn、Fe^{2+}是不挥发的，蒸馏时，它们只有少量被喷溅或呈气雾状被机械地带入蒸馏物中，Bi、Fe^{3+}、Hg、Zr 是挥发性较小的杂质，而 As、Sn^{4+}、Ga、Al 是易挥发的杂质。控制蒸馏温度于三氯化锑的沸点，即 220℃，可以使锑和其他杂质分离。

用三氯化锑蒸馏法进行提纯，一般采用两级或多级蒸馏或采用精馏塔精馏，即可获得高纯三氯化锑。

实例之一是蒸馏塔用玻璃珠（直径5mm）为填料，柱高1000mm，内径15mm，填充高度550mm，最高理论塔板数为10块，全回流接近溢沸时为6块，静滞留量以三氯化锑测量时为8.5mL，底部蒸馏容积为500mL。由于氯化锑的沸点较高，故在柱身真空夹套外缠电热丝，并用石棉布及玻璃布等包扎绝热，顶部也适当加热，以防凝结。馏出部分采用电磁开关的球形磨口，调节开启周期和开放时间以控制回流比，借加热功率调节蒸发速度。

馏出时，工作塔板数与回流比有关，回流比增加，塔板效率也增加，故采用接近溢沸的回流量，即21.7g/min，馏出速度为0.72g/min，回流比为30，此时工作塔板数为5.4块。已知工作塔板数、相对挥发度、蒸发量及滞留量等，可计算出回流达到平衡的时间在1.5h左右，实际采用2h为宜。

进行蒸馏时，以300g三氧化二锑溶于765mL化学纯浓盐酸中，滤去不溶物，装入蒸馏瓶中。在108℃蒸出盐酸后，逐渐加热至三氯化锑沸腾，回流平衡后进行馏出，将最初馏出的富含易挥发杂质的5%～10%弃去，然后收集较纯的部分，最后在蒸馏器中，剩余液体约占5%～10%，其中富集了难挥发的杂质。

18.1.2 水解

将三氯化锑进行水解，可以进一步除去Co、Cd、Ag、Fe、Al、Bi等杂质，效果较好。将纯的三氯化锑加入电导水中，水解后生成白色沉淀。水解时有盐酸生成，因此，水量控制在15倍左右，以避免锑的过分损失。为了提高回收率，最好把三氯化锑用电导水加氨水进行水解。

18.1.3 氢还原

生产高纯试剂时，除了准备高纯原料和控制适宜的还原条件外，作为还原剂的氢气必须是高纯度的，即便氢气中仅带有少量杂质，也会对被还原的物质造成相当大的污染，所以，氢气提纯在高纯物质生产中占有重要的地位。

18.1.3.1 氢气的制备

用于生产高纯试剂的氢气，多采用电解水或电解食盐溶液制取，前者投资大，但易于纯化，后者投资少，便于综合利用。

用于还原高纯物质的氢气，要求含水量不能大于$0.01\times10^{-4}\%$，含氧量不大于$10\times10^{-4}\%$。一般氢气中的主要杂质有水汽、氧、微量氨、氯、二氧化碳、磷的化合物以及电解液的雾沫，少量的油蒸气等。

18.1.3.2 氢气的净化

氢气的净化，通常是使氢通过一系列的净化装置，各种装置具有除去一定杂质的能力。氢气净化的方法和提纯工艺流程较多，但各种方法都主要是以除去水和氧为基本出发点。

对于氢气中的氧，一般采用各种脱氧剂或种类繁多的催化剂将其转化成水，然后再通过干燥剂或冷阱进一步除去水。在选择净化剂时，还要注意能够彻底除去氢气中可能存在的其他微量杂质。常用的催化剂、净化剂和干燥剂有如下几种。

催化剂主要有活性铜、钯石棉、镍铬触媒、载铂、钯黑、钯锆石、钯铝石和海绵钛等。

用物理方法除水和除其他杂质的净化剂主要有分子筛、硅胶、活性炭、各种干燥剂、各种冷阱，如分子筛冷阱、活性炭冷阱、石英碎片冷阱、空瓶冷阱以及液态空气、液氮、干冰等各种冷阱。生产实践证明，冷阱净化效果显著，例如，当氢气含水量较多时，一个最简单的冷阱，如干冰+酒精，就能很快使其结冰。

用化学方法净化的主要试剂有 NaOH、KOH、P_2O_5、$Mg(ClO_4)_2$、$CaCl_2$、$CuCl_2$、$AgNO_3$、H_2SO_4、$CuSO_4$ 等。

硝酸银、浓硫酸和重金属盐类对除去氢中的磷、砷等有害杂质特别有效。

对于过滤固体尘埃，玻璃砂是一种最理想、最有效的净化剂。此外，应用钯合金扩散室，如钯臂、钯膜等，能除去氢中所有杂质。

制定净化工艺及制备净化设备时应注意以下问题。

（1）要求净化剂本身不能与氢反应，不能消耗氢，并且具有较高的净化效果；

（2）要求净化剂能连续使用，并且使其活化、再生的工艺要简单；

（3）要求设备简单，系统管道尽可能缩短，净化炉的制造与焊接、净化系统的连接都要求有良好的密封，所有净化设备与管道都不能与净化剂起化学反应；

（4）净化剂的组合应注意顺序，一般原则是按其净化能力由弱到强，但又要特别注意按各类净化剂的具体特性和要求来确定先后顺序。一般脱氧剂的脱氧机理是先将氢气中的氧转化为水，而后除水，但必须注意，如采用脱氧效果很好的钯石棉和活性铜催化剂时，一定要设法先安装除硫、砷、氯的净化剂，以免引起催化剂中毒；

（5）各种净化剂均有一定的工作条件要求，如温度、压力等，生产中除了严格控制这些条件外，还要了解它的净化能力及再生周期。一般管道压力不得超过 49.03kPa（$0.5kg/cm^2$），活性铜工作温度为 270℃，钯石棉工作温度为 400℃，镍铬催化剂工作温度为 80℃；

（6）在生产过程中，应严格操作，严禁空气倒吸到净化设备与管道系统中。当有降温、降压、停氢或断氢时，应通入高纯氮气，或将净化系统密封，例如将系统前后用夹子夹死；

（7）新装的净化剂因曾在空气中暴露过，有可能氧化或吸水，所以使用前必须进行活化；

（8）再生方法应视吸附剂的性质而定。生产中常用的再生温度为：硅胶 120~150℃，活性炭 150~200℃，分子筛为 350~400℃。氧化铝的活化温度为 300~350℃，活性铜的活化温度为 270℃。

18.1.3.3 还原操作

在试验室中进行还原操作时，先将氧化锑沉淀物经过电导水洗涤后进行干燥，然后将其置于石墨舟中，每次用量 50~70g，在石英管内用氢还原。还原温度为 620~630℃，稍低于锑的熔点，还原时间约 2h，最后升温至 700℃，熔化成块后取出。

将上述含有少量熔解石墨的锑块置于一端封闭的石英炉管内，于 650~700℃ 的温度下真空蒸馏一次，真空度约 1.3Pa，这时，金属凝于冷阱上，在蒸馏后的残渣上可明显地看到有石墨存在。

18.2 两次电解法

两次电解法制备高纯锑的工艺流程见图18-2。第一次电解包括弱电流电解和强电流电解两个过程。

以三氧化二锑为原料，将其溶于酒石酸的水溶液中，先在弱电流0.6A下电解，用甘汞电极测定电位，控制阴极电位为-0.210V，这可使溶液中的铜和铋以及少量的锑沉积在阴极上。

当除去溶液中的铜和铋后，接着更换阴极并用高的电流强度来电解，开始时电流为6A，最终降至1.2A。控制阴极电位为-0.320V，这可使锑和砷共同沉积在阴极上，而铁、锡、锌、银、铝和镍则留在溶液中。取出阴极上的锑，用硝酸将其氧化成三氧化二锑，用沸水洗涤，再溶于浓盐酸中，然后在220℃以下蒸馏，使 $AsCl_3$ 挥发除去。

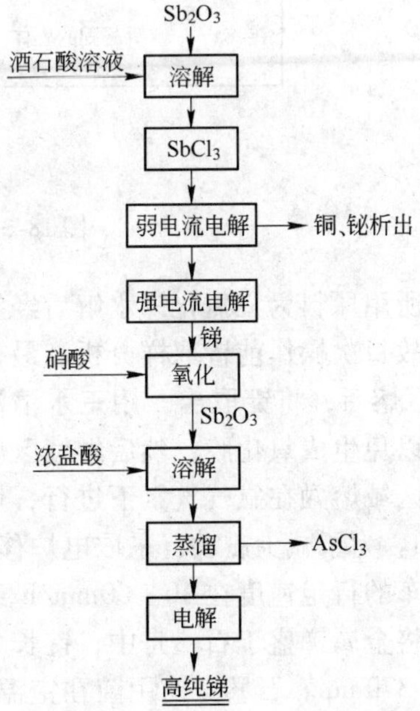

图18-2 两次电解法制备高纯锑工艺流程

把已除去铜、铋和砷后的 $SbCl_3$ 进行第二次电解，以除去剩下的痕量杂质而获得高纯阴极锑。适宜的电解液是溶液中HCl的浓度为1.5mol/L，H_2SO_4 的浓度为1.65 mol/L，并含有 $SbCl_3$ 30~50g/L，工作温度为25~30℃，阴极电压以150~180mV，电流密度以1~5mA/cm^2 为最佳。阴极可用锑、铂片或钽片，阳极最好为99.999%的石墨，为了防止阴极上产生HClO，应将阳极用玻璃隔膜包裹。阳极和阴极中间有带孔的塑料板，中央孔小，四周孔大，使阴极面上的电流能均匀分布，电解液靠磁力加以搅拌。隔膜底部为一碎玻璃做的板，隔膜上面有管道把产生的氯气排出，但生成的HClO还会留在阳极附近。

18.3 区熔提纯法

区熔提纯是区域熔炼提纯的简称，区熔提纯法是提高金属锑纯度十分有效的方法，除了砷以外，对其他杂质的净化也很有效。

区熔提纯的原理是在狭窄的熔区内，利用溶质在固、液相间的不同分配，使试样熔区缓慢地移动，以达到提纯的目的。溶质在固、液相间的分配是由系统的热力学性质所决定的。溶质在固相中的浓度 C_s 与在液相中浓度 C_l 之比称为分布系数 K。三氯化锑经蒸馏脱砷后还原的锑，通过10次区熔能获得杂质砷、锌含量均在 10^{-7} 以下的高纯锑。

区域提纯的过程是利用狭窄的熔区沿锭移动，使其中的溶质进行再分布。分布系数 K 大于1的溶质集中在锭首；K 小于1的溶质集中于锭末。例如对 K 小于1的溶质来讲，当熔区由锭首向锭末移动时，凝固作用将使溶质向锭末扩散，最终集中于锭末。在经过很多次行程后，溶质在固相和液相中的分布将达到稳定态，它表示最大可能的分离程度。在这种情况下，由于凝固作用向前对流的溶质（K 小于1）等于由熔区内混合作用而产生的反向溶质流，虽然熔区继续通过，但不再有提纯作用。图 18-3 为卧式区熔炉熔炼工艺示意图。

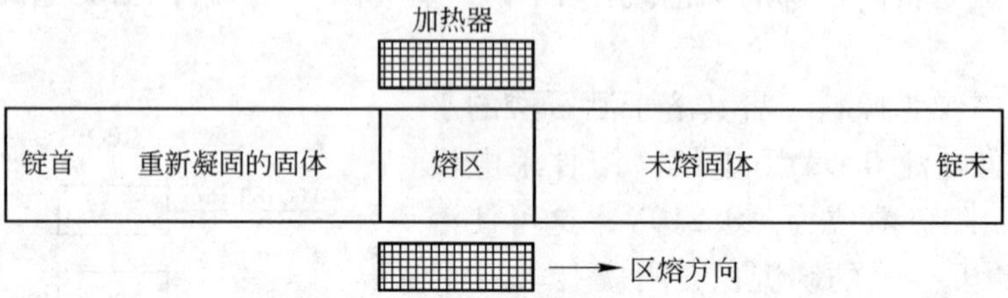

图 18-3　卧式区熔炉熔炼工艺示意图

所用原料为三氯化锑水解后经氢还原得到的金属锑，由于每批物料并非同一次还原所得，故每次操作前皆取样分析。最初几次区熔后，在锭的表面有黑色粉状不溶物出现，经 5 次区熔后，将锭取出，用王水清洗除去黑色粉状不溶物，再用 NaOH 溶液和蒸馏水冲洗，以免生成氧化膜，然后继续区熔，区熔的次数为 10 次、20 次和 30 次。

区域熔融在氩气气氛下进行，用电阻炉加热，调节加热功率以控制熔区宽度为 20 ~ 30mm。为了减少震动，采取电炉移动的方式移动熔区，并调节马达的输入电压以控制电炉小车的行走速度在 40 ~ 60mm/h，为了使操作稳定，全部电源需经稳压。

将金属锑盛于石墨舟中，锭长 250 ~ 300mm，为了便于调节熔区，将舟的总长度延至 320 ~ 370mm。石墨舟使用前在室温下用王水浸 48h，然后于 1300 ~ 1400℃ 真空处理 2h，再置于电导水中浸煮至电阻率稳定在 2MΩ，脱水干燥后使用。

操作时，将盛有金属锑的石墨舟置于石英管中，抽真空后充入氩气，并用球胆使炉管内维持正压，调节好熔区宽度后，即开始移动，为了避免熔化和凝固引起的物质传输现象，舟与水平间应维持 2% 的倾斜。

19 其他工业锑品的生产

20世纪70年代以来，国外锑品市场发生了根本变化，锑品的消费结构由以蓄电池的锑铅合金为主转变成以锑化合物为主。各国锑品制造商都在产品的深加工方面提高了竞争能力。

我国锑矿资源丰富，锑品生产历史悠久，锑品产量多年来稳居世界首位，但在1990年以前，我国主要以锑的初级产品，即精锑、普通型锑白、生锑、锑精矿投放国内外市场，然后又从国外高价购回我国所需的锑深加工产品。目前，我国已在锑的深加工产品方面作了大量的研究开发工作，取得了显著的成绩，一些锑深加工产品不但取代了进口产品，而且还批量出口。我国的锑深加工产品除了各种三氧化二锑和高纯锑外，还有生锑、金黄锑、硫代锑酸钠、硫代锑酸锑、锑酸钠（钾）、醋酸锑、乙二醇锑、胶体五氧化二锑等。

19.1 生锑

生锑，又称为三硫化二锑、三硫化锑或硫化亚锑，化学式 Sb_2S_3，相对分子质量为339.72。生锑或纯净的辉锑矿主要用于安全火柴、弹药、鞭炮和橡胶工业，也用于制造有色玻璃、颜料和涂料，还可用于冶炼精制锑产品，用于防火纤维、防水纸及各种锑盐的制备。

生锑在火柴制造上用于磷面及药头。在磷面上的作用是作还原剂和填充剂，显著提高磷面的助燃性能，使火柴在呈平直干燥的三硫化锑结晶体上摩擦即着火，尤其在擦湿火柴时更见效。在磷面配方中，三硫化锑配量与红磷相当，常占30%～40%或更多一些。火柴药头过去全用硫黄，现在也可采用松香或生锑。

用于火柴生产的三硫化锑的规格有如下要求：黑色结晶粉末，具有金属光泽，锑质量分数不小于70%，细度完全通过0.124mm（120目）。如混有氧化锑、金属锑粉或有过量游离硫的硫化锑以及锑盐经沉淀法制成的无定形粉末状三硫化锑，均不能用于火柴生产。因为氧化锑及锑粉均无还原作用，过量的游离硫易氧化而使火柴磷面酸化，造成动物胶变质，影响刷磷工艺。锑盐沉淀的硫化锑无结晶结构，因而也不能使用。

用生锑制造烟幕弹，是早为人们熟知的锑在军事上的应用，烟幕弹燃烧时放出的气体和固体的生成物形成烟幕。在枪炮及各种弹药中，常靠三硫化锑具有较大硬度以提高其击发的灵敏度，各种弹药的底火帽常需配三硫化锑25%～37.5%。用三硫化锑制造鞭炮和烟火，其作用与烟幕弹相同。

橡胶生产中常需用含硫7%的特制硫化锑，既作为硫化剂，又是红色颜料。

我国三硫化二锑质量标准GB 5236—85，把三硫化二锑分为三个牌号，各牌号的化学成分规定列于表19-1。

表19-1　三硫化二锑质量标准（质量分数）　（%）

品号	牌号	化学成分				
		锑$_{总}$	化合硫	杂质不大于		
				王水不溶物	游离硫	三硫化二砷
零号三硫化二锑	Sb_2S_3-0	71.00～72.50	25.50～28.00	0.20	0.05	0.20
一号三硫化二锑	Sb_2S_3-1	70.00～73.00	25.00～28.30	0.30	0.07	0.30
二号三硫化二锑	Sb_2S_3-2	69.00～73.00	25.00～28.30	0.50	0.10	0.30

无定形的三硫化锑可用化学方法制得，如将硫化氢气体通入卤化锑溶液中便可获得无定形三硫化锑。结晶态三硫化锑则可直接从辉锑矿中获得，如纯度要求不高的三硫化锑可由黑色结晶性的辉锑矿经筛选、粉碎而得。纯净的结晶态三硫化锑的生产则可采用一种单纯的熔析方法，即将高品位的辉锑矿块矿加热到高于其熔点546～556℃，使 Sb_2S_3 熔化析出，与矿石中的脉石分离，从而得到纯净的三硫化锑。

小规模生产时，熔析三硫化锑的设备一般采用坩埚炉，大多为民间采用的土法。大规模生产时，多采用反射炉熔析，以下分别介绍。

19.1.1　坩埚炉熔析法

坩埚炉也称罐炉，可分为广东式罐炉、湖南式罐炉等形式。罐炉由熔罐和受罐组成，在熔罐外部加热，罐内块状辉锑矿受热熔化，由罐底小孔流至受罐内，再由人工舀出铸锭。图19-1为生锑罐炉示意图。

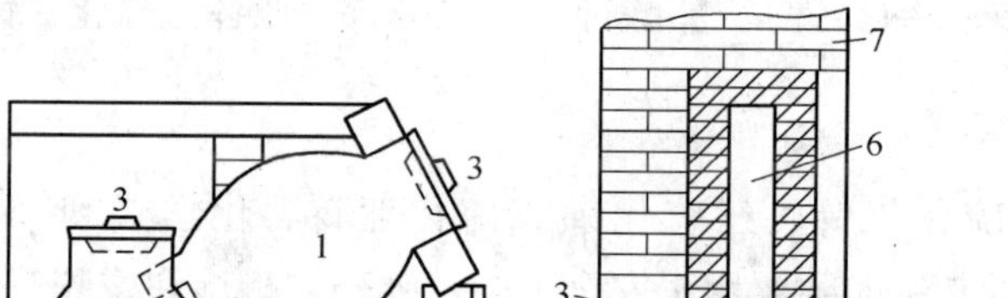

图19-1　生锑罐炉示意图

a—广东式罐炉

1—熔罐；2—受罐；3—罐盖；4—火泥圆礤；5—炉桥

b—湖南式罐炉

1—熔罐；2—受罐；3—罐盖；4—火门；5—出灰门；6—烟道；7—烟囱；8—生锑模

c—生锑罐炉外貌

1—出灰门；2—火门；3—矿石入口

熔析罐炉构造简单，操作方便，可随时装入炉料，随时取出产品，但罐炉的直收率低，如熔析 Sb 质量分数为 60% 的矿石时，直收率一般为 83%；熔析 Sb 质量分数为 45% 的矿石时，直收率则只有 65%，残渣中锑的质量分数约 12.5% ~30%。此外，罐炉的单位产品能耗较高。

19.1.2 反射炉熔析法

19.1.2.1 原料与燃料

熔析三硫化锑所用的辉锑矿石，要求 Sb 质量分数大于 45%、S 质量分数大于 16%、水分质量分数小于 5%。矿石中应尽量少含铜、铅、砷和铁等金属硫化物，因为这些金属硫化物在熔析过程中都熔于 Sb_2S_3 熔体，污染三硫化锑。同时，矿石中也不能含有氧化锑矿石，因为在还原气氛下，氧化锑有可能被还原成金属锑，使三硫化锑含锑成分超过标准。此外，原料也不能采用粉矿，更不能使用浮选精矿，一般锑精矿的块度视其中 Sb_2S_3 的含量和结晶状态而定。当含锑品位大于 50%、呈粗晶体时，块度一般为 60 ~80mm；当含锑品位较低，且为细晶体时，块度一般控制为 20 ~50mm，这是因为细结晶状的三硫化锑熔化后，可能被脉石成分隔离而被封闭，不能聚合成大的液滴而自残渣中沉降分离出来的缘故。原料中的粉矿含量应小于 5%，因为粉矿量增加，将造成锑液与矿石残渣的分离困难，不但渣含锑增高，而且粉矿会进入生锑液污染生锑。

我国生产生锑的反射炉采用烟煤作燃料，一般固定碳为 50% ~60%、挥发物为 15% ~20%、灰分为 15% ~20%、水分为 6%、粒度约 30mm。

19.1.2.2 工艺流程与设备

图 19-2 为反射炉熔炼生锑的工艺流程。主要设备包括熔析反射炉、烟气冷凝及收尘设备。

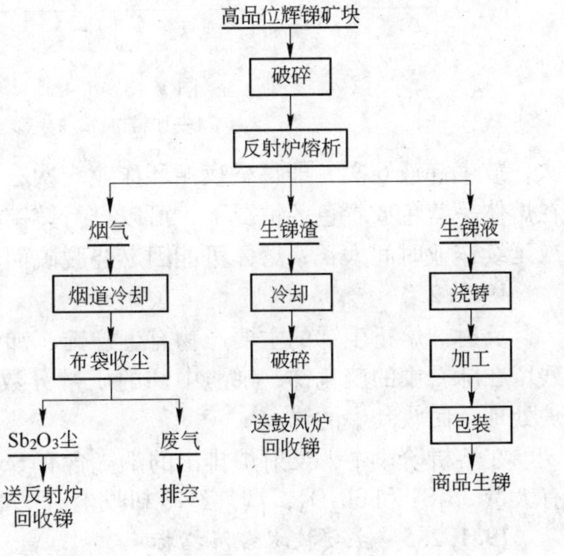

图 19-2 反射炉熔炼生锑的工艺流程

辉锑矿熔析反射炉的结构特点如下：一般炉膛较浅，炉尾一端略深，以便于熔析出来的生锑液流动集中；炉底向一侧略倾斜，以便于扒渣和放出生锑液；炉拱顶较矮，有利于加强热交换，减少燃料消耗；其余各部构造与熔炼锑氧的反射炉基本相同，所用耐火材料亦同。图 19-3 为锡矿山实用生锑反射炉结构，其火床面积与炉床面积之比为 1:(3.5 ~4)。

烟气冷凝和收尘设备由表面冷却器和布袋收尘器组成。烟气出炉温度最高可达 800℃，一般放冷风冷却至 450℃左右，然后进表面冷却器冷却至 150℃进入抽风机，温度为 120 ~130℃时进布袋收尘器，出布袋收尘器的废气经排风机排入烟囱放空。

19.1.2.3 技术操作条件

加料前，炉膛温度升到 900 ~1000℃；熔析时期炉膛温度控制在 750 ~850℃，炉内维持还原气氛；分次加料，每加一次料，熔析后放一次生锑液，出一次渣；每昼夜加料 6

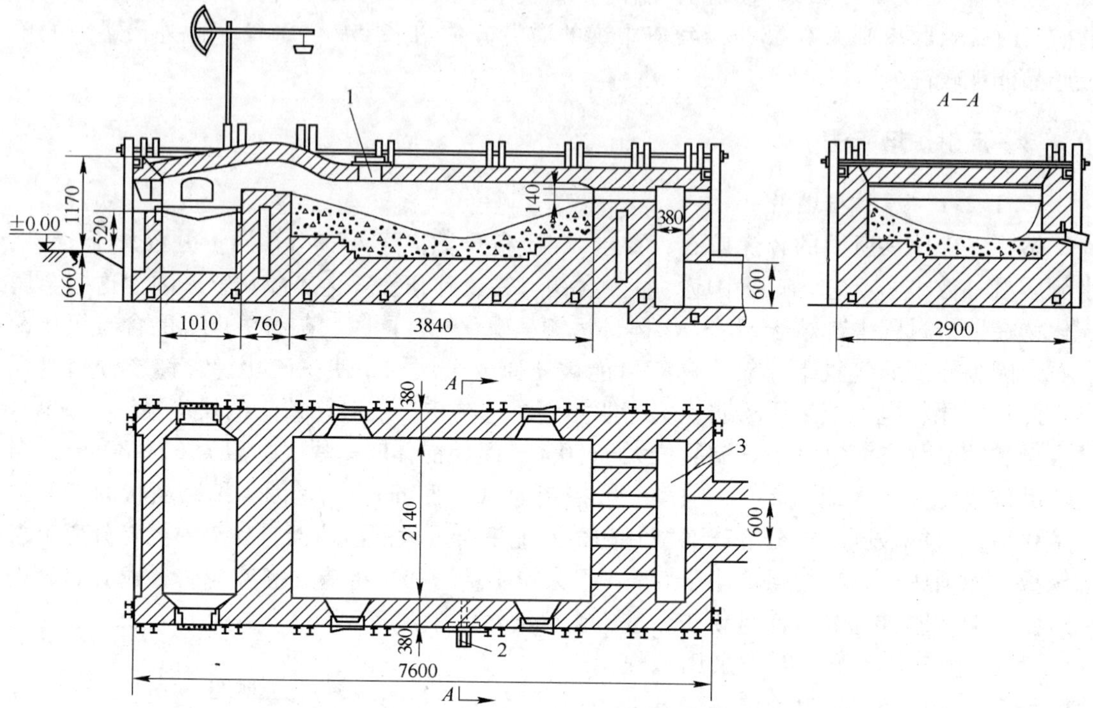

图 19-3　8.4m³ 生锑反射炉结构图

1—加料口；2—生锑放出口；3—排烟口

次，放生锑液6次，即每昼夜循环作业6次；每次熔析过程进行完毕时，适当调整温度；在熔体呈蓝色或青色的情况下，可以进行铸锭而获得高质量的三硫化锑产品，但温度过高或延续作业时间太长，熔体可能因燃烧脱硫而呈现红色，产品含硫达不到标准。

19.1.2.4　产物

反射炉熔析生锑的主要产物有生锑锭、锑渣和烟尘。锑渣主要为脉石和未熔析完全而残留在脉石中的硫化锑，锑渣中锑的质量分数一般为20%～25%，可加入直井炉或鼓风炉处理，回收其中的锑。

在熔析阶段中，反射炉排出的烟气含有 Sb_2S_3 粉尘，在放生锑液和扒渣时，烟气中含有大量 Sb_2S_3 和 Sb_2O_3，烟气经冷却收尘后，烟尘可送熔炼反射炉处理，回收其中的锑。

19.1.2.5　主要技术经济指标

熔析反射炉的炉床能力一般为1.2～1.5t/(m²·d)，锑矿山8.4m² 反射炉的实际炉床能力为1.4～1.8t/(m²·d)，直接回收率一般为70%，冶炼回收率包括生锑炉渣、浇铸浮渣和烟尘处理所回收的锑，锑的冶炼总回收率为98%左右。

锑渣产出率与入炉锑矿石品位有关，入炉矿石锑的质量分数为45%～48%时，锑渣产出率为30%～32%，渣中锑的质量分数一般为20%～25%，最高达30%。每吨生锑消耗烟煤约230～270kg。

19.2　五硫化二锑

五硫化二锑俗称金黄锑，化学式 Sb_2S_5，相对分子质量403.82。金黄锑主要用于颜料的配制，在橡胶工业中可用作硫化剂。

表 19-2 列出了前苏联五硫化二锑的质量标准。

表 19-2 前苏联五硫化二锑质量标准

成分或要求	ТУ48 – 14 – 3 – 72/%	ЦМТУ06 – 1 – 67/%
Sb_2S_5	≥66	74 ~ 80
Sb_2S_3	≤24	11 ~ 16
游离硫	4.5 ~ 6	5 ~ 7.5
水　分	<1.5	1.6
灰　分	不规定	≤2.0
不溶物（和 NH_4Cl 作用）	不规定	≤2.0
可溶杂质	不规定	≤2.0
水解反应	不规定	中性
筛余物	≤5（18K 筛）	≤3（015 号筛）

19.2.1 原料

工业上，多采用浓硫酸或盐酸与硫代锑酸钠溶液作用生产五硫化二锑。对硫代锑酸钠溶液的要求是 Sb 含量为 80 ~ 100g/L，对浓硫酸的要求是 H_2SO_4 大于 92%，含 Fe、As 小于 0.04%。

19.2.2 生产工艺

用硫酸分解硫代锑酸钠生产五硫化二锑的工艺流程如图 19-4 所示。其主要化学反应为：

$$2Na_3SbS_4 + 3H_2SO_4 \longrightarrow Sb_2S_5 + 3Na_2SO_4 + 3H_2S$$

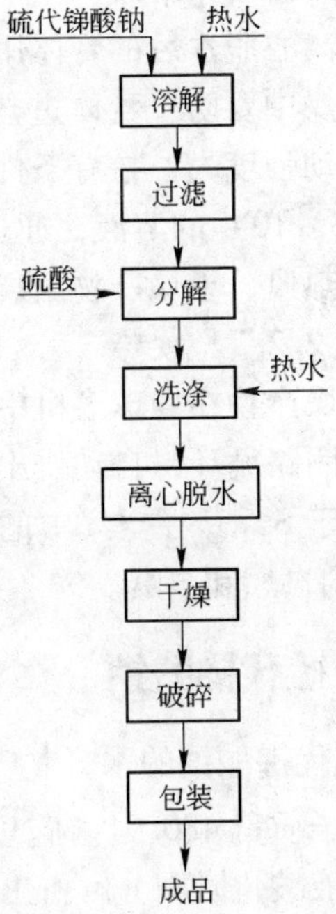

图 19-4 五硫化二锑生产工艺流程

19.2.2.1 溶解

将硫代锑酸钠晶体在搅拌槽中用热水溶解成溶液，溶液中锑含量为 80 ~ 100g/L。当锑浓度较大时，不宜提高温度，否则会恶化分解条件，使糊膏发黑，质量下降，同时在管道中容易产生结晶，发生堵塞；当锑浓度低时，生产能力下降，成本升高。

19.2.2.2 过滤

上述制得的硫代锑酸钠溶液，需要澄清或过滤，除去不溶性杂质，避免在分解时混入 Sb_2S_5 膏体中。

19.2.2.3 分解

将净化后浓度为 92% 的硫酸，在耐酸容器中稀释至含 H_2SO_4 21% ~ 23%，冷却到 30℃，作为分解之用。硫酸分解所用的设备是搪瓷或衬铅的反应器。将硫酸注入反应器后，再加入 Na_3SbS_4 溶液，其用量按每升硫酸加入 1.8 ~ 2L 计算。在用新鲜空气充分搅拌的情况下，Na_3SbS_4 溶液以每小时 480 ~ 600L 的流量徐徐注入反应器，过大的流量会影响分解的完全程度。如要生产优质的五硫化二锑产品，则在加入 Na_3SbS_4 的同时，加入规定量的 H_2O_2 和 $Na_2S_2O_3$，并往夹套中加入制冷剂，使温度冷却到10℃。这样做的目的是为了消除分解过程中所产生的硫化氢的还原作用，因为用 H_2O_2 氧化，可以使硫化氢转变为游离硫，同时使3价锑氧化成5价锑。分解过程控制温度为35℃，可由下列因素加以控制：溶液浓度、搅拌空气量、溶液加入速度及溶液的初始温度等。

分解过程所产生的 H_2S 气体，导入装有25%苛性钠溶液的吸收桶内吸收。苛性钠的用量按生成 Na_2S 的下述反应式计算：

$$H_2S + 2NaOH \longrightarrow Na_2S + 2H_2O$$

19.2.2.4　过滤洗涤

分解反应生成的鲜红色 Sb_2S_5 糊膏，从反应器排入格栅式内衬滤布的木槽中，用低于50℃的热水搅拌洗涤，洗水由槽内排出，以除去硫酸钠和吸附的酸液等杂质。

19.2.2.5　离心脱水

洗涤后的膏体，在衬胶的离心机上脱水至含水40%~60%。

19.2.2.6　干燥

将离心脱水后的膏体用干燥机干燥到湿度为1.5%，利用热风维持80~90℃，均匀加热，干燥中要防止膏体过热发黑或自燃。少量生产时，多采用隔板式烘干箱，但时间太长，劳动强度大，在有条件的地方，最好采用机械喷雾干燥。膏体洗净以后，配成固液比为1:(8~10)的溶液，通过喷雾装置送进带有清刷室壁装置的机械干燥室，同时利用风机送进热风，干燥产物用袋式收尘器收集。

19.2.2.7　破碎

干燥产物在瓷球磨机中，磨细到0.104mm（150目），利用风力分级。球磨与风力分级组成闭路循环，自动排出合格产品，粗粒自动返回球磨，产品的细度由风力大小进行调节。由于 Sb_2S_5 在空气中的浓度大于500g/m³ 时有爆炸的危险，因而，在球磨中要防止 Sb_2S_5 的自燃和自爆。

19.3　硫代锑酸钠

硫代锑酸钠的水合物又称施里普盐（Schlippes salt），其化学式为 $Na_3SbS_4 \cdot 9H_2O$，相对分子质量480.91。施里普盐为亮黄色的结晶体，易溶于水，在碱性溶液中很稳定，但当溶液酸化时则分解析出硫化氢，生成五硫化二锑沉淀。

施里普盐可作为纺织工业的媒染剂和着色剂，也可用于制备五硫化二锑以及用于锌电解液的净化。工业品施里普盐一般要求其锑的质量分数为24%~26%。

制取硫代锑酸钠可用锑质量分数大于30%的块状锑精矿、浮选锑精矿和锑酸钠等。在采用碱性浸出的湿法炼锑工厂中，还可以利用含硫化钠110~120g/L的废电解液生产合格的硫代锑酸钠。研究和实践表明：用块状锑精矿做原料时，Na_3SbS_4 的回收率仅约75%；用浮选锑精矿做原料时，浮选药剂会污染产品，回收率小于78%；用锑酸钠生产硫代锑酸钠时，回收率可达95%，若原料成分稳定，还可回收硫代硫酸钠，但硫和硫化钠的消耗高；在湿法炼锑中，利用废电解液生产硫代锑酸钠，没有中间产品，较经济合理。

19.3.1 利用废电解液从锑的硫化物料生产硫代锑酸钠

碱性湿法炼锑的废电解液中，含有硫化钠和少量的硫代硫酸钠等，加入适量的三硫化二锑和硫黄，在一定条件下发生反应可得到硫代锑酸钠，其工艺流程见图19-5。过程发生的主要化学反应如下：

$$Na_2S + S \longrightarrow Na_2S_2$$

$$Sb_2S_3 + 2Na_2S_2 \longrightarrow Na_4Sb_2S_7$$

$$Na_4Sb_2S_7 + Na_2S \longrightarrow 2Na_3SbS_4$$

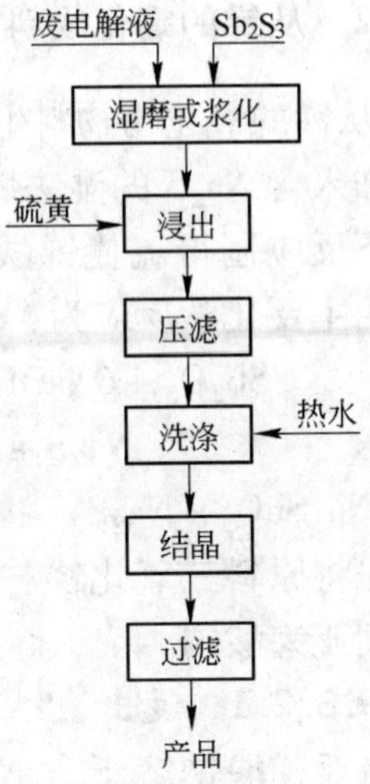

图19-5 利用废电解液生产硫代锑酸钠工艺流程

19.3.1.1 块料粉碎或浆化

在浸出以前，块状原料 Sb_2S_3 要经过两段破碎和湿式球磨。湿磨的液体介质为含 Na_2S 110～120g/L的废电解液，固液比为1:(3～4)。采用浮选精矿时，要进行浆化作业，如用废电解液作浆化液时，其固液比要保证下步作业所得的浸出液中含锑为90～100g/L。

19.3.1.2 浸出

湿磨或浆化后的矿浆，在蒸汽夹套加热的反应器中搅拌浸出。浸出条件是：按溶液含锑计算，1kg锑加入0.4～0.45kg硫黄，并在98～100℃条件下浸出3h，硫化锑以硫代锑酸钠的形态进入溶液中；粉状硫黄可以提高反应效率和加快反应速度，其用量按理论量过量20%～25%；当硫黄不足量时，可生成硫代亚锑酸钠（Na_3SbS_3），在结晶过程中，将增大损失和污染产品；过多地增加硫黄用量，对过程也无益。浸出液中锑的浓度必须控制在90～100g/L，过高的浓度会增加滤渣中锑的损失，引起管道中出现结晶；过低的浓度则使生产能力下降，并增加母液含锑损失。

19.3.1.3 压滤

浸出矿浆在80～90℃下进行压滤，滤渣经热水洗涤后，根据其中含锑的多少，确定进一步处理或废弃，滤液送往结晶工序。

19.3.1.4 结晶

浸出液中，除含硫代锑酸钠外，还含有亚硫酸钠、硫酸钠、碳酸钠、硫代硫酸钠等杂质。为了分离杂质，利用溶解度的差别，在3～4h的缓慢搅拌过程中，将温度从80～90℃慢慢冷却到22～24℃，析出符合质量标准的硫代锑酸钠。第一次结晶后的母液含Sb 20～25g/L，再进行第二次结晶。二次结晶后的母液含Sb 10～15g/L，丢弃或作熔炼车间湿式净化中和炉气用。二次结晶的硫代锑酸钠的质量较差，返回浸出工序。

19.3.1.5 过滤

晶体与母液在离心过滤机或吸滤机中进行分离，为了得到符合质量标准的淡黄色的优质产品，必须在过滤前，用10%～15%的NaOH溶液精制，不使晶体碳酸化而发黑。如果是为了制取五硫化二锑，则在过滤时用冷水洗涤，然后脱水，结晶物再在热水中溶解，制成含Sb 95～100g/L微绿色的透明溶液，送去制取五硫化二锑。

19.3.2　从锑的氧化物料生产硫代锑酸钠

从锑的氧化物物料生产硫代锑酸钠时，先制取亚锑酸钠，然后加入含 Na_2S 的湿法炼锑废电解液及适量硫黄，在一定条件下反应制得硫代锑酸钠。生产工艺原则流程如图19-6所示。主要化学反应为：

$$Sb_2O_3 + 6NaOH \longrightarrow 2Na_3SbO_3 + 3H_2O$$

$$Na_2S + S \longrightarrow Na_2S_2$$

$$Na_3SbO_3 + Na_2S_2 + 4S \longrightarrow Na_3SbS_4 + Na_2S_2O_3$$

先将原料三氧化锑与氢氧化钠溶液作用，作用完后过滤得到亚锑酸钠。

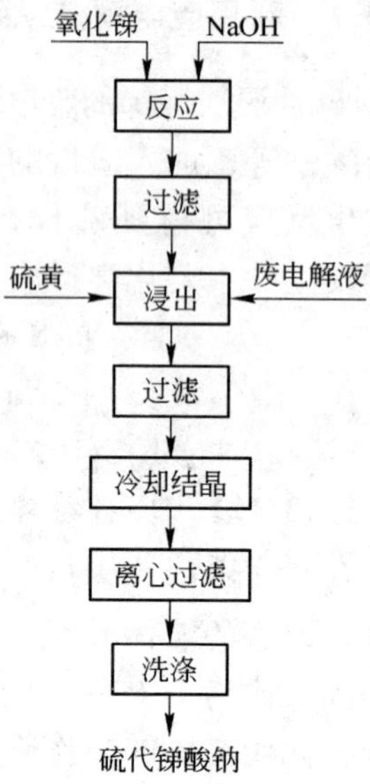

图19-6　从氧化锑物料制取硫代锑酸钠工艺流程

19.3.2.1　浸出

将亚锑酸钠溶于含 Na_2S 110～120g/L 的废电解液中，按制得的溶液含 Sb 为 90～100g/L 计算，加入理论消耗量110%的硫黄，在温度为 98～100℃的反应器中搅拌浸出，锑以硫代锑酸钠的形态进入溶液，同时生成硫代硫酸钠。

19.3.2.2　过滤

将上述工序所产矿浆趁热过滤，滤渣积累起来，单独浸出，但需补加一定量的亚锑酸钠，使其浸出液含锑达 90～100g/L。重复浸出后的滤渣 Sb 的质量分数为 15%左右，可用还原熔炼法回收其中的锑。

19.3.2.3　结晶

滤液在搅拌条件下冷却到 20～25℃，结晶 3h。

19.3.2.4　过滤、洗涤

将结晶物在离心过滤机中进行分离，用冷水洗涤晶体。为了获得优质产品，在过滤之前，要往结晶器中加入 NaOH，保持溶液含 NaOH 5～6g/L。在过滤时，为防止晶体在碳酸气作用下色泽发黑，须用 200g/L 浓度的 NaOH 溶液洗涤晶体，如是用于生产五硫化二锑，过滤时用水洗涤晶体，再将晶体溶于 30～50℃热水中，除去不溶物，得到清亮的溶液送去制备五硫化二锑。

母液中含 Sb 10～12g/L、$Na_2S_2O_3$ 200～300g/L，往溶液中加一定量的浓硫酸，在 pH 值为 5 时，使锑以硫化锑和硫的混合物形式析出。过滤以后，这种硫化物沉淀返回浸出，制取 Na_3SbS_4，而滤液含 $Na_2S_2O_3$ 200g/L，经蒸发结晶，可产出含 $Na_2S_2O_3$ 97%的硫代硫酸钠产品。

19.4　水合锑酸钠

水合锑酸钠（Sodium antimonate hydration）曾用名焦锑酸钠、锑酸钠，分子式 $NaSb(OH)_6$，相对分子质量 246.78。水合锑酸钠作为一种精细化工产品，近年来得到广泛的应用，它被用作电视显像管玻壳和高档玻璃的澄清剂和脱色剂（代替了对人体有害的白砒）、搪瓷生产的乳白剂、制造铸件用漆的不透明材料等，尤其在国内外电子行业受到越来越多的重视。

水合锑酸钠的质量标准有化工行业标准（HG/T 3254—2001）和有色金属行业标准（YS 22—1992）两种，化工行业标准主要是针对电子行业制定的。在指标规定上，两个标准有一定的区别，分别见表19-3和表19-4。

表19-3　电子工业用水合锑酸钠质量标准（质量分数）　（%）

项目		指标	
		一等品	合格品
总锑（以 Sb_2O_5 计）含量		64.8±0.8	64.8±0.8
氧化钠（Na_2O）含量		12.5±0.5	12.5±0.5
三氧化二锑（Sb_2O_3）含量（不大于）		0.10	0.30
铁（以 Fe_2O_3 计）含量（不大于）		0.005	0.05
铜（以 CuO 计）含量（不大于）		0.001	0.005
铬（以 Cr_2O_3 计）含量（不大于）		0.001	0.005
钒（以 V_2O_5 计）含量（不大于）		0.001	0.005
水分（不大于）		0.30	0.30
细度	180μm 试验筛筛余物	—	0
	125μm 试验筛筛余物	0	—
	75μm 试验筛筛余物（不小于）	95	—

注：所列指标除水分和细度外，指标参数均以干基计。

表19-4　锑酸钠质量标准（YS 22—1992）（质量分数）　（%）

品级指标项目		一级	二级
化学成分	总锑（以 Sb_2O_3 计）	57.6~59.2	57.6~59.2
	五氧化二锑（Sb_2O_5）	64.1~65.5	63.5~65.5
	氧化钠（Na_2O）	12~13	12~13.5
	3价锑（Sb^{3+}）（不大于）	0.1	0.3
	三氧化二铁（Fe_2O_3）（不大于）	0.005	0.05
	氧化铜（CuO）（不大于）	0.001	0.005
	三氧化二铬（Cr_2O_3）（不大于）	0.001	0.005
附着水（不大于）		0.3	
粒　度		150μm 以下，其中 75~150μm 的不小于 95%	

生产水合锑酸钠，主要以金属锑或锑的氧化物为原料，也可采用锑精矿为原料。生产方法有火法和湿法两大类。

火法生产水合锑酸钠，主要是在高温和碱性介质条件下，用硝酸钠氧化三氧化二锑，然后进行水解、洗涤、过滤、烘干而得产品。而湿法工艺一般是由亚锑酸钠或硫代亚锑酸钠氧化或者由五氯化锑水解而制得产品。

火法与湿法相比，湿法工艺具有反应完全、转化率高，能耗低、产品质量稳定、设备简单等特点。目前，我国主要采用湿法工艺生产水合锑酸钠。

19.4.1　硝酸钠法（火法）

此法是用金属锑或三氧化二锑为原料，用硝酸钠在高温和碱性条件下进行氧化，再经水解、洗涤、烘干而制得产品。硝酸钠法的原则工艺流程如图 19-7 所示。其主要化学反应为：

$$3Sb + 5NaNO_3 \longrightarrow 3NaSbO_3 + 5NO + Na_2O$$

或

$$3Sb_2O_3 + 4NaNO_3 + 2NaOH \longrightarrow 6NaSbO_3 + 4NO + H_2O$$

$$NaSbO_3 + 3H_2O \longrightarrow NaSb(OH)_6$$

将金属锑或三氧化二锑与过量的硝酸钠混合，在反应炉中于1000℃左右进行氧化，制得粗锑酸钠，然后用稀硝酸，使其中未反应完的钠盐全部转化为硝酸钠，以便于洗涤除杂。经水洗后将洗涤物压滤，滤饼再在 500 ~ 600℃下进行高温干燥，然后粉碎、包装，即制得水合锑酸钠成品。

此工艺中的高温反应炉既可用回转窑，也可用反射炉。

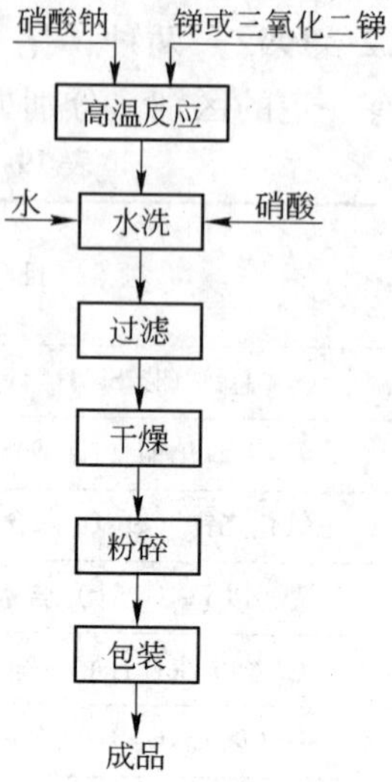

图 19-7　硝酸钠法制备水合锑酸钠原则工艺流程

19.4.2　碱性浸出氧化法

碱性浸出氧化法以粗锑氧粉、工业锑白以及锑精矿等为原料，三氧化二锑或三硫化二锑在碱性介质中溶解、浸出后变为亚锑酸钠或硫代亚锑酸钠，再通入氯气或其他氧化剂，如过氧化氢进行氧化，生成锑酸钠。锑酸钠的溶解度很小，从溶液中析出则制得产品。

碱性浸出氧化法的特点是浸出过程的选择性好，如铅、锌、铜、镉、铟、铁等的硫化物及锡的氧化物不溶于碱性溶液，因而容易获得较纯净的浸出液。

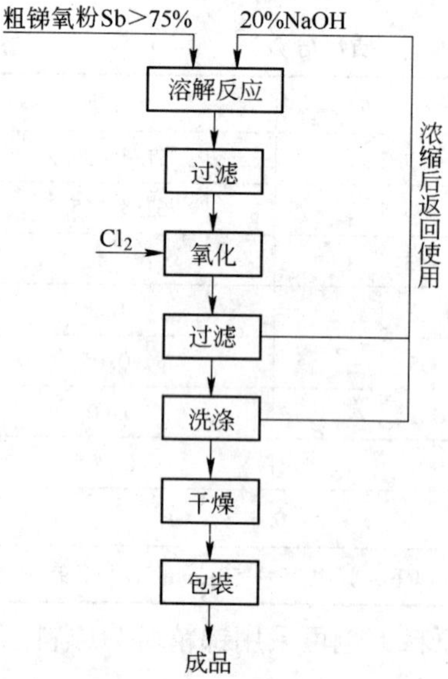

图 19-8　氯气氧化法制备水合锑酸钠工艺流程

19.4.2.1　以粗锑氧粉为原料的氯气氧化法

在碱性介质中氯气氧化法制备水合锑酸钠的工艺流程如图 19-8 所示，先用氢氧化钠溶液溶解粗锑氧粉，过滤分离出不溶渣后，通入氯气进行氧化反应而制得水合锑酸钠。过程的总化学反应如下：

$$6NaOH + Sb_2O_3 + 2Cl_2 + 3H_2O \longrightarrow 2NaSb(OH)_6 \downarrow + 4NaCl$$

上述反应应定量进行，为了避免过多的氯气与氢氧化钠反应，需对氯气氧化是否完全进行监测。反应生成的氯化钠经浓缩、结晶后回收，母液中剩余的碱可返回利用。该工艺的主要影响因素为氢氧化钠浓度、反应温度以及氧化时间等。

当氢氧化钠浓度为5mol/L时，三氧化二锑的一次浸出率可达94%以上。通氯气氧化反应温度控制在70℃左右，时间1h，产品中锑的回收率可达90%以上。

该工艺的主要缺点是三氧化二锑的溶解速度慢，反应时间较长。

19.4.2.2 以工业锑白为原料的过氧化氢氧化法

过氧化氢氧化法的原理是三氧化二锑在氢氧化钠水溶液中直接与过氧化氢反应生成锑酸钠，其基本化学反应式为：

$$Sb_2O_3 + 2H_2O_2 + 2NaOH \xlongequal{\quad} 2NaSb(OH)_6$$

与用粗锑氧粉为原料的氯气氧化法相比，由于锑白中的杂质很少，因而无需先进行碱溶除杂，而是直接进行氧化反应。由于有氧化剂存在，故反应速度较快。

该工艺具有流程短、设备简单、转化率高、收率好、质量稳定、工艺条件范围宽等特点，图19-9为其原则流程。

首先将三氧化二锑、氢氧化钠和水按一定比例加入回流反应器中，加热搅拌制成分散均匀的浆液，当浆液达到规定的反应温度后，恒温搅拌并缓慢加入30%的过氧化氢溶液进行氧化反应。氧化反应完成后，搅拌冷却结晶，当浆液温度冷却至室温时，用真空抽滤方式进行液固分离。滤液通过蒸发浓缩返回下一次试验制浆，固体产物用水反复洗涤过滤后，于80℃温度下烘干，即为水合锑酸钠产品。

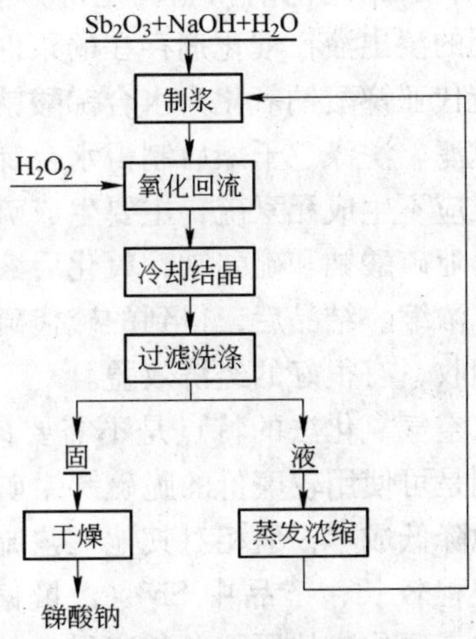

图19-9 双氧水氧化法制备水合锑酸钠工艺流程

氢氧化钠和过氧化氢的用量，以 H_2O_2 计，一般控制为理论用量的2～2.5倍，氧化反应温度控制在80～95℃的范围内，反应时间约1h。

19.4.2.3 以辉锑矿为原料的双氧水氧化法

该法以硫化钠和氢氧化钠混合碱溶液浸取辉锑矿，获得以硫代亚锑酸钠为主的浸出液，再用过氧化氢氧化而制得水合锑酸钠产品。生产工艺流程见图19-10，过程发生的主要化学反应为：

$$Sb_2S_3 + 3Na_2S \longrightarrow 2Na_3SbS_3$$

$$Sb_2S_3 + 6NaOH \longrightarrow Na_3SbS_3 + Na_3SbO_3 + 3H_2O$$

$$Na_3SbS_3 + 4H_2O_2 \longrightarrow Na_3SbO_4 + 4H_2O + 3S$$

$$Na_3SbO_3 + 4H_2O_2 \longrightarrow Na_3SbO_4 + H_2O$$

$$Na_3SbO_4 + 4H_2O \longrightarrow NaSb(OH)_6 + 2NaOH$$

首先，将锑质量分数大于40%的辉锑矿粉碎至0.061mm（250目），用含NaOH的 Na_2S 溶液浸出，温度控制在80℃左右，并不断搅拌。混合碱液浸出剂一般含 Na_2S 130g/L、NaOH 20g/L，NaOH的作用是抑制 Na_2S 的水解和溶液的早期氧化。浸出过程的特点是浸出时间不能过长，硫化钠的浓度不能过高。浸取时间取决于矿粉细度、孔隙度及碱溶性好坏和矿粉中可溶锑的含量。一般浸取10～30min，锑的浸出率可达97%以上，由于 Na_2S 和 Na_3SbS_3 很不稳定，浸取时间过长反而会降低浸出率。

浸出完毕后过滤，弃去浸出渣，在滤液中加入少量NaOH，在室温及不断搅拌的条件下缓缓加入30%的H_2O_2，这时便生产锑酸钠沉淀，当溶液pH值为5~6时，氧化反应基本完全，反应完毕后过滤，即制得锑酸钠粗产品。

锑酸钠粗产品中含有元素硫，需除去，将所得粗产品用1∶1盐酸溶液溶解，调节溶液pH值为1~2，滤去不溶物（不溶物用于回收硫黄），滤液用NaOH溶液中和至pH值为6~7，过滤并用水洗涤，滤饼在200℃左右烘干，破碎后即制得成品。

19.4.2.4　以辉锑矿或脆硫锑铅矿为原料的空气氧化法

空气氧化法是以辉锑矿精矿或脆硫锑铅精矿为原料，用硫化钠和氢氧化钠为溶剂进行浸出，得到的浸出液在催化剂存在的条件下，鼓入空气将硫代亚锑酸钠氧化为水合锑酸钠沉淀下来，再经过滤、洗涤、干燥后制得水合锑酸钠产品。氧化反应不生成元素硫，主要生成硫代硫酸钠，部分为亚硫酸钠和硫酸钠，氧化后液经过中和、除杂、浓缩、结晶后，得到的硫代硫酸钠作为副产品回收，有很好的经济效益。

空气氧化法的特点是不需要昂贵的氧化剂，特别是可使用较廉价的脆硫锑铅矿精矿，可大幅度地降低成本，但相对其他工艺流程而言，该工艺流程较长，产品中Sb^{3+}含量偏高。图19-11为空气氧化法的原则工艺流程。

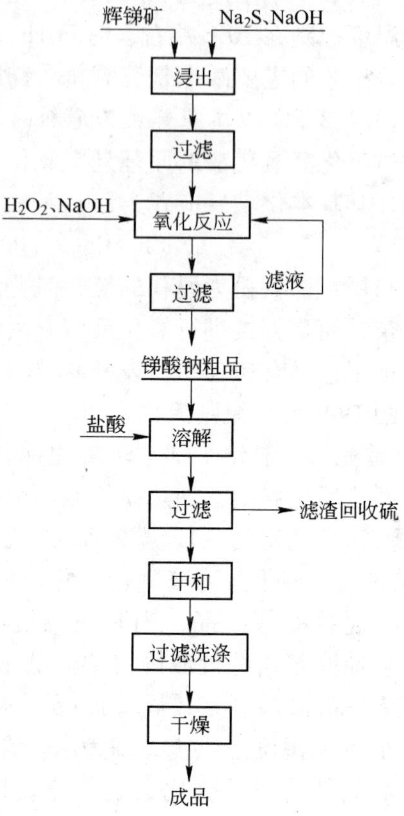

图19-10　辉锑矿双氧水氧化法制备水合锑酸钠流程

浸出过程与大多数湿法炼锑工艺基本相同。氧化反应在特制的、设有催化剂装置的氧化塔中进行，采用蒸汽加热。催化剂可采用蒽醌或其衍生物，如1，5－二蒽醌磺酸钠等，也可采用可溶性铜盐与对苯二酚的混合物。氧化反应过程很复杂，其主要反应机理为：

$$2Na_3SbS_3 + O_2 + 2H_2O + 2NaOH \longrightarrow 2NaSb(OH)_6\downarrow + 3Na_2S_2O_3$$

氧化反应后，分离出水合锑酸钠沉淀，对氧化后液进行中和处理。中和处理的目的是降低溶液的pH值，脱除杂质锑和砷。氧化后液呈碱性，其中砷和锑以硫代酸盐（Na_3AsS_3和Na_3SbS_3）的形式稳定存在，在pH值小于7的条件下，硫代酸盐发生离解，离解的部分砷和锑则能以硫化物形式沉淀下来。用硫酸中和，当pH值为6时，中和后液中砷和锑的含量最低。中和过程的机理如下：

$$2SbS_3^{3-} \longrightarrow Sb_2S_3 + 3S^{2-}$$

$$2AsS_3^{3-} \longrightarrow As_2S_3 + 3S^{2-}$$

中和沉砷、锑后的溶液经蒸发浓缩后，使硫代硫酸钠的浓度提高，并利用硫酸钠和亚硫酸钠在高温下溶解度较低的特性与硫代硫酸钠分离，最后制得硫代硫酸钠副产品。

19.4.3 酸性浸出－氧化－水解法

该法可以使用工业粗锑氧粉或辉锑矿作为原料，其基本原理是用盐酸浸取原料中的锑，如用辉锑矿做原料时，还需加入氧化剂如氯气，获得锑的氯化物溶液，再将溶液进行氧化处理，氧化剂可用氯气或过氧化氢，使锑的氯化物全部氧化为五氯化锑，随后对五氯化锑溶液进行水解、中和，即制得水合锑酸钠产品。

酸性浸出－氧化－水解法生产水合锑酸钠的原则工艺流程如图 19-12 所示。

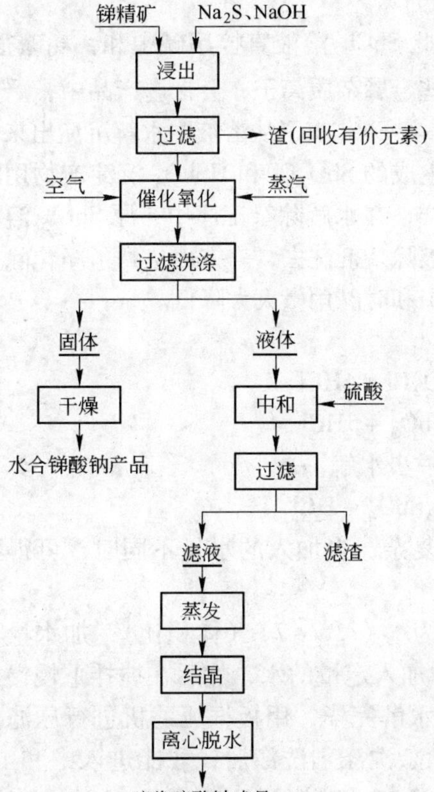

图 19-11 空气氧化法制备水合锑酸钠原则工艺流程

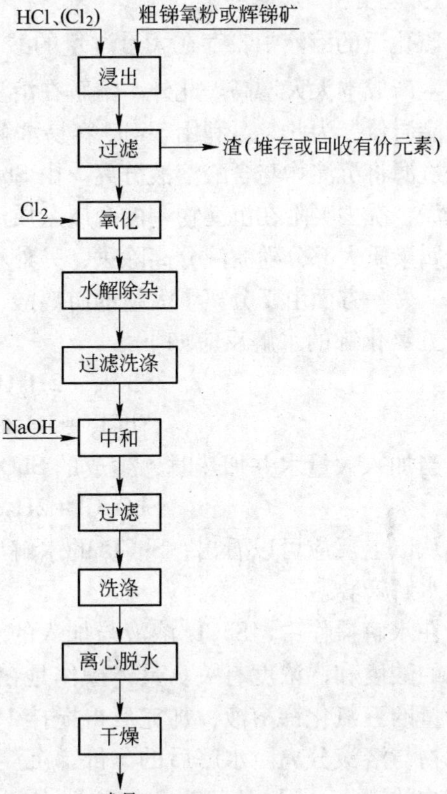

图 19-12 酸性浸出－氧化－水解法生产水合锑酸钠的原则工艺流程

19.4.3.1 浸出

用粗锑氧粉做原料时，一般不需要加氧化剂，仅用盐酸即可。反应温度一般控制 70～75℃，可用蒸汽加热，反应时间 3～4h，浸出液中主要含 $SbCl_3$，浸出渣丢弃。

用辉锑矿做原料时，除加入盐酸外，还要加入氯气等作为氧化剂，反应条件与酸法锑白类似。用氯气浸出时，反应可自热进行，浸出液中除含有 $SbCl_3$ 外，还含有部分 $SbCl_5$。浸出渣中含有元素硫，可回收利用。为了防止锑的氯化物水解，浸出液需保持一定的酸度。

19.4.3.2 氧化

将上述浸出液过滤，滤去不溶性杂质，得到澄清的锑氯化物溶液，然后将溶液放入搪瓷反应釜中，边用蒸汽升温，边慢慢通入氯气进行氧化反应，把 Sb^{3+} 氧化成 Sb^{5+}，也可加入过氧化氢进行氧化反应。

氧化反应温度一般小于65℃，氯气用量600kg/tSb，氯气压力小于0.2MPa。氧化反应是整个工艺的关键，氧化反应的好坏，直接影响最终产品的质量，因此，在氧化过程中需严格控制反应温度、通氯气压力以及溶液中的 Sb^{3+} 离子浓度，应不断取样分析溶液中 Sb^{3+} 离子浓度的变化情况。由于氧化反应为放热反应，操作时应防止温度剧升，一旦遇到温度剧升或超温时，应立即开冷却水降温。在反应后期，可将通氯气压力降低到0.05MPa以下，减少通氯气量，以免氯气饱和时造成氯气泄漏事故。当溶液中 Sb^{3+} 离子浓度小于0.01g/L时，可认为反应已完全，即可降温出料。

19.4.3.3　水解除杂

氯化后的溶液中，存在大量过量的酸，如果将此 $SbCl_5$ 溶液直接用碱中和，耗碱很大，会使生产成本大大增高。此外，溶解在溶液中的某些金属杂质离子亦会带进产品中，严重影响产品质量，为此，可利用 $SbCl_5$ 容易水解的特性，将 Sb^{5+} 离子从溶液中水解沉淀出来，然后经过滤将沉淀物与含酸溶液分离。由 $SbCl_5$ 水解生成的 SbO_2Cl 和 $HSbO_3$ 沉淀产物用除杂剂洗涤，洗去吸附在沉淀物中的金属杂质离子，这样，在水解除杂工序中，原 $SbCl_5$ 溶液中的金属杂质大部分随滤液分离除去，另外小部分则被除杂剂洗去，一方面达到了净化除杂的目的，另一方面由于分离了大量的游离酸，从而使中和时碱用量大大降低。

五氯化锑的水解反应如下：

$$SbCl_5 + 2H_2O \xlongequal{\quad} SbO_2Cl + 4HCl$$

$$SbCl_5 + 3H_2O \xlongequal{\quad} HSbO_3 + 5HCl$$

当加入大量水并加热时，生成的 SbO_2Cl 可进一步水解：

$$SbO_2Cl + 2H_2O \xlongequal{\quad} H_3SbO_4 + HCl$$

从以上反应可以看出，$SbCl_5$ 的水解反应比较复杂，当加入的水量不同时，可得到不同的水解产物。

在水解操作中，$SbCl_5$ 溶液与加入的水量之比为1:(3.5~7)（体积比），加水量与溶液中的酸度和锑浓度有关。具体操作是在水解池中加入定量的水，然后在搅拌下慢慢加入经计量的五氯化锑溶液，加完后再搅拌15min，即水解完毕，用板框压滤机进行压滤，将沉淀物与溶液分离。水解后的5价锑沉淀还需经除杂洗涤剂洗涤后，才能进入中和工序。沉淀物的洗涤是用pH值为2的酸性水加入少量除杂剂，对沉淀物洗涤2~3次，当洗涤水中的Fe含量小于0.001g/L时，即洗涤完毕。

19.4.3.4　中和

上述水解产物为白色沉淀物，可与碱进行中和反应生成水合锑酸钠：

$$SbO_2Cl + 2NaOH + 2H_2O \longrightarrow NaSb(OH)_6 + NaCl$$

$$HSbO_3 + NaOH + 2H_2O \longrightarrow NaSb(OH)_6$$

中和操作方法是将压滤洗涤后的5价锑沉淀物放入中和槽中，加水搅拌成浆状，升温至80℃，边搅拌边缓慢加入浓度为30%的NaOH溶液，半小时内加完，在80℃反应30min左右。当反应液分层后，表示中和反应完毕，下层沉淀即为水合锑酸钠产品。

中和反应时，一般碱过量5%~7%，以利于锑酸钠的生成。影响中和反应的因素有碱用量、碱浓度、反应温度及反应时间等。其中任何因素控制不好，均会影响产品质量和收率。如果反应过程中带入其他金属杂质离子，还会影响产品的白度。此外，还需严格控制好反应终点，否则会影响产品中5价锑的含量，造成产品不合格。

上述工艺过程由于增加了水解除杂工序，使中和用碱量大大减少，每吨产品的耗碱量是直接中和五氯化锑溶液的1/4左右，这一方面降低了生产成本，另一方面提高了产品质量。

中和反应所得锑酸钠，还需经过真空抽滤、水析、离心分离、干燥、粉碎、过筛后才能成为最终产品。

19.4.3.5 母液的处理

水解母液仍含一定量的Sb，中和母液含NaOH。将水解母液与中和母液混合后，溶液的酸度有所降低，母液中所含的Sb部分呈SbO_2Cl析出，析出的SbO_2Cl量约占水解投入Sb量的3.3%，该SbO_2Cl可返回用于配制$SbCl_5$溶液。析出SbO_2Cl之后，母液中剩余的Sb，在常温下加入铁粉或铁屑置换20min，其中，65%以上的Sb以海绵锑形态得到回收。

置换Sb之后的置换液，在搅拌条件下加入石灰将浆液的pH值调节至8~9，然后过滤，经石灰中和处理后的废水，其Pb含量小于1mg/L，As含量仅约0.15mg/L，符合国家工业废水排放标准要求。

19.5 胶体五氧化二锑

胶体五氧化二锑的结构为$Sb_2O_5 \cdot nH_2O(n \approx 3.5 \sim 4)$，是五氧化二锑的水合物，这种水合物在500℃以下只发生脱水反应，能吸收一定的热量，有利于降低燃烧区的温度和氧浓度，从而起到阻燃作用。胶体五氧化二锑不溶于硝酸，仅稍溶于水，可溶于氢氧化钾溶液。

胶体五氧化二锑是一种新型的阻燃剂，主要用于化纤、纺织、纸张、塑料、橡胶制品的阻燃处理，也可在颜料、油漆中使用，以取代其中的一些色料，而达到阻燃效果。胶体五氧化二锑的粒度一般为15~40nm，此粒度使其更适合于纤维、薄膜和透明的阻燃制品中应用，例如，在阻燃纤维的生产中，能避免堵塞喷丝孔和降低纺织强度。胶体五氧化二锑分散均匀，不会影响纤维、织物的色泽，对织物渗透性大、黏着力高，因而耐洗耐用，阻燃性持久。此外，由于胶体五氧化二锑的溶胶粒子具有极大的表面积，活性大，因此在阻燃效果相同时，其添加量远小于一般氧化锑，仅为一般氧化锑的40%~50%，并可减少含卤素阻燃剂配方的用量而使成本降低，且较三氧化二锑发烟量少，产生的气体毒性小。

胶体五氧化二锑与水、甲醇、乙二醇、乙酸、二甲基甲酰胺等许多有机溶剂相溶性好，因此，比三氧化二锑更容易与卤素阻燃剂均匀混合成各种高效复合阻燃剂。

制备胶体五氧化二锑大致可分为两种途径，一种途径是由5价锑的化合物直接制取胶体五氧化二锑，相应的制备方法有离子交换法和电渗析法。离子交换法是采用H^+型离子交换树脂，以锑酸钾为原料，往复循环进行离子交换，控制流出液的pH值，得到产物，五氧化二锑浓度为10%左右。电渗析法则是采用阳离子交换膜(E_{50})隔开的双室电渗析器，阳极室放置焦锑酸钾($K_2H_2Sb_2O_7 \cdot 4H_2O$)水溶液，电流密度控制在0.11~0.20A/cm^{2}得到产物，转化率可达80%。这两种方法耗时过长，且所得产物浓度很低，故难以实现工业化生产。

制备胶体五氧化二锑的另一种途径，也是最为简便可行的途径是采用氧化剂氧化三氧化二锑为五氧化二锑，同时，加入适量的稳定剂或分散剂以维持胶体的稳定存在，相应的方法为回流氧化法。

过氧化氢氧化法由于过程简单而在工业上被广泛采用，但是该法采用优质锑白、过氧化氢等为原料，生产成本高，为此，研究出了以锑粉为原料的氯化水解法生产胶体五氧化二锑新工艺。

19.5.1　过氧化氢回流氧化法

该法以优质锑白为原料，采用过氧化氢为氧化剂氧化三氧化二锑，而得到胶体五氧化二锑产品。其工艺流程如图19-13所示，过程发生的主要反应为：

$$Sb_2O_3 + 2H_2O_2 \longrightarrow Sb_2O_5 + 2H_2O$$

19.5.1.1　氧化

在回流氧化反应器内将三氧化二锑悬浮于去离子水中，加热至50℃左右，缓缓加入过氧化氢，在不断搅拌下进行氧化，然后加入适量稳定剂进行胶溶，经过上述处理过程后即可制得五氧化二锑溶胶产品。将五氧化二锑溶胶喷雾干燥，便得到流动性良好的干粉状胶体五氧化二锑产品。这种干粉状产品还可再分散于水中，制成胶体。

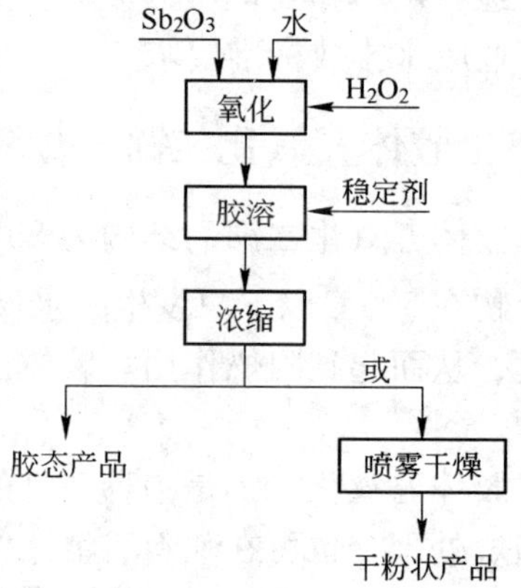

图19-13　过氧化氢回流氧化法制备胶体五氧化二锑原则流程

氧化反应温度需稳定控制在90℃左右，使氧化反应均匀进行，降低反应温度，Sb_2O_5胶粒的平均粒径减小、分布变窄，但Sb_2O_5的转化率降低。

过氧化氢和三氧化二锑的摩尔比以H_2O_2/Sb_2O_3等于2.0为宜，小于2.0的摩尔比不足以完全将三氧化二锑氧化成五氧化二锑，若摩尔比超过2.0，则H_2O_2在化学计量上过量，不经济，而且残留的过氧化氢会导致使用这种胶体的产品发泡或质量变差，为了除去过量的过氧化氢，一般还需要增加一个处理步骤，如催化剂分解或者活性炭吸附，从而增加生产成本。

为了提高Sb_2O_5的转化率，可在氧化反应过程中加入钨酸钠(Na_2WO_4)、钨酸铵($(NH_4)_2WO_4$)或者钼酸钠(Na_2MoO_4)、钼酸铵($(NH_4)_2MoO_4$)等，使产品中Sb_2O_3/Sb_2O_5的质量比小于4%。高锰酸盐，如高锰酸钾($KMnO_4$)，或重铬酸盐，如重铬酸铵($(NH_4)_2Cr_2O_7$)等也可以产生类似的效果，但是，它们在着色等方面对产品有影响，因此其使用受到限制。

没有稳定剂的胶体五氧化二锑只能短期稳定存在，加入少量稳定剂后则可长期稳定。稳定剂可选用氢氧化钠、氢氧化钾、碳酸钠；脂肪族醇胺，如三乙醇胺；烷基胺，如正丙胺或者二异丙基胺；氧羧酸，如乳酸、酒石酸；柠檬酸、磷酸及其酸式铵盐等；稳定剂可在氧化反应之前或之后加入。

以碳酸钠作稳定剂，其最佳用量是其与Sb_2O_3的摩尔比为0.05；以H_3PO_4作稳定剂，当H_3PO_4与Sb的摩尔比为0.10~0.30时，能够制备出长期稳定的胶体Sb_2O_5。H_3PO_4不足或过量时，所得Sb_2O_5分散系不能稳定存在，随着H_3PO_4添加量的增大，Sb_2O_5胶粒的平均粒径减小、分布变窄，H_3PO_4与Sb的摩尔比为0.20时可得到30nm左右的Sb_2O_5

胶体。

19.5.1.2 浓缩

将稀胶放入浓缩缸内，在95~100℃的温度下，浓缩到相对密度1.82~1.83，或经计算出Sb_2O_5质量分数大于50%时即可放料。

浓缩过程中，如果Sb_2O_5浓度太高，会大大降低胶体的流动性，给放料、过滤等操作带来困难，故控制好放料时间很重要。

19.5.1.3 喷雾干燥

为了保证喷干产品的质量，水溶胶中的Sb_2O_5质量分数以30%~59%为宜，出口温度最好大于或等于100℃，加料时，要均匀加入，以使颗粒大小一致、颜色相同。

19.5.2 氯化水解法

氯化水解法直接采用锑粉为原料，首先，用五氯化锑将锑粉氧化成三氯化锑进入溶液，然后被通入的氯气继续氧化成五氯化锑，五氯化锑再经水解而制得胶体五氧化二锑。氯化水解法要求原料中锑的质量分数大于99%，粒度为1~3mm，其生产工艺流程见图19-14，主要反应如下：

$$3SbCl_5 + 2Sb \longrightarrow 5SbCl_3$$

$$SbCl_3 + Cl_2 \longrightarrow SbCl_5$$

$$SbCl_5 + H_2O \longrightarrow SbO_2Cl + 4HCl$$

$$SbO_2Cl + 2H_2O \longrightarrow H_3SbO_4 + HCl$$

$$H_3SbO_4 \longrightarrow HSbO_3 + H_2O$$

$$2HSbO_3 \longrightarrow Sb_2O_5 + H_2O$$

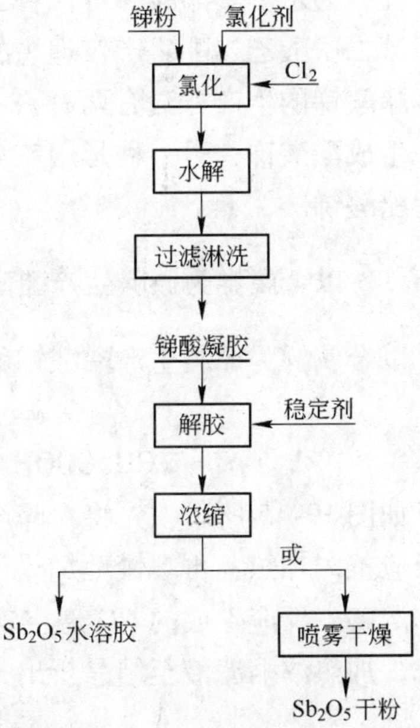

图19-14 氯化水解法制备胶体五氧化二锑工艺流程

19.5.2.1 氯化

氯化在搪瓷玻璃反应罐中进行，它包括氯化浸出和氯化氧化两个过程，即原料中五氯化锑先将金属锑粉氧化成三氯化锑进入溶液，然后被通入的氯气氧化成五氯化锑。氯化温度一般为70~75℃，反应时间4h，液氯加入量为1.5t/tSb。在此条件下，锑浸出率和五氯化锑转化率接近100%。

19.5.2.2 水解

水解的目的，一是脱氯，二是分离其他金属杂质。影响五氯化锑水解过程进行的主要因素除加水量和水解搅拌时间外，还有五氯化锑溶液中游离酸的含量，游离酸含量越高，水解沉锑率越低。这一阶段的适宜控制条件为：五氯化锑溶液浓度，Sb^{5+}为350g/L，加水量为原液量的6~8倍，水解搅拌时间40min。此时可获得95%~96%的水解沉锑率。

19.5.2.3 解胶

解胶就是使水解后得到的锑酸凝胶转变为稳定的五氧化二锑水溶胶。将淋洗过的凝胶加到含有稳定剂的水溶液中调浆、搅拌，升温至40~90℃，使之慢慢转变为无色清亮或乳白色、浓度为15%~30%的五氧化二锑水溶胶。控制条件为；温度95℃，稳定剂用量

按 Sb_2O_5 量计为4%，解胶时间40min，搅拌速度200r/min。

19.5.2.4　浓缩及喷雾干燥

解胶后所得产品可直接出售，也可经浓缩处理后得浓胶出厂，浓缩过程可在蛇形管加热反应罐中进行，浓缩温度85～95℃，最终产品浓度可根据需要控制在40%～50%。

将浓胶在喷雾干燥机上干燥可得 Sb_2O_5 质量分数为78%～82%的胶体干粉。

19.6　醋酸锑

醋酸锑又名乙酸锑，其分子式为 $Sb(CH_3COO)_3$，相对分子质量475.8。醋酸锑是白色晶体，不溶于水和苯等一般有机溶剂，而溶于乙二醇，加热可溶于二甲苯，在空气中有吸水性，易水解。醋酸锑可代替三氧化二锑用作化纤工业涤纶合成的催化剂，是聚酯，如聚对苯二甲酸乙二酯生产较理想的聚合催化剂。

醋酸锑的生产方法有两种。一种是以金属锑和冰醋酸为原料，硝酸作氧化剂进行反应，生成醋酸锑；另一种是用三氧化二锑和醋酸酐为原料，在一定条件下进行加成反应而制得醋酸锑。

19.6.1　以金属锑为原料生产醋酸锑

以金属锑为原料生产醋酸锑的生产工艺流程见图19-15。金属锑和冰醋酸的反应式如下：

$$Sb + 3CH_3COOH + HNO_3 \longrightarrow Sb(CH_3COO)_3 + NO + 2H_2O$$

如图19-15所示，先将粉碎至0.074mm（200目）的金属锑粉和一定量的冰醋酸加入到反应釜内加热，再缓慢地加入一定量的硝酸进行氧化，反应温度保持90℃，直至锑粉全部溶解。反应生成的NO遇空气转化为 NO_2，然后通入干燥的氮气驱除二氧化氮气体后过滤，加热浓缩滤液至结晶析出，经真空干燥即制得产品。

19.6.2　以三氧化二锑为原料生产醋酸锑

以三氧化二锑和醋酸酐为原料生产醋酸锑，是工业生产中常用的方法，其生产工艺流程如图19-16所示，反应方程式为：

$$Sb_2O_3 + 3(CH_3CO)_2O \longrightarrow 2Sb(CH_3COO)_3$$

19.6.2.1　浆化

将三氧化二锑、醋酸酐和冰醋酸按一定比例加入反应釜内，搅拌使物料浆化。浆化需均匀，反应釜器壁不可附有三氧化二锑固体，否则温度升高，导致有机物碳化，溶液颜色加深，产品变色。

19.6.2.2　反应

物料浆化后开始加热，当加热到110℃时减慢升温速度，温度达到120℃时停止加热，反应开始发生。随着反应的发生温度逐渐上升，当温度达到130℃时反应剧烈进行，大量放热，若温度超过160℃，则要降温。剧烈反应过后，温度降至140℃时再分批加入剩余的醋酸酐，加完后再维持130～140℃温度继续反应1h，直到反应釜内溶液变清。整个反应过程应严格控制温度低于160℃。

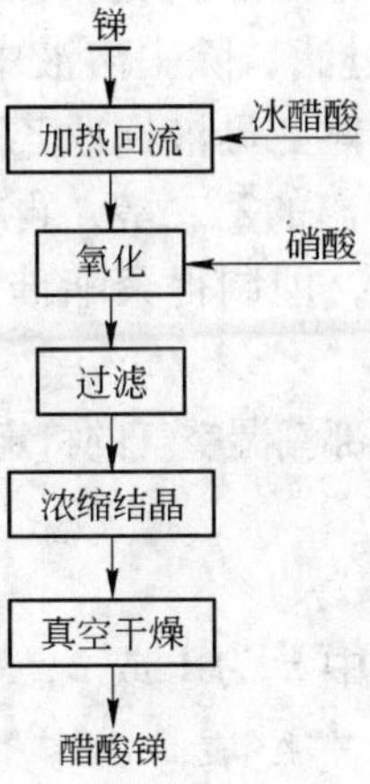

图 19-15 以金属锑为原料生产醋酸锑的工艺流程

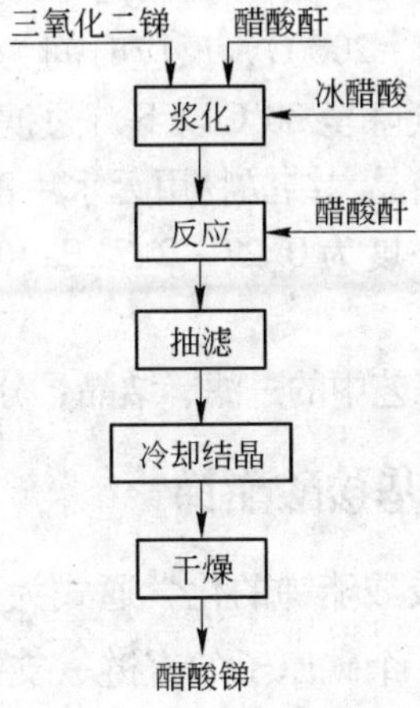

图 19-16 以三氧化二锑为原料生产醋酸锑的工艺流程

19.6.2.3 抽滤

抽滤前将抽滤装置预热，在保温条件下进行减压抽滤，以免晶体析出造成管路和过滤器堵塞。

19.6.2.4 冷却结晶

在干燥环境中进行冷却结晶，适当搅拌以加速散热和结晶，冷却结晶温度在5℃左右，温度高，则收率低。

19.6.2.5 真空干燥

先将真空干燥箱升温至35～40℃，赶尽箱内湿气，再放入物料。料层厚度不超过3cm，若使用耙式真空干燥箱，在干燥过程中可经常翻动物料，则物料厚度可适当增加一点。干燥温度保持在50～55℃，在0.01～0.008MPa的真空度下约干燥1h；在0.021～0.16MPa的真空度下约干燥1.5h。

19.7 乙二醇锑

乙二醇锑的结构为 $Sb_2(OC_2H_4O)_3$，相对分子质量423.7。乙二醇锑是聚对苯二甲酸乙二酯和聚对苯二甲酸丙二酯缩聚反应的催化剂，其催化效果优于 Sb_2O_3。它在乙二醇溶液中溶解度大，在可溶性锑催化剂中锑的含量最高，聚酯产品的色泽更好。

乙二醇锑的生产通常是用过量乙二醇与优质锑白进行酯化脱水反应而制得，图19-17为制备乙二醇锑的原则工艺流程，反应式如下：

$$Sb_2O_3 + 3HOC_2H_4OH = Sb_2(OC_2H_4O)_3 + 3H_2O$$

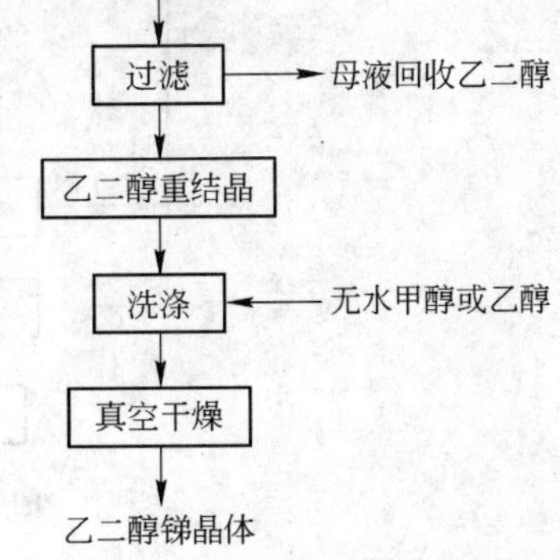

图 19-17 乙二醇锑生产工艺原则流程

具体的生产过程是先在反应器中加入过量的乙二醇，再在搅拌下缓缓加入三氧化二锑进行反应，乙二醇与三氧化二锑的质量比为 10 ~ 20。反应时可通入氮气保护，反应温度控制在 150 ~ 200℃，反应时间为 1 ~ 3h。反应完毕，趁热过滤，除去溶液中的不溶杂质，然后将温度降至 30℃以下，过滤或离心分离出乙二醇锑晶体。母液回收乙二醇，滤饼用乙二醇重结晶，结晶物用无水甲醇或乙醇反复洗涤，脱去游离的乙二醇，再在温度为 50 ~ 90℃、真空度为 0.27 ~ 2.7kPa（2 ~ 20mmHg）条件下干燥，即制得聚酯催化剂乙二醇锑产品。

上述工艺中的过滤、结晶、分离、干燥需在密闭或隔离外部潮湿空气的特定设备中进行。

19.8　巯基羧酸酯锑

巯基羧酸酯锑的化学通式为 $Sb[S(CH_2)_nCOOR]_x$，式中 n 为 1 或 2，x 为 3 或 5，R 为含 1 ~ 20 个碳原子的直链、支链的烷基或环烷基、芳基、芳烷基。

视化学式中 n 和 R 的不同，巯基羧酸酯锑有液体产品和固体产品之分。巯基羧酸酯锑不溶于水，可溶于甲苯等有机溶剂。巯基羧酸酯锑对 PVC 等聚合物材料具有优异的热稳定作用，与其他助剂的相容性好，与钙皂、环氧化合物等有良好的热稳定协同效应。相对于价格较为昂贵而且具有中枢神经毒性的有机锡热稳定剂而言，有机锑热稳定剂价格较低，毒性很小，其使用效果与有机锡稳定剂相当。

巯基羧酸酯锑的生产方法有两种，一种是直接采用巯基羧酸酯为原料，与 Sb_2O_3 或胶体 Sb_2O_5 在一定条件下合成巯基羧酸酯锑；另一种方法是先用脂肪醇与巯基羧酸进行酯化反应合成巯基羧酸酯，接着与 Sb_2O_3 或胶体 Sb_2O_5 反应而制得巯基羧酸酯锑。两种方法的实质是一样的，只是初始原料不同而已。

以脂肪醇、巯基羧酸为原料制备巯基羧酸酯锑的工艺原则流程如图 19-18 所示，反应式如下：

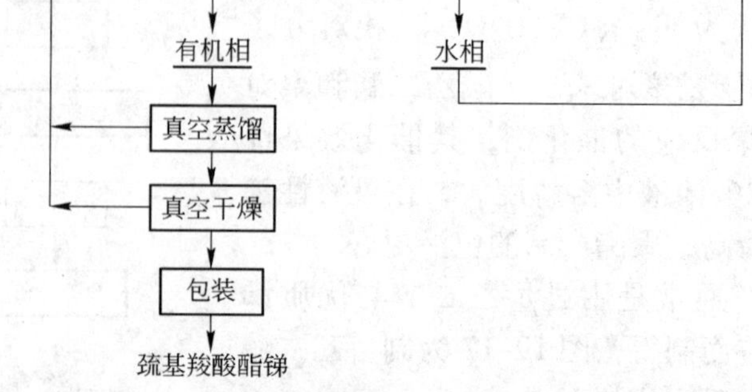

图 19-18　巯基羧酸酯锑生产工艺原则流程

$$HS(CH_2)_nCOOH + ROH \longrightarrow HS(CH_2)_nCOOR + H_2O$$

$$Sb_2O_3 + 6HS(CH_2)_nCOOR \longrightarrow 2Sb[S(CH_2)_nCOOR]_3 + 3H_2O$$

$$Sb_2O_5 + 10HS(CH_2)_nCOOR \longrightarrow 2Sb[S(CH_2)_nCOOR]_5 + 5H_2O$$

在装有搅拌器、回流冷却装置及分水器的反应釜中，加入等摩尔的脂肪醇、巯基羧酸和适量的有机溶剂，如甲苯等，搅拌，加热回流进行酯化反应。反应温度为100～110℃，直至反应水完全分出为止。酯化反应时，可加入强酸或对甲苯磺酸等作为催化剂，酯化反应完毕，趁热加入预先用锑溶剂TA-101溶解的三氧化二锑溶液或直接加入胶体五氧化二锑水溶胶，加入量为理论摩尔量，继续加热回流，进行合成反应，反应温度为90～100℃，反应完全后，停止搅拌和加热，静置分相，趁热分出水相，水相可返回用于溶解 Sb_2O_3。将有机相进行真空蒸馏，蒸出溶剂后，经真空干燥，即得巯基羧酸酯锑类热稳定剂产品。

19.9 硫醇锑

硫醇锑的化学通式为（RS）$_3$Sb，式中R为烃基。硫醇锑一般为白色固体，不溶于水，而溶于甲苯等有机溶剂，对PVC塑料具有非常好的热稳定性和透明性。用于PVC硬质透明片的性能指标与常用的硫醇型有机锡稳定剂相似。

硫醇锑可通过相应的硫醇与 Sb_2O_3 反应而制得。溶剂体系既可使用油性溶剂，如甲苯进行分水，也可使用水溶性溶剂，如乙醇等直接夺水的方式进行。生产工艺原则流程如图19-19所示，以十二烷基硫醇为原料时，其化学反应式为：

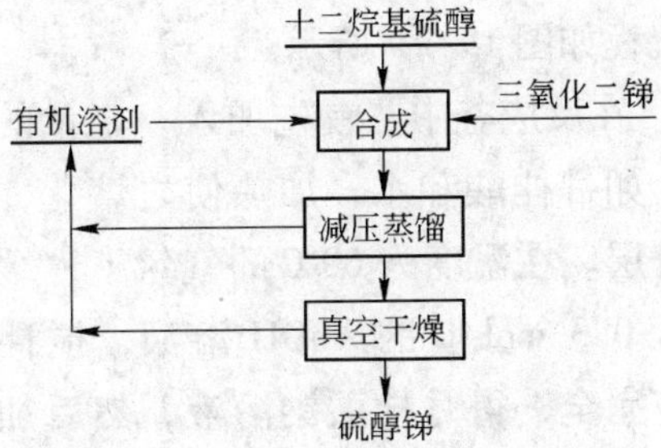

图19-19 硫醇锑生产工艺原则流程

$$Sb_2O_3 + 6C_{12}H_{25}SH \longrightarrow 2(C_{12}H_{25}S)_3Sb + 3H_2O$$

在装有搅拌器、回流冷凝装置和分水器的反应釜中，加入一定量的十二烷基硫醇和有机溶剂，在搅拌加热的情况下，按化学式计量加入三氧化二锑，加热回流至水不再分出为止。停止加热，稍冷后，减压蒸出溶剂，再经真空干燥，得乳白色固体产品。

19.10 羧酸锑

羧酸锑的化学通式为(RCOO)$_3$Sb，式中R代表直、支链烷基和芳基。视羧酸基的不同，羧酸锑有液态和固态之别。羧酸锑一般不溶于水，而溶于苯、甲苯、丙酮、乙醇等有机溶剂，对PVC的热降解有抑制作用，因而也主要用作PVC等聚合材料的热稳定剂。与硬脂酸钙、环氧化合物、亚磷酸酯有很好的热稳定协同效应。

羧酸锑是简单的有机羧酸盐，因而其制备方法也相对简单，多用锑的氧化物或卤化物，与相应的羧酸进行复分解反应而制得，或者使用卤化物与相应的羧酸皂反应而制得。主要反应式如下：

$$6RCOOH + Sb_2O_3 \longrightarrow 2(RCOO)_3Sb + 3H_2O$$

$$3RCOOH + SbCl_3 \longrightarrow (RCOO)_3Sb + 3HCl$$

$$3RCOONa + SbCl_3 \longrightarrow (RCOO)_3Sb + 3NaCl$$

19.10.1　以 Sb_2O_3（或 $SbCl_3$）和羧酸为原料生产羧酸锑

以 Sb_2O_3（或 $SbCl_3$）和羧酸为原料生产羧酸锑的工艺原则流程见图 19-20。

首先在装有搅拌器、回流冷凝装置和分水器的反应釜中，按化学式计量加 Sb_2O_3 或 $SbCl_3$ 和羧酸，再加适当体积的有机溶剂，如甲苯或二甲苯，搅拌，加热回流 3～4h，分出反应水或 HCl，然后将反应混合物进行抽滤，再将滤液减压蒸馏，蒸掉有机溶剂后，即得羧酸酯锑产品。若要生产固体产品，则要趁热抽滤和蒸馏，蒸馏后再经干燥，即可制得固体产品。

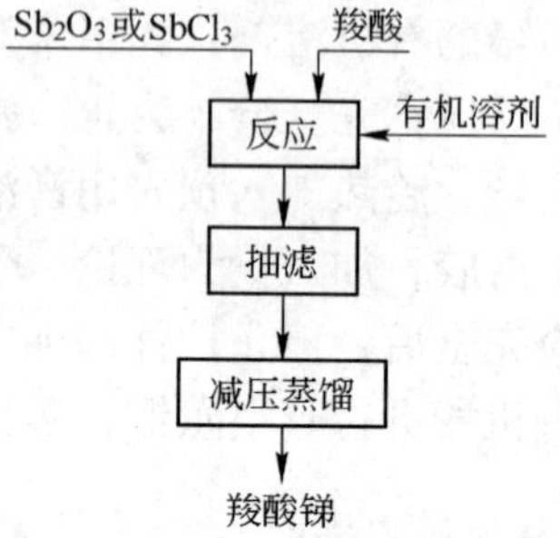

图 19-20　羧酸锑生产工艺原则流程

19.10.2　以 $SbCl_3$ 与羧酸皂为原料制备羧酸锑

以 $SbCl_3$ 与羧酸皂为原料制备羧酸锑的生产工艺原则流程如图 19-21 所示。

在反应釜中，首先加入一定量的羧酸，如月桂酸和水，加热使之熔化，与水分层。在温度为 60℃ 的气氛下，缓慢加入 0.3 mol/L 的 NaOH 溶液，搅拌至反应完全，得月桂酸钠溶液，然后加入预先配好的一定量的 $SbCl_3$ 乙醇溶液，搅拌，即有白色沉淀出现，待反应完全后，过滤，沉淀用蒸馏水洗涤三次，经真空干燥，即得白色油状固体产品。

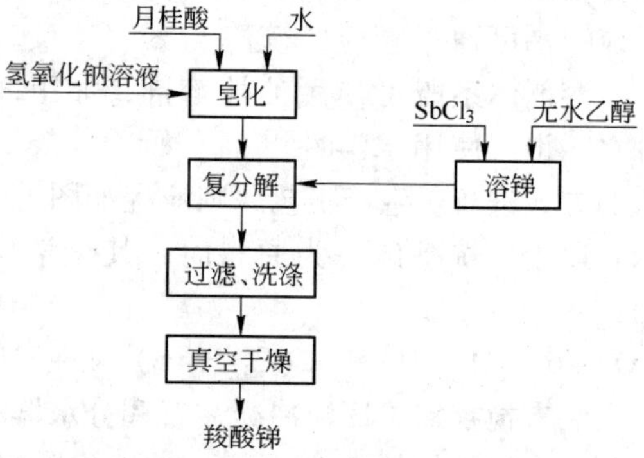

图 19-21　羧酸锑生产工艺原则流程

19.11　硫代锑酸亚锑

硫代锑酸亚锑的分子式为 $SbSbS_4$，相对分子质量 371.78。$SbSbS_4$ 是一种红褐色的无定形固体粉末，不溶于大多数的有机溶剂和无机酸，它是一种性能优良的新型润滑油添加剂，可使机械摩擦面形成二次化合物保护膜，防止磨耗，并可在极压润滑状态下，防止烧附或烧剥现象发生，从而提高润滑性能。润滑效果明显优于传统的 MoS_2、WS_2、石墨等固体润滑油脂，与传统的固体润滑剂 MoS_2、石墨等配合使用，还能起到增效作用。此外，$SbSbS_4$ 与各类型润滑油脂的相容性很好，甚至包括对添加剂感受性能差的硅脂。

在 $SbSbS_4$ 的合成方法中，具有现实意义的是先合成中间体碱金属或铵的硫代锑酸盐，如 Na_3SbS_4，然后再由中间体进一步合成 $SbSbS_4$。比较典型的合成方法有以下几种：

（1）以 Sb_2O_3 和 KOH 为起始原料与 $Na_3SbS_4·9H_2O$ 反应，然后用 HCl 中和，形成一种橙红色沉淀物，再用蒸馏水洗涤游离酸和 NaCl，最后用乙醇洗涤 2 次，在 95℃ 下干燥，

得到 $SbSbS_4$ 产品。总反应式为：

$$Sb_2O_3 + 2KOH + 2Na_3SbS_4 \longrightarrow 2SbSbS_4 + 2K + 6Na + 5H_2O$$

该方法是最早开发的，加酸中和过程中反应体系会产生 H_2S 气体，并且有大约 6% 的游离硫产生与最终的 $SbSbS_4$ 产品发生共沉淀，致使产品游离硫含量升高。游离硫能加速金属腐蚀，这对于润滑剂是很不利的，因此，该法的最终产品需要有机溶剂除去游离硫，同时还得增加回收处理 H_2S 的附加装置。

（2）在乙醇介质中，使用 SbF_3 或 $SbCl_3$ 与 Na_3SbS_4 反应，直接合成 $SbSbS_4$，其反应式为：

$$SbF_3 + Na_3SbS_4 \longrightarrow SbSbS_4 + 3NaF$$

该方法虽然消除了 H_2S 气体，并得到游离硫含量小于 1% 的 $SbSbS_4$ 产品，但由于使用了不稳定易水解的三卤化锑为反应原料，使得反应必须在有机介质中和低温状态下进行，增加了反应操作的难度，并带来了有机介质的回收问题。

（3）采用稳定的卤化三卤化锑代替卤化锑作反应剂，不用有机介质，而直接与 Na_3SbS_4 反应，可得游离硫含量小于 1% 的 $SbSbS_4$，产率约为 90%，反应式如下：

$$Sb_2O_3 + 6HCl + 2NaCl \longrightarrow 2NaSbCl_4 + 3H_2O$$

$$Na_3SbS_4 + NaSbCl_4 \longrightarrow SbSbS_4 + 4NaCl$$

该方法目前看来是比较实用的。与前两种方法相比，该法有以下优点：1）使用稳定的反应原料，如卤化三卤化锑；2）不使用有机介质，所以不存在回收问题；3）大大降低了游离硫和 H_2S 等副产物的产生；4）产率相对较高。

但是，上述 3 种方法提供的中间体 Na_3SbS_4 的制备方法均存在较大的缺陷，即由于没有采取有效的保护措施来解决 Na_3SbS_4 的水解问题而导致目标物产率下降。针对上述缺陷，人们在方法（3）的基础上进行了改进，即在 Na_3SbS_4 的制备中引入保护剂，有效地避免了 Na_3SbS_4 的水解，获得了比较满意的结果。

第一步，先合成硫代锑酸钠，其原材料是 $Na_2S \cdot 9H_2O$、升华硫、Sb_2S_3 和保护剂，保护剂的主要成分为 NaOH。硫代锑酸钠的合成反应如下：

$$2Na_2S + 2S \longrightarrow 2Na_2S_2$$

$$Sb_2S_3 + 2Na_2S_2 \longrightarrow 2Na_2SbS_3$$

$$NaSbS_3 + Na_2S \longrightarrow Na_3SbS_4$$

具体合成过程是：先将过量 4% 的 $Na_2S \cdot 9H_2O$ 和保护剂加适量水溶解，倒入反应器并加热搅拌使其完全溶解，然后加入 Sb_2S_3 和过量 20% 的升华硫黄，并加入足量的水，升温至 90 ~ 95℃，保温 3h，反应结束后冷却至常温，抽滤、弃去滤渣，滤液供合成 $SbSbS_4$ 用。

第二步，用 NaCl 溶液作反应介质，调节体系 pH 值为 2 左右，用硫代锑酸钠与三氯化锑反应合成硫代锑酸亚锑，其工艺流程见图 19-22，反应式为：

$$Na_3SbS_4 + SbCl_3 \longrightarrow SbSbS_4 + 3NaCl$$

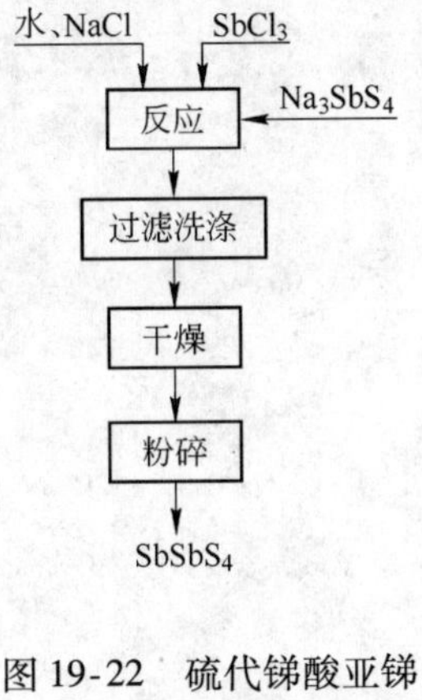

图 19-22 硫代锑酸亚锑生产工艺原则流程

在反应器中加入适量的水和 NaCl 溶解，再加入一定量的 $SbCl_3$，搅拌、溶解，缓慢加入理论量的 Na_3SbS_4 溶液，并用盐酸调节并保持体系的 pH 值为 2，在 10℃ 下反应 0.5h，再在室温下反应1.5h，得到红色膏状物，过滤，用去离子水洗至无Cl^-，反应所得产物在75℃下烘干、粉碎，即得$SbSbS_4$产品。

采用上述酸性氯化钠溶液作反应介质，可获得低游离硫含量的$SbSbS_4$产品，产品回收率可达98%以上，产品中锑的质量分数达64%以上，总硫质量分数为33.3%以上，游离硫质量分数为0.10%～0.13%。

20 锑冶金中的污染治理和环境保护

与其他有色金属冶炼行业一样，锑冶金中的污染源有废气、废水和废渣三种。锑冶金中的有害废气主要是火法炼锑过程中排出的低浓度二氧化硫；废水则主要包括选矿废水、湿法及火法炼锑产生的废水，其中，火法炼锑的废水较少，选矿废水的量最大；废渣也包括选矿厂的尾矿及各种冶炼渣，选厂尾矿储存在尾矿库中，一般不会对环境造成危害，危害最大的是火法精炼锑时产生的可溶性砷碱渣。

由于生产原料及生产工艺等的不同，锑冶金过程中产出的“三废”的性质存在很大的差别，因而其处理工艺也就不同，很难用同一种办法来处理所有的废物。本章主要介绍锑冶金中主要废物的常用处理技术。

20.1 低浓度 SO_2 废气的处理

锑冶炼所使用的矿物资源大多为金属硫化矿，在焙烧和熔炼过程中不可避免地要产生 SO_2 烟气。这种烟气的 SO_2 浓度往往较低，达不到制酸的要求，例如，我国湘西金矿鼓风炉挥发熔炼烟气的主要成分（质量分数）为：SO_2 0.3% ~0.8%，CO_2 3.4% ~3.8%，O_2 16.9% ~18.3%，CO 0~3%，这种烟气中的 SO_2 含量约相当于 8.5~22.7g/m^3，达不到制酸要求，但远远超过国家规定的排放标准。此种烟气对车间生产工人和厂区附近居民的健康及农作物造成了近距离危害，同时，如排入大气，形成的酸雨还可造成大范围的危害，是大气的主要污染源，因此，需对其治理后才能排放。

表 20-1 所列是我国 GB 9078—1996“工业炉窑大气污染物排放标准”中规定的二氧化硫排放标准。目前，工业上主要采用吸收法处理低浓度 SO_2 废气，所使用的吸收剂有石灰乳、碱液、氨液、亚硫酸钠溶液和硫化钠溶液等，有的企业也利用工业废水作吸收剂，达到以废治废的目的。

表 20-1　二氧化硫排放标准（GB 9078—1996）

污染项目	标准级别	1997 年 1 月 1 日前安装的工业炉窑	1997 年 1 月 1 日起新、改、扩建的工业炉窑
		排放浓度/mg · m^{-3}	排放浓度/mg · m^{-3}
二氧化硫（SO_2）	一	850	禁排
	二	1430	850
	三	4300	1430

20.1.1 石灰乳吸收法

该法的原理是使 $Ca(OH)_2$ 与 SO_2 转化为 $CaSO_3$、$CaSO_4$ 沉淀，反应式如下：

$$Ca(OH)_2 + SO_2 = CaSO_3 \cdot 1/2H_2O + 1/2H_2O$$

$$2Ca(OH)_2 + 2SO_2 + 1/2O_2 = CaSO_3 + CaSO_4 + 2H_2O$$

按其吸收方式，在工艺上有塔式喷淋法和柱式鼓泡吸收法。石灰乳吸收法的优点是工艺简单，投资少，石灰乳来源丰富，价格便宜，但产生的沉淀易结垢阻塞管道，而且产出的 $CaSO_3 \cdot 1/2\ H_2O$ 和石膏($CaSO_4 \cdot 2H_2O$)的利用有待解决。

20.1.2　碱液吸收法

该法的原理是用 Na_2CO_3 或 NaOH 作吸收剂，其吸收过程发生如下反应：

$$2Na_2CO_3 + SO_2 + H_2O = 2NaHCO_3 + Na_2SO_3$$

$$2NaHCO_3 + SO_2 = Na_2SO_3 + 2CO_2 + H_2O$$

$$Na_2SO_3 + SO_2 + H_2O = 2NaHSO_3$$

$$2Na_2SO_3 + O_2 = 2Na_2SO_4$$

为提高吸收效果，一般采用两级吸收。首先将烟气送入有弱酸性亚硫酸钠溶液循环的第一吸收塔，在塔中，Na_2SO_3 吸收 SO_2 生成 $NaHSO_3$，未吸收完的 SO_2 进入第二吸收塔，被 Na_2CO_3 和 Na_2HCO_3 完全吸收。为防止生成 Na_2SO_4，在吸收液中必须加入相当于纯碱量十二万分之一的对苯二胺作抗氧化剂，以阻止 Na_2SO_3 的氧化。

吸收过程中生成的 $NaHSO_3$ 经加热解吸生成 Na_2SO_3，即：

$$2NaHSO_3 = Na_2SO_3 + H_2O + SO_2$$

产出的 SO_2 经脱水后，可得到高浓度 SO_2，用于制造液体 SO_2 或硫酸。

该法的优点是吸收过程速度快、效率高，容易将烟气中的 SO_2 降低至排放标准以下，副产物无水亚硫酸钠的销路较广，但吸收剂的价格较高，解吸过程中又重新产生高浓度 SO_2，虽可制酸，但需投入制酸设备，不适合中小企业采用。

20.1.3　氨吸收法

该法又分为循环吸收法和亚铵法。

所谓循环吸收法，是以氨水或氨气作吸收剂，将含有 SO_2 的烟气与氨作用，生成亚硫酸铵和亚硫酸氢铵溶液，反应式如下：

$$NH_3 + SO_2 + H_2O = NH_4HSO_3$$

$$2NH_3 + SO_2 + H_2O = (NH_4)_2SO_3$$

如烟气中有 O_2 和 SO_3 存在时，在吸收过程中还会发生如下反应：

$$SO_3 + 2NH_3 + H_2O = (NH_4)_2SO_4$$

$$SO_3 + NH_3 + H_2O = NH_4HSO_4$$

$$2(NH_4)_2SO_3 + O_2 = 2(NH_4)_2SO_4$$

$$2NH_4HSO_3 + O_2 = 2NH_4HSO_4$$

为了保持良好的吸收效果，必须不断添加氨水或氨气，使之与 NH_4HSO_3 作用生成亚硫酸铵，即：

$$NH_4HSO_3 + NH_3 = (NH_4)_2SO_3$$

而亚硫酸铵又可作为吸收剂吸收 SO_2，反应式为：

$$(NH_4)_2SO_3 + SO_2 + H_2O = 2NH_4HSO_3$$

吸收 SO_2 所得到的溶液，在常压或真空条件下加热解吸，放出 SO_2 使溶液再生，反应式为：

$$2NH_4HSO_3 = (NH_4)_2SO_3 + H_2O + SO_2$$

解吸后的再生液冷却之后，补充氨水或氨气再返回循环使用，而 SO_2 气体脱水降温后用于生产液体 SO_2 或制酸。

我国锡矿山炼锑厂的实践证明，该法流程畅通，放空尾气能达到国家卫生标准，副产物硫酸铵可用作肥料，但吸收率低，蒸汽消耗大，SO_2 氧化率高。

所谓亚铵法是用氨吸收低浓度 SO_2 烟气，所得亚硫酸铵和亚硫酸氢铵混合液，直接作为肥料或其他工业原料使用，不再进行解吸，因而省去了大量设备，简化了工艺流程。

20.1.4 Na_2S 溶液吸收法

采用硫化钠碱性湿法炼锑，在贫化电积或还原后的电积废液中，还含有一定量的 Na_2S 和 Na_2CO_3 等钠盐以及微量的 As 和 Sb，故不能直接排放。前苏联学者曾进行过将碱性湿法炼锑贫化电积后的废电解液用于中和低浓度 SO_2 研究的报道，我国也研究过用 Na_2S 吸收低浓度 SO_2，再在常压下还原并再生 Na_2S 的新工艺。这些研究工作不仅为贫化电积或还原后废液的利用提供了化害为利的新途径，而且为低浓度 SO_2 的治理提供了以废治废的新工艺。

废电解液吸收 SO_2 的总反应可表示为：

$$6SO_2 + 4Na_2S + 3H_2O = 3Na_2S_2O_3 + 2NaHSO_3 + 2H_2S$$

上述吸收反应的可能反应机理为：

$$5SO_2 + 5H_2O = H_2SO_3$$

$$3H_2SO_3 + 3Na_2S = 3Na_2SO_3 + 3H_2S$$

$$2H_2S + SO_2 = 3S + 2H_2O$$

$$3S + 3Na_2SO_3 = 3Na_2S_2O_3$$

$$2NaHS + 2H_2SO_3 = 2Na_2HSO_3 + 2H_2S$$

试验采用两级鼓泡式吸收器吸收 SO_2，SO_2 的流速及流量由毛细管流量计控制，经两级吸收后的尾气用 1mol/L 的 NaOH 溶液吸收。吸收过程评价指标用 SO_2 的一级吸收率 R_1 和总吸收率 R_T 表示。其中：

R_1 =（一级吸收液中还原态 S 总的增量/通入的 SO_2 所含 S 量）×100%；

R_T =［（1 − 尾气中所含的 S 量）/通入的 SO_2 所含 S 量］×100%。

图 20-1 表示 Na_2S 浓度对吸收率的影响。从图中可以看出，随着 Na_2S 浓度的提高，一级吸收率逐渐降低，这是因为 Na_2S 浓度越高，生成 H_2S 的量增多，来不及进一步反应而逸出的 H_2S 量增加，因此，随 Na_2S 浓度增加，一级吸

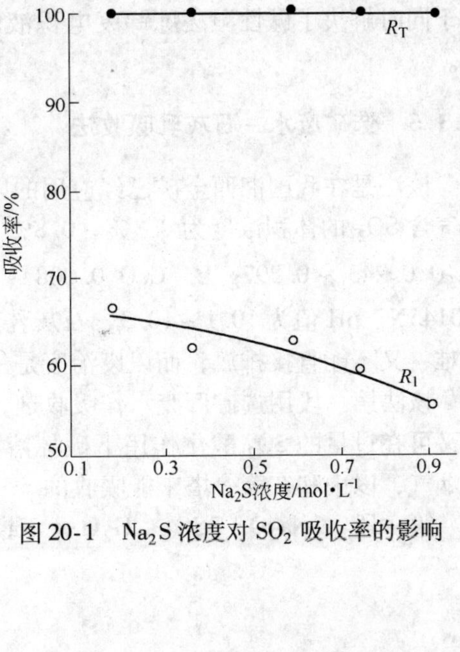

图 20-1 Na_2S 浓度对 SO_2 吸收率的影响

收率降低。逸出的 H_2S 被二级吸收器吸收，而且二级 Na_2S 浓度越高，缓冲能力就越强，因此，Na_2S 浓度对总吸收率没有影响。为保证较高的一级吸收率，Na_2S 的最佳浓度控制在 0.4mol/L。

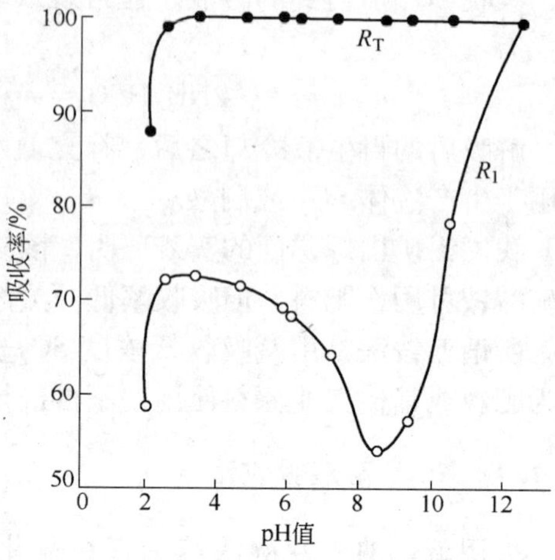

图 20-2　吸收液 pH 值对 SO_2 吸收率的影响

图 20-2 表示的是吸收液的 pH 值对 SO_2 吸收率的影响情况。从图中可以看出，当 pH 值大于 12 时有利于 SO_2 的吸收，此时，一级吸收率和总吸收率都接近 100%。在 pH 值为 8.5 ~ 12.5 的范围内，pH 值降低，Na_2S 浓度也随之降低。由上面反应看出，由于 H_2S 耗量逐渐减少及 NaHS 体系中 H_2S 分压增加，由一级进入二级的 H_2S 增加，结果使一级吸收率降低。当 pH 值为 8.5 时，达到 NaHS—H_2S 的缓冲体系，Na_2S 浓度等于零，H_2S 逸出量达到最大值，故此时一级吸收率最小，但由于 H_2S 被二级吸收器充分吸收，所以总吸收率仍保持不变。当 pH 值降至 2.5 ~ 8.5 的范围时，随 pH 值降低，一级吸收以 H_2SO_3 和 Na_2S，H_2S 和 SO_2，S 和 Na_2SO_3 以及 NaHS 和 H_2SO_3 的反应为主，有利于 $NaHSO_3$ 及 $Na_2S_2O_3$ 的生成，故一级吸收率随 pH 值降低而增加，总的吸收率仍接近 100%。当 pH 值降至 2.0 时，$NaHSO_3$ 及 $Na_2S_2O_3$ 发生分解，使一级吸收率和总吸收率迅速降低，因此，吸收过程的终点 pH 值宜控制在 2.0 ~ 3.0 之间，这样能保证总吸收率在 99.8% 以上，而一级吸收率最高。

在研究了诸多影响因素之后得到的结论为：用 Na_2S 溶液吸收 SO_2 影响最大的因素是溶液的 pH 值。适宜的工艺条件是溶液的 pH 值为 2.0 ~ 3.0，Na_2S 浓度为 0.4mol/L，SO_2 浓度为 1% ~ 50%，SO_2 的气流速度为 300 ~ 600mL/min，温度为常温，此时，SO_2 的总吸收率达 99.8% 以上。

硫化钠吸收法的优点是适应烟气 SO_2 浓度范围广，吸收率高，设备简单，操作方便，由于同时解决了碱性湿法炼锑废电积液的利用和低浓度 SO_2 的治理，具有较好的应用前景。

20.1.5　选矿废水 - 石灰乳吸收法

该法是在我国湘西金矿已经应用的以废治废的新工艺。湘西金矿锑鼓风炉挥发熔炼的烟气含 SO_2 的体积浓度为 0.3% ~ 0.8%，而选矿厂废水成分为：悬浮物 40.8 ~ 42.27g/L，Na_2O 0.243 ~ 0.297g/L，CaO 0.008 ~ 0.018g/L，CO_3^{2-} 0.33g/L。总碱度为 0.0079 ~ 0.0145N，pH 值为 10.1 ~ 10.3，石灰乳浓度约为 10g/L。这两种污染物单独处理都有一定困难，又不能直接排放，而以废治废是一种新途径。

该法第一段用选矿厂废水作吸收剂，利用废水中的碱和悬浮物吸收烟气中的 SO_2，同时又可在过量的 SO_2 酸化作用下破坏溶液中的硅胶，使悬浮物沉淀；第二段用石灰乳喷淋烟气，以中和在第一塔未能吸收的 SO_2。吸收过程的主要反应：

第一段：$2Na_2O + 3SO_2 + H_2O = Na_2SO_3 + 2NaHSO_3$；

第二段：$Ca(OH)_2 + SO_2 = CaSO_3 \cdot 1/2H_2O + 1/2H_2O$

$$2Ca(OH)_2 + 2SO_2 + 1/2O_2 = CaSO_3 + CaSO_4 + 2H_2O$$

实践证明，采用该法产出混合液的 pH 值为 6 ~ 9，放空尾气中 SO_2 含量低于 0.1%，总的净化效率在 80% 以上。

20.2 锑冶金相关废水的排放标准及治理原则

我国对污水的排放给予了高度重视，为了控制水污染，保护江河、湖泊、运河、渠道、水库和海洋等地面水以及地下水水质，保障人体健康，维护生态平衡，制定了污水综合排放国家标准 GB 8978—1996。按照国家综合排放标准与国家行业排放标准不交叉执行的原则，除少数已制定行业标准的行业外，其他水污染物排放均执行该标准。目前，锑冶金行业还没有制定相关行业标准，因而应执行上述标准。GB 8978—1996 污水综合排放标准，将排放的污染物按其性质及控制方式分为两类。第一类污染物指的是对人体健康产生长远影响的物质，该标准规定，对第一类污染物，不分行业和污水排放方式，也不分受纳水体的功能类别，一律在车间处理设施排出口取样，其最高允许排放浓度必须达到 GB 8978—1996 标准要求（采矿行业的尾矿坝出水口不得视为车间排放口）。第一类污染物的最高允许排放浓度见表 20-2。

从表 20-2 可以看出，第一类污染物质主要是重金属，这类重金属污水具有以下特征：

表 20-2 第一类污染物最高允许排放质量浓度

序 号	污染物名称	最高允许排放质量浓度/$mg \cdot L^{-1}$
1	总 汞	0.05
2	烷基汞	不得检出
3	总 镉	0.1
4	总 铬	1.5
5	6 价铬	0.5
6	总 砷	0.5
7	总 铅	1.0
8	总 镍	1.0
9	苯并（a）芘	0.00003
10	总 铍	0.005
11	总 银	0.5
12	总 α 放射性	1Bq/L
13	总 β 放射性	10Bq/L

（1）它们的危害具有长期持续性。因为在水中微生物的作用下，此类污染物可能转化为毒性更强的有机化合物，例如，无机汞被水中微生物转化为毒性更强的甲基汞等。

（2）它们可被水中生物大量富集，构成食物链危害人类。生物，例如鱼类，摄取重金属后，经体内某些器官高度富集，其富集量可达成千上万倍，人类食用这类生物而使污染物进入体内后，构成人体慢性中毒，严重危害人体健康，这是重金属污水的突出特点。

（3）重金属污水无论采取何种方法处理，或通过微生物都不能降解，而只能改变其化合价和化合物种类。在水中的OH^-、Cl^-、SO_4^{2-}、NH_4^+ 等物质在腐殖酸的作用下，可重新生成各种配合物或螯合物而使其浓度增大，也可使沉入水底的重金属又释放出来；

（4）在水中产生毒性的浓度低。一般重金属产生毒性的质量浓度范围在 1.0 ~ 10mg/L之间，而 Hg、Cd 等毒性较强的重金属质量浓度范围在 0.01 ~ 0.1mg/L 之间，因此，要严格控制重金属污水的排放；

处理重金属污水的原则是减少其含量及污水的排放量。从环境保护和资源综合利用考虑，处理重金属污水最理想的原则是将水与重金属都回收利用，但单纯依靠简单的污水处理措施难以达到此目的，还必须采取多方面的综合措施，包括：

（1）从生产工艺着手，尽可能减少重金属污水的排放量。

（2）对已经产生的重金属污水，应坚持就地处理，一般不与其他污水混合处理，以避免处理和防治过程复杂化，更应杜绝直接排入城市下水道或天然水体。

（3）针对具体情况，选择好适宜而有效的污水处理工艺。这里要特别指出的是，目前我国大多数污水处理工艺设施，只注重对污水本身的处理，而忽视经处理后浓缩物的回收或无害化，这是当前污水处理中比较突出的问题。

20.3　有色金属污水处理方法概述

处理有色金属污水的方法很多，按处理方法划分，可以粗略地分为物理法、化学及物理化学法和生化法，见表 20-3。

表 20-3　处理有色金属污水的基本方法

分类	处理和利用的方法		处理对象	适用范围
物理法	重力法	沉　淀	可沉淀物质	预处理
		隔　油	颗粒较大的油珠	预处理
		气　浮	乳状油、密度近于 1 的悬浮物	中间处理
	离心分离法	离心旋流器	密度大于 1 的悬浮物例如矿石	预处理
		离心机	乳状物、纤维、悬浮物等	预处理或中间处理
	过　滤	格　栅	粗大悬浮物	预处理
		筛　网	较小悬浮物	预处理
		砂　滤	细小的悬浮物及乳状油等	中间或最终处理
		布　滤	细小悬浮物，沉淀脱水	中间或最终处理
		微孔管	极细的悬浮物	最终处理
		反渗透	某些分子或离子	中间或最终处理
	热处理	蒸　发	加热蒸发高浓度酸、碱、盐废液，可结晶析出的盐类，如亚硫酸铁、黄血盐等	中间处理
		结　晶		最终处理
化学及物理化学法	投药法	混　凝	胶体、乳状油、细微颗粒酸或碱中的重有色金属离子溶解有害物，如 CN、Cr、Hg 等	最终处理
		中　和		中间或最终处理
		氧化还原		最终处理

续表 20-3

分类	处理和利用的方法		处理对象	适用范围
化学及物理化学法	传质法	蒸馏	溶解挥发物，如单元分子	中间处理
		吸脱	溶解性气体，如 H_2S、CO_2 等	中间处理
		萃取	溶解性物质，如酚	中间处理
		吸附	溶解性物质，如酚、汞	中间或最终处理
		离子交换	可溶性物质，如盐类	中间或最终处理
		电渗析	可溶性物质，如盐类	中间或最终处理
生化法	天然生化法	农田灌溉	胶体状或可溶性有机物	
		养鱼塘	胶体状或可溶性有机物	
	人工生化法	生物滤池	胶体状或可溶性有机物	中间或最终处理
		活性污泥法	胶体状或可溶性有机物	中间或最终处理

随着科学技术的进步，将不断打破各个方法之间的界限，推出新的更有效的废水处理方法。

如果按处理产物的形态来划分，大体上可以划分为两类。

第一类是将废水中呈溶解形态的重金属离子转变为不溶性化合物，经沉淀或上浮从废水中分离除去，这类方法包括中和法、硫化法、离子交换法、活性炭法、铁氧体法、电解法和隔膜电解法等。

第二类方法是将废水中重金属离子在不改变其化学形态的条件下进行浓缩和分离，这类方法主要有反渗透法、电渗析法和蒸发浓缩法等。

从环境治理和金属回收角度考虑，第一类方法要使金属离子经多次化学形态转化才能回收，而且每次转化都有一个化学平衡问题，重金属离子脱除不完全彻底；而第二类方法是以原物质形态经浓缩可直接返回而用于生产工艺，显然第二类方法比第一类方法优越，但第二类方法耗资较大、成本较高，对数量大的废水难以适应，因而只在特殊条件下才使用。在实际情况下，要根据废水的水质和水量选用一种或几种方法综合使用、合理配置，由几个单元过程相互组合成一个完整的废水处理系统。

20.4 锑冶金相关废水的处理

根据当前锑生产与加工所采用工艺的不同，其产生的废水可分为酸性和碱性废水两种。酸性废水主要包括湿法生产锑白和 Sb_2S_5 生产的工业废水；碱性废水主要包括选矿、烟气净化、碱性浸出、电积废水以及 Sb_2S_5 生产过程中的废水等。视废水成分及数量多少以及生产单位所处的环境与条件的不同，选用的废水处理方法有所不同。当废水中所含的有价成分较高时，在废水处理前常采用适宜的方法，如共沉淀、电解法等提取有价成分，以便充分利用资源，降低废水处理费用。

20.4.1 硫化锑矿浮选废水的处理

硫化锑矿经浮选处理后，其尾矿矿浆一般均进入尾矿库，经澄清和自净处理后，部分废水可作为回水循环使用，除蒸发等损失外，总有部分尾矿废水需排入天然水体。在需要排放的这部分尾矿废水中尚含有黄药、2 号油和锑等有害成分，虽然其浊度较低，外观几乎无色透明，但是它具有极易为人们感觉到的黄药和 2 号油等的特殊气味。这部分尾矿废水若不经处理即排入天然水体，势必造成环境污染。在有关工业“废水”排放标准中对黄药、2 号油和锑等未见具体规定，但并不意味这些污染物可任意地排放。

2 号油的性质稳定，具有中等毒性并易为水生物所富集。黄药（烷基黄原酸钠）且有中等毒性，能使哺乳动物及人类染色体产生突变，尤其是鱼卵会受到很强的毒害。2 号油和黄药都有特殊的臭味，极易被人觉察。美、俄等国正是根据它的限阈浓度来作为它们在废水中的排放标准，即 2 号油为 0.2mg/L、黄药为 0.001mg/L。当超过上述浓度时，人们凭借感观即可立即觉察到它们的存在。当废水中锑的浓度达到 0.5mg/L 时，即可抑制水体自净作用，达到 0.2mg/L 将阻碍废水的生物处理。俄罗斯规定，排入城市污水处理设施的废水中，Sb 的最高允许浓度为 0.2mg/L。

实例：某锑矿尾矿水中丁基黄药、2 号油及锑的含量分别为 1 ~ 2mg/L、6.1 ~ 10.3mg/L 及 1.1 ~ 3.5mg/L，这种废水具有强烈的黄药和 2 号油气味。

为去除废水中少量的锑，可加入 $FeSO_4$ 和 $Ca(OH)_2$ 石灰乳进行混凝与吸附共沉淀，其主要化学反应为：

$$FeSO_4 + Ca(OH)_2 = Fe(OH)_2\downarrow + CaSO_4\downarrow$$

主要工艺技术条件：常温，每吨废水加入 $FeSO_4 \cdot 7H_2O$ 0.7kg，加石灰乳调整 pH 值至 8，静置后固液分离。

处理后的上清液含锑小于 0.1mg/L，接着进行丁基黄药和 2 号油的处理。丁基黄药和 2 号油的处理可采用以下方法：

（1）氧化分解法，如软锰矿法、过氧氢法及漂白粉法等。

（2）吸附处理法，如硫化精矿法、粉煤灰法、活性炭法等。

用这些方法来进行处理，都可达到不同的效果，其中漂白粉法比较适宜。漂白粉在水中生成次氯酸，它具有很强的氧化性，可将 2 号油和丁基黄药分解破坏或降解，从而使原来具有危害的官能团破坏失去作用。丁基黄药和 2 号油被氧化分解或降解的反应机理比较复杂，目前尚不完全清楚。

为提高漂白粉氧化分解 2 号油和丁基黄药的活性，并减少漂白粉的用量，在氧化分解反应中可加入少量 $FeCl_3$。$FeCl_3$ 不仅在漂白粉氧化分解 2 号油和丁基黄药时起催化作用，而且，它在水中水解生成的氢氧化铁也有一定的絮凝吸附作用。

漂白粉氧化分解 2 号油和丁基黄药的工艺技术条件为：常温，用 0.05M H_2SO_4 调整 pH 值至 4.5，每吨废水加入含活性氯 25% 的工业漂白粉 0.25kg、$FeCl_3$ 0.025kg，机械搅拌 20min。

在上述技术条件下处理后的废水，其丁基黄药和 2 号油的特殊臭味完全消失，它们的浓度分别小于 0.0005ml/L 和 0.22mg/L。

20.4.2　废水中有价成分的提取

当废水中某些有价成分含量较高时，为综合利用资源，并降低废水处理的费用，常采用适宜的方法，如共沉淀法、电解法等，预先提取有价成分。例如，当采用 $Na_2S-NaOH$ 溶液浸出脆硫锑铅精矿时，精矿中所含的 Sn 及 As 会部分地随 Sb 一道进入溶液。在电积锑过程中，由于电解液的循环，Sn、As 会进一步积累，其中 Sn 可达 17g/L 左右，可用电解法从废电解液中回收 Sn。由于锑、锡的析出电位非常接近，Sb、Sn 在阴极上会共同析出，这样即使废电解液中的 Sb 得到贫化，又能使 Sn 得到回收利用，是一种有效的方法，但它的缺点是电流效率较低，能耗较大。

对于重金属污水的治理，还应从工艺入手，尽可能减少重金属杂质以离子形态转入溶液中。例如，当采用 $Na_2S-NaOH$ 溶液浸出脆硫锑铅精矿时，由于 Sb、Sn、As 之间存在竞争反应，当溶液中总 Na^+ 浓度一定时，适当提高 NaOH 浓度，可以在保持较高锑浸出率的同时，使 Sn、As 的浸出率降低，这意味着在浸出过程中使 Sn、As 大部分进入浸出渣中，从而有利于 Sn、As 的综合回收，也减小了废水处理的难度和成本。

20.4.3 吸附法处理含重金属离子废水

吸附处理技术应用于废水处理上，主要是利用具有吸附性能的吸附剂，使废水中的一种或多种物质通过物理吸附和化学吸附的作用被吸附在吸附剂的表面，从而达到去除废水中污染物质的目的。

废水处理中常用的吸附剂有活性炭、活化煤、沸石、焦炭等。例如，利用煤渣吸附处理废水中的砷，在煤渣粒度为 0.074mm（200 目），废水 pH 值为 4～9，3 价砷含量为 10～150mg/L、砷/煤渣质量比为 1/2000 的条件下，砷的去除率可达 47% 以上。影响除砷效果的主要因素有煤渣的活化温度、吸附时间等。活化温度越高，砷的去除率越高；一般加入煤渣后吸附时间越长，除砷效果越好；不同温度条件下的煤渣，若无限制延长时间，最终的吸附效果是相同的；高温条件下，活化的煤渣只能加速吸附速度，并不能提高吸附量。

钢渣也具有较好的除砷效果，在水样 pH 值为 1.5～9.0、3 价砷含量为 10～200mg/L 时，砷/钢渣质量比为 1/2000 的条件下，砷去除率可达 98%。

研究表明，在维持一定的时间、温度、pH 值下，用高岭石等黏土矿物吸附水溶液中 3 价砷可以达到很好的效果。此外，天然海泡石经过适当活化处理后，对砷有很强的去除能力，在 pH 值大于 6.5 的条件下，经活化的海泡石可将废水中的 As 含量由 3mg/L 降至小于 0.05mg/L。

吸附法处理废水，可采用工业生产中的废料作为吸附剂，具有货源充足、价格低廉等特点，用以处理废水不仅成本较低，而且可达到以废治废的目的，但这种方法通常只适用于处理水量小、有害金属含量较低的废水。

20.4.4 铁盐混凝沉淀法处理含重金属离子废水

该法使用 $FeSO_4 \cdot 7H_2O$ 或 $Fe_2(SO_4)_3 \cdot 6H_2O$ 作混凝剂，其基本原理是铁盐在水中水解生成 $Fe(OH)_2$ 或 $Fe(OH)_3$ 凝胶，吸附废水中的有害金属离子而沉淀下来，所以该法也可称为吸附共沉淀法。

试验表明，在 pH 值为 5～6.5 的范围内，硫酸亚铁对废水中砷和锑的去除率较高，对砷的去除率达到 50% 左右，对锑的去除率达到 80% 以上。在 pH 值为 7～12 的范围内，砷、锑的去除率随 pH 值的升高而下降，这是因为亚铁离子在碱性溶液中会发生如下反应：

$$Fe^{2+}+2OH^{-} = Fe(OH)_2\downarrow$$

$$Fe(OH)_2+4OH^{-} = [Fe(OH)_6]^{4-}$$

在碱性条件下，砷、锑在水中主要以 AsO_4^{3-}、SbO_3^{3-} 等阴离子形式存在，与 $[Fe(OH)_6]^{4-}$ 所带电荷相同，电斥力较大，所以在碱性条件下砷、锑的去除率会下降。在 pH 值小于 5 的范围内，砷、锑的去除率随 pH 值的下降而降低，这是由于亚铁离子在 pH 值升高到一定值时才会生成 $Fe(OH)_2$ 沉淀，形成的 $Fe(OH)_2$ 凝胶表面带 $Fe(OH)^{+}$ 正电荷，具有吸附能力，能吸附在水中带负电荷的砷、锑化合物，从而将水中的砷、锑离子去除，而在 pH 值较低时，不能生成 $Fe(OH)_2$ 凝胶或生成的凝胶较少，因而使砷、锑离子的去除率下降。

用 $Fe_2(SO_4)_3\cdot 6H_2O$ 作混凝剂去除废水中的砷和锑比用 $FeSO_4\cdot 7H_2O$ 作混凝剂的效果更好，$Fe(OH)_3$ 凝胶对砷具有很强的吸附作用，同时 Fe^{3+} 可与 AsO_4^{3-} 作用生成砷酸铁沉淀。使用硫酸铁的适宜 pH 值为 4～6，对砷的去除率达到 70% 左右，对锑的去除率可达到 85% 左右。

此外，3 价铁盐还可与 2 价锰盐等配合使用，使金属离子与铁和锰共沉淀，然后通过沉淀和浓缩进行固液分离而除去水中的有害金属离子。

20.4.5　硫化沉淀法处理含重金属离子废水

许多金属硫化物的溶解度很低，容易从溶液中沉淀析出，因此，可在废水中通入 H_2S 气体或加入 Na_2S、NaHS，使溶液中的重金属离子形成硫化物沉淀，再经固液分离而除去。例如，Pb^{2+}、Hg^{2+}、As^{3+}、As^{5+} 等重金属离子与 S^{2+} 发生如下反应：

$$Pb^{2+}+S^{2+} = PbS\downarrow$$

$$Hg^{2+}+S^{2+} = HgS\downarrow$$

$$2As^{3+}+3S^{2+} = As_2S_3\downarrow$$

$$2As^{5+}+5S^{2+} = As_2S_5\downarrow$$

此法能较好地处理含高浓度重金属离子的废水，处理工艺简单，适用范围广，虽对某些低浓度金属离子的去除效果尚不十分理想，但对低浓度的含砷废水常能达到较好的处理效果，被广泛应用于处理含砷废料。用此法处理高浓度含砷废水，可获得含砷 30% 左右的富砷渣，这种渣可进一步资源化，既可用作炼砷的原料，也可作为制取木材防腐剂的原料。

20.4.6　浮选法处理含重金属离子废水

处理含重金属离子废水，常采用沉淀浮选法，即先将水中的重金属离子转化为硫化物或氢氧化物沉淀，然后使沉淀物上浮的方法。例如，采用硫化钠，使重金属离子转化为难溶的硫化物沉淀，然后浮选此种沉淀，达到废水净化并回收有价金属的目的。值得指出的是，沉淀浮选所用的捕收剂，应与浮选该金属相应矿物时选用的捕收剂相一致。

采用沉淀浮选法脱除重金属离子的效果是显著的，表 20-4 列出了用该法脱除重金属离子的条件和能力。

表 20-4 沉淀浮选法脱出重金属离子的条件及能力

离子	质量浓度 /mg · L^{-1}	沉淀剂及其用量 /mg · L^{-1}	捕收剂及其用量 /mg · L^{-1}	pH 值	处理水质量浓度 /mg · L^{-1}	脱出率 /%
Cd^{2+}	1×10^{-6}	$Fe(OH)_3$ 50 Na_2S 200	油酸钠 25 辛基癸基醋酸胺 150 ~ 250	8 ~ 10 8.5	0.05×10^{-6} 未检出	98 100
Hg^{2+}	1×10^{-6}	$Fe(OH)_3$ 60 $Fe(OH)_3$ 80 Na_2S 全汞的 2 当量	油酸钠 25 油酸钠 45 黄药类	8 ~ 9 9.1 9.1	0.103×10^{-6} 未检出 未检出	98 100 100
As^{2+}	1	$Fe(OH)_3$ 60	油酸钠 30	6 ~ 5	未检出	100
Pb^{2+}	1	$Fe(OH)_3$ 20	油酸钠 25	8.0	0.03×10^{-6}	99.8
Cu^{2+}	1	$Fe(OH)_3$ 50	油酸钠 25	6 ~ 10	Cu^{2+} 未检出	100
Zn^{2+}	1	$Fe(OH)_3$ 50	油酸钠 25	6 ~ 10	Zn^{2+} 0.25×10^{-6}	98

电化学选矿是一种新的浮选技术，这种技术也可以应用于废水处理，其原理是应用直流电电解水，在废水中产生氢和氧的微小气泡，以代替空气。即：

$$H_2O \equiv\!\equiv H^+ + OH^-$$

在阳极：$4OH^- - 4e = O_2 + 2H_2O$

在阴极：$2H^+ + 2e = H_2$

电解产生的氢气和氧气所形成的气泡直径分别为 10 ~ 30μm 和 20 ~ 60μm，其捕获能力和浮载能力比机械产生的空气气泡大很多，同时，当采用铝板或钢板作为阳极材料时，在直流电作用下，由于阳极溶解而产生的 Al^{3+} 和 Fe^{2+} 离子，与溶液中 OH^- 离子反应后，生成具有凝聚作用的胶状氢氧化铝和氢氧化铁，如废水中有重金属离子，在其与 OH^- 离子生成重金属氢氧化物沉淀后，随之与 $Al(OH)_3$、$Fe(OH)_2$ 形成凝聚共沉体，吸附于气泡上，迅速上浮分离。这种方法能较有效地脱除各种微量重金属离子及其络盐，使废水达到排放标准。表 20-5 列出了用该法处理含镉废水的试验结果。

表 20-5 电解浮选法处理含镉废水的试验结果

溶 液	pH 值	Cd/mg · L^{-1}	Cu/mg · L^{-1}	Zn/mg · L^{-1}
处理前液	2 ~ 3	(200 ~ 300) $\times10^{-6}$	(50 ~ 80) $\times10^{-6}$	(60 ~ 100) $\times10^{-6}$
处理后液	7 ~ 8	0.003×10^{-6}	0.2×10^{-6}	0.04×10^{-6}
再经过滤		0.002×10^{-6}	0.15×10^{-6}	0.02×10^{-6}

对含铅废水、含锌废水以及含氰化物废水的处理，此法均取得了良好的效果。此外，由于阳极的氧化作用，废水中凡易被氧化的有机物，如酚、油以及化学污染物 CN^- 等均可被氧化破坏，因而电解浮选法又具有降低 BOD 和 COD、脱色、除臭及消毒的效果。

电解浮选法的优点是产生的泥渣量少，占地面积小，缺点是电能消耗大，据研究，若采用脉冲电流，电耗可降为原来的 1/4。

20.4.7 中和法处理低浓度酸碱废水

中和法一般用于处理低浓度的酸碱废水。含酸量大于 3% ~ 5% 或含碱量大于 1% ~

3%的废水，称之为高浓度酸碱废水，这类废水一般通过蒸发浓缩方法回收酸和碱，综合利用或制取新产品；而含酸碱小于上述浓度范围的废水称为低浓度酸碱废水，一般采用中和法处理，处理后的水可返回使用或排放。中和法视情况不同可采用投药中和法，过滤中和法，酸、碱废水相互中和等。

20.4.7.1　投药中和法

该法是应用最为广泛的一种处理酸碱废水的方法。适应于任何物质、任何浓度的酸碱废水的处理。

常用的酸性废水中和剂有石灰、石灰石，有时也用 Na_2CO_3、NaOH、白云石或碱性废渣，如电石渣等。

常用的碱性废水中和剂有工业硫酸、硝酸和烟道气中的酸性气体，如 CO_2、SO_2 等，也可用生产过程中的酸性废水。

当酸性废水中含有重金属离子如铜、镉、铅、锌、镍、钴等时，用于中和酸性废水的碱性中和剂，可和这些重金属离子反应生成沉淀，如：

$$ZnSO_4 + Ca(OH)_2 = Zn(OH)_2\downarrow + CaSO_4\downarrow$$

因此，计算中和剂用量时，应包括与重金属离子反应的药剂量，计算这部分中和剂增量按当量关系进行，表 20-6 列出了酸或盐所需中和剂的质量比耗量。

中和过程形成的各种沉渣，应及时从沉淀池中分出，并尽可能回收其中的有价成分，或作无害化处理，以免造成二次污染。

表 20-6　中和剂的比耗量

待中和的酸或盐	中和 1 单位酸或盐所需中和剂的质量比					
	CaO	$Ca(OH)_2$	Ca	Na_2CO_3	NaOH	$CaMg(CO_3)_2$
H_2SO_4	0.57	0.755	1.02	1.08	0.816	0.94
H_2SO_3	0.68	0.90	1.22	1.292	0.975	1.122
HNO_3	0.445	0.50	0.795	0.84	0.635	0.732
HCl	0.77	1.01	1.37	1.45	1.1	1.29
CO_2	1.27	1.68	2.27	2.41	1.82	2.09
H_3PO_4	0.86	1.13	1.53	1.62	1.22	1.41
CH_3COOH	0.466	0.616	0.83	0.88	0.666	1.53
H_2SiF_6	0.38	0.51	0.69	0.73	0.556	0.63
$FeSO_4$	0.37	0.487	0.658	0.7	0.526	0.605
$CuSO_4$	0.376	0.463	0.626	0.664	0.551	0.576
$FeCl_2$	0.44	0.58	0.79	0.835	0.63	0.775

20.4.7.2　过滤中和法

该法是把过滤与中和过程相结合，用石灰石、大理石，主要成分为 $CaCO_3$ 和白云石，主要成分为 $CaCO_3 \cdot MgCO_3$ 等碱性物质作为滤料，使酸性废水通过滤料而被中和。过滤中和设备有普通中和滤池、升流式膨胀滤池和滚筒式滤池等。所用滤料需根据酸性废水中和产物的性质和成分而定。中和硝酸、盐酸和有机酸时，生成的钙盐溶解度大，可选用廉价的石灰石作滤料；而中和硫酸时，生成的各种硫酸盐溶解度相差很大，例如，同样温度下硫酸镁的溶解度比硫酸钙大得多，因此，原则上应选择含镁的滤料，如白云石等，但白云石来源困难，成本较高，且反应速度慢，因此仍可选择石灰石作滤料，但对废水中的硫酸浓度要予以控制，使生成的硫酸钙不超过相应温度下的溶解度。当用碳酸盐作中和剂时，有大量 CO_2 产生，它能形成气膜附着在滤料表面，阻碍中和反应的进行，采用升流式过滤有利于消除气体的阻碍作用。

当废水中含有较多胶体物质或细微颗粒的悬浮物质时，常加入凝聚剂，以消除胶体所带的电荷，或者产生吸附架桥作用，使之变成絮状物沉淀除去，此法称为混凝法，这是处理废水中较常采用的一种方法，在有色金属工业废水处理中，常把石灰石中和法与混凝法结合起来。

20.4.7.3 酸碱废水相互中和法

这是一种既经济又省事的废水处理方法，特别适宜于在同一企业有不同废水排出的情况。若酸碱废水混合后，水质仍达不到排放标准时，可与投药中和法相配合，以节省中和剂的用量，降低废水处理成本。若酸碱废水的水质、水量均匀，且酸碱含量相互平衡，可不必设置中和池，直接用水泵或管道混合达到中和的目的。

20.4.8 氧化还原法

某些物质在不同价态时的毒性是不一样的，在特定价态下其毒性降低或无毒。氧化还原法的实质，是在化学反应中使污染元素的原子或离子失去或得到电子，引起化合价的升高或降低，从而达到处理的目的。

20.4.8.1 氧化法

当废水中的污染物处于还原态，即低价态时，用氧化剂将其转变为无毒或无害的氧化态物质，这种方法称为氧化法。常用的氧化剂，有空气中的氧、纯氧、液态氧、氯气、液态氯、次氯酸盐（如漂白粉）和高锰酸盐（如 $KMnO_4$）等。

空气氧化法是常用的廉价方法，一般用于处理废水中的有机物质和还原性物质，例如，当废水中的硫化物，如 NaHS、NaS、NH_4HS、$(NH_4)_2S$ 等含量不高，在 1000～2000mg/L以下，且无回收价值时，可通空气和蒸汽于废水中，使硫化物氧化为硫代酸盐或硫酸盐。通入蒸汽的目的是提高反应温度，以使氧化反应速度加快进行，通蒸汽处理废水中硫化物的主要化学反应如下：

$$2HS^- + 2O_2 \xlongequal{\quad} S_2O_3^{2-} + H_2O$$

$$2S^{2-} + 2O_2 + H_2O \xlongequal{\quad} S_2O_3^{2-} + 2OH^-$$

$$S_2O_3^{2-} + 2O_2 + 2OH^- \xlongequal{\quad} 2SO_4^{2-} + H_2O$$

又如，用漂白粉或液氯处理含氰络合物的反应为：

$$2Cu(CN)_3^{2-} + 7ClO^- + 2OH^- + H_2O \xlongequal{\quad} 6CNO^- + 7Cl^- + 2Cu(OH)_2\downarrow$$

用氯气氧化硫化物的反应为：

$$H_2S + Cl_2 \xlongequal{\quad} S + 2HCl$$

$$H_2S + 3Cl_2 + 2H_2O \xlongequal{\quad} SO_2 + 6HCl$$

臭氧是一种强氧化剂，在废水处理时，对除臭，脱色，杀菌，去除酚、氰、铁、锰和降低 COD、BOD 等都具有显著的作用，同时，由于臭氧制取方便，应用时操作管理简便，不产生二次污染等，因此，在废水处理中越来越受到人们的重视。

20.4.8.2　还原法

当废水中的污染物质为氧化态时，用还原剂将其转变为还原态的方法，称为还原法。该法常用于处理含重金属离子的废水，例如，电镀工业中产生的含 6 价铬的废水，可加硫酸亚铁和石灰进行处理。研究表明，6 价铬的毒性比 3 价铬大，所以，先用硫酸亚铁作还原剂将 6 价铬还原为 3 价铬，然后用石灰在碱性介质中，pH 值为 7.5～8.5，使铬变成氢氧化铬沉淀，化学反应式如下：

$$H_2Cr_2O_7 + 6FeSO_4 + 6H_2SO_4 = Cr_2(SO_4)_3 + 3Fe_2(SO_4)_3 + 7H_2O$$

$$Cr_2(SO_4)_3 + 3Ca(OH)_2 = 2Cr(OH)_3 \downarrow + 3CaSO_4$$

20.5　锑冶金相关废渣的处理

冶炼与深加工过程中排出的废渣以固体状态存在，一般而言，它对人体健康的直接危害相对要小一些，但其数量大，如露天堆放，不仅占地破坏周围植被环境，而且渣中若含有可溶性重金属盐类及其他可溶性有毒物质时，如砷等，在雨水作用下，流入江河湖泊，对水质造成污染，同样会对人体及生物造成危害，所以必须根据渣的成分和性质认真加以处理。

处理废渣的一般原则：

(1) 就地消化。对于不含可溶性有害盐类的废渣，例如锑鼓风炉挥发熔炼水淬渣，可与高炉水淬渣配制成普通水泥，供矿井胶结充填用。

(2) 对于含有可溶性重金属盐类及金属杂质砷的废渣，必须先进行固化，使其转化为不溶性盐，然后再作其他处理。

(3) 尽可能化害为利，综合利用有价元素，降低废渣的处理成本。

20.5.1　鼓风炉炼锑水淬渣的处理

在锑的火法冶炼中，鼓风炉挥发熔炼产生的渣量是比较大的，必须进行妥善处理。鼓风炉炼锑的渣型主要是 FeO、CaO、SiO_2 以及少量 Al_2O_3，与钢铁工业的高炉水淬渣相似。目前，高炉水淬渣通常用于生产钢渣水泥，表 20-7 列出了炼锑鼓风炉水淬渣和高炉水淬渣的一般成分。由表 20-7 可以看出，两种渣的化学组成相同，仅含量有差别，若两者合理搭配，即可配制成水泥。

表 20-7　锑鼓风炉熔炼渣与高炉渣的成分（质量分数）　　(%)

渣的成分	Fe_2O_3	SiO_2	CaO	Al_2O_3
炼锑鼓风炉水淬渣	28～35	32～40	12～16	3～7
高炉水淬渣	1～2	20±	37～42	5～7

水泥配料质量比为：鼓风炉水淬渣 28%～30%，高炉渣 35%～37%，立窑煅烧熟料 28%～30%，石膏 5%～6%。据我国锡矿山矿的实践，产出 300 号水泥完全可以用于胶结充填，该矿每年因此消耗的鼓风炉水淬渣达 5000～8000t。

用炼锑鼓风炉水淬渣制水泥，不仅可以消除渣害，而且可以降低水泥生产成本，其缺点是水淬渣硬度大，磨料比较困难，耗电量较高。

在一般的水泥生产中，通常要加入铁矿石配制生料，炼锑鼓风炉水淬渣中的铁含量较高，因而可代替铁矿石配制水泥生料。实践证明，锑渣的活性比铁矿石强，烧成反应上火速度快，生料易烧性好。

20.5.2 锑精炼碱渣的处理

在锑的精炼过程中，为了脱除粗锑中的杂质砷，常采用加入 Na_2CO_3 使之与砷发生下列反应：

$$2As + 2.5O_2 + 3Na_2CO_3 = 2Na_3AsO_4 + 3CO_2$$

$$2As + 1.5O_2 + 3Na_2CO_3 = 2Na_3AsO_3 + 3CO_2$$

生成碱性渣使锑与砷分离。这种碱性渣也称为砷碱渣，视精炼除砷时采用工艺的不同，一般每生产 1 万 t 精锑将产生砷碱渣 400 ~ 1000t。

砷碱渣的主要成分是砷酸钠、亚锑酸钠和碳酸钠，一般锑的质量分数为 20% ~40%，砷的质量分数为 3% ~9%，以 Na_2CO_3 计的总碱度为 20% ~30%，并含有少量 SiO_2、CaO、Al_2O_3 和 S。锡矿山炼锑厂典型碱渣中锑和砷的存在形态与含量如表 20-8 所示。

表 20-8 精炼碱渣中锑和砷的存在形态及含量（质量分数） （%）

存在形态	Sb				As			
	Na_3SbO_3	Na_3SbO_4	Sb	合计	Na_3AsO_4	$NaAsO_3$	As	合计
含　量	83.27	0.22	16.51	100	97.88	1.89	0.23	100

从表 20-8 中可以看出，碱渣中的砷几乎全是水溶性的，一旦渗入地下或流入江河湖泊，将对环境造成严重危害。20 世纪 60 年代初，我国锡矿山矿务局曾因此造成严重人员与牲畜中毒事故，有数百人中毒。近年来，湖南、贵州等地多次发生砷碱渣污染水体和人畜中毒事故。

砷碱渣的处理有多种方式，例如，填埋、火法处理和湿法处理等。简单的填埋堆置由于安全性低，管理费用高，已很少采用。火法除砷的工艺原理是将废渣通过氧化焙烧－挥发制取 As_2O_3，获得的粗 As_2O_3 可进行鼓风炉熔炼和反射炉熔炼、还原精炼制取单质砷。火法工艺处理砷碱渣制取 As_2O_3 易带来二次污染，且该工艺的适用范围小，处理含砷较低的砷碱渣时效果不佳。

目前对砷碱渣的处理主要采用湿法工艺，其基本原理是利用锑酸钠、亚锑酸钠基本不溶于水，而砷酸钠、亚砷酸钠溶于水的特性，采用水浸，使锑、砷分离，对含砷溶液再采用化学沉淀或离子交换等方法进一步处理。主要方法介绍如下。

20.5.2.1 钙盐沉淀法

该法首先将碱渣进行水浸，使可溶性砷进入溶液，砷浸出率可达 90% 以上，金属锑及不溶性锑酸盐则留在渣中，这种渣一般锑的质量分数为 50% ~63%，砷的质量分数低于 1%，经脱水干燥后，可作为二次锑精矿返回鼓风炉处理。所得浸出液，加消石灰或石灰乳苛化，生成砷酸钙沉淀，即钙渣，反应式如下：

$$2Na_3AsO_4 + 4Ca(OH)_2 = Ca_3(AsO_4)_2 \cdot Ca(OH)_2 \downarrow + 6NaOH$$

砷的沉淀率98%以上，所得钙渣中砷的质量分数为4%～9%，锑的质量分数低于1%，因砷是剧毒物质，既不能丢弃，也不能利用，只能暂时库存等待处理。余下的烧碱溶液，经蒸发浓缩得固碱或液碱，可供造纸用，如含砷较高，则需进一步处理。

此法的优点是碱渣中的砷、锑可以分离，锑可回收利用，但脱砷效果不理想，所需钙量较大，而且砷的危害并不能根本解决，钙渣不稳定，易与二氧化碳和水发生反应生成砷酸，因而难以获得推广应用。

20.5.2.2　铁盐沉淀法和硫化沉淀法

这两种方法的过程与钙盐沉淀法基本相同，主要区别在于沉砷过程中采用了不同的沉砷剂，沉砷的基本原理在前述废水处理方法中已经介绍。

采用硫酸铁或聚合硫酸铁等取代石灰乳作沉砷剂的特点是沉砷速度较快，形成的砷酸铁较稳定，且铁盐价廉易得，运行费用较低，但铁盐需要在酸性条件下，才能获得好的沉砷效果，此外，砷资源没有被充分利用。

硫化沉淀法能取得较好的沉砷效果，可获得富砷渣，便于综合利用，由于As_2S_5、As_2S_3在碱性环境下易溶解，因此，硫化沉淀法也需要在酸性或弱酸性条件下进行。砷碱渣水浸液中含有大量碳酸钠，碱性强，为了降低水浸液的碱性，可加入硫酸或通入H_2S调整pH值，但其成本较高，最好是用这种水浸液去吸收挥发熔炼过程中产出的低浓度SO_2废气，既降低了溶液的pH值，又减少了SO_2的危害，达到以废治废的目的。硫化沉砷的适宜pH值约为4～5，除了用硫化氢、硫化钠等作沉砷剂外，还可用硫代硫酸钠作沉砷剂。硫代硫酸钠和硫化钠沉砷的反应式如下：

$$2AsO_4^{3-} + 5S_2O_3^{2-} + 6H^+ = As_2S_5 \downarrow + 5SO_4^{2-} + 3H_2O$$

$$2AsO_3^{3-} + 3S_2O_3^{2-} + 6H^+ = As_2S_3 \downarrow + 3SO_4^{2-} + 3H_2O$$

$$2AsO_4^{3-} + 5S^{2-} + 16H^+ = As_2S_5 \downarrow + 8H_2O$$

$$2AsO_3^{3-} + 3S^{2-} + 12H^+ = As_2S_3 \downarrow + 6H_2O$$

20.5.2.3　砷酸钠混合盐法

该法也是先将碱渣进行水浸，使可溶性的砷酸钠、亚砷酸钠溶于水，使锑与砷分离。该法与沉淀法的区别在于分离锑之后的浸出液不进行沉淀处理，而是直接蒸发浓缩，产出结晶砷酸钠混合盐，或经烘干变成无水砷酸钠混合盐。

20世纪80年代，锡矿山矿务局和湘西金矿曾采用砷酸钠混合盐法建设了处理砷碱渣的生产线，取得了一定的效果，基本做到了无废水、废渣排放，排入大气中的废气，也达到了国家规定的排放标准。

砷酸钠混合盐法的原则工艺流程如图20-3所示。该流程既可回收砷碱渣中的锑金属，又可提取其中的砷，产出砷酸钠混合盐。

该工艺所获锑渣，称为二次锑精矿，锑质量分数约为55%～57%，砷质量分数为0.4%～0.5%，含水率小于8%，一般返回锑鼓风炉熔炼回收锑。副产品砷酸钠混合盐的主要成分为$Na_3AsO_4 \cdot 12H_2O$、$Na_2CO_3 \cdot H_2O$、$Na_3AsO_3 \cdot 12H_2O$、$Na_2SO_4 \cdot 10H_2O$及NaOH和少量锑，其中砷的质量分数达15%左右。砷酸钠混合盐的化学成分见表20-9。

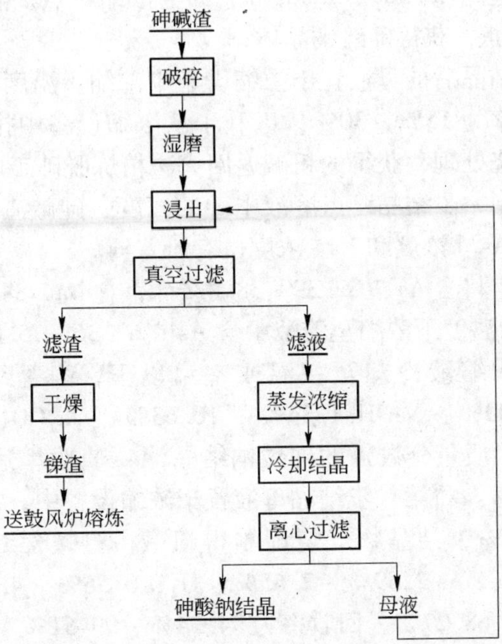

图 20-3　砷酸钠混合盐法处理砷碱渣原则流程

表 20-9　砷酸钠混合盐化学成分（质量分数）　　（%）

名　称	$Na_3AsO_4 \cdot 12H_2O$	$Na_3AsO_3 \cdot 12H_2O$	$Na_2CO_3 \cdot H_2O$	$Na_2SO_4 \cdot 10H_2O$	NaOH	Sb
混合盐 1	86.5	0.75	7.25	0.35	1.52	0.21
混合盐 2	84.7	0.65	8.10	0.24	1.81	0.23

这种砷酸钠混合盐，曾在玻璃生产中代替白砷（As_2O_3）作澄清剂，生产优质玻璃，但由于该工艺产出砷酸钠混合盐的质量不稳定，而且近年来玻璃工业普遍使用水合锑酸钠为澄清剂，导致这种砷酸钠混合盐无法销售，目前，采用砷酸钠混合盐法处理砷碱渣的生产线均已停产。

20.5.2.4　分步结晶法

分步结晶法处理砷碱渣同样是先将碱渣进行水浸，使锑与砷分离，获得的锑渣返回熔炼工序回收锑，对水浸液则采用分步结晶的办法分别回收其中的砷和碱，而不是只获得混合盐。该技术是柳州华锡集团的发明专利，专利号 200410013369.2，其基本原理是基于一多元组分的溶液，如组分间有低溶解度和高溶解度的差异，且低溶解度的组分在室温下的溶解度与高于室温乃至沸腾温度下的溶解度差异较大，而高溶解度的组分其溶解度受温度的影响不大，则该溶液可采用分步结晶法分离回收，即常温下为低溶解度，加温后溶解度明显升高的溶质，能通过加温浓缩使其浓度达到过饱和，再冷却至室温，使其过饱和的溶质析出，从而达到分离该组分的目的。

分步结晶法的具体技术方案：

第一步，先将砷碱渣水浸液置于浓缩设备中浓缩，浓缩温度控制在 40～100℃，浓缩至溶液中的砷质量浓度达到62.36～75.66g/L，即为浓缩终点，静置冷却至室温或室温以下，再静置结晶2h，过滤，获得砷酸钠晶体；

第二步，将第一步结晶后的母液置于浓缩设备中浓缩，温度控制在40～100℃，第二步浓缩终点以粗碱含水率为15%～30%，以利于从浓缩设备中排出和入窑煅烧为宜，将第二步结晶产物进行煅烧处理，获得的粗碱返回火法精炼脱砷工序使用。

该技术的关键是控制一步结晶终点溶液中砷的浓度，砷碱渣水浸液中的As^{5+}和Na^{+}浓度不同，其结晶终点As^{5+}浓度和Na^{+}浓度也有所差异。

经过反复试验证明，将含As^{5+} 32.39～38.22g/L，含Na^{+} 88.26～93.22g/L的砷碱渣水浸液，在40～100℃的温度下浓缩至溶液中含As^{5+} 62.36～75.66g/L，含Na^{+} 190.31～203.00g/L，然后将此浓缩液冷却至室温或室温以下，静置结晶2h，过滤，获得含Na_3AsO_4 63.81%～84.00%、NaOH 1.34%～10.63%、Na_2CO_3 0.29%～1.06%、H_2O 11.96%～29.05%（均为质量分数）的砷酸钠结晶，As直收率达86.14%～92.93%，回收率达94.09%～99.68%。将第一步结晶母液置于浓缩设备中，在40～100℃的温度下浓缩至含水率为15%～30%，结晶物煅烧即制得粗碱，粗碱含NaOH 78.88%～83.4%、Na_2CO_3 8.96%～12.36%、As 2.09%～2.65%、H_2O 0.56%～4.68%（均为质量分数），Na的直收率为59.03%～68.27%，回收率为94.34%～99.51%。

分步结晶法获得的砷酸钠晶体纯度较高，可用作玻璃澄清剂或用于提砷，粗碱则可返回火法精炼脱砷工序使用，因而该技术具有较好的环保效益和经济效益。

20.5.2.5　CO_2脱碱－硫化沉砷法

该法主要包括水浸分离锑和砷、CO_2脱碱、硫化沉砷以及脱硫酸根等工序，其工艺流程如图20-4所示。

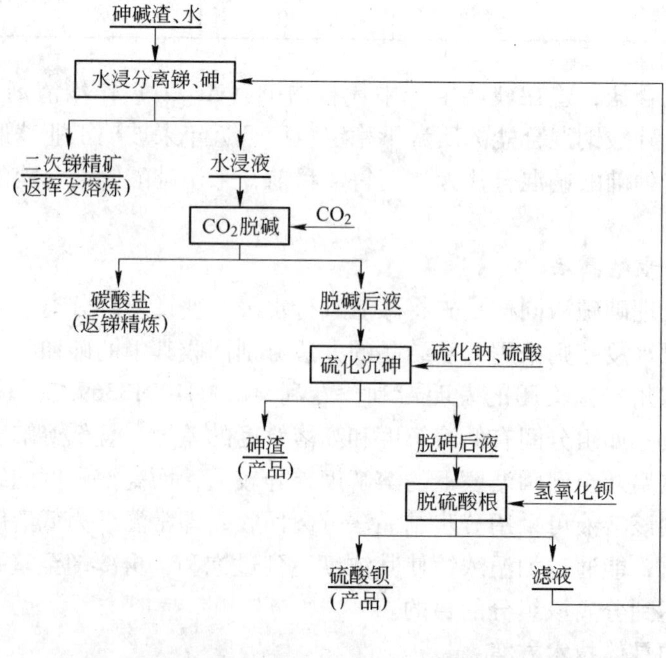

图20-4　CO_2脱碱－硫化沉砷法处理砷碱渣工艺流程

首先将砷碱渣破碎，在浸出釜中采用80℃左右的热水搅拌浸出，过滤后得到的锑精矿返回锑的挥发熔炼工序，砷等可溶性钠盐进入 CO_2 脱碱工序。

CO_2 脱碱的原理是二氧化碳与碳酸钠发生反应形成碳酸氢钠，而碳酸氢钠的溶解度远小于碳酸钠的溶解度，因此，向水浸液中通入二氧化碳气体，可以脱除其中大部分碳酸钠，主要化学反应为：

$$CO_2 + H_2O \longequal H_2CO_3$$
$$Na_2CO_3 + H_2CO_3 \longequal 2NaHCO_3 \downarrow$$

脱碱操作时，把水浸液加入到反应釜内，通入二氧化碳气体，在40℃左右和中性 pH 值条件下搅拌脱碱，过滤后得到的碳酸盐可用于锑的火法精炼脱砷，脱碱后液送硫化沉砷工序。

在脱碱后液中加入硫化钠和硫酸溶液，在60℃和酸性，pH 值小于5的条件下搅拌脱砷，沉淀出砷的硫化物，脱砷后液进入脱硫酸根工序。硫化沉砷的反应式为：

$$2Na_3AsO_4 + 5Na_2S + 8H_2SO_4 \longequal As_2S_5 \downarrow + 8Na_2SO_4 + 8H_2O$$

硫化沉砷所得砷渣的砷含量较高，其质量分数达35%左右，可作为专业砒霜冶炼厂的原料。

在脱砷后液中，加入过饱和的氢氧化钡溶液，使溶液中的硫酸钠转变为硫酸钡沉淀析出，化学反应式如下：

$$Na_2SO_4 + Ba(OH)_2 \longequal BaSO_4 \downarrow + 2NaOH$$

过滤后产出的硫酸钡用温水洗涤，硫酸钡烘干后作为最终产品出售，脱硫酸根后的滤液返回用于浸出砷碱渣。

CO_2 脱碱－硫化沉砷法处理砷碱渣，可获得二次锑精矿、碳酸钠、砷硫化物和硫酸钡产品。整个工艺流程中的水溶液可实现闭路循环，各次洗涤水返回浸出，没有废水外排，工艺流程中没有新的废渣产生，在脱砷过程中产生的少量硫化氢废气，采用氢氧化钠溶液吸收，吸收液可返回脱砷系统使用，该工艺的环境效益明显。

参 考 文 献

[1] 赵天从，汪键主编：有色金属提取冶金手册编辑委员会编．有色金属提取冶金手册（锡锑汞）．北京：冶金工业出版社，1999.
[2] 赵天从．锑．北京：冶金工业出版社，1987.
[3] 邹洪涛．锑与社会．化学教育，1998(7)：1 ~ 3.
[4] 中国有色金属学会．中国有色金属学会会讯，2003 (4)：17 ~ 32.
[5] 王积涛．金属有机化学．北京：高等教育出版社，1989.
[6] Encyclopedia of Minerals. 2nd edition. Van Nostrand Reinhold, 1990.
[7] Scratch R B. Fracture - controlled antimony - quartz mineralization. Lake George Deposit. New Brunswick: Mineralogy Geochemistry, Alteration, and Hydrothermal Regimes, Econ. Geol., 1984, 79 (5): 1159.
[8] 吴良士，白鸽，袁忠信．实用天然产物手册：矿物与岩石．北京：化学工业出版社，2004.
[9] 黄任军．广西右江流域红锑矿产出特征与成因浅析．矿山地质，1994，(4).
[10] IZUMI NAKAI, et al. American Mineralogist. 1978 (63): 715 ~ 719.
[11] 何明跃，楼亚儿．湖南锡矿山辉锑矿的矿物标型特征研究．地质与勘探，2002，(4)：73 ~ 77.
[12] 杜国银．矿产地质基础．北京：地质出版社，1998.
[13] 赵一鸣．中国主要金属矿床成矿规律．北京：地质出版社，2004.
[14] 王青．采矿学．北京：冶金工业出版社，2001.
[15] 刘松伟．采用上向水平分层充填采矿法开采倾斜薄矿体的实践．湖南有色金属，1996(3)：13 ~ 15.
[16] 庞欣荣，刘晨，张绍国．大厂 100 号矿体残矿安全回采技术初探．云南冶金，2007(1)：18 ~ 20.
[17] 刘仲春．长锚杆预控顶尾砂胶结充填采矿法回采缓倾斜中厚矿体的实践．采矿技术，2005(1)：4 ~ 5.
[18] 陈忠毅．分条块石胶结充填法在鱼儿山金矿的应用．有色金属（矿山部分），1993(3)：12 ~ 15.
[19] 格兰伯格 I.，等．辉锑矿浮选的平衡模型．国外金属矿选矿，1994(12).
[20] 徐晓军，胡熙庚，刘金华．辉锑矿的活化与浮选特性．有色金属（选矿部分），1995(6).
[21] Solozhenkin P.，等．复杂锑矿石的浮选．国外金属矿选矿，1993(2).
[22] 刘如意，李文杰，何晓川，等．锑铅锌多金属硫化矿综合利用工艺的研究与实践．有色金属（选矿部分），1994(4)：1 ~ 6.
[23] 张秀华．锡矿主要伴生硫化矿的基本性质及浮选行为．矿产保护与利用，1995(1)：29 ~ 32.
[24] 张芹，胡岳华，顾帼华，等．氰化脆硫锑铅矿和磁黄铁矿选择性分离．中南大学学报(自然科学版)，2004(3)：372 ~ 375.
[25] 邓海波，许时．脆硫锑铅矿的浮选机理和与铁闪锌矿的分离．有色金属（选矿部分），1990(6)：15 ~ 18.
[26] 冯其明，欧乐明，陈荩．辉锑矿表面疏水产物——丁基双黄药的电化学还原行为．中南大学学报，1997(5)：530 ~ 532.
[27] 索洛正金 P.，等．自旋标记试剂在浮选研究中的应用．国外金属矿选矿，2000(12)：31 ~ 34.
[28] 索洛仁金 П M，等．改善锑矿石浮选的药剂制度．国外金属矿选矿，1996(7)：52 ~ 54.
[29] 丁大森，李希山，彭子宜，等．Y89 - 3 黄药提高湘西金矿金锑回收率的研究与应用．黄金，2001(5)：35 ~ 38.
[30] 冯志坚．MA 高效浮选捕收剂应用研究及生产实践．有色金属（选矿部分），2003(3)：35 ~ 36.
[31] 廖威．二乙基胺甲醇黄药．有色金属（选矿部分），1991(6)：27 ~ 28.
[32] Соложенкин П M. 锑矿石加工过程的最佳化．国外金属矿选矿，1991(5)：11 ~ 14.
[33] 顾帼华，刘如意．含锑矿石浮选药剂．江西有色金属，1997(3)：24 ~ 28
[34] 林放春．提高含碳锑矿石浮选技术指标的生产试验．有色金属（选矿部分），1991(6)：41
[35] 邓海波，戴朝晖．含碳贫锑矿的脱碳浮选和选择性捕收新工艺研究．有色金属(选矿部分)，1993

(1)：5～8
[36] 陈家模，伍光兰. 半坡锑矿石选别流程的研究. 有色金属（选矿部分），1989(6)：13～14.
[37] 韦登禄，梁尚明. 隆林锑矿选矿研究与生产实践. 有色金属（选矿部分），1992(5)：42～43.
[38] 向连生. 含砷混合锑矿浮选分离生产试验. 有色金属（选矿部分），1991(3)：11～13.
[39] 刘英伯，陈光利. 锑废石全浮选生产实践. 江西冶金，1986(6)：30～31.
[40] 刘传善. 我国锑选厂的生产实践. 工程设计与研究，1989，3：26～32.
[41] 刘如意. 富砷锑矿石选矿研究与生产实践. 有色金属（选矿部分），1991(4)：1～5.
[42] 施辉亮. 锑砷分离时毒砂抑制剂的探讨. 江西有色金属，1989(6)：25～27.
[43] 于雪，李玉霜，杨长颖，等. 某含砷锑金矿石选矿综合回收试验研究. 有色矿冶，2000(1)：20～23.
[44] 张泽强. 多金属硫化锑矿的综合回收. 有色金属（选矿部分），2003(1)：3～5.
[45] 欧乐明，冯其明. 含金锑砷金属硫化矿浮选分离试验研究. 黄金，1995(2)：31～34.
[46] 选矿手册编辑委员会. 选矿手册（第八卷，第二分册），北京：冶金工业出版社，1990.
[47] 刘如意，陆林娣，刘璇华，等. 多金属锑矿综合利用工艺的研究. 有色金属（选矿部分），1991(5)：1～6.
[48] 刘如意，周为吉，李高轩，等. 低品位锑铅锌多金属硫化矿选矿研究与生产实践. 有色金属(选矿部分)，1994(6)：1～6.
[49] 张兴琼. 大厂100号矿体硫化矿浮选的合理工艺. 矿冶工程，2000(1)：26～28.
[50] 喻连香，董天颂，邹霓. 大厂100号特富矿选矿新工艺工业应用的研究. 广东有色金属学报，1999(2).
[51] 李希山，冯志坚. 湘西金矿多金属硫化矿选矿工艺研究与实践. 黄金，1999(9)：38～41.
[52] 张生禄. 鹿儿坝锑金矿矿石选矿方法的探讨. 黄金，2004(7)：36～37.
[53] 黄云阶，刘敏，刘述平. 某金锑共生矿选矿试验研究. 矿产综合利用，2003(1)：7～10.
[54] 左惠琴，白昕，张文钲. 旬阳汞锑矿的分离研究. 有色矿山，1991(2)：46～48.
[55] 白秀梅. 青铜沟汞锑矿汞锑浮选分离试验研究. 有色金属（选矿部分），1998(4)：20～23.
[56] 闫晔轶，胡家菊，陈文科，等. 硫化汞锑矿汞锑分离降铬工艺试验研究. 岩矿测试，2000(3)：224～226.
[57] 王建斌，刘运杰，陈文科，等. 浮选分离汞锑中降铬工艺的研究与实践. 有色金属，2000(4)：208～211.
[58] 王建斌，刘运杰，陈文科，等. 在浮选分离汞锑中降低重铬酸钾用量的工业试验. 矿产综合利用，2001(1)：4～8.
[59] 李晓健. 汞锑共生矿石的选厂设计与问题探讨. 工程设计与研究，1999（12)：1～4.
[60] T Lager，等. 含锑矿石的选矿现状. 国外金属矿选矿，1990(8)：1～9.
[61] 赖仁魁，喻坚意，刘邦瑞. 氧化锑矿物与石英浮选分离新法. 有色矿山，1991(2)：44～45.
[62] 邓竹声，郭昌槐，余雪花. 变性水玻璃对难选细粒氧化锑矿物浮选的影响. 中南矿冶学院学报，1991(2)：137～141.
[63] 余礼扬. 难选氧化锑矿石的浮选工艺. 有色金属（选矿部分），1993(3)：17～20.
[64] 庞曼萍，王蓓，陈锐钊. 某高度氧化锑矿选矿工艺试验. 矿产综合利用，1991(2)：15～17.
[65] 李维天，陈柏泉. 广西都结氧化锑矿可选性试验研究. 广西地质，2002（3)：67～70.
[66] 中南矿冶学院. 有色冶金炉. 北京：冶金工业出版社，1994.
[67] 魏军，陈云. 炼锑鼓风炉的配料方法. 有色金属（冶炼部分），1997(6)：28～30.
[68] 夏加群，许季光. 炼锑鼓风炉节能途径的探讨. 冶金能源，2000(1)：35～36.
[69] 魏军，陈云. 炼锑鼓风炉炉料配比的确定. 甘肃有色金属，1997(1)：14～16.
[70] 李禹安. 炉顶抽风两侧进料活动炉缸无前床炼锑鼓风炉. 有色金属（冶炼部分），1993(2)：14～16.
[71] 金贵忠. 浅谈鼓风炉炼锑技术存在的问题. 有色冶炼，1993(2)：76～77.

[72] 郑克强. 锑鼓风炉设计与实践. 甘肃有色金属，1997(1－2)：32～36.
[73] 刘小平. 锑鼓风炉冶炼炼铅含锑渣实践. 有色金属（冶炼部分），1994(5)：47.
[74] 谢朝辉. 锡矿山锑鼓风炉设备自动控制系统. 有色冶炼，2002(6)：149～150.
[75] 孙克萍，先晋聪. 小型炼锑鼓风炉的应用. 新疆有色金属，1997(1).
[76] 戴伟明. 中低度硫化锑矿平炉挥发焙烧生产实践. 有色金属（冶炼部分），1995(4)：12～14.
[77] 彭容秋主编. 重金属冶金学. 长沙：中南工业大学出版社，1994.
[78] 雷霆等. 云南冶金，1999(3)：1～7.
[79] 中国冶金百科全书编委会. 中国冶金百科全书（有色金属冶金）. 北京：冶金工业出版社，1999.
[80] 彭容秋等. 世界有色金属，1992(14)：2 ～ 5.
[81] 孙润臣等. 世界有色金属，1990(4)：11 ～ 12.
[82] 周国军等. 大冶科技，1990(2)：1 ～ 8.
[83] B AB 等. 大冶科技，1990(2)：34 ～ 38.
[84] 王吉坤. 有色金属（冶炼部分），1994(4)：44 ～ 48.
[85] П AM 等. 大冶科技. 1990(2)：24 ～ 26.
[86] 黄位森主编. 锡. 北京：冶金工业出版社，2001.
[87] 雷霆，王吉坤. 有色金属，1998(2)：51～57.
[88] 雷霆，王吉坤. 有色金属（冶炼部分），1998(5)：9～12.
[89] E EИ，田占欣. 大冶科技，1990(2)：9～11.
[90] Г AB，田占欣. 大冶科技，1990(2)：17～19.
[91] K BH，田占欣. 大冶科技，1990(2)：27～30.
[92] B AB，田占欣. 大冶科技，1990(2)：34～38.
[93] 傅政. 世界有色金属，1990(24)：5～6.
[94] 周洪武等. 有色金属（冶炼部分），1991(6)：18～20.
[95] 王成刚等. 有色金属（冶炼部分），1993(2)：24～29.
[96] 傅政等. 有色金属（冶炼部分），1989(4)：16～24.
[97] 李楚河等. 冶金丛刊，1990(5)：23～25.
[98] 浙江大学等编. 硅酸盐物理化学. 北京：中国建筑工业出版社，1980.
[99] 孙克萍，先晋聪. 锑的低温冶炼新工艺. 有色金属（冶炼部分），1994(1)：19～22.
[100] 先晋聪，孙克萍. 锑精矿低温焙烧脱硫. 新疆有色金属，2000(4)：24～26.
[101] 孙克萍，先晋聪，莫昌辉. 锑精矿低温冶炼过程中杂质的分离技术. 有色冶炼，2001(4)：20～21.
[102] 孙克萍，先晋聪. 锑精矿非挥发焙烧产品的还原及渣锑分离技术. 有色金属（冶炼部分），2001(4)：2～4.
[103] 孙克萍，先晋聪，莫昌辉. 锑精矿氧化焙砂还原与熔析的试验研究. 有色冶炼，2002(4)：27～28.
[104] 陈永明，黄潮，唐谟堂，等. 硫化锑精矿还原造锍熔炼一步炼锑. 中国有色金属学报，2005 (8)：1311～1316.
[105] 唐谟堂，唐朝波，张多默. 一种无二氧化硫的有色金属冶炼方法——有色金属硫化矿及含硫物料的还原造锍熔炼. 有色金属，2000(4)：58～60.
[106] 杨显万等著. 矿浆电解原理. 北京：冶金工业出版社，2000.
[107] 谢祥林等. 有色金属科学技术进展. 长沙：中南工业大学出版社，1994.
[108] 柳巧越，孙文粹，李承鹏，等. $FeCl_3$ 溶液浸取辉锑矿工艺过程的研究 1（最佳浸取工艺条件的选择）. 华东化工学院学报，1991(6)：254～257.
[109] 柳巧越，孙文粹，朱炳承. $FeCl_3$ 溶液浸取辉锑矿工艺过程的研究 2（浸取动力学）. 华东化工学院学报，1991(6)：258～264.

[110] 张元福，陈家蓉，樊远鉴. 辉锑矿的电氯化浸出及其产物处理. 有色金属（冶炼部分），1991（6）：24～26.
[111] 张元福. 辉锑矿电氯化浸出与锑的同时电积. 有色金属，1993(5)：87～88.
[112] 姜德全. 氯化－饱和水解法生产锑白. 陕西化工，1991(1)：48～49.
[113] 柳巧越，孙文粹，李承鹏，等. 三氯化铁溶液浸取辉锑矿制取锑白工艺过程的研究. 无机盐工业，1991(2)：2～5.
[114] 罗国良. 加强工程管理发挥投资效益－锡矿山矿务局湿法炼厂改建成锑白生产系统. 湖南有色金属，1990(2)：59～60.
[115] 薛福连. 湿法炼锑浸出液及电解液中硫化钠的测定. 云南冶金，2002（2）：44～45.
[116] 刘伯龙，李俊明，李蓉晖. 粗锑火法精炼除铅. 有色金属（冶炼部分），1996(6)：24～26.
[117] 周西银. 粗锑加 Me 精炼除硒. 有色金属（冶炼部分），1991(4)：14.
[118] 伍光明，黄新跃. 高砷锑铅的初步火法精炼. 株冶科技，2000(2)：9～10.
[119] 曹辉，张传福，张训鹏，等. 高铜粗锑火法精炼除铜研究. 有色金属（冶炼部分），2003(3)：10～12.
[120] 金贵忠. 快速除砷除硒炼锑新工艺. 中国有色冶金，2005(2)：20～22.
[121] 王英，陈少纯. 锑火法精炼除铅的研究. 广东有色金属学报，2004(11)：111～113.
[122] 一种快速除砷除硒方法运用于锑冶炼生产. 有色冶金节能，2003(3)：29.
[123] 锡矿山闪星锑业有限责任公司. 一种锑冶炼火法精炼除砷除硒方法. 甘肃冶金，2005(3)：136.
[124] 戴永年主编. 有色金属真空冶金. 北京：冶金工业出版社，1998.
[125] 戴永年等编著. 有色金属材料的真空冶金. 北京：冶金工业出版社，2000.
[126] 李淑兰，戴永年. 粗锑真空蒸馏精炼. 昆明工学院学报，1989(6)：48～55.
[127] 何发泉，刘中华，陈雯. 铅锑合金分离研究现状及问题初探. 有色矿冶，2000(2)：38～40.
[128] 冉俊铭. 铅锑合金火法分离工艺探讨. 湖南有色金属，2004(8)：22～23.
[129] 朱福良，华一新，高云涛. $PbS-Sb_2S_3$ 二元系在水蒸气气氛下的铅锑分离研究. 有色金属（冶炼部分），2003(5)：2～5.
[130] 徐养良，华一新. 脆硫铅锑矿铅锑分离新工艺研究. 中国有色冶金，2005(10)：44～46.
[131] 王志英，朱祖泽，刘纯鹏. 硫化铅锌锑矿一步获取金属新工艺的研究. 昆明理工大学学报，1996（12）：148～154.
[132] 朱福良，华一新. 铅锑复杂硫化矿中锑的挥发动力学. 有色金属（冶炼部分），2002(6)：10～13.
[133] 唐朝波，唐谟堂，姚维义，等. 脆硫铅锑精矿短回转窑还原造锍熔炼半工业试验. 矿冶工程，2004(2)：51～53.
[134] 韦元基. 脆硫铅锑矿鼓风炉死炉的原因及预防措施. 有色金属（冶炼部分），2005(2)：8～10.
[135] 唐朝波，唐谟堂，姚维义，等. 脆硫铅锑矿精矿的还原造锍熔炼. 有色金属（冶炼部分），2003（10）：502～505.
[136] 张天禄. 脆硫铅锑矿苏打熔炼直接产出粗金属的研究. 昆明工学院学报，1985(4)：43～48.
[137] 凌云汉. 脆硫锑铅矿的沸腾焙烧实践. 有色金属（冶炼部分），1996(3)：19～21.
[138] 韦万新. 脆硫锑铅矿火法流程生产高铅锑合金的实践. 有色冶炼，1992(2)：42～45.
[139] 符金开. 挥发法熔炼脆硫锑铅矿精矿生产实践. 江西冶金，2004(4)：9～11.
[140] 张寅生，王成彦，江培海，等. P204 萃取分离锑铁工艺研究. 有色金属（冶炼部分），2003(2)：2～4.
[141] 王成彦，邱定蕃，江培海，等. 脆硫锑铅矿矿浆电解过程流的形成机理. 有色金属，2002(11)：42～46.
[142] 王成彦，邱定蕃，江培海. 脆硫锑铅矿矿浆电解机理研究. 有色金属，2003(2)：25～28.
[143] 王成彦，邱定蕃，江培海，等. 脆硫锑铅矿矿浆电解试验研究. 有色金属，2002(8)：24～27.

[144] 王成彦，邱定蕃，江培海，等. 复杂锑铅精矿矿浆电解研究. 矿冶，2002(9)：51 ~ 55.
[145] 王成彦，邱定蕃，江培海. 复杂锑铅矿矿浆电解工艺和理论研究. 有色冶炼，2002(12)：72 ~ 75.
[146] 王成彦，邱定蕃，江培海，等. 复杂锑铅矿矿浆电解过程银的控制浸出. 有色金属（冶炼部分），2002(3)：31 ~ 34.
[147] 王成彦，邱定蕃，江培海，等. 矿浆电解法处理脆硫锑铅矿的介质体系选择. 有色金属，2002(5)：35 ~ 39.
[148] 唐谟堂，赵天从. AC 法处理大厂脆硫锑铅矿精矿. 有色金属（冶炼部分），1989(6)：13 ~ 16.
[149] 赵瑞荣，蒋汉瀛，秦毅红. 脆硫锑铅精矿电沉积锑的阳极过程. 金属学报，1990(4)：82 ~ 86.
[150] 赵瑞荣，曾振欧，王天有. 脆硫锑铅精矿浸出过程中 Sb、Sn、As 行为的研究. 有色金属（冶炼部分），1990(2)：21 ~ 24.
[151] 赵瑞荣，蒋汉瀛，曾振欧，等. 脆硫锑铅精矿浸出过程中 Sb、Sn、As 行为的研究. 金属学报，1990(2)：48 ~ 53.
[152] 唐谟堂，鲁君乐，晏德生，等. 新氯化 - 水解法处理大厂脆硫锑铅矿精矿. 有色金属（冶炼部分），1991(5)：20 ~ 22.
[153] 鲁君乐，唐谟堂，贺青蒲，等. 新氯化 - 水解法处理铅阳极泥. 有色金属（冶炼部分），1992(3)：21 ~ 23.
[154] 唐谟堂，赵天从，鲁君乐，等. 新氯化 - 水解法的原理和应用. 中南矿冶学院学报，1992(8)：405 ~ 411.
[155] 唐谟堂，王玲. 中和水解法处理脆硫锑铅精矿浸出液新工艺. 中南工业大学学报，1997(6)：226 ~ 228.
[156] 朱福良，华一新，高云涛. PbS - Sb_2S_3 - FeS 三元系在水蒸气气氛下的铅锑分离. 中南工业大学学报，2003(6)：2 ~ 6.
[157] 冉俊铭，史文革，郑燕琼. 脆硫铅锑矿生产精铅工艺研究. 湖南有色金属，2004(4)：15 ~ 16.
[158] 吕勇明. 脆硫铅锑矿生产精锑的工艺总结. 有色金属（冶炼部分），2001(2)：23.
[159] 吕勇明. 提高铅锑电解电流效率的工艺研究. 有色冶炼，1999(2)：36 ~ 37.
[160] 陈金彪，范翔，安剑刚. 反射炉炼锑二段脱砷二段脱铅法生产实践. 湖南有色金属，2006(10)：33 ~ 35.
[161] 冯冀燕. 汞锑复合矿的分离提取工艺. 有色金属（冶炼部分），1990(5)：40 ~ 43.
[162] 冯冀燕. 汞锑混合精矿的真空蒸馏焙烧分离. 西安冶金建筑学院学报，1990(9)：245 ~ 250.
[163] 刘共元，刘勇. 鼓风炉挥发熔炼锑金精矿工艺探讨. 有色金属（冶炼部分），2003(3)：35 ~ 37.
[164] 刘寿山. 湖南金砷锑难处理矿石选冶生产现状及其改进意见. 湖南冶金，1994(1)：20 ~ 24.
[165] 王树霞，李一. 锑金砷多金属硫化矿的浮选分离. 黄金，1988(6)：42 ~ 45.
[166] 高军. 降低鼓风炉渣含铅、锑工业试验研究. 湖南有色金属，2005(12)：11 ~ 13.
[167] 夏丹葵，戴永年，曹阳. 难选氧化锑矿的真空热还原. 真空科学与技术，1994(1)：51 ~ 56.
[168] 周淑珊，罗绍尧. 氧化锑矿还原焙烧：碱浸矿浆电积法提取锑. 有色金属（冶炼部分），1992(4)：27 ~ 29.
[169] 傅政，韩德荣，徐成浩. 易熔低品位锑矿冶炼新技术. 有色金属（冶炼部分），1989(4)：14 ~ 16.
[170] 黄维杰. 直接处理混合锑矿的生产实践. 有色金属（冶炼部分），1996(5)：30 ~ 34.
[171] 张多默，肖松文，刘志宏，等. Ostwald 规则与湿法锑白晶型控制. 中南工业大学学报，2000(4)：121 ~ 123.
[172] 刘云霞. $PbCl_2$ 在不同盐酸浓度. Sb^{3+} 浓度和温度条件下溶解度的研究. 稀有金属，2000(7)：270 ~ 272.
[173] 石西昌，秦毅红. Sb_2O_3 表面改性研究. 塑料工业，1999(11)：41 ~ 42.

[174] 莫新朝．Sb_2O_3 粒度对阻燃材料性能影响及其控制．阻燃材料与技术，2000(4)：8~10.
[175] 段学臣，张多默，赵天从．超微锑白（Sb_2O_3）的研究．中南矿冶学院学报，1999(10)：485~490.
[176] 刘启劲（译）．超微细三氧化二锑的生产方法及设备．湖南化工，1991(1)：53~55.
[177] 肖松文，刘志宏，李启厚，等．超细立方晶型锑白粉的湿法制备新工艺．矿冶工程，1999(9)：39~41.
[178] 聂晓军，朱柒金，陈庆邦．从复杂含砷锑银矿制取立方晶型锑白．矿产综合利用，2000(2)：5~9.
[179] 李景国，修蔼田．从含锑工业废渣中制取锑白工艺过程的研究．无机盐工业，1996(4)：37~39.
[180] 李景国，姜胤．从含锑工业废渣中制取锑白工艺过程的研究．辽宁化工，1996(3)：39~41.
[181] 胡汉祥，何晓梅，谢华林．从铅阳极泥中制备纳米三氧化二锑粉体的研究．武汉理工大学学报，2006(4)：14~16.
[182] 甘庆民，胡乃信，吴鸿铭，等．从锑矿石制备三氯化锑的工艺研究．材料工程，1997(1)：38~39.
[183] 冉春玲，何占航，王振民，等．从中低品位辉锑矿制取锑白的湿法工艺．河南化工，1995(8)：4~6.
[184] 刘福峰．等离子炉超细锑白生产中除铅技术的探讨．有色冶炼，1996(4)：49~50.
[185] 程雪琴．等离子体法年产 300 吨超微粒三氧化二锑．科技发展动态，1992(4)：18~23.
[186] 何书桑．等离子体生产 Sb_2O_3 的装置及工艺．有色冶炼，2003(1)：26~29.
[187] 符金开，罗晓春，余伦．等离子体锑白炉生产超细三氧化二锑粉末试验研究．湖南有色金属，2003(12)：35~36.
[188] 叶有明．低铅砷含量超细锑白产品的研制．中国有色冶金，2004(10)：16~18.
[189] 魏明坤，张丽鹏．低压制备纳米 Sb_2O_3 粉的研究．武汉理工大学学报，2001(6)：21~23.
[190] 宋如泽，戴永俊．低杂质催化剂三氧化二锑．聚酯工业，2004(12)：13~15.
[191] 张元福，陈家蓉．电氯化法制取锑白副产烧碱试验研究．无机盐工业，1992(2)：10~13.
[192] 吴少华，谭显铂，戴永俊．顶吹法生产锑白新工艺的研究与应用．中国有色冶金，2006(8)：23~25.
[193] 邬建辉，张传福．浮选硫化锑精矿小型鼓风炉挥发熔炼生产超细氧化锑．有色金属（冶炼部分），2001(5)：14~15.
[194] 段学臣，黄蔚庄，赵天从．高纯超细锑白的研制．矿冶工程，1998(6)：61~63.
[195] 黄初荣，戴新．高频等离子体工艺生产聚酯催化剂三氧化二锑．聚酯工业，1996(4)：23~24.
[196] 柳松．高铅粗锑氧制取锑白的研究．无机盐工业，2007(1)：19~20.
[197] 周华文．工业粗锑氧盐酸法直接制取锑白新工艺的研究．株冶科技，1994(8)：65~70.
[198] 唐仕祥．工业化生产过程中锑白结晶条件与纯度的关系．湖南冶金，2006(2)：20~23.
[199] 唐仕祥．工业锑白炉试制粗颗粒 Sb_2O_3 的研究．湖南冶金，1998(5)：8~10.
[200] 卢铁贵，徐锡华．国内外超微粒锑白的制取技术现状．陕西化工，1996(4)：11~13.
[201] 阮德水，李德华．辉锑矿湿法制取锑白．化学与生物工程，1993(3)：2~5.
[202] 石锑中．火法制取锑白的生产实践．有色金属（冶炼部分），1990(3)：17~18.
[203] 李启厚，肖松文，刘志宏，等．酒石酸根离子控制锑白粉末结构形貌的模板作用行为．高等学校化学学报，2000(9)：1344~1347.
[204] 吕志平，吴岚，李福祥，等．立方晶体三氧化二锑的制备．太原理工大学学报，2001(9)：510~512.
[205] 郦东浩．硫化锑精矿湿法制取锑白和硫脲新工艺研究．广西化工，1989(4)：3~9.
[206] 许素敏，刘秀庆．硫化锑矿直接制取锑白的研究．甘肃冶金，2003(3)：24~26.
[207] 姜德全．氯化－饱和水解法生产锑白．陕西化工，1991(1)：48~49.
[208] 阮越中，李宁，韦秀龙，等．氯化－干馏－水解法处理铅锑多金属硫化矿制取零级锑白．有色金

属（冶炼部分），1993(5)：8～10.
[209] 李文杰，徐本富. 论酸法锑白工艺. 广东工学院学报，1993(5)：51～58.
[210] 甘庆民，杨秉文. 耐光三氧化二锑的制备. 化学世界，1997(5)：243～245.
[211] 彭长宏，唐谟堂，杨声海，等. 铅碱性精炼废渣制取三氧化二锑. 中南工业大学学报，2001(6)：577～579.
[212] 张荣良，丘克强，胡汉祥，等. 铅锑复合渣于低温真空蒸发直接制备纳米 Sb_2O_3. 中南大学学报，2006(10)：948～953.
[213] 周树栋，李培友. 浅谈锑白的湿法生产. 有色金属（冶炼部分），1995(5)：12～13.
[214] 蔡芝林. 切莫盲目发展湿法锑白. 甘肃化工，1990(4)：17～18.
[215] 柳巧越，孙文粹，李承鹏，等. 三氯化铁溶液浸取辉锑矿制取锑白工艺过程的研究. 无机盐工业，1991(2)：2～5.
[216] 宋燕妮. 三氧化二锑超微细粉体材料的一种制备工艺. 贵州化工，1996(1)：33～35.
[217] 黄云翔. 三氧化二锑的制造和用途. 广州化工，1995(3)：27～30.
[218] 唐仕祥. 三氧化二锑粒度的控制. 湖南冶金，1997(7)：45～46.
[219] 陈献桃，李革新. 三氧化二锑提纯的研究. 岳阳师范学院学报，2001(12)：62～63.
[220] 邓志城，崔英德，朱柒金. 湿法立方晶锑白的制备方法及主要应用. 广州化工，2000(4)：154～156.
[221] 段学臣，赵天从. 湿法锑白的晶型转变. 中国有色金属学报，1996(3)：36～39.
[222] 雷新有，刘新文，左国防，等. 湿法锑白生产中还原液水解工艺控制. 应用化工，2001(2)：42～43.
[223] 肖松文，肖骁，刘志宏，等. 水解法锑白的晶型结构控制机理. 无机材料学报，2000(8)：589～594.
[224] 杜澍芝，黄华堂. 酸法制取细粒级锑白. 云南冶金，1994(3)：36～39.
[225] 列醒泉，钟启愚，林世英，等. 酸性五氯化锑溶液浸出硫化锑矿制取锑白. 中南矿冶学院学报，1990(12)：615～621.
[226] 韩汉民. 特纯三氧化二锑的制备. 辽宁化工，1994(12)：8.
[227] 陈正. 锑白白度影响因素的研究. 有色金属（冶炼部分），2000(2)：38～40.
[228] 郑文裕，刘希澄，沈展中，等. 锑白生产新工艺－用三氯化锑水解法制取三氧化二锑. 湿法冶金，1991(3)：13.
[229] 朱裕彬. 锑锭氧化法生产高质量 Sb_2O_3. 湖南化工，1990(3)：47.
[230] 郑文裕，刘希澄，沈展中，等. 锑精矿氯水浸出液水解法生产锑白粉. 冶金丛刊，1991(2)：10～14.
[231] 刘希澄，郑文裕，沈展中，等. 锑矿酸性氯水浸出法生产锑白的研究. 冶金丛刊，1992(3)：4～10.
[232] 胡南秋. 锑杂废料冶炼高纯超细三氧化二锑技术. 发展论坛，2000(10)：14～16.
[233] 宋如泽. 微粒高纯三氧化二锑的工业试验研究. 甘肃有色金属，1998(1)：38～41.
[234] 梅显芝，赖传介，赵瑞荣. 温度和炉料含铅量对锑白质量的影响. 矿冶工程，1994(3)：41～44.
[235] 孙克萍，张念炳，先桁. 用等离子体蒸发制备超细高纯锑白的研究. 有色金属（冶炼部分），2005(5)：47～48.
[236] 李德华，阮德水. 由辉锑矿湿法制取高纯锑白工艺研究. 湖北化工，1993(3)：16～18.
[237] 钟启愚，列醒泉，林世英，等. 杂质对锑白白度的影响. 中南矿冶学院学报，1990(12)：610～614.
[238] 卞东. 阻燃级三氧化二锑自动化生产工艺. 有色金属（冶炼部分），1999(3)：16～17.
[239] 韩长日. 电子与信息化学品制造技术. 北京：科学技术文献出版社，2001.
[240] 舒万艮. 有色金属精细化工产品生产与应用. 长沙：中南工业大学出版社，1995.
[241] 马娴贤，姚卡玲，吴集贵，等. 碱性介质氧化法制备锑酸钠的工艺探讨. 无机盐工业，1995(6)：4～6.

[242] 梁永棠，钟宁远. 氯化法生产锑酸钠工艺. 无机盐工业，1991(1)：14~18.
[243] 梁永棠，钟宁远. 氯化法生产锑酸钠工艺. 有色冶炼，1991(6)：44~47.
[244] 曹振欧. 锑酸钠的应用与制备方法. 湖南化工，1991(1)：24~26.
[245] 杜燕军，申小清，李中军. 氧化回流法制备锑酸钠工艺研究. 河南师范大学学报，2000(1)：47~49.
[246] 曹振欧，赵瑞荣，关选国. 氧化回流法制备锑酸钠研究. 无机盐工业，1991(1)：11~13.
[247] 张永战，刘金盾，张香平，等. 一步法合成锑酸钠的研究. 河南化工，1998(2)：22~23.
[248] 刘述平，唐湘平. 由金锑共生矿制取锑酸钠. 矿产综合利用，2002(6)：16~18.
[249] 黄春林，李德昌，罗桂新，等. 硫代锑酸锑的合成研究. 现代化工，1999(7)：24~26.
[250] 唐中坤，周昕，何国强，等. 硫代锑酸锑的合成与应用. 合成润滑材料，2000(4)：14~18.
[251] 唐中坤，周昕，何国强，等. 硫代锑酸锑的合成与应用. 化学世界，2001(5)：268~270.
[252] 阳卫军，唐谟堂. $Sb_4O_5Cl_2$ 阻燃助剂的制备工艺. 中南工业大学学报，2001(3)：273~276.
[253] 阳卫军，唐谟堂. $Sb_4O_5Cl_2$ 阻燃剂的酸法合成. 中南工业大学学报，2000(6)：520~523.
[254] 段学臣，杨向萍，黄蔚庄. 高纯三氯化锑的制备. 中南工业大学学报，2001(2)：169~172.
[255] 刘述平. 我国的锑深加工产品. 矿产综合利用，2003(1)：29~32.
[256] 赵瑞荣，石西昌. 锑冶金物理化学. 长沙：中南大学出版社，2006.
[257] 金哲男，蒋开喜，魏绪钧，等. 处理炼锑砷碱渣的新工艺. 有色金属（冶炼部分），1999(5)：11~14.
[258] 陈顺. 从高砷高锑烟灰中综合回收有价金属工艺研究. 株冶科技，2002(1)：5~7.
[259] 李义兵，陈白珍，王之平，等. 分银渣铅锑浸出工艺研究. 有色金属（冶炼部分），2004(5)：9~11.
[260] 张广汉. 火法炼银产锑烟尘的湿法处理. 南方金属，2003(6)：35~37.
[261] 宾万达，陈希鸿，杨天足，等. 氯氧锑渣的处理. 矿冶工程，1995(3)：41~44.
[262] 唐谟堂，陈进中，蔡传算. 铅锑精矿氯化浸出渣处理新工艺（I）－苏打转化研究. 中南工业大学学报，1995(2)：164~167.
[263] 王建强，王云燕，王欣，等. 湿法回收砷碱渣中锑的工艺研究. 环境污染治理技术与设备，2006(1)：65~67.
[264] 任学佑（译）. 湿法冶金处理含锑（Sb）工业废料. 现代材料动态，2002(5)：12.
[265] 杜军. 锑矿选矿尾矿废水的处理研究. 甘肃有色金属，1995(4)：32~35.
[266] 王贵生. 锑矿渣作铁质原料稳定生产优质水泥. 贵州建材，2001(2)：43.
[267] 国家发展改革委环境和资源综合利用司. 我国砷碱渣综合利用情况及对策建议. 中国经贸导刊，2004(1)：29.
[268] 仇勇海，卢炳强，陈白针，等. 无污染砷碱渣处理技术工业试验. 中南工业大学学报，2005(2)：234~237.
[269] 客绍英，石洪凌，刘冬莲. 锑的污染及其毒性效应和生物有效性. 化学世界，2005(6)：382~383.
[270] 何天荣. 小型化工冶炼厂生产“四白”粉的尘毒危害及其防治. 工业安全与防尘，1998(3)：31.
[271] Agena P A G Francis，Campine N V，I Z Kanaal. 氧化锑的毒性研究：——阻燃剂氧化锑和其他锑化合物对人和环境危害的文献综述. 阻燃材料与技术，2000(5)：12~15.